# PFLANZENSOZIOLOGIE

## GRUNDZÜGE DER VEGETATIONSKUNDE

VON

J. BRAUN-BLANQUET

LEITER DER STATION INTERNATIONALE DE GÉOBOTANIQUE
MÉDITERRANÉENNE ET ALPINE, MONTPELLIER

DRITTE, NEUBEARBEITETE
UND WESENTLICH VERMEHRTE AUFLAGE

MIT 442 TEXTABBILDUNGEN

1964
SPRINGER-VERLAG
WIEN · NEW YORK

Softcover reprint of the hardcover 3rd edition 1951

ISBN-13: 978-3-7091-8111-9 e-ISBN-13: 978-3-7091-8110-2
DOI: 10.1007/978-3-7091-8110-2

Titel Nr. 8130

# Vorwort

Sechsunddreißig Jahre sind seit dem Erscheinen der ersten Auflage dieses Buches verstrichen. Es wurde in Südamerika ins Spanische übersetzt, und die englische Übersetzung der ersten Auflage, 1932 in New York erschienen, ist vor kurzem zum fünftenmal aufgelegt worden.

Erfolgreiche Nutzanwendungen in Wiese, Acker, Busch und Wald sowie die allerwärts aufstrebende Vegetationskartierung, deren Bedeutung unbestritten ist, haben der Pflanzensoziologie ein mächtiges theoretisches und praktisches Wirkungsfeld erschlossen.

Lehrstühle für Pflanzensoziologie und Experimentierstellen werden errichtet, Symposien zur Behandlung und kritischen Besprechung wichtiger Teilgebiete sind an der Tagesordnung, zusammenfassende Werke geben heute eine Überschau der Pflanzengesellschaften großer Erdstriche in ihrer Abhängigkeit von der Umwelt.

Verschiedene in der letzten Auflage dieses Lehrbuchs vielleicht noch gewagt erscheinende Auffassungen haben sich seither gefestigt, andere wichtige sind hinzugekommen, und neue brennende Fragen stehen heute zur Diskussion.

Unsere seit der ersten Auflage, ja seit 1913 verfochtenen grundlegenden Ideen sind im Prinzip sich gleichgeblieben und konnten weiter ausgebaut werden.

Das vor Jahrzehnten angebahnte Zusammengehen mit den Nachbarwissenschaften: Bodenkunde, Bioklimatologie, Physiologie, Ökologie, Zoologie, Geographie, Palynologie, archäologischer Grabungsforschung und mit der Praxis der Kulturtechnik, der Land-, Forst- und Wasserwirtschaft und dem Naturschutz hat sich als vielversprechend erwiesen und gewinnt zusehends an Bedeutung.

Es führt aber zu einer ungeahnten Ausweitung und Vertiefung des Wissensgebietes und seiner Probleme, was eine zunehmende Spezialisierung nach sich zieht.

Dieser Umstand hat mich bewogen, die Mithilfe einiger Kollegen zu erbitten:

Der bodenkundliche Abschnitt wurde durch Prof. R. Bach vom Agrikulturchemischen Institut der Eidgenössischen Technischen Hochschule in Zürich dem heutigen Stand der Wissenschaft angepaßt.

Prof. Dr. F. Firbas † (Göttingen), schon leidend, hat es auf sich genommen, den pollenanalytischen Abschnitt durchzusehen und zu verbessern.

Prof. Dr. O. Stocker und Prof. Dr. O. L. Lange (Darmstadt) waren so freundlich, die Abschnitte Klimafaktoren und Gesellschaftsfunktion kritisch durchzugehen.

Dem synchorologischen Kapitel kommt eine eingehende Besprechung mit Prof. Dr. J. SCHMITHÜSEN (Saarbrücken) zugute.

Eine Reihe von Kollegen und ehemaligen Schülern sind mir durch schriftliche Auskünfte, Mitteilungen, Mithilfe bei der Reinschrift oder sonstwie zur Seite gestanden. Ich nenne: Prof. Dr. E. AICHINGER, Klagenfurt, Dr. J. J. BARKMANN, Wijster, Frau Dr. G. BRAUN-BLANQUET, Dr. E. FURRER, Zürich, Prof. Dr. K. HÖFLER, Wien, Dr. L. ILIJANIĆ, Zagreb, Prof. Dr. R. MOLINIER, Marseille, H. NIKLFELD, Wien, A. R. PINTO DA SILVA, Sacavem, Assistent R. SUTTER, Montpellier, Prof. Dr. R. TÜXEN, Stolzenau, Prof. Dr. O. H. VOLK, Würzburg, Prof. Dr. G. WENDELBERGER, Wien, T. WRABER, Ljubljana, Frau Dr. K. ZAHRADNÍKOVÁ, Bratislava. Allen Helfern sei herzlich gedankt.

Der Schweizerische Nationalfonds zur Förderung der Wissenschaften hat mir einen namhaften Betrag für die Neubearbeitung zur Verfügung gestellt, und auch vom Centre National de la Recherche Scientifique in Paris ist mir durch Vermittlung von Herrn Prof. L. EMBERGER ein Beitrag zugeflossen. Ich bin beiden Institutionen sehr zu Dank verpflichtet.

Schließlich möchte ich dem Springer-Verlag in Wien, Herrn Senator OTTO LANGE und seinem Mitarbeiterstab, Dank sagen für das verständnisvolle Eingehen auf meine Wünsche und für die vorzügliche Ausstattung des Buches.

Montpellier, Ostern 1964 **J. Braun-Blanquet**

Station Internationale de Géobotanique
Méditerranéenne et Alpine

# Inhaltsverzeichnis

## Vierter Abschnitt

## Lebensäußerungen im Gesellschaftsverband (Synécologie mésologique)

Sechster Abschnitt

**Gesellschaftsgeschichte**
**(Synchronologie)**



Siebenter Abschnitt

**Gesellschaftsverbreitung**
**(Synchorologie)**

Einleitung

# Pflanzengesellschaft und Biozönose

Das Ende des letzten und der Beginn des laufenden Jahrhunderts sind als eine analytische Periode bezeichnet worden, im Gegensatz zum darauffolgenden synthetisierenden Zeitabschnitt, der die erarbeiteten Tatsachen unter neue Gesichtspunkte zusammenfaßt, die tiefere Zusammenhänge aufdecken.

Neue Wissensgebiete tun sich auf, breiten Strömen vergleichbar, die ihre Wasser von allen Seiten her beziehen, um sie befruchtend auszubreiten. Man denke an die Pedologie, die umfassende Lehre vom Boden, deren Ursprung in den Tiefländern Osteuropas zu suchen ist; hierher gehört auch die Pflanzensoziologie oder Vegetationskunde, an deren Aufbau zur selbständigen Wissenschaft das Alpengebiet, vor allem die Schweiz, hervorragenden Anteil hat.

Die Pflanzensoziologie, wie wir sie heute verstehen, bildet einen, allerdings sehr bedeutsamen Bestandteil der Biosoziologie, die als Basiswissenschaft die Ergebnisse zahlreicher Wissensgebiete unter einem ganz bestimmten Gesichtspunkt, dem des Zusammenlebens der Organismen, betrachtet und untersucht.

Da sich die biosoziologische Forschung vornehmlich mit den relativ stabilen, standörtlich gebundenen, wurzelnden und festhaftenden Pflanzengesellschaften befaßt, während die unsteten Tiergesellschaften eher stiefmütterlich behandelt worden sind, ist es verständlich, daß erstere ungleich besser bekannt sind als die Gesellschaften der Zoologen, die ihr begriffliches Werkzeug zum guten Teil dem Arsenal der Pflanzensoziologie entlehnen und sich auch zur Umgrenzung ihrer Gesellschaften vielfach auf die von den Pflanzensoziologen erarbeiteten Vegetationstypen stützen. Es ist dies übrigens zu begrüßen, denn nur so läßt sich hoffen, dem erstrebenswerten Ziel, der Erkenntnis der Pflanzen und Tiere umfassenden Organismengesellschaften (Biozönosen), näherzukommen. Ein Zoologe (Gisin 1947), der die Collembolenfauna alpiner Pflanzengesellschaften untersucht hat, findet dabei „un parallélisme frappant qui parle en faveur de la méthode biocénotique partant des groupements végétaux autotrophes".

Die Bezeichnung „Pflanzensoziologie" (Sociologie végétale) ist vielfach, aus sprachlichen und sachlichen Gründen, bekrittelt worden.

Mag man den Vergleich mit der Soziologie im Sinne Auguste Comtes auch ablehnen, so besteht doch, wie Oosting (1957) überzeugend dargelegt hat, ein deutlicher Parallelismus zwischen menschlichen und

Naturgesellschaften. Den Hauptunterschied zwischen beiden sieht OOSTING darin, daß Pflanzengesellschaften im Gegensatz zur menschlichen Gesellschaft den unabänderlichen Naturgesetzen unterworfen sind, die sie weder auszunützen noch abzuändern fähig sind. Schon ZIMMERMANN (1931) hat, von den empirischen pflanzensoziologischen Befunden ausgehend, die Pflanzen- und Menschensoziologie in Parallele gesetzt.

Heute hat der Terminus Pflanzensoziologie, wenigstens in der westlichen Hemisphäre, derart im wissenschaftlichen Sprachbereich Fuß gefaßt, daß an einen Ersatz, etwa durch „Phytozönologie", nicht zu denken ist.

Wie die empirische Soziologie zum Ausgangspunkt aller Betrachtungen als Grundeinheit der sozialen Vorgänge die Persönlichkeit annimmt, so ist die Einzelpflanze als die letzte Einheit aller pflanzensoziologischen Betrachtungen aufzufassen.

Der in den gegenseitigen Beziehungen der Organismen liegende Gemeinschaftswert ist die soziale Erscheinung, das Zusammenwirken der soziale Vorgang (vgl. auch PRENANT 1934, S. 51/52). Gegenüber dem Einzelwesen hat die Gesellschaft eine durchaus selbständige Existenz mit besonderen Lebensbedingungen.

Von dieser philosophischen Grundlage ausgehend, ist die gesamte Biologie einzuteilen in:

die Lehre von den Einzelwesen (Idiobiologie) und

die Lehre von den Lebensgemeinschaften, Gesellschaftslehre (Biosoziologie, Bioökologie, CLEMENTS und SHELFORD u. a.).

Auf die Botanik bezogen sind auseinanderzuhalten: die Wissenschaft von den Einzelpflanzen (Phytologie, ALECHIN 1935) und die Lehre von den Pflanzengesellschaften (Pflanzensoziologie).

Die Pflanzensoziologie befaßt sich mit den Gruppierungen der Pflanzen, ihren gegenseitigen Wechselbeziehungen und ihrer Abhängigkeit von der belebten und unbelebten Umwelt.

Wie jedes Ion in einer Nährlösung alle übrigen Ionen beeinflußt, so wirken auch alle zusammenlebenden Individuen irgendwie aufeinander, wie auch die äußeren Einflüsse auf sie wirken. Die Richtung und Intensität dieser Wirkung auf die Pflanze ist verschieden, je nach der Vergesellschaftung, der sie sich anschließt.

**Hauptprobleme der Pflanzensoziologie.** Die Gesellschaftslehre der Pflanzen umfaßt alle das Zusammenleben der Pflanzen berührenden Erscheinungen und Befunde. Sie hat folgende Hauptprobleme zum Gegenstand:

1. Wie sind die Gesellschaftseinheiten zusammengesetzt und wie zu klassifizieren? (Strukturelle und taxonomische Pflanzensoziologie.)
2. Welches sind die gesellschaftsbedingenden Umweltfaktoren und wie wirken sie auf die Gesellschaft? (Gesellschaftshaushalt, Synökologie.)
3. Wie sind die Gesellschaften geworden und was wird aus ihnen? [Gesellschaftsentwicklung (Syndynamik), Gesellschaftsgeschichte.]
4. Wie sind die Gesellschaften im Raume verteilt? (Gesellschaftsverbreitung, Synchorologie.)

Mit der Pflanzensoziologie und ihren Problemen aufs engste verknüpft sind die Wesensgemeinschaften, die unter den Begriff der Biozönose fallen.

**Pflanzengesellschaft und Lebensgemeinschaft.** Sowenig eine reinliche Scheidung der Begriffe Pflanze und Tier durchführbar ist, sowenig kann die Pflanzengesellschaft als eine unabhängige, in sich abgeschlossene, selbständige Lebenseinheit gelten. Die Pflanzengesellschaften sind vielmehr mit der Tierwelt durch unzählige Wechselbeziehungen mehr oder weniger eng verbunden und bilden erst im Verein mit ihr eine natürliche, sich selbst genügende Organismengemeinschaft oder Biozönose.

Soweit sich zwischen räumlich verbundenen, tierischen und pflanzlichen Lebewesen Abhängigkeitsbeziehungen nachweisen lassen, soweit kann von Lebensgemeinschaften gesprochen werden, womit allerdings über ihre engere oder weitere Fassung noch nichts ausgesagt ist.

Ihre Ortsgebundenheit stempelt die Pflanzengemeinschaften zum natürlichen Wohnraum der aus Tieren und Pflanzen zusammengesetzten Lebensgemeinschaften. Die weniger ortsgebundenen Tiere sind den Einflüssen der Umwelt weniger unterworfen als die Vegetation, die, sich selbst überlassen, einer festbestimmten klimatisch vorgezeichneten Entwicklungstendenz folgend, der klimabedingten Schlußgesellschaft zustrebt (Klimaxtendenz). Da das tierische Leben direkt oder indirekt vom pflanzlichen abhängt, ist es angezeigt, die Tiere und tierischen Lebensgemeinschaften soweit als möglich in den festeren Rahmen der Pflanzengesellschaften, die der Tierwelt Schutz und Nahrung bieten, einzugliedern.

Damit eröffnet sich auch die Möglichkeit, das Zusammenleben aller Organismen innerhalb eines engeren, festumgrenzten Wohnraums zu verfolgen und mit ihren gegenseitigen Wechselbeziehungen besser verstehen zu lernen. Die beim Studium der Lebensgemeinschaften unabweisbar notwendige Arbeitsteilung wird dort erleichtert, wo die Pflanzengesellschaften schon weitgehend bekannt sind, indem alle auf sie bezüglichen Standortsuntersuchungen beiden Arbeitsrichtungen zur Verfügung stehen. Jede auf eine bestimmte, enger oder weiter gefaßte Vegetationseinheit bezügliche Einzeluntersuchung läßt sich ohne weiteres auch auf die Biozönose beziehen und trägt dazu bei, die so äußerst komplizierten Lebensbedingungen der Gemeinschaft besser zu verstehen.

Die Einordnung der Tiere und Tiergesellschaften in räumlich gut umschriebene Organismengruppierungen (Biozönosen) hat im letzten Jahrzehnt beachtliche Fortschritte erfahren. Eine kürzlich erschienene kritische Übersicht, die manches zur Klärung der Begriffe beiträgt, verdanken wir Rabeler (1960).

**Biosoziologisches Symposium.** Die Bedeutung, welche dem Gemeinschaftsleben der Organismen zukommt, fand am Symposium für Biosoziologie in Stolzenau ihren Ausdruck in zahlreichen Referaten, die von E. Poli (1961) zusammengestellt worden sind.

Die Beziehungen zwischen Tier- und Pflanzengesellschaften wurden lebhaft diskutiert; eine Reihe von Forschern brachte noch unpublizierte Mitteilungen. Dabei festigte sich die Auffassung, daß in den Pflanzengesellschaften die geeignetste Grundlage zur Erfassung der Biozönosen gegeben ist. Am Beispiel des *Querco-Carpinetum* erörterten LOHMEYER und RABELER die biosoziologische Komplexität der hochorganisierten Waldgesellschaften, die aus verschiedenen, übereinander angeordneten Biozönosen (Stratozönosen) zusammengesetzt sind.

Die Fassung und Abgrenzung der Gesamtbiozönose wird aber ungemein erschwert durch Bestimmungsschwierigkeiten der Kleintiere. Sie erfordern das Zusammenwirken von Spezialisten verschiedener Tiergruppen, was nicht leicht realisierbar ist. Bisher mußte man sich denn auch meist darauf beschränken, bestimmte Tiergruppen in ihrem Verhalten zu den örtlich gegebenen Pflanzengesellschaften zu untersuchen.

Schon 1931 weist FABER (in BR.-BL. 1931) auf die gute Übereinstimmung zwischen Orthopterenvorkommen und Trockenrasengesellschaften, namentlich im *Xerobrometum* des Hegau hin.

MEYLAN (1934) studierte die Avifauna der wichtigsten Pflanzengesellschaften in den mittelfranzösischen Gebirgen.

NADIG (1942) hat die *Cratoneuron-Arabis bellidifolia*-Assoziation der kalkreichen Quellfluren des Schweizerischen Nationalparks durch eine bestimmte Tiergesellschaft mit vorherrschend krenobionten und krenophilen Arten charakterisiert.

Auf Lebensgemeinschaften des Schweizerischen Nationalparks beziehen sich auch die Untersuchungen GISINS (1947) über die Apterygoten (Collembolen-, Proturen-, Dipluren-) Gesellschaften.

Er unterscheidet fünf Vereine, deren Vorkommen an bestimmte höhere Vegetationseinheiten gebunden ist. Der Verein von *Onychiurus zschokkei* und *O. burmeisteri* hält sich an die Gesellschaften der *Thlaspietalia*-Ordnung, jener von *Willemia anophthalma* an die *Vaccinio-Piceetalia* usw.

MÖRZER-BRUYNS (1947) gibt eine Darstellung der Molluskenfauna in den Pflanzengesellschaften von Gorssel (Holland) unter Berücksichtigung von Individuenzahl, Soziabilität, Vitalität und Periodizität der Arten, woraus hervorgeht, daß die einzelnen Pflanzenassoziationen eine nach Artenbestand, Individuenzahl usw. recht verschiedenartige Molluskenfauna beherbergen. Die ökologischen Ansprüche der Mollusken sind weitgehend auf die Pflanzengesellschaften abgestimmt. Es gibt stenözische Arten, die im Untersuchungsgebiet nur in ganz bestimmten Gesellschaften vorkommen, solche, die ihr Optimum in gewissen Assoziationen oder Verbänden haben und wieder andere, die in vielen Gesellschaften vorhanden sind.

HÖSSLEIN (1948) untersuchte die Molluskengesellschaften alpiner Rasengesellschaften im Allgäu in ähnlicher Weise.

KÜHNELT (zit. in SCHEERPELTZ-HÖFLER 1948) ist den Beziehungen zwischen Tier- und Pflanzengesellschaften in Kärnten nachgegangen. Er gibt Listen von Insekten, die nur auf Buchenwälder, nur auf illyrische Laubmischwälder *(Orno-Ostryon)*, nur auf Eichen-Hainbuchenwälder, nur auf Fichtenwälder beschränkt sind, oder die doch nur selten in andere Waldgesellschaften eindringen. Die sehr beachtenswerte Arbeit von SCHEERPELTZ und HÖFLER behandelt auch die soziologische Bindung der Käfer an die Kleinbiotope der Pilzarten.

VERDIER und QUÉZEL haben (1951) das Zusammenleben von Pflanzen- und Käfergesellschaften im Küstengebiet des Languedoc verfolgt und dabei gefunden, daß die drei den Halophyten-Strauchgürtel der Lagunen bewohnenden Käfergesellschaften fast genau den drei wichtigsten Assoziationen der Ordnung *Salicornietalia* entsprechen. Die nahe Übereinstimmung existiert allerdings nicht mehr im Bereich der Süßwassersümpfe.

Dagegen ergibt sich auch hier, wie bei den von RIOUX (1958) zoologisch untersuchten Dünengesellschaften, eine gewisse Übereinstimmung auf höherer Ebene, bei den Ordnungen und Klassen. Den Ausführungen von RIOUX nach zu schließen, dürfte auch das *Ammophilion* der Dünen eine spezifische Käferfauna beherbergen.

Sehr gründlich sind die tiersoziologischen Verhältnisse eines größeren Gebietes von H. FRANZ (1943) unter Mitwirkung zahlreicher Spezialisten in der Großglocknergruppe der Ostalpen studiert worden. Innerhalb der einzelnen Höhenstufen treten deutlich voneinander verschiedene Kleintiergesellschaften auf, die an bestimmte Standortsbedingungen gebunden sind und deren Assoziationen sich u. a. auch durch besondere Charakterarten unterscheiden. Die in den Alpen an der oberen Waldgrenze verbreitete Alpenerlenassoziation *(Alnetum viridis)* ist durch drei treue oder mindestens feste Charakterarten (die Käfer *Omalium ferrugineum*, *Quedius cincticollis* und *Tachinus latiusculus*) ausgezeichnet. Wie zu erwarten war, können mehrere Zooassoziationen in derselben Pflanzenassoziation vorkommen, oder aber es kann sich ein und dieselbe Tiergesellschaft über mehrere Pflanzenassoziationen erstrecken.

Da die Ökologie vieler Pflanzengesellschaften heute wenigstens in großen Zügen bekannt ist, wird es möglich, auch die Lebensbedingungen der zugehörigen Tiere viel schärfer zu erfassen. Jeder Fortschritt, jede Vertiefung der pflanzen- oder tiersoziologischen Studien führt eo ipso auch zum besseren Verständnis der Lebensgemeinschaft.

Hohem, auch praktischem Interesse begegnen die untermeerischen Biozönosen. Abgesehen von den Strandgesellschaften ist ihnen aber schwer beizukommen. Besonders eingehend befaßt sich mit ihnen ROGER MOLINIER (1960, s. S. 179).

Die Abgrenzung der Biozönosen bildet keine leichte Aufgabe, schon der häufigen Ortsveränderungen des Tierbestandes wegen, und auch weil die Tiere ihre einzelnen Entwicklungsphasen oft unter ganz verschiedenen Außenbedingungen abwickeln. Sodann fallen die Biozönosen begrifflich als in der Natur gegebene Realitäten mit Einheiten verschiedenster Größenordnung zusammen. Es kann sich um Synusien, Subassoziationen, Varianten, um bestimmte ober- oder unterirdische Schichten, aber auch um Einheiten höherer und höchster Ordnung oder selbst um Gesellschaftskomplexe handeln.

Der Zusammenhang zwischen Tiergruppen und Pflanzengesellschaften ist bald sehr eng, bald weiter gezogen, jedenfalls aber derart, daß man von konstantem Zusammenleben gewisser Tiervereinigungen mit bestimmten Pflanzen oder Pflanzengesellschaften sprechen kann.

Bei den locker zusammengehaltenen, örtlich weniger beständigen Schwebergesellschaften der Luft und des Wassers ist die Abgrenzung der Biozönosen schwieriger. Sie werden daher allgemein weiter gefaßt.

Einer der Pioniere der limnologischen Soziologie, MARGALEF, bezeichnet als Biozönose einen Bach, einen See, und stützt sich sodann zur schärferen Umschreibung der soziologischen Einheiten auf die den See oder Bach bewohnenden Assoziationen, die er der Biozönose einordnet (s. S. 188). Sind die Pflanzengesellschaften bekannt, so ist dieses Vorgehen genauer und weit biegsamer als die Umschreibung der Biozönosen nach den verschiedensten, bald mehr ökologischen, bald topographischen oder gemischten Kriterien, wobei, wie MARGALEF bemerkt, die Anzahl der Systeme etwa der Zahl der Untersucher gleichkommt.

Gewisse abhängige Tiergesellschaften, wie die pilzbewohnenden Käfergesellschaften, kann man mit HÖFLER als abhängige „Kleinbiozönosen“ im Rahmen der Waldassoziationen als „Großbiozönosen“ auffassen. Schließlich kann eine Biozönose auch nur aus tierischen Organismen unter Ausschluß von Pflanzen bestehen.

Das Endziel aller biosoziologischen Bestrebungen, die allseitige Kenntnis der Lebensgemeinschaften, kann aber nur durch sinngemäße Arbeitsteilung und enge Zusammenarbeit zwischen Zoologen und Pflanzensoziologen erreicht werden.

**Synoekosystem.** Ein räumlich begrenzter Komplex von Organismengesellschaften mit seiner gesamten unbelebten Umwelt wird von TANSLEY (1935) als Ecosystem bezeichnet. Ihm entsprechen die Termini Biochore (PALLMANN), Holozön (FRIEDRICHS), mehr oder weniger auch Biogeozönose (SUKATSCHEW). Auf die Biozönosen bezogen, sprechen wir von einem Synoekosystem.

Das Synoekosystem als örtliche Bezugseinheit gibt den Rahmen ab für Biozönosen jeder Größenordnung, von der Synusie bis zu den höchstorganisierten physiognomischen und floristischen Gesellschaftseinheiten, die bald eng verbunden und scharf begrenzt, bald locker, weitgespannt und unscharf abgegrenzt sind.

Versucht man den Begriff in Anlehnung an TANSLEYS Ecosystem räumlich zu umschreiben, so drängt sich folgende Definition auf:

Unter Synoekosystem ist ein physiographisch abgerundeter, generalklimatisch, biosoziologisch (zoo- und phytosoziologisch) und biogenetisch einheitlicher Wohnraum mit seinem belebten und unbelebten Inhalt verstanden.

Das Synoekosystem schließt zahlreiche komplizierte Lebensgemeinschaften ein, die vielfach durch Wechselbeziehungen miteinander und mit dem anorganischen Anteil des Systems verbunden sind.

Zu seinem Verständnis und seiner Abrundung tragen die pflanzensoziologisch gefaßten Vegetationseinheiten wesentlich bei. Sie bilden auch die beste Stütze für die Abgrenzung der Synoekosysteme gegeneinander. Mit obiger Definition ist der Begriff räumlich hinreichend gekennzeichnet, um als Grundlage für einen synökologischen Gesellschaftskomplex zu dienen. Auf die pflanzensoziologische Auswertung des Synoekosystems ist an anderer Stelle (s. S. 101) zurückzukommen.

Erster Abschnitt

# Die Grundlagen des pflanzlichen Zusammenlebens

Die Formen pflanzlichen Zusammenlebens sind äußerst mannigfaltig; aber nicht alle können Gesellschaftswert beanspruchen. Von den Formen tierischen Zusammenlebens, wie sie DEEGENER (1918) in Anlehnung an ESPINAS (1879) beschreibt, sind sie grundsätzlich verschieden. Eine Zweiteilung in „akzidentielle", ohne Nutzen für das Einzelwesen, und „essentielle" Vereinigungen, zum Nutzen der Einzelglieder oder eines Teiles derselben (DEEGENER), wäre bei den Pflanzengemeinschaften ausgeschlossen. Die Prinzipien der Nützlichkeit, der Arbeitsteilung, der bewußten Unterstützung, des Zusammenfassens aller Kräfte zur Erreichung eines gemeinsamen Zieles existieren im Pflanzenreich nicht. Unumschränkt herrscht hier der Kampf ums Dasein; er regiert direkt oder indirekt die meisten Äußerungen des sozialen Lebens der Pflanzen[1].

Hierin und in der Ortsgebundenheit liegen die tiefen prinzipiellen Unterschiede zwischen tierischen und pflanzlichen Lebensgemeinschaften.

Ihrem Wesen nach sind zwei Hauptformen pflanzlichen Zusammenlebens zu unterscheiden:

**Abhängigkeitsverbindungen und Kommensalverbindungen.** Als Abhängigkeitsverbindung ist jede Pflanzengemeinschaft aufzufassen, deren Einzelglieder in irgendeinem Abhängigkeitsverhältnis zueinander stehen. Schmarotzer, Epiphyten und die tote Pflanzennahrung (Humuspflanzen), Stützung oder Schutz beanspruchenden Gewächse gehen Abhängigkeitsverbindungen ein. Auch alle Verbindungen von Bakterien, Pilzen, Algen unter sich und mit höheren Pflanzen (Symbiose usw.) gehören hierher.

Die engste Form des Zusammenlebens von Pflanzen verwirklicht der einseitige Parasitismus. Der Schmarotzer ist vom Wirt abhängig, während letzterer nur den Schaden hat. Die gefährlichen „Würger" im Pflanzenreich aus den Familien der Loranthaceen, Rafflesiaceen, Orobanchaceen usw. sind bekannte Vertreter einseitigen pflanzlichen Schmarotzertums (Abb. 1).

Noch gefährlicher werden höheren Pflanzen die so überaus zahlreichen Pilzparasiten, deren Verhalten zum Wirt nicht allein von den äußeren Bedingungen, sondern in vielen Fällen auch durch die Vergesellschaftung, in welcher der Wirt auftritt, bestimmt wird.

Selbstverständlich gibt es alle Übergänge vom obligatorischen

---

[1] Siehe indessen Pflanzenschützlinge, S. 12.

Schmarotzertum, zum Halbschmarotzer (*Viscum*) und zur selbständigen Lebensweise.

Beim gegenseitigen Parasitismus schafft jeder der beiden verbundenen Organismen Nahrung für den anderen (Knöllchenbakterien an Leguminosen, Vereinigung von Alge und Pilz zur Flechte).

Die aus der Lebensgemeinschaft von Flechte und Pilz gebildete Vereinigung bringt beiden Beteiligten Vorteile, wobei dahingestellt sein mag, welcher Teil mehr Nutzen vom andern hat. Der Flechtenpilz ist zwar der aktive, formbildende Teil, er schafft aber der Alge einen günstigen Nährboden. Der Pilz erhält dagegen von der Alge Stickstoffverbindungen. Viele Flechten stellen blattartige, wie Laubblätter

Abb. 1. Abhängigkeitsverbindungen im Tamarix-Uferwald am Oum er Rebia, Marokko. *Cynomorium coccineum* (Wurzelparasit), *Ephedra* und *Lonicera biflora* (Lianen) (Aufn. HOFFMANN-GROBÉTY)

phototropisch zum Licht eingestellte Gebilde dar, und die grüne Alge kann so das Licht zur Assimilation ausnutzen, deren Produkte auch dem Pilz zugute kommen (vgl. TOBLER 1925).

Dazu kommt noch der Umstand, daß zwischen Pilz und Alge ein Austausch von Wuchsstoffen (Vitaminen, Hormonen) stattfindet. Die Alge kann diese Wuchsstoffe dem Pilz, zu dessen Gedeihen sie unumgänglich notwendig sind, zugänglich machen.

Entscheidend ist aber, daß durch die Vereinigung von Pilz und Alge eine neue Individualität entsteht, die im Wettbewerb als selbständiger Organismus auftritt und auch ihre spezifische Ökologie besitzt. Die ursprüngliche Selbständigkeit von Pilz und Alge wird zugunsten des neugeschaffenen, kampfkräftigeren und mit besonderen Eigenschaften ausgestatteten Flechtenorganismus aufgegeben.

Die physiologischen und biochemischen Untersuchungen zeigen, daß die symbiotischen Beziehungen der Pflanzen gewisse Ähnlichkeit mit den gegenseitigen Beziehungen anderer Lebenseinheiten haben, was Baas-Becking (1942) veranlaßt, dem Begriff der Symbiose einen weiteren, umfassenderen Inhalt zu geben und darunter alle gegenseitigen Abhängigkeitsverhältnisse von Lebenseinheiten (Zellen, Geweben, Organen, Organismen) einzubeziehen. Diese Beziehungen können parasitischen, mutualistischen oder kommensalistischen Charakter haben. Baas-Becking gibt eine zusammenfassende Übersicht über die in Wirklichkeit sehr verschiedenartigen Abhängigkeitsbeziehungen.

Syncyanose nennt Pascher das Zusammenleben von Blaualgen mit anderen Organismen. Der Wasserfarn *Azolla* zeigt im Zusammenleben mit *Anabaena* in nitratfreier Lösung eine bessere Vermehrung als ohne *Anabaena* in Nährlösung.

Die Wurzelknöllchen der Leguminosen stellen eine Verbindung ursprünglich freilebender Bodenbakterien mit den Leguminosenwurzeln dar. Die Bakterien führen in den Wurzelknöllchen eine Art Gefangenenleben, das auch als „Helotismus" bezeichnet wird (Frey-Wyssling 1945). Die Bakterien assimilieren den freien Stickstoff und sind daher namentlich in stickstoffarmen Böden wichtig für das Gedeihen höherer Pflanzen. Zu ihrer guten Entwicklung scheinen die Knöllchenbakterien auf Leguminosen angewiesen; sie können auf Kulturböden schließlich verschwinden, wenn während sehr langer Zeit keine Leguminosen mehr angebaut werden. Auf eine Verbindung mit Actinomyceten beruhen die ähnlichen Wurzelknöllchen von *Alnus*, *Myrica* und Elaeagnaceen.

Auch bei der Mykorrhiza, einer Verbindung von Wurzeln höherer Pflanzen mit Fadenpilzen, liegt gegenseitige Abhängigkeit vor. Ektotrophe Mykorrhiza ist an das Vorhandensein einer Humusdecke gebunden und findet sich typisch ausgebildet nur auf stark sauren Rohhumusböden. Wichtige Mykorrhizenbildner sind viele Hutpilze, deren Mycel in Verbindung mit Baumwurzeln lebt. Melin (1936) und nach ihm auch andere Autoren haben auf das ausgeprägte Parallelvorkommen gewisser Hutpilze mit bestimmten Bäumen oder strauchigen Pflanzen hingewiesen.

Endotrophe Mykorrhiza, bei sehr vielen Pflanzen nachgewiesen, ist besonders bemerkenswert im Zusammenleben mit den fast oder ganz chlorophyllosen Saprophyten, die namentlich bei den Orchideen häufig sind (*Neottia*, *Epipogium*, *Corallorhiza*, *Limodorum* usw.). Sie haben die bei grünen Pflanzen übliche Selbst-Ernährungsform aufgegeben, und beziehen ihre organische Nahrung unter Mitwirkung von Vitaminen durch die Fadenpilze. Aber auch die grünen Orchideen keimen und entwickeln sich nur in Verbindung mit Wurzelpilzen, so daß die Existenz der ganzen Familie an die Pilze gebunden erscheint (über Einzelheiten siehe besonders Burgeff, 1933). Die höhere Pflanze ist der Wirt, der Wurzelpilz der Nährstoffbildner.

Das Zusammenleben begünstigt beide Symbionten, und trotz ihres antagonistischen Verhaltens findet der Doppelorganismus als Einheit günstigere Lebensbedingungen, denn jeder Symbiont für sich allein.

In einem schwächeren Abhängigkeitsverhältnis stehen die Überpflanzen (Epiphyten) zu den Trägerpflanzen (Abb. 2). Sie entnehmen denselben keine lebende Nahrung, sondern nützen sie bloß als Substrat. Durch massenhaftes geselliges Auftreten können sie indessen das Gedeihen der Trägerpflanzen beeinträchtigen. Die meisten Epiphyten sind Rindenhafter, in den kalten und gemäßigten Gebieten der Erde fast

Abb. 2. Pflanzenklimmer *(Hedera)* im *Quercus suber*-Wald bei Tabarka, Tunesien (Aufn. HUECK, Exkurs. S.I.G.M.A.)

ausschließlich Algen, Flechten und Moose, in feuchtwarmen Gebieten auch Farne und Blütenpflanzen, die zu scharf umschriebenen Gesellschaften (sogenannten abhängigen Gesellschaften) Veranlassung geben (s. S. 111).

WENT (1940) hat die Soziologie der Epiphyten des tropischen Regen-Urwaldes auf Java studiert und mehrere gut charakterisierte Epiphytengesellschaften unterschieden, die zum Teil sogar gestatten, nah verwandte Baumarten zu unterscheiden (s. S. 195).

Ein lehrreiches Beispiel für die epiphytische Entwicklung sogenannter „Baumwürger" im Tropenwald gibt FREY-WYSSLING (1945, S. 126).

Ziemlich unabhängig von bestimmten Baumarten sind die Baum-Humus-Gesellschaften, die auf dem aus tierischen und pflanzlichen Resten gebildeten Baumhumus wachsen.

Aus den feuchtwarmen Lebensgebieten werden auch Epiphyllengesellschaften beschrieben (s. S. 118).

Abb. 3. *Humulus lupulus* klimmend im Populus-Auenwald am Dnjestr (Aufn. WALAS, Exkurs. S.I.G.M.A.)

Parasiten, Epiphyten und auch Epiphyllen, besonders aber erstere, bekunden oft strenge Wirtswahl und sind vielfach an ganz bestimmte Pflanzenarten gebunden.

Abhängigkeitsverbindungen bestehen ferner zwischen einfachen Saprophyten (ohne Wurzelpilz) und ihrem Substrat. Es läßt sich eine ganze Stufenfolge mehr oder weniger fester Artverbindungen nachweisen. Alle Pflanzenklassen von den Bakterien, Algen und Pilzen bis zu den Farnen und Blütenpflanzen stellen derartige Saprophyten. Viele Arten sind an ganz bestimmte pflanzenchemische Abfallstoffe gebunden.

Auf den alljährlich an den Ufern der Lagunen Südfrankreichs verwesenden Algenresten stellt sich eine eng begrenzte, ganz spezifische Gesellschaft von Schwefelbakterien ein. Tangwälle tragen eine bestimmte *Thero-Salicornion*-Assoziation, in Sphagnumpolstern gedeihen zahlreiche ökologisch eng angepaßte Lebermoose und Blütenpflanzen; gewisse Laub- und Nadelwaldgesellschaften sind durch besondere, genotypisch verankerte Anpassungsformen ausgezeichnet (s. S. 91). Die Humuspflanzen unserer Wälder leben dagegen durchgehends in Verbindung mit Wurzelpilzen (s. oben).

Weniger direkt von bestimmten Pflanzen und Pflanzengruppierungen abhängig sind die Pflanzenklimmer, Lianen im weitesten Sinne, die nur das Bedürfnis nach Stütze oder der Lichtbedarf in die Abhängigkeit höherwüchsiger Pflanzen treibt (Abb. 3), sowie die Pflanzenschützlinge.

Abb. 4. Heckendünen von *Pistacia lentiscus* mit *Callitris quadrivalvis* in der Ebene bei Kasbah Fokohine, Marokko (Aufn. DAGUIN)

Unter dieser Bezeichnung möchten wir alle Gewächse zusammenfassen, die auf den Schutz anderer Pflanzen oder von Pflanzengesellschaften angewiesen sind. Ihrer sind nicht wenige; gelegentlich schließen sie sich zu ökologischen Vereinen zusammen. Lichtschutz benötigt die Schattenvegetation der Unterschichten vieler Waldungen, besonders in lichtreichen Gebieten. Wird die Baumschicht niedergelegt, so fallen viele Arten der verstärkten Belichtung zum Opfer. Oberschichten wirken aber auch als Kälteschutz, indem sie die nächtliche Ausstrahlung herabsetzen und so die Minima gegenüber dem offenen Gelände verringern. Als Wind- und Trockenschutz an offenen Kämmen wirkt jeder Zwergstrauch, jeder Rasenhorst; viel nachhaltiger schützen natürlich Strauch- und Baumbestände. Die halbeiförmigen Heckendünen von *Argania spinosa* der windgepeitschten westafrikanischen Küste südlich von Agadir bergen viele windscheue Begleiter, die sich hier außerhalb des Pflanzenschildes niemals zu halten vermöchten (Abb. 4). Höchst wirksam ist ferner der Schutz, welchen Stachelsträucher den mit ihnen vergesellschafteten Pflanzen unbewußt angedeihen lassen. Auf stark beweideten Bergtriften wird man junge Fichten, Föhren, Lärchen nicht selten von einem schützenden Juniperuskranz eingehegt finden. Es ist auffällig, wie in den von Hunderttausenden von Schafen bevölkerten Ebenen zwischen Oudjda und Taourirt (Ostmarokko) die letzten baumartigen Überreste der *Pistacia atlantica* in das undurchdringliche Stachelgeflecht des Judendorns zurückgedrängt sind.

Die Gruppe der Pflanzenschützlinge ließe sich leicht vergrößern. Sie stehen auf der letzten Abhängigkeitsstufe; aber auch bei ihnen können sich Gegenseitigkeitsbeziehungen zwischen Schützling und Schützer herausbilden, so etwa, daß der Schützling die Bodenverhältnisse zugunsten oder ungunsten des Schützers verschiebt (durch Torfmoosinvasion versumpfende Wälder; Rohhumusbildung der Waldbodendecke, welche die natürliche Verjüngung erschwert; oder aber Schaffung günstiger Feuchtigkeitsbedingungen für die Keimlinge durch eine Feinerde- oder Moosschicht). Nach SUKATSCHEW (Esquisses phytosociologiques I, 1921) sollen in den Urwäldern am Baikalsee die Moose *Pleurozium schreberi* und *Hylocomium proliferum* stellenweise derart überhandnehmen, daß die natürliche Verjüngung unterbunden und der Wald zur moosreichen Zwergstrauchgesellschaft mit *Ledum palustre* umgewandelt wird. Demgegenüber ist allerdings zu bemerken, daß die mächtigen *Pleurozium schreberi*- und *Hylocomium proliferum*-Decken der subalpinen Wälder dem Aufkommen des *Pinus cembra*-Waldes keineswegs schädlich sind, sondern es im Gegenteil begünstigen, wogegen sie Keimung und Gedeihen der Lärche verhindern. Sie befördern durch Rohhumusbildung die Bodenversauerung und Podsolierung und schaffen sich so eine ganz bestimmte, artenarme Begleitflora.

Welche Bedeutung der Wirkung stofflicher Ausscheidungen, besonders durch die Wurzeln, für das Zusammenleben der Pflanzen zukommt, ist noch wenig geklärt (s. Allelopathie, S. 593).

Auf gegenseitiger Begünstigung beruht das Zusammenleben von Strauchflechten und Zwergstrauch im *Loiseleurio-Centrarietum* an Windecken der Alpen und Pyrenäen.

Der *Loiseleuria*teppich widersteht stärkster Windwirkung selbst an wintersüber schneefreien Stellen. In seinem Geflecht sind die Strauchflechten fest verankert. Indem sie aber den Strauchteppich um mehrere Zentimeter überragen, decken und schützen sie die wintergrünen Blattsprosse vor der Abrasion durch die schleifenden Schneekristalle. *Loiseleuria* ermöglicht die Flechtenvegetation, welche ihrerseits den Zwergstrauch vor dem Windangriff schützt. Ein drastisches Beispiel gegenseitiger Schutzwirkung an den äußersten Grenzen des Lebens (Abb. 5).

Abhängigkeitsverbindungen spielen im Leben der Pflanzengesellschaften zwar eine wichtige, wenn auch nicht die entscheidende Rolle.

Diese fällt vielmehr der zweiten Hauptform des Zusammenlebens, dem Kommensalismus zu.

Kommensalverbindungen. Nach VAN BENEDEN versteht man unter „Kommensalen" Organismen, die getrennt in den Wettbewerb eintreten und deren Zusammenleben darauf beruht, daß sie sich gleichzeitig die verschiedenartigen Lebensmöglichkeiten, die ein bestimmter Standort bietet, zunutze machen. „Le commensal est simplement un compagnon de table." Die Beziehungen zwischen den einzelnen Kommensalen beruhen auf dem Kampf um Raum, Licht und Nahrung. Der Konkurrenzkampf spielt sich zwischen gleichartigen Kommensalen ab, bei den Individuen der gleichen Art, oder wenn verschiedene Arten in ihren Lebensansprüchen nahezu oder völlig übereinstimmen. Oder aber die Tafelgenossen machen verschiedenartige Ansprüche, sei es, daß sie verschiedene Nährstoffe bevorzugen, sei es, daß ihre Organe verschiedene Boden- oder Luftschichten ausnützen. In diesem Falle haben wir es mit ungleichartigen Kommensalen zu tun.

Abb. 5. Strauchflechten im Schutz des *Loiseleuria*-Teppichs an windgefegten Stellen in den Ostpyrenäen, 2400 m (Aufn. TCHOU u. BR.-BL.)

Die niedrigst organisierten Pflanzengesellschaften (Plankton, manche Flechten- und Moosgesellschaften) bilden eine Tafelrunde gleichartiger Kommensalen. Alle hochorganisierten Gesellschaften dagegen sind aus ungleichartigen Kommensalen zusammengesetzt. Nur sie vermögen die Lebensmöglichkeiten eines Standorts voll auszuwerten. Die Kleinstrauch-, Moos- oder Flechtendecke eines Waldes bezieht ihre Nahrung aus den obersten und mittleren, die Baumschicht aber aus den tieferen

Abb. 6. Wasserkonkurrenz: *Anabasis aretioides* in der Wüstensteppe bei Ain Chair, Südalgerien (Aufn. DAGUIN)

Abb. 7. Raumkonkurrenz: *Juniperus nana*, vom Felsrand her die Silikatflechtenassoziation überwachsend. Granitrücken am Pic Carlitte, 2400 m, Ostpyrenäen (Aufn. BR.-BL. u. H. MEYER)

Bodenhorizonten, wo ihre Wurzeln mit niedrigstehenden Organismen in Kontakt kommen.

Kommensalismus bedingt den Wettbewerb, und dieser ist naturgemäß um so heftiger, je enger die Lebensansprüche der einzelnen Kommensalen zusammenfallen und je günstiger die äußeren, abiotischen Verhältnisse dem Pflanzenleben sind. Er ist aber selbst bei den offenen Pflanzengesellschaften der Wüstensteppen und alpiner Felsspalten- und Geröllstandorte nicht aufgehoben (Abb. 6, 7).

Soweit der Kampf um Keimplatz, Wuchsraum, Licht, Nahrung oder Schutz noch nachweisbar ist, soweit reicht auch der Wettbewerb, soweit kann von gesellschaftlichem Leben gesprochen werden (s. Kapitel ,,Wettbewerb", S. 562).

Zweiter Abschnitt

# Die grundlegenden Vegetationseinheiten, ihr Gefüge und ihre Erfassung

## I. Artengefüge und floristische Anordnung der höheren Pflanzengesellschaften

### A. Floristische Strukturanalyse

**Historische Entwicklung.** Der Ursprung des Begriffs Pflanzengesellschaft reicht weit zurück. Pflanzengesellschaften im weitesten Sinne kannten auch die vorlinnéischen Botaniker, und schon LINNÉ spricht von Pineta, Fruticeta usw., aber erst im Verlaufe des letzten Jahrhunderts gelangte man zur schärferen Fassung und Umschreibung der Gesellschaften. Hierzu haben vor allem die in Gebirgsländern tätigen Forscher, ein HEER, LECOQ, SENDTNER, LORENZ, KERNER, SCHRÖTER beigetragen. Einen anschaulichen Überblick über die Frühentwicklung der Pflanzensoziologie gibt RÜBEL (1920).

Die erste Fassung und Einteilung der Pflanzengesellschaften auf standörtlicher Grundlage geht auf HEER (1835) und auf SENDTNER (1854) zurück. In seinem monumentalen Werk über die Vegetationsverhältnisse Südbayerns gibt SENDTNER eine Einteilung der Vegetation nach Standorten, die sich lange erhalten hat, wofür unter anderem das WARMING-GRÄBNERsche Lehrbuch der ökologischen Pflanzengeographie (1918) Zeugnis ablegt. Nach den Standortsverhältnissen werden darin eine Reihe von Vegetationstypen und Untertypen auseinandergehalten.

WARMING-GRÄBNER unterscheiden unter anderem die Vegetation der Salzsümpfe, der Strandfelsen, der halophytischen Landvegetation, des Strandgerölls, des losen, salzigen Bodens usw.

Eine Fortentwicklung der Vegetationseinteilung brachte das ökologisch-physiognomische System von BROCKMANN-JEROSCH und RÜBEL, welchem RÜBEL (1930) seine Übersicht der Pflanzengesellschaften der Erde einordnete.

Die floristische Anordnung der Gesellschaften (BR.-BL. 1915) führte einen großen Schritt weiter und gab der Systematisierung der Vegetationseinheiten neuen Impuls, ohne die physiognomischen Einteilungen auszuschalten.

**Standort und Pflanzengesellschaft.** Unter Fundort, Wuchsort, Wuchsstelle ist die geographisch umschriebene Örtlichkeit des Vorkommens zu verstehen, unter Standort die Gesamtheit der auf die Gesellschaft einwirkenden Außenfaktoren (Standortsfaktoren).

Eine Pflanzengesellschaft kann an vielen Fundorten vorkommen, sie gedeiht aber meist nur an einem ganz bestimmten, ökologisch charakterisierbaren Standort.

Aus dieser Erwägung entsprang das fortgesetzte Bemühen, die Standorte gegeneinander abzugrenzen. Man hoffte dadurch zu einer Umschreibung und Einteilung der Pflanzengesellschaften selbst zu gelangen, eine Erwartung, die sich indessen als irrig erwiesen hat.

Je schärfer das Standortsproblem zu umschreiben versucht wird, desto verschlungener und komplizierter gestaltet sich seine Auslegung. Die wirksamen Außenfaktoren sind so mannigfach und so veränderlich, die möglichen Kombinationen so vielfältig, die Übergänge so häufig, daß die Fassung und eindeutige Abgrenzung der Standorte sehr erschwert ist. Dazu kommt, daß Standort und Pflanzengesellschaft nicht eine einfach umkehrbare Funktion darstellen, schon deshalb nicht, weil ja die Flora eines Gebietes in erster Linie das Ergebnis von Zuwanderung und florengeschichtlicher Artenauslese ist.

Der Standort ist die Tafel, an der die Gesellschaftsglieder speisen, und wie es Arten gibt, die zu ihrem Vorkommen ganz bestimmter, eng umschriebener Standortsbedingungen benötigen, so gibt es weniger wählerische, und solche, die mit den verschiedenartigsten Standorten vorliebnehmen, wenn auch von eigentlichen Standortsubiquisten nicht gesprochen werden kann.

Die Pflanzengesellschaften reagieren vielfach weniger auf einen bestimmten Faktor als auf den Faktorenkomplex, der den Standort charakterisiert.

Aber wie Sjörs (1948, S. 287) bemerkt, ist die ökologische Amplitüde der Gesellschaft in der Regel enger als jene der meisten Arten, die sie zusammensetzen.

**Einteilungsmöglichkeiten.** Die Fassung und Abgrenzung der Vegetationseinheiten kann nach den verschiedensten Gesichtspunkten vorgenommen werden (Br.-Bl. 1955), indessen haben sich bisher nur zwei Einteilungen als durchführbar erwiesen:

1. Die Einteilung nach der Physiognomie der Vegetationseinheiten, die auf bestimmten Lebensformenverbindungen beruht.

2. Die Einteilung nach der floristischen Zusammensetzung, dem Artengefüge der Gesellschaften.

In Tropengebieten, deren floristisch-systematische Durcharbeitung noch lange nicht abgeschlossen ist, kommt eine auf floristischer Basis beruhende Vegetationsgruppierung selten in Frage.

Hier muß man sich meist mit einer weitgefaßten physiognomisch-ökologischen Schilderung auf geomorphologischer Grundlage begnügen.

Die Lebensformensystematik ermöglicht eine physiognomisch-ökologische Charakterisierung der Pflanzenbestände, dagegen vermögen Lebensformengruppierungen, wie alle auf den Arteninhalt verzichtenden Einteilungen, den Anforderungen einer logisch befriedigenden Systematisierung nicht zu genügen.

**Floristische Gesellschaftssystematik.** Die floristische Gesellschaftssystematik, wie sie heute in Gebieten, deren Flora hinreichend bekannt ist, betrieben wird, geht typisierend vor; sie stellt die floristisch gleichartigen Abschnitte der Pflanzendecke zusammen. Diese oft weit auseinanderliegenden gleichartigen Vorkommnisse (Vegetationsflecke) werden zum floristisch einheitlichen Typus vereinigt, welcher den Rahmen für alle weiteren pflanzensoziologischen Untersuchungen abgibt. Je einheitlicher die zum Typus zusammengeschlossenen Einzelvorkommnisse sind, je öfter sie im Gelände wiederkehren, und je mehr Vegetationsaufnahmen davon vorliegen, desto besser verankert ist der Typus.

**Kristallisationspunkte der Pflanzengruppierung.** Eine didaktische Behandlung der Pflanzensoziologie als Wissenschaft verlangt mit der Analysierung die systematische Abgrenzung der als Gesellschaftseinheiten erkannten Vegetationsausschnitte oder Typen, denn es ist notwendig zu wissen, worauf sich die Beobachtungen und Einzeluntersuchungen irgend welcher Art beziehen und wie weit sie der Verallgemeinerung zugänglich sind.

„Die Einzelerscheinung entspricht nie in allen Einzelheiten dem Typus"... „Aber wollen wir die Natur überhaupt wissenschaftlich bewältigen, so müssen wir typisieren" (THIENEMANN zit. in TÜXEN 1955).

Die unter sich mehr oder weniger übereinstimmenden Vegetationsausschnitte, unsere Aufnahmen, die Kristallisationspunkte des Zusammenlebens der Pflanzen, bilden das Grundgerüst der Vegetationssystematik. Sie werden am besten mit dem neutralen Ausdruck Vegetationstypen bezeichnet. Im Mosaik des Pflanzenteppichs treten sie oft schon visuell als deutlich umgrenzte Einheiten hervor. Sie wechseln ab mit Pflanzengruppierungen, die als Durchdringungen, Verarmungen, oder auch als einmalige Zufallserscheinungen aufzufassen sind.

**Artengefüge.** Das einzige objektiv faßbare Ausgangsmaterial für die Gesellschaftssystematik liegt in der gesellschaftsbildenden Substanz selbst, in den Artindividuen. Sie sind die letzten atomistischen Bausteine der Vegetationsgliederung und damit der Pflanzengesellschaften, die auf den Vegetationsaufnahmen beruhen und die durch den Artenbestand gekennzeichnet sind.

Die zum Gesellschaftstyp vereinigten pflanzensoziologischen Aufnahmen haben den enormen Vorteil, daß aus ihnen gewissermaßen automatisch Aussehen, Entwicklungsgrad, Konkurrenzverhältnisse, Verbreitungsareal und andere Eigenschaften der Gesellschaft herauszulesen sind. Der statistisch-mathematischen Behandlung floristisch abgegrenzter Vegetationseinheiten steht kein Hindernis entgegen.

**Gesellschaftsstruktur.** Das strukturelle Gesellschaftsstudium befaßt sich mit der Gruppierung und soziologischen Wertbemessung der Arten innerhalb der Gesellschaft und ihrer Zusammensetzung nach Lebensformen.

Da aber die Pflanzengesellschaft keine festgefügte organische Ganzheit und nicht ohne weiteres gegeben ist, und auch ihre Grenzen öfter verwischt erscheinen, bereitet diese Aufgabe manche Schwierigkeiten.

Im Laufe der Jahre hat sich indessen eine verfeinerte Technik des Aufnahmeverfahrens herausgebildet, die es ermöglicht, auch schwach charakterisierte Vegetationseinheiten zu erkennen und zu umschreiben. Es ist aber nie außer acht zu lassen, daß es sich um äußerst komplexe, wenig stabile Naturgebilde handelt, die der exakten Zahl kaum zugänglich sind.

„Je schärfer aber ein komplexes Studienobjekt begrifflich durchdacht und formuliert wird, um so klarer ergeben sich die der Forschung harrenden Probleme. Die stete Verfeinerung der Begriffe ist Voraussetzung für die Weiterentwicklung einer Wissenschaft; sie ist Vorbedingung für die klare theoretische und experimentelle Stoffbehandlung und für die systematisierende Einordnung der mannigfachen, so überaus komplizierten Naturobjekte. Erst durch die genaue Begriffsumschreibung wird ein Wissensgebiet mitteilbar. Es entsteht damit die Möglichkeit der Lehre, der fruchtbaren Diskussion und der konstruktiven Kritik“ (Pallmann 1947).

**Bedeutung der Art für das Studium der Gesellschaftseinheiten.** In der Art verkörpern sich ganz bestimmte Anpassungen und Lebensbedingungen, daher die Arten bekanntermaßen auch ausgezeichnete Zeiger bestimmter Lebensverhältnisse darstellen. Die feinsten Zeiger sind freilich oft nicht die „guten“ linnéischen Arten, sondern die Kleinarten oder Rassen und die „Ökotypen“ im Sinne Turessons, wegen ihres enger umschriebenen Lebensbereiches und ihrer ökologisch und soziologisch meist schärferen Spezialisierung.

Die Kenntnis der Art vermittelt oft auch ohne weiteres das Bild der sie verkörpernden Lebensform.

Sichere Artenkenntnis ist daher das erste und unumgängliche Erfordernis des Pflanzensoziologen; floristische Vegetationsstudien ohne hinreichende Artenkenntnis sind wissenschaftlich wertlos. Das Ziel dieser Studien ist ja gerade, die Bedeutung der Art und ihrer Lebensform im Gesellschaftsverband und die Gesetzmäßigkeiten festzulegen, die das Zusammenspiel der Organismen in der Gesellschaft regeln. Es kommt nicht von ungefähr, wenn zur scharfen Umschreibung der pflanzensoziologischen Einheiten die floristische Zusammensetzung in den Vordergrund gerückt wird.

Die floristisch gefaßten Gesellschaften erlangen ohne weiteres auch einen geographischen und florengeschichtlichen Inhalt, weil durch die sie zusammensetzenden systematischen Sippen (Unterarten, Arten und Gattungen) auch verbreitungs- und florengeschichtliche Beziehungen aufgedeckt werden.

Der ökologische Aussagewert der Einzelarten ist namentlich von Schröter (Bodenanzeigende Pflanzen, 1910), Clements (Plant indicators 1920), Ellenberg (1950), Dahl (1956) und Jes Tüxen (1958) (Unkräuter) behandelt worden.

Die besten Zeiger der Standortverhältnisse sind jedoch nicht die Einzelarten, sondern die in Gemeinschaft lebenden Tafelgenossen, die bald enger, bald weiter gefaßten Pflanzengesellschaften.

Von der Pflanzengesellschaft kann auf den Standort geschlossen werden; der floristischen Vegetationseinheit entspricht eine ökologische, eine standörtliche Einheit.

Schließlich ist die Gesellschaft genetisch gekennzeichnet durch Arten, die an ihrem Aufbau beteiligt sind, solche, die sie erhalten helfen und andere, die ihren Abbau bedingen. Die taxonomische Einteilung ist also im Prinzip wohl floristisch, aber ihre Einheiten entsprechen auch historisch-genetisch, geographisch und ökologisch umschriebenen Gruppen.

Die Artengruppierungen, mit welchen es die Pflanzensoziologie in erster Linie zu tun hat, werden als Assoziationen bezeichnet.

**Geschichtliches zur Vegetationseinheit.** Der Terminus Assoziation (association), erstmals von A. von Humboldt (1807) gebraucht, hat am Botanikerkongreß von Brüssel 1910 auf Vorschlag von Flahault und Schröter seine offizielle Sanktion als grundlegende Vegetationseinheit erhalten.

Die einstimmig angenommene Resolution lautet:

„Eine Assoziation ist eine Pflanzengesellschaft von bestimmter floristischer Zusammensetzung, einheitlichen Standortsbedingungen und einheitlicher Physiognomie."

Mit der Annahme dieser Definition ist ein wichtiger Schritt zur Verselbständigung der Pflanzensoziologie als Wissenschaft vollzogen worden. Er hat sich nach zwei Seiten hin fruchtbar ausgewirkt.

Die Bedeutung der floristisch gefaßten Vegetationseinheit kommt der exakten Vegetationsbeschreibung zugute, und indem die Assoziation zur Grundeinheit gestempelt wird, öffnet sich auch die Möglichkeit einer einwandfreien Klassifizierung der Vegetationseinheiten.

Es muß aber immer wieder betont werden, daß die Assoziation, wie die Art der Sippensystematik, eine abstrakte Einheit darstellt, einen Typus, hervorgegangen aus der Synthese zahlreicher gleichartiger Einzelbestände (Aufnahmen, stands). Jeder Einzelbestand, jede Aufnahme, verkörpert eine konkrete pflanzensoziologische Einheit.

Aber so wenig als die Individuen einer Art der Sippensystematik, so wenig stimmen die Einzelbestände einer Assoziation völlig überein; auch stellt die Assoziation durchaus nicht die kleinste unterscheidbare soziologische Einheit dar; ihr untergeordnet sind die Subassoziationen, Varianten, Fazies.

Als grundlegende Vegetationseinheit hat sich der Terminus „Assoziation" weil dringend erforderlich, im geobotanischen Sprachgebrauch, rasch eingebürgert, dagegen blieb man über den Sinn des Begriffs noch jahrzehntelang im unklaren; die vieldeutige Forderung nach der „bestimmten floristischen Zusammensetzung" fand verschiedenartigste Auslegungen.

**Botanikerkongreß von Amsterdam.** Zu einer vorläufigen Bereinigung kam es am internationalen Botanikerkongreß in Amsterdam (1935) durch den einstimmig angenommenen Antrag, den Namen Assoziation insbesondere den durch Charakter- und Differentialarten (Kenn- und Trennarten) gekennzeichneten Vegetationseinheiten vorzubehalten. Dadurch wurde der Treuebegriff in der Assoziationsdefinition verankert und gleichzeitig einer allzuweit gehenden Aufsplitterung der Grundeinheit Grenzen gesetzt.

Die möglichen Verbindungen der Pflanzenarten sind ja unendlich. Wollte man jeder in der Natur verwirklichten Verbindung den Begriffsinhalt eines Typus beilegen, so müßte dies zur maßlosen Zersplitterung der Vegetationseinheiten führen. Bei Wiesengesellschaften hätte man streng genommen jedes Quadrat von 0,25 qm als eine besondere Einheit aufzufassen (Regel 1921, S. 51; Osvald 1923, S. 151).

Im Hinblick auf die Kryptogamengesellschaften schreibt Barkman (1958, S. 309):

„One has only to look at the publications by Amann, Gams (1927), Mattick (1937) or Degelius (1939) to see what a chaotic mass of sociations results. Besides, each of these authors only dealt with a small area in Europe, in a continent where epiphytic vegetation is comparatively poor. One can hardly imagine what the issue would be if the method were applied to whole Europe, let alone N-America, E-Asia, or the tropical regions."

**Kongreß von Stockholm.** Am Botaniker-Kongreß in Stockholm (1950), der einen Ausgleich zwischen den bis dahin divergierenden Schulen von Uppsala und Zürich-Montpellier brachte, wurde die Wünschbarkeit der Zusammenfassung floristisch verwandter Assoziationen zu übergeordneten Einheiten, Verbänden, Ordnungen, Klassen offiziell anerkannt.

In der lebhaft geführten Diskussion wies Nordhagen mit Recht darauf hin, daß das sogenannte „floristische System" weit mehr als bloß den floristischen Charakter der Gesellschaft zum Ausdruck bringt, da ja die Arten nicht nur als systematische Größen, sondern auch als ökologische Zeiger in den Gesellschaftsmechanismus eintreten.

Die floristisch gefaßten Vegetationseinheiten sind auch ökologisch, dynamogenetisch, chorologisch und historisch zu untersuchen und abzugrenzen.

**Kongreß von Paris.** Diesem Umstand wird die am Pariser Kongreß (1954) von Guinochet, Lebrun und Molinier eingebrachte Definition der Pflanzensoziologie gerecht. Sie lautet:

„La phytosociologie est l'étude des communautés végétales du point de vue floristique, écologique, dynamique, chorologique et historique."

Mit der Annahme dieser Formulierung wurde der Begriff auf breiteste Grundlage gestellt. Selbstverständlich muß die Gesellschaft, um ökologisch, dynamisch, chorologisch und historisch erfaßt und untersucht werden zu können, vorerst floristisch abgegrenzt und durch Kenn- und Trennarten unterschieden sein.

**Richtlinien.** Die folgenden Grundzüge der Artengruppierung sind allgemeine Richtlinien, bestimmt, das floristische Gefüge der Pflanzengesellschaften nach einheitlichen Gesichtspunkten zu fassen, zu untersuchen und zu ordnen, das scheinbare „floristische Chaos" der synökologischen, syngenetischen und synchorologischen Untersuchung zugänglich zu machen und in ein System zu bringen, welches einen klaren Überblick über die Pflanzengesellschaften der Erde ermöglicht.

Die strukturellen Gesellschaftsprobleme, die Land- und Forstwirtschaft stellen, bilden einen Fragenkomplex für sich, der hier nur soweit angeschnitten werden kann, als damit allgemein pflanzensoziologische Strukturstudien im Zusammenhang stehen. Auf die besonderen Methoden der Grünland- und Waldwirtschaft, über die eine sehr umfangreiche Bücherei vorliegt, kann daher nur in besonderen Fällen Bezug genommen werden. Es hat übrigens den Anschein, als ob sich die Vertreter dieser Wissenszweige mehr und mehr bestrebten, ihre speziellen Methoden pflanzensoziologisch zu unterbauen oder sie doch mit der pflanzensoziologischen Forschung in Einklang zu bringen.

## B. Floristische Gesellschaftsaufnahme

**Floristische Merkmale.** Der pflanzensoziologischen Analyse unmittelbar zugänglich und an jeder Pflanzensiedlung, an jedem Einzelbestand, feststellbar sind folgende konkrete, auf die Arten bezügliche Gesellschaftsmerkmale:

a) Merkmale quantitativer Natur

Individuenzahl (Abundanz) und Dichtigkeit.
Deckungsgrad, Raum und Gewicht (Dominanz).
Häufungsweise (Soziabilität) und Verteilung.
Frequenz.

b) Merkmale qualitativer Natur

Schichtung.
Gedeihen (Vitalität und Fertilität).
Periodizität.

So einfach die Zergliederung des Vegetationsgefüges auf den ersten Blick erscheint, so schwer hält es, hierfür allgemein gültige Richtlinien zu ziehen. Einmal schließen die verschiedenen Vegetationsformen eine gleichartige Behandlung von vornherein aus, sodann zerfließen auch die genauesten Zählungen und Messungen an Einzelbeständen bei ihrer Zusammenfassung zur abstrakten Einheit, der Assoziation. Als allgemeine Regel mag die Empfehlung dienen: „Man messe und zähle, was meß- und zählbar ist, bleibe sich jedoch der Relativität der erhaltenen Zahlen stets bewußt.“ Nicht selten ergibt bloße Schätzung bessere Resultate als genaueste Zählung und Messung. Im einzelnen muß das Taktgefühl des Forschers entscheiden, wie die Teilanalyse eines bestimmten Vegetationsflecks am zweckmäßigsten zu gestalten ist, und welche Gesellschaftsmerkmale unter den gegebenen Umständen eine erfolgversprechende Untersuchung gestatten. Die Analyse hat sich in erster Linie nach dem verfolgten Ziel zu richten und wird deshalb eine wiesenbauliche Untersuchung Wert auf Merkmale legen, die für syngenetische, synsystematische oder synchorologische Fragen unwesentlich sind.

Die Gesellschaftsanalyse hat sich an der höheren Vegetation entwickelt. Unsere Ausführungen beziehen sich daher zunächst auf Wurzler- und einige Haftergesellschaften. Die Analyse der Kryptogamengesellschaften ist einem besonderen Abschnitt zugewiesen.

**Auswahl der Aufnahme- oder Probeflächen.** Die Analyse einer Pflanzensiedlung kann Selbstzweck sein. Wird sie mit der Absicht verbunden, die Aufnahme soziologisch auszuwerten und ihre Assoziationszugehörigkeit festzustellen, so erlangt die Auswahl der Probeflächen ausschlaggebende Wichtigkeit.

Wenn ASHBY (l. c.) schreibt: „When the ecologist stops his car and decided he has reached a suitable place for throwing quadrats on a community, he has already performed the major act of classification and he has performed it subjectively. Any subsequent quantitative analysis only elaborates and possibly obscures, the original subjective decision", so trifft dies nur sehr bedingt zu, denn das Transportmittel kommt nur soweit in Frage, als es zur Beförderung in das Gelände dient.

Abb. 8. Einheitlicher (homogener) Vegetationsfleck. Trollius-Wiese im Malla-Naturpark, Enontekio, Finnland (Aufn. KALLIOLA)

Einmal draußen, ist der Weg unter die Füße zu nehmen, denn nur so läßt sich in aller Genauigkeit das offene Buch der Natur entziffern. Vorerst hat man sich mit den feineren Einzelheiten der Landschaft und mit ihrem allgemeinen Vegetationscharakter vertraut zu machen. Je vielgestaltiger das Relief, um so einprägsamer das Bild der den Standortsunterschieden entsprechenden Fragmentierung des Pflanzenteppichs.

Aufnahmeflächen werden zu Beginn am besten dorthin verlegt, wo deutlich erkennbare Standortsunterschiede mit bestimmten Pflanzengruppierungen zusammenfallen. Bei der Auswahl dieser Typen können ökologische, chorologische, sukzessionistische, biotische Faktoren mitspielen, soweit sie in der Artenzusammensetzung zum Ausdruck kommen. Dabei ist aber streng darauf zu achten, daß die Aufnahmeflächen standörtlich und floristisch gleichartig sind. Uneinheitliche Mischungen werden vorderhand ausgeschaltet (Abb. 8, 9).

Die Anwendung statistischer Methoden zur Feststellung des Homogenitätsgrades der Aufnahmeflächen erübrigt sich; sie bedeuten Zeitverlust.

**Umfang der Probefläche.** Der Umfang der Probefläche richtet sich nach der aufzunehmenden Gesellschaft. Was bei Kleinsiedlungen, wie den Epiphytengesellschaften unserer Bäume, oder bei manchen hochalpinen Rasengesellschaften selbstverständlich und ohne weiteres gegeben ist, die Aufnahme der ganzen einheitlichen Siedlung, wird sehr er-

Abb. 9. Ausgedehnter Einzelbestand des *Gaudinio-Arrhenatheretum* im Frühjahrsaspekt mit *Narcissus poeticus* bei Lattes, Südfrankreich (Aufn. KLIKA u. BR.-BL.)

schwert, sobald wir vor einer weiten Wald-, Strauch- oder Wiesengesellschaft stehen. Ist die einheitliche Siedlung zu ausgedehnt und unübersichtlich, so muß man sich mit Vegetationsausschnitten begnügen. Sollte sich, was praktisch selten zutrifft, ein mehr oder weniger homogener Einzelbestand unverändert über eine schwer übersehbare Fläche erstrecken, so kann derselbe zur soziologischen Untersuchung in eine Anzahl Teile zerlegt werden, deren jeder die vollständige Artenverbindung der Gesellschaft einschließt. Für manche ökologische und syngenetische Untersuchungen ist die Aufnahme eines möglichst großen Teiles der einheitlichen Fläche notwendig. Um nur ein Beispiel anzuführen, sei auf das *Seslerio-Semperviretum* der Zentralalpen verwiesen (Abb. 10), das sich auf basischen oder neutralen Böden einstellt und sie durch

Humusanreicherung, verbunden mit Auslaugung, in mäßig saure Böden überführt. Untrügliche Zeiger dieses Versauerungsprozesses sind die im Laufe der Versauerung sich einstellenden und ganz allmählich mehrenden azidophilen Zeigerarten (s. S. 621). Dieser Vegetationswandel kann nur erkannt und richtig gedeutet werden, wenn der einheitliche Vegetationsfleck in seiner Ganzheit floristisch untersucht wird. Teilflächen reichen oft nicht hin, die besonders in den Frühstadien des

Abb. 10. *Seslerio-Semperviretum* am Piz d'Esen, Engadin, 2300 m (Aufn. SIGMOND, Exkurs. S. I. G. M. A.)

Entwicklungsganges sehr spärlich und zerstreut wachsenden azidophilen Zeiger mit einzubeziehen, geschweige denn, ihren soziologischen Wert zu erkennen (s. auch ALECHIN 1925). Je größer der Artenreichtum und je artenreicher die Gesellschaft, um so weniger darf man sich mit der Aufnahme einer beschränkten Zahl kleiner, willkürlich abgegrenzter Vegetationsausschnitte begnügen.

Um den Anforderungen nach Genauigkeit und Vollständigkeit gerecht zu werden, empfiehlt es sich, vorerst eine kleine Probefläche (bei Rasengesellschaften etwa 1 oder 4 qm) aufzunehmen. Alle vorhandenen Arten werden nebst Menge- oder Deckungsgrad, Soziabilität usw. notiert. Hierauf verdoppelt man die Probefläche und fügt der ersten Liste die neu hinzukommenden Arten an. Sodann werden, immer unter der Voraussetzung einheitlicher Vegetation, größere Flächen (am besten 10, 20, 50 oder 100 qm) so abgegrenzt, daß die schon aufgenommenen Flächen hineinfallen. Die Aufnahmen dieser Flächen gestalten sich verhältnismäßig

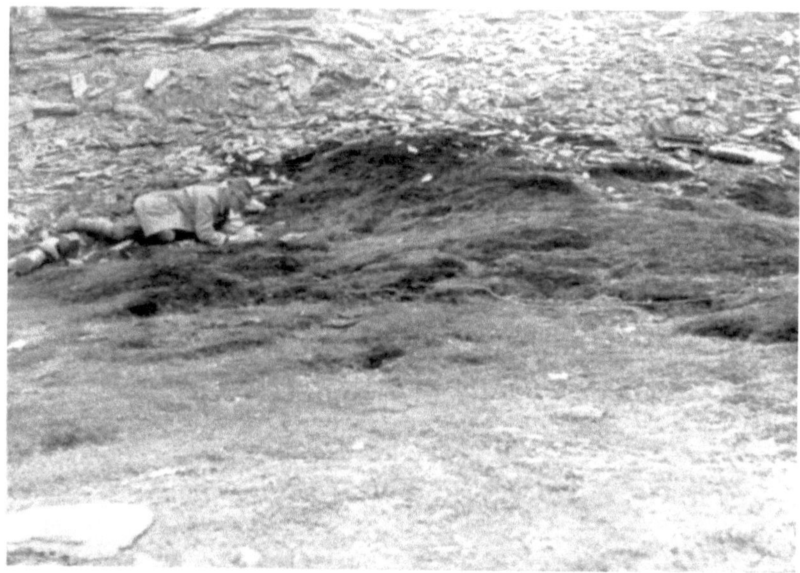

Abb. 11. Scharf begrenzter Einzelbestand des *Polytrichetum sexangularis* auf Schneeböden am Bernina, 2450 m (Aufn. J. KLIKA)

einfach, da in der Regel nur wenige neue Arten der Gesamtliste anzufügen sind. Etwaige Änderungen im Mengenverhältnis, der Soziabilität usw. einzelner Arten gegenüber der erstaufgenommenen Kleinfläche sind anzugeben. Schließlich bleiben zur Vervollständigung die außerhalb der abgegrenzten Probefläche im gleichartigen Einzelbestand vorkommenden Arten festzustellen. Bei diesem Vorgehen werden mit geringstem Zeitaufwand mehrere verschieden große, genau begrenzte Flächen analysiert, gleichzeitig gewinnt man die vollständige Artenliste der einheitlichen Siedlung.

Auf diese Weise gelangt man zu einer ersten provisorischen Aufteilung des Pflanzenteppichs in Vegetationstypen, die nun, jeder Typus für sich, weiter zu verfolgen und auszubauen sind.

Es kann vorkommen, daß eine einzige Aufnahmefläche derart von allen übrigen abweicht, daß über ihre Einzigartigkeit von vornherein kein Zweifel besteht, da sie Arten enthält, die in keiner anderen Aufnahme wiederkehren (Kennarten). In der Regel sind diese Flächen auch mehr oder weniger deutlich abgegrenzt. Es handelt sich um „gute" Assoziationen im Sinne von Du Rietz, vor allem wenn sie anderwärts übereinstimmend wiederkehren.

**Abgrenzung der Gesellschaften.** Die Kartierung der Pflanzengesellschaften nötigt zur Abgrenzung der Gesellschaftseinheiten. Wo durch die menschliche Tätigkeit, verschiedenartige Bodenbearbeitung, Bewässerung, Düngung usw. deutliche Vegetationsgrenzen gezogen sind, bietet dies keine Schwierigkeiten. Äußerst scharfe Grenzen existieren auch dort, wo zwei oder mehrere Bodentypen oder Bodenunterlagen zusammentreffen, wie dies in Gebirgsländern und Trockengebieten öfters der Fall ist. Auch einschneidende Grundwasser- oder Reliefunterschiede (Windeinfluß) bedingen vielfach scharfe Vegetationsgrenzen (Abb. 11, 12).

Abb. 12. Grundwasserbedingtes, scharf begrenztes *Nerio-Tamaricetum* in einem marokkanischen Wadi (Aufn. Daguin, s. Br.-Bl. u. de Bolós 1957)

Es verbleiben immerhin zahlreiche Gesellschaften, die nicht scharf abgegrenzt, sondern durch Übergänge untereinander verbunden sind, besonders dann, wenn sich allmähliche Standortsänderungen über größere Flächen ausdehnen.

In stark anthropo-zooisch beeinflußten Gebieten können sie unter Ausschluß der Typen als Zufallsmischungen und Durchdringungen große Flächen einnehmen.

Übergänge der einen in eine andere Gesellschaft werden am besten durch Quadrat-Transekte (nicht durch Linientransekte) dargestellt. Die für den Transekt gewählte Quadratgröße richtet sich nach der zu untersuchenden Assoziation. Bei Waldassoziationen sind Quadrate von 100 qm angezeigt, bei Wiesengesellschaften solche von 1,2 oder 4 qm.

**Aufnahmeverfahren.** Ist man über die Aufnahmefläche im klaren, so werden am besten rechtwinkelig begrenzte Probeflächen aufgenommen, deren Größe leicht festzustellen ist. Fehlen hinreichend homogene, rechtwinkelige Flächen, herrscht Treppenstruktur (Abb. 10) oder ist der Vegetationsteppich mit Steinen übersät oder durch Rasenlücken unterbrochen, so wird man sich meist mit annäherungsweiser Schätzung des Umfangs der gleichartigen Probefläche begnügen müssen. Man verfehle aber in keinem Falle, auch den prozentischen Anteil der vegetationsfreien oder von fremden Vegetationsfragmenten bedeckten Fläche und den Gesamtumfang des einheitlichen Einzelbestandes anzugeben. Bei deutlich geschichteten Gesellschaften sind Abundanz, Deckung und Soziabilität für jede Schicht getrennt zu schätzen.

**Aufnahme wurzelnder und haftender Gesellschaften.** Zu einer vollständigen Aufnahme gehören:

1. Datum, Bezeichnung der Lokalität nebst Höhenangabe, Exposition, Bodenneigung, geologischer Unterlage. Die Aufnahmestelle wird mit Vorteil auf einer Detailkarte mit Nummer eingetragen.

2. Nähere Standortskennzeichnung, Größe der Aufnahmefläche (und des homogenen Einzelbestandes), Bodenprofil oder wenigstens Bodentiefe, Bodenfeuchtigkeit, Grundwasserstand, Wurzelverhältnisse. Proben zur chemischen und physikalischen Untersuchung werden mitgenommen.

3. Menschliche Beeinflussung, deren Dauer und Wirkung. Bearbeitung, Düngung, Mahd, Bewässerung, Beweidung, Brand, Schlag usw. Sichtbare Regen-, Wind-, Schnee-, Frost-, Dürrewirkung. Allgemeine Feuchtigkeitsverhältnisse.

4. Deckungsgrad und Höhe der verschiedenen Vegetationsschichten; bei Waldgesellschaften Alter und Höhe der Bäume, Beastungshöhe, mittlerer Stammdurchmesser, forstliche Bonität und, wo angezeigt, Alter der Holzpflanzen. Vorkommen und Verteilung abhängiger Gesellschaften (Epiphyten).

5. Artenliste nach Schichten getrennt. Mengen- und Deckungszahlen (kombiniert), Soziabilität und Vitalität der Arten, ihr jahreszeitlicher Entwicklungszustand (gekeimt, blütenlos, blühend, fruchtend, steril). Bei Detailaufnahmen zu besonderen Zwecken (Forst-, Grünlandwirtschaft, Unkrautgesellschaften) können weitere Strukturverhältnisse in Betracht kommen. Unbekannte oder kritische Pflanzen werden zur Kontrolle der Bestimmungen gesammelt.

Es ist nicht immer möglich, die Aufnahmen regelrecht durchzuführen. Unbedingt notwendig sind aber die allgemeinen Standortsanga ben, die vollständige Artenliste nebst Abundanz-Dominanz- und Soziabilitätszahlen, sowie Angabe der leicht faßbaren ökologischen Verhältnisse, insbesondere des Bodenzustandes und der anthropo-zooischen Beeinflussung.

**Aufnahmebeispiel.** Eine rasch durchgeführte Exkursionsaufnahme des *Querco-Buxetum*-Ausschlagwaldes bei Siguret an der Durance (980 m) sei als Beispiel angeführt.

| Datum | Meereshöhe | Exposition | Bodenneigung |
|---|---|---|---|
| 24. VI. 1956 | 930 m | West | 20° |

Unterlage kompakter Jurakalk, Boden trocken, durchlässig; initiale Rendzina

Baumschicht 8 bis 12 m hoch, 95 % deckend; Stämmchen 15 bis 40 cm (Brustdurchmesser):

| | | | |
|---|---|---|---|
| 4.1 | *Quercus pubescens* | 2.1 | *Sorbus aria* |
| +.1 | *Acer campestre* | | |

Strauchschicht 1 bis 2 m, locker, 50 % deckend:

| | | | |
|---|---|---|---|
| 2.1 | *Coronilla emerus* | + | *Clematis vitalba* |
| 1.2 | *Amelanchier ovalis* | + | *Sorbus domestica* |
| 1.2 | *Cotinus coggygria* | + | *Crataegus monogyna* |
| 1.2 | *Viburnum lantana* | + | *Rosa micrantha* |
| 1.2 | *Lonicera xylosteum* | + | *Colutea arborescens* |
| 1.2 | „ *etrusca* | + | *Rhamnus saxatilis* |
| 1.1 | *Acer campestre* | + | *Cornus sanguinea* |
| +.2 | *Corylus avellana* | (+) | *Rosa canina* |
| +.2 | *Prunus spinosa* | (+) | *Ligustrum vulgare* |
| + | *Juniperus communis* | (+) | *Prunus mahaleb* |

Krautschicht (sehr locker):

| | | | |
|---|---|---|---|
| 1.1 | *Polygonatum officinale* | + | *Vicia tenuifolia* |
| 1.1 | *Melittis melissophyllum* | + | *Euphorbia dulcis* |
| + | *Festuca ovina ssp. duriuscula* | + | *Stachys recta* |
| + | *Agropyron caninum* | + | *Galium mollugo ssp. corrudifolium* |
| + | *Asparagus tenuifolius* | + | „ *rubrum ssp. myrianthum* |
| + | *Epipactis latifolia* | + | *Campanula trachelium* |
| + | *Aristolochia pistolochia* | (+) | *Teucrium chamaedrys* |
| + | *Paeonia officinalis* | (+) | *Chrysanthemum corymbosum* |
| + | *Helleborus foetidus* | (+) | *Inula conyza* |
| + | *Lathyrus latifolius* | (+) | *Hieracium murorum* |

Umfang der Aufnahmefläche 100 qm, des Assoziationsindividuums 300 qm (die Arten sind in Klammern gesetzt). Um Zeit zu sparen, werden die Artnamen gekürzt (Q. pub., Chrys. corymb., Hier. mur. usw.). Die erste Ziffer bezieht sich auf das Mengenverhältnis, die zweite auf die Soziabilität der Art.

Wünschenswert sind mehrmalige Aufnahmen, die den Jahresaspekten der Gesellschaften entsprechen. Läßt sich dies nicht durchführen, so wird die Gesellschaft am besten zur Zeit ihrer optimalen Jahresentwicklung aufgenommen.

Eine einfache Vegetationsskizze oder photographische Aufnahmen, die Kontaktgesellschaften einschließend, tragen zum besseren Verständnis der Standortsverhältnisse und der Gesellschaftsanordnung bei.

**Aufnahme im Tropenurwald.** Da sich die im vorigen beschriebene Methode der Vegetationsaufnahme zur Hauptsache an der Vegetation der gemäßigten Zone der nördlichen Hemisphäre entwickelt hat, ist die Tropenvegetation zu kurz gekommen. Aus den schönen Untersuchungen der belgischen, französischen, holländischen und brasilianischen Forscher geht indes zur Genüge hervor, daß dieselbe Methode auch unter dem Äquator Verwendung finden kann. Ein treffendes Beispiel ihrer Anwendung im Tropenurwald gibt W. Meijer (1959) aus der Waldreservation von Tjibodas.

Er hat die Mühe nicht gescheut, eine typische Untersuchungsfläche von 1 Hektar genau aufzunehmen, was ihn 6 Tage kostete. Das Gesamtinventar ergab 333 Gefäßpflanzen, worunter 78 Baumarten. Hiezu gesellen sich ungefähr 100 Baumepiphyten. Diese Zahlen entsprechen etwa einem Drittel der Gesamtflora des geschützten Waldes von 1200 ha Umfang.

Die maximale Baumhöhe betrug 62 m, der Durchmesser einer Reihe von Bäumen schwankte zwischen 80 und 130 cm. Die Selbsterneuerung ist gewährleistet, denn von allen Bäumen finden sich auch im Waldgrund Keimlinge. Der Sturz eines alten Baumes öffnet ihnen Entwicklungsmöglichkeiten. Die Urwaldbäume von Tjibodas erlangen ein Alter von 200 bis 250 Jahren, die jährliche Sterblichkeitsziffer ist 0,77 bis 0,83% (Baas Becking).

Abb. 13. *Machilus thunbergii-Camellia japonica-Colysis pothifolia*-Wald am Kap Ashizuri, Japan (aus Tatewaki, Iconographie 1959), Krautschicht und Baumschicht Deckung 5!

Struktur und floristische Zusammensetzung des südbrasilianischen Regenwaldes sind von Klein und Veloso (1961) geschildert worden. Klein (1961) unterscheidet auf Grund der Treueverhältnisse zwei Assoziationen und gibt eine ins einzelne gehende Übersicht der Kennarten der Hochbaum-, Mittel- und Strauchschicht. In jeder Aufnahmefläche von 1000 qm werden Individuenzahl, Stammesumfang und Frequenzprozent der Arten angegeben. Der Wald ist durch eine äußerst reiche Epiphytenvegetation ausgezeichnet.

Im venezolanischen Regenwald arbeitet Lamprecht (1961). Bäume von 63 m Höhe liefern eine Derbholzmasse von 200 bis 250 qm. Wie allerwärts in den Tropen macht sich der Einfluß der rapid anwachsenden

Bevölkerung — sie hat sich im Laufe von 133 Jahren in Venezuela nahezu verzehnfacht — im Rückgang der Urwaldgebiete und in der fortschreitenden Feuer-, Weide- und Jagdnutzung geltend.

Besonderen Schwierigkeiten scheint nach DEVRED (1961) die Fassung und Arten-Aufnahme der heterogen zusammengesetzten „mixed Rain Forests“ zu begegnen. Er schlägt hiefür eine „ökologisch-dynamische Frequenzmethode“ auf mechanographischer Grundlage vor. Sie ist aber leider, wie der Autor betont, lang, mühsam und ihre praktische Anwendung ist noch nicht weit gediehen. Auch scheint die vorgeschlagene Größe der Aufnahmefläche (10×10 m), den Untersuchungen der holländischen und brasilianischen Forscher nach zu schließen, für ein Assoziationsindividuum im Tropenwald nicht ausreichend.

Die gleichartigen im Gelände aufgenommenen Typen werden baldmöglichst zu einer Rohtabelle zusammengestellt, dem Gerippe der Vegetationseinheit, welche sodann durch weitere Aufnahmen zu vervollständigen ist.

Das gesamte Tabellenmaterial entscheidet schließlich darüber, ob der Typus eine Assoziation, Subassoziation usw., ein Gemisch, oder eine Zufallserscheinung darstellt.

Die Anwendung dieser floristischen Methode ist allerdings nur dort möglich, wo die Arten bekannt sind. Trifft dies nicht zu, so wird man sich mit der Beschreibung der Dominanztypen begnügen müssen, wozu ja die Kenntnis einiger weniger, wichtiger Arten und der hauptsächlichsten Lebensformen ausreicht (s. S. 141).

**Individuenzahl (Abundanz) und Dichtigkeit der Arten.** Die Abundanzbestimmung soll Aufschluß geben über die Häufigkeit (Individuenzahl), die Dichtigkeitsbestimmung, die sich auf einen bestimmten Flächenraum bezieht, über den mittleren Abstand (Dichtigkeit) der Individuen einer Art.

Oft sind Mengen- und Dichtigkeitsverhältnisse der Arten in verschiedenen, ein und derselben Gesellschaft zuzurechnenden Siedlungen örtlich wie zeitlich erheblichen Schwankungen unterworfen, was eine exakte Bestimmung erschwert und die Brauchbarkeit von Mittelwerten in vielen Fällen stark herabmindert.

Aus der Praxis hat sich ergeben, daß eine Zahlenreihe von fünf Ziffern genügt, um den relativen Häufigkeitsgrad der einzelnen Arten auszudrücken. Es bedeuten:

1 = sehr spärlich vorhanden,
2 = spärlich vorhanden,
3 = wenig zahlreich vorhanden,
4 = zahlreich vorhanden.
5 = sehr zahlreich vorhanden.

Was bei dieser Schätzungsmethode gegenüber der zahlenmäßig genauen Untersuchung kleiner und kleinster Probeflächen verlorengeht, wird auf der anderen Seite durch Berücksichtigung einer weiteren, nicht willkürlich abgesteckten gleichartigen Aufnahmefläche und durch Zeitgewinn eingebracht. Eine oder einige kleinste Probeflächen auswählen, wobei die Wahl trotz aller Aufmerksamkeit willkürlich bleibt, und diese dann quantitativ auswerten, heißt letzten Endes, einer auf unsicherer

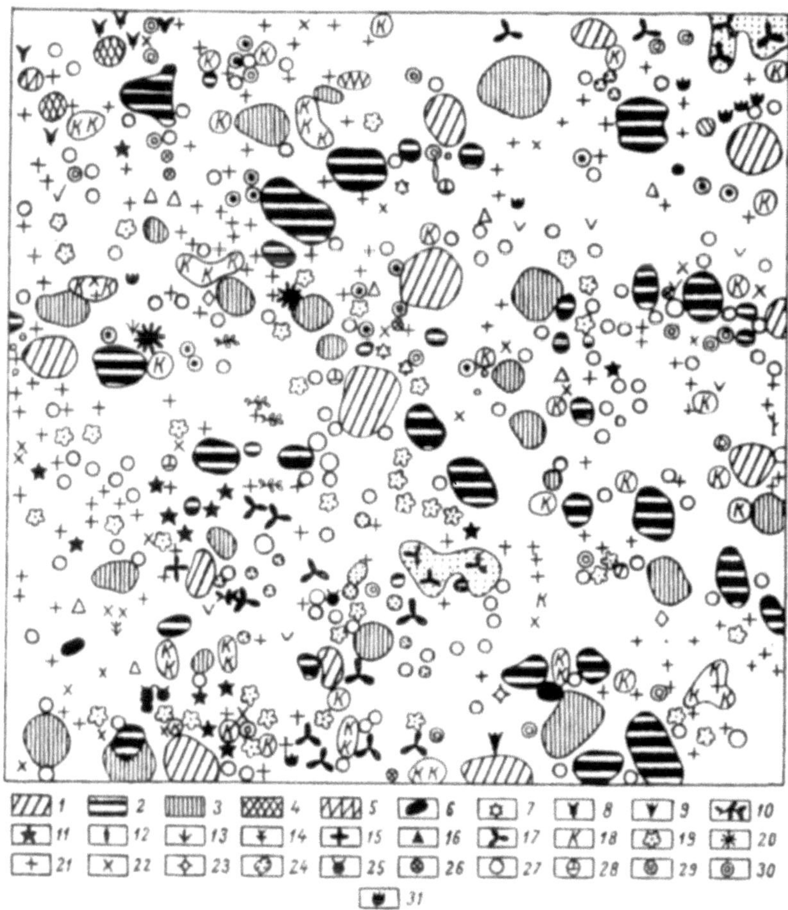


Abb. 14. Artenzusammensetzung eines Meterquadrats der *Stipa baicalensis-Koeleria gracilis*-Steppe am Amur, 21. Juli 1960 (nach SOCHAVA, LIPATOVA u. GORSHKOVA 1962)

*1 Stipa baicalensis* Roshey
*2 Koeleria gracilis* Pers.
*3 Festuca lenensis* Drob.
*4 Cleistogenes squarrosa* (Trin.) Keng
*5 Leontopodium leontopodioides* (Willd.) Beauvd.
*6 Tanacetum sibiricum* L.
*7 Scutellaria scordiifolia* Fisch.
*8 Sibbaldia adpressa* (Bge.) Juz.
*9 Potentilla bifurca* L.
*10 Astragalus adsurgens* Pall.
*11 Allium odorum* L.
*12 Helictotrichon desertorum* (Less.) Pilger
*13 Cymbaria dahurica* L.
*14 Silene jenisseensis* Willd.
*15 Clematis hexapetala* Pall.
*16 Iris tigrida* Bge.
*17 Potentilla acaulis* L.
*18 Caragana microphylla* (Pall.) Lam.
*19 Ptilotrychum elongatum* C. A. M.
*20 Euphorbia karoi* Freyn
*21 Carex duriuscula* C. A. M.
*22 Potentilla verticillaris* Steph.
*23 Thalictrum minus* L.
*24 Artemisia frigida* Willd.
*25 Astragalus tenuis* Turcz.
*26 Polygonum angustifolium* Pall.
*27 Leucopoa albida* (Turcz.) V. Krecz. et Bobr.
*28 Lactuca versicolor* Schultz-Bip.
*29 Artemisia gmelinii* Web.
*30 Aneurolepidium pseudoagropyrum* (Trin.) Nevski
*31 Potentilla leucophylla* Pall.

Grundlage begonnenen Versuchsreihe durch die exakte Behandlung von Zufallsergebnissen den Schein der Sicherheit verleihen (KLAPP 1930, S. 204). Selbstverständlich muß sich die Schätzung auf eine gleichartige, einheitlich ausgebildete Fläche (Einzelbestand) beziehen.

Hat man eine aus mehreren Varianten zusammengesetzte Assoziation vor sich, so ist jede Variante gesondert zu untersuchen. Nach Niederschrift der vollständigen Artenliste werden die Häufigkeitszahlen beigefügt und bei mehrmaligem Abschreiten der Fläche nachgeprüft. Hat der gleichartige Vegetationsfleck größere Ausdehnung, so ist vorerst eine leicht übersehbare Fläche (z. B. 100 qm) aufzunehmen. Hierauf werden die außerhalb der Probefläche in der gleichartigen Siedlung etwa noch vorkommenden Arten hinzunotiert und der Umfang der untersuchten Gesamtfläche angegeben.

Um statistisch verwertbare Resultate der Dichtigkeitsbestimmung zu erhalten, müssen Probeflächen bestimmter Größe untersucht werden.

Hätte man es mit lauter regelmäßig verteilten Individuen einer Art zu tun, so würde es genügen, den Abstand von einem Individuum zum anderen zu messen, um daraus die Individuenzahl einer bestimmten Fläche zu berechnen (Mittelareal). Gesetzt den Fall, der mittlere Abstand zwischen den Individuen einer Art betrage 1 m, so würde dies bedeuten, daß jedes Individuum in den Mittelpunkt eines 1-Meterquadrates zu stehen käme. Die 100-qm-Fläche enthielte demnach 100 Individuen der betreffenden Art.

In natürlichen Pflanzengesellschaften ist die Individuenverteilung meist sehr ungleichmäßig. Zur Erfassung der Dichtigkeit ist man daher auf indirekte Bestimmung angewiesen. Probeflächen gleicher Größe werden in einer gleichartigen Siedlung verteilt und die Individuen- oder Sproßzahl der vorhandenen Arten jeder Probefläche angegeben. Die Größe der für die Dichtigkeitsbestimmung zu wählenden Probeflächen bewegt sich innert weiter Grenzen und hängt natürlich ganz von der Art der Vegetation ab. Sind in einer mediterranen Therophytensiedlung Flächen von 0,1, 0,5 oder 1 qm am Platz, so müssen im Buchen- oder Fichtenhochwald für die Baumschicht mindestens 500 qm-Flächen gewählt werden. Diese Zählmethode ist namentlich in gleichalterigen Altholzbeständen, in Strauchsteppen, bei Felsschuttgesellschaften angezeigt. Viel umständlicher gestaltet sie sich in Rasengesellschaften mit horst- oder teppichbildenden Pflanzen, wo sie noch durch die Schwierigkeit oder Unmöglichkeit der Individuenabgrenzung und Sproßzählung erschwert wird (s. Polykormie, S. 45).

SKELLAM (1952) weist darauf hin, daß die Individuenverteilung der Arten oder Sprosse innerhalb abgegrenzter Quadratflächen den Gesetzen der Wahrscheinlichkeitsrechnung folgt und bringt dafür zahlreiche Beispiele. Er betont indessen, daß die Berechnung dieser „Census distribution" nur durchgeführt werden kann, wenn deutlich begrenzte Artindividuen oder Luftsprosse vorliegen, was sehr oft nicht der Fall ist. Verschiedene Arten der Wahrscheinlichkeitsrechnung können angewandt werden und ergeben ähnliche Resultate (s. auch GOUNOT 1961).

**Punktmethode.** Für die Dichtebestimmungen in der Kraut- und

Bodenschicht, bei der eine Zählung nicht in Betracht kommt, kann man sich der Netzquadrate oder aber der neuseeländischen Punktmethode bedienen, die nach Du Rietz (1930, S. 412) befriedigende Resultate ergibt. Ob das Ergebnis mit dem Arbeitsaufwand im Einklang steht, ist von Fall zu Fall zu beurteilen.

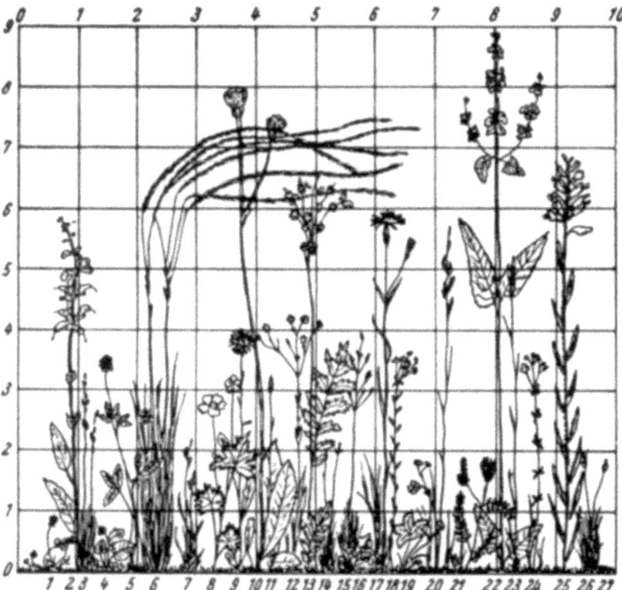


Abb. 15. Vegetationsschichtung in der Bobrinskaja-Steppe, Gouvernement Orel, am 20. Juni 1926, nach der Natur gezeichnet von T. Wernander, Länge der Projektion 1 m

1 *Trifolium repens*
2 *Salvia pratensis*
3 *Festuca sulcata*
4 *Viola arenaria*
5 *Trifolium montanum*
6 *Stipa ioannis*
7 *Carex caryophyllea*
8 *Ranunculus polyanthemus*
9 *Leucanthemum vulgare*
10 *Hypochoeris maculata*
11 *Anthoxanthum odoratum*
12 *Arenaria graminifolia*
13 *Filipendula hexapetala*
14 *Carex montana*
15 *Agrostis canina*
16 *Viola canina*
17 *Scorzonera purpurea*
18 *Euphorbia gracilis*
19 *Potentilla opaca*
20 *Festuca rubra*
21 *Astragalus danicus*
22 *Phlomis tuberosa*
23 *Koeleria delavignei*
24 *Galium boreale*
25 *Echium rubrum*
26 *Carex montana*
27 *Thuidium abietinum* (in zusammenhängendem Teppich)

Bei dieser Punktmethode wird der feste Quadratverband Lagerbergs (s. S. 49) durch einen festen Verband von Punkten ersetzt. Im festen Rahmen wird eine Reihe von Nadeln fixiert (zehn Nadeln mit Zwischenräumen von je zwei Zoll). Man notiert zu jeder Nadel die Arten, die von ihr durchbohrt oder berührt werden. Im dichten Vegetationsteppich kann eine einzige Nadel recht viele Blätter durchbohren oder tangieren. Auf diese Weise erhält man anscheinend einen guten Begriff der minimalen Artendichte (Du Rietz l. c.).

Die russischen Steppenforscher verwenden zur Dichtebestimmung Quadrate, worauf der von jeder Einzelpflanze eingenommene Raum der wahren Deckung, d. h. der von den Pflanzen besetzten Fläche ohne die unterirdischen Teile angegeben ist (Abb. 14).

Ergänzt werden dieselben durch vertikal aufgenommene Quadrate, die gewissermaßen ein Vegetationsprofil darstellen (Abb. 15). Die Pflanzenteile sind in möglichst getreuer Form eingezeichnet (ALECHIN 1951, Abb. 9, 75, 76; s. auch DOCHMAN 1954).

**Kreisflächenmethode.** Eine der RAUNKIAERschen Frequenzmethode verwandte Art der Dichtebestimmung empfiehlt BÖCHER (1958). Er benutzt Kreisflächen von 0,1, 0,01 und 0,001 qm welche ineinander geschoben sind und worin alle Arten notiert werden. Mit der Zahl 3 wird eine Art bezeichnet, die im innersten kleinsten Kreis vorkommt, mit 2 eine Art, die im Kreis von 0,01 qm vorhanden ist, und mit 1 eine solche, die erst im größten Kreis (0,1 qm) erscheint. Diese Kreisaufnahmen werden zehnmal in verschiedenen, möglichst homogenen Flächen wiederholt. Bei der Ausarbeitung erhält die in je 10 Einzelkreisen vorhandene Art 10 Punkte, sie ist zu 100% konstant. In einer beigegebenen Tafel werden die Frequenzwerte aller drei Kreise angegeben, ihre Summierung ergibt nach BÖCHER hinreichend genaue Angaben über die Dichtigkeit der Art. Ein Wert von 30 entspricht praktisch vollständiger Deckung, + bezeichnet sehr spärliches Vorkommen.

Bei Feldaufnahmen wird anstelle der Dichtigkeit in der Regel der Deckungsgrad der Arten bestimmt.

**Deckungsgrad, Raumverdrängung und Gewicht.** Von der Frage nach der Zahl bzw. der Dichtigkeit der Individuen begrifflich scharf geschieden ist die Frage nach der Raumverdrängung einer Art. Damit im engsten Zusammenhang steht die Frage nach dem Deckungsgrad der Arten. Bei Haftergesellschaften, Algen-, Flechten-, Moosüberzügen fällt der Dominanzwert mit dem verhältnismäßigen Anteil einer Art an der bedeckten Fläche zusammen (Deckungsgrad, Arealprozent). Bei mehrschichtigen Baum- und Strauchgesellschaften ergibt sich der Dominanzwert einer Art aus ihrem Deckungsanteil in den verschiedenen Vegetationsschichten.

**Ermittlung des Deckungsgrades.** Der Deckungswert haftender und wurzelnder Arten wird bei Feldaufnahmen durchweg durch den Deckungsgrad, das ist die von den Individuen einer Art bedeckte Fläche ausgedrückt. Das ganze Sproßsystem aller Individuen einer Art wird auf den Boden projiziert gedacht und die Deckungsfläche danach bestimmt. Bei ausgesprochen mehrschichtigen Gesellschaften muß jede Schicht getrennt geschätzt werden. In seiner Bedeutung schon von H. v. POST (1867) erkannt, wurde der Deckungsgrad als „Arealprozent“ doch erst 1914 von LAGERBERG klar unterschieden. Zur Bestimmung des Deckungsgrades benützte LAGERBERG kleine Quadrate von 0,5 oder 0,1 qm, die längs gleichlaufenden Linien regelmäßig über die Aufnahmefläche verteilt wurden. Die Schätzung der Deckungsfläche jeder Art in den Quadraten geschah mittels der Ziffern $^4/_4$, $^3/_4$, $^2/_4$, $^1/_4$, wobei jede Art diejenige Ziffer erhielt, die dem wirklich bedeckten Areal am nächsten kam. Allzu schwach deckende Arten wurden außer acht gelassen. Diese zu forstlichen Zwecken ausgearbeitete Methode ist bei Vegetationsaufnahmen nur dort anwendbar, wo große, gleichartige Vegetationsflecke vorliegen.

In Skandinavien am meisten angewendet wird die fünfteilige sogenannte HULT-SERNANDER-Skala.

Die Abgrenzung der Deckungsklassen ist folgende: 1 = weniger als $^1/_{16}$ der Bodenfläche deckend, 2 = $^1/_{16}$ bis $^1/_8$ (6,25 bis 12,5%) deckend, 3 = $^1/_8$ bis $^1/_4$ (12,5 bis 25%) deckend, 4 = $^1/_4$ bis $^1/_2$ (25 bis 50%) deckend, 5 = $^1/_2$ bis 1 (50 bis 100%) deckend.

Diese Fassung der Deckungszahlen vermag aber in vielen Fällen wegen der allzugroßen Spannweite der obersten Deckungsklassen keinen richtigen Begriff des Deckungsgrades zu vermitteln. Während die Ziffern 1, 2, 3 in den engen Bereich der $^1/_4$-Fläche eingezwängt sind, stehen für die wichtigen großen Klassen von $^1/_4$ bis $^4/_4$-Fläche nur zwei Ziffern (4, 5) zur Verfügung (Abb. 16).

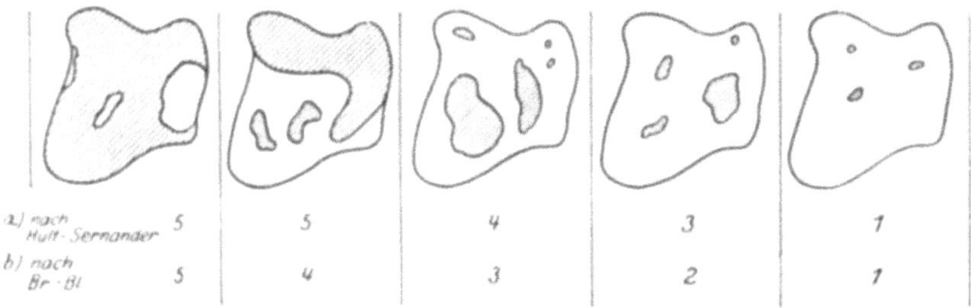


Abb. 16. Deckungsgrade (schraffiert)

Ferner sind die Unterschiede zwischen $^1/_{16}$, $^1/_8$, $^1/_4$ bei größeren Flächen und artenreicher Vegetation schwer zu schätzen. Für Kleinflächen (bis 4 qm) bietet die HULT-SERNANDERsche Skala gewisse Vorteile. Hierfür kann unter Umständen auch die prozentische Schätzung des Deckungsanteils der wichtigeren (mehr als 5% der Bodenfläche deckenden) Arten gute Dienste leisten (z. B. bei Sukzessionsstudien).

Bei Feldaufnahmen hat sich folgende Deckungsskala bewährt:

1 = sehr schwach (weniger als etwa $^1/_{10}$) der Bodenfläche deckend,
2 = $^1/_{10}$ bis $^1/_4$ der Bodenfläche deckend (Abb. 18),
3 = $^1/_4$ bis $^1/_2$ der Bodenfläche deckend,
4 = $^1/_2$ bis $^3/_4$ der Bodenfläche deckend,
5 = $^3/_4$ bis $^4/_4$ der Bodenfläche deckend (Abb. 19).

Nach Bedürfnis können auch andere Klassenbreiten gewählt werden, doch leidet darunter die direkte Vergleichbarkeit.

In der Regel handelt es sich um projektive Deckung, d. h. dem Bedeckungsgrad des Bodens mit den Projektionen der betreffenden Art, im Gegensatz zur wahren Deckung (Bedeckung des Bodens mit der Pflanzenbasis der Arten).

Die Genauigkeit der Schätzung ist bei ein- bis zweischichtigen kleinen Probeflächen (bis etwa 10 qm) durchaus befriedigend; bei großen Flächen dagegen ist die Schätzung schwer durchzuführen, besonders wenn artenreiche Mischungen vorliegen (vgl. auch SKOTTSBERG 1929).

Zur bildlichen Darstellung des Deckungsgrades in Waldgesellschaften empfehlenswert sind die Deckungsquerschnitte der Baumschicht, wie sie TATEWAKI, TSUJII und UMEZAWA (1959) bei der Behandlung subtropischer Wälder Japans verwenden (Abb. 17).

Der Umfang der Baumkronen wird auf den Boden projiziert gezeichnet und in die sich teilweise überschneidenden Kreise die Anfangsbuchstaben der betreffenden Arten eingesetzt.

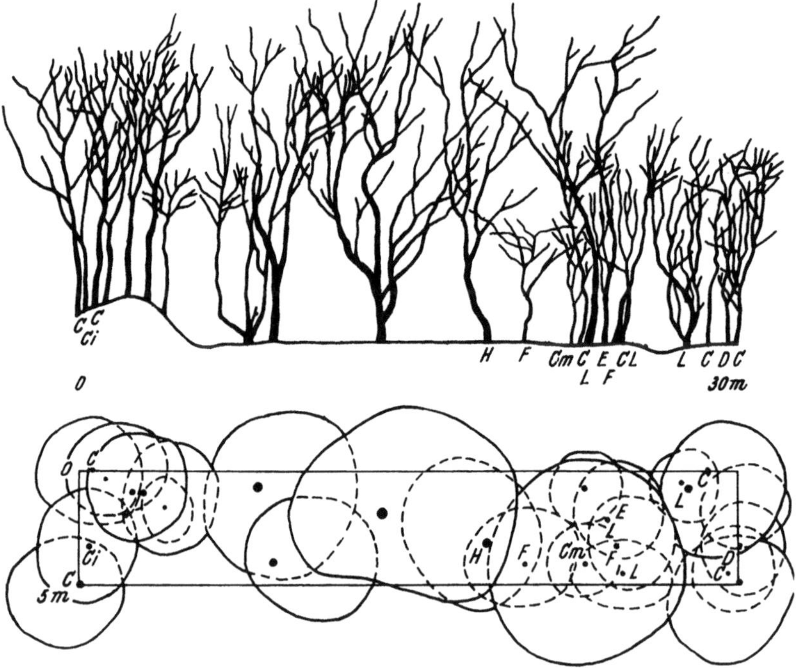


Abb. 17. Gürteltransekt im *Machilus thunbergii*-Wald Japans (aus TATEWAKI, TSUJII u. UMEZAWA 1959). Baumzahl auf jeder Höhenstufe des Gürteltransekts

| Baumhöhe (m)<br>Baumarten | 6<br>7 | 7<br>8 | 8<br>9 | 9<br>10 | 10<br>11 | 12<br>13 | 13<br>14 | 14<br>15 | 15<br>16 | Total |
|---|---|---|---|---|---|---|---|---|---|---|
| *Helicia cochinchinensis* (*H*) | · | · | · | · | · | · | · | · | 1 | 1 |
| *Machilus thunbergii* | · | · | 1 | · | 1 | 1 | 2 | 1 | · | 6 |
| *Elaeocarpus sylvestris* (*E*) | · | · | · | · | 1 | 1 | · | 1 | · | 3 |
| *Daphniphyllum teijsmanni* (*D*) | · | · | · | · | 1 | · | · | · | · | 1 |
| *Camellia japonica* (*C*) | 1 | 4 | · | 1 | · | · | · | · | · | 6 |
| *Cinnamomum japonicum* (*Ci*) | · | · | 1 | · | · | · | · | · | · | 1 |
| *Ligustrum japonicum* (*L*) | 1 | 2 | · | · | · | · | · | · | · | 3 |
| *Ficus erecta* (*F*) | 1 | 1 | · | · | · | · | · | · | · | 2 |
| *Callicarpa mollis* (*Cm*) | 1 | · | · | · | · | · | · | · | · | 1 |
| Artenzahl | 4 | 7 | 2 | 1 | 3 | 2 | 2 | 2 | 1 | 24 |

Hat man es mit Gesellschaften zu tun, deren Deckungsgrad starken jahreszeitlichen Schwankungen unterliegt, so muß die Schätzung mehrfach, zu verschiedenen Jahreszeiten vorgenommen werden. Unter Umständen kann sie auch auf den Höhepunkt der jahreszeitlichen Entwicklung bezogen werden. Für Detailuntersuchungen, namentlich in Gebieten mit Trockenruhe, sind jedoch jährlich mehrmals wiederholte Aufnahmen notwendig.

Zwischen trockenen und feuchten Jahren zeigt die gleiche Fläche (besonders in Steppen- und Wüstengebieten) große Unterschiede in der Artendeckung.

Die Schätzung des Deckungsgrades der Arten gibt Anhaltspunkte über ihre Konkurrenzkraft; soziologisch bedeutsam ist sie auch deshalb, weil die einzelnen Arten je nach der von ihnen bedeckten Fläche die Wasserversorgung der Gesellschaft schon durch oberflächliches Abschöpfen des Niederschlages ganz verschieden beeinflussen.

**Deckungswert.** Auf der von TÜXEN und ELLENBERG eingeführten Skala der Mittelwerte der Flächenbedeckung beruht auch die Bestimmung des Deckungswertes der einzelnen Arten. Dieser Deckungswert gestattet den ungefähren Deckungsanteil jeder Art und Artengruppe in den verschiedenen Vegetationsschichten einer Gesellschaft zahlenmäßig auszudrücken und dadurch die soziologische Bedeutung der einzelnen Arten schärfer zu erfassen (s. S. 52).

**Artmächtigkeit (Gesamtschätzung).** Für die monographische Bearbeitung von Pflanzengesellschaften, für Sukzessionsstudien oder auch zur Lösung gewisser Fragen praktischer Natur kann die getrennte Untersuchung von Deckungsgrad und Dichtigkeit der Arten unter Umständen angezeigt sein. Es ist allerdings stets zu erwägen, ob das zu erwartende Resultat auch im richtigen Verhältnis zur aufgewendeten Mühe steht, denn Dichtigkeitsbestimmungen sind sehr umständlich, übrigens auch nicht immer durchführbar.

Eine wesentliche Vereinfachung der Feldarbeit wird erzielt durch die kombinierte Schätzung von Abundanz und Deckungsgrad unter Verzicht auf die Dichtigkeitsbestimmung. Man bedient sich hierzu einer konventionellen 6teiligen Skala. Den Zahlen und Ziffern ist folgender begrifflicher Inhalt zu geben.

+ = spärlich mit sehr geringem Deckungswert,
1 = reichlich, aber mit geringem Deckungswert, oder ziemlich spärlich, aber mit größerem Deckungswert (Abb. 18).
2 = sehr zahlreich, oder mindestens $^1/_{10}$ bis $^1/_4$ der Aufnahmefläche deckend,
3 = $^1/_4$ bis $^1/_2$ der Aufnahmefläche deckend, Individuenzahl beliebig,
4 = $^1/_2$ bis $^3/_4$ der Aufnahmefläche deckend, Individuenzahl beliebig,
5 = mehr als $^3/_4$ der Aufnahmefläche deckend, Individuenzahl beliebig (Abb. 19).

Mit r werden Arten bezeichnet, die nur ganz vereinzelt vorkommen. Wir haben (1946) diesen Zahlen folgenden Inhalt gegeben:

| Kombinierte Schätzung nach Skala | Artmächtigkeit in % | Mittleres Mächtigkeitsprozent |
|---|---|---|
| 5 | 75 bis 100 | 87,5 |
| 4 | 50 bis 75 | 62,5 |
| 3 | 25 bis 50 | 37,5 |
| 2 | 10 bis 25 | 17,5 |
| 1 | 1 bis 10 | 5,0 |
| + | bis 1 | 0,1 |

Die durch die kombinierte Schätzung von Abundanz und Deckung quantitativ erfaßte Größe kann man mit SCHWICKERATH (1940) kurz als Artmächtigkeit bezeichnen. Davon verschieden ist der prozentisch ausgedrückte Deckungswert (s. S. 52).

Die einzelnen gut ausgeprägten Vegetationsschichten sind selbstverständlich getrennt zu schätzen. Im gutentwickelten *Rhododendro-Vaccinie-*

Abb. 18. *Aristida acutiflora-Echium trigorhizum*-Assoziation der tunesischen Sahara bei Nefta. Im Mittel- und Vordergrund *Rantherium suaveolens* (Halbstrauch), Gesamtschatzung 1, Soziabilität 2, Bodendeckung 40% (Aufn. HUECK, Exkurs. S.I.G.M.A.)

*tum* erlangt sowohl die Arve (in der Baumschicht) als *Rhododendron* (in der Strauchschicht) oder *Hylocomium proliferum* (in der Moosschicht) die Ziffern 4 bis 5.

Wird diese kombinierte Schätzung angewandt, so unterlasse man es nicht, gleichzeitig auch den Geselligkeitsgrad (die Soziabilität) der Arten anzugeben (s. S. 41).

Während bei kleinen Flächen (1 bis 2 qm und darunter) oft die Schätzung des Deckungsgrades allein genügt, bedient man sich bei größeren und ganz besonders bei weniger homogenen Flächen mit Vorteil der kombinierten Schätzung. Übrigens läßt sich aus der kombinierten Schätzung in den meisten Fällen auch der Deckungsgrad ableiten, indem die Ziffern + und 1 zusammengenommen dem Deckungsgrad 1 entsprechen und Ziffer 2 der kombinierten Schätzung nur dann nicht mit Deckungsgrad 2 zusammenfällt, wenn es sich um eine winzige, aber ungemein zahlreiche Art mit weniger als $^1/_{20}$ Deckungswert handelt (viele Therophyten mediterraner Gesellschaften).

**Häufungsweise (Soziabilität) und Verteilung.** Nachdem schon WILLDENOW (1798) auf den Unterschied im geselligen Wachstum der Pflanzen aufmerksam gemacht hatte, war es O. HEER, der mit Nachdruck die Berücksichtigung der Gruppierungsweise der Arten forderte, „ob nämlich die Arten in Masse beisammen stehen und somit fleckenweise die Erde decken, oder aber, ob sie ganz isoliert sind und in buntem

Abb. 19. Frühjahrsaspekt des subalpinen *Trisetetum flavescentis*, beherrscht von *Narcissus exsertus* (Soziabilität 4 bis 5) im Tal der Clarée, Westalpen (Aufn. FRANCOU)

Gemisch durcheinander stehen" (HEER 1835, S. 49). Den Grad der Geselligkeit drückt HEER durch die Zahlen 1 bis 10 aus. Auch LECOQ (1854, IV, S. 57), welcher den Ausdruck „Sociabilité" allerdings in etwas abweichender Bedeutung gebraucht, und LORENZ (1858, S. 227) beschäftigen sich mit der Geselligkeit der Arten.

Die Häufungsweise oder Soziabilität gibt Aufschluß über die Art des Individuenzusammenschlusses, auf die Frage: wie sind die Individuen bzw. die oberirdischen Sprosse einer Art gruppiert?

Um der Gruppierungsweise Ausdruck zu geben, bedient man sich folgender Skala:

1 = Einzelsprosse, Einzelstämme,
2 = gruppen- oder horstweise wachsend (Abb. 20),
3 = truppweise wachsend (kleine Flecken oder Polster),
4 = in kleinen Kolonien wachsend oder ausgedehnte Flecken oder Teppiche bildend (Abb. 21),
5 = große Herden (Abb. 19).

Die Dichtigkeit des Individuen- (Sproß-) Zusammenschlusses wird durch eine punktierte oder ausgezogene Linie kenntlich gemacht. *Typha minima*-5 bedeutet eine lockere Herde von *Typha minima*; *Calluna* 5 eine dichtgeschlossene Herde des Heidekrautes.

Abb. 20. *Saxifraga stellaris* im Silikatschutt, Soziabilität 2 (Aufn. Sloff, Exkurs. S.I.G.M.A.)

Abb. 21. *Cereus* im Hochland von Nordperu, Soziabilität 5 (Aufn. Gsell)

Nur wenige Pflanzen dürften ihre festbestimmte, unveränderliche, in der Wuchsform selbst begründete Sproß- oder Individuenhäufung

(Soziabilitätsgrad) besitzen. Der Geselligkeitsgrad der meisten Arten ist vielmehr von den Standorts- und Konkurrenzverhältnissen sehr stark beeinflußt. Selbst typische Horst- und Polsterpflanzen wie *Carex elata, Silene acaulis* zeigen je nach der Pflanzengesellschaft und ihrem Entwicklungszustand ganz verschiedene Sproßhäufung. Aus dem Geselligkeitsgrad der Arten lassen sich öfter Schlüsse auf ihr mehr oder weniger optimales Gedeihen ziehen (s. Vitalität, S. 62). Im mitteleuropäischen *Molinion* entwickelt *Phragmites* stets Einzelsprosse

Abb. 22. *Arctostaphylos uva-ursi ssp. crassifolia* im lichten Waldföhrenbestand der Sierra de Prades, Katalonien. Gesamtschätzung 5 (Aufn. CUATRECASAS, Exkurs. S.I.G.M.A.)

(Soz. 1), im angrenzenden *Scirpo-Phragmitetum* dagegen wächst die Art trupp- bis dicht herdenweise (Soz. 3 bis 5). *Diplotaxis erucoides, Stipa capillata, Iris sibirica, Veratrum album, Trollius europaeus* und unzählige andere Arten, die nicht zu den „sozialen" zählen, und deren Bewurzelung die verschiedensten Typen einschließt, können mit irgendeinem Soziabilitätswert auftreten, entsprechend den mehr oder weniger zusagenden Standortsverhältnissen, der anthropozooischen Beeinflussung, dem jahreszeitlichen Entwicklungszustand der Gesellschaft. Vegetative Vermehrung (Polykormie) begünstigt die Herdenbildung, also erhöhte Soziabilität (s. namentlich auch KUJALA 1925).

Ihrer leichten Beeinflußbarkeit wegen ist die Soziabilität vieler Arten vorab auf Neuland, verlassenen Kulturen, Brandstellen, sich selbst überlassenen Waldschlägen großen Schwankungen unterworfen. Bei den Unkrautgesellschaften hängt der Soziabilitätsgrad vielfach von Art und Zeit der letzten Reinigung ab.

Die Soziabilität der Arten erlaubt auch Rückschlüsse auf den Entwicklungszustand der Pflanzendecke. In den Frühstadien der Entwicklung treten einzelne konkurrenzkräftige Arten stark hervor und bilden ausgedehnte Herden, so auf Waldschlägen *Fragaria-*, *Rubus-*, *Calamagrostis-Arten* u. a.; auf verlassenem Kulturland *Hieracium pilosella*, *Thymus vulgaris*, *Inula viscosa*, *Brachypodium-Arten*, *Cynodon dactylon*, *Polygonum aviculare* u. a., an Brandstellen *Cistus-Arten*. Wird

Abb. 23. Subalpiner Birkenwald in Petsamo, Lappland. Vorposten in die windgeschützten Bodenwellen und Vertiefungen geduckt (Aufn. KALLIOLA)

die Vegetation sich selbst überlassen, so schrumpfen die reinen *Cistus*-Herden oft schon nach wenigen Jahren zusammen, der Soziabilitätsgrad schwindet; *Cistus* stirbt ab.

Die Soziabilität-Schätzung gestattet bei großen Probeflächen das Bild des Pflanzenmosaiks in viel festeren Umrissen zu zeichnen, als dies durch bloße Dichtigkeits- und Dominanzschätzung möglich wäre.

Soziabilitätsangaben sind besonders dort wünschenswert, wo Arten gruppen- oder koloniebildend auftreten, handle es sich um wurzelnde, haftende oder freischwebende Organismen: denn wie schon ALECHIN (1926, S. 24) ausführt, ist erhöhte Soziabilität den Pflanzen im Kampf gegen ihre Mitbewerber von Nutzen, daher auch bei Aufforstung und Anpflanzung oft Gruppenpflanzung mit Erfolg angewendet wird. Im Alpenwald ist es der Tannenhäher, der die vorteilhafte Gruppenpflanzung der Arve selbst besorgt, indem er seinen mit Arvennüßchen angefüllten Kropf in Bodenverstecke entleert, wo sie, meist vergessen, gruppenweise auskeimen. Aber nicht nur im Konkurrenzkampf wirkt sich erhöhte Soziabilität vorteilhaft aus, sondern überhaupt in ungünstigen Lagen unter extremen Standortsverhältnissen, so besonders an der Baumgrenze im Gebirge und im Norden, wo die letzten Krüppelbäume in geschützten Nischen oder Bodenwellen oft zu dichten Gruppen zusammenschließen (Abb. 23). Statt eines schlank aufstrebenden Hauptsprosses werden zahlreiche dichtstehende Triebe ausgebildet, die bei der Fichte tisch- oder mattenähnliche Form annehmen. KIHLMAN (1890)

Abb. 24. Polycormon von *Calamagrostis epigeios*, in einer märkischen Kiefernschonung vegetativ sich ausbreitend (Aufn. HUECK)

gibt Abbildungen derartiger Fichtenmatten aus Lappland. Auch der Polster- und Spalierwuchs ist eine durch engen Sproß- oder Individuenzusammenschluß gegebene Soziabilitätsverstärkung.

Die wissenschaftliche Bedeutung der Soziabilitätsangaben ist neuerdings von PFEIFER (1962) hervorgehoben und mit Beispielen belegt worden.

Der Soziabilitätsgrad erlaubt keine Rückschlüsse auf die Wurzelverhältnisse der Pflanzen. Hohe Soziabilität kann ebensowohl zusammenfallen mit der Häufung von Einzelindividuen einer Art, als mit der Koloniebildung ein- und desselben Individuums (Polykormie).

**Polykormie.** Gegenüber der Häufung von Einzelpflanzen sind Arten mit Triebsprossen beim Raumgewinn ausgesprochen im Vorteil, da die vom Zentralsproß allseitig ausgehenden Triebe ständig erneuert werden und Herdenbildung der Pflanze im Wettbewerb zugute kommt. PÉNZES (1960), der sich eingehend mit der Polykormie in der Ungarischen Steppe befaßt hat, weist auf ihre praktische Bedeutung bei der Berasung und Bodenfestigung hin (Abb. 24). Polykormone von *Schoenoplectus lacustris, Glyceria maxima, Brachypodium-, Calamagrostis-, Agropyron-, Ephedra*-Arten usw., können sich über Dutzende von Quadratmetern ausbreiten.

Vernachlässigte Rebenkulturen Südfrankreichs sind dem Eindringen der ungemein lebenskräftigen Polykormone von *Cynodon dactylon* ausgesetzt, welche die oberste Bodenschicht großer Flächen Kulturlandes

Abb. 25. Nordwestdeutsche Heidelandschaft mit *Juniperus communis* (Aufn. TÜXEN)

durchspinnen und sich darin fast konkurrenzlos fest verankern, bis der Boden umgebrochen und von den *Cynodon*-Rhizomen gereinigt wird.

Bei Vegetationsaufnahmen können polykorme Arten durch Unterstreichen der Soziabilitätszahl (<u>4</u>) kenntlich gemacht werden.

Verschiedenartige Formen der Polykormie in den Unkrautgesellschaften Mitteleuropas sind aus dem Wurzelatlas von KUTSCHERA (1960) ersichtlich.

Bei Kryptogamengesellschaften und auch beim Verfolgen bestimmter Sukzessionsstudien macht sich gelegentlich das Bedürfnis nach schärferer Fassung der Arthäufung geltend, da ja ein und dieselbe Art unter verschiedenen Standortsbedingungen sehr verschiedene Soziabilitätsgrade aufweist. Man kann nötigenfalls die fünf Soziabilitätszahlen mit bestimmten Individuen- oder Sproßzahlen verbinden oder aber (für haftende Flechten, Moose und Algen) Durchmesser oder Koloniegröße durch bestimmte Klassenzahlen ausdrücken (s. HÄYRÉN 1914).

**Streuung (Dispersion).** Mit der Soziabilität im Zusammenhang steht die „Dispersion" der Pflanzen.

Arten und Individuen können, statistisch gesprochen, in einer Siedlung mit normaler Dispersion verteilt sein, oder sie können Unter- oder Überdispersion besitzen. Bei normaler Dispersion entspricht die Verteilung der Einheiten den Wahrscheinlichkeitsgesetzen, bei Überdispersion stehen die Einheiten gehäuft (*Oxalis* im Buchenwald); Unterdispersion zeigen Einheiten, die regelmäßiger angeordnet sind, als

Abb. 26. Homogene Moos- und Flechtentundra auf Spitzbergen, Svalbard. a) 7 m breiter, hellgelber *Lecanora polytropa*-Gürtel (sonst keine Pflanzen); b) In der Mitte 14 m breiter, dunkler Krustenflechtengürtel mit *Rhizocarpon badioatrum*, *R. polycarpum*, *Lecanora gibbosa*, *L. polytropa;* c) Braunschwarzer Moos- und Flechtengürtel, weit ausgedehnt mit *Gyrophora cylindrica*, *G. erosa*, *G. arctica*, *G. hyperborea*, *Sphaerophorus globosus* *Rhacomitrium hypnoides* usw. (rechts oben) (Aufn. LID, 18. Juli 1920)

der Wahrscheinlichkeit nach zu erwarten ist (*Solanum tuberosum* im Kartoffelacker, *Juniperus* in der Lüneburger Heide, Abb. 25, *Pinus laricio* im Kiefernwald von Aitone). In der Natur kommt sowohl ungefähr normale, als Über- und Unterdispersion vor. Je ausgesprochener Unterdispersion in bezug auf Arten und Individuen herrscht, um so homogener ist die untersuchte Vegetationsfläche. Umgekehrt wirkt Überdispersion; je größer dieselbe ist, um so heterogener erscheint die Vegetation (KYLIN 1926).

In den natürlichen Pflanzengesellschaften ist Überdispersion die Regel.

**Homogenität.** In der pflanzensoziologischen Praxis wird das absolute Vorherrschen einer einzigen oder einiger weniger Arten bei mehr oder weniger gleichmäßiger Verteilung als homogen bezeichnet. Das meist unregelmäßige Vorkommen spärlich vorhandener Arten wird durch die Dominierenden verdeckt. Artenarme Gebiete mit geschlossener Vegetationsdecke, aus herdenbildenden, perennierenden Arten (Subarktis, atlantische Heidegebiete, manche Salz- und Steppengebiete) haben homogener zusammengesetzte Siedlungen als artenreiche Gebiete mit lockerer Vegetationsdecke oder zahlreichen Einjährigen (mittel- und südeuropäische Gebirge, Subtropen) (Abb. 26).

Die im Norden viel sichtbarer in Erscheinung tretende Homogenität der Siedlungen hat dazu geführt, sie in Ermangelung von Charakter- und Differenzialarten auch als Maßstab für die Selbständigkeit der Gesellschaften (Soziationen) zu benutzen.

Das Homogenitätsproblem, durch NORDHAGEN (1923) aufgerollt, ist namentlich von mathematischer Seite (KYLIN 1926, ROMELL 1926) und neuerdings von DAHL (1956), AUGARDE (1957), BÖCHER, WEIS BENTZON (1958) und GOODALL (1961) theoretisch behandelt worden, ohne daß es gelungen wäre, es völlig abzuklären. AUGARDE (l. c.) kommt zum Schluß „qu'on n'a encore jamais pu caractériser une surface homogène“.

Mit der neuesten Definition GOODALLS (1961): „the distribution of a species in an area of vegetation is homogeneous if there exists some sample size for which the variation between replicate sample is independent of the distance between them“ ist in der pflanzensoziologischen Praxis nicht viel anzufangen.

Ob, wie GOODALL zu vermuten scheint, aus den Korrelationen zwischen den einzelnen Arten auf die Homogenität der Bestände geschlossen werden kann, ist zweifelhaft. Schon PAVILLARD (1927, S. 17) betont, daß die Homogenität weder genau definiert werden kann noch exakt zu messen ist und daß sie auch zur Abgrenzung der Assoziationen und deren Klassifizierung nicht hinreicht.

Da die Anforderung, die an die Homogenität einer Siedlung gestellt wird, nicht nur von der subjektiven Einstellung des Forschers, sondern auch von der zu untersuchenden Vegetation abhängt, hält es schwer zu entscheiden, ob ein Vegetationsfleck als homogen oder als nicht homogen zu bezeichnen ist. Nach ALMQUIST (1929, S. 42) führt die Beurteilung vieler Gesellschaften zu einem Kompromiß zwischen partieller Berücksichtigung der Homogenität und Nachsicht bezüglich der Fleckigkeit. Und KALLIOLA (1939, S. 40) schreibt dazu: „Wie hoch die qualitative und quantitative Homogenität sein muß, läßt sich nicht genau bestimmen.“ Eine der homogensten und am besten umrissenen Soziationen ist die *Empetrum-Myrtillus*-Soziation Lapplands (Abb. 27).

Kann die Homogenität auch nicht auf eine vereinfachte Formel gebracht werden, so hat man doch bei Feldaufnahmen stets darauf zu achten, möglichst homogene Vegetationsflecke abzugrenzen und aufzunehmen. Daß in vielgestaltigen artenreichen Gebieten die Anforderungen an die Homogenität weiter gezogen werden müssen, ist verständlich.

Bei jeder Vegetationsaufnahme wird man sich vorerst durch die physiognomische Homogenität leiten lassen ; man vergesse aber nicht, daß unter einem durchaus gleichartigen Äußern (z. B. einer völlig einheitlichen Oberschicht) floristisch stark abweichende Vegetationsflecke (Unterschichten) versteckt sein können, die berücksichtigt werden müssen. Maßgebend für eine Gesellschaftsaufnahme ist die floristische Homogenität, die mit der physiognomischen zusammenfallen kann, aber nicht zusammenzufallen braucht.

Abb. 27. Ausapernde moosreiche *Empetrum-Myrtillus*-Soziation in Finnisch-Lappland (Aufn. KALLIOLA)

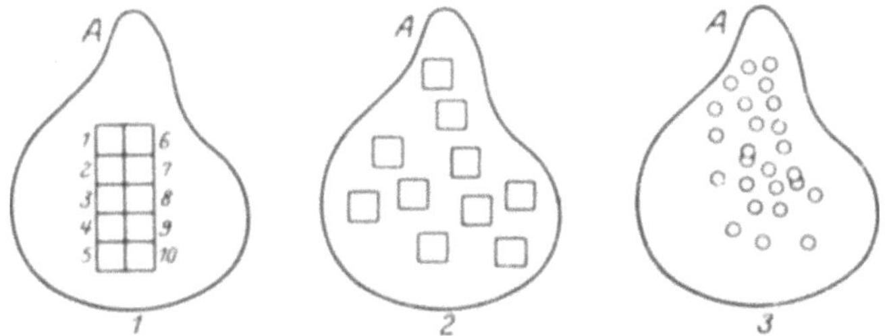


Abb. 28. Probeflächenentnahme zu Frequenzbestimmungen im Einzelbestand (Assoziationsindividuum A)

**Frequenz.** Als ein angenäherter Ausdruck für die Homogenität des Einzelbestandes ist die Frequenzkurve zu betrachten, wie sie sich aus der RAUNKIAERschen Frequenzbestimmung ergibt. RAUNKIAER (1913, 1918) stützt seine „Frequenz"-Untersuchungen auf kleine Quadrate oder Kreise von 0,1, 0,5, 1,0 qm Inhalt, die 25, 50 oder 100mal in dem zu untersuchenden Einzelbestand ausgelegt werden. Die Artenliste jeder Kleinfläche (aber ohne Individuenzählung) wird notiert. Die Zahl der Probeflächen, worin eine Art vorkommt, ergibt ihren Frequenzgrad. Um die Ergebnisse direkt vergleichbar zu machen, bezieht RAUNKIAER die gefundenen Zahlen stets auf 100 Flächeneinheiten (Frequenzprozent).

Die Frequenzbestimmungen werden auch etwa unter dem Namen Konstanzbestimmung mit weniger (10 bis 20), aber größeren Quadraten

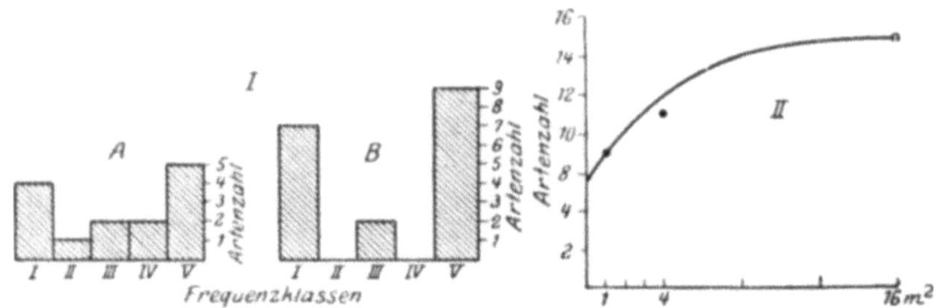


Abb. 29. *I* Frequenzdiagramm des homogenen *Rhynchosporetum albae* vom Zugerberg. *A* mit Probeflächen von 1 qm; *B* mit solchen von 4 qm (10 Proben). *II* Artenzahl-Arealkurve des Einzelbestandes

(von 1 bis 4 qm) ausgeführt (Abb. 29*I A*, *B*). Die Probeflächen sind wie für die Dichtigkeitsbestimmung entweder in bestimmtem Verband regelmäßig angeordnet (CLEMENTS, LAGERBERG, ALLORGE) oder aufs Geratewohl im gleichartigen Bestand verteilt (RAUNKIAER) (Abb. 28).

Das Resultat gelangt in einem Diagramm zur Darstellung, wobei die Arten auf 5 oder 10 Frequenzklassen verteilt werden.

Bei zunehmender Flächengröße der Probequadrate wächst die höchste Frequenzklasse beständig, während die niedrigste meist abnimmt.

KYLIN (1926, S. 148) hat diese Klassenverschiebung theoretisch sehr anschaulich dargestellt. Ein Beispiel aus der Praxis, das äußerst homogene *Rhynchosporetum albae* betreffend, gibt Abb. 29.

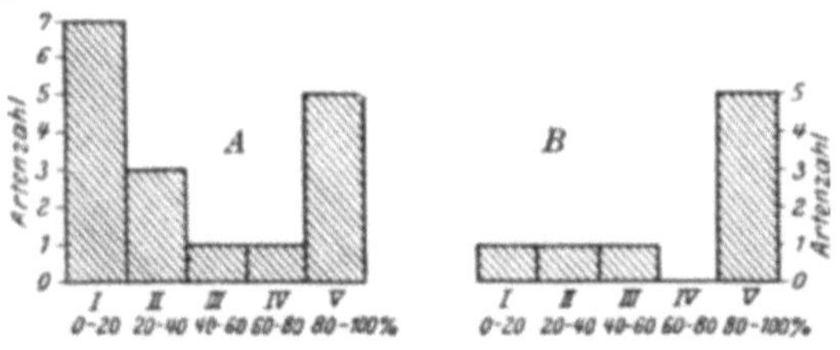


Abb. 30. *A* Frequenzdiagramm eines Einzelbestandes der *Carex rostrata-Sphagnum lindbergii*-Assoziation bei Nedalen, Norwegen (20 Proben von 1 qm) (nach NORDHAGEN 1922). *B* Dasselbe von einem *Scirpo-Phragmitetum*-Bestand bei Montpellier (10 Proben von 1 qm)

Frequenzdiagramme sind nur dann miteinander vergleichbar, wenn sie mit Probeflächen gleicher Größe gewonnen worden sind.

Trifft diese Voraussetzung zu, so entsprechen Diagramme mit relativ hoher Artenzahl in der höchsten und geringer in den tiefsten Frequenzklassen floristisch homogenen Vegetationsflecken, solche mit kleiner Artenzahl in der höchsten und größerer in den tiefen Klassen entsprechen floristisch inhomogenen Vegetationsausschnitten. Abb. 30*B* stellt eine sehr homogene Siedlung dar, Abb. 30 *A* eine solche von mittlerer Homogenität. Daß diese Diagramme aber nicht einen Ausdruck für die Ausgeglichenheit oder für die Ursprünglichkeit einer Siedlung sein können, beweist gerade das Diagramm des *Scirpo-Phragmitetums* (Abb. 30). Es handelt sich um einen vor vielleicht 20 Jahren ausgehobenen breiten Graben, der heute weithin von einer dichten, äußerst gleichförmigen Vegetation besetzt ist.

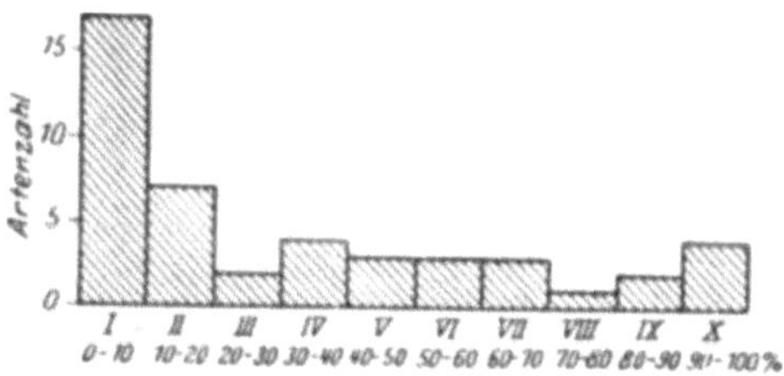


Abb. 31. Frequenzdiagramm des floristisch inhomogenen *Mugo-Ericetum carneae* (10 Quadrate von $^1/_2$ qm)

Physiognomisch sehr gleichartig erscheinende Siedlungen können übrigens bei genauem Zusehen floristisch geringe Homogenität aufweisen. Der *Erica*-reiche, vom Menschen völlig unberührte *Pinus mugo*-Wald (*Mugo-Ericetum*) des Schweizerischen Nationalparks liefert hierfür ein Beispiel (Abb. 31).

Bei seinen Frequenzuntersuchungen im Tropenurwald der Côte d'Ivoire erhielt Emberger (1954) durchweg Diagramme, die sich dem Raunkiaerschen Normaldiagramm annäherten, doch ohne den Wiederaufstieg der Artenzahl in der höchsten Klasse zu zeigen. Er führt dies auf den großen Artenreichtum der untersuchten Waldungen beim Fehlen dominierender Arten zurück.

Die Arten der höchsten Frequenzklasse sind auch als „Lokalkonstanten" oder kurz als Konstanten bezeichnet worden, ein Ausdruck, der besser zu vermeiden und durch „hochfrequente" Arten zu ersetzen ist. Die Frequenz der Arten im Quadratverband wird in % ausgedrückt (Frequenz % s. auch Konstanz, S. 78).

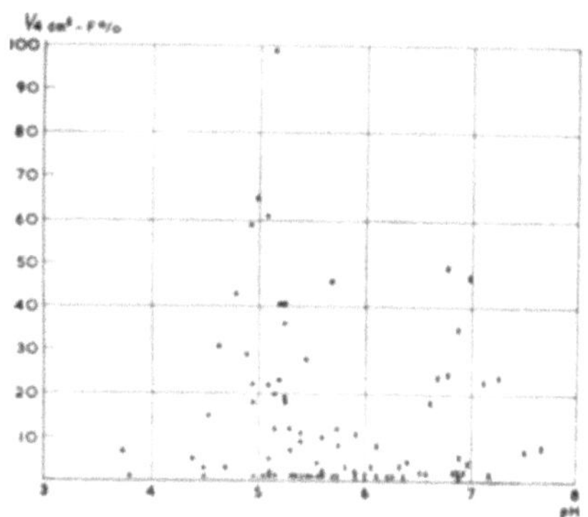


Abb. 32. Frequenzprozente von *Sieglingia decumbens* (.) und *Trifolium fragiferum* (×) in Grünlandgesellschaften Hollands (De Vries schriftl.)

**Gruppenmächtigkeit (Gruppenabundanz).** Unter Gruppenabundanz versteht Schwickerath „die Summe aller Skalenwerte der kombinierten Schätzung von Abundanz und Deckung (5, 4, 3, 2, 1)" der verschiedenen Artengruppen eines Einzelbestandes (Gruppe der Charakterarten, der steten Arten usw.).

Durch diesen Begriff der Gruppenabundanz wird sowohl die Artenzahl der betreffenden Gruppe wie auch die vorhandene „Menge" (in Schätzung) erfaßt, so daß die wesentlichen Größen einer Artengruppe berücksichtigt sind.

Zur Auswertung der Gruppenabundanz (=Gruppenmächtigkeit) bedient sich SCHWICKERATH der Kurvendarstellung[1].

Er hat für zahlreiche Assoziationen Gruppenmächtigkeitskurven gezeichnet. Die Kurven der Charakterarten- und der höchststeten Artengruppe zeigen eine angeglichene Gesamtrichtungstendenz und häufig auch gleiche Teilrichtung an.

SCHWICKERATH leitet daraus sein „Ausgleich- und Richtungsprinzip" ab, welches besagt, daß bei typischen Gesellschaften die Gruppe der Charakter- und der steten Arten eine auffallende Sekundanz oder Gefolgschaft zeigen. „Wenn die Charaktergruppe durchgehend optimal entwickelt ist, dann ist auch die Gruppe der steten Begleiter durchgehend optimal entwickelt." (SCHWICKERATH 1940, S. 62).

Der Begriff der Gruppenmächtigkeit kann natürlich auch auf ökologische und andere Arten-Gruppierungen Anwendung finden.

**Gruppenwert.** Einen Fortschritt der quantitativen Bewertung der Gesellschaftsglieder bringt die ideenreiche Arbeit von TÜXEN und ELLENBERG (1937).

Die Autoren unterscheiden zwischen systematischem Gruppenwert, der einen Maßstab abgibt für die Bedeutung einer Artengruppe innerhalb einer Gesellschaft (Beispiel: das Verhältnis der *Fagion*-Arten und *Fraxino-Carpinion*-Arten in einigen nordwestdeutschen Waldgesellschaften) und ökologischem Gruppenwert, der die verschiedenen nach ihrer Ökologie zusammengefaßten Artengruppen als ökologische Meßinstrumente auffaßt.

„Die Gleichung zwischen ökologischen Beobachtungen und Meßergebnissen auf der einen und Pflanzengesellschaft (Artenkombination) auf der anderen Seite wird um so eindeutiger und praktisch brauchbarer, je mehr es gelingt, die Pflanzengesellschaft bzw. einzelne Artengruppen nicht nur als Indikator (qualitativ), sondern auch als Meßinstrument (quantitativ) zu verwenden." (l. c. 1937, S. 179.)

Allerdings ist nicht außer acht zu lassen, daß der ökologische Zeigerwert einer Art meist keine festbestimmte Größe ist, sondern wie die Gesellschaftstreue von einem Synoekosystem und von einem Klimagebiet zum andern sich verschieben kann.

Die gebräuchlichen Mengenzahlen der kombinierten sechsteiligen Skala (s. S. 39) (+, 1, 2, 3, 4, 5) werden am besten folgendermaßen in Deckungsprozente umgerechnet:

| Mengenskala | Deckungsgrad in % | Mittleres Deckungsprozent |
|---|---|---|
| 5 | 75 bis 100 | 87,5 |
| 4 | 50 bis 75 | 62,5 |
| 3 | 25 bis 50 | 37,5 |
| 2 | 10 bis 25 | 17,5 |
| 1 | 1 bis 10 | 5,0 |
| + | — bis — | 0,1 |

[1] Der Gruppenwert auf die Artenzahl (allerdings ohne Berücksichtigung der Menge) begründet, gelangt schon in der von BR.-BL. (1936, S. 273) gegebenen Kurvendarstellung zum Ausdruck.

Man bestimmt hierauf die Gesamtsumme der mittleren Deckungsprozente jeder in der Assoziationstabelle enthaltenen Art, wobei die Zufälligen vernachlässigt werden können. Wird die Summe der Deckungsprozente einer Art durch die Zahl der in der Tabelle enthaltenen Arten dividiert und das Resultat zur Abrundung mit 100 multipliziert, so erhält man für jede Art einen mittleren Deckungswert.

$$\frac{\text{Summe der mittleren Deckungsprozente einer Art}}{\text{Zahl der Aufnahmen der Assoziationstabelle}} \times 100 = \text{Deckungswert.}$$

Die Stetigkeitszahl der Arten ist dem Deckungswert als Exponent beizufügen ($n^X$ = höchste Stetigkeit, $n^I$ = geringste Stetigkeit).

Die Deckungswerte der Arten einer Assoziation sind unter sich vergleichbar und geben unter Berücksichtigung der Stetigkeit, der Vitalität (Gedeihen), des jahreszeitlichen Entwicklungsganges, der Schichtzugehörigkeit und der Lebensform gute Anhaltspunkte zur Beurteilung der soziologischen Bedeutung der Arten im Gesellschaftsverband.

Sollen die Deckungswerte der Arten verschiedener Assoziationstabellen miteinander verglichen werden, so sind sie vorerst, falls die Zahl der Aufnahmen in den betreffenden Tabellen nicht übereinstimmt, was ja selten der Fall ist, auf ein Mittel zu reduzieren und prozentual auszudrücken.

Dadurch wird ein besserer Vergleichsmaßstab für die soziologische Bewertung der Arten in den zum Vergleich herangezogenen Gesellschaften geschaffen. Als Beispiel diene der Vergleich der pyrenäischen mit der alpigenen *Loiseleuria*-Heide (s. S. 54).

**Vegetationsschichtung (Stratifikation).** Die Vegetationsschichtung vermittelt den Übergang zur Lebensformbetrachtung, denn die einzelnen Vegetationsschichten gehören auch verschiedenen Lebensformklassen an.

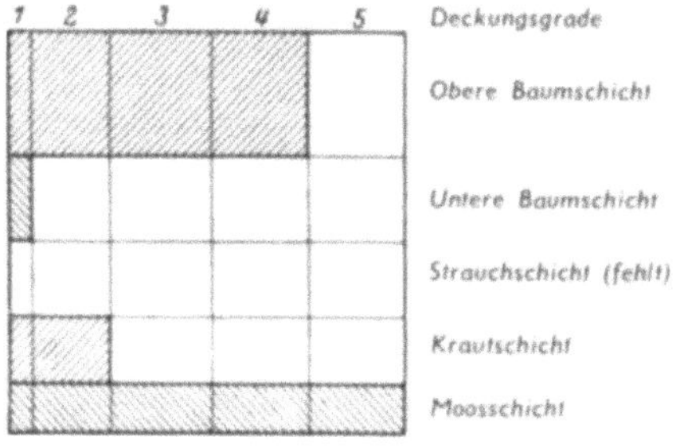

Abb. 33. Schichtungen eines Fichtenhochwaldes im Schwarzwald. Juli 1926

Die Vegetationsschichten sind bald scharf getrennt, wie im geschlossenen Kiefern-, Fichten- oder Buchenwald, bald undeutlich abgegrenzt, wie in natürlichen Laubholz- und Koniferen-Mischwäldern (Abb. 33) oder im Tropenurwald (s. Abb. 34).

Die einzelnen Schichten sind aber stets durch Wechselbeziehungen miteinander verbunden und können nicht als besondere ökologische Einheiten auseinandergerissen werden (s. auch Krieger 1936).

Der Begriff der Schichtung geht auf Kerner (1863) und auf Ragnar Hult (1881) zurück. Letzterer unterschied bei seinen Vegetationsbeschreibungen nicht weniger als sieben Schichten und stellte sie im Zusammenhang mit den Grundformen auch graphisch dar.

Tabelle 1. Vergleich der pyrenäischen und alpigenen Rasse

| Lebensform | Nummer der Aufnahme<br>Höhe (m ü. M.)<br>Neigung<br>Deckung (%)<br>Aufnahmefläche (m²) | 1<br>2480<br>NE. 10°<br>80<br>4 | 3<br>2510<br>NW. 10°<br>80<br>4 | 3<br>2280<br>N. 30°<br>100<br>4 |
|---|---|---|---|---|
| | **Assoziationscharakterarten** | | | |
| Ch. v. | *Loiseleuria procumbens* | 5.5 | 5.5 | 4.4 |
| Ch. l. | *Cetraria crispa* | 2.2 | 2.2 | 2.2 |
| Ch. l. | *Cetraria nivalis* | + | 1.1 | + |
| Ch. l. | *Cetraria cucullata* | 2.1 | 2.1 | + |
| Ch. l. | *Alectoria ochroleuca* | 2.2 | 2.1 | 2.2 |
| | **Verbands- und Ordnungscharakterarten** (*Vaccinio-Piceetalia*) | | | |
| Ch. s. | *Vaccinium uliginosum* | +° | 2.1° | 2.2 |
| Ch. l. | *Cladonia uncialis* | . | . | + |
| Ch. s. | *Empetrum hermaphroditum* | . | . | . |
| | **Begleiter** | | | |
| H. c. | *Festuca supina** | + | 1.1 | . |
| H. c. | *Juncus trifidus* | + | + | + |
| Ch. p. | *Silene acaulis* (*incl. exscapa*) | +.2 | . | + |
| H. sc. | *Avena versicolor* | (+) | (+) | . |
| H. sc. | *Phyteuma hemisphaericum* | (+) | + | . |
| H. sc. | *Silene ciliata** | (+) | + | + |
| H. sc. | *Luzula lutea* | (+) | 1.1 | 1.1 |
| Ch. p. | *Minuartia sedoides* | . | . | . |
| H. c. | *Carex curvula* | . | + | . |
| H. c. | *Saxifraga moschata* | + | . | . |
| H. r. | *Primula integrifolia* | . | + | + |
| H. r. | *Androsace carnea** | . | . | . |
| Ch. | *Jasione humilis** | +.2 | . | . |
| Ch. p. | *Minuartia recurva* | +.2 | . | . |
| G. r. | *Polygonum viviparum* | . | . | . |
| H. c. | *Deschampsia flexuosa v. alpina* | . | . | + |
| T. | *Euphrasia minima* | . | . | . |
| H. r. | *Carex ericetorum* | . | . | . |
| H. sc. | *Pulsatilla vernalis* | . | . | . |
| Ch. s. | *Chrysanthemum alpinum* | . | . | . |
| | **Kryptogamen** | | | |
| Ch. l. | *Thamnolia vermicularis* | 1.1 | 1.1 | 2.1 |
| Ch. l. | *Cetraria islandica* | 1.1 | + | 2.2 |
| Ch. l. | *Cladonia silvatica* | . | . | 2.1 |
| Ch. l. | *Cladonia rangiferina* | . | . | + |
| Ch. p. | *Polytrichum juniperinum* | . | . | . |

* Fehlen den Engadineralpen.

des *Loiseleurio-Cetrarietum* auf Grund der Artendeckung

| 4<br>2315<br>N. 10°<br>100<br>4<br>(8) | 5<br>2550<br>NW. 20°<br>80<br>4 | 6<br>2270<br>NW. 20°<br>90<br>4 | 7<br>2510<br>N. 10°<br>90<br>4<br>(100) | 8<br>2280<br>NE. 10°<br>100<br>1 | 9<br>2440<br>NE. 25°<br>100<br>2 | 10<br>2465<br>N. 2°<br>90<br>4 | Deckungswert | |
|---|---|---|---|---|---|---|---|---|
| | | | | | | | Pyrenäen-rasse | Alpigene Rasse (10 Aufnahmen aus dem Engadin) |
| 5.5 | 4.4 | 5.5 | 5.5 | 5.5 | 5.5 | 5.5 | 8250 | 7440 |
| 3.2 | 1.2 | 2.2 | 2.2 | 1.2 | 3.2 | 3.2 | 2100 | 575 |
| 2.2 | 1.1 | 1.1 | 1.2 | 1.1 | \| | ( \| ) | 428 | 1875 |
| + | . | . | 3.2 | 3.4 | + | + | 1104 | 1378 |
| 1.2 | 1.1 | + | . | . | . | . | 626 | 178 |
| | | | | | | | | |
| +° | 3.2 | 1.2 | . | 2.1 | 2.1 | (+) | 1128 | 605 |
| . | . | . | . | . | + | . | 2 | 1 |
| . | . | . | . | + | . | . | 1 | 1 |
| | | | | | | | | |
| + | + | + | + | + | + | 1.1 | 107 | . |
| + | + | . | . | . | + | . | 6 | (1) |
| + | +.2 | . | . | . | . | + | 5 | 1 |
| . | + | . | . | + | + | . | 5 | 178 |
| . | + | . | . | + | 1.1 | (+) | 55 | 8 |
| (+) | . | . | . | . | + | . | 5 | . |
| . | . | . | . | . | 1.1 | . | 151 | 1 |
| . | + | . | . | . | + | . | 2 | 3 |
| . | + | . | + | . | . | + | 4 | 53 |
| . | . | . | + | . | . | . | 2 | . |
| . | + | . | . | . | + | . | 4 | (3) |
| . | . | . | . | + | . | . | 1 | . |
| . | . | . | + | (+) | . | . | 3 | . |
| . | . | + | + | . | . | . | 3 | (1) |
| + | . | + | (+) | . | . | . | 3 | 5 |
| . | . | . | . | . | . | . | 1 | 5 |
| + | . | . | + | . | . | . | 2 | 2 |
| . | . | . | . | . | . | (+) | 1 | 27 |
| . | . | . | . | . | . | + | 1 | 3 |
| . | . | . | . | . | . | + | 1 | 3 |
| | | | | | | | | |
| 2.1 | 1.1 | 1.1 | 1.1 | 1.1 | 1.1 | + | 701 | 253 |
| . | 2.2 | . | . | 2.2 | + | . | 577 | 1227 |
| . | + | (+) | . | 2.1 | 1.1 | . | 402 | 1176 |
| . | + | . | . | . | + | . | 3 | 27 |
| . | . | . | + | . | . | . | 1 | 6 |

In der Regel genügt es, vier Hauptvegetationsschichten zu unterscheiden:

| | |
|---|---|
| Baumschicht | Krautschicht (Feldschicht) |
| Strauchschicht | Moosschicht (Bodenschicht) |

Nach Bedürfnis lassen sich diese Hauptschichten aber weiter unterteilen; es können eine obere und untere Krautschicht (bei Hochstaudenfluren) (Abb. 35) eine untere, mittlere und obere Baumschicht (im Tropenwald) unterschieden werden. Zur bildlichen Darstellung der Vegetationsschichtung eignet sich die vertikale Projektion der Assoziation (Abb. 34).

Abb. 34. Vegetationsschichtung im Regenwald von Uganda. Die Abbildung zeigt einen 61 m langen, 7 m breiten Ausschnitt, 44 Bäume von 4,6 m oder mehr enthaltend. Stellung und Größenverhältnisse nach Messung sind streng gewahrt (nach EGGELING 1947)

*Cap Capparis afzelii* — *Cb Celtis browni* — *Cs Celtis spyauxii* — *Cyn Cynometra alexandri* — *Cz Celtis zenkeri* — *Fu Funtumia elastica* — *Ll Lepidoturus laxiflorus* — *Lm Lasiodiscus mildbraedii* — *Ra Rinorea ardisiaeflora* — *Rp Rinorea poggei* — *Us Uvariopsis n. sp.*

**Graphische Schichtendarstellung.** Sehr eingehend hat sich DANSEREAU (1959, 1960) mit der graphischen Darstellung der Vegetationsschichtung befaßt. Er sucht die Struktur der Pflanzengesellschaften durch Diagramme dem Verständnis näherzubringen. Diese Diagramme sind ausdrucksvoll, doch dürfen sie, der Lesbarkeit halber, nicht mit allzu vielen Zeichen überladen sein. Eine Anwendung der Signaturen von DANSEREAU aus dem japanischen Hartlaubwald des *Shiietum sieboldi* gibt SUZUKI (1954) (Abb. 35).

Derartige Diagramme, neubeschriebenen Assoziationen aus wenig bekannten Gebieten beigegeben, erleichtern das Verständnis ihrer Struktur. Einander gegenübergestellt lassen sie auf den ersten Blick die Strukturunterschiede der Gesellschaften hervortreten.

Die charakteristische Schichtung der Pflanzengesellschaften ist das

Ergebnis eines langdauernden Anpassungs- und Ausleseprozesses, wobei namentlich dem Lichtfaktor maßgebende Bedeutung zukommt. Die unteren Schichten müssen um so mehr an Lichtentzug angepaßt sein, je zahlreicher die Oberschichten sind und je vollständiger der ihnen zur Verfügung stehende Raum örtlich und zeitlich ausgenützt wird. Dagegen sind Unterschichten den Schwankungen der Wärme, der Luftfeuchtigkeit

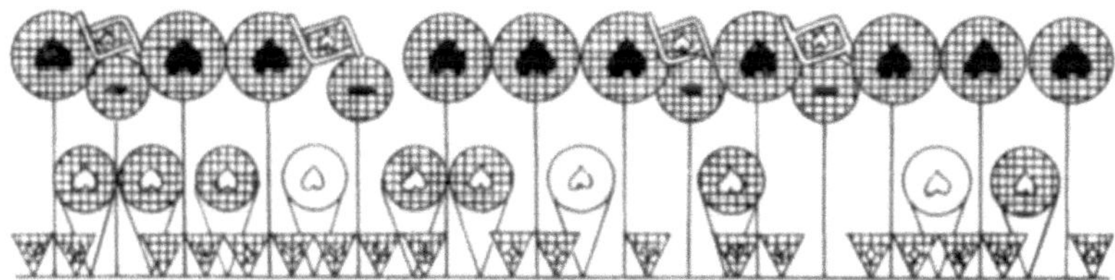

Abb. 35. Japanischer Hartlaubwald (*Shiietum sieboldi*) (SUZUKI 1954)

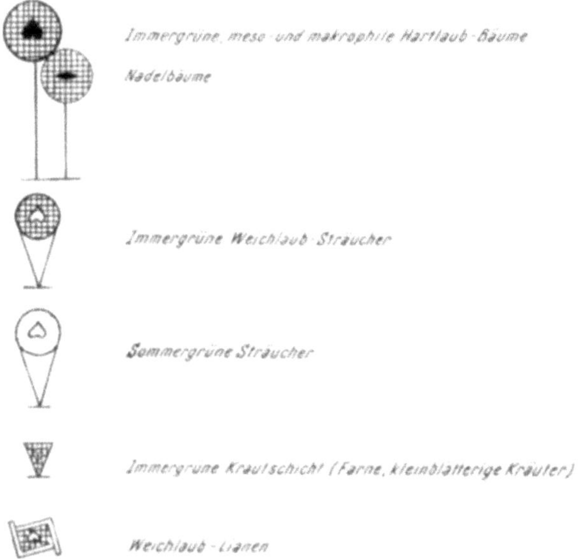


und dem Windeinfluß weniger ausgesetzt. Sie sind außer vom Lichtfaktor auch von den indirekten physikalisch-chemischen Einwirkungen der die Oberschicht zusammensetzenden Pflanzen (Wurzeltätigkeit, Mächtigkeit, Verwesungsart und chemische Beschaffenheit der Laubstreu) abhängig.

**Schichtenbindung.** Zwei oder mehrere Vegetationsschichten sind bald eng miteinander verbunden und erscheinen stets nur vereint, so die Kraut- und Moosschicht im *Centunculo-Anthoceretum* und in den *Isoetion*-Gesellschaften, die Moos- und Strauchschicht in gewissen Hochmoortypen, die *Ruscus aculeatus*-Strauchschicht im *Quercus ilex*-Wald, oder die einzelnen Unterschichten finden sich in Verbindung mit zwei oder mehreren Oberschichten, oder aber auch selbständig für sich allein.

Im ersten Fall haben wir es mit engverbundenen, im zweiten mit übergreifenden Schichten zu tun. Übergreifend sind das *Rhododendro-Vaccinietum* der Alpen im *Pinus cembra-*, *Pinus mugo-*, *Larix decidua-*Wald wie auch außerhalb des Waldes; die *Rosmarinus-Lithospermum fruticosum*-Assoziation Südfrankreichs (sowohl mit als ohne Oberschicht

Abb. 36. Schichtenbindung im wenig berührten zweischichtigen *Querco-Carpinetum podolicum* bei Szutromince, Podolien (Aufn. Exkurs. S.I.G.M.A.)

von *Pinus salzmanni* oder *Pinus halepensis* gedeihend); eine *Calluna-*, *Thymus vulgaris-* oder *Hylocomium*-Schicht kann in ganz verschiedenen Assoziationen deckend auftreten.

Unter den eng verbundenen Schichten befinden sich solche, die von bestimmten Schichten abhängig und bedingt sind. Als derart abhängige Schichten können die reich entwickelte lorbeerblättrige Strauchschicht im *Quercus ilex*-Urwald des Atlas (Br.-Bl. und Maire 1924), die artenreiche Krautschicht des *Querco-Lithospermetum podolicum* (Szafer 1935), die Farnschicht in den *Fraxinus-Corylus*-Wäldern Westirlands bezeichnet werden. Eng mit bestimmten Schichten von Phanerophytengesellschaften verbunden sind auch manche abhängige Epiphytengesellschaften.

**Wurzelschichtung.** Der oberirdischen entspricht eine unterirdische Vegetationsschichtung, worauf WOODHEAD schon 1906 nachdrücklich hingewiesen hat.

Im allgemeinen wird angenommen, daß die verschiedenen Wurzelschichten der krautigen, flachwurzelnden Pflanzen, Sträucher und Bäume

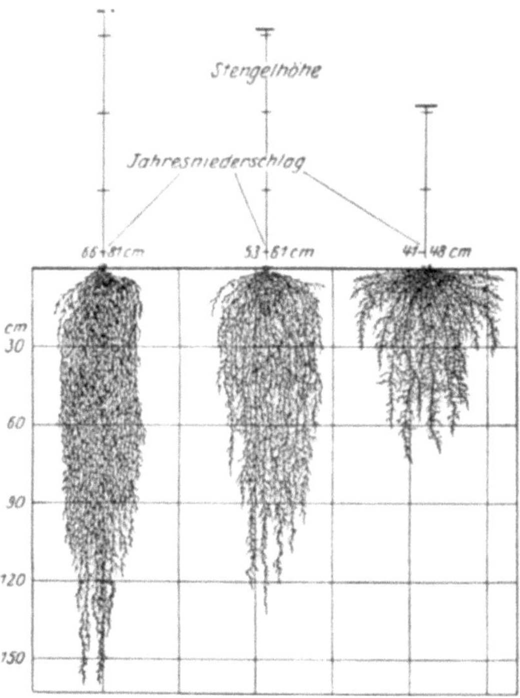


Abb. 37. Bewurzelung des Winterweizens unter verschiedenen Niederschlagsverhältnissen (nach WEAVER)

in bezug auf die Nahrungsaufnahme „edaphisch komplementär" seien, das heißt, einander ersetzen. Diese Ansicht läßt sich aber, wenigstens in ihrer allgemeinen Fassung, nicht halten, konnten doch LINKOLA und TIIRIKKA (l. c.) nachweisen, daß in den untersuchten Gesellschaften bei den meisten Pflanzen absorptionsfähige Wurzelspitzen von den oberflächlichsten Bodenschichten bis zu den äußersten Wurzeltiefen reichen.

In manchen Bodenprofilen versorgt die oberste nährstoffreichste Schicht auch die tieferliegenden Schichten mit Nährstoffen.

Experimentelle Untersuchungen von WATT und FRASER (1933) in englischen Buchenwäldern ergeben, daß nicht nur die oberirdischen Vegetationsorgane durch Lichtentzug, sondern auch die Wurzelschichten der Bäume das Gedeihen der flachwurzelnden Kräuter erheblich beeinflussen können. Dasselbe gilt für die Polykormone von *Cynodon dactylon* in Unkraut- und Trittgesellschaften.

Wertvolle Untersuchungen über Wurzelschichtung hat WEAVER (1920, 1925) in Nordamerika angestellt. Er konnte an Versuchspflanzen den Einfluß von Bodenfeuchtigkeit, Bodenkörnung, Verteilung der Nährstoffe im Boden usw. auf die Wurzelbildung und Wurzelschichtung zahlenmäßig nachweisen. Eine Pflanze, im gleichen Boden, aber unter abweichenden Niederschlagsverhältnissen gewachsen, zeigt, wie Abb. 37 darstellt, ganz verschiedene Wurzelentwicklung.

Das Wurzelwerk und namentlich die Speicherorgane werden unter starker Beleuchtung bedeutend kräftiger und üppiger entwickelt als im Schatten (COMBES 1946).

Manche Pflanzenwurzeln reagieren sehr empfindlich auf Belichtung und besitzen die Fähigkeit, ihren Rhizomverlauf automatisch nach der Belichtung einzustellen. RAUNKIAER (1914) hat gezeigt, daß *Polygonatum multiflorum*, falls sein Rhizom die ihm zusagende Entfernung von der Bodenoberfläche erreicht hat, waagrecht weiterwächst. Wird es aber durch Zuschüttung tiefer gelegt, so wächst es schief aufwärts.

Auch Struktur und Nährstoffgehalt der verschiedenen Bodenhorizonte begünstigen die Wurzelschichtung.

Bekannt ist der Einfluß der Durchlüftung auf den Wurzelverlauf. In nassen, schlecht durchlüfteten Böden ist das Wurzelwerk kümmerlich entwickelt und hat die Tendenz, sich in der obersten, relativ am besten durchlüfteten Schicht horizontal auszubreiten (Kiefern und Birken im Hochmoor, *Salicetum herbaceae* der Schneeböden).

Ähnlich wirkt die Bodenazidität, wenn basischen, kalkreichen Böden eine Schicht sauren Humus überlagert ist. Die Wurzeln der sonst viel tiefer wurzelnden azidophilen Arten sind verkürzt und dringen nicht in den basischen Boden ein (s. BR.-BL. 1961, S. 173).

Ist dem flachliegenden Fels auch nur eine äußerst dünne Feinerdeschicht aufgelagert, so vermögen sich Sträucher und selbst Bäume zu halten, indem sie ihr Wurzelwerk oberflächlich weit ausbreiten, um es gelegentlich in einer Ritze zu versenken (s. Abb. 316, S. 563).

**Wurzelverlauf.** Wurzelverlauf und -verteilung in natürlichen Pflanzengesellschaften haben KUJALA (1926), LINKOLA und TIIRIKKA (1936), KALELA (1937), KIVENHEIMO (1947), und neuerlich besonders ŠALYT (1960, und KUTSCHERA (1960) verfolgt.

In Wiesengesellschaften hat *Galium uliginosum* den seichtesten Wurzelverlauf bei einer Wurzeltiefe von höchstens 2 cm; die größte Wurzelspitzentiefe (190 cm) wurde bei *Deschampsia caespitosa* gemessen. Die obersten 10 cm des Bodens enthalten 83 bis 88% der Wurzelmasse, auf das Trockengewicht berechnet.

Der Wurzelraum kann verschiedene Formtypen, wie Kegel,- Keulen-, Zylinder-, Scheibenform, annehmen.

In der mittelasiatischen Steppe hat KULTIASOFF (1927) die Gewichtsabnahme der Wurzelmasse mit der Bodentiefe verfolgt.

Tabelle 2. Abnahme der Wurzelmasse mit der Bodentiefe in der Therophytensteppe bei Taschkent

| Bodentiefe cm | 0—10 | 10—20 | 20—30 | 30—40 | 40—50 | 50—60 | 60—70 |
|---|---|---|---|---|---|---|---|
| Wurzelmasse in Gramm | 14,0 | 84 | 20,6 | 3,0 | 2,2 | 3,0 | 1,5 |

In der Therophytensteppe von Taschkent beträgt das Gewicht der Grasmasse pro Kubikmeter nicht mehr als 100 g, das Wurzelgewicht dagegen mit 1515,3 g rund 15mal mehr. Die Hauptwurzelmasse liefert *Carex hostii*.

Zur Untersuchung der Wurzelmasse sind ganze Erdblöcke mit den darin enthaltenen Wurzelsystemen auszuheben und von unten her auszuwaschen. Ein aus Šalyt (1960) entnommenes Wurzelprofil, das die Wurzelmasse, auf 20 cm tiefe Bodenschichten verteilt, darstellt, zeigt Abb. 38.

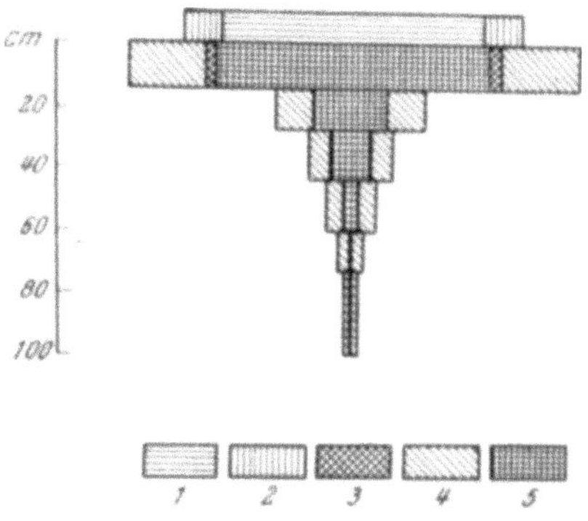


Abb. 38. Wurzelmasse verschiedener Bodenhorizonte auf 1 qm Fläche (nach Šalyt 1960). Assoziation von *Stipa lessingiana* und *Festuca sulcata* in der typischen Schwarzerdezone
*1* Lebende oberirdische Masse, *2* Abgestorbene Pflanzenreste, *3* Wurzelstöcke und Zwiebeln, *4* Kleine Wurzeln (Durchmesser kleiner als 2 mm), *5* Hauptwurzeln

Oppenheimer (1936) erstellte eine sogenannte Wurzelorgel aus Brettern, die gestattet, die Wurzelbildung bei Baumkeimlingen genau zu verfolgen. Der Hauptzuwachs der palästinensischen Eichen (*Quercus calliprinos*, *Q. aegilops*) fällt in die Monate April bis Juni. Im ersten Jahr erreicht die Hauptwurzel schon 60 bis 80 cm, im zweiten etwa 1,40 m Länge.

**Wurzelprofil.** Die Verteilung der wichtigsten Wurzeltypen im *Populetum albae* Südfrankreichs hat Tchou während der maximalen Entwicklung im Mai zeichnerisch festgehalten (Abb. 39). Günstige Luftverhältnisse der obersten Bodenhorizonte und die jährlichen Grundwasserschwankungen drängen hier die krautigen Pflanzen auf die $A_1/A_2$-Schicht zusammen; hingegen ist *Populus alba* gegenüber dem Grundwasseranstieg wenig empfindlich.

Die Wurzelschichtung alpiner Felsschuttgesellschaften ist namentlich von Jenny-Lips (1930) und von H. Hartmann (1957) untersucht worden. Sie steht in engem Zusammenhang mit dem Vorhandensein einer eingeschwemmten Feinerdeschicht.

Vorbildliche Wurzelprofile von rund 200 Ackerunkräutern und Kulturpflanzen in ihrem Verhalten zur Bodenbildung gibt der Wurzelatlas von L. Kutschera (Abb. 40). Das Freilegen der Wurzeln erfolgte, um Lageänderungen zu vermeiden, unter Verwendung von Präpariernadeln.

Erwünscht wäre eine die Lebensform berücksichtigende Einteilung der Gewächse nach Wurzeltypen (s. S. 592).

**Gedeihen (Vitalität-Fertilität).** Die Tatsache, daß eine Art öfter und reichlich in einer bestimmten Pflanzengesellschaft vorkommt, erlaubt noch nicht den Schluß, daß sie dort auch zu Hause sei und gut gedeihe. Sie kann zu den Steten der Assoziation zählen und doch nur geduldet

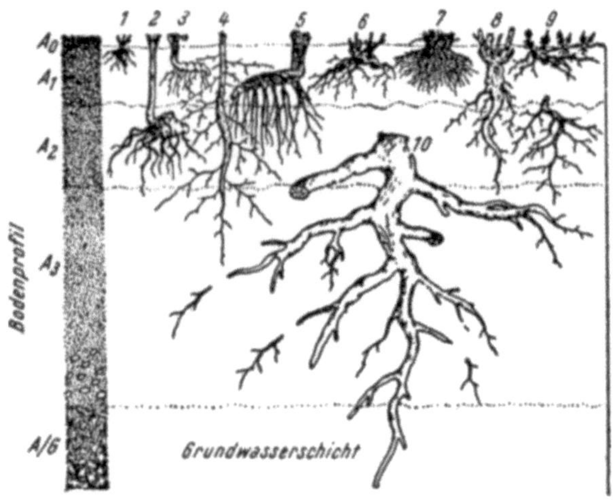


Abb. 39. Wurzelschichtung im Bodenprofil des *Populetum albae* Südfrankreichs (Mai 1943, Tchou l. c.)

*1 Ficaria calthaefolia* (Knollengeophyt)
*2 Arum italicum* (Knollengeophyt)
*3 Symphytum tuberosum* (Knollengeophyt)
*4* Junge Pflanze von *Populus alba* (Makrophanerophyt)
*5 Iris foetidissima* (Rhyzomgeophyt)
*6 Euphorbia amygdaloides* (Hemikryptophyt)
*7 Brachypodium silvaticum* (Hemikryptophyt)
*8 Lithospermum officinale* (Knospengeophyt)
*9 Galium mollugo ssp. dumetorum* (Hemikryptophyt)
*10 Populus alba* (Makrophanerophyt)

und für die Gesellschaft belanglos sein. Zur Abwicklung ihres Lebenskreislaufes, zur Samenbildung gelangt sie nur in bestimmten anderen Pflanzengesellschaften.

**Vitalitätsgrad.** Die Vitalität einer Art kann durch folgende Zeichen oder Zahlen (1 bis 4) ausgedrückt werden.

Gutentwickelte, regelmäßig ihren vollständigen Lebenskreislauf abwickelnde Pflanzen (●; 1).

Schwächer entwickelte, sich vermehrende Pflanzen (verminderte Soziabilität, spärliches Auftreten, Nanismus usw.), oder üppig entwickelte, die aber ihren Lebenskreislauf nicht regelmäßig abwickeln (⊙; 2) (Abb. 41).

Kümmerlich vegetierende, sich vermehrende Pflanzen, die ihren Lebenskreislauf nicht vollständig abwickeln (○; 3).

Zufällig gekeimte, sich nicht vermehrende Pflanzen (○○; 4). Hierher viele ephemere Adventivpflanzen.

Zur Einschätzung der Vitalität kann auch die Frucht- und Samenbildung und die Keimkraft der Samen herbeigezogen werden (s. Keimung S. 529).

Bei Feldaufnahmen ist es oft nicht möglich, sich näher mit der Vitalität zu befassen, dagegen sollten Arten mit herabgesetzter Lebenskraft und kümmerlichem Gedeihen stets hervorgehoben werden, indem

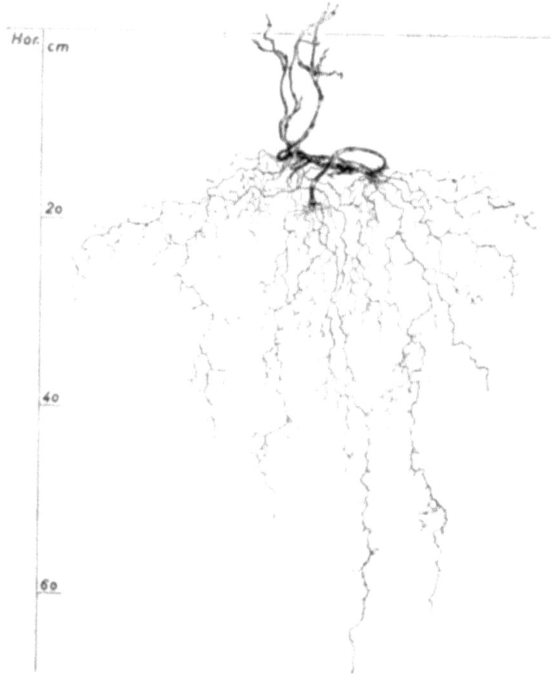


Abb. 40. Wurzelprofil von *Silene cucubalus* (aus KUTSCHERA 1960)

man dem Artnamen als Exponent eine oder zwei ○ beisetzt (*Pinus cembra* ○○); fruchtende Arten sind mit fr. zu bezeichnen.

Im *Juncus acutiflorus*-Flachmoor der mittelfranzösischen Gebirge entfaltet die prachtvolle, bis zwei Meter hohe Komposite *Ligularia sibirica* ihre volle Lebenskraft. Dank der reichen Samenzufuhr sind Keimlinge auch im unmittelbar anschließenden *Trichophoretum* massenhaft eingestreut. Aber nur wenige gelangen darin zur Blatt- und Stengelbildung und keine je zur Blüte; die jungen Pflänzchen gehen augenscheinlich bald ein. Die Vitalität von *Ligularia* ist im *Trichophoretum* stark herabgesetzt.

**Vitalitätsänderungen.** Drastische Vitalitätsänderungen im Unterwuchs folgen auf Lichtstellung oder Kahlschlag. Sträucher, wie *Vaccinium myrtillus*, *Calluna*, *Erica arborea*, *Cistus salviifolius* u.a., die im Baumschatten dahinserbelten, gehen auf, blühen und fruchten üppig. Viele

Schattenarten dagegen halten sich nach Freistellung nur noch kümmerlich.

WAGNER (1938) hat gezeigt, daß die einjährigen Arten des *Tuberarion guttati*-Verbandes Südfrankreichs zu ihrer vollen Entwicklung nahezu volle Belichtung benötigen; ihr Minimum, bei herabgesetzter Vitalität, liegt zwischen 1/10 bis 1/20 relativem Lichtgenuß. Etwas tiefer in den Baumschatten von *Quercus ilex* gehen die Erdflechten *Cladonia endiviaefolia* (sehr kümmerlich) bis 1/18, *Cladonia rangiformis* bis 1/36. *Lavandula stoechas* erreicht ihr Minimum bei 1/50 relativem Lichtgenuß, aber ohne zur Blüte zu gelangen. Durch den aufwachsenden

Abb. 41. Üppiges, aber steriles *Leucobryum glaucum*-Polster im extrem sauren *Querco-Betuletum* NW-Deutschlands (Aufn. TÜXEN u. PIETZSCH)

Wald verschlechtert sich das Gedeihen der lichtliebenderen Arten zusehends, und wenn manche Art auch noch kürzere odere längere Zeit fortvegetiert, so verringert sich ihre Vitalität und Konkurrenzkraft doch mit abnehmendem Lichtgenuß.

Ähnliche Vitalitätsänderungen erfahren die hydrophilen *Phragmition*-arten bei fortschreitender Verlandung, welche das Vordringen des *Magnocaricion* bedingt, während die *Magnocaricion*-Arten mit zunehmender Trockenlegung unter den Folgegesellschaften des *Molinion coeruleae*, verkümmern. In den Frühstadien des *Molinion* noch vorhandene Großseggen gelangen kaum je zur Blüte; sie sind Zeiger der Vegetationsentwicklung.

Mit den Grundwasseränderungen in Zusammenhang stehende Vegetationsverschiebungen sind von ELLENBERG (1952), sowie an der Tagung vom Oktober 1953 in Stolzenau, Pflanzensoziologie als Brücke zwischen Land- und Wasserwirtschaft, eingehend besprochen und mit zahlreichen Beispielen belegt worden (TÜXEN 1954).

Die Entwicklungsrichtung der Gesellschaften wird oft zuerst durch Vitalitätsänderungen der Arten angezeigt.

Unser Bild (Abb. 42) zeigt die Vitalitätsabnahme von *Scirpus maritimus* beim Vordringen in den Salzsumpf.

Auch bei der Frage nach der soziologischen Zugehörigkeit der Arten ist den Vitalitätsverhältnissen Rechnung zu tragen, denn es ist für die

Abb. 42. Abnehmende Vitalität von *Scirpus maritimus* beim Vordringen in die Lagune, Montpellier (Aufn. S.I.G.M.A.)

Gesellschaften nicht belanglos, ob die einzelnen Konstituenten ihren Lebenskreislauf regelmäßig und in voller Kraft abwickeln, oder ob sie sich geduldet, gerade noch kümmerlich durchschlagen.

Nach LEMÉE (1953) gelangt in der Wüste die unterschiedliche Vitalität im Nanismus besser als in der verringerten Fertilität zum Ausdruck. Seiner Ansicht nach liegt in der Berücksichtigung der Vitalität auch ein Faktor zur Beurteilung der Gesellschaftstreue.

Eine höhere Pflanze ist zweifellos nur dort wirklich zu Hause, wo sie Blüten und Früchte anzusetzen vermag. Herabgesetzte Vitalität deutet demnach darauf hin, daß das dem Gedeihen der Art zuträgliche Optimum noch nicht erreicht oder bereits überschritten ist. Ausnahmen bilden viele sich ausschließlich vegetativ vermehrende Gewächse. Doch spielt die Vitalität auch bei Kryptogamengesellschaften eine gewisse Rolle. Erwähnt doch Häyrén (1914) eine *Lecanora maura*-Assoziation von den Schärenfelsen bei Tvärminne in Finnland, die auf die beschattete Nordseite der Klüfte beschränkt ist, wo *Lecanora maura* reichlich fruchtend vorkommt. An den lichtexponierten Stellen fehlt die Flechte zwar nicht, bleibt aber steril und kümmerlich. Manche Wasserpflanzen, Beerensträucher und Rhizomgeophyten gelangen in großen Teilen ihrer Verbreitungsgebiete niemals zur Fruchtbildung. Die Erforscher der Polarländer und Hochgebirge haben des öfteren hierauf hingewiesen.

Die Vitalitätseinschätzung, wie sie bei Feldaufnahmen geübt wird, muß sich notgedrungen auf wenige leicht kontrollierbare Erscheinungen beschränken. Ein zutreffenderes Bild erhält man, wenn man das Verhalten der Arten während ihres ganzen Lebenszyklus oder doch während eines Jahres verfolgt. Bei Therophyten bietet dies keine großen Schwierigkeiten, doch muß stets die Wirkung des Konkurrenzfaktors in Betracht gezogen werden.

In offenen Pflanzengesellschaften, wo sich die Konkurrenz weniger offensichtlich geltend macht, gibt das Verhältnis zwischen Keimlingszahlen und fruchtenden Exemplaren Anhaltspunkte über das Wohlergehen der Mitbewerber.

Im *Brachypodietum ramosi* und *Onobrychi-Barbuletum* der Garriguen keimt *Thymus vulgaris* in Unmenge, aber verhältnismäßig wenige Exemplare gelangen zur Fruchtbildung und im Hochsommer sind auf wenigen Quadratmetern Hunderttausende verdorrter Keimlinge und Jungpflanzen zu finden.

Um einen zahlenmäßigen Ausdruck für die Vitalität und Konkurrenzfähigkeit der Therophyten im *Onobrychi-Barbuletum* und im *Brachypodietum ramosi* von Montpellier zu erhalten, verfolgte Simonis (1954) das Gedeihen einiger wichtiger Arten während der Hauptentwicklung im Frühjahr in Dauerquadraten und stellte sie einander gegenüber.

Das *Brachypodietum* ergab eine viel geringere Individuenzahl, dagegen zeigte das Verhalten von *Micropus erectus*, daß die Arten im *Barbuletum* rascher zurückgehen.

Bei parasitären Pilzen äußert sich die Vitalität in der Infektionskraft. Hammarlund (Hereditas 6, 1925) hat nachgewiesen, daß die in den ersten 24 Stunden gekeimten Sporen einiger Erysiphaceen eine weit größere Infektionskraft besitzten als die später gekeimten. Die Vitalität kann in diesem Falle auf indirektem Wege durch Feststellung der bis zur Keimung verstreichenden Zeit ermittelt werden.

**Forstliche Bonitierung.** Mit der Vitalitätsbestimmung steht die Klassenbonitierung der Forstleute in Zusammenhang, doch beruhen die forstlichen Bonitätsklassen lediglich auf dem Holzertrag. Es werden fünf Bonitätsklassen unterschieden, wobei 1 die geringste, ertragsärmste, 5 die beste, ertragreichste Klasse darstellt. Selbstverständlich muß jede Holzart gesondert eingeschätzt werden.

Als drastisches Beispiel für Bonitäts- und Vitalitätsunterschiede in den verschiedenen Waldgesellschaften des Schweizerischen Nationalparks sei das Verhalten der Arve (*Pinus cembra*) erwähnt. Im trockenheißen *Pino-Caricetum humilis* der Südhänge keimt *Pinus cembra* sehr schön, aber die Keimlinge gehen in kürzester Zeit ein (Vitalität ○○), im benachbarten *Mugo-Ericetum caricetosum humilis* mit *Erica carnea*-Unterwuchs ohne Hylocomien sind Arvenkeimlinge nicht selten, aber nach Verlauf einiger Jahre sterben sie regelmäßig ab. Besser gedeiht die Arve im *Mugo-Ericetum hylocomietosum*, dessen Moosschicht aus Hylocomien ein günstigeres Keimbeet bildet. Obschon zahlreiche Keimlinge ebenfalls

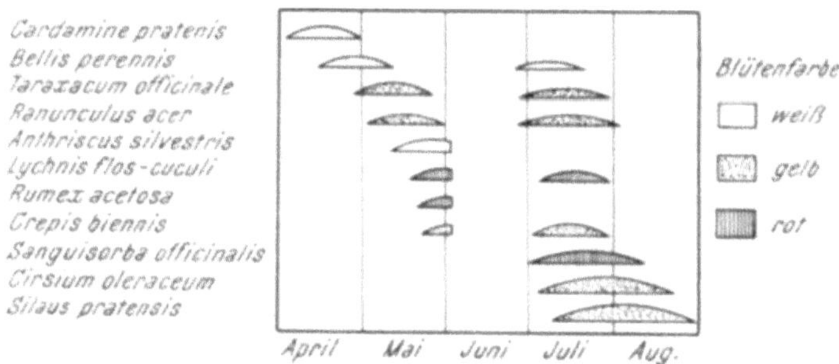


Abb. 43. Blütezeit-Diagramme einiger aspektbestimmender Kräuter im *Arrhenatheretum* des Neckarbeckens (aus ELLENBERG 1956)

absterben, gelingt es doch vereinzelten hochzukommen (Bonität 1 bis 2). Im angrenzenden Mischbestand zwischen *Mugo-Ericetum hylocomietosum* und *Rhododendro-Vaccinietum* entwickeln sich viele Arvenkeimlinge zu Bäumen (Bonität 2 bis 3) und im typischen, moosreichen *Rhododendro-Vaccinietum cembretosum* mit *Hylocomien* erlangt *Pinus cembra* sein Optimum und ist im Wettbewerb allen anderen Bäumen dauernd überlegen (Bonität 4 bis 5; BR.-BL., PALLMANN, BACH 1954).

**Entwicklungszustand der Arten.** Bei den Aufnahmen empfiehlt es sich, den jahreszeitlichen Entwicklungszustand der Arten anzugeben. Am einfachsten bedient man sich Abkürzungen, wie:

| | |
|---|---|
| bl. = blühend | ksp. = Knospenzustand |
| fr. = fruchtend | Km. = Keimling |
| st. = steril | tt. = abgestorben |

Aus dem Entwicklungszustand der Arten ist der jahreszeitliche Aspekt der Gesellschaft abzuleiten, der schematisch dargestellt werden kann (Abb. 43).

Eine eingehende Behandlung der Periodizität ist dem fünften Abschnitt (S. 509) vorbehalten.

## C. Tabellarisierung der Gesellschaften

„Der Weg, den die wissenschaftliche Forschung einzuschlagen hat, ist und war, das jeweilen genügend Gleichartige zu erkennen, das bunte Gewebe des scheinbar Einmaligen und Individuellen in zusammengehörige Bestandteile zu gliedern und nach Gesichtspunkten neu zu ordnen, die ein verständnismäßiges Erleben der Wirklichkeit ermöglichen" (NIGGLI 1947).

Auf die Pflanzensoziologie übertragen heißt dies, aus der bunten Vielheit der Vegetationsaufnahmen das Verwandte herauslesen und die zusammengehörigen konkreten Aufnahmen zu abstrakten Typen vereinigen, die eine Klassifizierung erlauben, denn je mehr die Zahl der Vegetationsbeschreibungen anwächst, um so notwendiger wird ihre rationelle Klassifizierung.

Bei diesem Übergang von der konkreten zur abstrakten Vegetationsbetrachtung sind quantitative Methoden von geringem Nutzen (ASHBY 1948, S. 223). Können wir ihrer auch nicht entbehren, so muß man sich doch bewußt bleiben, daß das Grundmaterial, worauf wir bauen, die einzelnen Vegetationsaufnahmen sind, deren Wert in höchstem Grade von der Zuverlässigkeit und Fähigkeit des Bearbeiters, von seiner Artenkenntnis, ferner von der sippensystematischen Durcharbeitung des Gebietes und andern Umständen abhängt.

Die richtig gefaßten, mehr oder weniger übereinstimmenden Vegetationsaufnahmen, zur Tabelle vereinigt, führen zur abstrakten Vegetationseinheit, dem Vegetationstypus.

**Gesellschaftstabelle.** In der Gesellschaftstabelle sind die analytischen Befunde der Felduntersuchungen vereinigt und können soziologisch ausgewertet werden.

Aus der tabellarischen Zusammenstellung möglichst vieler gutentwickelter, ausgeglichener, mehr oder weniger übereinstimmender Vegetationsaufnahmen ergibt sich die Gesellschaftsstetigkeit der Arten, wogegen der Vergleich aller Gesellschaftstabellen eines bestimmten, größeren Gebietes Aufschluß gibt über die Bindung der Arten an bestimmte Gesellschaften, über ihre Gesellschaftstreue.

Die Tabellenresultate können auch, wie namentlich FREY-WYSSLING (1928) gezeigt hat, in mannigfacher Art graphisch dargestellt werden. Sie erlauben Arbeitsaufwand, Sorgfalt, Genauigkeit und Zuverlässigkeit des Bearbeiters einzuschätzen. Sorgfältig durchgearbeitete Tabellen sagen dem Eingeweihten mehr als die längste Beschreibung; sie sind das Grundgerüst der Gesellschaftssystematik.

**Soziationstabelle.** Die Soziationstabelle gibt in der Regel die tabellarisch angeordneten Artenlisten einer Anzahl Quadrate (10 oder mehr) von $^1/_4$, $^1/_2$, 1 oder 4 qm Umfang. Die Arten sind nach Schichten und Grundformen (Lebensformen) angeordnet; bei jeder Art ist der Deckungsgrad in jedem Einzelquadrat angegeben und in einer Schlußkolonne das Frequenzprozent jeder Art, auf alle aufgenommenen Quadrate berechnet, beigefügt. Aus der Zusammenstellung mehrerer Einzelaufnahmen derselben Soziation ergibt sich die Artenkonstanz, und es wird der Frequenzprozent-Kolonne in der Tabelle noch eine Konstanzprozent-Kolonne angefügt (s. NORDHAGEN 1928, DU RIETZ 1930).

Wie ALBERTSON (1950, S. 280) bemerkt, sind Probeflächen von weniger als 1 qm eigentlich zu klein, wenn es sich um artenreiche Gesellschaften handelt, da sie das Minimi-Areal nicht erfassen. Oft sind aber genügend homogene Probeflächen von mehr als 1 qm schwer aufzutreiben, anderseits würden größere Flächen die genaue Aufnahme der Moose und Flechtenvereine kaum ermöglichen (s. auch DU RIETZ 1954).

**Assoziationstabelle.** Die nach den Feldaufnahmen zusammengestellte Assoziationstabelle gibt mehr oder weniger einläßlich Aufschluß über die ökologische Bedingtheit der einzelnen homogenen Aufnahmen, denn ihr Kopfteil soll zum mindesten enthalten:

Umfang der Aufnahmefläche (falls nicht alle Aufnahmen die gleiche Größe haben), Meereshöhe, Himmelslage und Neigungswinkel, Gesteinsunterlage, Höhe der Vegetationsschichten. Hiezu kommen nach Möglichkeit und bei Bedürfnis Angaben über die auf S. 23 angeführten Standortsfaktoren, sowie weitere ökologische Angaben, welche den Feldaufnahmen zu entnehmen sind.

Als Beispiel sei hier die Tabelle des *Pinus mugo-(montana-)*Waldes aus den Graubündneralpen angeführt (Tab. 3).

**Artenanordnung in der Tabelle.** Für die Artenfolge in der Tabelle gelten folgende Regeln. Hat man es mit einer noch unbeschriebenen Assoziation zu tun, so sind die Arten vorerst nach den großen Lebensformenklassen oder aber nach ihrer Schichtenzugehörigkeit getrennt aufzuführen. Allzu artenarme Aufnahmen werden ausgeschaltet.

Werden die Hauptschichten nicht von vornherein getrennt aufgeführt, so sind die Arten der Baum- oder Strauchschicht durch Fettschrift oder Unterstreichen hervorzuheben.

Die Anordnung der Arten innerhalb obiger Untergruppen geschieht nach ihrer Stetigkeit (Präsenz, Konstanz), bei gleichem Stetigkeitsgrad nach den Mengenverhältnissen und bei gleichem Mengenverhältnis nach ihrer systematischen Reihenfolge oder einfach nach dem Alphabet.

Sind die Kennarten (s. S. 97) bekannt, so wird die Anordnung von vornherein am besten nach abnehmender Gesellschaftstreue durchgeführt. Die Kennarten der Assoziation sind an die Spitze zu stellen; es folgen jene des Verbandes, der Ordnung, der Klasse.

Enthält die Tabelle mehrere Untereinheiten derselben Assoziation, so sind die jeder Untereinheit eigenen Trennarten (s. S. 92) auszuscheiden und als gesonderte Gruppe, als Trennartenblock, aufzuführen.

Aus dem Mittel sämtlicher Gesamtschätzungszahlen einer Art in der Assoziationstabelle lassen sich ihre mittlere Artmächtigkeit und auch ihr mittlerer Deckungswert berechnen.

Die Artenanordnung in der Tabelle kann selbstverständlich auch ohne Rücksicht auf gesellschaftssystematische Zwecke nach dem Zeigerwert der Arten (falls dieser bekannt ist) oder nach beliebigen Gruppierungen erfolgen.

Man ordnet die Arten nach dem Vorgehen von ELLENBERG (1956) zu Gruppen, die den Einfluß bestimmter Außenfaktoren erkennen lassen. Es werden z. B. die kalksteten oder -holden Arten, die feuchtigkeitsbedürftigen, azidophilen, basiphilen Arten zu Gruppen vereinigt.

Tabelle 3. Mugo-

| Lebensform und Bodenansprüche | | Subassoziation | | | | | | |
|---|---|---|---|---|---|---|---|---|
| | Aufnahmenummer | 1 | 2 | 3 | 4 | 5 | 6 | 7 |
| | Geologische Unterlage | Ca | Ca | Ca | Ca | Ca | Ca | Ca |
| | Höhe, m ü. M. | 2000 | 2100 | 1850 | 2080 | 2100 | 1750 | 2040 |
| | Exposition | N | N | NE | N | N | N | N |
| | Neigung (Grade) | 10° | 30°-35° | 10° | 35° | 30° | 20° | 15° |
| | Baumhöhe (m) | 3-4 | 5-6 | 3 | 6-8 | 6 | 5 | < 8 |
| | Deckg. d. Baumschicht % | 30 | 10 | 60 | 50 | 50 | 50-60 | 60 |
| | Deckg. d. Krautschicht % | 80 | 95-100 | 80 | 100 | 95 | 95 | 100 |
| | Aufnahmefläche (qm) | 50 (100) | 100 | 100 | 100 | 50 | 100 | 100 |
| | **Ass.-Charakterarten** | | | | | | | |
| NP; bs. | *Rhododendron hirsutum* | 4.3.4 | 1.2.3 | 4.3 | 4.3 | 4.4 | 3.3 | 4.3-4 |
| Ch; bs. | *Arctostaphylos alpina* | 2.2 | 3.3-4 | +.2 | 2.3 | 2.2-3 | 2.2-3 | +.3 |
| NP; bs. | *Sorbus chamaemespilus* | . | + | + | . | + | +.2 | + |
| NP; bs. | *Rhododendron intermedium* | . | + | + | . | . | . | + |
| | **Verbands-Charakterarten** (*Pino-Ericion*) | | | | | | | |
| Ch; bs. | *Erica carnea* | 3.3 | 2.2 | 2.2 | 3.3 | 2.2 | . | 2-3.2 |
| Ch; i. | *Pyrola rotundifolia* | . | + | + | . | + | . | 1.1 |
| T; i. | *Melampyrum pratense v. alpestre* | . | . | + | . | . | + | . |
| G; bs. | *Gymnadenia odoratissima* | . | . | . | . | . | . | . |
| | **Ordnungs- und Klassen-Charakterarten** (*Vacc.-Piceetalia, V.-Piceetea*) | | | | | | | |
| P; i. | *Pinus mugo* | 2.3 | 1.2 | 4.5 | 3.2 | 3.2 | 4.3 | 4.3 |
| NP; ac. | *Vaccinium uliginosum* | (+) | 2.2 | . | + | 1.2 | 3.3 | +.2 |
| Ch; i. | *Pyrola secunda* | . | . | + | 1.1 | + | 1.1 | + |
| Ch; ac. | *Vaccinium vitis-idaea* | . | . | 1.2 | . | 1.1 | 2.2 | . |
| H; ac. | *Homogyne alpina* | . | (+) | . | . | + | +.1 | + |
| P; i. | *Pinus cembra* | K.$^{0}$ | K.$^{0}$ | . | . | K. | . | . |
| H; ac. | *Luzula sieberi* | . | + | + | . | + | . | + |
| Ch; ac. | *Vaccinium myrtillus* | . | . | . | + | . | 2.2 | . |
| G; bs. | *Carex alba* | . | . | + | + | . | + | + |
| Chl; ac. | *Peltigera aphthosa* | . | . | + | . | . | . | . |
| Chl; ac. | *Cladonia grac. elongata* | . | . | . | . | . | +.2 | . |
| T; i. | *Melampyrum silvaticum* | . | . | 1.1 | . | + | . | . |
| Ch; ac. | *Empetrum hermaphroditum* | . | . | . | . | . | . | . |
| H; i. | *Hieracium murorum* | . | . | . | . | . | . | . |
| H; ac. | *Calamagrostis villosa* | . | . | . | . | . | . | . |
| NP; i. | *Juniperus nana* | . | . | . | . | + | . | . |
| P; i. | *Picea abies (Kml.)* | . | . | . | + | . | . | . |
| NP; i. | *Rosa pendulina* | . | . | . | . | . | . | . |
| H; ac. | *Pyrola uniflora* | . | . | . | . | . | . | . |
| BCh; ac. | *Ptilium crista-castrensis* | . | . | . | . | . | . | . |
| Ch; ac. | *Lycopodium selago* | . | . | . | . | . | . | . |
| NP; ac. | *Lonicera coerulea* | . | . | . | . | . | . | . |

Rhododendretum hirsuti

| hylocomietosum | | | | | | | | | | | |
|---|---|---|---|---|---|---|---|---|---|---|---|
| 8 | 9 | 10 | 11 | 12 | 13 | 14 | 15 | 16 | 17 | | |
| Ca | Ca | Ca | Ca | Ca | Ca | Ca | Ca | Si+Ca | Ca | | |
| 2100 | 2050 | 1890 | 2060 | 1850 | 2090 | 2070 | 1970 | 1900 | 1880 | | |
| NW | N.NE | N | N.NW | N | NW | N | N.NE | N | N | | |
| 35° | 30°-35° | 35°-40° | 35°-40° | 30° | 35° | 30° | 35° | 30° | 35° | | |
| 6-8 | 8 (10) | 8 | 8-10 | 6-12 | 8-12 | 6-8 | 10 (15) | 8 (10) | 8 | | |
| 30 | | 60 | 50 | 40 | 50 | 40 | 25 | 50-60 | 40 | | |
| 95 | 90 | 100 | 90 | 100 | 100 | 95 | 90 | 95 | 95 | | |
| 50 | 100 | 100 | 100 | 50 | 50 | 50 | 100 | 100 | 100 | | |
| | | (200) | | | | | | (200) | (200) | Stetigkeit | Deckungsgrad |
| 4.3 | 3.3-4 | 4.4 | 4.4 | 3.4 | 3.3 | 3.3 | 4.4 | 3.4 | 2-3.3 | 17 | 4890 |
| 2.2 | 1.2-3 | . | 1.2 | 2.3 | 2.2 | 1.2 | +.2 | . | 3.3 | 15 | 1250 |
| + | + | + | + | 1.2 | . | . | 1.2 | . | +.2 | 12 | 64 |
| . | . | . | . | . | 1.2 | 2.3 | . | +.2 | . | 6 | 134 |
| 2.2 | 2.2-3 | 3.3 | 4.3 | 1.2 | 2.2 | 1.2 | 2.2 | 2.2-3 | 2.2 | 16 | 2100 |
| 1.1 | + | (+°) | + | + | (+) | 1.1 | 1.1 | 2.1 | + | 14 | 225 |
| . | . | 1.1 | . | + | . | . | . | . | + | 5 | 32 |
| . | + | . | . | . | . | . | . | . | . | 1 | 1 |
| + | 3.2 | 4.5 | 3.2 | 2.1 | 3.3 | 3.2 | 2.1 | 3.2 | 2.2 | 17 | 3455 |
| +.2 | + | +.2 | + | 3.2 | 2.2 | +.2 | 2.2 | +.2 | 3.3 | 16 | 1005 |
| 1.1 | + | 2.1 | + | + | + | + | 1.1 | 1.1 | 1.1 | 15 | 284 |
| 1.2 | + | 2.1 | 1.1 | 1.1 | 1.2 | +.2 | 2.1 | 2.3 | +.2 | 13 | 590 |
| + | . | + | + | + | + | + | + | + | + | 13 | 7 |
| K. | K. | K. | . | K. | K. | K. | 1.1K. | K. | K. | 12 | 34 |
| . | + | + | + | + | + | + | . | 1.1 | 2.2 | 12 | 138 |
| +.2 | + | +.2° | 1.2 | 2.2 | 2.2 | 2.3 | 1.2 | . | . | 10 | 472 |
| 1.2 | . | + | + | +.2 | . | . | . | . | + | 9 | 34 |
| . | . | + | . | + | + | 1.2 | + | . | + | 7 | 33 |
| . | . | +.2 | . | + | +.2 | +.2 | + | . | + | 7 | 4 |
| + | . | . | + | . | + | + | . | . | . | 6 | 32 |
| . | + | . | + | 1.2 | +.2 | +.3 | . | . | . | 5 | 32 |
| . | . | \| | \| | \| | . | . | . | (+) | + | 5 | 3 |
| . | . | . | + | 1.1 | . | . | 1.1 | +.2 | . | 4 | 60 |
| +.2 | . | . | . | . | . | + | . | 1.2 | . | 4 | 31 |
| . | . | . | . | + | . | . | . | . | (+°) | 3 | 2 |
| . | . | . | . | . | . | . | + | . | + | 2 | 1 |
| . | . | +° | . | . | . | . | + | . | . | 2 | 1 |
| . | . | . | . | . | . | . | + | . | . | 1 | 0,5 |
| . | . | . | (+) | . | . | . | . | . | . | 1 | 0,5 |
| . | . | . | . | . | . | . | + | . | . | 1 | 0,5 |

Tabelle 3 (Fortsetzung). Mugo-

| Lebensform und Bodenansprüche | | Subassoziation | | | | | | |
|---|---|---|---|---|---|---|---|---|
| | Aufnahmenummer | 1 | 2 | 3 | 4 | 5 | 6 | 7 |
| | Geologische Unterlage | Ca | Ca | Ca | Ca | Ca | Ca | Ca |
| | Höhe, m ü. M. | 2000 | 2100 | 1850 | 2080 | 2100 | 1750 | 2040 |
| | Exposition | N | N | NE | N | N | N | N |
| | Neigung (Grade) | 10° | 30°-35° | 10° | 35° | 30° | 20° | 15° |
| | Baumhöhe (m) | 3 | 5-6 | 6 | 6-8 | 6 | 5 | < 8 |
| | Deckg. d. Baumschicht % | 30 | 10 | 60 | 50 | 50 | 50-60 | 60 |
| | Deckg. d. Krautschicht % | 80 | 95-100 | 80 | 100 | 95 | 95 | 100 |
| | Aufnahmefläche (qm) | 50 (100) | 100 | 100 | 100 | 50 | 100 | 100 |
| | **Begleiter** | | | | | | | |
| H; bs. | *Sesleria coerulea* | 1.2 | 1.1 | + | 1.1 | + | + | 1.1 |
| Ch; bs. | *Dryas octopetala* | 1.2 | 1.2 | + | +.2 | 1.2 | +.3 | 1.2 |
| H; bs. | *Biscutella laevigata* | + | + | + | + | + | . | + |
| H; bs. | *Bellidiastrum michelii* | + | + | . | + | + | . | 1.1 |
| H; bs. | *Carex ornith. v. alpina* | . | 1.1 | + | . | + | 1.1 | + |
| H; bs. | *Hieracium bifidum* | + | . | + | + | + | 1.1 | + |
| H; bs. | *Tofieldia calyculata* | 1.1 | . | . | + | . | + | . |
| H; bs. | *Bartsia alpina* | (+) | + | . | . | + | . | . |
| H; bs. | *Carex ferruginea* | . | (+) | . | . | 1.1 | . | . |
| H; bs. | *Soldanella alpina* | . | 1.1 | . | . | + | . | + |
| H; bs. | *Valeriana montana* | . | . | . | + | . | . | + |
| H; bs. | *Campanula cochleariifolia* | . | . | + | . | + | . | + |
| H; bs. | *Pinguicula alpina* | 1.1 | . | . | . | + | + | . |
| P; i. | *Larix decidua* | . | . | . | 1.1 | . | . | + |
| Ch; bs. | *Salix reticulata* | . | +.2 | . | . | +.2 | +.2 | . |
| Ch; bs. | *Saxifraga aizoides* | + | . | . | . | + | . | . |
| NP; i. | *Salix appendiculata* | . | . | . | . | . | +.2 | . |
| H; i. | *Polygonum viviparum* | . | + | . | . | + | . | + |
| Ch; i. | *Daphne striata* | + | . | . | . | (+) | . | +.2 |
| NP; i. | *Salix hastata* | . | . | . | + | + | . | . |
| | **Zufällige** | | | | | | | |
| | Gefäßpflanzen | 8 | 3 | . | 2 | . | . | . |
| | **Kryptogamen** | | | | | | | |
| Ch l; i. | *Cetraria islandica v. platina* | 2.2 | + | + | + | + | 1.2 | 1.2 |
| B Ch; rh. | *Rhytidiadelphus triquetrus* | + | + | + | 1.3 | 3.4 | + | 1.2 |
| B Ch; rh. | *Hylocomium proliferum* | . | + | 3.4 | 2.4 | 1.2 | 3.3 | +.2 |
| B Ch; ac. | *Dicranum scoparium* | . | . | 1.2 | . | + | +.2 | 1.2 |
| B Ch; rh. | *Pleurozium schreberi* | . | . | . | 1.3 | . | 2.2 | . |
| B Ch; bs. | *Tortella tortuosa* | . | +.2 | . | +.2 | + | . | . |
| Ch l; i. | *Cladonia pyxidata* | + | . | . | + | + | +.2 | + |
| Ch l; ac. | *Cladonia rangiferina* | . | . | . | 1.1 | . | 1.3 | . |
| Ch l; ac. | *Cladonia silvatica* | . | . | . | . | . | 1.3 | . |
| Ch l; i. | *Cladonia furcata* | . | . | . | . | + | . | + |
| B Ch; i. | *Drepanocladus uncinatus* | . | . | . | . | . | . | +.3 |
| Ch l; bs. | *Cladonia symphycarpia* | + | . | . | . | . | . | . |
| Ch l; ac. | *Cladonia alpestris* | . | . | . | + | . | +.2 | . |

Rhododendretum hirsuti

| hylocomietosum | | | | | | | | | | Stetigkeit | Deckungsgrad |
|---|---|---|---|---|---|---|---|---|---|---|---|
| 8 | 9 | 10 | 11 | 12 | 13 | 14 | 15 | 16 | 17 | | |
| Ca | Ca | Ca | Ca | Ca | Ca | Ca | Ca | Si+Ca | Ca | | |
| 2100 | 2050 | 1890 | 2060 | 1850 | 2090 | 2070 | 1970 | 1900 | 1880 | | |
| NW | N.NE | N | N.NW | N | NW | N | N.NE | N | N | | |
| 35° | 30°-35° | 35°-40° | 35°-40° | 30° | 35° | 30° | 35° | 30° | 35° | | |
| 6-8 | 8(10) | 8 | 8-10 | 6-12 | 8-12 | 6-8 | 10(15) | 8(10) | 8 | | |
| 30 | | 60 | 50 | 40 | 50 | 40 | 25 | 50-60 | 40 | | |
| 95 | 90 | 100 | 90 | 100 | 100 | 95 | 95 | 90 | 95 | | |
| 50 | 100 | 100 | 100 | 50 | 50 | 50 | 100 | 100 | 100 | | |
| | | (200) | | | | | | (200) | (200) | | |
| 1.1 | + | 1.1° | + | + | + | 1.1 | + | + | 1.1 | 17 | 240 |
| +.2 | +.2 | +.1-2 | . | . | +.2 | +.2 | . | . | +.3 | 13 | 123 |
| + | + | + | + | + | + | . | . | . | + | 13 | 8 |
| . | + | + | + | + | . | + | . | + | + | 12 | 36 |
| + | + | + | + | . | + | + | . | . | + | 12 | 64 |
| + | + | . | . | . | + | + | + | . | . | 11 | 35 |
| +.2 | + | + | + | + | . | . | . | . | + | 9 | 34 |
| . | + | . | . | . | + | + | . | + | + | 8 | 5 |
| +.2 | . | . | + | 1.1 | + | + | . | . | 2.2 | 8 | 165 |
| + | + | +° | . | . | . | + | . | . | + | 8 | 33 |
| + | + | (+) | . | + | . | . | + | (+) | . | 8 | 5 |
| + | . | + | . | + | . | . | . | . | + | 7 | 4 |
| . | + | + | + | . | . | . | . | . | + | 7 | 33 |
| . | + | . | . | + | + | . | . | + | (+)K. | 7 | 33 |
| . | + | . | . | . | . | + | . | . | 3.2 | 6 | 223 |
| . | . | . | + | + | . | . | . | . | . | 4 | 2 |
| . | . | +° | . | + | . | . | + | . | . | 4 | 2 |
| + | . | . | . | . | . | + | . | . | . | 5 | 2 |
| . | . | (+) | . | . | . | . | . | . | . | 4 | 2 |
| . | + | . | . | . | . | . | . | . | + | 4 | 2 |
| 1 | 1 | . | 2 | . | 1 | 1 | 3 | 2 | 3 | | |
| + | 1.1 | 2.1 | 2.2 | 1.2 | 1.1 | 1.1 | 1.1 | (+) | 1.1 | 17 | 548 |
| 3.3 | 3.3-4 | 2.3 | 2.3 | 2.3 | 1.2 | 3.3 | 3.3 | 3.4 | 1.2 | 17 | 1753 |
| +.2 | 1.2-3 | 3.3 | 1.3 | 3.3 | 1.3 | 1.3 | 3.3 | 1.2 | 2.3 | 16 | 1487 |
| +.2 | 1.2-3 | +.2 | 1.2 | +.2 | 1.2 | 2.3 | +.2 | . | 1.2 | 13 | 283 |
| + | 1.2-3 | +.2 | 2.3 | +.2 | 1.2 | 2.2 | 1.2 | 1.2 | +.2 | 12 | 458 |
| +.2 | +.2 | +.2 | +.2 | + | +.2 | . | +.2 | . | +.2 | 11 | 6 |
| + | + | . | + | +.2 | +.2 | . | . | . | + | 11 | 6 |
| . | + | 1.2 | + | + | +.2 | . | + | . | . | 8 | 91 |
| . | . | +.2 | + | +.2 | 1.2 | 1.2 | + | . | +.2 | 8 | 91 |
| . | . | +.2 | + | +.2 | . | + | 1.2 | + | . | 8 | 33 |
| + | +.2 | . | . | . | . | . | . | . | . | 3 | 2 |
| . | . | + | + | . | . | . | . | . | . | 3 | 2 |
| . | . | . | . | . | . | . | . | . | . | 2 | 1 |

Ein Beispiel dieser Anordnungsweise nach ökologischen Standortszeigern gibt ELLENBERG bei der Untersuchung von Unkrautgesellschaften.

Tabelle 4

| | Lebensform | Verhalten zu den Standortsfaktoren | | | |
|---|---|---|---|---|---|
| | | Wärme | Wasser | $p_H$ | Stickstoff |
| 2. *Conringia*-Gruppe | | | | | |
| *Conringia orientalis* | T | 5 | 5 | 5 | 1—2 |
| *Caucalis latifolia* | T | 5 | 4—5 | 5 | 2 ? |
| *Galeopsis angustifolia* | T | 3 | 5 | 5 | 2 ? |
| *Ajuga chamaepytis* | T | 5 | 5 | 5 | 2 |
| *Bunias orientalis?* | G | 3 | 5 ? | 5 | 1—2 |
| 13. *Ranunculus repens*-Gruppe | | | | | |
| *Ranunculus repens* | H | 1 | 1 | 0 | 0 |
| *Agrostis alba* | Ch—H | 1 | 1 | 0 | 3 ? |
| *Potentilla anserina* | H | 1 | 1 | 4 | 4 |
| *Poa trivialis* | H | 0 | 1 | 0—3 | 4 |
| *Mentha arvensis* | G—H | 3 | 1 | 0—3 | 4—3 |
| *Stachys palustris* | G—H | 2 | 1 | 4 | 4 |
| *Equisetum silvaticum?* | G | 1 | 1 | 0 | 2 ? |

Die Zahlen beziehen sich für Wärme auf indifferente Arten (0), 1 bis 5 Arten mit zunehmend nach Süden verschobener Nordgrenze; für Wasser (1 bis 5) zunehmende Durchlässigkeit, für $p_H$ indifferente (0), 1 bis $4^+$ säureertragende, 5 basiphile Arten.

Aus den Tabellen lassen sich auf diese Weise ökologische Gruppenwerte errechnen, welche die maßgebenden ökologischen Faktoren hervortreten lassen. Voraussetzung für die Gültigkeit der Anordnung ist die sichere Kenntnis der autökologischen Artenansprüche.

Ähnlicherweise können chorologische Gruppen, Gruppen gleicher Elementzugehörigkeit usw. unterschieden werden.

Die Ausarbeitung der Assoziationstabellen erfordert mehrmaliges Umschreiben; sie kann Jahre beanspruchen. Gründlich durchgearbeitete Tabellen gestatten aber den besten Einblick in das Wesen der Gesellschaft, ihre Abhängigkeit von den Außenfaktoren, ihre Entwicklungsrichtung, ihre Verwandtschaftsbeziehungen.

Eine erste senkrechte Kolonne der Tabelle enthält die Lebensform, weitere Kolonnen unter Umständen den Verbreitungstypus (das geographische Element), Boden- oder Klimaansprüche der Arten usw.

Jeder Feldaufnahme einer Assoziation (Einzelsiedelung) entspricht eine Kolonne der Assoziationstabelle.

**Anordnung der Einzelaufnahmen in der Tabelle.** Unter den zahlreichen Anordnungsmöglichkeiten seien einige hervorgehoben.

1. Am einfachsten ist die Anordnung der Einzelbestände (Kolonnen) nach abnehmender Gesamtartenzahl, wobei natürlich Aufnahmen, die

eine bestimmte Artenzahl nicht erreichen, von vornherein als fragmentarisch auszuschließen sind.

2. Andere Anordnungsmöglichkeiten der Aufnahmen in der Tabelle sind u. a.: Zu- oder abnehmende Höhenlage, geologischer Untergrund, Bodentiefe, Humusgehalt der Wurzelschicht, $p_H$, Salz- oder Karbonatgehalt usw. Unter Umständen kommt auch die Anordnung der Aufnahmen nach ihrer geographischen Ortslage, nach den vorherrschenden Artarealtypen, den pflanzengeographischen Elementen, oder aber nach Artenzahl, Artendeckung oder Höhe (Massenproduktion) bestimmter Schichten in Betracht.

3. Nicht nur für die Klassifizierung, sondern auch für alle übrigen pflanzensoziologischen Belange wichtig ist die Anordnung der Aufnahmen nach ihrer floristischen Übereinstimmung.

Die Aufnahmen werden hiebei nach abnehmender Zahl der Gesamt-Kennarten angeordnet, vorerst ohne Assoziations-Kennarten auszuscheiden, falls sie nicht schon aus den vorhandenen Arbeiten ersichtlich sind. Eine vorläufige Aufteilung nach Assoziations-Verbands-Ordnungs-Klassen-Kennarten wird erst möglich, wenn weitere Tabellen verwandter Assoziationen vorliegen.

Ist dies der Fall, so sind die Aufnahmen bei der zweiten Tabellen-Überarbeitung womöglich unter Berücksichtigung der Gesellschaftstreue nach der floristischen Verwandtschaft anzuordnen.

Das Vorhandensein von Trennarten läßt erkennen, welche Aufnahmen zusammengehören und welche, weil zu stark abweichend, anderen Gesellschaften zuzuweisen sind.

Sollen dynamisch-genetische Eigenschaften stärker hervortreten, so sind die als Initialstadien anzusehenden, meist artenärmsten Aufnahmen in der Tabelle linkerhand, die bestentwickelten, optimalen in die Mitte und die der Folgegesellschaft genäherten Aufnahmen rechterhand zu plazieren. Diese Anordnungsweise empfiehlt sich vor allem bei Hygrophyten-, Salz-, Felsschutt- und Ruderalgesellschaften. Anfangs-, Optimal- und Endphase der Gesellschaft zeichnen sich meist deutlich ab. Ein hinreichend zuverlässiges Aufnahmematerial ergibt bei dieser, auf das charakteristische Artengefüge abgestimmten Aufnahmeanordnung eine eingipfelige Kurve, die der Gesellschaftsentwicklung entspricht (Abb. 200).

Stehen in erster Linie bestimmte ökologische, chorologische oder praktische Fragen zur Diskussion, so sind die Aufnahmen, dem verfolgten Gesichtspunkt entsprechend, nach den zahlenmäßigen Ergebnissen der Standorts-Untersuchungen anzuordnen.

Die weitere Ausarbeitung der Tabellen hat sich nach dem in erster Linie verfolgten Zweck zu richten. Die Tabelle soll zweckentsprechend sein, weshalb allgemeine Vorschriften bloß richtunggebend sein können.

Eine Anleitung zur Anfertigung von Vegetationstabellen, wie sie an der Bundesanstalt für Vegetationskartierung in Stolzenau Verwendung findet, gibt H. Ellenberg (1956).

Je ausgedehnter das Untersuchungsgebiet, je zahlreicher die gleichmäßig über das ganze Areal der Gesellschaft verteilten Aufnahmen und je einheitlicher die Tabelle, um so besser begründet ist die Gesellschaft, eine um so wertvollere Grundlage bildet sie für synökologische, syngenetische, wie auch für praktische Grünland- und waldwirtschaftliche Untersuchungen.

Es empfiehlt sich, vorerst die gutumschriebenen und leicht abgrenzbaren Pflanzengesellschaften herauszuarbeiten und sich erst später mit den Zwischengliedern, Mischungen und bloß fragmentarisch entwickelten Gesellschaften zu befassen. In unserer alten Kulturlandschaft sind leider manche Gesellschaften heute schon fast nur noch durch Fragmente vertreten.

Taxonomischen Zwecken dienen die tabellarischen Zusammenstellungen der höheren Gesellschaftseinheiten (Verbände, Ordnungen, Klassen). Sie vermitteln einen Überblick über die großen, floristisch gefaßten Vegetationstypen (s. S. 127).

**Tabellenauswertung.** Aus den Tabellen sind die maßgebenden Gesellschaftsmerkmale entweder herauszulesen oder sie lassen sich berechnen. Auf den Tabellen beruht auch die Abgrenzung der Gesellschaften.

**Artendominanz.** Für die Unterscheidung und Abgrenzung der Gesellschaften in unserem Sinne kommt den dominierenden Arten ihrer oft sehr weiten ökologischen Amplitüde wegen meist geringe Bedeutung zu. Mit derselben vorherrschenden Art können unzählige Pflanzen zusammenwachsen. Der Fall kann eintreffen, daß zwei Bestände desselben Gebietes außer der dominierenden nicht zwei Arten gemeinsam haben.

Wie verhält es sich hierin mit den Kryptogamengesellschaften?

Hilitzer (1925) betrachtet das Dominieren als maßgebend für die Abgrenzung der Kryptogamengesellschaften, da, wie er schreibt, die Konkurrenz zum Vorherrschen einer einzigen, dem Standort am besten angepaßten Art führt. Dieser Ansicht gegenüber machen Ochsner (1928) und Barkman (1958) geltend, daß, da jede Epiphytenart in der einen oder andern Gesellschaft zum Dominieren gelangt, die Zahl der auf die Dominanz begründeten Epiphytengesellschaften praktisch der Zahl der Arten gleichkäme.

Inwieweit die Dominanz für die Anordnung der Gesellschaften in Frage kommt, ist S. 111 ausgeführt. Als Basis für eine allgemeingültige Klassifikation der Gesellschaften ist sie nicht geeignet, auch deshalb nicht, weil die Artendominanz heute vielfach durch den Menschen bedingt und damit raschem Wechsel unterworfen ist.

Ein konkretes Beispiel hierfür bildet die fortschreitende natürliche, aber auch forstlich geförderte Ausbreitung von *Pinus halepensis* im Languedoc.

Die vor nicht allzu langer Zeit eingeführte Konifere breitet sich heute auf undurchlässigen Mergelböden rapid aus und bildet eine deckende Baumschicht über mehreren natürlichen Gesellschaften. Der Uneingeweihte sieht im *Pinus halepensis*-Bestand eine mehrschichtige, strukturell von den übrigen Gesellschaften des Gebietes völlig abweichende Gesellschaft, während es sich lediglich um einen, wenn auch für die Vegetationsentwicklung nicht unwichtigen Eindringling handelt, der trotz seiner Dominanz für die Artzusammensetzung der Gesellschaften nicht bestimmend ist.

**Gesellschaftsstetigkeit (Präsenz).** Neben der Dominanz erschließt die Gesellschaftstabelle die Stetigkeit (Präsenz), das heißt das mehr oder weniger ständige Vorhandensein einer Art in den untersuchten Einzelbeständen einer bestimmten Pflanzengesellschaft.

Schon LORENZ (1858) verwendete den Begriff. Festen Fuß konnte er in der Geobotanik allerdings erst fassen, nachdem CAJANDER (1904) die tabellarische Zusammenstellung der Einzelaufnahmen zu Assoziationslisten eingeführt hatte.

Der erste, der die Stetigkeit zum vergleichenden Studium der Pflanzengesellschaften herbeizog, war BROCKMANN-JEROSCH (1907). Er bezeichnete als „Konstanten" Arten, die in mindestens der Hälfte der untersuchten (verschieden großen) Einzelbestände vorhanden sind, als „akzessorische Arten" solche, die mindestens in einem Viertel, als „zufällige" solche, die in weniger als einem Viertel der vorliegenden Einzelaufnahmen auftreten. Einem durchschlagenden Erfolg dieser Stetigkeitsbestimmung standen aber Fehlerquellen hindernd im Wege.

**Stetigkeitsbestimmung.** Die Stetigkeitsbestimmung gibt an, in wie vielen der untersuchten Einzelbestände eine bestimmte Art als Mitbewerber auftritt. Zu dieser Bestimmung sind nur normal ausgebildete Assoziationsindividuen herbeizuziehen. ILVESSALO (1922, S. 34) hat gezeigt, daß die Gruppe der steten Arten je nach dem Alter eines Waldbestandes stark variiert, Initialphasen dürfen also nicht mit Optimalphasen einer Assoziation vermengt werden. Ferner sollen die untersuchten Einzelbestände möglichst gleichmäßig über das Untersuchungsgebiet verteilt sein und demselben Höhengürtel entstammen; Subassoziationen sind gesondert zu behandeln.

Zur schlüssigen Stetigkeitsbestimmung sind mindestens zehn Aufnahmen erwünscht; bei sehr seltenen Assoziationen, die durchwegs auch ökologisch stärker spezialisiert sind, wird diese Anzahl nicht immer zu erreichen sein. Wenige gutentwickelte Einzelbestände sind aber zur Stetigkeitsbestimmung tauglicher als eine große Zahl floristisch heterogener Bestände.

**Stetigkeitsgrade.** Der Stetigkeitsgrad der Arten einer Gesellschaft wird zweckmäßig durch eine sechsteilige Skala ausgedrückt.

Es bedeuten:

5 oder VI = stets vorhanden (in 80 bis 100% der Einzelbestände [Assoziationsindividuen]),
4 oder V = meist vorhanden (in 60 bis 80% der Einzelbestände)
3 oder IV = öfters vorhanden (in 40 bis 60% der Einzelbestände)
2 oder III = nicht oft vorhanden (in 20 bis 40% der Einzelbestände)
1 oder II = selten vorhanden (in 2 bis 20% der Einzelbestände)
ss oder I = ganz vereinzelt vorhanden (in weniger als 2% der Einzelbestände)

Die Stetigkeit kann auch in Bruchform ausgedrückt werden ($^{15}/_{18}$, $^{4}/_{9}$). Im Nenner steht die Zahl der untersuchten Einzelbestände, im Zähler die Zahl des Vorkommens. Die Arten der höchsten Stetigkeitsklasse, die in mindestens $^4/_5$ der untersuchten Einzelbestände vorkommen, können als Stete der Assoziation bezeichnet werden.

Zuverlässigere Werte erhält man, wenn die Präsenz in Prozenten ausgedrückt wird. ETTER (1949) hat darauf hingewiesen, daß die Zahl der zufälligen Arten mit der Zunahme der Aufnahmen ständig ansteigt, während die Zahl der konstanten Arten sich gleich bleibt, weshalb die Präsenzkategorien zweier Tabellen, die auf unterschiedlicher Zahl der Aufnahmen basieren, nicht völlig übereinstimmen. Er schlägt daher vor, die Berechnung der Präsenz auf hundert Aufnahmen zu beziehen.

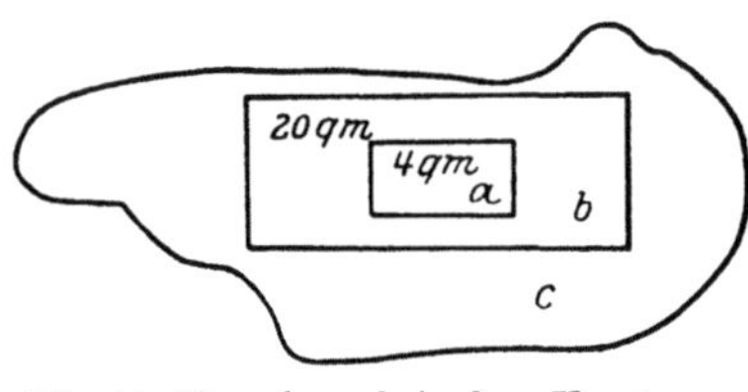

Abb. 44. Vorgehen bei der Konstanz- und Stetigkeitsbestimmung

**Konstanz.** Prinzipiell besteht zwischen Stetigkeit, Frequenz und Konstanz kein Unterschied. Stetigkeitsuntersuchungen, die sich auf Probeflächen von ganz bestimmtem Umfang beziehen, können als Konstanzbestimmungen bezeichnet werden.

Der Unterschied zwischen Frequenz und Konstanz besteht darin, daß sich erstere auf den Einzelbestand bezieht und daher die Innenstruktur der Population beleuchtet, während die Konstanzbestimmung dem Vergleich verschiedener Populationen (Assoziationsindividuen) gilt.

Die Methode der Konstanzbestimmung ist vor allem von den schwedischen Forschern ausgearbeitet worden, welche den „Konstanten" besondere Wichtigkeit für die Abgrenzung der Soziationen beimessen.

Es werden in einer Soziation eine Anzahl (mindestens 10) Quadrate von 1, 2 oder 4 qm so ausgelegt, daß womöglich die Variationsamplitüde der Soziation erfaßt wird. Nach DU RIETZ (1930, S. 431) ist es aber gleichgültig, ob die Quadrate in einer einzigen oder in mehreren Soziationssiedlungen ausgelegt werden.

Die in jedem Quadrat vorhandenen Arten werden in einer Gesamtartenliste tabellarisch angeordnet. Jeder Quadrataufnahme entspricht eine Kolonne der Tabelle, die den Deckungsgrad der vorkommenden Arten angibt. Der Konstanzgrad ergibt sich aus der Zahl des Vorkommens einer Art in den untersuchten Quadraten und ist in Prozenten auszudrücken. Wird die Konstanzbestimmung in einem Einzelbestand ausgeführt, so fällt sie mit der Frequenzbestimmung zusammen (lokale Konstanz), wird sie auf größere Gebiete oder auf das ganze Gebietsareal einer Gesellschaft ausgedehnt, so spricht man von genereller Konstanz.

Die Konstanzbestimmung kann unabhängig von Frequenzbestimmungen durchgeführt werden. Wird sie mit letzteren kombiniert (Konstanz im Sinne einiger skandinavischer Autoren), so ist es nach KYLIN (1926) möglich, einen wenigstens annähernden Begriff von der Homogenität dieser Gesellschaft zu geben, da die Frequenzbestimmung eine Seite, die damit verbundene Konstanzbestimmung eine andere Seite des Homogenitätsproblems berührt.

Zur Herausarbeitung der Soziationen werden nach NORDHAGEN (1928) meist zuerst die Frequenzprozente der Arten (die Konstanz innerhalb einer Einzelsiedlung) auf Grund der floristischen Untersuchung von etwa zehn Quadraten von 1 bis 4 qm bestimmt. Aus der Zusammenstellung verschiedener Einzelbestandesaufnahmen ergibt sich sodann der Konstanzgrad der Arten. Derselbe kann aber auch so bestimmt werden, daß in jedem Einzelbestand nur eine 4-qm-Fläche untersucht und dann der generelle Konstanzgrad aus der tabellarischen Zusammenstellung dieser 4-qm-Flächen aller Einzelbestände berechnet wird (Abb. 45).

Abb. 45. Probeflächenentnahme aus acht verschiedenen Einzelbeständen (*1* bis *8*) derselben Assoziation zur Konstanzbestimmung

Wie die Frequenz-, so sind auch die Konstanzzahlen von der Größe der untersuchten Probeflächen abhängig und wachsen mit derselben.

Als Konstanten werden in der Regel Arten bezeichnet, die wenigstens in 90% der Untersuchungsflächen vorkommen. Da aber naturgemäß deren Zahl mit der Entfernung der Untersuchungsquadrate abnimmt, ist man genötigt, beim Studium ausgedehnter Gebiete, wie z. B. ganz

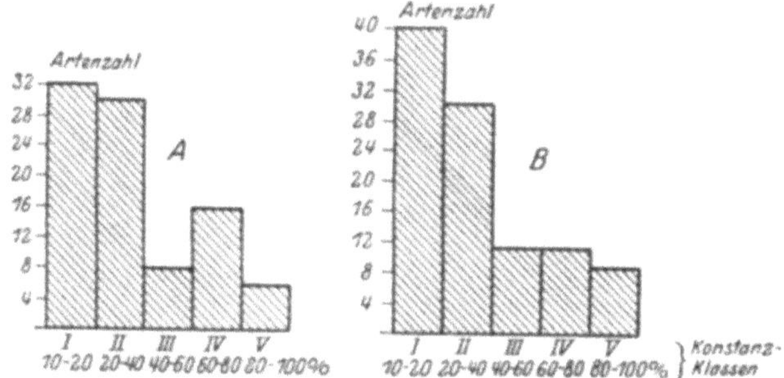


Abb. 46. Konstanzdiagramm des *Elynetums*. *A* Zehn Probeflächen von 4 qm aus zehn Einzelbeständen aus Mittel- und Ostbünden; *B* Dieselben Probeflächen unter Hinzunahme von zwei 4-qm-Flächen aus Südtirol

Nordfinnlands, bescheidenere Ansprüche zu stellen. So faßt denn auch Kalliola (l. c.) unter Konstanten alle Arten zusammen, die in 80 bis 100% der Untersuchungsflächen vorkommen.

Wünschbar ist, daß bei der generellen Konstanzbestimmung jeder Einzelbestand jeweilen nur durch einen einzigen Vegetationsausschnitt bestimmter Größe vertreten sei, oder aber, daß alle Einzelsiedlungen mit der gleichen Zahl gleichgroßer Flächen vertreten seien.

**Konstanz- und Stetigkeits-Diagramm.** Konstanzkurve und Konstanzdiagramm sind für die Assoziation, was Frequenzkurve und Frequenzdiagramm für den Einzelbestand. Ihr Verlauf ist aber insofern von der Frequenzkurve verschieden, als die beiden niedrigsten Klassen gewöhnlich ein ausgeprägtes Maximum zeigen. Die hohen Konstanzklassen sind artenarm, bereichern sich aber selbstverständlich mit der Vergrößerung der Probeflächen. Eine scharf ausgeprägte, aber artenreiche und wenig homogene Assoziation, wie das *Elynetum* (vgl. BR.-BL. und JENNY 1926), ergibt umstehendes Konstanzdiagramm (Abb. 46).

Die zur Konstanzberechnung verwendeten Flächen liegen unterhalb des Minimalraumes der Assoziation (s. S. 84), größere homogene Flächen sind aber in genügender Zahl nicht aufzutreiben.

Eine der artenärmsten und äußerlich gleichartigsten Assoziationen der Alpen ist das *Polytrichetum sexangularis* dessen Minimalraum wohl 1 qm nicht überschreitet.

Das zum Vergleich beigefügte „Stetigkeitsdiagramm" dieser Assoziation (Abb. 47) auf 15 natürlich begrenzten, normal entwickelten Einzelbeständen von 2 bis 10 qm Umfang beruhend, zeigt zwar gegenüber der auf 1 qm fußenden Konstanzkurve ein Anschwellen der zufälligen Arten in der I. Klasse, anderseits aber auch eine Erhöhung der Artenzahl in der höchsten Klasse.

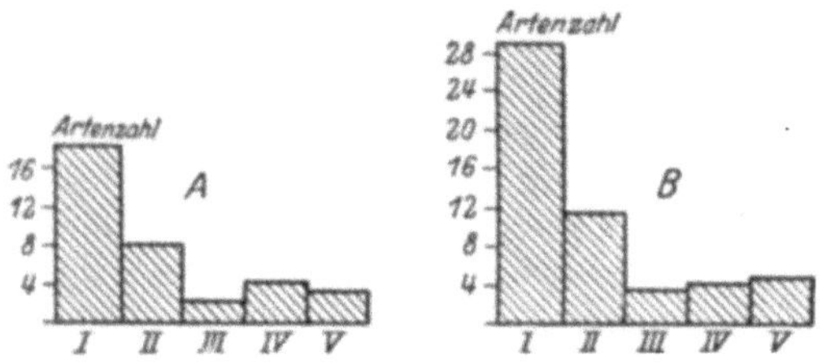

Abb. 47. Konstanz- und Stetigkeitsdiagramm des *Polytrichetum sexangularis* der Zentralalpen. *A* Konstanzdiagramm, zehn Probeflächen von 1 qm aus ebenso vielen Einzelbeständen; *B* Stetigkeitsdiagramm, 15 gutentwickelte Einzelbestände von etwa 2 bis 10 qm

Viele sogenannte „Konstanzdiagramme" sind, wie schon KYLIN (1926) betont, Frequenzdiagramme, und ihre Bestimmungen sind Frequenz-, nicht Konstanzbestimmungen, weil sie sich auf einen Einzelbestand oder sehr wenige nahe beieinander liegende Einzelbestände beziehen.

Aus den bisherigen Untersuchungen geht hervor, daß den Konstanzdiagrammen irgendeine Bedeutung für die Abgrenzung der Assoziationen oder Soziationen nicht zuerkannt werden darf. Sie sind lediglich als ein graphischer Ausdruck für den floristischen Homogenitätsgrad zu betrachten. Je größer die Zahl der Arten in den hohen Konstanz- oder Stetigkeitsklassen (IV bis V), um so größer ist natürlich die floristische Übereinstimmung der Einzelbestände, die „floristische" Homogenität. Die rein äußerliche „physiognomische" Übereinstimmung wird dagegen viel mehr durch wenige dominierende Arten bestimmt und kann aus dem Konstanzdiagramm nicht herausgelesen werden. Abb. 31 bezieht sich auf eine physiognomisch äußerst einheitliche Gesellschaft von geringer floristischer Homogenität (vgl. auch NORDHAGEN 1928, KALLIOLA 1939).

**Gemeinschaftskoeffizient.** Zur Ermittlung der Gleichartigkeit zweier Tabellenaufnahmen kann der Gemeinschaftskoeffizient Verwendung finden.

Unter Gemeinschaftskoeffizient versteht JACCARD (1901) das in Prozenten ausgedrückte Verhältnis der Artenübereinstimmung zweier Gebiete oder Populationen nach der Formel

$$\frac{c}{a+b+c}$$

wobei $a$ die Zahl der Arten der Einheit $A$, welche in $B$ fehlt, $b$ die Artenzahl von $B$ allein, und $c$ die beiden gemeinsame Artenzahl bezeichnet.

Unter Bezugnahme auf die Verwandtschaftsverhältnisse einiger mitteleuropäischer Ordnungen, Verbände, Assoziationen und Soziationen vergleicht SÖRENSEN (1948) die bisherigen Versuche in dieser Richtung und gibt nach eingehender Begründung eine Formel zur Bestimmung der Artenübereinstimmung zweier Gesellschaften.

Der Ähnlichkeitsquotient wird folgendermaßen ausgedrückt:

$QS$ (Quotient of Similarity) $= \frac{2c}{a+b}$, worin $a$ die Artenzahl einer Population (Aufnahme), $b$ die Artenzahl in der andern zu vergleichenden Aufnahme und $c$ die Gesamtartenzahl der zwei Aufnahmen oder Populationen darstellt. Häufigkeit, Deckungsgrad der Arten usw. werden außer acht gelassen.

Kaum abweichend sind die von POORE (1955) und von FALIŃSKY (1962) verwendeten Ähnlichkeitskoeffizienten.

Da aber mit dieser Methode nur zwei Populationen unmittelbar miteinander verglichen werden können, bleibt ihr Anwendungsbereich beschränkt. SÖRENSEN kommt übrigens zum Schluß, daß sich bei der praktischen Anwendung seiner Methode die Populationen ohne Schwierigkeit dem geltenden floristischen System einreihen lassen.

Eine Verbesserung der Affinitätsformel schlägt BARKMAN (1958) vor, sie lautet

$$A\ (=\text{Affinität}) = \frac{\Sigma\gamma}{\sqrt{\Sigma\alpha \cdot \Sigma\beta}},$$

„in der $\Sigma\gamma$ die Summe der jeweils kleinsten Gesamtdeckungswerte darstellt, ($GD$) die Summe der Arten, die in beiden zu vergleichenden Assoziationen $A$ und $B$ vorkommen. $\Sigma\alpha$ ist die Summe aller $GD$-Werte der nur in $A$ vorkommenden Arten und auch der positiven Differenzen $GD_A - GD_B$, also derjenigen Arten, deren $GD$ in $A$ höher ist als in $B$. Das Umgekehrte gilt für $\Sigma\beta$. Wenn eine Art $x$ in $A$ $GD$ 120 anzeigt, in $B$ 200, ist ihr $\alpha$ gleich null, $\beta$ gleich 80, $\gamma$ gleich 120. Statt $GD$-Werte im Sinne von TÜXEN und ELLENBERG (1937) kann man auch die Gruppenabundanzwerte im Sinne SCHWICKERATHS (1931) verwenden". Bei allen diesen Formeln wird die gesamte Artenzahl, aber ohne Beachtung der Artenbewertung, einbezogen, Präsenz und Deckungsgrad (Deckungswert) bleiben unberücksichtigt.

Erleichtert wird die Berechnung, wenn statt der Gesamtliste nur die Artengruppe der ausschlaggebenden „charakteristischen Artenkombination" herangezogen wird und die nicht dieser charakteristischen Gruppe zugehörigen Arten als für die Affinitätsbeziehungen unwesentlich weggelassen werden. In der floristisch-charakteristischen Artenkombination sieht RAABE (1952) das „ideale Objekt“ für statistisch-mathematische Untersuchungen, wie er es bei seinen Affinitätsstudien im Küstengebiet von Schleswig-Holstein verwendet hat (s. S. 104).

Seine Ausführungen sind allerdings nicht unwidersprochen geblieben (s. BARKMAN 1958, S. 322). Immerhin ist die charakteristische Artenkombination auch zur Festlegung eines weiteren den Affinitätswert zweier Gesellschaften berührenden Verfahrens herangezogen worden, des von GRÜNIG (1955) vorgeschlagenen sogenannten Diskordanzverfahrens. Der Autor berechnet danach die floristische Übereinstimmung einiger schweizerischer Flachmoorgesellschaften. Leider stehen der Auswertung dieses Verfahrens höchst umfangreiche Berechnungen hindernd entgegen.

ELLENBERG (1956) unterscheidet Präsenz-, Massen-, Frequenz-, Artenmächtigkeits- und Stetigkeits-Gemeinschaftskoeffizienten (Gmk.) und drückt die erstern beiden durch folgende Formeln aus:

$$\text{Präsenz-Gmk.} = \frac{Pc}{Pa + Pb + Pc} \times 100\ (\%)$$

wobei $Pc$ die Zahl der gemeinsamen Arten, $Pa$ die Zahl der nur in der ersten Aufnahme vorkommenden und $Pb$ diejenige der nur in der zweiten Aufnahme vorhandenen Arten ist.

$$\text{Massen-Gmk.} = \frac{Mc:2}{Ma + Mb + Mc:2} \cdot 100\ (\%)$$

$Mc$ bedeutet die Summe der Massenanteile aller gemeinsamen Arten. $Ma$ diejenige der nur in der ersten Aufnahme vorkommenden Arten und $Mb$ die entsprechende Summe für die zweite Aufnahme.

Zur Ermittlung des Artmächtigkeits-Gemeinschaftskoeffizienten ($Ga$) sind zuvor die Schätzungsziffern in mittlere Deckungsprozente umzurechnen (vgl. S. 52). Die Gemeinschaftskoeffizienten gestatten eine mathematische Kontrolle, ob die Anordnung der Aufnahmen in einer Tabelle wirklich einer Abstufung nach ihrer Ähnlichkeit entspricht oder nicht.

ELLENBERG unterläßt es aber nicht, die Problematik der Anwendung mathematischer Methoden in der Vegetationskunde hervorzuheben; er weist darauf hin, daß sich oft der Zeitaufwand, der mit der Berechnung der Ähnlichkeitsbeziehungen verbunden ist, nicht lohnt.

Neuerdings befaßt sich DAHL (1960) eingehend mit den verschiedenen Methoden zur Feststellung eines Gleichartigkeitsindex („index of uniformity“) und stellt sie einander gegenüber.

**Artenbindung.** Auf dem Gemeinschaftskoeffizienten beruht auch die von DE VRIES (1953) und seinen Mitarbeitern zur Feststellung der Artenbindung in Grünlandgesellschaften Hollands verwendete Methode. Tausend objektiv gewonnene Aufnahmen gelangten zur Verarbeitung durch einen Mathematiker. Es ergaben sich hiebei die in Abb. 48 gewonnenen Korrelationsbeziehungen.

Diese graphische Darstellung der Artenbindung zeigt, daß gewisse Arten durch feste Korrelationen unter sich verbunden sind und „daß die sich daraus ergebenden Artengruppierungen im großen und ganzen den

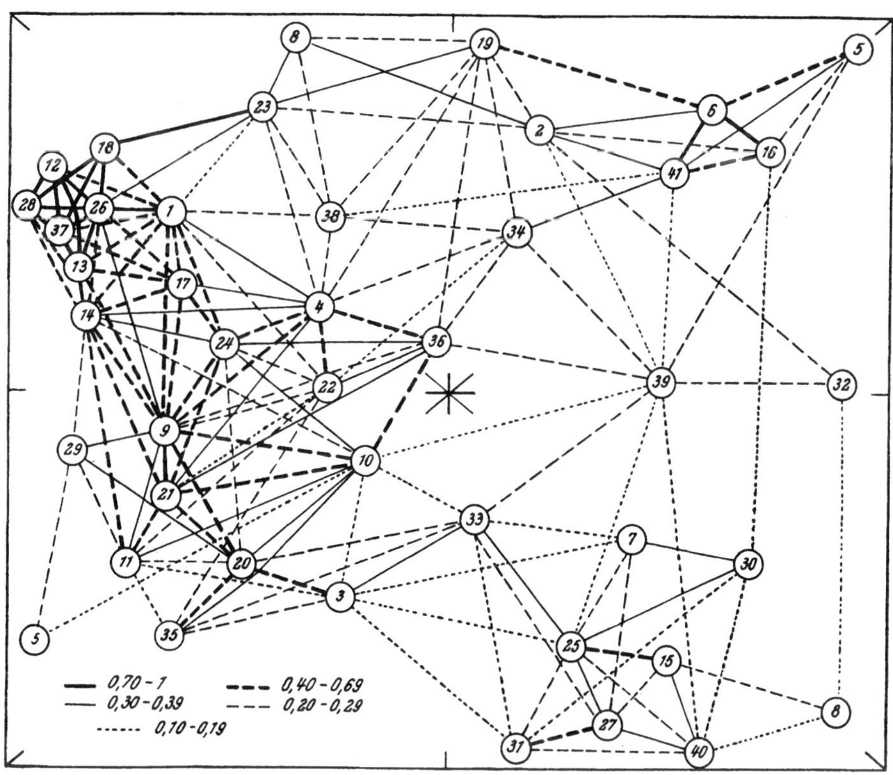


Abb. 48. Korrelationsklassen der Arten im holländischen Grünland (nach DE VRIES 1923)

1 *Agrostis canina*
2 *Achillea millefolium*
3 *Alopecurus geniculatus*
4 *Anthoxanthum odoratum*
5 *Alopecurus pratensis*
6 *Arrhenatherum elatius*
7 *Agrostis stolonifera*
8 *Agrostis tenuis*
9 *Caltha palustris*
10 *Cardamine pratensis*
11 *Carex disticha*
12 *Cirsium dissectum*
13 *Carex panicea*
14 *Carex stolonifera*
15 *Cynosurus cristatus*
16 *Dactylis glomerata*
17 *Filipendula ulmaria*
18 *Festuca ovina*
19 *Festuca rubra*
20 *Glyceria fluitans*
21 *Glyceria maxima*
22 *Holcus lanatus*
23 *Luzula campestris*
24 *Lychnis flos-cuculi*
25 *Lolium perenne*
26 *Molinia coerulea*
27 *Poa annua*
28 *Potentilla erecta*
29 *Phalaris arundinacea*
30 *Phleum pratense*
31 *Plantago major*
32 *Poa pratensis*
33 *Poa trivalis*
34 *Ranunculus acer*
35 *Ranunculus repens*
36 *Rumex acetosa*
37 *Sieglingia decumbens*
38 *Stellaria graminea*
39 *Taraxacum officinale*
40 *Trifolium pratense*
41 *Trisetum flavescens*

Assoziationen der Zürich-Montpellier-Schule entsprechen". Die Darstellungsweise von DE VRIES bringt die soziologisch-ökologischen Beziehungen der miteinander verglichenen Arten zum Ausdruck, allerdings nur in engem Rahmen, d. h. soweit die Außenbedingungen ähnlich sind. Wie weit ihre Gültigkeit arealkundlich reicht, bleibt festzustellen.

**Minimalraum.** Die Pflanzensoziologen sind darüber einig, daß eine Gesellschaft zu ihrer normalen Entwicklung eines nicht zu kleinen Raumes bedarf, und ferner, daß diesem Minimalraum eine gewisse Minimalartenzahl entspricht. Minimalraum und Mindestartenzahl sind Anforderungen, die an jeden Einzelbestand einer Assoziation gestellt werden müssen. Wir stellen ferner als dritte Anforderung für die Zulassung einer Siedlung zur Stetigkeitsbestimmung, d. h. für ihre Qualifikation als Einzelbestand, das Vorhandensein der charakteristischen Artenkombination (s. S. 122).

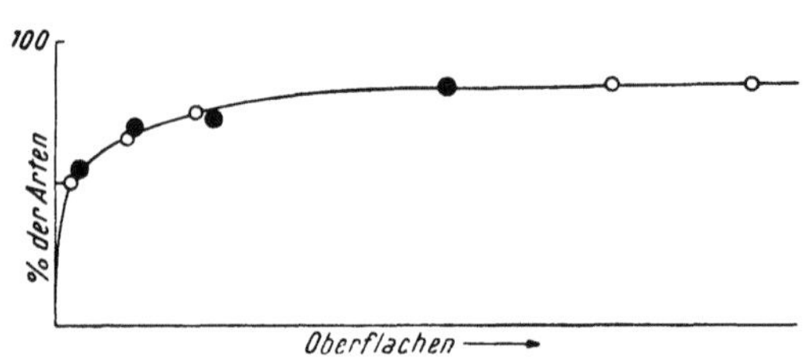


Abb. 49. Art-Arealkurve, ○ berechnete Werte, ● empirische Werte (nach ROMELL)

Minimalraum und Mindestartenzahl sind für jede Assoziation verschieden und müssen empirisch festgelegt werden.

**Art-Arealkurve.** Zur Erfassung des Minimalraums dient die Art-Arealkurve, welche das Verhältnis zwischen Raum (Flächengröße) und Artenzahl beleuchtet.

Mit zunehmender Flächengröße steigt die Artenzahl einer bestimmten Gesellschaft sehr rasch an, biegt sodann waagrecht ab, um weiterhin nur noch langsam, kaum merklich anzusteigen.

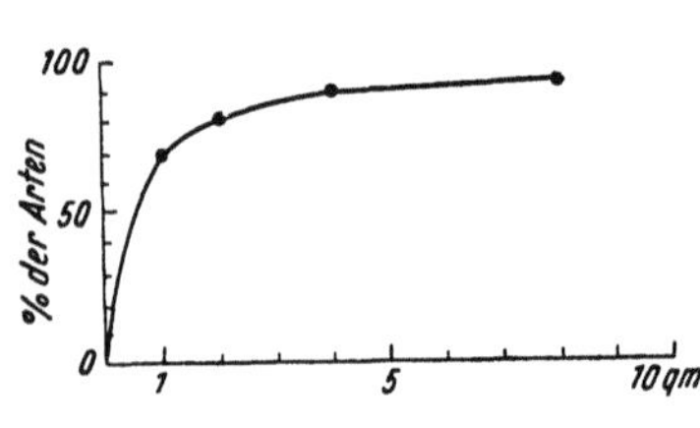


Abb. 50. Art-Arealkurve des *Craterostigmetum nano-lanceolati*-Rasens im Kongo (nach LEBRUN 1947)

Eine Artenprozent-Arealkurve, wie sie ROMELL (1920) nach der Wahrscheinlichkeitsrechnung theoretisch berechnet hat, ist von LEBRUN (1947) für die Festlegung des Minimi-Areals der Kongolesischen Rasenassoziation des *Craterostigmetum* aufgestellt worden.

Häufiger verwendet wird die Artenzahl-Arealkurve, bei welcher auf der Ordinate die Artenzahl, auf der Abszisse die Flächengröße aufgetragen wird. Aus dieser Kurve kann nicht nur das Verhältnis der Artenzahl zur Flächengröße, sondern auch der absolute Artenreichtum einer Gesellschaft abgelesen werden (Abb. 51).

Abb. 51 zeigt, daß die eine von zwei verwandten Assoziationen des *Caricion curvulae*-Verbandes doppelt so viele Arten zählt als die andere und welche mittlere Artenzahl einer gegebenen Fläche der beiden Assoziationen entspricht. Die Artenzahl-Arealkurve wird dadurch zu einem soziologisch wertvollen Dokument.

Beim *Curvuletum* beginnt der Horizontalverlauf der Kurve, nach dem Augenmaß eingeschätzt, mit einer Fläche von rund 10 qm (etwa 30 Arten), beim *Festucetum halleri* dagegen mit einer Fläche von 20 qm (etwa 52 Arten). Mit anderen Worten, der Minimalraum des *Curvuletums* liegt bei rund 10 qm, jener des *Festucetum halleri* bei 20 bis 25 qm.

Über die mathematische Festlegung der Art-Arealkurve ist seit Kylin (1926), der die empirisch gefundenen Kurven theoretisch begründet hat, viel diskutiert worden. Eingehend damit beschäftigt haben sich Cain (1938), Vestal (1949), Margalef (1951), doch hat es nicht an Kritik gefehlt (Ashby 1948), und heute ist man ihr gegenüber skeptisch, wenn auch die drei obgenannten Forscher zum gleichen Resultat gelangen, das nach Margalef auch für Planktongesellschaften zutrifft: Die theoretische Definition des Minimi-Areals fällt mit einem konventionell festgelegten Punkt der Art-Arealkurve zusammen.

Cain (1938) schlägt hiefür das Längenverhältnis von Abszisse zu Ordinate = 1:3 vor. Die Grenze des Minimi-Areals setzt er nicht an den

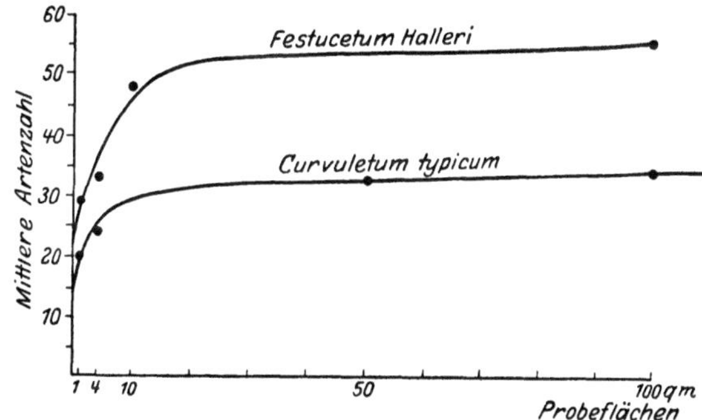


Abb. 51. Artenzahl-Arealkurven (nach Augenmaß). Verhältnis zwischen Artenzahl und Flächengröße im Verband des *Caricion curvulae* (aus Br.-Bl. u. Jenny 1926)

Beginn des Horizontalverlaufs der Art-Arealkurve, sondern dorthin, wo $^1/_{10}$ der Ordinatenlänge einer Artzunahme von $^1/_{10}$ der Gesamtartenzahl entspricht (*Festucetum halleri* Ordinatenlänge 100 qm, Gesamtartenzahl 56, 1/10 = 5,6).

Vestal (1948) gelangt zu einer ähnlichen Lösung. Margalef (1951), der das ganze Problem von der mathematischen Seite her eingehend besprochen hat, schlägt eine Verallgemeinerung der Formel vor.

Um sie zu illustrieren, führt er ein schon von Cain (l. c.) verwendetes Beispiel aus den Graubündneralpen, das *Elynetum*, an.

| Areal | Artenzahl beobachtet | Artenzahl berechnet |
|---|---|---|
| 0,5 | 21 | 24 |
| 1 | 28 | 28 |
| 4 | 35 | 36 |
| 20 | 46 | 46 |
| 50 | 56 | 51 |

Aus der Kurve ergibt sich, daß jede Verdoppelung des Areals ungefähr einer Zunahme von vier Arten entspricht:

Die Übereinstimmung des berechneten mit dem empirischen Resultat läßt nichts zu wünschen übrig.

In der Praxis wird man das Minimi-Areal auf die empirische, nicht auf die errechnete Art-Arealkurve abstimmen und es dorthin verlegen, wo bei Vorhandensein der normalen mittleren Artenkombination die mittlere Artenzahl der Assoziation erreicht ist. Dies kann aber für verschiedene Aufnahmen ein und derselben Assoziation verschiedene Werte ergeben, so daß das Minimi-Areal der Assoziation variiert. Bei ein und derselben Epiphytenassoziation kann es zwischen 10 und 30 qdm (beim *Phyllantho-Tortuletum*), aber auch zwischen 100 und 400 qdm (beim *Anomodonto-Isothecietum*) schwanken (Barkman 1958).

In sehr artenarmen Gesellschaften (Mangrove, *Scirpus maritimus*-, *Scirpus littoralis*-Ass. (s. Abb. 42) u. a. nimmt die Art-Arealkurve sehr rasch horizontalen Verlauf an, und die vollständige Artenzahl ist schon auf sehr kleiner Fläche erreicht.

Aber auch bei sehr artenreichen Gesellschaften, wie beim *Cicendietum filiformis*, *Centunculo-Anthoceretum* u. a., kann das Minimi-Areal schon bald (bei etwa 4 qm) erreicht sein (Moor 1936), während anderseits artenarme Gesellschaften, wie das *Salicornietum fruticosae* und *Salicornietum radicantis* und auch das *Curvuletum*, ein viel größeres Minimi-Areal besitzen.

Verhältnismäßig große Minimi-Areale haben die artenreichen Steppengesellschaften. Alechin (1935) beschreibt eine derartige Assoziation aus der südrussischen Grassteppe, deren Minimi-Areal 100 qm erreicht. Auf einer Quadratmeterfläche wachsen bis 77, auf einer 100-qm-Fläche bis 121 Arten.

Stellt man an die Homogenität der Aufnahmefläche weniger strenge Anforderungen, so sind ähnliche Minimi-Areale auch in mediterranen Gesellschaften *(Onobrychi-Barbuletum, Brachypodietum ramosi)* zu erwarten.

Im *Onobrychi-Barbuletum* von Montpellier stehen im Mittel auf 4 qm 65 Arten beisammen.

Wäre die Herausarbeitung der Gesellschaftsmerkmale ein rein mechanisches Rechenexempel, so hätte man zur tabellarischen Zusammenstellung für die Stetigkeits- oder Konstanzbestimmung bloß Flächen, die mindestens das mittlere Minimi-Areal erreichen und eine dementsprechend hohe mittlere Artenzahl aufweisen, zuzulassen, während alle kleineren und artenärmeren Flächen als Assoziationsfragmente auszuscheiden hätten.

Nun kann aber die normale charakteristische Artenkombination einer Assoziation unter Umständen schon auf einer kleineren Fläche verwirklicht sein (s. Tab. 1, Nr. 8 und 9), während sie umgekehrt auch auf einer das Minimi-Areal beträchtlich überschreitenden Fläche unvollständig bleibt.

Bei jeder zur tabellarischen Verwertung gelangenden Assoziationsaufnahme hat man daher darauf zu achten, daß die normale charakteristische Artenkombination vertreten ist und daß die Bedingungen des Minimalraumes annähernd erfüllt sind.

**Gesellschaftstreue.** Die Abgrenzung der pflanzensoziologischen Grundeinheit, der Assoziation, wie auch die aller höheren Einheiten fußt weniger auf quantitativen und Dominanzmerkmalen, als auf dem qualitativen Merkmal der Gesellschaftstreue. Dadurch erlangt die Typisierung und Systematisierung der Lebensgemeinschaften universelle Anwendbarkeit.

Auf der Gesellschaftstreue, in erster Linie, beruht die Unterscheidung der Assoziationen, Verbände usw. Ihre Berücksichtigung erleichtert auch die Auswahl der aufzunehmenden Einzelbestände im Gelände.

Unter Gesellschaftstreue versteht man das mehr oder weniger enge Gebundensein gewisser Arten an bestimmte Pflanzengesellschaften. Wir bezeichnen diese Arten als Kenn- oder Charakterarten. Wie es Pflanzen gibt, die an ganz bestimmte Böden oder an ein scharfumrissenes Standortsklima gebunden sind, so finden sich auch solche, die sich streng an bestimmte Pflanzengesellschaften halten: gesellschaftstreue Arten. Viel zahlreicher sind allerdings Gewächse, die zwar eine ausgeprägte Vorliebe für eine oder auch für mehrere Pflanzengesellschaften erkennen lassen, soziologisch aber nicht streng gebunden zu sein scheinen. Und wieder gibt es Arten, welche in sehr verschiedenen Pflanzengesellschaften in Menge gedeihen und konkurrenztüchtig sind. Von keiner Art aber kann man sagen, daß sie in allen Gesellschaften eines Gebietes, wären sie noch so weit umgrenzt, vorkommt. Es findet vielmehr eine natürliche Sonderung, eine Auslese der Gewächse nach Pflanzengesellschaften statt, wobei die spezifischen Anlagen, die ökologische Individualität, die gegenseitigen Abhängigkeitsverhältnisse, die Konkurrenz- und Ausbreitungskraft (Verbreitungsmittel), aber auch die historische Vergangenheit (Zuwanderung) jeder Art bestimmend eingreifen und ihr ein bald engeres, bald weiteres Wirkungsfeld erschließen.

**Ursachen der Gesellschaftstreue.** Die mehr oder weniger enge soziologisch-ökologische Sonderung der Kennarten, eine Tatsache, die der längstbekannten Standortstreue parallel geht, kann verschiedene Ursachen haben.

1. Manche Paläoendemismen geologisch alter Gebiete sind soziologisch und ökologisch streng lokalisiert (viele Tertiärarten mediterraner Assoziationen). Langdauernde Innenkreuzung scheint diese Arten immer mehr in ökologisch eng umschriebene Standortsverhältnisse hineingedrängt zu haben, wobei manche (insbesondere die geographisch isolierten Typen!) ihre Variations- und Ausbreitungsfähigkeit eingebüßt haben.

Ein ausgezeichnetes Beispiel für einen palaeogenen Megaendemismus ist *Pellaea hastata*, ein zur Hauptsache tropischer Farn, der sein einziges europäisches Reliktvorkommen in den katalanischen Vorpyrenäen hat. Regional gesehen ist *Pellaea* eine absolut treue Art einer Silikat-Felsspaltenassoziation (Abb. 52)

*Alyssum pyrenaicum*, eine treue Charakterart der nach ihr benannten Assoziation, wächst heute nur noch in den Spalten der Felspartie von Font de Comps in den Ostpyrenäen; *Teucrium cravense* (Maire, Molinier und Tallon) wurde bisher nur an sehr beschränkter Stelle im *Isoetion* der Crau gefunden; *Benedictella benoistii*, ein Gattungsendemismus, erscheint nur in günstigen, d. h. mäßig regenreichen Jahren in wenigen Dayas von Westmarokko. Ähnliche Vorkommnisse reliktischer Charakterarten ließen sich häufen.

Neben diesen palaeogenen Kennarten gibt es aber auch allenthalben solche, deren Gesellschaftstreue auf einseitiger spezieller Anpassung an bestimmte physikalisch-chemische Standortsverhältnisse beruht (Abb. 53).

2. Gewisse Genenkombinationen polymorpher Formenkreise sind in bestimmten Gesellschaften lebenskräftiger als in anderen und vermehren

Abb. 52. *Pellaea hastata*-Reliktvorkommen in Silikat-Felsspalten der Provinz Gerona, Katalonien (Aufn. MONTSERRAT u. BR.-BL.)

sich leichter und reichlicher als die nächstverwandten Typen. Die eine Genenkombination wird begünstigt, die andere benachteiligt und schließlich ausgemerzt. Dadurch entsteht ein mehr oder weniger ausgeprägter **Hiatus**, und die Genenkombination, die sich erhalten hat, kann durch Innenkreuzung den Wert einer Kleinart erlangen. Abspaltung durch geographische Isolierung und Bildung kleiner Fortpflanzungsgemeinschaften fördern die Entstehung lokaler Kleinarten besonders dort, wo sie mit ausgeprägter Standortsspezialisierung zusammentreffen (Sanddünen, Salzböden, Gebirgsklima) (*Jasione lusitanica* im *Anagallo-Helichrysetum* der portugiesischen Küstendünen, *Chrysanthemum vulgare* var. *delarbrei* des *Festucetum spadiceae* der Auvergne). Wo das Vorhandensein einer formenreichen Artpopulation ständigen Genenaustausch ermöglicht, begegnet die Abspaltung großen Schwierigkeiten. A. Kozlowska (1925) kommt auf Grund ihrer Studien über die Variabilität

Abb. 53. *Potentilla caulescens*, Charakterart des *Potentilletum caulescentis* der Kalkfelsspalten (Aufn. Exkurs. S.I.G.M.A.)

von *Festuca ovina* zu dem Schluß, daß die Assoziationen einen wichtigen Faktor bei der Herausdifferenzierung der Kleinarten bilden.

Apogamie begünstigt gleichfalls die Herausdifferenzierung soziologisch mehr oder weniger spezialisierter Formen (Kennarten des *Festucetum halleri* aus der *Pilosellina*-Gruppe, des *Seslerio-Semperviretum* aus der *Villosa*- und *Vulgata*-Gruppe der Hieracien, alpine *Alchemilla*-Arten, *Taraxacum*).

3. Manche Arten sind in einem Gebiet (z. B. Mittel- oder Nord-

europa) unter optimalen Lebensbedingungen wenig wählerisch und gedeihen in sehr verschiedenen Pflanzengesellschaften, werden aber in anderen Gebieten (Südeuropa) zu exklusiven Charakterarten bestimmter Assoziationen, weil sie hier nur in einer bestimmten Gesellschaft ihre Lebensansprüche verwirklicht finden.

Im extrem atlantischen, nebelreichen Klima Irlands dringen Hygrophyten des *Magnocaricion*- und selbst des *Phragmition*-Verbandes in mesophile Rasengesellschaften ein und gedeihen eine Reihe mittel-

Abb. 54. *Ledum palustre*. Seltenes Glazialrelikt in den Sphagnion-Kiefernmooren der Tatra (Aufn. NABELEK)

europäischer Wald- und Buschpflanzen nicht selten auch in offenen Trockenrasen- und Heidegesellschaften (*Hypericum pulchrum*, *Luzula silvatica*, viele Moose, wie *Scleropodium purum*, *Hylocomium loreum*, *Hepaticae* usf.), während sie in Mittel- und mehr noch im südlichen Europa streng an Wald und Busch gebunden sind.

Umgekehrt sind wärmebedürftige Xerophyten in Mittel- und mehr noch im nördlichen Europa streng auf die Trockenrasen des *Mesobromion*-Verbandes beschränkt, schon im südlichen Mitteleuropa aber auch in anderen, standörtlich und mikroklimatisch keineswegs extremen Gesellschaften zu finden.

4. Schließlich läßt sich die Gesellschaftstreue auch auf das Fehlen verwandter Gesellschaften in großen Gebietsteilen zurückführen.

Ubiquistische Halophyten der Strandgebiete werden zu salzzeigenden Charakterarten isoliert auftretender Halophytengesellschaften des Binnenlandes. Azidophile Klassenkennarten der *Caricetea curvulae*, wie *Arnica montana, Antennaria dioeca ssp. borealis* usw., erscheinen in Teilgebieten ihres Vorkommens, wo sauere Böden selten sind, charakteristisch für ganz bestimmte azidophile Assoziationen. Ordnungscharakterarten der Hochmoorgesellschaften *(Ledetalia)* konzentrieren sich in hochmoorarmen Gebieten (Mitteleuropa) auf bestimmte, gut umgrenzte Moorassoziationen (Abb. 54).

5. Ein äußerst wichtiger treuebedingender Faktor sind die Konkurrenzverhältnisse. Im harten Kampf mit besser angepaßten Arten werden andere, deren Vorkommen sonst nichts im Wege stünde und die nach Ausschaltung der Konkurrenz oder in gestörten Gesellschaften auch unter anderen Standortsbedingungen wohlgedeihen, auf ganz bestimmte Gesellschaften zurückgedrängt. Unsere Experimente mit Umbelliferenarten (s. S. 580) sind aufschlußreich und zeigen, daß die Gesellschaftstreue nicht mit der Standortstreue zusammenfällt. Auf Konkurrenzverhältnissen beruht auch die Gesellschaftstreue mancher Arten kulturbedingter Assoziationen.

Im Bereich des subozeanischen Alpenvorlandes ist das wenig dicht schließende *Mesobrometum* (die ausdauernden Chamaephyten und Hemikryptophyten decken oft nicht mehr als vier Fünftel der Bodenfläche) die einzige ursprüngliche Rasengesellschaft, worin die Annuellen (*Cerastium brachypetalum, Arenaria leptoclados, Vicia tetrasperma, Myosotis collina* u. a.) einen Keimplatz finden. Bei den *Nanocyperion*-Gesellschaften Mitteleuropas, vor allem beim *Eleocharetum*, gestattet der extreme Standort, besonders die kurze Vegetationszeit nach dem Absinken des Wasserspiegels, bloß einer beschränkten Zahl gesellschaftsfester Arten das Zusammenleben (W. Koch 1926).

Auf der Gesellschaftstreue beruhen die pflanzensoziologisch äußerst wichtigen Charakter- oder Kennarten. Sie bilden das Fundament der Grundeinheiten des Vegetationsgefüges.

**Kennarten (espèces caractéristiques).** Als Kennarten sind neben den linnéischen Spezies auch morphologisch schwerer faßbare Rassen, Subspezies und selbst Varietäten zu betrachten, die ihr optimales Vorkommen in bestimmten Gesellschaften finden. Weitverbreitete Arten entwicklungsfähiger Gattungen umfassen sehr oft erblich fixierte Parallelrassen, Genotypen, die an bestimmte Gebiete und oft auch an bestimmte, meist gut umgrenzte Gesellschaften (Verbände, Assoziationen) gebunden sind. Diese auf verschiedene Klimagebiete beschränkten parallelen Standortsrassen, meist Subspezies, unterscheiden sich nicht nur morphologisch, sondern auch physiologisch-ökologisch, wie namentlich Clausen, Keck und Hiesey (1948) für den *Millefolium*-Komplex von *Achillea* nachgewiesen haben.

Gattungen wie *Hieracium, Centaurea, Gentiana, Saxifraga, Thymus, Viola, Campanula, Euphorbia* usw., sind besonders reich an ökologisch-soziologisch vikarierenden Kleinarten, die für Gesellschaften bestimmter Gebiete zu Kennarten aufrücken.

Kennarten sind auch jene ökologischen Spezialisten, die in direkter Abhängigkeit von bestimmten Organismen und Organismengruppen oder den von ihnen geschaffenen Lebensbedingungen stehen. Hierher zählen viele mykotrophe Arten, Saprophyten, Epiphyten, nitrophile, manche azidophile und humikole Arten. Parasiten sind zwar oft wirtstreu oder standortstreu (man denke an die strenge Lokalisation vieler Pilze, Flechten und Algen), viel seltener gesellschaftstreu. Doch kann der Fall eintreten, daß Pilzparasiten enger an bestimmte Pflanzengesellschaften gebunden sind als ihre Wirtspflanzen (GÄUMANN, mündl.), auch die Rassen von *Viscum album* zeigen ganz ausgesprochene Vorliebe für bestimmte Waldassoziationen, in welchen der Wirt anfälliger und weniger widerstandsfähig ist.

**Trennarten.** Als Trenn- oder Differenzialarten (espèces differentielles) werden Taxa bezeichnet, die ohne strenge soziologische Bindung, d. h. ohne unter die Kennarten zu fallen, nur in einer von zwei oder mehreren verwandten Gesellschaften auftreten und dadurch bestimmte biotische, edaphische, mikroklimatische, chorologische oder genetische Unterschiede aufzeigen.

Die Trennarten dienen zur Unterscheidung zweier oder mehrerer floristisch nahestehender Gesellschaften, insbesondere der Subassoziationen, welchen gesellschaftseigene Kennarten fehlen (s. S. 123).

Die Assoziationstrennarten helfen die Assoziationen besser herauszuschälen (s. Tab. 6, S. 129).

Die durch Kenn- und Trennarten unterschiedenen Assoziationen sind annähernd einheitlicher Größenordnung und unter sich vergleichbar.

**Begleiter, Zufällige.** Arten, die weder als Kenn- noch als Trennarten gelten können, die aber öfter oder in Menge vorkommen, werden als Begleiter, solche, die nur in wenigen unter einer großen Zahl von Aufnahmen vertreten sind, als Zufällige bezeichnet. Es kann sich um Seltenheiten handeln, oder um Arten, die nur ausnahmsweise in die Gesellschaft eindringen, wobei oft der Mensch seine Hand im Spiele hat.

Um die Assoziationstabelle nicht zu überladen, werden die Zufälligen außerhalb der Tabelle zusammengestellt.

Die Abgrenzung der Zufälligen richtet sich nach der Zahl der Aufnahmen. Verfügt man über 15 bis 25 Aufnahmen, so werden in der Regel Arten, die bloß in 2 bis 3 Aufnahmen vorhanden sind, den Zufälligen zugerechnet, bei 25 bis 40 Aufnahmen fallen darunter solche, die in weniger als 4 Aufnahmen vorkommen. Eine große Zahl Zufälliger deutet auf unausgeglichene, unstabile, weil gestörte oder schlecht gefaßte Assoziationen oder aber auf einen unfähigen Bearbeiter.

**Treuegrade.** Mit Hinsicht auf das mehr oder weniger enge Gebundensein der Arten an bestimmte Pflanzengesellschaften können verschiedene Treueabstufungen unterschieden werden:

### A. Kennarten, Charakterarten

Treu (Treuegrad 5): Ausschließlich oder nahezu ausschließlich an eine bestimmte Gesellschaft gebundene Arten.

Fest (Treuegrad 4): Arten mit deutlicher Bindung; eine bestimmte Gesellschaft ausgesprochen bevorzugend, aber auch in anderen Gesellschaften, wenn schon mehr oder weniger spärlich und seltener oder mit herabgesetzter Vitalität vorhanden.

Hold (Treuegrad 3): In mehreren Gesellschaften mehr oder weniger reichlich vertreten, aber unter Bevorzugung einer bestimmten Gesellschaft; Arten, deren Optimum in einer bestimmten Gesellschaft liegt.

B. Begleiter

Vag (2): Arten ohne ausgesprochenen Gesellschaftsanschluß.

C. Zufällige

Fremd (1): Seltene und mehr zufällige Einsprengsel aus anderen Pflanzengesellschaften oder Relikte früher dagewesener Gesellschaften.

**Treuebestimmung.** Erstes Erfordernis für die Treuebestimmung ist die Kenntnis der Pflanzengruppierungen eines Gebietes. Aus den Vegetationsaufnahmen ergibt sich, daß gewisse Gruppierungen unter bestimmten Außenbedingungen stets wiederkehren. Gewisse Arten (die treuen) sind auf bestimmte Artgruppierungen beschränkt, andere (die festen und holden) verraten ihre Zugehörigkeit zu bestimmten Gruppierungen durch besonders üppiges Gedeihen, dichten Individuenschluß, hohe Stetigkeit usw. Floristisch nahe übereinstimmende Artgruppierungen werden tabellarisch zusammengestellt (s. Gesellschaftstabelle, S. 70 bis 73).

Zur Treuebestimmung sollen nur die soziologisch faßbaren Beobachtungstatsachen Verwertung finden. Gelegentliche menschliche Eingriffe (Rodung, Brand, Entwässerung usw.) rufen plötzlichen Vegetationsänderungen, die einen soziologisch unausgeglichenen Übergangszustand schaffen und das Vorkommen von Relikten der früheren (Waldrelikte Sumpfrelikte) oder von vereinzelten Pionieren der folgenden Assoziation ermöglichen. Es ist also auch dem Entwicklungszustand der Vegetation Rechnung zu tragen.

Der diagnostische Wert der Kennarten für die Unterscheidung der Gesellschaften erfordert ihre möglichst objektive Herausarbeitung.

Beruhte sie anfänglich auf der erfahrungsmäßigen Feststellung der Artenverteilung im Gelände, so gestattete die zunehmende Zahl brauchbarer Assoziationstabellen (nicht alle sind brauchbar!) bald, durch Tabellenvergleiche die Kennarten schärfer zu fassen.

**Treuemerkblätter.** Als zuverlässigstes Hilfsmittel zur Treuebestimmung haben sich die „Treuemerkblätter“ erwiesen.

Sie erübrigen mühsame Nachforschungen, Vergleiche und Berechnungen, denn aus den Merkblättern kann ohne weiteres die Artpräsenz und können die Mengenverhältnisse der Arten in den verschiedenen Gesellschaften abgelesen werden. Um Vergleiche zu erleichtern, wird die Präsenz prozentual ausgedrückt; mittlere Menge, wenn nötig auch mittlere Vitalität, mittlere Soziabilität usw. sind den Prozentzahlen als Exponenten beizufügen.

Jede Art oder Unterart der Landes- oder Gebietsflora erhält ihr Merkblatt. Darauf werden alle Gesellschaften, worin die Art beobachtet worden ist, nebst ihrer Stetigkeit, auch etwa ihrer mittleren Soziabilität, ihrem Gedeihen, eingetragen. Diese Merkblätter gestatten, die soziologische Zugehörigkeit der Arten und ihren Treuegrad objektiv festzulegen. Voraussetzung bilden allerdings hinreichend zuverlässige Assoziationstabellen. Bei seltenen Arten sind auch Einzelbeobachtungen über Artvorkommen und Standortsbedingungen erwünscht. Die Auswertbarkeit der Merkblätter gewinnt, wenn den soziologischen autökologische und dynamische Beobachtungen hinzugefügt werden.

Treuemerkblatt *Astragalus monspessulanus L.*

(Gebietskomplex, Synoekosystem: Bas Languedoc) Lebensform: Ch. suffr.

| | | % |
|---|---|---|
| Ass. Kennart: *Onobrychidetum supinae* (Aphyllanthion) . . | $36^{I-II}/41$ | 80 |
| Ordnung *Rosmarinetalia:* | | |
| — Verband *Rosmarino-Ericion* | | |
| *Rosmarino-Lithospermetum cistetosum* . . . . . . . . . . . . . | $11^{I}/28$ | 40 |
| *Rosmarino-Lithospermetum ericetosum* . . . . . . . . . . . . . | $1^{+}/41$ | 2,5 |
| *Rosmarino-Lithospermetum staehelinetosum* . . . . . . . . | $4^{+}/23$ | 17,5 |
| *Rosmarino-Lithospermetum linetosum salsol.* . . . . . . . . | $3^{+}/13$ | 23 |
| *Rosmarino-Lithospermetum sideritetosum* . . . . . . . . . . | $1^{+}/\ 6$ | 17 |
| *Hedysaro-Astragaletum narbonensis* . . . . . . . . . . . . . . . | $9^{+}/13$ | 70 |
| *Lavandulo-Atractylidetum humilis* . . . . . . . . . . . . . . . . | $3^{+}/15$ | 20 |
| *Convolvuletum lanuginosi* . . . . . . . . . . . . . . . . . . . . . . | $1^{+}/10$ | 10 |
| — Verband *Deschampsion mediae* | | |
| *Deschampsietum mediae* . . . . . . . . . . . . . . . . . . . . . . . . | $1^{+}/45$ | 2 |
| Ordnung *Therobrachypodietalia* | | |
| — Verband *Therobrachypodion* | | |
| *Convolvulo-Ononidetum pubescentis* . . . . . . . . . . . . . . . | $3^{+}/19$ | 16 |

Verbr. medit-submedit. Oek.: kalkstet, basiphil; reichfruchtend.

Das Treuemerkblatt von *Astragalus monspessulanus* zeigt eine ausgesprochene Konzentration der Art auf das *Onobrychidetum supinae* (Kennart), auf den Verband des *Aphyllanthion* und die Ordnung der *Rosmarinetalia*, kalksteter, basiphiler Chamaephyten-Hemikryptophytengesellschaften, wasserhaltender, sommersüber stark austrocknender Mergelböden.

Die nördlichsten Vorkommnisse des mediterran-submediterranen *Astragalus monspessulanus* liegen in den inneralpinen Trockentälern Graubündens, wo die Art im xerischen *Ononi-Pinetum* und im *Xerobrometum* über durchlässiger, basischer Rendzina reichlich vorkommt (Br.-Bl. 1959).

Aus den Treuemerkblättern sind neben der soziologischen Spezialisierung der Arten auch ihre Stetigkeits-, Mengen-, Geselligkeits- und eventuelle Vitalitätsverhältnisse zu ersehen.

Zur Feststellung des Treuegrades haben Szafer und Pawlowski schon 1927 ein Schema vorgeschlagen, das hier mit geringfügigen Abänderungen wiedergegeben ist.

Tabelle 5. Schema zur Bestimmung der Gesellschaftstreue der Arten einer Assoziation (nach SZAFER und PAWLOWSKI)
St. = Stetigkeitsgrad; M = mittleres Mengenverhältnis (Gesamtschätzung)

| Verhalten der Art bei annähernd derselben Vitalität und Soziabilität | |
|---|---|
| a) in der vorliegenden Assoziation | b) in anderen Assoziationen |
| Gesellschaftstreu (5) | |
| St. 4 bis 5; M. 3 bis 5 | St. 1; M. bis 2<br>St. 1 bis 2; M. bis 1 |
| St. 4 bis 5; M. + bis 2 | St. 1; M. + (bis 2) |
| St. 1 bis 3; M. beliebig | fehlend oder nur ausnahmsweise vorkommend |
| Gesellschaftsfest (4) | |
| St. 4 bis 5; M. 3 bis 5 | St. 2 bis 3; M. + bis 2<br>St. 3 bis 4; M. + bis 1 (als Assoz.-Relikt oder Pionier) |
| St. 4 bis 5; M. + bis 2 | St. 2 bis 3; M. + bis 1 (2) |
| St. 3 bis 4; M. + bis 2 | St. 1 bis 2 (3); M. + bis 1 (2) |
| St. 1 bis 3; M. + bis 2 | St. bedeutend geringer; M. meist geringer |
| Gesellschaftshold (3) | |
| St. beliebig; M. 3 bis 5 | St. gleichhoch; M. + bis 2 |
| St. beliebig; M. beliebig | St. und M. deutlich geringer oder St. und M. etwas geringer oder M. geringer; Vitalität herabgesetzt |

Gesellschaftsvag (2)
Stetigkeit, Mengenverhältnis und Vitalität in zwei oder mehreren Gesellschaften ungefähr gleich.

Gesellschaftsfremd (1)
St. 1; M. + bis 1; Vitalität herabgesetzt.
Nur an abweichenden oder gestörten und daher untypischen Stellen oder nur in der Randzone spärlich und selten auftretend.

In der Frühzeit pflanzensoziologischer Betätigung begnügte man sich, zur Treuebestimmung das Artvorkommen allein heranzuziehen, ohne die Mengen und Soziabilitätsverhältnisse zu berücksichtigen. ETTER (1949) wies darauf hin, daß dem Mengenvorkommen der Arten gleichfalls Rechnung zu tragen ist. Um diese Forderung in die Praxis umzusetzen, führte er zwei synökologische Begriffe ein: die mittlere Menge und die charakteristische Menge oder besser Mächtigkeit. Er stützte sich dabei auf die aus den Assoziationstabellen ersichtliche

Abundanz und Dominanz (als Menge kombiniert). Die mittlere Menge ist die Summe aller Mengenzahlen einer Art, dividiert durch die Zahl der in der Tabelle vereinigten Aufnahmen.

Die charakteristische Menge, nach ETTER, ist das Mittel aus der Summe der Abundanz-Dominanz-Zahlen einer Art auf die Zahl der Aufnahmen, worin die Art vorkommt, in % berechnet.

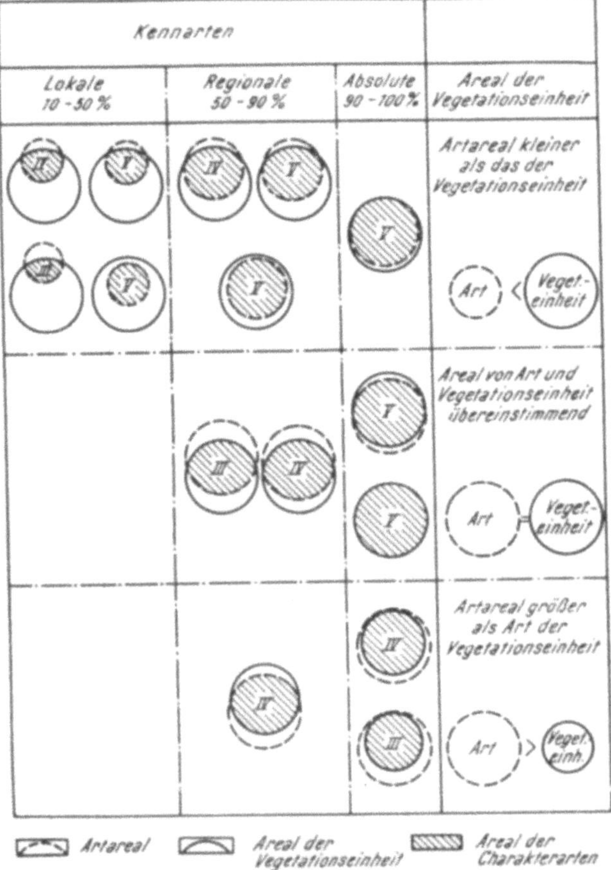


Abb. 55. Kennartenverbreitung und Vegetationseinheit (nach BECKING 1961). *I* bis *V* Treuegrade

Einen Schritt weiter geht BECKING (1961), indem er die hergebrachte Treuebestimmung (SZAFER, KULCZIŃSKY, PAWLOWSKI 1924, BR.-BL. 1951) unter Mitberücksichtigung von Menge, Soziabilität und Vitalität zu vervollständigen sucht. In Anlehnung an ETTER stellt er einen Treue-Präsenz-, einen Treue-Soziabilitäts- und einen Treue-Vitalitätsindex auf. Seine Treue-Präsenz (faithful presence) ist das Verhältnis (in % ausgedrückt) des Artvorkommens in den Einzelbeständen (plots) einer gegebenen Gesellschaftseinheit zum Vorkommen in allen vorliegenden

Einzelbeständen derselben. Die Treue-Vitalität, das Prozentverhältnis der Summe der Vitalitätsgrade in einer gegebenen Gesellschaft zur Summe der vorhandenen Einzelbestände (Aufnahmen); auf ähnliche Weise wird die Treue-Soziabilität berechnet.

Seinen Ausführungen fügt BECKING eine graphische Darstellung bei, welche die möglichen Treuegrade einer Art im Verhalten zu ihrem Verbreitungsareal und zum Areal der Gesellschaftseinheit angibt (Abb. 55).

**Kennarten als Assoziationszeiger.** Angaben von Kennarten in einer Gebietsflora lassen mit einiger Wahrscheinlichkeit die zugehörige Pflanzengesellschaft erwarten; eine halbverschollene Florenangabe kann das Vorhandensein einer bestimmten Assoziation wahrscheinlich machen.

Beim Verfolgen der seltenen Assoziationen des *Phleeto-Sedetum anopetalae, Armerietum juncei, Isoetetum duriaei*, wie auch bei der Arealumgrenzung des *Xerobrometums* Süddeutschlands und der Nordschweiz

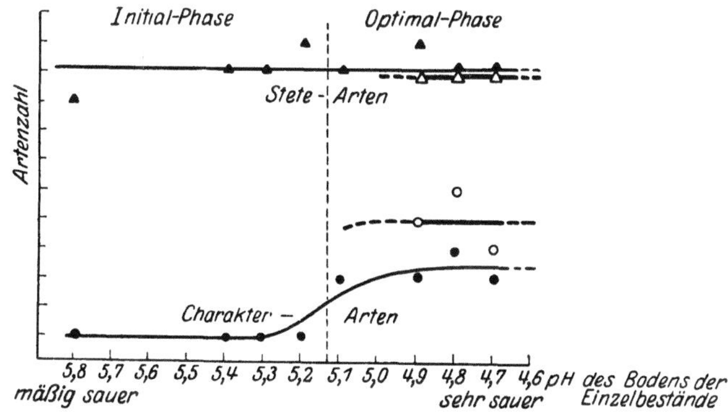


Abb. 56. Stete und Charakterarten im *Curvuletum* (fette Linie Typus, dünne Linie *Campanula scheuchzeri-Alchemilla glaberrima*-Variante). Jeder Kreis und jedes Dreieck entsprechen einem Einzelbestand (nach BR.-BL. u. JENNY 1926)

waren uns Fundortsangaben von Kennarten zuverlässige Führer (BR.-BL. 1925, S. 138). Will man in den Alpentälern ein wohlentwickeltes *Piceetum subalpinum* studieren, so tut man gut, sich durch die aus der Landesflora ersichtlichen Fundorte von *Listera cordata, Pyrola uniflora, Lycopodium annotinum*, Kennarten der Assoziation, leiten zu lassen.

Die Beachtung der Treueverhältnisse führt gelegentlich zu überraschenden Neufunden, wie dem Nachweis von *Sibbaldia procumbens* in der Tatra (PAWLOWSKI), von *Polygonatum officinale* im Eichenkratt der Halbinsel Gelting (W. CHRISTIANSEN), von *Pinguicula lusitanica* in der Crau Südfrankreichs (MOLINIER und TALLON).

**Ökologische Bedeutung der Kennarten.** Ihre mehr oder weniger enge ökologisch-soziologische Amplitüde stempelt die Kennarten (in geringerem Maße auch die Trennarten) zu wertvollen ökologischen Zeigern. Da diese den maßgeblichen ökologischen Faktoren gegenüber weit empfindlicher reagieren als die Gesellschaftsvagen, sind sie in ihrer

Gesamtheit auch die besten Indikatoren des ökologischen Gleichgewichtszustandes der Gesellschaft. Ein Beispiel bildet die Verteilung der Kennarten und Arten der höchsten Stetigkeitsklasse des *Caricetum curvulae* und des *Elynetums* in ihrer Abhängigkeit von einem dominierenden Standortsfaktor (pH) (Abb. 56, 57).

Die maximale Anhäufung der Kennarten des Curvuletums hat auf Böden von 5,1 bis 4,6 pH statt. Dieser Optimumbereich der Assoziation fällt mit dem aus 150 Proben berechneten pH-Optimum von *Carex curvula*, der dominierenden Art, zusammen (die einzige Charakterart, die in obiger Kurve schon bei 5,8 bis 5,2 pH figuriert, ist die holde *Carex curvula*). Die Zahl der steten Arten erleidet, wie man sieht, durch die Veränderung des Säuregrades nicht die geringste Beeinflussung; ihre Kurve bildet eine Gerade, ihr Zeigerwert ist gering.

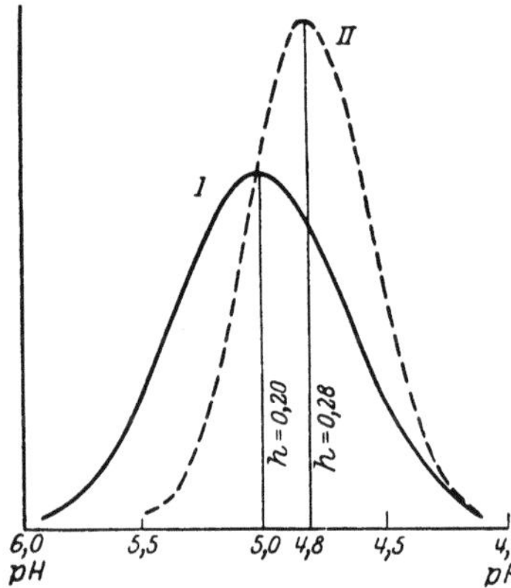


Abb. 57. $p_H$-Variationskurve der Art *Carex curvula* (*I*) und des *Curvuletums* (Assoziation) (*II*) (für je 100 Individuen bzw. Einzelbestände berechnet). Ordinate: Häufigkeit; Abszisse: $p_H$ (nach Br.-Bl. u. Jenny 1926)

Ähnliche Kurvenbilder, mit einer Anhäufung der Kennarten im Optimalbereich, zeigt das *Elynetum* (s. S. 388).

Künstliche Eingriffe in den Gesellschaftshaushalt vertreiben die Kennarten meist rasch. Erhält der *Xerobrometum*-Rasen Düngung, so verschwinden alsbald die Orchideen, *Koeleria gracilis*, *Pulsatilla vulgaris*, *Potentilla arenaria*, *Trifolium scabrum* und andere Kennarten, während sich die herrschenden Gramineen *Bromus erectus*, *Festuca ovina* und viele der steten Arten bei mäßiger Düngung noch lange zu halten vermögen.

Treffende Beispiele für den Einfluß der Bodenbearbeitung und Bodendüngung auf die Unkrautgesellschaften geben Ellenberg (1950) und Jes Tüxen (1958).

Scharf reagieren die Kennarten der Flachmoorgesellschaften bei künstlicher Absenkung des Grundwasserspiegels und mancher Waldgesellschaften bei Lichtstellung oder Kahlschlag.

R. Tüxen (1954a) hat erstmals enggefaßte Pflanzengesellschaften, die durch ganz bestimmte Zeigerarten unterschieden sind, auf bestimmte Grundwasserlinien geeicht.

Bei manchen Pflanzengesellschaften und deren Grundwasser-Formen bewegen sich die höchsten und tiefsten Grundwasserlinien innert recht enger Grenzen. Eingriffe in die Grundwasserverhältnisse sind an den Änderungen der Gesellschaften abzulesen.

Der Gesichtspunkt der Gesellschaftstreue findet bewußt oder unbewußt auch anderwärts in der Praxis Verwendung, so unter anderem in der finnischen Waldbonitierungslehre. Spricht doch Y. Ilvessalo

(1922) geradezu von waldtypentreuen Arten. Auch in CLEMENTS Plant Indicatures (1921) wird man manche Berührungspunkte finden.

Treffen mehrere Kennarten einer Assoziation in weit entfernten Gebieten wieder zusammen, so läßt dies auf ökologische Verwandtschaft der betreffenden Gesellschaften schließen.

Der moosreiche *Picea sitchensis*-Wald Alaskas mit *Hylocomium loreum*, *Aspidium spinulosum*, *Listera cordata*, *Pyrola uniflora*, wie ihn

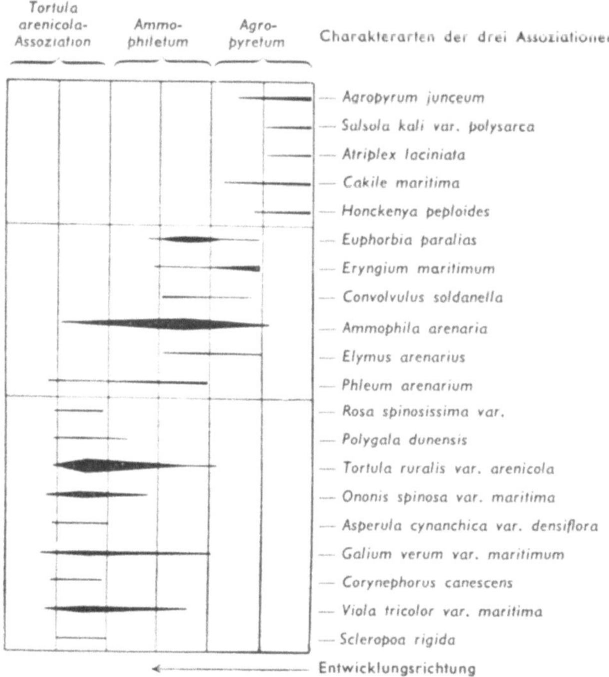


Abb. 58. Häufung der Kennarten im Optimumbereich dreier genetisch verbundener Assoziationen des flämischen Littorals (nach HOCQUETTE 1927)

COOPER (1923) beschreibt, bietet ähnliche Lebensbedingungen und steht unter ähnlichen Außenverhältnissen wie der Klimax-Fichtenwald der Alpen oder der Karpaten, wo sich die genannten Kennarten im *Piceetum subalpinum* und im *Piceetum oricarpaticum* (PAWLOWSKI und WALAS 1949) wieder zusammenfinden (s. auch S. 129).

**Syngenetische Zeiger.** Der enger umgrenzte Lebensbereich der Kennarten und die sich hieraus ergebende gesellschaftliche Spezialisierung ermöglicht, die Kennartengruppe auch zur Beurteilung des Entwicklungsgrades der Pflanzengesellschaften heranzuziehen. Untersuchungen in den östlichen Schweizeralpen (BR.-BL. und JENNY 1926) haben gezeigt, daß ein Maximum von Kennarten mit der optimalen Entwicklung einer Assoziation zusammenfällt (vgl. auch Abb. 58).

Bei der im Gang befindlichen natürlichen Wiederbewaldung der Staatsdomänen in den Hochsevennen stellen sich die Kennarten des

*Fagetums* ganz allmählich, und zwar in dem Maße ein, als die Assoziation sich ihrem ursprünglichen Zustand nähert. Erst im unberührten Hochwald finden wir sie vollzählig und stellenweise reichlich vertreten.

LINKOLAS Erhebungen in Finnland lassen erkennen, daß *Lycopodium complanatum*, *Pyrola chlorantha*, *Lycopodium annotinum*, *Listera cordata*, *Pyrola uniflora*, *Linnaea borealis* und andere Arten fast durchwegs erst in älteren, (35-), 50- bis 100jährigen Waldbeständen auftreten, und zwar die beiden erstgenannten unter ausgesprochener Bevorzugung des *Pinus silvestris*-, die übrigen unter Bevorzugung des Fichtenwaldes.

Wird eine Holzart außerhalb ihres natürlichen Verbreitungsbezirkes angeschont, so stellt sich die charakteristische Artengruppe auch im Verlaufe jahrhundertelanger ungestörter Entwicklung nicht ein, falls sie nicht schon mit den angeschonten Pflanzen selbst eingeführt worden ist (s. S. 503). Ihr Vorhandensein kann daher geradezu als ein Kriterium der natürlichen gegenüber den kultivierten Fichtenbeständen dienen.

**Gesellschaftstreue großklimatisch begrenzt.** Wie die Lebens- und Konkurrenzkraft und die Variationsfähigkeit der Pflanzen, so ändert sich mit dem Klima auch ihre gesellschaftliche Bindung, weshalb ein und dieselbe Art unter abweichendem Großklima verschiedene Standorte bewohnen und in verschiedenen Gesellschaften zur Kennart aufrücken kann. Vom Ozean gegen Osten oder von Nord- und Mittel- gegen Südeuropa wechseln zahlreiche, als Xerophyten geltende licht- und wärmebedürftige Besiedler flachgründiger Trockenböden Relief- und Bodenansprüche, indem sie von heißen Trockenhängen auf flache, tiefgründige, ja selbst auf feuchte Böden oder auf Schattenhänge übergehen und als Mesophyten angesprochen werden können.

Für Mitteleuropa gelten *Bromus erectus*, *Andropogon ischaemum*, *Koeleria gracilis*, *Chrysopogon gryllus*, *Carex humilis*, *Peucedanum cervaria*, *Salvia pratensis*, *Globularia elongata* u. a. als Xerophyten. Im Mediterrangebiet bevorzugen sie Schatten, Nordlage oder Feuchtigkeit. Ähnlich verhalten sich die in Mitteleuropa als Xerophyten trockener Kalkhänge bekannten *Quercus pubescens* und *Buxus sempervirens*. *Quercus pubescens* zieht im Bas Languedoc sogar Silikatböden vor (BR.-BL. 1959, S. 152). Anderseits erscheinen mehrere immergrüne Kennarten der mediterranen *Quercetalia ilicis*-Ordnung im feuchtwarmen Kantabrien als Begleiter der laubwechselnden *Quercetalia robori-petraeae*-Ordnung.

Nach DANSEREAU (1956) wächst *Tsuga canadensis* in den nördlichen Appalachians an Südhängen, in den südlichen wechselt der Baum auf Nordhänge hinüber. KRAJINA (1963) unterstreicht das Vorkommen von *Blechnum spicant* als Hygrophyt in der Douglasföhrenzone Westkanadas, als Mesophyt in der Hemlock-Küstenzone. Zahlreiche ähnliche als Faktorenersatz zu deutende Beispiele ließen sich anführen.

Sie lassen über die unterschiedliche territoriale Begrenztheit der Treue keinen Zweifel. Die Gültigkeit der Kennarten, ihr Wert für die Diagnostik der Assoziationen fällt zumeist mit einem größeren, großklimatisch einheitlichen Vegetationsgebiet, das wir als Synoekosystem definiert haben (s. S. 5), zusammen.

Als derartige Vegetationsgebiete sind u. a. nicht zu umfangreiche Inseln mit geringen Reliefunterschieden, wie z. B. Öland und Gotland, die tiefeingeschnittenen Alpentäler, den Höhenstufen der Gebirge parallel gehende Vegetationsgürtel (s. S. 721) anzusehen. Ein Synoekosystem kann unter Umständen mit einem enggefaßten Klimaxkomplex zusammenfallen.

Im Flachland mit seinem wenig ausgeprägten Relief stimmt das Synoekosystem mit der gleichartigen Ausformung des Vegetationsteppichs zum abgerundeten Gesellschaftskomplex, der als große biozönotische und landschaftliche Einheit aufgefaßt werden kann, überein. Zur Umgrenzung dieser komplexen soziologischen Vegetationseinheit können die spezifischen Assoziationen mit den Kennartengruppen der gebietseigenen Gesellschaften herangezogen werden. Innerhalb jedes vegetationskundlich und meist auch landschaftlich abgerundeten pflanzensoziologischen Synoekosystems bleiben sich die Gesellschaften mit ihrer charakteristischen Artengarnitur annähernd gleich, oder sie variieren doch nur unwesentlich.

Assoziationen mit großer klimatischer Spannweite und weiter Verbreitung, wie manche Wasser- und Sumpfassoziationen und auch viele Kryptogamengesellschaften, fallen für die Abgrenzung dieser Gesellschaftskomplexe weniger in Betracht, da sie sich, floristisch ähnlich ausgestattet, oft über mehrere oder viele Synoekosysteme erstrecken.

Der pflanzensoziologische Gesellschaftskomplex stimmt mit biogeographisch, geomorphologisch und klimatisch einheitlichen Landschaften überein; er blickt auch auf eine ähnliche geschichtliche Vergangenheit zurück. Bei der Umschreibung des Synoekosystems treffen sich Biosoziologie, Ökologie und Biogeographie.

## D. Gesellschaftssystematik (Floristische Syntaxonomie)

Am Anfang und Ende jeder wissenschaftlichen Arbeit steht die Ordnung, die Sondierung der verschiedenen Objekte und ihre Zusammenfassung zu höheren Einheiten (ROTHMALER 1950, S. 3).

Das Ziel jeder Klassifikation ist, die zu klassifizierenden Gegenstände ihrer Ähnlichkeit nach logisch anzuordnen, verständlich und möglichst einprägsam zu benennen und in ein System zu bringen, das die Beziehungen zu möglichst vielen andern Wissensgebieten offen hält.

Da aber ein wissenschaftlich einwandfreies System die Kenntnis der einzuteilenden Gegenstände oder doch eines großen Teiles derselben zur Voraussetzung hat, war bis anhin bei der taxonomischen Behandlung der Gesellschaften Vorsicht geboten.

Seit dem Erscheinen der zweiten Auflage dieses Lehrbuchs hat sich jedoch das Wissen um die Pflanzengesellschaften derart erweitert, daß heute ihre kritische Sichtung und Anordnung wenigstens für Europa anstandslos an Hand genommen werden kann.

Die Frage nach der Natürlichkeit einer solchen Einteilung erscheint müßig. Im Sinne von KANT ist ein System ein nach Prinzipien geordnetes Ganzes. „Ob die Natur an sich ein System bildet oder nicht, können wir nicht entscheiden. Diese Entscheidung ist auch für die Wissenschaft von keiner Bedeutung" (KANT zit. in BLOCH).

Anders ausgedrückt: Der Wert einer Einteilung ergibt sich aus den damit erzielten Resultaten.

Daß unsere Systematisierung nicht mehrdimensional sein kann, wenn sie in absehbarer Zeit durchgeführt werden soll, liegt auf der Hand. Bestrebungen, zu mehrdimensionalen Anordnungen der Vegetationseinheiten zu gelangen, mußten im Sande verlaufen und haben zu keinem Resultat geführt. Bei der ungeheuren Komplexität des Gegenstandes, der von den verschiedensten, nur teilweise offen liegenden und meßbaren Faktoren gesteuert wird, ist die notwendige Klarheit und Vereinfachung auf diesem Wege nicht zu erhoffen.

Diese Komplexität der Faktoren, die zum Teil keinen zahlenmäßigen Ausdruck finden, steht auch der exakten quantitativen Fassung der Vegetationscharaktere und ihrer Auswertbarkeit zur Systematisierung der Pflanzengesellschaften auf biomathematischer Grundlage entgegen.

Versuche hiezu sind im letzten Jahrzehnt mehrfach gemacht worden.

**Vegetationssystematik und Biomathematik.** Bei allen diesen Systematisierungsversuchen wird dem Empirismus ein breiter Spielraum eingeräumt, denn die Biomathematik gilt ja nur, wenn ihre Analysen mit der Wirklichkeit, d. h. den bisherigen empirischen Beobachtungen im Einklang stehen (LUDWIG, MARGALEF 1956).

Statt auf eine problematische biomathematische Lösung der Gesellschaftsaffinität, stützt man sich vorderhand am besten auf die schätzungsweise ermittelten qualitativen und quantitativen Merkmale, wie sie sich aus den gut durchgearbeiteten Assoziationstabellen ergeben. Dabei ist den Treueverhältnissen ein ihrer ökologischen Bedeutung entsprechender Platz einzuräumen.

Zwei Auffassungen stehen sich von vornherein gegenüber: die hergebrachte, auf der Typisierung der homogenen Einzelbestände beruhende, welche die Pflanzengesellschaft als eine durch Korrelationsbeziehungen der Arten und Artengruppen verbundene Einheit betrachtet, und die namentlich von GOODALL (1954 bis 1961) verfochtene Ansicht, welche die Pflanzendecke als Kontinuum auffaßt, dem schwer mit einer Klassifikation beizukommen sei.

Die methodisch wertvollen Untersuchungen GOODALLS beziehen sich auf artenarme einschichtige Vegetationen unter extremen Bedingungen. Sie lassen schon die Schwierigkeiten erkennen, die korrelationsstatistischen Untersuchungen bei der Gesellschaftsdifferenzierung entgegenstehen, und führen zur Hypothese eines kontinuierlichen Fortschreitens der Variation. Diese Auffassung hat aber höchstens unter besonderen Umständen in bestimmten Gebieten Gültigkeit, wenn auch hier ohne Zweifel Soziationen und auch Assoziationstypen die auf den Treueverhältnissen beruhen, unterschieden werden könnten.

Der Auffassung, die Vegetationsdecke als Kontinuum zu betrachten, steht die unbestreitbare Tatsache entgegen, daß in ökologisch abwechslungsreichen Gebieten äußerst scharfe Vegetationsgrenzen nicht selten sind, wobei der Fall eintreten kann, daß zwei sich berührende Einzelbestände keine einzige Art gemeinsam haben (Abb. 59). DAUBENMIRE (1960) ist wohl im Recht, wenn er schreibt: "We are faced with a choice of either a continuum or a classification; the two viewpoints are strictly incompatible. Without classification there can be no science of vegetation."

Fügen wir noch hinzu, daß, nach den bisherigen Erfahrungen zu urteilen, die Fassung von Vegetationseinheiten nach der Typisierungs-

Abb. 59. Natürliches, scharf abgegrenztes *Populetum albae* im Dünengebiet zwischen Carnon und Grau-du-Roi

methode überall möglich ist, so daß die gesamte Pflanzendecke der Erde einer Aufteilung in pflanzensoziologische Einheiten höherer und niederer Wertigkeit (auf Grund der Treueverhältnisse) zugänglich ist. Von der Kontinuum-Methode kann dies keinesfalls gesagt werden; mehrheitlich sind mit ihr überhaupt keine der Verallgemeinerung fähigen Resultate zu erzielen.

Zur Abgrenzung der Vegetationseinheiten und zu ihrer Gruppierung nach der floristischen Affinität hat man frühzeitig rechnerische Manipulationen herbeigezogen.

Schon KULCZIŃSKY (1928) versuchte die Verwandtschaftsbeziehungen zwischen einzelnen Aufnahmen und zwischen verschiedenen Pflanzengesellschaften zahlenmäßig auszudrücken. Er legte seinen Berechnungen die Stetigkeitsklassen I bis V der Arten zugrunde und benutzte dabei die gesamte Artenliste der Assoziationstabelle.

Die Formel KULCZIŃSKYS lautet:

$$V\ (\text{Verwandtschaftszahl}) = \frac{100}{2}\left(\frac{\Sigma s_1 + \Sigma s_2 - \Sigma\sigma}{2\Sigma s_1} + \frac{\Sigma s_1 + \Sigma s_2 - \Sigma\sigma}{2\Sigma s_2}\right)\%$$

wobei $\Sigma s_1$ die Summe aller Stetigkeitswerte der einen Gesellschaft, $\Sigma s_2$ die Summe aller Stetigkeitswerte der anderen Gesellschaft und $\Sigma\sigma$ die Summe aller Differenzen in den Stetigkeitswerten aller Arten bedeuten (Abb. 60).

Raabe (1952), der diese Formel kritisiert, hebt hervor, daß die Artenzahl einer Assoziationstabelle keine feste Größe darstellt, da sie

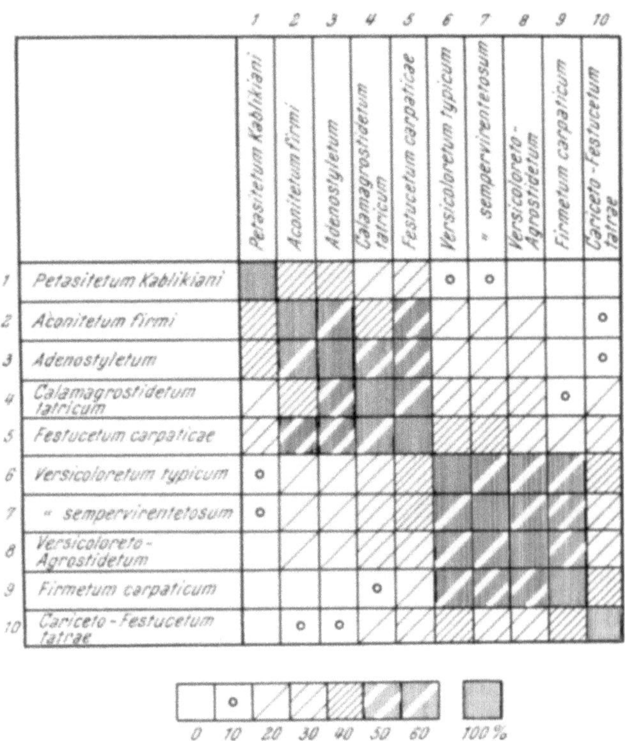


Abb. 60. Verwandtschaftsbeziehungen zwischen den Assoziationen der *Calamagrostidetalia villosae* und *Seslerietalia variae* in der Tatra (nach der Methode von Czekanowski und Kulczyński; aus Szafer u. Pawlowski 1959, S. 273)

mit zunehmender Zahl der Aufnahmen ansteigt. Er benutzt daher für seine statistisch-mathematischen Untersuchungen der halophilen und Unkrautgesellschaften von Schleswig-Holstein die charakteristische Artenkombination der Gesellschaft. Damit ergibt sich eine von Westen gegen Osten ansteigende Tendenz der Affinitätswerte zwischen dem *Artemisietum maritimae* und den Nachbargesellschaften und eine ähnliche Affinität zwischen *Puccinellietum* und *Juncetum gerardi*.

Der Autor hofft, daß die von ihm behandelten Gebiete der soziologischen Systematik durch den Gruppenwert einer Klärung zugeführt werden können, sofern eine Klärung nicht durch die Prämissen von vornherein zum Scheitern verurteilt ist (l. c. S. 68).

Eine Anwendung der Methode von RAABE, unter Bezugnahme auf ELLENBERGS Gruppenwert (1956) etwas abgeändert, wendet PIGNATTI (1962) an. Das von ihm gegebene Beispiel der Berechnung der Gemeinschaftskoeffizienten der charakteristischen Artenkombination ergibt aber sehr beträchtliche Unterschiede (maximal 90,9%, minimal 21,7%), so daß sich auch hier die Frage stellt, ob sich der zur Berechnung nötige Zeitaufwand lohnt.

Mit den statistischen Grundlagen der Pflanzensoziologie beschäftigt sich GUINOCHET (1954, 1956), der ebenfalls auf dem Boden der Zürich-Montpellier-Schule steht. Seine Ausführungen fußen auf der Wahrscheinlichkeitsrechnung (K. PEARSON). Voraussetzungen sind aber, wie er hervorhebt, die Zufallsaufnahme von homogenen Flächen und die Zusammenfassung homogener Aufnahmen, bei welchen die Arten lediglich durch ihre Stetigkeit vertreten sind; Mengenverhältnisse, Soziabilität usw. müssen ausgeschaltet bleiben. Dies gilt auch für den nach der Wahrscheinlichkeitsrechnung erfaßten Treuegrad der Arten (GUINOCHET 1956, S. 65).

Demgegenüber ist festzustellen, daß, falls die pflanzensoziologischen Untersuchungen zur Typisierung der Vegetation führen sollen, die Auswahl der Aufnahmen eine wichtige Rolle spielt. Statt jeden einzelnen Vegetationsfleck aufzunehmen, eine Unmöglichkeit, oder aber dem Zufall die Wahl zu überlassen, trifft man von vornherein eine gewisse Auswahl, welche die floristisch ähnlich zusammengesetzen, möglichst homogenen, über ein größeres Gebiet verteilten Vegetationsflecke umfaßt.

Die Praktiker der Grünland- und Unkrautforschung (DE VRIES 1949, 1953, 1954; KLAPP 1934, 1949, 1950, 1954; ELLENBERG 1952, 1956) bedienen sich mit Vorteil korrelationsstatistischer Methoden, um das gegenseitige Verhalten von Pflanzenarten festzulegen.

Mit ELLENBERG sind wir indessen der Ansicht, daß schon wiederholtes Umschreiben der Gesellschaftstabellen sehr zur Klärung der Ähnlichkeitsbeziehungen zwischen den Einzelbeständen beiträgt und rechnerische Verfahren unnötig macht.

Wird die Korrelationsberechnung zu Rate gezogen, so kann stets nur ein Teil der Arten allen andern Arten einer Gesellschaft gegenübergestellt werden. Es ist daher notwendig, eine Auswahl zu treffen. Fallen für den Pflanzensoziologen in erster Linie die Arten der charakteristischen Artenkombination in Betracht, so interessiert sich der Praktiker vor allem für die häufigen, produktionswichtigen, ertragversprechenden Arten und solche, deren Vorhandensein ihre Partner irgendwie beeinflußt.

Zur Einführung in die korrelationsstatistischen Grundlagen der Grünlandsoziologie ist die Kenntnisnahme einer aus dem Bonner Institut für Pflanzenbau hervorgegangenen kritischen Arbeit von KOLBE (1956) zu empfehlen. Der Autor weist darauf hin, daß die Charakterisierung der Pflanzengesellschaften mit Hilfe einer genauen Artenaufnahme durch keine andere Methode ersetzt werden kann und „daß Methoden, die nach dem Zufallsprinzip rein mechanisch arbeiten, ausscheiden, weil dabei die artenmäßige Physiognomie der Aufnahmefläche unberücksichtigt bleibt und weil die Voraussetzungen für die Anwendung des Zufallsprinzips nicht erfüllt und zudem der ökologischen Konzeption vollkommen entgegengesetzt sind. Zum anderen dürfte bei biologischen Untersuchungen, bei denen auch nicht eine der meßbaren Größen wirklich eine Konstante ist und alle Faktoren ständigen Schwankungen unterliegen, eine möglichst einfache Untersuchungsmethode, die dabei das Grundsätzliche nicht aus dem Auge verliert, immer noch die der Wirklichkeit am nächsten kommenden Ergebnisse erzielen" (Kolbe l. c. S. 15).

Diesen Ausführungen kann man zustimmen, wenn auch anderseits alle Bestrebungen zu begrüßen sind, die darauf hinzielen, das empirisch gewonnene Aufnahmematerial nach Möglichkeit statistisch auszuwerten.

Beispiele für die Korrelationsberechnung unter Berücksichtigung der ökologischen Standortsfaktoren und des Ertragsanteils der einzelnen Arten gibt Kolbe (l. c.). Seine tabellarischen Darstellungen, welche sich u. a. auf die ökologische Präsenzkorrelation der Kennarten der *Arrhenatheretea*-Klasse beziehen, lassen darauf schließen, daß durch Anwendung korrelationsstatistischer Methoden die übliche Auswertung pflanzensoziologischer Wiesenaufnahmen wesentlich ergänzt werden kann. Mit Hilfe der relativen Beziehung ist es möglich, die „Stetigkeit" der Arten als Ausdruck der ökologischen Amplitüde der einzelnen Arten übersichtlich und vergleichbar darzustellen. Inwieweit aus den berechneten Einzelkorrelationen die in der pflanzensoziologischen Systematik definierte charakteristische Artenkombination abgeleitet werden kann, wird nicht gesagt.

Positiver drückt sich Bourdeau (1961) aus, der als einer der ersten für die mühevollen Zahlenmanipulationen den Gebrauch der elektronischen Rechenmaschine befürwortet. Er erhofft daraus wichtige Fortschritte für die objektive Klassifizierung der Vegetation. Ob dies zutrifft, ist sehr fraglich, denn alle auf die Klassifizierung bezüglichen mathematischen Berechnungen können nicht darüber hinwegtäuschen, daß das empirische Ausgangsmaterial nicht in seiner Gesamtheit erfaßt wird. Zudem hängt seine Auswertungsmöglichkeit gänzlich von der unterschiedlichen Zuverlässigkeit des Feldbotanikers ab, weshalb das von vornherein ungleichwertige Ausgangsmaterial erst gesiebt werden muß.

Jeder Feldbotaniker weiß aus eigener Erfahrung, was es kostet, eine einzige Aufnahme „fachgerecht" auszuführen, schon der Bestimmungsschwierigkeiten der sterilen Pflanzensprosse wegen, sodann weil die Mengenverhältnisse der Arten oft schwer zu fassen sind und zudem oft einem raschen Wechsel unterliegen.

Ein Mathematiker, der sich bei seinen Berechnungen ebenfalls der elektronischen Rechenmaschine bedient, Dagnelie (1960), setzt sich ausführlich mit den verschiedenen Vorschlägen zur mathematischen Behandlung der von den Feldbiologen erarbeiteten Zahlenreihen und Tabellen auseinander. Er glaubt für die Zukunft eine wertvolle Hilfe in der Faktorenanalyse, welche die Ähnlichkeiten zwischen den Aufnahmen zu analysieren gestattet, sehen zu dürfen. Die Technik dieser Analyse steckt allerdings noch in den Anfängen, und ihre Anwendung bereitet Schwierigkeiten. "Les avantages de l'analyse factorielle pourraient suggérer que cette technique est destinée à supplanter prochainement les méthodes traditionnelles d'analyse des tableaux de relevés. Par contre, les inconvénients cités pourraient faire croire qu'il s'agit là d'une méthode pratiquement inutilisable" (DAGNELIE l. c.).

Die jüngste den Anwendungsmöglichkeiten mathematischer Formeln auf das Ordnungs- und Klassifizierungsproblem der Pflanzengesellschaften gewidmete Studie ist HARBERDS "Application of a Multivariate Technique to Ecological Survey" (1962). Der amerikanische Autor beansprucht nicht, daß seine Behandlung der vorliegenden Daten notwendigerweise richtig sei. Seine langwierigen mathematischen Ausführungen gipfeln in der Annahme, daß ein tüchtiger Pflanzensoziologe, der das Gebiet kennt, wahrscheinlich mit viel weniger Mühe zu einem ähnlichen Resultat, d. h. zu einer ähnlichen Anordnung der Arten gelangt wäre.

Beim Durchgehen der Arbeiten, die sich mit der pflanzensoziologischen Systematik auf statistischer Grundlage befassen, wird man da und dort an den Ausspruch von GRASSÉ (1924) erinnert: "Statistique et Art de mentir ne font souvent qu'un."

Die bisherigen Bestrebungen, die Klassifizierung der floristisch gefaßten Pflanzengesellschaften auf biomathematischem Boden zu verankern, haben zu keinem brauchbaren Resultat geführt. Mit MAJOR (1961) kann man sagen: "Mathematical analysis is not a heuristic tool leading to classification of vegetation. It is used to test classification."

Voraussichtlich wird die mathematische Auswertung der pflanzensoziologischen Feldanalysen weitere Fortschritte machen, dagegen stehen der Verwendung der Mathematik zur Klassifizierung der Gesellschaften grundsätzliche Hindernisse entgegen.

Der von PAVILLARD (1927) geäußerte Skeptizismus erscheint heute noch angebracht: "De l'avis conforme de ROMELL et de NORDHAGEN, les mathématiciens ne peuvent pas se passer des empiriques; reste à savoir si les empiriques ne pourraient pas se passer des mathématiciens. Qu'on veuille bien m'excuser de conserver encore une pointe de scepticisme à cet égard."

**Empirische Einteilungsmethoden der Pflanzengesellschaften.** Als wichtigste Einteilungsprinzipien der Pflanzengesellschaften kommen in Frage: Ökologie, Chorologie (Verbreitungstypen), Gesellschaftsentwicklung, Physiognomie, floristische Verwandtschaft.

**Ökologische Gruppierung.** Versuche, ein pflanzensoziologisches System auf den Gesellschaftshaushalt aufzubauen, sind mehrfach unternommen worden. Man stützte sich indessen nicht auf die Ökologie der Gesellschaften als solche, die ja ganz und gar nicht abgeklärt ist, sondern entweder auf den weitgefaßten Standort als Ursache der Gesellschaft oder auf einen oder mehrere ausschlaggebende Außenfaktoren, oder aber auf die Lebensformen der Pflanzen als Ausdruck der Standortsbedingungen. Wie weit dieser Schluß zutrifft, d. h. wie weit aus den Lebensformen auf den Standort geschlossen werden kann, ist freilich eine offene Frage. Jedenfalls sind viele Lebensformen sehr wenig fest umschrieben; auch kann ein und dieselbe Pflanze verschiedene Lebensformen annehmen (s. S. 161) und können an den verschiedensten Standorten ähnliche Lebensformen zur Vorherrschaft gelangen (s. auch RAUH, S. 448).

Auf Standortsfaktoren beruhen die Einteilungen von WARMING (1902) nach der Wasserversorgung (Hydro-, Xero-, Meso-, Halophytenvereine) und von GRÄBNER nach dem Nährstoffgehalt des Bodens. Auch die Serieneinteilung von SUKATSCHEW (1928) ist vorwiegend standörtlich ("ecological series").

Angesichts der ständigen Fortschritte, die im Laufe des letzten Jahrhunderts in der Kenntnis und Bewertung der Standortseigenschaften, insbesondere der Bodenfaktoren, gemacht worden sind und weiter gemacht werden, wird man sich über die Aussichten, auf dieser Grundlage eine allgemein gültige Einteilung der Gesellschaften aufzubauen, keinen Illusionen hingeben. Die ökologische und die floristische Gruppierung der Gesellschaften verhalten sich zueinander wie die noch wenig bekannte Ursache zur sichtbaren Wirkung.

**Physiognomisch-ökologische Einteilung.** Vielfache Anwendung finden Systeme, die physiognomische und ökologische Charaktere kombinieren. Dies ist der Fall bei den Klassifikationen von DIELS (1908, 1910), BROCKMANN und RÜBEL (1912), VIERHAPPER (1921), DU RIETZ (1921) u. a., die auf SCHIMPER (1898) aufbauen.

Die Gesellschaften werden unter physiognomisch-ökologische Einheiten (Formationsgruppen, Klassen und Vegetationstypen) zusammengefaßt.

Es soll ein System geschaffen werden, ,,das sich ohne eingehendes Studium anwenden läßt" (BROCKMANN-JEROSCH und RÜBEL 1912, S. 13). Daß dies nur unter mancherlei Konzessionen möglich wird, ist begreiflich.

Es kann sich dabei nur darum handeln, mit Hilfe weitgefaßter physiognomischer Begriffe (Dominanztypen) ein Bild des Landschaftscharakters zu vermitteln. Die Anwendung dieser Methode kommt vor allem in Frage für ausgedehnte wenig bekannte Gebiete und für die Kartierung in kleinem Maßstab.

Dieses ,,gemischte System", dessen untere Einheiten floristisch gefaßt sein können, während die höheren auf a priori festgelegten physiognomisch-ökologischen Charakteren beruhen, führt zu unhaltbaren Zusammenfassungen wie Fettwiesen und Schneetälchen oder Strandfelsenvegetation *(Senecietum cinerariae)*, Halbstrauchtrift *(Helichrysetum serotini)* und halophile Schlickvegetation *(Salicornietum)*. PAVILLARD (1912, S. 13) bemerkt dazu: ,,Würden wir etwa die weißen Schafe und die weißen Hasen zu einer Gattung stellen unter dem Vorwand, sie besäßen beide gleichfarbiges Fell? Die vorläufige Anordnung der Assoziationen nach ihrem Aussehen ist ein Verlegenheitsausweg ohne philosophischen Hintergrund, und nichts wäre verkehrter als die Schaffung ,ökologischer Gattungen', deren ,Arten' die floristisch umschriebenen Assoziationen darstellen."

Auch DU RIETZ (1924) zweifelt an der Zweckmäßigkeit dieses Einteilungsprinzips. ,,Es erscheint fast hoffnungslos, die Pflanzensoziologie jemals auf ein einheitliches ,Formationssystem' zu einigen, und man kann nicht umhin, zu konstatieren, daß durch diese Gruppierung in

Formationen in fast jeder anderen Hinsicht einander sehr nahestehende Assoziationen nicht selten der Konsequenz wegen zu verschiedenen Formationen geführt werden müssen."

Die Unterordnung der floristisch gefaßten Einheiten unter unscharfe physiognomisch-ökologische Begriffe schaltet diese Einteilung überall dort aus, wo die Voraussetzungen für eine präziser durchgearbeitete Einteilung gegeben sind. Dagegen kann sie in Gebieten, deren Sippensystematik noch im argen liegt, als vorläufiges Ordnungsprinzip Verwendung finden. Im Kapitel Lebensformen sind die Anwendungsmöglichkeiten dieses Systems näher besprochen (s. S. 167).

**Chorologische Einteilung.** Ein weiteres „gemischtes System", zur Hauptsache auf chorologischer Basis beruhend, ist die Einteilung von E. SCHMID.

Seine „Vegetationsgürtel" sind als natürliche Einheiten gedacht. Für die Schweiz werden unterschieden: Ein *Carex-Elyna*-Gürtel, *Vaccinium uliginosum-Loiseleuria*-Gürtel, *Larix-Pinus cembra*-Gürtel, *Picea*-Gürtel, *Fagus-Abies*-Gürtel, *Quercus-Tilia-Acer*-Gürtel, *Laurocerasus*-Gürtel, denen sich in Fragmenten der *Quercus robur-Calluna*-, der *Pulsatilla*-Waldsteppen-, der *Stipa*-Steppengürtel anschließen.

Die auf gleichartige Artareale gegründeten, geographisch umgrenzten Gürtel entsprechen teils den Höhenstufen, teils sind es edaphisch oder anthropogen bedingte „biochorologische" Gebilde von inhomogener Zusammensetzung und ihrem Wesen nach ungleich, daher auch kaum koordinierbar.

Da die Gürtel zu komplex sind, um als Gerüst für eine Untereinteilung dienen zu können, werden daneben noch lokalbedingte Biozönosen eingeführt. Wie SCHMID sich deren Herausarbeitung denkt, hat er mehrfach dargelegt: „Der Weg zur Kausalanalyse führt über die Analyse der einzelnen Arten, zu Modell- und Typenbildung, zum Typenspektrum und schlußendlich zum Biozönosemodell" (l. c. 1944, S. 110). Es hält allerdings schwer, eine klare Vorstellung des grundlegenden „Biozönosemodells" und seiner Erfassung zu gewinnen.

Einen Versuch, diese Einteilung mit dem floristischen System zu koordinieren und kartographisch (1/10000) festzuhalten, machen MOOR und SCHWARZ (1957).

**Dynamisch-genetische Einteilung.** Im angelsächsischen Sprachbereich steht unter dem Einfluß der ideenreichen Arbeiten von COWLES und CLEMENTS, die großräumige, dynamisch-genetische Vegetationsbetrachtung im Vordergrund. CLEMENTS selbst glaubt (1936), daß die Zeit gekommen sei „to recognize fully that a natural system of community must be built just as certainly upon development".

Diese Annahme hat sich indessen nicht bewahrheitet. Gerade über den Kernpunkt der Sukzessionsbetrachtung, die Klimaxgesellschaft, gehen auch heute die Auffassungen noch vielfach auseinander (s. S. 639). Es erscheint daher ein undankbares Beginnen, auf der zum guten Teil hypothetischen Vegetationsentwicklung ein System der Pflanzengesellschaften aufbauen zu wollen. Auch ist nicht zu vergessen, daß die natürliche Vegetationsentwicklung heute auf engbegrenzte Gebiete beschränkt ist, die menschliche Beeinflussung der Vegetation ständig zunimmt und die Entwicklung mehr und mehr in vom Menschen gewollte und vorgezeichnete Bahnen abgelenkt wird. In Flachländern der gemäßigten Zone sind die meisten Böden, wo natürlicherweise Klimaxgesellschaften zu erwarten wären, von Kulturen oder umgewandelten Gesellschaften eingenommen.

Die Einheiten des Systems von Clements sind:

| Climax | | Sere |
|---|---|---|
| | Climax (formation) | |
| Association | | Associes |
| Consociation | | Consocies |
| Faciation | | Facies |
| Lociation | | Locies |
| Sociation | | Socies |
| Lamiation | | Lamies |
| Sation | | Saties |
| Clan | | Colony |
| | | Family |
| | Serule | |
| | Associule | |
| | Consociule | |
| | Sociule | |

Die erste Gruppe (Climax units) umfaßt Einheiten absteigender Wertigkeit desselben Klimax, die zweite (Seral units) die verschiedenen Entwicklungsstadien.

Die Bezeichnung Serule (mit Unterabteilungen) wird verwendet für die große Zahl von Miniatursukzessionen innerhalb einer umfassenderen Gesellschaft (zum Teil abhängige Gesellschaften).

Die Sukzessionen können wohl nach obigem Schema dargestellt und in eine Übersicht gebracht werden. Als Grundlage für die Einteilung der tatsächlich vorhandenen Vegetationseinheiten sind sie aber nicht geeignet. Schon Tansley (1920, S. 147) betont „that besides associations and their developmental stages (associes), there exists a great deal of mixed fragmentary vegetation which cannot be classified under the development concept".

So klafft denn auch zwischen der von Clements ausführlich dargelegten exakten Analyse der Pflanzengesellschaften und seinem auf der Vegetationsentwicklung beruhenden großzügigen Einteilungssystem ein kaum überbrückbarer Gegensatz.

Zusammenfassend kann gesagt werden, daß alle auf dynamisch-genetische, physiognomische, rein chorologische oder ökologische Charaktere gegründeten Einteilungsversuche derart mit Unsicherheitsmomenten und Hypothesen belastet sind, daß sie als Grundlage einer logisch einwandfreien, allumfassenden Systematik nicht in Frage kommen. Diese Einteilungen haben einen weiteren großen Nachteil: sie beruhen auf Eigenschaften, die nicht im Aufbau der Gesellschaft selbst begründet sind, sondern die außerhalb des zu klassifizierenden Gegenstandes liegen.

**Dominanztypen.** Im angelsächsischen Sprachgebiet ist neben dem Sukzessionsschema von CLEMENTS die Klassifikation der Gesellschaften nach Physiognomie und Dominanz am weitesten verbreitet (WHITTAKER 1962). Allerdings haben sich dabei gewisse Anpassungen als notwendig erwiesen.

Dominierende Arten, welche zu komplexen Monsterassoziationen führen würden, wie *Pinus silvestris*, *Pseudotsuga menziesi*, *Pinus pon-*

Abb. 61 bis 63. Dominanzwechsel im Verlauf der jahreszeitlichen Entwicklung des *Trisetetum flavescentis* Nordgraubündens

Abb. 61. *Crocus albiflorus*-Vorfrühlingsaspekt

*derosa*, werden von vornherein ausgeschlossen. Die Dominanztypen, gelegentlich auch Assoziationen genannt, sind entweder durch eine einzige oder aber durch mehrere Arten, bei Strauch-Typen sogar durch eine Liste wichtiger Arten charakterisiert.

Der Nachteil dieser Typisierung ist neben der Heterogenität der Typen der Umstand, daß willkürlich entschieden werden muß, ob zur Typisierung eine, zwei oder mehrere Arten herbeizuziehen sind. Der Bearbeiter hat es in der Hand, seine Dominanztypen nach freier Wahl derart zu treffen, daß ihnen ein Maximum von Brauchbarkeit innewohnt.

Die Fassung der Dominanztypen verlangt keine besonderen floristischen Kenntnisse; man kann sie vermittels einiger Dominanten (wichtige Arten, die für die Forst- und Grünlandwirtschaft besonders in Betracht fallen), sozusagen mühelos erkennen, weswegen sie sich in den U.S.A. und anderwärts großer Beliebtheit erfreuen.

Die Dominanztypen können auf verschiedene Weise angeordnet werden; die häufigste Gruppierung, zu Formationen und Formationsklassen, mündet in die Lebensformensystematik aus (s. S. 113).

Die Dominanztypen lassen sich auch zu Kollektiveinheiten, etwa den Assoziationen von DU RIETZ (1932) oder von TANSLEY und CHIPP

(1926) vergleichbar, zusammenfassen. Assoziationen im heutigen Sinn und Dominanztypen sind aber als verschiedene Grundeinheiten, die sich

Abb. 62. *Trollius europaeus*-Frühlingsaspekt

Abb. 63. *Paradisia liliastrum*- und *Gramineen*-Sommeraspekt

nicht korrelieren lassen, auseinanderzuhalten. Immerhin gibt es Dominanztypen, die mit Assoziationen übereinstimmen, einige Dominanztypen können (nach WHITTAKER l. c. S. 156) auch durch Charakterarten unterschieden werden. Nicht zu übersehen ist der jahreszeitliche Dominanzwechsel (s. Abb. 61 bis 63).

Als Ausgangsbasis für eine allgemein anwendbare Gesellschaftssystematik fehlt den Dominanztypen schon die notwendige Einheitlichkeit. Sie werden am besten unter Bezugnahme auf die dominierenden Lebensformen der physiognomischen Gesellschaftssystematik angeschlossen, womit die Gruppierung auf eine physiognomische Klassifizierung der Vegetation hinausläuft (s. S. 167 bis 171).

**Wald- und Wiesentypen.** Außerhalb der Gesellschaftssystematik und von ihr unabhängig stehen die auf Forst- und Graswirtschaft zugeschnittenen Wald- und Wiesentypen.

Für die Praxis berechnet, braucht ihre Fassung und Anordnung keineswegs mit der Systematik der theoretischen Pflanzensoziologie übereinzustimmen, auch benötigen sie besondere Begriffe und bedienen sich vielfach besonderer Meß-, Zähl- und Wägemethoden, die nur teilweise mit den pflanzensoziologischen übereinstimmen. Die Lehrbücher des Wald- und Wiesenbaues geben hierüber Auskunft.

Insofern die Anordnung dieser Einheiten nicht einfach mit der pflanzensoziologischen übereinstimmt, erscheint es geboten, sie auf einen soliden pflanzensoziologischen Unterbau zu stellen.

Daß man heute noch nicht so weit gelangt ist, erhellt aus den lehrbuchartigen „Methods of Surveying and Measuring Vegetation" für Wiesenbau von D. BROWN (1954), wie auch aus der Aussprache der Forstsoziologen am Symposium für Waldtypen und Waldoekosysteme am Botanikerkongreß in Montreal (1959). Von den dort gehaltenen Vorträgen fallen für uns in erster Lnie jene von AICHINGER, ELLENBERG, KRAJINA, KUJALA in Betracht.

Der reinen Pflanzensoziologie sehr nahe kommt die Auffassung von AICHINGER (1959), der den „Waldentwicklungstyp" in den Vordergrund stellt.

ELLENBERG, KRAJINA und KUJALA, wie anderwärts auch HARTMANN (1958), befürworten eine möglichst enge Anlehnung an die Methode der floristischen Vegetationsklassifikation, wie sie in der Pflanzensoziologie gebräuchlich ist. Auf dieser Grundlage, wird angenommen, ließe sich zwischen den Praktikern der verschiedenen Forstschulen am ehesten eine Übereinstimmung erzielen.

ELLENBERG schlägt vor, als gemeinsame Plattform einen Oberbau von floristisch definierten Verbänden und höheren Einheiten im Sinne der Zürich-Montpellier-Schule zu benützen, für die örtliche Gliederung in Grundeinheiten aber, seien es Soziationen, CAJANDERsche Waldtypen, Assoziationen oder andere lokal gültige Typen, die Wahl frei zu lassen.

Kann die nordische Wald-Typologie auch nicht ohne weiteres auf subtropische oder tropische Verhältnisse übertragen werden, so scheint es auf genannte Weise doch möglich, die verschiedenen Typen auf einen gemeinsamen Nenner zu bringen.

Die örtliche Fassung der Einzeltypen nach dem Vorbild von CAJANDER ist auf die durchgehend artenarmen Waldungen des Nordens abgestimmt. In den Subtropen und den unerhört artenreichen, äußerst gemischten und daher mit räumlich weit zerstreuten Bäumen durchsetzten Tropenwaldungen (GUTZWILLER 1955) sind die Typen anders zu fassen.

Daß Wald- und Wiesentypen, wie die Pflanzengesellschaften im allgemeinen, integrierende Bestandteile des Synoekosystems bilden, ist selbstverständlich.

**Gesellschaftssystematik auf floristischer Grundlage.** An die Stelle von Dominanztypen treten bei der Klassifikation auf floristischer Grundlage die zur Gesellschaft vereinigten gleichartigen Feldaufnahmen. Die Einzelaufnahmen sind, wie MAJOR (1961) sich ausdrückt, der „starting point" aller Pflanzensoziologie.

Bei dieser Einteilung gewinnt der Zeigerwert der Sippen seine volle Bedeutung.

**Zeigerwert der Sippen.** Die Pflanzengesellschaft setzt sich zusammen aus Sippenindividualitäten, verschieden nach Standortsansprüchen, dynamisch-genetischer Bedeutung, Herkunft und Entstehung. Jede Einzelsippe hat einen, wenn auch durch den Wettbewerb um Raum und Nahrung eingeengten Zeigerwert. Die Sippen werden so zu mehr oder weniger ausdrucksvollen ökologischen, chorologischen, dynamisch-genetischen Zeigern, die eine oft bis in Einzelheiten gehende synökologische, syngenetische und synchorologische Charakterisierung der Gesellschaften gestatten.

**Faktorenersatz.** Es ist indessen nicht zu übersehen, daß dieser Indikationswert meist nicht generalisiert werden darf. Ein Trockenzeiger wird unter verändertem Klima indifferent oder gar feuchtigkeitsliebend; hierseits bodenzeigende Arten („Kalkzeiger") usw. verhalten sich anderwärts indifferent usw. (s. auch S. 349).

Damit wird das dornige Thema des Faktorenersatzes aufgerollt, das von RÜBEL (1930, S. 36 bis 47) eine eingehende, aber etwas zu simplizistische Behandlung erfahren hat. Er betrachtet eine Reihe Ersatzmöglichkeiten von Faktoren als Tatsachen und stellt sie einander gegenüber, ohne daß ein einziges Beispiel überzeugt. Bei den vielfältigen Ersatzmöglichkeiten ist es ja fast aussichtslos, im Einzelfall zu sagen, welche Einzelfaktoren sich ersetzen, oft kommen mehrere Faktoren in Betracht.

**Floristische und ökologische Verwandtschaft.** Wie bei den Sippen, so kann man auch bei den Pflanzengesellschaften von beeinflußbaren Anpassungs- und festen Organisationsmerkmalen sprechen: Erstere fußen auf dem Zusammenspiel der Lebensformen, letztere auf der Sippenverbindung.

Ähnlichkeit in der charakteristischen Sippenverbindung läßt auch auf Ähnlichkeit in den Lebensbedingungen und in den Arealverhältnissen schließen. Die auf floristische Verwandtschaftsbeziehungen gegründeten Einheiten, umschließen also nicht nur floristisch, sondern auch ökologisch, geographisch und florengeschichtlich Zusammengehöriges.

**Soziologische Progression.** Als Anordnungsprinzip der floristisch umschriebenen Pflanzengesellschaften hat sich die „soziologische Progression“ durchgesetzt. Jede höhere Gesellschaftseinheit erhält ihren Platz nicht nach Maßgabe eines feststehenden Schemas, sondern nach ihrer soziologischen Organisationshöhe. Wie die Erfahrung lehrt, ist diese Anordnungsweise, falls nicht überspitzt, einfach und doch biegsam genug, der logischen Vegetationsgruppierung zu genügen.

Das zu klassifizierende Ausgangsmaterial sind die Gesellschaftstabellen. Die Klassifikation stellt das „soziologisch“ Einfachste, Unstabile an den Beginn, das Vollkommenste an den Schluß der Anordnung. Den Anfang machen die haushaltlich äußerst primitiven, wenig beständigen Schwebergesellschaften der Luft und des Wassers. Bei ihnen ist die gesellschaftliche Bindung, soweit sie überhaupt existiert, derart locker, daß es schwer hält, Assoziationen zu unterscheiden (s. Pavillard 1925, S. 432). Zwischen den Gliedern dieser primitivsten Vereinigungen ist der Kampf um Raum und Nahrung nahezu ausgeschaltet, irgendwelche Wechselbeziehungen zwischen den einzelnen Individuen und Arten sind, vom Parasitismus abgesehen, nicht nachweisbar. Erst wenn eine gewisse Individuendichte erreicht ist, tritt die Raum-Konkurrenz hinzu. Die Konstituenten dieser Schwebergesellschaften stehen auf der niedrigsten Entwicklungsstufe, sind äußerst einfach gebaut, anspruchslos, ökologisch einheitlich und im allgemeinen weit verbreitet. Von Vegetationsschichtung kann bei den Schwebergesellschaften nicht gesprochen werden (s. S. 180).

Am entgegengesetzten Ende der Stufenfolge steht in majestätischer Pracht und ökologischer Vielfalt der tropische Regenwald, das Beispiel höchstmöglichster pflanzensoziologischer Vollendung, größter Stoffproduktion und bester Ausnützung des Raumes. In vielschichtigem, kompliziertem Aufbau bietet der Tropenwald ein wunderbares Bild engverbundenen Zusammenlebens, hochentwickelter, anspruchsvoller, systematisch und ökologisch äußerst mannigfaltiger Pflanzen und Pflanzengruppen (Abb. 64).

Syngenetisch betrachtet sind die strukturell primitiven Gesellschaften meist Anfangsglieder, die lange in diesem Stadium verharren oder überhaupt nicht darüber hinauskommen, oder es sind, wie manche mediterrane Therophytengesellschaften, anthropogen bedingte Reduktionsstadien. Die hochorganisierten Waldgesellschaften dagegen, an deren Aufbau sich die verschiedenartigsten Formen pflanzlichen Verbundenseins beteiligen, sind relativ stabile Endglieder einer langdauernden Entwicklung.

**Einschätzung der Organisationshöhe.** Bei der Einschätzung der Organisationshöhe einer Pflanzengesellschaft sind folgende Gesellschaftsmerkmale in Betracht zu ziehen:

1. Der Zusammenschluß und Zusammenhalt der Arten und Individuen. Die mehr oder weniger feste Bindung wird durch die Ortsbeständigkeit der Konstituenten stark beeinflußt. Ortsgebundene Gesellschaften zeigen einen

festeren Zusammenhalt als freischwebende, schwimmende oder unbeständige und mehr zufällige, wurzelnde Gesellschaften.

2. Das Vorhandensein gegenseitiger Wechselbeziehungen zwischen den Gesellschaftsgliedern. Gesellschaften, deren Zusammenhalt auf bloßem

Abb. 64. Schematische Struktur des Regenwaldes von Südbrasilien (nach R. M. KLEIN 1961)

*1* Makrophanerophyten (Hochbäume)
*2* Mesophanerophyten (Mittelbäume)
*3* Nanophanerophyten (Sträucher)
*4* Palmform-Typen (Palmen)
*5* Baumfarne
*6* Würger
*7* Epiphyten (Bromeliaceen)
*8* Lianen (Schlingpflanzen)

Nebeneinander der Glieder beruht, sind organisatorisch einfacher als die aus scharfer Art- und Individuenkonkurrenz hervorgegangenen, offene in der Regel einfacher als geschlossene Gesellschaften. Wo immer der Wettbewerb um Raum, Licht, Nahrung, Keimplatz nachzuweisen ist, kann von gesellschaftlichem Leben gesprochen werden.

3. Die ökologische Differenzierung. Je vielfältiger die Zusammensetzung in Bezug auf Schichtenaufbau, Lebensformen, Anpassungen an das soziale Leben und je enger die Schichtenbindung, um so komplizierter und weiter entwickelt, je einfacher alle Lebensäußerungen seiner Konstituenten in Bezug auf Fortpflanzung und Vermehrung, Verbreitung, Stoffproduktion, Lebensdauer usw., desto einfacher erscheint der soziale Organismus. Gesellschaften aus gleichwertigen, ökologisch einfachen Lebensformen (z. B. Therophyten) stehen organisatorisch tief.

4. Die Stabilität und Dauer der Gesellschaften. Die einfacheren Anfangs- und Übergangsgesellschaften sind in der Regel von kürzerer Dauer und geringerer Stabilität als die klimatisch bedingten Schlußgesellschaften. Dasselbe gilt für die menschlich bedingten Hack- und Saatgesellschaften.

5. Die soziologische Selbständigkeit. Abhängige und besonders Epiphytengesellschaften sind von kurzer Lebensdauer und einfacher soziologischer Struktur.

6. Die Differenzierung des Lebensraums, insbesondere auch des Bodenprofils, des Nährbodens der höheren Gesellschaften.

Moor (1936) hat anläßlich der Besprechung der Teichschlamm-Gesellschaften darauf hingewiesen, daß strukturell einfache Gesellschaften schon durch geringfügige Veränderungen der Lebensverhältnisse, des Mikroklimas usw. verdrängt oder vernichtet werden, wohingegen es bei festgefügten Rasen- und Strauchgesellschaften hiezu schon wesentlich tiefgehenderer Eingriffe bedarf und die klimatisch bedingten Waldgesellschaften überhaupt nur durch Katastrophen (Schlag oder Brand) oder aber durch Klimaveränderungen in ihrem Gleichgewicht gestört werden können.

Den hochorganisierten Klimax-Waldungen entspricht ein weiter, hochdifferenzierter Lebensraum (vgl. Br.-Bl. 1921, S. 348). Ihr Innenklima unterscheidet sich wesentlich vom Außenklima (Generalklima). Diese Verschiedenheit kann so weit gehen, daß bei einem Außenklima subariden Charakters im Gesellschaftsinneren durchaus humide Klimaverhältnisse vorherrschen können.

Die bisher beschriebenen Pflanzengesellschaften gestatten die Aufstellung einer provisorischen, auf die soziologische Progression gegründeten Gesellschaftsanordnung.

### Anordnung der höheren Gesellschaftseinheiten nach ihrer soziologischen Progression

A. Extraregionale ungeschichtete Gesellschaften ökologisch einfacher, niedrigstehender und anspruchsloser Organismen von äußerst lockerem Zusammenhang.

- I. Schwebergesellschaften mit unbeständigen Konstituenten.
  1. Zusammensetzung der Gesellschaften raschem, oft plötzlichem Wechsel unterworfen (Luftschwebergesellschaften, *Aeroplankton*).
  2. Zusammensetzung stabiler, oft zyklischen Rhythmen unterworfen (Wasserschwebergesellschaften, *Hydroplankton*) *Diatomion*, *Melosyrion*, *Diploneidion*.
- II. Gesellschaften mit mehr oder weniger beständigen Konstituenten.
  1. Auf der Schnee- und Eisoberfläche artenarme Populationen bildend, ausgezeichnet durch leichte Verbreitungsfähigkeit der Konstituenten (Schneehaftergesellschaften, (*Kryoplankton*).
  2. Auf Fels- und Schlammboden (*Scytonemion*, *Lyngbyion*).
  3. Vielfach in lebhaften Wechselbeziehungen zueinander stehende, subterrane Bakterien-, Algen- und Pilzgesellschaften des Erdbodens (Erdvegetation, *Phyto-Edaphon*).

B. Regional begrenzte, deutlich geschichtete Gesellschaften, ortsgebundener, höher organisierter Gewächse mit festerer gegenseitiger Bindung.

- I. Einschichtige Gesellschaften ohne Wurzelkonkurrenz.
  1. Freischwimmend (*Pleuston*).
     a) ozeanisch. Sargassumähnliche Gesellschaften.
     b) limnisch. Wasserlinsen-Gesellschaften (*Lemnetea*).

2. Haftend.

a) * Unselbständige abhängige Rindenhaftergesellschaften mit sehr beschränkter Fortentwicklungsmöglichkeit. Algen-, Flechten- und Moosgesellschaften (*Schizogonion cruenti, Lecanoretalia variae, Lophocoletalia* usw.).

** Felsbewohnende endo- und epilithische Gesellschaften. Hierher: *Gloeocapsa-*, *Aphanocapsa-*Gesellschaften, (Krustenflechtengesellschaften).

*** Submers haftende Algengesellschaften. Hierher: *Acetabularia-*Assoziationen; *Cystoseiretalia.*

b) Bodenhaftergesellschaften mit Fortentwicklungsmöglichkeit.

α) Artenarme, ökologisch einfache Boden- und Felshaftergesellschaften von kurzer Dauer, oft Initialstadien. Hierher: *Zygogonium-*, *Cystococcus-Stereonema-*Gesellschaften usw.

β) Artenreichere, ökologisch anspruchsvollere Flechten- und Moosheiden.

II. Zwei- oder mehrschichtige, wurzelnde Gesellschaften.

IIa. Offene Gesellschaften aus schwach verbundenen Kommensalen. Wettbewerb um Keimplatz und Nahrung.

1. Klimatische Schlußgesellschaften ohne Entwicklungsmöglichkeit: Gesellschaften der Wüsten und Wüstensteppen.

2. Edaphisch bedingt; meist Anfangsgesellschaften: Sanddünen-, Felsschutt-, Felsspaltengesellschaften. Hierher: *Ammophiletea, Asplenietea rupestris* usw.

IIb. Geschlossene Gesellschaften. Wettbewerb um Keimplatz, Raum und Nahrung.

1. Stabilität gering. Konstituenten vorwiegend die Wuchsstelle ändernde Therophyten; oft vom Menschen bedingte ephemere Gesellschaften des Kulturlandes, der Teichböden usw. Hierher: *Bidentetea, Secalinetea, Chenopodietea, Onopordetea.*

2. Stabilere Gesellschaften von festerem Zusammenhalt, wuchsortsfest.

a) Artenarme, biologisch einförmige, oft herdenbildende Wasser- und Sumpfgesellschaften.

α) Im Wasser flutende submerse Gesellschaften. Hierher: *Posidonietea, Littorelletea, Potametea.*

β) Emerse, meist artenarme Tritt-, Sumpf- und Schlammgesellschaften, oft große einförmige Herden bildend, Hierher: *Plantaginetea majoris, Phragmitetea, Salicornietea.*

b) Meist artenreichere, biologisch-ökologisch vielfältigere Gesellschaften des festen Bodens.

α) Wenigschichtige, wald- und gebüschfreie Gesellschaften.

* Wenig stabile therophytenreiche Gesellschaften. Gegenseitige Beeinflussung der Schichten sehr gering. Hierher: *Corynephoretea, Tuberarietea guttati.*

** Ausdauernde Wiesen- und Hochstaudengesellschaften (Krautgrasvegetation). Hierher: *Thero-Brachypodietea, Festuco-Brometea, Caricetea curvulae, Elyno-Seslerietea.*

*** Niedrige Halbstrauch- und Strauchgesellschaften. Doppelschichtung dauernd. Beeinflussung der einen durch die andere Schicht mehr oder weniger deutlich ausgeprägt.

+ Bodenschicht mehr oder weniger locker, von der Feldschicht beeinflußt, selten fehlend. Zwergstrauchgesellschaften. Hierher: *Ononido-Rosmari netea, Cisto-Lavanduletea.*

+ + Bodenschicht meist dicht geschlossen (sehr selten fehlend), die Feldschicht bedingend (*Oxycocco-Sphagnetea*).

β) Mehrschichtige Strauch- und Waldgesellschaften; Unterschichten von den oberen mehr oder weniger stark beeinflußt.

* Meist dreischichtig, oft edaphisch oder biotisch bedingt. Abhängige Epiphytengesellschaften schwach entwickelt. Strauchgesellschaften (*Prunetalia, Salicetea purpureae*).

** Meist mehr als dreischichtig, oft als Klimax in dauerndem Gleichgewicht mit der Umwelt. Abhängige Epiphytengesellschaften meist vorhanden, oft reich entwickelt. Waldgesellschaften (*Quercetea ilicis, Populetea albae* usw.).

Die höheren Einheiten werden am besten nach der soziologischen Progression angeordnet. Dagegen hat es wenig Sinn, diese Anordnung auch auf die unteren Gesellschaftseinheiten auszudehnen. Die Abstufungen sind hier zu gering, die Durchführung der Graduation zu subtil. Die floristischen Beziehungen reichen hin, die Aufeinanderfolge der niederen Gesellschaftseinheiten zu bestimmen.

**Benennung der Gesellschaftseinheiten.** Die Sippensystematik verfügt heute in dem unter Vorsitz von J. LANYOUW ausgearbeiteten „International Code of Botanical Nomenclature 1956“ über ein schätzbares Rüstzeug zur Bereinigung der Nomenklaturschwierigkeiten.

Der Pflanzensoziologie wäre ein ähnlicher Führer zu wünschen, bevor die Namensverwirrung der Gesellschaften allzusehr um sich gegriffen hat.

**Historisches zur Gesellschaftsnomenklatur.** In den Nomenklaturänderungen der Pflanzengesellschaften widerspiegelt sich die Entwicklung der Vegetationskunde. Die Väter der Pflanzensoziologie, ein LECOQ und KERNER, auch noch STEBLER und SCHRÖTER u. a., begnügten sich, die Gesellschaften nach der vorherrschenden Pflanzenart zu benennen. Man sprach von einer *Rhododendron ferrugineum*-Formation, einer Burstwiese, einem *Carex sempervirens*-Typus usw.

Bald bürgerte sich jedoch der Brauch ein, zur Namensgebung den Art- oder Gattungsnamen einer dominierenden oder sonstwie soziologisch wichtigen Art unter Anfügen der aus dem Latein übernommenen Endung -etum zu verwenden, wobei der Artname den Genitiv anzunehmen hat (Beispiele: *Caricetum elatae, Quercetum ilicis*).

Da aber die meisten herdenbildenden Pflanzen, u. a. fast alle Bäume, in mehreren, ja in vielen Gesellschaften herrschend sein können, war man gezwungen, zur Assoziationsbenennung zwei Pflanzennamen zu verbinden (*Querceto-Betuletum, Ericeto-Pinetum* usw.).

Die Hierarchisierung der Gesellschaften nach Assoziationen, Verbänden, Ordnungen usw. nötigte weiterhin zur Einführung einiger diesen Gesellschaftsabstufungen entsprechenden Endungen.

Heute werden von der großen Mehrzahl der Pflanzensoziologen folgende systematische Abstufungen der floristisch gefaßten Gesellschaftseinheiten anerkannt und nach den beigegebenen Namensendungen unterschieden.

### Übersicht der systematischen Gesellschaftseinheiten.

| | | |
|---|---|---|
| Klasse: | Endung *-etea* | (*Quercetea ilicis*) |
| Ordnung: | Endung *-etalia* | (*Quercetalia ilicis*) |
| Verband: | Endung *-ion* | (*Quercion ilicis*) |
| Assoziation: | Endung *-etum* | (*Quercetum ilicis*) |
| Subassoziation: | Endung *-etosum* | (*Quercetum ilicis pubescentetosum*) |
| Variante (Rasse); | — — | (*Quercetum ilicis pubescentetosum, Quercus coccifera-Variante*) |
| (Fazies): | — — | |

Außerhalb dieser Reihenfolge, etwa zwischen Assoziation und Subassoziation einzuschieben ist die Soziation (s. S. 125).

Obige Einheiten haben in der vom VIII. Botanikerkongreß in Paris sanktionierten Resolution ihren Niederschlag gefunden (s. S. 22).

Ob man nun die Gesellschaften als bloße Orientierungspunkte „convenient points of reference" nebeneinander reiht oder aber, wie oben, hierarchisch anordnet, ist eine Ermessensfrage, deren Entscheidung bei der Nutzanwendung der geschaffenen Einheiten, auch in ökonomischen Bereichen (Land-, Weide-, Fortswirtschaft usw.) und bei den Nachbarwissenschaften liegt. Heute dürfte diese Entscheidung schon gefallen sein.

**Zur Gesellschaftsnomenklatur.** Vom Prodromus-Komitee in Paris sind am 6. Mai 1933 erstmals einige Vorschläge zur Benennung der Pflanzengesellschaften gemacht und im ersten Faszikel des Prodromus der Pflanzengesellschaften veröffentlicht worden (s. auch Moor 1938).

Bei ihrer Anwendung in der Praxis haben sich indessen bald verschiedene Unzulänglichkeiten und Lücken ergeben, so daß Meijer-Drees einen ausführlichen Nomenklaturvorschlag ausarbeitete, der 1954 einem Gremium europäischer Pflanzensoziologen[1] vorgelegt wurde (s. Vegetatio Vol. IV, 1).

Aus diesem Ideenaustausch ergaben sich einige beachtenswerte Richtlinien, die wir hier wiedergeben. Im übrigen läßt man es heute am besten bei Empfehlungen bewenden, noch ist ja das Lehrgebäude der Pflanzensoziologie im Ausbau begriffen.

**Nomenklaturregeln und Vorschläge.** 1. Die Gesellschaften sind mit lateinischen oder latinisierten Namen zu belegen.

2. Der beigefügte Autorname mit Datum gibt dem Namen einen bestimmten Sinn, erlaubt die Zuverlässigkeit der Gesellschaftsfassung einzuschätzen und erleichtert ihre Einordnung in das System. Wie Pinto da Silva bemerkt, trägt die kurze bibliographische Zitation auch

---

[1] J. J. Barkman und Sissingh (Holland), E. Oberdorfer, R. Tüxen und eine Reihe deutscher Kollegen, V. Giacomini, S. Pignatti und weitere italienische Kollegen, R. Moor (Schweiz), O. de Bolós und eine Reihe spanischer Kollegen, K. Höfler und G. Wendelberger und eine Anzahl österreichischer Kollegen, A. R. Pinto da Silva (Portugal), Guinochet, G. Lemée und R. Molinier (Frankreich), I. Horvat, V. Tregubov (Jugoslawien), R. de Soó (Ungarn), W. Mullenders (Belgien), M. Zohary (Palästina).

dazu bei, irgendwelche Nachforschungen über die Gesellschaft zu erleichtern.

3. Nomina nuda sind ungültig.

4. Um Gültigkeit zu erlangen, muß dem Assoziationsnamen eine Minimaldiagnose beigegeben sein (Tabelle oder mindestens ein auf mehreren Aufnahmen beruhendes Verzeichnis der charakteristischen Artenkombination).

5. Die Mehrzahl der Befragten ist dafür, daß, wie in der Sippensystematik, das Gesetz der Priorität gewahrt werden soll, da, wie GILMOUR (1961) in anderem Zusammenhang sich ausdrückt, "any other basis of choice—for example: the most suitable or most widely used name would lead to endless dispute". Allerdings besteht, wie schon DU RIETZ (1949) betont und wie auch GUINOCHET, BOLÓS, LEMÉE, MULLENDERS u. a. hervorheben, die Gefahr, daß bei allzu strikter Anwendung des Prioritätsrechtes Unzulänglichkeiten entstehen können. Diesem Umstand muß unbedingt Rechnung getragen werden. Vergessen wir indessen nicht, daß der Name nur den Aushängeschild für ein Faktum, das der Änderung unterliegen kann, darstellt.

6. Erfährt der floristische Inhalt einer Assoziation durch einen zweiten Autor wesentliche Änderungen, die aber nicht hinreichen, eine neue Assoziation aufzustellen, so ist der erste Autorname in Klammer zu setzen: *Erico-Pinetalia* (OBERD. 1949) em. HORVAT 1959.

7. Der Autorname wird bei der Übertragung einer Assoziation aus der einen in eine andere höhere Einheit nicht geändert, auch nicht, falls der zur Benennung verwendete Art- oder Gattungsname eine Änderung erfährt (*Quercetea robori-sessiliflorae* = *Quercetea robori-petraeae*, *Tuberarietea guttati* statt *Helianthemetea guttati*).

Ein Namenverzeichnis der beschriebenen Gesellschaften nach dem Vorbild des Kew-Index und eine internationale Stelle, die über Namenvalidierung Vorschläge zu machen und eventuell zu entscheiden hätte, wie sie PINTO DA SLIVA (1954) vorschlägt, drängen sich mehr und mehr auf.

Es empfiehlt sich ferner, zur Assoziationsbenennung vorherrschende oder hochstete oder aber gesellschaftstreue oder -feste Arten zu wählen. Auch eine Verbindung von Standortscharakteren oder sachlichen Bezeichnungen mit Arten- oder Gattungsnamen ist möglich (*Xerobrometum*, *Hygrocurvuletum*, *Magnocaricetum*). Geographische Bezeichnungen, wie sie in der Sippensystematik gebräuchlich sind, sollten womöglich vermieden werden, sie lassen sich aber nicht immer umgehen (*Xerobrometum raeticum*, *Carpinetum orientalis croaticum* Horvatić).

Dagegen ist ihre Anwendung bei Untereinheiten (Varianten, Rassen) entgegen der Ansicht von BACH, KUOCH und MOOR (1962) besser zu vermeiden, da sonst Verwechslungen mit den zu Recht bestehenden geographisch benannten Assoziationen zu befürchten sind.

Bei Doppelnamen, wie *Querceto-Carpinetum* oder *Rosmarineto-Lithospermetum* wird heute der erste Gattungsname gekürzt und das -eto weggelassen: *Rosmarino-Lithospermetum*. Bei der Namengebung stellt man am besten die soziologisch bedeutsamste oder wichtigste Art voran. Dies kann eine Art der Baumschicht, aber auch eine solche der Strauch- oder Bodenschicht sein. *Erico-Pinion*, *Blechno-Fagetum*, *Rhododendro-Vaccinion*, *Rusco-Quercetum robori*, *Aceri-Fagetum*.

Die Benennung der höheren Gesellschaftseinheiten geschieht am besten unter Verwendung eines Assoziations- oder Verbandsnamens und Anfügen der entsprechenden Endung: *Eucladio-Adiantetum*, *Adiant-ion*, *Adiant-etea*. Unter Umständen ist eine die Ökologie berücksichtigende Ordnungs- oder Klassenbezeichnung angezeigt: *Asplenietea rupestris*, *Therobrachypodietalia*, *Therobrachypodietea*.

Sprachliche Nomenklaturschwierigkeiten haben u. a. Höfler und Wendelberger (1954) und neuerdings Bach, Kuoch und Moor (1962) diskutiert und zu ihrer Behebung beachtenswerte Vorschläge gemacht.

**Taxonomische Vegetationseinheiten.** Nachfolgende Vegetationseinheiten sind heute ziemlich allgemein angenommen und haben ihre Brauchbarkeit auch in praktischen Belangen erwiesen.

**I. Assoziation.** Die grundlegende Einheit unserer Klassifikation, der Art der Sippensystematik entsprechend, ist die Assoziation. Sie ist aber, wie schon erwähnt, nicht die kleinste Vegetationseinheit. Ihr untergeordnet sind die Subassoziationen, Varianten und Fazies (s. S. 120).

Jede Einzelsiedlung muß, um als Beispiel des Assoziationstypus gelten zu können, die wesentlichen Assoziationsmerkmale aufweisen. Vor allem muß die normale charakteristische Artenverbindung vorhanden sein, das heißt eine Mindestzahl von Kenn- und Trennarten und wichtigeren Begleitern. Ferner darf die Gesamtartenzahl nicht unter ein für jede Assoziation spezifisches Minimum sinken. Umfaßt eine Assoziation mehrere Subassoziationen, so gilt das Gesagte auch für jede Subassoziation. Damit ein Assoziationsname Gültigkeit erlangt, ist, falls keine Tabelle vorliegt, mindestens die Angabe der charakteristischen Artenverbindung notwendig. Bei äußerst seltenen, gut charakterisierten Assoziationen muß man sich gegebenenfalls mit einer vollständigen Artenliste begnügen.

**Charakteristische Artenverbindung.** Die Kennarten im Verein mit steten Arten (die in mindestens 50% der untersuchten Einzelbestände vorkommen), bilden die vollständige charakteristische Artenverbindung, welche das Grundgerüst der Gesellschaft ausmacht.

In der Regel wird ein einzelnes Assoziationsindividuum weder die Gesamtzahl der Kennarten noch alle Arten hoher Stetigkeit in sich schließen. Aus den Assoziationstabellen ergibt sich, wie viele dieser Arten im Mittel auf einen gut entwickelten Einzelbestand entfallen. Diese im Mittel vorhandenen Charakter- und mehr oder weniger steten Arten zusammengenommen bilden die normale charakteristische Artenverbindung.

Je höher das Verhältnis der Steten zur Gesamtartenzahl, desto einheitlicher, je höher das Verhältnis der Kennarten, desto besser floristisch und ökologisch charakterisiert ist die Assoziation.

**Assoziationsfragment.** Vegetationsflecke, deren Zugehörigkeit zu einer bestimmten Assoziation außer Zweifel steht, die aber aus irgendwelchem Grunde in der Entwicklung gehemmt oder durch äußere Einflüsse verkümmert sind (Raummangel, Ungunst des Standortes, menschliche oder tierische Eingriffe usw.) und die daher nur ein unvollständiges Bild der Assoziation zu geben imstande sind, werden als Assoziationsfragmente bezeichnet. Ein *Sphagnum*-Polster mit *Vaccinium uliginosum, Oxycoccus* und einigen ubiquitären Arten, ein Buchenwald in Großstadtnähe mit einigen wenigen Buchenbegleitern sind Assoziationsfragmente (Abb. 65). Es gibt Assoziationen, die heute überhaupt nur, oder nur noch, durch Fragmente vertreten sind.

So sind die meisten natürlichen flußbegleitenden Wälder des mitteleuropäischen Tieflandes *(Alneto-Ulmion)* bis auf wenige kümmerliche Reste vernichtet oder umgewandelt. Wir müssen uns überhaupt mit dem Gedanken vertraut machen, daß die Großzahl der natürlichen Assoziationen in dichtbesiedelten Gebieten nur noch fragmentarisch vorkommt.

Es gibt indessen auch völlig natürliche Gesellschaften, die fast nur durch Fragmente vertreten sind, so z. B. die Hochmoorassoziationen in großen Teilen Mitteleuropas, die nitrophilen Assoziationen an Wildlägern, Schlaggesellschaften des *Atropion* usw.

Unter ungünstigen Außenbedingungen, namentlich gegen die Arealgrenzen hin, kann es unter Umständen vorkommen, daß selbst verwandte Verbände nicht immer scharf auseinandergehalten werden können, da ihre wenigen noch vorhandenen Verbandscharakterarten sich mischen. Dies ist z. B. der Fall bei einigen *Ruderal-* und *Segetal*-Gesellschaften in der subalpinen Stufe der Ostalpen. Die Verarmung geht hier so weit, daß Getreidefelder und Hackkulturen so ziemlich dieselbe Unkrautflora tragen, so daß die sonst einfache Trennung der Verbände in *Secalinion* und *Polygono-Chenopodion* kaum durchführbar ist.

Noch schwächer ausgebildet sind manche Kulturgesellschaften, die starker menschlicher Einwirkung unterliegen. Tüxen (1962) macht darauf aufmerksam, daß infolge der modernen Kulturmethoden und Anwendung von chemischem Kunstdünger, Wuchsstoffen und Giften in großen Teilen Mitteleuropas eine außerordentliche Verarmung der *Secalinetalia-* und *Polygono-Chenopodietalia*-Gesellschaften eingetreten ist, die nicht nur Assoziations- und Verbands-, sondern sogar die meisten Ordnungs-Kennarten zum Verschwinden gebracht hat. Die verbesserte Samenreinigung mag gleichfalls zu dieser Verarmung beigetragen haben.

**II. Subassoziation.** Als Subassoziationen werden vom Typus der Assoziation abweichende Gesellschaften, welchen spezifische Kennarten fehlen, aufgefaßt. Von der typischen Ausbildung der Assoziation unterscheiden sie sich durch die Trennarten, worunter Sippen verstanden sind, die im Haupttypus nicht oder sehr selten vorkommen, sei es, daß ihr Areal geographisch enger umgrenzt ist (geographische Trennarten), sei es, daß sie geringfügige ökologische Unterschiede andeuten (ökologische Trennarten).

Beide Trennartengruppen mit besonderen Termini zu belegen, wie Klement (1955) vorschlägt, erscheint unnötig.

Weiter verbreitete Assoziationen (*Quercetum robori-petraeae, Querco-Carpinetum, Mesobrometum* u. a.) umschließen eine ganze Reihe teils edaphisch, teils lokalklimatisch oder chorologisch bedingter Subassoziationen.

Die feuchtere Ausbildung einer Assoziation trockenen Bodens wird oft durch mehr oder weniger regelmäßiges Auftreten feuchtigkeitszeigender Arten zur edaphisch bedingten Subassoziation gestempelt.

Geographische Trennarten des Vintschgauer *Berberido-Rosetum* gegenüber der Unterengadiner Subassoziation *sambucetosum* sind u. a. *Ligustrum vulgare* und *Bryonia dioeca*, Arten, die nicht ins Unterengadin hinaufreichen (Br.-Bl. 1961).

Die Subassoziationen einer Assoziation können gegebenenfalls zu Subassoziationsgruppen zusammengefaßt werden (feuchte Subassoziationsgruppe, trockene Subassoziationsgruppe).

Zum Unterschied von der Assoziation bezeichnet man die Sub-

Abb. 65. Orchideen-Variante des *Nardetum subalpinum* auf Alp La Schera, 2000 m, Schweizerischer Nationalpark. Sichtbar: *Botrychium lunaria*, *Coeloglossum viride*, *Nigritella*, *Nardus* (Aufn. Heller u. Br.-Bl.)

assoziation durch die Endung „etosum" (statt „etum"), dem Art- oder Gattungsnamen einer der wichtigsten Differentialarten angeschlossen (*Rhododendro-Vaccinietum calamagrostidetosum*, *Rusco-Quercetum violetosum* und *viburnetosum* usw.).

**III. Variante.** Geringe Abweichungen vom Typus, die aus irgendeinem Grund unterscheidenswert befunden werden, bezeichnet man als Varianten.

Den Varianten fehlen durchgehende Trennarten, sie unterscheiden sich aber öfter durch starkes Hervortreten bestimmter Taxa, die nicht als Trennarten betrachtet werden können, oder aber durch ein in Einzelheiten etwas abweichendes Artengefüge (Abb. 65).

**IV. Fazies.** Als Fazies werden beliebige, öfter mehr oder weniger zufällige Artenkombinationen innerhalb einer Assoziation oder Subassoziation bezeichnet. Man spricht von der *Allium ursinum*-Fazies einer Waldassoziation, einer *Typha angustifolia*-Fazies des *Scirpo-Phragmitetum*, einer *Urtica dioeca*-Fazies des Auenwaldes (Abb. 66). Ursachen der Faziesbildung sind Bodenverhältnisse oder Konkurrenzkraft, falls nicht der anthropo-zoogene Einfluß ausschlaggebend einwirkt.

**V. Soziation.** Es kann der Fall eintreten, daß die Vegetation bei dichtem Schluß große Artenarmut aufzeigt, was z. B. für manche Gesellschaften des Nordens zutrifft.

Du Rietz (1942) und Nordhagen (1943, 1954) schlagen vor, derartige Gesellschaften vorerst nach der Artendominanz abzugrenzen und die so gefaßten Einheiten als Soziationen zu bezeichnen.

Abb. 66. Nitrophile *Urtica dioeca*-Fazies in einer Lichtlücke des Populus-Auenwaldes am Dnjestr (Aufn. Walas, Exkurs. S.I.G.M.A.)

Die Soziation, wie die Assoziation ein Gruppenbegriff, ist durch weitgehende floristisch-physiognomische Übereinstimmung in allen Schichten charakterisiert. Die zur Soziation vereinigten Einzelsiedlungen müssen mehr oder weniger „homogen" sein. Es läßt sich indessen kaum bestimmen, wie weit diese quantitative und qualitative Homogenität zu gehen hat. Innerhalb gewisser Grenzen hängt es von der Art der Untersuchung und der subjektiven Auffassung des Forschers ab.

Von den schwedischen Forschern werden als Soziationen Gesellschaften mit einer dominierenden Art und mit konstanten Arten bezeichnet.

Der grundlegende Unterschied zwischen Assoziation und Soziation (als abstrakte Einheiten) liegt darin, daß die Fassung der Assoziation auf den Treueverhältnissen (Charakterarten, Differenzialarten) gründet, jene der Soziation dagegen auf Dominanz und Stetigkeit der Arten.

Innerhalb der auf die Treueverhältnisse begründeten Assoziation können unter Anwendung der gebräuchlichen Methoden meist mit Leichtigkeit auch Soziationen unterschieden werden, umgekehrt ist es aber nicht immer möglich, die Soziationen denjenigen höheren Einheiten (Assoziationen, Verbänden) einzugliedern, denen sie bei Berücksichtigung der Kenn- und Trennarten zugehören.

Mit der Frage der Einordnung der als Soziationen aufgenommenen Alvarrasen Schwedens in das gebräuchliche pflanzensoziologische System hat sich vor allem Albertson befaßt, sowohl in seiner Doktordissertation über den Kinnekulle Västergötlands (1946) als auch in der kleinen, aber gehaltvollen pflanzensoziologischen Übersicht Ölands (1950).

Seine Vegetationsstudien beruhen auf einer großen Anzahl ausgewählter Kleinflächen von $5 \times 5$ dm Umfang, die eine äußerst genaue Aufnahme auch der Kryptogamen gestatten. Sie haben außerdem den Vorteil, daß sie homogen sind.

Anderseits fallen natürlich bei dieser Aufnahmeart große Flächen eines Gebietes außer Betracht, und es bereitet manchmal Schwierigkeiten, die so gefaßten Soziationen den höheren Einheiten einzuordnen. Albertson stützt sich hierbei auf die gesamte Artenliste seiner Tabellen und gelangt zur Unterscheidung mehrerer Gesellschaftsverbände.

Der Verband des mitteleuropäischen *Bromion erecti*, dem er die untersuchten Trockenrasen zurechnet, wird in drei Assoziationen aufgeteilt (1946, S. 256): *Sedetum tortellosum*, *Festucetum tortellosum*, *Avenetum pratensis*. Die zwei letztgenannten Assoziationen zeigen, wie Albertson zu Recht feststellt, deutliche Beziehungen zum *Bromion*; sie sind durch Moos- und Flechtenreichtum ausgezeichnet. Das *Sedum*- und kryptogamenreiche *Sedetum tortellosum* dagegen ist zweifellos der Ordnung *Sedo-Scleranthetalia* anzuschließen.

In ökologisch vielgestaltigen, artenreichen Gebieten, wo die Kombinationsmöglichkeiten und die sich daraus ergebende Menge der Soziationen unübersehbar groß sind (Mittelmeergebiet, mitteleuropäische Gebirge), führt die Unterscheidung der Assoziationen zu floristisch gut umgrenzten Vegetationseinheiten. Würde man mit der Beschreibung der Soziationen beginnen, so entsprächen dieselben vielfach rein zufälligen oder aber kurzdauernden, mehr oder weniger stark menschlich beeinflußten Entwicklungsstadien; ihre Zusammenfassung zu höheren Einheiten wäre, des Fehlens brauchbarer Charakterarten wegen, in hohem Maße dem Gutdünken des Bearbeiters anheimgestellt und müßte zu floristisch und ökologisch oft sehr ungleichwertigen Gruppeneinheiten führen. Es liegt in der Natur der Sache, daß in solchen Gebieten je und je nicht Soziationen, sondern Assoziationen unterschieden worden sind.

Anders verhält es sich in artenarmen Gebieten des Nordens, die der eiszeitlichen Vergletscherung ausgesetzt waren und wo die petrographischen Substratsunterschiede durch Podsolierung oder dicke Humusauflagen meist verwischt sind und daher über ausgedehnte Vegetationsflächen größte floristische Einförmigkeit herrscht. Hier stößt die Herausarbeitung der Assoziationen auf Grund der Treueverhältnisse auf viel größere Schwierigkeiten, und die rein zahlenmäßig faßbaren Dominanz-

und Verteilungsverhältnisse treten naturgemäß bei der Abgrenzung der Gesellschaften in den Vordergrund. Es ist durchaus kein Zufall, daß die Assoziationen zuerst aus Mitteleuropa, die Soziationen aber aus Nordeuropa beschrieben worden sind. Die verschiedene Auffassung der Grundeinheiten ist den Forschern von der sie umgebenden Natur aufgedrängt worden. Glücklicherweise lassen sich jedoch meist, wie NORDHAGEN (1936, S. 4) sich drastisch ausdrückt, Soziationen und Assoziationen auf „gleiche Wellenlänge transferieren".

„In gewissen Fällen scheint eine einzige nordische Soziation auch den Rang einer Assoziation zu verdienen (z. B. die nordskandinavische, basophile *Carex nardina*-Soziation); in anderen Fällen muß man, um Charakterarten zu ‚schaffen', eine ganze Reihe von Soziationen zusammenschlagen." (NORDHAGEN 1943, 1955.)

KALLIOLA (1939) wie auch NORDHAGEN betonen indessen, daß floristisch verwandte Soziationen auf Grund der Verbandscharakterarten stets zu Verbänden vereinigt werden können, die den mitteleuropäischen vollkommen entsprechen und somit die weitere Einteilung in höhere Einheiten (Verband, Ordnung, Klasse) gewährleisten.

Nichtsdestoweniger erscheint es angezeigt, die Herausarbeitung der Assoziationen mit Hilfe von Charakter- und Differenzialarten wenigstens zu versuchen, um den ganzen Systemaufbau, an dessen Ausarbeitung jedermann interessiert ist, auf einen Nenner zu bringen. Geschieht dies nicht, so ist die systematische Stellung des Begriffs Soziation nicht völlig geklärt, da er in einem Fall einer Assoziation, im andern aber einer Unterabteilung derselben entsprechen kann.

Von einigen Kryptogamen-, vor allem Flechtenforschern, werden Soziationen nach dominierenden Arten unterschieden, weil auf die Treueverhältnisse gegründete Assoziationen angeblich zu umfangreich würden. Die Berücksichtigung des Treuebegriffs geschieht sodann erst bei den höheren Gesellschaftseinheiten (Verbänden, Ordnungen), zu welchen die Soziationen zusammengefaßt werden (vgl. indessen OCHSNER 1942, BARKMAN 1958 u. a.).

**Übergeordnete Vegetationseinheiten.** Das die Assoziationsunterscheidung beherrschende Treueprinzip liegt auch der Fassung aller übergeordneten Gesellschaftseinheiten: Verbände, Ordnungen, Klassen, zugrunde.

Es öffnet, wie PAVILLARD hervorhebt, sozusagen automatisch den Weg zur Klassifizierung aller Gesellschaftseinheiten, so daß der Aufbau des ganzen Systems auf ein und demselben Prinzip beruht. Wie von Assoziationskennarten spricht man von Verbands-, Ordnungs-, Klassen-, Kenn- und Trennarten.

**VI. Verband (Alliance).** Die nächste, der Assoziation übergeordnete Einheit ist der Verband. Er faßt die floristisch ähnlichen, durch Verbandskennarten charakterisierten Assoziationen zusammen. Diesen Kennarten, die in anderen Verbänden des Gesellschaftskomplexes nicht oder in geringer Menge und Vitalität vorkommen, deren ökologisches Optimum mithin innerhalb eines bestimmten Verbandes liegt, schließen sich die übergreifenden Kennarten an, welche für eine bestimmte Assoziation des Verbandes charakteristisch sind, daneben aber gelegentlich auch in andern Assoziationen desselben Verbandes auftreten. Wie die Assoziationen, so besitzen auch die Verbände ihre ökologische, historische und geographische Individualität.

Es hat sich herausgestellt, daß die zum Verband zusammengefaßten Assoziationen auch eine in großen Zügen ähnliche Ökologie besitzen (s. Br.-Bl., Pallmann, Bach 1954, Br-Bl. 1961).

Dagegen sind die floristisch gefaßten Verbände nur zum Teil physiognomisch einheitlich. Ein und derselbe Verband kann physiognomisch abweichende Gesellschaften vereinigen. Manche Verbände sind hinsichtlich ihrer Lebensformenzusammensetzung durchaus uneinheitlich. Zum *Rhododendro-Vaccinion* gehören baumfreie Strauch- und Zwergstrauchbestände sowie lichte Waldungen mit Lärchen, Arven oder Bergföhren.

Verbände werden durch die Endung -ion, dem Stamm eines Gattungsnamens angefügt, unterschieden.

Wo nötig, ist dem Gattungsnamen noch ein Artname im Genitiv beizufügen *(Caricion curvulae)*. Als Stamm kann entweder die namengebende Spezies einer der wichtigsten oder sonst irgendwie bezeichnenden Assoziation oder aber eine neue sprechende Namenverbindung *(Nanocyperion, Magnocaricion)* gewählt werden; gelegentlich ist auch die Bezugnahme auf die herrschende Lebensform angezeigt (*Therobrachypodion* des Mittelmeergebietes), oder es erweist sich die geographische Umschreibung des Verbandes von Nutzen *(Potamion eurosibiricum)*, doch ist hierbei Vorsicht am Platz, da ja die geographische Verbreitung höherer Gesellschaftseinheiten nicht von vornherein feststeht (s. auch Nomenklatorisches, S. 120).

Bei der Zusammenstellung der Assoziationen zu Verbandstabellen, welche die systematische Übersicht wesentlich erleichtern, werden die Kenn- und Trennartenblöcke besonders hervorgehoben (s. Tab. 6).

Die aus der Verbandstabelle ersichtliche mittlere Artendeckung steht in direkter Beziehung zur Zahl der Aufnahmen. Sie wird am besten prozentisch ausgedrückt. Dem Deckungswert (s. S. 39) beigefügte Stetigkeitszahlen (I bis X) geben Aufschluß über den Häufigkeitsgrad der Arten.

Mit dem aufsteigenden systematischen Rangwert der Gesellschaften erfährt auch die Zahl der Kennarten eine Zunahme, was die Unterscheidung der weitergefaßten höheren Gesellschaftseinheiten erleichtert. Ein kennartenarmer Vegetationsfleck läßt sich unter Umständen nicht gleich einer bestimmten Assoziation zuordnen; auf Grund von Verbands- oder Ordnungskennarten wird man ihn aber ohne weiteres einem Verband oder einer Ordnung anschließen können (Abb. 67) (s. auch Kalliola 1939, S. 58).

Anläßlich der I.P.E. durch das pflanzensoziologisch jungfräuliche Irland waren wir immer wieder erstaunt, wie leicht sich die meisten Gesellschaften den vom Kontinent her bekannten Verbänden einordnen ließen.

Tabelle 6. Abgekürzte Verbandstabelle des *Vaccinio-Piceion* der Rätischen Alpen

| Assoziationen | A | $B_a$ | $B_b$ | C | D | E |
|---|---|---|---|---|---|---|
| Zahl der Aufnahmen | 11 | 11 | 12 | 24 | 27 | 12 |
| Ordnungs- und Verbandskennarten des *Vaccinio-Piceion:* | (s. Tab. 7) | | | | | |
| Assoziations-Kennarten | | | | | | |
| **A. Piceetum transalpinum** | | | | | | |
| *Luzula nivea* | $911^{X}$ | . | . | . | . | . |
| *Isothecium myurum* | $910^{VII}$ | . | . | . | . | . |
| *Saxifraga cuneifolia* | $728^{VII}$ | . | . | . | . | . |
| *Lonicera nigra* | $47^{III}$ | $3^{IV}$ | $1^{I}$ | $23^{V}$ | $1^{I}$ | . |
| **B. Piceetum montanum Subass. galietosum** | | | | | | |
| *Galium rotundifolium* | . | $1068^{X}$ | . | . | . | . |
| *Aquilegia vulgaris ssp. atrata* | . | $51^{VI}$ | $3^{IV}$ | $1^{I}$ | . | . |
| *Circaea alpina* | . | $47^{III}$ | . | . | . | . |
| *Catharinea hausknechtii* | . | $2^{III}$ | . | . | . | . |
| **Subass. melicetosum** | | | | | | |
| *Galium triflorum* | . | . | $146^{I}$ | . | . | . |
| *Epipogium aphyllum* | . | × | $1^{I}$ | . | . | . |
| **C. Piceetum subalpinum** | | | | | | |
| *Ptilium crista-castrensis* | . | . | . | $211^{VI}$ | $67^{II}$ | $83^{II}$ |
| *Listera cordata* | . | . | . | $171^{VIII}$ | . | . |
| *Lycopodium annotinum* | . | $4^{IV}$ | $44^{III}$ | $121^{VIII}$ | $66^{I}$ | . |
| *Luzula luzulina* | . | $51^{IV}$ | . | $108^{VI}$ | $1^{II}$ | . |
| *Pyrola uniflora* | . | $4^{VI}$ | $2^{III}$ | $90^{VIII}$ | . | . |
| *Hylocomium loreum* | . | . | . | $21^{I}$ | . | . |
| *Mnium spinosum* | . | $2^{I}$ | 1 | $3^{II}$ | . | . |
| **D. Rhododendro-Vaccinietum** | | | | | | |
| *Rhododendron ferrugineum* | . | . | . | $1^{I}$ | $2788^{X}$ | $149^{V}$ |
| *Pinus cembra* | . | . | . | $1^{II}$ | $1121^{VII}$ | $1^{III}$ |
| *Linnaea borealis* | . | . | $2^{III}$ | $564^{VI}$ | $602^{IV}$ | |
| *Lonicera coerulea* | . | $1^{I}$ | . | $1^{I}$ | $79^{VIII}$ | $1^{II}$ |
| **E. Empetro-Vaccinietum** | | | | | | |
| *Empetrum hermaphroditum* | . | . | . | . | $538^{VIII}$ | $2980^{X}$ |
| *Hieracium alpinum ssp. halleri* | . | . | . | . | $1^{I}$ | $232^{V}$ |
| *Lycopodium alpinum* | . | . | . | . | . | $43^{II}$ |
| *Cladonia uncialis* | . | . | . | . | . | $42^{I}$ |

Die arabischen Zahlen beziehen sich auf den Deckungswert, die römischen auf die Stetigkeit (I = in weniger als 10%, X = in mehr als 90% der Aufnahmen.)

Der Typus von *Pinus silvestris* hat im *Erico-Pinetum* einen Deckungswert von $6833^{X}$, im *Piceetum montanum melicetosum* von $3^{III}$; den übrigen Assoziationen fehlt der ubiquistische Baum.

**VII. Ordnung.** Floristisch (und damit auch ökologisch) nahestehende Verbände werden zu Gesellschaftsordnungen zusammengeschlossen. Verbindungsglieder sind die Ordnungskennarten, die sich aus den Gesellschaftstabellen ergeben. Da die Ordnungen meist durch viele Kennarten unterschieden sind, bietet es zumeist keine Schwierigkeiten, die Ordnungszugehörigkeit irgendeines Vegetationsflecks festzustellen.

Abb. 67. Kräuterreicher *Alnus glutinosa*-Bestand mit *Osmunda regalis* : *Alnetalia glutinosi*-Ordnung, *Alnion glutinosi*-Verband, in der Sologne, vorne *Phragmitetalia*saum mit *Iris pseudacorus* (Aufn. P. Mayer u. Br.-Bl.)

Die Ordnungen werden durch Anfügen der Endung *-etalia* an die Wurzel einer der wichtigsten zugehörigen Assoziationen oder Verbände bezeichnet (*Secalin-etalia, Caric-etalia curvulae*).

Ordnungseinheiten verfügen über einen ziemlich weiten ökologischen Streubereich, sie reagieren erst auf tiefgreifende Änderungen der Lebensbedingungen, wie Bodenversalzung, Entsalzung oder Versauerung, dauernde Grundwasserstandsänderungen, einschneidende menschliche Eingriffe, Meereshöhe.

Aus Mitteleuropa sind bisher über 50, aus Südfrankreich 35 Ordnungen beschrieben. Einige dieser Ordnungen stimmen mit allbekannten Vegetationsbildern soweit überein, daß dem eindeutigen wissenschaftlichen Namen eine dem Sprachgebrauch entnommene Bezeichnung beigefügt werden kann (Fettwiesen-, Stranddünen-, Trockenrasen-, Hartlaub-Ordnung). Es kann daher selbst eine ohne irgendwelche soziologische Absicht durchgeführte floristische Frequenzuntersuchung soziologisch brauchbare Resultate ergeben. Iversen (1954) gibt hierfür ein drastisches Beispiel aus dem hohen Norden.

Seine im südwestlichen Grönland gemachten 1700 Kleinaufnahmen von 1/10 qm Kreisfläche wurden auf 11 ökologische Gruppen verteilt und mit den soziologischen Verbänden und Ordnungen NORDHAGENS (1943) aus Sikilsdalen in Norwegen verglichen, welche wiederum, wie IVERSEN hervorhebt, weitgehend mitteleuropäischen Ordnungen und Verbänden entsprechen. Der Vergleich ergab eine auffällige Übereinstimmung, die überraschen muß, wenn man bedenkt, daß Grönland einem andern Weltteil angehört als Sikilsdalen und daß IVERSENS Material im Vergleich zu jenem NORDHAGENS unvollständig und nicht mit Hinblick auf soziologische Zwecke aufgenommen worden ist. IVERSEN erinnert daran, daß seine soziologischen Gruppen allein auf einer nahezu blind objektiv-statistischen Behandlung des Aufnahmemateriales beruhen und schließt daraus, „daß die höheren pflanzensoziologischen Einheiten in der Fassung von BRAUN-BLANQUET und NORDHAGEN naturgegebene und sehr gut umschriebene Gruppen darstellen".

Ordnungstabellen nach Art der Tab. 7 erleichtern ungemein die systematische Übersicht und sind zum Verständnis und zum Vergleich der höheren Vegetationseinheiten unentbehrlich.

Der in unserer Tabelle zur *Vaccinio-Piceetalia*-Ordnung gezogene *Ononi-Pinion*-Verband sticht zwischen dem *Pino-Ericion* und dem *Vaccinio-Piceion* stark hervor. Er dürfte mit westalpinen *Pinus*-Waldungen einer besonderen Ordnung *(Ononi-Pinetalia)* anzuschließen sein.

**VIII. Klasse.** Floristisch verwandte Ordnungen werden zu Vegetationsklassen zusammengefaßt. Die Klassenkennarten haben meist eine sehr weite ökologische Amplitüde, sind aber keineswegs Ubiquisten. Zur floristischen Charakterisierung der Klasse dienen auch die Kennarten der zugehörigen Ordnungen, Verbände und Assoziationen.

Die einem bezeichnenden Gattungsnamen angefügte Endung -etea ergibt den Klassennamen. Artnamen, falls notwendig, fallen in den Genitiv (*Salicetea herbaceae*; s. S. 120).

Ökologisch unterscheiden sich die einzelnen Gesellschaftsklassen beträchtlich. Die hochorganisierten, mehrschichtigen Klassen sind generalklimatisch bedingt, für die meisten Klassen sind jedoch neben dem Klima Bodenverhältnisse oder menschliche Einflüsse entscheidend.

Die hochorganisierten Klassen bleiben in der Regel auf einen bestimmten Vegetationskreis beschränkt und tragen zu seiner Kennzeichnung bei. Über die halbe Erde verbreitet sind die meisten wasserbewohnenden Vegetationsklassen.

Die Abgrenzung der europäischen Gesellschaftsklassen gegen Westen und Norden ist heute schon durchführbar, dagegen sind die bezüglichen Verhältnisse im Osten des Kontinents[1] und weiterhin in Asien (Palästina ausgenommen) noch wenig geklärt.

Eine wichtige Klassengrenze für die Gesellschaften des euro-alpin-hochnordischen Gesellschaftskreises gegen Südwesten bilden die Pyrenäen. Manche eurosibirisch-boreoamerikanischen Klassen machen an der

[1] Mit Ausnahme des Balkans, dessen Gesellschaften insbesondere von HORVAT und HORVATIĆ und ihren Schülern beschrieben worden sind.

Tabelle 7. Abgekürzte Tabelle der Ordnung

| Verband | a) Pino — Ericion | | | | b) Ononi - | |
|---|---|---|---|---|---|---|
| | 1 | 2 | 3 | 4 | 5 | 6 |
| Assoziationen | *Pino-Caricetum humilis* | *Erico-Pinetum* | *Mugo-Ericetum* | *Mugo-Rhododendretum hirsuti* | *Onobrychi-Pinetum* | *Odontito-Pinetum* |
| Zahl der Aufnahmen | 22 | 21 | 33 | 22 | 38 | 8 |
| **Vaccinio-Piceetalia-Ordnungskennarten** | | | | | | |
| *Vaccinium vitis-idaea* | $1^{I}$ | $834^{V}$ | $1410^{X}$ | $604^{VIII}$ | . | . |
| *Vaccinium myrtillus* | . | $1^{II}$ | $19^{V}$ | $469^{VI}$ | . | . |
| *Pyrola secunda* | $1^{I}$ | $108^{III}$ | $79^{VI}$ | $243^{VIII}$ | $103^{VII}$ | . |
| *Rosa pendulina* | $1^{II}$ | . | $2^{II}$ | $1^{I}$ | . | . |
| *Hieracium murorum div. ssp.* | $40^{V}$ | $182^{VI}$ | $1^{I}$ | $2^{III}$ | $95^{VII}$ | $35^{IV}$ |
| *Carex alba* | $24^{II}$ | $573^{VI}$ | . | $50^{VI}$ | . | . |
| *Rubus saxatilis* | . | $27^{V}$ | $36^{III}$ | . | . | . |
| *Goodyera repens* | . | . | $1^{I}$ | . | $1^{I}$ | . |
| *Vaccinium uliginosum* | . | . | $198^{II}$ | $959^{X}$ | . | . |
| *Hieracium vulgatum ssp.* | . | $1^{I}$ | . | . | . | . |
| *Pinus mugo* | $876^{VII}$ | . | $3644^{IX}$ | $3478^{X}$ | . | . |
| *Arctostaphylos uva-ursi var.* | $1405^{VI}$ | $24^{I}$ | $32^{II}$ | . | $661^{VI}$ | $1658^{VII}$ |
| *Homogyne alpina* | . | . | $35^{VIII}$ | $7^{VII}$ | . | . |
| *Lycopodium selago* | . | . | $1^{I}$ | . | . | . |
| *Pyrola minor* | . | . | . | . | . | . |
| *Monotropa glabra* | . | $1^{I}$ | . | . | . | . |
| **Pino-Ericion-Verbandskennarten** | | | | | | |
| *Erica carnea* | $469^{VII}$ | $6655^{X}$ | $6872^{X}$ | $2182^{X}$ | . | . |
| *Polygala chamaebuxus* | $53^{IX}$ | $870^{VIII}$ | $328^{VII}$ | . | $180^{V}$ | $342^{VII}$ |
| *Gymnadenia odoratissima* | $95^{VII}$ | $2^{III}$ | $18^{V}$ | $1^{I}$ | $1^{I}$ | . |
| *Epipactis atropurpurea* | $120^{IX}$ | $77^{VIII}$ | $18^{IV}$ | . | $32^{IX}$ | $5^{V}$ |
| *Pyrola rotundifolia* | . | $1^{I}$ | $108^{V}$ | $197^{VIII}$ | . | . |
| *Crepis alpestris f. silvatica* | $48^{IV}$ | . | $18^{IV}$ | . | . | . |
| *Pinus silvestris ssp. engadinensis* | $2500^{VI}$ | . | $689^{II}$ | . | . | . |
| *Coronilla vaginalis* | $49^{V}$ | . | $13^{II}$ | . | . | . |
| **Ononido-Pinion-Verbandskennarten** | | | | | | |
| *Ononis rotundifolia* | . | . | . | . | $575^{IX}$ | . |
| *Astragalus monspessulanus* | . | . | . | . | $445^{X}$ | $5^{IV}$ |
| *Odontites viscosa* | . | . | . | . | $430^{VII}$ | $225^{VII}$ |
| *Viscum album ssp. laxum* | . | $1^{I}$ | . | . | $122^{V}$ | $33^{IV}$ |
| *Vicia cracca ssp. gerardi* | . | $42^{III}$ | . | . | . | . |
| *Hieracium tomentosum* | . | . | . | . | $1^{II}$ | . |
| **Vaccinion-Piceion-Verbandskennarten** | | | | | | |
| *Melampyrum silvaticum* | $1^{I}$ | $87^{VI}$ | $52^{IV}$ | $25^{III}$ | . | . |
| *Picea abies* | $2^{III}$ | $291^{X}$ | $47^{II}$ | $1^{I}$ | . | . |
| *Calamagrostis villosa* | . | $24^{I}$ | $17^{II}$ | $46^{II}$ | . | . |
| *Peltigera aphthosa* | . | $1^{I}$ | $2^{II}$ | $25^{III}$ | . | . |
| *Luzula silvatica ssp. sieberi* | . | . | $2^{II}$ | $107^{V}$ | . | . |
| *Cladonia gracilis var. elongata* | . | . | $32^{III}$ | $50^{V}$ | . | . |
| *Corallorhiza trifida* | . | . | $1^{I}$ | . | . | . |
| *Lophozia lycopodioides* | . | . | $1^{I}$ | . | . | . |
| *Veronica latifolia* | . | . | . | . | . | . |

| Pinion | | c) Vaccinio — Piceion | | | | | |
|---|---|---|---|---|---|---|---|
| 7 | 8 | 9 | 10 | 11 | 12 | 13 | 14 |
| *Ononi-Pinetum* | *Astragalo-Pinetum* | *Piceetum transalpinum* | *Piceetum montanum Subass. galietosum* | *Piceetum montanum Subass. melicetosum* | *Piceetum subalpinum* | *Rhododendro-Vaccinietum* | *Empetro-Vaccinietum* |
| 12 | 9 | 11 | 11 | 12 | 24 | 27 | 12 |
| | | | | | | | |
| . | . | $551^{VI}$ | $3^{III}$ | $235^{VIII}$ | $1157^{IX}$ | $567^{X}$ | $234^{VIII}$ |
| . | . | $887^{X}$ | $50^{VI}$ | $83^{II}$ | $2345^{X}$ | $4583^{X}$ | $856^{IX}$ |
| $3^{II}$ | $1^{I}$ | $96^{VIII}$ | $95^{VIII}$ | $130^{VIII}$ | $130^{VII}$ | $2^{II}$ | . |
| . | . | $1^{II}$ | $1^{I}$ | $3^{III}$ | $1^{I}$ | $19^{II}$ | . |
| $45^{IV}$ | $2^{I}$ | $751^{X}$ | $752^{X}$ | $275^{VIII}$ | $215^{IX}$ | $79^{VI}$ | . |
| $314^{II}$ | . | . | $477^{VI}$ | $670^{VIII}$ | $1^{I}$ | . | . |
| $1^{I}$ | . | . | $1^{IV}$ | $45^{VI}$ | $3^{III}$ | $1^{I}$ | . |
| $1^{I}$ | . | $1^{I}$ | $1^{I}$ | $89^{VIII}$ | $75^{II}$ | . | . |
| . | . | . | . | . | . | $610^{VII}$ | $2667^{X}$ |
| $2^{I}$ | . | $91^{III}$ | $4^{VI}$ | $1^{II}$ | . | . | . |
| . | . | . | . | . | . | $2433^{III}$ | $1^{III}$ |
| . | . | . | . | . | . | . | . |
| . | . | . | $3^{VI}$ | . | $357^{VIII}$ | $714^{IX}$ | $627^{X}$ |
| . | . | . | . | . | $1^{II}$ | $41^{VI}$ | $3^{VI}$ |
| . | . | . | . | . | $1^{I}$ | $2^{II}$ | . |
| . | $1^{I}$ | . | . | $1^{I}$ | $1^{I}$ | . | . |
| | | | | | | | |
| . | . | . | $1^{II}$ | $43^{III}$ | . | $1^{I}$ | . |
| $231^{VI}$ | . | . | . | $3^{IV}$ | . | . | . |
| $2^{I}$ | . | . | . | . | . | . | . |
| $129^{VIII}$ | $2^{V}$ | . | . | . | . | . | . |
| $1^{I}$ | . | . | . | . | . | . | . |
| $1^{II}$ | . | . | . | . | . | . | . |
| . | . | . | . | . | . | $1^{I}$ | . |
| . | . | . | . | . | . | . | . |
| | | | | | | | |
| $128^{VI}$ | $420^{IV}$ | . | . | . | . | . | . |
| . | . | . | . | . | . | . | . |
| . | . | . | . | . | . | . | . |
| . | . | . | . | . | . | . | . |
| $128^{VI}$ | $3^{III}$ | . | . | . | . | . | . |
| . | . | . | . | . | . | . | . |
| | | | | | | | |
| $188^{II}$ | $56^{III}$ | $595^{X}$ | $1115^{IX}$ | $1940^{IX}$ | $618^{X}$ | $41^{V}$ | $43^{III}$ |
| $169^{VI}$ | . | $7136^{X}$ | $7773^{X}$ | $6979^{X}$ | $6458^{X}$ | $151^{IV}$ | . |
| . | . | $55^{VIII}$ | . | $187^{II}$ | $223^{VIII}$ | $687^{IX}$ | $3^{III}$ |
| . | . | $1^{I}$ | . | $45^{IV}$ | $194^{VIII}$ | $254^{VII}$ | $45^{V}$ |
| . | . | $5^{I}$ | $1^{I}$ | . | $169^{IV}$ | $125^{VII}$ | . |
| . | . | . | . | . | $2^{II}$ | $43^{VII}$ | $236^{IX}$ |
| . | . | $1^{II}$ | $2^{II}$ | $1^{I}$ | $3^{IV}$ | . | . |
| . | . | . | . | . | $118^{V}$ | $58^{III}$ | $44^{III}$ |
| . | . | $138^{VI}$ | $184^{VII}$ | $86^{IV}$ | $3^{II}$ | . | . |

Grenze des mediterranen Gesellschaftskreises halt oder überschreiten sie kaum.

Dagegen erscheinen sie wenigstens teilweise wieder als Enklaven im eigentlichen Mediterrangebiet auf Klimainseln (Gebirge: *Querco-Fagetea*, *Vaccinio-Piceetea*), oder unter besonderen edaphischen Bedingungen (Süßwassersümpfe), florengeschichtliche Zusammenhänge mit den nördlich angrenzenden Gebieten andeutend.

## Übersicht der europäischen Gesellschaftsklassen

a) Einheiten der eurosibirisch-boreoamerikanischen Region[1]

1. Klasse *Lemnetea* W. Koch et R. Tüxen 1954 ap. Oberdorfer 1957 (Schwimmende Linsengesellschaften)
2. Klasse *Asplenietea rupestris* Br.-Bl. 1934 (Felsspaltengesellschaften)
3. Klasse *Adiantetea* Br.-Bl. 1947 (Gesellschaften der Tuffablagerungen)
4. Klasse *Thlaspietea rotundifolii* Br.-Bl. 1947 (Felsschutt- und Geröllgesellschaften)
5. Klasse *Crithmo-Limonietea* Br.-Bl. 1947 (Strandfelsgesellschaften)
6. Klasse *Ammophiletea* Br.-Bl. et R. Tx. 1943 (Stranddünengesellschaften)
7. Klasse *Cakiletea maritimae* (R. Tx. et Prsg. 1950) Br.-Bl. em. 1962 (halophile Spülsaumgesellschaften)
8. Klasse *Secalinetea* Br.-Bl. 1951 (Halmfruchtgesellschaften)
9. Klasse *Chenopodietea* Br.-Bl. 1952 em. 1962 (inkl. *Artemisietea vulgaris*) (Hackfrucht- und Ruderalgesellschaften)
10. Klasse *Onopordetea* (Br.-Bl. 1962) (Lägergesellschaften)
11. Klasse *Epilobietea angustifolii* R. Tx. et Prsg. 1950 (Schlaggesellschaften)
12. Klasse *Bidentetea tripartiti* R. Tx., Lohm., Prsg. 1950 (nährstoffreiche Schlammbodengesellschaften)
13. Klasse *Zoosteretea marinae* Pign. 1953 (Halophile Schwimmpflanzengesellschaften)
14. Klasse *Ruppietea maritimae* J. Tx. 1960 (Brachwassergesellschaften)
15. Klasse *Potametea* R. Tx. et Prsg. 1942 (Haftende Schwimmpflanzengesellschaften)
16. Klasse *Litorelletea* Br.-Bl. et R. Tx. 1943 (Untergetauchte Teichrandgesellschaften)
17. Klasse *Plantaginetea majoris* R. Tx. et Prsg. 1950 (Trittgesellschaften)
18. Klasse *Isoeto-Nanojuncetea* Br.-Bl. et R. Tx. 1943 (Zwergbinsengesellschaften)
19. Klasse *Montio-Cardaminetea* Br.-Bl. et R. Tx. 1943 (Quellflurgesellschaften)
20. Klasse *Corynephoretea* Br.-Bl. et R. Tx. 1943 em. Tx. (einjährige Sandgesellschaften)
21. Klasse *Asteretea tripolium* (Westh. u. Beeft.) Br.-Bl. Mittel- und Nordeuropäische Salzwiesengesellschaften)
22. Klasse *Salicornietea* Br.-Bl. et R. Tx. 1943 (Salzstaudenfluren)
23. Klasse *Juncetea maritimi* Br.-Bl. (Mäßig halophile Salzwiesen)
24. Klasse *Phragmitetea* Tx. et Prsg. 1942 (Röhricht und Großseggengesellschaften)
25. Klasse *Spartinetea* R. Tx. 1961
26. Klasse *Sedo-Scleranthetea* Br.-Bl. 1955 (Fettkrautgesellschaften)

[1] Die hochorganisierten Gesellschaftsklassen (22 bis 27, 29 bis 42) sind durchweg auf den eurosibirisch-boreoamerikanischen Gesellschaftskreis beschränkt; die meisten der schwach organisierten gehen auch in andere Gesellschaftskreise über.

27. Klasse *Salicetea herbaceae* Br.-Bl. 1947 (Schneebodengesellschaften)
28. Klasse *Arrhenatheretea* R. Tx. 1937 (Fettwiesengesellschaften)
29. Klasse *Molinio-Juncetea* Br.-Bl. 1947 (Streuwiesengesellschaften)
30. Klasse *Scheuchzerio-Caricetea fuscae* Nordhagen 1936 (azidophile nordisch-alpine Flachmoorgesellschaften)
31. Klasse *Festuco-Brometea* Br.-Bl. et R. Tx. 1943 (Hemikryptophyten-Trockenrasengesellschaften)
32. Klasse *Elyno-Seslerietea* Br.-Bl. 1948 (Neutro-basiphile alpin-nordische Urwiesen)
33. Klasse *Caricetea curvulae* Br.-Bl. 1948 (Azidophile alpin-nordische Urwiesen)
34. Klasse *Calluno-Ulicetea* Br.-Bl. et R. Tx. 1943 (Ericaceen-Ulexheiden)
35. Klasse *Oxycocco-Sphagnetea* Br.-Bl. et R. Tx. 1943 (Hochmoorgesellschaften)
36. Klasse *Salicetea purpureae* Moor 1958 (Flußbegleitende Weidenauen)
37. Klasse *Betulo-Adenostyletea* Br.-Bl. 1948 (Hochstauden- und montane Hainwaldgesellschaften)
38. Klasse *Alnetea glutinosae* Br.-Bl. et R. Tx. 1943 (Schwarzerlen-Auenwälder)
39. Klasse *Erico-Pinetea* Horvat 1959 (Erika-Föhrenwälder)
40. Klasse *Vaccinio-Piceetea* Br.-Bl. 1939 (Bodensaure Nadelwälder und Zwergstrauchgesellschaften)
41. Klasse *Quercetea robori-petraeae* Br.-Bl. et R. Tx. 1943 (Bodensaure Fallaubwälder)
42. Klasse *Querco-Fagetea* Br.-Bl. et Vlieger 1937 (Nährstoffreiche Falllaubwälder)

b) Rein mediterrane Gesellschaftsklassen

1. Klasse *Crithmo-Staticetea* Br.-Bl. 1947 (Strandfelsgesellschaften)
2. Klasse *Tuberarietea guttati* Br.-Bl. 1962 (Bodensauere Therophyten-Zwergrasen)
3. Klasse *Juncetea maritimae* Br.-Bl. 1951 (Mediterrane Salzwiesen)
4. Klasse *Thero-Brachypodietea* Br.-Bl. 1947 (Kalk-Trockenrasen)
5. Klasse *Ononido-Rosmarinetea* Br.-Bl. 1947 (Rosmarin-Hauhechel-Garriguen)
6. Klasse *Nerio-Tamaricetea* Br.-Bl. et Bolós 1957 (Oleander-Tamarix-Busch)
7. Klasse *Pegano-Salsoletea* Br.-Bl. et Bolós 1957 (nitrophile Kleinstrauchsteppe)
8. Klasse *Cisto-Lavanduletea* Br.-Bl. 1940 (Zistrosen-Lavendelgebüsche)
9. Klasse *Quercetea ilicis* Br.-Bl. 1947 (Grüneichengesellschaften)
10. Klasse *Populetea albae* Br.-Bl. 1962 (Weißpappel-Auenwälder)

Nicht völlig geklärt ist die Klasse *Quercetea pubescenti* Jakucs (1961) und noch weniger die Klasse *Trifolio-Geranietea sanguinei* Th. Müller (1962). Es handelt sich um eine Zusammenfassung von Saumgesellschaften im Sinne von Moor (1958). Einerseits sind die Beziehungen zu den Laubwald- (besonders *Querco-Fagetea*), anderseits zu den Rasengesellschaften *(Festuco-Brometea)* sehr enge. Sodann fällt das *Geranio-Trifolietum alpestris* völlig aus dem Klassenrahmen heraus und ist wohl den *Calluno-Ulicetea* zuzustellen.

Ob neben der *Calluno-Ulicetea*-Klasse (und der *Nardetalia* Ordnung Br.-Bl., Pinto, Rozeira 1952) die *Nardo-Callunetea*-Klasse (Prsg. 1949) aufrechterhalten werden kann, ist fraglich.

Auch die Selbständigkeit der von Horvatić (1957) aufgestellten mediterranen Klasse *Brachypodio-Chrysopogonetea* erscheint ungenügend. Von den 13 Klassenkennarten sind 11 auch in den Therobrachypodietea Südfrankreichs reichlich vertreten. Dagegen ist die Ordnung der *Scorzonero-Chrysopogonetalia* aufrechtzuerhalten.

Eine weiter gehende Gliederung der Gesellschaften bis zu den Verbänden ist heute schon für die europäische Gebirgsvegetation unter Ausschluß der südlichsten Abzweigungen möglich.

### Synopsis der höheren Gesellschaftseinheiten (Klassen, Ordnungen und Verbände) des euroalpin-hochnordischen Vegetationskreises von Iberien bis zum Balkan

#### 1. Klasse: *Asplenietea rupestris* (H. Meyer et Br.-Bl. 1934)

Fels- und Mauerspalten-Gesellschaften, hauptsächlich in den südlicheren Gebirgen verbreitet und bis zur klimatischen Schneegrenze emporreichend.

Ordnungen:

- *Potentilletalia caulescentis* (Br.-Bl. 1926) — Verbände:
  - *Saxifragion mediae* (Br.-Bl. 1948) (Pyrenäen)
  - *Micromerion croaticae* (Horv. 1931) (Balkanhalbinsel)
  - *Caricion brachystachidis* (Horv. 1962) (Balkanhalbinsel)
  - *Potentillion caulescentis* (Br.-Bl. 1926) (Alpen, Tatra, Jura, Französisches Zentralplateau usw.)
  - *Ramondion nathaliae* (Horv. 1935) (Balkanhalbinsel)
- *Androsacetalia vandellii* (Br.-Bl 1926) — Verbände:
  - *Androsacion vandellii* (Br.-Bl. 1926) (Alpen, Pyrenäen, Französisches Zentralplateau, Balkanhalbinsel)
  - *Saxifragion lingulatae* (Rioux et Quézel 1949) (Seealpen)
  - *Silenion lärchenfeldianae* (Horv., Pawl. apud Horv. 1949) (Balkan)
- *Parietalia diffusae* mss. — Verband:
  - *Linario-Parietarion diffusae* mss. (Pyrenäen)

#### 2. Klasse: *Adiantetea* (Br.-Bl. 1947)

Vegetation überrieselter Tuffablagerungen; Moose und Cyanophyceen als Kalkfäller häufig.

Ordnung: *Adiantetalia* (Br.-Bl. 1931) — Verband: *Adiantion* (Br.-Bl. 1931) (Alpen, Pyrenäen, Causses, usw.)

3. Klasse: *Thlaspietea rotundifolii* (Br.-Bl. 1948)

Gesellschaften des Felsschuttes und der Alluvialfluren auf lockeren, oft beweglichen, vegetationsarmen Böden.

Ordnungen:

- *Thlaspietalia rotundifolii* (Br.-Bl. 1926) — Verbände:
  - *Iberidion spathulatae* (Br.-Bl. 1948) (Pyrenäen)
  - *Thlaspion rotundifolii* (Br.-Bl. 1926) (Alpen, Jura, Balkanhalbinsel)
  - *Stipion calamagrostidis* (Jenny-Lips 1930) (Alpen, Jura, Französisches Zentralplateau, Pyrenäen)
- *Androsacetalia alpinae* (Br.-Bl. 1926) — Verbände:
  - *Senecion leucophyllae* (Br.-Bl. 1948) (Pyrenäen, Alpen)
  - *Androsacion alpinae* (Br.-Bl. 1926) (Alpen, Pyrenäen, Tatra)
- *Myricarietalia* (Br.-Bl. 1931) — Verband:
  - *Epilobion fleischeri* (Br.-Bl. 1931) (Alpen)

4. Klasse: *Chenopodietea acanthii* (Br.-Bl. 1951)

Nitrophile Vegetation an Vieh- und Wildlägern, am untern Rand der alpinen Stufe.

Ordnung: *Chenopodietalia* (Br.-Bl. 1931) (1936) — Verband: *Chenopodion subalpinum* (Br.-Bl. 1947) (Alpen, Pyrenäen, Balkanhalbinsel)

5. Klasse: *Onopordetea acanthii* (Br.-Bl. 1964)

Ordnung: *Onopordetalia* (Br.-Bl. et Tx. 1943) — *Onopordion acanthii* (Br.-Bl. 1926) (Viehläger der warm-trockenen Talgebiete)

6. Klasse: *Littorelletea* (Br.-Bl. et Tx. 1943)

Ordnung: *Littorelletalia* (W. Koch 1926) — Verband: *Littorellion* (W. Koch 1926) (Alpen, Pyrenäen, Mittelgebirge)

7. Klasse: *Montio-Cardaminetea* (Br.-Bl. et Tx. 1943)

Quellflur-Gesellschaften mittlerer und höherer Lagen, an stark bewegtem, kalkreichem oder kalkarmem Wasser.

Ordnung: *Montio-Cardaminetalia* (Pawlowski 1928) — Verbände:

- *Cardamino-Montion* (Br.-Bl. 1925) (Hoch- und Mittelgebirge)
- *Cratoneurion commutati* (W. Koch 1928) (Hoch- und Mittelgebirge)
- *Endocarpion* (Br.-Bl. 1948) (Alpen)

### 8. Klasse: *Salicetea herbaceae* (Br.-Bl. 1947)

Hochalpine Schneebodengesellschaften, die 8 bis 10 Monate dauernde Schneebedeckung ertragen; zur Hauptsache aus Moosen, Lebermoosen, Hemikryptophyten und kriechenden Chamaephyten zusammengesetzt.

| | | | |
|---|---|---|---|
| Ordnungen: | *Arabidetalia coeruleae* (Rübel 1933) | Verbände: | *Arabidion coeruleae* (Br.-Bl. 1926) (Alpen, Karpaten, Pyrenäen)<br>*Salicion retusae* (Horvat 1949) (Balkanhalbinsel) |
| | *Salicetalia herbaceae* (Br.-Bl. 1926) | Verband: | *Salicion herbaceae* (Br.-Bl. 1921 n. n. 1926) (Alpen, Karpaten, Pyrenäen, Balkanhalbinsel) |

### 9. Klasse: *Arrhenatheretea* (Br.-Bl. 1947)

Gedüngte Fettwiesen, die stellenweise gerade noch die alpine Stufe berühren.

| | | | |
|---|---|---|---|
| Ordnung: | *Arrhenatheretalia* (Pawlowski 1928) | Verbände: | *Triseto-Polygonion bistortae* (Br.-Bl. 1947) (Alpen, Pyrenäen, Karpaten, Mittelgebirge)<br>*Pančićion* (Lakuš mss.) (Balkanhalbinsel) |

### 10. Klasse: *Scheuchzerio-Caricetea fuscae* (Nordhagen 1936)

Flachmoorgesellschaften auf kalkreichen und kalkarmen, dauernd durchnäßten Böden.

| | | | |
|---|---|---|---|
| Ordnungen: | *Caricetalia fuscae* (Koch 1926) | Verbände: | *Caricion fuscae* (W. Koch 1926) (Alpen, Pyrenäen, Karpaten, Mittelgebirge, Balkanhalbinsel)<br>*Caricion bicoloris-atrofuscae* (Nordhagen 1936) (Alpen) |
| | *Caricetalia davallianae* (Br.-Bl. 1949) | Verband: | *Caricion davallianae* (Klika 1934) (Alpen, Pyrenäen, Karpaten, Balkanhalbinsel, Mittelgebirge) |

### 11. Klasse: *Festuco-Brometea* (Br.-Bl. et Tx. 1943)

| | | | |
|---|---|---|---|
| Ordnung: | *Festucetalia vallesiacae* (Br.-Bl. et Tx. 1943) | Verband: | *Stipo-Poion carniolicae* (Br.-Bl. [1949] 1961) (Alpen) |

### 12. Klasse: *Elyno-Seslerietea* (Br.-Bl. 1948)

Alpin-subalpine Trockenrasen auf kalk- und meist auch nährstoffreichen Humuskarbonatböden.

Ordnungen:

- *Seslerietalia coeruleae* (Br.-Bl. 1926) — Verbände:
  - *Festucion scopariae* (Br.-Bl. 1948) (Pyrenäen)
  - *Seslerion coeruleae* (Br.-Bl. [1925] 1926) (Alpen, Jura, Causses)
  - *Seslerion bielzii* (Pawlowski 1935) (Karpaten)
  - *Caricion ferrugineae* (Br.-Bl. 1931) (Alpen, Jura)
  - *Primulion intricatae* (Br.-Bl. 1948) (Pyrenäen)
  - *Oxytropi-Elynion* (Br.-Bl. 1948) (Alpen, Pyrenäen)
- *Seslerietalia tenuifoliae* (Horv. 1930) — Verbände:
  - *Seslerion tenuifoliae* (Horv. 1930) (Balkanhalbinsel)
  - *Festucion pungentis* (Horv. 1930) (Balkanhalbinsel)
- *Onobrychi-Seslerietalia* (Horv. 1949) — Verbände:
  - *Onobrychi-Festucion* (Horv. 1960) (-*Seslerion nitidae* Horv. 1936) (Balkanhalbinsel)
  - *Edraeantho-Seslerion* (Horv. 1949) (Balkanhalbinsel)

### 13. Klasse: *Caricetea curvulae* (Br.-Bl. 1948)

Alpin-subalpine Trockenrasengesellschaften humusreicher, aber nährstoffarmer, meist stark saurer Böden (Humussilikatböden); oft den Vegetationsklimax oberhalb der Baumgrenze bildend.

Ordnung:

- *Carioctalia curvulae* Br.-Bl 1926) — Verbände:
  - *Caricion curvulae* (Br.-Bl. 1925) (Alpen)
  - Unterverb. *Juncion trifidi* (Nordhagen 1936) (Karpaten)
  - *Festucion variae* (Br.-Bl. 1925) (Alpen)
  - *Nardion* (Br.-Bl. 1926) (Alpen, Pyrenäen, Mittelgebirge, Balkanhalbinsel)
  - *Festucion eskiae* (Br.-Bl. 1948) (Pyrenäen, Auvergne)
  - *Festucion supinae* (Br.-Bl. 1948) (Pyrenäen)
  - *Seslerion comosae* (Horv. 1935) (Balkanhalbinsel)
  - *Poion violaceae* (Horv. 1937) (Balkanhalbinsel)

14. Klasse: *Betulo-Adenostyletea* (Br.-Bl. 1948)

Üppige Hochstaudenfluren auf gut durchfeuchtetem, nährstoffreichem aber ungedüngtem Boden, teils ohne, teils mit Strauch- oder offener Baumschicht.

Ordnung: *Adenostyletalia* (Br.-Bl. 1931)

Verbände:
- *Adenostylion alliariae* (Br.-Bl. 1925) (Alpen, Mittelgebirge, Pyrenäen)
- *Calamagrostion villosae* (Luquet 1928) (Pawl. 1928) (Tatra, Karpaten, Balkanhalbinsel)
- *Salicion pentandrae* (Br.-Bl. 1949) (Alpen, Pyrenäen)
- *Cirsion appendiculati* (Horv., Pawl. et Walas 1937) (Balkanhalbinsel)
- *Geion coccinei* (Horv. 1949) (Balkanhalbinsel)

15. Klasse: *Vaccinio-Piceetea* (Br.-Bl. 1939)

Erikazeenreiche Nadelwald-, Strauch- und Zwergstrauchgesellschaften, vorwiegend in Gebirgslagen auf humusreichen Böden.

Ordnung: *Vaccinio-Piceetalia* (Br.-Bl. 1939)

Verbände:
- *Loisleurio-Vaccinion* (Br.-Bl. 1926) (Alpen, Pyrenäen)
- *Juniperion nanae* (Br.-Bl. 1939) (Alpen, Pyrenäen, Jura, Auvergne, iberische Hochgebirge)
- *Pinion mugi* (Pawlowski 1928) (Balkanhalbinsel, Tatra, Karpaten)
- *Vaccinio-Piceion* (Br.-Bl. [1938] 1939). Unterverb. *Abieti-Piceion* (Br.-Bl. 1939) Unterverb. *Rhododendro-Vaccinion* (Br.-Bl. 1939) (Alpen, Karpaten, Jura, Balkanhalbinsel, Mittelgebirge, Pyrenäen, Auvergne)
- *Abieti-Calamagrostion* (Horv. 1956) (Balkanhalbinsel)
- *Bruckenthalion* (Horv. 1949) (Balkanhalbinsel)

**Gesellschaftsreich (Klassengruppe).** Eine letzte, auf floristisch-soziologischen Analogien beruhende Vegetationseinheit ist das Gesellschaftsreich. Es faßt Klassen zusammen, deren floristische Verwandtschaftsbeziehungen weniger durch übereinstimmende als durch vikarierende Arten und identische höhere systematische Einheiten, Gattungen, Familien gegeben sind. Als Beispiele kommen in Betracht die Akazien-Strauchsteppen des subtropischen Afrika nördlich, und jene südlich des

Äquators (s. S. 496), die Tundrenvegetation von Nordskandinavien, Nordsibirien, Nordkanada und Grönland, die Klassen der Koniferenwälder der nördlichen Hemisphäre und selbst die Fallaubwälder Westeuropas einerseits und die von TATEWAKI (1958) beschriebenen *Fagus crenata*-Wälder Japans anderseits, welche die beiden Enden einer, allerdings durch große Lücken unterbrochenen Zone von Fallaubgesellschaften bezeichnen. Solchergestalt unterschiedene Gesellschaftsreiche müßten sich mit den Vegetationsreichen decken, worauf bereits SCHMITHÜSEN (1961) hingewiesen hat.

Ihre Erfassung läßt noch zu wünschen übrig; sie dürfte sich am ehesten durch vikarierende Gesellschaftsklassen, welche auch ökologisch-soziologische Verwandtschaft zeigen, bewerkstelligen lassen.

Die Systematik der reinen Kryptogamengesellschaften ist trotz Bemühungen von verschiedenen Seiten (HADAČ 1944, MATTICK 1951, OCHSNER 1952, KLEMENT 1955, PHILIPPI 1956, VON HÜBSCHMANN 1957, BARKMAN 1958, HÖFLER 1959, ROGER MOLINIER 1960) noch nicht soweit gediehen, daß sie heute schon in eine Gesamtübersicht gebracht werden könnte.

## II. Lebensformen und Lebensformensystematik (Synphysiognomie)

Die Vegetationsgruppierung kann selbstverständlich auch unter Ausschluß aller sippensystematischen Kriterien durchgeführt werden, indem man sich auf die äußeren Anpassungserscheinungen oder Adaptationstypen, welche in den Wuchs- oder Lebensformen gegeben sind, stützt.

**Wuchsform.** Wuchsform und Lebensform sind nahezu identische Begriffe. Während aber die Lebensformen die Individuen zu leichtfaßlichen Typen vereinigen, welchen sich die gesamte Pflanzenwelt einordnen läßt, können die Wuchsformen nach den verschiedensten Merkmalen unterschieden und gruppiert werden (s. E. SCHMID 1957).

**Wuchsformgruppierungen.** Schon die Allgemeinbegriffe Bäume, Sträucher, Kräuter bezeichnen Wuchs- oder Lebensformen. Die ersten Ansätze zu ihrer wissenschaftlichen Fassung finden sich in ALEXANDER VON HUMBOLDTS Physiognomik der Gewächse (1806), worin 16 „Hauptformen" unterschieden werden. Obwohl rein physiognomisch gefaßt, sind einzelne dieser „Pflanzenformen", wie die Kaktusform, die Bananenform, die Kasuarinenform, die Lorbeerform, auch ökologisch ausdrucksvoll.

Auf HUMBOLDTS Ideen aufbauend versuchte GRISEBACH (1872) die klimatische Abhängigkeit der Pflanzenformen nachzuweisen. Seine Zusammenfassung der Gewächse unter 54 verschiedene „Vegetationsformen" blieb aber allzusehr am rein Äußerlichen, namentlich an der Blattform haften und verlor sich in bloßem Schematismus.

Mehr Beachtung hat die KERNERsche Grundformeneinteilung gefunden. KERNER (1863) faßte die Vielgestaltigkeit der Pflanzenformen unter elf morphologisch gegebene „Grundformen" zusammen. Er betonte ausdrücklich die Notwendigkeit, diese Grundeinheiten von jeder Rücksicht auf die systematische Stellung der Pflanzen frei zu wählen. „Pflanzenphysiognomik und Systematik gehen ja ganz verschiedene Wege“ (S. 281). Er unterscheidet:

1. Bäume, 2. Sträucher, 3. Stauden, 4. Filzpflanzen, 5. Blattpflanzen, 6. Schlinggewächse, 7. Fadenpflanzen, 8. Rohre, 9. Halmgewächse, 10. Schwämme, 11. Krustenpflanzen.

Drude (1897) befaßt sich eingehender mit den Wuchsformen der Pflanzen. Ihre Systematisierung erscheint ihm aber überflüssig (l. c. 1897, S. 202).

Die typologische Klassifizierung der Wuchsformen wird allerdings schon dadurch erschwert, daß kaum eine Einigung über die wertmäßige Einschätzung der Charaktere zu erreichen ist.

Die Mitberücksichtigung der ungemein vielfältigen Wuchsformen des Pflanzenkörpers mit seinem Sproß- und Wurzelsystem ist aber für ein tieferes Eindringen in die Vegetationsstruktur unentbehrlich. Ihre Untersuchung hat auch beachtenswerte Resultate gezeitigt (s. H. Hartmann 1957), doch fehlt eine allgemein anerkannte Gliederung der morphologischen Wuchsformtypen. Was die Epiphytengesellschaften anbetrifft, so wissen wird durch Barkman (1958), daß von sieben zwischen 1910 und 1958 aufgestellten Wuchsformsystemen der epiphytischen Moose und neun Systemen der epiphytischen Flechten nicht zwei miteinander übereinstimmen.

Eine auf die vegetationsgeographische Übersicht zugeschnittene Darstellung der wichtigsten Wuchsformen, die sich den Hauptgruppen der Raunkiaerschen Lebensformen einreihen lassen, gibt Schmithüsen (1961). Sie werden unter 30 Wuchsformklassen zusammengefaßt.

**Lebensformen und Lebensformensysteme.** Unter Lebensform versteht man die auf vereinfachte Formel gebrachte Wuchsform, die deutlich ausgeprägte Anpassungen an den Lebenshaushalt aufweist.

Von der Wuchsform unterscheidet sie sich in der Hauptsache dadurch, daß sich die Anpassungen auf Gestalt und Wachstumsweise beziehen, während unter Wuchsform ein rein morphologischer Begriff verstanden ist (Scharfetter 1953).

In den Lebensformen gelangt die Ökologie der Pflanzen und, innerhalb des vorgezeichneten Lebensplans, ihre Ausrichtung auf die Umwelt zum Ausdruck. Die Anpassungserscheinungen sind teils genetisch fixiert, teils sind es Standortsanpassungen, die sich unter der Einwirkung von Klima, Boden und gesellschaftlichem Zusammenleben herausgebildet haben. Bisher sind hauptsächlich die Lebensformen der höheren Pflanzen studiert worden. Man hat zu ihrer Typisierung vor allem die oberirdischen Sprosse mit ihren Anpassungen, sowie ihre Lebensdauer herangezogen.

Der Vielheit der Lebensbedingungen innerhalb einer Pflanzengesellschaft entspricht auch die Mannigfaltigkeit der sie zusammensetzenden Lebensformen. Während einschichtige Pflanzengesellschaften unter extremen Außenbedingungen (Schneeboden-, Strandwiesen-, Felsflechtengesellschaften usw.) oft nur einer einzigen Lebensform oder Lebensformengruppe Lebensmöglichkeiten bieten, sind in hochorganisierten

Gesellschaften mit komplizierter Struktur, wie die Wälder, stets zahlreiche Lebensformengruppen vereinigt.

**Warmings Lebensformeneinteilung.** Das Problem der Lebensform ist gegen Ende des letzten Jahrhunderts vor allem durch WARMING in Fluß gebracht worden.

Schon in seiner ersten Veröffentlichung von 1884 betont er, daß das Lebensformensystem in erster Linie auf Charaktere von größter biologischer Wichtigkeit zu gründen ist; gleich KERNER verwirft er hierfür die rein systematisch-morphologischen Merkmale.

WARMING unterscheidet folgende Hauptgruppen von Lebensformen:

I. Hapaxanthe (monokarpische) Pflanzen

II. Pollakanthe (perenne oder polykarpische) Pflanzen

- A. Pflanzen ohne oder mit schwachem Wandervermögen
  1. Nur durch Samen sich vermehrend, Primärwurzel oder Stammknollen lange ausdauernd
  2. Primärwurzel kurzdauernd (ein bis drei Jahre); Vermehrung auch vegetativ möglich
- B. Pflanzen mit größerem, oft sehr großem Wandervermögen
  1. Oberirdische Wanderer (mit mehreren Untergruppen)
  2. Unterirdische Wanderer (mit sehr zahlreichen Untergruppen)
  3. Schwimmende Wasserpflanzen (Abb. 68)

Die Ausläuferpflanzen, die schon in obigem System eine wichtige Rolle einnehmen, werden in WARMINGS 1918 erschienener Abhandlung „Om Jordudlöbare" morphologisch sehr eingehend behandelt.

WARMINGS Lebensformensystem ist ökologisch begründet. Als Ziel schwebte dem Autor vor, die verschiedenen morphologisch unterscheidbaren Lebensformen ökologisch zu erklären, wenn er auch die fast unüberwindlichen Schwierigkeiten, die der Ordnung der Masse individueller Ausbildungsformen entgegenstehen, nicht verkannte. Zur Typeneinteilung verwendete er vor allem Lebensdauer, Wurzelbildung, vegetative Vermehrungsfähigkeit, Sproßbau- und Sproßfolge, Überwinterungs-, Verjüngungs- und Vermehrungsart usw.

Obschon WARMING auch weiterhin um die Verbesserung seines Systems bemüht war, hat es wenig Anklang gefunden.

**Lebensformeneinteilung nach Du Rietz und Iversen.** Eine Übersicht der bis 1931 aufgestellten Lebensformensysteme verdanken wir DU RIETZ (1931). Er verbindet sie mit einer auf reiche persönliche Erfahrung gegründeten Überprüfung der Lebensformeneinteilung.

DU RIETZ unterscheidet sechs verschiedene Lebensformengruppierungen:

1. Grundformen, die auf das allgemeine Aussehen der Pflanzen während des Hochstandes der jährlichen Vegetationsperiode gegründet sind.
2. Wuchsformen im Sinne WARMINGS, zur Hauptsache auf die Sproßbildung gegründet.

3. Periodizitäts-Lebensformen, auf die vegetative Periodizität, d. h. auf die physiognomischen Unterschiede in den verschiedenen Jahreszeiten gegründet.

4. Knospenhöhe-Lebensformen. Im Sinne Raunkiaers, gegründet auf die Höhe der höchsten Überdauerungsknospen während der ungünstigen Jahreszeit.

5. Knospentyp-Lebensformen, auf die Art und Struktur der Überdauerungsknospen gegründet.

6. Blatt-Lebensformen, Lebensformen auf Form, Größe, Dauer, Ausbildung usw. der Laubblätter gegründet.

Iversen (1936) behandelt ausführlich die biologischen Pflanzentypen (Lebensformen) als Hilfsmittel der Vegetationsforschung. Er gibt eine

Abb. 68. *Limnanthemum nymphaeoides* und *Nymphaea alba*, Vegetationspioniere im Donaudelta (Aufn. Zitti)

Hydrotypeneinteilung, die vier Haupttypen, auf die Anpassungen an das Wasser als flüssigem Medium umfaßt, während die Untertypen in erster Linie auf Hydraturverhältnissen beruhen.

Iversen unterscheidet:

1. Terriphyten (Landpflanzen ohne Durchlichtungsgewebe) mit folgenden fünf Untergruppen:
Saisonxerophyten, Euxerophyten, Hemixerophyten, Mesophyten, Hygrophyten.

2. Telmatophyten, deren assimilierende Sprosse ausgeprägte Durchlüftungsgewebe besitzen.

3. Amphiphyten, mit Wasser und Landformen (z. B. *Littorella, Scirpus lacustris*).

4. Limnophyten, Wasserpflanzen, mit den drei Untergruppen:
Schwimmblattgewächse (Abb. 68), Grundsproßgewächse, Wassersproßgewächse.

Jede der großen Gruppen kann natürlich noch weiter unterteilt werden.

Die Vielfältigkeit der Anpassungserscheinungen und die Einschätzung ihrer ökologischen Bedeutung ist damit aber bei weitem nicht erschöpft. Es besteht die Möglichkeit zur Aufstellung einer Reihe mehr oder weniger parallel laufender Lebensformensysteme, die sich zwar nicht vereinigen lassen, sich aber, wie LEBRUN (1947, S. 400) bemerkt, auch nicht gegenseitig ausschließen und unter Umständen gleichzeitig Verwendung finden können.

Beachtenswerte Erörterungen zur Frage der Entstehung, Formbildung und Weiterentwicklung der Lebensformen haben SCHARFETTER (1953), ANDREÁNSZKY (1954), SEREBRJAKOW (1962) beigesteuert.

Der letztgenannte Autor behandelt auch sehr eingehend die Wurzelverhältnisse.

**Raunkiaers Lebensformensystem.** Wenn heute bei pflanzensoziologischen Schilderungen in der Regel das aus WARMINGS Ideenkreis herausgewachsene Lebensformensystem RAUNKIAERS bevorzugt wird, so ist dies seiner einfachen Handhabung und übersichtlichen Anordnung zuzuschreiben.

Als das einzige allenthalben anwendbare System ist es hier etwas eingehender behandelt.

Auf tiefschürfende morphologisch-biologische Vorarbeiten begründet, zeichnet sich das RAUNKIAERsche System aus durch Einfachheit, Klarheit und geschlossenen Aufbau. Einfach ist das Prinzip der Einteilung. Es wird von vornherein darauf verzichtet, die überwältigende Formenfülle nach den verschiedenen ökologisch wichtigen Gesichtspunkten zu ordnen. Dafür wählt RAUNKIAER als Haupteinteilungsprinzip eine einzige, aber sehr wichtige Anpassung, nämlich die Anpassung der Pflanzen an die ungünstige Jahreszeit. Hierdurch erhält das System seine abgerundete Einheitlichkeit. Pflanzen mit ähnlichen Anpassungen werden zunächst unter fünf Haupttypen (Lebensformklassen) vereinigt. Innerhalb jeder Klasse werden eine Reihe von Untertypen oder Lebensformgruppen unterschieden.

Ausschlaggebend für die Zuteilung der Pflanzen zu einer bestimmten Lebensformklasse sind Lage und Schutz der überdauernden Erneuerungsorgane, Knospen oder Jungtriebe, während der ungünstigen Jahreszeit, dem kalten Winter oder dem trockenen und heißen Sommer[1]. Auf dieser Grundlage unterschied RAUNKIAER (1905): Phanerophyten, Chamaephyten, Hemikryptophyten, Kryptophyten und Therophyten. Die Kryptogamen sind hierbei nicht berücksichtigt.

Später (1918) erhöhte RAUNKIAER die Zahl der Lebensformklassen durch Ausscheidung der Stammsukkulenten, Epiphyten, Helo- und

[1] In Wirklichkeit ist die ungünstige Vegetationszeit nicht immer ausschließlich klimatisch bedingt. Die Austrocknung tropischer Sümpfe, das Sinken des Wasserspiegels an See- und Flußufern sind ungünstige Perioden für Hydrophyten, die durch unterschiedliche Anpassungen darauf reagieren (v. LEBRUN 1947, S. 401).

Hydrophyten. Zahlreiche Autoren brachten Änderungen in der Fassung und Benennung einzelner Typen. FELDMANN (1938) hat auch die äußerst vielgestaltigen Meeresalgen dem RAUNKIAERschen System anzugliedern versucht.

Zweifellos haften dem RAUNKIAERschen Lebensformensystem auch in der unten folgenden abgeänderten Form manche Unvollkommenheiten an; aber wie schon sein Schöpfer betont, ist es als „système d'attente" aufzufassen, dem vorläufig nichts Besseres zur Seite gestellt werden kann. Daß dieses System mit geringfügigen Abänderungen wie für die gemäßigte kalte Zone auch für die Tropen Gültigkeit hat, zeigen die Untersuchungen von LEBRUN (1947), dessen Bearbeitung tropischer Lebensformen viel Beachtenswertes bietet.

Wir unterscheiden in Anlehnung an RAUNKIAER folgende Lebensformklassen:

**I. Planktophyten (Phyto-Plankton)** (mikroskopische Schwebepflanzen).

a) Aeroplanktophyten, Luftschweber.
b) Hydroplanktophyten, Wasserschweber.
c) Kryoplanktophyten, Schnee und Eis bewohnende Protisten (*Sphaerella nivalis, Scotiella nivalis, S. antarctica, S. cryophila* usw.), die den roten Schnee hervorrufen, *Ankistrodesmus nivalis, A. tatrae, Stichococcus nivalis* (grüner Schnee) usw. (s. besonders R. CHODAT 1896 und HUBER-PESTALOZZI 1925).

Jede dieser Unterklassen kann weiter unterteilt werden. Beim Hydroplankton ist u. a. eine marine, brackische, limnische Gruppe zu unterscheiden, deren Artengefüge stark abweicht.

**II. Edaphophyten (Phyto-Edaphon)** (mikroskopische Bodenflora).

a) Aerobionten. Sauerstoffbedürftige Bodenflora (Bakterien, Algen, Pilze).
b) Anaerobionten. Unter Sauerstoffabschluß lebende Bodenflora.

**III. Endophyten** (Innenpflanzen).

a) Endolithophyten. Kalklösende Flechten, Algen und Pilze (*Pharcidia lichenum*), die ins Gestein eindringen.
b) Endoxylophyten. Im Pflanzenkörper lebende Parasiten.
c) Endozoophyten. Im menschlichen und tierischen Körper lebende Protisten: oft Krankheitserreger.

Diese drei Lebensformgruppen, ausschließlich Kryptogamen umfassend, sind noch wenig durchgearbeitet und daher ergänzungsbedürftig. Über die folgenden Klassen dagegen geben zahlreiche Arbeiten Auskunft.

**IV. Therophyten** (Einjährige).

Therophyten sind Gewächse, die ihren Kreislauf von der Keimung bis zur Fruchtreife innert einer einzigen Vegetationsperiode abwikkeln und deren Samen oder Sporen die ungünstige Jahreszeit im Schutze des Substrates überdauern. Diesem Umstand und der leichten Verbreitungsmöglichkeit verdanken die Therophyten ihre weite Ausbreitung auch in den vegetationsfeindlichen, trockenheißen Gebieten der Erde.

Es lassen sich mehrere Unterklassen auseinanderhalten:

1. Thallotherophyten. Schleimpilze (Myxomyceten) und Schimmelpilze mit heterotropher Ernährungsweise; ferner einjährige Oberflächenalgen Die marinen Thallotherophyten sind von FELDMANN (1937) aufgeteilt worden in:

a) Ephemerophyceen, bei welchen sich jährlich mehrere Generationen folgen und die jederzeit fruchtend angetroffen werden (*Polysiphonia subulata, Ceramium robustum* usw.).

b) Eclipsiophyceen, nur während einer bestimmten Zeit des Jahres vorhanden, den Rest des Jahres unter einer morphologisch verschiedenen mikroskopischen Form überdauernd (*Phyllaria reniformis, Sporochnus pedunculatus* usw.).

c) Hypnophyceen, der vorigen Form ähnlich, aber die ungünstige Jahreszeit in einer Ruheform (als Sporen, Ei, Protonema usw.) überdauernd (*Spongomorpha lanosa, Porphyra* usw.).

2. Mycotherophyten. Kurzlebige Pilze (*Coprinus, Bolbitius* spec.).

3. Bryotherophyten. Einjährige Laub- und Lebermoose (*Riccia, Phascum, Ephemerum, Physcomitrium* usw.).

4. Pteridotherophyten. Einjährige Gefäßkryptogamen mit Sommerruhe (*Gymnogramme, Selaginella* spec.).

5. Eutherophyten. Einjährige Blütenpflanzen.

a) Kriechtherophyten (*Tribulus terrestris, Portulaca* spec., *Euphorbia prostrata, E. peplis* usw.).

b) Rankende Therophyten (*Vicia, Lathyrus, Convolvulus* usw.).

c) Aufstrebende Therophyten (die häufigste Form) (*Chenopodium album*).

d) Schopf-Therophyten (mit grundständiger Rosette oder horstbildend; *Cyperus-, Setaria-, Fimbristylis-, Eragrostis*-Arten).

e) Zwerg-Therophyten (*Erophila verna, Clypeola spec., Euphrasia minima*).

Die Zweijährigen, die im ersten Jahre eine Blattrosette, im zweiten Blütensprosse ausbilden, z. B. *Corynephorus canescens*, sind als bienne Untergruppe zur Klasse der Hemikryptophyten zu stellen.

SISSINGH (1950) unterscheidet Sommerannuelle, auf die Sommerfrucht beschränkt, ganzjährige Annuelle und Winterannuelle, mit der Winterfrucht lebend.

Der Entwicklung der Eutherophyten besonders günstig sind die Wüsten und Steppengebiete der warmen Zone, wo der Wettbewerb ausdauernder Arten eingeschränkt ist. In der gemäßigten und kalten Zone halten sie sich zur Hauptsache an die Kulturen mit ihren vom Menschen geschaffenen künstlichen Steppenverhältnissen und an die bodenarmen *Sedo-Scleranthion*-Gesellschaften sowie an offene durchfeuchtete Böden.

**V. Hydrophyten** (Wasserpflanzen).

Unter Hydrophyten versteht man alle nicht zum Plankton zählenden Wasserpflanzen, deren Überdauerungsorgane während der ungünstigen Jahreszeit im Wasser untergetaucht sind. Untergruppen:

a) Wasserschwimmer (*Hydrophyta natantia*)[1].

Freischwimmend wie *Lemna, Ceratophyllum, Utricularia, Riccia*, Tangalgen, Fadenalgen (*Spirogyra* usw.).

b) Wasserhafter (*Hydrophyta adnata, Hydrohaptophyten*).

Am Substrat im Wasser festhaftend (haftende Algen, Moose [*Rhynchostegium rusciforme, Fontinalis* usw.], Lebermoose, Pilze) oder im Substrat eingebettet (*Hydroendohaptophyten*).

---

[1] Süßwasser-Hydro-Therophyten sind u. a. Potamogetones der *Pusillus*-Gruppe, *Najas*.

Feldmann (1937) gruppiert die höheren Algen in: Phanerophyceen, Chamaephyceen, Hemiphanerophyceen, Hemikryptophyceen.

Die Unterscheidung beruht in erster Linie darauf, ob die ganze Alge oder nur ein Teil davon überdauert, in zweiter, ob der perennierende Teil aufgerichtet oder aber dem Substrat angedrückt vegetiert.

c) Wasserwurzler (*Hydrophyta radicantia, Hydrorhizophyten*).

Wurzelnde Wasserpflanzen (*Potamogeton, Zostera, Posidonia, Nymphaea, Hippuris*, Podostemonaceen usw.). Diese Untergruppe umfaßt nach W. Koch: Hydrogeophyten (*Potamogeton lucens, Zostera* usw.), Hydrohemikryptophyten (*Lobelia dortmanna, Isoëtes* usw.)[1].

**VI. Geophyten** (Erdpflanzen).

Bei den Geophyten stecken die Überdauerungsorgane (Knospen, Mycel usw.) im Substrat und sind daher den Einwirkungen der ungünstigen Jahreszeit wenig ausgesetzt. Man kann unterscheiden:

1. Pilzgeophyten (*Geophyta mycetosa*). Überdauerung durch Mycelien im Substrat; Ernährung heterotroph.

a) Erdknollenpilze. Fruchtkörper unterirdisch (*Tuber* usw.).

b) Großluftpilze. Fruchtkörper oberirdisch.

2. Wurzelschmarotzer (*Geophyta parasitica*). Überdauerungssprosse unterirdisch, in der Wirtspflanze verankert (Rafflesiaceen, Orobanchaceen, *Cytinus hypocistis* usw.).

3. Eugeophyten. Sie zerfallen in mehrere Untergruppen (Abb. 69):

a) Knollengeophyten (*Geophyta bulbosa*).

Die Knollengeophyten besitzen unterirdische Speicherorgane, Wurzelknollen (bei den Orchideen und manchen Liliaceen), Stengelknollen (bei *Eranthis, Corydalis, Bunium, Cyclamen*) oder Zwiebeln (bei vielen Liliaceen, Amaryllidaceen, Iridaceen). Zu Beginn der günstigen Jahreszeit werden Blatt- und Blütensprosse angelegt. Sobald die Blütensphäre ihre Tätigkeit erfüllt hat, beginnen die oberirdischen Pflanzenteile zu welken und dorren ab. Die Pflanze zieht sich wieder unter die Erdoberfläche zurück und verbringt die ungünstige, in der Regel trockenheiße Jahreszeit im Ruhezustand. Dank der gespeicherten Energie ist sie indessen befähigt, im Herbst oder Frühjahr rasch wieder auszutreiben, zu blühen und zu fruchten. Die Knollengeophyten haben daher das Maximum ihres Vorkommens in warmen Trockengebieten mit kurzer Vegetationszeit. Ihre klimatischen Ansprüche sind denen der Therophyten ähnlich.

b) Rhizomgeophyten (*Geophyta rhizomatosa*).

Während die Knollengeophyten an Ort und Stelle gebunden sind, haben die Rhizompflanzen die Fähigkeit, unterirdisch zu wandern. Steinige, kompakte Böden sagen ihnen daher nicht zu, wohl aber lockere Humus-, Sand- und Schlammböden. Klimatisch sind sie wenig empfindlich. Die Rhizomgeophyten zeigen die Eigenschaft ihre (meist sympodialen) Ausläufer und die Erneuerungsknospen in bestimmter Tiefe unter der Erdoberfläche zu halten. Hierher viele Laubwaldpflanzen, wie *Polygonatum, Paris*, viele *Anemone*-Arten, manche Carices und Gramineen (*Phragmites, Agropyron*-Arten, *Poa pratensis* usw.), auch Farne (*Dryopteris*-Arten, *Pteridium, Loxogramme*-Arten usw.).

c) Wurzelknospengeophyten (*Geophyta radicigemmata*).

Zwischen den Eugeophyten und den Hemikryptophyten die Mitte haltend, umfassen sie Gefäßpflanzen, deren Überdauerungsknospen am Stengelgrund unter der Erdoberfläche gelegen sind. Hierher z. B. *Cirsium arvense, Aconitum napellus, Lythrum salicaria, Convolvulus arvensis.*

---

[1] Luther (1949) nennt die vom Ufer mehr oder weniger abhängigen Schwebe- und Schwimmpflanzen „Pleustophyten".

Eine Zwischenstufe zwischen Wurzelknospengeophyten und Hemikryptophyten bilden Geophyten, deren Überdauerungsknospen hart an der Erdoberfläche liegen (*Desonodium racemosum, Ligularia tussilaginea*, s. NUMATA und ASANO 1959).

**VII. Hemikryptophyten** (Erdschürfepflanzen) (Abb. 69).

Bei den Hemikryptophyten liegen die Überdauerungstriebe und Knospen hart an der Erdoberfläche. Sie genießen oft den Schutz einer Hülle aus lebenden und abgestorbenen Schuppen, Blättern oder Blattscheiden. Die Klasse der Hemikryptophyten zeichnet sich aus durch größte Mannigfaltigkeit in der Ausbildung der vegetativen Sprosse. Zu den Hemikryptophyten sind auch zahlreiche Kryptogamen zu rechnen:

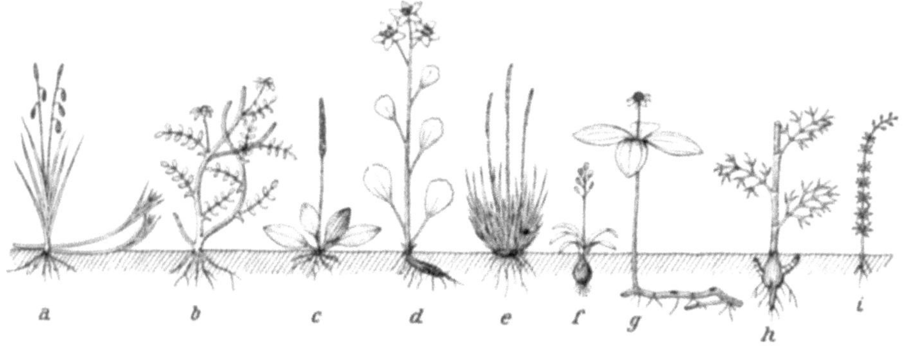


Abb. 69. Lebensformtypen. *a* Chamaephytentypus, Kriechstaude *(Carex limosa)*; *b*—*e* Hemikryptophyten: *b* Klimmpflanze *(Coronilla)*, *c* Rosettenpflanze, *d* Schaftpflanze, *e* Horstpflanze; *f*—*h* Geophyten: *f* Knollengeophyt, *g* Rhizomgeophyt, *h* Wurzelknospengeophyt; *i* Therophyt

1. Thallushafter (*Hemikryptophyta thallosa*). Der Unterlage fest anliegende faden-, rasen-, krusten-, polster-, blatt- oder gallertartige Überzüge bildend.

a) Haftalgen. Felsenüberzüge (Tintenstriche der Kalkfelsen), grüne Rindenüberzüge (*Pleurococcus, Protococcus* usw.), Gallertalgen (*Nostoc*) usw.[1].

b) Krustenflechten (*Acarospora, Opegrapha, Lecidea* usw.).

c) Laubflechten (*Lobaria, Umbilicaria, Placodium elegans*).

d) Thalloide Moose. Lebermoose (*Marchantia, Pellia, Clevea, Grimaldia* usw.).

2. Wurzelnde Hemikryptophyten *(Eu-Hemikryptophyten)*.

a) Horstpflanzen (*Hemikryptophyta caespitosa*).

Die Erneuerungsknospen der Horstpflanzen sind umhüllt und geschützt durch eine dicke Strohtunika aus verwitternden Blattscheiden. Horstpflanzen sind in Moorgebieten und namentlich im Norden und in den Gebirgen oberhalb der Waldgrenze häufig. Horstpflanzen der Gattungen *Festuca, Sesleria, Carex, Nardus* nehmen einen wichtigen Anteil an der Rasen- und Bodenbildung in der alpinen Stufe der Gebirge. *Carex elata*, mit mächtigen, bis 1 m hohen und ebenso breiten Horsten, ist ein Hauptverlander unserer Teiche und Seen. Riesenhorste bilden die Tussockgräser *Festuca neozealandica, Poa foliosa* (Neuseeland), *Poa flabellata* in Südgeorgien und auf den Falklandinseln.

[1] Eine Übergangsstellung nehmen Algen ein, deren Verzweigungen in das Substrat eindringen (*Trentepohlia* usw.).

b) Rosettenpflanzen (*Hemikyptophyta rosulata*).

Den Horstpflanzen nahestehend sind die Rosettenpflanzen, meist niedrige Kräuter mit rosettig angeordneten Grundblättern und blattlosem Stengel, der den Blütenstand trägt. Hierher viele *Draba*-, *Anemone*-, *Sanicula*-, *Primula*-, *Gentiana*-, *Crepis*-, *Taraxacum*-Arten. Die Rosettenpflanzen sind in den gemäßigten Teilen der Erde verbreitet, stoßen aber in ziemlicher Zahl bis in die Subtropen vor (*Plantago, Taraxacum, Hypochoeris, Crepis*).

Abb. 70. *Chamaephyta reptantia*-Assoziation: *Melico-Kochietum prostratae*. Flachwurzler-Gesellschaft auf verkittetem inneralpinem Trockenboden bei Aosta (Aufn. M. Br.-Bl.)

c) Schaftpflanzen (*Hemikryptophyta scaposa*).

Schaftpflanzen sind meist hochwüchsige Stauden, die in warmen Gebieten mehrere Meter Höhe erreichen können, seltener Gräser mit meist fester Pfahlwurzel und mehr oder weniger dicht beblättertem Stengel. Entweder fehlt die grundständige Blattrosette (*Aconitum*-, *Hypericum*-, *Epilobium*-, *Gentiana*-, *Cirsium*-Arten), oder sie ist vorhanden (Rosettenschaftpflanzen: *Ranunculus, Geranium, Ferula, Salvia, Campanula*). Viele der gemeinen Wiesen- und Waldpflanzen der eurosibirisch-nordamerikanischen Region sind Schaftpflanzen (s. Abb. 344, S. 604).

d) Klimmstauden (*Hemikryptophyta scandentia*).
Hierher zu stellen sind zahlreiche ausdauernde Gewächse mit klimmendem, alljährlich absterbendem Stengel und grundständiger Erneuerungsknospe. Sie sind namentlich in den wärmeren Teilen der gemäßigten Zone verbreitet (Beispiele: *Corydalis-*, *Astragalus-*, *Lathyrus-*, *Aristolochia-*, *Galium*-Arten).

e) Niederliegende Stauden (*Hemikryptophyta repentia*).
Passiv niederliegend. nicht einwurzelnd (*Alkanna tinctoria*, *Mertensia maritima*, *Centaurea*-Arten usw.).

f) Kriechstauden (*Hemikryptophyta reptantia*).
Ausdauernde läufertreibende Arten, die sich einwurzeln (*Fragaria nipponica*, *F. vesca*, *Potentilla*-Arten, *P. anserina*, *P. jokusaiana*, *Glechoma hederacea*, *Chrysosplenium tosaense*, *Hydrocotyle*-Arten).

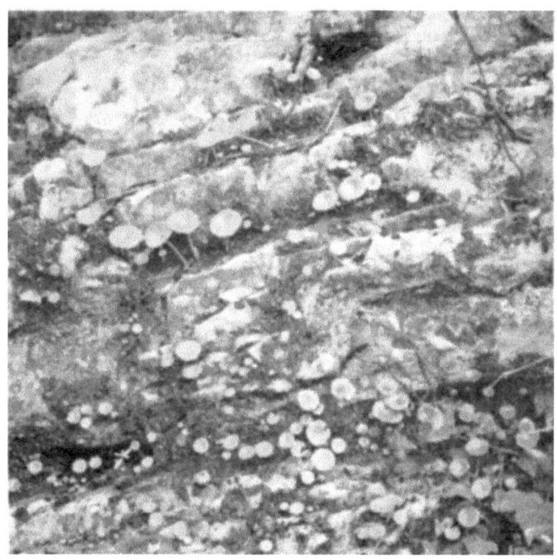

Abb. 71. *Cotyledon umbilicus* an schattiger Jurafelswand bei Montpellier (Aufn. HELMUT MAIER)

## VIII. Chamaephyten (Oberflächenpflanzen).

Die Erneuerungsknospen der Chamaephyten liegen über der Erdoberfläche und genießen daher nur den Schutz, den die Pflanze selbst zu gewähren vermag, sei es durch Knospenschutz, durch dichtgedrängten Wuchs oder durch abgestorbene Sprosse. Die Chamaephyten stellen eine vielfältige, ziemlich heterogene Gruppe dar. Wichtige Untergruppen der Chamaephytenform sind:

a) Deckenmoose (*Bryochamaephyta reptantia*). (S. 615.)
Kriechende Deckenmoose, die dem Substrat locker anliegen und oft große Teppiche bilden. Beispiele: *Hypnum-*, *Hylocomium-*, *Rhacomitrium*-Arten.

b) Strauchflechten (*Chamaephyta lichenosa*).
Die Strauchflechten, deren Thallus oft zehn und mehr Zentimeter hoch wird, sind als selbständige Form vor allem in den winterkalten Gebieten (Gebirge, Subarktis) verbreitet, wo sie als Waldbodendecke oder im offenen Gelände weite Strecken überziehen. Sie sind gegen Schwankungen der Luftfeuchtigkeit empfindlich, halten aber zur Mehrzahl tiefe Kältegrade und Windwirkung ohne Schaden aus. E. FREY (1922, S. 111) unterscheidet drei

Formen: *Cetraria*-Form (*Cetraria islandica, C. nivalis, C. cucullata, Ramalina strepsilis* usw.), *Cladina*-Form (*Cladonia rangiferina, C. alpestris, C. silvatica* usw., *Alectoria ochroleuca*), *Usnea*-Form (*Thamnolia vermicularis*). Bryochamaephyten und *Chamaephyta lichenosa* leben in luftfeuchten Gebieten oft epiphytisch.

c) Kriechend ausdauernde Stauden (*Chamaephyta reptantia*). (Abb. 70.)

Krautige Gewächse mit niederliegenden oder aufstrebenden Trieben, die während der ungünstigen Jahreszeit erhalten bleiben und die Erneuerungsknospen tragen (*Linnaea borealis, Thymus serpyllum, Veronica officinalis* usw.). Sie bewurzeln sich oft, was bei den passiv niederliegenden (*Carex limosa, C. chordorrhiza, Cerastium latifolium, C. tomentosum*) selten der Fall ist. Die Grenze zwischen *Chamaephyta*- und *Hemikryptophyta reptantia* ist nicht immer leicht zu ziehen.

d) Sukkulenten (*Chamaephyta succulenta*).

Die sukkulenten Stamm- und Blattperennen besitzen feuchtigkeitsspeichernde Gewebe, die sie befähigen, andauernde Trockenheit auszuhalten. Sie sind daher besonders für aride Klimate und xerische Standorte,

Abb. 72. *Astragalus poterium*-Luftkugelpolster auf Minorca (Aufn. MOLINIER)

Felsen, Geröll, Mauern charakteristisch. Die Gattungen *Sedum, Umbilicus* (Abb. 71), *Sempervivum, Stapelia* stellen zahlreiche Vertreter dieser Gruppe, die wie LEBRUN (1947) zeigt, noch weiter untergeteilt werden kann.

e) Polsterpflanzen (*Chamaephyta pulvinata*).

Die Triebe sind negativ geotropisch und dicht zusammenschließend, so daß typische Polster einen im Zentrum aufgewölbten Schild darstellen. Das Innere der Polster, von verwesenden Blättern und zugewehtem Staub angefüllt, oft von Würzelchen durchzogen, saugt Wasser auf, hält es lange fest und vermindert dadurch die Austrocknungsgefahr. Polsterpflanzen bergen eine reiche Kleintierwelt und dienen auch manchen Hemikryptophyten als Wurzelort. Polsterpflanzen sind Xerophyten mit vielfachen xerischen

Anpassungen (vgl. namentlich: C. SCHRÖTER 1926 und W. RAUH 1940)[1]. Sie ertragen aber auch tiefe Temperaturen und heftige Windwirkung und eignen sich daher zur Besitznahme klimatisch ungünstiger Standorte in den Hochgebirgen, der Arktis und Antarktis und den Wüstengebieten (Abb. 6). Es werden Kugelpolster (*Anabasis aretioides, Minuartia* spec., *Saxifraga* spec., *Androsace* spec. usw.) und Flachpolster (*Draba aizoides, Minuartia sedoides, Silene acaulis* usw.) unterschieden (Abb. 177). Die sogenannten Luftkugelkissen (z. B. *Alyssum spinosum, Astragalus tragacantha* usw.) sind der verholzten Triebe wegen nicht zur Polsterform, sondern zu den Halbsträuchern und Nanophanerophyten zu stellen (Abb. 72). Als Hartpolster bezeichnet TROLL (1948) die mächtigen Polsterkissen der (Umbellifere) *Azorella*, und der Juncacee *Distichia*, die zum charakteristischen Vegetationsbild der Hochanden gehören. In den südamerikanischen Anden und in der Subantarktis sind nach RAUH nicht weniger als 64% aller Polstergewächse vereinigt.

Außerordentlich reich und typisch sind die Polsterpflanzen auch auf Neuseeland (*Haastia, Raoulia, Donatia* usw.) (vgl. besonders DU RIETZ 1931).

Eine besondere Untergruppe bilden die Polstermoose (*Grimmia*-Form), die vorzugsweise als Felsbesiedler auftreten, und die Rasenmoose- (*Polytrichum*-Form) Flachpolster. Zur *Polytrichum*-Form müssen auch manche Sumpfmoose (*Philonotis*-, *Pohlia*-, *Bryum*-Arten u. a.) gezogen werden. Sie sind in der kalten und gemäßigten Zone verbreitet (Abb. 11).

f) Dauerklimmer (*Chamaephyta scandentia*).

Ausdauernde Gewächse, meist Gräser, mit spreizend-klimmendem Stengel und über der Erde ausdauernden Erneuerungsknospen (*Oryzopsis miliacea, Brachypodium ramosum* usw.).

g) Bültenmoose (*Chamaephyta sphagnoidea*).

Die bültenbildenden Sumpfmoose mit unbegrenztem Wachstum, vorzüglich oligotrophe *Sphagnum*-Arten, sind in hohem Maße auf erhöhte Luftfeuchtigkeit und Niederschläge angewiesen und fehlen daher den ariden Gebieten gänzlich. Dagegen reichen sie bis hoch in die Subarktis.

h) Hartgräser (*Chamaephyta graminidea*).

Dauernd assimilierende, hochschäftige Horstgräser und Scheingräser der Steppengebiete (*Stipa tenacissima, Lygaeum spartum* usw.)[2]. Der Übergang von den hemikryptophytischen zu den chamaephytischen Hartgräsern ist gleitend.

i) Spaliersträucher (*Chamaephyta velantia*), Abb. 80.

Kriechende, oft teppichartig ausgebreitete, bodendeckende Sträucher und Halbsträucher der kalten Klimate. Durch enges Anschmiegen an den Untergrund nützen die Spaliersträucher die Bodenwärme aus und trotzen dem heftigen Windanprall. Teils sind sie wintergrün (*Dryas, Loiseleuria, Polygala chamaebuxus, P. japonica, Globularia cordifolia* usw.), teils laubwechselnd (*Salix retusa, S. reticulata, Rhamnus pumila, Arctostaphylos alpina* usw.).

j) Halbsträucher (*Chamaephyta suffruticosa*).

Im Gegensatz zur vorigen Gruppe sind die Halbsträucher vor allem in den trockenwarmen Gebieten der Subtropen verbreitet. Während der obere Teil der Triebe in der Trockenzeit abdorrt, bleibt der untere erhalten und trägt die Überdauerungsknospen (*Helianthemum* diverse Arten, *Ononis minutissima, Camphorosma monspeliaca*). Reich an Halbsträuchern sind die Gebiete mit mediterranem Klima: Südeuropa, Nordafrika, Westasien,

---

[1] Nach RAUH (1940), der organisationstypischen und Scheinpolsterwuchs unterscheidet, ist ersterer die notwendige Folgeerscheinung des von Außeneinflüssen in seinen Grundzügen unwandelbaren Bauplanes, während der Scheinpolsterwuchs unter dem Einfluß äußerer Faktoren (Wind, Trockenheit, Kälte) entsteht.

[2] Horstpflanzen, deren im Winter assimilierende Zentralsprosse von den abgestorbenen Horstteilen umhüllt und geschützt sind (*Aphyllanthes, Schoenus nigricans* usw.), sind besser zu den Hemikryptophyten zu stellen.

Südwestaustralien, das Kapland, Kalifornien. In den Tropen unterscheidet LEBRUN (1947) als Untertypen: aufrechte, niederliegende und kletternde Halbsträucher.

k) Zwergsträucher (*Chamaephyta fruticosa*).

Vollständig verholzte niedrige Sträuchlein, wie sie sich namentlich in den

Abb. 73. Kaktuseuphorbie als Nano-Phanerophyt; *Euphorbia resinifera-Acacia gummifera*-Gestrüpp an der Schwelle des Großen Atlas bei Tanant, Marokko, 800 m (Aufn. R. MAIRE)

subtropischen Gebieten, aber auch in den Gebirgen der gemäßigten Zone finden (z. B. *Daphne striata* und *cneorum*, *Thymus vulgaris*, *Helianthemum*-, *Lavandula*-, *Fumana*-Arten).

**IX. Nano-Phanerophyten** (Sträucher).

Die Erneuerungsknospen liegen etwa 0,25 bis etwa 2 m über dem Erdboden. Die Lebensform mancher Nano-Phanerophyten ist nicht fest bestimmt, sie können sich zu Makro-Phanerophyten auswachsen (*Viburnum tinus*, *Phillyrea angustifolia*, *Rhamnus alaternus*, *Juniperus*-Arten u. a.). Eine äußerst vielgestaltige Gruppe, die zahlreiche Unterabteilungen umfaßt. Maßgebende Merkmale zu ihrer Einteilung sind: Belaubung (fehlend, immergrün, laubwechselnd), Blattstruktur (Hartlaubblatt, Nadelblatt, Rollblatt usw.), Knospenschutz, Blattgröße (leptophyll bis 25 qmm, nanophyll bis 225 qmm, mikrophyll bis 2000 qmm, mesophyll bis 18000 qmm, makrophyll bis 164000 qmm und megaphyll (s. Raunkiaer 1916, Fuller und Bakke 1918). Wichtig ist die Abtrennung der kurzlebigen Sträucher (manche *Cistus*-Arten) und der *N.-P. rhizomatosa* (Vaccinien, *Prunus*-Arten), *Quercus lusitanica* (Abb. 74).

**X. Makro-Phanerophyten** (Bäume).

Die Bäume sind den Witterungsunbilden der schlechten Jahreszeit stärker ausgesetzt als alle vorerwähnten Lebensformen. Ihr Massen-

Abb. 74. *Quercus lusitanica*-Strauchdecke im lichten *Pinus pinaster*-Bestand bei Tomar (Aufn. Berset u. Br.-Bl.)

zentrum liegt in den Tropen und in den geringen Wärmeschwankungen unterliegenden Subtropen. Die nordwärts ausstrahlenden Phanerophyten sind durch besonderen Knospenschutz ausgezeichnet. Die Kältehärte der einzelnen Arten ist überdies in weitgehendem Maße durch innere, erst teilweise erklärte plasmatische Eigenschaften bedingt (Biebl 1962).

Unter den zahlreichen Anpassungsformen des Phanerophytentypus hebt Raunkiaer (1905) eine Reihe von Hauptgruppen hervor, begründet auf Wuchshöhe, Belaubungsdauer und Knospenschutz, wozu noch die Sukkulenten kommen. Der besseren Übersichtlichkeit halber reduzieren wir sie auf sieben Haupttypen.

Wir unterscheiden:

a) Astbäume (*Phanerophyta bracteata*).

Die häufigste, unter kühlem Klima allein vertretene Baumform. Sie umfaßt mehrere Untergruppen. Ellenberg (1956) unterscheidet:

Immergrüne Regenwaldbäume, Weichlaubbäume, Hartlaub- und immergrüne Nadelbäume. — Sommergrüne Laub- und Nadelbäume (*Larix*). — Regengrüne Laubbäume (in den Subtropen mit ausgeprägter Trockenzeit).

b) Stammsukkulenten (*Phanerophyta succulenta*).

Die Stammsukkulenten zeichnen sich aus durch Blattarmut und fleischige, schwach verholzte Wassergewebe (Wasserspeicher). Sie sind vorzüglich angepaßt an steppen- und wüstenhafte Verhältnisse und bewohnen auch größtenteils die Wüstengebiete der Alten und Neuen Welt. Europa besitzt nur wenige Vertreter in der mediterranen Gattung *Caralluma* (Asclepiadacee)

Abb. 75. Kaktoide Baumeuphorbien (*Euphorbia calycina*) als Stammsukkulenten in der Gramineensavanne am Edwardsee (Aufn. DE WITTE, Coll. Inst. Parcs Nat. Congo Belge)

Abb. 76. *Pachypodium namaquamum* (*Apocynacee*) als Tonnenstamm auf Felsschutt in der Karroo (Aufn. VOLK)

und einigen eingebürgerten Cactaceen (s. S. 579) wozu in Nordafrika einige sukkulente Euphorbien (*E. resinifera*, *E. beaumiereana*, *E. echinus*) und Kompositen (*Senecio*, *Kleinia*) treten.

H. WINKLER (1922) unterscheidet: 1. Kaktoide Formen (*Carnegia* usw.), 2. Tonnenstämme (Bombaceen, Sterculiaceen, Euphorbiaceen usw.), 3. Sarcocaule Formen (*Sarcocaulon*, *Pelargonium* usw.), 4. Klotzsukkulenten (*Testudinaria*, *Adenia globosa* usw.).

Die Asclepiadaceen *Sarcostemma viminale* und *Cynanchum sarcostemmoides* verhalten sich nach LEBRUN (1947) bald als aufrechte Phanerophyten, bald als Lianen, bald als niederliegende Chamaephyten.

Abb. 77. Schopfbaum (Yucca) in der Strauchsteppe von Süd-Texas (Aufn. STEIGER)

c) Schopfbäume (*Phanerophyta scaposa*) (Abb. 77).

Die Krone wird durch endständige Rosettensprosse gebildet. Der Typus des Schopfbaumes ist in den Gattungen *Dracaena*, *Jucca*, *Aloe*, *Richaea* verkörpert (Abb. 77). Auch viele Palmen sind Schopfbäume. Die Blätter sind immergrün. Die Verbreitung ist tropisch und subtropisch. Übergänge zum Krautstammtypus kommen vor.

d) Krautstämme (*Phanerophyta herbacea*).

Krautstämme sind für die Waldgebiete der warmfeuchten Äquatorialgegenden bezeichnend. Mit Baum- oder Strauchwuchs verbinden sie wenig verholzte, krautartige und dabei empfindliche Luftsprosse, meist mächtige Blätter und offene Knospen. Sie scheinen besonders im Schutze höherer

Bäume zu gedeihen. Hierher *Begonia*-Arten, Euphorbiaceen, *Musa*-, *Impatiens*-, *Piper*-Arten usw.

e) Mangrovebäume (*Phanerophyta immersa*).

Periodisch vom Meerwasser überflutete Bäume mit Atemwurzeln und ausgeglichener Wasserbilanz (s. WALTER 1962). Entwicklungszentrum der Mangrovearten sind die Sundainseln, wo 8 Familien mit 21 Arten vorkommen (ANDREÁNZKY 1954).

f) Lianen (*Phanerophyta scandentia*).

Klimmpflanzen, deren Erneuerungsknospen die ungünstige Jahreszeit hoch über dem Erdboden überdauern. Einjährige Blatt- und Sproßranker (*Pisum*, *Lathyrus*, *Fumaria*, *Erodium* usw.) und die jeden Winter bis an den Erdboden absterbenden windenden Arten (*Aristolochia*, *Humulus* usw.) zählen zu den Hemikryptophyten oder Therophyten. Die eigentlichen Lianen, Holzgewächse, die sich unter Zuhilfenahme von Stützpunkten zum Lichte durcharbeiten, sind besonders charakteristisch für den Tropenurwald. Sie nehmen vom Äquator an nordwärts und südwärts sukzessive ab; nur wenige haben die gemäßigt-kalte Zone erreicht (*Clematis*, *Hedera*, *Lonicera*).

Untergruppen sind: Spreizklimmer, Baumwinder, Ranker, Hafter, Wurzler (*Hedera*).

g) Baumgräser (*Phanerophyta graminidea*).

Stammbildende baumartige Gräser (*Bambusa*), verbreitet in den Tropen. In den Subtropen die Gattung *Arundo*.

### XI. Baumepiphyten (Epiphyta arboricola).

Vom Vorhandensein selbständiger Phanerophyten abhängig ist die Klasse der höherstehenden, unselbständigen Überpflanzen, die sich auf Stämmen und Ästen ansiedeln und von den zwischen der Borke und in Astwinkeln angehäuften Nährstoffen zehren. Wie die Lianen, so haben auch die höheren Epiphyten ihr Entfaltungszentrum im luftfeuchten Tropenurwald (vgl. besonders WENT 1940, RICHARDS 1952). Anschauliche Darstellungen der Epiphytenvegetation Neukaledoniens und Südbrasiliens geben VIROT (1956) und KLEIN (Abb. 103). Außerhalb des Regenwaldes siedeln sich Gefäßpflanzen selten und meist nur als Gelegenheitsepiphyten an.

In der Regel werden Humus- und Rindenepiphyten unterschieden. Die Humusepiphyten bilden im Regenwald nach dem Lichtgenuß abgestufte Assoziationen, die auf den verschiedenen Baumarten vorkommen, weil nicht die spezifische Baumrinde, sondern der unspezifische Humus das Substrat darstellt (WENT 1940).

Wie bei den vorgenannten Lebensformklassen, so lassen sich auch bei den Epiphyten eine Reihe ökologischer Untergruppen auseinanderhalten, wovon neben den halbparasitischen Epiphyten (*Viscum*, *Loranthus*), die Knollenstammepiphyten (*Myrmecodia*, *Bolbophyllum*), die humusauffangenden Nestwurzler (*Platycerium*, *Anthurium*), die Luftwurzler (*Taeniophyllum zollingeri*, *Angraecum funale* usw.) genannt sein mögen.

Den Rindenhaftern nahe stehen die Blatthafter, meist Flechten, die in luftfeuchten Gebieten Blätter überziehen (s. S. 118).

In der gemäßigten Zone sind die phanerogamen Epiphyten durch Algen, Pilze, Moose und Flechten ersetzt, die besondere Assoziationen bilden (Abb. 78).

**Kryptogame Epiphyten.** Die Lebensformgruppen der kryptogamen Epiphyten Mitteleuropas sind erstmals von OCHSNER (1928) deutlich umschrieben worden. Er unterscheidet u. a. bei den Algen den *Protococcus*-

und den *Schizogonium*-Typus, bei den Flechten: Krusten-, Blatt- und Strauchflechten-Typus mit Untergruppen, bei den Moosen orthotrope und plagiotrope Bryochamaephyten.

Barkman (1958) stellt die bisherigen Versuche zum Aufbau eines auf die Kryptogamen abgestimmten Lebensformensystms kritisch ein-

Abb. 78. *Parmelietum furfuraceae-physodes;* Epiphytengesellschaft auf *Abies alba*, Auvergne, 1400 m (Aufn. Uehlinger, Exkurs. Br.-Bl.)

ander gegenüber. Sein die epiphytisch lebenden Kryptogamen umfassendes System, das auf dem Wasserhaushalt der Artcn basiert, gliedert sich folgendermaßen:

I. *Atmophyta* mit verhältnismäßig geringer Wasserkapazität (50 bis 250% des Trockengewichtes).

II. *Amphiphyta* mit mittlerer Wasserkapazität (300 bis 500%) und sehr hohem osmotischem Wert (800 bis 1300 atm.).

III. *Ombrophyta* mit hoher Wasserkapazität (650 bis 1700%) und niedrigem osmotischem Wert (10 bis 100 atm.).

Sodann unterscheidet BARKMAN in Anlehnung an das RAUNKIAERsche System und meist unter Benutzung derselben Termini:

Endophleophyten, RAUNKIAERS Geophyten entsprechend,

Hemikryptophyten, dem Substrat angepreßt, $^1/_2$ bis 2 mm hoch,

Chamaephyten, schwach der Rinde angeheftet, 0,5 bis 1 cm hoch,

Phanerophyten, strauch- und baumähnliche Flechten und Moose, mehr als 1 cm hoch (Nanophanerophyten 1 bis 3 cm hoch, Meso-Phanerophyten 3 bis 8 cm hoch, Makrophanerophyten 8 bis 20 cm hoch).

Die weitaus einfachste Lebensformenzusammensetzung haben die epiphytischen Algengesellschaften des *Pleurococcetum vulgaris* und *Prasioletum crispae*, die beide je aus einer einzigen Lebensform *Atmophyta-Hemikryptophyta connata* und *Ombrophyta-Hemikryptophyta appressa* bestehen.

Die Lebensformen der Algen finden sich bei MARGALEF (1949) behandelt.

Obiges Lebensformensystem ist als vorläufig und verbesserungsbedürftig anzusehen, da ja große Teile der Erde auch hinsichtlich der Lebensformen noch ungenügend durchforscht und weitere Lebensformen zu erwarten sind. Zusätze bringen u. a. NUMATA und ASANO (1956, I, II), die eine Reihe kritischer Formen, namentlich Geophyten und Chamaephyten, aus Japan beschreiben und abbilden.

**Beeinflußbarkeit der Lebensformen.** Die Leitidee des RAUNKIAERschen Lebensformensystems, die Anpassung der Pflanzen an die ungünstige Jahreszeit, erfordert, daß zur Einteilung vor allem epharmotische Anpassungsmerkmale Verwendung finden. In der Lebensform sollen sich gewissermaßen, innerhalb der konstitutionell gezogenen Grenzen, die herrschenden Lebensbedingungen abspiegeln. Ist diese Auffassung richtig, so müssen wesentliche Änderungen der Lebensverhältnisse Änderungen in den herrschenden Lebensformen nach sich ziehen. Daß dem auch wirklich so ist, ergeben zahlreiche ältere und neuere Untersuchungen.

Schon SCHLOESING (1869) konnte nachweisen, daß Tabakpflanzen, in trockener und feuchter Luft gezogen, chemisch ganz erhebliche Unterschiede zeigen.

Feuchtigkeit begünstigt Stärkebildung, Trockenheit die Entwicklung der holzigen Festigungsgewebe, was mit der täglichen Erfahrung übereinstimmt. Herabgesetzte Wasserversorgung der Zellen hat nach MACDOUGAL und SPOHR (1918) die Umwandlung der Polysaccharide in Anhydride, also Festigungsgewebe zur Folge, woraus xerophytische Struktur resultiert. Bei Sukkulenten führt die Umwandlung der Polysaccharide in schleimige Pentosane zu der gleichfalls als Trockenheitsanpassung gedeuteten Sukkulenz.

Die Abhängigkeit des Trockensubstanzgehaltes der Baumkeimlinge vom Wärmeklima zeigen die Untersuchungen LANGLETS in Schweden (s. S. 214).

Diesen Untersuchungen ist zu entnehmen, daß die zur Abgrenzung unserer Lebensformen verwendeten Merkmale der Pflanzen von den Außenfaktoren mehr oder weniger beeinflußbar sind; es sind vorwiegend phänotypische Merkmale. Daraus erklärt sich, daß ein und dieselbe Art unter abweichenden Klimaverhältnissen verschiedenen Lebensformenklassen zugehören kann. Therophyten nehmen im kalten Klima gelegentlich Hemikryptophytenform an (*Poa annua*, *Viola tricolor* u. a.). Chamaephyten werden gegen Süden fortschreitend zu Nanophanerophyten (*Coronilla minima*, *Fumana*), während Phanerophyten im Hochgebirge oft zur Chamaephytenform reduziert sind. Feuchtwarme Gebiete begünstigen bei verschiedenen Lebensformenklassen den Lianenwuchs usw.

Aber auch in ein und demselben Gebiet erscheinen manche Arten (von Jugendformen abgesehen) unter zwei oder selbst drei Lebensformen. So wachsen sich einige Hemikryptophyten des Mediterrangebiets, wie *Scabiosa maritima*, *Leontodon hirtus* u. a., gelegentlich zu Chamaephyten aus, *Alyssum maritimum* erscheint als Therophyt, Hemikryptophyt und selbst Chamaephyt je nach Standort und Jahreswitterung (s. auch Soroceanu 1936, S. 132). Hagerup (1930) gibt an, daß in der Flora von Timbuktu nicht weniger als 11% der Arten sowohl als einjährige Therophyten, denn als Chamaephyten auftreten; umgekehrt finden sich zahlreiche Chamaephyten gelegentlich als Therophyten, und auch in der Sahara ist, wie namentlich R. Maire (1940) hervorhebt, der Lebensformtypus bei manchen Arten nicht scharf ausgeprägt. Immergrüne Gehölze können unter veränderten Lebensbedingungen laubwechselnd werden und umgekehrt (*Ligustrum vulgare*).

Klimatisch bedingte Lebensformänderungen, wie sie innerhalb enger Gebiete Mitteleuropas vorkommen, werden von Sissingh (1950, 1952) und J. Tüxen (1959) herausgestellt.

Experimentelle Untersuchungen über Anpassungsfähigkeit und Beeinflußbarkeit der Lebensformen haben F. Clements, E. M. Martins und F. L. Long (1950) an der kalifornischen Küste und im Pikes-Peak-Gebiet durchgeführt.

Da ein und dieselbe Merkmalskategorie bei bestimmten systematischen Gruppen veränderlich, also phänotypisch, bei anderen aber unveränderlich, genotypisch bedingt ist, läßt sich eine durchgehende Trennung der beiden Merkmalskategorien nicht durchführen. Dazu kommt, daß zahlreiche funktionell vorteilhafte morphologische Erscheinungen, die bei der Lebensformeneinteilung gleichfalls Verwendung finden, zweifellos erblich fest fixiert sind. Diese genotypisch verankerten Anpassungen können in der Vergangenheit, vielleicht unter von den heutigen völlig verschiedenen Bedingungen, selektiv erworben worden sein. Aus ihrem Vorkommen unter bestimmten klimatischen oder edaphischen Verhältnissen dürfen wir wohl schließen, daß sie sich mit denselben heute in Einklang befinden, nicht aber, daß sie ihnen ihre Entstehung verdanken.

Die Lebensformen können demnach nicht als eine eindeutige Antwort der Lebewesen auf die herrschenden Außenbedingungen betrachtet werden, vielmehr stellen sie die durch den Standort bedingte Ausformung der mehr oder weniger fest geprägten phylogenetischen Grundlage der Pflanze dar.

**Lebensformen und Geobotanik.** RAUNKIAER wollte seine Lebensformen ursprünglich nur zur pflanzenbiologischen Charakterisierung klimatisch einheitlicher Erdbezirke, zur Darstellung der sogenannten Pflanzenklimate verwendet wissen. Werden alle Pflanzenarten eines Gebietes auf die verschiedenen Lebensformenklassen prozentual verteilt, so erhält man nämlich im „Lebensformenspektrum" einen biologischen Ausdruck für die verschiedenen Klimagebiete. Mitteleuropa liegt mitten im Hemikryptophytengebiet der nördlichen Hemisphäre, das heißt, die Hemikryptophyten dominieren hier an Artenzahl weit über alle anderen Lebensformenklassen. Das schweizerische Mittelland vom Genfer- bis zum Bodensee mit seinen rund 1700 Blütenpflanzen zählt:

| | | | |
|---|---|---|---|
| Hemikryptophyten | 50% | Phanerophyten | 9 % |
| Therophyten | 20% | Chamaephyten | 4,5% |
| Geophyten | 15% | Hydrophyten | 1,5% |

In diesen Zahlen sind neben den einheimischen auch die völlig eingebürgerten Arten enthalten, daher das verhältnismäßig hohe Therophytenprozent.

Das Spektrum der ausschließlich einheimischen Arten des Pariser Beckens ergibt nach ALLORGE (1922) folgende Zusammensetzung:

| | | | |
|---|---|---|---|
| Hemikryptophyten | 51,5% | Therophyten | 9 % |
| Geophyten } | 25 % | Phanerophyten | 8 % |
| Hydrophyten } | | Chamaephyten | 6,5% |

Im Norden und in den Hochalpen gelangen neben den Hemikryptophyten die Chamaephyten mehr und mehr zur Geltung. So hat Spitzbergen 20% Chamaephyten, aber nur 1% Therophyten (*Koenigia islandica* und *Gentiana tenella*). Die Sommerwärme reicht hier nicht mehr hin, die Samen alljährlich zur Reife zu bringen; auch fallen die jungen Keimlinge leicht Frösten zum Opfer. Das Lebensformenspektrum der 240 Blütenpflanzen zählenden Nivalflora oberhalb der klimatischen Schneegrenze (2600 bis 3100 m) in den rätisch-lepontischen Alpen bietet:

| | | | |
|---|---|---|---|
| Hemikryptophyten | 68 % | Geophyten | 4 % |
| Chamaephyten | 24,5% | Therophyten | 3,5% |

Bei 3350 m Meereshöhe hat sich das Chamaephytenprozent auf 31% erhöht.

Völlig verschiedene Spektra ergeben trockenwarme Gebiete, wie aus den von RAUNKIAER mitgeteilten Beispielen hervorgeht. Die Lebensformenspektren der Cyrenaika Nordafrikas und der zentralen Sahara (El Golea, Hoggar) sind folgendermaßen zusammengesetzt:

| | Th. | H. | Ch. | Ph. | G. | HH. (Hydrophyten) |
|---|---|---|---|---|---|---|
| Cyrenaika ....... | **50** | 19 | 14 | 9 | 8 | — |
| El Golea ........ | **56** | 15 | 13 | 9 | 5 | 2 |
| Hoggar (R. Maire) | **48** | 10 | 18 | 14 | 10 | — |

In den subtropischen Trockengebieten dominieren die Therophyten. Nicht wenige Assoziationen bestehen ganz oder zum weitaus größten Teil aus Therophyten.

Es darf allerdings nicht übersehen werden, daß in manchen Gebieten (Hochgebirge, Norden) das Fortkommen der Pflanzen weniger durch

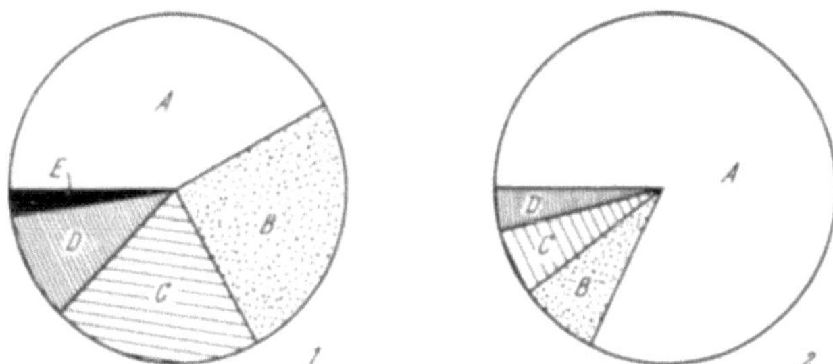


Abb. 79. Lebensformenspektrum des *Quercetum rotundifoliae* Aragoniens (nach Br.-Bl. und de Bolós 1957). *A* Phanerophyten, *B* Chamaephyten, *C* Hemikryptophyten, *D* Geophyten, *E* Therophyten; *1* nach der Artenzahl, *2* nach dem Deckungswert der tabellarisierten Arten berechnet

Abb. 80. *Loiseleurio-Cetrarietum* mit Windanrissen bei 2400 m im Carlittemassiv der Ostpyrenäen (Aufn. Tchou u. Br.-Bl.)

ihre Anpassung an die ungünstige (Winter) als vielmehr an die günstige Jahreszeit und die Möglichkeit, sie auszunützen, abhängt (Skottsberg 1913, Br.-Bl. 1913, S. 38; vgl. auch Nordhagen 1928, S. 595).

Kommt man in den Fall, noch unbeschriebene Unterabteilungen der Lebensformengruppen aufstellen zu müssen, so folgt man am besten den von RAUNKIAER vorgezeichneten biologischen Richtlinien.

**Lebensformen und Pflanzengesellschaft.** Jedem Standort sind bestimmte Lebensformen ganz besonders angepaßt, während andere ausgeschlossen bleiben; jede Gesellschaft hat ihr bestimmtes Lebensformenspektrum. Das normale Lebensformenspektrum wird nach dem prozentischen Artenanteil der verschiedenen Lebensformenkategorien der Gesellschaftstabelle berechnet.

Ein der Wirklichkeit besser entsprechendes Bild gibt das nach dem Deckungsgrad der Arten berechnete Spektrum (Abb. 79).

Je extremer die Standortsverhältnisse, um so schärfer wirkt die Artauslese, um so stärker treten die spezifischen biologischen Eigen-

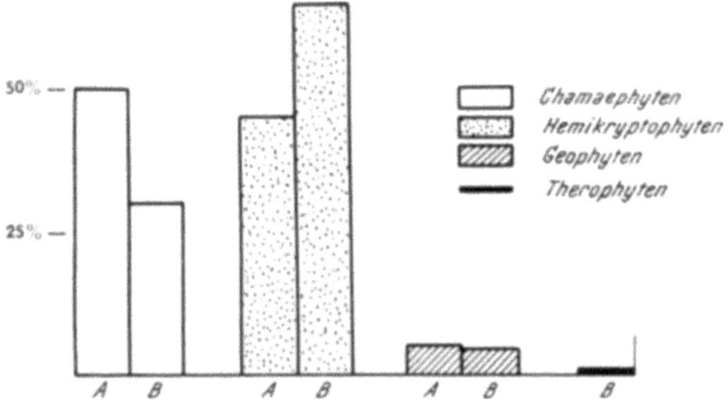


Abb. 81. Prozentuale Lebensformenverteilung zweier alpiner Gesellschaften. *A* Felsspaltenassoziation des *Androsacetum helveticae*, *B* *Caricetum curvulae*-Klimax-Rasen

heiten der Lebensformen hervor. Die Mangrovewaldungen der Tropen bestehen ausschließlich oder fast ausschließlich aus Bäumen mit Stelzwurzeln. Das Lebensformenspektrum der wintersüber schneefreien, windgepeitschten Zwergstrauchgesellschaft der Alpen und Pyrenäen, des *Loiseleurio-Cetrarietum* (Abb. 80), setzt sich aus rund $^2/_3$ windharten Chamaephyten (meist Strauchflechten) und $^1/_3$ Hemikryptophyten zusammen. Ähnlicherweise wind- und frosthart ist die Spaltenassoziation des *Androsacetum helveticae* mit 50% Chamaephyten.

Der angrenzende, schneeschutzbedürftige Krummseggenrasen (*Caricetum curvulae*) zeigt ein wesentlich anderes Bild (Abb. 81).

Aus nahe übereinstimmenden Lebensformenspektra kann auf ähnliche Lebensbedingungen geschlossen werden. Ein Vergleich der Spektra des *Agrostidetum tenuis* der Südsevennen (44° n. Br.) und des *Trisetetum flavescentis* Graubündens (47° n. Br.) beleuchtet die große ökologische Übereinstimmung der beiden Gesellschaften (Tab. 8).

Es handelt sich in der Tat um zwei sich ersetzende (vikarierende) Assoziationen der gedüngten Fettwiesen. Trotz erheblicher floristischer Unterschiede stimmen ihre Lebensformenspektra weitgehend überein.

Tabelle 8

| | *Agrostidetum* der Südsevennen % | *Trisetetum* des Schanfiggs (BEGER) % |
|---|---|---|
| Chamaephyten | 3 | 4,5 |
| Hemikryptophyten | 81 | 89 |
| Therophyten | 8 | 2 |
| Geophyten | 8 | 4,5 |

Bei mehrschichtigen Gesellschaften ist es angezeigt, die prozentische Lebensformenverteilung nach den Hauptschichten getrennt aufzuführen.

In der Baumschicht des *Fagetum gallicum conopodietosum* herrscht *Fagus silvatica* unumschränkt. Die Bodenschicht ist fast ausschließlich aus Hemikryptophyten und Geophyten zusammengesetzt.

Lebensformenspektrum der Bodenschicht des *Fagetum gallicum conopodietosum:*

| | | | |
|---|---|---|---|
| Phanerophyten | 2% | Hemikryptophyten | 52% |
| Chamaephyten | 4% | Geophyten | 40% |
| | Therophyten | 2% | |

Starke Beschattung hindert das Aufkommen der Chamaephyten und Therophyten, während in der lockeren, nährstoffreichen oberen Bodenschicht ($A_1$) neben den Hemikryptophyten die Rhizomgeophyten optimal gedeihen.

DIEMONT (1938) errechnet die prozentuale Beteiligung der Arten am Aufbau NW-deutscher Laubwälder auf Grund des von TÜXEN und ELLENBERG (1937) eingeführten Gruppenwerts (s. S. 52).

Bei dieser Berechnungsart erhalten die dominierenden Arten der verschiedenen Schichten einen ihrer Massenentwicklung und ihrer Deckung besser entsprechenden Zahlenwert.

**Lebensformen und höhere Gesellschaftseinheiten.** Wie das Lebensformenspektrum hilft, den ökologischen Charakter der Assoziationen zu kennzeichnen, so kann es auch dazu dienen, die höheren systematischen Gesellschaftseinheiten besser auseinanderzuhalten und rascher zu erkennen. Dies geht aus der Gegenüberstellung der Spektren zweier Verbände des gleichen Gebietes deutlich hervor (Tab. 9).

Es hat sich herausgestellt, daß das Fehlen der Therophyten für das ganze Verbreitungsgebiet der Ordnung *Rosmarinetalia* (Frankreich, Italien, Spanien, Nordafrika) Gültigkeit hat und geradezu als ökologisches Merkzeichen dieser Ordnung angesehen werden kann.

Tabelle 9. Lebensformenverteilung im Therobrachypodion und Aphyllanthion Südfrankreichs

| | Th | Ch | NPh | H | G |
|---|---|---|---|---|---|
| | % | | | | |
| **Therobrachypodion** | | | | | |
| *Onobrychi-Barbuletum* ................ | **71** | 9 | | 14 | 6 |
| *Brachypodietum ramosi* | | | | | |
| a) Br.-Bl. und Bharucha (1932, 1962, 40 Aufnahmen) .................... | **56** | 13,5 | 3,5 | 23 | 5 |
| b) Molinier (1935, 22 Aufnahmen)... | **54,8** | 14,8 | 3,7 | 20,7 | 6 |
| **Aphyllanthion** | | | | | |
| *Aphyllantho-Leontodetum* (Tomaselli 1948 und Br.-Bl. 90 Aufnahmen) ................... | 1 | 40 | 9,5 | **46** | 3,5 |
| *Deschampsietum mediae* (Br.-Bl. 45 Aufnahmen) ............ | 12 | 17 | 5 | **54** | 12 |

Durch sehr hohe Therophytenwerte sind dagegen die im gleichen Synoekosystem heimischen Ordnungen der *Therobrachypodietea* und

Abb. 82. *Rosmarino-Ericion* im Kalkgebirge von Cardo am Ebro, 870 m (Aufn. Berset, Exkurs. S.I.G.M.A.)

*Tuberarietea guttati* sowie manche Steppengesellschaften ausgezeichnet. Grossheim erwähnt eine artenreiche *Artemisia hanseniana*-Assoziation aus der transkaukasischen Steppe, die nicht weniger als 74,6% Therophyten einschließt.

Fast ausschließlich (zu 90 bis 95%) aus Therophyten zusammengesetzt sind einige Zwergbinsengesellschaften, wie das *Eleocharetum* und das *Centunculo-Anthoceretum*, wie sie MOOR (1936) beschrieben hat. Hier ist es die langdauernde Überflutung, welche ausdauernde Gewächse fernhält und nur solche zuläßt, deren Lebenskreislauf sich innert kürzester Frist während der alljährlichen Trockenlegung der Bodenfläche abwickelt (s. S. 86).

**Physiognomie und Lebensformensystematik.** Der ständig wiederkehrende Zusammenschluß bestimmter Lebensformen und Lebensformenbindungen führt zur Fassung physiognomischer Gesellschaftseinheiten, die außerhalb der sippensystematischen Betrachtung liegen. Diese physiognomisch unterschiedenen homogenen Lebensformgemeinschaften sind das Ausgangsmaterial einer Klassifizierung, die von der einfach gebauten, eine einzige Lebensformgruppe umfassenden Synusie zur Formation (Formationstypus) und zum Vegetationstypus hinleitet.

**Synusie** (Verein[1]; s. DU RIETZ 1957, 1961). Unter Synusie ist eine einfach gebaute, ökologisch einheitliche Pflanzenvereinigung, ,,une niche écologique" (LEBRUN 1961) verstanden, die aus ähnlichen Lebensformen (einer einzigen Lebensformgruppe) zusammengesetzt ist.

Ein Krustenflechten-Überzug, ein Deckenmoos- oder Zwergstrauchteppich, die Krautschicht des *allium*reichen Buchenwaldes, die Baumschicht eines Föhren- oder Fichtenwaldes, die Hutpilzvegetation eines pilzreichen Waldbestandes sind Synusien.

Zwei oder mehrere Synusien können zu übergeordneten Einheiten zusammengeschlossen werden. Als solche bezeichnet DU RIETZ (nach POLI 1961) Union, Soziation, Föderation, Synusieverband, Synusieformation.

Es kann vorkommen, daß die Synusie mit einer Assoziation zusammenfällt (Strauchflechtenteppich, Algenüberzug usw.; Abb. 83).

Meist aber beteiligen sich am Aufbau einer Assoziation mehrere, bei tropischen Waldassoziationen viele ökologische Vereine (Synusien), die aber oft schwer auseinanderzuhalten sind (vgl. RICHARDS 1952)[2].

Einzelne Synusien können sich im Laufe der jahreszeitlichen Entwicklung an ein und derselben Stelle räumlich ablösen, sie sind komplementär, so der Frühlingsgeophyten-, der sommerliche Hemikryptophyten- und der herbstliche Hutpilzverein eines Laubwaldes, Synusien, die jahreszeitlichen Aspekten einer Assoziation entsprechen. Vielfach fallen die Synusien auch mit den einzelnen Schichten einer Assoziation zusammen.

---

[1] Als deutschen Ausdruck für Synusie habe ich seinerzeit den Namen Verein vorgeschlagen. Da aber, wie WILLMANNS (1962) bemerkt, Verein in verschiedener Bedeutung gebraucht wird, ist der international anwendbare Terminus Synusie sensu DU RIETZ' als eindeutiger zu bevorzugen.

[2] "It is characteristic of the Moss forest that the constituent synusiae blend into one another so as to defy any satisfactory scheme of classification" (RICHARDS).

Wie bei den Assoziationen, so lassen sich selbständige und von andern abhängige Synusien unterscheiden.

Zu den letzteren zählen u. a. Epiphyten- und manche Saprophytenvereine.

Es besteht natürlich ohne weiteres die Möglichkeit, die Synusien den floristisch gefaßten Vegetationseinheiten einzugliedern, sei es als Schichten, als abhängige Gesellschaften, als fazielle Abänderungen, als jahreszeitliche Aspekte.

Abb. 83. *Cladonia alpestris*-Synusie im *Mugo-Ericetum cladonietosum* des Schweizerischen Nationalparks, 1800 m (Aufn. Exkurs. S.I.G.M.A.)

KALLIOLA (1939, S. 64) betont mit Recht, daß es bei der Beschreibung der Soziationen oder Assoziationen nicht damit getan ist, eingehend die Vereine (Synusien) zu referieren und dann anzugeben, wie jede Assoziation aus ihnen zusammengesetzt ist. Die Assoziationen stellen nicht bloß ein Zusammentreffen verschiedener Synusien dar, sondern es sind natürlich gegebene Ganzheiten, zwischen deren Einzelgliedern bestimmte Beziehungen obwalten.

Auch GLEASON (in CAIN 1936, S. 670) weist darauf hin, daß jede Art eines Vereins alle Arten anderer Vereine, die in ihrer Einflußsphäre liegen, beeinflußt, es können daher die einzelnen in Schichtenverbindung lebenden Synusien keine selbständigen Vegetationseinheiten darstellen, wie auch ihre Ökologie nur in Verbindung mit der Ökologie des Gesamtlebensraums richtig verstanden werden kann (Kryptogamenvereine in mehrschichtigen Phanerogamengesellschaften).

**Formation.** Unter Formation verstehe ich in Anlehnung an Du Rietz (1957, S. 25) eine Lebensformgemeinschaft von höherem Rang, zusammengesetzt aus mehreren bis vielen Lebensformgruppen, die bei komplexer Struktur doch eine einheitliche Gesamtphysiognomie ergeben. Man spricht von einer *Pinus-Pseudotsuga*-Formation, einer subalpinen *Rhododendron*-Formation usw. Die Formation besteht in der Regel bei komplexer Struktur aus zahlreichen Lebensformen.

Ähnliche Lebensformengruppierungen (Formationen, Formationsgruppen) in geographisch weit getrennten Gebieten, die niemals

Abb. 84. *Pinus mugo*-Synusie in den Ostkarpaten, 1700 bis 1800 m (Aufn. Firbas, Exkurs. S.I.G.M.A.)

untereinander in Verbindung gestanden haben und daher auch keine oder geringe floristische Beziehungen aufweisen, sind als bioklimatische Konvergenzen oder Homologien (Chodat) aufzufassen. Wir wissen, daß unter ähnlichen klimatischen Bedingungen ähnliche Lebensformen begünstigt, ja geradezu gezüchtet werden. Man denke an die konvergenten Hartlaubgehölze des Mittelmeergebietes, Kaliforniens, des Kaplands, Chiles und SW-Australiens, an die Kugelpolsterform der Hochgebirge, des hohen Nordens und der Wüsten.

Homologe Formationen sind auch die nordafrikanischen *Artemisia herba alba*-, die aralo-kaspische *Artemisia maritima*- und *A. pauciflora*-, die *Artemisia tridentata*-Steppe der Union, sowie die subarktischen und die atlantischen *Betula*-Flechtenheiden (Abb. 85) usw. Eine bemerkenswerte ökologische Übereinstimmung in bezug auf die Lebensformen besteht auch, wie Troll (1948) hervorhebt, zwischen den tropischen Hochgebirgen und der Subantarktis.

Abb. 85. *Cladonia alpestris-Betula tortuosa*-Flechtenheide in Nordfinnland (Aufn. KALLIOLA)

Abb. 86. *Cladonia rangiferina-Cladonia silvatica-Cladonia mitis*-Flechtenheide mit *Betula pendula* bei Lamotte-Beuvron, Sologne (Aufn. P. MEYER u. BR.-BL.)

Derartige Homologien lassen auf bioklimatisch und edaphisch ähnliche Verhältnisse schließen (Abb. 85, 86).

**Formationsklasse.** Physiognomisch ähnliche Formationen werden zu Formationsgruppen und diese zu Vegetationstypengürteln oder -klassen (Panformation, Du Rietz) zusammengefaßt. Die großen Vegetationstypen der Erde finden seit Grisebach bei der groben phytoklimatischen Charakterisierung der einzelnen Erdstriche Verwendung.

Brockmann-Jerosch und Rübel (1912) haben sich ihrer zur systematischen Gruppierung der Formationsklassen bedient. Sie unterscheiden vier Hauptvegetationstypen: Lignosa, Prata, Deserta, Phytoplankton, welchen folgende 14 Formationsklassen eingegliedert sind:

*Pluviilignosa* (Regengehölze)
*Durilignosa* (Hartlaubgehölze)
*Deciduilignosa* (Fallaubgehölze)
*Terriprata* (Bodenwiesen)
*Sphagnioprata* (Hochmoore)
*Siccissimideserta* (Wüsten)
*Litorideserta* (Strandsteppen)
*Laurilignosa* (Lorbeergehölze)
*Ericilignosa* (Heidengehölze)
*Conilignosa* (Nadelgehölze)
*Aquiprata* (Sumpfwiesen)
*Siccideserta* (Steppen)
*Frigorideserta* (Kälteeinöden)
*Mobilideserta* (Wandereinöden)

Später hat Rübel (1933) die Zahl der Formationsklassen auf 28 erhöht.

Es besteht natürlich die Möglichkeit, diesen großen physiognomischen Typen floristisch gefaßte Einheiten einzuordnen, wie dies Brockmann und Rübel selbst und nach ihnen auch andere bis zu M. Martin (1961) getan haben, doch ist diese Unterordnung von präzisen floristischen unter vage physiognomische Einheiten ein nicht zu empfehlendes Aushilfsverfahren, das zum Auseinanderreißen floristisch nahe verwandter Gesellschaften führen muß.

Die vorgenannten physiognomischen Typen lassen sich mit Vorteil zur weitgefaßten Charakterisierung großer Erdgebiete verwenden. Sie können auch in taxonomisch nicht oder ungenügend erforschten Erdstrichen zur Zonen- und Höhenstufenabgrenzung herbeigezogen werden. Ferner gestatten sie, strukturelle Vegetationskonvergenzen aufzuzeigen, wie sie Richards (1952) für die tropischen und Dansereau (1957) für die temperierten Regenwälder gezeichnet haben.

Die weitgefaßten Konvergenzen lassen sich selbst auf vorgeschichtliche Pflanzengesellschaften übertragen. Die 1956 paläontologisch auf das gründlichste durchgearbeitete Oligozänflora von Twickenham (Oregon), deren Aufbau annähernd zehn Millionen Jahre zurückliegt, scheint dem heutigen *Sequoia*-Wald des nördlichen Kalifornien und den *Metasequoia-Cercidiphyllum*-Wäldern Zentralchinas ökologisch, ja in gewissem Grade sogar sippensystematisch zu entsprechen (Chaney 1956).

# III. Kryptogamengesellschaften

## A. Moos- und Flechtengesellschaften

Moose und Flechten sind vielen Spermatophytengesellschaften beigemischt, können aber auch für sich allein, oder von wenigen höheren Pflanzen begleitet, gesellschaftsbildend auftreten. Großräumige Kryptogamengesellschaften sind bezeichnend für klimatisch ungünstige, kalte Gebiete, Moore und Tundren im Norden, Schneeböden und Windecken in den Hochgebirgen, aber auch etwa für herabgewirtschaftete, versauerte Böden und Fels-Oberflächengesellschaften.

**Organisation.** Wie bei der höher organisierten Gefäßpflanzenvegetation hat die Untersuchung der Moos- und Flechtenassoziationen mit der Gesellschaftsorganisation einzusetzen. Neben dem Artengefüge und den Mengenverhältnissen sind Vitalität und Soziabilität der Arten zu beachten. Aufbau und systematische Anordnung der Tabellen entsprechen den für die höhere Vegetation gültigen Richtlinien.

**Kleinraumgesellschaften.** Es sind dies einschichtige Kryptogamengesellschaften innerhalb weiter gefaßter Einheiten, die bald als Soziationen, als Verbände, als Synusien behandelt, oder auch den Assoziationen der Spermatophytengesellschaften gleichgestellt werden. Erwünscht wäre eine Übereinkunft über ihre Stellung, wie auch über die Benennung der Kleinraumgesellschaften, die im Rahmen bestimmter Assoziationen ständig unter denselben Bedingungen auftreten, ohne daß ihre Abhängigkeit direkt nachweisbar wäre (vgl. Du Rietz 1954, Höfler 1959).

Als Vorbilder synökologischer Untersuchungen, die sich mit der kausalen Erforschung der Standortsverhältnisse, des Lebenshaushaltes und der Lebensäußerungen dieser kryptogamen Kleinraumgesellschaften befassen, können die Arbeiten von Du Rietz, Ochsner, Ed. Frey, Barkman, Klement, Höfler, Nakanishi gelten. Frey (1959) hat erstmals die Konkurrenzverhältnisse der Flechtenarten auf einwandfreie Grundlage gestellt.

Das Studium der Entwicklungs- und Sukzessionsverhältnisse im Bereich der Kryptogamengesellschaften stimmt im Prinzip mit jenem der höheren Gesellschaften überein; die graphisch-schematische Darstellung ist dieselbe (s. Herzog und Höfler 1944). Sie stehen vielfach als Erstbesiedler bodenarmer Standorte am Beginn einer Entwicklungsreihe, die durch die Kryptogamenvegetation für höhere Gesellschaften vorbereitet wird (s. S. 614). Moose, Flechten und Algen spielen aber öfter auch in letzteren eine wichtige Rolle, vor allem an luft- und bodenfeuchten Standorten, wo auch Mischungen vorkommen. Die Zusammenarbeit zwischen Spermatophyten-, Moos- und Flechtenkennern ist daher wünschbar.

Die Zahl der beschriebenen reinen Moos- und Flechtengesellschaften hat sich in den letzten Jahrzehnten derart vermehrt, daß wir uns mit dem Hinweis auf einige der wichtigsten Arbeiten, sofern sie auch theoretische Fragen berühren, begnügen müssen:

Allorge (1922), Ed. Frey (1923, 1933, 1956), Hilitzer (1925),

Ed. Frey und Ochsner (1926), Ochsner (1928, 1934, 1954), des Abbayes (1934, 1951), Du Rietz (1930), Cain und Sharp (1938), Duvigneaud (1939), hiezu gesellen sich im letzten Jahrzehnt: Mattick (1951), Galinou (1955), Klement (1949, 1955, 1958, 1959), Pölt (1954), Oberdorfer (1957), Barkman (1950, 1958), Bornkamm (1958), Hübschmann (1953, 1955, 1957, 1960), Ahti (1959), Roger Molinier (1959), Schubert und Klement (1961), Iwatsuki (1960), Nakanishi (1962). Die Liste ließe sich erweitern.

Eine auf der Zürich-Montpellier-Schule fußende, vorläufige Übersicht der mitteleuropäischen Flechtengesellschaften gibt Klement (1958), der auch einen Prodromus dieser Gesellschaften in Aussicht stellt.

## B. Pilzgesellschaften

Pilz- und Algengesellschaften sind schon der Bestimmungsschwierigkeiten wegen, dann aber auch, weil einmalige Aufnahmen kein ausreichendes Bild ihrer Zusammensetzung zu geben vermögen, und schließlich des komplizierten Aufnahmeverfahrens halber stark vernachlässigt worden, obschon ihnen vom praktischen wie vom gesundheitlichen Standpunkt aus große Wichtigkeit zukommt.

**Hutpilzgesellschaften.** Die Einbeziehung der Großpilze in pflanzensoziologische Untersuchungen läßt noch viel zu wünschen übrig, wenn auch die Abhängigkeit der höheren Pilzvegetation von den Waldgesellschaften seit langem bekannt ist. Schon zu Beginn des Jahrhunderts nennt Lagarde 118 Pilze für den Buchenwald des Aigoual (das *Fagetum gallicum conopodietosum*) zwischen 1000 und 1500 m, von welchen mehrere in den Sevennen streng an diese Waldgesellschaft gebunden sind.

Es ist vor allem das Verdienst Höflers (1938, 1954, 1955, 1962), Richtlinien für eine Pilzsoziologie gezogen zu haben. Eine eingehende Übersicht über die Entwicklung der pilzsoziologischen Methodik gibt Hueck (1953).

Die charakteristischen Pilzgruppierungen sind entweder mit Höfler (1938, 1955), Hueck (1953), Pirk und Tüxen (1957a) innerhalb der großräumigen Waldgesellschaften als abhängige Kleingesellschaften aufzufassen, oder aber der Spermatophytengesellschaft, falls diese hinreichend charakterisiert ist, als gleichwertige Glieder einzuordnen, wie es Leischner-Siska (1939), Favre (1948), Meisel-Jahn und Pirk (1955), Heinemann (1956), Pirk und Tüxen (1957b), Apinis (1960), Nespiak (1959, 1962) getan haben. Im Einzelfall ist zu entscheiden, welches Vorgehen bessere Resultate verspricht.

Das zweite Verfahren empfiehlt sich dort, wo die Assoziationen bis in die Einzelheiten bekannt sind.

Warum, könnte man fragen, sind die Pilzgesellschaften nicht den abhängigen Gesellschaften zugeordnet worden? Dem ist zu erwidern, daß die Abhängigkeit der Pilze von andern Organismen und Organismengesellschaften schwer erkennbar und auch nicht durchgehend ist. Manche Pilz- und Algenvereinigungen können aber ohne weiteres als abhängige Gesellschaften betrachtet werden.

**Abhängigkeitsbeziehungen.** In Waldgesellschaften sind folgende Abhängigkeitsbeziehungen der Pilze feststellbar:

1. Parasitismus,
2. Saprophytismus der Pilze an toten Pflanzenteilen,
3. Saprophytismus am Abwurf (Laub, Zweiglein, Nadelstreu) bei biologischer Indifferenz,
4. Lose Bindung der Pilze der peritrophen Mykorrhiza an den lebenden Baum,
5. Ektotrophe und endotrophe Mykorrhiza (Höfler 1955).

Abb. 87. Hexenring im Kiefernwald bei Rüdersdorf, *Clitocybe pithyophila* herrscht vor (Aufn. Arndt)

**Hexenringe.** Eine besondere Abhängigkeitsform einartiger Pilzgemeinschaften bilden die Hexenringe, wie sie in Wald- und Wiesengesellschaften auftreten (Abb. 87).

Shantz und Piemeisel (1917) geben eine Liste von über 60 ringbildenden Pilzarten. Die Ursache dieser Ringbildung liegt in der teilweisen Umwandlung der organischen Bodenbestandteile in Ammonium, das unter Mitwirkung der Bakterien in Nitrit und hierauf in Nitrat umgewandelt wird. Nach dem Absterben der Pilzmycelien bewirkt die Bakterientätigkeit eine Rückbildung in Ammonium, das zu Nitrat aufgebaut wird. Die Nitratspeicherung stimuliert den Graswuchs, der aber größere Feuchtigkeitsansprüche stellt, die, falls sie nicht befriedigt werden können, zum Absterben der Gräser und ihrer Begleitpflanzen führen. Der offene Boden wird nun von einer Unkrautvegetation besiedelt, auf welche über mehrere Zwischenstufen die Kurzgras-Dauergesellschaft folgt. Der ganze phytobiotische Sukzessionsverlauf, der sich innerhalb der *Bouteloua-Bulbilis dactyloides*-Kurzgrasassoziation unter dem Einfluß des *Agaricus tabularis* abspielt, wird durch Abb. 88 verdeutlicht.

**Assoziationsbildung.** Wie bei der Abgrenzung der Gefäßpflanzenassoziationen ist auch bei der Aufstellung von Pilzassoziationen in erster Linie dem Treueprinzip Rechnung zu tragen. Unter derselben Oberschicht kann die Pilzvegetation sehr stark variieren.

Welche Artunterschiede die Pilzvegetation zweier Buchengesellschaften, die eine auf Silikatunterlage, die andere auf Kalkboden, aufweist, geht aus dem Vergleich des *Fagetum gallicum conopodietosum*

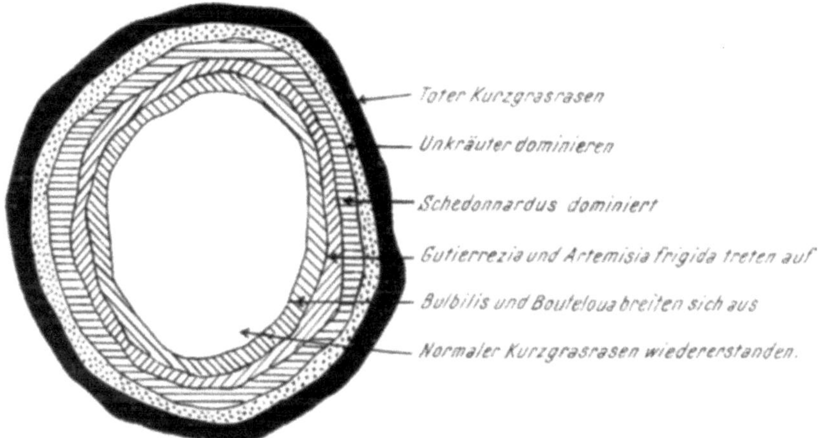


Abb. 88. Kurzgrasstadien der Sukzession, auf die Zerstörung des Hexenrings von *Agaricus tabularis* folgend (nach SHANTZ u. PIEMEISEL 1917)

vom Aigoual (Sevennen) mit dem von LEISCHNER-SISKA untersuchten *Fagetum praealpinum* hervor. Von den 118 Großpilzen des Aigoual-Buchenwaldes erscheinen nur etwa 30 im *Fagetum praealpinum* von Salzburg.

Dagegen zeigt die artenarme Pilzvegetation der Brandflächen, die PIRK (1950) an zahlreichen Stellen Deutschlands untersucht hat, große Einheitlichkeit. Scharf zu unterscheiden ist die Pilzvegetation auf Laubholz- und jene auf Nadelholzkohle.

Wichtige Untersuchungen über die Pilzvegetation im Urwald von Bialowieza hat NESPIAK (1959) durchgeführt. In neun verschiedenen Gehölzassoziationen stellte er nicht weniger als 425 Großpilze fest.

Während zweier Jahre wurden allmonatlich, vom April bis Oktober, auf Dauerquadraten von 100 qm Artenbestand, Häufigkeit der Fruchtkörper und Soziabilität der Pilze schätzungsweise angegeben. Da gleichzeitig die maßgebenden mikroklimatischen Faktoren (Maximum- und Minimum-Temperatur, Niederschlag und Verdunstung) gemessen wurden, kommt diesen Daueruntersuchungen besonderes Gewicht zu. Sie zeigen einerseits die Zusammenhänge zwischen Pilzflora und Waldassoziationen (innerhalb des großklimatisch einheitlichen Gebietes), anderseits die beträchtlichen Unterschiede der Pilzentwicklung von einem Jahr zum andern.

Aus dem Verlauf der Jahreskurven geht deutlich der Einfluß des Niederschlags auf die Pilzentwicklung hervor.

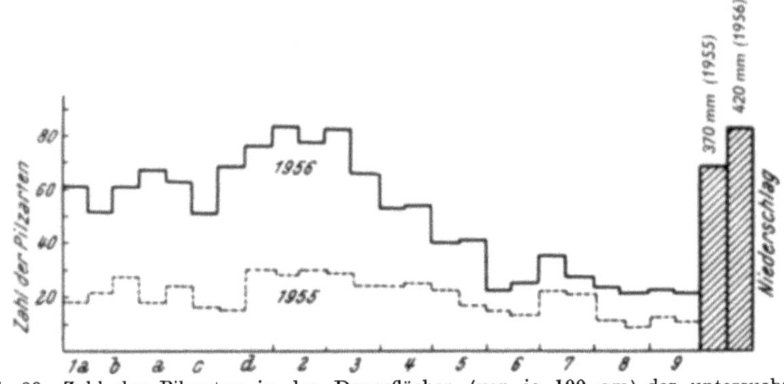


Abb. 89. Zahl der Pilzarten in den Dauerflächen (von je 100 qm) der untersuchten Assoziationen (nach Nespiak 1959, S. 97)

1 *Querco-Carpinetum medioeuropaeum*
   *a corydaletosum*
   *b stachyetosum silvaticae*
   *c, d caricetosum pilosae*
2 *Pino-Quercetum serratuletosum*
3 *Pino-Vaccinietum myrtilli*
4 *Querco-Piceetum*
5 *Alnetum glutinosae typicum*
6 *Circaeo-Alnetum*
7 *Salix aurita-Frangula alnus*-Assoziation
8 *Pino-Vaccinietum uliginosi*
9 *Sphagnetum medii pinetosum*

Beobachtungen, welche die Abhängigkeit der Artenzahlkurve von Temperatur und Niederschlag hervortreten lassen, hat auch Leischner-Siska (1939) kurvenmäßig dargestellt.

Favre (1948), der die Pilzvegetation der *Sphagnum*-Moore sehr eingehend verfolgt hat, hält die Aziditätsverhältnisse des Bodens für den wichtigsten die Pilzvegetation beeinflussenden Faktor.

Standörtlich eigenartige Pilzgesellschaften beschreiben Pirk und Tüxen (1957) als *Coprinus ephemeroides*-Assoziation, die sich auf frischem Mist der Wasserweiden Norddeutschlands entwickelt und ebendaher eine zur Klasse der holzbewohnenden Pilzgesellschaften gehörende Assoziation modernder Buchenstümpfe, das *Trametetum gibbosae*.

**Pilzaspekte.** In der Pilzsoziologie hat man stets mit Aspekten zu rechnen, die einem raschen Wechsel unterliegen und deren Aufeinanderfolge nicht nur von der Jahreszeit, sondern in komplizierter Weise auch von klimatischen und edaphischen Umständen abhängt, so daß man geradezu von Nässe-, Trocken-, Wärme-, Kälteaspekten sprechen kann.

Über die jahreszeitlichen Pilzaspekte, die von Friedrich (1940, 1954) und neuerdings von Höfler (1954, 1962) und Guminska (1962) verfolgt worden sind, macht Höfler nähere Angaben. Im Laufe des Jahres entwickeln sich eine Reihe durch die Witterung beeinflußter Aspekte, aber die gleiche Dauerfläche ist in verschiedenen Jahren um dieselbe Jahreszeit von sehr verschiedenen Fruchtkörpern besetzt.

Die Rhythmik der Pilzvegetation wird am besten durch die schematische Darstellung des im Jahresverlauf mehr oder weniger reichlichen Auftretens der Arten dargestellt (HÖFLER 1954, S. 377).

Werden den Gesellschaftsaufnahmen der grünen Vegetation die sichtbaren Pilze angeschlossen, so sollte womöglich der Pilzaspekt angegeben werden. HÖFLER (1962) unterscheidet als Maximal-

Abb. 90. Pilzverteilung in einer Waldprobefläche, Anfang September; vier Quadrate von 25 qm (nach CASTUCHIN u. NIKOLAJEVSKAJA 1953). Die Zahlen beziehen sich auf die verschiedenen Pilzarten

aspekt den Pilzaspekt höchsten Gewichtsertrages, als Optimalaspekt den Aspekt höchster Artenzahl.

Die von GUMIŃSKA (1962) jahrelang beobachteten Dauerquadrate in polnischen Buchenwaldungen bestätigen und erweitern HÖFLERs Untersuchungen über die Abhängigkeit der Pilzaspekte von Niederschlag, Bodenfeuchtigkeit und Wärme. Nach den Dominanzverhältnissen unterscheidet die Autorin im Buchenwald drei Hauptpilzaspekte: einen *Boletus*-Aspekt von Ende Juli bis Mitte August, einen *Russula*-Aspekt von Ende August bis Mitte September, einen *Amanitopsis vaginata*-Aspekt vom 10. bis 20. September.

Die graphische Darstellung des phänologischen Spektrums im *Fagetum carpaticum* vermittelt ein äußerst plastisches Bild der jahreszeitlichen Pilzverteilung. Einem pilzarmen Jahr folgt oft ein pilzreiches.

Die räumliche Verteilung der Pilze in ihrer Kompliziertheit geht aus der zeichnerischen Wiedergabe der Großpilzvegetation auf einer

Waldprobefläche von 100 qm durch CASTUCHIN und NIKOLAJEVSKAJA (1953) hervor. Es handelt sich um den Herbstaspekt (Abb. 90).

**Aufnahmemethode.** Bei der Untersuchung der Pilzgesellschaften können anstelle des Deckungsgrades Individuenzahl und Gewicht der Pilze verwendet werden.

LEISCHNER-SISKA (1939), NESPIAK (1959), GUMINSKA (1962) begnügen sich mit der Angabe von Abundanz und Deckungsgrad der Fruchtkörper, geschätzt nach der für die Phanerogamen gültigen Skala (+, 1 bis 5). Für die Soziabilität bedienen sie sich der Ziffern 1 bis 5 (1 einzeln wachsend, 5 in großen Herden). Bei der Darstellung der Standortverhältnisse darf aber auf keinen Fall der Bodentypus oder der geologische Untergrund übersehen werden, auch sind Vitalität und Fertilität der Pilze anzugeben.

Für die Gesellschaftsaufnahmen der Großpilze sind Flächen von mindestens 100 qm genau zu untersuchen. Dieser Umfang ist aber, wie HÖFLER (1955) hervorhebt, eigentlich zu klein, um die vollständige Artenliste der Assoziation zu erfassen, weshalb die außerhalb der abgegrenzten Fläche im gleichen Waldbestand vorkommenden Arten hinzunotiert werden müssen.

Auch das Pilzsubstrat ist anzugeben, wobei nackter, gras- oder moosbewachsener Erdboden (E), Blattlaub (B), Zweigreste (Z), Holzreste im Boden (H), Baumstrünke (S) und unter Umständen auch andere Substrate zu unterscheiden sind (HUECK 1953, COOKE 1955).

## C. Haftende Algengesellschaften

Algengesellschaften sind entweder Substrathafter, Wasser,- und Schneeschweber oder Bodenbewohner (Edaphophyten; s. dort S. 190 bis 193). Über oberflächlich haftende Algengesellschaften sind wir wenig unterrichtet, ihre Selbständigkeit ist gering.

**Algen-Moosgesellschaften.** Die Algen leben vielfach in Gemeinschaft mit Moosen, Lebermoosen, Flechten, oft auch in Mischung mit höheren Pflanzen. Epiphytische Algengesellschaften an Baumstämmen sind das *Pleurococcetum*, *Prasioletum crispae*, *Trentepohlietum abietinae* (s. OCHSNER 1928, BARKMAN 1958). Bodenhaftende reine oder nahezu reine Algengesellschaften hat MARGALEF (1949) untersucht. Er erläutert auch eine Methode ihrer quantitativen Untersuchung.

Mischungen von Algen und Moosgesellschaften aus den Karawanken beschreiben HÖFLER und FETZMANN (1950). Die überrieselten oder vom Tropfwasser ständig besprühten Dolomitfelsen sind von *Cratoneuron commutatum* eingenommen, worin außer Diatomeen und spärlicher *Anabaena* kaum andere Algen enthalten sind. Anderseits bildet das Moos *Hymenostylium curvirostre* reine dunkelgrüne Polster, und schließlich vereinigen sich *Scytonema myochrous* und *Rivularia haematites* mit einigen Diatomeen zum Algenverein, der sich am Fels oft scharf von den Moosbeständen abhebt. Diesen *Scytonema*-*Rivularia*-Watten schließen sich *Cratoneuron commutatum*, *Preissia commutata* (spärlich) und *Nostoc* an.

Ein „*Scytonemetum*“ bildet auch die auffälligen Tintenstriche der Südtiroler Kalkriffe an Stellen, wo das Regen- oder Schmelzwasser herunterrieselt. Zusammen mit dem Moosverein von *Cratoneuron* und *Hymenostylium* bildet dieser Algenverein eine „Mikroassoziation“, worin auch *Pinguicula alpina* gedeiht und an welcher Moose und Algen flächenmäßig etwa den gleichen Anteil haben (s. S. 356).

**Saftflußvegetation.** Aus Algen und Pilzen besteht die noch wenig untersuchte Saftflußvegetation, zur Hauptsache aus niedrigstehenden Pilzen zusammengesetzt, die sich auf Baumstümpfen kurz nach dem Schlag einstellt. In Südfinnland besteht sie u. a. aus *Endomyces-*, *Saccharomycodes-*, *Saccharomyces-*, *Fusarium*-Arten, *Mucor racemosus*, *Oïdium lactis* usw. und Bakterien, die assoziationsbildend auftreten. In der Folge erscheinen dann Algen (*Nostoc*, *Chlorococcus*) und bald auch vereinzelte Moose und Flechten, die *Cladonia botrytis-Parmelia furfuracea*-Assoziation darstellend (Krohn 1924).

**Submarine Haftergesellschaften.** Die Aufnahmeschwierigkeiten der Untermeer-Vegetation sind beträchtlich, ihre Untersuchung steckt daher noch in den Anfängen. Roger Molinier (1960) gibt eine kurze Übersicht der wenigen bisher von Ollivier (1930) und von Feldmann (1937) beschriebenen Assoziationen aus dem Mittelmeer. Gemeinsam mit J. Picard hat er die Littoralalgengesellschaften der Küste von Marseille (1953) und 1960 jene des nordkorsischen Cap Corse eingehend untersucht und eine Reihe photophiler, sciaphiler und nitrophiler Assoziationen unterschieden, die er mehreren Verbänden und Ordnungen einordnet.

In den unterseeischen Haftergesellschaften leben Pflanzen und Tiere in derart enger Verbindung, daß es von vornherein angezeigt erscheint, die alle Lebewesen umfassende „Biozönose“ in ihrer Gesamtheit als Einheit nach den pflanzensoziologischen Methoden der Zürich-Montpellier-Schule aufzunehmen. Die Mitberücksichtigung der Tiere verlangt allerdings eine Anpassung des Aufnahmeverfahrens.

Der Algenvegetation gleichzustellen sind die aus dominierenden untermeerischen Phanerogamen zusammengesetzten Gesellschaften, welche als *Posidonietum oceanicae* und als *Udoteo-Peyssonnelietum* unterschieden werden. Molinier betrachtet das *Posidonietum* als eine untermeerische Klimaxbiozönose.

Leichter erkennbar sind die Uferhaftergesellschaften, wie sie Kornaś und Medwecka-Kornaś (1950) und Kornaś, Pancer und Brzyski (1960) im Danziger Busen, den Hartog (1959) an der niederländischen Küste und Pignatti (1962) am Lido von Venedig aufgenommen haben. Die polnischen Forscher unterscheiden 4 Verbände mit 7 Assoziationen, den Hartog spricht von Formationen, Assoziationen, deren er mehr als zwei Dutzend aufstellt, und von Soziationen; Pignatti beschreibt von den Molen und Dämmen um Venedig 4 Algenassoziationen, die sich nach der Wassertiefe von 30 cm oberhalb des mittleren Meeresspiegels bis in Tiefen von 2 bis 6 Meter gürtelartig anordnen. An eine Gegenüberstellung der littoralen Algengesellschaften der verschiedenen Küsten, so erwünscht sie wäre, ist heute noch nicht zu denken.

## D. Wasserschwebergesellschaften

Obschon C. Schröter die Schwebeflora bereits 1896 als eine Pflanzengesellschaft unterschieden hat, sind die aus den niedrigsten pflanzlichen und tierischen Organismen zusammengesetzten Schwebergesellschaften der Luft und des Wassers — es handelt sich um Biozönosen — noch sehr ungenügend bekannt.

Maßgebend für die Ausbildung der Wasserschwebergesellschaften sind Temperatur, Säuregrad, Salz- und Nährstoffgehalt des Wassers. Nach letzterem Faktor werden die drei großen Typen der Binnengewässer: eutropher (nährstoffreicher), oligotropher und dystropher (nährstoffarmer) Typus mit durchaus abweichenden Pflanzengesellschaften unterschieden (vgl. Thienemann 1926, Messikommer 1942).

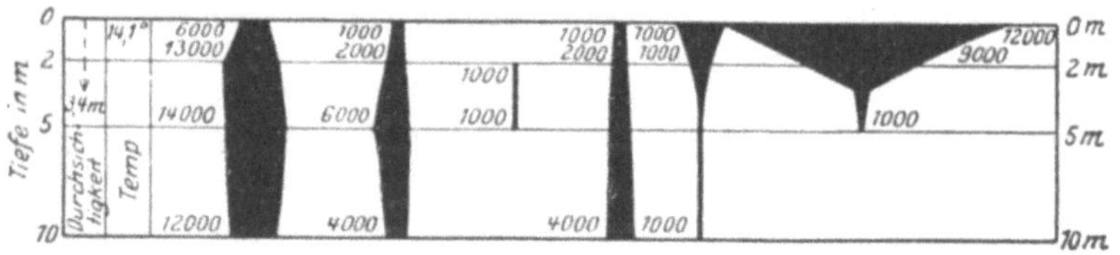


Abb. 91. Planktonverteilung im Zürichsee bei Rapperswil am 17. Oktober 1924 (nach Steiner 1925). Zahl der Individuen bzw. Kolonien im Liter Seewasser

Die Beziehungen zwischen Nährstoffgehalt des Seewassers und Phytoplankton haben Thrams und Stoll (1938) in den Rügenschen Boddengewässern nachzuweisen versucht. Sie kamen zum Resultat, daß solche Beziehungen mit den gegenwärtigen unvollkommenen Wasseruntersuchungsmethoden nur zur Zeit der maximalen Planktonentwicklung im Gebiet höchster Eutrophie nachweisbar sind.

**Planktonstruktur.** Wie bei den höher organisierten Gesellschaften, so lassen sich auch beim Plankton die Probleme der Dichtigkeit, Dominanz, Häufungsweise, Vitalität, Schichtung, Periodizität, Stetigkeit und Gesellschaftstreue verfolgen. Die für höhere Pflanzengesellschaften gegebenen Definitionen sind auch auf die Planktongesellschaften übertragbar.

Als sehr wichtig betrachtet Denis (1925, S. 72) die Beachtung der Vitalität und des Entwicklungszustandes der Arten (Vegetationszustand, Zoosporen, Aplanosporen usw.). Nach ihm stünden Vitalität und Häufigkeit bei den Algen in engstem Zusammenhang. Zur Darstellung der Schichtung bedient man sich am besten des Blockschemas (s. Abb. 91).

Die Planktonkunde der Meere und großen Wasserbecken hat sich, schon ihrer enormen ökonomischen Bedeutung, dann aber auch der abweichenden Untersuchungsmethoden wegen zu einem weiten, selbständigen Forschungszweig herausgebildet, der, obwohl an Umfang ständig gewinnend, doch weit hinter der übrigen Botanik zurückgeblieben ist, da, wie Taylor (1959) hervorhebt, noch Tausende neuer Arten der Beschreibung harren und große Teile der Erde planktologisch kaum untersucht sind.

**Planktonperiodizität.** Seit die Bedeutung des Planktons für das Leben des Meeres und der großen Gewässer erkannt worden ist, hat man sich mit Eifer an das Studium seiner Jahresentwicklung gemacht. Sie wird in ähnlicher Weise zur Darstellung gebracht wie die Schichtung. Kurvenbilder geben über die jahreszeitlichen und über die Schwankungen zwischen verschiedenen Jahren Auskunft (Abb. 92). Dabei muß vorderhand die Frage offengelassen werden, inwieweit diese Schwankungen von einem Jahr zum andern Aspektfolgen oder aber sich ersetzende Gesellschaften sind. Bei kleineren Wasserbecken kann man mit FINDENEGG (1954), der jedes Becken — es handelt sich in diesem Fall um die Kärntner Seen — als eine Schweberassoziation auffaßt, annehmen, daß deren Artzusammensetzung im Laufe des Jahres Änderungen unterworfen ist. Sukzessionen liegen bloß dann vor, wenn sich Wasserbeschaffenheit oder Klima, oder beide zusammen, ändern (s. jedoch S. 185).

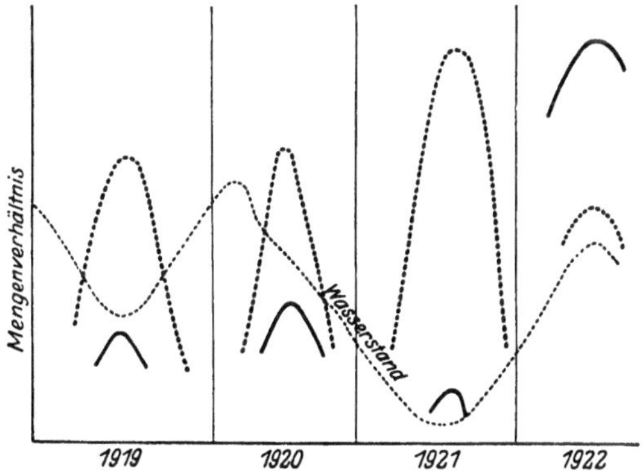


Abb. 92. Jahresschwankungen des Planktons in einem Tümpel bei Fontainebleau (nach DENIS). ⌒ Gesamtmengen der *Desmidiaceen*; ⋰⋱ der *Protococcales*

**Algenvegetation der Kleingewässer.** Die Algenvegetation der Kleingewässer, worin Wasserschweber mit höheren Pflanzen zusammenleben und oft mit Moos- und Gefäßpflanzengesellschaften enge Verbindungen eingehen, bilden gewissermaßen ein Zwischenglied zwischen neben- und durcheinander gedeihenden Pflanzen- und Tiergemeinschaften, und es stellt sich die Frage: Sind die Algen Bestandteile der Makrophytenvegetation oder sind es selbständige, den Großraumgesellschaften zuzuordnende Kleinraumgesellschaften?

ALLORGE (1922), MESSIKOMMER (1927, 1942), MARGALEF (1947), HÖFLER (1937, 1955), FETZMANN (1961), HÖFLER und FETZMANN (1959) sind letzterer Ansicht, während GUINOCHET (1947) und teilweise auch VAN DER HOEK (1960) die nicht haftenden Algen den Großraumgesellschaften einordnen, da sich unter Einbezug der Algen die Assoziationsunterschiede schärfer herausarbeiten lassen.

Beide Autoren fügen ihren auf die Phanerogamen begründeten Assoziationstabellen auch die Algen hinzu, die tatsächlich in den betreffenden Gesellschaften sehr verschieden sind (s. auch VAN MAEL 1949).

Da die Schwebergesellschaften von den wurzelnden Gesellschaften höherer Pflanzen nicht oder doch nur in sehr geringem Maße abhängig sind, werden sie jedoch in Anlehnung an ALLORGE in der Regel getrennt behandelt und verschiedenen höheren Einheiten zugeteilt; so teilen sich *Potametum* und *Scirpo-Phragmitetum* mit ganz bestimmten

Schwebergesellschaften in den Raum. Allerdings fragt es sich, wie weit wir es hier mit abhängigen, wie weit mit bloß zugeordneten Gesellschaften zu tun haben.

**Plocon.** Eine Übergangsstellung zwischen freischwebenden und haftenden Gesellschaften nimmt das „Plocon" (MARGALEF) ein, eine offene Gesellschaft, in der Regel dem Substrat anhaftend und mehrere Zentimeter Höhe erreichend.

Das Anhaften ist indessen für das Leben der Gesellschaft nicht ausschlaggebend; Plocon-Gesellschaften können frei schwimmen, ohne ihren Charakter zu verändern. Zwei Plocon-Assoziationen aus Gewässern von Barcelona sind in Abb. 93 dargestellt.

Eine anscheinend weit verbreitete, aber wenig bekannte Plocon-Algen-Flechten-Assoziation elektrolytreicher Gewässer erwähnt LUTHER

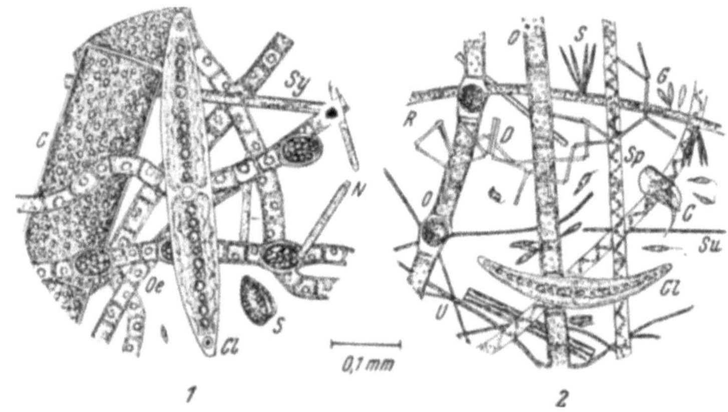


Abb. 93. Mikroskopisches Bild zweier Plocon-Assoziationen von Barcelona (nach MARGALEF 1947): *1* Vorherrschend *Cladophora fracta* (*C*) und *Oedogonium fonticola* (*Oe*). Ferner: *Closterium acerosum* (*Cl*), *Nitzschia linearis* (*N*), *Synedra ulna* (*Sy*) und *Surirella ovalis* (*S*). — *2 Oedogonium capilliforme* (*O*), *Spirogyra sp.* (*Sp*), *Rhizoclonium hieroglyphicum* (*R*), *Ulothrix variabilis* (*U*), *Diatoma elongatum* (*D*), *Synedra ulna* (*Su*), *S. affinis* (*S*), *Gomphonema sp.* (*G*), *Closterium moniliferum* (*Cl*), *Colurella bicuspidata* (*C*)

(1954) aus Finnland unter dem Namen *Rheithrophilo-Hildenbrandietum*. Als Kennarten werden *Hildenbrandia rivularis*, *Verrucaria rheithrophila* V. *aquatilis* bezeichnet.

**Süßwasser-Algengesellschaften.** Den Plocongesellschaften dürfte auch die erstmals von DENIS (1925) aus den Mooren der Hochpyrenäen beschriebene Assoziation von *Micrasterias truncata* und *Frustulina saxonica* nahestehen, die MESSIKOMMER (1942) auch aus einem Moor bei Davos angibt.

Die Lebensbedingungen der Süßwasser-Schwimmalgengesellschaften werden von DENIS (1926) und MESSIKOMMER (l. c.) behandelt.

MESSIKOMMER hat versucht, in subalpinen und alpinen Gewässern Algenassoziationen aufzustellen. Da aber nur sehr wenige Einzelbestände untersucht werden konnten, sind seine diesbezüglichen Angaben als vorläufig aufzufassen. Die von ihm mit der *Micrasterias-Frustulina saxonica*-Gesellschaft von ALLORGE identifizierte Aufnahme aus einer Schlenke im Waldhochmoor von Laret (Wassertiefe 4 bis 10 cm, pH 5,5) ergibt folgende Artenliste:

*Chroococcus turgidus*
*Stigonema ocellatum*
*Hapalosiphon fontinalis*
*Gloeodinium montanum*
*Peridinium umbonatum var. inaequale*
*Frustulina saxonica*
*Navicula subtilissima*
*Pinnularia subcapitata var. hilseana*
*Pinnularia microstauron*
*Chlorobotrys regularis*
*Netrium digitus*
*Netrium oblongum*
*Closterium abruptum*
*Tetmemorus laevis*
*Euastrum binale var. gutwinskii*
*Euastrum gayanum forma*
*Euastrum didelta*
*Cosmarium amoenum*
*Cosmarium cucurbita*
*Cosmarium pygmaeum*
*Cosmarium sphagnicolum*
*Arthrodesmus incus var. boergesenii*
*Arthrodesmus octocornis*
*Staurastrum margaritaceum*
*Staurastrum paradoxum var. parvum*
*Staurastrum scabrum*
*Staurastrum senarium var. nigrae-silvae*
*Bambusina borreri*

Die näheren ökologischen Bedingungen dieser Assoziation bleiben noch zu präzisieren.

Eine verwandte desmidiaceenreiche Gesellschaft, von ALLORGE (1925) unter dem Namen *Staurastrum acarides-Cosmarium nasutum*-Assoziation aus dem Pariser Becken beschrieben, fand MESSIKOMMER „vorbehaltslos und wiederholt" um Davos.

Aus der langen synthetischen Liste seien seine *Charakterarten* angeführt:

*Cosmarium annulatum*
*Cosmarium ann. var. elegans*
*Cosmarium arctoum*
*Cosmarium asphaerosporum*
*Cosmarium caelatum*
*Cosmarium cucurbitinum*
*Cosmarium curtum*
*Cosmarium microsphinctum*
*Cosmarium nasutum*
*Cosmarium obliquum*
*Cosmarium pokornyanum*
*Cosmarium pseudarctoum*
*Cosmarium pseudopericymatium*
*Cosmarium quadratum var. willei*
*Cosmarium tetragonum var. davidsonii*
*Tetmemorus minutus*
*Staurastrum acarides*
*Staurastrum insigne*
*Staurastrum kjellmanii*
*Staurastrum lanceolatum*

Äußerst empfindlich, empfindlicher als die Phanerogamenvegetation, reagiert die subalpine und alpine Algenvegetation auf Kalkgehalt und Säuregrad des Wassers. Ein Vergleich zweier Algengesellschaften, die eine in kalkreichem Wasser mit einem pH von 7,6, 52 Arten einschließend, die andere in kalkarmem, sauerem Wasser (pH 5,9) mit 43 Algenspezies, ergab keine einzige gemeinsame Art (l. c. S. 265).

Noch in den höchsten schneetälchenartigen Bodensenken bei 2500 bis 2600 m sind über zwei Dutzend Baccilariaceen und einige wenige Chlorophyceen festgestellt worden.

Die Gesellschaften im Federsee bei Tübingen und ihre Lebensbedingungen schildert LIEDE (sec. ZIMMERMANN 1960). Im kleinen Federsee gedeihen insgesamt fast 600 Algenarten, die im Sommer mehrere hundert Meter Durchmesser messende Watten an der Seeoberfläche bilden. Auf saueren Böden der Süßwassersümpfe entfaltet *Zygogonium ericetorum* öfter einen dichten Filzüberzug.

Eine von FETZMANN (1961) untersuchte Algengesellschaft der Altwasser an der Donau bei Wien, die sich im Laufe des Jahres wenig ändert und selbst im Winter unter dem Eis wohlausgebildet bleibt, umfaßt über 140 Arten. Durch die Hochwasser wird der Standort ausgeschwemmt, und erst nach Rückgang des Hochwassers regeneriert sich die Gesellschaft aus den übriggebliebenen Zellen und Fadenstücken.

Abb. 94. Algenkruste am Rand einer Lagune im Ebrodelta (Aufn. JENNY-LIPS u. BR.-BL., Exkurs. S.I.G.M.A.)

Diesem Artenreichtum gegenüber erweist sich die Algenflora des eigentlichen Hochmoors als äußerst artenarm, was anscheinend mit dem Fehlen von Schlenken zusammenhängt, da zwischen den feuchten Sphagnen nur wenige Algen fortkommen (FETZMANN 1961). Dagegen konnte GITTINGER (zit. in ZIMMERMANN 1960) in den oberschwäbischen Hochmooren mehr als 100 Arten nachweisen; die Desmidiales herrschen vor.

**Lagunengesellschaften.** Dem völlig abweichenden Lebensraum entsprechen die von VAN DEN HOEK aus den Lagunen bei Montpellier beschriebenen halophilen Sulfat-Algengesellschaften. Teils treten sie in Mischung mit Phanerogamen auf (*Chaetomorpho-Ruppietum*, Gesellschaft von *Zostera nana* und *Chaetomorpha linum*, von *Potamogeton pectinatus* und *Chara baltica*), teils unabhängig, wie die Gesellschaft von *Gomontia polyrhiza* und *Hyella caespitosa*, welche die Cardiumschalen perforiert, sowie das *Lyngbyo-Microcoleetum* des Salzschlammes mit roten und farblosen Schwefelbakterien (s. auch S. 186).

Zu Zeiten werden große Mengen Wasserpflanzen, meist Algen, losgerissen und durch die Wellen zu Tangwällen aufgeschichtet. Unter den in Zersetzung übergehenden Resten entwickeln sich die Schwefelpurpurbakterien und färben den Grund blutrot. Schwefelbakterien (*Thiospirillum jenense, Chromatium okeni*) wachsen bei niederen Beleuchtungsstärken optimal. Die Schwefelwasserstoffoxydation erreicht schon bei 2000 Lux Lichtsättigung (SCHLEGEL 1962).

Auf den zeitweise trockengelegten Schlammböden der Salzsümpfe am Mittelmeer bildet das *Lyngbyo-Microcoleetum* mit *Microcoleus*

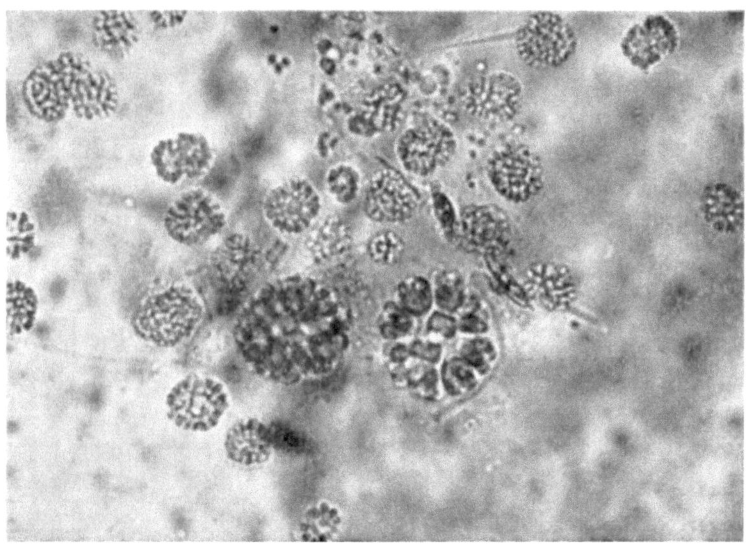

Abb. 95. Algengesellschaft aus der Szerdahelyerlache: *Gomphosphaeria aponina* (groß) und *Gomphosphaeria lacustris* (klein) (HÖFLER u. FETZMANN 1959)

*chtonoplastes*, *Lyngbya aestuarii*, *Calothrix scopulorum* usw. als Erstbesiedler ausgedehnte, nach der Trockenlegung schachbrettartig zerfallende Algenkrusten (Abb. 94).

Verwandte Gesellschaften, von ALEEM und SCHULZ (1952) aus dem Nordostseekanal beschrieben, haften, gürtelartig übereinander, den Kanalbauten an. Von oben nach unten sind es die:

1. *Cyanophyceen*-Gesellschaft (Lyngbyion), dem *Lyngbyo-Microcoleetum* der südfranzösischen Lagunen nahestehend
2. *Urospora-Ulothrix*-Gesellschaft
3. *Entheromorpha*-Gesellschaft
4. *Diatomeen*-Gesellschaft

Neben *Lyngbya* ist auch hier *Oscillatoria* im charakteristischen Artenverband vertreten, ferner gehören dazu *Spirulina major* und *Euglena adhaerens*.

Der Standort ist durch hohe Na-, minimale Ca- und geringe Mg-Konzentration des Wassers gekennzeichnet.

Eine verwandte Algengesellschaft stark alkalischer Lachen am Neusiedler See, die hohen Na-, Chlorid- und Sulfatgehalt besitzen und sich durch hohes Säurebindungs- und Leitvermögen auszeichnen, wird von Höfler und Fetzmann (1959) unter dem Namen *Lyngbya martensiana-Oscillatoria brevis*-Verein beschrieben. Sie ist dem *Lyngbyion*-Verband unterzuordnen (Abb. 95).

An der Küste von Lincolnshire konnte Gray (1961) im Schlamm des *Salicornietums* — er spricht von einer *Salicornia*- und einer *Halimione*-Assoziation — eine starke Bakterienanreicherung experimentell feststellen.

**Untersuchungsmethoden.** Eine Methode, die sich an die pflanzensoziologischen Untersuchungsmethoden anschließt und gestattet, die quantitativ-planktologischen Untersuchungen methodologisch und terminologisch in die allgemeine Biosoziologie einzuschalten, schlägt Van Oye (1937) vor.

Es werden 100 l Wasser entnommen und filtriert und die Menge des Sestons angegeben. Gleichzeitig wird eine zweite Probe von 10 l entnommen, filtriert, in einen Meßzylinder gebracht und dann durch Hinzufügen von verdünntem Formalin auf 80 ccm aufgefüllt.

Der Meßzylinder wird nun gut geschüttelt und der Inhalt in vier Zentrifugenröhren von 20 ccm gegossen, deren jede also ein Viertel des Sestons der 10 l enthält. Darauf wird fünf Minuten zentrifugiert und von einem Zentrifugenglas 15 ccm durch vorsichtiges Abpipettieren entfernt. Es verbleibt sodann ein Viertel des Sestons von 10 l pro Volumen von 5 ccm. Von diesen 5 ccm werden drei Tropfen so homogen wie möglich auf einen Objektträger mit einer Einteilung in 400 Quadrate von 1 qmm gebracht. Zehn dieser Quadrate sind zu untersuchen und für jede Art die Zahl der vorhandenen Individuen anzugeben.

Die prozentualen Verhältnisse der einzelnen Arten sind durch Zahlen von (0,5) 1 bis 10 zu bezeichnen. Ist die Individuenmenge einer Art so groß, daß das Zählen schwerfällt, so kann das Zeichen ∞ (unendlich), für sehr spärliches Vorkommen ein Kreuz (+) gesetzt werden. Der rasche zeitliche Artenwechsel geht aus zwei Planktonspektren im Weiher Assel (Holland) hervor:

| | Abundanz | |
|---|---|---|
| | 18. Aug. | 1. Sept. |
| *Ceratium hirundinella* | ∞ | ∞ |
| *Synura uvella* | 5 | . |
| *Polyarthra platyptera* | 2 | 1 |
| *Anuraea cochlearis* | 1 | 6 |
| *Peridineae* | 0,5 | . |
| *Thiarthra longiseta* | 0,5 | . |
| *Diurella* | 0,5 | . |
| *Bosmina coregoni* | . | 1 |

Messikommer entnimmt aus den Waldhochmooren Sammelproben vom Plankton des offenen Wassers, Auspreß- und Abschöpfmaterial aus *Sphagnum*-Gräben, Auspreß- und Abstreifmaterial von submersen

Makrophyten sowie Grundschlammproben. Die Scheidung der Schweber- von den Haftergesellschaften bietet aber vielfach Schwierigkeiten.

Neuerdings hat Bohr (1962) die Algenvegetation am Ufer des Mamrysees in Mittelpolen in Anlehnung an Margalef nach der Zürich-Montpellier-Methode untersucht.

Er unterscheidet ein *Cladophorion* und ein *Epithemietum litorale* von bestimmter Struktur und mit konstanter floristischer Zusammensetzung. Nach dem zeitlichen Wechsel der dominierenden Arten werden zwei jahreszeitliche Aspekte unterschieden.

**Biozönosen von Margalef.** Die Kenntnis der Pflanzen und Tiere umfassenden Biozönosen des Süßwassers hat insbesondere durch die tiefschürfenden Untersuchungen von Margalef (1947, 1948, 1951, 1955, 1956, 1961) Förderung erfahren.

Die auch ökologisch untersuchten Assoziationen werden, wie die höheren Gesellschaften, rein floristisch gefaßt. Zur Schätzung der Individuenhäufigkeit verwendet Margalef die allgemein übliche Skala (+, 1 bis 5).

Seiner Ansicht nach geben die pflanzlichen Gesellschaftseinheiten auch eine vorzügliche Basis ab für die Fassung der tierischen Schwebergesellschaften; er legt daher seinen Biozönosenuntersuchungen die floristischen Vegetationseinheiten zugrunde. Die dieser Auffassung entgegenstehende Kritik ist seiner Ansicht nach psychologisch begründet und hängt im wesentlichen mit der mühevollen, monotonen Arbeit bei der Tabellenaufstellung zusammen, was übrigens auch für die höheren Pflanzengesellschaften zutreffen dürfte.

Aus Nordostspanien und von den Inseln Menorca, Mallorca, Ibiza werden von Margalef mehr als 30 Assoziationen, auf über ein Dutzend Verbände und mehrere Ordnungen verteilt, beschrieben. Die 1955 publizierten Tabellen enthalten neben den pflanzlichen auch die tierischen Kleinlebewesen. Die Großzahl der beschriebenen Assoziationen kommt ebensowohl auf dem Festland als auf den Inseln vor.

Im Bereich der fließenden Gewässer Nordostspaniens unterscheidet Margalef folgende Algengesellschaften:

| | |
|---|---|
| Diatomion | *Ceratoneio-Hydruretum rivulare*<br>*Diatomo-Meridionetum rivulare* |
| Melosirion | *Melosiretum rivulare*<br>*Melosiretum fluviatile*<br>*Eunotio-Fragilarietum rivulare* |
| Diploneidion | *Diploneietum fontinale*<br>*Cladophoretum glomeratae*<br>*C. glomeratae achnanthidietosum* |

Bei der ökologischen Behandlung weist der Autor darauf hin (1953, S. 3), daß alle Gewässer der untersuchten spanischen Mediterraninseln alkalisch sind, wobei das $p_H$ nicht unter 7,4 herabgeht; jenes der salzführenden Gewässer schwankt sogar zwischen 8 und 9 $p_H$.

Margalefs weitgefaßte Biozönosen, ein Bachlauf, ein Tümpel, ein See, bilden Gesellschaftskomplexe, die zahlreiche, auch ökologisch verschiedenartige neben- und durcheinander lebende Assoziationen enthalten.

Die Biozönose des kleinen Sees von Bañolas in Katalonien, z. B., schließt folgende Assoziationen ein:

*Cyclotelletum, Cymbello-Mastogloietum lacustre, Schizothricetum, Cladophoretum crispatae, Charetum hispidae, Potametum perfoliati, Scirpo-Phragmitetum.*

Enger gefaßt sind die Biozönosen von MESSIKOMMER (1942, S. 282) bei seinen Studien im Gebirge. Seiner Meinung nach sind die Organismenvergesellschaftungen zu lose, als daß man mit Überzeugung der Zusammenfassung der tierischen und pflanzlichen Bewohner zu einer einzigen Biozönose beipflichten könnte.

Die Fassung und ökologische Untersuchung der Algen- und Bakteriengesellschaften wird bei der immer mehr um sich greifenden Verschmutzung unserer Gewässer zur dringenden Notwendigkeit.

## E. Luftschweber (Aeroplankton)

Die Bezeichnung Aeroplankton für die Lebensgemeinschaften der Luft stammt von MOLISCH (1920), der damit die Organismenwelt der Luft den Wasserschwebergesellschaften zur Seite stellt. Die Frage, ob sich diese Gleichstellung halten läßt, ist heute noch nicht endgültig entschieden, da wir nicht mit Sicherheit wissen, ob es Organismen gibt, welche zur Abwicklung ihres Lebenskreislaufs, oder eines Teiles desselben, unbedingt auf die freie Atmosphäre angewiesen sind, oder ob die in der Luft schwebenden Organismen nur als Unreinigkeiten aufzufassen sind. Auch die jüngsten diesbezüglichen Arbeiten sprechen sich hierüber nicht mit Bestimmtheit aus (GREGORY 1961).

**Kohlensäure der Luft.** Während die freie Atmosphäre aus 78% Stickstoff, 21% Sauerstoff und kleinen Mengen anderer Gase zusammengesetzt ist, besteht die uns umgebende Luft zur Hauptsache aus Kohlensäure ($CO_2$), die teils aus der äußeren Atmosphäre stammt, teils durch den Abbau der organischen Substanzen und die als Bodenatmung zusammengefaßten Umsetzungen frei wird und deren Zusammensetzung eine Tages- und eine Jahreskurve aufweist.

Der Kohlensäurebedarf der Vegetation ist enorm. GUT (1929) hat nachgewiesen, daß eine Hektare Buchenwald bis 58 kg Kohlensäure, 15 kg Kohlenstoff, in der Stunde aufnimmt (s. S. 247).

**Luftunreinigkeiten.** Die von uns eingeatmete Luft enthält neben Massen zusammengewehter lebloser Partikel, worunter Staubteilchen mit anhaftenden Folgeprodukten des Radiums und Thoriums und den erst seit kurzem voll erkannten gefährlichen radioaktiven Isotopen der Bombenversuche, größere oder kleinere Mengen lebender Organismen, Bakterien, Sporen, Pflanzenpollen. Der größte Teil dieser Partikel stammt, wie allgemein angenommen wird, vom Erdboden oder von erdbewohnenden Lebewesen, welchen die Luft als Transportmittel dient. Im Hochstand der Blütezeit bildet der Pollengehalt mancherorts den Hauptbestandteil der Luftunreinigkeiten.

Vor allem in Industriezentren und Großstädten ist die Luft durch Unreinigkeiten verseucht. Sie treffen nicht nur den Menschen, sondern auch Pflanzengesellschaften werden vielfach durch sie beeinflußt und geschädigt (s. S. 203).

**Luftlebewesen.** Über die pflanzlichen Lebewesen, welche die Atmosphäre bevölkern, gibt die kürzlich von GREGORY (1961) veröffentlichte umfassende Übersicht eine Zusammenstellung, die alles enthält, was über Luftgehalt und Lufttransport von Pflanzen und Pflanzenteilen bisher bekannt geworden ist.

Neben Bakterien (*Micrococcus, Sarcina*), Actinomyceten, Myxomyceten, ist im Luftraum der Pilz *Cladosporium* besonders häufig, sowohl über dem Ozean als über den Kontinenten; auch zeigt er keine

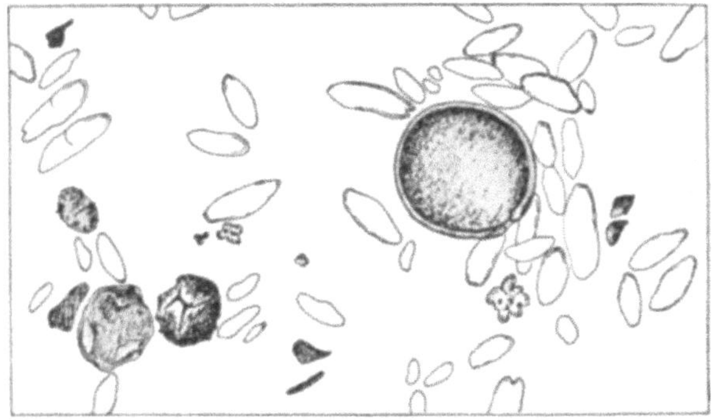

Abb. 96. Gutwetter-Luftsporen am 27. Juni 1958 in Arkot, Berkshire (Gras-und Nesselpollen, *Cladosporium, Epicoccum* usw.) (nach GREGORI 1961)

Abnahme mit der Entfernung vom Festland. Die Frage, ob hier aber ein eigentliches Aeroplankton vorliegt, wagt GREGORY nicht mit Bestimmtheit zu bejahen. Es müßte jedenfalls, nimmt er an, nur aus extremen Formen spezialisierter Bakterien, Hefen oder Actinomyceten bestehen (l. c. 1961, S. 147).

**Periodizität.** Das Kapitel der äußerst wichtigen täglichen und jährlichen Periodizität, welche die qualitativen und quantitativen Änderungen in der Verschmutzung und im Organismengehalt der Luft beleuchtet, steckt noch ganz in den Anfängen.

Es steht zu hoffen, daß auch auf dem Gebiet des Aeroplanktonstudiums die für die Schwebergesellschaften allgemein gültigen Untersuchungsprinzipien unter Anpassung an die besonderen Lebensverhältnisse Anwendung finden.

**Höhenverbreitung.** Das Wissen um die Höhenverbreitung der Luftschweber hat sich im letzten Jahrzehnt stark ausgeweitet. Nachdem die Ausbreitung von Baumpollen über Distanzen von 100 und mehr Kilometer nachgewiesen werden konnte, ergaben Hochflüge ihr Zusammenvorkommen mit Hefepilzen, *Cladosporium*, *Ustilago*, noch bei 3000 m Höhe. Bakterien und Hefen sind sogar bei 6770 m festgestellt worden (POLUNIN). Ihre Verbreitungsmöglichkeit erscheint fast unbegrenzt.

**Sammlungsmethode.** Über die Sammlungstechnik der Organismen im Luftraum macht GREGORY (1961) ausführliche Angaben. Es werden unterschieden Sedimentierungsmethoden und Auffangmethoden verschiedenster Art: Petri-Schalen und Klebstoffe, Auffanggefäße, Zentrifugen, automatisch volumetrische Saugfallen, elektrostatische Sammler usw. Bei der großen praktischen Bedeutung der Luftbewohner und ihrer Konzentration im gegebenen Raum wird an der Verbesserung der Methoden eifrig weitergearbeitet.

## F. Subterrane Gesellschaften (Phytoedaphon)

Die Frage, bis zu welchem Grad die niedrigstehenden pflanzlichen Organismen, Pilze, Algen und Bakterien des Bodens als ortsgebundene, selbständige oder von Großgesellschaften abhängige Einheiten aufgefaßt werden können, harrt noch der Klärung.

Neben dem Wurzelwerk höherer Pflanzen mit ihren Symbionten und Parasiten beherbergt der Boden auch ein ungemein vielfältiges Pflanzen- und Tierleben, das mehr oder weniger scharf auf die Umweltfaktoren reagiert und sich zu Lebensgemeinschaften zusammenschließt. Wie in den Gewässern, so herrscht auch im Boden räumliches Zusammenleben verschiedenartiger Gesellschaften, und wie beim Planktonstudium, so drängt sich auch hier die Notwendigkeit auf, das Zusammenleben der tierischen und pflanzlichen Organismen möglichst gleichzeitig zu verfolgen.

Die Schwierigkeiten, die diesem Studium entgegenstehen, sind jedoch nicht gering. Daß die Analyse der Bodenassoziationen noch in den Anfängen steckt, ist verständlich, sind doch manche Organismengruppen systematisch nur ungenügend geklärt.

**Bakterien und Pilzböden.** Es ist versucht worden, Bakterien- und Pilzböden auseinanderzuhalten; die ersteren wären basisch und hätten eine südlichere Verbreitung, während die saureren Pilzböden eine nördlichere Verbreitung aufweisen sollen.

Ob eine solche Unterscheidung gerechtfertigt und durchführbar ist, läßt sich heute nicht entscheiden; sie hat etwas für sich, aber wie unten mitgeteilt, können auch südliche Böden sehr pilzreich sein.

**Geobionten-Gruppierungen.** Geobionten-Untersuchungen werden am besten in den Wurzelschichten fest umrissener höherer Pflanzengesellschaften, Assoziationen, Subassoziationen, Varianten vorgenommen, wie dies FRANZ (1941) versucht hat. Anderseits können auch einzelne besonders wichtige Bodenorganismen oder -organismengruppen und ihr Gedeihen in allen Pflanzengesellschaften eines Gebietes verfolgt werden (s. S. 415).

Wenzls Studien am Neusiedler See (1934) ergaben eine enge Beschränkung des stickstoffbindenden *Azotobacter chroococcum* auf bestimmte höhere Pflanzengesellschaften. Während Azotobacter in den Steppen- und Sandgesellschaften sowie in den extremen Halophytenassoziationen fehlt, ist er in den mäßig salzertragenden Halophyten- und in den Hygrophytengesellschaften stets vorhanden. In den von Sillinger und Petru (1937) untersuchten Fichten- und Buchen-Tannenwald-Böden dagegen konnten keine Azotobacterarten festgestellt werden. Die Lebenskraft des Azotobacter ist gering, wenn er koaguliert ist und die Bewegungsfähigkeit verloren hat.

Düggeli (1939) fand in den Macchienböden der italienischen Riviera anstelle der aeroben Gruppe Stickstoff fixierender Bakterien vom Typus des Azotobacter die Gruppe des *Bacillus amylobacter* stark vertreten.

Selbst extreme Wüstenböden sind nicht jeden Lebens bar. Killian und Fehér (1938) stellten in Wüstenböden der Sahara einen regelmäßigen Stickstoffkreislauf unter bakterieller Einwirkung fest.

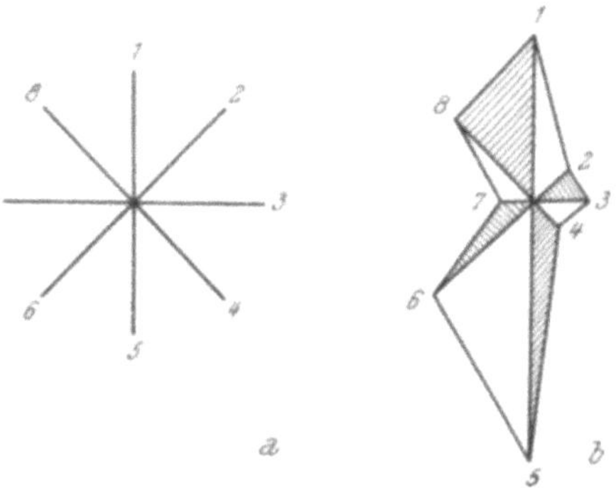


Abb. 97. Prozentuelle Pilzgruppenverteilung im Buchenwald des Monte Basilico, 1100 m, Kalabrien (aus Peyronel 1961)

*1* Phycomyceten, *2* Melanconiales und sterile Mycelien, *3* Tuberculariaceen und Stilbaceen, *4* Aspergillus-Arten, *5* Penicillium-Arten, *6* Desmaciceen, *7* Ascomyceten und Fomales, *8* Moniliaceen „zeitweise"

Die Mikroorganismen des Wüstenbodens (Bakterien, Algen und Pilze) gediehen sogar während der dem Leben ungünstigsten Trockenperioden, doch ist in den Tamariskenbeständen von Fezzan, anscheinend wegen der Giftigkeit des hohen Chlor- und Sulfatgehaltes der organischen Abfallstoffe, die Tätigkeit der in großer Zahl vorhandenen Bakterien stark eingeschränkt, und es kann die Nitrifikation auch ganz unterbunden sein (Killian 1945).

**Bodenpilzvegetation.** Die niedrigstehenden Bodenpilzgesellschaften (Mycozönosen) haben erst in den letzten Jahren stärkere Beachtung gefunden.

Noch Harder (1946, S. 5 und 6) hatte angenommen, daß den verschiedenen Standorten keine spezifische Phycomycetenflora, etwa den Assoziationen der höheren Pflanzen entsprechend, zukommt, doch schon 1951 versucht Garret eine Einteilung der Bodenpilze in ökologische Gruppen. Aus den heute vorliegenden Arbeiten erhellt, daß die Edaphophyten zwar eine äußerst weite Verbreitung besitzen und ihre gesellschaftliche Bindung anscheinend sehr lose ist, daß aber zwischen den verschiedenen Böden große Unterschiede herrschen.

Peyronel und Dal Vesco zeigen dies durch Vergleiche der Mycozönosen verschiedener Waldungen Kalabriens, solcher aus einem *Cal-*

*luna*-Bestand Piemonts und aus Böden der Somaliküste. Auch Kultur- und Wiesenböden haben eine recht verschieden zusammengesetzte Bodenpilzflora (PEYRONEL und DAL VESCO 1956, PEYRONEL 1960, 1961). PEYRONEL (1956) hat zur Darstellung der Pilzgruppen eine graphische Methode entwickelt (Abb. 97).

Daß bei den Phycomyceten eine ökologische Standortstrennung vorkommt, ist unbestreitbar. APINIS (1960) unterscheidet hydrophile, hygrophile, mesophile, xerophile Arten, die sich auf verschiedene Spermatophyten-Assoziationen verteilen. Für den *Lolieto-Cynosuretum*-Boden nennt er 47 Phycomyceten, wovon 7 exklusive; für das *Scirpo-Phragmitetum* 42 Arten, wovon 2 exklusive usw. Die Untersuchungen beziehen sich auf Alluvialböden am Trent unweit von Nottingham. Wie weit diese Resultate verallgemeinert werden können, läßt sich vorderhand noch nicht beurteilen. Immerhin darf mit dem Vorkommen charakteristischer Phycomycetenpopulationen in bestimmten Böden und Phanerogamengesellschaften gerechnet werden. Über das quantitative Vorkommen und über die Wachstumsaktivität der Bodenpilze ist man wenig unterrichtet (MOSCA A. M. L., s. auch S. 230).

FRANKLAND und HERING (1961) schlagen vor, zur Messung der Pilzaktivität quadratische Stücke von Nylongaze als Pilznährboden in den Boden einzugraben. Auf andere Möglichkeiten, sei es durch direkte Beobachtung oder durch Kombination von Isolierung und Aktivitätsbestimmung, weisen W. GAMS und PARKINSON (1961) hin.

**Phytoedaphon und höhere Pflanzengesellschaften.** Bei der Abhängigkeit vieler höherer Pflanzen von den Bodenorganismen, die sowohl Nährmütter als Wirte sind, steht hier ein weites, fruchtbares, noch wenig bebautes Beobachtungsfeld offen (BOULLARD und MOREAU 1962). Die Abhängigkeitsbeziehungen zwischen Pilz- und Bakterienvegetation im Hochmoor behandelt BURGEFF (1961).

Welche Beziehungen existieren zwischen dem Phytoedaphon und höheren Pflanzengesellschaften? Läßt sich zwischen der symbiontischen Bakterien- und Pilzvegetation und bestimmten Spermatophyten-Gesellschaften ein Abhängigkeitsverhältnis nachweisen? Wie verhalten sich die bodenbewohnenden Tiergesellschaften der Vegetation gegenüber? Von welcher Wirkung auf das Gesellschaftsleben sind die von den Wurzeln oder von niedrigen Organismen (Gibberella usw.) ausgeschiedenen Materien, Wuchsstoffe, toxischen Substanzen?

FRANCHET (1958), unter Hinweis auf die Untersuchungen SCHOPFERS über die am Aufbau der Vitamine spezifisch verschieden beteiligten Arten, nimmt an, daß sie die Zusammensetzung des Pflanzenteppichs direkt beeinflussen können. Nach BÖRNER (zit. in KNAPP 1962) vermögen schon kleinste Mengen wirksamer organischer Verbindungen aus Blatt- und Wurzelrückständen die Entwicklung der Nachbarpflanzen zu beeinflussen.

Des Einflusses der Bodenvegetation auf die Bodenbildung ist im Kapitel, das die Bodenfaktoren behandelt, gedacht.

# IV. Abhängige (Epiphyten- und Saprophyten-) Gesellschaften

Zwischen sich selbst genügenden, von anderen unabhängigen und den sogenannten abhängigen Gesellschaften, die nur in Verbindung mit andern oder unter ihrem Schirm vorkommen, existiert weder eine scharfe Scheidung noch ein prinzipieller Unterschied. Es ist aber angezeigt, sie hier gesondert zu betrachten.

Mehrschichtige, höher organisierte Gesellschaften, besonders Wälder, umschließen außer den stets wiederkehrenden Vegetationsschichten öfter auch noch ganz bestimmte, meist nicht schichtenartig angeordnete, aber floristisch und ökologisch gut umschriebene Kleingesellschaften,

Abb. 98. Abhängige Epiphytengesellschaft (*Lobarion pulmonariae*) im Fagus-Urwald von Vizzavona, Korsika (Aufn. JANSEN, Exkurs. S.I.G.M.A.)

Vereine oder Synusien. Sie verdanken ihr Dasein den besonderen ökologischen Bedingungen des Kleinstandorts und finden sich daher in Wäldern besonders auf Ästen, Baumstümpfen, Steinblöcken usw., gewinnen selten größere horizontale Ausdehnung und leben meist epiphytisch, saprophytisch oder parasitisch.

Zu den abhängigen Kleingesellschaften sind viele Kryptogamengesellschaften zu rechnen, die nur in Begleitung oder im Schutz bestimmter Spermatophytengesellschaften auftreten, sowie, auf gegenseitiger Abhängigkeit beruhend, die Pilzmykorrhizen-Assoziationen (s. S. 174).

**Abhängigkeit von den Großraumgesellschaften.** Ökologisch stehen die abhängigen Gesellschaften meist weitgehend unter dem Einfluß des durch die oberen Vegetationsschichten modifizierten Innenklimas der Großraumgesellschaft und sind vielfach untrennbar mit ihr verbunden.

Diese, meist mehrschichtigen Gesellschaften angeschlossenen, einschichtigen Kleingesellschaften (mit ganz spezifischer Ökologie) sind soziologisch und strukturell sehr verschiedenartig. Bald besitzen sie alle Attribute besonderer selbständiger Assoziationen (so z. B. manche Epiphytenassoziationen ursprünglicher, natürlicher Wälder; Abb. 98), bald sind es bloß Fragmente oder Soziationen, durch das Dominieren bestimmter Arten ausgezeichnet (so z. B. in künstlichen Baumbeständen), oder aber Synusien, Vereine im Sinne von Höfler (1959), die eine systematisch umschriebene Gruppe aus der Gesamtvegetation herausheben.

Hinsichtlich der mehr oder weniger festen Bindung an die Großraumgesellschaft ist zu unterscheiden zwischen:

1. soziologisch mehr oder weniger streng lokalisierten Gesellschaften, die von einer bestimmten Großgesellschaft bedingt sind und nur in ihrem Rahmen vorkommen, und

2. übergreifenden Gesellschaften, die in zwei oder mehreren Großgesellschaften ihr Fortkommen finden oder auch etwa außerhalb einer bestimmten Gesellschaft für sich allein als Einschichtgesellschaften auftreten.

Die von bestimmten Großgesellschaften abhängigen Epiphytengesellschaften sind weit verbreitet. Ihre Abhängigkeit bezieht sich oft nicht nur auf bestimmte Trägergesellschaften, sondern sogar auf bestimmte Vegetationsschichten. Epiphytische Kleingesellschaften irgendwelchen soziologischen Ranges können sowohl auf eine höher organisierte Assoziation als auf einen Verband, eine Ordnung oder Klasse beschränkt sein. Die ökologische Amplitüde dieser Gesellschaften erweist sich vielfach enger als die der Schirmgesellschaft.

Wilmanns (1962) erwähnt z. B. als Charakter-Epiphytengesellschaften des *Vaccinio-Piceion* im Oberrheingebiet das *Usneetum comoso-glaucae*, das *Ptilidio-Hypnetum pallescentis*, sowie Untereinheiten des *Parmelietum furfuraceae* und *Parmeliopsidetum ambiguae*.

Anderseits gibt es Epiphytengesellschaften, deren ökologische Amplitüde größer ist als jene der Phanerogamenassoziationen (Willmanns 1960), was im Übergreifen auf zwei oder mehrere solcher zum Ausdruck gelangt. Schon Wisniewski (1929) nennt übergreifende Epiphytengesellschaften aus verschiedenen Waldgesellschaften des Urwalds von Bialowieza.

Soziologisch verdient die Epiphytenvegetation auch deshalb Beachtung, weil aus ihrer mehr oder weniger normalen Entwicklung auf die Natürlichkeit der Bestände geschlossen werden kann (Ed. Frey 1924).

Die Epiphytengesellschaften der semiariden, ariden und kühlen Gebiete bestehen fast ausschließlich aus Kryptogamen, aber schon in, den warmozeanischen Gebieten Europas erscheinen neben Moosen, Flechten und Algen gelegentlich auch höhere Pflanzen als Gelegenheitsepiphyten.

Aus den luftfeuchten Subtropen (Kanaren, Japan) sind mehrere epiphytische Gefäßpflanzen bekannt. So besitzen die von NAKANISHI (1962) aus Südwestjapan 34° n. Br. beschriebenen Epiphytengesellschaften des *Fagion crenatae* neben Bryophyten und Flechten auch fünf Farnarten. Allerdings beträgt hier die Regenmenge bei 1500 m Höhe gegen 5000 mm (Mt. Oodaigahara 4802 mm).

Beste Entwicklung und größte Fülle erlangen die Epiphyten und ihre Gesellschaften im ständig feuchtwarmen Tropenurwald. Die hochorganisierten Epiphytengesellschaften gehören zu seinen wichtigsten strukturellen Unterschieden gegenüber den Wäldern der feuchten Subtropen.

**Höhere Epiphytenvegetation.** Das seltene Vorkommen höherer Epiphyten außerhalb der feuchten Tropen ist neben Temperatureinflüssen durch die erschwerte Wasserversorgung bedingt; längere Trockenperioden werden der höheren Epiphytenvegetation verderblich.

Das den höheren Epiphytengesellschaften gewidmete Kapitel in RICHARDS' „Tropical Rain Forest" (1952) läßt ein ausdrucksvolles Bild ihrer Vielfalt und ökologisch äußerst komplexen Standortverhältnisse erstehen.

Für ihr Gedeihen ausschlaggebend sind neben der Wasserversorgung die Lichtverhältnisse. Weniger wichtig als das Mikroklima sind Baumneigung und Beschaffenheit der Borke. Es lassen sich eine Anzahl deutlich definierter Gesellschaften unterscheiden, doch begnügt sich RICHARDS mit der Aufteilung der Arten in Schatten-, Sonnen- und extrem xerische Epiphyten.

Die Fülle der epiphytisch lebenden Gefäßpflanzen, hauptsächlich Farne und Orchideen, ist beträchtlich. EGGELING (1947) zählt in den Budongowäldern von Uganda nahezu 100 epiphytische Gefäßpflanzen, wovon bis 45 auf demselben Baum zusammen wachsen.

LEBRUN (1960) bezeichnet als Epiphytenindex das Epiphytenvorkommen im Verhältnis zur Gesamtzahl der Phanerophyten. Er berechnet diesen Index für die obere Lavaebene am Kivusee (Kongo) auf 32%, was einem der reichsten Epiphytenvorkommen im Kongo entspricht.

**Untersuchungen von Went.** Über die Soziologie der höheren Epiphytengesellschaften verdanken wir wichtige, auch die ökologischen Verhältnisse berücksichtigende Untersuchungen vor allem WENT (1940). Sie lassen die großen Schwierigkeiten erkennen, die dem soziologischen Baumstudium im Urwald entgegenstehen (s. S. 196).

Die meisten Bäume wurden von WENT mehrmals zu verschiedenen Jahreszeiten untersucht, doch ergaben sich nur geringe jahreszeitliche Unterschiede. „Viele Baumarten beherbergen gut charakterisierte Epiphytengesellschaften, so daß es oft möglich ist, nahe verwandte Baumarten nach ihrer Epiphytenvegetation zu unterscheiden" (WENT). Der bestimmende Faktor ist öfter die Art des Trägerbaumes. Die Gesellschaftstreue mancher Epiphyten wird durch die Substratverhältnisse, d. h. die Rindenart, bedingt. Ziemlich unabhängig von der Baumart sind die sogenannten Baum-Humusgesellschaften, die den aus tierischen und pflanzlichen Resten aufgebauten Humus besiedeln.

Nach den Belichtungsverhältnissen unterscheidet WENT im javanischen Urwald drei gut charakterisierte Typen, Assoziationen oder Subassoziationen. Unter schwacher Belichtung steht eine Humusgesellschaft, zur Hauptsache aus *Appendicula ramosa*, *Medinilla verrucosa*, *Nephrolepis acuminata*, *Trichosporum pulchrum*, *Vittaria elongata* zusammengesetzt; bei mäßigem, mittleren Lichtgenuß wachsen *Ceratostylis anceps*, *Coelogyne miniata*, *Dendrochilum cornutum*, *Eria multiflora*, *E. humata*, *Polypodium*-Arten, *Schefflera*, *Vaccinium laurifolium*. Die Humusgesellschaft stark belichteter Standorte besteht aus: *Bulbophyllum* mit Knollen, *Diplocosia*, *Ficus diversifolia*, *Henslowia*, *Medinilla hypericifolia*, *Polypodium trilobum*, *Rhododendron javanicum*, *Vaccinium coriaceum* und *V. lucidum*.

**Epiphyten im amerikanischen Regenwald.** Weitgehend von den javanischen verschieden sind die südamerikanischen Epiphytenassoziationen der Wälder von *Araucaria angustifolia* Nordostargentiniens, welche Stämme und Äste vollständig überdecken. Neben einigen Moosen und Flechten beteiligen sich daran mehrere *Polypodium*-Arten, *Asplenium auritum*, *Trichomanes* spec., *Billbergia nutans* (Bromeliacee), *Peperomia urocarpa*, *P. pseudoreflexa* (Piperac.), *Rhipsalis cereuscula* (Cactac.), *Oncidium* (Orchid.) (RAGONESE und CASTIGLIONI 1946). Ericaceen fehlen hier ganz, und Orchideen sind spärlich vertreten.

Zu den auffälligsten gesellschaftsbildenden Epiphyten gehören Vertreter der tropischen Familie der Bromeliaceen, welcher auch die sonderbare Gattung *Tillandsia* zugehört. Die am weitesten nach Norden vorstoßende xerische *Tillandsia usneoides*, die mit ihrem weiten, losen Haargeflecht die Kronen der Trägerbäume durchwirkt, kann ihren Wasserbedarf durch besondere feuchtigkeitsabsorbierende Haare decken, was sie befähigt, sich selbst auf Telegraphendrähten anzusiedeln (COULTER, BARNES, COWLES 1931, S. 130).

**Epiphytenaufnahme im Regenwald.** Die Epiphytenuntersuchung der Baumriesen des Regenwaldes, deren Maximalhöhen 60 m übersteigen, ist äußerst mühsam. Es bieten sich drei Möglichkeiten: Den Baum zu besteigen, ihn zu fällen oder aber mit dem Feldstecher zu arbeiten. WENT bediente sich eines guten Feldstechers oder Fernrohrs, doch ließ dies eine Kleingliederung der Gesellschaften und die genaue Abgrenzung der Standorte nicht zu, dagegen wurde unterschieden zwischen der Vegetation des Stammes, der Äste und der Humusansammlungen. Da bei der Aufnahme der Deckungsgrad der Arten nicht ermittelt werden konnte, wurde zur Abundanzbestimmung eine Schätzungsskala gewählt, die ungefähr unsern verdoppelten Deckungsgradzahlen entspricht. Ferner wurden notiert: Baumnummer, Baumart (lateinischer und Volksname), Höhe, Stammdurchmesser, Alter, Kronenform und -dichte, relative Lichtmenge auf Krone, Ästen und Stamm, Vorhandensein und Größe der Humusanhäufungen, Anzahl toter Äste, Beschaffenheit der Rinde, ob periodisch kahlstehend oder nicht, relative Häufigkeit von Moosen und Flechten, welche aber nicht genauer bestimmt wurden.

**Kryptogame Epiphytengesellschaften.** Leichter faßbar und auch weit besser bekannt als die tropische Epiphytenvegetation sind die Epiphytengesellschaften der gemäßigten Zone, die hauptsächlich aus Flechten und

Moosen, aber auch aus Algen und Pilzen (Discomyceten, Pyrenomyceten) zusammengesetzt sind. F. OCHSNER (1928) hat sie erstmals in den Kreis soziologischer Untersuchungen einbezogen. Seine Ausführungen bilden eine solide Grundlage für spätere Untersuchungen.

Zur Darstellung des Assoziationsgefüges der kryptogamen Epiphytengesellschaften genügt in der Regel die Angabe des Deckungsgrades und der Vitalität (Fertilität), auch die Soziabilität der Arten ist zu vermerken.

**Aufnahmemethode.** Die Einzelaufnahmen sollen womöglich das für jede Assoziation verschiedene Minimumareal der Gesellschaft erreichen oder überschreiten.

Einige Autoren halten sich zur Schätzung der Artdeckung an Deckungsskalen, so OCHSNER, CAIN u. a.

Deckungswerte

| OCHSNER | CAIN (1938) |
|---|---|
| 5 = 4/5 bis 5/5 | 75 bis 100% der Fläche deckend |
| 4 = 1/2 bis 4/5 | 50 bis 75% der Fläche deckend |
| 3 = 2/5 bis 1/2 | 25 bis 50% der Fläche deckend |
| 2 = 1/5 bis 2/5 | 5 bis 25% der Fläche deckend |
| 1 = weniger als 1/5 | 1 bis 5% der Fläche deckend |
| + = sehr gering | weniger als 1% der Fläche deckend |

BARKMAN (1958), NAKANISHI (1959) u. a. ziehen die von uns empfohlene kombinierte Abundanz-Dominanzschätzung (r, +, 1 bis 5) diesen schwer faßbaren Größenklassen der Deckung vor.

Ein Baum kann mehrere Epiphytengesellschaften unter verschiedenen Außenbedingungen beherbergen, weshalb bei Bestandesaufnahmen folgende Verhältnisse stets zu beachten sind (s. Abb. 99):

1. Alter und Höhe des Baumes, Kronenform, Spannweite der Krone, Stammhöhe bis zum ersten Ast, Stammdurchmesser oder -umfang in 1 m Höhe, Ausbildung des Fußteiles.
2. Ableitung des Wassers (zentrifugal oder zentripetal); im Gebirge mittlere Winterschneehöhe.
3. Humusansammlungen auf der Trägerpflanze.
4. Beschaffenheit der Borke: Dicke, physikalische Eigenschaften (glatt, rauh, rissig usw.), Wasserkapazität, chemische Eigenschaften der Borke, pH, Elektrolytenkonzentration der Unterlage.

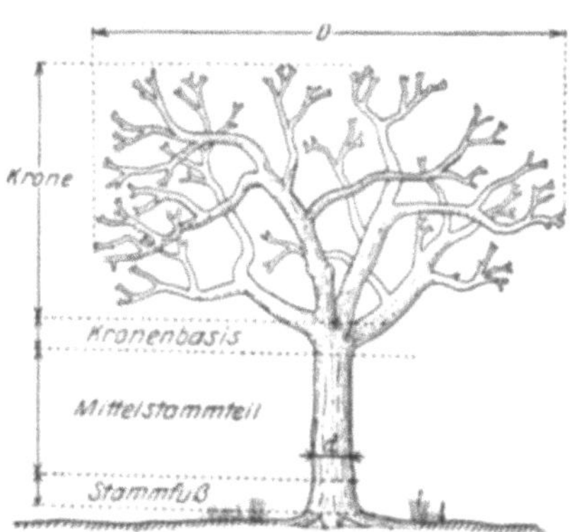

Abb. 99. Baumstandorte der Epiphytengesellschaften (nach OCHSNER)

5. Höhe über dem Boden und Exposition der Epiphytengesellschaft (Abb. 100).
6. Art der Trägerpflanze, Stand (ob freistehend oder nicht), Windeinfluß, Belichtung, tierische und menschliche Beeinflussung (Reinigung, Luftverseuchung, Fraß usw.).

Wie schon OCHSNER hervorhebt, lassen sich an den Bäumen vier gut unterschiedene Teile, vier verschiedenen Standorten entsprechend, auseinanderhalten (Abb. 99):

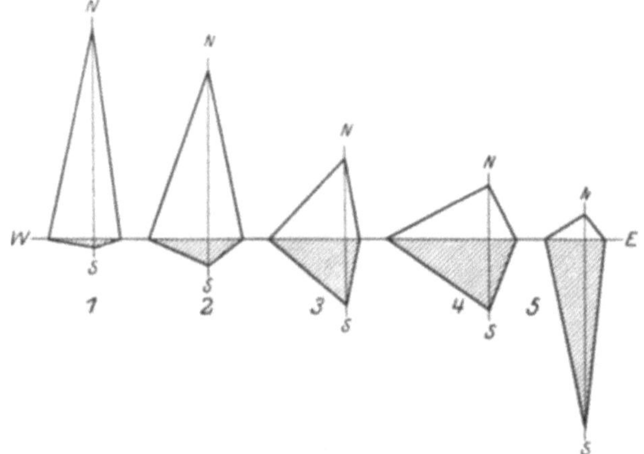


Abb. 100. Verteilungsart der verschiedenen Epiphytenformen nach der Exposition am Fußteil (bis 1 m hoch) von 100 Pappeln bei Zurzach am Rhein (nach OCHSNER). *1* Blattflechten, *2* Krustenflechten, *3* Radulaform, *4* Orthotrichumform, *5* Leucodonform

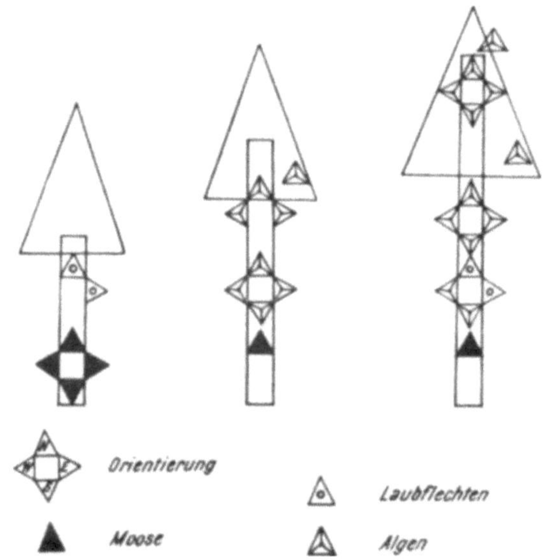


Abb. 101. Anordnung der Epiphytengesellschaften im *Abietum balsameae* von Quebec auf verschiedenaltrigen Bäumen (nach F. LE BLANC)

a) Der Kronenteil, in dessen Astwinkeln sich oft Humus ansammelt.

b) Die Kronenbasis, bei freistehenden Bäumen vor direkter Besonnung geschützt und daher oft auch feuchter als der Mittelteil.

c) Der Mittelteil, bei freistehenden Bäumen dem Wind und der Sonne ausgesetzt.

d) Der Fußteil, dessen Vegetation das zugeleitete Regenwasser auffängt und am längsten speichert.

Zur graphischen Darstellung der örtlichen Gesellschaftsverteilung findet öfter das Kreisdiagramm (s. SJÖGREN 1961 u. a.) Verwendung. Vorzüglich geeignet erscheint eine von F. LE BLANC (Mssk.) angewandte graphische Methode. Ein Beispiel, die dem zunehmenden Baumalter entsprechende Entwicklung der Epiphytengesellschaften im *Abies balsamea*-Wald des südlichen Kanada darstellend, bringt Abb. 101.

Unter den neueren, die Epiphytenvegetation berührenden Arbeiten ist BARKMANS „Phytosociology and Ecology of Cryptogamic Epiphytes" (1958) hervorzuheben. Darin werden für Holland nicht weniger als 97 Assoziationen auf 19 Verbände verteilt, unterschieden und zum großen Teil auch ökologisch untersucht. Die Assoziationstabelle seines *Opegraphetum subsiderellae* (Tab. 10), einer auf dem verhältnismäßig glatten unteren Stammteil von *Salix, Fraxinus, Juglans, Ulmus* in Holland und Nordwestdeutschland beobachteten Flechtengesellschaft, sei hier als Beispiel der minutiösen Aufnahmemethode angefügt. Für jeden, der sich mit Epiphytengesellschaften zu befassen hat, ist BARKMANS Arbeit unentbehrlich.

**Sukzession.** Zahlreiche Forscher haben auch die Weiterentwicklung der kryptogamen Epiphytengesellschaften verfolgt; BARKMAN (l. c.) gibt eine zusammenfassende Übersicht über das bisher Erreichte. Er bezeichnet quantitative Veränderungen im Artenbestand als Fluktuationen, den Schwankungen entsprechend, und reserviert die Bezeichnung Sukzession für qualitativen Artenersatz, was mit dem heute durchwegs anerkannten Sukzessionsbegriff übereinstimmt.

Eine klare bildliche Darstellung der über fünf Entwicklungsstadien verlaufenden Lebermoossukzession auf *Picea abies* in den polnischen Beskiden gibt REJMENT-GROCHOWSKA (in SZAFER und PAWLOWSKI 1959).

ED. FREYS (1959) photogrammetrisch festgehaltene Flechtensukzessionen im Schweizerischen Nationalpark vermitteln Aufschlüsse über den tatsächlichen Verlauf scharf begrenzter Änderungen in Flechtengesellschaften (s. S. 586) sowie über die angewandte Technik.

**Ökologie.** Über die chemische Zusammensetzung des Substrates der Epiphytengesellschaften, der Borke, ist nicht viel bekannt. DU RIETZ hebt 1945 die Notwendigkeit ihrer Untersuchung bei den verschiedenen Baumarten hervor, aber erst BARKMAN gibt für zahlreiche Bäume Vergleichswerte des Aschengehaltes und der chemischen Zusammensetzung der Borke, woraus u. a. hervorgeht, daß *Ulmus, Tilia, Populus* eine sehr kalkreiche, die Koniferen eine äußerst CaO-arme Borke besitzen. Fast alle bisherigen Aziditätsuntersuchungen ergaben für die Borke sauere bis sehr sauere Werte, die im Extrem 2,6 $p_H$ erreichten.

Die Abhängigkeit der Epiphytengesellschaften vom Wasserfaktor ist durch Verdunstungsmessungen am Standort ermittelt worden (s. WISNIEWSKI 1929, OCHSNER 1934 und neuerdings HOSOKAWA 1957, TAGAWA

Tabelle 10. *Opegraphetum*

| Subassoziationen | *catillarietosum* | | | | |
|---|---|---|---|---|---|
| | 1 | 2 | *3* | 4 | 5 |
| Feldnummer der Aufnahme ... | 1505 | 1200 | *1226* | 1238 | 1239 |
| Expositionsgrad ............ | me | me | *p* | p | p |
| Belichtung ............... | l | (m)l | *ml* | ml | ml |
| Baumart.................. | Jugl | Fr | *Fr* | S | S |
| Rindenart ................ | ms | s | *s* | vr[1] | vr[1] |
| Höhe in dm (über dem Boden) | 5–18 | 5–15 | *11–15* | 8–16 | 8–16 |
| Expositionsrichtung.......... | N.E | S | *N.NW* | NE | E |
| Neigung ................... | 85°–95° | 94°–102° | *94°–107°* | 95°–105° | 111° |
| Aufnahmefläche in qdm ...... | 25 | 20 | *8* | 16 | 16 |
| Artenzahl.................. | 5 | 5 | *6* | 5 | 4 |
| Strauchschicht-Deckung in % . | — | — | — | — | — |
| Blatt-Deckung in % ......... | — | — | — | — | — |
| Krusten-Deckung in % ...... | 70 | 60 | *70* | 80 | 65 |
| Kennarten | | | | | |
| *Opegrapha subsiderella* ..... | . | . | . | 2.3 f | 4.4 f |
| *Catillaria griffithii*.......... | . | . | *3–4.4 f* | 4.4. f | +.2 f |
| Trennarten | | | | | |
| *Opegrapha atra* ............ | 2.2 f | +.1.2 f | *+.2.3 f* | . | . |
| *Trentepohlia umbrina*....... | +.1 | . | . | +.3 | . |
| *Lecidea quernea* .......... | . | . | . | . | . |
| *Lecanora laevis* ............ | . | . | . | . | . |
| *Ramalina farinacea*......... | . | . | . | . | . |
| *Ramalina fastigiata* ........ | . | . | . | . | . |
| *Evernia prunastri* .......... | . | . | . | . | . |
| *Arthonia punctiformis*....... | . | 2.1 f | *+.1 f* | . | . |
| Verbands- u. Ordn.-Kennarten | | | | | |
| *Lecidea olivacea*............ | 2.2–3 f | 3.2 f | *+.1.2 f* | 2.3 f | . |
| *Arthonia radiata* .......... | 3.4 f | . | . | . | . |
| *Lecanora carpinea*.......... | . | . | . | . | +.1 f |
| Begleiter | | | | | |
| *Lecanora expallens* ......... | 2.2–3 | . | *2.3* | 2.3 | +.2 |
| *Lecanora chlarotera* ........ | . | 2.3 f | *1.2 f* | . | . |
| *Protococcus viridis* ......... | . | 2.3 | . | . | . |
| *Parmelia sulcata* .......... | . | . | . | . | . |
| *Pertusaria amara* .......... | . | . | . | . | . |

1959, Nakanishi 1959). Letzterer stellte durch eine Nachmittagsmessung relative Luftfeuchtigkeit, Lichtintensität, Sättigungsdefizit und Temperaturabnahme vom Waldboden bis in 6, 9 und 15 m Höhe fest. Mit Ausnahme der Lichtintensität zeigen die genannten Faktoren kaum nennenswerte Unterschiede.

*subsiderellae*

| ramalinetosum | | | | | |
|---|---|---|---|---|---|
| 6 | **7** | 8 | 9 | 10 | Mittel |
| 1152 | **1437** | 1230 | 1438 | 1208 | |
| mp | **mp** | mp | mp | e | |
| ml | **l** | ml | l | l | |
| Fr | **Jugl** | U | Jugl | U | |
| mr | **mr** | r | mr | r | |
| 10–26 | **10–18** | 16–23 | 10–25 | 6–20 | 9–19 (5–26) |
| W | **ENE.NNE** | NE | N.NW | NW | NW.NE |
| 79°–84° | **89°–90°** | 103° | 85°–89° | 82°–105° | 95° (79°–111°) |
| 50 | **20** | 7 | 40 | 40 | |
| 18 | **14** | 3 | 11 | 15 | 8.6 |
| 10 | **3** | — | 35 | — | |
| 40 | **1** | — | — | 60 | |
| 60 | **90** | 90 | 40 | 40 | 61% |
| | | | | | |
| +.2 | **2.2–3 f** | 4.4 f | 2.1 f | . | IV 342 |
| r.1 f | **+.1 f** | . | . | . | III 229 |
| | | | | | |
| +.2 f | **2.1 f** | 3.2 f | . | . | IV 141 |
| +.1 | **2.3** | . | +.1 | +.2 | IV 40 |
| . | **2.2–3** | . | 2.3 | 1.1 | II 70 |
| . | **2.3 f** | 1.1 f | 2.2–3 f | . | II 70 |
| 2.1 | **+.1** | . | 2–3.3 l | . | II 82 |
| r.1 f | . | . | 2.1 fl | . | II 30 |
| r.1 | **+.1** | . | +.1 | . | II 4 |
| . | . | . | . | . | II 32 |
| | | | | | |
| r.1 f | **+.1 f** | . | 1.1 f | r.1 f | V 149 |
| +.1 f | | . | | +.1 | II 79 |
| +.2 f | . | . | . | . | II 4 |
| | | | | | |
| +.1 | **3.2–3** | . | 2.3 | 2.1 f | V 229 |
| +.1 f | **+.2 f** | . | +.1 f | 2.3 f | IV 76 |
| 3.4 | . | . | . | 2.2 | II 135 |
| 3.4 l | . | . | . | 2.3 | II 105 |
| . | **1.2** | . | +.2 | . | II 12 |

Untersuchungen über Wassergehalt und Wasserkapazität der Borke haben Billings und Drew (1938) im Urwald des östlichen Tennessee ausgeführt.

Die Lichtmessungen von Sjögren (1961) an zahlreichen Baumstämmen (zumeist *Quercus robur*) auf Öland lassen die lichtklimatische

Begünstigung der Südseite hervortreten, doch ergeben sich sehr große, auf Abschirmung beruhende Unterschiede (s. auch Lüdi und Zoller 1953).

Die Lichtverhältnisse sind neben der Feuchtigkeit für die örtliche Verteilung der Epiphytengesellschaften ausschlaggebend. Die von Hosokawa und Odani (1957) untersuchten Epiphyten-, hauptsächlich Moosgesellschaften einer alten Buche *(Fagus crenata)* entsprechen vier deutlich unterschiedenen, verschieden belichteten Standorten. Auf den Stammfuß (Lichtintensität $\pm$10000 Lux) sind beschränkt: *Thyidium cymbifolium*, *Thamnium sandei*, *Hylocomium cavifolium*, *Homaliodendron scalpellifolium*. Den Stamm (10000 bis 20000 Lux) bewohnen: *Anomodon giraldii*, *Pterobryum arbuscula*, *Macrosporiella scabriseta*, *Boulaya mittenii*, die Krone (rund 20000 Lux): *Parmelia marmariza*, *Cetraria collata f. nuda*, usw., die höchsten Äste: *Ulota crispula*, *Ramalina calicaris*, *Parmelia subdivaricata*.

Von obigen Arten sind nur *Ulota crispula* und *Ramalina calicaris* auch aus den Epiphytengesellschaften der westlichen Hemisphäre bekannt, sämtliche übrigen bleiben auf Ostasien beschränkt.

Ähnliche Verbreitung besitzen die auf *Abies firma*, *Quercus mongolica* var. *grosseserrata* und *Castanea crenata* im *Cariceto-Tsugetum* Südwestjapans wachsenden Arten (Nakanishi 1959).

Nakanishi (1962) hat die Epiphytengesellschaften der japanischen Buchenwälder des *Fagion crenatae* sehr gründlich nach der Zürich-Montpellier-Methode untersucht. Er stellt 13 verschiedene, durch Kennarten unterschiedene, homogene Assoziationen fest, die sich auf 3 Verbände verteilen. Sie zählen insgesamt 95 Laubmoose, 43 Lebermoose, 100 Flechten und 5 Pteridophyten. Wie im westlichen Raum, so bekleiden die Moosepiphytengesellschaften hauptsächlich den unteren, die Flechtengesellschaften den oberen Teil der Baumstämme.

**Vikariierende Gesellschaften.** Während die südlichen *Fagus crenata*-Waldungen durch zahlreiche altendemisch-ostasiatische Epiphyten ausgezeichnet sind, die sich an Ort und Stelle entwickelt haben müssen, kommen im nordjapanischen *Pinetum pumilae* zahlreiche, auch in Europa und Nordasien verbreitete Arten vor, die seine florengeschichtlichen Beziehungen zu eurosibirisch-boreoamerikanischen Gesellschaften außer Frage stellen.

Einige der südwestjapanischen Epiphytengesellschaften lassen sich mit ähnlichen Gesellschaften europäischer Buchenwälder parallelisieren.

Daß zwischen den Epiphytengesellschaften auf *Pinus mugo* der Unterengadiner Alpen und jenen der Ostpyrenäen ein weitgehender Parallelismus existiert, hat Ed. Frey (1956) nachgewiesen.

**Produktionskraft.** Noch deutlicher als bei der Bodenvegetation wird die klimatische Beeinflussung von Artenreichtum und Produktionskraft bei den Epiphytengesellschaften sichtbar. In Trockengebieten sind sie durch wenige Flechten, Moose und Pilze vertreten, die aber auch ganz ausfallen können. Anders im luftfeuchten Atlantikum. In der Bretagne, der Majenne und anderwärts in Westeuropa sind Epiphytengesellschaften aufs üppigste entwickelt (des Abbayes 1934, 1954, Galinou

1955). Sehr auffällig ist ferner der Epiphytenreichtum des finnischen Seengebietes, wo nicht weniger als 849 epiphytische Kryptogamen, nämlich 573 Flechten, 167 Pilze und 109 Moose vorkommen (Koskinen 1955). Achtzig Flechtenarten sind zur Hauptsache an ganz bestimmte Baumarten gebunden, 47 halten sich ausschließlich oder fast ausschließlich an bestimmte Hölzer. Auch unter den Pilzen finden sich manche für einzelne Baumarten charakteristische Arten.

**Epiphyten und Luftverseuchung.** Das Fehlen der Epiphytengesellschaften wird als ein Beweis der Luftverseuchung dichtbevölkerter Industriegebiete angesehen (Flechtenwüsten, Sernander). Am empfindlichsten gegen Luftverseuchung durch $SO_2$, $NO_3$, $NH_3$ usw. reagieren die epiphytischen Kryptogamengesellschaften. Barkman (1958) setzt sich mit der Frage der Flechtenwüsten näher auseinander. In Holland können 10 solcher, auf Luftvergiftung durch Gase zurückzuführende Epiphytenwüsten unterschieden werden, die sich sämtlich auf die Großstädte und wichtigen Industrieorte konzentrieren.

Hangsiå (1930) und Hoeg (1934) sprechen von Flechtenwüsten im Innern von Stockholm und Oslo, und auch in Zürich kommen nach Vareschi (1936) in den engeren Fabriksquartieren nur grüne Algenüberzüge vor. Die epiphytischen Kryptogamengesellschaften werden so zu feinen Zeigern vergifteter Luft; aber selbstverständlich können auch höhere Pflanzen wie auch der Mensch unter dieser Giftwirkung Schaden leiden. Man denke nur an die Kultur- und Waldschäden im Bereich chemischer Fabriken, wie der Aluminiumfabrik von Chippis im Wallis, wo größere Waldbestände zugrunde gegangen sind.

Nitratreichtum der Luft an Straßen und um Dungstätten usw. wird durch Siedlungen von *Xanthoria parietina* und nach Barkman (1946) auch durch die *Physcia grisea*-Fazies des *Physcietum ascendentis* angezeigt; aeronitrophil ist das *Pleurococcetum vulgaris*, das dem durch die Industrie an die Luft abgegebenen $NH_3$ sein Dasein verdankt.

**Benennung.** Die Benennung der abhängigen Gesellschaften ist noch nicht übereinstimmend geregelt.

Meist werden sie von den selbständigen Gesellschaften nomenklatorisch nicht besonders auseinandergehalten und als Assoziationen, Soziationen usw. beschrieben unter Hinweis auf ihre Unselbständigkeit (s. besonders Ochsner 1938, Barkman 1958, Nespiak 1959, Nakanishi 1962).

Andere Forscher verwenden eine besondere Nomenklatur.

Richards (1938), Turner und Watt (1939) u. a. anglo-amerikanische Forscher bezeichnen die Moos-Miniaturgesellschaften (z. B. der Killarney-Wälder) nach dem Vorgang von Clements als „Associules“ und nennen die mögliche Schlußgesellschaft der genetisch verbundenen Epiphytengesellschaften „climax-associule“. Wir würden epiphytische Schlußgesellschaft sagen.

Du Rietz (1930, 1954), Richards (1952, 1954), Sjögren (1961), Wilmanns (1962) u. a. betrachten die einschichtigen Epiphyten- und Epiphyllengesellschaften als Synusien.

Cain (1938) faßt alle einschichtigen Moosgesellschaften unter der Bezeichnung „Union“ zusammen; seine floristisch verwandten Unionen ordnet er zu Verbänden.

Für die Untersuchung und spätere Zusammenfassung der abhängigen Gesellschaften zu Verbänden, Ordnungen usw. gelten natürlich im Prinzip dieselben Regeln wie für die selbständigen Gesellschaften. Für die Epiphytengesellschaften darf man aber folgende besondere Umstände nicht außer acht lassen.

Abhängige Gesellschaften treten oft nur fragmentarisch auf und sind sodann nicht leicht zu erkennen. Aber auch gutentwickelte Gesellschaften können unter nahe übereinstimmenden Außenbedingungen in mehreren Gesellschaften als abhängige Assoziationen auftreten. Gewisse Rindenhafter oder Baumstumpfgesellschaften z. B. erscheinen in verschiedenen Waldassoziationen, welchen sie beizuordnen sind. Ihre Fassung und systematische Einordnung hat jedoch unbeeinflußt von dieser Beiordnung zu erfolgen.

Bezüglich der systematischen Anordnung der Rindenepiphytengesellschaften sei auf Barkman (l. c.) verwiesen.

**Epiphyllengesellschaften** (Klasse der *Lejeuneetea*). Weit weniger bekannt als die Baumepiphyten sind die Überpflanzen, meist Algen, der unter Wasser befindlichen Teile höherer Hydrophyten, auf die Van Meel (1949) hinweist, sowie die Epiphyllengesellschaften.

In luftfeuchten Gebieten siedeln sich selbst auf den Blattflächen immergrüner Gewächse eine Reihe von Flechten, Moosen und Lebermoosen als Blatthafter (Epiphyllen) an.

Schon im westlichen Europa trägt *Buxus sempervirens* an luftfeuchten Standorten mehrere Flechtenepiphyllen. Aus dem nebelfeuchten Lorbeerwald der Azoren hat Allorge (1938) zwei Epiphyllengesellschaften beschrieben: zwischen 700 und 900 m auf den Blättern verschiedener immergrüner Gewächse wachsend das *Coluretum calyptrifoliae* mit *Radula aquilegia* und *Metzgeria furcata*, in tieferen Lagen ersetzt durch die Assoziation von *Cololejeunea minutissima* mit *Radula carringtonii*, *Marchesinia mackayi* usw. Das ständige Vorhandensein dieser Epiphyllengesellschaften verstärkt noch die ökologischen Ähnlichkeitsbeziehungen zwischen dem makaronesischen Lorbeerwald und gewissen feuchten Bergwäldern der Tropen, wo den Epiphyllen eine wichtige Rolle zukommt.

Ausnahmsweise treten dort neben Moosen und Flechten sogar Gefäßpflanzen als Blatthafter auf. Die epiphyllen Flechten zeigen alle Übergänge zwischen Epiphytismus und Parasitismus.

Epiphyllengesellschaften aus den französischen Antillen sind von Allorge beschrieben worden (s. Jovet-Ast 1949). Richards (1954) fand im Regenwald von Britisch-Guayana ausschließlich Moose als Epiphyllen. Ihr Wohnraum sind die Unterschichten des Waldes in 1 bis 12 m Höhe, wo sie, in ständig feuchtigkeitsgesättigter Luft gebadet, doch noch hinreichend belichtet sind; auf völlig unbeschatteten Blättern wurden keine Epiphyllen beobachtet.

Die Blatthaftergesellschaften sind aber ausschließlich an langlebige Blätter gebunden, die sie im Laufe der Zeit ganz überziehen können. Ihre Artenzahl erhöht sich mit zunehmendem Blattalter, weshalb RICHARDS geradezu von einer Sukzession zum „Klimax“ spricht. Soweit Beobachtungen vorliegen, besteht die Epiphyllenvegetation allenthalben zur Hauptsache aus Lebermoosen der Gattung *Lejeunea*, so daß es angezeigt erscheint, diese Epiphyllengesellschaften zu einer eigenen Klasse (*Lejeuneetea*) zusammenzufassen. Die meisten Epiphyllen sind, wie RICHARDS betont, streng an Standort und Gesellschaft gebunden. Das Laubmoos *Crossomitrium* kann als völlig exklusive Art gelten. Assoziationsfremde Arten als Begleiter sind in Britisch-Guayana nur spärlich vertreten, kommen dagegen in den Epiphyllengesellschaften der Antillen zahlreich vor (JOVET-AST l. c.). Die Zahl der spezifischen Kennarten ist hier aber nicht geringer als im Tieflandwald von Britisch-Guayana.

**Mykorrhizenassoziationen.** Gegenseitige parasitäre Abhängigkeitsbeziehungen stellen die Mykorrhizenverbindungen dar, deren forstliche Bedeutung erst in jüngster Zeit voll erkannt worden ist (TRAPPE 1962). Um ihren Lebenszyklus normal abwickeln zu können, ist das Vorhandensein von Pilz und Wirt notwendig. Die Wirtspflanze erhält vom Pilz Kohlehydrate, Glykogen, Fett, Eiweiß und Salze. Positiv zu werten sind bei der C-autotrophen Pflanze aber nur Eiweiß als Stickstoffquelle und Salze, vielleicht auch irgendwelche Wuchsstoffe (BURGEFF 1961). Mit einem Wirt können Dutzende von Pilzarten verschwistert sein[1]; es ist aber noch unbekannt, wieweit die einzelnen Arten gleichzeitig auf demselben Wirt zusammenleben. Daher ist wohl auch die Bezeichnung „Mykorrhizenassoziation“. (SINGER, TRAPPE) für dieses abhängige Zusammenleben etwas verfrüht.

[1] Mit *Pinus silvestris* zusammen leben, soweit heute bekannt, nicht weniger als 116 Mykorrhizapilze.

Dritter Abschnitt

# Die Standortsfaktoren (Synécologie éthologique)

Mit dem Begriff der Pflanzengesellschaft ist die Synökologie untrennbar verbunden. Schon die Väter der Geobotanik, ein HEER, LECOQ, SENDTNER, KERNER, suchten sich über die Ursachen des Zusammenschlusses bestimmter Pflanzen Rechenschaft zu geben. In SENDTNERS klassischem „Vegetationsverhältnisse Südbayerns nach den Grundsätzen der Pflanzengeographie" (1854) werden dem Einfluß von Klima und Boden auf die Vegetation nicht weniger als 136 Seiten gewidmet. Epochemachend wirkte KERNERS Pflanzenleben der Donauländer (1863), das in glänzender Sprache die wichtigsten Pflanzengesellschaften Österreich-Ungarns in ihrer Abhängigkeit von der Umwelt auch dem Verständnis des Laien näher bringt.

Den wichtigsten Markstein in der Entwicklung der Synökologie seit HEER aber bezeichnet wohl WARMINGS Lehrbuch der ökologischen Pflanzengeographie, 1895 dänisch, 1896 in deutscher, 1909 in englischer Übertragung erschienen, eine unerschöpfliche Fundgrube treffender Beobachtungen und wertvoller Anregungen. Zum erstenmal wird hier das Zusammenleben der Pflanzen vom Gesichtspunkt der gegenseitigen Beeinflussung aus behandelt und auch dem Wettbewerb der Arten und Gesellschaften untereinander Beachtung geschenkt.

Die Synökologie im hergebrachten Sinne umfaßt zwei große Forschungsbereiche, die sich zwar gegenseitig durchdringen und befruchten, die aber der Klarheit halber auseinandergehalten und auch getrennt behandelt werden müssen.

Das eine Forschungsproblem befaßt sich mit den meßbaren Umwelts- oder Standortsfaktoren (Synökologie im engeren Sinn), das andere verfolgt die Reaktionen der Gesellschaften und Gesellschaftsglieder auf die Standortsverhältnisse unter dem Einfluß des Zusammenlebens (Gesellschaftsfunktion). PAVILLARD (1935) hat hiefür die Bezeichnungen *Synécologie mésologique* und *Synécologie éthologique* eingeführt.

Autökologische Untersuchungen können allenthalben, im Garten, im Gewächshaus und im Arbeitsraum vorgenommen werden; das große Laboratorium synökologischer Untersuchungen ist die freie Natur.

Die Unmöglichkeit, die verschiedenen Wirkungsfaktoren in der Natur scharf zu trennen, erschwert aber derartige Studien ungemein. Diejenigen Forscher, welche die Ökologie als Grundpfeiler der pflanzensoziologischen Systematik, ja des ganzen Wissensgebäudes der Pflanzensoziologie betrachten, mögen nicht vergessen, wie unsicher der Boden ist, auf dem wir auch heute noch stehen, und welch eingreifende und überraschend plötzliche Wandlungen die Anschauungen und Problemstellungen gerade auf dem Gebiet der Synökologie innert kürzester Zeit erfahren haben.

Die Synökologie ist in ständigem Ausbau begriffen. Ökologische Stationen werden errichtet, motorisierte Laboratorien an ökologisch interessante Standorte hingefahren (motorisierte Botanik, STOCKER 1956). Neue Wirkungsfaktoren tauchen auf, schon bekannte werden anders eingeschätzt.

Von diesem Wechsel der Wirkungsfaktoren unbeeinflußt bleibt die floristisch umschriebene Pflanzengesellschaft; sie ist der ruhende Pol, auf den sich alle synökologischen Studien beziehen sollten.

Unter den die Gesellschaft bedingenden abiotischen und biotischen Umweltsfaktoren kommen in erster Linie in Betracht die Strahlungsenergie der Sonne als Wärme-, Licht- und Ionenstrahlung, die Feuchtigkeitsbedingungen und die Bodenverhältnisse.

Von nicht geringer Bedeutung sind sodann die biotischen Faktoren, unter denen der Mensch, dessen Einfluß ständig im Wachsen begriffen ist, weitaus an erster Stelle steht.

Die meßbaren Standortsfaktoren werden am besten unter drei Hauptgruppen behandelt;

1. klimatische und atmosphärische Faktoren,
2. edaphische oder Bodenfaktoren,
3. biotische Faktoren (Einflüsse der lebenden Umwelt).

Die in der zweiten Auflage dieses Buches gesondert besprochenen Relieffaktoren sind teils den klimatischen, teils den edaphischen Faktoren zugeordnet.

Sind wir auch gezwungen, jede Faktorengruppe getrennt für sich zu behandeln und in ihrer Wirkung auf den Pflanzenteppich zu untersuchen, so darf doch nicht vergessen werden, daß stets ein ganzer Faktorenkomplex in Erscheinung tritt, die einzelnen Faktoren zueinander in vielfacher Wechselwirkung (Interferenz) stehen und die Wirkung jedes Einzelfaktors durch die übrigen Faktoren beeinflußt oder gar verdeckt wird[1]. Das Studium der Standortsfaktoren bildet ein unabsehbares Arbeitsfeld; aber schon das Herausarbeiten bestimmter eindeutiger Wechselbeziehungen ist wissenschaftlicher Gewinn und trägt bei zum besseren Verständnis der ungeheueren Vielfältigkeit und Verschlungenheit des sozialen Lebens der Pflanzen.

Jede kausal gerichtete Vegetationsuntersuchung ist auch synökologisch auswertbar. Ihren vollen Wert erlangt sie aber erst, wenn sie sich auf eine klar umschriebene Gesellschaft bezieht, denn dann erst besteht die Möglichkeit, die Untersuchungsergebnisse zu verallgemeinern.

---

[1] Was nicht ausschließt, daß ein einziger im Maximum oder Minimum vorhandener Faktor für das Bestehen einer Gesellschaft ausschlaggebend sein kann, denn jedem Faktor gegenüber verfügt die Gesellschaft über eine bestimmte Toleranzbreite, die nicht überschritten werden kann.

Je besser umschrieben, je deutlicher abgegrenzt die Gesellschaften sind, eine um so wertvollere Basis ergeben sie für Untersuchungen jeder Art, welche die Erfassung des Bestandeshaushaltes zum Ziel haben.

## A. Klimafaktoren

Die von den staatlichen Wetterwarten übermittelten klimatischen Beobachtungen beziehen sich auf das sogenannte „Stationsklima“ und geben Aufschluß über das Großraumklima oder Allgemeinklima eines Ortes. Sie sind gewonnen unter sorgfältigster Ausschaltung aller mehr oder weniger zufälligen Lokaleinwirkungen.

Für den Pflanzensoziologen, wie für viele Biologen, ist es aber notwendig, die am Standort der Pflanzengesellschaft selbst herrschenden Klimaverhältnisse kennenzulernen. Dem Großraumklima oder Makroklima ist das Lokalklima oder Gesellschaftsklima gegenüberzustellen.

Aber auch das Lokalklima kann noch in klimatische Kleinkomplexe aufgeteilt werden. Auf die Pflanzengesellschaften bezogen ist das einem einheitlichen Kleinstandort, einer feindifferenzierten Gesellschaft, entsprechende Klein- oder Mikroklima.

Viele Pflanzengesellschaften benötigen zu ihrem optimalen Gedeihen ein ganz bestimmtes Mikroklima, dessen Untersuchung einen Teil des ökologischen Studiums ausmacht. Dabei ergeben unter Umständen Vergleichswerte wichtigere Aufschlüsse als absolute Zahlen.

Zur Hauptsache generalklimatisch bedingt sind Vegetationsklimax und Synoekosystem. Auf das Lokalklima reagiert zumeist die Assoziation, vor allem vom Mikroklima abhängig sind Untereinheiten (Subassoziationen, Varianten) und die verschiedenen Vegetationsschichten.

Im Bereich einer mehrschichtigen Assoziation herrschen mehrere durchaus abweichende Klein- oder Mikroklimate.

### 1. Wärme

Die Sonnenstrahlung, die wichtigste Energiequelle des organischen Lebens, wird durch den Pflanzenkörper absorbiert und wirkt sodann entweder als „Wärme“, oder sie wird in potentielle chemische Energie übergeführt und wirkt phototropisch als „Licht“. Die Schwerpunkte der Sonnenwärme und des Sonnenlichtes werden durch verschiedene Strahlengattungen bestimmt. Die Lichtstrahlen entstammen zur Hauptsache dem blauvioletten Teil des Spektrums, während die wirksamsten Wärmestrahlen im gelben, roten und ultraroten Teil des Spektrums liegen (Abb. 102), doch fallen Wärme- und Lichtmaximum im Spektrum ziemlich nahe zusammen. Beim Durchdringen der Lufthülle werden die kurzwelligen blauen Strahlen stärker zerstreut als die langwelligen roten; dagegen werden im roten Teil des Spektrums ganze Strahlengattungen von der Atmosphäre fast vollständig absorbiert und dienen zu ihrer Erwärmung. Für den Wärmehaushalt der Vegetation ist dies insofern von Wichtigkeit, als die Wärmeausstrahlung der Körper dadurch vermindert wird.

**Wärmeeinstrahlung und -ausstrahlung.** Die dem Erdboden zugeführte Sonnenwärme beträgt an klaren Tagen zur Mittagszeit etwas über eine Grammkalorie, in großen Höhen aber nahezu zwei Grammkalorien. Beim

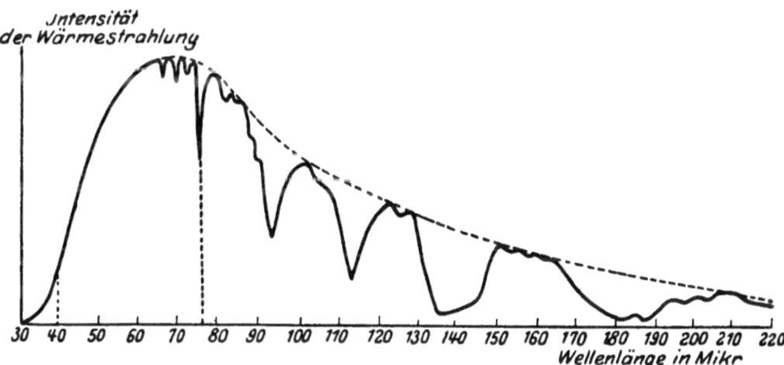


Abb. 102. Verteilung der Energie (Wärme) im normalen Sonnenspektrum (nach LANGLEY)

Durchgang durch die Atmosphäre gehen mehr als 50% der Sonnenenergie verloren. Die ökologisch wirksame Sonnenwärme entspricht dem Betrag der wirklichen Einstrahlung abzüglich des Wärmeverlustes durch Ausstrahlung. Unser Kurvenbild (Abb. 103) veranschaulicht die wirkliche Einstrahlung bei mittlerer Bewölkung im Hochgebirge und im schweizerischen Tiefland.

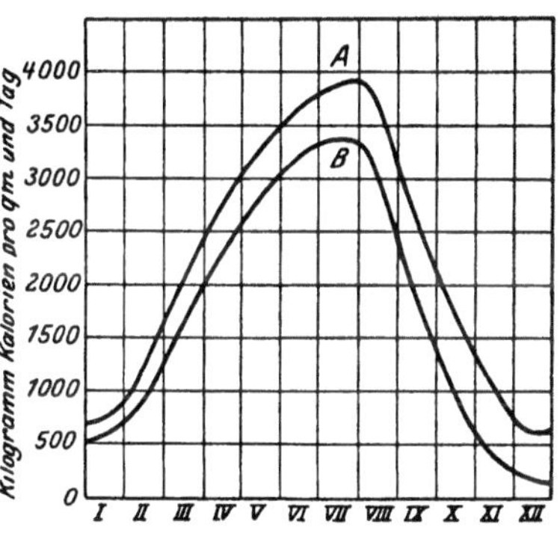


Abb. 103. Einstrahlung bei mittlerer Bewölkung im Hochgebirge ($A$) und im nördlichen Tiefland ($B$) der Schweiz (nach MAURER 1916)

Zur Messung der direkten Sonnenstrahlung ist der Kugelpyranometer Bellani besonders geeignet. Man erhält damit nicht Momentanwerte, sondern Summenwerte der kalorischen Einstrahlung, so daß der Strahlungsgenuß während einer bestimmten Zeitspanne direkt bestimmt werden kann. Auch die vom Erdboden und von Pflanzen rückgestrahlte Wärme wird gemessen. PROHASKA (1947) gibt die Beschreibung eines vom physikalisch-meteorologischen Observatorium in Davos weiterentwickelten Instrumentes (Abb. 104). Wie verschiedene Werte die Rückstrahlung ergeben kann, geht aus folgenden Zahlen hervor.

Reflexion in % der auffallenden Strahlung

| | | | |
|---|---|---|---|
| Wald | 5 bis 10% | Sand | 12 bis 50% |
| Heide | 10% | Wasser | 5 bis 75% |
| Wiese | 17 bis 32% | Neuschnee | 80 bis 90% |

Die Zahlen zeigen zur Genüge, wie vorsichtig bei Temperaturmessungen mit dem Thermometer vorgegangen werden muß, wenn die Rückstrahlung ausgeschaltet werden soll.

Zur einwandfreien Messung der Lufttemperatur bedient man sich daher mit Vorteil des Aspirationspsychrometers.

Die von den Pflanzen aufgenommenen, durch die absorbierte Strahlungswärme erreichten Temperaturen können von der Lufttemperatur stark abweichen. Ausführliche Angaben hierüber macht WALTER (1960). Übertemperaturen von 10 bis 15° sind im *Festucion vallesiacae*-Rasen bei Wien, solche von 7 bis 16° bei mediterranen Macchienpflanzen beobachtet worden, ohne daß Hitzeschäden eintraten. Auch bei Temperaturen von 60 bis 70° an der Bodenoberfläche waren keine Pflanzenschädigungen nachweisbar (HUBER 1937).

TURNER (1958) hat den Temperaturverlauf der obersten Bodenschichten an der Waldgrenze im Ötztal (2070 m) während des nahezu wolkenlosen 5. Juli 1957, dem heißesten Tag des Jahres, mit elektrischen Widerstandsthermometern gemessen.

Die stärkste Erhitzung zeigte der dunkle Rohhumusboden in SW-Exposition (79,8°), ein Wert, der an die Extreme in der Kara-Kum-Wüste heranreicht. Die in nächster Nähe wachsenden Pflanzen, mit Ausnahme von *Silene rupestris*, hatten nachmittags ihre schlaffgewordenen Blätter eingerollt.

Abb. 104. Kugelpyranometer Bellani. *H* Hüllkugel, *G* Empfängerkugel, *R* Meßrohr, *A* Alkoholspiegel

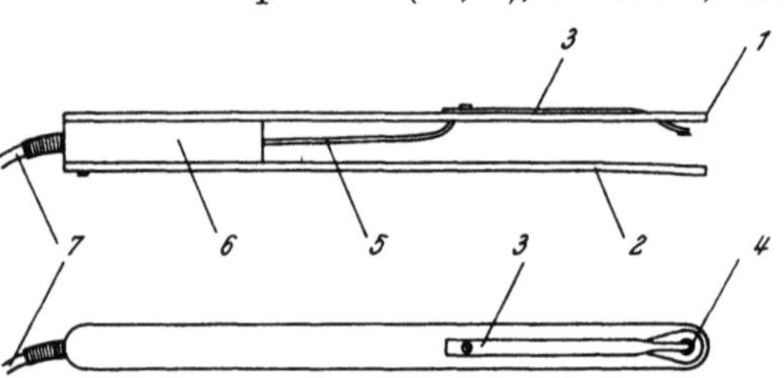


Abb. 105. Thermistorsonde (nach JENÍK und KOSINA 1963): *1* obere Backe, *2* untere Backe, *3* die Thermistorfeder mit eingegossenen Zuleitungen, *4* Thermistor, *5* Zuleitungen, *6* Kern des Griffes mit Öffnung für Zuleitungen, *7* Zuleitungslitze

Ein Thermistor-Thermometer, auch für Temperaturmessungen an der Oberfläche der Pflanzen, des Bodens und an Felsen geeignet, wird von JENÍK und KOSINA (1960) empfohlen.

Der Apparat ("thermally sensitive resistor") mißt die Temperatur mit Hilfe der Widerstandsänderungen eines Halbleiter- (Thermistor-) Fühlorgans. Dank dem hohen Temperaturkoeffizienten des Thermistors ist die Vorrichtung im Vergleich zu den bisher in der Ökologie verwendeten elektrischen Thermometern einfacher (Abb. 105).

Die der Vegetation tatsächlich zugeführte Wärmemenge ist nicht bloß von der Strahlungsintensität, sondern ebensosehr von der Absorptionsfähigkeit des belichteten Pflanzenteiles abhängig.

Die Ausstrahlung ist wie die Einstrahlung örtlich und zeitlich verschieden. Sie erreicht in mittleren Breiten bei klarem Nachthimmel etwa 0,12 bis 0,15 Grammkalorien und wird namentlich durch die Dicke der Lufthülle und den Wassergehalt der Luft reguliert. Am schärfsten macht sich die Ausstrahlung hart über dem Erdboden geltend.

Die mittleren Minima an der Bodenoberfläche und 1,5 m über dem Boden betrugen im Januar auf einer Rasenfläche bei Montpellier —8° und —5,4° C. So wird verständlich, daß sich das Wasser im ariden Klima mit einer Eisschicht überziehen kann, während die Lufttemperatur in Manneshöhe mehrere Grade über Null liegt.

Die klimatologische Messung der nächtlichen Wärmeausstrahlung kann durch ein Minimumthermometer geschehen, das auf den bloßen Erdboden gelegt und kaum mit Erde bedeckt wird, oder ein solches, das hart über die kurze Rasendecke zu liegen kommt. Der Unterschied zwischen der Minimaltemperatur am Boden und $1^1/_2$ m über der Bodenfläche gibt ein Maß für die Intensität der Wärmeausstrahlung.

Die physiologische Temperaturwirkung behandeln ausführlich R. Combes (1946) und neuerdings besonders Precht, Christophersen und Hensel (1955), Stocker (1951, 1958) und Biebl (1962).

**Maxima und Minima.** Das aktive pflanzliche Leben wickelt sich meist bei Lufttemperaturen zwischen 0 und 60° C ab. Jenseits dieser Grenztemperaturen leiden die meisten Pflanzen oder sie verharren im Ruhezustand. Immerhin bedecken noch ausgedehnte Lärchenwaldungen die Gebiete am Kältepol der Erde in Ostsibirien, wo sie Wintertemperaturen von —70° aushalten. Anderseits gedeihen gewisse Algen (in heißen Quellen) und Gärungserreger (*Bacillus calfactor* bei der Selbsterhitzung des Heus) noch bei und über 70°. Kurzdauernde Temperaturerhöhung auf 60 bis 70° wird von vielen Blütenpflanzen ertragen.

Trockenrasengesellschaften sind schon in Mitteleuropa gelegentlich solchen Temperaturen ausgesetzt. So maß Hummel im Allgäu hart unter der Bodenoberfläche Maxima von 76° C bei einem mittleren Maximum aus fünftägiger Messung von 70° C.

Übermäßige Hitze bringt das Protoplasma zum Gerinnen (Eiweißdenaturierung) oder bewirkt Stoffwechselstörungen. Tiefe Kältegrade wirken tödlich durch Fällung der Proteine oder durch Eisbildung in den Pflanzenzellen und Zerreißen der Gewebe. Bei solchen Temperaturen können aber Schädigungen auch durch Wasserentzug und fehlenden Nachschub eintreten.

Die Pflanzenschädigungen sind in hohem Maße von der Frostdauer abhängig, auch unterliegt die Kältehärte der Arten, wie der Gehalt an osmotisch wirksamen Substanzen (s. S. 212), jahreszeitlichen Schwankungen. Unter Frostwirkung erhöht sich der osmotische Wert des Zellsaftes sowohl bei Gefäßpflanzen als bei Kryptogamen beträchtlich.

Kälte- wie Dürreresistenz sind in den Rahmen der Gesamtkonstitution einer Pflanze eingebaut. Alle Dürreffekte resultieren letzten Endes aus Änderungen der Struktur des Zellplasmas (Stocker l. c.).

Synökologisch wirken sich Kälteschäden aus durch die Verschiebung der Konkurrenzkraft der einzelnen Arten. Dauernde oder auch nur vorübergehende, aber mehrfach wiederholte Schädigungen durch Frost oder Hitze versetzen eine Pflanze ins Hintertreffen und begünstigen das Vordringen weniger empfindlicher Mitbewerber. Beispiele hierfür bieten namentlich der Norden und die Hochgebirge. Im kalten, schneearmen Winter 1924/25 zeigten manche Zwergsträucher, wie *Empetrum*, *Arctostaphylos uva-ursi*, *Vaccinium uliginosum*, an schneefreien, ungeschützten Stellen der östlichen Alpen vielfach Frostschäden und waren 1925 in ihrer Entwicklung deutlich gehemmt. Die mit ihnen alternierenden, weniger empfindlichen Teppiche von *Loiseleuria procumbens* und der

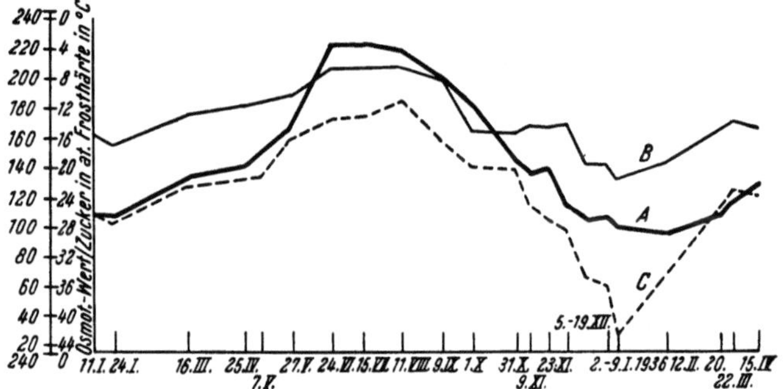


Abb. 106. Jahresgang der Frosthärte (*A*), des Gesamtzuckers (*B*) und des osmotischen Wertes (*C*) von *Calluna vulgaris* (nach W. Ulmer)

Rasen von *Festuca halleri* dagegen hatten kaum gelitten. Sie entwickelten sich im folgenden Sommer kräftig und dehnten ihr Areal auf Kosten der frostgeschädigten Zwergsträucher aus.

**Wirkung der Temperaturextreme.** Die schädigende Wirkung der Temperaturextreme wird erhöht, wenn sie sich mit ungünstigen Nebenfaktoren verbinden. So werden die tiefen Wintertemperaturen in ihrer biologischen Wirkung verstärkt durch heftige austrocknende Winde. Mit den hohen Sommertemperaturen subtropischer Wüsten verbinden sich dauernde intensive Belichtung, Rückstrahlung des nackten Bodens und extreme Trockenheit. Es ist daher in solchen Fällen ganz aussichtslos, den Wirkungsgrad des Wärmefaktors für sich allein zu bestimmen. Über Schädigungen des Protoplasmas durch Hitzewirkung berichtet Lange (1959). Meist wirken Hitze und Trockenheit vereint, allermeist dürfte letztere den Ausschlag geben.

In Mittel- und Südeuropa erlangen die Winterminima vielfach die Bedeutung soziologischer Schwellenwerte, doch bleiben dieselben im einzelnen noch genauer zu präzisieren. Günstige Untersuchungsobjekte bieten die Gesellschaften gesellig wachsender immergrüner Sträucher und Bäume. Neben den absoluten Temperaturminima ist ihre Dauer und Verteilung von besonderer Wichtigkeit. Spätfröste wirken bekanntlich deshalb so nachteilig, weil sie die Vegetation in voller Lebenstätigkeit treffen, zur Zeit, da der Zucker in den Pflanzengeweben größtenteils schon in Stärke übergeführt ist. Förster und Landwirt suchen sich vor allem über die Frostgrenzen und die Zahl der Frosttage zu unterrichten. Die Dauer der ununterbrochenen Frostperioden ist bestimmend für das Gedeihen vieler Arten.

Über die Wirkung tiefer Temperaturen auf die Samenkeimung wissen wir durch Untersuchungen von KINZEL (1915, 1926), NICHOLS (1934) u. a., daß sie bei manchen Arten mit nördlicher Verbreitung begünstigt wird. Die Frostkeimer benötigen eine kürzere oder längere Frosteinwirkung, um auszukeimen. Anderseits vermögen tiefe Wintertemperaturen die Keimung südlicher Arten ungünstig zu beeinflussen. Diese Umstände können sich bei der Artenzusammensetzung der Gesellschaften selektiv auswirken.

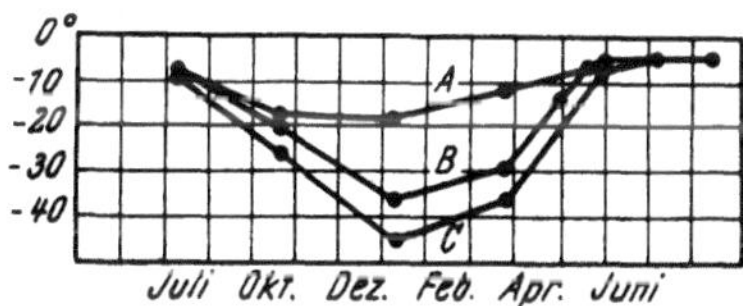


Abb. 107. Frosthärte in Minusgraden bei *A Rhododendron ferrugineum*, *B Loiseleuria procumbens*, *C Pinus cembra;* Winter 1950/51 (nach PISEK u. LARCHER 1954)

**Frosthärte.** Die Kältehärte, am größten in den Wintermonaten, trifft oft zusammen mit hohem osmotischem Wert, hohem Zucker- und geringem Wassergehalt. Am kälteempfindlichsten sind die Pflanzen bei geringer Zellsaftkonzentration, geringem Zucker- und hohem Wassergehalt, namentlich in der Übergangszeit vom Winter zum Frühling.

Seit LIDFORSS' bahnbrechenden Untersuchungen über die wintergrüne Flora (1907) wurde dem Zuckergehalt eine wichtige Schutzwirkung der Plasmakolloide zugeschrieben. Tiefe Temperaturen sollen auf Kosten der Stärke die Zuckerbildung begünstigen und damit die Kälteresistenz der Pflanze erhöhen. Tatsache ist, daß die Pflanzen im Winter viel weniger dem Erfrieren ausgesetzt sind als im Frühjahr; ihre Frosthärte ist am ausgeprägtesten im Hochwinter (Abb. 107).

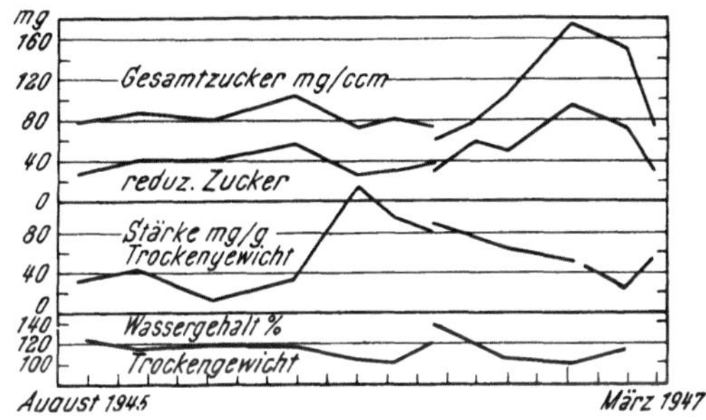


Abb. 108. Jahresgang von Frosthärte, Zucker-, Stärke- und Wassergehalt bei *Rhododendron ferrugineum* 1945 bis 1947 (aus PISEK 1952)

Zur Erklärung dieses Umstandes sei auf die neueren Untersuchungen von TRANQUILLINI (1948), PISEK (1952), PISEK und LARCHER (1954) hingewiesen. Sie ergeben, daß eine direkte Abhängigkeit der Kältehärte vom Zuckergehalt und vom osmotischen Wert nicht nachzuweisen ist. Die Frosthärte scheint von den Änderungen des Zellinhalts weitgehend unabhängig und beruht zur Hauptsache, wie HÖFLER schon früher für die Lebermoose und 1952 für die Algen nachweisen konnte, auf anderen plasmatischen Ursachen.

Die neueste Behandlung des Gegenstandes durch LEVITT (1956,

1962) und Biebl (1962) geht näher auf diese Verhältnisse ein. Nach Biebl sind die Ursachen der Kälteresistenz sehr komplexer Natur. Beim Kältetod oberhalb des Gefrierpunktes führen zweifellos Störungen im normalen Zellstoffwechsel den Tod herbei. Beim Kältetod unter dem Gefrierpunkt aber kommt, wie nicht schädigende Unterkühlungsversuche wahrscheinlich machen, den Auswirkungen der Eisbildung selbst die Hauptbedeutung zu.

Daß der osmotische Wert für die Frosthärte nicht allein in Betracht fallen kann, erhellt schon daraus, daß bei den Immergrünen der Mediterranregion die Winterkurven des osmotischen Wertes keinen Anstieg zeigen (Br.-Bl. und Walter 1931).

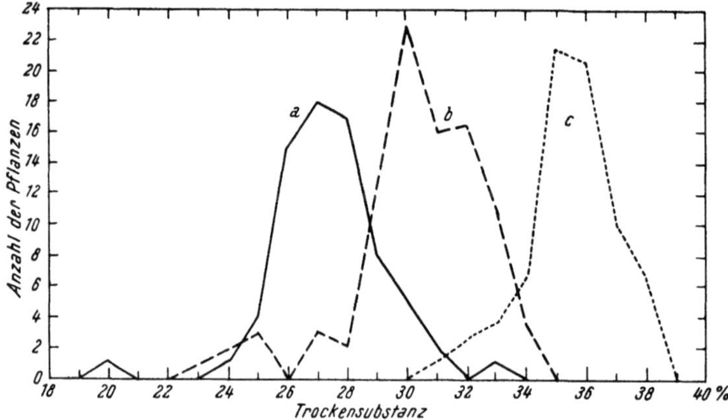


Abb. 109. Trockensubstanzgehalt einzelner einjähriger Kiefern verschiedener Provenienz. Herkunft: *a* Haute-Loire, Frankreich, 45°; *b* Gylta bei Västerås, 59°; *c* Versuchsrevier Svalberget bei Vindeln, 64° n. Br. (nach Langlet 1935)

Bei manchen Arten ist es (wie bei der Austrocknungsresistenz) der innere Rhythmus („resistenzstabile Arten"), bei andern vorwiegend die Außentemperatur („resistenzlabile Arten"), welche die Schwankungen der Frosthärte bedingen.

Auch im sommergrünen Laubwald ist die Periodizität der Frosthärte deutlich ausgeprägt: Die Gefährdung der Organe durch Fröste in Mitteleuropa, am größten im April-Mai, ist am geringsten im Herbst und Winter. Arten kontinentaler Verbreitung besitzen gewöhnlich, zum mindesten im Winter, frosthärtere Organe als Arten mit ozeanischer Verbreitung (Till 1956).

Pisek und Schiessl (l. c.) haben die Gewöhnung an tiefe Temperaturgrade bei der Arve *(Pinus cembra)* und bei *Loiseleuria procumbens* verfolgt, welche letztere Art die extremsten Wintertemperaturen an schneefreien Windecken der Hochalpen schadlos erträgt (s. auch Tranquillini 1958).

In diesem Zusammenhang sei auch der Feststellung Langlets (1935) gedacht, der den Nachweis erbrachte, daß sich die Frosthärte der Föhre gleichsinnig mit dem Wassergehalt der Nadeln ändert. Föhrenrassen mit hohem Trockensubstanzgehalt (über 34%) sind viel kältehärter als solche mit geringem (31 bis 33%).

Aus dem Trockensubstanzgehalt kann nicht nur auf die Frosthärte, sondern sogar auf die Herkunft geschlossen werden, wie nebenstehende Kurven zeigen (Abb. 109).

**Trockenresistenz.** Mit dem Rhythmus der Frosthärte stimmt, wie Ulmer (1937), Pisek und Schiessl (1947), Pisek und Larcher (1954), Biebl (1962) nachgewiesen haben, der Jahresverlauf der Austrocknungsresistenz überein. Beide Eigenschaften sind zum Teil endogen, genotypisch, zum Teil phänotypisch, klimabedingt. Stocker (1954) spricht von plasmatischer und konstitutioneller Resistenz. Wir können unterscheiden zwischen trockenharten, dürreresistenten und dürreempfindlichen Arten und Gesellschaften.

Wer sich über die mit der Dürreresistenz zusammenhängenden Fragen, die tief in den Bereich der Physiologie eindringen, unterrichten will, findet in den Referaten von Henrici (1946), Iljin (1952), Eckardt (1954), Levitt (1956), Biebl (1962) und namentlich auch bei Stocker (1952, 1954, 1956, dort auch eine weitausgreifende Bibliographie) hinreichend Auskunft.

Eckardt (1954) hat gezeigt, daß im mediterranen Südfrankreich während der Sommerdürre eine starke Erhöhung des osmotischen Wertes, selbst bei Arten, deren Wurzeln bis in die feuchten Bodenschichten vordringen, stattfindet.

Die übersichtliche Zusammenfassung bei Biebl (1962) gibt ein anschauliches Bild der auf die Trockenresistenz bezüglichen Untersuchungen und über die Möglichkeiten der Pflanzen, der Standortstrockenheit zu begegnen oder ihr auszuweichen. Behandelt werden sämtliche systematischen Pflanzengruppen, von den Bakterien bis zu den Blütenpflanzen. Neben den äußeren Anpassungserscheinungen werden auch die inneren plasmatischen Änderungen unter Hitzeeinfluß besprochen und, soweit möglich, kausal erklärt.

**Hitzeresistenz.** In jüngster Zeit haben sich Levitt (1956) und insbesondere O. L. Lange (l. c. 1953, 1955, 1959, 1961) sehr eingehend auch mit dem Problem der Hitzeresistenz beschäftigt.

Unter den von Lange untersuchten Gefäßpflanzen der gemäßigten Zone zeigt auffallenderweise die atlantische *Erica tetralix* die größten Schwankungen der Hitzeresistenz. Das Maximum von 50,5° wurde im Januar erreicht, worauf die Resistenzfähigkeit bis zum Mai auf 45° zurückging, um dann bis zum August einem zweiten Maximum von 49° zuzusteuern, das als eine spezifische Resistenzanpassung an die höheren sommerlichen Standortstemperaturen gedeutet wird.

Die auf die Assimilationsorgane der Wüstenpflanzen bezüglichen thermoelektrischen Temperaturbeobachtungen von Lange haben ergeben, daß die maximalen Blattemperaturen der Pflanzen nahe der Grenze ihrer Hitzeresistenz liegen. Bei manchen Arten sind die besonnten Blätter auch während der heißesten Tagesstunden erheblich (bis 15°) kälter als die Luft. Die Untertemperatur, durch die Transpirationskühlung hervorgerufen, wirkt daher nicht bei den blattlosen Rutensträuchern. Die soziologische Auswertung dieser autökologischen Messungen läßt noch auf sich warten, dagegen ergeben sich bei den Moosen und Flechten hinsichtlich der Hitze- und Trockenresistenz deutliche Beziehungen zum Standort und zu den entsprechenden Pflanzengesellschaften.

So sind die Glieder des *Usneetum barbatae* Ochsners von hygrophytisch-schattigen Standorten durch geringe Trocken- und Hitzeresistenz ausgezeichnet, während die Arten aus dem *Fulgensietum continentale* Reimers, von xerophytischen Wuchsorten, höchste Widerstandsfähigkeit gegen Austrocknen und Erhitzen zeigen. *Fulgensietum*-Flechten in einem lockeren *Xerobrometum* des Kaiserstuhls ergaben maximale Thallustemperaturen von 69,6°. (LANGE 1953.) Sie zeigten im Juli durchgehend eine um 30° schwankende Temperaturerhöhung gegenüber der Luft, dagegen verlief die Temperatur der Bodenoberfläche fast übereinstimmend.

**Überhitzung.** Überhitzung hat Schädigungen des Protoplasmas zur Folge; auch die Photosynthese wird ungünstig beeinflußt. Die Kohlehydratbilanz fällt negativ aus, und die Assimilation bleibt hinter der Atmung zurück. Eine Reihe morphologischer und physiologischer Einrichtungen der Pflanzen können sowohl als Anpassungen an Überhitzung als auch als Transpirationsschutz gedeutet werden.

**Wärmeklima und Periodizität.** Versuche, aus den Daten der Wetterwarten Wärmesummen zu berechnen und sie in Beziehung zu bestimmten Lebensäußerungen der Pflanzen, wie Belaubung, Blühen, Fruchtreife, zu bringen, reichen weit zurück. BOUSSINGAULT (1837) zählte einfach die Mitteltemperaturen über 0° zusammen, die dem Eintritt eines bestimmten Lebensvorganges vorausgingen. A. DE CANDOLLE (1856) wählte für verschiedene Pflanzenarten spezifische Nullpunkte zum Ausgang der Berechnung. MERRIAM (1898) bildete Wärmesummen aus den Tagesmitteln über 6° C. Abgesehen davon, daß zur Berechnung der Wärmesummen die Standortstemperaturen und nicht die Daten des Wetterdienstes herbeigezogen werden müßten, stehen die viel zu ungenauen Resultate dieser Methoden wohl kaum im richtigen Verhältnis zum Arbeitsaufwand.

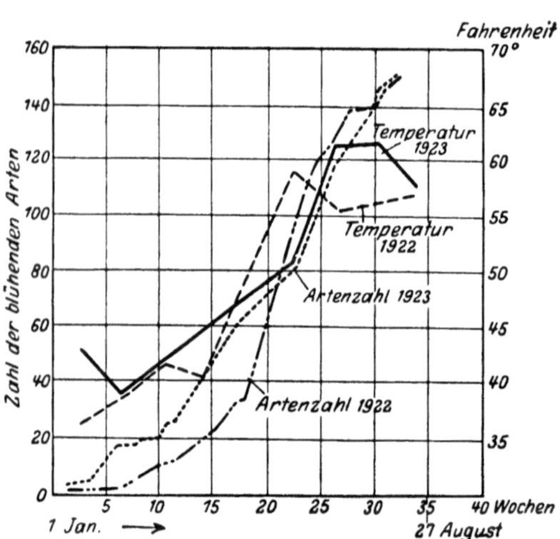


Abb. 110. Anzahl der blühenden Arten und Temperaturzunahme in Nordengland (nach McCREA 1924)

Dagegen charakterisieren die sogenannten phänologischen Karten mit Kurven, welche die Orte gleichzeitiger Entwicklung verbinden, das allgemeine Wärmeklima eines Gebietes recht gut und geben auch für Forst- und Landwirtschaft wichtige Aufschlüsse. Vorbildlich sind hierfür u. a. die phänologischen Karten von Mähren und Schlesien

Abb. 111. Archäokratisches Gebüsch als Relikt aus der Wärmezeit. Am windgeschützten, heißen Südosthang bei Balcic am Nordufer des Schwarzen Meeres schließen die letzten *Quercetea ilicis*-Sträucher (*Jasminum fruticans, Smilax aspera, Coronilla emeroides* usw.) zusammen; auf dem windoffenen Plateau *Asphodeline lutea*-Weide (Aufn. SAVULESCU)

von NOVÁK und ŠIMEK (1926). Daß die Periodizität der Vegetationserscheinungen vor allem auf der Einstellung der Pflanzenarten zum Temperaturgang beruht, unterliegt ja keinem Zweifel.

Eingehende Untersuchungen über das Verhalten der Blütenfolge zur Temperatur hat McCREA in Nordengland ausgeführt und kurvenmäßig dargestellt (Abb. 110).

**Vegetationsrhythmik.** Bei den meisten Pflanzengesellschaften lassen sich zwei oder mehrere zeitlich getrennte „Blüh-Aspekte" unterscheiden.

Im kalifornischen Chapparal gruppieren sich die Arten nach ihrer Blütezeit deutlich um fünf Aspekte. Die erste Gruppe erblüht im Januar und Februar bei einem mittleren Minimum von 5° und einem mittleren Maximum von 10°. Die zweite folgt im April bis Mai (mittleres Minimum 10°, Maximum 15°), die dritte im Juni (mittleres Minimum 15°, Maximum 20°), die vierte im Juli (mittleres Minimum 20°, Maximum 25°) und die fünfte im September bei einem mittleren Minimum von 25° und einem mittleren Maximum von 30° C. Die einzelnen durch die zunehmende Wärme ausgelösten Blütenwogen würden sich nach SETCHELL (Americ. Journ. of Bot. 12, 1925) in regelmäßigen Abständen, durch Schwellenwerte von rund 5° voneinander getrennt, folgen. Die soziologische Seite des Aspektstudiums haben wir S. 511 bis 513 gewürdigt.

**Wärmelinien und Vegetationsgrenzen.** Man hat auch vielfach versucht, die Abhängigkeit wichtiger Vegetationsgrenzen von der Wärme zu präzisieren. Besonderes Gewicht wird dem Verlauf bestimmter Wärmelinien (Isothermen) beigelegt. Dabei wurde aber öfters übersehen, daß Vegetationsgrenzen nur dann als einheitlich und vergleichbar gelten können, wenn sie sich auf eine bestimmte Pflanzenart oder, besser, auf eine scharf umschriebene Pflanzengesellschaft beziehen. So ist beispielsweise die oft diskutierte Baum- und Waldgrenze biologisch keine einheitliche, klimatisch gleichwertige Grenze, da die grenzbildenden Baumarten ökologisch durchaus verschieden reagieren.

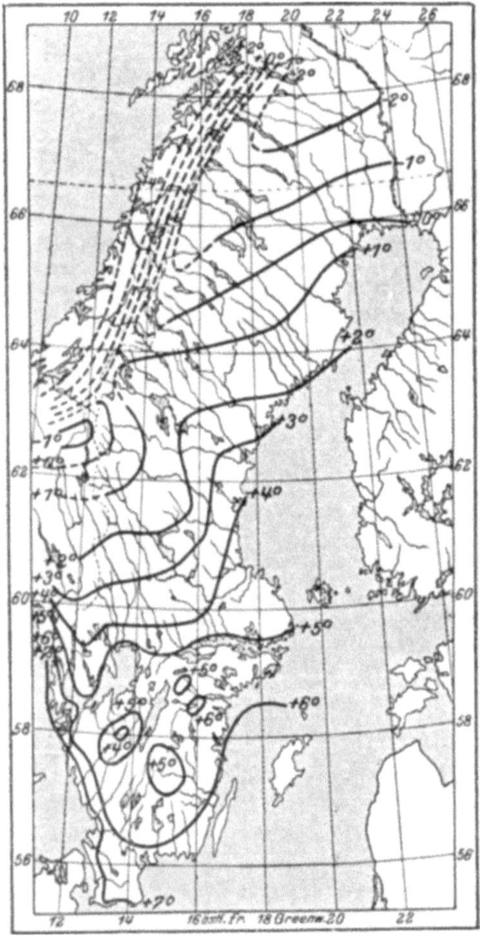

Abb. 112. Einfluß des Golfstroms auf die mittlere Jahrestemperatur Skandinaviens (nach H. E. Hamberg)

Enquist (1924) hebt vor allem die Wichtigkeit der Temperaturextreme und ihrer Dauer für die Begrenzung der Pflanzenareale hervor.

Dabei kommt den Reliefverhältnissen große Wichtigkeit zu (Abb. 111).

Temperaturextreme bedingen vielfach auch die Begrenzung der Pflanzengesellschaften, besonders dann, wenn Winterextreme die dominierenden Arten schädigen. Der harte Winter 1962/63 schädigte das *Quercetum ilicis* und das *Quercetum cocciferae* an stark windausgesetzten Örtlichkeiten Südfrankreichs, vor allem an den Arealgrenzen.

**Wärmezonen.** Wärmeklimatisch für den allgemeinen Vegetationscharakter bestimmend sind neben der mittleren Jahreswärme auch die Jahresschwankungen. Die mittlere Jahreswärme, von der Lage eines

Gebietes zum Äquator abhängig, bedingt die zonale Anordnung der großen Vegetationsgürtel beider Hemisphären und an den Abhängen der Gebirge. Diese Grundanordnung erleidet aber vielfache Abweichungen und Verschiebungen unter dem Einfluß der Wärmeschwankungen, welche ihre Ursache in der Lage zu den großen Kontinentalmassen haben. Die Mitteltemperaturen nehmen vom Äquator zu den Polen allmählich ab, die mittleren Wärmeschwankungen zu; letztere erhöhen sich aber auch von der Meeresküste gegen das Innere der Kontinente und vom Fuß der Gebirge aufwärts, wobei die Extreme zunehmen.

Im Landinnern geht zudem die Temperaturabnahme im Fortschreiten gegen die Pole rascher vonstatten als an den Küsten. Große Wasserflächen wirken ausgleichend, weil die Oberfläche des Wassers durchschnittlich in niedrigen Breiten etwas kühler, in höheren aber bedeutend wärmer ist als die unterste Luftschicht.

Tabelle 11. Mittlere Wärmeschwankung zwischen dem kältesten und dem wärmsten Monat (nach Hann)

| Valentia (Irland) | Münster (Westfalen) | Warschau | Orenburg | Irkutsk (490 m) | Nertschinsk (600 m) |
|---|---|---|---|---|---|
| °C | | | | | |
| 7,8 | 16,0 | 23,0 | 36,9 | 39,2 | 51,8 |

Örtlich können die Wärmeverhältnisse durch Winde und Meeresströmungen stark beeinflußt sein.

**Meeresströmungen und Winde.** Abkühlend auf die Küstengebiete wirken die kalten Meeresströmungen.

Polwärts fließende Strömungen, wie der Golfstrom, bringen Wasser aus warmen Meeren und teilen ihre Wärme der überlagernden Luftschicht mit. Der Wärmewirkung des Golfstroms verdankt Irland die Erhaltung seiner submediterranen Pflanzenkolonien (*Arbutus unedo*, *Rubia peregrina*, *Neotinea intacta*, *Adiantum capillus-veneris* usw.) und seine tertiären Moos- und Lebermoosrelikte. Er ermöglicht auch den Vorstoß kälteempfindlicher atlantischer Arten und Pflanzengesellschaften bis Westnorwegen und zu den Färöern (Abb. 112).

Auf einer längs der australischen Küste von Victoria nord-südlich verlaufenden warmen Meeresströmung ist das Vorhandensein einer Reihe tropischer Arten, wie *Marsedia flavescens* und *M. rostrata* (Asclepiadaceen), *Vitis hypoglauca*, *Passiflora cinnabarina* u. a., die anderwärts in Victoria und auch in Tasmanien fehlen, zurückzuführen. Der plötzliche Abbruch des Areals dieser Flora gegen Westen ist bedingt durch eine andere, längs der südaustralischen Küste östlich ziehende Meeresströmung (Patton 1930).

Der wärmeklimatische Einfluß der Winde auf die Vegetation macht sich bald in günstigem, bald in ungünstigem Sinne bemerkbar. In Westsibirien drückt der eisige Nord die Temperatur um mehrere Grade herunter, der warme Südwest dagegen hebt sie.

**Mikroklima und Pflanzengesellschaften.** Die pflanzengeographische Gliederung des Erdballs beruht in erster Linie auf den großen Unterschieden in der Wärmeverteilung. Den Pflanzensoziologen aber interessieren vor allem die Wärmeverhältnisse am Standort der Pflanzengesellschaft und in den verschiedenen Schichten derselben. Ihre Kenntnis ist durch pflanzensoziologische Arbeiten stark gefördert worden. Über das Mikroklima im allgemeinen gibt die bahnbrechende Arbeit von K. Geiger, „Das Klima der bodennahen Luftschicht" (1950, 1961), Aufschluß, worauf verwiesen sei.

Abb. 113. 4,5°-Januar-Isotherme und Verbreitung von *Rubia peregrina* (nach Salisbury 1926)

Sehr eingehende, auf die Vegetation bezügliche mikroklimatische Messungen haben Wolfe, Wareham und Scofield (1949) in Neotoma Valley, Ohio, ausgeführt; leider ohne die entsprechenden Pflanzengesellschaften hinreichend zu charakterisieren. Auf fest bestimmte Pflanzengesellschaften abgestimmt sind dagegen die mikroklimatischen Untersuchungen von Quantin (1935), Pallmann und Frei (1943), Fabijanowski (1950), Raabe und Kohn (1950), Zöttl (1953), Lange (1953), Aulitzky (1954, 1955), Horánszky (1957), Bornkamm (1958), Jakucs (1959), Rexer (1960).

**Vegetation und Luftwärme.** Vegetationsdecken wirken stets temperaturausgleichend. Diese ausgleichende Wirkung steigt mit der Zahl und der Höhe der Schichten. Unter zwei- oder mehrschichtigen Pflanzengesellschaften sind die Temperaturextreme genähert; die Maxima liegen tiefer, die Minima höher als im Freien. Daher die allgemeine Erscheinung, daß empfindliche Gewächse und Pflanzengesellschaften sich in den Baum- und Strauchschutz zurückziehen und um so enger an diesen Schutz gebunden sind, je mehr sie sich den klimatischen Grenzen ihres Areals nähern (Abb. 113).

Sehr ausgeprägt macht sich dieses Schutzbedürfnis bei den immergrünen *Ilex aquifolium* und *Daphne laureola* an ihren Außenposten im Alpenvorland bemerkbar, während sich *Ilex* im ozeanischen Westeuropa auch völlig freistehend zu prachtvollen, baumartigen Riesen auswächst. In Südeuropa verhalten sich der Mäusedorn (*Ruscus aculeatus*) und *Viburnum tinus* ähnlich. Werden sie durch Kahlschlag freigestellt, so erfrieren sie in Gebieten mit mittleren Winterminima von —7° bis —8° C. STEBLER und VOLKART (1905, S. 76) machen Angaben über die Schutzwirkung einzelstehender Obstbäume. In den Monaten Februar und März herrscht unter Obstbäumen nahe dem Erdboden eine gegenüber freier Lage 1 bis 2° erhöhte Lufttemperatur. Daher und wegen der Wärmeaufnahme der Bäume durch Strahlung bildet jeder Baum und mehr noch jeder Baumbestand im Winter ein lokales Wärmezentrum, und es wird auch verständlich, weshalb in Obstgärten der Schnee immer zuerst unter den Bäumen wegschmilzt und der Rasen dort zuerst ergrünt[1].

Soziologisch bildet der Standort im Obstbaumschutz eine scharf umrissene Enklave innerhalb der mitteleuropäischen *Arrhenatheretum elatioris*-Wiese[2]. Die floristische Eigenart dieser Pflanzengesellschaft im Obstbaumschutz (*Corydalis cava - Gagea lutea*-Assoziation) gelangt namentlich durch Knollen- und Rhizomgeophyten, wie *Arum maculatum, Allium ursinum, Leucoium vernum, Scilla bifolia, Tulipa silvestris, Gagea lutea, Muscari botryoides, Ranunculus ficaria, Anemone nemorosa, Adoxa moschatellina*, zum Ausdruck. Es sind dies kälteempfindliche Arten, die das lokale Wärmeklima unter alten Obstbäumen in den großen Alpentälern (Rhônetal, Rheintal usw.) gut charakterisieren.

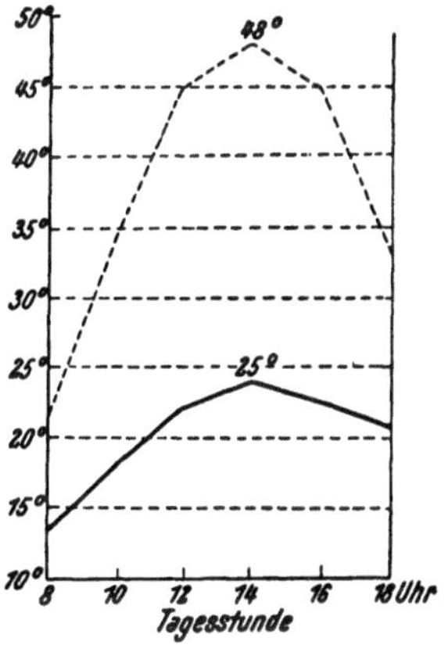


Abb. 114. Temperaturkurve vom 14. August 1936 in zwei Rasenassoziationen der Ebene von Montpellier, *Brachypodietum ramosi* (oben), *Molinietum mediterraneum* (unten) (aus ROI 1937)

Im Schutz des *Fraxino-Carpinion*-Waldes sproßt und grünt auch im Winter eine kälteempfindliche Krautvegetation. In den *Quercion robori-petraeae* und *Fraxino-Carpinion*-Wäldern dringen die atlantischen Arten am weitesten gegen Osteuropa vor, während sie den mitteleuropäischen Trockenrasengesellschaften völlig abgehen.

**Tageskurven.** Zur Darstellung der Wärmeverhältnisse in den Pflanzengesellschaften kann man sich beim Fehlen länger dauernder Beobachtungsserien, um Vergleichswerte zu erhalten, damit begnügen, gleichzeitig in verschiedenen Assoziationen gewonnene Tageskurven heranzuziehen. Derartige Vergleiche ergeben unter Umständen frappante Unterschiede, besonders wenn sie an gleichmäßig klaren Tagen ausgeführt worden sind.

ROI (1937) hat an einem der heißesten Sommertage 1936 die Temperatur an der Erdoberfläche im *Molinietum mediterraneum*-Rasen bei Montpellier gemessen, während WRABER gleichzeitig im *Brachypodietum ramosi* der Garrigue Vergleichsablesungen durchführte (Abb. 114).

---

[1] Das rasche Wegschmelzen wird allerdings auch durch abtropfendes Schmelzwasser gefördert, das den Schnee dichter macht und dadurch sein Leitungsvermögen erhöht.

[2] Sie ist allerdings lichtklimatisch mitbedingt.

Während die *Molinietum*-Kurve auch mittags wenig ansteigt, zeigt die *Brachypodietum*-Kurve enorme Tagesschwankungen. Um die Mittagszeit ist die Temperatur im *Brachypodietum ramosi* fast doppelt so hoch als im *Molinietum*. Letzteres, ein seltenes mitteleuropäisches Einsprengsel im mediterranen Vegetationsgebiet, wohl als Glazialrelikt zu deuten, zeigt für das Gebiet abnorm niedrige Werte.

**Assoziationstemperaturen.** Vergleichende Temperaturmessungen in 13 Assoziationen hat QUANTIN (1935) im Südjura angestellt. Da tägliche Ablesungen in allen Assoziationen unmöglich waren, verteilte er die Beobachtungen auf drei Serien. Die Ablesungen wurden für jede Serie zu jeder Jahreszeit während drei Wochen ausgeführt.

Im *Querco-Lithospermetum* als Standard-Assoziation wurde das ganze Jahr hindurch täglich abgelesen. Die Jahresmittel und die mittlere Schwankung in einschichtigen Felsschutt-, Heide- und Rasenassoziationen gleichzeitig gemessen, ergaben folgende Werte:

| | Jahresmittel | Mittlere Schwankung |
|---|---|---|
| *Thlaspion rotundifolii*: *Petasitetum paradoxi*, *Dryopteris robertiana*-Subass. | 8,1 | 7,8 |
| *Stipion calamagrostidis*: *Kentranthetum* | 13,4 | 13,1 |
| *Xerobromion*: *Anthylli-Teucrietum* | 15,0 | 17,6 |
| *Xerobrometum lugdunense* | 13,1 | 10,9 |
| *Mesobromion*: *Mesobrometum* | 8,9 | 8,9 |
| *Chlora perfoliata*-Ass. | 11,7 | 9,5 |
| *Ulicion*: *Calluno-Genistetum* | 9,6 | 9,5 |

Diese Zahlen gestatten einen rohen wärmeklimatischen Vergleich der verschiedenen Gesellschaften. Sie erklären auch das Vorkommen submediterraner Xerophyten im *Anthylli-Teucrietum* mit seiner extremen Wärmeschwankung und der montanen Arten in der kalten Subassoziation von *Dryopteris robertiana*.

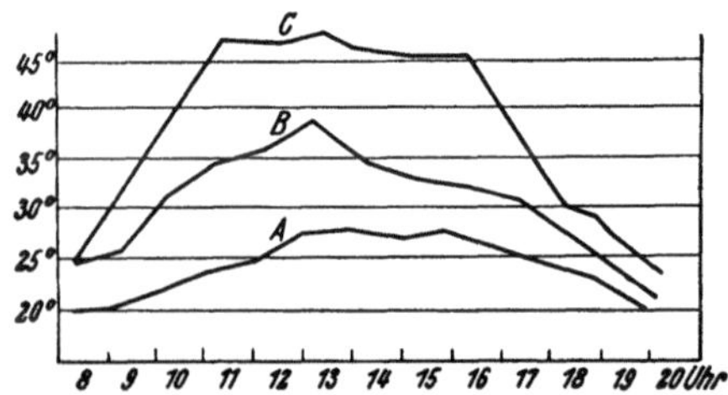


Abb. 115. Tageskurven der Temperatur (*A*) im *Quercus ilex*-Niederwald (10 cm über dem Boden), (*B*) im *Quercetum cocciferae*-Gebüsch 120 m über dem Boden, (*C*) im *Brachypodietum ramosi*-Trockenrasen (10 cm über dem Boden) (Montpellier am 4. Juli 1933) (aus BR.-BL. 1936)

Aus subalpiner Lage liegen Tageskurven des Temperaturverlaufs von drei benachbarten Gesellschaften, dem *Thlaspion rotundifolii*, *Caricetum firmae* und *Mugo-Ericetum*, vor, die ZÖTTL im Schachen in den Bayrischen Alpen (1840 m) aufgenommen hat (Abb. 168, S. 287).

Es fällt auf, daß die Rasengesellschaft größeren Temperaturschwankungen unterliegt als das Geröll; sie erhitzt sich stärker und kühlt sich durch Ausstrahlung während der Nacht 4 bis 5° stärker ab.

**Wärmeklima in mehrschichtigen Gesellschaften.** Untersuchungen über das Wärmeklima im Walde und im Freien vermitteln die MÜTTRICHschen Jahresberichte über die Beobachtungen der forstlichen meteorologischen Stationen. Achtzehnjährige Mittel ergaben für den Buchenwald an 17 verschiedenen Punkten Deutschlands eine um 2,2° geringere Wärmeamplitüde als im Freien. Das mittlere Wärmemaximum lag 1,6° unter, das mittlere Minimum 0,6° über den gleichzeitig abgelesenen Freilandtemperaturen. Im Fichtenwald war die Tagesschwankung 2,6° im Föhrenwald 1,9° geringer als im Freien.

Charakteristisch ist die Verflachung der Tageskurven vom Rasen zum Wald. Das absolute Tagesmaximum Anfang Juli im *Quercus ilex*-Niederwald beträgt 28°, in der *Quercus coccifera*-Garrigue 38°, im *Brachypodietum ramosi*-Rasen 48° C (s. Abb. 115).

Derartige Vergleichsmessungen, unter gleichen Außenbedingungen und zu allen Jahreszeiten ausgeführt, geben einen guten Einblick in die Wärmeverhältnisse der Gesellschaften.

Die Tageskurven werden am besten gleichzeitig für mehrere Klimafaktoren (Wärme, Luftfeuchtigkeit, Verdunstung, Wind usw.) gewonnen.

Die mittlere Jahreswärme unter temperiertem Klima ist im Waldesinnern etwas tiefer als im Freien; nach Bühler im Fichtenwald im Mittel 0,9 bis 1,3°, im Buchenwald 0,1 bis 0,7° C (vgl. auch Burger 1931, 1933).

Im Waldinnern nimmt die Temperatur an warmen, ruhigen Tagen von unten nach oben zu, an windigen oder kalten Tagen ab. Bei Nacht bildet zwar das Kronendach die Ausstrahlungsoberfläche, und die Untervegetation ist gegen Ausstrahlung geschützt. Trotzdem erhöht sich die Temperatur nicht, ja es ist innen oft kälter als in Kronenhöhe, weil die kalte Luft infolge ihres höheren spezifischen Gewichtes absinkt.

Im Sommer ist das Waldklima tagsüber etwas kühler, sowohl wegen der verminderten Verdunstung als auch wegen der Beschattung, in der Nacht etwas wärmer. Im Winter sind die Minima im Wald nur um ein geringes höher als im offenen Land.

Quantin (1935) vergleicht das Wärmeklima von vier mitteleuropäischen Waldgesellschaften. Die untersuchten Bestände stammen aus möglichst gleicher Lage, mit gleichem Allgemeinklima (Jahresmittel 9 bis 9,5°, Niederschläge 1150 bis 1200 mm) und soweit möglich gleicher Exposition: *Aceri-Fraxinetum* (320 m, nach NW geöffnete Schlucht), *Querco-Carpinetum* (520 m, NE-Exp.), *Fagetum praealpino-jurassicum* (600 m, N), *Querco-Lithospermetum* (425 m, SW).

Tabelle 12. Mitteltemperaturen (und mittlere Tagesschwankung) in vier Waldassoziationen des Südjura (nach Quantin)

| | *Aceri-Fraxinet.* | *Querco-Carpinet.* | *Fagetum praealp.-jur.* | *Querco-Lithosp.* |
|---|---|---|---|---|
| Frühling (18. Mai bis 7. Juni) | 11,7 (3,9) | 13 (6,4) | 13,1 (8,1) | 16,5 (9,8) |
| Sommer (8. Aug. bis 28. Aug.) | 16,7 (3,5) | 18,2 (4,1) | 19,2 (9 ) | 22,2 (9,7) |
| Herbst (30. Okt. bis 19. Nov.) | 2,9 (4,5) | 4,4 (8,3) | 5,2 (10 ) | 9,5 (9,5) |
| Winter (25. Jan. bis 14. Febr.) | 0,8 (6,7) | 0,8 (6,1) | 1,4 (3,6) | 3,8 (7,7) |
| Mitteltemp. der 12 Wochen | 7,9 | 9,1 | 9,7 | 13,2 |

Die gute Übereinstimmung der Mittelwerte in den drei Assoziationen der mitteleuropäischen Ordnung der *Fagetalia* ist bemerkenswert. Das zur südlichen Ordnung der *Quercetalia pubescenti-petraeae* gehörige, mit thermophilen Arten gut ausgestattete *Querco-Lithospermetum* dagegen hat eine um nahezu 4° erhöhte Mitteltemperatur. Auch die mittleren Tagesschwankungen sind hier am größten; sie sind am kleinsten im *Aceri-Fraxinetum*, das Standorte mit ozeanischer Klimatönung bevorzugt.

**Dauermessungen nach Pallmann.** Zum Vergleich des mittleren Wärmegenusses der Pflanzengesellschaften eignen sich Temperaturmessungen in der obersten Bodenschicht; dadurch werden Fehlerquellen, die der Messung von Lufttemperaturen anhaften können, vermieden.

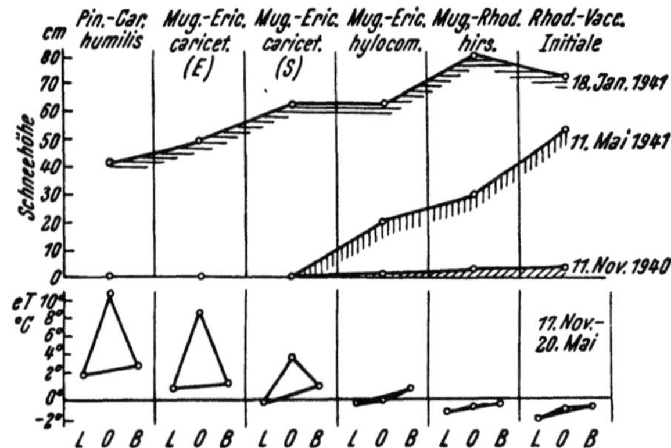


Abb. 116. Mitteltemperaturen und Schneehöhen am Plan da Posa-Hügel im Schweizerischen Nationalpark, 1900 m. *L* Lufttemperatur, *O* Bodenoberfläche, *B* Bodentemperatur (Pallmann u. Mitarbeiter 1940)

H. Pallmann hat zur vergleichenden wärmeklimatischen Charakterisierung der Gesellschaften eine chemische Methode eingeführt, die gestattet, die Mitteltemperaturen während kürzerer oder längerer Zeiträume zu bestimmen.

Die Methode beruht auf der Feststellung der temperaturabhängigen Inversionsgeschwindigkeit einer in Glasampullen von 20 bis 50 ccm Inhalt eingeschmolzenen Rohrzucker-Pufferlösung. Für die methodischen Einzelheiten muß auf die Originalarbeit von Pallmann, Eichenberger und Hasler (1940) verwiesen werden. Mit dieser Methode sind in einer Reihe von Waldgesellschaften des Schweizerischen Nationalparks Messungen ausgeführt worden.

Die Resultate einer vergleichenden Meßreihe am Plan da Posa-Hügel bei 1900 m sind in Abb. 116 dargestellt.

Die untersuchten Waldgesellschaften sind: A. *Pino-Caricetum humilis*, steile S-Exposition, 35° geneigt, offen. B. *Mugo-Ericetum caricetosum*, E-Exposition, 15° geneigt, ziemlich offen. C. *Mugo-Ericetum caricetosum*, S-Exposition, 10° geneigt, dicht. D. *Mugo-Ericetum hyloco-*

*mietosum*, NW-Exposition, 20° geneigt. E. *Mugo-Rhododendretum hirsuti*, N-Exposition, 30° geneigt. F. *Rhododendro-Vaccinietum*, Initialphase, N-Exposition am Hangfuß.

Diese Inversionsmethode gestattet auch die Wärmeamplitüde einer Assoziation zu erfassen, da Ampullen mit Zuckerlösung in beliebig vielen Lokalbeständen einer Assoziation ausgelegt werden können.

Die PALLMANNsche Invertzuckermethode ist von verschiedenen Autoren benutzt und auch weiter ausgebaut worden.

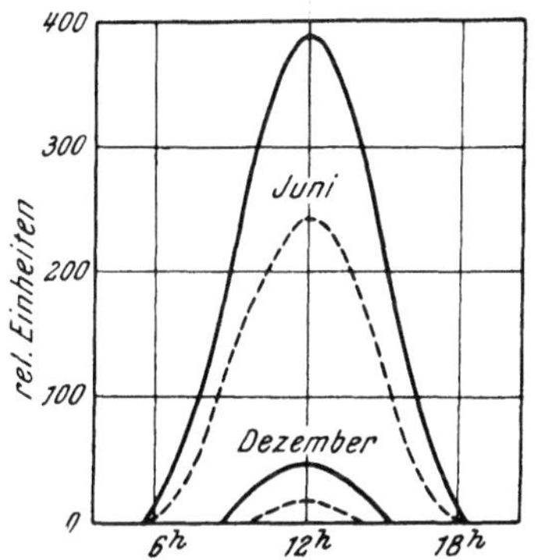


Abb. 117. Tagesgang der direkten Sonnenstrahlung für Juni und Dezember. Intensität der Ultraviolettstrahlung (UV B) in relativen Davoser Einheiten (aus MÖRIKOFER 1959)
—— Davos
---- Basel

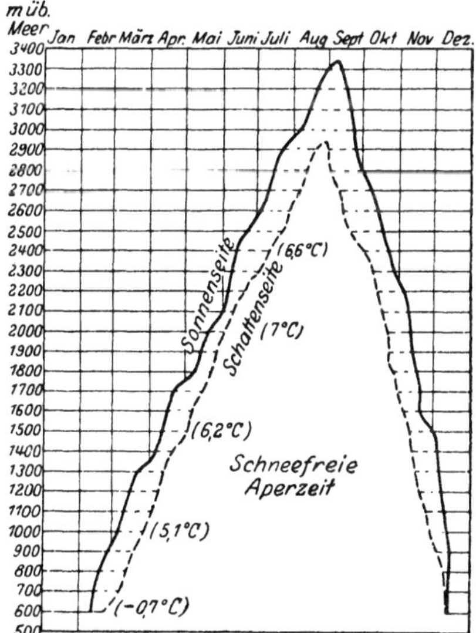


Abb. 118. Ausapern und Einschneien an der Schatten- und Sonnseite im mittleren Inntal. (Mittlere Termine aus 16jährigen Beobachtungen.) Die Temperaturen beziehen sich auf die Luftwärme zur Zeit der Schneeschmelze (nach F. v. KERNER in C. SCHRÖTER 1913)

M. BACH (1962) bediente sich ihrer zu Dauermessungen, die hauptsächlich die Temperaturabhängigkeit von *Polytrichum*- und anderen Moosarten zum Ziele hatten.

Eine ausführliche Behandlung ihrer Anwendung mit Beispielen aus verschiedenen Waldgesellschaften geben SCHMITZ und VOLKERT (1959).

Unabhängig davon befaßte sich BERTHET (1960) mit der Vereinfachung der Methode und der Ausdehnung ihrer Anwendungsmöglichkeiten. Er schlägt vor:

1. Sterilisation der Lösung durch ein Antiseptikum.
2. Modifikation des $p_H$ der Lösung zur Beschleunigung der Inversion.
3. Feststellung des Verhältnisses zwischen Inversionsgeschwindigkeit der Saccharose und der Temperatur. Anwendung des Gesetzes von ARRHENIUS.

Ein registrierendes Dauer-Meßverfahren hat kürzlich AULITZKY (1961) bei Temperaturuntersuchungen an der Waldgrenze im Ötztal angewandt. Er verfolgte die Temperaturextreme in 0 bis 100 cm Bodentiefe an drei Stellen über die Zeitdauer von vier Jahren und stellte sie graphisch dar. Vor- und Nachteile dieser Meßmethode unter den erschwerten Bedingungen des Hochgebirges werden behandelt und auch die Meßmethoden von PALLMANN und FREI und von LÜDI besprochen.

Die gebräuchlichen Temperatur-Registrierapparate sind teuer und können nicht in allen Gesellschaften aufgestellt werden.

**Wärmeklima und Relief.** Wir hatten schon mehrfach Gelegenheit, auf die durch das Relief beeinflußten Wärmeverhältnisse hinzuweisen. Sie wirken sich aus in der Schaffung besonderer Lokalklimate (s. Abb. 116).

Je ausgesprochener die Bodenplastik, desto schärfer ausgeprägt sind die auf Änderungen in der Meereshöhe, der Exposition, der Hangneigung beruhenden Vegetationsunterschiede. Ihr Wirkungsgrad erhöht sich im allgemeinen von Süden gegen Norden und vom Gebirgsfuß gegen die Gipfel.

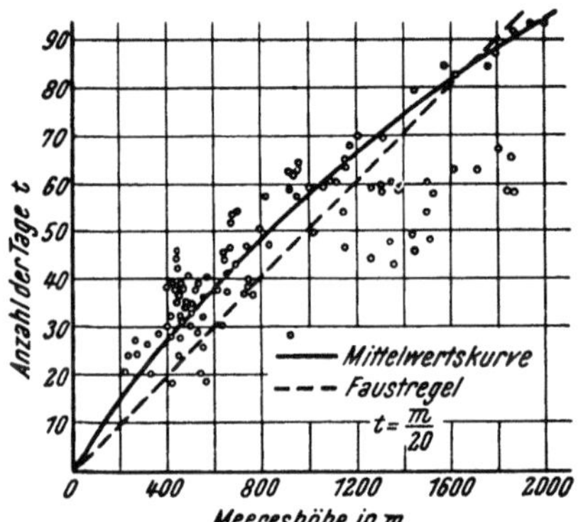


Abb. 119. Anzahl der Schneefalltage in der Schweiz in Funktion der Ortshöhe für das Jahr 1947 (nach BUCHER in N.Z.Z., Nr. 356)

**Höhenlage.** Mit zunehmender Meereshöhe steigt die Strahlenwirkung; sowohl Wärmestrahlung als Intensität der Ultraviolettstrahlung (Abb. 117).

Dagegen sinkt die mittlere Jahrestemperatur, und zwar in den außertropischen Gebirgen mit 100 m Erhebung um etwa 0,50 bis 0,55° (Schweizer Alpen 0,525, MÖRIKOFER 1959).

Diese Wärmeabnahme hat eine entsprechende Verkürzung der Vegetationszeit zur Folge. 16jährige Beobachtungen in den Nordalpen ergaben, daß die mittlere schneefreie Vegetationszeit bei 1000 m Höhe auf ebener Fläche acht bis neun Monate, bei 1500 m sieben bis acht Monate, bei 1800 m sechs Monate, bei 2400 m noch etwa dreieinhalb Monate dauert. Den Verlauf des Ausaperns und Einschneiens in verschiedener Höhenlage an der Schatten- und Sonnenseite im tirolischen Inntal veranschaulicht Abb. 118.

Die Häufigkeit der Schneefälle hängt von der Höhen- und Breitenlage ab. Für die Schweiz kann als grobe Faustregel etwa der zwanzigste Teil der Meereshöhe in Metern gelten (Abb. 119).

Die Abhängigkeit der Schneedauer von der mittleren winterlichen Schneemenge bei zunehmender Seehöhe in Graubünden haben MÖRIKOFER und PERL (1944) untersucht.

Die Verkürzung der Vegetationszeit hat vielfach eine Beschleunigung der Lebensprozesse, insbesondere des Blühens und Fruchtens, zur Folge. Im Hochgebirge, am Rande des ewigen Schnees, tritt uns dasselbe Schauspiel sich überstürzender Fruchtbildung entgegen wie in den regenarmen Wüsten- und Steppengebieten. Trotz der kurzen Vegetationszeit keimen die Samen der Schneetälchenpflanzen des hochalpinen *Salicion herbaceae* gut (s. S. 553).

**Massenerhebung.** Neigt das Klima, wie an freistehenden Berggipfeln, mehr zu ozeanischen Verhältnissen, so erfahren die meisten (aber nicht alle!) Höhengrenzen eine Erniedrigung. Massenerhebung begünstigt dagegen ein Ansteigen vieler Höhengrenzen.

Die Massenerhebung, d. h. die mittlere Erhebung der Erdoberfläche eines Gebietes, macht ihre Rückwirkung zunächst auf die Wärmeverhältnisse geltend. Der Zunahme der Massenerhebung geht nach DE QUERVAIN (1903) eine Hebung der isothermen Flächen parallel, begünstigt durch Einstrahlung und dynamische Erwärmung und durch verminderte Abkühlung der Hochflächen. Diese thermische Begünstigung ist ein Grund für das Hinaufrücken vieler Grenzen in den Zentren der Massenerhebung. Schon CHRIST (1879) spricht deshalb vom Hochboden Graubündens als dem schweizerischen Tibet und weist namentlich auf den hohen Verlauf der Waldgrenze im Engadin und im Münstertal hin. In den Alpen verzeichnet nächst dem Engadin das Monterosagebiet eine kräftige Hebung der isothermen Flächen, besonders während der Mittagsstunden (s. Abb. 121b, S. 282).

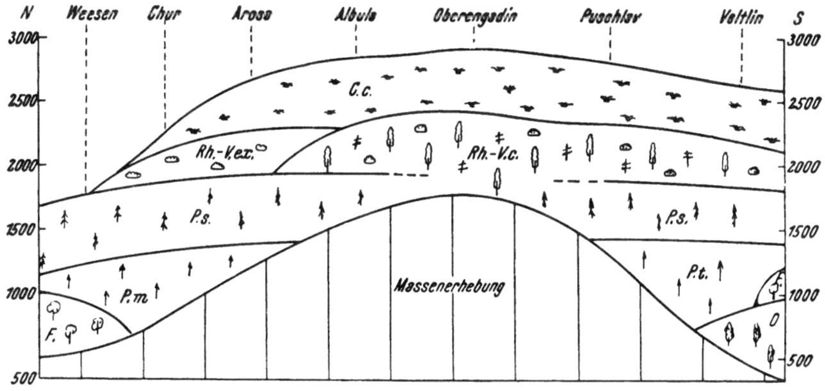


Abb. 120. Alpenquerschnitt (N—S) zwischen Linth und Adda und Verlauf der Höhengürtel. *C.c. Caricion curvulae, Rh.-V. ex. Rhododendro-Vaccinietum extrasilvaticum, Rh.-V.c. Rhododendro-Vaccinietum cembretosum, P.s. Piceetum subalpinum, P.m. Piceetum montanum, P.t. Piceetum transalpinum, F. Fagetum praealpinum, O. Orneto-Ostryon*

Im Innerwallis und im Engadin liegen auch die höchsten Vegetations- und Kulturgrenzen der Schweiz.

Allerdings kann hiefür die Massenerhebung nicht allein verantwortlich gemacht werden. Ebensosehr steht der hohe Grenzverlauf mit den erheblich geringeren Niederschlägen im Zusammenhang. Die hochliegenden Vegetationsgrenzen fallen mit den Zentren der inneralpinen Trockenvegetation, welche die ganze Alpenkette durchziehen, enger zusammen als mit der Massenerhebung (BR.-BL. 1961, Abb. 155).

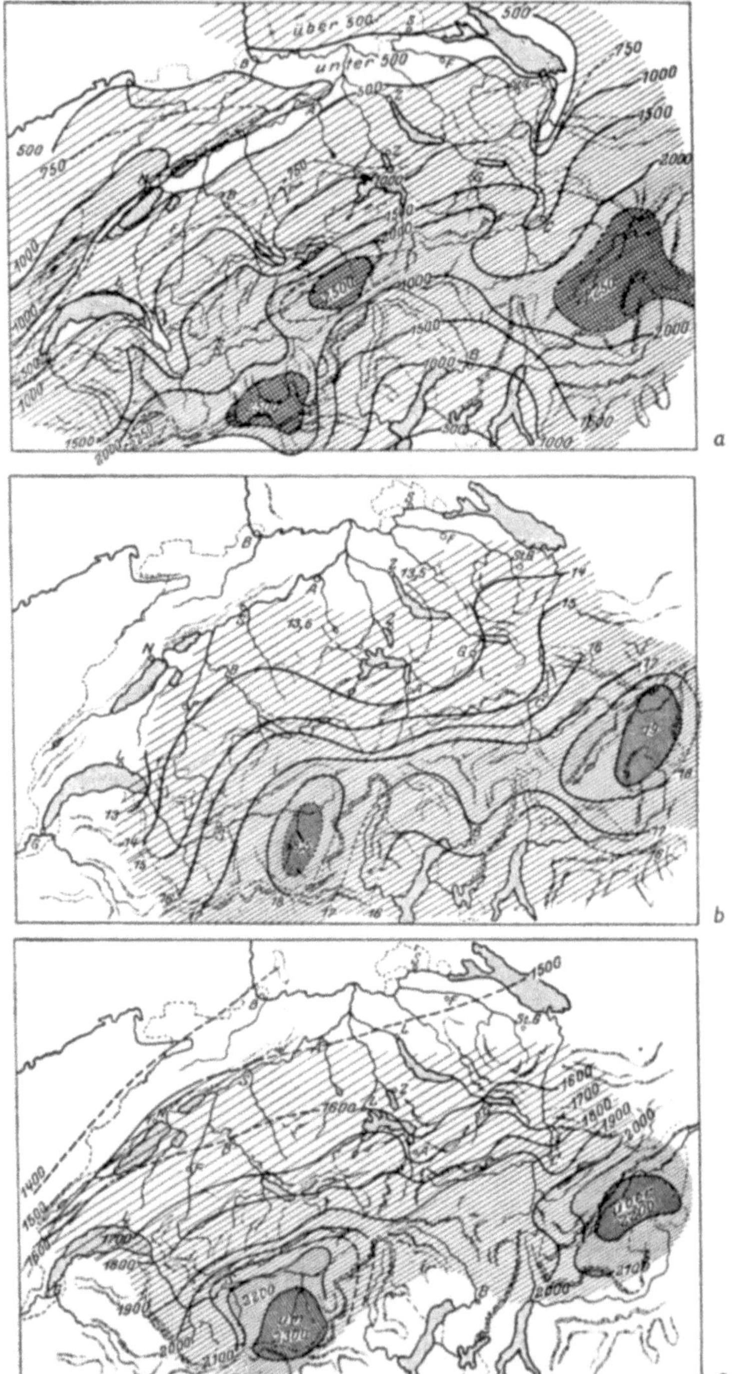


Abb. 121*a* bis *c*. Mittlere Massenerhebung, Juli-Isothermen und Waldgrenzlinien in der Schweiz (nach DE QUERVAIN, H. LIEZ u. E. IMHOF)

**Hangrichtung (Exposition).** Der bald nach oben, bald nach unten ausgebuchtete Verlauf vieler Höhengrenzen ist zur Hauptsache eine Funktion der Himmelslage. Die graphische Darstellung der Schneeschmelze (S. 118) läßt die Bevorzugung der Süd- gegenüber der Nordlage scharf hervortreten. Schon A. DE CANDOLLE (1856) und SENDTNER (1854) haben diesem Umstand Rechnung getragen. SENDTNER verwendete viel Zeit und Ausdauer auf die Bestimmung der Höhengrenzen in den verschiedenen Expositionen. Er fand in Südbayern die höchsten Grenzen fast durchwegs in Südwest-, die tiefsten in Nord- und Nordostlage bei einem maximalen Höhenunterschied von 213 m für *Picea abies*, von 140 m für *Alnus viridis*.

Weit geringer sind die Unterschiede im Verlauf der Baumgrenze in den ostbündnerischen Zentralalpen, ja, wie aus Abb. 121 ersichtlich, liegt dort die obere Baumgrenze der Arve in Nordlage sogar noch etwas höher als in allen übrigen Expositionen. Der Verlauf der klimatischen Baumgrenze ist übrigens heute der Weidewirtschaft wegen sehr schwer festzulegen.

Da die Pflanzen auf die Himmelslage verschieden reagieren, ist eine Korrektur aller Höhengrenzen auf eine mittlere Exposition nach SENDTNERs Vorgang (1854, S. 257) unstatthaft. Heliophyten und lichtliebende Gesellschaften erreichen ihre Höhenrekorde in Süd-, Schattenpflanzen und schattenliebende Gesellschaften aber in Nord-, Nordost-, Nordwestlage.

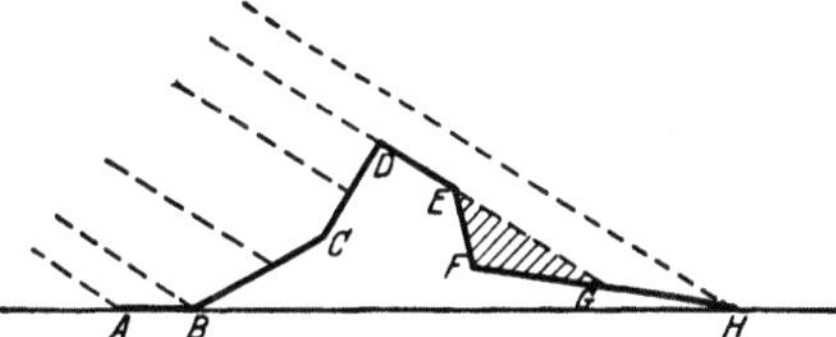

Abb. 122. Insolationsunterschiede (nach DE MARTONNE). *C—D* erhält die stärkste Bestrahlung, *D—E* die geringste, *E F G* liegen im Schatten

Die Strahlungsunterschiede zwischen Süd- und Nordhängen sind im Gebirge bedeutend höher als in der Ebene. Die Lichtsumme erreicht nach RÜBEL in Südlage 1,6- bis 2,3mal höhere Werte als in Nordlage. Die krassen Vegetationsunterschiede zwischen Süd- und Nordhang werden zweifellos auch durch diese Lichtverteilung mitbedingt.

Noch aus den höchsten Lagen werden überraschend hohe maximale Bodentemperaturen gemeldet, so von TURNER (1958) aus dem Ötztal. Die oberste dunkle Rohhumusschicht erhitzte sich hier anfangs Juli an einem 35° SW-geneigten Hang auf 80° C (Tageskurve s. Abb. 123).

Betrachtet man das organische Leben in seiner Gesamtheit, so springt ohne weiteres die gewaltige Begünstigung der Süd-, Südost-, Südwesthänge in die Augen. In den östlichen Schweizer Alpen steigt das höhere Pflanzenleben in Südlage 400 bis 500 m höher empor als in Nordlage. Während der Nordhang des Piz Languard bei Pontresina oberhalb 2800 m Gletscher trägt, haften am Südhang noch bei 3150 m Flecken des *Caricetum curvulae* und finden sich oberhalb 3200 m noch mehr als 40 Blütenpflanzen.

Die mittleren „klimatischen" Grenzlinien liegen in Südlage tiefer, in Nordlage höher als die tatsächlichen „orographischen" Grenzen. Bisweilen sind bedeutende Abweichungen festzustellen. So übersteigt im Oberengadin die orographische Rasengrenze in Südexposition 2900 m; in Nordlage bleibt sie schon bei etwa 2600 m zurück. Die *Carex curvula*-Assoziation stößt am Südabfall des Piz Sesvenna bis 3050 m vor, macht

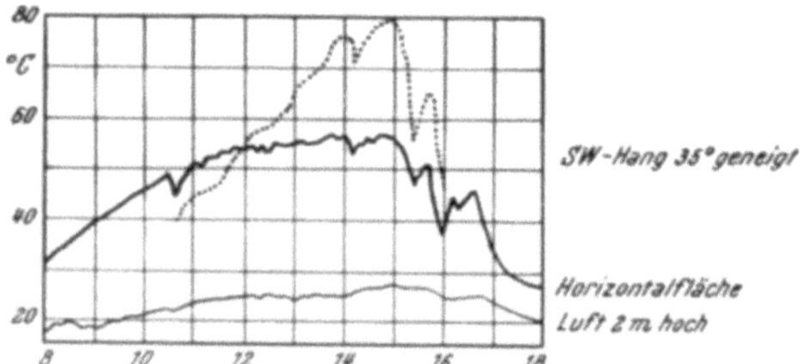


Abb. 123. Tagesgang der Lufttemperatur. In 2 m Höhe, auf horizontaler Fläche und am 35° SW-geneigten Steilhang (nach TURNER 1957)

Abb. 124. Sonnenseite Siedlung und Kulturen, Schattenseite montaner und subalpiner Fichtenwald, Remus, 1200 m, Unterengadin (Aufn. R. GRASS)

aber auf der Nordseite schon bei 2650 m halt. Die Gipfelflorula der höchsten Erhebungen drängt sich wärmesuchend in den geschützten Nischen des Südhanges zusammen.

Auch die höchsten Äcker, Obstgärten, Weinberge liegen mit den höchsten Winterdörfern am Südhang. Schattenhänge werden im Gebirge meist dem Wald überlassen (Abb. 124).

In Trockengebieten, schon in Südeuropa, bietet die Schattenseite dem Wald bessere Erhaltungs- und Regenerationsbedingungen und trägt eine üppigere, artenreichere Mesophytenflora, was wieder auf die Humusbildung und auf den Säuregrad des Bodens rückwirkt.

Über die extremen reliefbedingten Wärmeverhältnisse in Dolinen ist S. 242 das Nötige gesagt.

Aus dem Zahlenschatz über die Wärmeunterschiede in verschiedenen Expositionen seien zwei Beispiele herausgegriffen.

Tabelle 13. Temperaturen an der Erdoberfläche und in 10 cm Höhe auf der Süd- und Nordseite eines kleinen Hügels in der polnischen Steppe bei Sandomierz am 12. und 13. August (nach Dziubaltowski)

| Tagesstunden | 8 | 10 | 12 | 14 | 16 | 18 | 20 | 22 | 2 | 4 | 6 | 8 |
|---|---|---|---|---|---|---|---|---|---|---|---|---|
| Erdoberfläche | | | | | | | | | | | | |
| Südseite °C | 21,4 | 26,0 | 31,0 | **36,2** | 32,5 | 25,4 | 19,8 | 17,4 | **15,0** | 13,8 | 14,8 | 19,0 |
| Nordseite °C | 14,1 | 15,8 | 16,0 | 17,1 | **19,0** | 17,4 | 14,2 | 12,6 | **11,0** | 10,6 | 11,7 | 13,4 |
| Krautschicht in 10 cm Höhe | | | | | | | | | | | | |
| Südseite °C | 19,4 | 19,6 | 20,1 | **22,6** | 21,6 | 17,8 | 14,0 | 12,8 | 10,0 | **9,8** | 13,2 | 16,8 |
| Nordseite °C | 15,9 | 16,6 | 18,0 | 19,0 | **20,2** | 18,4 | 14,0 | 12,6 | 10,4 | **10,0** | 13,0 | 15,8 |

Die Temperatur, hart an der Erdoberfläche gemessen, zeigt viel schärfer ausgeprägte Unterschiede als 5 oder 10 cm über dem Erdboden, wo sich die ausgleichenden Windströmungen schon stark bemerkbar machen. Im Hügelland gleichen sich die Wärmeunterschiede zwischen den Baumschichten verschiedener Himmelslagen viel leichter aus als im Gebirge, wo die Spalierwirkung der Hänge die Gegensätze auch im Bereich der Oberschichten verstärkt.

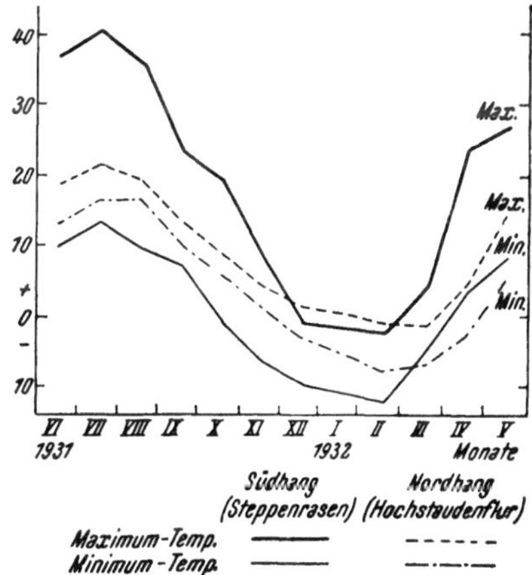


Abb. 125. Verlauf der mittleren monatlichen Temperaturextreme (nach Bujorean 1936)

Bujorean hat 1936 während eines Jahres die Extremtemperaturen in den Pflanzengesellschaften am Süd- und Nordhang eines 36 m hohen Hügels bei Cluj verfolgt. Er erhielt die in Abb. 125 dargestellten Kurven.

Der Südhang des Hügels ist von einer dem *Festucion vallesiacae* nahestehenden Steppenrasengesellschaft eingenommen, worin *Stipa pulcherrima*, *St. lessingiana*, *Carex humilis*, *Centaurea trinervia*,

*Inula ensifolia*, *Salvia nutans* den Hauptanteil bilden; am Nordhang herrschen Hochstauden, wie *Laserpitium latifolium*, *Phlomis tuberosa*, *Ajuga laxmannii* usw., und einige Sträucher (*Evonymus europaeus*, *Viburnum opulus*, *V. lantana* u. a.).

Die Jahresschwankung der Wärme beträgt auf der Südseite nicht weniger als 71°, auf der Nordseite aber nur 38°, das mittlere Maximum ist in Südlage 18°, in Nordlage 9°, das mittlere Minimum in Südlage 0,6°, in Nordlage 3,7° C. Die frostfreie Periode war auf der Südseite 42 Tage kürzer als auf der Nordseite.

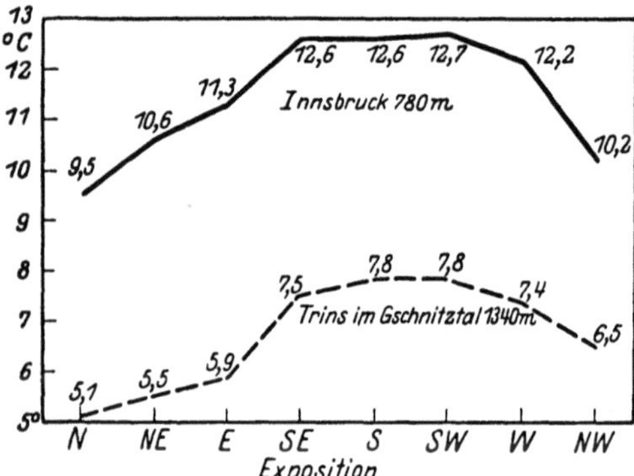

Abb. 126. Einfluß der Exposition auf die Jahresmittel der Bodentemperatur in 80 cm Tiefe (Kurve nach Daten von KERNER 1867 bis 1869 konstruiert)

Die extremen Temperaturverhältnisse des Südhanges erklären die Überdauerungsmöglichkeit der reliktischen Steppenvegetation mitten im Waldklimaxgebiet.

**Unterschiede in der Bodentemperatur.** Ökologisch bedeutungsvoller als die Differenzen in der Luftwärme ist freilich der Wechsel der Bodentemperatur in den verschiedenen Himmelslagen, welcher sich bis in die tieferen Wurzelschichten geltend macht. Wir sind hierüber durch KERNERS Beobachtungen aus den Tiroler Alpen unterrichtet (Abb. 126).

Auch die Forstpraktiker haben sich mit dem Einfluß der Himmelslage auf die Temperatur beschäftigt.

BÜHLER (1918, S. 238) stellte fest, daß in Zürich während der ganzen Vegetationszeit die Bodentemperatur in 5 cm Tiefe in allen Himmelslagen, ausgenommen Nord, höher ist als die Lufttemperatur. Die Unterschiede sind am größten im Hochsommer zur Mittagszeit. Die Bodenwärme erreichte beispielsweise am 23. August, 13 Uhr, in 3 bis 5 cm Tiefe 38° bei einer gleichzeitigen Luftwärme von 28,2° im Schatten.

Unter dem dichten Laubdach 20jähriger Buchen dagegen sind die Expositionsunterschiede in der Bodentemperatur nahezu ausgeglichen.

Mit nordamerikanischer Großzügigkeit haben SHREVE, BATES, GAIL u. a. das Problem des Einflusses der Himmelslage auf die Vegetation an die Hand genommen.

SHREVE stellte bei 2130, 2440 und 2740 m Höhe in den Catalinabergen Arizonas selbstregistrierende Thermometer 10 cm tief im Boden der natürlichen Pflanzengesellschaften auf. Die Ergebnisse dieser vom Mai bis September fortgeführten Beobachtungen geben den zahlenmäßigen Nachweis, daß der Unterschied in der Bodenwärme zwischen Süd- und Nordseite mit der Meereshöhe zunimmt. Damit im Einklang stehen die in höheren Gebirgslagen zugespitzten Vegetationsgegensätze zwischen Süd- und Nordhang.

**Querprofile.** Ein sprechendes mikroklimatisches Querprofil durch ein Ost-West verlaufendes Gebirgstal in den Rocky Mountains gibt BATES (1923) (s. Abb. 127). Die Neigung der Hänge betrug rund 25°. Der Temperaturerhöhung am Südhang entspricht, wie zu erwarten, gesteigerte Verdunstung und Verringerung der Bodenfeuchtigkeit. Für die Zusammensetzung der Baumschicht maßgebend scheinen die hohen Maximumtemperaturen an der Erdoberfläche in Südlage, der viele Keimlinge

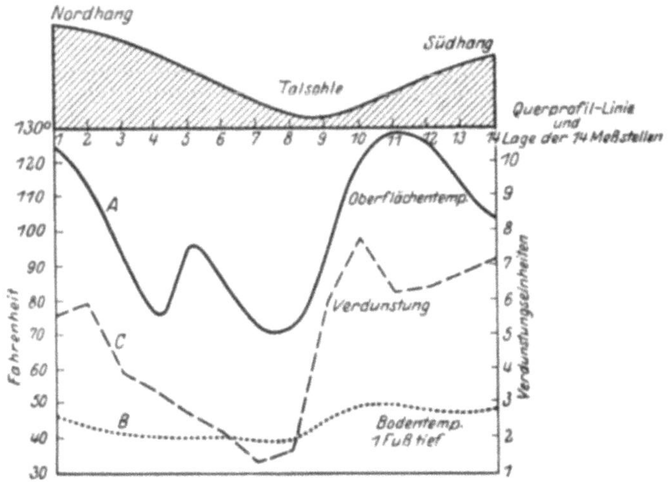


Abb. 127. Mikroklimatisches Querprofil durch ein O-W-verlaufendes Tal in den Rocky Mountains, Colorado, den Einfluß der Himmelslage auf die Oberflächentemperatur (*A*), Bodentemperatur (*B*) und Verdunstung (*C*) (Juli-August-Mitte) zeigend (zusammengestellt nach BATES)

zum Opfer fallen. Am widerstandsfähigsten erwiesen sich die Sämlinge von *Pinus ponderosa*, welche rasch keimen und sich ziemlich tief bewurzeln.

Einen gewaltigen Gegensatz in Flora und Vegetation ergeben die beiden Andenseiten auf der Höhe von Mendoza-Valparaiso. Im Osten Trockenvegetation in verschiedenen Abstufungen, in Chile üppig feuchter Laubwald.

Trifft es sich, daß die Regenschattenseite an den Südhang des Gebirges zu liegen kommt, so werden die Expositionsunterschiede ins Extrem gesteigert (Südabfall der Berner Alpen in der Schweiz, der Ötztaler Alpen in Tirol, Südhang des großen Atlas). Derartige extreme Verhältnisse herrschen nach GAIL (1921) auch in den Gebirgen von Idaho. Dort liegt im Sommer das Mittel der relativen Luftfeuchtigkeit in Nordostlage um volle 22% höher als auf der windbestrichenen Südwestseite.

Das Maximum der Verdunstung fällt mit dem Minimum der Bodenfeuchtigkeit zusammen (Abb. 128). Daher sind Anfang August in Südwestlage alle Einjährigen braungebrannt. Der herrschende Waldbaum ist hier die trockenharte *Pinus ponderosa*, wogegen der Nordosthang von den mesophileren *Pseudotsuga*-Wäldern eingenommen wird.

Im Rahmen der pflanzensoziologisch-bodenkundlichen Untersuchungen im Schweizerischen Nationalpark haben wir mit H. PALLMANN auch die wärmeklimatischen Verhältnisse verschiedener Pflanzengesellschaften vergleichend behandelt. Für Vergleiche besonders günstig erwies sich der Plan de la Posa-Hügel am Fuorn (1920 m).

Dort herrscht in steiler Südlage das offene *Pino-Caricetum humilis*, bei schwacher Neigung und in Ostlage das *Mugo-Ericetum carice-*

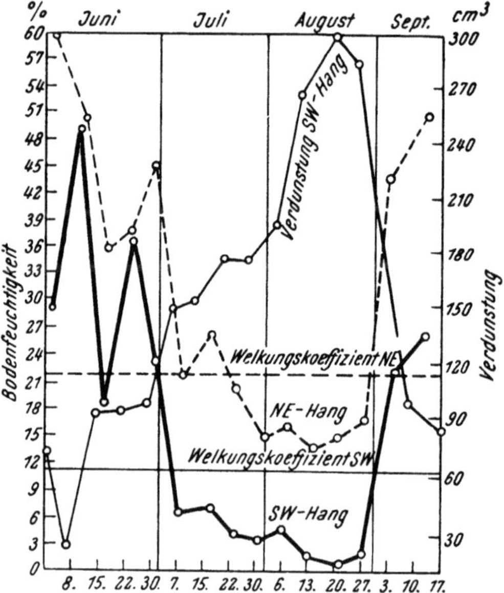


Abb. 128. Bodenfeuchtigkeit für 1915 in SW- und NE-Exposition, Verdunstung am SW-Hang und Welkungskoeffizient (nach F. W. GALL)

*tosum humilis*, in Westlage das *Mugo-Ericetum hylocomietosum*, in Nordlage das *Mugo-Rhododendretum hirsuti* und ein Initialstadium des *Rhododendro-Vaccinietum*. Die Unterschiede in der Luft-, Bodenoberflächen- und Bodentemperatur vom 17. November bis zum 20. Mai und in der Schneebedeckung sind graphisch dargestellt (s. Abb. 116). Ihr Einfluß auf die Zusammensetzung und Verteilung der Gesellschaften und auf die Bodenbildung ist enorm (s. BR.-BL., PALLMANN und BACH 1954).

Dem *Pino-Caricetum humilis* entspricht der initiale Humuskarbonatboden, dem *Mugo-Ericetum caricetosum humilis* der flachgründige subalpine Karbonatboden, dem *Mugo-Ericetum hylocomietosum* der degradierte subalpine Wald-Humuskarbonatboden, dem *Mugo-Rhododendretum hirsuti* der extrem degradierte subalpine Wald-Humuskarbonatboden (Profile s. S. 459).

Die Wirkung der Hangrichtung wird auch wesentlich durch die Hangneigung und die Bodengestaltung oberhalb des Hanges beeinflußt.

Vegetationsunterschiede, die mit der Hangrichtung zusammenfallen, treten uns allenthalben entgegen. Nur in Südlage gedeihen u. a. das *Ononi-Pinetum*, *Mugo-Ericetum caricetosum humilis*, *Junipero-Arctostaphyletum*, *Festucetum variae* der Alpen, das *Genisto-Arctostaphyletum* und die Trockenrasenassoziationen des *Festucetum eskiae* und *Hieracio-Festucetum spadiceae* der Pyrenäen (s. BR.-BL. 1948).

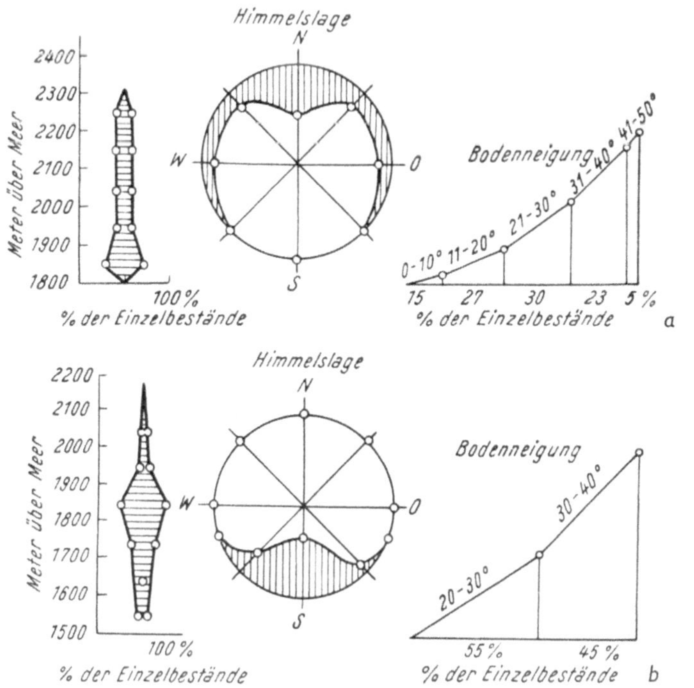


Abb. 129*a* und *b*. Exposition, Höhenverbreitung und Bodenneigung im *Rhododendro-Vaccinietum* (*a*) und *Pino-Caricetum humilis* (*b*) des Schweizerischen Nationalparkgebietes (PALLMANN u. BR.-BL.)

In großen Teilen der Alpen ist der natürliche Verlauf der klimatischen Waldgrenze heute nur noch in Schattenlagen mit ungünstiger Bodengestaltung auf größere Strecken hin zu verfolgen (Abb. 130).

Ausschließlich oder vorwiegend in Schattenlagen gedeihen der Alpenrosen-Arvenwald (*Rhododendro-Vaccinietum cembretosum*) und das *Luzuletum spadiceae* der Alpen, das *Saxifragetum ajugaefoliae* der Pyrenäen, das vorwiegend aus arktisch-alpinen Arten zusammengesetzte *Sedo-Arenarietum* West-Irlands (BEN BULBEN).

Die Wärme und Trockenheit liebenden Kolonien der mediterranen und sarmatischen Flora in Mittel- und Nordeuropa sind fast durchwegs auf die Süd-, Südost- und Südwesthänge der Talflanken, Hügel und Bodenwellen beschränkt, während umgekehrt im südlichen Europa, schon in Südfrankreich, die mitteleuropäische Waldvegetation aufs strengste an schattige Nordlagen gebunden ist. Klassische Beispiele hiefür sind die Montagne de la Sainte-Baume bei Marseille (MOLINIER 1939) und der Pic St. Loup bei Montpellier.

Die farbige Vegetationskarte der Sainte-Baume (Provence) von R. MOLINIER (1939) läßt diesen Unterschied sehr schön hervortreten. An

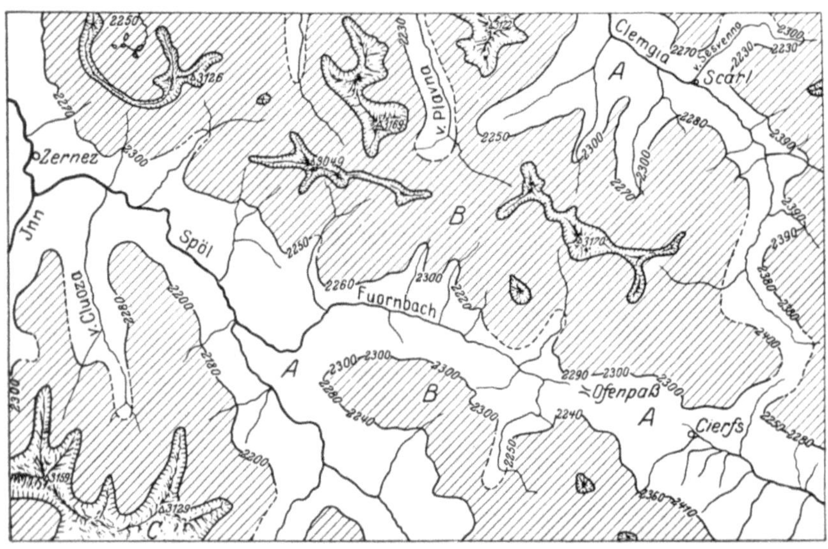


Abb. 130. Verlauf der Baumgrenze in verschiedenen Himmelslagen in den Unterengadiner Dolomiten. *A* Klimaxgebiet der Arven-Lärchenwälder, *B* Klimaxgebiet des *Caricion curvulae*, *C* Klimaxgebiet der Krustenflechten

den Südhängen dringen *Quercus ilex*-Bestände und deren Degradationsstadien bis gegen den Grat vor; am steilen Nordhang hat sich ein Reliktbuchenwald, von *Quercus pubescens*-Beständen umrahmt, erhalten.

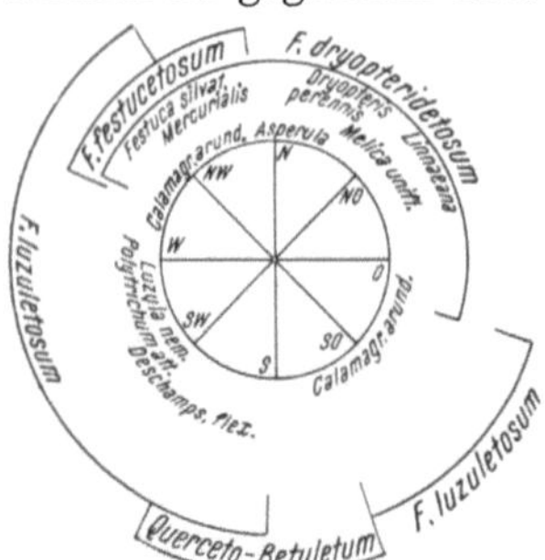


Abb. 131. Verteilung der Subassoziationen und Fazies des *Fagetum boreoatlanticum* auf die verschiedenen Hangrichtungen im Harz (aus TÜXEN u. DIEMONT)

TÜXEN und DIEMONT (1937) geben für die Subassoziationen und Fazies des *Fagetum boreoatlanticum* ein ausdrucksvolles Verteilungsschema auf die verschiedenen Hangrichtungen (Abb. 131).

Die reliefbedingte Anordnung der natürlichen Waldgesellschaften am nördlichen Rande des Harzes ist von TÜXEN (1954), im Thüringer Wald von SCHLÜTER (1959) verfolgt worden. Sie hat TÜXEN Veranlassung zu seinem Begriff des Klimaxschwarms gegeben, der sich auf die expositionsbedingte Ausformung der Klimaxvegetation bezieht.

In den großen, tiefeingeschnittenen Stromtälern mit E-W-Verlauf reicht am Nordhang der Wald mit montanen oder nördlichen Einsprengseln weit talabwärts, während am Südhang die thermophilen Arten talaufwärts vordringen. Sehr schön läßt sich dieses Übereinandergreifen im oberen Donautal, im Vorderrheintal, im Maintal (VOLK), und besonders am Dnjestr in der Ukraine verfolgen, wo die Trockenrasen der *Poa versicolor-Scutellaria lupulina*-Assoziation und die Gebüsche von *Amygdalus nana*,

Abb. 132. Waldverteilung im Dnjestrtal bei Zalesczyki. N-NE-Ufer geschlossene *Querco-Carpinetum*-Wälder, S-SW-Ufer xerischer Buschwald und steppenartige Rasen

*Ephedra* usw. ganz auf den Sonnenhang beschränkt sind, während der steile Schattenhang in das satte Grün des *Querco-Carpinetum podolicum* gehüllt ist (Abb. 132).

Der Einfluß der Hangrichtung wird hier durch starke Neigung, Überhang, Windschutz und Rückstrahlung noch potenziert. Dies erklärt das reliktische Vorkommen der mediterran-zentralasiatischen *Ephedra distachya* auf den steilen Felsbändern am Südhang des Dnjestrtales.

Solche Standorte sind für die Erhaltung thermophiler Reliktgesellschaften besonders günstig. Steile schattige Nordhänge bieten anderseits den Reliktgesellschaften aus ungünstigeren kühleren Klimaperioden die Möglichkeit, sich unter wesentlich verändertem Allgemeinklima inmitten einer völlig abweichenden Vegetation noch zu halten.

Ist eine Gesellschaft über mehrere Höhenstufen verbreitet, so kann es vorkommen, daß sie im Aufsteigen vom Nordhang allmählich auf den Südhang hinüberwechselt (*Empetro-Vaccinietum*, *Caricetum curvulae*, *Salicetum herbaceae* u. a.). Ähnliche Expositionsänderungen ergeben sich beim Übergang aus einem Gesellschaftskreis in einen andern. BOYKO (1947) hat dies am Beispiel der Hangänderung einiger Arten im Vordringen aus dem mediterranen über den irano-kaspischen in den saharosindischen Gesellschaftskreis dargestellt.

In Palästina ist nach Boyko (1947) die Einstrahlung ausschlaggebend für das natürliche Vorkommen des *Quercetum aegilopsis*. Abb. 133 zeigt, daß die Einzelvorkommnisse entweder an schwachgeneigten Stellen mit hoher Insolation oder, bei starker Neigung, an Süd-, SW- oder SE-Hängen liegen.

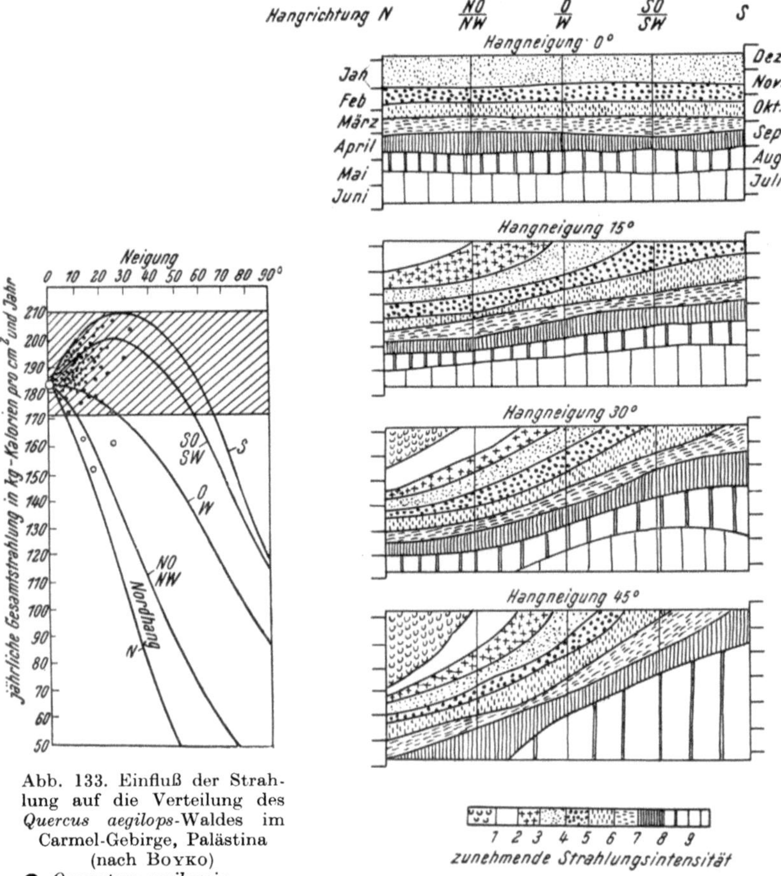


Abb. 133. Einfluß der Strahlung auf die Verteilung des *Quercus aegilops*-Waldes im Carmel-Gebirge, Palästina (nach Boyko)
● *Quercetum aegilopsis*
○ Einzelne Bäume als Außenposten

Abb. 134. Hangneigung und Strahlungsintensität (nach Gessler 1925)

Das Verhältnis der Strahlungsintensität zur Hangrichtung und -neigung im Verlauf des Jahres verdeutlicht Abb. 134 aus Gessler (1925).

Die schärfsten Gegensätze in der Strahlungsexposition liegen nach Troll (1941) in den Subtropen. Die Vegetationskarte des Nanga Parbat im Westhimalaja zeigt deutlich die scharfe Lokalisierung der mesophilen Gesellschaften, feuchter Nadelwald, Birkenwald, Weidengebüsch, auf die Schattenhänge, wogegen die Südhänge von einer xerischen Artemisiensteppe bekleidet sind. Gleichzeitig mit der Strahlung ändern sich natürlich auch die Wärmeverhältnisse.

**Hangneigung.** Die Neigung der Bodenoberfläche wirkt direkt und indirekt.

Die indirekte Wirkung beruht in der Änderung der Wasserversorgung des Bodens und der Verschiebung des Einfallswinkels der Sonnenstrahlen, der die Strahlungsintensität beeinflußt. Unter der Voraussetzung ständig klaren Wetters würde eine ebene Fläche in Davos bei 1500 m jährlich 141992, eine senkrecht zur Sonne gestellte aber 255061 Grammkalorien zugestrahlt erhalten (DORNO).

Steilheit beschleunigt neben der mechanischen Abtragung auch den oberflächlichen Wasserablauf und die Wasserzirkulation im Boden, was

Abb. 135. Breite Lawinen- und Schuttrunsen am Mount Cook, Neuseeland (Aufn. P. HAFFTER)

im humiden Klima von Vorteil sein kann, im ariden aber auf die Vegetationsbedeckung ungünstig rückwirkt.

Während auf hartgetretenem Weiderasen mehr als die Hälfte des Niederschlags oberflächlich abfließt, kann guter Waldboden selbst bei Hangneigungen von 75 bis 85% die gesamte Regenmenge aufnehmen (BURGER 1948).

Nach ROMELL (1922, S. 254) sind stark geneigte Böden auch im humiden Skandinavien infolge guter Wasserzirkulation normalerweise sauerstoffreich. Sie tragen daher selbst unter ungünstigen Feuchtigkeitsverhältnissen noch Wald.

Direkt auslesend wirkt die Neigung an Steilhängen bei der Ablagerung der Verwitterungsprodukte wie auch beim Auftreten der pflanzlichen Besiedler.

Am offenen Geröllhang ordnen sich die Gesteinstrümmer nach ihrer

Größe: zuoberst der Feinschutt, am Fuß der Geröllhalde die groben Blöcke. Der Neigungswinkel der Halde wird aber nicht durch die Korngröße, sondern durch die Bruchart und Textur des Gesteins bedingt. Je

Abb. 136. Treppenrasen von *Festuca spec.* Lavadera de Oro de la Cueva Colorada, argentinische Anden (Aufn. CASTELLANOS)

massiger, eckiger, grobkörniger, desto steiler häuft sich der Schutt an. So erreichen Granithänge bis 43°, Bündnerschieferhalden aber nur 30° Steilheit (s. S. 434).

Je steiler der Hang, desto leichter und rascher wird natürlich das Wasser oberflächlich abgeleitet, desto leichter aber fließt auch das Geröll und fließt der Boden selbst.

Bodenfließen oder Solifluktion ist namentlich auf undurchlässigem oder gefrorenem Untergrund zu beobachten. Sie wird begünstigt durch öfteres Gefrieren und Auftauen der oberflächlichen, vom Schmelzwasser gesättigten „Gleitschicht“.

In den Trockengebieten der Subtropen, schon in den Südwestalpen und Pyrenäen, unterliegt die Vegetation an steileren Hängen der Gefahr der Abspülung und Verschwemmung durch heftige Regengüsse (s. auch Abb. 250, S. 272, 435).

Im Hochgebirge ist Steilheit der Hänge gleichbedeutend mit kurzdauernder Schneedecke. Die Vegetation am Hang erwacht viel frühzeitiger als an flachen Stellen, nicht nur, weil der Schnee dort früher wegschmilzt, sondern auch, weil er oft, dem Gesetz der Schwere folgend, als Lawine zu Tal fährt. Durch Lawinen und Schuttverfrachtung werden aber an Steilhängen ausgedehnte Flächen dauernd waldfrei gehalten, und der Vorstoß alpiner Pflanzengesellschaften von oben ins Waldgebiet herab wird begünstigt (Abb. 135).

Die Rasenvegetation ist am Steilhang oft treppenartig angeordnet (Abb. 136).

Von den Neigungsverhältnissen wird letzten Endes auch die Entwicklung des Boden- und Vegetationsklimax betroffen. In den Gebirgen der gemäßigten Zone kann sich auf kalkreichem Gestein die klimatische Bodenbildung und damit auch der Vegetationsklimax erst auswirken, wenn ein gewisser Neigungsausgleich erreicht ist und die Steilheit weniger als etwa 10 bis 15° beträgt. An steileren Hängen wird auf basischen Böden die Azidifikation unterbunden wegen dauernder Zufuhr von kalkreichem Schutt und Wasser und erschwerter Humusbildung. Der Vegetationsklimax der alpinen Stufe der Zentralalpen (das *Caricion curvulae*) und der Pyrenäen (das *Hieracio-Festucetum supinae*) sind daher im Kalkgebirge auf flache und mäßig geneigte Hänge beschränkt (s. S. 644, 745).

**Frostlöcher.** Reliefbedingt sind die gefürchteten Frostlöcher und die Kaltluftströme, die sich an warmen Sommertagen im Gehängeschutt entwickeln.

Als Beispiel seien die Frostlöcher des südwestlichen Schweizer Jura, die sogenannten „sèches" erwähnt. Es sind dies flache Mulden, die, obwohl mitten im Waldgebiet bei 1000 bis 1400 m Höhe gelegen, dennoch völlig baumlos sind und höchstens einige unförmliche Zwergfichten beherbergen, denen weder mit Axt noch Säge beizukommen ist. Zu Hunderttausenden sind die Kurztriebe entwickelt; sie stehen so dicht gedrängt, daß es kaum gelingt, einen Stock ins Innere des Astgewirres zu stoßen. Die Kältetiefstände dieser „sèches" sind unerhört. Noch der Juni und wieder der August weisen eine Reihe von Frosttagen mit Minima von 1 bis 6° unter Null auf. PILLICHODY (1921) hat während drei Jahren Temperaturmessungen im Frostloch von La Joux bei Les Ponts (1100 m) vornehmen lassen. Die mittlere Minimumtemperatur der Woche vom 20. bis zum 27. Februar 1901 betrug im Frostloch —29°, im Hochwald nur 120 m südlich davon aber bloß —14°. Noch in der zweiten Hälfte des Mai wurde ein mittleres Minimum von —5,1° festgestellt, vom 19. bis 25. Juni ein solches von —2°. In derselben Juniwoche betrug das mittlere Minimum im darüberliegenden Hochwald +4,6° C (s. auch J. L. RICHARD 1961, S. 605). Ähnliche Erscheinungen beschreibt PFAFF aus Tirol (1933). Sie sind überall anzutreffen, wo die kalte Luft absinkt und sich in tieferen Lagen ansammelt.

Wie extrem die reliefbedingten Wärmeverhältnisse der Kältelöcher sein können, ergeben Messungen von W. SCHMIDT in einer 150 m tiefen

Doline bei Lunz (1270 m). Die Temperaturextreme zwischen 1928 und 1932 betrugen hier +31,6 und —51,0° C (Jahresschwankung 81,6°). Während derselben Zeitspanne verzeichnete Wien eine Schwankung von 59,7° und der Sonnblickgipfel (3106 m) eine solche von 45,5° C, nicht viel mehr als die Hälfte. Die Umkehr der Vegetationsstufen in der

Abb. 137. Stufenumkehr am Nordosthang des Turkul, Ostkarpaten; *Pinus mugo* im Talgrund, Fichten am Hang (Aufn. FIRBAS, Exkurs. S.I.G.M.A.)

Doline ist somit leicht verständlich. Am 21. Januar betrug der Wärmeunterschied zwischen dem Grund und dem 150 m höher liegenden Rand der Doline 27° C.

**Kaltluftbecken.** Die Wärmeumkehr macht sich auch großräumig in den Kälteseen mit stagnierender Kaltluft geltend. Ein Kältesee bildet das bewaldete Talbecken des Oberengadins mit seinen sibirischen Wintertemperaturen. Wenn heute im großen Kaltluftbecken der Oberengadiner Talfläche zwischen Schlarigna und Bever die Verjüngung der Lärche fehlschlägt, während der Baum an den benachbarten Hängen gut gedeiht, so ist dies den lokalen Spätfrösten zuzuschreiben.

Im Winter 1905 verzeichnete man in St. Moritz-Bad bei 1780 m Minima von —36° und —38°. Über 500 m höher, am Bernina (2310 m), oberhalb der Waldgrenze, sank das Minimumthermometer nie unter —24° C. Daraus geht hervor, daß die obere Grenze der *Picea*-, *Larix*- und *Pinus cembra*-Wälder in den Alpen keinesfalls durch tiefe Winterminima bedingt sein kann.

Messungen über Temperaturumkehr hat TURNAGE (1937) mit Thermographen beim Desert-Laboratory in der Sonora-Wüstensteppe ausgeführt. Das Laboratorium liegt 100 m über der Flußebene. Die Minima im Kaltluftbecken liegen in der Regel 9° F unter denen des Desert-Laboratory; aber Unterschiede von 15° F waren nicht selten, und einmal betrug der Temperaturunterschied 23° F.

**Ponikven.** Schöne Beispiele der Kaltluftbecken in Dolinen des Karstes bespricht schon Beck von Mannagetta (1901). Kürzlich hat Horvat (1961) dieser Erscheinung besondere Aufmerksamkeit zugewandt und sie klimatisch, pflanzensoziologisch und ökologisch beschrieben.

Mitten im heutigen Waldgebiet Südwestkroatiens tragen die Ponikven Überreste pleistozäner Wandergruppen, welche von den Alpen gegen die höheren südosteuropäischen Gebirge strömten.

Ein Unikum bilden die schon von Kitaibel erkannten Ponikven im Bereich der Zwergföhre am Velebit, deren Grund von Schneebodengesellschaften des *Arabidion coeruleae* und *Salicion retusae* bedeckt ist, während ringsum der Wald herrscht (Horvat 1953, 1961).

**Strömende Kaltluft.** Mit der Erscheinung strömender Kaltluft und deren Austritt am Fuß von Schutthängen befaßt sich Furrer. Er maß bei 460 m am Nordfuß der Rigikette im Hochsommer 4° Wärme bei Außentemperaturen von 20° am Schutthang und nennt 25 montane und subalpine Arten, die dort mehrheitlich dank dieser Kaltluft zu Gesellschaftsfragmenten zusammentreten. Berg- und Weinbauern nützen solche „Windlöcher" seit Jahrhunderten zur Kühlhaltung von Nahrungsmitteln und Wein. Der Luzerner Chronist Cysat schildert diese Verwendung bereits 1661 sehr anschaulich, aber erst der Genfer de Saussure (1796) hat sie richtig gedeutet (Furrer 1961).

**Frosterdeböden.** In schneereichen Gebieten, wie im Norden und in den Hochgebirgen, gelangen unter Einwirkung von Schneeschmelze, Erdfließen, Gefrieren und Auftauen eigenartige Oberflächenformen zur Ausbildung, die als Strukturböden bezeichnet werden. Es handelt sich um Steinstreifen, Steinringe, Steinnetze, wobei plattige Steine oft auf ihrer schmalen Kante aufrecht stehen. Auf Kontraktionswirkung zurückzuführen sind die sogenannten Polygonböden (s. Abb. 226), die auf feinkörnigem, vegetationsarmem Bodenmaterial, namentlich im Frosterdegebiet, aber auch in ariden Gebieten (Salzböden) auftreten. Polygonböden kommen auch in den Alpen vor. Ein *Polytrichetum sexangularis*-Polygonboden vom Kleinen St. Bernhard (2650 m) beschreibt Giacomini (1943).

Steingirlanden, Fließerdewülste, Blockströme usw. sind durch den Bodenfrost bedingte Bewegungserscheinungen, die noch durch die Wirkung von Schmelz- und Regenwassertransport verstärkt werden. Es bilden sich bis meterhohe Wülste, die z. B. im Hochgebirge des Schweizerischen Nationalparks stellenweise das Kleinrelief mitbestimmen helfen und die örtliche Vegetationsverteilung beeinflussen.

Einzelheiten über diese Oberflächenformen finden sich besonders in skandinavischen Arbeiten; eine erschöpfende Übersicht über Solifluktion und Strukturböden gibt C. Troll (1948).

## 2. Licht

Strahlende Wärme und Licht sind, um einen treffenden Vergleich Köppens zu gebrauchen, voneinander nicht mehr verschieden als hohe und tiefe Töne. Während der bei der Wärmestrahlung hauptsächlich wirksame Spektralteil im Ultrarot liegt, ist die Helligkeitsstrahlung vornehmlich durch die kurzwelligen blauvioletten Strahlen wirksam. Eine scharfe Scheidung der Strahlengattungen nach ihrer biologischen Wirkung läßt sich indessen kaum durchführen.

Das Sonnenlicht gelangt teils unmittelbar als „direktes Licht“ zur Erde, teils wird es beim Durchgang durch die Lufthülle zerstreut und als „diffuses Licht“ dem Erdboden zugeführt.

Direktes und diffuses Licht zusammengenommen machen das Gesamtlicht oder gemischte Sonnenlicht aus, das der besonnten Pflanze zur Verfügung steht.

Verluste der Strahlungsenergie ergeben sich aus der selektiven Absorption und der Zerstreuung durch Gase oder Wasserdampf, durch Absorption und Rückstrahlung durch Wolken und Dunst und durch Absorption bei chemischen Reaktionen.

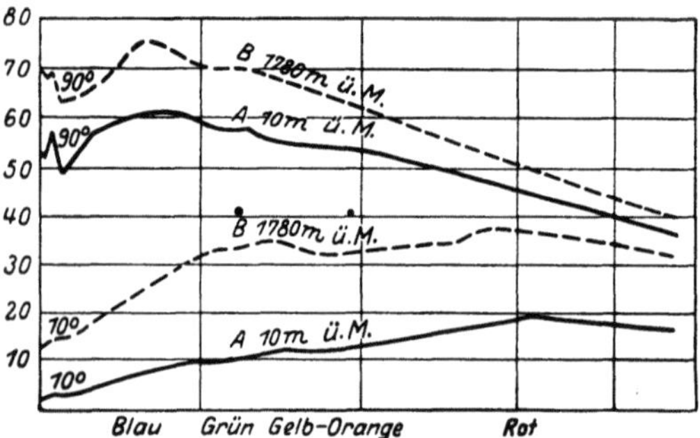

Abb. 138. Wirkung der Atmosphärenschicht auf die Sonnenstrahlung bei verschiedener Sonnenhöhe (10° und 90°); *A* bei 10 m Meereshöhe, *B* bei 1780 m Meereshöhe (nach Pulling 1919)

Nach Dorno gelangt von der gesamten Sonnenenergie nur etwa die Hälfte bis zum Meeresniveau, unter Berücksichtigung der Bewölkung sogar noch beträchtlich weniger.

In großen Teilen der Erde herrscht starke Bewölkung vor, und der diffusen Himmelsstrahlung kommt erhebliche Wichtigkeit zu. Größenordnungsmäßig ist sie etwa zehnmal schwächer als die der Sonnenstrahlung am Erdboden (Mörikofer 1948).

**Physiologisch-ökologische Wirkung des Lichtes.** Die physiologisch-ökologische Lichtwirkung findet in den Lehrbüchern der Pflanzenphysiologie die Berücksichtigung, die ihr gebührt. Eine letzte Zusammenfassung der physiologischen Lichtwirkungen gibt das Handbuch der Pflanzenphysiologie, worauf nachdrücklich verwiesen sei.

Die Strahlungsenergie, welche die Lebensäußerungen der Pflanzen in erster Linie beeinflußt, macht ihren fördernden oder hemmenden Einfluß auch bei der örtlichen Verteilung der Pflanzengesellschaften geltend.

Wachstum und Formbildung werden hauptsächlich durch die mittelwelligen ultravioletten und violetten Strahlen beeinflußt.

Für die Kohlensäureassimilation sind die sichtbaren Strahlen mit bester Ausnützung des langwelligen Teiles ausschlaggebend, wenn auch im langwelligen Ultraviolett und vielleicht im Ultrarot noch geringe Assimilation stattfindet.

**Wachstumsbeeinflussung.** Seit den oft zitierten Untersuchungen Bonniers über Gestaltänderungen der ins Hochgebirge verpflanzten Ebenenpflanzen war man versucht, der Höhensonne eine wachstumshemmende Wirkung zuzuschreiben und dafür die Ultraviolettstrahlung verantwortlich zu machen.

Die Hochgebirgspflanzen haben gedrungenen Wuchs, lebhafte Blütenfarben und sind, wenigstens soweit die Schneetälchenpflanzen in Betracht kommen, chlorophyllreich (Henrici 1918). Dagegen sollen starker Belichtung ausgesetzte Blätter alpiner Wiesenpflanzen bedeutend weniger Chlorophyll enthalten als die Blätter derselben Arten aus tiefen Lagen.

Versuche von Henrici (1918) über Kohlensäureassimilation der Alpenpflanzen ergeben für Individuen derselben Arten aus dem Tiefland und aus der alpinen Stufe einen verschiedenen Kurvenverlauf. Die Individuen der Ebene beginnen schon bei niedrigen Intensitäten die Kohlensäure zu zerlegen; im intensiven Licht der direkten Alpensonne dagegen steigt die Assimilationskurve der alpinen Individuen noch an, während jene der Ebenenindividuen schon längst in den horizontalen Verlauf übergegangen ist oder gar absteigt. Möglicherweise handelt es sich bei diesen Versuchen aber, wie auch bei den Versuchen Bonniers über den Einfluß des Alpenklimas auf die Pflanzengestalt, zwar um Individuen derselben Art, aber um verschiedene Ökotypen. Entscheidend beeinflußt wird die Assimilation durch den im Minimum vorhandenen Wirkungsfaktor.

Heute liegen hierüber experimentelle Untersuchungen vor, die Brodführer (1955) am Physikalisch-Meteorologischen Observatorium in Davos bei 1600 m ü. M. durchgeführt hat. Sie beziehen sich auf das Wachstum der Pflanzen bei abgestufter Dosierung der ultravioletten Sonnenstrahlung. Die verschieden hohen Bestrahlungsdosen lagen zwischen 290 und 320 m$\mu$.

Aus den Resultaten sei hervorgehoben, daß sowohl verschiedene Pflanzenarten als auch -rassen auf den Ultravioletteinfluß verschieden reagieren. Einheitlich reagieren bloß erbgleiche Individuen.

Die Reaktion auf Ultravioletteinfluß zeigt jahreszeitliche Unterschiede.

**Keimungsreiz.** Die photische und chemische Reizwirkung des Lichtes macht sich schon bei der Samenkeimung geltend. Die Belichtung wirkt je nach der „Veranlagung“ der Samen bald keimungsbeschleunigend, bald verlangsamend oder hindernd. Samen von *Elatine alsinastrum* konnten beispielsweise jahrelang im Dunkeln liegen, ohne zu keimen, während sie im Licht schon nach 18 Tagen zu 100% aufgingen.

Diesem „Lichtkeimer“ steht als ausgesprochener „Dunkelkeimer“ *Nigella sativa* gegenüber, deren Samen im Licht gar nicht, im Dunkeln aber schon nach wenigen Tagen mit 100% keimen (Kinzel 1915).

Bei den im Dunkeln nicht keimfähigen Samen von *Lythrum salicaria* wird schon durch eine ganz kurze Belichtung die Keimung ausgelöst. Die Keimungsgeschwindigkeit nimmt bei schwacher Belichtung vorerst sehr rasch, später nur noch ganz allmählich zu, so daß auch die Lichtkurve der Keimung wie die Lichtkurve der Assimilation den logarithmoiden Verlauf der Assimilationskurve zeigt. Das Relativitätsgesetz findet also auch hier Anwendung (Abb. 139).

Bei einer Lichtstärke von 200 Meterkerzen haben schon nach fünf Minuten 43% der Samen gekeimt, ein Resultat, das bei Fünf-Meterkerzen-Licht erst nach etwa drei Stunden eintritt.

Die Keimung von Samen und Sporen ist aber nicht nur von der Strahlungsintensität, sondern auch von der Lichtqualität abhängig. Bestimmte Wellenlängen üben eine spezifische Reizwirkung auf die Keimung aus; die Moose *Dicranella heteromalla* und *Mnium punctatum* keimen nur im weißen, *Tortella inclinata* und *Weisia viridula* dagegen besser im roten Licht (LISTOWSKI 1928); ähnlich verhält es sich mit der Pigmentbildung (SIMONIS 1938).

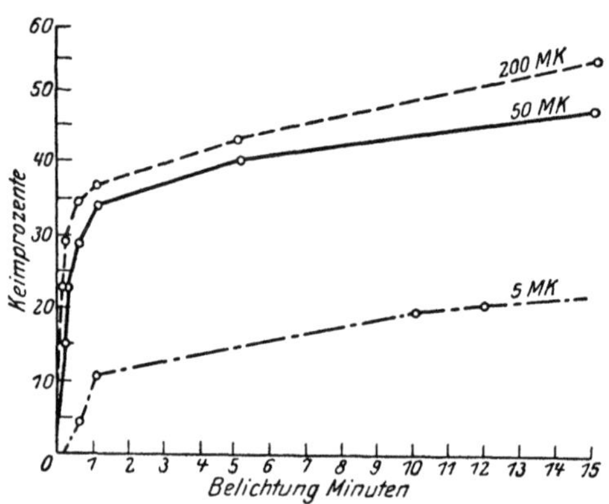


Abb. 139. Einfluß der Belichtungsstärke auf die Keimfähigkeit der Samen von *Lythrum salicaria* (*MK* Meterkerze) (nach LEHMANN u. LAKSHMANA 1924)

Innert gewisser Grenzen kann Licht durch Wärme ersetzt werden.

**Lichteinstellung der Sprosse; Formgestaltung.** Neben der Wärme- beeinflußt die Lichtstrahlung auch Blatt- und Sproßeinstellung (Kompaßpflanzen). Laboratoriumsversuche und direkte Beobachtungen im tiefen Schatten, in Höhlen, lehren, daß Ausschaltung der Lichtstrahlen eine Verlängerung der Sprosse, Vergrößerung der Blattspreiten, Änderung der Blatt- und Stengelform zur Folge hat. Hand in Hand mit äußeren Gestaltsänderungen gehen Veränderungen der Gewebestruktur. Schatten- und Dunkelblätter zeigen eine Auflösung der Mesophyllzellen, öfters auch völliges Verschwinden der Palisadenzellen. Die Zahl der Zellschichten ist kleiner als beim Sonnenblatt, die Luftlücken zwischen den Zellen sind größer.

**Kohlensäureassimilation (Photosynthese).** Die fundamentale Bedeutung des Lichtes bei der Kohlensäureassimilation ist bekannt. Strahlungsenergie wird hiebei in chemisch wirksame Energie umgewandelt, unter deren Einwirkung die Zerlegung der Kohlensäure im Chlorophyllkorn stattfindet und organische Verbindungen aufgebaut werden. Um ihre Funktion zu erfüllen, müssen aber die Lichtstrahlen von der Pflanze absorbiert werden.

Die Kenntnisse auf dem Gebiet der Photosynthese sind in ständiger Fortentwicklung begriffen. Einen Einblick in die Kompliziertheit des Phänomens gestattet die Zusammenfassung von PIRSON und MOYSE (1962).

Über die Bedeutung des Lichtes für den Aufbau verschiedener chemischer Substanzen in den Pflanzen geben Arbeiten von R. COMBES (1946) und Mitarbeitern vielfachen Aufschluß.

COMBES verdanken wir auch eine übersichtliche und klare Darstellung der physiologischen Lichtwirkung im allgemeinen.

Bei intensiver Belichtung wird die Zahl der Spaltöffnungen vergrößert, die unterirdischen Pflanzenteile, insbesondere die Speicherorgane ent-

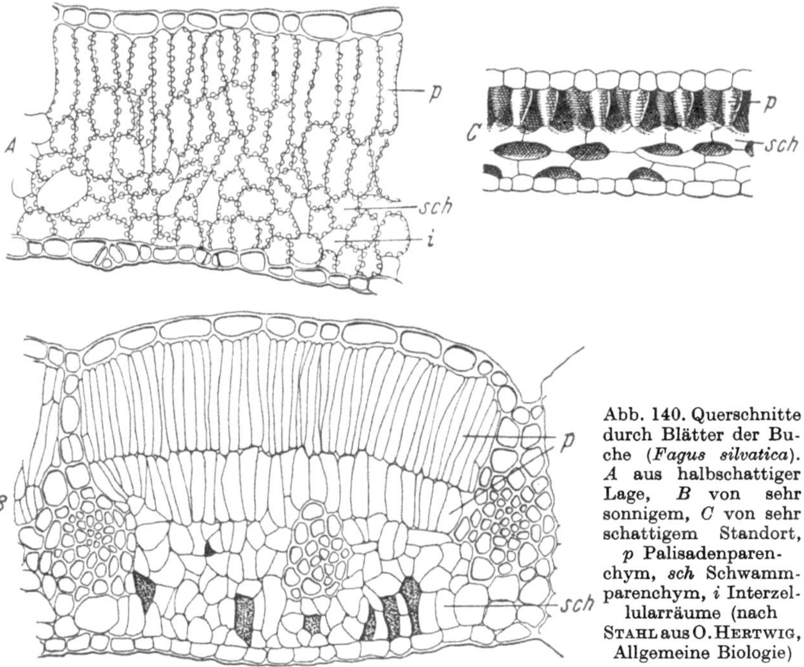

Abb. 140. Querschnitte durch Blätter der Buche (*Fagus silvatica*). *A* aus halbschattiger Lage, *B* von sehr sonnigem, *C* von sehr schattigem Standort, *p* Palisadenparenchym, *sch* Schwammparenchym, *i* Interzellularräume (nach STAHL aus O. HERTWIG, Allgemeine Biologie)

wickeln sich stärker; es werden mehr Blüten und Früchte gebildet, die Fruchtreife ist beschleunigt. Mäßige Belichtung ist dagegen vorteilhaft für den Aufbau der lebenden Substanz und neuer Gewebeteile und verursacht lebhaftes vegetatives Wachstum.

Die quantitative Assimilationstätigkeit unter dem Einfluß des Lichtes behandeln BURSTRÖM und PEARSALL (s. S. 248).

Die bei der Photosynthese vor sich gehenden Reaktionen sind nur teilweise von der Temperatur unabhängig, photochemisch bedingt. Ihre Beschleunigung hängt mit der Lichtintensität zusammen. Mit ihrer Zunahme steigt die quantitative Zunahme der Assimilationsprodukte. Die nicht photochemischen, sogenannten dunklen, vom Licht unabhängigen Reaktionen sind gegenüber der Wärme empfindlich (PIRSON und MOYSE 1962).

Über die autökologische Bedeutung der Assimilationskurven spricht sich LUNDEGÅRDH sehr eingehend aus. Diese Kurven steigen bei allen Arten vorerst steil an; bei allmählicher Erhöhung schwacher Lichtstärken findet eine rasche Zunahme der Assimilationstätigkeit statt.

Tabelle 14. Einfluß 24stündiger Belichtung auf die Assimilation in Weizenblättern (Zahlen in mm/g der frischen Blätter; $CO_2$ und Assimilationsprodukte in Hexosen ausgedrückt) (nach BURSTRÖM, aus PEARSALL 1949)

| Lichtintensität in Lux | Zunahme in der Pflanze von | | | |
|---|---|---|---|---|
| | $CO_2$ assimiliert (a) | Zucker (b) | anderen Assimilationsprodukten (a—b) | assimiliertem Stickstoff |
| 0 | —0,042 | —0,038 | —0,004 | —0,001 |
| 2900 | 0,004 | —0,010 | 0,014 | 0,007 |
| 8800 | 0,057 | 0,012 | 0,045 | 0,019 |
| 18000 | 0,174 | 0,098 | 0,076 | 0,031 |
| 30000 | 0,303 | | 0,127 | 0,040 |

Später geht die Kurve in horizontalen Verlauf über; je nach der Art (oder besser nach dem Ökotypus) tritt früher oder später der Moment ein, wo die optimale Belichtung erreicht wird und eine weitere Steigerung der Lichtintensität nutzlos ist. Typische Schattenblätter zeigen ein rasches, Lichtblätter dagegen ein langsames Verflachen der Assimilationskurve (Abb. 141).

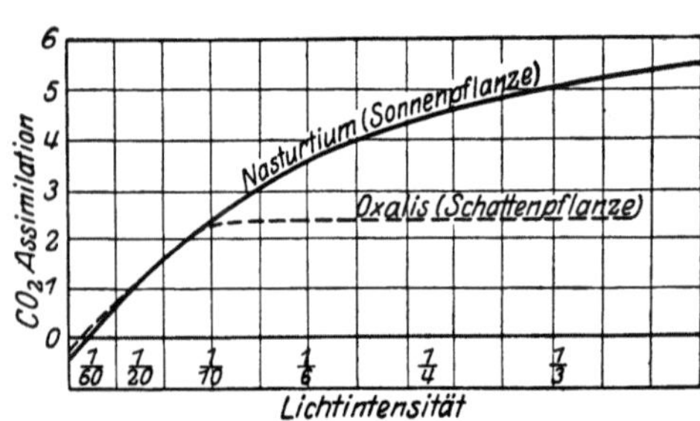

Abb. 141. Ökologische Assimilationskurven von Sonnen- und Schattenblättern (nach LUNDEGÅRDH)

*Oxalis* verdeutlicht eine Schattenblattkurve, die ähnlich wie die Kurve von *Melandryum rubrum* und *Circaea alpina* bei etwa $^1/_{10}$ des Gesamtlichtes horizontal abbiegt. Lichtintensitäten, die $^1/_{10}$ überschreiten, haben somit für die genannten Schattenpflanzen assimilatorisch keinen oder nur noch geringen Wert. *Nasturtium* gibt die Assimilationskurve eines Sonnenblattes wieder, bei welchem das Lichtoptimum noch nicht erreicht ist, die Kurve daher noch nicht in den Horizontalverlauf einmündet.

**Relativer Lichtgenuß.** Der Lichtgenuß der Pflanzen und Pflanzengesellschaften ist eine schwer faßbare Größe, die zudem meist innert weiter Grenzen schwankt. Man hat statt dessen die Lichtmaxima und

Lichtminima, unter denen die Pflanzen und Pflanzengesellschaften normal gedeihen, zu bestimmen versucht.

Unter relativem Lichtgenuß versteht man das Verhältnis der Lichtstärke am Standort zur Intensität des gleichzeitigen Gesamtlichtes im Freien, d. h. das den Pflanzen zur Verfügung stehende Licht.

Der relative Lichtgenuß wird durch einen Bruch ausgedrückt. Relativer Lichtgenuß $^1/_3$ bedeutet, daß die Lichtstärke am Standort $^1/_3$ des Gesamtlichtes ausmacht.

Die großen und oft plötzlichen Schwankungen, welchen die Lichtintensität unterliegt, haben zur Folge, daß absolute Messungen an bestimmten Standorten oder in bestimmten Pflanzengesellschaften (mittlere Lichtsummen) nur dann brauchbare Werte liefern, wenn sie fortlaufend registriert werden. Zur Bestimmung des *relativen* Lichtgenusses dagegen können auch gleichzeitig vorgenommene Einzelmessungen verwendet werden.

Um die Vergleichsmöglichkeit zu erleichtern, empfiehlt es sich, pflanzensoziologische Lichtmeßkurven bei völlig wolkenlosem Wetter aufzunehmen. Zu Vergleichen kann aber auch die durch Dauermessungen ermittelte, angenäherte Lichtsumme herbeigezogen werden.

**Lichtsumme.** Eine Kiloluxstunde entspricht der einstündigen Einstrahlung einer Lichtintensität von 1000 Hefnerlux (Biebl); das Lux entspricht einer Meter-Hefnerkerze.

Tabelle 15. *Lichtsummenbildung*

| Zeit | Gemessene Lichtintensität in Lux | Mittlere Lichtintensität pro $^1/_2$ Stunde in Lux | Mittlere Lichtintensität pro Stunde in Lux |
|---|---|---|---|
| 13.00 ........ | 23000 | 26500 | |
| 13.30 ........ | 30000 | 29000 | 27750 |
| 14.00 ........ | 28000 | 29500 | |
| 14.30 ........ | 31000 | 25000 | 26250 |
| 15.00 ........ | 19000 | | |

Eingefallene Lichtsumme in 2 Stunden: 54000 Luxstunden = 54 Kiloluxstunden

Die Schwierigkeiten einwandfreier Lichtmessungen in Pflanzenbeständen sind groß, wie namentlich Roussel (1953) hervorhebt und auch Biebl (1954) und Pastori-Birti (1959) betonen.

Physikalisch einwandfreie Lichtmessungen sind so umständlich, daß sie für den Pflanzensoziologen kaum in Betracht fallen.

**Messung der Lichtintensität.** Eine einfache, im Gelände anwendbare Lichtmeßmethode hat Wiesner ausgearbeitet und um die Jahrhundertwende in die Pflanzenphysiologie eingeführt. Sie beruht auf der Schwärzung lichtempfindlichen Chlorsilberpapiers.

Eder-Hecht u. a. haben die Wiesnersche Methode weiter ausgebaut. Das Graukeilphotometer von Eder-Hecht, das gestattet, neben der momentanen Lichtintensität Lichtsummen für bestimmte

Zeitabschnitte zu messen, hat vielfach Verwendung gefunden, ist aber wie die WIESNERsche Meßmethode heute nur noch von historischem Interesse.

An ihrer Stelle wird für pflanzensoziologische Messungen der photoelektrische Meßapparat benutzt.

Auch die spektrale Messung mit Filtern (SEYBOLD u. a.) kann für ökologische Messungen Verwendung finden.

Die lichtelektrische Methode zu Untersuchungen über den Lichtgenuß der Pflanzen und Pflanzengesellschaften verfügt über ein handliches Meßgerät und ergibt hinreichend genaue Resultate.

Das Prinzip der Messung beruht auf der Lichtempfindlichkeit der Selenphotozelle. Der bei Lichteinwirkung auf die Zelle erzeugte elektrische Strom wird durch den Ausschlag eines Galvanometerzeigers angezeigt. Maßeinheit ist das Lux. Das Meßresultat kann — wenn die relative spektrale Energieverteilung der Strahlung bekannt ist — auf Grammkalorien (grcal/qcm min.) umgerechnet werden.

Die Selenphotozelle hat eine ähnliche spektrale Empfindlichkeit wie das Menschenauge (Wellenbereich etwa 300 bis 700 $\mu\mu$, Maximum der Empfindlichkeit 500 bis 600 $\mu\mu$). Die Messung erfaßt somit den rot-gelben Strahlenbereich, der für die Assimilationstätigkeit der Pflanzen besonders wichtig ist.

Gemessen wird die direkte Strahlung durch Einstellung der Photozellenfläche senkrecht zur Sonne. Diese Stellung wird am maximalen Ausschlag des Meßinstruments erkannt. In Montpellier (25 m ü. M.) erreicht die direkte Strahlung maximale Werte von etwas über 150000 Lux, während LÜDI (1948) an der Schinigen-Platte bei 2000 m Werte von 177000 und einmal im Mai sogar 192000 Lux feststellte.

Das Gesamtlicht (diffuses + Sonnenlicht horizontal gemessen) mißt man durch die horizontal gehaltene Zelle. Werden die direkten Sonnenstrahlen abgeschirmt, so erhält man das diffuse oder zerstreute Licht, das überall und jederzeit wirkt.

Das Photometer eignet sich auch zur Messung der Rückstrahlung von Fels, Boden und Wasser.

Bei den Lichtmessungen ist jeweilen nach der Art der Meteorologen die Sonnenbedeckung und die Bewölkung anzugeben.

Für die Sonnenbedeckung gelten folgende Abkürzungen:

$S^0$ = Ort der Sonne nicht erkennbar.
$S^1$ = Sonne als heller Schein hinter den Wolken erkennbar.
$S^2$ = Sonnenscheibe sichtbar, gerade noch Schatten werfend.
$S^3$ = Sonne leicht verschleiert.
$S^4$ = Sonne vollkommen frei.

Die Bewölkung wird nach einer Zehnerskala geschätzt, wobei 0 völlig wolkenloses, 10 völlig bedecktes Himmelsgewölbe bedeutet. Auch die Wolkendichte ist anzugeben: dünne, dichtere, sehr dichte Wolken.

Die physiologische Lichtmessung unterliegt wie alle Meßarten ständiger Weiterentwicklung. Dies geht aus den verschiedenen am internationalen Symposium für Eco-Physiologie in Montpellier (1962) diskutierten Methoden deutlich hervor.

Drummond bespricht die letzten Meßmethoden, wie sie am Eppley-Laboratorium, USA, zur Verwendung gelangen. Gast behandelt Sonnen-, Schatten- und terrestrische Strahlung und ihre Messung durch neueste Sonnen- und Schatten-Radiometer. Auf eine *Acacia aneura*-Gesellschaft bezieht sich die Messung der maximalen Bodenoberflächen-Temperatur im Vergleich zur Sonnenstrahlung, welche Slatyer im ariden Australien durchgeführt hat.

Berger-Landefeldt beschäftigt sich mit den von den Pflanzenbeständen ausgehenden Strahlungsströmen. Zieht man von der Summe der den Bestand treffenden die Summe der von ihm ausgehenden Strahlungsströme ab, so erhält man die Strahlungsbilanz, d. h. die den Pflanzen in der Zeit- und Flächeneinheit zur Verfügung stehende Energiemenge. Da die von der Vegetation ausgehenden Strahlungsströme und damit auch die Strahlungsbilanz je nach der Gesellschaft verschieden sind, scheint es wünschenswert, bei soziologischen Lichtmessungen auch diese Verhältnisse nicht außer acht zu lassen.

Für den physiologisch nicht Geschulten kann es sich allerdings vorderhand nur darum handeln, mit Hilfe der leicht transportierbaren käuflichen Meßgeräte die Lichtverhältnisse der einzelnen Pflanzengesellschaften annähernd zu erfassen und gegeneinander abzugrenzen. Die brauchbarsten Resultate ergeben Tageskurven unter gleichbleibenden äußeren Bedingungen in verschiedenen benachbarten Gesellschaften.

**Lichtklimate.** Es ist eine bekannte Tatsache, daß Schattenpflanzen südlicher Gebiete oder der Ebene weiter nördlich oder im Gebirge auch in völlig freier Lage gedeihen. Ihr Lichtgenuß ändert mit der geographischen Breite und der Höhe. Lichtmessungen, die Wiesner an *Betula pendula*, *B. nana*, *Acer platanoides* und anderen Arten in Mittel- und Nordeuropa und in der Arktis vorgenommen hat, ergaben, daß das Minimum des Lichtgenusses von Süden gegen Norden rapid zunimmt. Es betrug beispielsweise bei *Acer platanoides* in Wien $^1/_{55}$, in Hamar (Norwegen) $^1/_{37}$, in Drontheim $^1/_{28}$, in Tromsö $^1/_5$. Hieraus schloß Wiesner, daß der Lichtanspruch einer Pflanze um so größer ist, je mehr sie sich ihrer polaren Grenze nähert. Dabei ist allerdings nicht zu vergessen, daß durch die Wiesnersche Methode mit der Helligkeitsstrahlung auch Teile der Wärmestrahlung gemessen werden.

Das Lichtklima des hohen Nordens zeichnet sich durch große Gleichmäßigkeit der Lichtstärke und durch sehr lange Bestrahlungsdauer aus, da die Sonne zeitweise nicht untergeht.

Die Intensität der direkten Strahlung ist zwar wegen des dauernd niedrigen Sonnenstandes verhältnismäßig gering. Hingegen steigt die Bedeutung des zerstreuten Lichtes von Süden nach Norden und ist die den Pflanzen schädliche Ultraviolettstrahlung bedeutend höher als z. B. in Mitteleuropa.

Das stärkste direkte Sonnenlicht im Vergleich zum diffusen wird in der Äquatorialzone erreicht, weshalb der Lichtfaktor gerade dort in hohem Grade vegetationsgestaltend einwirkt. In den Wüsten- und Steppengebieten der Subtropen ist das Gesamtlicht weniger stark, als man vielleicht annehmen könnte, was u. a. mit dem relativ hohen Staubgehalt der Luft zusammenhängt, die selten durch Regenfälle gereinigt wird; dagegen erreichen hier die Lichtsummen wegen der geringen Wolkenbildung bedeutende Werte. Die mittlere Bewölkung beträgt bei 60° n. Br. 61%, bei 30° n. Br. 42%, am Äquator 58%, bei 30° s. Br. 46%, bei 60° s. Br. 75%. Noch besser gelangt die große Wolkenlosigkeit der ariden Gebiete durch Abb. 142 zum Ausdruck.

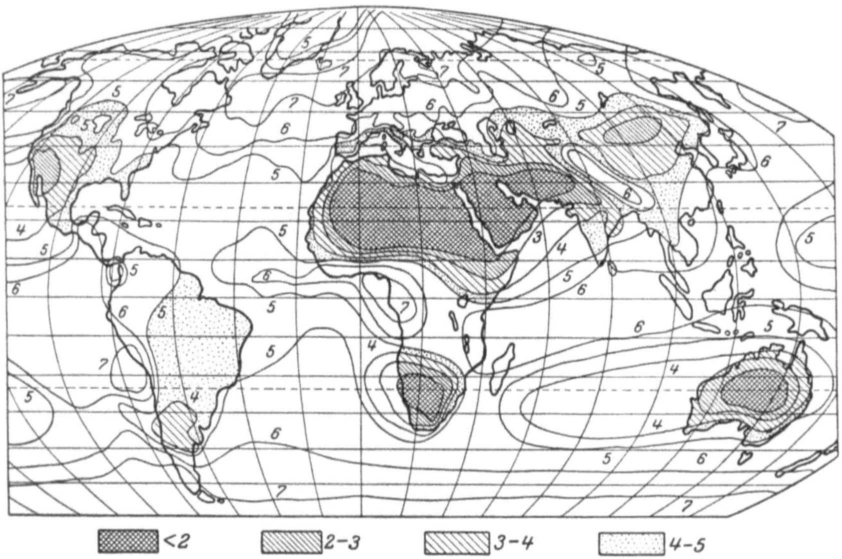


Abb. 142. Mittlere jährliche Bewölkung (nach TESSEREINC DE BORT aus SZYMKIEWICZ)

Die extremen Lichtintensitäten der nebelfreien ariden Gebiete sind aber nicht übermäßig hoch. Eine Schädigung der Wüsten- und Steppengewächse durch die Dauerbelichtung oder aber Lichtflucht ist daher nicht nachzuweisen. Die Schattenvegetation spielt hier übrigens eine verschwindend geringe Rolle.

Infolge der größeren Durchlässigkeit der Atmosphäre im Gebirge nimmt bei klarem Himmel das Gesamtlicht mit der Höhe zu, das zerstreute Licht jedoch ab.

**Pflanzensoziologische Bedeutung des Lichtfaktors; Standorts-Lichtklima.** Wie sich die Lebensprozesse der einzelnen Pflanzenarten innert bestimmter Lichtgrenzen abspielen, so haben auch die Pflanzengesellschaften ihren optimalen Lichtgenuß, abhängig von der Ortslage (geographischer Breite, Höhe ü. M., Exposition, Neigung, Überdeckung), von der Stellung zu andern Pflanzengesellschaften oder Pflanzenschichten (Beschattung durch höhere Vegetationsschichten), von der Vegetationsdauer und von der Dauer der schneefreien Vegetationszeit.

Und wie den Belichtungsextremen entsprechend Heliophyten (Lichtpflanzen) und Skiophyten (Schattenpflanzen) unterschieden werden, so lassen sich auch licht- und schattenliebende Pflanzengesellschaften auseinanderhalten. Heliophil sind alle einschichtigen und die Oberschicht mehrschichtiger Gesellschaften der Gebiete mit schwacher oder mäßiger Wolkenbildung, deren relativer Lichtgenuß sich um $^1/_1$ bewegt. Skiophil sind die untergetauchte Wasservegetation, manche Gesellschaften der nordexponierten Abhänge, der Felsklüfte und Höhlen, die spät ausapernden Gesellschaften nordischer und alpiner Schneeböden, sodann manche Epiphytengesellschaften und ganz allgemein die Unterschichten mehrschichtiger Pflanzengesellschaften, deren Lichtbedürfnis von oben nach unten abnimmt.

Im mitteleuropäischen Wald sind blühende Pflanzen noch bei $^1/_{90}$, fruchtende bei $^1/_{160}$ relativer Lichtstärke nachgewiesen worden

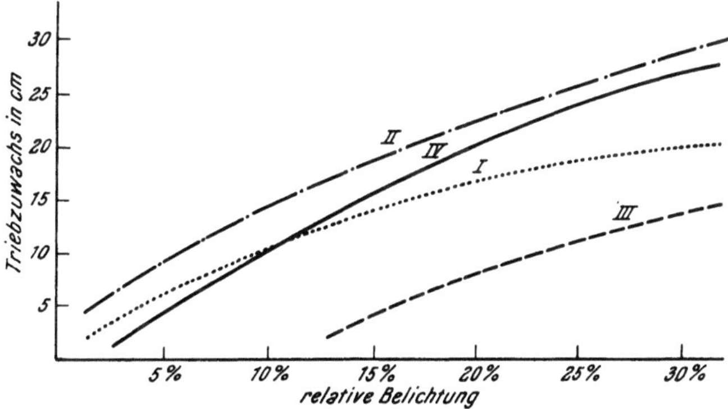


Abb. 143. Einfluß des Lichtes auf den Zuwachs der Fichte im *Abieti-Fagetum* des Westjura (nach ROUSSEL 1953)

*I* Gesamthöhe der 4jährigen Pflanzen
*II* Gesamthöhe der 7jährigen Pflanzen
*III* Trieblänge 1948 der 15- bis 20jährigen Bäume
*IV* Trieblänge 1951 der 15- bis 20jährigen Bäume

(KÄSTNER), im tropischen Regenwald gedeihen Selaginellen noch bei $^1/_{500}$ des Waldrandlichtes (BÜNNING 1948), wogegen sterile und Keimpflanzen in Höhlen noch mit viel geringeren Lichtmengen vorliebnehmen.

Die Abhängigkeit des Wachstums vom Lichtfaktor verdeutlichen die Zuwachskurven von *Picea abies*, welche ROUSSEL (1953) im Jura festgelegt hat (Abb. 143).

MAC LEAN (1919), CARTER (1934), EVANS (1939), BÜNNING (1948), ASHTON (1958) haben den Lichtfaktor im Regenwald der Tropen, wo er namentlich für die Epiphytenvegetation und die Verjüngung eine äußerst wichtige Rolle spielt, näher untersucht.

Im geschlossenen Urwald ist die Lichtverteilung sehr ungleich. Während der Lichtgenuß unter dem mehrschichtigen Vegetationsgewölbe im südbrasilianischen Regenwald durchwegs nicht mehr als $^1/_{140}$ betrug, erhielten Sonnenflecken bis $^1/_8$ Licht. Am meisten schattet die Strauchschicht, deren harmonisches Blattmosaik das Licht vollständiger ausnützt als die zur Hauptsache aus Mimosaceen bestehende Baumschicht.

Im allgemeinen erhält die Tropenvegetation mäßige bis schwache Belichtung. Die mittlere tägliche Sonnenscheindauer in Britisch-Guayana steigt auch während des sonnigsten Monats nicht über 6,3 Stunden (RICHARDS 1952).

BRAY (1958), der die Artenverteilung in ihrem Verhalten zur Lichtintensität in der Prärie Wisconsins verfolgt hat, spricht von einem deutlichen Parallelismus zwischen der Amplitüde der ökologischen Lichtintensität einer Art und ihrer Amplitüde hinsichtlich der Bodenfeuchtigkeit.

Die von TURNER (1958) an der oberen Waldgrenze in den Ostalpen unter meßtechnisch wohlfundierten Bedingungen durchgeführten eingehenden Messungen des Albedo (Reflexzahl für Sonnen- und Himmelsstrahlung) ergaben bei wolkenlosem Himmel in den verschiedenen Assoziationen recht verschiedene Albedo-Tageskurven, die sich der Reflexzahl entsprechend folgendermaßen anordnen: *Empetro-Vaccinietum* (schwächste Reflexzahl), *Juniperetum nanae*, *Caricetum curvulae*, *Nardetum*, *Alectoria*-Bestand. Die innerhalb einzelner Gesellschaften auftretenden bedeutenden Schwankungen, wie z. B. im *Loiseleurio-Cetrarietum*, werden auf größere Anhäufungen verschiedener Arten zurückgeführt.

**Wirkung der Rückspiegelung.** Wasserspiegel und Schneeflächen steigern die der Vegetation zukommende Lichtwirkung durch Rückstrahlung.

Für Neuschnee werden Reflexzahlen[1] von 75 bis 90% angegeben. GÖTZ hat in Arosa mehrfach sogar 100% gemessen.

Im Maintal kann nach VOLK (1932) die Rückspiegelung des Flusses bedeutende Werte erreichen. An einem sonnigen Februartag betrug sie in den Weinbergen bei Würzburg 16400 Lux, bei gleichzeitigem diffusem Oberlicht von 8800 Lux. Die Verteilung der wärmeliebenden Pflanzengesellschaften und des Weinbaus wird durch dieses zusätzliche Licht begünstigt und erklärt.

Der starken Bewölkung im Hochgebirge ist es zuzuschreiben, daß trotz der Zunahme des direkten und Abnahme des zerstreuten Lichtes die der Vegetation zukommende diffuse größer ist als die direkte Lichtmenge.

**Relatives Lichtminimum.** Das relative Lichtminimum, d. h. der Lichtgenuß der am schwächsten belichteten, aber noch assimilierenden Blätter hält sich unter gleicher geographischer Breite innert enger Grenzen, nimmt aber polwärts zu. Es liegt bei der Lärche bei $^1/_5$, bei der Buche bei $^1/_{60}$ bis $^1/_{80}$ des Gesamtlichtes im Freien. Nach HESSELMAN (1917) ist das Lichtbedürfnis von Bäumen schlechter Böden höher als solcher, die auf gutem Boden stocken.

---

[1] Reflexzahl: Albedo, worunter das Verhältnis der reflektierten Strahlung zur auffallenden Strahlung, meist in Prozenten ausgedrückt, verstanden ist.

Das relative Lichtminimum wird zum entscheidenden Faktor beim Kampf zwischen Pflanzengesellschaften verschiedenartiger Lichtansprüche. Zahlreiche Beispiele hierfür bieten die forstliche und die pflanzensoziologische Literatur. In der Regel fällt jener Baumschicht, die das größte relative Lichtminimum erträgt, der Endsieg zu. In großen Teilen von Mitteleuropa bildet *Fagus silvatica* die siegreiche Baumschicht, in den Gebirgen *Picea abies*, in Südeuropa *Quercus ilex*, alles Arten mit hohem Lichtminimum. Im mittleren Teil der Vereinigten Staaten (Minnesota) triumphiert der am stärksten schattende *Abies balsamea-Picea canadensis*-Wald als klimatischer Klimax im Kampf der Pflanzengesellschaften. Die dem relativen Lichtminimum entsprechende relative Lichtintensität in verschiedenen Waldtypen Minnesotas ist von LEE (1924) graphisch dargestellt worden (Abb. 144). Die Anordnung der Waldtypen nach der Lichtintensität entspricht im großen ganzen ihrer Sukzessionsfolge.

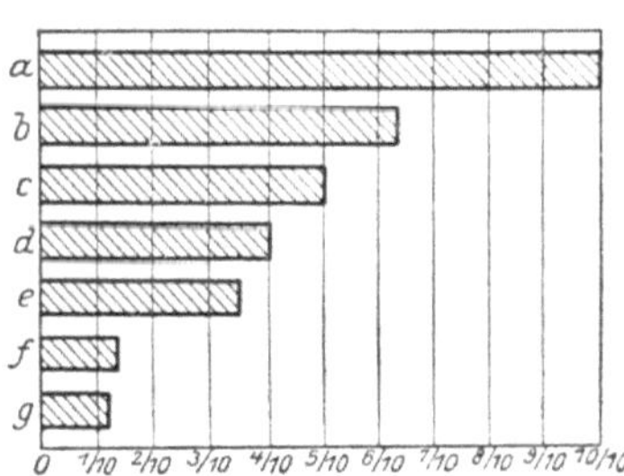


Abb. 144. Relative Lichtintensität in verschiedenen Waldtypen Minnesotas. *a Pinus banksiana*-Wald, *b Pinus resinosa*-Wald, *c Pinus strobus*-Wald, *d Pinus resinosa*-Jungholz, *e Pinus banksiana*-Jungholz, *f Acer-Tilia-Quercus*-Mischlaubwald, *g Abies-Picea*-Wald (nach LEE)

Messungen von ALLEE (1926, zit. in RICHARDS 1952) in den übereinander aufgebauten Vegetationsschichten auf der Barro Colorado-Insel (Panama) ergaben folgende Vergleichswerte:

| | Waldboden | Niedrige Bäumchen | Untere Baumschicht | Obere Baumschicht |
|---|---|---|---|---|
| Meßhöhe in Metern .... | 0 | 6—9 | 12—18 | 23—25 m |
| Relative Belichtung ... | 1 | 5 | 6 | 25 |

Die Messungen wurden mit einem Macbeth-Illuminometer ausgeführt. Das Mittel im Freien betrug 11000 Hefnerkerzen, gegen bloß 325 Kerzen im tiefen Schatten.

Moosgesellschaften aus dem Lunzer Voralpengebiet zeigten zwar eine untere Lichtgrenze, aber bei der Messung der oberen Lichtgrenze spielte stets auch der Austrocknungsfaktor mit hinein (G. WIESNER 1952).

**Licht und Schneebodenvegetation.** Der größte Teil der die Schneedecke treffenden Strahlen wird, wie erwähnt, durch Reflexion der Lufthülle zurückgegeben. Etwa die Hälfte dringt bis 10 cm in die Oberfläche ein. Die Abnahme der Strahlung mit der Tiefe ist durch eine Tabelle von GEIGER (l. c.) verdeutlicht.

Die Pflanzengesellschaften der Schneeböden müssen mit sehr geringen Lichtmengen auskommen. *Salicetum herbaceae* und *Arabidetum coeruleae*, zur Hauptsache aus Blütenpflanzen zusammengesetzt, verbleiben während 9 bis 10 Monaten schneebedeckt; die kompakte Moosdecke des *Polytrichetum sexangularis* kommt sogar mit bloß $1^1/_2$- bis 2monatiger Schneefreiheit aus (s. auch S. 276 bis 278).

Da die Temperatur unter 1 m Schnee um 0° variiert, vegetiert der feuchtigkeitsgesättigte Rasen auch unter dem Schnee, und es werden frische grüne Triebe ausgebildet. Wir haben Ende Februar unter einer 120 cm mächtigen Schneedecke *Sieversia montana*, *Potentilla aurea*, *Gentiana kochiana*, *Homogyne alpina* und manche andere Arten mit frischgrünen Laubblättern vorgefunden. *Soldanella alpina* und *S. pusilla* vermögen sich gegen Ende des Winters unter der Schneedecke bis zur Blüte zu entwickeln (BR.-BL. 1908; s. auch S. 277, 605). Ähnlich verhält sich *Ranunculus aduncus* in den Rocky Mountains.

Ob bei diesem Austreiben, Ergrünen und Erblühen unter dem Schnee neben der Lichtabsorption die Chlorophyllspeicherung mitwirkt, wäre zu untersuchen.

**Höhlenvegetation.** Ein günstiges Beobachtungsfeld für die Abhängigkeit der Pflanzen vom Lichtgenuß bilden die Höhlen.

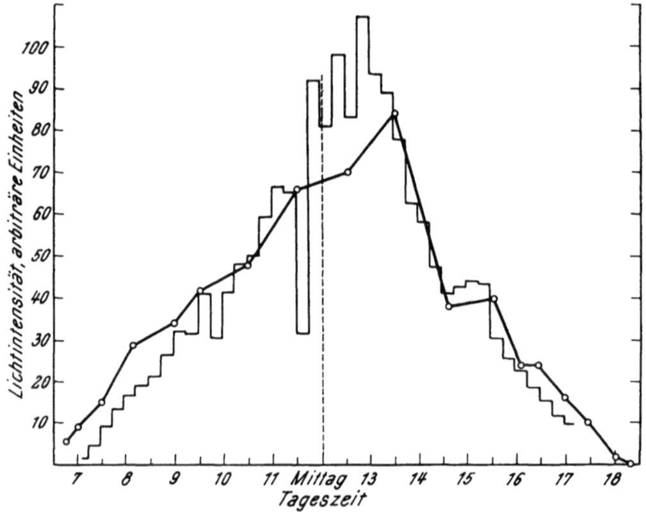


Abb. 145. Tagesverlauf der Lichtintensität nahe dem Boden im tropischen Regenwald am Amazonas am 7. August 1954, Sonnenflecke ausgeschaltet (ASHTON; stärkere Kurve), und im Regenwald von Südnigeria am 4. März 1936 (EVANS; schwächere, stark gezackte Kurve)

Wie schon MAHEU (1906), dem wir eine schöne Studie über die unterirdische Flora Frankreichs verdanken, festgestellt hat, bleiben beim Vordringen in Höhlen die Blütenpflanzen zuerst zurück; hierauf verschwinden die Gefäßkryptogamen, weiterhin die Moose und Lebermoose; in völliger Dunkelheit verbleiben nur die Thallophyten, Pilze, Flechten (*Lepraria*), Algen und Bakterien (s. auch DUVIGNEAUD 1938/39, TOMASELLI 1948).

Moose gehen bis $^1/_{2000}$ (*Leskeella*), Algen (*Gloeocapsa-*, *Protococcus-*Arten) bis etwa $^1/_{2500}$. *Adiantum capillus-veneris* ist von MORTON (1927) in den Quarnerohöhlen bei $^1/_{1700}$ relativer Lichtintensität vorgefunden worden. Hohe Temperaturen scheinen das mangelnde Licht einigermaßen ersetzen zu können (BIEBL 1954).

Ein eigenartiges Verhalten zum Licht zeigt die als Höhlenmoos

Abb. 146. Hochproduktiver tiefschattiger Buchen-Tannen-Fichten-Urwald ohne blühenden Unterwuchs. Ostkarpaten oberhalb Zawojela (Aufn. FIRBAS, Exkurs. S.I.G.M.A.)

bekannte *Schistostega osmundacea*, ein Leuchtmoos, dessen Protonema das spärliche vom Höhleneingang einfallende Licht auffängt und grünleuchtend zurückwirft (GIACOMINI 1958). Die Moosgesellschaft des sogenannten *Schistostegetum osmundaceae* behandelt VON HÜBSCHMANN (1962), der sich auch mit der schwierigen Frage seiner gesellschaftssystematischen Zugehörigkeit auseinandersetzt.

**Lichtkurven.** Unter einem immergrünen Laubdach verläuft die Jahreslichtkurve ziemlich gleichmäßig. Eine aufschlußreiche Sommer-

Tageskurve hat ASHTON (1958) im Hartlaub-Sekundärwald der Umgebung von Santarem am Amazonas nahe dem Erdboden aufgenommen und sie einer ähnlichen Kurve von EVANS (1939) aus Südnigeria gegenübergestellt. Im großen ganzen verlaufen die beiden Tageskurven parallel. Das Lichtmaximum wird um 2 Uhr erreicht, hierauf erfolgt ein plötzlicher scharfer Abfall (Abb. 145).

Im Buchenwald und anderen starkschattenden Fallaubgesellschaften steht der jährliche Vegetationsrhythmus in engstem Zusammenhang mit

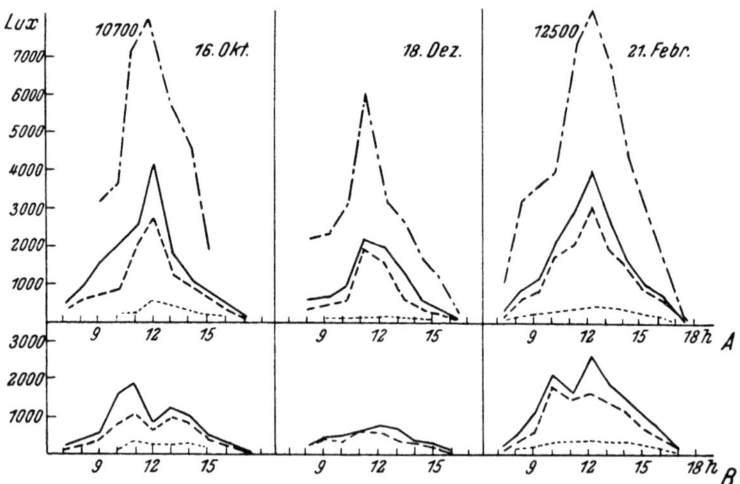


Abb. 147. Tages-Lichtkurven im Herbst und Winter bei Montpellier (aus WAGNER 1938)

*A* Im *Pinus pinea*-Wald —.—.— 3 m über der Bodenoberfläche
——— 1 m über der Bodenoberfläche
------------ Bodenoberfläche (ohne *Ruscus aculeatus*)
········· Bodenoberfläche unter *Ruscus aculeatus*-Schicht

*B* Im Lorbeerwald ——— 1 m über der Bodenoberfläche
------------ Bodenoberfläche (ohne *Ruscus aculeatus*)
········· Bodenoberfläche unter *Ruscus aculeatus*-Schicht

dem Verlauf der Lichtkurve. Auf eine die Bodenschicht begünstigende lichtreiche Frühjahrsperiode (*Corydalis-Scilla*-Aspekt) folgt eine lichtarme Zeit, dem Hochstand der Belaubung entsprechend. Bei dichtem Baumschluß bleibt die Bodenschicht im Sommeraspekt meist steril (Abb. 146).

WAGNER, TCHOU, REICHLING, NIKLFELD haben mit dem Luxmeter vergleichende Untersuchungen über die Lichtverhältnisse in mediterranen Pflanzengesellschaften bei Montpellier angestellt.

Über das Innenlicht an völlig klaren Tagen erhielt WAGNER im *Pinus pinea*- und im *Laurus nobilis*-Bestand die in Abb. 147 dargestellten Innenlicht-Kurven.

Im alten *Pinus*-Bestand sind eine 3 m hohe *Viburnum tinus*- und eine 1 m hohe *Ruscus aculeatus*-Strauchschicht vorhanden, im dichten,

10 m hohen *Laurus*-Bestand nur eine *Ruscus*-Schicht, während *Hedera helix* den Erdboden deckt.

Die Belichtungsverhältnisse und damit auch der Unterwuchs (mit Ausnahme der *Ruscus*-Schicht) sind in beiden Gesellschaften stark verschieden. Das Kronendach von *Pinus pinea* schirmt 4- bis 6mal weniger Licht ab als *Laurus*. Dagegen herrscht unter der *Ruscus*-Schicht in beiden Beständen ziemlich dieselbe Belichtung.

*Pinus pinea* läßt im Winterhalbjahr über die Mittagszeit $^1/_7$ bis $^1/_9$ des Gesamtlichtes, *Laurus nobilis* aber bloß $^1/_{30}$ bis $^1/_{50}$ durchfallen.

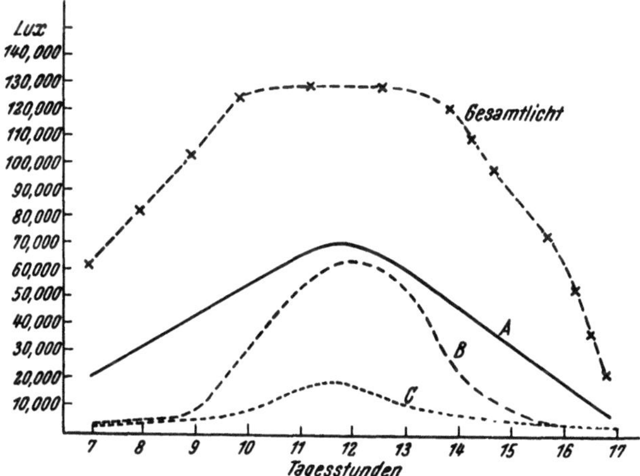


Abb. 148. Sommerliche Tages-Lichtkurven in verschiedenen Assoziationen einer Sukzessionsreihe bei Montpellier am 11. Juni (nach TOMASELLI 1948)

*A* *Aphyllanthes-Leontodon villarsii*-Assoziation (Rasen)
*B* *Rosmarino-Lithospermetum ericetosum* (lichtes Gesträuch)
*C* *Quercetum cocciferae rosmarinetosum* (dichter Busch)

Da im Innern des *Laurus*-Bestandes wie auch im geschlossenen Grüneichenwald Sonnenflecken kaum vorkommen, ist der Verlauf der Tageslichtkurve auch viel flacher als im *Pinus*-Bestand. Unter der *Ruscus*-Schicht machen sich sogar die jahreszeitlichen Schwankungen kaum bemerkbar (Maxima 200 bis 500 Lux). Die schwache Belichtung ermöglicht hier bloß noch die Keimung von *Ruscus*, *Hedera*, *Laurus* und *Viburnum tinus*. Die für das *Quercetum ilicis* charakteristische Artenarmut der Bodenschicht erklärt sich aus dem Lichtmangel; in mehrschichtigen Gesellschaften rückt das Licht oft zum entscheidenden Minimumfaktor vor, der die Vegetationsentwicklung beherrscht.

Über den täglichen Gang der Belichtung in einigen Rasen- und Strauchgesellschaften gibt Abb. 148 Aufschluß.

In der degradierten *Rosmarinus-Lithospermum*-Garrigue (B) stellt sich als natürlicher Anflug öfters *Pinus halepensis* ein. In seinem Schutz und Schatten, der nicht selten durch Wacholdersträucher (*Juniperus oxycedrus, J. communis, J. phoenicea*) wirksam verstärkt wird, keimen manche Arten des Grüneichenwaldes, die das offene Licht der Garrigue meiden. Es entwickelt sich ein Gebüsch von *Phillyrea, Pistacia, Viburnum tinus*, und anderen Sträuchern (C), oder aber ein geschlossenes *Quercetum cocciferae* (Abb. 149), worin die Grüneiche keimt und aufzukommen vermag. Die ihr förderliche schwache Belichtung unterbindet aber die Entwicklung der lichtbedürftigen Sträucher des *Rosmarino-Lithospermetum*, die allmählich verschwinden. *Lithospermum fruticosum* u. a. halten sich bis zu $^1/_{12}$ des Gesamtlichtes, *Genista scorpius*

Abb. 149. *Quercetum cocciferae*, auf Brand folgende Ersatzgesellschaft des *Quercetum ilicis galloprovinciale* bei Montpellier; hoher Deckungsgrad, hohe Soziabilität, große physiognomische Homogenität (Aufn. GUTZWILLER)

und *Globularia vulgaris* bis $^1/_{16}$, *Teucrium polium* und *Thymus vulgaris* bis $^1/_{25}$ usw. Die Verjüngung der Aleppokiefer selbst, wie auch die der Wacholderarten, wird schließlich ebenfalls unterbunden. Messungen von L. REICHLING ergaben für einjährige Keimpflanzen von *Pinus halepensis* einen minimalen Lichtbedarf von $^1/_{30}$, für solche von *Juniperus communis* $^1/_{50}$. Lichtintensitäten von $^1/_{100}$ bis $^1/_{300}$, bei denen die Arten des Grüneichenwaldes sich noch recht gut entwickeln, sind aber unter den Sträuchern des Unterwuchses, sogar unter *Juniperus communis*, nicht selten. *Juniperus* wird also auch durch den eigenen Schatten an der Verjüngung gehindert.

Vergleichende Lichtmessungen hat TCHOU (1949) im Innern des Pappelauenwaldes (*Populetum albae*), des *Quercus pubescens*- und des *Quercus ilex*-Waldes bei Montpellier ausgeführt (Abb. 150).

Im Frühjahr ist die Belichtung im Waldesinnern am schwächsten, und der tägliche Kurvenverlauf in den drei untersuchten Gesellschaften ist am ausgeglichensten. Im Winter ergeben sich große Unterschiede. Während die Belichtung im kahlen Pappelwald in steil aufsteigender Kurve 11000 Lux erreicht, ist sie im immergrünen *Quercus ilex*-Wald von der sommerlichen wenig verschieden. Die hauptsächliche Blütenentfaltung und Sproßentwicklung des Unterwuchses findet im Frühjahr vor der vollen Belaubung statt.

Messungen des Gesamtlichtes werden in der Regel mit der waagrecht gehaltenen Photozelle ausgeführt. Neuerdings schlägt PASTORI-BIRTI

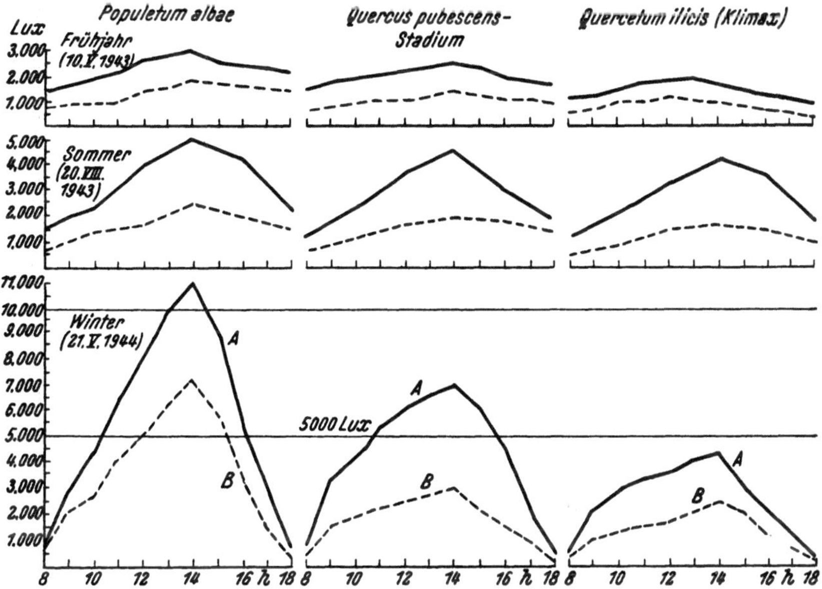


Abb. 150. Tages-Lichtkurven im Innern dreier Waldgesellschaften bei Montpellier, an wolkenlosen Tagen gemessen (nach TCHOU 1948)
*A* Strauchschicht, 1,50 m hoch
*B* Bodenschicht

(1959) vor, diese Messung durch die senkrecht gegen die vier Himmelsrichtungen exponierte Photozelle zu vervollständigen und daraus den Mittelwert zu ziehen.

**Lichtmessung im Waldesinnern.** Für mehrschichtige Pflanzengesellschaften dürfte sich diese Meßart auf ebenem oder schwach geneigtem Gelände, besonders auch im Waldesinnern, empfehlen. Die Ablesungen sind stündlich vorzunehmen.

Beispiel: Messungen in der Strauchschicht von *Viburnum tinus*, *Rhamnus alaternus*, *Phillyrea media*, eines werdenden *Quercetum ilicis galloprovinciale* unter *Pinus pinea* bei Montpellier (wolkenloser Tag; T. WRABER):

| | 8 | 9 | 10 | 11 | 12 | 13 | 14 | 15 | 16 | 17 | 18 h |
|---|---|---|---|---|---|---|---|---|---|---|---|
| Photozelle ost-exponiert ... | 1400 | 4400 | 6300 | 7500 | 8000 | 8000 | 9000 | 6800 | 6000 | 3200 | 1000 |
| Photozelle süd-exponiert ... | 7100 | 45000 | 57000 | 48000 | 32000 | 10000 | 10000 | 8400 | 7300 | 4100 | 1300 |
| Photozelle west-exponiert ... | 2700 | 20000 | 41000 | 56000 | 72000 | 75000 | 75000 | 67000 | 57000 | 18000 | 1400 |
| Photozelle nord-exponiert ... | 1500 | 4300 | 6100 | 7200 | 7000 | 10000 | 20000 | 42000 | 44000 | 28000 | 1700 |
| Mittel ....... | 3100 | 17000 | 34000 | 45000 | 55000 | 63000 | 62000 | 50000 | 32000 | 15000 | 2000 |
| Gesamtlicht ... | 3175 | 18425 | 27600 | 29675 | 29750 | 25750 | 28500 | 31050 | 28575 | 13325 | 1350 |

Gegenüber dem Gesamtlicht im Bestand, mit horizontal gehaltener Photozelle gemessen, zeigt das Mittel aus den vier Himmelsrichtungen von 10 bis 3 Uhr eine starke Erhöhung.

Abb. 151. Standort des *Asplenietum glandulosi* in Spalten kompakter Kalkfelsen bei Salses, Roussillon. Die breiten Spalten sind eingenommen von *Juniperus phoenicea* und *Buxus sempervirens* (Aufn. Exkurs. S.I.G.M.A.)

Für Felsgesellschaften und an stark geneigten Hängen kommt diese Meßart nicht in Frage. Hier wird das direkte Licht und vergleichsweise das Gesamtlicht gemessen. Gerade die Felsgesellschaften reagieren auf die Belichtung aufs empfindlichste.

**Lichtkurven in Felsgesellschaften.** Bei der Gegenüberstellung einer heliophilen und einer skiophilen Felsgesellschaft ergeben sich enorme Belichtungsunterschiede. Der ausgesprochen heliophilen Spaltenassoziation des *Asplenietum glandulosi* der warmen Jurakalkwände um Montpellier steht am gleichen Fels, aber in Nordexposition, das ebenfalls spaltenbesiedelnde lichtfliehende *Polypodietum serrati* gegenüber.

Die gegensätzlichen Tageslichtkurven in beiden Assoziationen wurden am 12. Februar 1962, einem ruhigen, fast wolkenlosen Wintertag, von H. NIKLFELD aufgenommen. Gemessen wurden:

a) Direktes Licht, maximal erzielbarer Ausschlag der Photozelle
b) Gesamtlicht, Photozelle horizontal
c) Gesamtlicht, Photozelle parallel zur Felsfläche
d) Diffuses Licht

Die Messungen, 10 cm von der Felsfläche, ergaben folgende Werte:

A. Im *Phagnalo-Asplenietum glandulosi*

| | 10 h | 11 h | 12 h | 13 h | 14 h | 15 h | 16 h | 17 h | 17.30 h |
|---|---|---|---|---|---|---|---|---|---|
| a) Direktes Licht.... | 77000 | 91000 | 91000 | 93000 | 94000 | 84000 | 76000 | 4200 | 2150 |
| b) Gesamtlicht .... | 35000 | 48000 | 57000 | 56000 | 54000 | 43000 | 28000 | 2600 | 1580 |
| c) Gesamtlicht parallel zum Fels | 74000 | 86000 | 79000 | 65000 | 54000 | 27000 | 10000 | 3300 | 1300 |
| d) Diffuses Licht ... | 11000 | 12000 | 12000 | 16000 | 12000 | 8500 | 6200 | 2600 | 1580 |

B. Im *Polypodietum serrati*

| | 10 h | 11 h | 12 h | 13 h | 14 h | 15 h | 16 h | 17 h | 17.30 h |
|---|---|---|---|---|---|---|---|---|---|
| a) Direktes Licht ... | 2200 | 3350 | 4400 | 3100 | 3900 | 4300 | 3450 | 2000 | 1250 |
| b) Gesamtlicht .... | 2000 | 3100 | 4200 | 2900 | 3700 | 3800 | 2800 | 1400 | 1000 |
| c) Gesamtlicht parallel zum Fels | 1700 | 2700 | 3300 | 2200 | 2300 | 3100 | 2700 | 1700 | 1150 |
| d) Diffuses Licht ... | 2000 | 3100 | 4200 | 2900 | 3700 | 3800 | 2800 | 1400 | 1000 |

Im *Asplenietum* betrug die Rückstrahlung 5 cm vom Fels entfernt um 11 h 10 14000 bis 23000 Lux, je nach der mehr oder weniger hellspiegelnden Felswand.

Das Gesamtlicht, 2 cm statt 10 cm von der senkrechten Felswand entfernt, belief sich auf 45000, 5 cm entfernt auf 53000 Lux. Die lichtoffene, flachliegende *Brachypodietum ramosi*-Garrigue erhielt gleichzeitig 43000 Lux.

Die Lichtsumme für den ganzen Tag (12. Februar), berechnet nach W. BIEBL (l. c.), ergab im *Asplenietum glandulosi* rund 700 Kiloluxstunden gegen nur 28 im *Polypodietum serrati*.

Auf die *Asplenietum*-Felswand fällt somit etwa 24mal mehr Licht als auf das *Polypodietum serrati* der Schattenwand. Beide Spaltenassoziationen sind auch strukturell und floristisch durchaus verschieden. Während im *Asplenietum* Moose fehlen, ist das *Polypodietum* mit Moosen reich ausgestattet (NIKLFELD 1962).

**Submerse Vegetationsgürtel.** Ausgesprochene Lichtgürtelung zeigt die untergetauchte Wasservegetation an Seeufern und Meeresküsten (s. Tab. 16).

Die Blütenpflanzenvegetation drängt sich auf die obersten Meter zusammen. Bis etwa 100 m reichen einige Grün- und zahlreichere Rot-

Abb. 152. *Asplenietum glandulosi*, Creux de la Miège, Montpellier (Aufn. Exkurs. S.I.G.M.A.)

algen. Die Phytoerythrine, welche ihr Chlorophyll begleiten, gestatten ihnen, die Energie der grünen Strahlen zu absorbieren und auszuwerten (Moyse 1960).

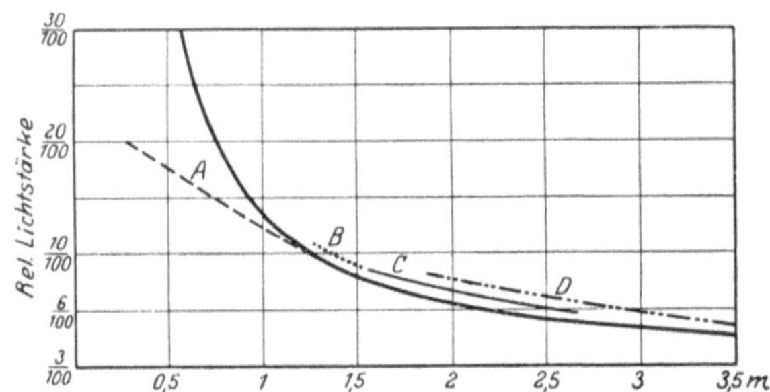


Abb. 153. Lichtintensitätskurve bei verschiedener Wassertiefe und Assoziationsverteilung im Esthwaite Water, England. *A Littorelletum*, *B Myriophyllum alterniflorum*-Assoziation, *C Isoetetum*, *D Nitella flexilis*-Assoziation (nach Pearsall)

Die Lichtgürtelung der höheren Wasserpflanzengesellschaften hat Pearsall im englischen Seendistrikt verfolgt (Abb. 153). Die *Nitella flexilis*-Assoziation erträgt die schwächste Belichtung.

Über die Lichtverhältnisse der Algengesellschaften im Bodensee sind wir durch OBERDORFER (1928) unterrichtet. Die sommerliche Monatslichtsumme beträgt im Bodensee etwa das Zehnfache der winterlichen. Die Abnahme der Lichtabsorption mit der Tiefe erfolgt nach folgendem Schema:

Tabelle 16

| Wassertiefe (m) | Winter | Sommer |
|---|---|---|
| 0 | 100 | 1000 |
| 1 | 81,2 bis 83,0 | 725 bis 690 |
| 10 | 12,4 bis 15,5 | 40 bis 24,4 |
| 15 | 4,7 bis 6,1 | 8,0 bis 3,8 |
| 20 | 1,5 bis 2,4 | 1,6 bis 0,59 |
| 25 | 0,5 bis 0,9 | 0,3 bis 0,09 |

Im Winter vorgenommene Bestimmungen über die selektive Absorption der verschiedenen Wellenlängen des Lichtes ergaben für die verglichenen Farben Rot:Blau:Violett ein Verhältnis der mittleren Lichtdurchlässigkeit in 1 m Tiefe von 1:1,073:1,173 (69,3%:74,4%::81,2%).

Für die Ausbildung der Algengesellschaften sind neben dem Licht die Beschaffenheit des Untergrundes und die chemische Zusammensetzung des Wassers maßgebend (s. S. 180).

**Tages-Lichtperiodizität.** Manche Pflanzen werden stärker durch die Tageslänge als durch die Beschattung beeinflußt und sind in ihren Lebensäußerungen mehr oder weniger auf die tägliche Lichtdauer abgestimmt. Diese Abhängigkeit von der Belichtungsdauer („Photoperiodismus") ist seit GARNER und ALLARD (1920) vielfach untersucht worden (s. DOWNS und BUTLER, Photoperiodisme 1962).

Die meisten Frühlingspflanzen, wie *Viola*, *Hepatica*, *Anemone*, blühen zu einer Jahreszeit, wo das Tageslicht nur zehn Stunden dauert. Man kann jedoch viele dieser Pflanzen jederzeit zum Blühen zwingen, wenn man sie täglich zehn Stunden dem Sonnenlicht aussetzt. Auch manche Herbstpflanzen, wie *Chrysanthemum sp.* und der kultivierte *Cosmos*, verhalten sich ähnlich.

Im Gegensatz hierzu blühen viele Sommerblüher ausschließlich bei langer täglicher Beleuchtung. Es lassen sich mit Bezug auf ihr Lichtbedürfnis drei Gruppen unterscheiden: kurztägig-, langtägig- und immerblühende Pflanzen.

Das Blühen kurztägiger Pflanzen kann durch eine Unterbrechung der langen Nächte verhindert werden, dagegen stimuliert diese Unterbrechung das Blühen der langtägigen Pflanzen (s. auch Vernalisation, S. 285).

Der Lichtperiodismus beeinflußt aber nicht nur das Blühen, sondern auch das Wachstum der Pflanzen.

GARNER und ALLARD (1931) waren imstande, *Sedum*-Arten und *Cassia marylandica* während acht Jahren in blütenlosem Zustand zu halten, indem sie sie kurztägiger Belichtung aussetzten. Belichtete Kontrollpflanzen blühten jedes Jahr unter dem Einfluß des vollen Sonnenlichtes. Auch die Pflanzen, deren Blühen während acht Jahren unterdrückt worden war, blühten anscheinend normal, sobald sie wieder langtägiger Belichtung ausgesetzt wurden.

Diese Beobachtungen führen zum Schluß, daß Vorkommen und Verbreitung wildwachsender Pflanzen, wie von den klimatischen und edaphischen Verhältnissen, auch von der Tageslänge während ihrer Wuchszeit beeinflußt werden. Die Verbreitungsgrenzen sind abhängig von der Samenproduktion und diese wird mitbestimmt von der Sommertageslänge, die das Blühen und die Produktion keimfähiger Samen gestattet.

Ob sich die Art in einem dem Blühen ungünstigen Gebiet halten kann, hängt davon ab, ob vegetative Vermehrung möglich ist und ob die Nahrungsreserven hinreichen, der Pflanze jahraus, jahrein, das Wachstum zu ermöglichen.

Daß das photoperiodische Verhalten sogar bei verschiedenen Populationen ein und derselben Pflanzenart, aber verschiedener Herkunft, deutliche Unterschiede zeigt, haben LEIBUNDGUT und HELLER (1960) nachgewiesen.

Wieweit dies für verschiedene Ökotypen derselben Art zutrifft und wieweit das photoperiodische Verhalten als ein Unterscheidungsmerkmal für die Systematik angesehen werden kann, bleibt noch zu untersuchen. Das tiefer reichende Studium des Mechanismus der Lichtperiodizität hat erst begonnen. Die Rückwirkung dieser Periodizität auf pflanzensoziologische Verhältnisse bleibt noch zu klären.

## 3. Wasser

Das Wasser ist der machtvolle Mittler, der die Nährstoffe des Bodens beweglich und damit der Vegetation erst zugänglich macht. Mehr als alle übrigen Standortsfaktoren beeinflußt das Wasser die innere und äußere Gestaltung der Pflanzenorgane, deren Zusammenwirken die Physiognomie der Vegetation bestimmt. Im großen regiert die Feuchtigkeit die Vegetationsgliederung innerhalb der durch das Wärmeklima abgestuften zonalen Grenzen; im kleinen ist ihr die örtliche Ausbildung und Anordnung der Pflanzengesellschaften untertan. Selbst geringfügige Änderungen in der Wasserversorgung zeichnen sich scharf in der Vegetationsdecke ab.

Als klimatischer Standortsfaktor ist die Feuchtigkeit durch Menge, Dauer und zeitliche Verteilung der flüssigen und festen Niederschläge und durch den Wasserdampfgehalt der Luft gegeben.

Die Bodenfeuchtigkeit soll im Zusammenhang mit den edaphischen Faktoren besprochen werden[1].

---

[1] Eine gute, reichdokumentierte Behandlung des Wasserfaktors im allgemeinen und der Hydraturverhältnisse der Pflanzen findet sich in H. WALTER, Grundlagen der Pflanzenverbreitung, 1. Standortslehre 1960.

## a) Die atmosphärischen Niederschläge

Der Wasserhaushalt der Vegetation bezweckt den Ausgleich zwischen Wasseraufnahme und Verdunstung, zwischen Absorption und Transpiration. Der Wasserbedarf wird zur Hauptsache durch Regen und Tau gedeckt, die den Wasserdampfgehalt der Luft in flüssiger Form niederschlagen. Reiffrost und Hagel wirken wohl nur gelegentlich vegetationsschädigend. Anders der Schnee, dessen wichtige vegetationsgestaltende Rolle in den kalten und kühl-gemäßigten Gebieten der Erde erst seit wenigen Jahrzehnten richtig eingeschätzt wird.

### α) *Regen*

Neben der Wärmeverteilung ist für den allgemeinen Charakter und die Periodizität der Vegetation die jährliche Regenverteilung mehr als die absolute Regenmenge ausschlaggebend. Je anhaltender und intensiver die Trockenheit des Klimas, desto offensichtlicher das Bestreben der Pflanzen, ihre Hauptentwicklung den Regenzeiten anzupassen.

**Vegetationsgegensätze und Regenklima.** In Europa macht sich der Gegensatz zwischen dem scharf periodischen Klima der Mittelmeerländer und dem ausgeglicheneren Regenklima des atlantischen

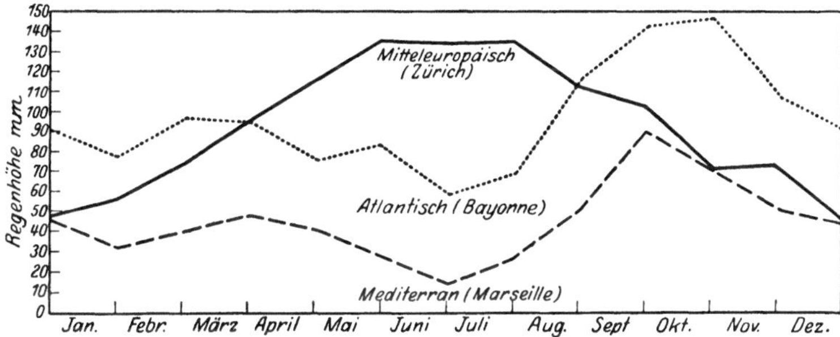


Abb. 154. Periodizität des mediterranen, atlantischen und mitteleuropäischen Regenklimas

Gebietes mit seinen über das ganze Jahr verteilten reichlichen Niederschlägen im Vegetationscharakter besonders geltend. Hier Fallaubwälder, immergrüne, üppige Wiesen, Ericaceenheiden, Ginstergebüsche (*Ulex*, *Sarothamnus*, *Genista*), dank der ständigen Feuchtigkeit ununterbrochen assimilierend, dort, im Bereich des Mittelmeerklimas, mit seiner durch Sommer- und Winterruhe getrennten Frühlings- und Herbstvegetationszeit, die stumpfen Farben dürrer Hartlaub- und Therophytenvegetation (Abb. 154). Gegen Osten und Süden fließen Herbst- und Frühlingsregenzeit zu einer Herbst- und Winterregenzeit zusammen (Süditalien, Nordafrika).

Mit der Annäherung an die mächtige Wüstentafel der afrikanisch-asiatischen Landmasse verschärft sich die Sommerdürre, und die Winterregen werden spärlicher. Um so enger sind Erwachen und Weiterentwicklung der Vegetation mit dem Eintritt und der Dauer der Winterregen verknüpft. Der Stoffaufbau wird durch die Regenmenge bedingt, und zwar konnte H. WALTER (1939, 1960) zeigen, daß in den Trockengebieten von SW-Afrika und Australien bei gleicher Temperatur die Pflanzenmasse derselben Lebensform proportional den Niederschlägen abnimmt.

Im Wüstengürtel, an den Grenzen des Lebens, verharren einzelne halophile Chamaephyten und ephemere Therophyten jahrelang in Trockenstarre, um nach Regenbefeuchtung urplötzlich zu neuem Leben zu erwachen.

Die schärfsten Vegetationsgegensätze bieten quer zu den Regenwinden streichende hohe Bergketten. Die Regenseite fängt die Konden-

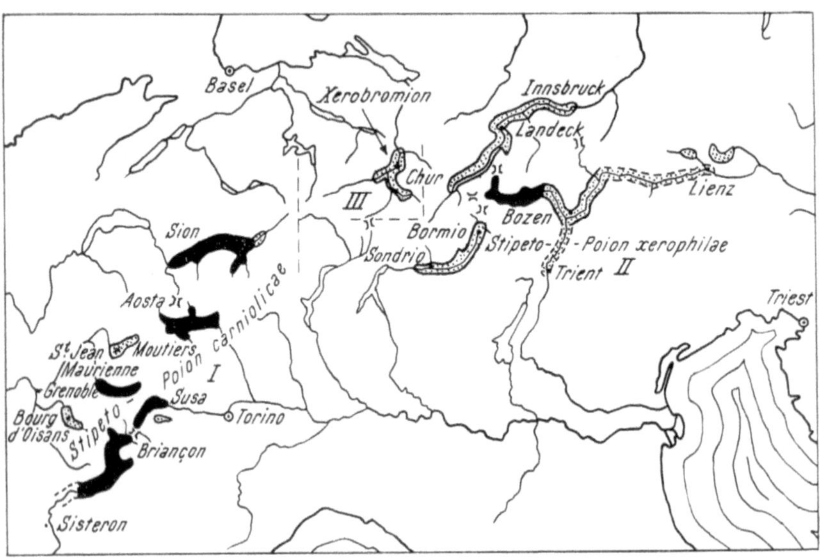


Abb. 155. Inneralpine Trockenzentren mit hochliegenden Vegetationsgrenzen (BR.-BL. 1961) ■ extreme Trockeninseln, ⁞⁞⁞ schwächer ausgeprägte Trockengebiete

sationsniederschläge ab; im Regenschatten liegt ein Niederschlagsminimum. Die Limagne im Regenfang der Monts-Dores d'Auvergne, die Oberrheinische Tiefebene diesseits der Vogesen, die Ostabdachung des skandinavischen Gebirgsschildes, sogar Ostirland und Ostengland sind relative Trockenoasen im Regenschatten. Zwischen zwei ausgeprägten Maxima liegt das durch seine eigenartige Trockenvegetation ausgeprägte Regenminimum der tiefen inneralpinen Täler (Abb. 155).

Im Zentrum der Alpenachse haben sich unter dem Einfluß des Menschen steppenartige Grasfluren, das *Stipo-Poion carniolicae* im Westen, das *Stipo-Poion xerophilae* östlich des Wallis, herausgebildet. Wer je zwischen Turin und Grenoble oder zwischen Bern und Ivrea die Alpen gequert hat, wird sich des krassen Umschwungs erinnern, der mit dem Eintritt in die Trockenbecken der Maurienne oder des Wallis verbunden ist. Aus dem feuchtigkeitsstrotzenden Laubwald mit reichem Epiphytenbehang der Außenbezirke, Regenmaxima entsprechend, sieht er sich hineinversetzt in schüttere Kiefernforste und einen im Sommeraspekt ausgedörrten Steppenrasen.

Überwältigend ist der plötzliche Übergang aus dem schneereichen

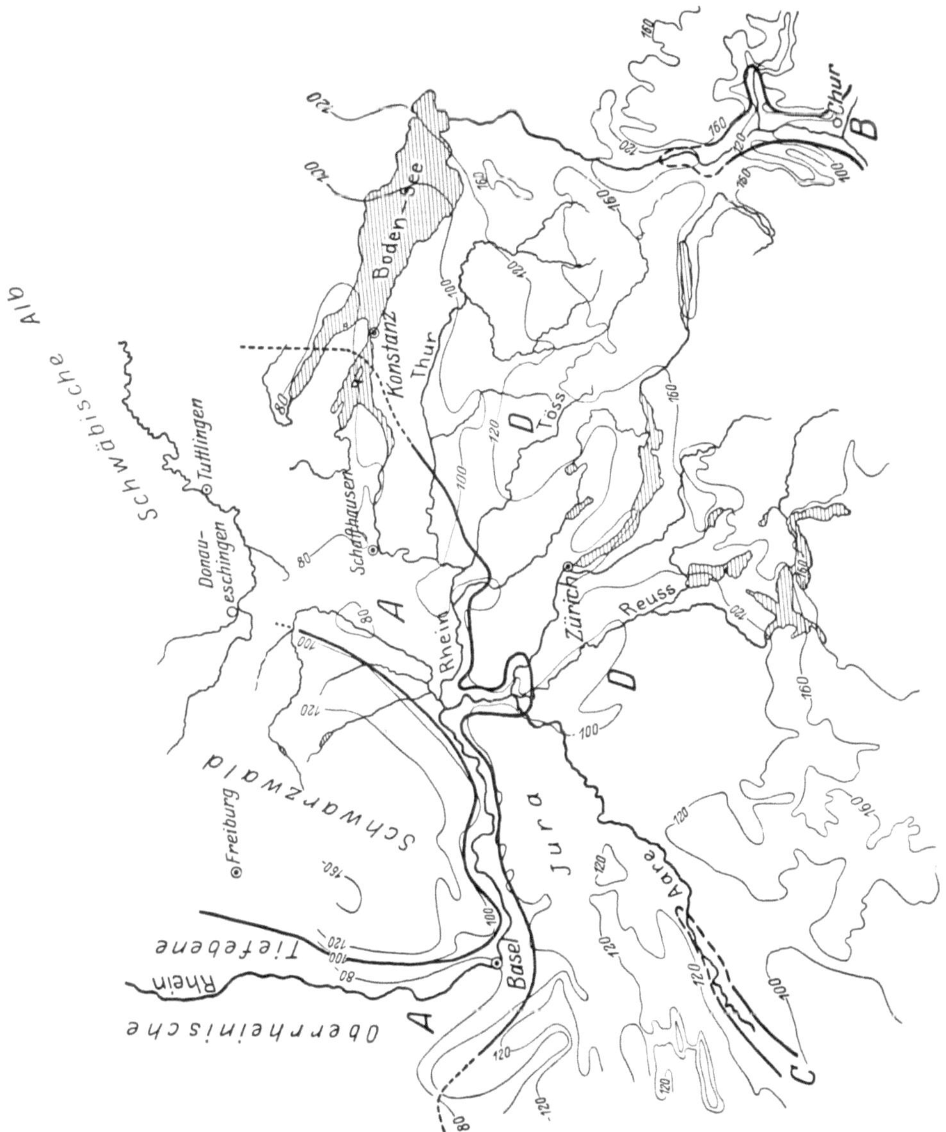


Abb. 156. Nordostschweizerisch-südwestdeutsches Areal des *Xerobrometums* und Regenverteilung. *A* Gebiet des *Xerobrometum rhenanum* und *suevicum*, *B Xerobrometum raeticum*, *C Xerobrometum subjurassicum* (*A B C* relative Regenminima), *D Mesobrometum*-Gebiet im regenreichen Alpenvorland (feine Kurven und Zahlen Jahresregen)

Zedern- und Eichengürtel am regenfeuchten Westhang des Mittleren Atlas in die überhitzte, sonnenflimmernde Wüstensteppe der oberen Moulouya. Innert weniger Stunden durchmißt man zwei Welten. Noch gewaltigere Gegensätze im Regenklima bietet freilich der Himalaya, da dort die Höhenunterschiede modifizierend hinzutreten und die Entfernungen ins Riesige gesteigert sind.

Einen guten Einblick in diese Verhältnisse gestattet die von C. Troll (1939) entworfene Vegetationskarte des Nanga Parbat im Himalaya.

**Regenverteilung und Pflanzengesellschaften.** Punkte mit gleicher Regenmenge werden durch Regenlinien (Isohyeten) verbunden. Beim Studium der Verbreitung einzelner bezeichnender Arten und Pflanzenkolonien hat es sich herausgestellt, daß ihre Grenzen innerhalb eines kleineren, klimatisch gleichartigen Bezirkes in auffälliger Weise mit bestimmten Regenlinien zusammenfallen.

Die im mitteleuropäischen Vegetationsbild so hervorstechenden sarmatischen Kolonien mit *Carex supina*, *C. stenophylla*, *Adonis vernalis*, *Pulsatilla*-Arten, *Astragalus austriacus*, *A. exscapus* usw. und die Trockenrasen der *Festucetalia vallesiacae* bleiben streng auf die Trockengebiete beschränkt, die weniger als 700 mm Jahresregen erhalten.

Ähnlichen Zeigerwert haben für die Nordschweiz und Süddeutschland einige sarmatische Arten der Eichengehölze und des *Xerobromions*. Das *Xerobromion* mit seinen charakteristischen Begleitern hält sich hier an Gebiete mit 700 bis 900 mm Jahresregen. Nur an edaphisch besonders begünstigten Standorten, an trockenen Südhängen auf durchlässigem Jurakalk, überschreitet die Assoziation ausnahmsweise die Regenlinie von 900 mm. Jenseits dieser Linie tritt an Stelle des *Xerobromions* im nördlichen Alpenvorland das verwandte, aber mesophilere *Mesobromion* (s. Abb. 156).

Im luftfeuchten NW-Deutschland, in Belgien und Südholland dagegen dringt das *Mesobromion* bis in Gebiete vor, die nur noch 600 bis 700 mm Jahresregen empfangen, der aber zur Hauptsache im Sommer niedergeht.

Neben der Niederschlagsmenge entscheidet vor allem die monatliche Regenverteilung über den Vegetationscharakter. Ausschlaggebend ist die Feuchtigkeit, welche der Vegetation während ihrer Hauptentwicklungszeit zur Verfügung steht. In Mitteleuropa ist dies der Sommer.

Ostkärnten und das angrenzende steirische Murtal mit 700 bis 800 mm Jahresregen, wovon aber bloß $^1/_6$ bis $^1/_8$ im Winter niedergehen, während der Hauptniederschlag auf den Sommer fällt, ertrinken im üppigen Laubwald; das Churerbecken mit einer auf 800 bis 900 mm erhöhten Regenmenge, wovon aber nur wenig mehr als ein Drittel im Sommer fällt, beherbergt Flaumeichengehölze, Föhrenwälder mit *Ononis rotundifolia* und *Astragalus monspessulanus* und *Xerobrometen* mit Wärme- und Trockenpflanzen, *Stipa*-Arten, *Fumana procumbens*, *Pulsatilla montana* u. a. Der scharfe Gegensatz zwischen mitteleuropäischem und submediterranem Regenklima im Alpeninnern erhellt aus Abb. 157.

**Regendauer.** Schwerer zu erlangen als Angaben über die Niederschlagsmenge sind solche über Art und Dauer des Regens, obschon sie wichtige Anhaltspunkte zum Verständnis der Vegetationsverhältnisse geben. Die gleiche absolute Regenmenge ist ja ökologisch von ganz verschiedener Wirkung, je nachdem sie innert weniger Stunden als Platzregen oder aber als feiner Dauerregen zur Erde gelangt.

Das Gebirgsspalier am Nordrand des Mittelmeerbeckens erhält gewaltige Regenmengen (Valleraugue [350 m] 1657 mm, Locarno [210 m] 1940 mm, Tolmezzo 2420 mm, Crkvice in der Bucht von Cattaro 4640 mm jährlich). Sie fallen zur Hauptsache in heftigen Güssen, die gelegentlich die Regenmesser zum Überlaufen bringen, so daß dann die Regenmenge schätzungsweise angegeben werden muß.

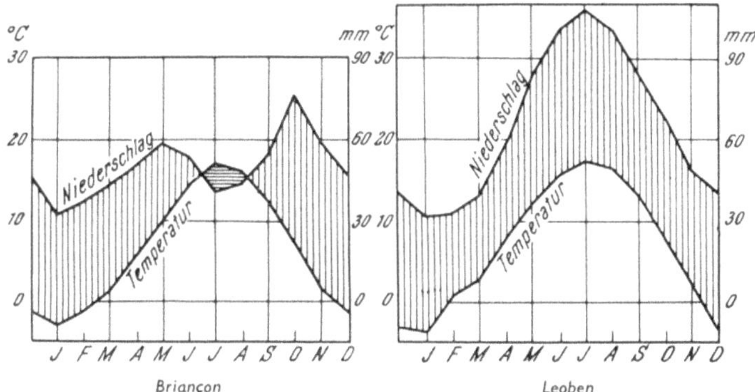


Abb. 157. Niederschlags- und Wärmeverteilung in Briançon, Durancetal, und Leoben, Murtal (aus Br.-Bl. 1961)

A. Hofmann (1955) berichtet von einem achtstündigen Sturzregen, der am 25. Oktober 1954 im Regenmesser des Forstinspektorates von Salerno 500 mm aufschüttete, was ungefähr der Hälfte des gesamten Jahresniederschlags entspricht. Es ist dies wohl das höchste Tagesmaximum für Europa. Ein schwächeres Maximum, 400 mm, verzeichnete der 26. September 1907 in Lassalle (Südsevennen).

Trotz diesem zeitlichen Niederschlagsübermaß bietet aber die Vegetation der Südsevennen vielfach xerische Züge; ausgedehnte *Cistus*-Gebüsche und hartlaubige *Quercus ilex*-Macchien bekleiden die Bergflanken bis zu 800 m Meereshöhe. Die jenseitige westliche Sevennenabdachung dagegen, mit weit geringerem Jahresniederschlag, trägt mesophile Fallaubwälder und üppig grünende Wiesen. Die Sommerdürre ist hier schwach ausgeprägt, da die Zahl der Regentage den mediterranen Tälern gegenüber verdoppelt ist und feine Dauerregen vorherrschen.

**Wirkung der Platzregen.** In stark entwaldeten Gebieten können außergewöhnlich heftige Platzregen zu Katastrophen führen, die, wie im Oktober 1954 in Salerno und 1962 in Katalonien, Milliardenschäden anrichten und Hunderte von Menschenleben kosten.

Das Gegenstück hiezu bildet Irland mit seinen Dauerregen, welchen es den treffenden Namen der „grünen Insel" verdankt.

Heftige Regengüsse wirken äußerst nachteilig durch Bodenerosion, Verschwemmung der Feinerde und Verschlämmung des Bodens. Die Besiedlung der bis auf das Substrat erodierten Böden wird erschwert oder verunmöglicht. Auf den humusarmen Verwitterungsböden keimt der Samenanflug schlecht, und da die Sämlinge nicht nur der Verschwemmung, sondern auch intensiver Hitze und Austrocknung ausgesetzt sind, gelangen sehr wenige zu voller Entwicklung.

Weit verbreitet sind pflanzenarme Abspülungshänge in den semiariden alten Kulturländern um das Mittelmeer, wo nackte, wie gescheuert

Abb. 158. Dos d'éléphants. Regenerodierte Mergelhänge bei Gap mit Resten des *Pinus silvestris*-Waldes (Aufn. Berset u. Br.-Bl.)

aussehende Mergelhänge im Landschaftsbild allzu oft hervorstechen (Abb. 158). Die physikalisch-chemische Beschaffenheit des offen zutage tretenden Untergrundes setzt der direkten Anpflanzung von Holzgewächsen selbst im Waldklima fast unüberwindliche Schwierigkeiten entgegen. Bekannt und gefürchtet sind die blaugrauen Mergel des Aptien, die Elefantenrücken der Südwestalpen und Nordafrikas, die Miozän- und Eozänmergel (Abb. 158) und die permischen Mergel von Südfrankreich und Katalonien. Das Studium dieser Erosionsbildungen und die Bestrebungen, die verheerende Regenwirkung einzudämmen, führen ganz von selbst zur Unterscheidung und Gruppierung der dynamisch-genetisch wichtigen Pflanzenarten und Pflanzengesellschaften, die teils der Erosion verzweifelten Widerstand entgegensetzen, teils als Vegetationspioniere nach Ausschaltung der Weide die Wiederberasung einleiten.

**Wald und Niederschlag.** Den Einfluß des Waldes auf die Niederschläge verfolgt NOIRFALISE (1962). Es ist mehrfach behauptet worden, daß Waldbedeckung den Niederschlag erhöhe (BOCHKOV 1958 nennt Werte von 8 bis 20%). NOIRFALISE hält eine schwache Erhöhung für wahrscheinlich; dagegen betrachtet er die Kondensation durch Nebelbildung als nicht unerheblich.

Das den Baumstämmen entlang abfließende Regenwasser erlangt als wichtigste Feuchtigkeitsquelle für die Epiphytenvegetation Bedeutung.

**Chemische Zusammensetzung des Regenwassers.** Die chemische Zusammensetzung des Regens ändert zeitlich und örtlich. Bis weit ins Land hinein macht sich der Einfluß des Meeres im Niederschlag geltend. GORHAM (1957) verfolgte die Änderung der Ionenkonzentration in Rosscahill (Irland) während eines Jahres und fand beträchtliche Unterschiede. Das pH schwankte zwischen 5,9 im Januar und 7,6 im August.

KLAUSING (1955) stellte im Regenwasser eine deutliche Pufferwirkung fest, die er auf den Gehalt an chemischen Stoffen (wahrscheinlich Al, Ca, $SO_3$, $CO_2$) zurückführt.

Schon TAMM (1951) fand im Regenwasser unter Baumbeständen bedeutend mehr Kalzium, Kalium und Natrium als im Freien. Einläßliche vergleichende Untersuchungen von MADGWICK und OVINGTON (1959) beleuchten den Einfluß einer Baumdecke auf die Zusammensetzung des den Unterschichten zufließenden Wassers. Alle gemessenen Nährstoffe des Regenwassers ergeben unter der Baumdecke bedeutend höhere Werte als im Freien.

| | Natrium | Kalium | Kalzium | Magnesium |
|---|---|---|---|---|
| Unter Baumdecke | 33 | 24 | 24 | 10 kg/ha pro Jahr |
| Im Freien | 19 | 3 | 11 | 4 |

Der Gehalt des Regenwassers an chemischen Substanzen unter einer Baumdecke zeigt einen ausgeprägteren Jahresrhythmus als im Freien. Er ändert wenig von einer Baumart zur andern, doch bestehen markante Unterschiede zwischen Fallaub- und Koniferenbeständen. Während der warmen Jahreszeit ist der Nährstoffgehalt des Regens unter den Laubbäumen größer als im Koniferenwald, nach dem Blattfall dagegen tritt das Umgekehrte ein. Aber auch im Winter erhält der Laubwald mehr Nährstoffe als das Freiland, was aus der Abspülung der Zweige und Äste erklärt werden kann.

**Regenabschöpfung durch die Vegetation.** Bei leichtem Regen wird von vielen Pflanzen mehr als die Hälfte des Niederschlags abgeschöpft und gespeichert. Ein Teppich des Präriegrases *Andropogon furcatus* hielt selbst bei heftigem Regen $^2/_3$ der Regenmenge zurück, von einem stündlichen Regen waren 47% zurückgehalten worden. Der jährliche Wasserverlust durch Auffangen, Verdunstung und Transpiration kann in gewissen Grasgesellschaften so hoch sein wie in benachbarten Waldgesellschaften (CLARK 1940).

Große Unterschiede in der Regenabschöpfung ergeben, wie NOIRFALISE (1959) festgestellt hat, die Waldungen. Die Abschöpfung der Baumschicht eines natürlichen Buchenbestandes betrug im Mai und Juni (1949) 25%, jene der gepflanzten dichten Fichtenschonung 38% des Freiland-Niederschlags. Bei schwachen Regen (5 bis 10 mm) erhöhen sich diese Zahlen auf 34,4 und 66,3%.

**Regenmessung.** Die Messungen der Wetterwarten haben den großen Vorteil, daß sie über die jährliche Regenverteilung und über die biologisch höchst bedeutsame Zahl der Regentage mit mehr als 1 mm Niederschlag Aufschluß geben. In Pflanzengesellschaften können solche Messungen nur ausnahmsweise durchgeführt werden. Man muß sich in der Regel mit kurzdauernden Vergleichsmessungen in verschiedenen Gesellschaften behelfen oder aber an geeigneten Stellen Regensammler (Totalisatoren) aufstellen, welche die Gesamtsumme der monatlichen oder vierteljährlichen Regenmenge anzeigen. Im Gebirge werden diese Totalisatoren mit 6 kg Chlorkalzium in Lösung beschickt, um ein Gefrieren der Niederschläge zu verhindern. Eine dünne Ölschicht darüber ausgegossen unterbindet die Verdunstung. So genügt einmalige jährliche Leerung und Messung. Diese Totalisatoren sind gleichzeitig Flugstaubsammler. Ihre Aufstellung in Hochlagen der Pyrenäen und der Alpen hat die wichtige Tatsache zutage gefördert, daß die Niederschlagssumme im Gebirge bis in große Höhen ständig zunimmt.

Zur zeitlich meist beschränkten Messung der den Pflanzengesellschaften und verschiedenen Vegetationsschichten tatsächlich zukommenden Regenmengen müssen Regenmesser an möglichst verschiedenen Stellen innerhalb bestimmter Pflanzengesellschaften aufgestellt werden. In mehrschichtigen Gesellschaften, deren Oberschichten einen Teil des gefallenen Regens abschöpfen, sind Messungen in der Bodenschicht hart am Erdboden und, falls angezeigt, auch in der Kraut-, Strauch- und Baumschicht vorzunehmen, um die regenzurückhaltende Fähigkeit der einzelnen Schichten zu bestimmen.

### *β) Tau*

Der Tau sorgt für die Wasserbelieferung der Kryptogamen, namentlich in Gebieten mit spärlichen Niederschlägen.

PLANTEFOL (1927) hat die Tauaufnahme der Moospolster von *Hylocomium triquetrum* experimentell untersucht. Er fand im August und September nach regenlosen Nächten eine Steigerung des Wassergehaltes der Polster bis auf 100% des Trockengewichtes, nachdem der Wassergehalt am Vortag 20 bis 30% betragen hatte. In der subalpinen Stufe bei Lus-la-Croix-Haute stieg der Wassergehalt nach starkem Taufall auf 233% des Trockengewichtes, um am Abend desselben Tages auf 87% zurückzugehen. Diese Zahlen zeigen den Wert einer Moosschicht als Verdunstungsschutz des Bodens.

Aber auch für den Wasserhaushalt höherer Pflanzen kann der Tau wichtig sein. Auf starkem Tauniederschlag im trockenheißen Hochsommer beruht die üppige Entwicklung einer *Molinion*-Assoziation mitteleuropäischen Charakters in der südfranzösischen Tiefebene. Roi (1937, S. 177) fand hier im Hochsommer nach klaren Nächten Tauniederschläge auf den Laubblättern, die 30 und 50% des Blattgewichtes erreichten.

Die Luftfeuchtigkeit bis gegen 10 Uhr morgens betrug im *Molinietum mediterraneum* 100%; 1 cbm Luft enthielt morgens 7 g Feuchtigkeit gegen 2,4 g im mediterranen *Brachypodium ramosum*-Rasen der Garrigue, mittags war das Verhältnis 5,3 zu 1,5 g.

Der Tau wirkt in hohem Maße als Verdunstungsschutz durch Einschränkung der Transpiration, auch kann er von manchen Pflanzen direkt aufgenommen werden.

Die Taubildung ist um so stärker, je feuchter die überlagernde Luft und je größer die Abkühlung des Taufängers ist. Diesem Umstand muß bei Taumessungen Rechnung getragen werden. Der Taufall ist auch von der Art der Pflanzengesellschaft abhängig.

Szymkiewicz (1936) hebt die Wichtigkeit des Taus für die tropische Epiphytenvegetation hervor. Volkens (1887) sieht im Taufall die Lebensmöglichkeit der kurzdauernden Frühjahrsvegetation in der Libyschen Wüste. Die Bedeutung des Taufalls gegenüber dem Regen liegt vor allem in seiner Regelmäßigkeit.

Während bei Regen im Boden eine Temperaturerniedrigung statthat, kommt es, wie Aulitzky (1962) feststellte, bei der Taubildung oft zu nicht unbeträchtlichen Temperaturanstiegen im Bereich der Bodenoberfläche. Da sich diese plötzliche Wärmezunahme aus Bewölkungs-, Wind- und Einstrahlungsverhältnissen nicht erklären läßt, macht Aulitzky die bei der Taubildung frei werdende Kondensationswärme dafür verantwortlich.

**Taumessung.** Zu Taumessungen in verschiedenen Pflanzengesellschaften eignet sich der von Leick (1933) eingeführte Taumeßapparat aus einer Kieselgur-Gipsplatte von $10 \times 10 \times 1$ cm Größe, die in einem Holzrahmen eingespannt ist. Die Platte betaut sich oberflächlich, und die aufgenommene Feuchtigkeit wird mit der Feinwaage bestimmt. Später traten an Stelle der Kieselgurplatten solche aus porösem Porzellan, die haltbarer und weniger hygroskopisch sind.

Einen automatischen Taumesser beschreibt Bujorean (1935). Der Tau wird auf einer Glasscheibe von 200 qcm niedergeschlagen und in einen Taubehälter geleitet, an dem die Höhe des Niederschlags ablesbar ist.

Taumessungen in verschiedenen Pflanzengesellschaften ergeben je nach der herrschenden Vegetation recht verschiedene Resultate, sie sind aber schwer vergleichbar.

Auf der Insel Hiddensee in Norddeutschland ausgeführte fortlaufende Taumessungen zeigten, daß der Anteil des Taus bis 15% des Gesamtniederschlags ausmachen kann (Bernick 1938).

**Nebel.** Inwieweit Nebel für die Wasserbelieferung der Pflanzen in Betracht kommen, ist nicht restlos geklärt. Trotzdem die jährlichen

Nebelniederschläge in der Nebelwüste Namib in Südwestafrika bei mehr als 200 Nebeltagen 40 bis 50 mm erreichen, übersteigt der höchste tägliche Nebelniederschlag auch beim dichtesten Nebel nicht 0,7 mm und benetzt nur die obersten 1 bis 2 cm während der Nacht. Dagegen macht sich die Wirkung des Nebels auf die Vegetation in der Herabsetzung der Wasserabgabe durch Transpiration stark geltend. Flechten sind die einzigen echten Nebelpflanzen der Namib.

Besonders klar liegt die Abhängigkeit der Vegetation vom Nebel in den Gebirgen mit einem ausgeprägten Nebelgürtel.

In Südeuropa (Sevennen, Ostpyrenäen usw.) entspricht er der Buchenstufe, in Nordwestafrika dem *Quercus mirbeckii*- und *Quercus maroccana*-Wald, auf den makaronesischen Inseln und den Azoren dem Lorbeerwald. Der Nebelgürtel ist durch zahlreiche spezifische Pflanzengesellschaften ausgezeichnet; epiphytische Flechten und Moosgesellschaften sind aufs üppigste entwickelt (vgl. OCHSNER 1933). Auch Epiphyllen-Assoziationen kommen vor. Die von ALLORGE (1938) als *Colura calyptrifolia*-Assoziation beschriebene Epiphyllen-Gesellschaft aus Lebermoosen ist auf den Nebelgürtel der Azoren beschränkt. Im Oberengadin folgt das Areal des Fichtenwaldes dem Nebelstreifen, der über den Malojapaß bis Schlarigna herüberstreicht (s. auch BR.-BL. 1948, S. 19).

In Verbindung mit der Luftfeuchtigkeit wirken Nebel auch durch ihre Lichtabschirmung erniedrigend auf den Höhenanstieg der Vegetation. Wenn im feuchtkühlen Irland die obere Waldgrenze schon bei 300 bis 320 m erreicht ist und nordisch-alpine Pflanzenkolonien bis in Küstennähe herabreichen, so sind die Dauernebel dafür mitverantwortlich.

### γ) *Schnee*

Im warmtemperierten Klima, schädigend durch Schneebruch, dem namentlich die immergrünen Laubhölzer ausgesetzt sind, aber als Wasserspeicher geschätzt, nimmt die Bedeutung des Schnees als Standortsfaktor polwärts und im Gebirge gipfelwärts zu. In der hochalpinen Stufe und im hohen Norden rückt der Schnee in die Reihe der entscheidenden Grenzfaktoren, die dem Vordringen der Vegetation Halt gebieten.

Pflanzensoziologisch von besonderer Bedeutung ist im Norden wie in den Hochgebirgen die Schneedauer. Die längste Schneedauer, 10 bis $10^1/_2$ Monate, ertragen die Moosschneetälchen (*Polytrichetum sexangularis* u. a.). Bei derselben Meereshöhe ertragen gewisse Zergstrauchgesellschaften (*Loiseleurio-Cetrarietum*) und Rasengesellschaften wie *Caricetum firmae* oder *Festucetum variae* eine nur wenigmonatliche Schneebedeckung. Im Balkan dauert die Schneedecke im *Pinus mugus*-Krummholz 185 Tage, im subalpinen Buchenwald 160, im Buchen-Tannen-Wald 120, im montanen Buchenwald 80, im Eichen-Hainbuchen-Wald bloß 30 bis 50 Tage (KIRGIN in HORVAT 1961).

Die Wirkung des Schnees auf die Vegetation hat SCHRÖTER (1923, S. 113) unter Verwertung der einschlägigen Literatur besprochen. Ausführliche Angaben hierüber geben auch TH. C. E. FRIES (1913), BRAUN-

Blanquet (1913), Nordhagen (1936, 1943), Kalliola (1939), Gjaerevoll (1949), E. Schmid (1956), Horvat (1961).

Schröter gruppiert die Wirkungen des Schneefaktors nach seinem Nutzen oder Schaden für die Pflanzenwelt. Er unterscheidet:

**Günstige Wirkungen.** Schutz vor Austrocknung, Kälte und zu frühem Treiben, Begünstigung der Frühlingsflora, Erhöhung der Sonnentemperatur durch Reflexwirkung, düngende Wirkung des niedergeschlagenen Staubes, Wasserversorgung durch Schmelzwasser, glatte Schleifbahn für Samenverbreitung, Warmhalten des Bodens.

Woeikoff (1889, S. 14) hat in Petersburg am 10. März 1888 folgende Temperaturen gemessen, die die Kälteabnahme mit der Schneetiefe beleuchten.

Lufttemperatur —17° C; Schneeoberfläche —15° C. Im Schnee bei 5 cm Tiefe —11,3°, bei 12 cm —9,2°, bei 23 cm —8,4°, bei 42 cm —3,0°, bei 52 cm —1,6° C.

In Davos (1560 m) sind vom Schweizerischen Forschungsinstitut für Hochgebirgsklima im Winter 1937/38 folgende Monatsmittel an der Schneeoberfläche und bei 30 und 100 cm Schneetiefe gemessen worden:

| | Dez. | Jan. | Febr. | März | April |
|---|---|---|---|---|---|
| Schneeoberfläche | —16,5 | —10,7 | —16,7 | —2,2 | —1,6 °C |
| Bei 30 cm Schneetiefe | — 1,7 | — 3,7 | — 5,8 | —1,0 | — °C |
| Bodenoberfläche bei 1 m Schneetiefe | — 0,6 | — 0,6 | — 0,2 | —0,1 | 0 °C |

Das absolute Minimum an der Schneeoberfläche betrug —33,7°; unter 50 cm Schnee —1,6°, unter 1 m —0,6°.

Infolge der starken Ausstrahlung kann sich die Schneeoberfläche bei Nacht bis 9° unter die Lufttemperatur in $1^1/_2$ m Höhe abkühlen (Michaelis 1934).

**Schädliche Wirkungen.** Schleifpulver für Windschliff, Bildung einer kalten „Gefahrzone" an der Schneeoberfläche (Abb. 159), Verkürzung der Vegetationszeit durch zu lange dauernde Schneebedeckung, mechanische Schädigung, Abreißen der Grasnarbe, Ausbildung von Polygonböden, Begünstigung der Solifluktion.

Den nachteiligen Wirkungen wären noch anzufügen: Die extreme Trockenheit über der winterlichen Schneedecke, wodurch der Wasserhaushalt der den Schnee überragenden neu gebildeten Pflanzenteile stark gefährdet ist (Michaelis 1934), Deformation der Holzpflanzen durch Schneedruck und Schneebruch sowie physiologische Schäden, die in einer Herabsetzung der Vitalität, namentlich der hochwüchsigen Holzgewächse bestehen; ferner Lawinenschäden jeder Art.

Lakari (1920) stellte an den Fichten finnischer Forste als Folge der Schneeschäden eine Verminderung des jährlichen Zuwachses und Abnahme der Zapfen- und Samenproduktion fest.

Zu den schädigenden Wirkungen gehört ferner die Begünstigung gewisser Parasiten durch Schneelagerung: Der parasitäre Pilz *Herpotrichia nigra* (*Sphaeriaceae*) umspinnt die Zweige von *Pinus mugo* und *Juniperus nana* in schneereichen Vertiefungen mit einem schwarzbraunen, schmierigen Myzelgewebe und bringt ganze Bestände zum Absterben, während die hart nebenan wachsenden, weniger lange schneebedeckten Sträucher nicht oder nur wenig leiden.

Abb. 159. *Picea cf. Engelmanni* an der Waldgrenze in den Rocky Mountains, 1200 m. Dichtbeastet bis zur Schneehohe, darüber einseitig kahl (Aufn. EGLER)

In finnischen Schneeschadengebieten treten eine Reihe von Pilzparasiten (vor allem *Fomes*- und *Fomitopsis*-Arten; auch *Trametes pini*) nicht selten geradezu verheerend auf.

Übermäßige Schneeanhäufungen, wie sie gelegentlich in den Alpen gemessen worden sind (bis 18 m), müssen dem Windgebläse zugeschrieben werden.

**Luftwärme über Schnee.** Eine Schneedecke bedingt erhöhte Wärmeschwankungen in der bodennahen Luftschicht. Die Temperaturschwankung ist am höchsten dicht über der Schneeoberfläche, weshalb die den Schnee wenig überragenden Pflanzenteile am stärksten frostgefährdet sind und bei frostausgesetzten Bäumen hart über der Schneedecke öfter eine astarme Zone vorhanden ist (Abb. 159).

Allerdings kann auch die Schleifwirkung der Schneekristalle an der Bildung der astfreien Zone beteiligt sein.

Während der sonnigen Mittagsstunden liegt die Temperatur 5 cm über dem Schnee einige Grade höher als die in 1 m Höhe mit dem Aspirationspsychrometer gemessene Lufttemperatur; in der Nacht

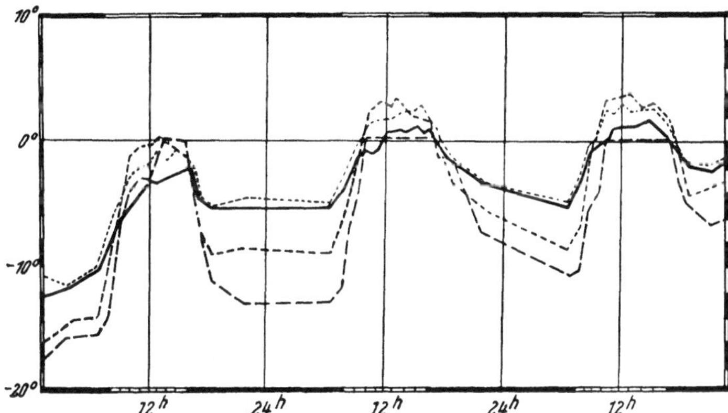


Abb. 160. Schichtung der Temperatur über Schnee vom 25. bis 27. März 1932. ——— Lufttemperatur in 1 m Höhe mit Aspirationspsychrometer gemessen; — — — Thermometermessung bei 0 cm, -------- bei 5 cm, . . . . . . bei 156 cm Höhe. Auf der Abszisse gibt die helle Linie die Sonnenscheindauer an (nach Michaelis 1934)

kühlt sie sich viel stärker ab. Michaelis (l. c.) hat die Temperaturschichtung über Schnee während einiger Märztage graphisch dargestellt (Abb. 160).

## b) Luftfeuchtigkeit

Die Luftfeuchtigkeit beeinflußt die Wasserabgabe durch Transpiration. Je trockener die Luft, um so stärker die wasserentziehende Kraft der Verdunstung durch die Spaltöffnungen der Transpirationsorgane. Alle feuchtigkeitsmindernden Standortseinflüsse, wie hohe Luftwärme, intensive Bestrahlung, heftige Winde, tragen somit zur Steigerung der Wasserabgabe bei.

Die Luftfeuchtigkeit wirkt aber auch direkt auf die Formgestaltung und Struktur der Pflanzenorgane. Experimentelle Versuche haben ergeben, daß feuchte Luft Wachstum und Blattbildung begünstigt, dagegen die Ausbildung von Stacheln verringert, Blüten- und Fruchtreife verlangsamt und Haarbildungen unterdrückt.

Anatomisch unterscheiden sich die in feuchter Luft gezogenen Versuchspflanzen durch Vereinfachung der Palisadenzellreihen und Vergrößerung der Interzellularen des Schwammparenchyms, Einschränkung der Holzgefäße und verlangsamte Verholzung, Vergrößerung der Epidermiszellen, starke Vergrößerung der Rinden- und Markzellen, Ausbildung von Interzellularen, wenn solche sonst fehlen, verspätete Entwicklung des Korkes, Herabsetzung der Zahl der Spaltöffnungen.

Im Gegensatz hiezu wirkt trockene Luft wachstumshemmend (Nanismus der Vegetation!) und begünstigt in hohem Maße die Ausbildung von Haarüberzügen. Sie bedingt starke Entwicklung des Wurzelsystems und beschleunigt Blüten- und Fruchtbildung.

**Messung der relativen Luftfeuchtigkeit.** Klimatologisch wird die Feuchtigkeit der Luft durch ihren absoluten Wasserdampfgehalt in Gramm oder in Millimeter Dampfspannung ausgedrückt. Daneben wird aber auch die relative Luftfeuchtigkeit bestimmt, die das Verhältnis der wirklichen Dampfspannung zu der bei der herrschenden Temperatur höchstmöglichen angibt.

Die relative Luftfeuchtigkeit nimmt wie die Dampfspannung gegen das Innere der großen Landmassen ab.

Tabelle 17. Abnahme der relativen Luftfeuchtigkeit und des Dampfdruckes unter 48,3 bis 38,6° n. Br. (nach HANN)

| | Paris | Wien | Elisabethgrad | Lugan | Irgis |
|---|---|---|---|---|---|
| Relative Luftfeuchtigkeit (im Sommer) % | 73 | 70 | 63 | 60 | 45 |
| Dampfdruck (Jahresmittel) in mm | 7,5 | 7,1 | 6,6 | 6,4 | 5,1 |

Zwischen Luftfeuchtigkeit und Niederschlagsmenge besteht kein unmittelbarer Zusammenhang. Aus dem Fehlen von Niederschlägen darf keineswegs auf geringe Luftfeuchtigkeit geschlossen werden. Kola in Russisch-Lappland ist regenarm (18 cm Jahresniederschlag), besitzt aber eine mittlere relative Luftfeuchtigkeit von 80%. Die ganze Südwestküste Marokkos, das Klimaxgebiet des Arganiawaldes, hat jährliche Regenmengen, die meist unter 30 cm zurückbleiben. Die relative Luftfeuchtigkeit aber schwankt zwischen 80 und 90%. Anderseits zeigt der regenreiche Monte Generoso im Südtessin mit 176 cm Jahresregen eine mittlere Luftfeuchtigkeit von bloß 64%.

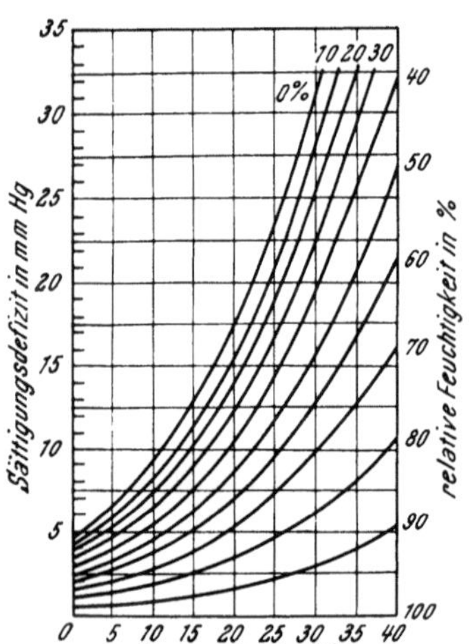


Abb. 161. Berechnung des Sättigungsdefizites der Luft aus Temperatur und relativer Luftfeuchtigkeit (nach STOCKER 1935)

Die relative Luftfeuchtigkeit kann mittels des allbekannten Haarhygrometers oder mit dem ASSMANNschen Aspirationspsychrometer gemessen werden.

Ferner besteht die Möglichkeit der thermoelektrischen Messung (vgl. DIEM 1953) und der Anwendung des Thermistors (s. S. 210).

ZÖTTL (1953) bediente sich zu seinen vergleichenden Messungen in verschiedenen Assoziationen der bayerischen Alpen, nachdem sich das

Haarhygrometer als unbrauchbar erwiesen hatte, des ASSMANNschen Psychrometers, doch versagte auch dieses Instrument bei Messungen auf sehr engem Raum, und die Resultate sind wenig befriedigend.

Bessere Resultate ergaben die Messungen des Sättigungsdefizits und der Verdunstung.

**Sättigungsdefizit.** Zieht man von der bei bestimmter Temperatur höchstmöglichen die tatsächlich vorhandene Dampfspannung ab, so erhält man das Sättigungsdefizit der Luft. Es wird in Millimetern der Quecksilbersäule ausgedrückt. Einer relativen Luftfeuchtigkeit von 75% bei 15°C entspricht eine Dampfspannung von 12,73 mm × 0,75 = 9,56 mm. Das Sättigungsdefizit dagegen ist der Unterschied zwischen der höchstmöglichen (12,73 mm bei 15° C) und der vorhandenen Dampfspannung (75%), also 12,73 mm — 9,56 mm = 3,71 mm.

Abb. 162. *Euphorbia resinifera-Acacia gummifera*-Assoziation bei Tanant, Mauretanien (Aufn. R. MAIRE)

Bei hoher relativer Luftfeuchtigkeit ist das Sättigungsdefizit niedrig (bei 100% gleich 0). Die Aridität kommt dadurch zustande, daß der absolute Dampfdruck der Luft konstant bleibt, die Temperatur aber ansteigt. Wenn z. B. der absolute Dampfdruck am Morgen 9,2 und die Temperatur 10° beträgt, ist die relative Feuchtigkeit 100%. Wenn dann im Lauf des Tages der absolute Dampfdruck gleichbleibt (d. h. die Menge des Wasserdampfes in der Luft sich nicht ändert), die Temperatur aber auf 30° steigt, so fällt die relative Luftfeuchtigkeit auf 29%, und das Sättigungsdefizit steigt auf 22,5 mm. Die Aridität besteht also nur am Tag und ist die Folge der Temperaturerhöhung (vgl. z. B. THORNTHWAITE, Handbuch der Pflanzenphysiologie III, S. 261).

Hieraus wird ersichtlich, daß Gebiete mit dauernd hoher relativer Luftfeuchtigkeit Wüstencharakter tragen können. In Nordwestafrika, zwischen Agadir und Kap Juby, herrscht dauernd sehr hohe Luftfeuchtigkeit, aber der aride Euphorbienkaktus-Busch geht bis an die Küste (Abb. 162).

Messungen des Sättigungsdefizits sollten sich auf die Tagesstunden beziehen, denn die stomatäre Transpiration der höheren Pflanzen ist nachts stark herabgesetzt. Auch zeigt das Sättigungsdefizit ein ausgesprochenes Tagesmaximum zwischen 8 Uhr morgens und 6 Uhr abends.

Tabelle 18. Mittlere Tagesschwankung des Sättigungsdefizits der Luft im Juni 1901 in Pawlowsk (59,41° n. Br.) (nach SZYMKIEWICZ 1923)

| Tagesstunde | 1 | 3 | 5 | 7 | 9 | 11 | 13 | 15 | 17 | 19 | 21 | 23 |
|---|---|---|---|---|---|---|---|---|---|---|---|---|
| Millimeter . . | 0,3 | 0,4 | 1,2 | 3,3 | 6,1 | 7,2 | 8,6 | 8,5 | 7,7 | 5,2 | 2,3 | 0,8 |

Vergleicht man die tiefsten Werte des trockensten Monats, so ergibt sich, daß die Polarländer, die Gebirge und der Regenwald der Tropen das geringste, die trockenheißen Steppen und Wüsten das höchste Sättigungsdefizit besitzen. Die Schneekoppe im Riesengebirge (1603 m) ergab während der Periode von 1895 bis 1904 um 14 Uhr des trockensten Monats bloß 1,7 mm (SZYMKIEWICZ).

Im hyperozeanischen Irland beobachtete HESLOP-HARRISON (1960) Ende Mai Maxima von 19 bis 21,5 mm an der Oberfläche der Kalkfelsen und gleichzeitig hart daneben, unter einem nordexponierten Vorsprung, der mit *Adiantum capillus veneris* und *Conocephalum conicum* austapeziert war, ein Minimum von 0,8 mm.

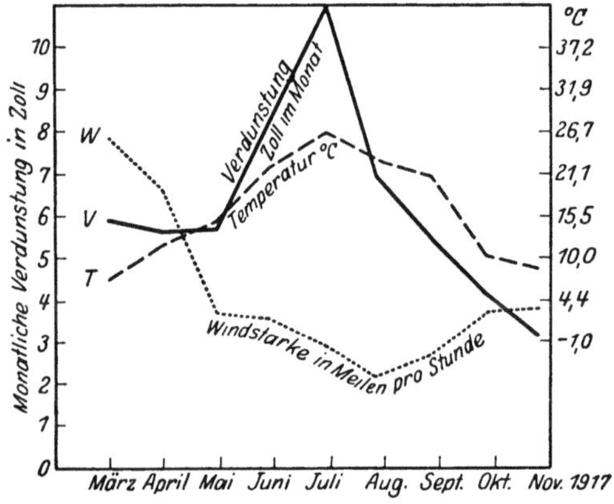


Abb. 163. Verhältnis zwischen mittlerer monatlicher Verdunstung, Windstärke und Temperatur in Lawrence, Kansas (nach SHULL 1919)

## c) Verdunstung

Dem Sättigungsdefizit proportional ist die Verdunstung. Sie wird durch dieselben Faktoren wie das Sättigungsdefizit reguliert, nämlich: Luftfeuchtigkeit, Temperatur, Wind, Luftdruck (Höhenlage), Insolation und Strahlung.

Aus den Untersuchungen von IMPENS und SCHALCK (1962) über den Einfluß dieser Faktoren auf die Verdunstungskraft der Luft geht hervor, daß dieselbe hauptsächlich durch die Strahlung bestimmt wird und ihr parallel läuft. Während der Nacht machen sich besonders Windstärke und Sättigungsdefizit geltend.

Der Einfluß der Wärme auf die Verdunstung ist aus der Wassermenge ersichtlich, die in 1 cbm mit Wasserdampf gesättigter Luft enthalten ist.

Nach WALTER und VOLK (1954) sind dies bei nachstehenden Temperaturen folgende Wassermengen:

Tabelle 19

| Temperatur °C | —10 | —5 | 0 | 5 | 10 | 15 | 20 | 25 | 30 | 35 | 40 |
|---|---|---|---|---|---|---|---|---|---|---|---|
| Wasser in Gramm ..... | 2,2 | 3,4 | 4,9 | 6,8 | 9,4 | 12,9 | 17,3 | 23,1 | 30,4 | 39,6 | 51,2 |

Bis zu welchem Maße die Temperatur verdunstungsbeschleunigend wirkt, erhellt aus Abb. 163.

Aus der Verdunstungsgröße kann zwar, wie wir sahen, nicht direkt auf die Wasserabgabe der Pflanzen geschlossen werden; aber die Transpiration steht in einem derart engen Abhängigkeitsverhältnis zur Verdunstung, daß, wenn sich die Spaltenweite nicht ändert, aus den Verdunstungswerten in Verbindung mit dem Niederschlag auch auf den Wasserhaushalt der Pflanzengesellschaften geschlossen werden kann.

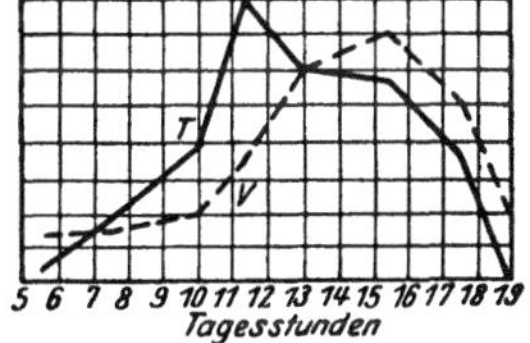


Abb. 164. Gang der Transpiration ($T$) bei *Encelia farinosa* und Atmometerverdunstung ($V$) am 25. Mai, Trockenzeit (nach SHREVE 1923)

**Atmometermessung.** Die Klimatologie bedient sich zu Verdunstungsmessungen mit Vorteil einer freien Wasseroberfläche bestimmten Umfangs. Da jedoch eine Wasserfläche den größten Teil der Wärmestrahlen reflektiert, farbige Körper, wie die Pflanzen, sie aber absorbieren, so wird die Verdunstung beider durch die Strahlung in sehr verschiedener Weise beeinflußt. Man hat daher Meßinstrumente eingeführt, die diesem Übelstand begegnen, indem sie in einer dem Pflanzenkörper ähnlicheren Art auf die Außenfaktoren reagieren. Es sind dies die Atmometer.

Der verdunstende Körper ist ein poröser Tonbecher, von einem tieferliegenden Wasserbehälter gespeist. Verdunstet Wasser, so sinkt die Wasserfläche im Behälter; die verdunstete Wassermenge kann an der Höhe des Wasserspiegels direkt abgelesen werden. Sie wird in ccm pro Stunde oder pro Tag ausgedrückt. Die meistgebrauchten Atmometer sind die von LIVINGSTON (1915) eingeführten. Verbesserungen brachten SHIVE, JOHNSTON, LIVINGSTON und THONE (1920), THONE (1924).

Der verbesserte LIVINGSTON-THONEsche Atmometer (Abb. 165) besteht aus einer weiten Flasche mit Gummistopfen. Die wassergefüllte Flasche ist durch eine Glasröhre mit dem verdunstenden Kugelbecher verbunden; eine zweite kurze Röhre dient zur Nachfüllung mit destilliertem Wasser.

Beim Gebrauch wird die Flasche bis zum a-Strich am Füllrohr angefüllt. Die Messung geschieht durch jeweiliges Nachfüllen bis zum a-Strich.

Da alle Porzellanbecher bei Regen oder Tau Feuchtigkeit aufnehmen, der Flasche zuführen und so das Ablesungsresultat fälschen, ist es notwendig, die Verbindungsröhre mit einem Quecksilberabschluß zu versehen. Eine Quecksilberschicht von etwa 5 mm Dicke zwischen zwei Wattebauschen gestattet die Aufwärtsbewegung des destillierten Wassers bei der Verdunstung, nicht aber das Eindringen des Wassers von oben.

Die verdunstenden Kugeltonbecher sind, auf einen sogenannten Normalbecher geeicht, käuflich zu haben. Neben den gewöhnlichen hellgefärbten Atmometerbechern gibt es auch schwarze Kugelbecher, die infolge starker Wärmestrahlenabsorption mehr verdunsten (Radioatmometer).

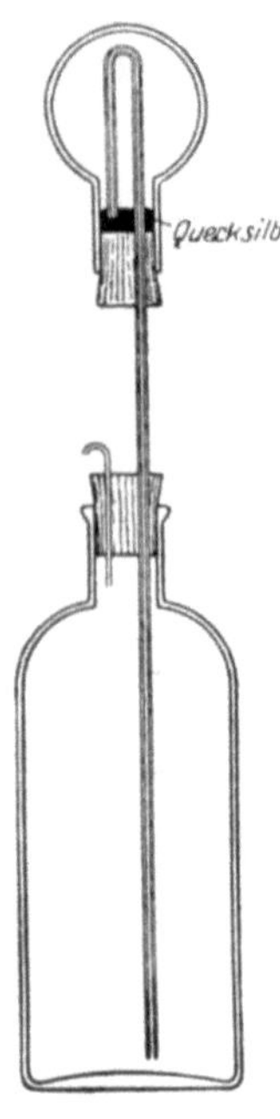

Abb. 165. Atmometer, vereinfachte Aufstellung von LIVINGSTON-THONE

Die Ablesung der Atmometerresultate hat unter Berücksichtigung des Eichungswertes und Reduktion auf den Normalbecher zu geschehen. Beträgt der Eichungsfaktor 0,70 und die wöchentliche Verdunstung 400 ccm, so ist das Resultat der Messung:

$$\frac{400 \times 70}{100} = 280 \text{ ccm.}$$

Die Größe der Atmometer verhindert ihre Aufstellung auf kleinstem Raum, doch sind die erhaltenen Verdunstungsresultate ohne weiteres vergleichbar.

Während die Messung des Sättigungsdefizits der Luft kurzdauernde standörtliche Schwankungen anzeigt, sind Atmometermessungen besonders für Daueruntersuchungen geeignet.

An Trockentagen beträgt die tägliche Sommerverdunstung einer Rasenfläche in Norddeutschland mit 1,14 mm rund $^1/_3$ der Verdunstung einer freien Wasserfläche (3,80 mm). Offener Sandboden verdunstet nicht mehr als 0,26 mm.

**Atmometermessung in Gesellschaften.** Verdunstungsmessungen mit dem Atmometer führte FULLER (1914) am Michigansee während dreier Vegetationsperioden durch. Die Verdunstungskurven der einzelnen Jahre zeigen beträchtliche Abweichungen; 1910 fiel das Maximum in den Hochsommer (Juli/August), 1911 und 1912 in den Mai. Während das Eintreten der Maxima und Minima und der Kurvenverlauf im allgemeinen jeweilen für alle untersuchten Assoziationen weitgehend übereinstimmen, sind die Verdunstungsmengen und die Schwankungen der Verdunstungskraft für die einzelnen Pflanzengesellschaften charakteristisch.

Die Vegetationsentwicklung im Michigangebiet bewegt sich von xerischen zu mittleren Verhältnissen, was durch die fortschreitende Abnahme der Verdunstungswerte von der Anfangs- zur Schlußgesellschaft, dem Buchen-Ahorn-Wald, verdeutlicht wird. Der Buchen-Ahorn-Klimaxwald hat die geringste Verdunstung und die geringsten Schwankungen der Verdunstungskraft, die *Populus deltoides*-Pionierassoziation der Dünen nicht nur die stärkste Verdunstung, sondern auch die höchsten Schwankungen.

Die mittlere wöchentliche Atmometerverdunstung in Kubikzentimetern während dreier Vegetationsperioden, in Beziehung zur Vegetationsentwicklung gebracht, ergibt folgende Reihe: *Populus deltoides*-Düne (22,3 ccm)→*Pinus banksiana*-Düne (10,4 ccm)→*Quercus velutina*-Düne (11,0 ccm)→*Quercus rubra*-Wald (8,8 ccm)→*Fagus grandifolia*-*Acer saccharum*-Wald (7,0 ccm).

Für das Aufkommen der Keimlinge stellt das Verdunstungsmaximum im Mai, noch vor der vollen Belaubung der Bäume, eine kritische Periode dar.

Sprechende Ergebnisse zeitigten auch die Untersuchungen WEAVERS (1917, 1918) in den Wald- und Präriegebieten von Washington, Idaho

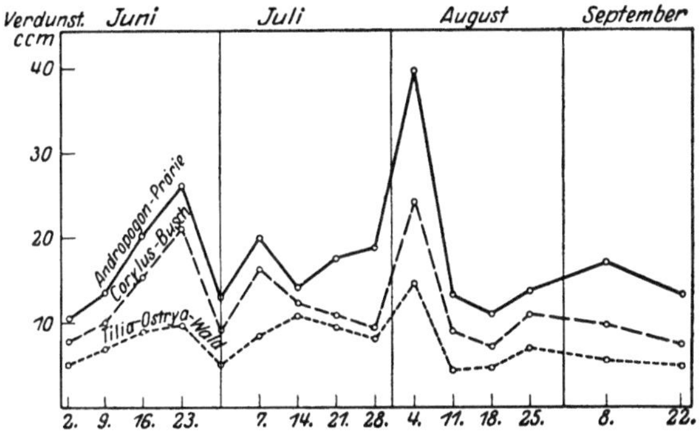


Abb. 166. Verdunstungskurve der *Andropogon scoparius*-Prärie, des *Corylus americana*-Busches und des *Tilia americana*-*Ostrya virginiana*-Waldes bei Peru in Nebraska (nach WEAVER)

und Nebraska. Seine Verdunstungskurven bilden eine wertvolle Ergänzung zur Charakteristik der untersuchten, allerdings etwas weit gefaßten Assoziationen. Aus dem gleichsinnigen Verlauf der Verdunstungskurven in verschiedenen Assoziationen erhellt deutlich der dominierende Einfluß des Allgemeinklimas (Abb. 166).

Die quantitativen Ansprüche der einzelnen Gesellschaften gelangen in der Verdunstungshöhe der verschiedenen Assoziationen zum Ausdruck.

Vergleichende Messungen mit gewöhnlichem Kugelatmometer und mit dem schwarzen Radioatmometer hat THONE (1923) in Illinois vorgenommen. Der maximale Unterschied zwischen den durch die Wärmestrahlung erhöhten Radioatmometer- und den gewöhnlichen Atmometerwerten fällt in die erste Maidekade; im übrigen laufen die Verdunstungsänderungen bei beiden Atmometern ziemlich parallel.

Aus dem Verhältnis zwischen Verbrauchswasser und Verdunstung kann auf die relative Trockenheit („relative xerophytism") des Standortes geschlossen werden. Je höher diese relative Trockenheit, um so offener zeigte sich die Bodendecke, um so kleiner war die Zahl der vorhandenen Baumsämlinge und der den trockenen Sommer überdauernden Annuellen.

**Piche-Atmometer.** Heute wird zu vergleichenden Untersuchungen über die Verdunstung in verschiedenen Pflanzengesellschaften und Vegetationsschichten meist der auch von den Meteorologen vielfach gebrauchte Piche-Evaporimeter verwendet. Er besteht aus einer einfachen, graduierten Glasröhre, an deren unterem Ende eine kreisrunde, grüne Filtrierpapierscheibe von 3 cm Durchmesser mittels eines Stahldrahtes festgeklemmt wird. Vor dem Gebrauch durchlocht man die Scheibe mit einer Stecknadel. Die mit Wasser gefüllte Glasröhre wird an der Meßstelle derart befestigt, daß sie auch starker Wind nicht in Bewegung bringt.

Die Ablesung an der Glasröhre kann auf 0,01 ccm genau geschehen, am besten stündlich oder halbstündlich. Um die Beobachtungen vergleichbar zu machen, ist es wichtig, daß von allen Beobachtern Glasröhren von gleicher Öffnungsweite (1,1 mm) und gleichartiges grünes Filtrierpapier verwendet werden (gewöhnliches grünes Löschpapier, Farbton in trockenem Zustand Nr. 90b [10 Gc — Gcc 5]).

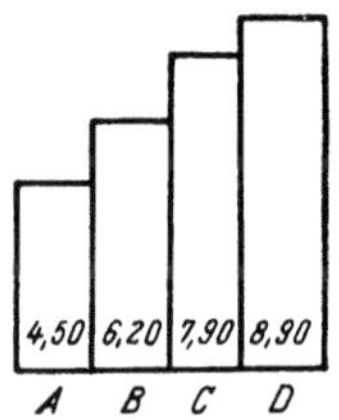


Abb. 167. Evaporimeterverdunstung am 4. Juli in verschiedenen Assoziationen der *Garrigue* bei Montpellier (ccm stündlich von 8 bis 20 Uhr). *A* Im *Quercus ilex*-Niederwald bei 10 cm, *B* Daselbst bei 150 cm, *C* *Quercetum cocciferae* bei 20 cm, *D* *Brachypodietum ramosi* bei 10 cm

Nach Klausing (1957) soll eine nahezu gesetzmäßige konstante Beziehung zwischen der Evaporation der grünen Piche-Scheibe und der optimalen Transpiration eines Blattes bestehen.

Mit dem Piche-Atmometer können rasche Ablesungen in beliebig vielen benachbarten Pflanzengesellschaften ausgeführt werden. Zu Vergleichen eignen sich am besten gleichlaufende Tageskurven.

**Verdunstungsmessung und Piche-Atmometer.** Mehr noch als Temperatur und Niederschlag ist die Verdunstungskraft der Luft eine örtlich und zeitlich äußerst variable, nicht nur von der Luftfeuchtigkeit, sondern auch von Luftbewegung und Strahlung stark abhängige Größe. Da zudem die Schwankungsgröße von Verdunstung und Transpiration mit der Witterung wechselt und sehr viele Kombinationen möglich sind, empfiehlt es sich, die Messungen gleichzeitig in den Hauptvegetationsschichten gut ausgebildeter Pflanzengesellschaften vorzunehmen, entweder an Stellen, wo mehrere Gesellschaften sich treffen, oder indem man sich in die Arbeit teilt.

An Tagen mit heftigem Wind nimmt die Verdunstung sogar im Waldesinnern von unten nach oben rasch und beträchtlich zu und erreicht beispielsweise schon im Frühjahr in der oberen Strauchschicht (150 cm hoch) den vierfachen Betrag der Verdunstung in der Krautschicht bei 5 cm.

Im Trockenrasen des *Brachypodietum ramosi* von Montpellier wird an einem heißen Sommertag doppelt soviel verdunstet als in der Krautschicht des *Quercus ilex*-Niederwaldes (Abb. 167). Gleichzeitig beträgt die Temperatursumme im Niederwald nur zwei Drittel von jener im offenen Rasen (Br.-Bl. 1936).

Ochsner (1933) hat während eines Monats (August/September) die

Tages- und Nachtverdunstung an den verschiedenen Epiphytenstandorten eines Apfelbaums verfolgt. Die geringste mittlere Tagesverdunstung (2,32 ccm) ergab die Stammbasis mit *Drepanium cupressiforme*, wogegen in 140 cm Höhe im *Physcietum adscendentis* der Nordseite im Mittel 4,45 ccm verdunstet wurden. Auch bei Nacht war an allen Baumstandorten und bei jeder Witterung eine, wenn auch bisweilen kleine, Verdunstung festzustellen.

Der Piche-Atmometer ist zur Feststellung der Verdunstungsunterschiede in Pflanzengesellschaften und Vegetationsschichten vielfach verwendet worden (s. STOCKER, FIRBAS (1931), VOLK (1931), BHARUCHA

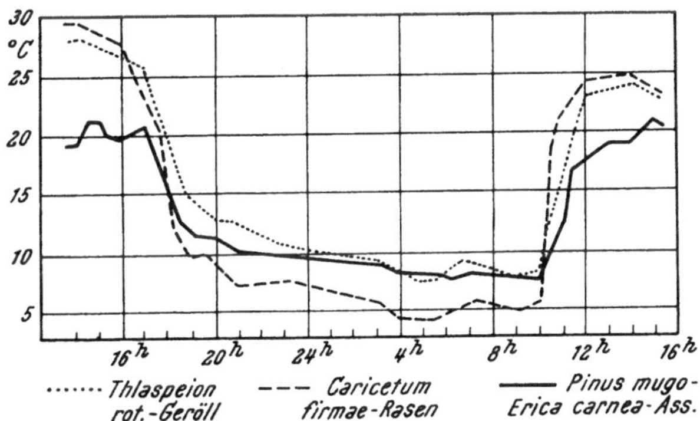


Abb. 168. Temperaturgang an der Bodenoberfläche in drei subalpinen Gesellschaften der Bayrischen Alpen bei 1840 m (ZÖTTL 1953)

(1933), ADRIANI (1934), MOLINIER (1934), SOROCEANU (1936), BRAUN-BLANQUET (1936), GUINOCHET (1938), TCHOU (1949), ZÖTTL (1953), EGER (1958), TAGAWA (1959) u. a.

Da Daueruntersuchungen in natürlichen Pflanzengesellschaften von einzelnen kaum durchgeführt werden können, hat man sich auf verschiedene Weise zu behelfen versucht. Man begnügt sich mit Tageskurven an günstigen Tagen zur Hauptvegetationszeit oder gibt monatlich oder doch zu jeder Jahreszeit je eine Tageskurve (an ganz klaren Tagen gemessen) oder aber für jede Jahreszeit wöchentliche Tagessummen der Verdunstung.

In jedem Falle wird die Temperatur, oft auch die Luftfeuchtigkeit mitgemessen. Da die gleichzeitigen Untersuchungen sich meist auf mehrere Assoziationen beziehen, ergeben sich durchaus brauchbare Vergleichswerte.

Zur Darstellung der Ergebnisse bedient man sich am besten der Treppenkurven.

Werden die Assoziationen nach der Verdunstungskraft des Standortes angeordnet, so erhält man eine aufsteigende Reihe, die vom Klimax zu den extremen Degenerationsstadien führt.

Für den Südjura erhielt QUANTIN folgende Reihe:

Mittlere tägliche Verdunstung in verschiedenen Assoziationen (12 Wochen, auf die vier Jahrezeiten gleichmäßig verteilt; nach QUANTIN l. c.):

| *Querco-Carpinetum* | *Querco-Lithospermetum* | *Xerobromion* (Trockenrasen) | *Erysimo-Kentranthetum* (Schutthang) |
|---|---|---|---|
| 1,8 | 3,1 | 4,3 | 4,5 ccm |

Verdunstungsmessungen, die ZÖTTL (1953) am Schachen in den bayerischen Kalkalpen bei 1840 m durchgeführt hat, bestätigen die schon von QUANTIN festgestellte Tatsache, daß die Verdunstungswerte oder die relative Feuchtigkeit über dem Rasen kaum von den über Geröll gemessenen abweichen.

Stellt man die tägliche 12stündige Hochsommerverdunstung subalpiner Rasen- und Buschgesellschaften an leicht oder kaum bewölkten Tagen solchen der Mediterranregion gegenüber, so ergeben sich folgende Gegensätze:

Tagesmittel der Verdunstung

| | | | |
|---|---|---|---|
| Schachen (1840 m) | *Caricetum firmae*-Rasen | | *Mugo-Ericetum*-Busch |
| | 1,9 | | 0,95 ccm |
| Montpellier (50 m) | *Brachypodietum ramosi*-Rasen | *Quercetum cocciferae*-Busch | *Quercetum galloprovinciale* |
| | 13,2 | 7,9 | 7,3 ccm |

Das zwölfstündige Tagesmittel der Assoziationen um Montpellier (Mitte bis Ende Juli) ist somit gegenüber entsprechenden Gesellschaften des Schachens (Mitte August) siebenmal höher.

Im *Arrhenatheretum* bei Göttingen verdunstete die Obergrasschicht während der ganzen Vegetationsperiode beträchtliche Wassermengen, während in der Bodenschicht, wie zu erwarten, nach der Mahd sehr hohe, zur Zeit des Wiesenhochstandes sehr geringe Werte gemessen wurden (EGER 1958).

Gleichzeitige Verdunstungsmessungen mit dem Piche-Evaporimeter und Transpirationsmessungen mit der STOCKER-BUNGE-Waage sind verschiedentlich ausgeführt worden (s. BR.-BL. 1936).

KLAUSING (1957) hat einen Piche-Atmograph entwickelt, der die kontinuierliche Registrierung der Evaporation ermöglicht und sich bei Geländemessungen in verschiedenen Pflanzengesellschaften bewährt zu haben scheint.

**Verdunstungsmessung und Waldbau.** In den Lehrbüchern des Waldbaus werden die Luftfeuchtigkeitsverhältnisse des Waldinnern sehr kurz behandelt. Mehr allgemein gehaltene Vergleichsangaben über Luftfeuchtigkeit in und außerhalb des Waldes finden sich bei SCHUBERT (1917), STOCKER (1923), RUBNER (1953), GEIGER (1960) u. a.

Der Verdunstungskraft der Luft kommt forstökologisch vor allem bei Bewaldungsversuchen in Trockengebieten, beim Kampf zwischen Wald und Steppe große Bedeutung zu. Schon im Trockenrasen des *Xerobrometums* wird man vergeblich nach Buchenkeimlingen fahnden, und sogar Eichenkeimlinge werden hier in trockenen Sommern fast samt und sonders vernichtet. Nur die trockenharte Föhre (*Pinus silvestris*) vermag auch im Jugendstadium lange Trockenperioden zu überdauern. Der geringste Schutz durch Sträucher ändert aber die Verdunstungsverhältnisse und damit auch die Entwicklungsmöglichkeiten der Baumkeimlinge.

**Verwendungsmöglichkeit des Piche-Atmometers.** Eine eingehende experimentelle Kontrolle über die Verwendungsmöglichkeit des Piche-Atmometers führten De Vries und Venema (1954) zu dem Schluß, daß die Verdunstung des Evaporimeters, mit dem Wasserbedarf der Gesamtvegetation verglichen, zu geringe Werte für Strahlungseinflüsse, zu hohe für den Windeinfluß anzeigt. Die Autoren, wie auch Tagawa (1959), empfehlen daher, in den Pflanzengesellschaften gleichzeitig mit der Piche-Ablesung Strahlungsintensität, Windstärke, Lufttemperatur und Feuchtigkeit zu messen.

Impens und Schalck (1962) haben derartige Messungen durchgeführt. Sie ergeben, daß die Aridität hauptsächlich durch Radiation, Sonnenstrahlung, Sättigungsdefizit und Windgeschwindigkeit bestimmt wird.

Falls die Atmometer-Messungen an windstillen Tagen mit regelmäßigem Witterungsverlauf gleichzeitig in verschiedenen Gesellschaften vorgenommen werden, liefern sie hinreichend genaue Vergleichswerte und sind einfacher als komplizierte, physikalisch einwandfreie Methoden.

Der Vorteil der Atmometer liegt vor allem in ihrer Handlichkeit sowie darin, daß sie an beliebig vielen Stellen aufgestellt werden können und wenig Raum beanspruchen.

Wird mit dem Assmannschen Aspirations-Psychrometer als meteorologischem Standortsinstrument die Temperatur des trockenen und feuchten Thermometers bestimmt, so lassen sich Lufttemperatur, relative Luftfeuchtigkeit und Sättigungsdefizit berechnen (Stocker).

### d) Evapotranspiration

Für den Pflanzensoziologen kommt neben dem Wasserhaushalt der Einzelpflanze vor allem die Verdunstung der ganzen Pflanzengesellschaft in Betracht, für welche Thornthwaite den Terminus Evapotranspiration eingeführt hat. Die Gesamtwasserabgabe eines Bestandes besteht einerseits aus der Transpiration der Gewächse, anderseits aus der Bodenverdunstung.

Nach Berger-Landefeldt (1953) wird die Evapotranspiration im gemäßigten Europa zur Vegetationszeit mit geringen Ausnahmen durch die Transpiration bestritten, während der Evaporation eine mehr untergeordnete Rolle zukommt. Ein Großteil des Niederschlags wird vom Wald durch Verdunstung und Transpiration an die Atmosphäre zurückgegeben. In Deutschland sollen drei Viertel des Niederschlags durch Land- und Forstwirtschaft verbraucht werden, sind also zum großen Teil durch die Pflanzen geleitetes Transpirationswasser.

Vergleichende Evapotranspirationsmessungen im australischen Busch (von *Banksia ornata*, *Xanthorrhoea australis*, *Casuarina pusilla*, *Phyllota pleurandroides*, *Hibbertia stricta* usw.) und in verschiedenen Weidetypen hat Specht (1957) ausgeführt und findet dabei wesentliche Unterschiede.

Die Resultate der Evapotranspirationsmessungen sind kürzlich von Noirfalise (1962) zusammengefaßt worden.

Aus allen Untersuchungen geht hervor, daß die Evapotranspiration des Waldes jene der Weiden übersteigt, und zwar beträgt der Überschuß nach Burger (1954) 14%, nach Bochkov 9%, nach Valek 6%.

Die Evapotranspiration erscheint besonders unter atlantischem Klima sehr beträchtlich, teils beruht sie auf Regenabfang, teils auf der physiologischen Verdunstung. Verschiedene Waldgesellschaften zeigen eine sehr verschiedene Evapotranspiration.

Unter atlantischem Klima ist die Evapotranspiration der angeschonten Koniferen höher als jene des natürlichen Laubwaldes.

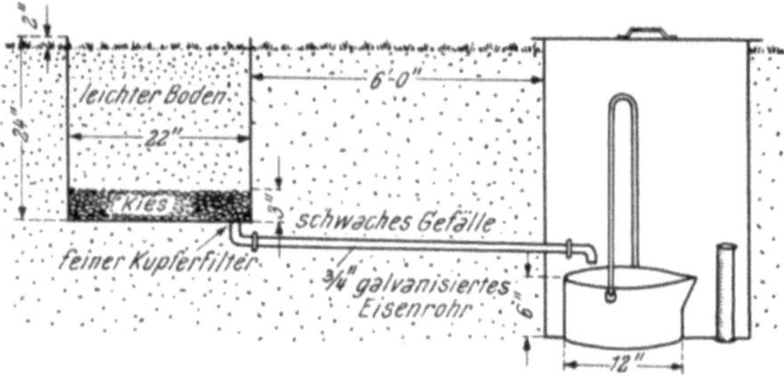


Abb. 169. Apparat zur Messung der Evapotranspiration an den britischen Meßstellen (aus Green 1959)

Noirfalise bringt damit die Ausdehnung der Pilzattacken von *Fomes annosus* in Verbindung, die in den *Picea abies*-Pflanzungen großen Schaden anrichten.

Zu den Methoden der Evapotranspirationsmessung sei auf Berger-Landefeldt (1955), der über 70000 Messungen gemacht hat, verwiesen. Seine Ausführungen beleuchten die großen Schwierigkeiten, welche der exakten Messung entgegenstehen.

Die Meßmethoden sind am Symposium für Eco-Physiologie in Montpellier (1962) diskutiert worden. Bouchet unterstreicht, daß die potentielle Evapotranspiration als Klimafaktor nur im großen Rahmen, bei Flächen von einigen Hektaren in Betracht kommt. Eine vereinfachte Formel ihrer Bestimmung wird von Turc beschrieben. Sie soll aber nach Impens (1962) 10 bis 20% zu niedrige Werte ergeben; die besten Resultate erhielt Impens mit der Formel von Thornthwaite.

Zur Messung der reellen Evapotranspiration ist das Eingehen auf die potentielle Evapotranspiration erforderlich, denn nur so lassen sich die durch Sättigungsdefizit, Energiefluß, Strahlung und Ventilation (Gasaustausch und Wind) bedingten wirklichen Evapotranspirationsmöglichkeiten erfassen (Klausing 1959). Die von Klausing empfohlenen Meßmethoden für Evapotranspiration und potentielle Transpiration können auch im ariden Klima Verwendung finden. Resultate aus den Pflanzengesellschaften stehen aber noch aus.

Für Daueruntersuchungen und zur klimatischen Auswertung hat GREEN vom britischen Naturschutz (1959, 1960) eine vereinfachte Methode eingeführt, die in den über das britische Inselreich verteilten Evapotranspirations-Meßstellen Anwendung findet (Abb. 169).

An neun Beobachtungsstationen werden Wasserdefizit und Wasserüberschuß fortlaufend gemessen und graphisch dargestellt (Abb. 170).

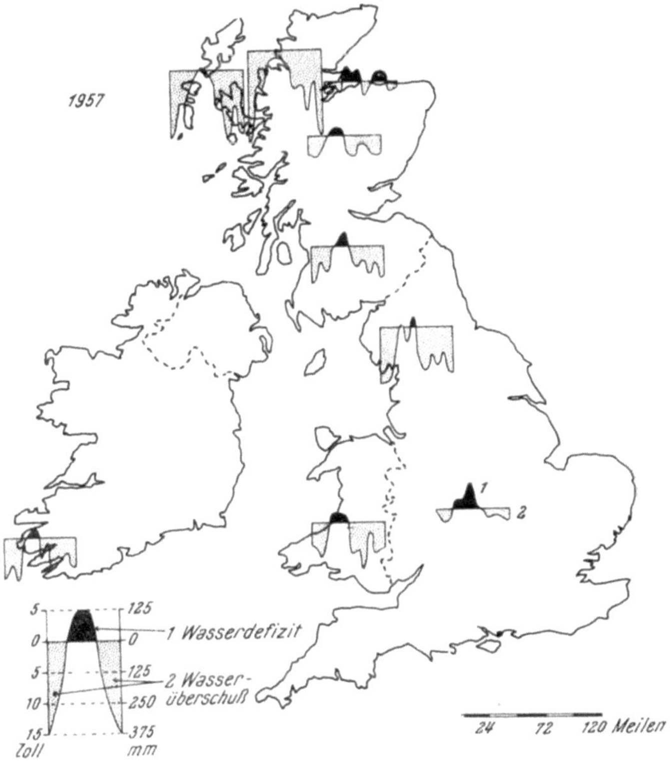


Abb. 170. Wasserdefizit und -überschuß von Monat zu Monat 1957, ohne Speicherung (nach GREEN 1959)

GREENS Wasserdefizit- und Wasserüberschuß-Karten sind nicht nur zur großklimatischen Charakterisierung eines Gebietes geeignet; da sich die Dauerbeobachtungen auf bestimmte Rasenflächen beziehen, können sie auch pflanzensoziologisch ausgewertet werden, falls die soziologische Zugehörigkeit der Rasen, worin die Meßapparate aufgestellt sind, bekannt ist.

**Feuchtigkeitsverteilung und Relief.** Wie Wärme und Licht, so wird auch die Feuchtigkeitsverteilung hochgradig durch die Bodenkonfiguration beeinflußt, die sich schon bei geringen Neigungswinkeln bemerkbar macht. Auch die geringste Bodenneigung wird in der Zusammensetzung der Pflanzendecke registriert.

Im nahezu ebenen, ariden Inneren von Westaustralien können Schichtfluten schon bei einer Neigung von nur 1:2000 in einer bestimmten Richtung in Bewegung geraten (WALTER 1962).

An Steilhängen fließt der Hauptteil der Niederschläge um so rascher ab, je weniger die lebende und tote Bodendecke zurückzuhalten vermag.

In tropischen Gebirgen schwellen die Niederschläge stark an, weil hier die Luft mehr Wasserdampf halten kann als unter gemäßigtem Klima. Jede kleinste Erhebung bringt eine Erhöhung des Niederschlags. Die dem Niederschlagsmaximum entgegengesetzte Gebirgsseite verzeichnet dagegen ein relatives Niederschlagsminimum (s. S. 268).

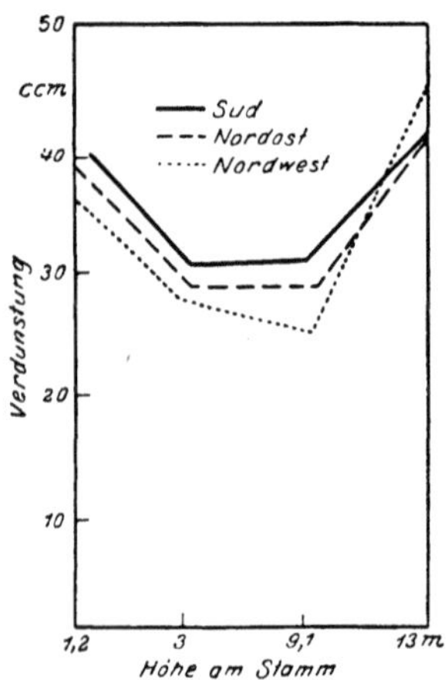


Abb. 171. Unterschiede in der Verdunstung bei verschiedenen Höhen und in verschiedener Exposition am Stamm von *Quercus stellata* (nach PESSIN)

Je steiler der Hang, desto leichter fließt natürlich auch das Geröll und fließt der Boden selbst.

Bodenfließen oder Solifluktion ist namentlich auf undurchlässigem oder gefrorenem Untergrund zu beobachten und wird begünstigt durch öfteres Gefrieren und Auftauen der oberflächlichen, vom Schmelzwasser gesättigten „Gleitschicht".

**Epiphyten und Feuchtigkeit.** Im kleinen macht sich die expositionsbedingte Feuchtigkeitsverteilung schon bei der Anordnung der kryptogamen Epiphytengesellschaften an Bäumen deutlich geltend (s. OCHSNER 1928, BARKMAN 1958).

PESSIN (1925) stellte die Verdunstungsunterschiede auf den verschiedenen Seiten des Stammes von *Quercus stellata* fest (Abb. 171); OCHSNER ordnete die Epiphyten am Stamm von *Populus nigra* nach den verschiedenen Richtungen der Windrose und erhielt das in Abb. 100 gezeigte Bild.

Die Blattflechten sind fast ausschließlich auf die Nordseite (Schatten), die Leucodonform der Moose auf die Südseite (Belichtung und Trockenheit), die *Orthotrichum*- und die Lebermoos-*Radula*-Form auf die Westseite (Regenseite) beschränkt.

Sehr eingehend behandelt BARKMAN (l. c.) die Abhängigkeit der Epiphyten und Epiphytengesellschaften von Feuchtigkeit, Exposition und Stammneigung. Eine typische Regenablauf-Assoziation, das *Prasioletum crispae*, wurde nur bei einer Stammneigung von 87 bis 94° beobachtet.

## 4. Wind

Der Wind rückt namentlich an Küsten, in weiten, offenen Flachländern, an Gebirgskämmen zum entscheidenden vegetationsgestaltenden Faktor vor.

**Windstärke.** Mit der Erhebung über dem Boden steigt die Windstärke (Abb. 172). Nach HELLMANN (Meteor. Zeitschr. 32. 1915) betrug die mittlere Jahresgeschwindigkeit des Windes auf offenem Feld in Nauen bei 2 m Höhe 3,29 m/Sek., bei 16 m 4,86 m/Sek. und bei 32 m 5,54 m/Sek. Die windgepeitschten Küsten Südirlands verzeichnen 7,4 m/Sek. (Valencia), ungefähr so viel wie die Alpengipfel: Säntis (2440 m) 7,7 m/Sek., Sonnblick (3100 m) 7,5 m/Sek.; der Pikes Peak (4308 m) registriert 9,2 m/Sek., der freistehende Mount Washington (1950 m) gar 15 m/Sek. im Jahresmittel[1].

Von furchtbarer Gewalt sind die Extreme. Sie erreichen beispielsweise am Sonnblick Stundenmittel von 38,1 m/Sek.; am Säntis ver-

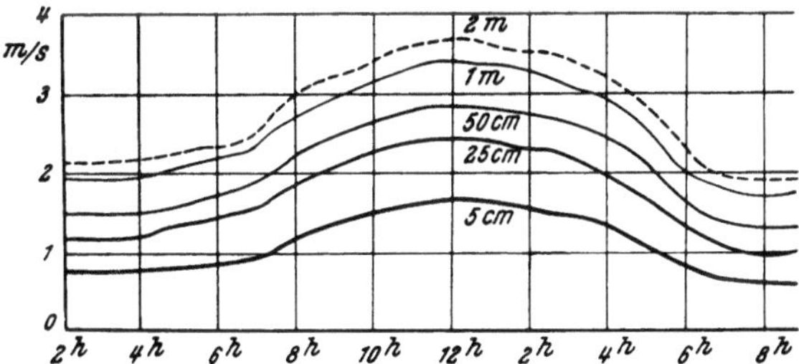


Abb. 172. Tagesverlauf der normalen Windgeschwindigkeit in verschiedenen Höhen über dem Erdboden (nach HELLMANN aus GEIGER 1950)

zeichnete der Windmesser am 27. Januar 1890 ein Tagesmittel von 32,3 m/Sek.; zwischen 13 und 14 Uhr erreichte der Wind eine Geschwindigkeit von 46,1 m/Sek. (Maximum in Zürich 1890 bis 1900: 24 m/Sek.). Derartige orkanartige Windstärken sind imstande, ganze Baumbestände zu knicken oder zu entwurzeln und Steinplatten vom gefrorenen Boden wegzureißen und in die Luft zu wirbeln (BR.-BL. 1913, S. 53).

**Sturmwinde.** Ausnahmsweise heftige Sturmwinde vernichten die Pflanzen, langdauernde Winde formen sie. BROCKMANN-JEROSCH (1929) und RUNGE (1957, 1959) geben hierfür zahlreiche Beispiele.

Vernichtend auf die Baumvegetation wirken Wirbelwinde. Der Südsee-Taifun vom 13. September 1934 überfiel mit einer Geschwindigkeit von 60 bis 70 km in der Stunde die östliche Küste Shikokus, Kobe, Kyoto, Osaka, dessen meteorologische Station 60 m/Sekunde anzeigte, worauf das Meßinstrument zerbrach. Der Taifun hinterließ vernichtete Städte und Wälder. Einzelbäume zeigten sich widerstandsfähiger als ganze Baumbestände (TAKAHASHI 1936).

[1] Die Zahl der botanischen Arbeiten, die das Windproblem behandeln, hat sich so stark vermehrt, daß hier nur auf einige der wichtigeren verwiesen werden kann: TH. C. E. FRIES (1913), BRAUN-BLANQUET (1913, 1915), SKOTTSBERG (1916), KÜHNHOLTZ-LORDAT (1923), SZYMKIEWICZ (1924), VISHER (1925), BROCKMANN-JEROSCH (1925, 1929), HAUMAN (1926), BURGER (1932), FRITZSCHE (1933), TAKAHASHI (1936), RIVALS (1950), GEIGER (1950), RUBNER (1953), RAABE (1957), ESKUCHE (1957), RUNGE (1957, 1959), HORVAT (1961) u.a.

Eine kurzdauernde Windstärke von 220 km in der Stunde ist vom Wetterdienst in Saint-Denis auf La Réunion am 26./27. April 1948 gemeldet worden. Die Wirbelstürme haben hier gelegentlich nicht mehr als 50 m Durchmesser. Am widerstandsfähigsten gegen Entwurzelung

Abb. 173. Windform von *Cedrus atlantica* an der Lalla Kheditscha, 2200 m, Algerien (Aufn. K. Müller, Exkurs. Br.-Bl.)

sind von den eingeführten Baumarten: *Araucaria cookii*, *Cinnamomum camphora*, *Cryptomeria japonica*, *Platanus acerifolia*, *Tecoma leucoxylon* (Rivals 1950).

Die größte heute über Land gemessene Windstärke beträgt 260 km/h = 72 m/Sek., auf dem Meere 325 km/h (Riehl, Trop. Meteor. 1954).

**Mechanische Windwirkung.** Vegetationsgestaltend ist vor allem die Dauerwirkung des Windes.

Der Schädigung der jungen Triebe und Knospen auf der Windseite geht oft eine gesteigerte Entwicklung der Leeseite parallel, so daß jene eigenartigen Fahnenformen der Bäume und zugestutzten, glattgeschorenen Heckendünen entstehen, die für windreiche Gegenden so charakteristisch sind (Abb. 173, 174). Die Hauptwindrichtung läßt sich nicht nur an der Baum- und Strauch-, sondern an windausgesetzten

Abb. 174. *Olea europaea* als Heckendüne zwischen Gorgese und Sagone (Aufn. NÁBĚLEK, Exkurs. S.I.G.M.A.)

Stellen im Gebirge selbst an der Rasenvegetation deutlich ablesen (BR.-BL. 1913).

Sand, Grus, Salz- oder Schneekristalle als Schleifpulver verschärfen die mechanische Windwirkung.

Die der starken Bora ausgesetzten Gräte und Poljen im kroatischen Küstenbereich sind von einer artenreichen, ökologisch deutlich umgrenzten Chamaephytengesellschaft, bestehend aus *Globularia cordifolia*, *Satureia subspicata*, *Carex humilis*, *Edraeanthus tenuifolius*, *Teucrium montanum*, *Crepis chondrilloides*, besetzt, welche den stark austrocknenden Wind erträgt (HORVAT 1961).

Am stärksten ist der Windschliff wenige Zentimeter über dem Erdboden oder der Schneeoberfläche. Dem Baum- und Strauchwuchs wird diese Schliffzone oft verderblich (Abb. 175). Äste und Zweige im Windbereich zeigen in der Gefahrzone oft mehr oder weniger deutliche Spuren des Sand- oder Schneegebläses. Sie sind einseitig oder ringsum entrindet und angefressen, teilweise auch abrasiert. Selbst dem Boden hart anliegende Spaliersträucher, wie *Dryas*, *Salices*, *Loiseleuria procumbens*. und Polsterpflanzen tragen Winderosionsmale. Sandkörner und Schneekristalle bringen ähnliche Erosionsgebilde hervor, doch arbeitet der Sandschliff gründlicher (Abb. 176).

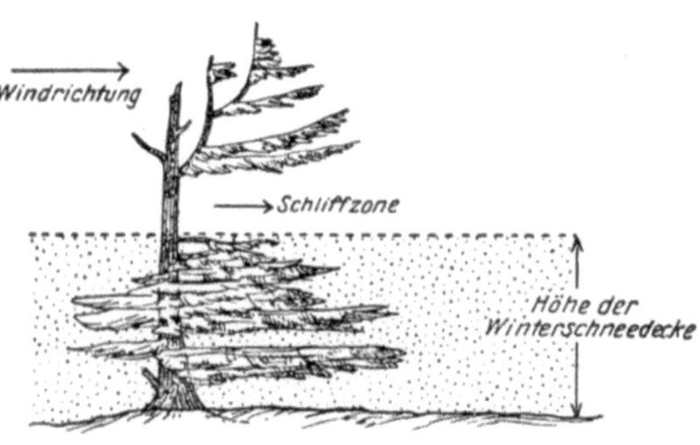


Abb. 175. Fichtenfahne im Windbereich an der Waldgrenze in den Alpen und Windschliff

Gegen Schneeschliff sehr widerstandsfähig sind die nordisch-alpinen Horstpflanzen *Elyna myosurcides* und *Juncus trifidus* sowie die polster-

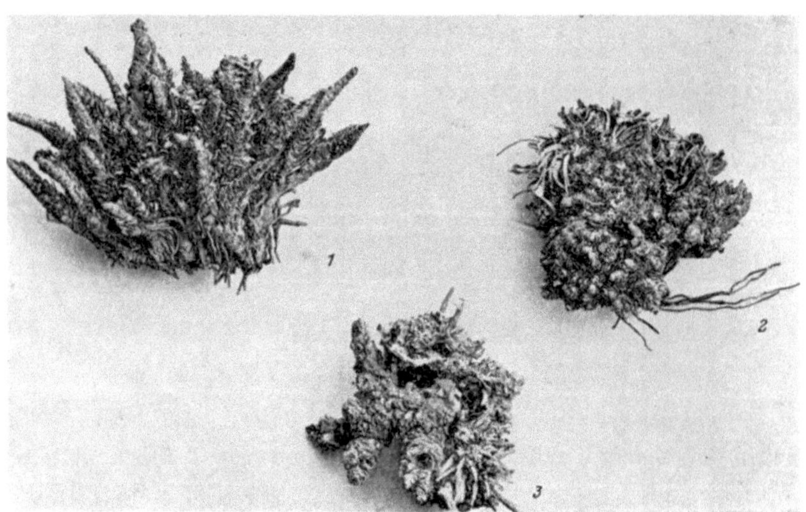


Abb. 176. Wirkung des Sandschliffs in der Wüste. *1 Stipa tenacissima* (Halfa). Felsgrat im Gebiet der Sanddünen westlich Biskra, Sahara. Toter, vom Sandschliff ausgefeilter Horst. *2 Andropogon laniger*, einseitig abgeschliffener Horst aus der Umgebung von Tolga, Sahara. *3 Centaurea omphalotricha*, kümmerlich vegetierendes Rumpfstück, zu drei Vierteln abrasiert. Felswüste zwischen Tolga und Biskra (nach Br.-Bl. 1913)

bildenden *Androsace helvetica, Silene acaulis, Saxifraga caesia, S. retusa*. An den windgefegten Kämmen wachsen sie, von vorn, von der Seite oder vom erhöhten Zentrum aus angefressen, einseitig im Windschutz des abgestorbenen Polsterteiles weiter (Abb. 177). Im finnischen Schärengebiet sind nach HÄYRÉN (Med. Soc. Fauna et Flora Fenn. 44, 1918)

Abb. 177. Wirkung des Schneegebläses an hochalpinen Windecken. *1* Polster von *Silene acaulis* einseitig abgeschliffen. Flimserstein, 2670 m, an schneefreien Windecken, Januar 1911. *2 Elyna myosuroides*, angefeilter Randhorst vom Älplipaß bei Parpan, 2640 m, August 1910. *3 Androsace helvetica*, halbseitig abgetötetes Windpolster vom Stäzerhorn, schneefreie Felskuppe, 2500 m, März 1911. *4 Elyna myosuroides* vom Piz Lagalb, 2600 m, Windecke, Februar 1906. *5 Festuca glacialis*, einseitig geschliffenes Halbkugelpolster von der windoffenen Gipfelfläche des Pic de la Bernatoix, Pyrenäen, 2600 m, August 1907 (nach BR.-BL. 1913)

Windpolster der Moose *Hedwigia albicans* und *Rhacomitrium*-Arten besonders widerstandsfähig. *Rhacomitrium lanuginosum*-Bestände bekleiden auch die vom Seewind rasierten Gebirgskämme Westirlands.

**Physiologische Windwirkung.** Zur mechanischen tritt stets auch die physiologische Windwirkung. Die physiologisch austrocknende Windwirkung ist mehrfach experimentell untersucht worden, so von SORIANO (1953), der auch Literaturhinweise gibt. Ist die Wasserversorgung der Pflanzen unzureichend, der Wassernachschub bei gefrorenem Boden verlangsamt, so sind nach heftigen Winden dieselben Welkungserscheinungen nachweisbar wie bei großer Dürre. Die jungen, saftigen Triebe vertrocknen, die Laubblätter sind von der Spitze und von den Seiten her, wo die Wasserabgabe am stärksten ist, gebräunt, oft verbogen oder eingerollt.

Die physiologische Windwirkung bestimmt den Verlauf der polaren Waldgrenze. Nach KIHLMAN (1890, S. 75) ist es nicht die mechanische Kraft des Windes an sich, nicht die Kälte, nicht der Salzgehalt oder die Feuchtigkeit der Atmosphäre, die dem Walde seine Schranken setzen, sondern hauptsächlich die monatelang dauernde ununterbrochene Austrocknung der jungen Triebe zu einer Jahreszeit, die jeden Ersatz des verdunsteten Wassers unmöglich macht. Gerade an der Baumgrenze, im Norden, wie in den Gebirgen, ist aber die physiologische, austrocknende Wirkung stets auch von mechanischer Windschädigung begleitet. An der Baumvegetation wird der Gesamteffekt stärker sichtbar.

**Wind und Waldgrenze.** Die Baumfeindlichkeit windoffener Inseln und Meeresküsten ist bekannt. Nach SKOTTSBERG (1916) und HAUMAN (1926) ist die Waldlosigkeit großer Teile Südargentiniens auf die andauernde Heftigkeit der Winde zurückzuführen. Sie schaffen in Westpatagonien und Feuerland eine „maritime" Waldgrenze, jenseits welcher nur noch die kümmerliche Polsterheide fortkommt. Der zerstörenden Gewalt der West- und Südwestwinde schreibt MORISSON die Armut Südpatagoniens zu und die Unmöglichkeit, außerhalb der wenigen geschützten Barrancas Ackerbau zu treiben.

SZYMKIEWICZ (1924) gelangt auf Grund seiner Klimastudien zur Annahme, daß die kalten Gebiete der Erde, wo die mittlere Windstärke 10 m über dem Boden 6 m/Sek. erreicht, baumlos sein müssen.

Von Frösten begleitete heftige Winde sind dem Baumwuchs besonders ungünstig. Daher der eigenartige Verlauf der Waldgrenze parallel zur Küstenlinie zu beiden Seiten der Behringstraße und auch in Labrador. Daher auch die Depression der Waldgrenze an den windoffenen Kämmen unserer Mittelgebirge, im Schwarzwald, in den Vogesen, in der Auvergne, in den Südsevennen. Diese windbedingte Waldgrenze hat zur Folge, daß die obersten Buchengruppen an den Hängen des mehrere Breitegrade nördlicher gelegenen Schwarzwaldes fast ebenso hoch (bis etwa 1450 m) emporreichen wie in den Südsevennen mit ähnlicher Kammhöhe, wo der Hochwald an windoffenen Kämmen von einem — heute allerdings vielfach unterbrochenen — schützenden Gürtel von Kriechbuchen umsäumt ist (Abb. 178).

Auch in Schwedisch-Lappland sind windbedingte Waldgrenzen für flache, isolierte Bergkuppen bezeichnend. Sie verlaufen oft beträchtlich unter der wärmeklimatischen Waldgrenze.

**Bodenerosion.** In Trockengebieten, vor allem dort, wo unvorsichtige Entwaldung oder Überweidung die Vegetationsdecke geschädigt haben, kommt es zur Oberflächenerosion großer Landstrecken, von deren Umfang in Argentinien der Wohlstand ganzer Provinzen abhängen kann (HUECK 1951).

Im zentralen Pampa-Gebiet haben sich unter dem Einfluß andauernd heftiger Winde und verursacht durch zu intensive Bodenbearbeitung fast völlig sterile Flugsandfelder entwickelt, die nur noch einige ephemere Unkräuter, wie *Kochia scoparia*, *Bassia hyssopifolia* u. a., tragen

Abb. 178. Kriechbuchen, die Waldgrenze bildend. Nordwestkamm des Aigoual, Südsevennen, 1500 m (Aufn. E. FURRER)

(PARODI l. c.) und damit an die „Scalds" von New South Wales erinnern. Die Oberfläche dieser tonigen Böden ist fest zementiert. Bei der Wiederbesiedlung der fast pflanzenlosen Erosionsflächen spielen Therophyten, worunter unsere *Salsola kali* und *Spergularia rubra* und die australischen *Eritrichium australasicum*, *Chenopodium atriplicinum*, *Melothria micrantha*, eine wichtige Rolle. Die Weiterentwicklung der Vegetationsdecke kann durch Pflügen beschleunigt werden (BEADLE 1948).

Eine eigenartige biologische Meßart der Winderosionskraft erwähnt HUECK (1951) aus der Strauchsteppe von Catamarca (Argentinien). Die jährliche Bodenabtragung läßt sich am Wurzelhals dürreharter Steppensträucher abschätzen. Unter *Larrea cuneifolia* konnte auf diese Weise eine mittlere jährliche Bodenabtragung von 2,5 cm festgestellt werden. Neben dem Wind als Hauptwirkungsfaktor kommt bei der Abtragung dem Wasser nur wenig Bedeutung zu.

Daß Winderosion selbst in mitteleuropäischen Pflanzengesellschaften zu fürchten ist, zeigen die Untersuchungen von W. CHRISTIANSEN (1951) im Küstengebiet der Schleswig-Holsteinschen Geest. Am stärksten winderosionsgefährdet sind die dem *Corynephorion* nahestehenden Gesellschaften.

**Windwirkung im Hochgebirge.** Die bodenabtragende Tätigkeit des Windes macht sich im Hochgebirge ganz besonders geltend.

An wintersüber schneefreien Windecken ist der schädigende Einfluß der mechanischen Windwirkung durch Unterhöhlung und Abbau des Rasens insbesondere am *Elynetum*, *Caricetum firmae* und *Loiseleurio - Cetrarietum* auffällig. Jede offene Rasenwunde als Angriffsstelle ausnützend, gräbt und nagt der Wind gleich der Brandung an der Steilküste. Die Erdkrume wird gelockert und zerbröckelt, das Wurzelwerk bloßgelegt. Flechtenschorfe nisten sich auf den absterbenden Rasenhorsten ein, die schließlich zerfallen und mit der Feinerde verweht werden. Die Unterhöhlung und Zerstörung des Rasens schreitet fort, bis die Bodengestaltung Halt gebietet. Bei frontalem Windangriff entstehen Windanrisse (Abb. 180), bei seitlichem langgezogene Windfurchen, so daß die Kammlinie aussieht wie vom Pflug aufgerissen. Die Wiederberasung verläuft äußerst langsam und wird je nach Boden und Höhenlage bald von *Dryas octopetala* und *Salix serpyllifolia*-Spalieren, bald von *Carex rupestris*, *Loiseleuria procumbens* oder *Polytrichum juniperinum* in die Wege geleitet.

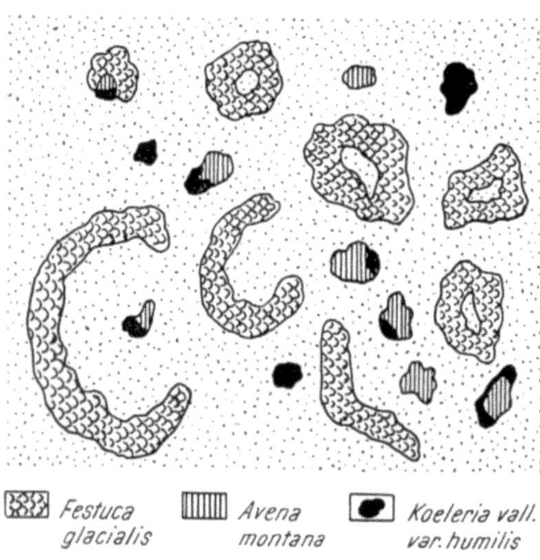


Abb. 179. Windbedingter, tellerartiger Rasenabbau am Grat des Puig d'Alp, Pyrenäen, 2430 m (aus BR.-BL. 1948)

Äußerst windhart sind *Alectoria nigricans* und *A. ochroleuca*; auch *Cetraria cucullata*, *C. crispa*, *C. nivalis*, *Thamnolia vermicularis* gelten als windhart. Windempfindlicher sind die Cladonien.

Nach der örtlichen Verteilung dieser Flechten können mehrere Varianten des *Loiseleurio-Cetrarietum* unterschieden werden, die sich im Gelände nach ihrer Windhärte anordnen (PALLMANN und HAFFTER 1934, BR.-BL., PALLMANN, BACH 1954).

Auf Kalkrohböden wird die Assoziation vom dryasreichen *Caricetum firmae* abgelöst. In höheren Gebirgslagen bezeichnen das *Elynetum*, das *Curvuletum elynetosum* und das *Curvuletum cetrarietosum* mit reicher Windflechtenbeimischung (*Thamnolia vermicularis*, *Cetraria cucullata*, *C. nivalis*, *C. juniperina*) die wintersüber schneefrei geblasenen, extremen Standorte.

In der Tatra sind obige Gesellschaften unter entsprechenden Außenbedingungen durch die windharten *Trifidi-Distichetum*, *Versicoloretum tatricum* und *Caricetum carpaticum* ersetzt (PAWLOWSKI 1935, 1959,

Abb. 180. Windanriß im *Elynetum* am Piz Padella, 2500 m (Aufn. J. KLIKA u. BR.-BL.)

JENÍK 1958), in der Auvergne um 1700 bis 1800 m durch das *Chrysanthemo-Festucetum spadiceae* (BR.-BL. 1926), in den Ostpyrenäen durch das *Elyno-Oxytropidetum foucaudii* (BR.-BL. 1948), auf den Balearen durch *Astragalus poterium*-Garriguen (s. Abb. 72).

An den windgefegten Kämmen des hohen Atlas (Djebel Ourgouz) haben wir bei 2500 m prachtvolle Winderosionsspuren an der die Gratschneiden bekleidenden *Festuca maroccana-Scutellaria demnatensis*-Assoziation beobachtet.

Alle diese „Windgesellschaften", deren vergleichend-ökologisches Studium ein dankbares Arbeitsfeld ergäbe[1], sind örtlich scharf umrissen und auch floristisch von den angrenzenden Rasengesellschaften gut geschieden (Abb. 354). Gelegentlich ist an alpinen Windecken auch Vegetationszonation, bedingt durch verschieden starken Windeinfluß,

[1] Eine vergleichende Beschreibung des alpigenen und pyrenäischen *Loiseleurio-Cetrarietum* gibt BR.-BL. (1948).

zu beobachten. Zur direkten Windwirkung am Standort tritt vielfach indirekte Standortsbeeinflussung durch Änderung der Bodenkonstitution, der Bodenfauna, der Kohlensäurezirkulation usw. Diese Verhältnisse sind aber noch kaum untersucht. Der Boden an Windecken weist bei sonst übereinstimmenden Verhältnissen auch ein höheres pH auf, ist also weniger sauer als nebenan im Windschutz (BR.-BL. und JENNY 1926).

**Dünenbildung.** Scharf ausgeprägte Winderosionsbilder treten uns

Abb. 181. Sommeraspekt der *Ammophila-Medicago marina*-Assoziation bei Carnon nächst Montpellier, im Vordergrund *Echinophora spinosa* und *Euphorbia paralias* (Aufn. RÜBEL u. ÜHLINGER)

sodann im Bereich der Stranddünen entgegen. Sie sind erstmals ausführlich durch KÜHNHOLTZ-LORDAT (1923) von der französischen Mittelmeerküste geschildert worden.

VAN DIEREN (1934), dem wir eine wichtige Abhandlung über organogene Dünenbildung verdanken, unterscheidet zwischen den „physikalischen Dünenformen", die meist ohne Mitwirkung lebender Dünenorganismen entstehen, und „organogenen Dünen", deren Entstehung lebenden Pflanzen und Pflanzengesellschaften, die Sandüberschüttung ertragen, zuzuschreiben ist.

Zu den Dünenassoziationen, welche Windschliff und Sanddeckung am besten ertragen, zählen das *Ammophiletum arundinaceae* am Mittelmeer (Abb. 181) und das *Agropyro-Ammophiletum* an der südatlantischen Küste.

Die beiden Assoziationen setzen sich auf den Dünenkämmen fest, fixieren sie und setzen ihre Entwicklung mit dem Dünenaufbau fort. Etwas geschützter folgen das mediterrane *Crucianelletum* und am Ozean das *Helichryso-Artemision crithmifoliae* Portugals.

Diesen Vorstufen der Dünenfestigung folgen die immergrünen Strauchgesellschaften, der *Ephedra distachya*-Bestand am Mittelmeer und die Assoziation von *Ulex latebracteatus* und *Cistus salviifolius* in Nordportugal (Br.-Bl., Pinto, Rozeira).

Im Prinzip ähnlich verläuft die Bildung der nordatlantischen Dünengesellschaften der *Elymetalia arenariae*-Ordnung.

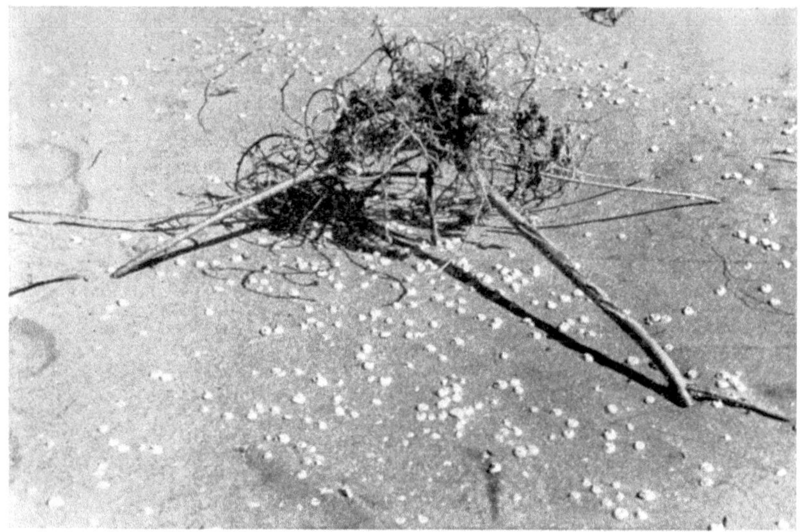

Abb. 182. Schlußglied des Dünenabbaus zwischen Sète und Agde. Windtrichter mit *Crucianella maritima* (Aufn. T. Wraber u. Br.-Bl.)

In hohem Maße der Dünenabtragung ausgesetzt sind der Strand zwischen Sète und Agde, wo uns chaotische Vegetationsbilder entgegentreten (Abb. 182, 184), aber auch die Nordportugiesische Küste.

Unter dem Einfluß des Windes vollzieht sich auch die Umlagerung von Sandmassen an vegetationsarmen Stellen des Inlandes. Geht die Sandverfrachtung allmählich vor sich, so vermag sich die Vegetation öfter dadurch gegen das Verschüttetwerden zu schützen, daß sie auch hier den Sand durchwächst und bindet. Vorzügliche Sandbinder sind die Rhizomgeophyten *Agropyron* und *Calamagrostis* (besonders *C. epigeios*), in der nordafrikanischen Wüste *Aristida pungens* und *Euphorbia gouyoniana*. Indem sich ihr Sproßsystem in gleichem Maße hebt, als Sandzufuhr stattfindet, geben sie Anstoß zur Dünenbildung und wirken dadurch geomorphologisch aufbauend (Abb. 183).

**Wanderdünen.** Der Pflanzendecke besonders gefährlich werden die Wanderdünen, die in langgestreckten Dünenzügen, durch Zwischenräume unterbrochen, aufeinander folgen. Für ihre Bekämpfung gibt das Verhalten der natürlichen Pflanzengesellschaften die besten Anhaltspunkte.

Im gewaltigen Wanderdünengebiet zwischen Kap Sim und Kap Ghir an der südmarokkanischen Küste schiebt sich zwischen die einzelnen 20 und mehr Meter hohen Dünen eine äußerst charakteristische Gesellschaftsfolge ein, deren Studium zur rationellen Bekämpfung der Dünenwanderung geführt hat. Der eben von der Wanderdüne verlassene

Abb. 183. Dünenembryonen und mannshohe Düne mit *Aristida pungens* westlich Biskra, Sahara (Aufn. K. MÜLLER, Exkurs. BR.-BL.)

Bodenstreifen trägt ein Initialstadium von *Ononis tournefortiana*, worauf die dichter zusammenschließende Assoziation von *Ononis angustissima* folgt, die schließlich vom *Retama webbii*-Busch abgelöst wird. Aber bevor der letztere zur vollen Entwicklung gelangt, rückt die Folgedüne heran und begräbt den Busch (Abb. 414, S. 702).

Die künstliche Dünenfestigung setzt mit dem *Ononis angustissima*-Stadium ein, das auf kilometerbreiten Flächen künstlich nachgezogen wird, indem man samentragende Zweige über den Sandboden hinspreitet und mit etwas Sand verankert. Hat das *Ononidetum* Fuß gefaßt, so wird *Retama* hineingesät oder erscheint früher oder später auch natürlicherweise ohne Beihilfe (BR.-BL. und MAIRE 1924).

Die gefürchteten Binnendünen im Innern Argentiniens sind von PARODI (1947) beschrieben worden. Teils sind sie gänzlich vegetationslos, teils von den Sandbindern *Panicum urvilleanum* (jaboncillo), *Sporobolus rigens* (unquillo) und dem Kompositen-Strauch *Plazia argentea* (olivillo) besiedelt. Alle Übergänge von den offenen bis zu den gefestigten und grasbewachsenen Dünen sind vorhanden. Wird die Grasnarbe durch unvorsichtige und ungeregelte Bodenbearbeitung geschädigt, so kann dies

Abb. 184. Abbau des *Crucianelletum maritimae* der alten Stranddünen bei Agde (Aufn. Br.-Bl. u. Wraber)

Abb. 185. *Pinus mugo*-Aufforstung im Nardusrasen am Gipfelgrat des Aigoual, Südsevennen, 1540 m, durch Wind und Schneegebläse vernichtet (Aufn. Furrer)

leicht zu Rückbildungen und zur Vergrößerung des Dünenareals führen.

**Windanpassung.** Wie die Kälte- und Dürreresistenz, so ist auch die Widerstandskraft der Pflanzen gegen Windwirkung eine Arteigenschaft, die sich nur teilweise auf morphologisch-anatomische Anpassungen zurückführen läßt. Durch Windwirkung öfter „gezüchtet“ und als Schutzform gegen heftige Winde zu betrachten ist der Polsterwuchs. Polsterpflanzen sind charakteristisch für windausgesetzte Standorte: Küstengebiete, Wüstensteppen, Kämme der Hochgebirge, Arktis. Die Polsterpflanzen sind allerdings nicht nur gegen Wind, sondern auch gegen Wärmeschwankungen und intensive Bestrahlung wenig empfind-

Abb. 186. Windbedingte Waldgrenze von *Quercus mirbeckii* in der Kroumirie, Tunesien (Aufn. HUECK, Exkurs. S.I.G.M.A.)

lich, und es ist daher nicht leicht, die von anderen Faktoren unbeeinflußte „Windhärte“ der Gewächse einzuschätzen. Forstbaulich wertvoll wäre die Kenntnis der spezifischen Windhärte der Hölzer, ihr Verhalten zum Windfaktor in der Nähe der Wald- und Seegrenze. Viele Fehlschläge bei Aufforstungen könnten dadurch vermieden werden. An der Unterschätzung des Windfaktors sind unter anderem alle vieljährigen Aufforstungsversuche am Gipfelgrat des Mont Aigoual und am Col de Trépaloux in den Südsevennen (1520 bis 1560 m) gescheitert (BR.-BL. 1915; Abb. 185). Ähnliche Mißerfolge sind auch in den Alpen vielfach zu verzeichnen.

**Windwirkung und Pflanzengesellschaften.** Heftiger Windwirkung gegenüber erwahrt sich der gesellschaftliche Zusammenschluß um so wirkungsvoller, je dichter geschlossen und je höher die Vegetationsdecke aufwächst.

Immergrüne Strauch- und Waldgesellschaften schaffen durch ihre Strauch- und Baumschicht der Begleitflora dauernden, wenn auch nicht absoluten Windschutz, was hauptsächlich dem Lianenbehang zugute kommt.

Aber nicht den katastrophalen Wirkungen der Orkane, die Baumbestände knicken und entwurzeln, sondern den dauernden Windströmungen kommt die größte vegetationsgestaltende Wirkung zu. Nirgends wird dies deutlicher als im Gebirge, wo das Bestehen vieler

Abb. 187. Links schneearme Windecke, rechts tiefe Schneewehe (Gwächte) am Grat des Montseny, katalanische Vorpyrenäen, 1700 m (Aufn. PRESUTTO-ABELA)

Pflanzengesellschaften ganz vom Windschutz abhängt. Die Extreme liegen hier hart nebeneinander und sind um so schärfer, als der Wind auch die Schneeverteilung meistert (Abb. 187).

Höhe und Dauer der Schneedecke sind örtlich viel weniger von der Menge des an Ort und Stelle gefallenen Schnees als von den herrschenden Windverhältnissen abhängig. Die in den Alpenländern vielfach üblichen gegensätzlichen Ausdrücke „Windecke“ (schneefrei geblasene Stelle) und „Schneefang, Schneeloch, Gwächte“ (von geweht) deuten schon darauf hin. Allwinterlich sind es dieselben Bergvorsprünge, Kämme und Kuppen, die freigeblasen, dieselben Bodenvertiefungen und Gratkanten im Windschatten, die mit gewaltigen Schneemassen überschüttet werden. Daher sind Strauchbestände von *Rhododendron*, *Vaccinium*, *Juniperus*, im Norden auch von *Betula*, *Picea* und anderen kälte- und windempfindlichen Arten an windexponierten Stellen, soweit sie dort überhaupt gedeihen, auf die mittlere winterliche Schnee-

20*

höhe zurückgestutzt, ihr tischebenes Aussehen verrät die Höhe der Winterschneedecke.

Die Vegetation der windoffenen ist von jener der windgeschützten Standorte derart verschieden, daß auch bei unbewegter Luft aus der Vegetation auf die Windverhältnisse am Standort geschlossen werden kann. Näher untersucht sind diese Abhängigkeitsverhältnisse in Lappland und in den Schweizeralpen. Im Norden sind die *Parmelia lanata-*, *Gyrophora proboscidea-*, *Hierochloa alpina-*, *Dryas octopetala-*, *Diapensia lapponica-* und die flechtenreiche *Loiseleuria procumbens-*Assoziation für windgefegte Stellen charakteristisch (Fries 1913).

In den Alpen und Pyrenäen gehört das stark in die Augen fallende flechtenreiche *Loiseleurio-Cetrarietum* zu den windhärtesten Zwergstrauchgesellschaften. Es kennzeichnet die früh schneefreien, auch im Hochwinter oft schneefrei geblasenen Windecken. Zwischen Zwergstrauch und Flechtendecke besteht eine Art Symbiose, indem die Flechten den Zwergstrauch schützen, dieser aber die Verankerung der Flechten ermöglicht, denn ohne ihn wäre ein Aufkommen der Flechtendecke an Windecken undenkbar. Das Absterben der Alpenazalee hat daher unfehlbar die Vernichtung des ganzen Bestandes zur Folge.

**Regen- und Fallwinde.** Der verderblichen Wirkung kalter und heftiger Winde steht der günstige Einfluß warmer Lokalwinde, wie des Föhns und ihm entsprechender Fallwinde, gegenüber. Sie beschleunigen die Vegetationsentwicklung im Frühjahr und die Fruchtreife im Herbst und gestatten das Vorkommen wärmebedürftiger südlicher Gewächse in generalklimatisch weniger günstigen Gebieten.

Der warme Föhn gibt der Vegetation mancher Gebirgstäler am Nordabfall der Alpen einen südlicheren Anstrich. Ihm verdanken Linth-, Reuß-, Haslital ihre so bezeichnenden, völlig isolierten thermophilen Pflanzenkolonien. Er bringt eine mehrere Zoll hohe Schneedecke innert 24 Stunden zum Verschwinden, verlängert im Herbst die Vegetationszeit, begünstigt das Emporreichen des Getreidebaues und die Kultur der Rebe und der Kastanie in einigen nordalpinen Föhntälern der Schweiz. Ähnlich wirkt in Kanada der Chinookwind, der in kürzester Zeit ein Ansteigen der Temperatur von —10° auf über 20° bedingt.

Bodenbildend wirkt der Wind durch Aufschüttung (Lößbildung). Der subglazialen Lößbildung über kalkarmem Silikatfels verdanken die Kolonien kalksteter Arten am Rhoneknie im Unterwallis ihr Dasein.

Der Einfluß regenbringender Winde auf die Feuchtigkeitsversorgung der Vegetation macht sich besonders dort geltend, wo höhere, quer zur Windrichtung streichende Erhebungen den Regen abfangen. Unter solchen Umständen kommt es auf engstem Raum zu größten Gegensätzen. Auf europäischem Boden herrscht kaum irgendwo ein schärferer Vegetationsgegensatz als zwischen dem Zermatterbecken, mit seinen Lärchen-Arven-Wäldern, Getreideäckern und trockenharten *Stipo-Poion carniolicae-*Rasen am Nordabfall, und dem nur durch den Monterosa getrennten, dem regenbringenden Südost ausgesetzten Macugnaga am warmen italienischen Südhang, mit seinem Buchenwald, den dürftigen Kartoffeläckerchen und den feuchtigkeitstriefenden Wiesen (s. Br.-Bl. 1961) (Abb. 188).

Die allgemein gültigen Expositions- und Höhenunterschiede, wie sie Giacomini und Fenaroli (1958, Fig. 2) zeichnen, erfahren hier über kaum mehr als 25 km Horizontaldistanz eine völlige Umkehr.

**Windverbreitung.** Die verbreitungsbiologische Bedeutung des Windtransports ist namentlich von P. Müller-Schneider (1955) eingehend behandelt worden, worauf verwiesen sei.

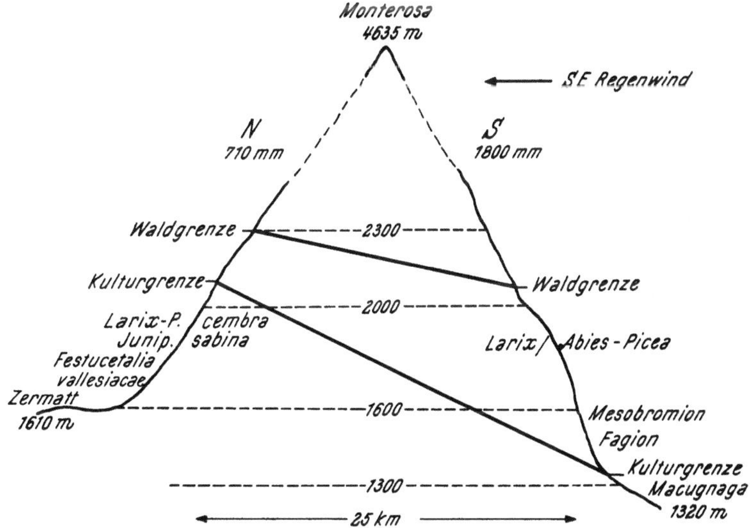


Abb. 188. Einfluß des Regenwindes auf die Vegetationsverteilung am Monterosa (nach Br.-Bl. 1961)

Die Winde vermitteln durch Pollenübertragung die Befruchtung der Windblütler und begünstigen durch Vergrößerung des Streubereiches der Samen die Ausbreitung und Wanderung vieler Pflanzen. Windtransport flugfähiger Samen über Strecken von 10 bis 20 km sind keine Seltenheit. Samen von *Picea*, *Pinus silvestris*, *Larix*, *Alnus viridis*, *Acer pseudoplatanus* haben wir auf Schneefeldern hoch über den letzten Außenposten und 10 bis 15 km von den nächsten samentragenden Bäumen entfernt gesammelt. Bei der Wiederbesiedlung der Vulkaninsel Krakatau haben viele Pflanzenkeime 18,5 bis 40 km breite Meeresarme überflogen (Ernst 1907).

Einen ungleich weiteren Luftweg müssen die Sporen der noch auf Südgeorgien vorkommenden Gefäßkryptogamen zurückgelegt haben, die erst postglazial von den Falklandinseln oder vom südamerikanischen Festland her dorthin gelangt sein können (s. Skottsberg 1912).

In Trockengebieten können Fruchtstände oder ganze Pflanzen als Bodenläufer über weite Strecken verfrachtet werden (Abb. 189). Pilzsporenverbreitung über Hunderttausende von Kilometern ist wahrscheinlich.

Bei der Regelmäßigkeit der herrschenden Winde zur Zeit der Fruchtreife läßt sich mancherorts eine ausgesprochene Ausbreitungs- und Wanderungstendenz der Arten in der Windrichtung feststellen. CHRIST (1879, S. 381) hat bei der Besprechung der Einwanderung seltener Alpenpflanzen im Alpsteingebiet hierauf hingewiesen. In Südfrankreich geht bei einzelstehenden Aleppokiefern der natürliche Samenanflug vorwiegend in der Richtung des herrschenden Windes (Mistral) auf und entfernt sich in dieser Richtung auch am weitesten von den Mutterbäumen.

Abb. 189. *Salsola kali* als Bodenläufer (Steppenhexe) in der Ebrosteppe (Aufn. TÜXEN, Exkurs. S.I.G.M.A.)

Durch Verbreitung stickstoffhaltiger Bodenpartikel können die Winde das Vorkommen nitrophiler Pflanzengesellschaften begünstigen, ja direkt bedingen, was sich namentlich von epiphytischen Flechtengesellschaften sagen läßt. TAMM und TROEDSSON (1955) haben nachgewiesen, daß und in welch hohem Maße durch den Wind verfrachtete lösliche Bestandteile (Ca, K, Na, P), die namentlich in Straßennähe niedergeschlagen werden, standortsbeeinflussend wirken.

**Windmessung.** Über die Zunahme der Windgeschwindigkeit mit der Höhe über dem Erdboden unterrichten folgende Kurven von G. HOLLMANN (nach GEIGER l.c.). Mit der zunehmenden Windbewegung gegen oben verstärkt sich selbstverständlich auch die Verdunstung.

Vergleichsmessungen im Freien und im Bestand zeigen die starke Herabsetzung der Windbewegung im Waldesinnern (RUBNER 1953).

Die Windstärke in m/Sek. wird mit Anemometern verschiedenster Art gemessen. Für Beobachtungen im Gelände stehen kleine tragbare

Instrumente, auch Handanemometer, käuflich zur Verfügung[1]. ESKUCHE (1957) erhielt mit dem Schalenkreuz-Handanemometer erstaunlich genaue Meßwerte. Zur Einschätzung der Windstärke dient die zwölfteilige Skala von BEAUFORT, nach welcher 1 eine kaum merkbare Luftbewegung (1 bis 2 m/Sek.), 12 orkanartiger Sturm (über 29 m/Sek.) bezeichnet.

Herrscht Sturm, so verwischen sich die Höhenunterschiede in der Luftbewegung, der Sturm erfaßt auch die bodennahe Luftschicht.

## 5. Klimagebiete

Das Bestreben, großklimatisch einheitliche Gebiete abzugrenzen, hat zur Aufstellung einer Reihe mehr oder weniger eingehend begründeter Formeln geführt. Die erhaltenen Werte sind Funktionen einer Anzahl von Variabeln, deren jede proportional der Intensität eines der wichtigsten Klimafaktoren ist.

**Kombination von Niederschlag und Temperatur.** Eine Kombination der Feuchtigkeits- und Wärmeverhältnisse hat schon A. DE CANDOLLE (1855) mit seiner pflanzengeographischen Einteilung der Erde in Hydromegathermen-, Xerophyten-, Mesothermen-, Mikrothermen- und Hekistothermengebiete versucht.

Eine übersichtliche und klare Darstellung der Faktorenkombination, die zur Charakterisierung des Großklimas wesentlich beiträgt, geben die Klimagramme nach WALTER, welche sich im Klimagrammweltatlas von WALTER und LIETH (1960) zusammengestellt finden.

Klimaformeln sind von zahlreichen Forschern aufgestellt worden. Zusammenfassende Übersichten und kritische Besprechungen finden sich bei DE PHILIPPIS (1937) und CURÉ (1945, 1950).

Es hat den Anschein, als ob keine dieser Formeln allgemein anwendbar sei, doch ergeben verschiedene in gewissen Gebieten gute Übereinstimmung der errechneten Werte mit der tatsächlichen Vegetationsverteilung.

HESSELMAN (1932) verwendet den Ariditäts- (oder Humiditäts-) Wert von DE MARTONNE, der ähnliche Resultate wie der Regenfaktor von LANG ergibt.

$$\left(i = \frac{P = \text{Jahresniederschlag in mm}}{T = \text{Jahresmittel der Temp.} + 10}\right).$$

Er gelangt zu folgender Gliederung der schwedischen Klimagebiete:

subarid (Humiditätszahl 30), Öland, Teile von Gotland und ein schmaler Küstenstreifen, Gebiete mit schwacher oder ohne Podsolierung, Steppenrelikte;

kontinental (Humiditätszahl 30 bis 34), Südostschweden, Anhäufung kontinentaler Pflanzen;

Übergangsgebiet (Humiditätszahl 35 bis 39);

---

[1] Für Vergleichsmessungen leistet der kleine Handanemometer von Haag-Streit, Bern, gute Dienste.

subhumid (Humiditätszahl 40 bis 49), im SW subatlantische Einstrahlungen, Callunaheiden, in Mittel- und Nordschweden Koniferenwälder mit ausgeprägter Podsolierung;

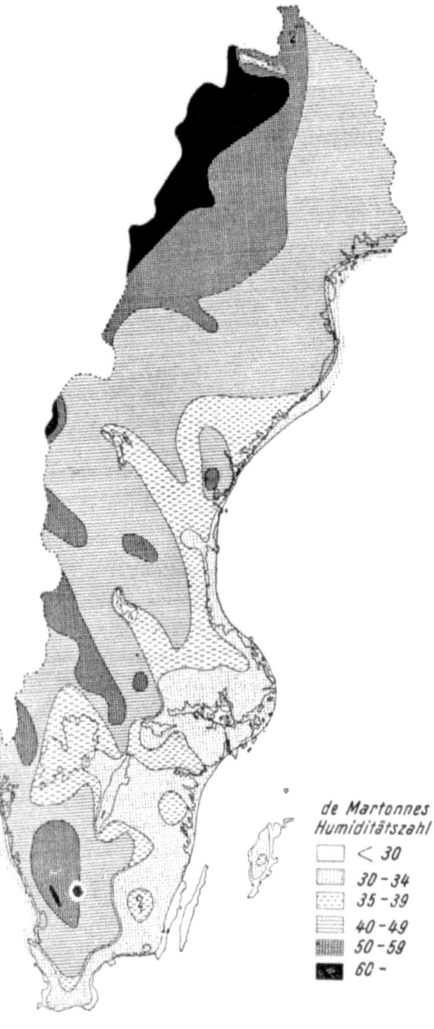

humid (50 bis 59), in Höhenlagen der subhumiden Gebiete, mächtige Rohhumusbildung;

superhumid (über 60), Südwestschweden mit Callunaheiden und soligenen Torfböden, Hochgebirge mit Fließerde, Gehängemooren.

Abb. 190. Klimagebiete Schwedens (nach HESSELMAN)

EMBERGER (1930) hat für das Mediterrangebiet den pluviothermischen Quotienten mit folgender Klimaformel eingeführt:

$$Q = 100 \cdot \frac{P}{2\left[\frac{(M+m)}{2} \cdot (M-m)\right]}$$

Wobei $P$ dem Jahresniederschlag in Millimetern, $M$ dem Mittel der Maxima des heißesten Monats, $m$ dem Mittel der Minima des kältesten Monats entspricht.

EMBERGER betont, daß seine Klimaformel im Rahmen bestimmter, klimatisch und pflanzengeographisch ziemlich einheitlicher Vegetationsgebiete anzuwenden ist.

Er unterscheidet danach im Mittelmeergebiet fünf hauptsächliche Klimatypen oder bioklimatische Gürtel: Arider, semiarider, subhumider, humider Typus und mediterraner Hochgebirgstypus. Der mediterrane Hochgebirgstypus kommt am ausgesprochensten in der Sierra Nevada und im Großen Atlas zur Geltung.

DUCHAUFOUR (1948) hat für Westfrankreich die Kurven gleicher pluviothermischer Quotienten graphisch dargestellt. Ihr Verlauf bringe den klimatischen Einfluß auf die Podsolisation am einfachsten und exaktesten zum Ausdruck.

Komplizierter erscheint der von Szymkiewicz (1938) errechnete Verdunstungsindex ($i$) mit der Formel:

$$i = (p^1 - p) \cdot \frac{273 + t}{273} \cdot \frac{760}{p - p^1}$$

In dieser Formel entspricht $p$ dem mittleren Barometerstand (mm), $t$ dem mittleren Temperaturmaximum, $p$ der Dampfspannung in Millimetern während des täglichen Temperaturmaximums und $p^1$ der bei der Temperatur $t$ gesättigten Dampfspannung.

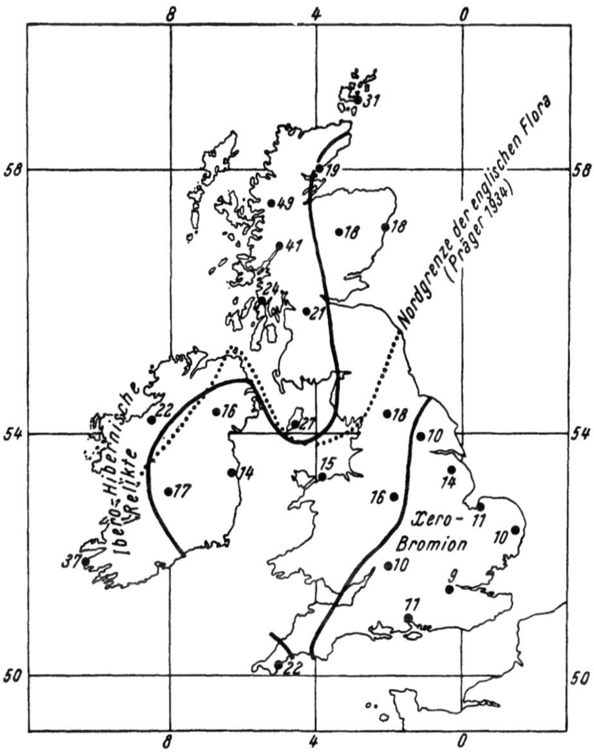


Abb. 191. Feuchtigkeitskoeffizienten Großbritanniens (nach Szymkiewicz)

Der vermittels des Verdunstungsindex errechnete Feuchtigkeitskoeffizient (Jahressumme der Niederschläge geteilt durch die Summe der Monatsmaxima des Verdunstungsindex) stimmt mit gewissen Verbreitungstatsachen recht gut überein.

So sind in Großbritannien die Trockenrasen des *Xerobromion*-Verbandes streng an Gebiete mit niedrigem (9 bis 14), die ibero-hibernischen Relikte an Gebiete mit sehr hohem (20 bis 40) Feuchtigkeitskoeffizienten gebunden. Die Nordgrenze der von Präger als „englisch" bezeichneten südlichen Artengruppe stimmt in ihrem Verlauf ziemlich gut mit der Kurve des niedrigen Feuchtigkeitskoeffizienten zusammen (Abb. 191).

Thornthwaite (1948) schlägt eine Klassifikation der Klimate nach der potentiellen Wasserabgabe der Vegetation (Transpirationsverdunstung) vor. Es wird nicht der tatsächliche Transpirationsverlust, sondern die Wasserabgabe bei optimaler Wasserversorgung ins Auge gefaßt. Die Berechnung dieser potentiellen Transpiration ist aber äußerst kompliziert und das Resultat vorderhand begreiflicherweise approximativ.

Bei all diesen Formeln kann es sich im Prinzip nur darum handeln, sie mit der großräumigen Vegetationsanordnung möglichst eng in Einklang zu bringen. Ob ein und dieselbe Klimaformel für den ganzen Erdball Anwendung finden kann, erscheint fraglich. Je besser aber eine Formel mit der tatsächlichen Vegetationsverteilung übereinstimmt und je weiter ihr Anwendungsbereich Gültigkeit hat, desto besser eignet sie sich als Kontrollmaßstab.

Der beste tatsächliche, natürliche Maßstab zur Abgrenzung der großräumigen bioklimatischen Einheiten und der beste Mittler zu ihrer graphischen Darstellung sind zweifellos die Pflanzengesellschaften selbst. Die berechneten Werte der Klimatypen müssen mit den großräumigen Vegetationskomplexen übereinstimmen.

**Hauptklimatypen der Erde.** Folgende, von Schmithüsen (1961) aufgestellte zwölf Hauptklimatypen der Erde, die dieser Bedingung entsprechen, können unterschieden werden (Höhenklimate nicht berücksichtigt):

1. Immerfeuchtes tropisches Regenklima, Äquatorialklima, gleichmäßig warm (Amazonas, Indonesien, Westafrika).
2. Periodisch trockenes, tropisches Regenklima (Bombay).
3. Periodisch feuchtes, tropisches Trockenklima (Indien, Ostasien).
4. Tropisch-subtropisches Wüstenklima (Sahara).
5. Periodisch feuchtes subtropisches Trockenklima (mediterranes Südeuropa und Nordafrika).
6. Subtropisches Regenklima (Kanaren, Florida, Südjapan).
7. Gemäßigt warmes Wüstenklima (Zentralasien).
8. Halbwüstenklima, periodisch schwach beregnet (Afrika südlich der Sahara, von Südmarokko bis Somaliland, Karoo, Arizona, Afghanistan [Volk]).
9. Steppenklima, periodisch feucht (Great Plains U.S.A., Südrußland).
10. Gemäßigtes ozeanisches Klima mit Regen zu allen Jahreszeiten (Nordiberien, Westfrankreich, Großbritannien).
11. Gemäßigtes kontinentales Regenklima (Mitteleuropa).
12. Subarktisches und arktisches, ozeanisches oder kontinentales Klima (Nordkanada, Alaska, Grönland, Spitzbergen).

Die pflanzensoziologisch vergleichende Behandlung der einzelnen Klimagebiete steckt noch ganz in den Anfängen. Ein näheres Eingehen auf obige Klimagebiete fällt in den Bereich der Pflanzengeographie.

## B. Bodenfaktoren[1]

Seit Ackerbau betrieben wird, mußte der Mensch die Erfahrung machen, daß zwischen Pflanzen und Boden Beziehungen bestehen, daß dieselben Pflanzen auf verschiedenen Böden nicht gleich gut gedeihen, daß verschiedene Böden nicht für alle Pflanzen gleich gut geeignet sind. Diesen Erfahrungen liegt in erster Linie der Boden als Ganzes zugrunde, doch blieben dabei einzelne Zusammenhänge nicht verborgen. So gehören Bewässerung und Düngung zu den uralten Praktiken der Bodenbewirtschaftung.

Die Pflanzengeographen des 19. Jahrhunderts versuchten die Beziehungen zwischen Vegetation und Boden aufzuklären. A. P. de Candolle (1832) führte das Vorkommen und die Verteilung der Pflanzen auf das Vorhandensein oder Fehlen organischer Substanz im Boden zurück. Unger (1836) sah die Ursache vor allem im Bodenchemismus und unterschied Kalk- und Tonschiefer- oder Kieselpflanzen. Er erkannte auch den verschiedenen Grad der Bindung von Pflanzen an Kalk- oder Kieselböden, was ihn zur Unterscheidung von bodensteten, bodenholden und bodenvagen Pflanzen führte. Thurmann (1849) hingegen hielt die physikalischen Bodeneigenschaften für entscheidend; er unterschied pelische (tonige) und psammische (sandige) Böden.

Jahrzehntelang hingen die Pflanzengeographen nun einseitig entweder der einen oder der anderen Ansicht an, und es kam über viele, schon damals bekannte Tatsachen zu endlosen Auseinandersetzungen.

Eine völlig neue Betrachtungsweise führte Gola (1910) in die Geobotanik ein. Ausschlaggebend für die Beziehungen zwischen Pflanze und Boden ist nach seiner Auffassung der osmotische Druck der Bodenlösung, mit der das Wurzelsystem in Berührung kommt.

In Böden mit schwach konzentrierten Salzlösungen hängen die Eigenschaften hauptsächlich von den Bodenkolloiden ab; es sind die geloiden Böden. In Böden mit hochkonzentrierten Salzlösungen sind dagegen die Salze von größtem Einfluß; es sind die haloiden Böden. Gola unterschied demnach pergelicole, gelicole, halicole und perhalicole Arten.

Mit dem Fortschreiten der Forschung ward nicht nur der Streit über physikalische und chemische Bodentheorie gegenstandslos, sondern auch die osmotische Theorie wurde überholt. Dazu hat die Bodenkunde, die sich in den letzten hundert Jahren zu einer selbständigen Wissenschaft entwickelt hat, wesentlich beigetragen.

Folgendes sind die Hauptprobleme, mit denen sich die Bodenkunde heute befaßt und die auch für die Pflanzensoziologe Bedeutung erlangen:

Welches sind die einzelnen Bestandteile, aus denen der Boden aufgebaut ist?

Welches ist die Körnung der mineralischen Bestandteile?

---

[1] Von R. Bach und J. Braun-Blanquet. Dr. R. Bach, Professor für Bodenkunde an der Eidgenössischen Technischen Hochschule in Zürich, hat die bodenkundlichen Ausführungen in diesem Kapitel verfaßt.

Welches ist das *Gefüge* des Bodens, d. h. welches ist die Anordnung der Bodenbestandteile ?

Welche *Prozesse* spielen sich bei der *Bodenbildung* ab ?

Welche *Faktoren* sind an der *Bodenbildung* beteiligt ?

Wie sind die Böden *systematisch* einzuteilen ?

## 1. Bestandteile des Bodens

### a) Mineralische Bodenbestandteile

Das mineralische Material, woraus der Boden aufgebaut ist, stammt zum Teil aus dem Muttergestein, zum Teil ist es während der Bodenbildung neu gebildet worden. In den Böden sind darum Fragmente sämtlicher Gesteinsarten, von Eruptivgesteinen, Sedimenten und metamorphen Gesteinen, zu finden. Bei der Verwitterung zerfallen die Gesteine in die einzelnen Mineralien, und diese unterliegen spezifischen chemischen Umwandlungen, wobei auch neue Mineralien entstehen.

In Tab. 20 sind einige gesteins- und bodenbildende Mineralien aufgezählt (vgl. Goldschmidt 1954, Winogradow 1954, Niggli 1949, Bragg 1937).

Tabelle 20. *Liste von gesteins- und bodenbildenden Mineralien*

| | |
|---|---|
| 1. *Elemente* | |
| C | Graphit |
| 2. *Halogenide* | |
| $NaCl$ | Steinsalz |
| $KCl$ | Sylvin |
| $KCl \cdot MgCl_2 \cdot 6\,H_2O$ | Carnallit |
| $CaF_2$ | Fluorit |
| 3. *Oxyde* | |
| $SiO_2$ | Quarz |
| $TiO_2$ | Rutil |
| $Al_2O_3$ | Korund |
| $Fe_2O_3$ | Hämatit |
| $FeTiO_3$ | Ilmenit |
| $Fe_3O_4$ | Magnetit |
| 4. *Hydroxyde* | |
| $SiO_2 \cdot nH_2O$ | Opal, Feuerstein Achat, Hornstein |
| $Fe(OH)_3$ | Limonit |
| $FeOOH\ nH_2O$ | Goethit, Lepidocrit |
| $Mg(OH)_2$ | Brucit |
| $Al(OH)_3$ | Hydrargillit |
| $AlOOH$ | Diaspor |
| 5. *Sulfide* | |
| $FeS$ | Magnetkies |
| $FeS_2$ | Pyrit |
| $FeCuS_2$ | Kupferkies |
| 6. *Sulfate* | |
| $CaSO_4$ | Anhydrit |
| $CaSO_4 \cdot 2\,H_2O$ | Gips |
| 7. *Nitrate* | |
| $NaNO_3$ | Salpeter |
| 8. *Phosphate* | |
| $Ca_5\,(PO_4)_3\,(Cl, F, OH)$ | Apatit, Phosphorit |
| 9. *Karbonate* | |
| $CaCO_3$ | Calcit, Aragonit |
| $MgCO_3$ | Magnesit |
| $CaMg(CO_3)_2$ | Dolomit |
| $FeCO_3$ | Siderit |
| 10. *Silikate* | |
| s. Tab. 21 | |

**Silikate** (vgl. Iler 1955, Marshall 1949). Den größten Anteil machen die Silikate aus. Grundbaustein aller Silikate ist das $SiO_4$-Tetraeder, mit einem Si im Zentrum und den 4 O an den Ecken des Tetraeders. Die Tetraeder können durch je eine gemeinsame Ecke miteinander verbunden sein. Nach dem Grad der Verknüpfung der Tetraeder unterscheidet man verschiedene Silikattypen (Tab. 21). Ein Teil der Si in den Tetraedern kann durch Al ersetzt sein (Alumo-Silikate). Fe und Mg sind in den Silikaten in Oktaedern gebunden, manchmal auch Al (Aluminium-Silikate). Na, K und Ca sind gewöhnlich in größeren Hohlräumen gebunden.

Tabelle 21. Silikattypen (vgl. NIGGLI 1949)

1. Orthosilikate = Silikate vom Olivintyp
   Alle $SiO_4$-Tetraeder sind isoliert; keine gemeinsamen Ecken.
   Mg, Fe: Olivine; Al, Mg, Fe, Mn: kalkfreie Granate; Al, Fe, Ca: Kalkgranate; Al: Sillimanit; Ti, Ca: Titanit; Zr: Zirkon.
2. Kettensilikate = Metasilikate = Silikate vom Augit- (Pyroxen-) Typ
   Jedes Tetraeder hat mit zwei anderen Tetraedern je eine Ecke gemeinsam. Ketteneinheit: $Si_2O_6^{4-}$.
   Mg, Fe: Orthaugite; Al, Mg, Fe, Ca: gewöhnliche Augite; Fe, Na: Aegirin; Ca: Wollastonit.
3. Bandsilikate = Silikate vom Hornblende- (Amphibol-) Typ
   Je zwei Tetraederketten sind zu einem Band miteinander verbunden. Bandeinheit: $Si_4O_{11}^{6-}$.
   Al, Mg, Fe, Ti, Ca, Na, K, OH: Hornblenden; Al, Mg, Fe, Ca, OH: Strahlstein.
4. Schichtsilikate = Silikate vom Glimmertyp
   Jedes Tetraeder hat mit drei anderen Tetraedern je eine Ecke gemeinsam; die Tetraeder bilden zusammen eine Schicht. Schichteinheit: $Si_4O_{10}^{4-}$
5. Raumsilikate = Silikate vom Quarz-Feldspattyp
   Jedes Tetraeder hat mit vier anderen Tetraedern je eine Ecke gemeinsam. Raumeinheit: $SiO_2$ = Quarz. Bei Feldspäten und Feldspatvertretern ist Si zum Teil durch Al ersetzt. K-Feldspat = Orthoklas; Na-Feldspat = Albit; Ca-Feldspat = Anorthit; Ca, Na-Feldspäte = Plagioklase; K, Na-Feldspatvertreter (kieselsäureärmer): Leucit, Nephelin; Zeolithe: Raumgitter mit großen Hohlräumen.

**Tonmineralien.** Eine besondere Gruppe unter den Silikaten bilden die Tonmineralien (vgl. MARSHALL 1949, GIESEKING 1949, GRIM 1953, JASMUND 1955, RICH und THOMAS 1961).

Sie sind aus Kieselsäure-Tetraederschichten (vgl. Schichtsilikate oder Glimmertyp) und Metallhydroxyd-Oktaederschichten aufgebaut. Eine oder zwei Tetraederschichten können unter Wasseraustritt mit einer Oktaederschicht zu einem Schichtpaket verknüpft sein. Viele Schichtpakete oder Einzelschichten sind übereinander gelagert und bilden zusammen ein einzelnes Tonplättchen. Die Pakete oder Schichten können gegeneinander etwas verschoben sein, und der Abstand zwischen ihnen kann konstant oder variabel sein. In den einzelnen Tetraedern und Oktaedern können die Zentralkationen isomorph ersetzt sein durch andere Kationen mit gleicher Koordinationszahl und ungefähr gleicher Größe; in den Tetraedern $Si^{4+}$ durch $Al^{3+}$; in den Oktaedern z.B. $Al^{3+}$ durch $Mg^{2+}$, $Fe^{3+}$, $Cr^{3+}$ usw. In den Gittern der Tonmineralien finden sich häufig Unregelmäßigkeiten und Lücken.

Aus diesen Merkmalen ergibt sich eine große Zahl von verschiedenen Tonmineralien; einige wichtige davon sind in Tab. 22 aufgeführt.

Tabelle 22. Tonmineralien und verwandte Silikate

Bausteine

$Si_4O_{10}$-Tetraederschicht = T-Schicht
$M_{4,6}(OH)_{12}$-Oktaederschicht = O-Schicht (M = Metall)
$Al_4(OH)_{12}$ = Hydrargillitschicht; $Mg_6(OH)_{12}$ = Brucitschicht

1. Mineralien aus TO-Schichtpaketen

Isomorpher Ersatz gering → Gitter praktisch nicht geladen. Abstand der Schichtpakete klein und konstant → Gitter nicht quellbar, nicht innenzugänglich.

Al: Kaolinite (plättchenförmig); Halloysit (röhrchenförmig);
Mg: Serpentine (Antigorit = plättchenförmig, Chrysotil = faserig).

2. Mineralien aus TOT-Schichtpaketen

a) Ohne isomorphen Ersatz → Gitter nicht geladen. Abstand der Schichtpakete klein und konstant → Gitter nicht quellbar, nicht innenzugänglich.

Al: Pyrophyllit; Mg: Talk; beide plättchenförmig.

b) Isomorpher Ersatz groß → Gitter negativ geladen.

α) Ersatz sehr regelmäßig.
Gegenkationen zwischen Schichtpaketen nur $K^+$. Abstand der Schichtpakete klein, konstant → Gitter nicht quellbar, nicht innenzugänglich. Ohne Wasser.

Glimmer. Al, K: Muskowit, Sericit; Al, Mg, Fe, K: Biotit. Alle plättchenförmig.

β) Ersatz weniger regelmäßig.
Gegenkationen zwischen den Schichten beliebig. Abstand zwischen den Schichtpaketen ein bis zwei Wasserschichten.

Vermikulit, feine Plättchen zu wurmförmigen Stapeln übereinandergeschichtet.

γ) Ersatz weniger regelmäßig.
Gegenkationen zwischen den Schichtpaketen $K^+$ und andere. Abstand der Schichtpakete klein, konstant → Gitter nicht quellbar, schwer innenzugänglich. Beträchtlicher Wassergehalt.

Illite, plättchenförmig.

δ) Ersatz unregelmäßig.
Gegenkationen zwischen den Schichtpaketen beliebig. Abstand der Schichtpakete variabel → Gitter quellbar, innenzugänglich. Variabler, großer Wassergehalt.

Montmorillonite, feine, unscharf begrenzte, unregelmäßige Plättchen (Nontronit stäbchenförmig).

3. Mineralien aus abwechselnd TOT-Schichtpaketen und O-Schichten

Isomorpher Ersatz innerhalb der Schichtpakete neutralisiert → Gitter ungeladen. Abstände variabel → Gitter quellbar.

Chlorite, feinschuppig.

4. Mineralien aus T-Schichten und O-Bändern

Isomorpher Ersatz hauptsächlich in O-Schicht → Gitter negativ geladen. Gegenkationen beliebig.
Raumgitter mit Röhren definierter Größe → Gitter nicht quellbar, aber innenzugänglich.

Attapulgit, faserig.

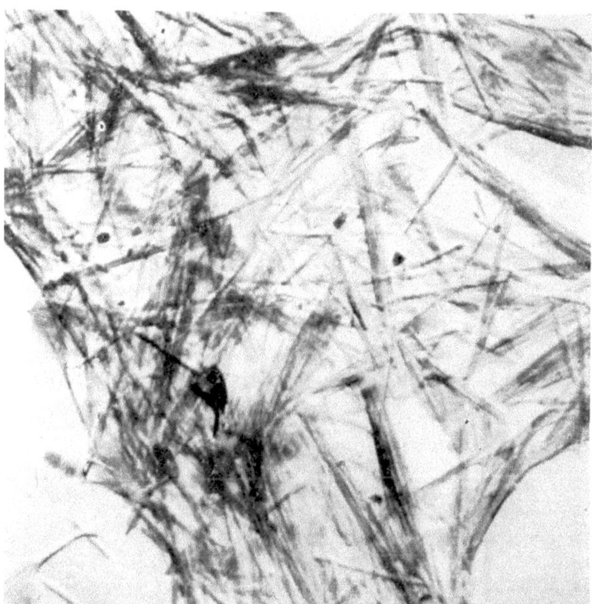


Abb. 192*a* und *b*. Elektronenmikroskopische Aufnahmen von Tonmineralien. *a* Kaolinit, *b* Attapulgit. Etwa 10000mal (Aufn. MÜLLER u. KEIM)

Tonmineralien gehören aus verschiedenen Gründen zu den wichtigsten Mineralien im Boden. Bei der Verwitterung werden in vielen Böden die primären Silikate zu Tonmineralien umgewandelt. Tonmineralien bilden nie große Kristalle; sie sind meist weniger als 2 μ (0,002 mm) groß. Sie sind plättchen-, stäbchen- oder röhrenförmig (Abb. 192). Wegen ihrer Feinheit und Form besitzen sie eine riesige spezifische Oberfläche. Dank ihrer Struktur haben sie eine große Zahl von aktiven Gruppen. Tonmineralien beeinflussen deshalb sehr stark den Ionenhaushalt, das Gefüge, den Wasser-, Luft- und Wärmehaushalt, die Konsistenz und direkt auch die Humusbildung im Boden. Ihre Wirkung ist aber je nach Art des Tonminerals verschieden.

### b) Organische Bodenbestandteile[1]

**Gesamthumus.** Dazu zählt man alle organischen Verbindungen des Bodens einschließlich jener lebenden Organismen (Mikroorganismen, Wurzelhaare), die so klein sind, daß sie sich praktisch nicht vom Boden abtrennen lassen. Abgestorbene Organismen, gleich welcher Größe, zählen auf jeden Fall zur organischen Substanz des Bodens.

**Einteilung der organischen Substanz.** Die für den Boden typischen organischen Verbindungen nennt man echte Humusstoffe oder *Huminstoffe*, die anderen *Nichthuminstoffe*.

Da die organische Substanz des Bodens ursprünglich den Lebewesen entstammt und diese nur allmählich abgebaut und umgewandelt werden, ist es nicht verwunderlich, daß man im Boden praktisch sämtliche Verbindungen findet, die auch in Lebewesen vorkommen. (vgl. DEUEL 1958 und SCHEFFER und ULRICH 1959).

Über die Konstitution der Huminstoffe ist noch wenig Gesichertes bekannt. Heute herrscht die Meinung vor, daß es Polymerisate verschiedenartiger, zum Teil aromatischer, polyfunktioneller Verbindungen verschiedenen Polymerisationsgrades seien. Konventionell teilt man die Huminstoffe ein in

Fulvosäuren: alkali- und säurelöslich, und
Huminsäuren: alkalilöslich, aber säureunlöslich.

**Allgemeine Charakterisierung der organischen Substanz.** Gesamthaft läßt sich die organische Substanz des Bodens wie folgt charakterisieren. Sie ist ein unstöchiometrisches amorphes Gemenge verschiedenartigster Verbindungen

mit kleinem bis sehr großem Molekulargewicht,
kugelig bis fadenförmig,
inert oder mono- bis polyfunktionell.

An *funktionellen Gruppen* finden sich in der organischen Substanz u. a.:

---

[1] Literaturübersichten: SCHEFFER und ULRICH 1959, KONONOWA 1958, BROADBENT 1953, WAKSMAN 1936.

$>C{=}C<$ Doppelbindungen, aliphatisch, aromatisch, eventuell konjugiert;
$>C{-}OH$ Carbinolgruppen, alkoholisch, phenolisch, enolisch;
$>C{=}O$ Carbonylgruppen, Aldehyd, Keton, Chinon;
$-COOH$ Carboxylgruppen;
$-NH_2$ Aminogruppen.
Gruppen und Verbindungen mit spezifischer physiologischer Wirkung (Wuchs- und Hemmstoffe, Antibiotika).

Die organische Substanz des Bodens kann darum die verschiedensten Reaktionen eingehen:

Nebenvalenzreaktionen: Adsorption,
Ionenreaktionen: Ionenaustausch,
Protonenübertragung: Aziditätsreaktionen,
Komplex- und Chelatbildung,
Elektronenübertragung: Redoxvorgänge,
Kondensationen, Polymerisationen.

Die organische Substanz beeinflußt daher

die Bodenbildung: Verwitterung, Verlagerungen, Gefügebildung;
die Bodeneigenschaften: Ionenhaushalt, Wasser-, Luft- und Wärmehaushalt, Konsistenz, usw.

Nach der spezifischen Oberfläche und der Zahl der funktionellen Gruppen übertrifft die organische Substanz die Tonmineralien. Sie ist deshalb für den Boden und die Pflanzen von allergrößter Bedeutung, auch wenn ihr Anteil am Gesamtboden gering ist.

## 2. Körnung des Bodens[1]

Unter Körnung des Bodens versteht man die gewichtsmäßige Zusammensetzung des Bodens aus verschiedenen Fraktionen von mineralischen Einzelkörnern mit bestimmtem Korndurchmesser.

Atterberg (1912), dessen Vorschlag von der Internationalen Bodenkundlichen Gesellschaft angenommen worden ist, hat die Kornfraktionen nach folgenden Durchmessern eingeteilt (Tab. 23).

Tabelle 23. Einteilung der Kornfraktionen nach Atterberg

| Bezeichnung | Korndurchmesser in mm |
|---|---|
| Block | > 200 |
| Grobkies | 20 — 200 |
| Feinkies | 2 — 20 |
| Grobsand | 0,2 — 2 |
| Feinsand | 0,02 — 0,2 |
| Schluff | 0,002 — 0,02 |
| Rohton | < 0,002 |

[1] Literaturübersichten: Di Gleria und Mitarbeiter 1962, Baver 1956, Wiegner und Pallmann 1938.

Neben dieser Einteilung gibt es noch viele andere Einteilungen, die zum Teil in einzelnen Ländern offiziell eingeführt sind. Die Aussicht auf eine Vereinheitlichung schwindet je länger je mehr, weil in manchen Ländern schon ein ungeheures Zahlenmaterial vorliegt, das nach einer Vereinheitlichung nicht mehr unmittelbar zum Vergleich herangezogen werden könnte.

Einzig die Scheidung in Bodenskelett und Feinerde bei 2 mm Korndurchmesser hat sich praktisch überall durchgesetzt.

Die meisten Böden bestehen aus einem Gemisch verschiedener Fraktionen. Auch für die Gemische gibt es verschiedene Einteilungen und Benennungen, wie z. B. toniger Schluff. Böden mit beträchtlichem Tongehalt werden allgemein als lehmig bezeichnet: sandiger Lehm, lehmiger Ton usw. (s. z. B. Soil Survey Manual 1951, oder Frei 1953).

Für die internationale Verständigung sind in jeder Veröffentlichung quantitative Angaben sowohl über die Abgrenzung der Fraktionen als auch über den Anteil der einzelnen Fraktionen unerläßlich.

**Bestimmung der Körnung.** Für die Bestimmung der Körnung muß der Boden vorerst vollständig in Einzelkörner aufgeteilt, d.h. dispergiert werden. Unter Einzelkörnern sind Körner verstanden, die sich mit den üblichen Mitteln der Dispergierung nicht weiter aufteilen lassen.

Mechanische Zerteilung genügt in der Regel nicht. Kittstoffe, wie Kalk, Humus und eventuell Ferrioxydhydroxyde, müssen mit chemischen Mitteln zerstört werden. Die Tonteilchen, die in gekrümelten Böden koaguliert, d. h. zusammengeballt sind, lassen sich am besten mit Li- oder Na-Salzen von Komplexbildnern dispergieren. Diese tauschen die koagulierenden mehrwertigen Ionen aus der Austauschgarnitur der Tonteilchen gegen dispergierende Alkali-Ionen aus. Alkalische Reaktion erhöht die Dispergierung ebenfalls.

Die groben Fraktionen, d. h. Skelett, Grob- und Feinsand, werden durch Sieben abgetrennt. Die feinen Fraktionen werden auf Grund ihrer Fallgeschwindigkeit in Wasser fraktioniert (Gesetz von Stokes). Von den vielen verschiedenen Methoden (vgl. Baver 1956) wird für genaue Analysen meist die Pipettemethode, für Serienanalysen meist die Araeometermethode verwendet. Für ganz feine Fraktionen braucht man Zentrifugen.

Sehr beliebt sind für die Darstellung der Kornverteilung die Dreieckdiagramme. Mit diesen lassen sich aber nur drei Fraktionen ausscheiden, während man mit der Analyse meistens mehr erfaßt. Die Dreieckdiagramme taugen daher in vielen Fällen nichts.

Beliebig viele Fraktionen lassen sich mit den sogenannten Kornverteilungs- und Summationskurven erfassen, wobei die Teilchengröße meist in logarithmischem Maßstab auf der Abszisse aufgetragen wird (Abb. 193).

**Bedeutung der Körnung.** Die Körnung des Bodens beeinflußt die Vegetation hauptsächlich indirekt. So ist vom gesamten Volumen eines gewachsenen Bodens um so weniger nutzbar, je gröber gekörnt der Boden ist. Das Bodenskelett bewirkt eine Verminderung des Wurzelraumes.

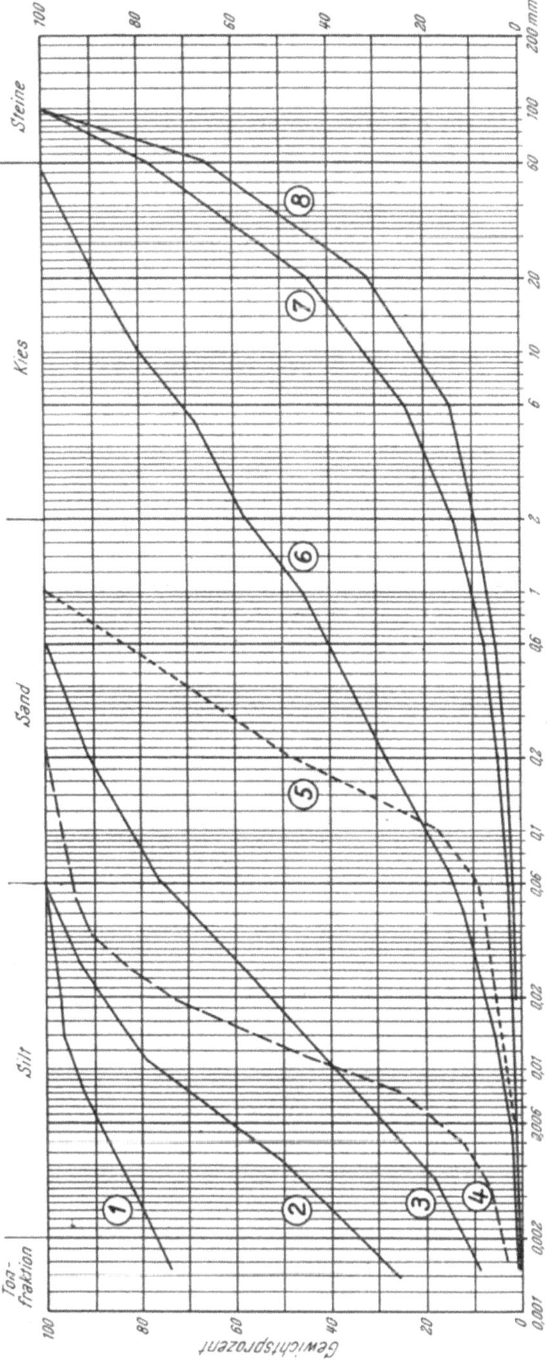


Abb. 193. Darstellung der Kornverteilung mit Summationskurven. *1* Ton, *2* toniger Schluff (Silt), *3* Seekreide, *4* Schluff, *5* Sand, *6* Moräne, *7* und *8* Kies

Von ausschlaggebender Bedeutung ist in den meisten Fällen die spezifische Oberfläche der Bodenkörner. Diese wird entweder auf das Gewicht oder das Volumen bezogen und nimmt indirekt proportional mit dem Teilchendurchmesser zu. So ergibt die zunehmende Zerkleinerung eines Würfels von 1 ccm Inhalt folgende Vergrößerung der spezifischen Oberfläche (Tab. 24).

Tabelle 24.
Spezifische Oberfläche von 1 ccm, verschieden fein gewürfelt

| Kantenlänge des Einzelwürfels $a$ = cm | Anzahl Einzelwürfel pro 1 ccm $n = a^{-3}$ | Spezifische Oberfläche $0 = n \cdot 6\,a^2$ qcm $= 6 \cdot a^{-1}$ qcm |
|---|---|---|
| 1 | 1 | 6 qcm |
| $10^{-1}$ cm = 1 mm | $10^3$ | 60 qcm |
| $10^{-4}$ cm = 1 μ | $10^{12}$ | 60000 qcm = 6 qm |

Je größer nun die spezifische Oberfläche der Körner, desto größer ist ihre Ionenumtauschkapazität und ihre Sorptionskapazität für Wasser und Nichtelektrolyte. Mit zunehmender Oberfläche nehmen auch die Möglichkeiten der Wechselwirkung zwischen den Bodenkörnern selbst zu: die Konsistenz und die Krümelbarkeit des Bodens wird erhöht. Schließlich wirkt die chemische Verwitterung um so mehr, je größer die Oberfläche ist, auf der sie die Mineralkörner angreifen kann.

Je feiner ein Boden gekörnt ist, um so feiner sind auch die Poren zwischen den Teilchen, um so größer ist seine Wasserkapazität und um so stärker seine Wasserbindung, um so geringer ist seine Wasserdurchlässigkeit und Durchlüftung.

Infolge ihrer hohen Konsistenz sind feinkörnige Böden schwer zu bearbeiten und werden darum oft einfach schwere Böden genannt. Wegen ihrer hohen Wasserhaltung brauchen sie für die Erwärmung bedeutend mehr Kalorien; sie erwärmen sich langsam und heißen darum oft kalte Böden. Mit dem Begriff „leichter Boden" verbindet sich dagegen auch die Vorstellung eines warmen, trockenen und nährstoffarmen Bodens.

**Bodenkörnung und Vegetation.** Die Bedeutung der Bodenkörnung für die Vegetation ist schon frühzeitig erkannt und von Thurmann (1849) in seiner Einteilung der Böden und Pflanzen zum Ausdruck gebracht worden (s. S. 315). Einige Zusammenhänge zwischen Bodenkörnung und Pflanzengesellschaften sind in Tab. 25 zusammengestellt.

Außerordentlich grobkörnig sind die Böden der Anfangsgesellschaften des Kalkschuttes (*Thlaspietalia*), sehr grobkörnig auch die Böden der Trockenrasengesellschaften des *Bromion*, die besonders im südlichen Mitteleuropa oft an die Stelle abgetriebener Wälder des *Quercion pubescenti-petraeae* getreten sind. Dies ist auch der Grund,

Tabelle 25. Körnung der obersten Bodenschicht (Wurzelschicht der Kräuter) in verschiedenen Gesellschaftsordnungen Mittel- und Südeuropas
(nach Br.-Bl., Bharucha, Guinochet, Pawlowski, Quantin, Soroceanu)

| Korngrößen | Zahl der untersuchten Einzel-bestände | über 20 mm | 20 bis 2 mm | 2 bis 0,2 mm | 0,2 bis 0,02 mm | unter 0,02 mm |
|---|---|---|---|---|---|---|
| **Thlaspietalia** (Kalkschutthalden) | | | | | | |
| *Erysimo-Kentranthetum* (Südjura) | 9 | 43,2 | 36,5 | 8,3 | 7,1 | 4,8 |
| *Berardietum lanuginosae* (SW-Alpen) | Mittel | 84,0 | 4,2 | 5,3 | 2,8 | 3,7 |
| **Brometalia erecti** (Trockenrasen des Südjura) | | | | | | |
| *Xerobrometum* | 10 | 28,3 | 32,6 | 14,0 | 14,0 | 10,5 |
| *Mesobrometum* | 6 | 24,3 | 32,5 | 19,4 | 13,5 | 10,3 |
| **Thero-Brachypodietalia** (Trockenrasen des Mediterrangebietes) | | | | | | |
| *Brachypodietum ramosi* | 3 | 1,8 | 0,7 | 15,3 | 48,2 | 34,0 |
| *Brachypodietum phoenicoidis* | 6 | — | 3,2 | 9,7 | 52,6 | 33,0 |
| **Rosmarinetalia** | | | | | | |
| *Deschampsietum mediae* (saisonhygrophiler Rasen auf Kalkmergel bei Montpellier) | | | 1,0 | 10,0 | 39,0 | 50,0 |
| **Salicornietalia** (Salzvegetation am Mittelmeer) | | | | | | |
| *Arthrocnemetum* | | | | 0,5 | 34,5 | 65,0 |
| *Salicornietum fruticosae* | | | | 2,5 | 26,0 | 71,5 |
| *Salicornietum herbaceae* | | | | 4,5 | 25,0 | 70,5 |
| **Salicetalia herbaceae** (Schneeböden der Alpen) | | | | | | |
| *Salicetum herbaceae* (Humus 19%) | | 4,5 | 6,0 | 24,0 | 29,5 | 18,0 |
| *Polytrichetum sexangularis* (Humus 30%) | | 9,0 | 10,0 | 16,0 | 22,0 | 14,0 |
| **Quercetalia pubescenti-petraeae** (Südjura) | | | | | | |
| *Querco-Buxetum* | 7 | 17,2 | 31,9 | 15,6 | 18,2 | 16,9 |
| *Querco-Lithospermetum* | 8 | 18,6 | 25,2 | 14,9 | 21,2 | 19,8 |
| **Quercetalia ilicis** | | | | | | |
| *Quercetum ilicis galloprovinciale* (Languedoc) | 6 | 2,3 | 6,4 | 19,8 | 38,7 | 32,8 |

warum die Bodenkörnung des sekundären *Bromion*-Rasens der des *Quercion pubescenti-petraeae* am nächsten steht. Der geringere Anteil an Staub und Rohton im *Xerobromion* ist auf Abspülung durch den Regen zurückzuführen.

Gegenüber den mitteleuropäischen haben die entsprechenden mediterranen Trockenrasen-Böden eine ganz andere Körnung. Dagegen ist hier die Körnung sowohl im *Brachypodietum ramosi* als im *Brachypodietum phoenicoidis* ähnlich, der Staubanteil überwiegt. Hierin gelangt die klimatisch bedingte Bodenbildung zum Ausdruck, denn beide Assoziationen, besonders aber das *Brachypodietum ramosi*, sind Degenerationsstufen des Klimaxwaldes. Ein Vergleich mit dem Boden des *Quercetum ilicis* zeigt die Ähnlichkeit in der Bodenkörnung der betreffenden Gesellschaften.

Sehr reich an feinsten Bodenbestandteilen und daher sehr luftarm ist das *Deschampsietum mediae*, dessen Vegetationsbedingungen von Br.-Bl. und Pawlowski (1931) geschildert worden sind.

Den höchsten Gehalt an Rohton besitzen die Schlammböden der Mittelmeer-Lagunen; gröbere Bodenbestandteile fehlen hier vollkommen. Die dicht gelagerten Böden sind auch dort, wo der Salzgehalt abnimmt, äußerst artenarm. Die Artenzahl steigt aber rasch, sobald der Boden mit gröberen Bestandteilen (Anreicherung von Muschelresten, verwesenden Pflanzenteilen, Dünensand usw.) durchmischt ist. Die Bewurzelung der Pflanzen dieser luftarmen Böden ist stets ganz oberflächlich und reicht im Maximum nicht tiefer als 5 bis 10 cm.

Tabelle 26. Bodenkörnung in einem autochthonen Roterdeprofil von Montpellier

| Korngrößen | Grobkies (über 20 mm) | Feinkies (20 bis 2 mm) | Grobsand (2 bis 0,2 mm) | Feinsand (0,2 bis 0,02 mm) | Rohton (feiner als 0,02 mm) |
|---|---|---|---|---|---|
| | % | % | % | % | % |
| $trA_1$ (5 cm) (Wurzelschicht der Kräuter) | *6,5* | *3,5* | *25,7* | 33,1 | 31,2 |
| $trB_1$ (100 cm) (Wurzelschicht der Sträucher) | 2,2 | 0,0 | 20,0 | *44,4* | 33,4 |
| $trB_2$ (400 cm) (nur wenige *Quercus ilex*-Wurzeln vorhanden) | 0,0 | 0,1 | 3,4 | 40,6 | *51,4* |

Gegenüber der oberen grobzerteilten Krümelschicht, die dem Pflanzenwuchs günstig ist, sind die tieferen Schichten durch Verlagerung der tonigen Bestandteile viel ungünstiger zusammengesetzt, zähplastisch und undurchlässig. Gelangt der palaeogene $trB_2$-Horizont durch Erosion oder Kulturmaßnahmen an die Oberfläche, so verhärtet er zu einer steinharten Masse.

Bei den allochthonen Böden der Flußtäler der Ebene sind die Unterschiede im Zerteilungsgrad der Bodenhorizonte geringer (s. Tab. 27), die gröberen Bestandteile fehlen oder zeigen, wo sie vorkommen, Überschwemmungskatastrophen an. Der Rohton ist in kleinerem Verhältnis vorhanden (Fraktionsgrenzen wie in Tab. 46).

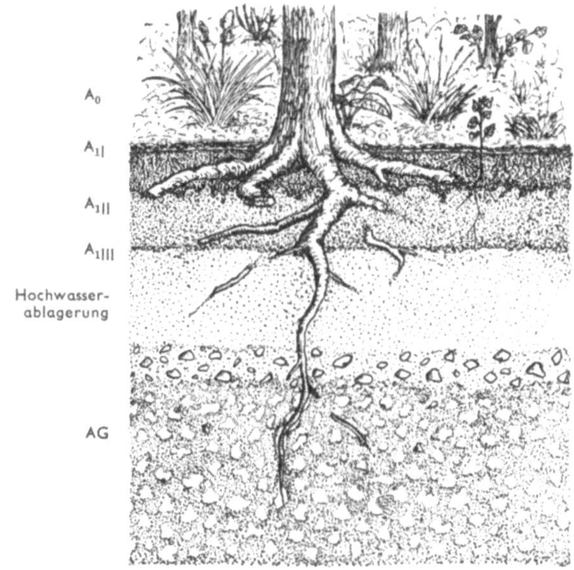


Abb. 194. Profil des *Populetum albae* von Montpellier (Tchou 1949)

Tabelle 27. Bodenkörnung im Profil des *Populetum albae* an zwei Küstenflüssen bei Montpellier (nach Tchou 1949, s. auch Abb. 194)

| Horizont | Grobkies | | Feinkies | | Grobsand | | Feinsand | | Rohton | |
|---|---|---|---|---|---|---|---|---|---|---|
| | Mosson | Lez | Mosson | Lez | Mosson | Lez | Mosson | Lez | Mosson | Lez |
| 5 cm ......... | — | — | — | — | 11,7 | 14,4 | 68,8 | 66,9 | 19,5 | 18,7 |
| 15 bis 20 cm .. | — | — | — | — | 12,4 | 15,5 | 66,3 | 62,8 | 21,3 | 21,7 |
| 50 cm ........ | — | — | — | — | 45,6 | 41,2 | 27,1 | 36,5 | 27,3 | 22,3 |
| 75 bis 80 cm, Hochwasser.. | 46,0 | 35,5 | 5,0 | 7,4 | 23,1 | 20,1 | 14,5 | 18,6 | 11,4 | 18,4 |
| AG (120 cm) .. | — | 5,4 | — | 1,2 | 36,0 | 37,2 | 22,4 | 24,4 | 41,6 | 31,8 |

In den Aueböden am Nordrand der Alpen wechselt die Körnung von Schicht zu Schicht je nach der Fließgeschwindigkeit des Wassers, aus dem die Schicht abgelagert worden ist. Müller (1958) gibt Zahlen für je ein Profil unter *Salicetum albo-fragilis*, *Equiseto-Alnetum*, *Fraxino-*

*Ulmetum* und *Pruno-Fraxinetum* im Mittellaufgebiet schweizerischer Flüsse. Zahlen für die ersten beiden Gesellschaften sind in Tab. 28 wiedergegeben.

Tabelle 28. Körnung verschiedener Bodenschichten unter einem *Salicetum albo-fragilis* und einem *Equiseto-Alnetum* im Mittellauf schweizerischer Flüsse (nach M. MÜLLER 1958)

| Bodentiefe cm | Prozentualer Anteil der Fraktionen (mm Korndurchmesser) | | | | | |
|---|---|---|---|---|---|---|
| | 2—1 | 1—0,2 | 0,2—0,1 | 0,1—0,05 | 0,05—0,002 | < 0,002 |
| *Salicetum albo-fragilis* | | | | | | |
| 0—10 | | 0,9 | 2,8 | 2,8 | 72,3 | 21,2 |
| 30—40 | | 2,4 | 18,7 | 30,9 | 37,7 | 10,3 |
| 40—45 | | 6,0 | 24,5 | 32,5 | 28,5 | 8,5 |
| 70—80 | | 0,2 | 1,3 | 14,7 | 64,8 | 19,0 |
| 95—105 | | 2,2 | 31,5 | 25,1 | 31,8 | 9,4 |
| *Equiseto-Alnetum* | | | | | | |
| 10—20 | | 3,0 | 2,8 | 21,2 | 59,0 | 14,0 |
| 40—50 | | 53,5 | 33,5 | 6,0 | 4,0 | 3,0 |
| 60—70 | 0,3 | 85,0 | 10,5 | 1,2 | 1,5 | 1,5 |
| 80—90 | | 6,2 | 52,7 | 4,1 | 29,5 | 7,5 |

Ein genaues Studium der Schichten in den Aueböden ergibt übrigens, daß die Korngröße in jeder Schicht von unten nach oben abnimmt, entsprechend der Abnahme der Fließgeschwindigkeit beim Rückgang des Hochwassers. Durch spätere Hochwasser werden Schichten allerdings teilweise oder ganz wieder abgetragen.

Im Längsprofil der Flüsse zeigen die Aueböden charakteristische Unterschiede in der Körnung. Im Oberlauf mit großem Gefälle dominiert die Erosion, die Aueböden sind blockig bis kiesig. Im Mittellauf halten sich Erosion und Aufschüttung etwa die Waage; die Böden sind mittelkörnig. Im Unterlauf mit geringem Gefälle dominiert die Aufschüttung, die Böden sind feinkörnig. Im ganzen Längsprofil eines Flusses können Ober-, Mittel- und Unterlaufverhältnisse mehrmals abwechseln.

## 3. Gefüge des Bodens[1]

Unter Bodengefüge versteht man die räumliche Anordnung und Verbindung der festen Einzelteilchen des Bodens. Indirekt wird das Bodengefüge durch das Porensystem gekennzeichnet, das durch Größe und Anordnung der Einzelteilchen gegeben ist.

Das Gefüge des Bodens läßt sich auf verschiedenen Aufbaustufen

[1] Literaturübersichten vgl. ALTEMÜLLER und FRESE 1962, DI GLERIA und Mitarbeiter 1962, BAVER 1956, KUBIËNA 1938.

des Bodens untersuchen. Im Bereich der kolloiden Ton- und Humusteilchen handelt es sich vor allem um die Orientierung der Einzelteilchen, aus der sich Form und Dichte der Koagulate ergeben. Koagulation der Kolloide ist eine Voraussetzung für die Bildung von Krümeln,

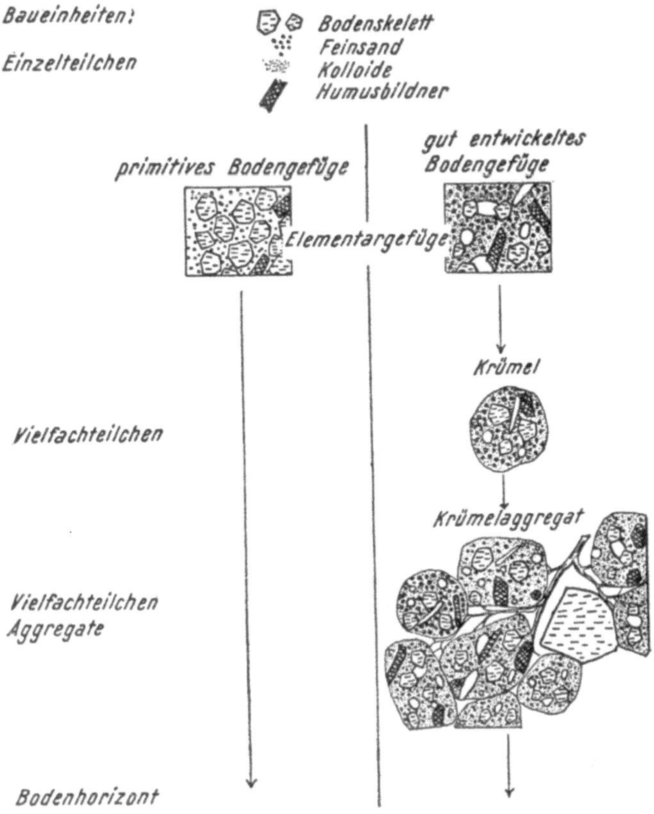


Abb. 195. Baueinheiten des Bodens und Bodengefüge (nach E. Frei 1944)

in denen auch gröbere Einzelteilchen eingeschlossen sind. Die Krümel sind oft zu Krümelaggregaten verbunden (Abb. 195). Im gewachsenen Boden gelangt man alsdann über die Horizonte zum ganzen Bodenprofil und von da zum Einzelboden mit seiner bestimmten Ausdehnung im Gelände.

Gewöhnlich betrachtet man beim Gefüge das Bodenmaterial innerhalb eines bestimmten Horizontes.

Die Hauptformen des Bodengefüges sind:

1. Nicht aggregiert (Einzelkorngefüge). Die Einzelteilchen liegen meist in kompakter Lagerung vor. Tonreiche Böden bilden in diesem Zustand eine einzige kohärente Masse, sie zeigen ein massives Gefüge. Grobkörnige Böden zeigen dagegen ein loses Einzelkorngefüge.

2. Aggregiert (Aggregatgefüge). Die Einzelteilchen sind zu Aggregaten bevorzugter Form und Größe mehr oder weniger stabil miteinander verbunden, und zwischen den Aggregaten bestehen größere Hohlräume.

Die Aggregatgefüge werden nach Form und Anordnung der Aggregate eingeteilt. Von den U.S.A. aus hat sich z. B. folgende Gliederung (Soil Survey Manual 1951) weit verbreitet (vgl. Abb. 196):

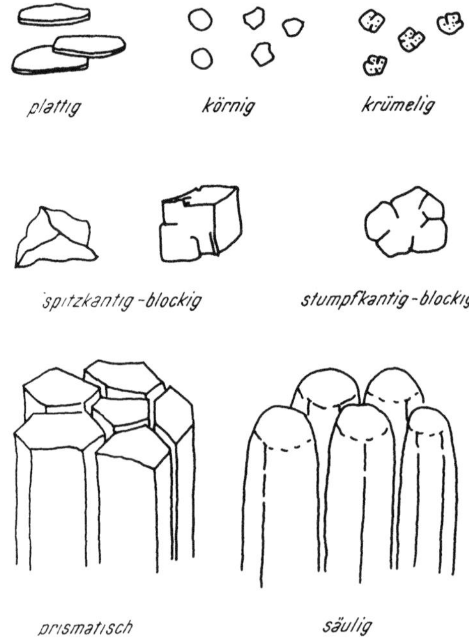


Abb. 196. Schematische Darstellung von Aggregatformen

Plattenförmig. Horizontale Ausdehnung der Aggregate viel größer als vertikale. Aggregate horizontal orientiert. Besonders im $A_2$-Horizont entbaster und podsolierter Böden.

Prismenförmig. Vertikale Ausdehnung der Aggregate viel größer als horizontale. Vertikale Flächen gut ausgebildet. Kanten scharf.

Prismatisch. Kopf gerade abgeschnitten. Besonders in Tonanreicherungshorizonten.

Säulig. Kopf gerundet. Besonders in Solonetzböden.

Blockförmig. Aggregate mehr oder weniger isometrisch. Flächen eben oder Abdruck des Nachbaraggregates.

Blockig. Flächen eben, Kanten scharf. Z. B. im $A_2$-Horizont von Rendzinen.

Stumpfkantig blockig. Flächen unregelmäßig. Kanten zum Teil gerundet. Z. B. im $A_2$-Horizont von Braunerden.

Kugelförmig. Aggregate mehr oder weniger isometrisch, polyedrisch oder gerundet. Aggregatflächen zeigen oft Abdrücke der Nachbaraggregate.

Körnig. Aggregate wenig porös, schrotähnlich. Z. B. im $A_1$-Horizont mancher Trockenböden.

Krümelig. Aggregate porös. Z. B. im $A_1$-Horizont von Schwarzerden.

Nach der Größe der Aggregate wird dabei zwischen sehr fein, fein, mittel, grob und sehr grob unterschieden; die Grenzen sind nach der Form der Aggregate verschieden.

Nach dem Ausprägungsgrad der Aggregatformen und nach der Stabilität der Aggregate werden verschiedene Grade der Aggregierung unterschieden: schwach, mittel und stark.

FREI (1950) hat folgende Gefügeformen auseinandergehalten: Primitivgefüge, Hüllengefüge, Mikroaggregatgefüge, Makroaggregatgefüge, Klumpengefüge, Schwammgefüge. Die Aggregatgefügeformen können schwach, mittel oder stark entwickelt sein.

Für die Bildung von Aggregaten braucht es in erster Linie Kittstoffe, die die gröberen Einzelteilchen miteinander verbinden. Als solche kommen u. a. in Frage Alkalisalze und Gips (Verkrustung von Salzböden), Kalziumkarbonat (z. B. Lößkindel), Kieselsäure (in gewissen Böden heißer Tropen) und Sesquioxydhydroxyde (Ortstein von Podsolen). BAVER (1956) fand eine hohe positive Korrelation zwischen dem Tongehalt und der Krümelung der Böden und eine noch höhere zwischen dem Humusgehalt und der Krümelung. Schließlich sei der „Lebendverbau" durch Bakterienkolonien, Pilz- und Algenfäden und Faserwurzeln erwähnt, welche Organismen bei der Humusbestimmung aber mit erfaßt werden.

Am Zusammenhalt sind sowohl Nebenvalenzkräfte (z. B. bei der Adsorption von neutralen Polysacchariden auf Mineraloberflächen) als auch Hauptvalenzkräfte beteiligt. So können Eiweiße durch Ionenbindung an Tonmineralien haften, Huminsäuren durch komplexe Bindung an Sesquioxyden, und organische Verbindungen können kovalent miteinander gebunden werden. Gitterkräfte sind bei der Kristallisation wirksam.

Form und Größe der Aggregate werden bestimmt durch die Art der Bodenbestandteile und den Prozeß, der die Aggregierung bewirkt. So sind rein chemisch gebildete Konkretionen meist rundlich, ebenso Exkremente von Bodentieren (der $A_1$-Horizont der meisten Böden besteht aus Tierexkrementen). Bei der Zerteilung kohärenter Bodenmassen durch abwechselndes Schwinden und Quellen oder durch Sprengung durch Eis, Wurzeln und Bodenbearbeitungsgeräte entstehen eher kantige Aggregate („Fragmente").

**Untersuchung des Bodengefüges.** Das Bodengefüge kann nur an ungestörten oder wenig gestörten Bodenproben beurteilt werden. Die

Proben müssen daher sorgfältig mit Stechzylindern oder ähnlichen Geräten entnommen und ohne weitere mechanische Beanspruchung transportiert werden.

Rein morphologisch wird das Bodengefüge von Auge oder mit der Lupe im Feld untersucht. Sehr wertvolle Einblicke liefert die Dünnschlifftechnik, die hauptsächlich von KUBIËNA (1938) entwickelt worden ist (vgl. ALTEMÜLLER und FRESE 1963).

Das Elektronenmikroskop vermag das Gefüge im kolloiden Bereich zu enthüllen.

Mit mechanischen Methoden werden meist Krümelfraktionen bestimmt, die gegenüber irgendwelchem Einfluß stabil sind, so bei der Trocken- und Naß-Siebung, bei der Sedimentations- und Spülmethode, bei der Beregnung, bei der Bestimmung der Wasserdurchlässigkeit und Durchschlämmung und der Druckfestigkeit. Die Porosität wird erfaßt bei der Bestimmung der kapillaren Steighöhe, der Wasser- und Luftkapazität und des Kapillarpotentials sowie der Schalldämpfung. Bei sämtlichen Methoden wird das Ergebnis sehr stark von der Vorbehandlung der Probe beeinflußt. Wo Wasser angewendet wird, dürfen die Proben keinesfalls sofort untergetaucht werden, weil die Luft beim allseitigen Eindringen des Wassers eingeschlossen wird, unter Druck gerät und die Aggregate sprengt.

**Bedeutung des Bodengefüges.** Das Bodengefüge beeinflußt die Vegetation hautpsächlich indirekt. So ist es mit der Körnung entscheidend für die Möglichkeit der Durchwurzelung (Zugänglichkeit von Wasser und Nährstoffen, Verankerung), für den Wasser-, Luft- und Wärmehaushalt sowie für die biologische Aktivität.

**Bodengefüge und Vegetation.** LEUTENEGGER (1950) hat die Krümelung unter einem *Salicetum albo-triandrae* (= *S. albo-fragilis*), drei Beständen von *Querco-Carpinetum aretosum*, zwei von *Querco-Carpinetum luzuletosum* und zwei von *Querco-Betuletum* im Schweizer Mittelland untersucht. Die Gesellschaften stockten auf Aueboden, mäßig bis voll entwickelter Braunerde und auf schwach bzw. stark degradierter Braunerde. Der Anteil der Krümel mit über 0,5 mm Durchmesser ist im Aueboden klein, in den anderen Böden bis zu jener Tiefe mittel bis groß, bis zu der die Böden Humus enthalten. Darunter finden sich hauptsächlich Feinaggregate von unter 0,5 mm Durchmesser, und zwar um so mehr, je höher der Tongehalt ist.

MÜLLER (1958) hat Aueböden von *Salicetum albo-fragilis*, *Equiseto-Alnetum* und *Fraxino-Ulmetum* auch anhand von Dünnschliffen miteinander verglichen. Im Weidenwald, der im Querprofil des Flußtales zutiefst in der Aue gelegen ist und am häufigsten und stärksten überschwemmt wird, ist der Humushorizont am wenigsten entwickelt und weist ein Primitiv- bis wenig entwickeltes Schwammgefüge auf. Der Fraxinus-Ulmuswald ist am höchsten gelegen, sein Humushorizont weist ein gut entwickeltes Schwammgefüge auf. Der Alnuswald steht topographisch und im Gefüge zwischen beiden.

## 4. Ionenhaushalt des Bodens und Pflanzenernährung[1]

### a) Pflanzennährstoffe

Als Pflanzennährstoffe gelten alle Elemente, die für ein normales Gedeihen der Pflanzen unentbehrlich sind. Nach den heutigen Kenntnissen zählen dazu:

| | | | | | |
|---|---|---|---|---|---|
| C | Kohlenstoff | K | Kalium | Zn | Zink |
| H | Wasserstoff | Ca | Kalzium | Mo | Molybdän |
| O | Sauerstoff | Mg | Magnesium | B | Bor |
| N | Stickstoff | Fe | Eisen | Na | Natrium |
| P | Phosphor | Mn | Mangan | Cl | Chlor |
| S | Schwefel | Cu | Kupfer | Si | Silizium |

Neben diesen Elementen finden sich in den Pflanzen noch andere, die nicht notwendig oder sogar schädlich sind. Der Bedarf an den einzelnen Nährstoffen wechselt von Pflanze zu Pflanze wie auch bei derselben Pflanze im Verlauf ihrer Entwicklung. Die Unterscheidung von Hauptnährstoffen und Spurenelementen oder von Makro- und Mikronährstoffen und Spurenelementen oder von Makro- und Mikronährstoffen läßt sich deshalb nicht streng durchführen. Zu den Nährstoffen werden oft nur jene gezählt, die aus dem Boden aufgenommen werden, d. h. alle außer C, H und O.

Aus C, H, O, N und S werden die organischen Verbindungen aufgebaut. Kohlenstoff wird zum größten Teil als $CO_2$ aus der Luft, kleine Mengen werden auch mit organischen Verbindungen aus dem Boden aufgenommen. Wasser wird von ober- und unterirdischen Teilen aufgenommen. Stickstoff und Schwefel werden als Sulfat oder Nitrat bzw. Ammonium aufgenommen.

P, B und Si werden ebenfalls als komplexe Säureanionen aufgenommen; in den Pflanzen bilden sie vor allem Ester mit organischen Verbindungen.

K, Na, Mg und Ca werden als einfache Kationen aufgenommen. Sie dienen vor allem zur Neutralisierung organischer Säuren, als Regulatoren des osmotischen Druckes des Zellsaftes und damit des Turgors sowie als Regulatoren des Quellungsgrades der Gewebe. Mg ist außerdem ein wichtiger Bestandteil des Chlorophylls.

Fe, Mn, Cu, Zn und Mo werden als einfache Kationen oder Chelate, Mo wird als Molybdation aufgenommen. Die Schwermetalle bilden vorwiegend die Metallkomponente von Enzymen.

**Vorkommen im Boden.** Im Boden finden sich Pflanzennährstoffe in kleinen Mengen im Wasser gelöst; diese sind sehr leicht aufnehmbar. In gelöster Form unterliegen sie allerdings auch der Auswaschung und gehen damit den Pflanzen verloren (s. S. 667).

In die Lösung gelangen die Nährstoffe vor allem aus den relativ leicht löslichen Salzen und aus der Umtauschgarnitur der Bodenkolloide. Diese Nährstoffe sind ziemlich leicht aufnehmbar.

---

[1] Literaturübersichten: MENGEL 1961, WINOGRADOW und TRENEL 1958, TISDALE und NELSON 1956, MILLAR 1955, SCHARRER 1955, SCHEFFER und WELTE 1955, THOMPSON 1952, TRUOG 1951, HOAGLAND 1948.

Eine Nährstoffreserve, die relativ langsam erschlossen wird, sind die Humusbildner (noch nicht abgebaute Organismenreste); über lange Fristen werden die Nährstoffe aus den schwer verwitterbaren Mineralien geliefert.

**Nährstoffaufnahme der Pflanzen.** Die Pflanzenwurzeln nehmen die Nährstoffe mit dem Bodenwasser auf, daneben kommt vielleicht auch Kontaktaustausch (JENNY und OVERSTREET 1938, JENNY und GROSSENBACHER 1963) bei direkter Berührung zwischen Wurzeln und Bodenteilchen vor. Die beiden Vorgänge lassen sich übrigens nicht scharf voneinander trennen.

Besonders intensiv ist der Mechanismus der Kationenaufnahme erforscht worden. In einem ersten Schritt können die Ionen frei in gewisse Bereiche der Wurzel, den sogenannten freien Raum, hineindiffundieren, wobei ein Ionenaustausch mit den Oberflächen des freien Raumes statthat. In einem zweiten Schritt werden die Nährstoffe in den inneren Raum der Zellen hineintransportiert, wofür vielfach besondere organische Trägermoleküle beteiligt sind. Die Nährstoffaufnahme vollzieht die Pflanze aktiv, unter Energieaufwand; sie hat dabei ein gewisses Selektions-, aber kein Ausschlußvermögen.

Ein Schema mag die verschiedenen Etappen der Nährstoffversorgung mit Kationen veranschaulichen (Abb. 197).

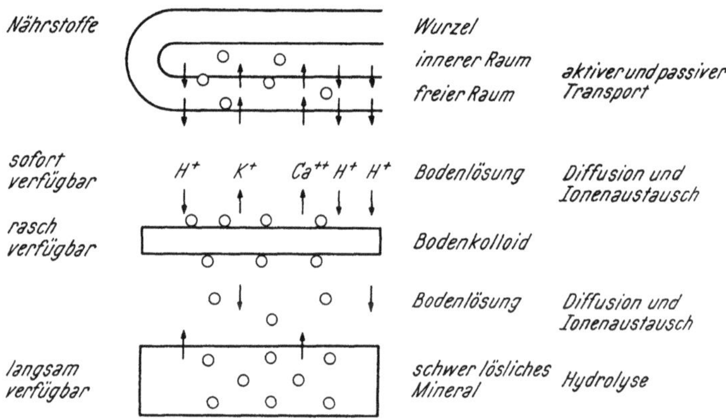


Abb. 197. Schematische Darstellung der Kationenversorgung der Pflanzenwurzeln

Neuestens ist bei Wurzelhaaren festgestellt worden, daß Plasmafäden aus den Zellen direkt ins Nährmedium hinausreichen.

**Relativitätsgesetz.** Für den Wirkungsgrad der einzelnen Nährstoffe dürfte das Relativitätsgesetz (MITSCHERLICH-LUNDEGÅRDH) gelten, das an Stelle des früher vielfach angerufenen Gesetzes vom Minimum (LIEBIG) getreten ist. LUNDEGÅRDH hat das Gesetz wie folgt formuliert:

„Die relative Wirkung eines Faktors ist um so größer, je mehr der Faktor sich im Minimum gegenüber den anderen Faktoren befindet. Die relative Wirkung nimmt mit steigender Intensität des Faktors dauernd ab und nähert sich im Maximumgebiet der Wirkung dem Werte Null.“

**Wechselwirkung der Nährstoffe.** Die klassischen Untersuchungen LOEBS (1906) haben gelehrt, daß gewisse Salze, wie Chlornatrium, für sich allein auf die Pflanzen zwar giftig wirken, daß aber durch Zugabe von Magnesium oder Kalzium die Giftigkeit der Chlornatriumlösung vermindert oder ganz aufgehoben werden kann. Ähnlich wirkt das Kalzium gegenüber Magnesiumsalzen und gegenüber dem Kalium (s. ROBERT 1915). Bei dieser Entgiftung spielt selbstverständlich auch die Konzentration der Lösungen eine wichtige Rolle.

**Giftwirkung.** Giftwirkung eines Stoffes ist immer eine Frage der Konzentration oder der aufgenommenen Menge, und zwar im Verhältnis zu den anderen Stoffen. Übermaß an einem Stoff ist immer schädlich. Bei den einen Stoffen liegt dieses Übermaß sehr tief — es sind jene Stoffe, die gewöhnlich als Gifte bezeichnet werden —, bei anderen liegt es unter Umständen sehr hoch, so z. B. bei den Hauptnährstoffen Ca, K.

Die schädigende Wirkung großer Kalkmengen im Boden ist auch dem Landwirt bekannt. Nach CHAUZIT (zit. in RUSSELL) beginnt *Vitis vinifera* ernstlich zu leiden, sobald 35% oder mehr Kalk zugegeben werden. Auch auf gewisse Pilze (z. B. *Citromyces*) wirkt hohe Ca-Konzentration in neutraler und basischer Reaktion giftig.

Wie bei der Weinrebe, der Kastanie, bei *Calluna* und anderen Arten die Kalkchlorose, so tritt bei der Sojabohne schon bei geringem Eisenüberschuß im Boden die Eisenchlorose ein. Aluminium wirkt in stark sauren Böden manchmal giftig; denn unter $p_H$ 5 nimmt seine Löslichkeit rasch zu. In Böden über $p_H$ 5 dagegen werden Luzerne, Rotklee und Hafer durch Al nicht geschädigt (MAGISTAD 1925). Böden mit hohem Zinkgehalt tragen meist eine sehr spärliche Vegetation, die im westlichen Europa in einer besonderen Ordnung (*Violetalia calaminariae*) auftritt. Erreicht der Zinkgehalt um 9%, so leidet die Pflanzendecke (JAQUEMART 1958). Auch ein hoher Kupfergehalt des Bodens ist dem Gedeihen höherer Pflanzen abträglich (BESCHEL 1959). Man vergleiche hierüber auch die neuesten, auf ILJIN aufbauenden Ausführungen von KINZEL (1962).

**Bestimmung des Nährstoffgehaltes eines Bodens.** Es ist dies eine sehr fragwürdige Angelegenheit, denn der Bedarf an Nährstoffen ist verschieden von Art zu Art, er ändert sich mit dem Entwicklungsstadium der Pflanze und schwankt in Abhängigkeit von den übrigen Umweltfaktoren, besonders von der Wasserversorgung und der Temperatur.

Das Aufnahmevermögen der Pflanzen variiert in ähnlicher Weise, und die Nachlieferung von Nährstoffen wird mit dem angeblichen Gehalt keineswegs erfaßt.

Bei gewissen Bestimmungen werden die Nährstoffe von Pflanzen aus dem Boden genommen. Die Versuche brauchen darum ziemlich viel Zeit. Man hat sie, um Zeit und Geld zu sparen, vielfach durch rein chemische Methoden ersetzt. Das Hauptproblem liegt dabei in der Extraktion der Nährstoffe aus dem Boden. Als Extraktionsmittel werden gebraucht: Wasser, Säuren (Kohlensäure, Zitronensäure, Milchsäure, Salzsäure usw.) und auch Salzlösungen. Einmal in Lösung, werden die Nährstoffe mit den üblichen analytischen Methoden bestimmt.

## b) Ionenaustausch[1]

Als Ionenaustausch wird die Erscheinung bezeichnet, daß die an einem Körper sorbierten Ionen gegen andere Ionen ausgetauscht werden können. Z. B.: $Na^+$ — Ton + $K^+ Cl^-$ → $K^+$ — Ton + $Na^+ Cl^-$.

Elektronegative Körper zeigen Kationenaustausch, elektropositive Anionenaustausch. Das Kationenaustauschvermögen der Tone beruht auf freien Kieselsäuregruppen sowie auf den negativen Überschußladungen, die entstehen, wenn in einem neutralen Kristallgitter z. B.

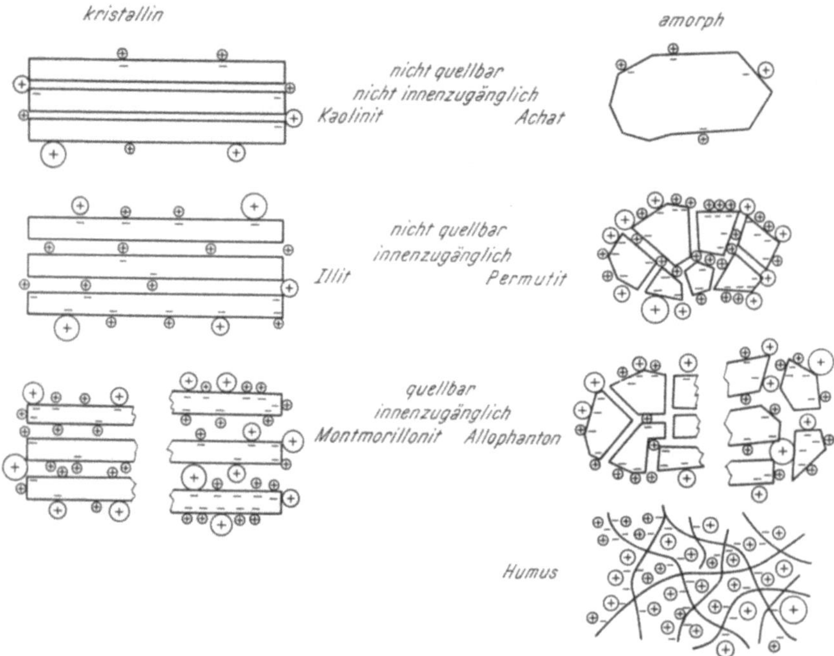


Abb. 198. Schematische Darstellung von Kationenaustauschern verschiedener Struktur

4wertige Siliziumkationen durch 3wertige Aluminiumkationen oder diese durch 2wertige Magnesiumkationen ersetzt sind. Das Kationenaustauschvermögen des Humus beruht auf sauren organischen Gruppen, z. B. Karboxylgruppen und phenolischen OH-Gruppen. Aminogruppen verursachen umgekehrt Anionenaustauschvermögen.

**Austauschkapazität.** Die Summe der austauschbaren Ionen wird als Austauschkapazität bezeichnet und gewöhnlich in Milliäquivalenten je Gramm oder je 100 Gramm angegeben. Entsprechend ihrer Dispersität und Struktur weisen die Austauschkörper eine verschiedene Austauschkapazität auf (vgl. Abb. 198); sie kann z. B. für einen Kaolinit-

[1] Literaturübersichten vgl. Deuel und Hutschneker 1955, Kelley 1948.

Ton 10 mval/100 g, für einen Montmorillonit-Ton 100 mval/100 g, für einen Humus 500 mval/100 g betragen, wobei es sich bei allen drei Beispielen um Kationenaustauschkapazität handelt. Humus zeigt daneben auch einen gewissen Anionenaustausch. Zu den Schichtgittertonen und zum Humus kommen im Boden noch die sogenannten Allophantone mit ebenfalls bedeutender Austauschkapazität. Es sind dies Sesquioxyd- und Kieselsäure-Gele, die bei der Verwitterung entstanden sind und die Mineralien wie eine „fremde Haut" (=Allophan) überziehen.

**Austauschregeln, Austauschgarnitur.** Für den Ionenaustausch gelten einige Regeln, die alle an einfachen Modellsubstanzen abgeleitet werden können. Einwertige Ionen ($Na^+$, $K^+$, $NH_4{}^+$) haften z. B. schwächer als zweiwertige ($Mg^{++}$, $Ca^{++}$) und werden deshalb von diesen aus der Austauschgarnitur verdrängt; die zweiwertigen Ionen haften ihrerseits schwächer als die dreiwertigen ($Al^{+++}$). Innerhalb einer Gruppe (senkrechten Reihe) des periodischen Systems sind die kleinsten (obersten) und deshalb am stärksten hydratisierten Ionen am schwächsten sorbiert ($Li^+ < Na^+ < K^+$). Die Zusammensetzung der Austauschgarnitur hängt ferner von der Konzentration der einzelnen Ionen in der umgebenden Lösung ab, sowie von der spezifischen Affinität der Ionen zu den aktiven Gruppen des Austauschkörpers. Auch die Struktur des Austauschkörpers ist von Einfluß.

Diese Regeln gelten auch für die Austauscherscheinungen in den Böden. Starke Zufuhr von $Ca^{++}$ durch Kalkung führt z. B. zu einer Verdrängung der $K^+$-, $NH_4{}^+$- und $Mg^{++}$-Ionen; diese gehen in Lösung und können von den Pflanzenwurzeln leicht aufgenommen, aber auch leicht ausgewaschen werden. Der Boden verarmt so sehr rasch an diesen wichtigen Pflanzennährstoffen. Andererseits kann durch starke $K^+$-Ionenzufuhr bei übermäßiger Jauchedüngung der Boden vorwiegend mit diesem Ion gesättigt werden und an den anderen Nährstoffen verarmen.

**Sättigungsgrad.** Das Ausmaß der Versauerung wird durch den sogenannten Sättigungsgrad (S%) ausgedrückt. Dieser gibt an, wie groß der prozentuale Anteil der basischen Kationen an der ganzen Kationenaustauschgarnitur ist.

$$S\,\% = \frac{\text{Summe der basischen Kationen}}{\text{Kationenaustauschkapazität}} \cdot 100\,\%.$$

Von einem hochgesättigten Austauschkörper spricht man also, wenn basische Kationen (Alkali- und Erdalkali-Ionen) in der Austauschgarnitur weit über die $H^+$-Ionen überwiegen, von einem wenig gesättigten oder ungesättigten, wenn die $H^+$-Ionen dominieren.

Unter humiden Bedingungen werden die Basen, die von der Vegetation aufgenommen oder ausgewaschen werden, durch die anfallende Streu und durch die Verwitterung der Mineralien nur zum Teil wieder ersetzt. Die Folge davon ist eine zunehmende Anreicherung von $H^+$-Ionen, also zunehmende Versauerung des Oberbodens. Der Basenaustausch hat hier eine gründliche Änderung der physikalisch-chemischen

Bodeneigenschaften zur Folge, die natürlich auch auf die Vegetation zurückwirkt (s. S. 26, 621).

**Bedeutung des Ionenaustausches.** Im Boden kommt der Ionenaustausch zustande:

1. zwischen Bodenteilchen und der Bodenlösung, d. h. dem Bodenwasser, in dem stets Ionen gelöst sind,
2. zwischen Bodenlösung und Pflanzenwurzeln,
3. zwischen Pflanzenwurzeln und Bodenteilchen im Kontaktaustausch,
4. zwischen Bodenteilchen untereinander im Kontaktaustausch.

Die größte Bedeutung des Ionenaustausches im Boden liegt darin, daß die Ionen, die bei der Verwitterung und Humifizierung frei werden, nicht sofort der Auswaschung unterliegen, sondern zum großen Teil sorbiert und dadurch für die Pflanzen verfügbar gehalten werden. Die Ionenaustauscher sind die eigentlichen Speicher besonders der Nährstoffkationen. Sie ermöglichen auch, daß bis zu einem gewissen Maß auf Vorrat gedüngt werden kann.

### c) Bodenazidität und Vegetation[1]

**Säuren im Boden.** Säuren sind nach der heute noch üblichen Auffassung BRÖNSTEDS Körper, die Wasserstoffionen abgeben können, sogenannte Protonendonatoren.

Im Boden finden sich folgende Säuren:

1. Einfache anorganische Säuren, wie Kohlensäure, Schwefelsäure, Salpetersäure und Phosphorsäure. Diese gelangen zum Teil mit dem Regenwasser in den Boden, zum Teil werden sie im Boden bei der Verwitterung, der Umsetzung der organischen Substanz oder durch Ionenaustausch zwischen Salzlösung und sauren Bodenkolloiden gebildet.
2. Einfache organische Säuren, wie Essigsäure und Zitronensäure. Diese werden zum Teil von den Wurzeln ausgeschieden, zum Teil beim Abbau der toten organischen Substanz gebildet.
3. Ungesättigte Allophantone und Tonmineralien.
4. Ungesättigte hochmolekulare Verbindungen des Humus.

Das Maß für die Stärke einer Säure ist die Dissoziationskonstante $K_s$

$$K_s = \frac{[H^+][X^-]}{[HX]}$$

$[H^+]$ = Konzentration der dissoziierten Protonen
$[X^-]$ = Konzentration des „Säurerestes“
$[HX]$ = Konzentration der undissoziierten Säuremoleküle

Je kleiner $K_s$, um so schwächer die Säure. Die starken Säuren HCl, $H_2SO_4$ usw. sind praktisch vollständig dissoziiert, $K_s$ läßt sich nicht mehr berechnen.

[1] Literaturübersichten vgl. DI GLERIA und Mitarbeiter 1962, JENNY 1961, ELLENBERG 1955.

Die Konzentration einer Säure ist dagegen kein Maß für die Säurestärke, ebenso nicht das $p_H$ (s. unten).

Auch die Wassermoleküle sind zum Teil dissoziiert. Unabhängig von den im Wasser gelösten oder suspendierten Stoffen ist das Ionenprodukt des Wassers, d. h. das Produkt der $H^+$- und $OH^-$-Konzentration im Wasser bei einer bestimmten Temperatur konstant. Bei 25° C beträgt es z. B. $[H^+][OH^-] = 10^{-14}$. In reinem Wasser ist die $H^+$-Konzentration gleich der $OH^-$-Konzentration: $[H^+] = [OH^-] = \sqrt{10^{-14}} = 10^{-7}$. Zusatz von Säure erhöht die $H^+$-Konzentration und senkt die $OH^-$-Konzentration, Zusatz von Basen senkt die $H^+$-Konzentration und erhöht die $OH^-$-Konzentration.

Sörensen hat für die Wasserstoffionenkonzentration den sogenannten $p_H$-Wert eingeführt; er ist gleich dem negativen Logarithmus der Wasserstoffionenkonzentration. $p_H$ 7 bedeutet also dasselbe wie $[H^+] = 10^{-7}$. Saure Lösungen haben ein $p_H$ unter 7, alkalische Lösungen haben ein $p_H$ über 7.

**Werte der Bodenazidität.** Mißt man nun die $H^+$-Konzentration einer Bodenlösung, so werden nur jene $H^+$ erfaßt, die von den Säuren im Boden dissoziiert sind. Man spricht von der aktuellen Azidität oder ganz einfach vom $p_H$ der Bodenlösung.

Bei der Neutralisation werden dagegen auch undissoziierte $H^+$ erfaßt, und zwar um so mehr, je höher das $p_H$ ist, bei dem man die Bestimmung durchführt (Titrationsazidität).

Konventionell wird z. B. als Totalazidität jene Menge $H^+$ bezeichnet, die sich mit Bariumhydroxyd bis $p_H$ 8,2 titrieren läßt:

$$\boxed{\text{Boden}}\,{}^{H}_{H} + Ba(OH)_2 \rightarrow \boxed{\text{Boden}}\,Ba + 2\,H_2O.$$

Versetzt man den Boden mit einem alkalisch hydrolysierenden Salz, z. B. Kalziumazetat, so werden die $H^+$ der Bodenteilchen zum Teil gegen $Ca^{++}$ ausgetauscht, und die gebildete Essigsäure wird mit Natronlauge titriert.

$$\boxed{\text{Boden}}\,{}^{H}_{H} + \text{Ca-Azetat} \rightarrow \boxed{\text{Boden}}\,Ca + 2\,\text{H-Azetat (Essigsäure)}$$

$$\text{H-Azetat} + NaOH \rightarrow \text{Na-Azetat} + HOH.$$

Die so ermittelte Menge $H^+$ nennt man die hydrolytische Azidität.

Grundsätzlich dasselbe spielt sich bei der Bestimmung der sogenannten Neutralsalzazidität ab, nur werden dabei wegen des tieferen $p_H$ der Lösung weniger Wasserstoffionen erfaßt als mit der hydrolytischen Azidität.

Bei stark sauren Mineralböden wird bei der Bestimmung der Neutralsalzazidität oft mehr Lauge verbraucht, als $H^+$ neutralisiert werden. Diese Erscheinung beruht auf dem Austausch von $Al^{3+}$ und $Fe^{3+}$ und deren Fällung als Hydroxyde; man spricht deshalb von der sogenannten Austauschazidität

$$\boxed{\text{Boden}}\,{}^{\text{H}}_{\text{Al}^{3+}} + 4\,\text{KCl} \rightarrow \boxed{\text{Boden}}\,4\,\text{K} + \text{HCl} + \text{AlCl}_3$$

$$\text{HCl} + \text{NaOH} \rightarrow \text{NaCl} + \text{HOH}$$

$AlCl_3$ ist nur im stark sauren Bereich existenzfähig; bei der Neutralisation zerfällt es, wobei eine äquivalente Menge NaOH verbraucht wird:

$$\text{AlCl}_3 + 3\,\text{NaOH} \rightarrow 3\,\text{NaCl} + \text{Al(OH)}_3.$$

Hydrolytische und Neutralsalzazidität werden oft auch potentielle Azidität genannt.

In der Pflanzenökologie wird meistens das $p_H$ gemessen. Es gibt dafür eine große Zahl von Methoden, und bei jeder müssen standardisierte Bedingungen eingehalten werden. Die Ergebnisse verschiedener Methoden sind nicht ohne weiteres miteinander vergleichbar. Gut bewährt und heute weit verbreitet ist die Messung mit Glaselektrode in normaler KCl-Lösung bei einem Boden:Lösung-Verhältnis von 1:2,5. Vor der Messung soll der Boden an der Luft getrocknet werden. Die meisten $p_H$-Angaben der pflanzensoziologischen Literatur beruhen aber auf Messungen in wässeriger Suspension.

**Pufferung.** Ein Puffer ist ein chemisches System, das sein $p_H$ trotz Säure- oder Basenzusatz konstant zu halten vermag. Auch die meisten Böden können ihr $p_H$ innert gewisser Grenzen konstant halten. Als Säurepuffer wirken im Boden schwache Säuren, Salze schwacher Säuren mit starken Basen sowie Ton und Humus.

Die Pufferung durch Ton und Humus beruht auf einem Ionenaustausch:

$$\boxed{\text{Humus}}\,\underset{\substack{\text{starke}\\ \text{Säure}}}{\text{K} + \text{HCl}} \rightarrow \underset{\substack{\text{schwache}\\ \text{Säure}}}{\boxed{\text{Humus}}}\,\text{H} + \text{KCl}$$

Gut gepuffert sind neutrale Humusböden, und zwar sowohl gegen Säurezusatz als auch gegen Laugezusatz; Kalkböden sind stark gegen Säuren gepuffert. Die Pufferung durch Kalk beruht auf der Neutralisation der zugesetzten Säure:

$$\text{CaCO}_3 + 2\,\text{HCl} \rightarrow \text{CaCl}_2 + \text{CO}_2\nearrow + \text{H}_2\text{O}$$

Sehr schwach gepuffert sind Sandböden; ihr $p_H$ ändert sich bei Zusatz von Säuren oder Basen sehr rasch. In Podsolböden ist daher auch die ausgewaschene Bleicherdeschicht gegenüber der Humus- und der Anreicherungsschicht viel schwächer gepuffert. Einen Begriff der Pufferung verschiedener Böden gibt Abb. 199.

**Bedeutung der Bodenazidität für die Pflanzen und Pflanzengesellschaften.** Am empfindlichsten reagieren niedrige Organismen auf die Azidität der Umgebung. Gewisse pathogene Bakterien können nur auf Nährböden von ganz bestimmtem $p_H$ gezüchtet werden. ULEHLA (1923) wies nach, daß die Apikalzellen gewisser Algen (*Cladophora*, *Basidi-*

*obolus*) platzen, wenn sie in ein saures Medium übergeführt werden. MELIN (1924) hat gezeigt, in welch entscheidendem Maß das $p_H$ die Vitalität der Mykorrhizenpilze und damit auch das Gedeihen der Nadelbäume beeinflußt. Nach FISCHER (1925) ist die Wirkung des Kartoffelschorfs (*Actinomyces chromogenus*) bei $p_H$ 8 stark, bei $p_H$ 7,2 schwach, bei $p_H$ 6,8 fast null; bei $p_H$ 5,2 bis 5,0 wird der Pilz nach WAKSMAN (1922) vertrieben.

Nach Untersuchungen holländischer Forscher sind Leguminosen, Rübe, Kohl gegen saure Bodenreaktion, Hafer, Gerste, Weizen gegen stark basische Bodenreaktion sehr empfindlich. Hingegen hat man nachgewiesen, daß viele Pflanzen auch bei stark saurer Reaktion gut gedeihen, wenn sie nur ausreichend mit Nährstoffen versorgt sind.

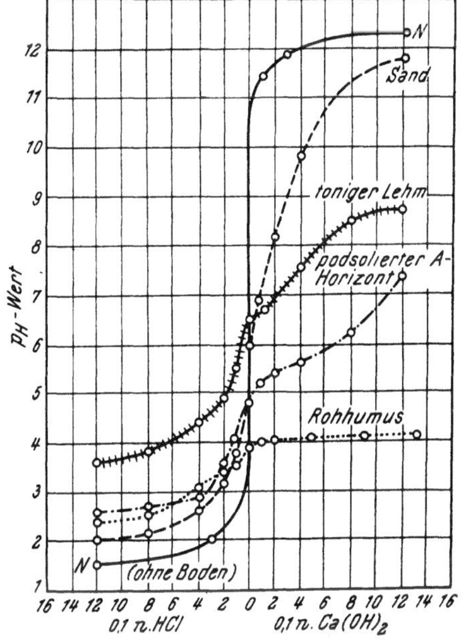

Abb. 199. Pufferung verschiedener Böden gegen Säure und Base (nach ROBINSON)

Der angeblich schädliche Einfluß stark saurer Reaktion beruht tatsächlich häufig auf indirekten Wirkungen oder Begleiterscheinungen (HEWITT 1952). Als direkte Ursachen kommen in Frage:

1. Mangel an leicht aufnehmbaren Nährstoffkationen in der Austauschgarnitur des Bodens, in der Wasserstoffionen dominieren.
2. Mangel an verfügbarem Phosphat, weil dieses durch $Fe^{3+}$ und $Al^{3+}$ schwer löslich gefällt ist, die bei stark saurer Reaktion im Boden in Menge freigesetzt sind.
3. Geringe Verfügbarkeit gewisser Spurenelemente.
4. Stickstoffmangel infolge gehemmter Nitrifikation.
5. Geringe biologische Aktivität erwünschter Bodenorganismen, vor allem der Würmer; damit langsamerer Stoffumsatz und schlechtere Struktur des Bodens.

Viele Pflanzenarten und Gesellschaften kommen nur in einem bestimmten $p_H$-Bereich vor, mit einem mehr oder minder deutlich ausgeprägten Optimum. Vgl. Tab. 29.

Extrem basiphile Gesellschaften finden sich besonders in trockenwarmen Gebieten. In Tonböden Ägyptens mit *Cyperus laevigatus* hat MONTESIR (1938) $p_H$-Werte von 9,2 bis 9,4 gemessen. Die *Brachiaria*-steppe des Sudans wächst in Böden mit einem Mittel von $p_H$ 9,1. Unterschiedlich zusammengesetzte Böden am Rio Salado (Argen-

Tabelle 29. $p_H$-Amplitude von Pflanzen und Pflanzengesellschaften

| Pflanzenarten und Gesellschaften | Reaktion des Bodens | $p_H$ |
|---|---|---|
| Azidophil ............ | sauer | < 6,7 |
| stark azidophil ...... | sehr sauer | < 5,2 |
| mäßig azidophil .... | mäßig sauer | 5,3 — 6,0 |
| schwach azidophil ... | schwach sauer | 6,1 — 6,7 |
| Neutrophil ........... | neutral | 6,8 — 7,2 |
| Basiphil ............. | alkalisch | > 7,3 |
| schwach basiphil .... | schwach alkalisch | 7,3 — 8,0 |
| stark basiphil ...... | stark alkalisch | > 8,1 |
| Indifferent ........... | | |

tinien) ergaben im ganzen Bereich tiefgründiger Profile $p_H$ 8 bis 10. In Europa werden extrem basiphile Gesellschaften vom Neusiedlersee angegeben.

Sehr stark azidophil sind die Torfmoorgesellschaften. SJÖRS (1948) gibt für *Scirpus caespitosus*- und für *Sphagnum cuspidatum*-Anmoore mit und ohne *Scheuchzeria palustris* $p_H$-Werte von 3,6 bis 3,7 an. Englische *Eriophorum vaginatum*-, *Scirpus caespitosus*-, *Deschampsia flexuosa*-Moore haben bei schwachem Basengehalt $p_H$-Werte von 2,8 bis 3,0 ergeben (GORHAM 1953).

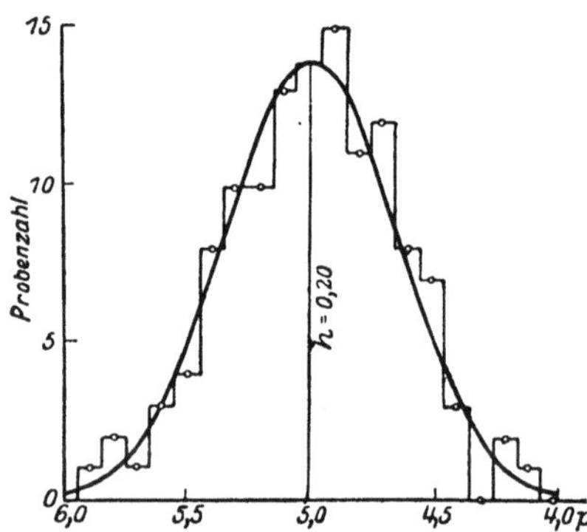


Abb. 200. Theoretische und experimentelle $p_H$-Variationskurve von *Carex curvula*. 125 Proben aus den Zentral- und Ostalpen (BR.-BL. u. JENNY 1926)

Im *Querco-Abietetum* (FREHNER 1963) sind $p_H$-Werte bis 3,1 gemessen worden. Nach MATTICK (1932) haben die meisten Strauch- und Blattflechten ihr Optimum im stark sauren $p_H$-Bereich, während die Mehrzahl der Krustenflechten des Bodens basische Böden besiedeln und dort auch ihr $p_H$-Optimum haben (Maximum: *Dermatocarpon miniatum* $p_H$ 8 bis 8,4). Die tiefsten $p_H$-Werte (2,5 bis 2,9) wurden bei Strauchflechten der Gattung *Cladonia* festgestellt, doch liegen alle Optimalwerte über $p_H$ 3,5.

Sehr stark sauer reagiert auch der Podsolboden des *Leucobryum glaucum*-reichen *Querco-Betuletum*.

Abb. 200 zeigt eine Kurve, fußend auf 125 Bodenproben möglichst verschiedener Böden auf Kalk- und Silikat-Unterlage, aus den Schweizer, italienischen und Tiroler Alpen, dem Wurzelbereich von *Carex curvula* (5 bis 10 cm Tiefe) entnommen. Das $p_H$-Optimum der Art liegt zwischen pH 5,4 und 4,6; *Carex curvula* ist mithin eine ausgesprochen azidophile Pflanze, womit ihr Verhalten bei der Vegetationsentwicklung übereinstimmt. Innerhalb des optimalen pH-Bereiches der Art erscheint die Azidität für das Gedeihen von *Carex curvula* nebensächlich; sie wird dagegen zum wichtigen Faktor im Randbereich.

BUCHLI (1936) und ELLENBERG (1948) behandeln eingehend den pH-Zeigerwert der Ackerunkräuter.

Amplitude und Optimal-Bereich des Boden-pH der Gesellschaft sind fast stets enger als die der dominierenden Arten, solange die Gleichartigkeit der Aufnahmeflächen gewahrt bleibt. Die Pflanzengesellschaften sind daher bessere Indikatoren der Bodenreaktion als die Einzelarten. Obschon sich die pH-Amplitude mit der Zahl der untersuchten Einzelbestände etwas verbreitert, so ist doch, wie die Erfahrung lehrt, meist bald die Grenzlinie erreicht. Vgl. Tab. 30.

Tabelle 30. pH-Optimum und pH-Amplitude im $A_1$-Horizont verschiedener Gesellschaften

| Gesellschaft | pH |
|---|---|
| *Koeleria glauca-Jurinaea-Assoziation* (Süddeutschland, VOLK 1937) | pH 7,1 (7,5) bis (7,9) 8,3 |
| *Corynephoretum* (Süddeutschland, VOLK 1931) | pH 4,7 (4,5) bis (4,9) 6,4 |
| *Brachypodietum phoenicoidis* (Südfrankreich, SOROCEANU 1936) | pH 7,2 (7,6) bis (8,0) 8,3 |
| *Schoenetum nigricantis* (Schweiz, ZOBRIST 1935) | pH 7,0 (7,2) bis (7,4) 7,6 |
| *Molinietum mediterraneum* (Südfrankreich, ZITTI 1938) | pH 7,2 (7,4) bis (7,6) 7,8 |
| *Loiseleurio-Cetrarietum* (Oberengadin, PALLMANN und HAFFTER 1933) | pH 3,5 (4,1) bis (4,6) 5,2 |

Bei anthropogen bedingten oder stark beeinflußten Wiesengesellschaften wird die Bedeutung des pH-Faktors meist durch biotische Einflüsse mehr oder weniger überdeckt. Indessen fand KLAPP (1930) auch bei der Wiesenvegetation, daß aus den Pflanzengesellschaften viel eher auf das pH des Bodens geschlossen werden kann als aus den Einzelarten. Am deutlichsten ist die Abhängigkeit unter extremen Verhältnissen.

Vegetationsänderungen (Sukzessionen) werden vielfach bedingt oder doch wesentlich beeinflußt durch Änderungen des Boden-pH (s. S. 621).

Zur Darstellung dieser Sukzession ist die pH-Kurve geeignet (Abb. 201).

Soziologisch besonders bedeutsam sind die Schnittlinien der pH-Kurven im Maximum- und Minimumgebiet der Assoziationen, denn dort spielt sich der Kampf zwischen der herrschenden und der durch die pH-Änderung mehr und mehr begünstigten eindringenden Gesellschaft ab. Aus obiger Kurve ist ersichtlich, daß dieser Kampf zwischen *Elynetum* und *Caricetum firmae* in Böden von pH 7 bis 6,5, zwischen *Caricetum curvulae* und *Elynetum* bei 5,5 bis 5,2 ausgefochten wird. In diesem Maximum- und Minimumgebiet des *Elynetums* ist das pH einer der entscheidenden Faktoren (s. Abb. 248, S. 431).

Mit der Bodentiefe ändert das $p_H$ oft rasch. Tiefwurzelnde Arten, namentlich Bäume, beziehen ihre Nahrung daher oft aus Böden

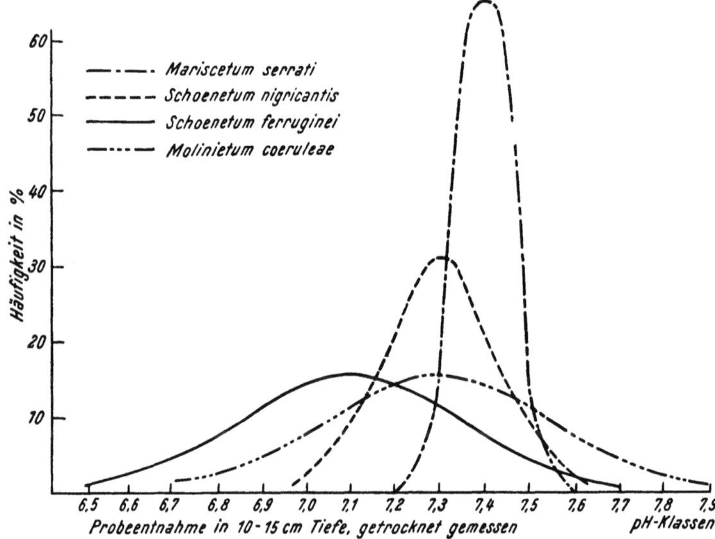


Abb. 201. $p_H$-Variationskurven der Sukzessionen *Mariscetum serrati*→*Molinietum coeruleae* im nordostschweizerischen Mittelland (nach ZOBRIST 1935)

von sehr verschiedenem $p_H$. Hierbei ist immerhin zu berücksichtigen, daß Keimlinge und junge Pflanzen bei der Nahrungsaufnahme stets auf die oberste Bodenschicht angewiesen sind. Gerade in der obersten

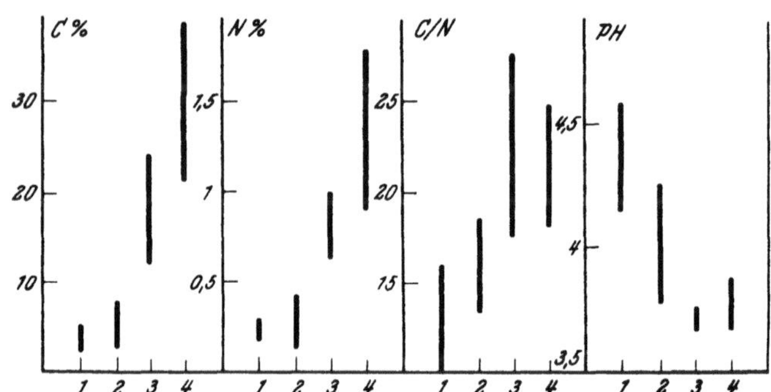


Abb. 202. Humus und $p_H$ im Boden mitteleuropäischer Laubwaldgesellschaften: *1 Pruno-Fraxinetum, 2 Querco-Carpinetum luzuletosum, 3 Querco-Betuletum, 4 Querco-Betuletum molinietosum* (nach LEMÉE u. Mitarbeitern)

Bodenschicht (1 bis 5 cm) aber ist das $p_H$ seinerseits stark von den herrschenden Pflanzenarten bzw. deren Abfallstoffen beeinflußt. Mit der Tiefe tritt die Beeinflussung des $p_H$ durch die Pflanzenstreu zurück gegenüber klimatischen Einflüssen (Feuchtigkeit) und dem Einfluß der Gesteinsunterlage.

Betrachtet man irgendein Bodenprofil als Ganzes, so macht sich die klimatische Beeinflussung der pH-Werte deutlich bemerkbar.

Im humiden Klima nimmt das pH der Böden in der Regel mit der Bodentiefe zu, weil die obersten Bodenschichten am stärksten ausgewaschen, d. h. an basisch wirkenden Kationen verarmt sind. In der frischen, noch wenig ausgewaschenen Streu ist das pH oft etwas höher als in der darunter liegenden Bodenschicht. Über Kalksubstrat erfolgt oft ein ganz plötzlicher pH-Umschlag, besonders zwischen Humusschicht und Mineralboden, wie aus Tab. 31 ersichtlich ist.

Tabelle 31. pH-Profile einiger Wald- und Strauchassoziationen

*Rhododendro-Vaccinietum*

Mittel aus acht Profilen in den Zentralalpen (Pallmann und Haffter 1933).

| $A_0$ | $A_1$ | $A_2$ | B | C | (alpine Eisenpodsole) |
|---|---|---|---|---|---|
| 4,1 | 4,0 | 4,5 | 4,8 | 5,1 | |

*Querco-Carpinetum*

Messungen im schweizerischen Mittelland (Etter 1943)

| | $bA_1$ | $bA_2$ | bB | BC und C |
|---|---|---|---|---|
| *Q.C. luzuletosum* (202 Messungen) | 5,3 | 5,1 | 5,2 | 6,2 (Braunerden) |
| *Q.C. aretosum* (258 Messungen) | 6,1 | 6,3 | 6,7 | 7,2 (Braunerden) |

*Quercetum ilicis galloprovinciale*

Mittel aus acht Profilen Südfrankreichs (Br.-Bl. 1936)

| $A_0$ | $A_1$ | $trB_1$ | $trB_0$ | (Roterden) |
|---|---|---|---|---|
| 5,5 | 7,4 | 7,7 | 7,8 | |

*Quercetum galloprovinciale pubescentetosum*

Mittel aus zehn Profilen des Languedoc (Br.-Bl. und Kielhauser)

| $A_0$ | $bA_1$ | $bA_2$ | BC | (Schwach podsolige Braunerden) |
|---|---|---|---|---|
| 5,9 | 6,7 | 6,2 | 6,0 | |

**Jahreszeitliche pH-Schwankungen.** Sie sind meist verhältnismäßig gering, ausgenommen in der Streuschicht ($A_0$), deren pH infolge der Zersetzungsprozesse des Laubes starkem Wechsel unterworfen sein kann.

Im *Populetum albae* Südfrankreichs hängt das pH des Fluß- und Grundwassers von den Niederschlägen ab (Abb. 203). Dem Regenmaximum entspricht das tiefste pH (Tchou 1949).

Die Wasserführung beeinflußt auch das $p_H$ der Böden; diese zeigen die höchsten Werte im Sommer (Abb. 204). Die monatlichen $p_H$-Än-

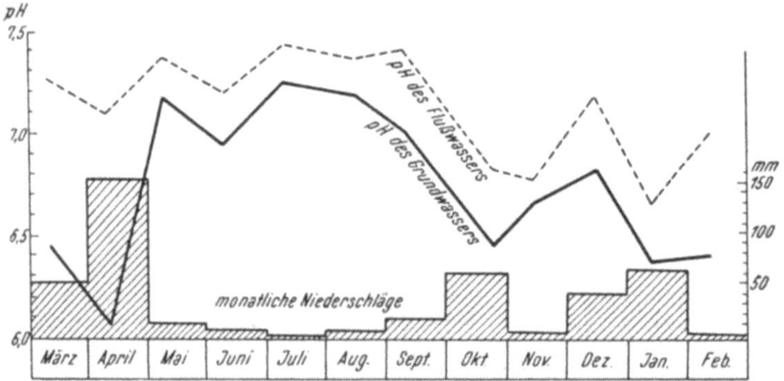


Abb. 203. Monatliche Niederschläge und $p_H$ von Fluß- und Grundwasser im *Populetum albae* von Montpellier (aus TCHOU 1949)

derungen der Laubstreu in den Profilen zweier *Fagetalia*-Wälder gibt DIEMONT (1938) kurvenmäßig wieder (Abb. 205).

Das $p_H$ des Wassers zeigt deutliche Beziehungen zum Kohlensäuregehalt, so daß z. B. derselbe Fluß stark abweichende $p_H$-Werte an ruhigen und bewegten Stellen zeigt. Während an ruhigen Stellen im Laufe des Tages keine $p_H$-Änderungen nachzuweisen sind, können dieselben an Wasserfällen bedeutende Werte erreichen (Abb. 206).

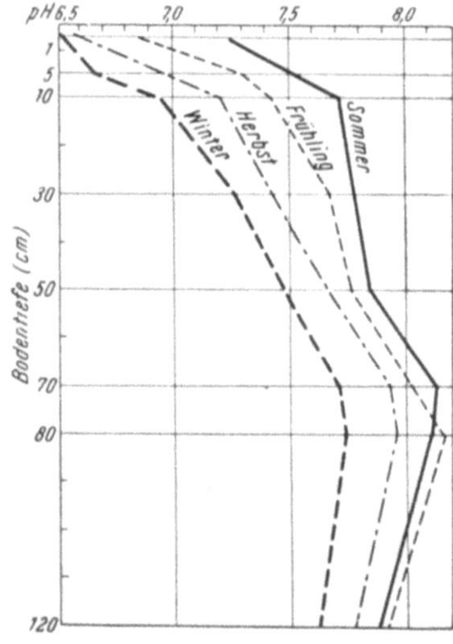


Abb. 204. $p_H$-Profilkurven im *Populetum albae* von Montpellier zu verschiedenen Jahreszeiten (aus TCHOU 1949)

Die $p_H$-Änderungen des Wassers werden von der Kohlensäureassimilation der flutenden Wasserpflanzen stark beeinflußt. In einem von dichten *Elodea*-Herden besiedelten dänischen Weiher sank das $p_H$ von 8,8 in 10 cm Wassertiefe allmählich auf 6,8 im Schlamm in 50 cm Wassertiefe (IVERSEN 1929).

Mit abnehmender Lichtintensität ging die Assimilationstätigkeit zurück, und am Grunde des Wassers waren die Blätter abgestorben.

Die Pufferung der Böden begünstigt die Stabilität der Pflanzengesellschaften und verlangsamt die $p_H$-bedingten Vegetationsveränderungen. In schwachgepufferten Böden muß die Vegetation auf beträchtliche $p_H$-Schwankungen eingestellt sein; die $p_H$-Amplitude der Besiedler solcher Böden ist weit; der Faktor verliert an elektiver Bedeutung.

Die Pufferung der Böden verschiedener Pflanzengesellschaften kann sehr verschieden sein, wie z. B. in den Alpen nachgewiesen worden ist (BR.-BL. und JENNY 1926). Am stärksten gepuffert zeigte sich der Humuskarbonatboden mit einem pH von 7,2 unter einem *Caricetum firmae*, etwas weniger ein *Elynetum*-Boden von pH 5,5 und noch etwas weniger der Boden eines *Caricetum curvulae* mit einem pH von 5,3. Podsolböden unter *Rhododendro-Vaccinietum* erwiesen sich als schlecht gepuffert.

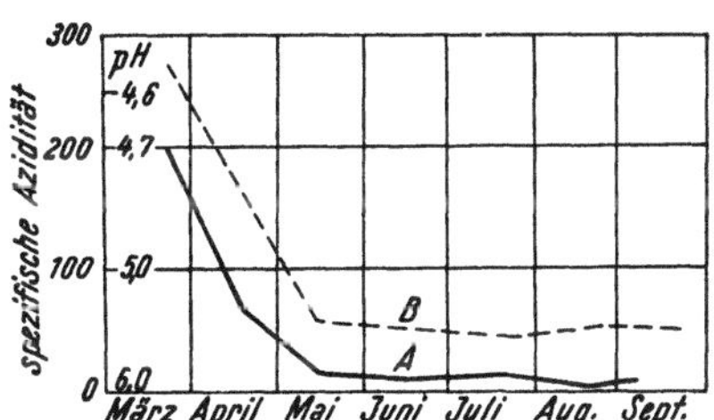


Abb. 205. pH der Laubstreu im *Fagetum allietosum* (*A*) und im *Querco-Carpinetum dryopterietosum* (*B*) NW-Deutschlands (nach DIEMONT 1938)

Sehr ausführlich wird die Pufferung verschiedener Flachmoorgesellschaften von ZOBRIST (1935) behandelt. ELLENBERG (1939) hat für die graphische Darstellung der Pufferung die pH-Zahlen ent-

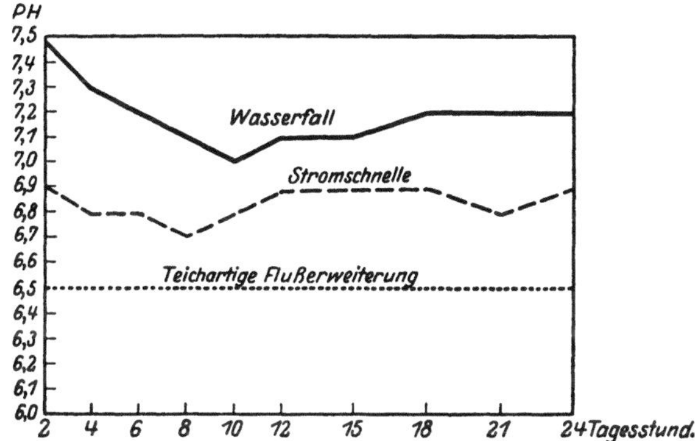


Abb. 206. pH ruhigen und bewegten Flußwassers zu verschiedenen Tageszeiten (nach COWLES u. SCHWITALIA 1923)

logarithmiert und in mg H/Liter ausgedrückt, wodurch die Unterschiede der H-Ionen-Konzentration stärker hervortreten.

Pufferkurven des Roterdebodens aus der mediterranen *Brachypodium ramosum*-Garrigue ergeben, daß diese Böden gegen Säure schwach, gegen Basen etwas stärker gepuffert sind (BHARUCHA 1933).

## d) Einzelne Nährstoffe des Bodens und Vegetation

Hier sollen vor allem die Zusammenhänge zwischen dem Nährstoffangebot der Böden einerseits und der Vegetation andererseits behandelt werden. Auf die physiologische Bedeutung der einzelnen Nährstoffe kann dagegen nicht näher eingegangen werden; zusammenfassende

Abhandlungen hierüber bieten z. B. MENGEL 1961, SCHEFFER und WELTE 1955 und HOAGLAND 1948. Wir beschränken unsere Ausführungen auch auf jene Elemente, die sich im Zusammenhang mit pflanzensoziologischen Fragen als besonders wichtig erwiesen haben.

**Kalzium.** Ca hat einen ziemlich hohen Anteil an der festen Erdkruste. In den primären Silikaten findet es sich vor allem in den basischen Plagioklasen, ferner in den gewöhnlichen Augiten, im Diallag und, etwas weniger, in den Hornblenden. Dementsprechend sind unter den magmatischen Gesteinen besonders Ca-reich Augitit und Hornblendit, Gabbro, Diabas und Basalt, Diorit, Porphyrit und Andesit, Quarzdiorit und Quarzporphyrit. Besonders Ca-reich sind die Kalkgesteine, die bis über 99% $CaCO_3$ enthalten (z. B. Marmorkalk der Schwäbischen Alb, Malm- und Kreidekalke im Jura), der Gips ($CaSO_4 \cdot 2H_2O$), ferner die Dolomite ($CaMg(CO_3)_2$) und die Mergel (kalkreiche Tongesteine). Wichtige Ca-Mineralien sind die Ca-Phosphate, darunter Apatit. Ca findet sich sodann in der Umtauschgarnitur der Bodenkolloide. In Rendzinaböden kann sein Anteil daran über 90% ausmachen.

Für die Pflanzen leicht aufnehmbar ist das Ca des gut löslichen Gipses, ferner jenes der Karbonatgesteine, die unter Kohlensäureaufnahme als Bikarbonate in Lösung gehen, und das Ca in der Umtauschgarnitur der Bodenkolloide.

Zwischen dem Ca-Bedarf der Pflanzen und ihrem Vorkommen auf Böden mit verschiedenem Ca-Gehalt besteht kein Zusammenhang (s. auch BHARUCHA und SATYARRARAYAN 1954). Viele Pflanzen nehmen viel mehr Ca auf, als sie brauchen; den Überschuß scheiden sie in unlöslichen Salzen, besonders Ca-Oxalat, aus dem Stoffwechsel aus. Den Analysendaten, die ILJIN (1937) zusammengestellt hat, kann man indessen entnehmen, daß kalkliebende und kalkstete Arten erheblich mehr Ca enthalten als Kalkflieher, wenn auch bei beiden Gruppen große Unterschiede vorkommen.

So enthielt *Alyssum saxatile* pro ccm Zellsaft 21,5 mg Ca, die gleichfalls kalkstete *Sesleria coerulea* aber nur 1,2 mg. Von den ausgesprochen kalkmeidenden Arten, deren allerdings nur eine kleinere Anzahl untersucht wurde, enthielt *Agrostis canina* 1,23 mg und *Calluna* 1,11 mg Ca. Es gibt auch Arten, die ihren Kalziumgehalt anscheinend selbst regulieren, indem sie auf den verschiedensten Unterlagen ziemlich konstante Mengen ansammeln.

Überschuß an Ca ruft bei manchen Pflanzen eine Hemmung der Kaliumsorption hervor; er kann ferner schädlich wirken, indem er den normalen Verlauf der physiologischen Prozesse hemmt.

**Indirekte Wirkung des Kalziums.** Das Ca beeinflußt in hohem Maße die physikalisch-chemischen Bodenverhältnisse und hierdurch indirekt auch die Vegetation. Es bewirkt die Ausflockung der Bodenkolloide, wodurch Krümelung, Wasserführung, Durchlüftung und die Wärmeverhältnisse des Bodens günstig beeinflußt werden.

Kalziumkarbonatreiche Böden reagieren stets mehr oder weniger neutral oder alkalisch, da $CaCO_3$ die Säuren neutralisiert. Die Zunahme des Kalkgehaltes bewirkt aber keine Steigerung der Basizität, da die

Reaktion nicht vom Gesamtkarbonatgehalt, sondern von den Ionen in Lösung abhängt.

Ein *Schoenetum ferruginei*-Boden, dessen Reaktion $p_H$ 7,3 betrug, hatte einen $CaCO_3$-Gehalt von 0,1%, ein anderer, ebenfalls $p_H$ 7,3 aufweisender Boden 86,3% (ZOBRIST 1935).

Neutrale Reaktion schafft für die Bodenorganismen (Bakterien, Würmer, usw.) günstige Lebensbedingungen; die „Bodengare" wird gefördert.

**Kalkstete Arten**[1]. Wer aus Nord- und Mitteleuropa nach Südeuropa kommt, wird zu seinem Erstaunen feststellen, daß manche im Norden kalkstete Art im Süden auch auf kalkarme oder kalkfreie Böden übergeht. So sind einige der von EKLUND (1946) für Finnland als kalkstet bezeichnete Pflanzen, wie *Androsace septentrionalis, Fraxinus excelsior* und *Veronica beccabunga*, schon in der Schweiz nicht mehr kalkstet, und weitere Arten, wie *Carex distans, Brachypodium silvaticum* u. a., sind weiter südlich auch auf kalkfreien Böden anzutreffen. Es mag sich hierbei um basiphil-neutrophile Arten handeln, die im Norden nur auf Kalk, im Süden aber auch schon auf kalkfreien Böden die ihnen zusagende Bodenreaktion antreffen.

Ist die neutrale oder basische Reaktion hergestellt, so gedeihen manche dieser Arten auch auf praktisch kalzitfreien Silikatböden (vgl. auch BRENNER 1930, ISSLER 1938). VOLK (1935) erklärt das Vorkommen von *Pulsatilla vulgaris, Anemone silvestris* und *Hippocrepis comosa* auf kalzitfreiem Untergrund bei Würzburg durch die basische oder neutrale Bodenreaktion. Auch die als „kalkfliehend" bezeichneten Sphagnen scheinen gegen alkalische Reaktion empfindlicher zu sein als gegen Ca-Ionen (in schwacher Konzentration; PAUL 1908, MEVIUS 1921); ILJIN (1925) konnte nachweisen, daß *Vincetoxicum officinale*, eine Ca-Ionen sehr gut ertragende Pflanze, gegen alkalische Reaktion äußerst empfindlich ist.

Trockenheitliebende Gewächse sind gegen ihre Nordgrenze hin aber auch deshalb mehr an Kalkböden gebunden, weil diese allein ihnen physikalisch zuträgliche Bodenverhältnisse (Erwärmung, Wasserführung, Durchlüftung) bieten. Auf diesen Umstand ist seit FLAHAULT (1893) vielfach hingewiesen worden (s. u. a. ANDERSSON und HESSELMAN 1910, DUCHAUFOUR 1960), und nur in dieser Hinsicht wird von einem Ersatz des Kalkbodens durch physikalische Faktoren gesprochen werden können.

FLAHAULT (1893) gibt eine Liste von Arten, die in Nordfrankreich als kalkstet betrachtet, in den Sevennen aber auch auf kalkarmen Böden gefunden werden. Die von MELTZER und WESTHOFF (1942) für Holland als kalkliebend bezeichneten Arten kommen in Südeuropa auch auf kalkfreien Böden vor.

---

[1] Unter „Kalk" versteht man meistens $CaCO_3$ (Kalziumkarbonat, Kalzit). Daneben wird „Kalk" aber auch für $Ca^{2+}$ gebraucht. So sprechen die Mineralogen z. B. von Kalk-Natron-Feldspäten und die Physiologen vom Kalkbedarf der Pflanzen. Bei manchen Arbeiten ist leider nicht klar, was mit Kalk gemeint ist.

Ähnlich verhalten sich die soziologisch wichtigen *Fagus silvatica*, *Quercus pubescens* und *Bromus erectus*, die im Süden auf jeder Bodenunterlage (Kalken, sauren Gneisen, Graniten) gedeihen und auf kalkarmen Böden ausgedehnte Bestände bilden. Aber schon in Mitteleuropa gilt *Bromus erectus* als Kalkpflanze, und aus der engen Übereinstimmung zwischen Kreidekalkvorkommen und Buchenverbreitung in England und anderwärts ist von manchen Autoren auf eine direkte Abhängigkeit des Baumes von der chemischen Beschaffenheit der Unterlage geschlossen worden.

Der umgekehrte Fall, daß kalkstete Arten Südeuropas gegen Norden auch auf kalkfreiem Boden gedeihen, scheint nicht vorzukommen.

Abb. 207. Initialphase des *Caricetum firmae* (*Seslerion coeruleae*), herrschend am Munt la Schera, Schweizerischer Nationalpark, 2600 m, auf Kalkschutt (Aufn. Trepp)

Eine kalkliebende Vegetation findet sich auch auf den Ca-reichen Gesteinen Dolomit ($CaMg(CO_3)_2$) und Gips ($CaSO_4 \cdot 2H_2O$). Die eigentliche Dolomitvegetation wird S. 355 eingehender behandelt werden, die Gipsvegetation S. 368. Auch auf den Ca-reichen Silikatgesteinen Gabbro und Basalt findet sich in den ersten Stadien der Bodenbildung eine kalkliebende Vegetation, doch versauern diese Böden rascher als Kalk-, Dolomit- oder Gipsböden.

Die kalkliebenden Pflanzen Japans behandelt Terao (1961).

Fassen wir kurz zusammen:

Die kalksteten Arten benötigen zu ihrem normalen Gedeihen ein Ca-reiches Substrat; kalkliebende ziehen aus irgendeinem Grund Kalkunterlage vor.

Die Kalkflieher sind teils Arten, die durch Überangebot an Ca geschädigt oder in der Entwicklung gehemmt werden, teils azidophile Arten, die nur auf sauren Böden gedeihen.

**Kalkstete Gesellschaften.** Wie von kalksteten Arten, so kann man von kalksteten Assoziationen sprechen. Kalkstet im engen Sinne sind viele Gesellschaften der Trockengebiete, des Nordens und der Gebirge: das *Xerobromion* Mittel- und Westeuropas, das *Elynion* der nordischen Fjelde, *Seslerion coeruleae*, *Caricion ferruginei*, *Festucion scopariae* sowie die *Thlaspietalia rotundifolii*-Gesellschaften der Alpen und Pyrenäen, das *Caricion davallianae* Mitteleuropas, das mittel- und südeuropäische *Potentillion caulescentis* und viele andere.

Abb. 208. Ausgedehnte *Cistus ladaniferus-Macchie* als „*fire climax*“ auf entkalktem Boden in der Serra Arrabida bei Lissabon (Aufn. LETSCH)

Die *Cratoneuron commutatum-Arabis bellidifolia*-Assoziation in verschiedenen Varianten gehört zu den ständigen Begleitern der kalten, kalkreichen Quellen der Alpen und Pyrenäen.

Es gibt auch in den semiariden Gebieten zahlreiche Arten und Pflanzengesellschaften, die entweder ausschließlich auf kalkreichen oder aber nur auf kalkfreien Böden vorkommen. An kalkfreie Böden gebunden sind beispielsweise das *Cistion ladaniferi*, das von Italien und Tunesien bis Südportugal und Westmarokko ungeheure Strecken bedeckt, sowie das außergewöhnlich artenreiche *Tuberarion guttati* derselben Länder.

Dagegen sind das *Therobrachypodion*, *Aphyllanthion*, *Rosmarino-Ericion*, *Ononidion striatae* usw. Südeuropas absolut kalkstet. Alle diese Gesellschaften sind ausgezeichnete Zeiger für den Kalkgehalt des Bodens.

Womöglich noch strenger kalkstet sind manche Kryptogamengesellschaften. Motyka (1926), der aus der Tatra eine Reihe kalksteter Flechtengesellschaften (*Lecanora lamarckii*-Assoziation, *Verrucaria calciseda*-Subassoziation, *Lecanora reuteri*-Assoziation u. a.) beschrieben hat, und auch Ed. Frey (1959) betonen die ungemein scharfe Scheidung der kalksteten und kalkfliehenden Flechtenassoziationen. Ähnliche Gesellschaften sind in allen Kalkgebieten vorhanden und gehen bis auf die Alpengipfel.

Da zahlreiche Pflanzengesellschaften ausschließlich auf stark sauren Böden gedeihen, diese aber praktisch kalkfrei sind, so sind azidophile Gesellschaften stets auch kalkfliehend. Hingegen gibt es in semiariden Gebieten Gesellschaften, die kalkfliehend, aber nicht azidophil sind und neutrale bis schwach basische Reaktion gut ertragen.

Zu auffälligen Mischungen kalksteter und kalkfliehender Arten auf engstem Raum kommt es, wenn, wie im *Jasioni-Festucetum vallesiacae* des Wallis, kleine Therophyten in der wenige Zentimeter messenden kalkfreien obersten Humusschicht über Kalkboden wurzeln (Br.-Bl. 1961).

**Kalkfällende Arten und Gesellschaften.** Der im Wasser als Bikarbonat gelöste Kalk wird durch Kohlensäureentzug gefällt; die Pflanzen versintern. Gewisse Arten häufen in ihren Polstern und zwischen den Sprossen große Mengen kohlensauren Kalkes an.

An kalkreichen Quellen sind es insbesondere Moose: *Bryum gemmiparum*, *Gymnostomum calcareum*, *Eucladium verticillatum*, *Cratoneuron commutatum*, *C. falcatum* u. a., die von $CaCO_3$ inkrustierte Polster und Teppiche bilden. Tuffbildende Assoziationen sind die *Eucladium-Adiantum capillus-veneris*-Assoziation Südeuropas und das *Caricetum brachystachidis* der Alpen.

An der biogenen Kalkfällung in Höhlen beteiligen sich nach Magdeburg (1932) schichtenartig angeordnete Algengesellschaften: ein artenarmes *Haplosiphonetum*, das den ganzen Tuff skelettartig aufbaut, und ein *Chroococcetum* mit *Chroococcus turgidus*, *Aphanothece-*, *Gloeocapsa-* und *Gloeothece*-Arten.

Nach Jaag (1945) sind wahrscheinlich alle $CO_2$ verbrauchenden Algen fähig, Kalk zu fällen.

Als Seekreidebildner spielen Characeen eine wichtige Rolle. *Chara* kann ohne Zugabe von Ca nicht leben (Vouk 1929). Im stehenden Brackwasser ist es namentlich *Chara crinita*, die außerordentliche Mengen kohlensauren Kalkes ansammelt. Sie bildet die Bodenschicht verschiedener Sumpfgesellschaften Südfrankreichs und kann hier pro Quadratmeter Fläche jährlich bis 850 Gramm $CaCO_3$ anhäufen. Derart kalkübersättigte Böden sind nur für eine ganz beschränkte Zahl basiphiler Pflanzengesellschaften bewohnbar (*Schoeno-Plantaginetum crassifoliae*, mehrere Assoziationen des *Juncion maritimi*, alle *Cladium mariscus*- und manche *Schoenus nigricans*-reichen Gesellschaften).

Auch die makrophytische Wasservegetation und die Planktongesellschaften reagieren scharf auf den Kalkgehalt des Wassers. Die kalkfliehende, oligotrophe Assoziation von *Isoëtes echinospora* (mit *Isoëtes echinospora, I. lacustris, Subularia* usw.), ein Kleinod der Vogesen- und Schwarzwaldseen, fehlt den kalkreichen, harten Gewässern des Alpenvorlandes völlig und kehrt erst am Südfuß der Alpenkette im Tessin (ohne *Subularia*) wieder.

**Magnesium.** Magnesium hat wie Ca einen ziemlich hohen Anteil an der Erdkruste. In den primären Silikaten findet sich Mg vor allem in Olivin, Biotit, Augiten und Hornblenden. Von den magmatischen Gesteinen haben die Peridotite den höchsten Mg-Gehalt ($>40\%$); einen hohen Mg-Gehalt haben auch Augitit, Hornblendit, Gabbro und Basalt, weniger Syenit und Diorit. Serpentin und Talk sind sekundäre reine Mg-Tonmineralien, auch die Chlorite enthalten ziemlich viel Mg. Weit verbreitet ist der Dolomit, $CaMg(CO_3)_2$.

In den Silikaten ist Mg oktaedrisch und bedeutend stärker als Ca gebunden. Dolomit ist weniger löslich als Kalzit; Magnesit ($MgCO_3$) ist leichter löslich, doch spielt Magnesit kaum eine Rolle. Den Pflanzen steht vor allem das Mg in der Austauschgarnitur zur Verfügung; etwas weniger jenes, das in den Humusbildnern gebunden ist.

Salzböden der Trockengebiete enthalten zum Teil das Chlorid oder Sulfat des Magnesiums.

In der Pflanze treten Mg-Mangelerscheinungen besonders bei Überangebot an K auf. Toxische Wirkung des Mg wird vor allem durch Ca gemindert.

**Serpentinvegetation.** Die Probleme der Serpentinvegetation sind von Whittaker (1954) zusammenfassend behandelt worden. Nach Tschermak-Becke enthält der Serpentin im Durchschnitt:

$$43{,}5\%\ MgO,\ 40{,}5\%\ SiO_2,\ 13\%\ H_2O.$$

In sehr kleinen Mengen kommen vor: $Al_2O_3$, $MnO$, $Na_2O$, $K_2O$. Ca ist fast stets in wechselnden Mengen vorhanden, ebenso Zn und Cr.

Der Serpentinboden bietet daher neben indifferenten auch viele kalkholde und kalkstete Arten (in den Alpen *Trisetum distichophyllum, Cerastium latifolium, Ranunculus parnassifolius, Oxytropis montana, Rhododendron hirsutum, Doronicum grandiflorum, Leontopodium alpinum* usw.). Es ist wohl auch ein Ersatz der Ca- durch Mg-Ionen möglich.

Im Verlauf der Entwicklung trägt der ziemlich weit entwickelte, tonige, in der Oberschicht versauerte Serpentinboden eine azidophile Pflanzendecke (Abb. 209).

Dem Hochgebirge fehlen Serpentinspezialisten. Nach Björkman (1937) soll auch die Magnesitvegetation der nordschwedischen Gebirge mit der Kalkvegetation übereinstimmen.

Aber auch in tieferen Lagen verschwinden die Serpentinspezialisten mit beginnender Bodenbildung, und sehr bald stellt sich der dem Synoekosystem entsprechende Trockenrasen ein. Bei Kraubath ist dies eine besondere Assoziation, die dem *Stipo-Poion xerophilae* zugehört, das

*Armerio-Potentilletum arenariae*, durch *Dorycnium germanicum*, *Armeria elongata*, *Silene otites*, *Achillea collina* ausgezeichnet, worin *Koeleria gracilis*, *Potentilla arenaria* und *Festuca ovina* ssp. dominieren. Der Oberboden ist versauert, die tieferen Bodenschichten sind dagegen fast stets basisch.

Die Vegetation der Serpentinböden Bosniens wird von Krause und Ludwig (1957), jene Mittelitaliens von Pichi-Sermolli (1948) und die des steirischen Murtals u. a. von Lämmermayr (1927, 1928), Eggler (1955), Br.-Bl. (1961) behandelt.

Die eigentlichen Serpentinspezialisten Mitteleuropas bleiben durchwegs auf Rohboden und Felsspalten beschränkt. Man kann einen serpentinsteten Verband (*Asplenion serpentini*) unterscheiden.

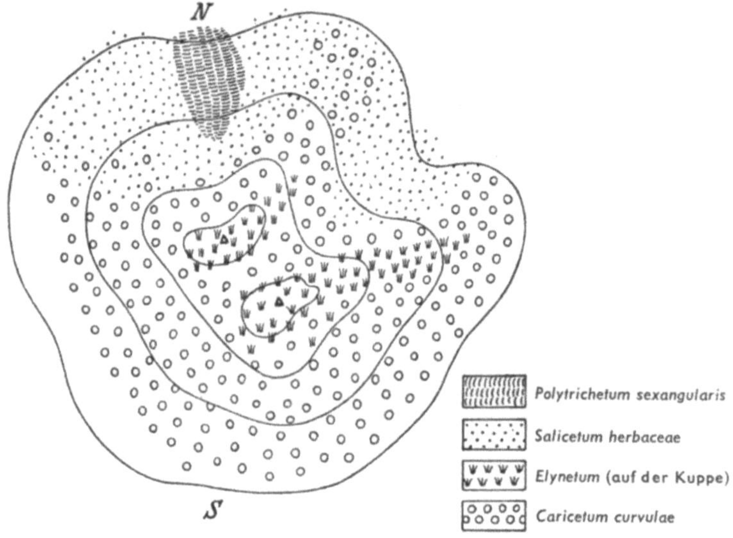


Abb. 209. Azidophile Assoziationen auf Serpentin am Ochsenkopf bei Parpan, Schweizer Alpen, 2400 m (nach Br.-Bl. u. Jenny 1926)

In der Gulsen bei Kraubath (Steiermark) sind darin auf wenigen Quadratmetern der nahezu senkrechten Serpentinwand zusammengedrängt:

| | | | |
|---|---|---|---|
| +.2 | *Nothochlaena marantae* | + | *Koeleria gracilis* |
| +.2 | *Asplenium adulterinum* | + | *Alyssum montanum* |
| +.2 | *Asplenium ruta-muraria* | + | *Erysimum silvestre* |
| + | *Sempervivum hirtum* | + | *Potentilla arenaria* |
| + | *Sedum telephium* | + | *Genista pilosa* |

Diese *Nothochlaena-Sempervivum hirtum*-Assoziation kann als ausgesprochene Serpentingesellschaft bezeichnet werden. Eine Analyse des anstehenden Serpentins ergab 37,09% MgO und 1,32% CaO.

Von Soó (1959) kennt Assoziationen, die dem *Asplenion serpentini*-Verband zugehören, auch aus Mähren und Pannonien.

Als charakteristische Serpentinpflanzen können nur jene gelten, die streng auf Serpentin (und Magnesit) beschränkt sind. Zu diesen gehören die über einen großen Teil von Europa höchst sprungweise verbreiteten Farne *Asplenium adulterinum* und *A. cuneifolium.*

Im südlichen Mitteleuropa kommen hierzu einige als Neoendemismen aufzufassende Serpentinspezialisten (*Dianthus capillifrons, Sempervivum pittonii, S. hillebrandtii*), während weiter südlich in Jugoslawien nicht nur systematisch geringwertige Abänderungen, „Serpentinomorphosen" gemeiner Wiesen- und Waldpflanzen, sondern auch gutabgegrenzte Serpentinarten, die auf hohes Alter deuten, auftreten. So sind die Borraginacee *Halacsya sendtneri* und die in Europa morphologisch völlig isoliert stehende *Potentilla visiani* (Gruppe *Tanacetifoliae*) als Relikte besonders erwähnenswert.

Eine serpentintreue Flechtenassoziation, das *Aspicilietum ochraceae*, beschreiben KRAUSE und KLEMENT (1962) aus Bosnien und von der Insel Euboea. Als Charakterarten werden angegeben: *Aspicilia ochracea, Caloplaca festiva, Aspicilia verruculosa, A. crusii, Placodium subcircinatum, Rhizocarpon sphaericum.*

Die Serpentinböden sind sehr nährstoffarm. Kalkgehalt und dunkle Farbe schaffen aber günstige Wärmeverhältnisse, weshalb die Serpentinvegetation nicht selten für das betreffende Gebiet südliche, thermophile Arten, die zum Teil als Relikte aufzufassen sind, einschließt. So hat der schöne südeuropäische Farn *Nothochlaena marantae* seine nördlichsten Vorposten in Europa auf Serpentin im Gurhofgraben bei Melk an der Donau und bei Mohelno in Südwestmähren.

Es sind jedoch nicht physikalische Bodenverhältnisse, welche die Eigenart der Serpentinvegetation bedingen, sondern in erster Linie das Überwiegen von Mg über Ca ($Mg:Ca > 1$) im Gestein sowie vielleicht der verhältnismäßig hohe Gehalt an Zn und Cr. Ein hoher Mg-Gehalt bleibt ohne Wirkung, wenn daneben der Ca-Gehalt groß ist.

Die eigentlichen Serpentinpflanzen speichern sehr große Mengen an Mg. So enthält die Asche der *Biscutella laevigata*-Form des Gurgrabens 28% und *Asplenium cuneifolium* 31,22% Mg (EBNER in KRETSCHMER 1931), während jene von *Ilex aquifolium* z. B. nur 12,34% enthielt (CANALS 1920).

Die meisten ausdauernden Serpentinpflanzen haben ein außerordentlich entwickeltes Wurzelsystem, wogegen die oberirdischen Pflanzenteile eher kümmerlich ausgebildet sind und vielfach nur spärlich Blüten entwickeln und Früchte ansetzen.

**Dolomitvegetation.** Der Dolomit, ein Mischkristall von $CaCO_3$ und $MgCO_3$, der schwerer löslich ist als $CaCO_3$, bietet im wesentlichen denselben Vegetationscharakter wie der kompakte Kalk. Die Wirkung der Ca-Ionen scheint auf Dolomitsubstrat von überwiegendem Einfluß zu sein. Ob aber die exklusiven Dolomitspezialisten — solche gibt es zweifellos — größere Mengen von Mg in Verbindung mit Ca zu ihrem Gedeihen benötigen oder ob sie sich aus anderen Gründen streng an Dolomitböden halten, muß vorderhand dahingestellt bleiben.

Zahlreiche Dolomitspezialisten bewohnen die spanischen Sierren, die Südsevennen, die Südalpen. Bei einzelnen mag die Beschränkung auf Dolomitsubstrat aus ihrer Reliktnatur zu erklären sein. Nicht wenige sind nämlich Reliktendemismen tertiären Alters mit engumgrenztem Vorkommen (*Armeria juncea, Saxifraga cebennensis, Hieracium stelligerum, Kernera auriculata* der Sevennen, *Asplenium seelosii, Kernera alpina* der südlichen Kalkalpen). Es sind dies ausschließlich Bewohner der Dolomitrohböden, Fels- oder Felsschuttpflanzen. Sobald nämlich auf Dolomitgestein oder Verwitterungssand die Humusbildung einsetzt, gehen seine spezifischen Eigenschaften verloren, und die entstehende Bodenkrume unterscheidet sich kaum noch vom basenreichen Mullhumus der Kalkböden. In humiden Gebieten versauern allmählich aber auch die Dolomitböden, und es stellt sich eine kalkfliehende azidophile Vegetation ein.

Das Vorkommen von „Kieselpflanzen" auf Dolomitsubstrat hat schon SENDTNER (1854) hervorgehoben. In der Arbeit von BR.-BL. und JENNY (1926) konnte die Erklärung dazu geliefert werden.

Pflanzengesellschaften der Dolomitrohböden sind u. a. die Felsspaltenassoziation von *Potentilla caulescens var. cebennensis* und *Saxifraga cebennensis* und die Südtiroler Fazies der *Androsace helvetica*-Assoziation (BR.-BL. 1915, 1926); dann die farbenprächtige, scharfbegrenzte Assoziation der endemischen *Armeria juncea*, begleitet von *Arenaria capitata, Alyssum montanum var. psammeum* usw. für die südfranzösischen „Causses" äußerst charakteristisch, das *Phleo-Sedetum anopetalae* der Dolomitsande des Bajocien-Bathonien in der Umrahmung des Languedoc.

Als ausgesprochene Dolomitspezialisten erscheinen ferner gewisse Felshaftergesellschaften. Nach MOTYKA (1926) beherbergen Dolomit, Kalk und Mergel in der Tatra ganz verschiedene Flechtenassoziationen. Die Flechtenvegetation auf Dolomit ist viel spärlicher und artenärmer entwickelt als auf Kalk, worauf auch DIELS' (1914) Untersuchungen in den Südtiroler Dolomiten hinweisen. Zudem ist die Vitalität der Arten auf Dolomit stark herabgesetzt. Dies mag teilweise mit der Verwitterungsart des Gesteins zusammenhängen; ausschlaggebend ist jedoch nach MOTYKA der Chemismus. Flechtenassoziationen der Dolomite in der Tatra sind die dolomitstete *Thelidium cf. aenovinosum*-Assoziation berieselter Dolomitfelsen und die *Opegrapha saxicola*-Assoziation, die aber möglicherweise auch auf Kalkfelsen vorkommt.

Ausgezeichnete Dolomitassoziationen sind die von DIELS (1914) erstmals näher beschriebenen epi- und endolithischen Algengesellschaften der Südtiroler Dolomitriffe. An den Steilwänden des Schlern erscheinen diese Kryptogamengesellschaften nach der Lichtbedürftigkeit deutlich geschichtet. Die Gesteinsoberfläche überzieht ein *Scytonemetum*, worin *Scytonema crassum* und andere *Scytonema*-Arten in bis 0,5 mm langen Räschen vorherrschen. Unter dem *Scytonema*-Mantel folgt ein *Cyanocapsetum*, das als Vorstufe und Vorbedingung des *Scytonemetums* aufzufassen ist. Das *Cyanocapsetum* bildet die für Dolomitwände charakteristischen „Tintenstriche" (s. auch S. 178). Dieselbe Gesellschaft fand JAAG (1945) vielfach auch an Dolomit- und Kalkfelsen in den Schweizer Alpen und im Jura.

Neben den epilithischen oder Oberflächengesellschaften, die intensives Licht und große Austrocknung ertragen, gibt es aber auch noch sehr eigentümliche endolithische Algenvereinigungen bis 8 mm im Innern der feinsten, von bloßem Auge unsichtbaren Haarspalten. Sie bestehen zunächst unter der Gesteinsoberfläche aus orangeroter *Trentepohlia*, zu innerst unter sehr schwacher Belichtung aus winzigen farbloshülligen *Gloeocapsa*-Formen, die beim Anschlag mit dem Hammer als grüne Bänder hervortreten. Die Frage der Abhängigkeit dieser Algenassoziationen vom Magnesiumkarbonat als Substrat verlangt aber noch nähere Prüfung.

**Eisen.** Der Anteil des Eisens an der äußersten Erdhülle ist noch größer als jener des Ca. Die primären Mineralien und magmatischen, an Mg reichen Gesteine sind meist auch reich an Fe, besonders $Fe^{2+}$. Ein $Fe^{3+}$-haltiges Tonmineral ist der Nontronit. Eisen kommt daneben in Oxyden, Hydroxyden und Sulfiden vor (s. Tab. 20).

Bei der Verwitterung wird Eisen aus den Silikaten freigelegt. In normal drainierten Böden bildet es praktisch unlösliche Ferrioxydhydroxyde: Limonit, Lepidocrit, Goethit, die mit zunehmender Entwässerung schließlich in Ferrioxyd: Hämatit, übergehen. Diese Eisenverbindungen verleihen den Böden den gelben bis roten oder — in Verbindung mit Humus — den braunen Farbton. In vernäßten, anaeroben Böden kommen Ferrosalze vor, z. B. Sulfid, Phosphat (Vivianit) und Karbonat, das wie Kalk als Bikarbonat in Lösung geht. Fe findet sich auch in der Austauschgarnitur der Bodenkolloide, wo es sehr stark gebunden ist. Mit organischen Verbindungen bildet Fe sehr stabile Chelate; diese sind teils löslich, teils unlöslich.

Die Pflanzen nehmen Fe als $Fe^{2+}$ und $Fe^{3+}$ in Ionenform und als Chelat auf. Vom Eisen des Bodens steht ihnen um so mehr zur Verfügung, je tiefer das $p_H$ und das Redoxpotential des Bodens ist. Möglicherweise bilden die Pflanzen selbst besondere Chelatoren, die sowohl die Aufnahme als auch den Transport des Eisens in der Pflanze ermöglichen.

Höhere Pflanzen sind befähigt, beträchtliche Mengen Eisenoxyd zu speichern, das nach dem Laub- und Zweigfall der Bodenstreu zugute kommt.

**Eisenvegetation.** Unter den höheren Pflanzen sind keine Eisenspezialisten bekannt[1]. Normalerweise wirkt ein hoher Fe-Gehalt des Bodens aber auch nicht schädlich.

So ist der Abraum der Bauxitlagerstätten Südeuropas dem Pflanzenwuchs keineswegs ungünstig. Es stellen sich darauf sehr bald die Arten der näheren Umgebung, Kalkpflanzen und indifferente Arten, ein. Besonders reichlich breiten sich *Spartium junceum*, *Dorycnium suffruti-*

---

[1] Nach VIEILLARD (zit. in LE JOLIS: De l'influence chimique des terrains sur la dispersion des plantes, Paris, 1861) sollen die eisenreichen Roterden Neukaledoniens im Gegensatz zu den eisenarmen eine durchaus eigenartige Flora (*Dammara ovata, Eutassa intermedia, Dacrydium caledonicum* usw.) besitzen.

*cosum*, *Euphorbia nicaeensis*, *Helichrysum stoechas* und *Inula viscosa* aus. Auch die Pflanzendecke im nächsten Umkreis der jurassischen Eisengruben setzt sich lediglich aus bodenvagen und kalkliebenden Arten zusammen (CONTEJEAN 1881). Auf den Eisenblende- und Pyritlagerstätten Oberitaliens sind große Flächen vegetationslos. Als erste Pioniere des eisenoxydreichen Abraums erscheinen Kalkflieher, wie *Calluna*, *Agrostis canina*, *Silene rupestris*, und die indifferente *Molinia coerulea* (GOLA 1910). Sie sind aber chlorotisch und verkümmert.

Unter den Mikroorganismen gibt es einige streng eisenstete, sogenannte Eisenbakterien. Ihre biochemische Wirkung wird weiter unten (s. S. 420) behandelt.

*Leptothrix*-Arten bekleiden nach MAGDEBURG (1932) in fränkischen Höhlen stellenweise Höhlenboden und Wände. Sie finden sich oft, besonders *L. ochracea*, mit einigen *Chroococcaceen* vergesellschaftet.

Nährstoffarme, humusreiche Moorwässer tragen oft einen flockigen, gelbroten Niederschlag aus Eisenbakterien, während das Wasser von einem schillernden Erdölhäutchen überzogen scheint (siderotropher Gewässertyp). In solchen Gewässern wird das See-Erz gebildet, das in Skandinavien eine gewisse wirtschaftliche Bedeutung hat. An der nordrussischen Meeresküste färben nach BUTKEWITSCH *Galionella*-Arten die obersten Schlamm- und Sandschichten grellziegelrot oder rotbraun.

In den Wasserleitungen können Eisen- und Manganbakteriengesellschaften durch Massenentwicklung zu erheblichen Störungen führen, aber auch an natürlichen Standorten sind sie sehr verbreitet.

Als Plankton finden Eisenbakterien die günstigsten Lebensbedingungen an der oberen Begrenzung der sauerstofffreien, hypolimnischen Schicht; besonders *Ochrobium* und *Leptothrix echinata* sind hier oft in sehr großen Mengen, Hunderttausende in einem ccm, angehäuft (RUTTNER 1954).

**Kupfer.** Kupfer kommt im Boden nur in zweiwertiger Form vor. Außer in den vom Muttergestein ererbten Mineralien findet es sich vor allem adsorbiert an Kationenaustauscher. Es hat eine sehr große Neigung zur Komplex- bzw. Chelatbildung und ist darum auch in Böden mit hohem Gehalt an organischer Substanz besonders stark gebunden. Je höher das $p_H$, um so weniger steht es den Pflanzen zur Verfügung.

**Kupfervegetation.** Nach DOUIN (1913) sind einige Lebermoose (*Gymnocolea acutiloba*, *Cephaloziella*-Arten u. a.) schwermetall-, besonders kupferhold, während von mitteleuropäischen Laubmoosen nur *Mielichhoferia nitida* als kupferhold bezeichnet wird. In den Anden dagegen sollen nach HERZOG zahlreiche kupferliebende *Mielichhoferia*-Arten vorkommen.

ROBYNS (1932) beschreibt die eigenartige Zusammensetzung der Vegetation der Kupferfelder in Ober-Katanga (Kongo). Der eigentlichen Kupfervegetation fehlen Bäume, und es erscheinen nur wenige Sträucher; xerophytische Anpassungen sind häufig. Auf Böden mit 8 bis 14% Kupfergehalt herrscht eine sehr offene, 50 bis 60 cm hohe Krautflur; mit abnehmendem Kupfergehalt stellt sich eine dichtere, bis über

1 m hohe Kraut- und Halbstrauchvegetation ein. Als spezifische Kupferpflanzen von Ober-Katanga gelten: *Uapaca robynsi*, *Acalypha cupricola* (*Euphorbiaceae*); mehrere Arten von *Triumfetta* (*Tiliaceae*); *Barleria variabilis*, *Justicia cupricola* (*Acanthaceae*); *Buchnera cupricola* (*Scrophulariaceae*); *Acrocephalus robertii*, mehrere Arten von *Icomum*, *Tinnea obovata* (*Labitatae*), *Guttenbergia cupricola* (*Compositae*).

DUVIGNEAUD und DENAEYER-DE SMET (1960) haben im Kongo außer der Wirkung des Kupfers auch jene von Kobalt, Mangan und Uran auf Pflanzen und Pflanzengesellschaften untersucht und auch pflanzensoziologisch ausgewertet. Sie unterscheiden Metallophyten, hohe Dosen giftiger Metalle ertragend, Metallophile, hauptsächlich beschränkt auf die schwächer metallhaltige Übergangszone, und indifferente Arten, welche die Metalle ertragen, aber auch auf normalen Böden gedeihen.

**Zink** verhält sich im Boden ähnlich wie Kupfer.

**Galmeivegetation.** Galmeipflanzen sind schon seit langem bekannt. In Mitteleuropa galt seit jeher das Galmeiveilchen (*Viola calaminaria*) als Zinkspezialist. In den letzten Jahrzehnten haben sich LIBBERT (1930), SCHWICKERATH (1931), HEIMANS (1936) und TÜXEN (1937) mit der Vegetation der Zinkböden beschäftigt.

Auf den Beobachtungen SCHWICKERATHS (persönliche Mitteilung) in der Umgebung von Aachen fußen nachfolgende Angaben: Zinkböden enthalten neben dem Zink meist auch andere Schwermetalle, besonders Blei und in geringen Mengen Kupfer. Auf den Abbauhalden ist der Zinkgehalt vielfach so groß, daß sie vegetationslos bleiben. In Böden mit charakteristischer Galmeivegetation waren 0,35 bis 4,57% Zn und 0,06 bis 1,7% Pb nachweisbar.

Pb wird aber nur in sehr geringen Mengen aufgenommen. JENSCH fand in der Pflanzenasche kein Pb, obwohl es als Bleioxyd bis zu 1,06% im Boden vorhanden war. Dagegen wird Zink in ansehnlichen Mengen gespeichert; die Asche von *Thlaspi calaminare* enthielt 21,3% ZnO.

Die Wirkung des Zinks wird von der gleichzeitig vorhandenen Menge Kalziumkarbonat beeinflußt. Die Zinkböden der Umgebung von Aachen enthalten stets nicht unbeträchtliche Mengen von Ca und Mg und reagieren basisch, wogegen diejenigen des Harzes sehr kalkarm sind.

Baum- und Strauchwuchs fehlt auf den eigentlichen Zinkböden. Der Rasen ist, außer in den Anfangsstadien der Gesellschaften, zu 90 bis 100% geschlossen. Die Vegetation steht derjenigen des *Bromion*-Rasens nahe und enthält auch manche *Bromion*-Pflanzen, ist aber wegen des reichlichen Vorkommens spezifisch zinksteter Kleinarten und Varietäten von SCHWICKERATH mit Recht vom *Bromion* abgetrennt worden. Der Verband *Violion calaminariae* umfaßt bisher zwei Assoziationen, wovon die eine, das artenarme *Violetum calaminariae* mit den zinksteten Charakterarten *Viola calaminaria*, *Thlaspi alpestre var. calaminare*, *Armeria elongata var.*[1], *Silene vulgaris*, *Minuartia verna*

[1] *Armeria elongata* erscheint wieder auf dem Serpentin des Murtales.

und *Festuca ovina* in besonderen Varietäten, aus der Umgebung von Aachen durch SCHWICKERATH (1931) bearbeitet worden ist.

Artenärmer ist das durch DRUDE, LIBBERT und TÜXEN bekanntgewordene *Armerietum halleri* des Harzvorlandes, dem *Viola calaminaria* und *Armeria elongata* fehlen, wogegen als Charakterart *Armeria halleri* hinzukommt.

**Stickstoff.** Der größte Teil des Stickstoffs liegt im Boden in organischer Form vor, und zwar vor allem in Eiweißstoffen und Nukleinsäuren (bis 50%). Einfache Aminosäuren, Amide, Purin- und Pyrimidinbasen sowie Aminozucker machen nur einen kleinen Teil aus (höchstens je 5 bis 10%). In welcher Form und Bindung N in den Huminstoffen vorliegt, ist noch nicht bekannt. Eine Menge Stickstoff ist in den Organismen vorübergehend festgelegt.

Ein kleiner Teil des Stickstoffs erscheint im Boden in Ammonium- und Nitratform; beide werden durch Ionenaustausch nur schwach gebunden, und besonders Nitrat wird leicht ausgewaschen.

Schließlich sei der Stickstoff in der Bodenluft erwähnt, an der er ungefähr den gleichen Anteil ausmacht wie an der atmosphärischen Luft.

Während Stickstoffverbindungen aus den Organismen ziemlich rasch abgebaut werden, sind jene des Humus verhältnismäßig stabil. Der Abbau der N-Verbindungen kann dadurch gehemmt sein, daß entweder sie selbst oder die abbauenden Enzyme an Tonmineralien adsorbiert sind.

Direkt können die Pflanzen nur Ammonium- und Nitratstickstoff aufnehmen sowie ganz einfache organische Stickstoffverbindungen. Durch die Mineralisierung der stickstoffhaltigen organischen Verbindungen wird ständig neues Ammonium und Nitrat gebildet; der Luftstickstoff kann durch besondere Organismen verwertet werden. Durch Denitrifizierung, Auswaschung und Mineralisierung unter anaeroben Bedingungen können anderseits Stickstoffverluste eintreten. Stickstoff wird in den meisten Böden rasch umgesetzt, und der augenblickliche Gehalt an Nitrat und Ammonium sagt nichts aus über die Stickstoffversorgung der Pflanzen.

**Nitrophile Pflanzen und Pflanzengesellschaften.** Der Gehalt an Nitrat und Ammonium, der in einem Boden zu irgendeinem Zeitpunkt vorhanden ist, reicht bei weitem nicht aus, um den Bedarf der Pflanzen zu decken. Aufnehmbare N-Verbindungen müssen vielmehr durch mikrobielle Prozesse ständig nachgeliefert werden. Die Pflanzen hängen bezüglich N-Versorgung in der Natur fast ganz von der Tätigkeit der Mikroorganismen ab, jedenfalls viel enger als bezüglich der Versorgung mit irgendeinem anderen Nährstoff.

Die biologisch äußerst wichtigen Organismen der Ammonifikation, Nitrifikation und Denitrifikation sind über den ganzen Erdball verbreitet. Sie sind sowohl in arktischen Böden (PORSILD 1930) als in der Arizonawüste (MALLERY) und in nord- und südafrikanischen extremen Wüstenböden nachgewiesen. Selbst das fast völlige Fehlen von Wasser im Wüstenboden vermag das Bakterienleben nicht ganz zu unterbinden (s. S. 191).

Über das Verhältnis der mobilen Stickstoffverbindungen zum Gesamtstickstoff verschiedener finnischer Waldböden und zum pH des Bodens gibt Tab. 32 Aufschluß.

Tabelle 32. Waldtyp und Stickstoffgehalt des Bodens (nach AALTONEN 1925)

| Waldtyp | pH | Prozent Gesamtstickstoffgehalt in organischen Substanzen | Gehalt an mobilen Stickstoffverbindungen in Form von Nitraten und Ammoniumsalzen in Prozent Gesamtstickstoff | |
|---|---|---|---|---|
| | | | in ursprünglicher Probe | nach zweimonatiger Lagerung |
| Cladina | 3,6 | — | — | — |
| Calluna | 4,2 | 1,495 | 0,220 | 1,075 |
| Vaccinium | 4,6 | 1,666 | 0,335 | 1,207 |
| Myrtillus | 4,8 | 1,796 | 0,383 | 1,819 |
| Oxalis-Myrtillus | 5,2 | 2,234 | 0,484 | 2,869 |
| Oxalis-Majanthemum | 5,0 | 2,795 | 0,551 | 4,425 |

Schwer angreifbare Stickstoffverbindungen verlangsamen die Nitrifikation. In Böden von Flachmoorgesellschaften, die bei der ersten Untersuchung keine Spur von Nitrat nachweisen ließen, hatten sich nach OLSEN (1921) im Verlauf von 25 Tagen im Liter Boden 22 bis 25 mg angereichert. Hieraus geht hervor, daß die zu gegebener Stunde vorhandene Nitratmenge keinerlei Rückschlüsse auf die Nitratversorgung der Pflanzengesellschaften gestattet. Nicht nur werden die Nitrate rasch von den Pflanzen aufgenommen, sondern sie werden auch sehr leicht durch den Regen ausgewaschen und sind daher nur in Spuren nachweisbar. Der Nitratgehalt eines Bodens unterliegt somit besonders im humiden Klima starken zeitlichen Schwankungen. Nach DEMOLON (1952) sind bei der Nitratbildung in Freilandböden zwei Maxima (April, Oktober) und zwei Minima (Winter und Sommer) festzustellen.

Demnach ist weder die gerade vorhandene Nitratmenge noch die Menge des Gesamtstickstoffes maßgebend für die Stickstoffversorgung der Pflanzen, sondern das Nitrifikationsvermögen des Bodens. Hierunter ist die Nitratmenge zu verstehen, die innert einer bestimmten Zeit gebildet wird. Ebenso müssen Ammonifizierung und Denitrifizierung berücksichtigt werden.

Die Untersuchungen OLSENS zeigen die Abhängigkeit mancher Arten von der Nitrifikationskraft des Bodens. So trifft üppiges Gedeihen der *Urtica dioeca*-Bestände stets mit einem intensiven Nitrifikationsvermögen des Bodens zusammen, und es hat den Anschein, als hänge die üppige Entwicklung der Pflanze von der Nitrifikation direkt ab.

Die gut nitrifizierenden *Urtica*-Böden enthielten aber auch verhältnismäßig reichliche Mengen Phosphorsäure ($PO_4$).

Intensive Nitrifikation kommt in den meisten Wiesenböden und in vielen Waldböden vor. Einzelne Gesellschaften, wie die kräuterreichen *Alnus*-Wälder und die Haintälchen Schwedens, ferner die Quellflurgesellschaften, zeichnen sich durch hohen Nitratgehalt aus. Den höchsten

Abb. 210. Alphütte im Chaudefour-Tal (Auvergne) mit üppiger Nitratvegetation (*Urtica*, *Rumex*) (Aufn. BADOR, aus LUQUET 1926)

Nitratgehalt zeigten Arten des *Silybetum marianae* und des *Urtico-Sambucetum ebuli*, Gesellschaften, die als Nitratzeiger bekannt sind (BR.-BL. 1952), während die Wiesenpflanzen des *Arrhenatherion* weniger Nitrate enthielten. Auch Schneebodengesellschaften mit *Catabrosa algida*, *Poa alpina*, *Cerastium cerastoides*, *Saxifraga stellaris* und anderen Arten fand HESSELMAN (1917, S. 40) nitratreich. Überhaupt scheint fließendes, sauerstoffreiches Wasser die Nitrifikation besonders zu begünstigen. Arten der halophilen Strandvegetation, wie *Atriplex* und *Honkenya peploides*, zeigen ebenfalls intensive Nitratreaktion. Dagegen sind alle Rohhumus bildenden Pflanzengesellschaften nitratarm. Wenn die Nitratbakterien auch stark saure Reaktion ertragen, so ist ihre Tätigkeit im sauren Medium doch stark eingeschränkt. Böden der an *Calluna*, *Vaccinium* und an *Empetrum* reichen Wälder und Heiden besitzen durchwegs eine geringe Nitrifikationskraft. Dasselbe scheint für Hochmoore zu gelten, wogegen wasserzügige *Carex*-Flachmoore (und wohl auch alle Gesellschaften des Molinion) reichlich nitrifizieren.

Im milden Humus der Laubwälder geht die Salpeterbildung normal vonstatten. *Anemone nemorosa* findet nach RAUNKIAER im Buchenwald das beste Nitrifikationsvermögen. Im Buchen-, Eichen- und Erlenwald

Abb. 211. *Onopordetum acanthii*, auf einem Schafläger bei Dobrowlani am Dnjestr (Aufn. WALAS u. BR.-BL.)

mit *Mercurialis perennis* ist die Nitrifikation noch höher. Bei Beschattung speichern die Pflanzen mehr Nitrat als am Licht, welches den Salpeterumsatz beschleunigt (s. Abb. 66, S. 125).

In den mitteleuropäischen Gebirgen sind die aus mastigen Hochstauden zusammengesetzten Assoziationen des *Adenostylion* an gut durchlüftete, feuchte, schwach saure bis basische Böden mit hohem Nitratreichtum gebunden.

Eine Übersicht der nitrophilen Gesellschaften des Mittelmeergebietes haben BR.-BL. et al. (1936, 1952) gegeben, eine solche der nordwestdeutschen TÜXEN (1937), der südwestdeutschen OBERDORFER (1957). Die Zahl und Ausbildung dieser Gesellschaften und ihr Artenreichtum steigen mit zunehmender Aridität des Klimas, vom atlantischen Westeuropa bis zu den osteuropäischen Steppen. In den humiden Gebieten sind diese Gesellschaften verarmt, was mit der klimatisch bedingten intensiven Auswaschung des Bodens zusammenhängt.

In Mitteleuropa häufen sie sich in den Trockengebieten von Thüringen, der Tschechoslowakei und des Wiener Beckens; in den Alpen vor allem in den subkontinentalen Tälern des inneralpinen Föhrenbezirks. Gegen Osten, in Südostpolen, Ungarn, Rumänien, und auch im Mittelmeergebiet nimmt ihre Bedeutung weiter zu.

Als natürliche, ursprüngliche, aber durch den Menschen stark begünstigte und durch seine Haustiere weiter verbreitete Nitratgesellschaft

Abb. 212. *Peganum harmala*-Kolonien als Düngerzeiger in der Umgebung eines Heiligengrabes bei Tozeur, Sahara (Aufn. HUECK, Exkurs. S.I.G.M.A.)

ist die Ordnung der *Onopordetalia acanthii* aufzufassen, die in den Trockengebieten des warm-gemäßigten Europa, von Nordspanien bis zur Ukraine, in einigen einander nahestehenden Gesellschaften vorkommt. Einige sind floristisch so nahe verwandt, daß man sie am besten als Subassoziationen des *Onopordetum acanthii* betrachtet. Alle wichtigeren Arten erscheinen sowohl in der ostpyrenäischen als in der zentralalpinen und der podolischen Subassoziation (*Onopordon acanthium, Sisymbrium sophia, Bromus tectorum, Lappula myosotis, Cynoglossum officinale, Marrubium vulgare, Geranium pusillum, Malva neglecta* u. a.).

Das *Onopordion acanthii* wird in der Ebrosteppe Arragoniens durch das *Onopordion arabici* ersetzt (s. BR.-BL. und BOLÓS 1957).

Im Mittelmeergebiet spielen die nitrophilen *Chenopodietalia*-Assoziationen schon rein physiognomisch eine äußerst wichtige Rolle, und in den spanischen und nordafrikanischen Steppengebieten dringen

Abb. 213. *Caloplacetum aurantiacae*, nitrophile Flechtengesellschaft (Vogelsitzplatz) am Pic de Liausson, Hérault (Aufn. JENNY-LIPS)

nitrophile Arten in die meisten Pflanzengesellschaften ein. Besonders auffallend wirkt hier auf nitratreichen Böden das starke Vorherrschen der fremdartigen Rutacee *Peganum harmala*, welche auch die Marabouts der nördlichen Sahara umsäumt (s. Abb. 212).

Nach dem Grad der Nitrophilie können eine ganze Reihe floristisch verwandter, mehr oder weniger nitrophiler „Düngergesellschaften" unterschieden werden, die sich als Indikatoren der Nitrifikationskraft des Bodens eignen. Dabei ist aber, sobald es sich nicht um Therophytengesellschaften handelt, nicht außer acht zu lassen, daß einmal eingebürgerte Gesellschaften ausdauernder Arten eine große Beharrungskraft besitzen und sich unter Umständen auch noch behaupten, nachdem die sie bedingenden Standortsfaktoren längst eine Änderung erfahren haben. Seit dem Bestehen des Schweizerischen Nationalparks (1912) werden die dortigen Viehläger nicht mehr begangen. Trotzdem hat sich aber die floristische Zusammensetzung der Lägervegetation innert dieser Zeit wenig geändert. Die *Rumex alpinus-*, *Chenopodium bonus-henricus-* und *Aconitum*-Bestände haben bisher der Konkurrenz standgehalten, auch dort, wo der Boden heute stark sauer reagiert.

Nitrophile Flechtengesellschaften gedeihen an Vogel- und Murmeltiersitzplätzen, von Schaf- und Ziegenurin besprengten Felsen und Steinen und ähnlichen überdüngten Stellen (s. Abb. 213, 214).

Ist die Zufuhr von Exkrementen zu groß, so vermögen nur wenige Arten fortzukommen, und auch sie verkümmern vielfach. Nach dem Grad ihrer Nitrophilie sind die Felsflechtengesellschaften oft ausgeprägt

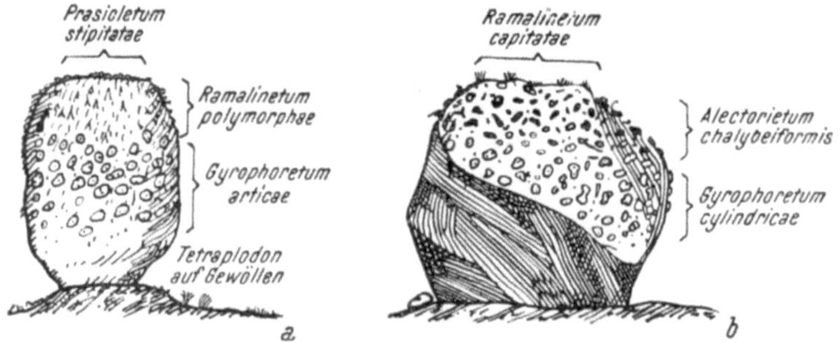


Abb. 214. Nitrophile Flechtengesellschaften. *a* Raubvogelsitzplatz im mittelskandinavischen Hochgebirge (nach GAMS 1924); *b* Vogelsitzplatz in der Hohen Tatra (gezeichnet nach Angaben von MOTYKA 1925)

gürtelartig angeordnet. An den Vogel- und Murmeltiersitzplätzen der Alpen und der Tatra siedelt sich auf der überdüngten Kulmfläche von Silikatblöcken das extrem ornithokoprophile *Ramalinetum capitatae* an. Mit *Ramalina capitata* vergesellschaftet gedeihen: *Candelariella vitellina*, *Physcia dubia*, *Umbilicaria cylindrica*, *Acarospora fuscata*, *Parmelia pubescens*, *P. encausta*, *P. isidiotyla*, *Lecanora polytropa*, *L. rubina* und *L. sordida*. FREY (1936) konnte am Standort des *Ramalinetum capitatae* beträchtliche Nitrat- und Phosphorsäuremengen nachweisen (bis 3,4% N und 0,83% $P_2O_5$). An den etwas geneigten Randflächen, wohin die Nitrate nur mit dem Regenwasser gelangen, siedelt sich das *Alectorietum chalybeiformis* mit *Gyrophora cirrhosa*, *Lecanora frustulosa*, *L. melanophthalma* an. Die Neigungsflächen sind von der *Gyrophora cylindrica-Cetraria noermoerica*-Assoziation eingenommen.

Eine ähnliche, wenn auch weniger ausgeprägte Gürtelung findet sich an Kaninchensitzplätzen auf Basaltblöcken Südfrankreichs.

Bei den Rindenhaftergesellschaften aus Flechten, Moosen und Algen unterscheidet OCHSNER (1928, 1934) zwei ausgesprochen nitrophile Assoziationen: das meist durch Anflug von nitratreichem Straßenstaub bedingte lichtliebende *Physcietum ascendentis* und das mehrere Subassoziationen umfassende *Parmelietum acetabulae*, das ältere Bäume mit mittelrissiger Borke bevorzugt. Die beiden Assoziationen und ihre Varianten werden zum Verband des *Xanthorion parietinae* vereinigt.

Ausgesprochen nitrophile Epiphyten-Flechten-Gesellschaften des Mittelmeergebietes sind das *Teloschistetum chrysophthalmae* auf alten *Quercus ilex*-Stämmen und das *Caloplacetum aurantiacae* auf Kalkböden.

**Phosphor.** Phosphor findet sich in den Gesteinen und im Boden immer in der maximal oxydierten Form als Phosphat. Die wichtigsten Phosphatmineralien sind die Apatite [$Ca_5(PO_4)_3$ OH, F]. In Böden mit hoher Austauschazidität bilden sich Ferri- und Aluminiumphosphate. Diese sind wie die Apatite schwer löslich. Auf stark sauren wie auf Ca-reichen alkalischen Mineralböden ist darum die Versorgung der Pflanzen mit Phosphat erschwert. Ferrophosphat kann nur unter reduzierenden Bedingungen entstehen und existieren, also in schlecht durchlüfteten Böden. Bei Sauerstoffzutritt geht es in Ferriphosphat über.

Phosphationen können sodann an Bodenkolloiden sorbiert sein; wegen ihrer dreifachen Ladung haften $PO_4^{3-}$-Ionen stärker als $SO_4^{2-}$- oder $NO_3^-$-Ionen.

Schließlich ist ein großer Teil des Phosphats im Boden an organische Verbindungen gebunden.

Für die Pflanzenernährung müssen die meisten Phosphatmineralien erst aufgeschlossen werden. Eine Hauptrolle spielen dabei wahrscheinlich niedermolekulare organische Säuren und Kohlensäure, die beim Abbau organischer Substanz entstehen, zum Teil aber auch von den Pflanzenwurzeln selbst ausgeschieden werden. Leicht aufnehmbar ist das Phosphat, das beim Abbau aus organischer Substanz frei wird.

Das Phosphat wird wahrscheinlich in Form von $H_2PO_4^-$ und $HPO_4^{2-}$ aufgenommen. Diese werden bei der aktiven Aufnahme an organische Trägermoleküle gebunden, die dem Stoffwechselzyklus angehören (HAGEN et al. 1957) und für Phosphationen sehr selektiv sind (MICHAEL und MARSCHNER 1958).

Magnesium fördert die Phosphataufnahme (TRUOG et al. 1947) und umgekehrt (ROTHSTEIN 1958). Dies soll mit einer Interaktion von Mg und Phosphat beim Stoffwechsel im Zusammenhang stehen. Nach HEVESY (1945) kann Phosphat von den Pflanzen wieder ausgeschieden werden.

**Phosphat und Vegetation.** RUSSELL (1960) berechnet, daß eine Hektare Wald in England jährlich 6 bis 26 kg Phosphor umsetzt. Die Umsetzung ist nicht nur von Baum zu Baum, sondern auch von Ort zu Ort sehr verschieden. Die größten Umsetzungen finden statt bei Landwirtschaftsbetrieb.

In den Böden der meisten natürlichen Pflanzengesellschaften scheint der Phosphatgehalt hinreichend, das normale Gedeihen der Vegetation zu gewährleisten. Hingegen rückt er nach BEADLE (1953, 1955) im australischen Trockenwald und im Mallee-Gestrüpp in den Minimumbereich. Der geringe Phosphatgehalt behindert nicht nur das Gedeihen der grünen Pflanzen, sondern auch das der stickstoffbindenden Organismen.

J. TÜXEN (1958) hat bei Unkrautgesellschaften deutliche Zusammenhänge mit dem Phosphat- (und auch dem Kali-) Gehalt festgestellt; die Gesellschaften ließen sich danach „eichen".

Neben Natrium erscheint Phosphat in den Böden der Sumpfwälder von *Pinus serotina* der amerikanischen Südstaaten von ausschlaggebender Wichtigkeit; nach WOODWELL (1958) ergeben N- und P-Mangel eine strenge Beschränkung der Föhre. Der Autor betont, daß sich *Pinus serotina* und gewisse andere Pflanzen auch aus schwer löslichen Phosphaten ausreichend mit Phosphat versorgen können.

**Schwefel.** Schwefel kommt in normal dränierten Böden in mineralischer Form nur als Sulfat vor. Vom Muttergestein ererbte Sulfide, besonders Pyrit, $FeS_2$, werden rasch zu Sulfat oxydiert. Die Sulfate sind aber ziemlich gut löslich und werden leicht ausgewaschen, weshalb sie in den normal dränierten Böden nur in geringer Menge vorhanden sind. Eine Ausnahme bilden Böden, die aus Gips entstanden sind. Aber auch in den Gipsböden geht der Sulfatgehalt allmählich zurück, dafür reichert sich Kalziumkarbonat an. Zu einer Anreicherung von Sulfaten kommt es nur in Böden arider Gebiete mit hohem Grundwasserstand oder Hangwassereinfluß und nur dann, wenn das Fremdwasser sulfathaltig ist. Unter diesen Bedingungen bilden sich Sulfat-Salzböden.

Nach EVANS und ROST (1945) liegt in normal dränierten Böden der größte Teil des Schwefels in organischen Verbindungen vor. WILLIAMS et al. (1960) haben denn auch enge Beziehungen zwischen Kohlenstoff, Stickstoff und Nichtsulfatschwefel gefunden. Ein Teil des Schwefels ist in Aminosäuren und Polypeptiden gebunden, doch soll Schwefel kovalent auch mit anderen organischen Verbindungen des Bodens gebunden sein (FRENEY 1961).

Sulfatanionen können sodann in austauschfähiger Form vom Boden sorbiert sein, und zwar besonders von Sesquioxyden bei tiefem pH.

Unter anaeroben Bedingungen kann Sulfidschwefel entstehen; frische Abstiche solcher Böden riechen nach Schwefelwasserstoff.

Die gut löslichen mineralischen Sulfate werden von den Pflanzen leicht aufgenommen, etwas weniger leicht die sorbierten Sulfationen. Aus den organischen Verbindungen wird der Schwefel erst beim Abbau derselben frei; sie bilden daher eine langsam, aber dauernd fließende Schwefelquelle.

Die Pflanzen nehmen den Schwefel normalerweise als $SO_4$ durch die Wurzeln auf. Sie können aber auch durch die Blätter $SO_2$ aus der Luft aufnehmen.

**Gipsvegetation.** Gips ($CaSO_4 \cdot 2H_2O$) und Anhydrit ($CaSO_4$) tragen eine durchaus kalkliebende Flora, das Ca-Ion macht hier seinen Einfluß geltend. Fossile Gipsablagerungen paläozoischen bis tertiären Alters sind anstehend in Südeuropa, in den Alpen, in Mittel- und Norddeutschland, Nordfrankreich, Polen und vielfach anderwärts. Die Gipsinseln der Alpen stechen in ihrer blendenden Nacktheit scharf ab von den anschließenden Sedimentschichten. Ihre Pflanzendecke ist äußerst dürftig und besteht aus basiphilen Spalierstrauchpionieren (*Dryas*, *Salix serpyllifolia*), einer kleinen Zahl ausgesprochen kalksteter oder kalkliebender und wenigen indifferenten Arten. Gipsbenötigende Arten fehlen im mitteleuropäischen Tiefland, wie auch in den von Dziubaltowski (1915, 1925) und von Kozlowska (1925) untersuchten steppenhaften Assoziationen von *Stipa capillata* und von *Carex humilis* und *Inula ensifolia* Kleinpolens. Diese Gipsböden sind reich an Karbonaten, ihre Reaktion schwankt zwischen pH 7,6 und 6,8. Dieselben Assoziationen besiedeln aber auch kalkreichen Löß. Aus den Bodenanalysen von Miklaszewski (zit. in Dziubaltowski 1925) geht übrigens hervor, daß der anstehende Gipsfels kein $CaCO_3$ enthält, während im verwitterten Gipsfels 10% und mehr $CaCO_3$ vorhanden ist.

Auch Volk (1935) fand in verwitterten Gipsböden stets einen ziemlich bedeutenden Kalkgehalt; das Grundgestein war immer kalkärmer. Die von Volk untersuchten Gipsböden reagierten neutral oder alkalisch, sie verhalten sich also auch in bezug auf die Bodenreaktion ähnlich wie kalkreiche Böden.

In Mitteleuropa sind gipsstete Gefäßpflanzen anscheinend nur aus den Westalpen bekannt.

Neben der charakteristischen Gipsflechte *Acarospora nodulosa* sind als Gipsspezialisten anzusehen: das von Villars beschriebene *Galium hypnoides*, ferner *Euphorbia seguieriana ssp. loiseleuri* und, etwas weniger gipsstet, *Matthiola vallesiaca*. Mit dem Massenvorkommen der gipsliebenden *Fulgensia vulgaris*, *Psora decipiens*, *Diploschistes scruposus* und *Placodium lentigerum* bilden sie eine auf die seltsamen Gipstrichter der Hochmaurienne beschränkte, meist nicht mehr als etwa $^4/_5$ des mausgrauen, mehligen Bodens deckende Assoziation. Dieser Gipsmull zeigt schwache Karbonatreaktion, wogegen in der dünnen überlagernden Feinerdeschicht 20 bis 25% $CaCO_3$ gemessen wurden (Br.-Bl. 1961).

Die entsprechende Pflanzengesellschaft, das *Fulgensio-Koelerietum vallesianae*, zeugt für erschwerte Lebensbedingungen: Humusarmut, intensive Regenerosion, starke Erhitzung der dünnen Feinerdeschicht und schwache Bodenfestigung. Neben den obgenannten Arten sind als wichtigste Begleiter zu nennen: *Koeleria vallesiana*, *Poa carniolica*, *Silene otites*, *Helianthemum canum*, *Artemisia campestris*, *Thymus ovatus*. Der Oberboden ist ausgesprochen basisch (pH 7,5 bis 8). Im Innerwallis erscheint eine verarmte Subassoziation mit *Matthiola vallesiaca* und den obgenannten Flechten (Br.-Bl. 1961). Eine ähnlich zusammengesetzte *Fulgension*-Assoziation findet sich an bodenoffenen Stellen des Südharzes. Sie ist durch *Gypsophila fastigiata* und *Alyssum montanum* gekennzeichnet, denen sich Wärme- und Trockenzeiger (*Stipa capillata*, *Hornungia petraea*, *Potentilla arenaria* und *Fumana procumbens*) anschließen.

Auch in Süddeutschland treffen die Zentren des steppenhaften *Festucion vallesiacae*-Rasens vielfach mit Gipsvorkommnissen zusammen, so in Franken bei Windsheim, Nordheim, Sulzheim-Grettstädt. Diese Reliktvegetation kann sich dank der Flachgründigkeit des Standorts mitten im Waldgebiet halten.

Bei Sulzheim herrscht auf bodenarmem Gips eine offene Initialgesellschaft, zusammengesetzt aus *Stipa capillata* und Wärmepflanzen, wie *Pulsatilla grandis*, *Potentilla arenaria*, *Linum tenuifolium*, *Scabiosa suaveolens*, *Aster linosyris* mit zahlreichen Moosen und Flechten (*Rhy-*

Abb. 215. Gips- und Halophytenvegetation bei Saragossa. Oben Gipsfelsen und Schutthang (*Gypsophilion*), Mitte *Frankenia reuteri*-Gesellschaft, unten *Atriplex halimus*, *Suaeda vermiculata* (Aufn. BERSET)

*tidium rugosum*, *Thuydium abietinum*, *Tortella tortuosa*, *Rhacomitrium canescens*, *Diploschistes scruposus*, *Placodium fulgens*, *P. lentigerum* usw.). Mit zunehmender Bodentiefe folgt sodann ein *Carex humilis*-Rasen mit *Adonis vernalis*, *Thesium linophyllon*, *Astragalus danicus* usw.

Große Ausdehnung haben Gipsböden im ariden Spanien und Nordafrika. Es sind meist Tertiärablagerungen, die vielfach offen zutage treten und eine sehr eigenartige Vegetation mit zahlreichen gipssteten Tertiärendemismen beherbergen.

Im Ebrobecken, wo derartige Gesellschaften stellenweise verbreitet sind, bilden sie einen besonderen Verband, das *Gypsophilion*. Dieses bietet ein merkwürdiges Gemisch gipssteter Charakterarten (*Gypsophila hispanica, Herniaria fruticosa, Lepidium subulatum, Helianthemum squamatum, Ononis tridentata* usw.), nordafrikanischer und zentralasiatischer Wüstensteppenpflanzen (*Lygaeum spartum, Artemisia herba-alba, Ermopyrum cristatum*) und Arten der *Rosmarinetalia* (*Lithospermum fruticosum, Helianthemum apenninum, H. lavandulaceum, Rosmarinus officinalis* usw.) (Br.-Bl. und de Bolós 1957). Die Frühstadien des Verbandes zeigen Verwandtschaft mit nordafrikanischen *Gypsophiletalia*-Gesellschaften. Bei fortschreitender Entwicklung gewinnen die *Rosmarinetalia*-Arten die Vorhand.

Auf der Hochfläche der algerischen Schotts umgürtet eine Gips-Gesellschaft den oberen Rand der Salzsümpfe. Bei El Kreider erscheint der Gips in Kristallform; die offene Vegetation setzt sich hauptsächlich zusammen aus den gipssteten Halbsträuchern *Frankenia thymifolia, Lepidium subulatum*, sowie aus *Plantago albicans, Schismus marginatus, Alyssum linifolium, Herniaria mauretanica, Erodium glaucophyllum* u. a.

Die Gürtelung am Schott El Chergui gestaltet sich folgendermaßen:

A = 200 m breiter Streifen offener *Halocnemum strobilaceum*-Vegetation am Rande des Schotts,

B = schwach erhöht etwa 10 m breiter Gürtel der *Frankenia*-Assoziation auf anstehendem Gips,

C = etwas erhöhter Außenrand, Boden lehmig, *Lygaeum spartum-Ammochloa*-Assoziation mit vorherrschendem *Lygaeum spartum.*

Gipssümpfe (*Gypsum salt swamps*) kommen nach Osborn (1925) in größerer Ausdehnung in Australien vor. In der floristischen Zusammensetzung schließen sie sich den Chlorid- und Natriumsulfatböden an. Die nämlichen *Halophyten*gattungen, die in den europäischen, nordafrikanischen und zentralasiatischen Salzgebieten vorkommen, sind auch hier vertreten (*Arthrocnemum, Salicornia, Kochia, Frankenia*). Neben *Mesembryanthemum australe* umsäumt die Gipssümpfe auf Flinders Eiland auch die auf Kochsalzböden weltweit verbreitete Graminee *Lepturus incurvatus.*

**Salzböden.** In ariden Gebieten kann in Mulden mit undurchlässigem Untergrund das Grundwasser durch die Verdunstung kapillar bis zur Oberfläche gehoben werden, vorausgesetzt, daß sein Spiegel nur wenig tief unter der Oberfläche liegt. Wenn das Wasser salzhaltig ist — das Salz kann aus dem Muttergestein stammen oder hergeführt worden sein —, so kristallisiert das Salz an der Erdoberfläche aus, und es bildet sich ein Salzboden. Böden mit hohem Salzgehalt finden sich auch in Küstengebieten, soweit sie vom Meerwasser beeinflußt werden, und im Landesinnern humider Gebiete ganz lokal auf salzführenden Muttergesteinen.

Herkömmlicherweise wird die Vegetation der Kochsalz-, Sulfat- und Sodaböden einfach als Halophytenvegetation bezeichnet.

Die chemische Zusammensetzung der verschiedenen Salzböden weicht indessen erheblich voneinander ab. Floristische Unterschiede sind besonders zwischen den neutral reagierenden Chlornatrium- und Sulfatböden einerseits und den stark alkalisch reagierenden Sodaböden anderseits vorhanden.

**Halophytenproblem.** Als Halophyten werden alle Gewächse bezeichnet, die zu ihrem normalen Gedeihen NaCl, $Na_2CO_3$, $MgSO_4$ oder $Na_2SO_4$ benötigen und hochkonzentrierte Salzlösungen ertragen. An die Beziehungen zwischen Standort, Lebensweise und Bau dieser „Salzpflanzen“ knüpft sich eine seit Dezennien lebhaft geführte Diskussion, das sogenannte „Halophytenproblem“.

Bekanntlich gehört der Großteil der „Salzpflanzen“ zu den Sukkulenten, die sich durch wasserspeichernde Gewebe auszeichnen und die auch, vor allem in ihren oberirdischen Organen, Salz speichern. Die *Salicornien*, *Arthrocnemum*, *Halocnemum* usw. haben starken Salzgeschmack und werden schon deshalb vom Kleinvieh gern gefressen. Die Sukkulentenstruktur (bei *Salicornia herbacea*) ist nach VAN EYCK (zit. in ADRIANI 1945) auf die spezifische Cl-Wirkung zurückzuführen.

Manche Halophyten zeigen außer der Sukkulenz auch eine starke Reduktion der Oberfläche; auch lederartige Blätter kommen vor.

Die klassische Theorie SCHIMPERS sah in diesen Ausbildungen einen Verdunstungsschutz, also eine xeromorphe Anpassung, weil die Wasseraufnahme der Pflanzen aus Böden mit hochkonzentrierter Salzlösung erschwert sei. Manche gerade der bezeichnendsten Halophyten sind aber nicht xeromorph gebaut (CHERMEZON 1910), und ihre Verdunstung ist, auf die Einheit der Oberfläche bezogen, größer als jene von Mesophyten (DELF 1911, STOCKER 1925).

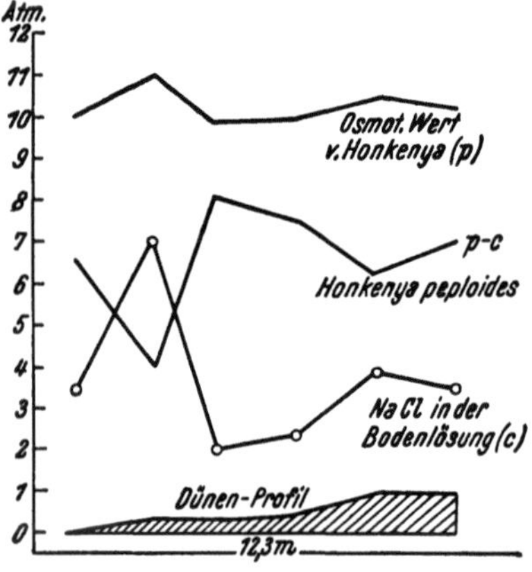


Abb. 216. Osmotischer Wert von *Honckenya peploides* und Salzkonzentration der Bodenlösung von Hiddensee (aus BERGER-LANDEFELDT 1933)

Man nahm daher an, die hohe Widerstandsfähigkeit der Halophyten gegen Austrocknung beruhe auf gesteigertem Saugvermögen der Wurzelzellen, zeigt doch der Zellsaft vieler Halophyten außerordentlich hohe osmotische Werte. Salze tragen dazu $^2/_3$ bis $^3/_4$ bei (STEINER 1934).

Vom Frühjahr zum Hochsommer steigt der osmotische Wert der untersuchten Halophyten fortwährend (gelegentlich ist der Aufstieg durch heftige Niederschläge unterbrochen), und zwar etwa in gleichem Maße wie der Chloridgehalt des Bodens (ADRIANI).

Die Abhängigkeit des osmotischen Wertes von *Honckenya peploides* vom osmotischen Wert der Bodenlösung hat BERGER-LANDEFELDT (1933) kurvenmäßig dargestellt (Abb. 216).

Die Xeromorphie der Blattstruktur wird dabei aber nicht erhöht (CHERMEZON 1910 und VAN LANGENDONCK 1932).

Neben xero-halischen gibt es übrigens viele hygro-halische und auch sehr viele saison-xerohalische Pflanzen, die in der feuchten Jahreszeit unter Wasser stehen, in der trockenen aber unter Wassermangel leiden (so die meisten Lagunenpflanzen).

Mit zunehmender Salzkonzentration des Bodens sinkt, wie MONTFORT und BRANDRUP (1927) gezeigt haben, die Transpirationsintensität (Tab. 33).

Tabelle 33. Abnahme der Transpiration mit zunehmendem Salzgehalt (nach MONTFORT und BRANDRUP)

| | *Halimione portulacoides* Transpiration/ qdm Blattfläche | *Salicornia herbacea* Transpiration/ g Frischgewicht |
|---|---|---|
| 1/4 reines Meerwasser .... | 59,1 | 5,35 |
| 1/3 reines Meerwasser .... | 41,8 | — |
| 1/2 reines Meerwasser .... | 34,3 | 3,65 |
| Reines Meerwasser ....... | 19,9 | 3,5 |

Auch die Mangrove-Vegetation transpiriert nach WALTER (1936) schwach. Nach den Untersuchungen von REPP (1939) spielt für flachwurzelnde Halophyten auch die osmotisch bedingte Bodentrockenheit eine Rolle.

**Salzstetigkeit.** Schon die Versuche von PARIS mit *Atriplex halimus* (zit. in BÉGUINOT 1913) deuten darauf hin, daß es Arten gibt, die nur in Chlornatriumböden dauernd normal gedeihen, daß mithin neben der osmotischen Saugwirkung der hochkonzentrierten Salzlösungen auch hier ganz spezifische Ionenwirkungen der Salzkomponenten einhergehen. Nach den Untersuchungen ILJINS (1925) darf dies wie für Kalziumionen auch für Na-Ionen als erwiesen gelten.

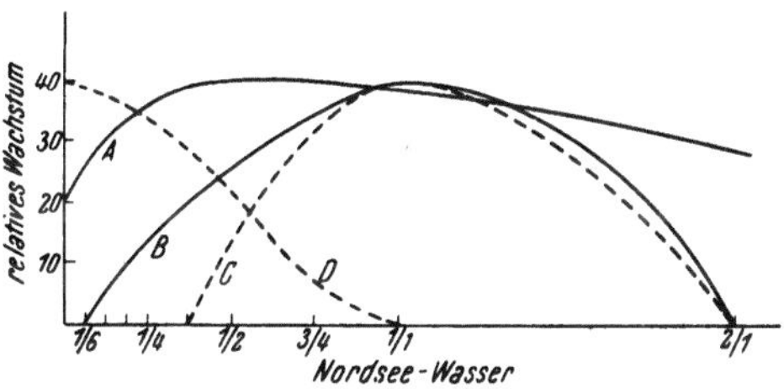


Abb. 217. Wachstum verschiedener Halophyten bei verschiedener Salzkonzentration des Meerwassers. *A Salicornia herbacea*-Keimlinge, *B Fucus serratus* (Meeresalge), *C Nitzschia putrida* (Meeresalge), *D Aster tripolium*-Keimlinge (nach MONTFORT u. BRANDRUP)

Meeresalgen und Keimlinge von Salzwasserpflanzen, wie *Zostera* und *Posidonia*, gedeihen nur in hochkonzentriertem Salzwasser. Bei der Aussüßung machen sich Vergiftungserscheinungen geltend. MONTFORT und BRANDRUP (1927) haben Untersuchungen über das NaCl-Optimum einiger Meeresalgen und Festlandhalophyten ausgeführt (Abb. 217). Die Meeresalgen zeigen enge Kurven mit einem Optimum bei einer Konzentration, die der des Meerwassers entspricht (3/4 bis 1/1). *Salicornia herbacea* und *Aster tripolium* dagegen haben ihr Optimum bei geringen Konzentrationen, und ihre Kurven sind breiter.

Manche Halophyten ertragen während kürzerer oder längerer Zeit Salzkonzentrationen, die weit über jener des Meerwassers liegen.

Die Halophyten können eingeteilt werden in absolut salzbenötigende, salzliebende und salzertragende. Ihnen gegenüber stehen die salzfliehenden Arten und Gesellschaften. Zwar können einzelne obligate Halophyten auch ohne Salzzugabe gezogen werden, doch bleibt ihr Gedeihen kümmerlich (vgl. KELLER 1925). Dagegen ist es noch nicht gelungen, eine Halophytenassoziation auf salzfreiem Boden zu ziehen und zu erhalten.

Abb. 218. Dichtgelagertes Salzbodenprofil im Pionierstadium des *Arthrocnemetum* an den Lagunen bei Montpellier (Aufn. GUTZWILLER)

Eine Zusammenfassung aller mitteleuropäischen Salzgesellschaften vermittelt CHAPMAN (1954), der später (1960) auch eine großangelegte Übersicht der Halophytengesellschaften der Erde und ihrer Sukzessionsverhältnisse zu geben versucht hat.

**Vegetation der Kochsalzböden.** Am besten untersucht ist die weltweit verbreitete Vegetation der Kochsalzböden. Reines NaCl wirkt für die Pflanzen tödlich; neben NaCl enthalten diese Böden aber auch einen bedeutenden Anteil $CaCO_3$, $MgCO_3$ und, in vielen Gebieten, Sulfate in wechselnder Menge. Die Lösungen sind balanciert, d. h. die schädigende Wirkung der NaCl-Ionen wird durch antagonistisch wirkende Ionen ausgeglichen. Die Chlornatriumböden am Mittelmeer sind stellenweise reich an Eisen und Aluminium. Eine Probe aus der Lagune von Venedig bei Mestre enthielt nach BÉGUINOT (1913) 11,25% $Fe_2O_3 + Al_2O_3$.

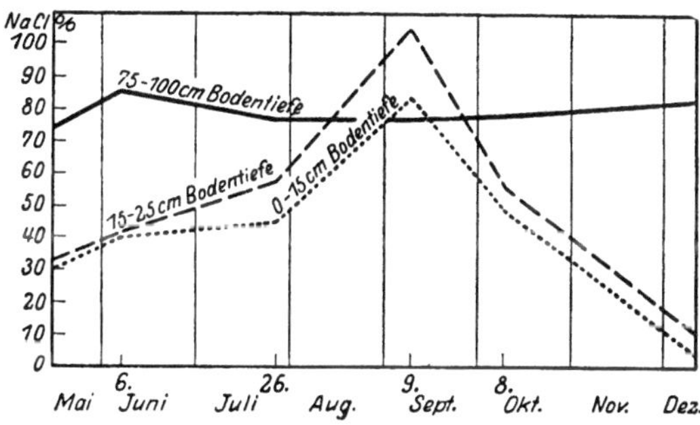


Abb. 219. Kochsalzgehalt der Bodenlösung eines Lagunenbodens (*Salicornion fruticosae*) am Etang d'Arnel bei Montpellier zu verschiedenen Jahreszeiten (nach Zahlenangaben von LAGATU u. SICARD 1911 konstruiert)

Der Kochsalzgehalt des Meerwassers an der holländischen Küste beträgt 1,9%, der des Mittelmeeres 3,8%. Er ist geringen Schwankungen unterworfen, wogegen die Salzkonzentration des Lagunenwassers und der zeitweilig überschwemmten Böden zeitlich stark wechselt. Während zur Sommerzeit an der Mittelmeerküste NaCl-Konzentrationen von 10 bis 20% in den obersten Bodenschichten häufig vorkommen, ist der Boden nach den Herbstregen nahezu ausgesüßt. Der Kochsalzgehalt nicht ständig vom Salzwasser bespülter Böden wird von den Niederschlagsverhältnissen reguliert. Sie machen ihren Einfluß natürlich am stärksten in den obersten Bodenschichten, in der Wurzelschicht der Halophyten, geltend. Sehr eingehende und sorgfältige Untersuchungen über die jahreszeitlichen Schwankungen der Salzkonzentration in den Böden der Lagunengebiete Südfrankreichs verdanken wir LAGATU und SICARD (1911) (Abb. 219).

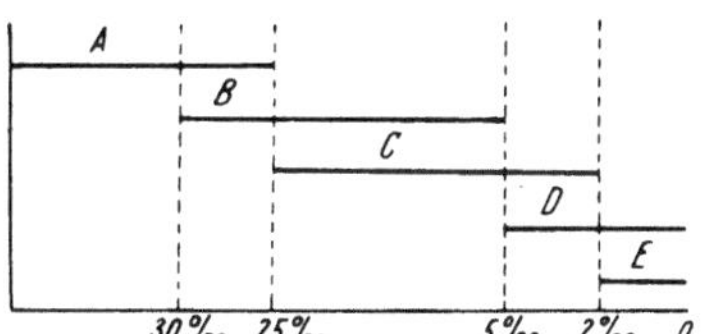


Abb. 220. Vegetationsgürtelung und Salzkonzentration des Meerwassers im Isefjord (dänisches Baltikum). *A Puccinellia*-Gürtel, *B Puccinellia-Juncus gerardi*-Gürtel, *C Juncus gerardi-Festuca rubra*-Gürtel, *D Festuca rubra-Poa pratensis*-Gürtel, *E Poa pratensis-Festuca ovina*-Gürtel (nach MIKKELSEN 1949)

Sie beziehen sich sowohl auf trockene und feuchte Erde als auf die wässerige Bodenlösung. Tiefer als 50 cm sind die jährlichen Schwankungen nur unbedeutend. Die NaCl-Konzentration des Grundwassers aus 1 bis 2 m Tiefe ändert sich im Laufe des Jahres nur wenig (7,4 bis 8,25%). Dieses Bodenwasser ist der dauernde Kochsalzspeicher, der bei oberflächlicher Verdunstung ständig NaCl in Lösung an die oberen Bodenschichten abgibt.

Für die Gliederung der schwimmenden und submersen Pflanzengesellschaften des Meeres, die im konstanten NaCl-Optimum leben, erlangen als dominierende Standortsfaktoren statt des Kochsalzgehaltes andere, physikalisch-chemische Faktoren (Licht, Wellenschlag usw.) ausschlaggebende Bedeutung. Dasselbe scheint auch vielfach der Fall an felsigen Steilküsten, wo Gesteinsunterlage, Exposition, Wellenschlag, Wind, Belichtung usw. für die Vegetation und ihre gürtelförmige Anordnung von ebenso großer Bedeutung sind wie der Salzgehalt.

Anders an Flachküsten, die periodischen Überschwemmungen unterliegen und daher zeitlich und örtlich durch hohe Schwankungen des NaCl-Gehaltes ausgezeichnet sind. Hier rückt der Kochsalzgehalt der Bodenlösung für die Verteilung der Arten und Pflanzengesellschaften zum dominierenden Standortsfaktor vor. Sprechend sind namentlich die von englischen Forschern (OLIVER, YAPP, JONS und JONES u. a.) und von MIKKELSEN (1949) gegebenen Gürteltranssekte (Abb. 220).

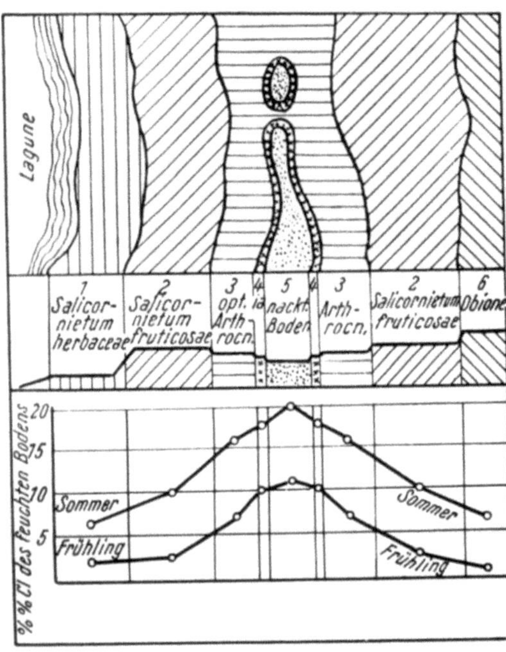


Abb. 221. Horizontale und vertikale Anordnung der Halophytengesellschaften am Etang de Palavas, Montpellier, und Salzgehalt des Bodens im Fruhjahr und Sommer (nach ADRIANI 1934)
*1 Salicornietum herbaceae, 2 Salicornietum fruticosae, 3 Arthrocnemetum, 4* Initiales *Arthrocnemetum, 5* Nackter Boden, *6 Salicornietum fruticosae* mit *Obione* (*Halimione*)

Es ist dabei allerdings nicht außer acht zu lassen, daß der Salzabnahme in der Regel auch eine Feuchtigkeitsabnahme gleichläuft. Diese Gürtelung ist landwirtschaftlich von großer Bedeutung, insbesondere dort, wo Salzböden in Kultur genommen werden (s. WOHLENBERG 1938).

Am Nordseestrand ist die Vegetationsgürtelung in Abhängigkeit vom Salzgehalt u. a. von WOHLENBERG untersucht worden. STEINER (1935) hat die Gürtelung der extremen Halophytengesellschaften an der Küste der nordöstlichen Vereinigten Staaten von Nordamerika durch ein Linienprofil veranschaulicht, während ADRIANI Abnahme der Salzkonzentration des Bodens und Vegetationsänderung an den Mittelmeerlagunen graphisch zur Darstellung bringt (Abb. 221).

Im atlantischen Klima geht mit zunehmender Feuchtigkeit und abnehmender Wärme die Salzkonzentration der Halophytenböden zurück. Ein Vergleich der mediterranen mit den entsprechenden nordatlantischen Halophytengesellschaften ist hierfür aufschlußreich.

Während die maximale jährliche Konzentration der Salzlösung in der obersten Bodenschicht der fünf Halophytenassoziationen an der holländischen Küste zwischen engen Grenzen (0,32 und 2,17% Cl) schwankt,

Tabelle 34. Amplitude der $Cl^-$-Konzentration in der Bodenlösung mediterraner Halophytengesellschaften während der Vegetationszeit (März bis September) bei Montpellier

| | Chlorid-Konzentration (Gewichts-%) | | | | | |
|---|---|---|---|---|---|---|
| | in 2 bis 4 cm Bodentiefe | | | in 4 bis 8 cm Bodentiefe | | |
| | Min. | Mitt. | Max. | Min. | Mitt. | Max. |
| *Arthrocnemetum*, Initialphase .... | 10,2 | 16,1 | 28,5 | 7,5 | 12,5 | 19,0 |
| *Arthrocnemetum*, Optimalphase .. | 3,9 | 11,1 | 18,1 | 4,8 | 9,7 | 15,5 |
| *Salicornietum fruticosae* ......... | 1,7 | 6,9 | 10,4 | 2,2 | 5,6 | 10,8 |
| *Salicornietum herbaceae* ......... | 2,2 | 10,8 | 25,0 | 1,9 | 5,5 | 9,1 |
| *Salicornietum fruticosae*, Subassoziation mit *Halimione portulacoides* ................ | 0,24 | 5,4 | 11,7 | 0,23 | 4,0 | 7,2 |
| *Triglochin maritimum-Plantago cornuti*-Assoziation .......... | | | | 0,79 | 2,0 | 3,58 |
| *Caricetum divisae* .............. | | | | 0,09 | 0,5 | 0,76 |
| Initialstadium des *Molinietum mediterraneum* .............. | | | | 0,01 | 0,15 | 0,25 |

ergeben die fünf entsprechenden Gesellschaften an den Lagunen Südfrankreichs maximale Werte von 10,4 bis 28,5% Cl, und auch die jährlichen Schwankungen sind hier viel beträchtlicher.

Unter besonderen Verhältnissen (Saug- und Verdunstungswirkung) können gelegentlich Ausnahmen vorkommen. SCHRATZ (1936) erwähnt als absolutes Maximum, gemessen an der Küste von Borkum, 15%. Eine solche Erhöhung ist aber wohl nur von kurzer Dauer. POMPE (1940) zeigte, daß auch auf Hiddensee im Sommer eine aufwärts gerichtete, im Winter dagegen eine abwärts gerichtete Verlagerung der Bodenlösung stattfindet.

Über den Chloridgehalt der tropischen Mangroveböden und seine

Tabelle 35. Amplitude der $Cl^-$-Konzentration in der Bodenlösung nordatlantischer Halophytengesellschaften während der Sommermonate in Holland (ADRIANI 1945)

| | Chlorid-Konzentration (Gewichts-%) | | | | | | | | |
|---|---|---|---|---|---|---|---|---|---|
| | in 0 bis 4 cm Bodentiefe | | | in 4 bis 12 cm Bodentiefe | | | in 12 bis 20 cm Bodentiefe | | |
| | Min. | Mitt. | Max. | Min. | Mitt. | Max. | Min. | Mitt. | Max. |
| *Salicornio-Spartinetum* ... | 0,70 | 1,01 | 1,35 | 0,62 | 1,22 | 1,55 | 0,67 | 1,08 | 1,41 |
| *Puccinellietum maritimae* .. | 0,56 | 1,34 | 2,08 | 1,05 | 1,55 | 2,08 | 1,10 | 1,46 | 1,88 |
| *Artemisietum maritimae*, *Statice-Fazies* ......... | 0,40 | 1,29 | 1,86 | 0,83 | 1,37 | 2,02 | 0,98 | 1,28 | 1,78 |
| *Artemisietum maritimae*, *Halimione-portulacoides-Fazies* ............... | 0,31 | 1,19 | 2,17 | 0,76 | 1,33 | 1,97 | 0,99 | 1,43 | 1,83 |
| *Armerion maritimae* ...... | 0,08 | 0,14 | 0,32 | 0,02 | 0,13 | 0,24 | 0,07 | 0,11 | 0,21 |

jahreszeitlichen Schwankungen berichten WALTER und STEINER (1936) und NAVALKAR und BHARUCHA (1949).

Die Salzpflanzen der Lagunen keimen im Winter und Frühjahr. Ihre Hauptentwicklung fällt in die Zeit geringer Salzkonzentration nach den größten Niederschlägen. Im Spätsommer, wenn unter den sengenden Sonnenstrahlen der kapillare Aufstieg der Salze im Boden seinen Höhepunkt erreicht hat, haben die meisten Einjährigen ihren Zyklus schon abgeschlossen, und Sträucher und Halbsträucher stehen in Frucht. Ihre Bewurzelung ist äußerst schwach und, um dem hohen Salzgehalt des Bodens in 25 bis 50 cm Tiefe auszuweichen, oberflächlich.

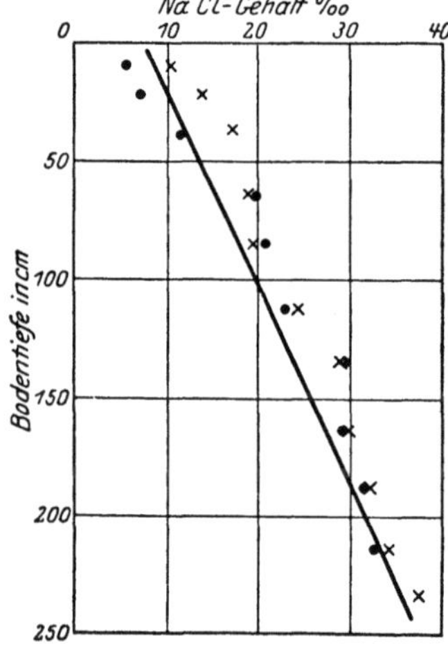


Abb. 222. Zunahme des NaCl-Gehaltes mit der Bodentiefe bei Rieucoulon am 6. Juni (.) und am 9. September 1907 (×) (zusammengestellt nach LAGATU und SICARD 1911, S. 164 bis 165)

Als scharf ausgeprägte, extrem perhaloid-anastatische Assoziationen der NaCl-Böden Südeuropas nennen wir: die *Suaeda maritima-Kochia hirsuta*-Assoziation der Strandwälle, das *Salicornietum radicantis* (hält die längste Überflutung aus), das *Salicornietum fruticosae*, mit *Halimione portulacoides*, kilometerweite Flächen deckend, und das *Arthrocnemetum glaucae*. Diese charakteristische Assoziation, welche die höchste und am längsten dauernde Salzkonzentration erträgt, umgürtet die vegetationslosen, im Winter überschwemmten Salzpfannen, die sich im Sommer in charakteristische Polygonböden mit Säulenstruktur verwandeln. Selbst nach mehrtägigem Regen können diese pflanzenarmen Stellen beschritten werden, ohne daß der Fuß merklich einsinkt. Untersucht man den 5 bis 10 cm hoch überschwemmten Boden, so findet man ihn schon in 15 bis 20 cm Tiefe nahezu trocken, bröckelig und vollkommen wurzelfrei.

Neben dem meist stark vorherrschenden *Arthrocnemum glaucum* und spärlich beigemischten, meist kümmerlichen Exemplaren von *Salicornia fruticosa* und *Halimione portulacoides* (alles Nanophanerophyten) beherbergt das *Arthrocnemetum* lauter kurzlebige *Therophyten* (*Sphenopus divaricatus, Frankenia pulverulenta, Sagina maritima, Hutchinsia procumbens*, selten *Bellis annua*), die nach den Frühlingsregen aufsprießen und deren Wurzeln kaum zentimetertief eindringen. Aber auch die Sträucher besitzen vollständig oberflächlich verlaufende Wurzeln. Man kann die Riesenschildkröten ähnlichen, oft mehr als meterbreiten üppigen Büsche von *Arthrocnemum* leicht mit dem Wurzelwerk abheben. Man wird dann gewahr, daß das reich entwickelte, allseitig ausstrahlende Wurzelwerk spalierartig die oberste Bodenschicht durchziehende kräftige Haupt- und Nebenachsen, aber nur kurze, meist 15 cm nicht überschreitende, senkrecht eindringende Nährwurzeln besitzt.

Unter extrem humidem Klima sind die Halophytengesellschaften auf den meist sehr schmalen Küstenstreifen beschränkt, der wenigstens zeitweise von der Flut bespült wird. *Lotus corniculatus*, *Potentilla anserina* und andere Glykophyten dringen in SW-Irland bis in den vom *Agropyretum* gebildeten äußersten Vegetationsgürtel vor. Die Salzkonzentration ist verhältnismäßig gering und die Entsalzung der obersten Bodenschicht intensiv. Selbst am Mittelmeerstrand ist sie nachweisbar (s. Br.-Bl. u. Mitarbeiter 1958).

Als Anfangsgesellschaften auf nacktem, zeitweise vom Salzwasser überflutetem Schlick- und Sandboden stellen sich an den nordeuropäischen

Abb. 223. *Limoniastro-Nitrarietum* am Schott el Djerid, tunesische Sahara (Aufn. Hueck, Exkurs. S.I.G.M.A.)

Küsten wie am Mittelmeer *Schizophyceen*gesellschaften aus *Microcoleus chthonoplastes*, *Lyngbya* u. a. ein. Von den Sandküsten Dänemarks erwähnen Warming und Gräbner (1918) Gesellschaften blaugrüner Algen und Diatomeen, welche mit ihren Schleimhüllen oder -scheiden die Sandkörner miteinander verkleben und dicht unter der Sandoberfläche krustenähnliche Bildungen hervorrufen (s. S. 185). Diese Pionierassoziationen tragen zur Durcharbeitung der obersten Bodenschicht bei und geben Keimbette ab für höhere Pflanzen.

Kaum irgendwo bietet die machtvoll fortschreitende natürliche Boden-Vegetationsentwicklung eine ähnliche Fülle interessanter pflanzensoziologischer Probleme wie an den ausgedehnten Flachküsten im Mündungsbereich der großen Ströme. Ihre praktische Bedeutung für Weide- und Kulturlandgewinnung und für das Siedlungswesen liegt auf der Hand.

Umfassende Untersuchungen hierüber sind im Gange an der Zuidersee, wo große Bodenflächen neu gewonnen und ausgesüßt werden, wie auch an den norddeutschen und südfranzösischen Küsten.

**Vegetation der Natrium- und Magnesium-Sulfatböden.** In Gegenwart organischer Substanzen geht der elementare Schwefel rasch in den Sulfatzustand über. Sulfatböden bedecken ungeheure Länderstrecken der Trockengebiete Südosteuropas, Persiens, Zentralasiens, der westlichen

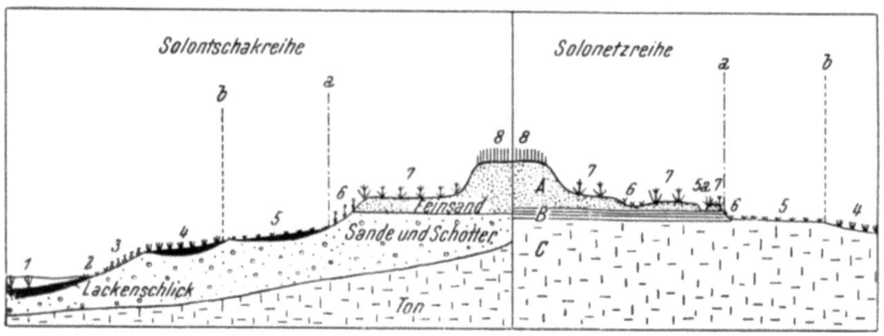


Abb. 224. Vegetationsgurtel auf Solontschak und Solonetz am Neusiedler See; uberhöht (nach WENDELBERGER 1947)

*1* Sodalache: *Parvopotameto-Zannichellietum; 2* Strand: *Crypsidetum; 3* Wellenraum: *Scirpetum; 4* Niederungen: *Juncus-Scorzonera*-Ass.; *5* Überschwemmungsraum: *Puccinellia-Aster*-Ass. bzw. Szíkfok auf Solonetz: *Puccinellietum; 5a* Szíkfok-Kehle: *Pholiurus-Plantago*-Ass.; *6* Lachensaum: *Carex-Taraxacum*-Ass.; *7* Bänkchen: *Statici-Artemisietum; 8* Rucken: *Festuca-Centaurea*-Ass. *a* Grenze der jahrlichen Fruhjahrsuberschwemmung; *b* Grenze der sommerlichen Durchnässung

Staaten Nordamerikas, Nordafrikas und anderwärts. Es sind zur Hauptsache Natriumböden von stellenweise durchaus wüstenhaftem Charakter, die nicht selten von einer schneeweißen Salzkruste überzogen sind.

Die Sulfate erscheinen meist als Glaubersalz ($Na_2SO_4$) oder Bittersalz ($MgSO_4$); seltener ist $CaSO_4$. Gelegentlich überwiegen auch die Chloride.

**Vegetation der Sodaböden.** KERNER hat in seinem klassischen Pflanzenleben der Donauländer (1863) die Halophytenvegetation des ungarischen großen Alföld in ihren Hauptzügen dargestellt. Seither wurde in einer Reihe von Arbeiten die Zusammensetzung der pannonischen Salzvegetation eingehend behandelt, neuerdings besonders durch VON SÓO und seine Schule in Ungarn selbst, durch WENDELBERGER im österreichischen, durch SLAVIC im jugoslawischen Anteil am ungarischen Tiefland, durch TOPA in Nordrumänien. Hierbei sind (im Anschluß an WENDELBERGER 1950) für den gesamten pannonischen Raum zwei Gürtelanordnungen auseinanderzuhalten.

Die eine, auf kalkreichen Solontschakböden mit hohem Grundwasserstand, die jedes Frühjahr überschwemmt werden und im Sommer durch kapillaren Wasseraufstieg Salzanreicherung und oft auch Sodaausscheidungen als weißen Flockenschnee tragen, in die der Fuß einsinkt.

Die zweite, auf kalkarmen, aber mit $Na^+$-Ionen gesättigten Solonetzböden, die von den jährlichen Überschwemmungen nicht erreicht werden.

Beide Vegetationsreihen lassen sich (aufbauend auf Rapaics und Wendelberger 1950) in eine Reihe von Kleinstandorte mit entsprechender Pflanzenvergesellschaftung und nach abnehmendem Salzgehalt auflösen (vgl. Abb. 224).

Bei beiden Bodentypen sind die Vegetationsgürtel nach abnehmendem Salzgehalt angeordnet. Die Sodaböden des großen Alföld sind nach

Abb. 225. Variante des *Astero-Triglochinetum* mit *Limonium gmelini* in Nordrumänien (Aufn. Topa)

den vorkommenden Pflanzengesellschaften auch qualitativ leicht zu erkennen und kartographisch aufzunehmen, was für die Bodenverbesserung von größtem Vorteil ist (von Soó 1947).

Den stärksten Sodagehalt (0,06 bis 0,48% $Na_2CO_3$) ertragen die *Camphorosma annua*-Assoziation (mit *Artemisia monogyna*, *Puccinellia limosa*, *Spergularia marginata* u. a.), die *Lepidium crassifolium*-Assoziation (mit *Puccinellia limosa*, *Plantago maritima* ($Na_2CO_3$ 0,24 bis 0,46% in der Wurzelschicht) und eine Gesellschaft mit *Suaeda maritima*, *Aster pannonicus*, *Puccinellia limosa* u. a. ($Na_2CO_3$ 0,27 bis 0,70%). Wesentlich geringer ist der Sodagehalt in der sogenannten *Agrostis alba*-Assoziation (mit *Alopecurus pratensis*, *Trifolium fragiferum*, *Achillea asplenifolia*, *Taraxacum bessarabicum*).

In Argentinien bildet der Rhizomgeophyt *Distichlis spicata* (Graminee), „pasto-salado", 15 bis 25 cm hohe, ziemlich offene Bestände, von einigen schwach halophilen Arten, wie *Lepidium spicatum*, *L. parodii*, *Spergularia grandis*, *Melilotus indicus*, *Juncus acutus* (letztere beiden auch in schwach halophilen Gesellschaften der Mediterranregion) u. a., begleitet (Ragonese und Covas 1947).

Auch unsere nitrophilen *Cynodon dactylon* und *Chenopodium murale* treten gelegentlich darin auf. Diese argentinischen Halophytengesellschaften dürften einer den europäischen *Salicornietea* und *Juncetea maritimi* verwandten, vikarierenden südamerikanischen *Distichlietea*-Klasse entsprechen.

Über die Vegetation der südostrussisch-transkaspischen Salzböden geben unter anderem die Arbeiten von Vilensky (1924), Kultiassoff (1926), Keller (1923, 1927), Berg (1958) Aufschluß. Reichste Artentfaltung erlangen hier die sukkulenten *Chenopodiaceen* der Gattungen *Suaeda*, *Salsola*, *Anabasis*, *Halimocnemis*, *Haloxylon*. Von Nichtsukkulenten besonders bezeichnend sind *Limonium*, *Frankenia* und *Cressa*, deren Drüsenapparat große Mengen leichtlöslicher Salze ($Na_2SO_4$, NaCl) ausscheidet. Ähnliche Salzausscheidungen an Blättern sind auch bei *Limonium*, *Limoniastrum*, *Frankenia*, *Tamarix* und *Cressa* der südeuropäischen und nordafrikanischen Salzsteppen, an Arten der Mangrove (*Avicennia*, *Aegiceras*, *Acanthus ilicifolius*) sowie bei *Armeria*, *Limonium* und *Glaux maritima* an der norddeutschen Küste beobachtet worden. Bei der morgens an den Blättern zu beobachtenden „Salzlauge" handelt es sich nach Ruhland (1915) um nächtliche Ausscheidung wässeriger Lösungen, die die lebenden Zellen vom schädlichen Überfluß der Salze befreit. Der osmotische Wert in den Blattepidermiszellen kann hierbei bei dem von Ruhland untersuchten *Limonium gmelini* bis auf 165 Atmosphären ansteigen. Montfort (1922), der die Salzausscheidung an *Limonium vulgare* und *Armeria maritima* näher verfolgt hat, erblickt darin ein Zeichen ungehemmter Wasseraufnahme durch starke osmotische Wurzelsaugung.

Die dominierenden Sukkulenten der Solontschakböden Südostrußlands schließen sich, wie auf den Salzböden am Mittelmeer, nach Salzkonzentration und Feuchtigkeit zu verschiedenen, öfter gürtelartig angeordneten Gesellschaften zusammen. Boris Keller (1923) kennt aus der Wüstensteppe an der Wolga bei Sarepta drei nach abnehmendem Salz- und Feuchtigkeitsgehalt des Bodens angeordnete „Assoziationen" einjähriger Arten: die *Salicornia herbacea*-, *Suaeda maritima*- und *Petrosimonia crassifolia*-Assoziation und zwei Halbstrauchassoziationen: die *Halocnemum strobilaceum*- und *Halimione verruciferum*-Assoziation.

Stärker verschieden erscheinen die Solontschak-Assoziationen der Hungersteppe Westasiens (s. Paulsen 1912). Nach Sprygin und Popow können in Turkestan nach abnehmendem Salzgehalt und abnehmender Befeuchtung der Böden neun auf der Artendominanz fußende Kleingesellschaften auseinandergehalten werden:

Abnehmender Salzgehalt ↓

Gesellschaft von *Salicornia herbacea*
Gesellschaft von *Halocnemum strobilaceum*
Gesellschaft von *Halostachys caspica*
Gesellschaft von *Kalidium caspicum*
Gesellschaft von *Suaeda arcuata*
Gesellschaft von *Salsola crassa*
Gesellschaft von *Salsola lanata*
Gesellschaft von *Artemisia maritima*
Gesellschaft von *Anabasis salsa*.

*Anabasis salsa* soll Na-reiche, *Salsola* und *Artemisia* sollen Mg- und Ca-reiche Böden besiedeln. In Halbwüsten- und Wüstengebieten sind die Böden wenig entwickelt, Humus ist in geringem Maße vorhanden. Die Zersetzung der organischen Bestandteile geht unter dem Einfluß aerober Bakterien sehr rasch vor sich. In den innerasiatischen Steppen sind Solontschakböden nur dort entwickelt, wo das Grundwasser die Bodenoberfläche erreicht (BERG 1958).

Der an Sulfatanreicherung gebundene eigenartige, eine besondere Lebensform darstellende schwarze oder Solontschaksaxaul bildet in den Wüsten der Karakum und Kysylkum stellenweise Reinbestände, die 4 bis 6 m Höhe erreichen können.

Abb. 226. *Halocnemum strobilaceum* als Pionier stark versalzter Böden am Schott el Djerid. Im Hintergrund *Halocnemum-Frankenia reuteri*-Assoziation (Aufn. Exkurs. S.I.G.M.A.)

Die Solontschakböden Nordafrikas stimmen weitgehend mit der Salzvegetation Südeuropas überein. Sie sind von BRAUN-BLANQUET (1949), GUINOCHET (1951) und SIMONNEAU (1953) untersucht worden. Ein breites Band extremer Halophyten (*Halocnemum strobilaceum*, *Arthrocnemum glaucum*, *Salsola oppositifolia*, *Frankenia reuteri*) umschließt die Salzsümpfe der Schotts. Etwas höher verläuft ein Vegetationsgürtel aus *Limoniastrum gouyonianum* und *Nitraria retusa*, dem die Protohalophyten abgehen. BUROLLET (1927) und SIMONNEAU (1953) beschreiben eine artenarme Therophytengesellschaft, worin *Halopeplis amplexicaulis* stellenweise Reinbestände bildet. Ob die genannten Salzgesellschaften das Vorhandensein von Sulfaten zur Voraussetzung haben, ist fraglich.

Während *Halocnemum strobilaceum* auch an den Ufern der nordafrikanischen Schotts einen wichtigen Bestandteil der Halophytenvegetation bildet (Abb. 226), ist die *Anabasis salsa*-Gesellschaft Zentralasiens auf den Sulfatböden Nordafrikas durch die *Anabasis aphylla*-Assoziation vertreten.

Mustergültige Bearbeitung hat die Vegetation der Sulfatböden des nordamerikanischen Westens durch KEARNEY, BRIGGS, SHANTZ, McLANE, PIEMEISEL u. a. erfahren. Auf Böden, die neben vorherrschenden Chloriden reichlich Sulfate enthalten, ist im südlichen Arizona und in den Trockengebieten Kaliforniens die Desertsage-(*Atriplex polycarpa*-) Assoziation herrschend auf mäßig geneigten Hängen, die zu Zeiten vom Rieselwasser befeuchtet werden. Ein weit ausgedehnteres Areal nimmt indessen das Pickleweed-(*Allenrolfea occidentalis*-)Gestrüpp ein. Es besiedelt die salzreichsten Böden, die nur noch wenige Gräser und Sträucher, aber keine Annuellen mehr zulassen. Im Gebiet des Gila River bildet auf Sulfatböden die Komposite *Pluchea sericea* (Arrowweed) ein mannshohes, undurchdringliches Gestrüpp.

Böden mit Sulfat-Chlorid-Versalzung sind auch in den argentinischen Steppengebieten verbreitet. Ihre Vegetation ist von RAGONESE und COVAS (1947) beschrieben worden. Eine Assoziation von *Salicornia ambigua* und *Sesuvium portulacastrum* nimmt an der Lagune Picaza in der Provinz Santa Fé breiten Raum ein. Der Boden enthält folgende lösliche Salze (Milligramm-% des trockenen Bodens): NaCl 470, $Na_2SO_4$ 266, $Na_2CO_3$-$NaHCO_3$ 146. Wie alle ähnlichen Böden ist auch der vorliegende sehr stark alkalisch (pH 9,0). Die Sukkulentenvegetation zeigt physiognomisch auffallende Ähnlichkeit mit europäischen *Salicornion*-Gesellschaften. Zwischen den Halbsträuchern erscheint der nackte Salzboden. An den salzreichsten Stellen herrschen *Salicornia ambigua* und *Sesuvium* fast allein (Deckung etwa 40%); bei etwas geringerem Salzgehalt erscheinen ferner:

* *Lepturus (Pholiurus) incurvatus*
*Puccinellia glaucescens*
*Sporobolus pyramidatus*
*Sporobolus phleoides*
*Suaeda patagonica*
*Spergularia grandis*
*Plantago myosurus*
*Polygonum striatum*
*Chenopodium macrospermum*
* *Spergularia salina*
* *Frankenia pulverulenta*
*Cressa truxillensis*
* *Heliotropium curassavicum*

Mit Ausnahme von *Sesuvium* sind es dieselben Gattungen, die sich an der europäischen Halophytenvegetation beteiligen; in vier Fällen(*) stimmen sogar die Arten überein.

Auch diese argentinische Halophytenvegetation scheint der weitverbreiteten pluriregionalen Vegetationsklasse der *Salicornietea* zuzugehören.

**Schwefelbakterien.** In der Natur weitverbreitet sind die Schwefelbakterien, welche die Oxydation des Schwefelwasserstoffes ($H_2S$) befördern. Sie bilden im Faulschlamm der Gewässer ausgedehnte Gesellschaften, die sich schon durch Färbung und unangenehmen Geruch des durch die Zersetzung von Pflanzen- und Tierresten freiwerdenden $H_2S$ bemerkbar machen.

Sie spielen eine wichtige Rolle im Kreislauf des Schwefels, indem sie den auf höhere Organismen wirkenden Schwefelwasserstoff in Sulfate überführen, die den Pflanzen zum Aufbau von Eiweißstoffen dienen.

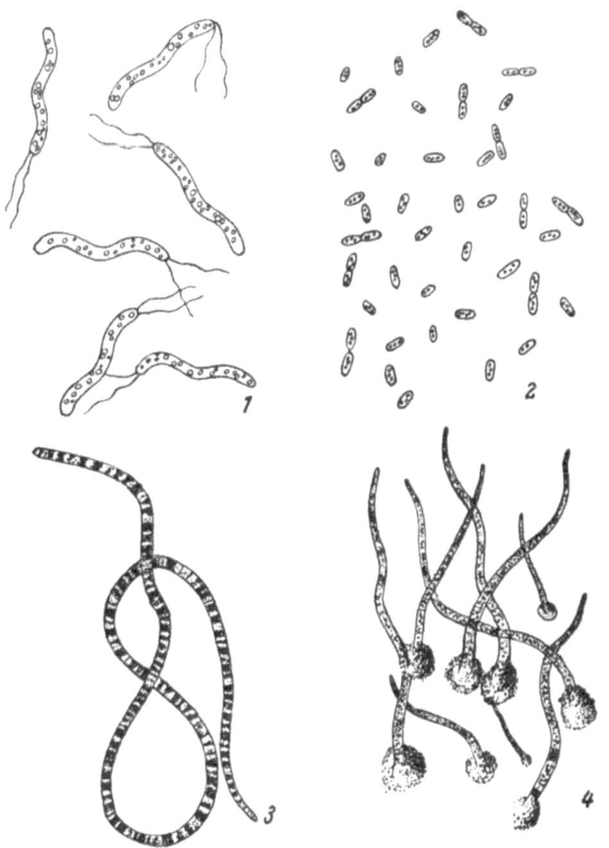


Abb. 227. Schwefelbakterien der *Beggiatoa alba*-Assoziation
1 *Thiospirillum Winogradskii*, 2 *Chromatium Okenii*, 3 *Beggiotoa alba*, 4 *Thiothrix nivea*

Die echten Schwefelbakterien speichern den oxydierten Schwefelwasserstoff in Form glänzender Schwefelkügelchen im Zellinnern, um ihn dann zu Schwefelsäure zu verarbeiten. Die Schwefelsäure neutralisiert die im Wasser enthaltenen Mono- und Bicarbonate zu Sulfaten. Die Gleichung lautet:

$$2\,H_2S + O_2 = 2\,H_2O + 2\,S + 122\ \text{Cal.}$$
$$2\,S + 3\,O_2 + 2\,H_2O = 2\,H_2SO_4 + 282\ \text{Cal.}$$

**Sulfatgesellschaften.** Große Ausdehnung erlangen Sulfobakteriengesellschaften in abgeschlossenen Wasserbecken der warmen Gebiete mit reicher organischer Stoffproduktion, so in den Lagunen des Mittelmeeres und auch im Schwarzen Meer, das nur durch die 50 m tiefe Enge des Bosporus mit dem Mittelmeer in Verbindung steht. Ein Austausch der tieferen Wasserschichten wird dadurch verunmöglicht, und es reichert sich in der Tiefe durch Fäulnis und Desulfuration entstehender Schwefelwasserstoff an, der an der unteren Grenze der oberen, sauerstoffhaltigen Wasserschichten durch Schwefelbakterien oxydiert wird. Tierisches Leben ist deshalb in diesem Schwefelwasserstoff-Meer nur in den obersten 200 m möglich; eine Tiefseefauna fehlt ganz.

Nach dem Gehalt an $H_2S$ sind an den Lagunenrändern bei Montpellier drei Gesellschaften von Sulfobakterien auseinanderzuhalten (s. VAN DER HOEK 1960). H. MEIER (schriftl.) erwähnt hier als den höchsten Schwefelwasserstoff-Gehalt ertragend eine Gesellschaft, die sich unter Anschwemmungen von *Ulva lactuca*, *Enteromorpha* spec. u. a. Algen einstellt und zahlreiche Flagellaten und Spirillen aber wenige Purpurbakterien enthält.

Nach einiger Zeit häufen sich letztere aber an und es bildet sich bei verringertem $H_2S$-Gehalt eine von Rhodobakterien (*Thiocystis* usw.) beherrschte Gesellschaft, deren weinrote Färbung von weitem auffällt (s. S. 184).

Bei zunehmender Sauerstoffversorgung nehmen farblose *Beggiatoa*-Arten (*B. alba*, *B. leptiformis*) überhand und bilden mit zahlreichen Diatomeen die *Beggiatoa alba*-Assoziation.

**Vegetation der Solfataren und Fumarolen.** Besteht die Halophytenvegetation der Wüsten und Steppen vorzugsweise aus Xerophyten, so zeigen die Pflanzengesellschaften der Solfataren und Fumarolen durchaus mesophytischen Charakter. Am besten untersucht, auch auf ihre Gewebestruktur hin, ist die Vegetation der Schwefelquellen Javas. Die Bodenoberfläche ist hier von einem gelben und weißen Überzug von Schwefel und Schwefelverbindungen bedeckt; die dampfenden Quellen sind reich an Alaun. Der elegante Farn *Pteris incisa* gedeiht nirgends üppiger als auf diesen breiartigen Schwefelböden; *Polypodium vulcanicum* wagt sich sogar auf Steinblöcke, die von einem bisweilen auf 75° erhitzten Wasser bespült werden. Nach HOLTERMANN (1907) sind die dominierenden Sträucher *Agapetes vulgaris* und *Rhododendron retusum* mit einem gelblichen, durch die Schwefeldämpfe abgeschiedenen Niederschlag vollständig überzogen. Trotzdem bleiben die Blätter frischgrün, und selbst im warmen Schlamm, rings umgeben von kochenden Solfataren, blühen und fruchten die Sträucher. Die Blattanatomie sämtlicher untersuchter Arten zeichnet sich aus durch das Fehlen xerophytischer Anpassungen.

Im Schlund der Fumarolen, auf den Vulkanen des Tibesti haben BRUNEAU DE MIRÉ und QUÉZEL eine artenreiche Moosgesellschaft nebst einigen Farnen festgestellt (s. S. 729).

## 5. Wasserhaushalt des Bodens und Vegetation[1]

**Wasser im Boden.** Wasser wird im Boden auf ganz verschiedene Arten gespeichert.

Hydratationswasser wird durch elektrische Feldkräfte auf geladenen oder polaren Oberflächen festgehalten, so um Ionen, alle Mineralien und die meisten organischen Verbindungen (Humus). Das Wassermolekül hat nämlich ausgesprochenen Dipolcharakter: der Sauerstoff bildet den negativen Pol, die beiden Wasserstoffe, die mit dem Sauerstoff einen Winkel von 104° bilden, stellen den positiven Pol dar.

Um eindeutig definierte Verbindungen handelt es sich dabei bei den sogenannten Aquokomplexen, z. B. des Aluminiums (dessen Zusammensetzung je nach pH schwankt, z. B. zwischen $[Al(H_2O)_6]^{3-}$, $[Al(OH)_3 \cdot 3H_2O]$ und $[AlO_3 \cdot 3H_2O]^{3-}$).

Kristallwasser ist durch Gitterkräfte gebunden, z. B. im Gips, $CaSO_4 \cdot 2H_2O$.

Osmotisch gebundenes Wasser.

Kapillarwasser wird durch die Oberflächenspannung in den feinen Poren festgehalten.

Stauwasser unterliegt nur der Schwerkraft, kann aus dem Boden aber nicht in den durchlässigen Untergrund gelangen, weil im Boden eine nicht oder nur wenig durchlässige Schicht vorhanden ist. Man spricht in diesem Fall auch von „hängender Vernässung“.

Grund- und Hangwasser fließt auf einer undurchlässigen Schicht im Untergrund frei durch den Boden.

Sickerwasser bewegt sich nur der Schwerkraft folgend frei und ungehindert durch den Boden. Es findet sich nur vorübergehend, nach Regenfällen, im Profil.

Vereinfachend wird oft nur zwischen freiem und gebundenem Bodenwasser unterschieden oder zwischen Haft- und Senkwasser.

Schließlich findet sich Wasser als Dampf in der Bodenluft.

Der Wassergehalt des Bodens hängt nicht nur ab von seinen Bestandteilen und seinem Gefüge, sondern auch von Außenfaktoren, wie Wetter und Vegetation. Er unterliegt darum starken Schwankungen. Kennzeichnende Werte für den Wassergehalt erhält man nur unter standardisierten Bedingungen.

Die Wasserkapazität nach BURGER (1922) gibt z. B. an, wieviel Wasser ein natürlich gelagerter Boden beim Trocknen bei 105° C abgibt, nachdem er vorher durch Untertauchen völlig mit Wasser gesättigt worden war und man ihn hernach hatte abtropfen lassen. Bei dieser Methode verhindern allerdings die Menisken auf der Unterseite der Probe den Abzug von überschüssigem Wasser, das unter Feldbedingungen nicht zurückgehalten würde. Die Wasserkapazität wird gewöhnlich in Volumenprozenten angegeben.

Die Feldkapazität gibt an, wieviel g Wasser 100 g Boden zwei bis drei Tage nach ausgiebigen Regenfällen, die ihn mit Wasser gesättigt

[1] Literaturübersichten vgl. auch RICHARDS und WADLEIGH 1952.

hatten, noch enthalten, wenn keine Verluste durch Verdunstung oder Pflanzen auftreten (VEIHMEYER und HENDRICKSON 1931).

Als permanenten Welkepunkt bezeichnet man den Wassergehalt des Bodens (g $H_2O$/100 g trockener Boden), bei dem Pflanzen irreversibel zu welken beginnen (BRIGGS und SHANTZ 1912). Nach den bisherigen Versuchen fangen auf einem gegebenen Boden alle Pflanzen bei ungefähr dem gleichen Wassergehalt an zu welken, so daß der permanente Welkepunkt einen kennzeichnenden Wert für einen Boden darstellt.

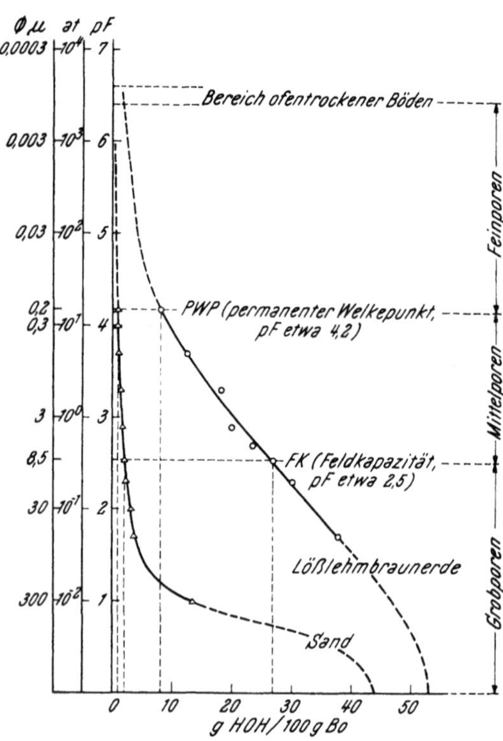


Abb. 228. Entwässerungskurve einer Lößlehmbraunerde unter einem *Querco-Carpinetum* und eines sandigen Aubodens unter einer Pappelkultur (nach F. RICHARD 1955)

Die Differenz im Wassergehalt bei Feldkapazität und am permanenten Welkepunkt gibt an, wieviel vom gebundenen Wasser die Pflanzen aufnehmen können (nutzbares Bodenwasser).

BUCKINGHAM (1907) hat als Maß für die Festigkeit der Wasserbindung im Boden die freie Energie eingeführt. Die freie Energie ist gleich der Arbeit, die das Wasser leisten kann, wenn es aus dem Boden auf eine freie Wasseroberfläche übertritt. Diese wird konventionell als Nullniveau angenommen. Die freie Energie des Bodenwassers ist daher negativ, denn man muß Energie aufwenden, um es vom Boden abzutrennen. Statt der freien Energie bestimmt man häufig den Saugdruck, mit dem das Wasser im Boden festgehalten wird und der ebenfalls einen negativen Wasserdruck darstellt. Gewöhnlich mißt man ihn mit dem Druck in cm Wassersäule, den man anwenden muß, um das Wasser aus dem Boden auszutreiben.

Die Bindungsfestigkeit des Wassers erreicht sehr hohe Werte. Ähnlich dem pH-Wert verwendet man zur Vereinfachung der Schreibweise den pF-Wert (SCHOFIELD 1935).

Indem man an einem Boden zunehmenden Saugdruck anlegt oder zunehmenden Überdruck einseitig auf ihn einwirken läßt, kann man

Wasser von immer größerer Bindungsfestigkeit austreiben. Die Menge des ausgetriebenen Wassers aufgetragen gegen den pF-Wert ergibt die sogenannte Entwässerungs- oder Wassersorptionskurve (Abb. 228).

Vernachlässigt man vereinfachend das sehr stark gebundene Koordinations-, Kristall- und Hydratationswasser, so ist in normal dränierten Böden nur noch das Kapillarwasser zu betrachten, das auch am stärksten den kurzfristigen, hauptsächlich wetterbedingten Schwankungen unterliegt. (Der osmotische Druck der Bodenlösung ist in normal dränierten Böden klein.) In Kapillaren ist das Gewicht der hochgezogenen Wassersäule gleich der Sorptionskraft. Für kreisrunde Poren kann man setzen (DONAT 1937):

Gewicht der Wassersäule = Sorptionskraft

$$r^2 \cdot \pi \cdot h \cdot \varrho \cdot g = 2\, r\, \pi\, S \cos \delta, \text{ wobei}$$

$r$ = Kapillarradius in cm
$h$ = Höhe der Wassersäule in cm (= Druck, der notwendig ist, um die Kapillare zu entleeren)
$\varrho$ = Dichte des Wassers
$g$ = Erdbeschleunigung (= 981 cm/sec²)
$S$ = Oberflächenspannung (für Wasser bei 25° C = 72 dyn/cm)
$\delta$ = Benetzungswinkel (für Wasser im Boden = 0°)

Daraus berechnet sich der Porendurchmesser zu

$$d = 2\,r = \frac{4 \cdot 72}{981 \cdot h} = \frac{0{,}294}{h}\ \text{cm}.$$

Die pF-Werte der Entwässerungskurve lassen sich deshalb mit dem Porendurchmesser korrelieren. Der Feldkapazität entsprechen ein Saugdruck von etwa $^1/_3$ Atmosphäre oder pF 2,5 und ein Kapillardurchmesser von 8,5$\mu$, dem permanenten Welkepunkt ein Saugdruck von etwa 15 Atmosphären oder pF 4,2 und ein Kapillardurchmesser von 0,2$\mu$.

Poren mit über 8,5$\mu$ Durchmesser sind gewöhnlich mit Luft gefüllt; man nennt sie Grobporen. Poren von 8,5 bis 0,2$\mu$ enthalten das verwertbare Bodenwasser, man nennt sie Mittelporen. Poren mit weniger als 0,2$\mu$ Durchmesser nennt man Feinporen.

Abb. 228 gibt die Verhältnisse für einen sandigen und einen lehmigen Boden wieder. Der sandige Boden enthält bei Feldkapazität noch etwa 2% Wasser, der lehmige 28%, am permanenten Welkepunkt 8 bzw. 1%. Der sandige Boden enthält demnach 1% nutzbares Bodenwasser, der lehmige 20%. Dieses Beispiel zeigt klar, daß ein bestimmter Wassergehalt allein nicht viel aussagt, sondern daß man auch über die Bindungsfestigkeit des Wassers Bescheid wissen muß.

**Wasserbewegung im Boden.** Bei ungleicher Verteilung des Wassers im Boden besteht die Tendenz zum Ausgleich. Schwächer gebundenes Wasser mit höherem Energieinhalt bewegt sich so lange in Richtung auf die Orte mit stärker gebundenem Wasser, bis der Energieinhalt des gebundenen Wassers im ganzen Boden gleich ist.

Wenn sämtliche Poren eines homogenen Materials mit Wasser gefüllt sind, so hängt die Durchlässigkeit nach dem Gesetz von DARCY von der Druckdifferenz und der vierten Potenz des Porenradius ab. Im heterogenen System Boden wächst die Durchlässigkeit etwa mit dem Quadrat des mittleren Porenradius.

In Böden, die mit Wasser nicht gesättigt sind, hängt die Durchlässigkeit vom Wassergehalt ab. Bei mittleren Wassergehalten erfolgt die Wasserbewegung hauptsächlich in den Kapillaren. Bei kleinen Wassergehalten kann sich Wasser nur noch in dünnen Schichten auf den Oberflächen der Bodenteilchen bewegen („Filmwassertransport"), und in „trockenen" Böden, wo das Wasser keine kontinuierliche Phase mehr bildet, geht die Wasserbewegung nur noch über die Dampfphase vor sich. Alle diese Wasserbewegungen gehen sehr langsam vor sich.

Der Wassergehalt der meisten normal dränierten Böden ist starken Schwankungen unterworfen. So erleidet der Boden Wasserverluste durch Oberflächenabfluß, Versickerung, seitlichen Wegfluß, Verdunstung und Verbrauch durch die Pflanzen. Zufuhr erfährt der Boden mit Niederschlägen, Kondenswasser, Überschwemmungs-, Hang- und Grundwasser sowie durch hygroskopisches Wasser.

**Wasserhaushalt.** Vereinfachend lassen sich die Böden in bezug auf den Wasserhaushalt wie folgt kennzeichnen:

Sehr trocken: Wassergehalt meist unter dem permanenten Welkepunkt.

Trocken: Wassergehalt meist nahe dem permanenten Welkepunkt.

Frisch: Wassergehalt meist zwischen Feldkapazität und permanentem Welkepunkt.

Feucht: Wassergehalt meist etwas über der Feldkapazität.

Vernäßt: Wassergehalt meist beträchtlich über der Feldkapazität.

Wechselfeucht: Wassergehalt zeitweise wesentlich über, zeitweise wesentlich unter der Feldkapazität, d. h. zwischen frisch und vernäßt.

Versumpft: Wassergehalt erreicht meist Sättigung.

Auenhaft: Boden zeitweise vom Flußwasser überschwemmt.

Gezeitenhaft: Überschwemmung und Trockenfallen wechseln mit Gezeiten.

Anzeichen dauernder Vernässung sind zum Beispiel:

1. Fahlgraue, grünliche bis hellbläuliche Farbe mineralischer Horizonte (vollständige Reduktion der reduzierbaren mineralischen Verbindungen, besonders des Eisens = vollständige Vergleyung).
2. Primitivgefüge; Fehlen jeglicher Schwundrisse oder Aggregierung in ton- und humusreichen Horizonten.
3. Die Konservierung von Humusbildnern.
4. Das Fehlen lebender Wurzeln.

Anzeichen periodischer Vernässung sind zum Beispiel:

1. Mineralische Horizonte fahlgrau mit Rostflecken, besonders Wurzelkanäle mit rostiger Auskleidung oder gar Ausfüllung (starke Vergleyung); oder

mineralische Horizonte rostig und fahlgrau gefleckt und geflämmt, mit vielen Eisen- und Mangankonkretionen; Wurzelgänge mit fahlem inneren und rostigem äußeren Mantel (Marmorierung oder Pseudovergleyung);

mineralische Horizonte braungrau bis rostfarbig, mit fahlen Flecken und Verfahlung längs Wurzelkanälen, mit vielen Eisen- und Mangankonkretionen (schwache Vergleyung).

2. Stark gehemmter Abbau der Humusbildner.

3. $H_2S$-Geruch des frisch aufgeschlossenen Bodens.

4. In tonreichen Böden Schwundrisse bei sonst primitivem Gefüge (Übergang zu prismatischem Gefüge).

5. Wenige Wurzeln.

Anzeichen von Trockenheit sind zum Beispiel:

1. Gehemmter Streuabbau.

2. Kalkflaum, besonders an der Skelettunterseite (von Tuff, der aus Hangwasser ausgeschieden wird, oft schwer zu unterscheiden).

3. Große Zahl von Kerbtieren und Schnecken auf und in dem Boden, Regenwürmer geknäuelt, oft viele Pilzhyphen im Boden.

4. $A_1$ — eventuell auch $A_2$ — ausgeprägt gekrümelt, tiefere Horizonte wenn tonreich stark schwundrissig.

5. Hauptwurzelraum wenig mächtig, dafür dichtes bis sehr dichtes Wurzelgeflecht.

**Bestimmungsmethoden.** In der pflanzensoziologischen Praxis wurde für die Bestimmung der Wasserkapazität meist die Methode nach BURGER (1922) verwendet: Bestimmung des Wassergehaltes von Proben, die man in natürlicher Lagerung ausgestochen, vorsichtig untergetaucht und dann abtropfen lassen hat.

Statt der Feldkapazität bestimmt man oft das ähnliche Feuchtigkeitsäquivalent durch Zentrifugieren mit 1000facher Erdbeschleunigung.

Wenig stark gebundenes Wasser bestimmt man gewöhnlich mit sogenannten porösen Platten oder Tensiometern, an die ein bestimmter Saugdruck mit einer Wassersäule bestimmter Länge angehängt wird.

Für die Bestimmung stärker gebundenen Wassers, z. B. des permanenten Welkepunktes, braucht man sogenannte Druckmembran-Apparate, in denen man die Bodenprobe einseitig einem Luftüberdruck aussetzt.

Statt des permanenten Welkepunktes ist auch schon der sogenannte Welkungskoeffizient bestimmt worden, und zwar nach der Gleichung

$$WK = \frac{\text{Feuchtigkeitsäquivalent}}{1{,}84} \quad \text{(BRIGGS und SHANTZ 1913).}$$

Für kontinuierliche Messungen eignet sich die elektrische Leitfähigkeit geeichter Absorptionsblöcke, die man in den Boden eingegraben hat und die mit der Bodenfeuchtigkeit ständig im Gleichgewicht stehen.

Neuestens wird für die Bestimmung der Wassergehalte von Böden auch die Neutronenabsorption verwendet.

**Bedeutung des Wasserhaushaltes für den Boden.** Das Wasser ist im Boden in erster Linie Reaktionsmedium für die meisten chemischen Prozesse, sei es Verwitterung, Humusbildung oder Verlagerung. Die Verlagerung von gelösten oder kolloid suspendierten Stoffen ist an tropfbar flüssiges Wasser gebunden. Wird es durch die Transpiration der Pflanzen oder durch Verdunstung aufgebraucht, so fallen die gelösten Stoffe wieder aus, und es bildet sich noch ein Anreicherungshorizont. Mit Fremdwasser können dem Boden gelöste Stoffe zugeführt werden, die im Boden absolut angereichert werden können, so z. B. Kalk oder Eisenoxydhydrat-Abscheidungen aus Grundwasser. Vom Wassergehalt hängt sodann der Quellungszustand der Kolloide und damit die Zugänglichkeit der äußeren und inneren Oberflächen der einzelnen Teilchen ab. Mit zunehmendem Wassergehalt geht die Konsistenz des Bodens vom festen in den plastischen und schließlich in den flüssigen Zustand über.

Abwechselnde Quellung und Entquellung krümeln einen tonigen Boden. Der Wasserhaushalt beeinflußt wesentlich den Luft- und Wärmehaushalt (s. unten). Endlich reagieren die Bodenlebewesen empfindlich auf den Wasserhaushalt.

**Bodenwasser und Vegetation.** Der Wasserbedarf der Vegetation ist verschieden je nach Art und Entwicklungsstadium der Pflanzen und nach den übrigen Wachstumsbedingungen, z. B. Temperatur und Nährstoffangebot.

Ist der Wasserbedarf einer Pflanze nicht mehr gedeckt, so beginnt sie zu welken. Nach MAXIMOW (1929) ist das Welken am Turgorverlust äußerlich schon wahrnehmbar, bevor der Wasserverlust durch Wägung deutlich in Erscheinung tritt. Das Welken stellt somit einen äußerst empfindlichen Zeiger für die Deckung des Wasserbedarfs dar; je später es eintritt, um so trockenhärter ist eine Pflanze.

Das Welken ist nicht bloß von den Wasserverhältnissen des Bodens, sondern auch von atmosphärischen Einflüssen und nicht zuletzt, wie STOCKER und KAUSCH (1952) gezeigt haben, vom Wurzelzuwachs abhängig, welcher allein es Saugwurzeln und Wurzelhaaren ermöglicht, in Trockenböden ihnen zugängliches Wasser aufzuspüren.

Tabelle 36. Dünensukzession am Michigansee (FULLER 1914)

| Gesellschaftsfolge | *Populus deltoides*-→ Ass. | *Pinus banksiana*-→ Ass. | *Quercus velutina*-→ Ass. | *Quercus rubra*-→ Ass. | *Fagus grandifolia*-*Acer*-Ass. |
|---|---|---|---|---|---|
| Welkungskoeffizient | | | | | |
| in 7,5 cm Tiefe ...... | 0,8 | 1,1 | 1,1 | 9,0 | 13,5 |
| in 25 cm Tiefe ...... | 0,8 | 1,0 | 0,9 | 9,5 | 9,5 |
| Verdunstung (Vergleichswerte) .... | 315 | 154 | 149 | 115 | 100 |
| Verhältnis zwischen Verdunstung und Verbrauchswasser ... | 11,7 | 10,7 | 9,37 | 2,78 | 1,81 |

In der pflanzensoziologischen Literatur finden wir den Welkungskoeffizienten namentlich bei amerikanischen Forschern synökologisch ausgewertet.

Die Unterschiede im Welkungskoeffizienten verschiedener Pflanzengesellschaften können beträchtlich sein. Böden von Gesellschaften mit hohem Wasserverbrauch haben einen höheren Welkungskoeffizienten als solche von Gesellschaften mit geringerem Wasserverbrauch. Mit anderen Worten, die mesophilen Gesellschaften stehen gewöhnlich auf Böden mit hoher Wasserkapazität.

Der Welkungskoeffizient steigt im Verlaufe mesophytischer Sukzessionen mit der Bodenentwicklung (Humusanreicherung usw.). Für das Gebiet der großen Seen konnte dies FULLER (1914) schön nachweisen (Tab. 36).

Im Klimaxwald von *Fagus grandifolia* und *Acer saccharum* kulminiert der Welkungskoeffizient, und es wird in der Krautschicht am wenigsten verdunstet.

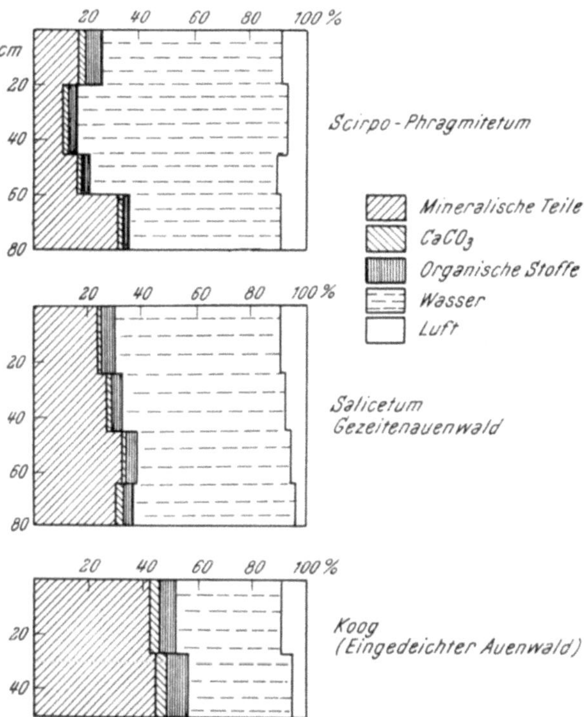


Abb. 229. Volumenverhältnisse im Bodenprofil von Pflanzengesellschaften im Gezeitenbereich an der holländischen Küste (nach ZONNEVELD 1958)

Mit der fortschreitenden Boden- und Vegetationsreifung verschieben sich Luft- und Wassergehalt der Böden, was vor allem in den Initialstadien der Reifung klar hervortritt. ZONNEVELD (1958) gibt hierfür ein anschauliches Beispiel aus dem Mündungsgebiet des Rheins (Abb. 229).

Etter (1943) hat die Wasser- und Luftkapazität in Böden des *Querco-Carpinetum aretosum* und *luzuletosum* untersucht (vgl. Tab. 37). Im feiner gekörnten Boden der Subassoziation mit *Arum maculatum* ist die Wasserkapazität größer und die Luftkapazität kleiner.

Tabelle 37. Mittelwerte der Wasser- und Luftkapazität (Volumen-% des gewachsenen Bodens) von Böden des *Querco-Carpinetum aretosum* und *luzuletosum* des Schweizer Mittellandes (Etter 1943)

| Bodentiefe cm | *Querco-Carpinetum aretosum* | | *Querco-Carpinetum luzuletosum* | |
|---|---|---|---|---|
| | Wasserkap. Vol.-% | Luftkap. Vol.-% | Wasserkap. Vol.-% | Luftkap. Vol.-% |
| 0—10 | 51,9 | 5,8 | 45,7 | 10,0 |
| 20—30 | 44,0 | 5,7 | 39,3 | 9,9 |
| 50—60 | 42,6 | 4,0 | 39,2 | 6,2 |

Die Porenverteilung in einem Weißtannen- und einem Laubmischwaldboden ist in Abb. 230 wiedergegeben (F. Richard 1955). Der feiner gekörnte Weißtannenboden weist in 70 cm Tiefe praktisch keine

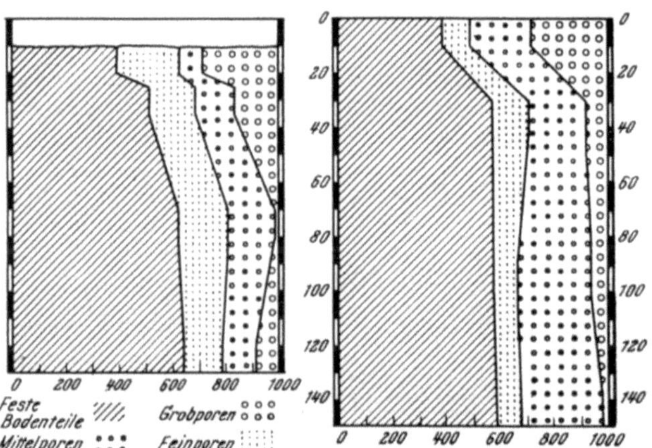


Abb. 230. Porenverteilung im Profil eines Pseudogleys unter einem Weißtannenbestand bei Langenthal (links) und einer Braunerde unter einem Eichen-Eschen-Mischwald bei Basel (rechts) (nach F. Richard 1955)

Grobporen auf; diese Schicht ist sehr wenig durchlässig und verursacht zeitweise hängende Vernässung. Der Laubmischwaldboden ist gröber gekörnt und normal dräniert; der nutzbare Wasservorrat ist größer.

Die Bodenwasser-Bewegung unter Grünlandgesellschaften hat von Müller (1956) im Wesertal sehr eingehend untersucht. Die Durchfeuchtung in ihrer Abhängigkeit vom Niederschlag wird durch ausdrucksvolle Farbkarten sinnfällig dargestellt.

Bei der Tieferlegung eines Flußbettes geht die Vegetation der tieferliegenden allmählich in jene der höherliegenden Gürtel über, der Senkung des Grundwasserstandes entsprechend, bis der Klimax erreicht ist. Die normale Sukzession entspricht hier der Gürtelung (s. Tchou 1949; Abb. 231).

Unvorsichtige Änderungen des Wasserhaushaltes, wie sie namentlich zur Gewinnung von Kulturland durchgeführt werden, wirken gelegentlich auf die ursprüngliche Vegetation katastrophal und führen zu überstürzten Sukzessionen.

Aber auch natürliche Änderungen durch Vermoorung oder durch das Einschneiden von Flußläufen in ihrem Oberlauf vollziehen sich

Abb. 231. Vegetationsgürtel an der Mosson, Südfrankreich (nach Tchou 1949)
*1 Scirpo-Phragmitetum, 2 Carex riparia-Leucoium aestivum*-Assoziation, *3 Holoschoenetum, 4 Populetum albae, 5 Quercetum ilicis*

rascher als die langsame Verlandung von Tümpeln und Seen (s. Siegrist und Gessner 1925, Godwin und Tansley 1929, Volk und Br.-Bl. 1939).

Auf die Zusammenhänge zwischen Wasserhaushalt und Verlandungsgesellschaften an stehenden und fließenden Gewässern, wie sie u. a. besonders eindrucksvoll von W. Koch (1926) und von Moor (1958) behandelt worden sind, wird weiter unten zurückzukommen sein (s. S. 618).

Pallmann und Haffter (1933) haben die Wasserdurchlässigkeit des Bodens mit 30 cm hohen Zylindern von 8 cm lichter Weite, die 5 bis 8 cm tief in die Humusschicht getrieben waren, im Alpenrosenbusch (*Rhododendro-Vaccinietum*) des Oberengadins gemessen und folgende Werte aus zehn Versuchen erhalten (Tab. 38).

Tabelle 38. Sickerzeiten im *Rhododendro-Vaccinietum* des Oberengadins (vgl. PALLMANN und HAFFTER 1933)

| *Rhododendro-Vaccinietum* | Sickerzeit in Minuten | | |
|---|---|---|---|
| | Maximum | Mittel | Minimum |
| *cembretosum* .................... | 4,3 | 2,5 | 1,0 |
| *extrasilvaticum* ................. | 4,8 | 2,8 | 1,5 |
| *calamagrostietosum* .............. | 30,0 | 19,4 | 10,3 |

Zwischen unbewachsenem und bewachsenem Boden herrschen große Unterschiede. Im dichtgelagerten, pflanzenlosen, weil salzübersättigten

Abb. 232. *Salicornietum fruticosae* in der Camargue, Winteraspekt

Lagunenboden versickert das Wasser rund 30mal langsamer als im unmittelbar angrenzenden *Arthrocnemetum* und etwa 150mal langsamer als im *Salicornietum fruticosae* (Abb. 232).

In den kompakten Böden vieler mediterraner Gesellschaften hat man mit sehr langen Einsickerungszeiten zu rechnen; die Unterschiede zwischen Wald- und Rasengesellschaften sind hier groß. Fast undurchlässig sind die tieferen Horizonte der Gelb- und Roterdeprofile, was mit dem Einsickerungsversuch sehr leicht festgestellt werden kann. Die Gefahr ist groß, daß der Oberboden infolge Vegetationsverwüstung oder falscher Kulturmaßnahmen erodiert wird und daß die undurchlässigen tieferen Horizonte so an die Oberfläche gebracht werden.

## 6. Lufthaushalt des Bodens und Vegetation[1]

**Luft im Boden.** Luft erfüllt sämtliche Poren des Bodens, soweit sie nicht mit Wasser gefüllt sind. Die Summe der mit Luft und der mit Wasser gefüllten Poren ist gleich dem gesamten Porenvolumen des Bodens. Der Luftgehalt ist deshalb bei gegebenem Porenvolumen um so kleiner, je größer der Wassergehalt ist.

Die Luftkapazität eines Bodens entspricht nach Burger (1922) jener Luftmenge in Volumenprozent des gewachsenen Bodens, die der Boden enthält, wenn er bis zur Wasserkapazität mit Wasser gesättigt ist.

Der Luftgehalt bei Feldkapazität ist gleich dem Volumen aller Grobporen mit mehr als 8,5 $\mu$ Durchmesser.

Durch die Tätigkeit der Bodenorganismen und die Atmung der Pflanzen wird im Boden ständig Sauerstoff verbraucht und dafür Kohlensäure frei. Die Zusammensetzung der Luft wechselt dabei ständig. Der Sauerstoffvorrat reicht auch in einem gut durchlüfteten Boden nur für kurze Zeit aus. Ein rascher Gasaustausch ist für das Gedeihen der Pflanzen und der meisten Bodenlebewesen eine unabdingbare Voraussetzung.

Schon Romell (1922) hatte gefunden, daß der Gasaustausch im Boden hauptsächlich durch Diffusion bewirkt wird. Er ist deshalb proportional dem gesamten Querschnitt aller Poren, deren Durchmesser größer ist als die freie Weglänge der Gasmoleküle, und der absoluten Temperatur der Luft in diesen Poren.

Der Gasaustausch an der Wurzeloberfläche vollzieht sich indessen durch einen Wasserfilm, der der Diffusion einen sehr großen Widerstand entgegensetzt (Currie 1962).

**Bestimmungsmethoden.** Der Luftgehalt eines Bodens wird meist als Differenz zwischen dem gesamten Porenvolumen und dem Wassergehalt bestimmt. Das gesamte Porenvolumen wird aus der scheinbaren Dichte (Trockengewicht eines bestimmten Volumens natürlich gelagerten Bodens, mit einem Zylinder entnommen) und der Dichte der festen Bodenbestandteile berechnet.

Direkt kann der Luftgehalt eines Bodens mit einem Luft-Pyknometer bestimmt werden, und zwar aus dem Druckanstieg bei der Verkleinerung des Gasraumes.

---

[1] Literaturübersichten s. auch M. B. Russell 1952.

Der Sauerstoff der Bodenluft kann auf Grund seiner paramagnetischen Eigenschaften gemessen werden. Es genügt dafür eine sehr kleine Luftprobe, die man mit einer Sonde dem Boden entnimmt.

Zur Bestimmung der Diffusion im Boden benützt man mit Stickstoff gefüllte Sonden mit Löchern, die im Boden geöffnet und wieder geschlossen werden können und durch die Sauerstoff hinein- und Stickstoff hinausdiffundieren kann.

Als Maß für die Durchlüftung des Bodens dient sodann das Redoxpotential des Bodens.

**Bedeutung des Lufthaushaltes für den Boden.** Vom Lufthaushalt hängen in erster Linie die Oxydations-Reduktionsverhältnisse im Boden ab. Unter oxydierenden Verhältnissen liegen Eisen, Mangan und Schwefel in Ferri-, Mangani- bzw. Sulfatform vor, während Ferro-, Mangano- und Sulfid-Verbindungen im Boden nur unter reduzierenden Verhältnissen gebildet werden können und existenzfähig sind. Man erkennt Böden oder Horizonte, in denen das Eisen in Ferroform vorliegt, an der fahlblauen bis fahlgrünen Farbe, die bei Luftzutritt rasch gelblich wird.

Der völlige Abbau der organischen Substanz im Boden führt bei ausreichender Durchlüftung zu $CO_2$, $NO_3^-$ und $SO_4^{2-}$, unter reduzierenden Verhältnissen zu $CH_4$, $N_2$ bzw. $S^{2-}$. Sauerstoffmangel hemmt den Abbau; unter Umständen werden die Humusbildner unzersetzt angehäuft zu Torf.

Am meisten werden die Bodenlebewesen vom Lufthaushalt beeinflußt. Es gibt nur wenige Mikroorganismen, die unter anaeroben Bedingungen gedeihen.

**Durchlüftung des Bodens und Vegetation.** Die Pflanzen, auch ihre Wurzeln, benötigen Sauerstoff zum Atmen. Die Durchlüftung des Bodens beeinflußt daher die Wasser- und Nährstoffaufnahme, den Stoffwechsel und das Wachstum der Pflanzen (vgl. M. B. RUSSELL 1952). Das Porenvolumen ergibt namentlich bei skelettarmen Böden brauchbare Vergleichswerte für die Bodendurchlüftung (vgl. Tab. 39).

Tabelle 39. Mittelwerte des Porenvolumens im Profil einiger Waldgesellschaften (Werte in ‰)

| | *Fagetum elymetosum* (NW-Deutschland, DIEMONT) | *Querco-Carpinetum luzuletosum* (Schweiz, ETTER) | *Alnetum glutinoso-incanae* (Graubünden, BR.-BL. und VOLK) | *Populetum albae* (Südfrankreich, TCHOU) | *Quercetum ilicis galloprovinciale* (Südfrankreich, BR.-BL.) |
|---|---|---|---|---|---|
| $A_1$ (10 cm) ..... | 542 | 557 | 590 | 519 | 640 |
| $A_2$ (20 bis 30 cm) | 459 | 492 | 550 | 504 | tr $B_1$ 469 (90 cm) |
| $A_3$ (50 bis 60 cm) | 435 | 454 | — | 458 | tr $B_2$ 477 (1 bis 4 m) |

Rasenböden haben meist ein kleineres Porenvolumen als Waldböden und auch eine kleinere Luftkapazität. Das durchschnittliche Porenvolumen beträgt z. B. im $A_1$-Horizont des

| | | |
|---|---|---|
| *Brachypodietum phoenicoidis* Südfrankreichs | 511‰ | (Soroceanu) |
| *Cyperetum flavescentis* der Nordschweiz | 424‰ | (Moor) |
| *Deschampsietum mediae* Südfrankreichs | 434‰ | (Br.-Bl. und Pawlowski) |

Etter (1943) stellte in den feiner gekörnten Böden des *Querco-Carpinetum aretosum* eine höhere Wasser-, aber eine kleinere Luft-

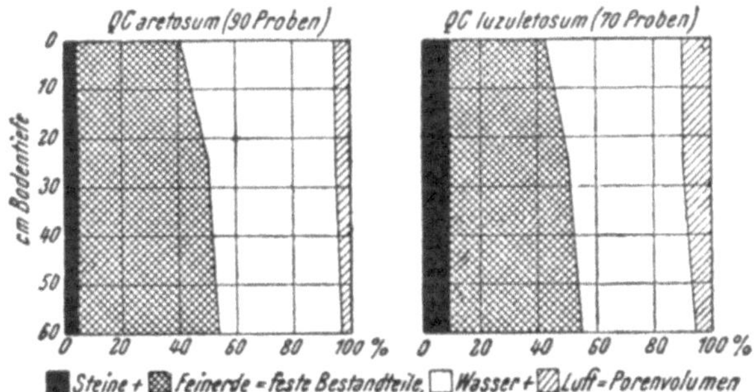


Abb. 233. Luft- und Wasserkapazität im Profil zweier Subassoziationen des *Querco-Carpinetums* im schweizerischen Mittelland (nach Etter 1943)

kapazität fest als in den gröber gekörnten Böden des *Querco-Carpinetum luzuletosum* (vgl. Abb. 233). Leutenegger (1950) fand dasselbe Ergebnis, zugleich aber auch große Schwankungen (Tab. 40).

Tabelle 40. Luftkapazität in Bodenprofilen des *Querco-Carpinetum aretosum* und des *Q.-C. luzuletosum* (nach Leutenegger 1950)

| Tiefe | Luftkapazität in % | | | | | |
|---|---|---|---|---|---|---|
| | *Querco-Carpinetum aretosum* | | | *Querco-Carpinetum luzuletosum* | | |
| 10 cm | 15,1 | 7,6 | 12,2 | 21,2 | 28,6 | 21,3 |
| 30 cm | 15,6 | 4,7 | 13,2 | 18,7 | 20,6 | 6,4 |
| 70 cm | 3,3 | 0,9 | 5,9 | | 7,8 | 3,9 |

In sehr dicht gelagerten Böden sinkt die Luftkapazität auf 1% und darunter. Moor (1936) fand im *Cyperetum flavescentis* der Schweiz Werte von 0,4 bis 1,5%, Adriani (1945) im *Arthrocnemetum* der Mittelmeerlagunen solche von 3,6 bis 5,7%.

Die Bedeutung der Luftkapazität als differenzierender ökologischer Faktor darf aber nicht allzu hoch eingeschätzt werden, denn bei ökologisch völlig abweichenden Gesellschaften, wie dem *Carex humilis*-

Trockenrasen und dem *Molinietalia*-Flachmoor, kommen ähnliche Werte der Luftkapazität vor (vgl. VOLK 1939, ZOBRIST 1935).

Einzelmessungen des Luftgehaltes besagen wenig. Ökologisch wichtiger als der augenblickliche Luftgehalt sind die zeitlichen Änderungen und die Minima. Die Messungen sollten sich darum mindestens über eine ganze Vegetationsperiode erstrecken und mit den Niederschlägen in Bezug gebracht werden.

So ist es bemerkenswert, daß bei verschiedenen Subassoziationen des *Brachypodietum ramosi* dem Winterminimum an Niederschlägen

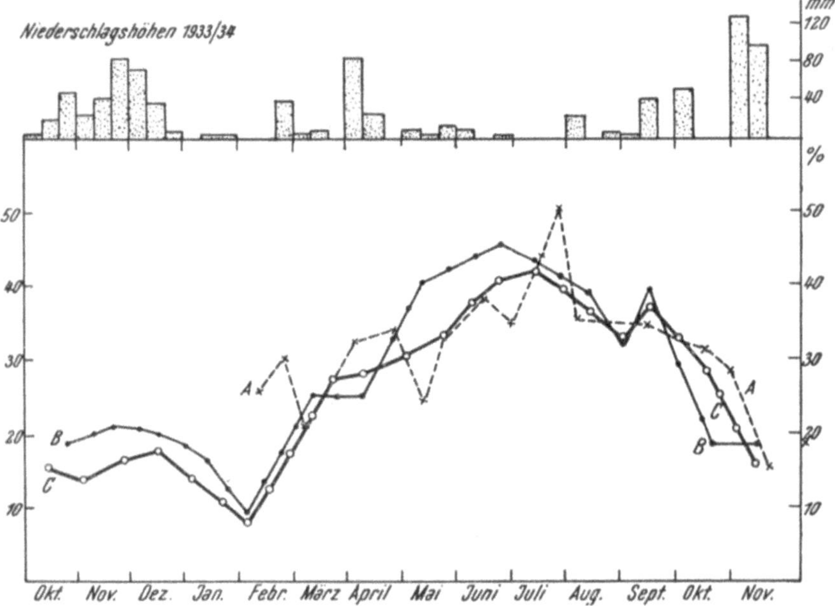


Abb. 234. Niederschläge und Luftgehalt der Böden in verschiedenen Gesellschaften bei Montpellier (nach BHARUCHA 1932 u. SOROCEANU 1936)

*A Brachypodietum ramosi* 1931/32, *B Brachypodietum phoenicoidis typicum* 1933/34, *C Brachypodietum phoenicoidis brometosum* 1933/34

auch das Jahresminimum des Luftgehaltes im Boden entspricht, während das Sommerregenminimum mit dem maximalen Luftgehalt des Bodens zusammenfällt (BHARUCHA 1932 und SOROCEANU 1935, Abb. 234).

ADRIANI (1934) hat Wasser- und Luftgehalt einiger luftarmer Alluvialböden der halophilen Lagunenassoziationen bei Montpellier während der Hauptvegetationszeit April/August untersucht und die in Abb. 235 gezeigten charakteristischen Kurvenbilder erhalten. Die untersuchten Assoziationen sind im Winter und im ersten Frühling mit Wasser übersättigt und leiden an Luftmangel. Beim *Trifolietum maritimi* im April/Mai, bei den *Salicornietalia*-Gesellschaften etwas später, findet ein Umschlag statt. Das Wasser sinkt ins Minimum, der Luftgehalt steigt gewaltig. Die stärksten Gegensätze zeigt das

*Trifolietum maritimi,* dessen zur Hauptsache aus Therophyten zusammengesetzte Vegetation schon im Mai völlig vertrocknet. Eine Aus-

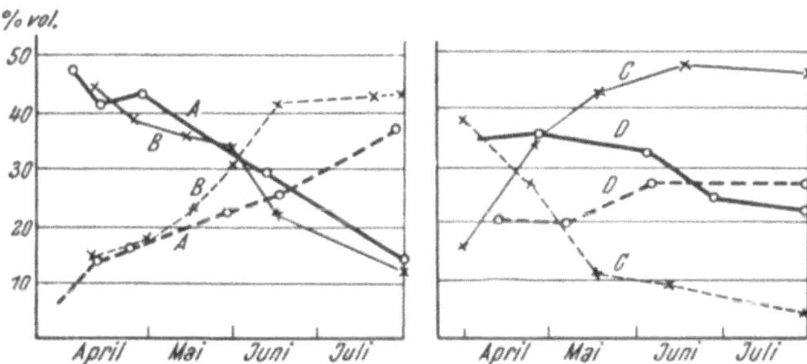


Abb. 235. Wasser- und Luftgehalt des Bodens in halophilen Lagunenassoziationen bei Palavas (Montpellier) während der Hauptvegetationszeit (nach ADRIANI 1934)
*A Salicornietum fruticosae, B Salicornietum herbaceae, C Trifolion maritimi, D Arthrocnemetum*

nahme macht das extrem halophile *Arthrocnemetum,* worin infolge der äußerst feindispersen Bodenstruktur Wasser und Luftgehalt andauernd wenig voneinander abweichen (Abb. 235).

Der jahreszeitliche Schnittpunkt der Wasser-Luftgehalts-Kurven ist für jede Assoziation um so weiter gegen den Spätfrühling hin verschoben, je höher, also trockener, sie liegt. Er gibt den Umschlagspunkt an, bei dem der Luftgehalt aus dem Minimum- in den Maximumbereich und, umgekehrt, der Wasserfaktor aus dem Maximum- in den Minimumbereich übertritt. Bei den betreffenden Gesellschaften ist im Winter der Luftgehalt, im Sommer der Wassergehalt ausschlaggebend. Je weiter der Kurvenschnittpunkt gegen den Sommer hin verschoben ist, desto eher besteht für diese Gesellschaften Aussicht, die Sommerdürre schadlos zu überdauern.

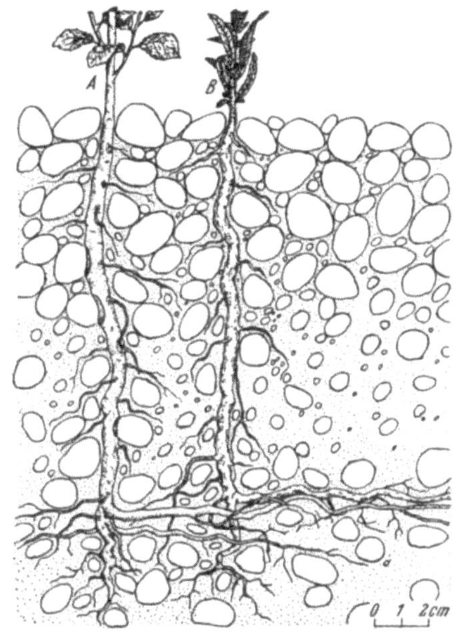


Abb. 236. *Populus nigra* (*A*) und *Salix* (*B*) auf Flußkies. Oberhalb des Gleyhorizontes biegen die Wurzeln waagrecht ab (nach TCHOU 1949)

Auch das mitteleuropäische *Centunculo-Anthoceretum* leidet während eines großen Teils des Jahres an Luftmangel. Erst im Mai beginnt der Luftgehalt anzusteigen; im Juli/August erreicht er sein Maximum. Die ausschließlich aus Therophyten zusammengesetzte Assoziation kann ihre Entwicklung erst beginnen, wenn der Luftgehalt ein gewisses Minimum überschritten hat, was Ende Mai—anfangs Juni eintritt. Auch hier ist, wie Moor betont, der jahreszeitliche Wassergehalt und nicht die Wasserkapazität für die Entwicklung maßgebend.

Die geringsten Luftwerte zeigen Gleybildungen; im Dauergley ist das pflanzliche Leben auf ein Minimum reduziert. Beim Zusammentreffen mit der luftarmen Gleyschicht biegen die Pflanzenwurzeln waagrecht ab (Abb. 236).

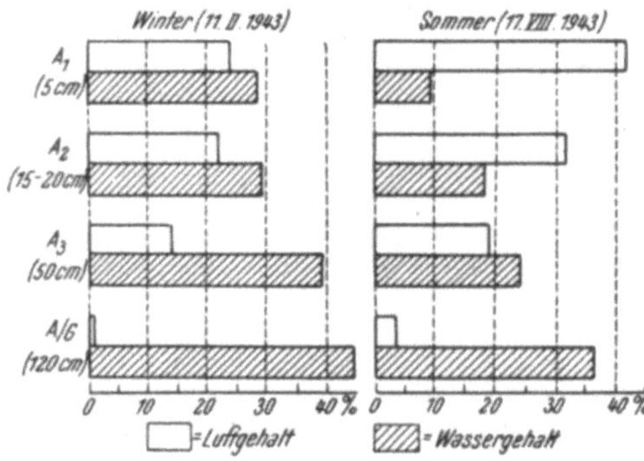

Abb. 237. Luft- und Wassergehalt im Bodenprofil des *Populetum albae* im Sommer und im Winter (nach Tchou 1948)

Die jahreszeitlichen Änderungen im Luftgehalt des *Populetum albae*-Profils bei Montpellier sind von Tchou (1949) festgehalten worden (Abb. 237). Duchaufour (1960) bezeichnet als Bäume, die keine Überschwemmung des Bodens ertragen: *Abies alba*, *Pinus nigra*, *Quercus robur*, *Fagus silvatica*.

Der Sauerstoff-Gehalt des Bodens und seine ökologische Wirkung ist von Hesselman (1910), Russell und Appleyard (1915), Cannon (1924) u. a., besonders gründlich aber von Romell (1922, woselbst ausführliche Literaturangaben) untersucht worden.

Sauerstoffdefizit und Kohlensäureüberschuß sind bei Gleichheit der übrigen Faktoren in gegebener Bodentiefe direkt proportional der Bodenaktivität. Bei gleicher Aktivität ($CO_2$-Produktion) und Aktivitätsverteilung im Boden sind obige Werte umgekehrt proportional dem Luftgehalt des betreffenden Bodens. In Böden gröberen Zerteilungsgrades ist die Korngröße für die Durchlüftung von untergeordneter Wichtigkeit. Sehr stark herabgesetzt ist sie dagegen in feindispersen Tonböden (auf etwa 1/100 der normalen Durchlüftung). Den größten Widerstand setzt der Durchlüftung freilich das Bodenwasser entgegen. Durch Verstopfung der Poren mit Wasser sinkt sie auf etwa 1/10000 des normalen Wertes.

Ausschlaggebend für die Bodenventilation sind Aktivität und Luftgehalt der oberflächlichen Bodenschichten. Übrigens bestehen nicht unbeträchtliche zeitliche Schwankungen, so daß einzelne Stichproben über die tatsächlichen Durchlüftungsverhältnisse wenig aussagen. Das höchste Sauerstoffdefizit bei höchstem $CO_2$-Überschuß fand Romell stets in Böden, die so naß waren, daß mit der Bodenprobe Wasser enthoben wurde; beinahe vollständigen $O_2$-Mangel zeigten versumpfende Rohhumusböden. Dagegen ergab Buchenrohhumus der allerschlechtesten Art selbst nach Regenperioden völlig normale $O_2$- und $CO_2$-Werte.

Der Sauerstoffgehalt der oberflächlichen Wurzelschichten nähert sich dem der Atmosphäre und hält sich meist auf etwa 18 bis 20 Volumenprozent. LIVINGSTONE und FREE (1917) wiesen nach, daß die Labiate *Coleus blumei* beim Fehlen von Sauerstoff innert weniger Stunden die Wasseraufnahme durch die Wurzeln einstellt. Dagegen wurde *Salix nigra* dadurch in keiner Weise benachteiligt. Den Einfluß der Durchlüftung auf die Keimungsintensität der Samen von *Impatiens* studierten HUNTER und RICH (1925). Die Keimungskurve in gut durchlüfteten Böden steigt viel rascher als in nicht oder schlecht durchlüfteten (Abb. 238). Mit der Bodentiefe wechselt der Kohlensäuregehalt der Bodenluft. Während er in leichten Böden rasch abnimmt, kann er bei veränderter Bodenzerteilung bis in größere Tiefen nahezu gleichbleiben.

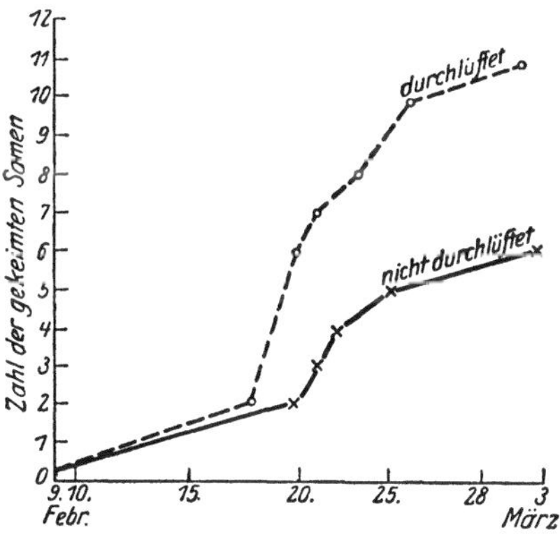


Abb. 238. Bodendurchlüftung und Keimung der Samen von *Impatiens* (nach HUNTER u. RICH 1925)

ROMELL (1922) gibt Vergleichswerte über die Kohlensäurebildung in verschiedener Tiefe unter natürlichen Pflanzengesellschaften in Schweden. Er fand in einem Buchenwald mit *Vaccinium myrtillus*-Bodendecke folgenden $CO_2$-Gehalt des Bodens:

$CO_2$ bei 15 cm 0,2%, bei 30 cm 0,4%, bei 60 cm Tiefe 0,4%.

Der Boden war also gut durchlüftet. In einem nassen Laubbruchwald dagegen maß er:

| | in 15 cm | 30 cm | 45 cm Tiefe |
|---|---|---|---|
| $CO_2$ | 0,2 | 1,0 | 2,0% |
| $O_2$ | 21 | 20 | 16 % |

In 45 cm Tiefe ist im Bruchwald die Kohlensäurestauung schon so beträchtlich, daß ihr nur noch ganz bestimmte Hölzer: einige Weiden und vor allem Erlen (*Alnus glutinosa*), gewachsen sind. $CO_2$-Konzentrationen von 1 bis 2% wirken für manche Gewächse schon giftig; bei 4% keimen die Samen von *Brassica alba* (bei 3° Wärme) nicht mehr (KIDD 1914), bei 25% $CO_2$ wird der Wurzelzuwachs von *Covillea tridentata*, *Krameria canescens*, *Mesembryanthemum sp.* nach wenigen Stunden völlig unterbunden (CANNON, zit. in ROMELL 1922).

Die $CO_2$-Entwicklung ist ein besserer Zeiger der biologischen Bodenaktivität als der Bakteriengehalt.

Am größten ist die Kohlensäureentwicklung in der Vermoderungsschicht (MELIN 1928, ROMMELL und HEIBERG 1931); im Auflagehumus ist sie geringer. Einzelne Bodenpilze, wie *Cladosporium herbarum*, entwickeln in der Vermoderungsschicht bis 60mal mehr $CO_2$ als im unverwesten Auflagehumus.

Durch den Abbau der organischen Substanzen unter Mitwirkung der Bodenorganismen, der Wurzelatmung usw. wird in der Vermoderungsschicht viel Kohlensäure frei und an die „Phytosphäre“ des Waldes abgegeben (Bodenatmung). Diese Bodenatmung steht in enger Beziehung zur Temperatur und Feuchtigkeit und zeigt eine bestimmte Tages- und Jahreskurve (vgl. GUT 1929).

Wie unvermittelt der Kohlensäuregehalt als Standortsfaktor wechseln kann, zeigten die Beobachtungen LUNDEGÅRDHS. Er maß in einem *Carex vesicaria*-Sumpf (*Caricetum rostrato-vesicariae*) mit *Peucedanum palustre* 1,24% und nur 2 m davon bei gleicher Tiefe (15 cm) im Erlenbruchwald mit *Oxalis* und *Maianthemum* 0,24 bis 0,50% $CO_2$.

Daß selbst in der Wüste Bodenatmung stattfindet, haben FÉHER und KILLIAN (1938) festgestellt.

Die in Wüstenböden reichlich vorkommenden Mikrophyten rekrutieren sich aus Bakterien (*Bacillus, Clostridium-* und *Cellulomonas*-Arten, *Actinomyces nigricans, Micrococcus candicans* usw.), Bodenpilzen (*Aspergillus-, Mucor-* und *Trichoderma*-Arten, *Penicillium crustaceum* usw.) und Bodenalgen (*Cistococcus, Chlorococcus, Botrydiopsis, Eremosphaera* usw.). Sogar extremer Wassermangel, wie er in der Wüste eintritt, reicht nicht hin, dieses Kleinleben gänzlich auszuschalten.

## 7. Wärmehaushalt des Bodens und Vegetation[1]

**Wärmehaushalt des Bodens.** Die Temperatur eines Bodens hängt einerseits von Außenfaktoren, anderseits von Eigenschaften des Bodens selbst ab. Zu diesen gehören Wärmekapazität, Wärmeleitfähigkeit und Wärmeausbreitungsvermögen sowie Wärmestrahlungsabsorptions- und Emissionsvermögen.

Um die Temperatur von 1 g Wasser um 1° C zu steigern, muß man ihm 1 cal Wärme zuführen.

Nach S. J. RICHARDS (1952) beträgt die Wärmekapazität mineralischer Bodenbestandteile im Mittel 0,2 cal pro Gramm pro °C, während für humushaltige Böden etwa ein Wert von 0,26 angenommen werden darf. Aus diesen Zahlen wird klar, daß ein Boden mit hohem Wassergehalt eine bedeutend größere Wärmemenge aufnehmen muß, um auf die gleiche höhere Temperatur zu kommen, als ein Boden mit kleinem Wassergehalt. Nasse Böden heißen darum auch „kalte“ Böden, weil sie bei steigender Außentemperatur noch lange kalt bleiben, während die sich rasch erwärmenden trockenen Böden „warm“ genannt werden.

Das spezifische Wärmeleitungsvermögen (Menge cal, die in 1 sec durch einen Würfel von 1 cm Kantenlänge transportiert wird, wenn die Temperaturdifferenz 1° C beträgt) von mineralischen Bodenbestandteilen liegt bei 0,2; jenes von Wasser bei 0,0016 und jenes von Luft bei 0,00005. In den Böden sind die Wärmeleitungsverhältnisse außerordentlich kompliziert, und die Werte, die in SHAW (1952) für die Wärmeleitfähigkeit der Böden angegeben sind, schwanken zwischen

[1] Literaturübersichten s. auch S. J. RICHARDS et al. 1952.

0,03 und 0,00037. Sie nimmt verallgemeinernd in folgender Reihenfolge ab: Sand >Lehm > Ton >Torf.

**Wärmediffusion.** Temperaturunterschiede im Boden tendieren nach einem Ausgleich durch Wärmetransport. Temperaturänderungen im Boden hängen nach PATTEN (1909) mehr von der Wärmediffusion als von der Wärmeleitfähigkeit allein ab. Die Wärmeausbreitungsfähigkeit bezeichnet die Temperaturänderung, die sich an einem bestimmten Ort im Boden einstellt, wenn Wärme von einem Ort zum andern fließt. An der Bodenoberfläche werden die auftreffenden Strahlen zum Teil reflektiert, zum Teil absorbiert. Die Bodenoberfläche strahlt langwellige Strahlen aber auch wieder aus. Nach den Angaben von HAGAN (1952) absorbieren nackte Böden 50 bis 80% der auftreffenden Strahlung.

**Wärmezufuhr.** Die dem Boden zugeführte Wärme ist in erster Linie das Resultat der Sonnenstrahlung (vgl. S. 208). In tieferen Bodenschichten macht sich die Erdwärme bemerkbar. Wärme wird frei bei der Benetzung ausgetrockneten Bodens, bei der Kondensation von Wasserdampf und bei chemischen und biologischen Prozessen im Boden. Warme Niederschläge, Fremdwasser und Luft können dem Boden ebenfalls Wärme zuführen.

Der Boden verliert Wärme durch Ausstrahlung, durch Verdampfung von Wasser und schließlich durch den Abfluß von warmem Wasser.

**Bodentemperatur.** Mehr als der Wärmeinhalt eines Bodens interessiert in der Regel die Temperatur des Bodens. Die Temperatur ist es, die die chemischen und biologischen Prozesse im Boden direkt beeinflußt. Die Temperatur unterliegt starken zeitlichen und örtlichen Schwankungen. Neben Mittel- und Extremwerten ist der Temperaturverlauf deshalb von größter Bedeutung.

Messungen über das Verhältnis der Boden- zur Lufttemperatur in verschiedenen Höhenlagen verdanken wir MAURER (1916). Sie beziehen sich auf die Bodentemperatur in 120 cm Tiefe (Baumwurzelschicht in gutem Boden).

Tabelle 41. Mittlere Bodentemperaturen bei zunehmender Meereshöhe in den Schweizer Alpen (nach MAURER 1916)

| Meereshöhe m | Bodentemperatur in 120 cm Tiefe ° C | Überschuß der Bodentemperatur über die Lufttemperatur ° C |
|---|---|---|
| 600 | 9,0 | 0,5 |
| 900 | 7,8 | 1,0 |
| 1200 | 6,5 | 1,3 |
| 1500 | 5,3 | 1,7 |
| 1800 | 4,0 | 2,0 |
| 2100 | 2,7 | 2,3 |
| 2400 | 1,3 | 2,5 |
| 2700 | 0,0 | 2,7 |
| 3000 | —1,3 | 2,9 |

Die relative Bodentemperatur zeigt mithin eine regelmäßige Zunahme mit dem Ansteigen im Gebirge. Während das Jahresmittel der Lufttemperatur schon wenig über 2000 m den Gefrierpunkt erreicht, geschieht dies bei der Bodentemperatur in den Zentralalpen erst in 2700 m Höhe.

Die Abhängigkeit der Bodentemperatur von den physikalischen Bodenverhältnissen behandelt eine interessante Abhandlung von HENNE (1894) über die Erwärmung der obersten Bodenschicht verschiedenartig gefärbter Böden. Die Messungen erstrecken sich über einen Zeitabschnitt von sieben Monaten (April bis Oktober) und wurden durchgeführt im Forstversuchsgarten Adlisberg bei Zürich in 3 bis 5 cm Bodentiefe (Tab. 42).

Tabelle 42. Bodentemperaturen in 3 bis 5 cm Tiefe im Verwitterungsschutt ohne Humus (nach HENNE 1894)

| Gesteinsart | Bodenfarbe | Mittel °C | Mittlere Maxima °C (13 Uhr) |
|---|---|---|---|
| Bündnerschiefer ....... | schwarz | 16,8 | 20,4 |
| Verrucano ............. | rot | 16,8 | 20,3 |
| Gneis ................. | gelbgrau | 16,2 | 19,5 |
| Jurakalk .............. | gelb | 15,9 | 18,2 |
| Kreidekalk ............ | grau | 15,4 | 17,5 |
| Tonboden .............. | | 15,4 | 17,5 |

Die Lufttemperatur betrug gleichzeitig im Mittel 14,2°, das mittlere Maximum 15,6° C. Die Bodentemperatur lag während der sieben Untersuchungsmonate somit beträchtlich höher als die gleichzeitige Lufttemperatur, die Temperatur schwarzer Böden beträchtlich höher als jene andersfarbiger Böden. Daraus erklärt sich der erhöhte Wärmegenuß der als reliktisch betrachteten Serpentinvegetation (s. S. 353).

Die Temperaturabnahme mit der Bodentiefe verläuft um so rascher, je stärker die obersten Bodenschichten erwärmt sind. Auch bei den höchsten Oberflächentemperaturen (70 bis 80°) ist die Hitze schon in 15 cm Tiefe nur noch wenig spürbar (Abb. 239, s. auch S. 408). Tiefgehende Wurzeln sind daher niemals übermäßiger Erwärmung ausgesetzt. Die Gefahr des Hitzetodes besteht aber für Keimlinge und Sämlinge.

Während die Maxima in der obersten Bodenschicht diejenigen der untersten Luftschichten weit übersteigen (vgl. KRAUS 1911, GEIGER 1961), sinken die Minima nur wenig tiefer als in den tieferen Luftschichten. Der Frost dringt um so rascher und um so tiefer in den Boden ein, je dichter das Bodengefüge ist. Daher sind lockere Humusböden am widerstandsfähigsten gegen das Eindringen der Kälte. Da aber gerade in den kalten Gebieten der Erde die tiefsten Temperaturen mit dem Vorhandensein einer isolierenden Schneedecke zusammenfallen, kommen dort Wurzelschädigungen durch Frost kaum vor. Ausgezeichnete Isolatoren sind natürlich auch Laubstreue, Flechten- und Moosschichten.

Über den jährlichen Gang der Temperatur in verschiedenen Bodentiefen (am Vormittag gemessen) gibt Abb. 240 Aufschluß (Zahlen aus Houdaille, Service météorologique).

**Bodentemperatur und Vegetation.** In den „kalten" Mooren der gemäßigten Zone finden sich nordische, subalpine und selbst vereinzelte

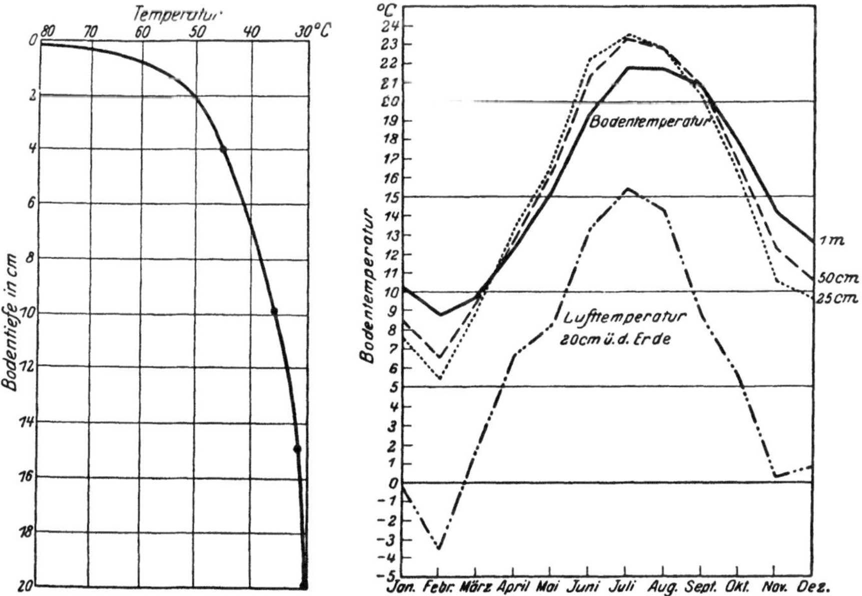


Abb. 239. Temperaturabnahme mit der Tiefe in der Halbwüste von Arizona (nach Sinclair)

Abb. 240. Jährlicher Gang der Bodentemperatur in verschiedener Tiefe (0,25, 0,50 und 1 m tief) in Montpellier (1901), 9 Uhr morgens (nach Bull. Météorol.)

alpine Arten mitten im Buchengebiet zusammen. Die subalpinen Moore des mitteleuropäischen Alpen- und Karpathenvorlandes, wo man noch im Mai und Juni in 15 bis 20 cm Tiefe auf gefrorenen Boden stößt, sind bekannt als Refugien von Glazialrelikten der letzten und vorletzten Vereisung, die sich gegenüber der Konkurrenz bodenständiger Arten wohl vor allem dank der lokal erniedrigten Bodentemperaturen halten konnten.

Umgekehrt macht die dunkle Farbe schwachberaste Basalt-, Phonolith- und Serpentinböden (wie überhaupt dunkelfarbige, trockene und durchlässige Böden) ganz besonders für wärmeliebende, südlichere Pflanzengesellschaften geeignet (vulkanische Böden des Hegaus, des Kaiserstuhls, der Auvergne; Serpentine des Murtales in Steiermark, Basalte Südfrankreichs). Europäische Berühmtheit haben Flora und Vegetation der Basalte von Roquehaute bei Agde erlangt, wo auf kleinstem Raum eine Menge seltener Lebermoose und Blütenpflanzen zusammentreffen, deren Hauptverbreitung weit südlicher, in Nordafrika, zu suchen ist. Die südliche *Isoëtes setacea*-Assoziation mit *Marsilia pubescens*, *Pilularia minuta*, *Peplis erecta* usw. ist in ganz Frankreich nirgends so reich und üppig entwikkelt wie um die schwarzen Wasserlachen von Roquehaute, wo im Sommer wochenlang eine wahre Höllenglut dünstet.

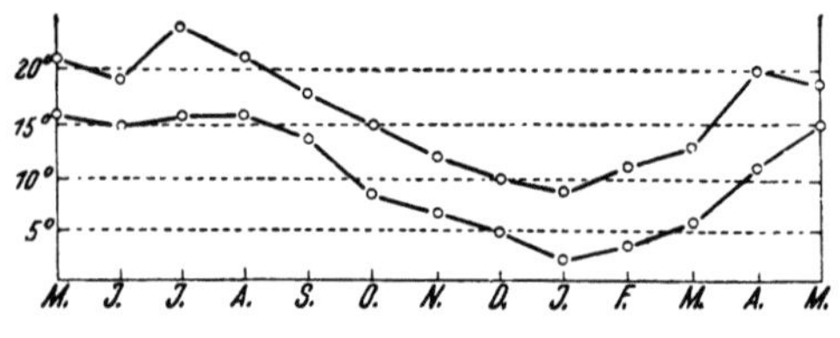


Abb. 241. Monatliche Temperaturmaxima und -minima im *Molinietum mediterraneum* des Languedoc in 5 cm Tiefe (nach ZITTI 1938)

Dabei ist in derselben Gegend, aber auf lockerem Alluvialboden mit hohem Grundwasserstand, die Bodentemperatur auch im Hochsommer so tief, daß sogar das *Molinietum mediterraneum* mit seinem mitteleuropäischen Artenbestand, wie es ZITTI (1938) beschrieben hat, noch gut gedeiht. Die Sommermaxima in 5 cm Tiefe überschreiten nicht 24° C, während sie im *Quercus coccifera*-Busch 32° C und in den Trockenrasen-Assoziationen des *Therobrachypodion* 40° und mehr erreichen (Abb. 241).

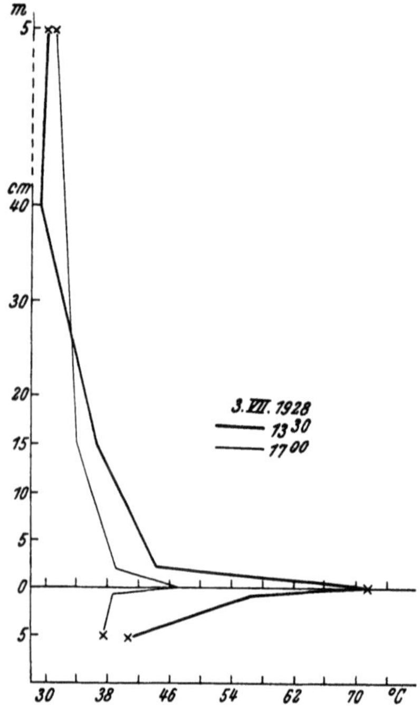


Abb. 242. Temperaturen im Trockenrasen des Maintales (nach VOLK 1937)

In mehrschichtigen Pflanzengesellschaften, Gebüschen und Wäldern ist die Bodentemperatur gegenüber der Freilage ausgeglichener und herabgesetzt. Daher keimen nach BÜHLER (1918) die Baumsamen im Waldschatten langsamer. Auf Lichtungen keimen sie am besten in der Mitte. Als keimungsfördernder Faktor dürfte hier aber die Belichtung mitwirken.

Die höchsten Bodentemperaturen werden in offenen ein- bis zweischichtigen Pflanzengesellschaften der ariden Gebiete erreicht.

Die intensive Einstrahlung erwärmt die alleroberste Bodenschicht am stärksten; dunkle Moospölsterchen erhitzen sich unter Umständen selbst in Mitteleuropa bis 70° C. Aber schon in 1 cm Tiefe sinkt die Temperatur auf 55,5° (Abb. 242).

SINCLAIR hat in der Wüste Arizonas noch in 4 cm Tiefe Bodentemperaturen von 45° C gemessen (Abb. 239).

Im *Barbuletum gracilis* der südfranzösischen Garrigue erreicht die Bodentemperatur in 2 cm Tiefe schon im Mai über 50°, was ein frühzeitiges Welken dieser Therophytengesellschaft zur Folge hat.

Derartigen Temperaturen, wenn sie sich mit erhöhter Trockenheit verbinden, halten auf die Dauer nur wenige Gewächse, Chamaephyten und Nanophanerophyten, stand, während die Therophyten und Geophyten ihnen durch Verschiebung ihrer Vegetationsperiode und durch Hitzeruhe ausweichen. Baumkeimlinge gehen zugrunde. In der südrussischen Steppe am Dnjepr beobachtete RAMANN (1911, S. 397) in großer Zahl einjährige Eichen, bei welchen hart an der Bodenoberfläche eine kaum millimeterdicke Schicht des Stammes abgetötet war. Nur die Hitzewirkung konnte als Schädigungsursache in Betracht kommen.

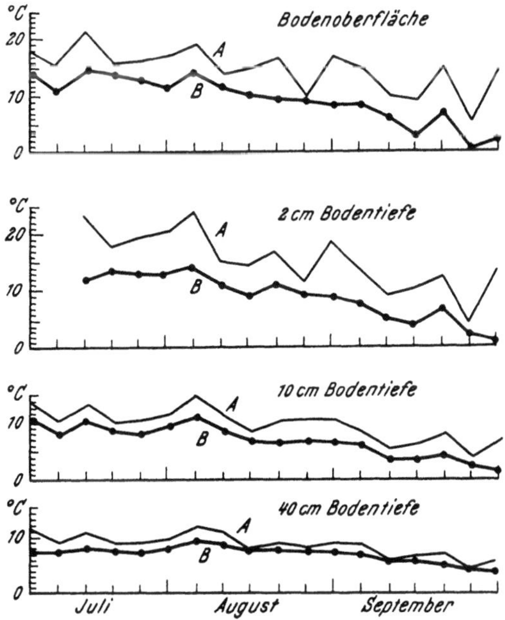

Abb. 243. Wochenmittel sommerlicher Mittagstemperaturen im Bodenprofil eines *Seslerio-Caricetum sempervirentis* (*A*) und eines *Empetretum* (*B*) (nach LÜDI 1948)

Serienbeobachtungen über den sommerlichen Temperaturverlauf in verschiedener Bodentiefe hat LÜDI (1948) unter alpinen Rasen- und Zwergstrauchgesellschaften im Berner Oberland auf 2000 m Meereshöhe durchgeführt (Abb. 243). In einer Bodentiefe von 40 cm zeigt die Temperatur besonders in der Zwergstrauchheide nur noch geringe Schwankungen.

## 8. Konsistenz des Bodens und Vegetation

Unter Konsistenz des Bodens im weitesten Sinn versteht man den Widerstand, den ein Körper einer Verformung entgegensetzt.

Die Konsistenz beruht auf den Kohäsions- und Adhäsionskräften in und zwischen den Bodenteilchen. Sie hängt ab

von der Art und dem Mengenanteil der verschiedenen Bodenbestandteile, besonders von den Tonmineralien und vom Humus,

von der Kornverteilung,

von der Ionenaustauschgarnitur,

vom Bodengefüge und

vom Wassergehalt.

Bestandteile, Körnung, Austauschgarnitur und Gefüge dürfen in einem bestimmten Boden unter Vernachlässigung jahreszeitlicher Schwankungen und unter Ausschluß langfristiger Bodenentwicklung als konstant betrachtet werden. Der Wassergehalt dagegen ist sehr variabel und zugleich von größtem Einfluß.

In ungestörten Böden natürlicher Lagerung ist die Konsistenz gleichbedeutend der Stabilität des Bodengefüges. Bei mechanischer Beanspruchung der Böden ist die Konsistenzform aber entscheidend für das Verhalten der Böden.

Erdrutsche und Bodenkriechen treten nur auf, wenn der Boden einen kritischen Wassergehalt überschritten hat.

Der Widerstand, den ein Boden einer Formveränderung entgegensetzt, wirkt sich auch gegen wachsende Wurzeln und Sprosse aus. Kompakte, d. h. dichte und feste Schichten, Horizonte, Schollen und Krümel können nicht durchwurzelt und auch von Keimlingen nicht durchstoßen werden. Dadurch wird der Wurzelraum eingeschränkt, Wasser- und Nährstoffversorgung sowie die Verankerungsmöglichkeiten werden vermindert. Oberflächenkrusten können das Aufgehen der Sämlinge verhindern.

Den dichtgelagerten Eozän- und Kreidemergeln des *Rosmarino-Lithospermetum* von Südfrankreich fehlen die Therophyten und auch die Hemikryptophyten sind sehr schwach entwickelt (s. S. 531).

Werden Böden, die im feuchten Zustand fest und im trockenen hart sind, mechanisch bearbeitet, so werden feine Wurzeln abgerissen und zarte Keimlinge abgebrochen. Zerrungen treten auch bei Barfrost auf, ebenso in rutschenden und kriechenden Böden.

## 9. Farbe des Bodens

Die Farbe des Bodens wird in erster Linie bestimmt durch die Bestandteile des Bodens:

| | |
|---|---|
| rot: | Hämatit, vollständig entwässertes Ferrioxyd |
| orange: | Goethit, teilweise entwässertes Ferrihydroxyd |
| gelb: | Limonit, Ferrihydroxyd |
| grün bis blau: | Ferro-Verbindungen, u. a. Vivianit |
| violett bis schwarz: | Manganioxyd |
| schwarz: | Ferrosulfid |
| weiß: | Kalzit, Gips, Quarz |
| grau: | Quarz |
| braun: | Humus (je mehr, um so dunkler braun). |

(Braun entsteht aus einer Mischung von Gelb, Orange oder Rot mit Grau. Je mehr Schwarz dabei ist, um so dunkler ist das Braun. Gelb und Grau gibt ein schmutziges Braun, Rot und Grau ein warmes Braun.)

Wasser läßt die Farbe des Bodens frischer und dunkler erscheinen.

Soweit die Bodenbestandteile aus dem Muttergestein stammen, ist auch die Farbe gegeben.

Bei der Bodenbildung werden Bestandteile aber umgewandelt und auch neue gebildet. Die Farbe ist ein ausgezeichneter und zudem augenfälliger und objektiv feststellbarer Indikator von Bodenmerkmalen:

Frisch grau. Wenn ein normal dränierter Boden auf sedimentärem Mischgestein einheitlich frisch grau (im Humushorizont fast schwarz) ist, so bedeutet dies, daß die Silikate chemisch noch kaum verwittert sind und darum auch noch kein Eisen daraus freigelegt worden ist. Daraus kann man schließen, daß der Boden noch Kalk enthält, der eine saure Hydrolyse der Silikate verhindert.

Rostig. Sind die mineralischen Horizonte eines Bodens einheitlich rostig gefärbt, so bedeutet dies, daß freies Ferrioxydhydroxyd vorliegt. Der Boden ist also gut durchlüftet. Sofern das Muttergestein nicht rostig gefärbt war, muß das Ferrioxydhydroxyd aus den Silikaten durch saure Hydrolyse gebildet worden sein. Der Boden enthält also keine Karbonate mehr und ist mehr oder weniger versauert.

Fahl blau bis fahl grün. Ist ein mineralischer Horizont in einem vernäßten Boden einheitlich fahl blau bis fahl grün gefärbt, so zeigt dies an, daß das Eisen in zweiwertiger Form vorliegt. Im Boden müssen also dauernd reduzierende Verhältnisse herrschen ($G^r$-Horizont, s. unten).

Rostflecken (meist verbunden mit $Fe^{III}$- und $Mn^{IV}$-Konkretionen) in einem fahl blauen bis fahl grünen Horizont bedeuten, daß in diesem Horizont reduzierende Verhältnisse, also Vernässung, vorherrschen, daß zeitweise lokal aber oxydierende Verhältnisse eintreten, also Luft Zutritt bekommt. Der Horizont ist infolgedessen wechselfeucht ($G^o$-Horizont, eventuell pseudovergleyter oder marmorierter Horizont).

Verfahlungen in einem rostigen Horizont deuten auf lokale Reduktion oder lokalen Abtransport des Ferrieisens, meistens um Wurzelröhren herum (pseudovergleyter oder marmorierter Horizont).

Gebleichter Horizont. Wenn ein Horizont in einem normal dränierten Boden gebleicht ist, so zeugt dies für Abtransport des $Fe^{III}$. Dieser Prozeß ist charakteristisch für Podsolierung ($A_2$-Horizont eines Podsols, s. unten).

Gebleichte Körner treten am Anfang der Podsolierung in humosen Horizonten auf. Humusstoffe haben die Hülle aus Ferrioxydhydroxyd dieser Körner zerstört und das $Fe^{III}$ gebunden.

Weiß sind im Boden wieder ausgeschiedene Kalzitkristalle (Kalkflaum und Kalkkrusten). Solche bedeuten, daß der Boden zeitweise sehr stark austrocknet, so daß vorher aufgelöster Kalk wieder ausgeschieden wird.

Hellbraun bis schwarz sind die Humushorizonte. In normal dränierten Böden erhöht sich die Farbtiefe im allgemeinen mit zunehmendem Humusgehalt.

**Bestimmung der Farbe.** Für die objektive Beschreibung der Bodenfarbe benützt man Munsell Color Charts[1], Unesma-Farbtafeln[2] oder andere Tafeln standardisierter Farben.

---

[1] The Munsell Color Company, Inc., 10, East Franklin Street, Baltimore 2, Md., U.S.A.

[2] Verlag Unesma G.m.b.H., Großbothen, Deutschland.

**Bedeutung der Farbe für Boden und Vegetation.** Direkt von Bedeutung ist die Farbe einzig im Hinblick auf die Strahlungsabsorption: dunkle Körper absorbieren mehr als helle, dunkle Böden begünstigen die wärmeliebende Vegetation (s. S. 355). Wo der Boden mit Vegetation bedeckt ist, schwächt sich dieser Einfluß ab.

## 10. Bodenorganismen und Vegetation

### a) Bodentiere und Vegetation

Die Zahl der Mikroorganismen und Tiere, die ständig oder zeitweilig im Boden leben, ist riesengroß. Nach Stöckli (1946) beherbergen z. B. Wiesenböden (wohl *Arrhenatherion*) in der obersten, 15 cm mächtigen Schicht pro Hektar nicht weniger als rund 25000 kg Lebewesen, denen folgende Volumen-Verhältnisse entsprechen:

Regenwürmer, Enchytraeiden, Käfer und Käferlarven, Fliegenlarven und Raupen, Maulwurfsgrillen, Rasenameisen und Grabwespen: 4320 cdm pro Hektar.

Schnecken, Nematoden, Tausend-, Hundert- und Wenigfüßler, Proturen, Dipluren und Asseln, Springschwänze, Milben, Spinnen, Raubkäfer, Wurzelläuse, usw.: 141 cdm pro Hektar.

Die Mikroorganismen Algen, Bakterien, Pilze und Protozoen mit 18800 cdm pro Hektar überwiegen.

Selbst in den Humus- und Mineralböden Spitzbergens gedeiht eine reiche Protozoenfauna, und zwar ist sie jener der gemäßigten Zone äußerst ähnlich. Einer starken Entwicklung der Protozoenfauna entspricht öfter eine verarmte Bakterienflora; die Bakterienentwicklung und Bakterientätigkeit wird anscheinend durch das Vorhandensein großer Protozoenmengen ungünstig beeinflußt.

Zusammenfassend läßt sich die Wirkung der Bodentiere auf den Boden wie folgt charakterisieren. Sie verzehren eine ungeheure Menge von organischem Material und werden nach dem Absterben selbst wieder zu Humusbildnern. Die Humusbildner werden von den Bodentieren in erster Linie zerkleinert und damit für die nachfolgende chemische und mikrobielle Zersetzung vorbereitet. Viele Bodentiere nehmen mit dem organischen auch mineralisches Material auf und vermischen beides innig. Im Verdauungstrakt der Würmer entsteht eine besonders intensive und stabile Vermengung. Mit den Exkrementen wird der größte Teil der aufgenommenen organischen Substanz dem Boden wieder zurückgegeben, teils unverdaut, teils abgebaut, teils umgewandelt, eventuell humifiziert. Die Nährstoffe sind zum Teil in leichter aufnehmbare Form übergeführt.

Die Exkremente stellen mehr oder weniger stabile Aggregate von charakteristischer Form und Größe (Losungen!) dar. Das Bodengefüge wird außerdem durch die Wühl- und Grabtätigkeit der Bodentiere gelockert. Wasser-, Luft- und Wärmehaushalt der Böden werden durch die Bodentiere im allgemeinen verbessert.

Die Bodentiere durchmischen den Boden ständig. Organisches Material wird durch sie in die Tiefe verlagert, der Boden wird dadurch biologisch tiefer erschlossen. Frisches mineralisches Material wird aus dem Untergrund zur Erdoberfläche gebracht; dem Oberboden werden dadurch frische Basen zugeführt, der Boden wird verjüngt. Horizontgrenzen werden vielfach verwischt.

Selbstverständlich ist die Wirkung der einzelnen Tierarten qualitativ und quantitativ verschieden und variiert außerdem nach den gegebenen Bodenbedingungen. Exakte Untersuchungen liegen bis heute aber nur wenige vor (vgl. KEVAN 1962).

Auf die Bedeutung der Würmer für die Durcharbeitung des Bodens hat schon DARWIN hingewiesen. Von allgemeiner Verbreitung und Bedeutung sind aber nur zwei Arten: *Lumbricus terrestris* und *Allolobophora terrestris*. Nach SATCHELL (1960) passieren Pflanzenreste im Boden mehrmals den Verdauungstrakt der Würmer, und in einem wurmreichen Boden wurden innert 50 Tagen 23% mehr Stickstoff und Ammonium angereichert als in einem Boden ohne Würmer. Über den Einfluß der Würmer auf das Bodengefüge spricht sich auch LEUTENEGGER (1950) aus.

Am häufigsten sind Regenwürmer in nahezu neutralen Böden; in sauren Böden findet man sie selten. Immerhin hat WHERRY (1924) *Helodrilus lönnbergi* auch in Torfböden von pH 4,7 nachgewiesen, und *Lumbricus rubellus* reicht bis in Böden von pH 3,6 (SATCHELL 1960).

Die Springschwänze (Collembolen) sind nach MORRIS (1922), HANDSCHIN (1925), GISIN (1947) ständige Bewohner der oberflächlichen Erdschichten, ziehen sich aber unter Umständen, den günstigen Lebensbedingungen folgend, in die Tiefe.

In den Mangrovesümpfen der Tropen arbeiten kleine Krebse an der Zerkleinerung der organischen Reste.

Nach FRANZ (1941) sind die meisten Bodentiere in der obersten Bodenschicht angereichert. Während Wiesenböden des *Arrhenatherion* im Talgrund bei Admont tiefer als 25 cm praktisch keine tierischen Lebewesen mehr enthielten, war der Boden in hohen Lagen schon unter 10 cm Tiefe nahezu vollkommen tierleer.

Die kalkhaltigen Böden der basiphilen Rasengesellschaften sind verhältnismäßig tierreich, besonders reich an Nematoden. Viel ärmer sind die neutral reagierenden Böden des *Elynetum*; sie enthalten aber trotz der hohen Lage (2500 bis 2650 m) kaum weniger Organismen als die Böden viel tiefer gelegener azidophiler *Nardetum*-Bestände auf 700 bis 1200 m ü. M. (Tab. 43).

HEINIS (1920) fand noch in Höhen von über 3500 m zahlreiche Rhizopoden, Rotatorien und Nematoden im Innern der *Androsace*- und *Saxifraga*-Polster. In weiteren alpinen Pflanzengesellschaften waren neben Bakterien und Diatomeen Protozoen und Nematoden vorherrschend, weniger häufig Rotatorien, Tardigraden und Milben vertreten (HEINIS 1937).

Nach KUBIËNA (1948) ist sehr stark saurer Rohhumus arm an Bodentieren und Bakterien; es dominieren dort Pilze. Im Moder sind

Tabelle 43. Anzahl Bodentiere in den obersten 3 cm von 1 qm Boden unter Rasengesellschaften bei verschiedener Meereshöhe in Tirol (FRANZ 1941)

| Rasen | *Arrhenatherion*-Mähwiese | *Nardion* | *Seslerietalia coeruleae*-Rasen | *Elynetum* |
|---|---|---|---|---|
| Ort ........... | Admont | Admont | Gamsgrube | Burgstall |
| Meereshöhe ...... | 620 m | 710 m | 2100 m | 2650 m |
| | Anzahl | Anzahl | Anzahl | Anzahl |
| Nematoden ... | 1 560 000 | 600 000 | 2 000 000 | 570 000 |
| Rotatorien .... | 140 000 | — | 67 000 | 17 000 |
| Tardigraden .. | — | — | 33 000 | — |
| Milben ....... | 8 920 | 3 568 | 5 152 | 8 268 |
| Schnecken ... | 880 | — | 32 | 932 |
| Käfer ........ | 168 | 104 | 128 | 32 |

vor allem Milben und Collembolen in großer Zahl vorhanden. Diese zerkleinern die Humusbildner, tragen offensichtlich aber nur wenig zur Humifizierung bei. Im mullartigen Moder bewirken Arthropoden schon eine ziemlich starke Vermischung von mineralischem und organischem Material, auch Würmer nehmen ihre Tätigkeit auf. Im echten Mull dominieren die Würmer.

In der Laubstreuschicht der *Fagion*-Wälder bei Nancy hat REMY (1931) mehrere Kleintiergesellschaften unterschieden, die sich übereinander anordnen und deren jede einem besonderen Kleinstandort entspricht.

In der obersten Schicht der noch kaum veränderten, locker gelagerten, harten Blätter mit starker Durchlüftung und ziemlich guter Belichtung leben einige Spinnen, Lithobien, Orthopteren usw.

In der zweiten Schicht ist das Fallaub biegsamer, fester gelagert, etwas feucht, von kleinen, schwach belichteten Hohlräumen durchzogen, die mit feuchter Luft gesättigt sind. Hier lebt eine reiche Fauna, zusammengesetzt aus Turbellarien, Nematoden, Oligochaeten, Schnecken, Pseudoskorpionen, kleinen Spinnen, Acarien (viele blind), Insekten der tiefstehenden Gruppen (Collembolen u. a.) usw.

Die dritte Schicht wird aus der in Zersetzung begriffenen, von Pilzhyphen durchzogenen Blattmasse gebildet. Die Temperatur ist verhältnismäßig tief, die winzigen Hohlräume enthalten oft wochenlang nach einem Regen noch eine dünne Wasserschicht. Diese feuchte Schicht ist der bevorzugte Aufenthaltsort einiger Oniscoiden (*Trichoniscus*, *Haplophthalmus*), Proturen (*Acerentulus*, *Acerentomon*, *Eosentomon*), Nematoden, Tardigraden usw.

Schon die Pflanzenstreu entspricht somit mindestens drei biologisch verschiedenartigen Standorten.

Eine reiche Mikrofauna aus Milben, Nematoden, Enchytraeiden, Tardigraden, Ciliaten, Rhizopoden, Rotatorien belebt auch die Wurzelschicht der Pflanzen bis etwa 15 cm Bodentiefe.

### b) Bodenmikroflora

Die Mikroflora des Bodens setzt sich aus zahllosen Bakterien, Actinomyceten, Pilzen und Algen zusammen, die vorzugsweise in der Wurzelschicht der Pflanzen leben und dort eine äußerst lebhafte Tätigkeit entfalten. Man hat versucht, die Mikroflora verschiedenartiger Böden näher zu charakterisieren, doch ist man dabei noch nicht weit gelangt, da einfache Zählmethoden nicht mehr ausreichen und auch die Arten in den Kreis der Betrachtung einbezogen werden müssen. Bodenalgen, Pilze und Bakterien werden in der Regel in ihrem Verhalten zu wichtigen Bodenprozessen wie Stickstoffbindung, Nitrifikation, Humusbildung untersucht und behandelt, dagegen ist man über ihre gegenseitige Bedingtheit und Abhängigkeit noch wenig unterrichtet.

**Bodenpilze.** MOSCA A.M.L. (1960) untersuchte den Boden mehrerer Pflanzengesellschaften Spaniens auf ihren Gehalt an Pilzmikrophyten, ohne daß es gelungen wäre, Gesetzmäßigkeiten aufzudecken.

Ein sehr homogener Bestand von *Pinus laricio* in Aragonien zeigte eine äußerst heterogene Bodenpilzvegetation. Zehn Proben der obersten Bodenschicht (bis 10 cm) ergaben ein Total von 78 Arten. Aber bloß zwei Arten waren in allen Proben vorhanden; drei Arten fanden sich in drei Proben, die übrigen 75 Arten verteilten sich unregelmäßig auf die zehn Proben.

Wesentlich artenärmer als der Waldboden sind die Böden der Salzgesellschaften des *Suaedetum fruticosae* der Ebrosteppe; diese zeigen auch eine bessere Artenübereinstimmung der einzelnen Proben. Von dominierenden oder häufigeren Arten sind auf den Salzboden beschränkt: *Aspergillus niger, Fusarium solani, Gliomastix convoluta, Penicillium aegyptiacum.*

Manche Angaben über Ökologie, Häufigkeit und Zusammenschluß von Bodenphycomyceten sind in den Ergebnissen des Internationalen Symposiums über Ökologie der Bodenpilze enthalten (1960).

Über Pilzantagonismus und Symbiose spricht sich darin PARK aus, dessen verdienstliche Auseinandersetzungen auch zur Klärung biologischer Begriffe beitragen; über Bodenpilzvegetation s. auch S. 192.

Die Verassoziierung von Mykorrhizenpilzen mit bestimmten Baumarten (MELIN 1925, RAWLINGS 1951, TRAPPE 1957—61) ist seit langem bekannt. Ob darüber hinaus eine Bindung an einzelne Waldgesellschaften besteht, ist noch ungewiß.

**Bodenalgen.** Die Artenzahl der Bodenalgen ist beträchtlich. Über ihre gesellschaftlichen Beziehungen wissen wir jedoch sehr wenig. Über *Cyanophyceen*-Konkurrenz im Boden unter Kulturbedingungen berichten u. a. KNAPP und LIETH (1952). TSCHAN (1952) wies nach, daß die Bodenalgen streng auf die obersten Zentimeter des untersuchten Sandbodens beschränkt bleiben. Dies ist nicht verwunderlich, brauchen die Algen für die $CO_2$-Assimilation doch Licht.

**Bodenbakterien.** Im Gramm oder Kubikzentimeter Boden sind Millionen Bodenbakterien enthalten. Normal dränierte Böden haben etwa dieselben Arten, wenn auch in verschiedener Menge; stärker verschieden ist die Artengarnitur der vernäßten Böden.

Über die mikrobielle Bodenvegetation in einem *Quercus*- und in einem *Acer saccharum*-Wald Südwisconsins machen TRESNER, BACKUS und CURTIS (1954) interessante Angaben (Tab. 44).

Tabelle 44. Zahl der Mikroorganismen pro Gramm trockenen Bodens in einem Ahorn- und in einem Eichenwald Südwisconsins (nach TRESNER et al. 1954)

| Jahreszeit: | Frühjahr | Sommer | Herbst | Winter |
|---|---|---|---|---|
| **Im Ahornwald** | | | | |
| Bakterien | 58400000 | 40500000 | 23500000 | 55100000 |
| Actinomyceten | 4800000 | 2800000 | 2200000 | 2700000 |
| Fungi | 452000 | 282000 | 258000 | 437000 |
| Bodenfeuchtigkeit, % | 41,4 | 29,1 | 25,9 | 36,4 |
| **Im Eichenwald** | | | | |
| Bakterien | 27400000 | 13200000 | 13400000 | 40100000 |
| Actinomyceten | 3800000 | 2300000 | 1600000 | 1200000 |
| Fungi | 731000 | 296000 | 492000 | 651000 |
| Bodenfeuchtigkeit, % | 39,7 | 29,9 | 31,4 | 31,3 |

Beim Massenauftreten der Bakterien spielt die Temperatur anscheinend eine geringe Rolle. Es ist im Winter größer als im Sommer und Herbst, dagegen ergibt sich in den meisten Fällen eine gute Übereinstimmung mit der Bodenfeuchtigkeit. Die erhöhten Winter- und Frühjahrs-Zahlen können auch bedingt sein durch die Speicherung des organischen Materials nach dem herbstlichen Laubfall.

### c) Funktionen der Mikroorganismen

**Abbau organischer Substanz.** Die wichtigste Funktion der pflanzlichen und tierischen Mikroorganismen besteht wohl im Abbau der organischen Substanz. Alle in der Natur produzierten organischen Stoffe werden früher oder später wieder abgebaut, mineralisiert, denn sonst würden auf der Erde immer größere Mengen angehäuft. Die Mikroorganismen brauchen die organische Substanz für den Aufbau ihres eigenen Körpers sowie für die Energiegewinnung.

Beim mikrobiellen Abbau der organischen Stoffe gehen drei Prozesse parallel. Erstens werden die Ausgangsmaterialen enzymatisch so weit abgebaut, daß sie von den Zellen der Mikroorganismen aufgenommen werden können. Die Fähigkeit zur Ausscheidung passender Enzyme entscheidet in erster Linie darüber, ob ein Mikroorganismus eine bestimmte Substanz angreifen kann oder nicht.

In den Mikroorganismen werden die aufgenommenen Stoffe unbekümmert um ihre ursprüngliche Zusammensetzung weiter umgewandelt bis zu einfachen Zuckern und organischen Säuren. Aus diesen bauen die Mikroorganismen die körpereigene Substanz auf. Schließlich werden Stoffwechselprodukte ausgeschieden, welche eventuell von anderen Mikroorganismen weiter abgebaut werden.

Unter aeroben Bedingungen geht der Abbau der organischen Verbindungen schließlich bis zu $CO_2$; unter anaeroben entstehen daneben auch einfache organische Säuren, $CH_4$ und $H_2$.

Die einzelnen Mikroorganismen können nicht beliebiges Material unter beliebigen Bedingungen verwerten; vielmehr sind manche auf bestimmte Substrate angewiesen und gedeihen nur unter bestimmten Temperatur-, Feuchtigkeits- und $p_H$-Bedingungen.

Durch den Abbau organischer Substanz beeinflussen die Mikroorganismen direkt und indirekt den Boden und die Vegetation.

Beim völligen Abbau organischer Substanz geht dem Boden wertvolles Nährstoffträger- und Kittmaterial verloren. Der Boden wird dadurch ärmer, sein Gefüge und sein Wasser- und Lufthaushalt verschlechtern sich. Verheerend hat sich dies in feuchtheißen Tropen ausgewirkt, wo schlechte Bewirtschaftung zu einem katastrophalen Humusschwund und entsprechender Verminderung der Ernten führte.

Teilweiser Abbau abgestorbener Organismen ist anderseits Voraussetzung für die Bildung von bodeneigenen organischen Verbindungen, den sogenannten Huminstoffen. Diese sind stabiler als die Ausgangsmaterialien, und damit sind auch alle jene Eigenschaften des Bodens weniger Veränderungen unterworfen, die von der organischen Substanz wesentlich beeinflußt werden.

Hochmolekulare, von Mikroorganismen ausgeschiedene Schleimstoffe verbessern das Bodengefüge. Da sie leicht abgebaut werden können, ist ihre Wirkung nicht von Dauer und schwankt mit den Jahreszeiten. Nicht vergessen sei der sogenannte Lebendverbau durch Pilzhyphen.

Gewisse Abbau- und Stoffwechselprodukte sollen von den Pflanzen direkt aufnehmbar sein und sich günstig oder ungünstig auswirken. Bereits sind einige Wuchs- und Hemmstoffe aus dem Boden isoliert und identifiziert worden, so z. B. Indolylessigsäure.

Bei der Fäulnis werden Stoffe gebildet, die schon in kleinen Konzentrationen giftig wirken.

Beim Abbau der organischen Substanz werden ungeheure Mengen von $CO_2$ gebildet, das die Pflanzen assimilieren können. Unter sonst günstigen Wachstumsbedingungen soll die $CO_2$-Versorgung den begrenzenden Faktor darstellen.

Ebenso werden beim Abbau von Humusbildnern bedeutende Mengen von Ammonium, Phosphat und Sulfat frei, die der Aufnahme durch die Pflanzen zugänglich sind. Einen Teil davon — wie übrigens auch von anderen mineralischen Nährstoffen — immobilisieren die Organismen allerdings vorübergehend, indem sie ihn zum Aufbau körpereigener Substanz verwenden. Beim Abbau von kohlenstoffreichem Material kann dabei für die Pflanzen sogar Stickstoffmangel auftreten.

Die Atmung der Mikroorganismen verbraucht so viel Sauerstoff, daß lokal reduzierende Verhältnisse und entsprechende chemische Reaktionen entstehen können, die aber nur von wenigen Pflanzen ertragen werden. Sauerstoffmangel setzt auf jeden Fall die Atmung und Nährstoffaufnahme der Wurzeln herab. Anaerobionten verwenden anstelle von Sauerstoff Nitrat, Sulfat, Karbonat und Ferriionen als Oxydationsmittel.

Beim Abbau der organischen Substanz entstehen im Boden viele organische und mineralische Säuren, einschließlich $CO_2$. Die direkten und indirekten Folgen einer $p_H$-Senkung sind bereits erwähnt worden. Die Säuren fördern aber auch die hydrolytische Verwitterung der Mineralien und erschließen dadurch den Pflanzen neue Nährstoffe.

Die Mikroorganismen können durch den Abbau organischer Säuren auch eine $p_H$-Erhöhung mit den entsprechenden Folgen bewirken. So tritt eine $p_H$-Erhöhung z. B. beim Abbau stark saurer Rohhumusauflagen ein, die auf die Zerstörung von Wald- und Zwergstrauchgesellschaften folgt, und diese $p_H$-Erhöhung könnte u. a. eine Voraussetzung für die Wiederansiedlung von Würmern mit ihrer so nützlichen Tätigkeit sein.

**Aufschluß von Mineralien.** Ein besonders mächtiges Agens beim Aufschluß von Mineralien bilden jene Verbindungen mikrobiellen Ursprungs, die mit Metallionen — besonders mehrwertigen — Komplexe oder gar ringförmige Chelate bilden, wie z. B. Ketosäuren und Polyphenole. Durch die Chelatbildung können Metallionen vorübergehend auch festgelegt werden. Wenn die Chelatbildner selbst löslich sind und in freier Form von den Pflanzen aufgenommen werden, so können sie den Ionenhaushalt in der Pflanze stören und die verschiedensten Krankheitssymptome hervorrufen.

**Nitratbildung (Nitrifikation).** Endprodukt des Abbaus organischer Stickstoffverbindungen ist das Ammonium. Im Boden wird das freie Ammonium sofort zu Nitriten und dann zu Nitraten oxydiert (vgl. z. B. MEIKLEJOHN 1953 oder QUASTEL und SCHOLEFIELD 1951). Die sogenannten Nitrosobakterien, besonders *Nitrosomonas* und *Nitrosococcus*, bilden Nitrite. Die Nitrobakterien *Nitrobacter* und *Nitrocystis* bilden Nitrate.

Nitroso- und Nitrobakterien sind eng miteinander vergesellschaftet, so daß die Nitrite sofort zu Nitraten umgewandelt werden und im Boden kaum festzustellen sind. Sie würden übrigens schon in sehr kleiner Konzentration toxisch wirken.

*Nitrobacter* und *Nitrocystis* sind streng chemoautotroph, d. h. sie können nur anorganischen Kohlenstoff verwerten und beziehen die Energie hierfür aus der Oxydation von Ammonium. Sie gedeihen gut nur unter aeroben Bedingungen und in kalk- bzw. basenreichen Böden. Trockenheit hemmt die Nitratbildung direkt, Nässe hauptsächlich durch Verminderung der Bodendurchlüftung. Die optimale Temperatur für die Nitrifikation liegt bei etwa 30° C; unter 5° und über 40° C ist sie gering.

Neben den chemoautotrophen Bakterien gibt es auch heterotrophe nitrifizierende Mikroorganismen. So können *Pseudomonas*, *Coryne-*

*bacterium* und *Nocardia* Nitrite aus Nitroverbindungen bilden, *Streptomyces, Mycobacterium, Bacillus* und *Vibrio* aus Ammonium (vgl. ALEXANDER 1961). Ihre Bedeutung ist noch wenig abgeklärt.

Bei pH unter 5,5 sind Nitrite instabil und können zu NO zerfallen, das in die Luft entweicht. Die Verluste durch diesen Prozeß dürften aber kaum groß sein.

Die Nitrate werden zum Teil von den Mikroorganismen selbst aufgenommen; eine sehr kleine Menge wird vom Boden durch Ionenaustausch sorbiert. Der größte Teil steht für die Ernährung der höheren Pflanzen zur Verfügung. Was nicht aufgenommen wird, wird im humiden Klima ausgewaschen oder geht durch die sogenannte Denitrifikation verloren.

**Denitrifikation.** Eigentliche Stickstoffverluste entstehen im Boden durch die Tätigkeit der sogenannten denitrifizierenden Bakterien (vgl. ALLISON 1955). Die wichtigsten davon sind *Pseudomonas denitrificans, Pseudomonas aeruginosa* und *Achromobacter sp.*, weitere sind z. B. *Micrococcus denitrificans* und *Thiobacillus denitrificans.* Es sind dies alles Aerobionten; sie brauchen Nitrite und Nitrate fakultativ als Oxydationsmittel anstelle von $O_2$; dabei wird $N_2$ gebildet und an die Luft abgegeben. Wesentliche Stickstoffverluste entstehen daher nur bei kleinem Sauerstoff- und hohem Nitratgehalt des Bodens, Bedingungen, wie sie eher in feinem Mosaik nebeneinander denn auf kleinstem Raum miteinander gegeben sind.

**Stickstoffbindung.** Verschiedene frei lebende Bakterien und Blaualgen können den Stickstoff der Luft direkt verwerten, ebenso *Rhizobium*, das in Symbiose mit höheren Pflanzen lebt (vgl. ALEXANDER 1961).

Am besten untersucht ist *Azotobacter.* In den Böden gemäßigter Zonen findet sich am häufigsten *A. chroococcum,* doch sind auch *A. beijerinckii, A. vinelandii, A. macrocytogenes* und *A. agilis* Stickstoffbinder. Sie sind strikt aerob, aber nur bei pH über 6 tätig. Pro Gramm verbrauchten Zuckers können sie 5 bis 20 Milligramm $N_2$ assimilieren.

Die in Böden der Tropen lebende *Beijerinckia* gedeiht sogar noch bei pH 3 und kommt außer im Boden auch auf Blättern vor.

Die Bedeutung der freilebenden Stickstoffbinder für die Vegetation dürfte in normal dränierten Böden nicht groß sein, denn erstens sind sie, soweit untersucht, nicht einmal in allen Böden vorhanden, und zweitens ist ihr Verbrauch an organischer Substanz im Vergleich zum Stickstoffgewinn groß.

Blaualgen, die den Luftstickstoff assimilieren können, kommen hauptsächlich in überfluteten Böden unter anaeroben Bedingungen bei mäßiger Belichtung vor, ebenso die photoautotrophen Bakterien. Da sie in doppeltem Sinn von der Luft leben, tragen sie die Bezeichnung autotroph von allen Organismen mit größtem Recht. In Reisfeldern sollen sie für die Stickstoffversorgung der Kulturen wesentlich sein.

Die *Rhizobium*-Arten, allgemein bekannt unter dem Namen Knöllchenbakterien, sind hauptsächlich mit Leguminosen, aber auch mit Arten von *Alnus, Myrica, Hippophaë, Elaeagnus, Shepherdia, Casuarina, Coriaria* und *Ceanothus* vergesellschaftet. Der Zusammenhang zwischen

Knöllchenbildung und $N_2$-Assimilation ist durch die klassischen Untersuchungen von HELLRIEGEL und WILFAHRT schon im letzten Jahrhundert aufgezeigt worden; der exakte Beweis für den ursächlichen Zusammenhang wurde aber erst in jüngster Zeit mit radioaktivem $N^{15}$ erbracht. Der Stickstoffgewinn kann bis 400 kg pro ha und Jahr betragen; Gewinne von 100 kg sind in gemäßigten Gebieten nicht selten.

**Umsetzung von Schwefel.** In den Organismen kommt Schwefel hauptsächlich in den Aminosäuren Cystein, Cystin und Methionin vor, ferner im Taurin, Thiamin und einigen weiteren Verbindungen. Beim Abbau wird der Schwefel daraus freigesetzt, und zwar unter aeroben Bedingungen als Sulfat, unter anaeroben auch als Schwefelwasserstoff und Merkaptan.

Es gibt eine ganze Reihe pflanzlicher Mikroorganismen, die Schwefel in mineralischen Verbindungen oxydieren oder reduzieren können (vgl. STARKEY 1950).

*Thiobacillus thiooxidans* und *denitrificans* oxydieren elementaren Schwefel, *T. inovellus, thioparus* und *ferrooxidans* Thiosalze. *T. thiooxidans* und *ferrooxidans* arbeiten bei $p_H$ 2 bis 3,5, die anderen in neutralem Milieu. *T. denitrificans* und *ferrooxidans* gedeihen auch unter anaeroben Bedingungen. Alle *Thiobacillus*-Arten sind chemoautotroph.

*Beggiatoa, Thiothrix* und *Thioplaca, Leucothrix* und *Achromatium* oxydieren Schwefelwasserstoff und kommen auch unter anaeroben Bedingungen vor.

Neben oxydierenden Mikroorganismen gibt es auch solche, die Sulfate reduzieren. Am weitesten verbreitet ist *Desulfovibrio desulfuricans*, gedeiht aber nur bei $p_H$ über 5,5 und nur unter anaeroben Bedingungen. *Clostridium nitrificans* ist ausgesprochen thermophil; sein Optimum liegt bei 55° C.

Die schwefelbenötigenden Purpurbakterien, in erster Linie durch die Gattung *Chromatium* vertreten, sind verbreitet und oft streng geschichtet; das Wasser ist von ihnen manchmal deutlich rosa gefärbt. Im allgemeinen hält sich das Maximalvorkommen der Schwefelbakterien etwas unterhalb des Maximums der Eisenbakterien (RUTTNER 1954, s. auch S. 632).

**Umsetzung von Eisen und Mangan.** Freies Eisen liegt in normal dränierten Böden zum größten Teil als unlösliches Ferrioxydhydrat vor, unter reduzierenden Bedingungen dagegen als Ferrosalze.

An der Oxydation von Ferro- zu Ferrieisen sind die sogenannten Eisenbakterien beteiligt, so die autotrophen *Gallionella ferruginea, Thiobacillus ferrooxidans, Ferrobacillus ferrooxidans* und *Leptothrix ochracea,* ferner eine ganze Reihe von Heterotrophen, so *Siderocapsa, Ferribacterium, Ochrobium, Sideromonas, Sideronema, Siderobacter, Siderococcus, Crenothrix* u. a. m. (vgl. PRINGSHEIM 1949). Aber auch viele Flagellaten und Algen können Ferroeisen oxydieren, so gewisse *Cyanophyceen, Chrysophyceen, Volvocales, Chlorococcales, Euglenineen, Conjugales* und *Ulothricales* (PRINGSHEIM 1946).

Verschiedene Mikroorganismen, die Eisen oxydieren, können auch Mangan oxydieren. Da die Ferri- und Manganiverbindungen im Boden zum größten Teil schwer löslich sind, bildet sich um die Mikroorganismen ein Niederschlag.

Die Reduktion des Eisens kann rein chemisch, d. h. durch die Senkung des Redoxpotentials infolge Sauerstoffmangels bedingt, kann aber auch durch Mikroorganismen direkt verursacht sein, so durch *Bacillus circulans*, eventuell auch *Bacillus polymyxa*, *Escherichia freundii* und *Aerobacter aerogenes*. Ferroeisen dient in diesem Fall als Elektronenakzeptor bei der Atmung.

### d) Biologische Bodenaktivität und ihre Bestimmung

Für die Arbeit oder Leistung der Bodenlebewesen, besonders der Mikroorganismen, braucht man allgemein den Begriff der biologischen Aktivität.

Die Zahl der Mikroorganismen sagt nichts aus über die Arbeit, die sie vollbringen. So ist z. B. die Mikroflora in Halbwüsten- und

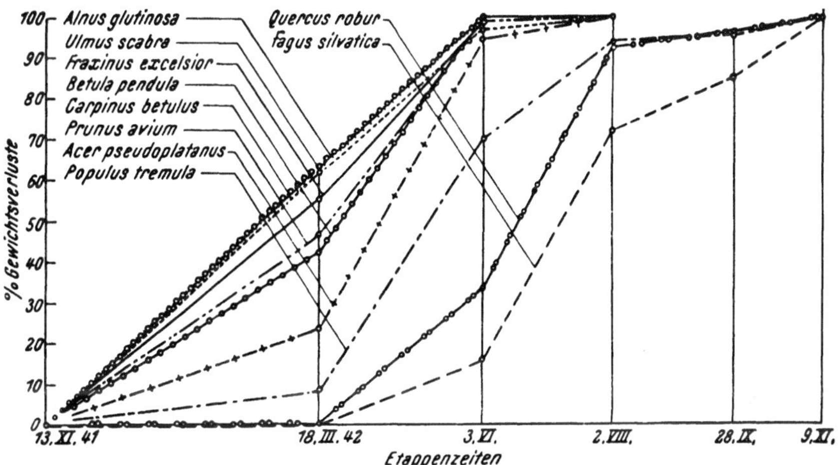


Abb. 244. Abbau der Laubstreu verschiedener Holzarten im *Querco-Carpinetum aretosum* (nach F. RICHARD 1945)

Trockensteppenböden zahlreicher als in den feuchteren Böden; ihre Tätigkeit ist aber auf kurze Feuchteperioden und auf die Umsetzung einer nur kleinen Menge organischer Substanz beschränkt.

Für die Bestimmung der biologischen Aktivität gibt es verschiedene Methoden.

Der Streuabbau an der Bodenoberfläche wird z. B. einfach nach dem Gewichtsverlust der Streu bemessen (Abb. 244).

Der Abbau von Zellulose und Eiweiß ist anhand des Reißfestigkeitsverlustes von Seide- und Kunstseide-Testschnüren verfolgt worden, die in den Boden eingezogen und eine bestimmte Zeit darin belassen werden (F. RICHARD 1945). Je größer der Reißfestigkeitsverlust der Testschnüre in der Zeiteinheit ist, um so höher wird die biologische

Bodenaktivität bewertet. Die Reißfestigkeit ist nämlich proportional der Kettenlänge der Zellulose- und Eiweiß-Fadenmoleküle (Abb. 245).

Der Abbau definierter organischer Verbindungen kann auch anhand der Abnahme dieser Verbindungen direkt verfolgt werden. Auch die Aktivität bestimmter Enzyme kann als Maß dienen.

Zur Messung der Intensität des Abbaus der organischen Substanz im Boden wird sehr oft die $CO_2$-Menge benützt, die innert bestimmter Zeit dem Boden entweicht. Unter Feldbedingungen wird $CO_2$ aber auch von den Wurzeln höherer Pflanzen und von den Tieren gebildet; ein Teil des $CO_2$ kann durch Auswaschung verlorengehen.

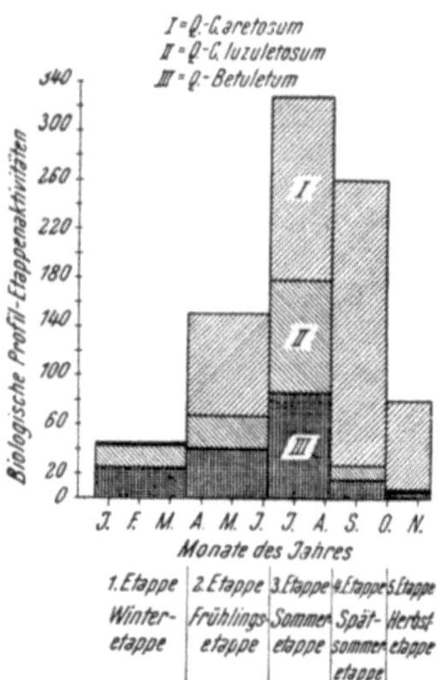


Abb. 245. Biologische Bodenaktivität im *Querco-Carpinetum* und im *Querco-Betuletum* der Schweiz, beurteilt nach dem Reißfestigkeitsverlust von Zellulosetestschnüren (nach F. Richard 1945)

Umgekehrt kann die Intensität der Mikroorganismentätigkeit auch am Sauerstoffverbrauch gemessen werden.

Die nitrifizierende Kraft eines Bodens wird nach der Nitratbildung bewertet. Bei der Beurteilung des Stickstoffhaushaltes eines Bodens müssen neben der Nitratbildung selbstverständlich auch die Ammoniumbildung und die Denitrifikation berücksichtigt werden.

### e) Beziehungen zwischen den Mikroorganismen des Bodens

Von Temperatur, Feuchtigkeit, Art und Menge des Nährstoffangebots, Sauerstoffversorgung und pH usw. in verschiedenem Maße abhängig, dominieren im Boden bald die einen, bald die anderen Mikroorganismen.

Im Wettbewerb um Nahrung, Wasser, Luft oder Raum erliegen z. B. *Fusarium oxysporum*, *Ophiobolus graminis* und *Rhizoctonia solani* der Konkurrenz mit Bakterien, wenn die Stickstoffversorgung knapp, das Angebot an organischer Substanz aber reichlich ist (vgl. Marshall und Alexander 1960).

Besonders Actinomyceten produzieren Stoffe, die auf manche Konkurrenten antibiotisch wirken. Von anderen Mikroorganismen werden diese Stoffe aber auch wieder abgebaut.

Sauerstoffverbrauch kann anaerobe, für viele Mikroorganismen verderbliche, für andere günstigere Verhältnisse schaffen.

Die Produktion von Säure senkt das pH, was wiederum von manchen Mikroorganismen nicht ertragen, von anderen bevorzugt wird.

Schließlich ernähren sich gewisse Mikroorganismen direkt von anderen, die sie ausnutzen oder direkt verzehren. So leben Protozoen und Myxobakterien von Bakterien, Pilze befallen Nematoden, Bakterien

Pilzhyphen, und Bakteriophagen halten sich an Bakterien und Actinomyceten.

Ebenso wichtig sind aber die Beziehungen, bei denen die Mikroorganismen einander nützen.

Beim Abbau hochmolekularer Substanzen kommt es zur Bildung zunehmend einfacherer Verbindungen, die von einer immer größeren Zahl von Mikroorganismen verwertet werden können.

Manche Mikroorganismen produzieren Vitamine oder Wuchsstoffe, die den Partnern fehlen. Andere bauen schädliche Stoffe ab.

Auf solche günstige Wirkungen ist es wohl zurückzuführen, daß gemischte Mikroorganismenkulturen auf gemischten Substraten besser gedeihen und eine viel höhere Aktivität aufweisen.

### f) Einfluß der höheren Vegetation auf die Mikroorganismen

Die höhere Vegetation beeinflußt die Mikroorganismen vielleicht am meisten durch das Substrat, das sie ihnen mit den abgestorbenen Pflanzenteilen (Streu und abgestorbene Wurzelgewebe) liefert. Organische Stoffe werden aber auch von lebenden Pflanzen ausgeschieden, u. a. Aminosäuren, Zucker und Stoffe, die die Keimung von Pilzsporen aktivieren.

Anderseits stehen die Pflanzen mit den Mikroorganismen im Wettbewerb um mineralische Nährstoffe, Wasser und Sauerstoff.

Am intensivsten macht sich der Einfluß der höheren Pflanzen in der sogenannten Rhizosphäre bemerkbar. Lebende Pflanzen erneuern das Wurzelwerk ständig, so daß zusammen mit den Wurzelausscheidungen auch ständig frisches Substrat zur Verfügung steht. Die Zahl der Mikroorganismen, besonders der Bakterien, ist denn auch in der Rhizosphäre am größten, und man spricht geradezu von einem Rhizosphäre-Effekt (Katznelson 1946):

$$\text{Rhizosphäre-Effekt} = \frac{\text{Mikroorganismenzahl in der Rhizosphäre}}{\text{Mikroorganismenzahl im Boden}}$$

Art und Entwicklungsstadium der Pflanzen beeinflussen die Mikroorganismen in der Rhizosphäre sogar mehr als der Boden. Nach dem Tod der Pflanzen geht der Rhizosphäre-Effekt rasch verloren.

### g) Mikroorganismen und Pflanzengesellschaften

In Anbetracht der mannigfaltigen Wechselbeziehungen zwischen Pflanzen und Mikroorganismen können die Mikroorganismen — wie übrigens auch die Bodentiere — nicht einfach als gegebene Außenbedingungen für die Pflanzengesellschaften betrachtet werden. Ursache und Wirkung lassen sich vielfach nicht auseinanderhalten, und man muß sich mit der Feststellung von Korrelationen begnügen.

**Streueabbau.** So hat F. Richard (1945) den Abbau des Fallaubes verschiedener Laubbäume in einigen Wäldern anhand des Gewichtsverlustes untersucht. Im *Querco-Carpinetum aretosum* (Abb. 246) ist die Streu von *Alnus glutinosa, Ulmus scabra, Fraxinus excelsior, Betula* *pendula*, *Carpinus betulus*, *Prunus avium* und *Acer pseudoplatanus* anfangs Juni fast vollständig abgebaut, während der Abbau der Streu von *Populus tremula*, *Quercus robur* und *Fagus silvatica* bis in den Herbst hinein dauert (Abb. 244).

Wie COMBES (1927) gezeigt hat, finden bereits in den toten, noch an Bäumen und Sträuchern haftenden Blättern chemische Umsetzungen

Abb. 246. *Querco-Carpinetum aretosum* der Nordschweiz (Aufn. P. MEYER)

statt, die sich nach dem Blattfall unter Mitwirkung der Bodenorganismen fortsetzen. Chemische und physikalische Zusammensetzung, Reaktion usw. der Laubstreu sind somit raschen Veränderungen unterworfen, die in den obersten Schichten einer jahreszeitlichen Periodizität unterliegen.

Wir haben (S. 414) auf die Tiergesellschaften der Laubstreuschichten, die am Zersetzungsprozeß mitwirken, hingewiesen.

**Bodenversauerung durch die Streue.** Pflanzensoziologisch bedeutsam ist der Umstand, daß die Zusammensetzung der Laubstreu verschiedener

Waldgesellschaften zwar stark abweicht, daß aber in einer gegebenen Gesellschaft hierin ziemlich übereinstimmende Verhältnisse herrschen, die bestimmten jahreszeitlichen Schwankungen unterliegen. Sie beeinflussen die bodenbildenden Prozesse und die Bodenvegetation. Diese Änderungen finden auch in der Reaktionszahl ihren Ausdruck. Die Laubstreu der meisten Baumarten ist mehr oder weniger sauer. Stark sauer ($p_H$ ungefähr 3,5 bis 4) reagieren *Picea abies*- und *Larix decidua*-Nadeln, weniger sauer (meist um $p_H$ 5) *Pinus halepensis*-Nadelstreu. Zahlreiche Messungen der *Quercus ilex*-Laubstreu ergaben $p_H$-Werte von (4,8) 5 bis 7,1; von *Quercus pubescens* $p_H$ 5 bis 6,2; die Laubstreu von *Ulmus scabra* erreicht nach HESSELMAN $p_H$ 7,3. Die herbstliche Laubstreu von elf Baum- und Straucharten des südfranzösischen flußbegleitenden *Populetum albae* schwankt zwischen $p_H$ 5,6 bei *Evonymus europaeus* und $p_H$ 6,3 bei *Pinus halepensis*.

Während im Mittelmeerklima selbst starke Anhäufungen von sauren *Pinus halepensis*-Nadeln keine Versauerung der darunterliegenden basischen Humusschicht hervorrufen, wirkt in Mitteleuropa und mehr noch im nordwestlichen Europa der Nadelfall auf jedem Untergrund rasch versauernd, was sich zuerst im Auftreten gewisser Moosarten, namentlich *Polytrichum*-Arten, kundgibt. In der subalpinen Stufe der Alpen ist die Wirkung saurer Nadelstreu auf die Ausbreitung des Bergföhren-Alpenrosengebüsches (*Rhododendro-Vaccinietum mugetosum*), besonders im Kalkgebirge, leicht nachweisbar; die Assoziation reicht in der Regel nicht über den Streubereich der Bergföhrenbüsche hinaus.

**Abbau von Zellulose und Eiweiß.** Nach dem Reißfestigkeitsverlust von Testschnüren beurteilt, werden Zellulose und Eiweiß in der voll entwickelten Braunerde des *Querco-Carpinetum aretosum* am besten, in der schwach podsolierten Braunerde des *Querco-Carpinetum luzuletosum* schwächer und in der stark podsolierten, oft marmorierten Braunerde des *Querco-Betuletum* am schwächsten abgebaut (Verhältnis 1,5:1,3:1,0). Im sauren Medium (*Rhododendro-Vaccinietum*) ist der Abbau gering (s. Abb. 245).

Testschnur-Untersuchungen mit gleichzeitiger Messung von $p_H$ und Wasserhöhe sind auch von BERGER-LANDEFELDT (1960) um Berlin vorgenommen worden. Den höchsten Zelluloseabbau zeigten Bestände von *Populus canadensis* mit Zwischenpflanzung von *Alnus glutinosa* über Havelschlamm, und den kleinsten *Pinus*-Pflanzungen. Der Abbau im *Querco-Betuletum molinietosum* lag zwischen beiden. Von Einfluß auf den Zelluloseabbau erwies sich besonders die Temperatur; Beziehungen zwischen $p_H$ und Zelluloseabbau konnten dagegen nicht festgestellt werden.

## 11. Bildung des Bodens

**Prozesse der Bodenbildung.** Verwitterung und Verwesung führen Gesteine und Organismenreste in Produkte über, die unter den gegebenen Bedingungen stabiler sind. Ein echtes Gleichgewicht kann sich im Boden allerdings nicht einstellen, denn der Boden ist ein offenes System. Bei der Auswaschung erleidet er z. B. irreversible Verluste, und durch die

Absorption von Sonnenstrahlen gewinnt er Energie. Zudem weisen die Außenbedingungen der Bodenbildung ausgeprägte periodische, d. h. tägliche und jahreszeitliche Schwankungen und über lange Zeiträume beträchtliche Veränderungen auf. Die Bodenbildung besteht darum in einem dauernden Streben nach Gleichgewicht, und da sich dieses immer wieder verschiebt, sind auch die Böden in dauernder Umwandlung begriffen.

**Verwitterung.** Die physikalische Verwitterung zerkleinert die Gesteine und Mineralien rein mechanisch. Dabei vergrößert sich die spezifische Oberfläche, und das Material wird für die chemischen und biochemischen Prozesse besser erschlossen. Die chemische Verwitterung zerstört Mineralien und bildet neue, stabilere.

**Physikalische Verwitterung.** Ein mächtiger Zerstörer von Gesteinsmaterial ist der Spaltenfrost, der um so intensiver wirkt, je poröser ein Gestein ist, je höher sein Wassergehalt und je häufiger das Wasser gefriert und wieder auftaut. In den Tropen findet dies in etwa 5000 m Höhe ü. M. täglich statt, und darum ist dort die Frostverwitterung am intensivsten.

In trocken-heißen Gebieten wird das Gestein durch Wärmespannungen zerstört, wenn es, der Sonne ausgesetzt, sich stark erwärmt und dann durch einen Platzregen plötzlich abgekühlt wird. Die Zerstörung ist um so intensiver, je gröber das Korn und je dichter das Gefüge, je verschiedener die Wärmeausdehnungskoeffizienten der Mineralien, je größer die Temperaturunterschiede und je rascher und häufiger die Temperaturwechsel sind.

Bei der Hydratbildung von Salzen wird das Volumen vergrößert, und das einschließende Material wird gesprengt.

Auch das Dickenwachstum der Wurzeln vermag Gesteine zu sprengen.

Durch Wind, bewegtes Wasser und Eis, Bodenfließen und tektonische Vorgänge werden die Materialien aneinander abgerieben und eventuell durch Druck zermalmt. Diese Vorgänge wirken aber eher auf das Muttergestein ein als auf den Boden.

**Chemische Verwitterung.** Die chemische Verwitterung beginnt gewöhnlich mit der Anlagerung von Wasser an der Oberfläche der Kristalle, mit der sogenannten Hydratation. Gewisse wasserfreie Salze werden zu Hydraten umgewandelt, so z. B. Anhydrit zu Gips.

Alkalisalze von Halogeniden, Sulfat und Karbonat gehen leicht in Lösung, etwas weniger Kalziumsulfat. Kalziumkarbonat (Kalk) ist als solches wenig löslich, besser löslich ist das Bikarbonat. Die Kalklöslichkeit hängt darum vom Kohlensäuregehalt des Wassers ab, und dieser steigt mit zunehmendem $CO_2$-Gehalt der Luft über dem Wasser und mit abnehmender Temperatur des Wassers. Magnesiumkarbonat ist etwas besser löslich, das Ca-Mg-Doppelsalz aber, der Dolomit, ist schwerer löslich als die beiden einfachen Salze.

Ferro-, Mangano- und Sulfidmineralien, wie sie hauptsächlich in den Eruptivgesteinen vorkommen, unterliegen der Oxydation. Dabei werden Ferri-, Mangani- und Sulfatverbindungen gebildet. Die Oxydation des

Eisens zeigt sich deutlich im Rosten, d. h. in der Bildung von Eisenoxydhydraten.

Silikate werden vor allem durch Hydrolyse, d. h. durch die Wechselwirkung mit $H^+$- und $OH^-$-Ionen im Wasser zerstört. Zuerst werden die vorwiegend ionisch gebundenen Alkali- und Kalziumionen aus den Silikatgittern gegen Wasserstoffionen ausgetauscht, z. B. beim Feldspat:

$$[(SiO_2)_3AlO_2]\,Na + H^+ \rightarrow [(SiO_2)_3\,AlO_2]\,H + Na^+.$$

Durch die kovalente Bindung des Wasserstoffs wird der Gitterverband zerstört, und es entstehen Kieselsäuren und Aluminiumhydroxyde.

Die Intensität der reinen Hydrolyse steigt mit zunehmender Temperatur, steigt doch das Ionenprodukt des Wassers dabei sehr stark an (Tab. 45).

Tabelle 45. Ionenprodukt des Wassers bei verschiedener Temperatur

| | | | |
|---|---|---|---|
| $(H^+)\ (OH^-) =$ | $0{,}115 \cdot 10^{-14}$ | bei | 0° C |
| | $0{,}293 \cdot 10^{-14}$ | bei | 10° C |
| | $0{,}681 \cdot 10^{-14}$ | bei | 20° C |
| | $1{,}008 \cdot 10^{-14}$ | bei | 25° C |
| | $1{,}471 \cdot 10^{-14}$ | bei | 30° C |
| | $58{,}2 \cdot 10^{-14}$ | bei | 100° C |

Im Boden sind an der Hydrolyse aber auch Kohlensäure, Schwefel- und Salpetersäure sowie organische Säuren beteiligt, die von den mikrobiellen Umsetzungen herstammen oder von den Pflanzen ausgeschieden werden. Ihr Einfluß übertrifft den des reinen Wassers bei weitem. — Die Resistenz der Silikate beruht nicht bloß auf der Stabilität der Si-O-Si-Bindungen, sondern ebenso sehr auf der Stabilität des Polyederverbandes der Metallkationen.

Silikate mit Schichtgitter- oder eventuell Bandstruktur können durch Austausch metallischer Kationen direkt in Tonmineralien umgewandelt werden.

Auch sehr stabile Mineralien werden zerstört, wenn geeignete organische Verbindungen mit einer Gitterkomponente Komplexe oder Chelate bilden. So werden vor allem mehrwertige Kationen z. B. durch Keto- und Oxysäuren, Eisen durch Polyphenole sehr stark gebunden. Die Spaltung von Si-O-Si-Bindungen durch o-Diphenole könnte ebenfalls auf Chelatbildung beruhen.

Von größter Bedeutung ist im Boden die Bildung von Tonmineralien. Die direkte Umwandlung von Glimmern zu Tonen durch Ionenaustausch wurde bereits erwähnt. Eine Umwandlung anderer Silikatgitter zu Tonmineralien durch topochemische Reaktionen in festem Zustand kommt ebenfalls vor, ist aber meist mit Verlusten, besonders von Alkalien und Kieselsäure, verbunden. Häufiger ist wohl die Umwandlung von Silikaten über Hydrolyse und sofortige Rekristallisationen freigesetzter Ionen. Auch eine Kristallisation gemengter Gele von Kieselsäure und Metallhydroxyden ist möglich. Schließlich können Tonmineralien auch aus einer Lösung auskristallisieren.

Tonumwandlungen beruhen vor allem auf der Ab- und Zufuhr von Kieselsäure und Metallkationen.

Viele Sedimente und metamorphe Gesteine enthalten Tonmineralien, die in früheren Verwitterungszyklen gebildet worden sind. Diese treten aber erst nach der Zerstörung des Bindemittels, besonders nach der Weglösung der Karbonate, in Erscheinung. Eine solche Tonfreisetzung darf aber nicht mit Tonbildung verwechselt werden, und in vielen Fällen, besonders in jungen Böden, dürfte sie diese an Bedeutung bei weitem übertreffen.

Zerstörung von Tonmineralien erfolgt wie jene der übrigen Silikate durch Hydrolyse oder Chelatbildung.

**Humusbildung.** Ausgangsmaterial für die Humusbildung sind die toten organischen Substanzen, oberirdische Pflanzenteile, Wurzeln, Tiere und Mikroorganismen; man bezeichnet sie kurz als Humusbildner. In den Humusbildnern sind die Gewebe noch erhalten, so daß ihre Herkunft ohne weiteres erkennbar ist.

Sind die Gewebe weitgehend zerstört und die Verbindungen zum Teil schon umgewandelt, so spricht man von Humoiden; ihre Herkunft ist kaum noch erkennbar.

Die Humusstoffe umfassen jene organischen Verbindungen aus den Humusbildnern, die völlig aus den ursprünglichen Zellstrukturen gelöst sind, sowie jene, die daraus durch Abbau oder Umwandlung (z. B. Oxydation) entstanden sind, ferner jene Verbindungen, die im Boden durch biologische oder chemische Prozesse neu synthesiert worden sind.

Huminstoffe heißen jene organischen Verbindungen, die im Boden neu gebildet worden sind und die im Vergleich zu den Nichthuminstoffen gegen den biologischen und chemischen Abbau viel resistenter sind; sie sind im allgemeinen braun gefärbt und sauer!

**Umwandlung der organischen Substanz.** Über den biologischen Abbau der organischen Substanz und die biologische Neubildung von Nichthuminstoffen ist das Wesentliche bei der Behandlung der Bodenfauna und der Bodenmikroorganismen gesagt. In den Blättern setzt die Stoffumwandlung schon ein, solange sie noch an den Bäumen hangen; die Verfärbung zeugt davon. Von den Bodentieren werden die Humusbildner vor allem zerkleinert und dadurch für den mikrobiellen und rein chemischen Abbau vorbereitet. Der mikrobielle Abbau spaltet die hochmolekularen Verbindungen zu Oligomeren und monomeren Bausteinen, welche weiter abgebaut oder umgewandelt oder direkt aufgenommen und assimiliert werden.

Wie weit die Humusbildner in den Böden auf rein chemischem Weg, ohne Beteiligung von Organismen oder ihrer Enzyme, abgebaut werden, ist ungeklärt. Rein chemischer Abbau soll in den extrem sauren Hochmooren dominieren.

Die Huminstoffe entstehen vermutlich aus einfachen Abbauprodukten wie Zucker, Aminosäuren und aromatischen Verbindungen. Über ihre Bildung ist bis heute ebenso wenig Gesichertes bekannt wie über ihren chemischen Aufbau.

Die bisherigen Synthese- und Abbauversuche haben zu folgender Vorstellung über die Huminstoffbildung geführt. Huminstoffe entstehen durch Polymerisation (eventuell Polykondensation) verschiedener einfacher, mono- bis polyfunktioneller Verbindungen in beliebiger Zahl und Anordnung (polymeranaloge und polymerhomologe Reihen zugleich). Die Kombinationsmöglichkeiten sind dabei so zahlreich, daß in einer gegebenen Bodenprobe von den hochmolekularen Huminstoffen vielleicht kaum zwei Moleküle identisch sind.

Mit zunehmendem Molekulargewicht der Huminstoffe nimmt erwiesenermaßen die Farbtiefe zu (mehr konjugierte Doppelbindungen); die Zahl der funktionellen (sauren und reduzierenden) Gruppen nimmt relativ ab (bei der Polymerisation und Polykondensation werden funktionelle Gruppen verbraucht), das Äquivalentgewicht nimmt entsprechend zu; die Löslichkeit nimmt ab.

Durch die Bildung von Chelaten mit mehrwertigen Kationen scheinen organische Verbindungen stabilisiert zu werden, ebenso durch die Adsorption an Tonmineralien.

In durchlüfteten Böden werden aber auch die resistentesten organischen Verbindungen mit der Zeit völlig mineralisiert; Humus wird ihnen nicht endlos aufgehäuft.

**Humusformen.** Die Lieferung von Humusbildnern, der Abbau und die Bildung von Huminstoffen verlaufen gleichzeitig nebeneinander. Menge und Zusammensetzung der Humusbildner und die Bedingungen der Humusbildung entscheiden darüber, in welcher Form die organischen Stoffe im Boden schließlich vorliegen. KUBIËNA (1953) unterscheidet neun Humusformen terrestrischer Böden, die sich im wesentlichen zu drei Hauptformen zusammenfassen lassen.

In frischen, basenreichen Böden werden die Humusbildner vor allem durch Bakterien rasch abgebaut, und das organische Material wird besonders durch die Regenwürmer intensiv mit dem mineralischen vermischt, es entsteht Mull.

In sauren oder trockenen Böden werden die Humusbildner zuerst von den Arthropoden zerkleinert und dann hauptsächlich von Pilzen etwas zersetzt. Das organische Material wird mit dem mineralischen nur lose vermischt. Es bildet sich Moder.

Unter ganz ungünstigen Bedingungen (extrem basenarme und saure Böden, schwer abbaubare Humusbildner, kaltes Klima) geht der Abbau sehr langsam vor sich, und die Vermischung mit mineralischem Material unterbleibt. Es wird Rohhumus angehäuft. Die oberste Schicht des Rohhumus besteht aus untersetzter Streu (L), darunter folgt eine Vermoderungsschicht (F), die allmählich in eine Humusstoffschicht (H) übergeht, in der keine Gewebestrukturen mehr erkennbar sind.

MÜLLER (1879 und 1884, vgl. KUBIËNA 1953) unterschied nur Mull und Mor. Die in den USA heute übliche Einteilung von HEIBERG und CHANDLER entspricht weitgehend derjenigen MÜLLERS.

Beim infraaquatischen und semiterrestrischen Humus unterscheidet KUBIËNA folgende Formen:

Unterwasser-Rohhumus besteht nur aus vereinzelten, wenig zerkleinerten Pflanzenresten.

Dy besteht aus Huminstoffgelen, die aus Sickerwässern stark saurer Böden ausgefällt worden sind. Dy ist braun bis schwarz gefärbt, sehr sauer und sehr arm an Tierleben.

Gyttja besteht aus Pflanzenresten, Humusstoffen und Ton, die in sauerstoff- und nährstoffreichem Wasser abgeschieden worden sind. Sie ist hellgrau bis schwarz, neutral und hat ein reiches Tierleben.

Sapropel oder Faulschlamm besteht ebenfalls aus Pflanzenresten, Humusstoffen und Ton. Diese sind zusammen aber in einem sauerstoffarmen nährstoffreichen Wasser abgesetzt worden. Sapropel stinkt darum von Fäulnisgasen und hat praktisch kein Tierleben. Es ist tiefschwarz.

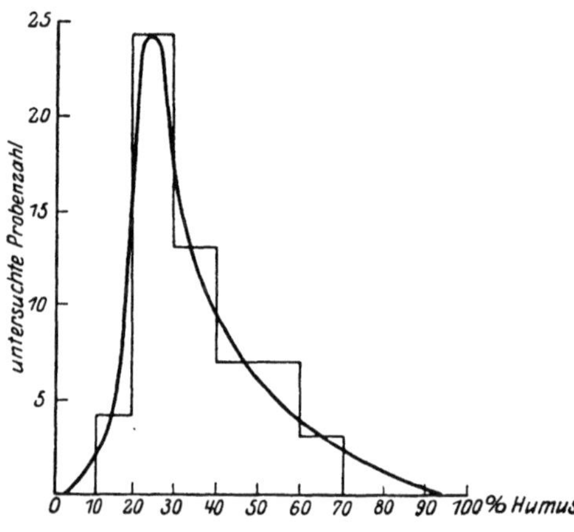

Abb. 247. Variation im Humusgehalt von Böden des *Caricetum curvulae* (aus Br.-Bl. u. Jenny 1926)

Flachmoortorf besteht aus wenig abgebauten Pflanzenresten, die in einem nährstoffreichen, aber sauerstoffarmen Wasser angehäuft werden. Er ist gelb bis braun, neutral und arm an Tierleben.

Zwischenmoortorf ist sauer.

Hochmoortorf besteht aus Pflanzenresten, die in sehr basenarmem Wasser angehäuft werden. Er ist sehr sauer und hat praktisch kein Tierleben.

Anmoor bildet einen Übergang von Torf zu Mull.

**Humusgehalt.** Die Bilanz zwischen Anfall von Humusbildnern und völliger Mineralisierung ergibt den Humusgehalt eines Bodens. Dieser ist für die verschiedenen normal dränierten Böden eine charakteristische Größe und hauptsächlich vom Klima, ferner vom Basengehalt und auch vom Tongehalt des Bodens abhängig. Dabei ist zu unterscheiden zwischen dem prozentischen Humusgehalt der Feinerde und dem Humusgewicht z. B. unter 1 qdm Bodenoberfläche.

**Humusbildung und Vegetation.** Humusform und Humusgehalt sind, abgesehen von klimatischen Einflüssen, wesentlich von der herrschenden Pflanzendecke bestimmt. Aber auch innerhalb ein und derselben Pflanzengesellschaft ergeben sich oft große Schwankungen, so daß Mittelwerte auf sehr zahlreichen Humusbestimmungen beruhen müssen (s. Abb. 247). Näher untersucht sind diese Verhältnisse bei einigen hochalpinen Pflanzengesellschaften (Br.-Bl. und Jenny 1926).

Der prozentuale Anteil der organischen Substanzen beträgt in der

Wurzelerde alpiner Rasengesellschaften im Mittel 20 bis 40%. Ein etwas höheres Mittel ergeben die Zwergstrauchgesellschaften.

Die basiphile, kalkstete Assoziation des *Caricetum firmae* speichert im Mittel 15 bis 20%, das schwach azidophile *Elynetum* 30 bis 40%, das ausgesprochen azidophile *Caricetum curvulae* 25 bis 35%. Im *Caricetum firmae* und auch im *Festucetum violaceae* geht infolge des höheren Kalkgehaltes die Zersetzung der organischen Stoffe rascher vor sich als

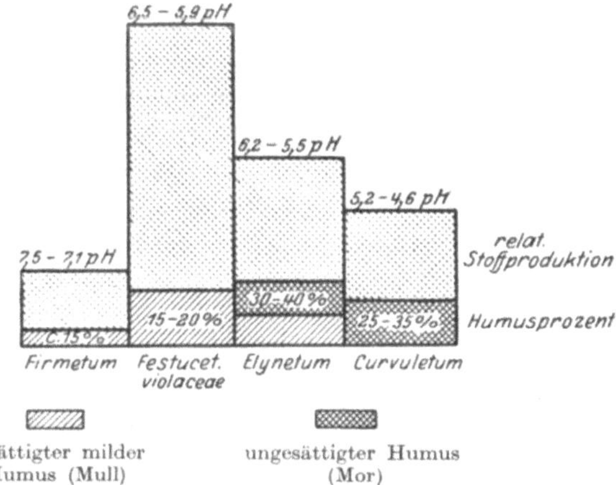


Abb. 248. Produktion an organischer Substanz und Humusgehalt der Böden einiger Rasengesellschaften der Zentralalpen (nach Br.-Bl. u. Jenny 1926)

im *Elynetum* und *Caricetum curvulae*. Das *Elynetum* besitzt ein größeres Produktionsvermögen als das *Caricetum curvulae*. Im *Caricetum curvulae*, wo der Humusabbau wegen des hohen Säuregrades am langsamsten fortschreitet, scheint ein gewisses Gleichgewicht zwischen Humusaufbau und -abbau erreicht, wenn rund zwei Drittel der Pflanzenreste der Zerstörung anheimgefallen sind. (Abb. 248.)

Lemée et al. (1958) haben die Humusbildung von vier Laubwaldgesellschaften der oberrheinischen Tiefebene näher verfolgt. Schon in der organischen Substanz ergaben sich erhebliche Unterschiede, wie aus folgenden Zahlen des Trockengewichtes hervorgeht (Tab. 46).

Tabelle 46. Jährlicher Anfall an organischem Material in vier Laubwaldgesellschaften (Lemée et al. 1958)

| | org. Material pro qm |
|---|---|
| *Pruno-Fraxinetum* | 13,65 kg |
| *Querco-Betuletum medioeuropaeum, molinietosum* | 8,1 kg |
| *Querco-Betuletum medioeuropaeum*, typisch | 6,2 kg |
| *Querco-Carpinetum luzuletosum* | 5,4 kg |

Der Humushorizont der vier Gesellschaften zeigt beträchtliche morphologische Unterschiede. So bildet das *Pruno-Fraxinetum* einen mächtigen Mull, der sukzessive in die tieferen Horizonte übergeht, das typische *Querco-Betuletum medioeuropaeum* dagegen entwickelt einen etwa 3 cm dicken, faserigen Mor.

Vieljährige Untersuchungen über die Zusammensetzung der Bodenvegetation sowohl im streuegenutzten als im ungenutzten *Ficario-Ulmetum*-Auenwald bei Wien hat ONNO (1961) durchgeführt. In der Krautschicht des ungenutzten Bestandes konstatierte er eine deutliche Zunahme der Mullpflanzen.

Für Böden der meisten Pflanzengesellschaften ist eine bestimmte Humusform charakteristisch. Wie weit die Humusform die Gesellschaft ursächlich beeinflußt und wie weit die Gesellschaft selbst die Humusform verursacht, ist im einzelnen wenig abgeklärt. Wirk- und Hemmstoffe, Versorgung mit Hauptnährstoffen, besonders Spurenelementen, pH, Wasser-, Luft- und Wärmehaushalt usw. spielen mit. (Vgl. HANDLEY 1954.)

Mullpflanzen sind vor allem Arten der gutwüchsigen Laubmischwälder (*Arum maculatum*, *Pulmonaria*-Arten, *Primula elatior*, *Scilla bifolia*, *Allium ursinum*, *Dentaria*-Arten), ferner Hochstauden und Arten der basiphilen Rasengesellschaften.

Typische Mull-Gesellschaften sind z. B. *Querco-Carpinetum aretosum*, *Fagetum allietosum*, *Aceri-Fraxinetum* und *Arrhenatheretum*.

Zu den bezeichnendsten Morpflanzen zählen die Saprophyten der Nadelwälder, wie *Pyrola-*, *Goodyera-* und *Lycopodium*-Arten, *Linnaea*, *Trientalis*, *Majanthemum bifolium*, die *Vaccinium*-Arten, *Empetrum hermaphroditum* usw.

Klassische Mor-Pflanzengesellschaften des Alpengebietes sind das *Rhododendro-Vaccinietum*, das *Empetro-Vaccinietum* und das *Loiseleurio-Cetrarietum*.

Die Torfe schließlich werden am besten durch das Ausgangsmaterial charakterisiert, z. B. *Sphagnumtorf*, *Ericaceen*-Torf, *Seggen*-Torf, *Hypnum*-Torf, *Eriophorum*-Torf („Lindbast"), Schilftorf usw.

**Verlagerungsvorgänge.** Die Verwitterungs- und Humifizierungsprodukte bleiben nicht alle am Ort ihrer Bildung liegen, sondern sie erfahren mannigfache Verlagerungsvorgänge (vgl. PALLMANN, FREI und HAMDI 1943).

**Mechanische Verlagerung.** Durch Rutschung und Bodenfließen können die obersten Schichten oder kann selbst der ganze Boden verschoben oder total abgetragen werden, ebenso durch Wasser und Wind, wenn die Bodenteilchen leicht genug sind.

Von Böden, die aus Material verschiedenster Korngröße bestehen, vermögen Wind und Wasser auslesend nur die feinen, leichten Teilchen auszublasen oder wegzuschwemmen. Das grobe Material wird im Rückstand angereichert und vermag, wenn es den ganzen Boden deckt, die weitere Erosion etwas zu hemmen.

Ein ganz langsamer Abtrag ist in vielen Fällen erwünscht, denn er hält die Böden jung und fruchtbar. Im Gegensatz dazu sind alte Böden humider Gebiete stark ausgelaugt und versauert. Wo der Abtrag aber zu intensiv ist, geht mit dem Boden auch Wurzelraum verloren, und die Nährstoff- und Wasserversorgung wird reduziert.

Das abgetragene Bodenmaterial gelangt unter Umständen auf anderen Böden wieder zur Ablagerung. Je nach der Art des Materials und nach der Menge, die auf einmal abgelagert wird, wirkt sich dies

Abb. 249. „Demoiselle coiffée" im subalpinen Lärchenwald des Queyras. Festgekittete Moräne, durch Felsblock vor Erosion geschützt

für die Vegetation günstig oder ungünstig aus. Durch Murgänge, Überschwemmungen und Wirbelstürme kann die Vegetation völlig begraben werden, und Boden- und Vegetationsentwicklung müssen von neuem beginnen.

Die Intensität des Abtrags hängt von folgenden Faktoren ab:

Vom Boden: Je feiner und loser das Material und je geringer die Wurzelverheftung, um so intensiver der Abtrag durch Wind und fließendes Wasser. Hohe Durchlässigkeit vermindert umgekehrt den oberflächlichen Abfluß und damit die Erosion, ebenso die Gefahr von Murgängen.

Von der Unterlage: Hohe Durchlässigkeit wirkt der Erosion entgegen.

Vom Relief: Starke Neigung und Länge des Hanges begünstigen die Erosion. Die Exposition wirkt sich meist indirekt, durch die Vegetation, aus (Schattenhänge bleiben eher dem Wald überlassen, während Sonnenhänge eher intensiv landwirtschaftlich genutzt werden, s. S. 230).

Vom Klima: Je dichter und größer die Niederschläge und je größer die Windgeschwindigkeit, desto größer die erosive Kraft. Das Klima beeinflußt sehr stark den Aufbau des Bodens und der Vegetation und damit indirekt die Erosionsintensität.

Von der Vegetation: Ein geschlossener, dichter und üppiger Vegetationsteppich schützt den Boden vor dem direkten Angriff von Wind und Wasser und hält ihn mit einem dichten Wurzelfilz zusammen. Zeitweise Vernichtung der Vegetation durch Brand, Kahlschlag und Umbruch schaffen maximale Erosionsgefahr.

Bei der Bodenbearbeitung werden oft ganze Bodenschichten *völlig vermischt.*

Die wühlenden Bodentiere hingegen verlagern auslesend nur das feine Material.

Art, Intensität und Umfang der Durchwühlung des Bodens hangen u. a. ab:

Vom Boden: Frische und neutrale Reaktion begünstigen die Regenwürmer, Nässe und Trockenheit sowie stark saure Reaktion vertreiben die Würmer; dafür sind Kerbtiere in größerer Zahl tätig.

Vom Klima: Dieses wirkt hauptsächlich indirekt, indem es das Bodenklima und die Vegetation mitbestimmt.

Von der Vegetation: Je üppiger die Vegetation, desto reicher der Anfall an organischer Substanz, und desto üppiger auch die Bodenfauna.

Bei der Vermischung wird organisches Material in die Tiefe verlagert und mineralisches Material aus dem Untergrund heraufgeholt. Der Boden wird dadurch für die Vegetation tiefer erschlossen, und es werden ihm immer wieder frische Basen zugeführt.

**Filtrationsverlagerung.** Von größter Bedeutung bei der Bodenbildung ist die Verlagerung von Stoffen, die im Bodenwasser gelöst oder kolloid dispergiert sind, die sogenannte Filtrationsverlagerung.

Im Mikrobereich ist sie in allen Böden allseitig gerichtet. Zwischen den Bodenteilchen, den Wurzeln und dem Bodenwasser diffundieren dauernd Ionen hin und her.

Wo sich das Wasser in bestimmter Richtung bewegt, ist auch die Filtrationsverlagerung einseitig gerichtet. Mit dem Sickerwasser werden Stoffe in die Tiefe verlagert oder ganz ausgewaschen, mit dem kapillar aufsteigenden Wasser werden Salze aus dem Grundwasser gegen die Oberfläche verlagert und dort angereichert; Fremdwässer führen Stoffe dem Boden zu und daraus weg.

Die Filtrationsverlagerung ist an verschiedene Voraussetzungen gebunden. Wenn diese im Boden örtlich oder zeitlich nicht mehr gegeben sind, so können die Stoffe nicht weiter verlagert werden; sie bleiben vielmehr liegen und werden unter Umständen angereichert.

Die Filtrationsverlagerung ist an Wasser gebunden. In normal dränierten Böden werden die Stoffe so weit in die Tiefe verlagert, als die Niederschläge eindringen. In jener Tiefe, bis zu der die Niederschläge durchschnittlich eindringen, werden die verlagerten Stoffe angereichert, weil Verdunstung und Transpiration der Pflanzen das Wasser verbrauchen. So finden sich Kalkkonkretionen z. B. hauptsächlich um Wurzeln.

Das Bodenfilter muß gröber sein als die Stoffe, die verlagert werden sollen. Durchlässiges Material mit groben Poren fördert die Auswaschung. Eine Schicht mit feineren Poren wirkt wie ein Filter, eine undurchlässige Schicht stoppt auch die Versickerung.

Die Stoffe, die verlagert werden sollen, müssen feiner sein als die Poren des Bodenfilters. Feinste Zerteilung ergibt sich durch Lösung oder kolloide Dispergierung. Wasserverlust bewirkt Überkonzentration und Auskristallisation oder Koagulation. Bei $CO_2$-Verlust aus der Bodenlösung z. B. durch Assimilation, Erwärmung oder Belüftung wird Kalk ausgefällt. Ferroeisen wird bei Belüftung oxydiert und fällt aus. Durch Änderung im $p_H$ oder in der Elektrolytkonzentration können Kolloide ausgeflockt werden.

R i c h t u n g und I n t e n s i t ä t der Filtrationsverlagerung hangen deshalb in komplizierter Weise ab vom Boden, vom Relief, vom Untergrund vom Klima und von den Organismen.

In normal dränierten Böden ist die Filtrationsverlagerung abwärts gerichtet.

Aufwärts werden Stoffe nur dann transportiert, wenn erstens der Untergrund undurchlässig ist und eine Mulde bildet, so daß das Grund-

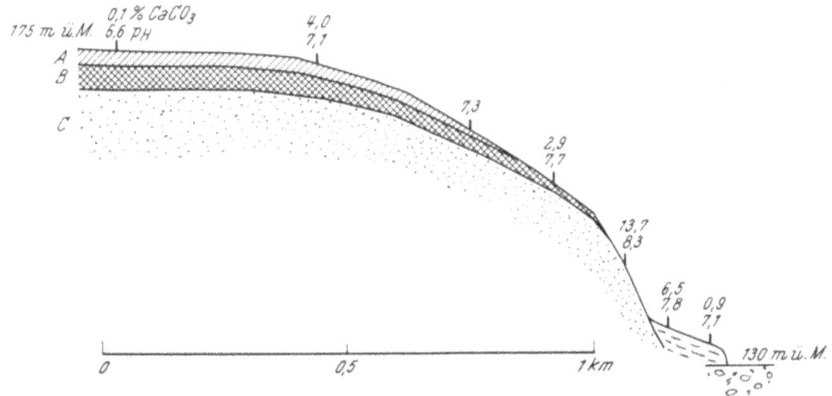


Abb. 250. Kalziumkarbonatgehalt und $p_H$ in verschieden stark abgetragenen Bodenprofilen (nach LEMÉE u. WEY 1950)

wasser nahe der Oberfläche steht, und wenn zweitens das Klima arid ist, so daß das Wasser durch die Verdunstung kapillar gehoben wird.

Überschwemmungswasser, Hangwasser und fließendes Grundwasser führen wie gesagt Stoffe sowohl zu als auch weg.

Die Organismen fördern die Filtrationsverlagerung, indem sie z. B. Stoffe liefern, die lösend (eventuell indirekt, durch Reduktion) oder dispergierend wirken; sie hemmen die Filtrationsverlagerung z. B. durch den Verbrauch von Wasser; durch die Produktion von Stoffen, die unlösliche Verbindungen (z. B. Chelate) bilden oder als unlösliche Verbindungen Ionen durch Adsorption vor der Auswaschung schützen; durch die Oxydation und damit verbundene Ausfällung von Eisen-, Mangan- und Schwefelverbindungen sowie durch die $CO_2$-Assimilation, die eine Kalkausfällung bewirkt.

**Verlagerungsvorgänge und Vegetation.** Filtrationsverlagerung und biologische Durchmischung tragen zur Weiterentwicklung des Bodens

Abb. 251. Bodenabtrag im *Quercetum cocciferae brachypodietosum* auf Mediterran-Rendzina-Roterde bei Montpellier (Aufn. SUSPLUGAS)

bei. Ihr Einfluß auf die Vegetation ist deshalb bei der Besprechung von Vegetations- und Bodenentwicklung dargelegt.

Bei der Bodenentwicklung treten die Gesteinseigenschaften allmählich zurück, Verwitterungsprodukte und Humus bestimmen mehr und mehr die Bodeneigenschaften, die Böden gleichen sich immer mehr, ihre Vegetation wird immer einheitlicher.

Abtrag hingegen hemmt die Bodenentwicklung oder wirft sie zurück. Je stärker ein Boden abgetragen, um so mehr treten die Merkmale der Gesteinsunterlage wieder hervor.

Die Klimaxgesellschaft Südfrankreichs, das *Quercetum ilicis*, ursprünglich über weite Strecken herrschend, erscheint floristisch sehr einförmig und artenarm. Aber schon das erste Degradationsstadium, auf wiederholten Schlag und Brand folgend — das *Quercetum cocciferae* —, spaltet sich in drei floristisch abweichende Subassoziationen (s. Abb. 251). Der humusreiche $A_0$- und $A_1$-Horizont des Eichenwaldes ist hier abgebaut, die tieferen Bodenhorizonte machen ihren Einfluß stärker geltend. Nach Vernichtung des *Quercetum cocciferae* durch Brand und Überweidung geht die Abtragung weiter, wobei immer tiefere Bodenschichten an die Oberfläche gelangen.

Rückschreitend folgen auf den *Quercus coccifera* — Busch mehrere auseinanderstehende *Nanophanerophyten*- und *Chamaephyten*-Assoziationen.

Bei weitergehendem Abtrag kommen schließlich die chemisch und physikalisch durchaus verschieden zusammengesetzten tieferen Horizonte zum Vorschein. Je verschiedener das Muttergestein, desto höher die Zahl der floristisch abweichenden Rohbodengesellschaften.

So gibt es im engen Bereich Südfrankreichs westlich der Rhone auf den sekundären Rohböden über Silikatschottern, Miozän- und kompaktem Jurakalk, Eozänmergel, Dolomitsand und Basalt eine Menge artenreicher Gesellschaften.

## 12. Bodenprofil

Der Boden bildet sich nicht in einem geschlossenen System, in dem überall dieselben Bedingungen herrschen. Die Außenbedingungen sind vielmehr in einer Richtung ausgesprochen verschieden: oben steht der Boden im Kontakt mit der Atmosphäre oder mit der Hydrosphäre, unten mit der festen Erdkruste; dementsprechend nimmt auch der Einfluß der Organismen von oben nach unten ab. Seitliche Änderungen in den Bildungsbedingungen machen sich dagegen meist nur über größere Distanzen geltend.

In der Vertikalen zeigen die Böden denn auch eine ausgeprägte Anisotropie: ein Profil mit Horizonten.

**Mächtigkeit des Profils.** Sie reicht so weit, als das Muttergestein durch die Bodenbildung verändert worden ist. Dabei ist nur auf jene Prozesse abzustellen, die sich am Ort selbst abgespielt haben (wichtig z. B. bei Moränen).

Die Mächtigkeit wird in cm angegeben. Man unterscheidet etwa auch folgende Gründigkeiten:

| | Mächtigkeit |
|---|---|
| sehr flachgründig | 0— 10 cm |
| flachgründig | 10— 30 cm |
| mittelgründig | 30— 60 cm |
| tiefgründig | 60—120 cm |
| sehr tiefgründig | über 120 cm |

**Schichten und Horizonte.** Im weiten Sinn sind Schichten irgendwelche Abschnitte des Bodenprofils. Es können Horizonte sein (s. unten). Sie können aber auch vom Muttergestein ererbt sein, und man spricht alsdann von Schichten im engern Sinn.

Horizonte sind Abschnitte des Bodenprofils, die durch die Bodenbildungsvorgänge, die sich am Ort selbst abgespielt haben, herausgebildet worden sind.

Man unterscheidet verschiedene Arten von Horizonten und bezeichnet diese allgemein mit Symbolen (vgl. BACH et al. 1954, KUBIËNA 1953, MÜCKENHAUSEN 1962, Soil Survey Manual 1950, WHITESIDE 1959).

Bei normal dränierten Böden wurde ursprünglich der humose Oberboden mit A bezeichnet, der mineralische Unterboden mit B und die Unterlage mit C. Heute bedeuten:

A = Auswaschungshorizont.
B = Horizont zwischen dem A und dem C (s. unten), in dem von oben eingeschwemmtes Material wieder abgelagert worden ist (Illuvialhorizont) oder der sich durch Körnung, Gefüge oder Farbe vom A und C unterscheidet (nicht bloß einen Übergang bildet).
C = Muttergestein. Es besteht aus demselben Material, aus dem der Boden entstanden ist, ist aber durch die Bodenbildung kaum verändert worden. In den USA wird nur Lockermaterial mit C bezeichnet.
D = Unterlage, die aus anderem Material besteht als das Muttergestein, aus dem der Boden entstanden ist.
G = Gley-Horizont, durch Fremdwasser beeinflußt.
T = Torf-Horizont.

Die Horizonte werden durch Basisindices und Exponenten näher gekennzeichnet:

$A_{00}$ = Streu, höchstens einjährig.
$A_0$ = Rohhumus = mehrjährige Streu (betreffs Unterscheidung von F, L und H s. S. 429).
$A_{00}$ und $A_0$ werden bei der Mächtigkeit des Profils vielfach nicht mitgerechnet, da sie variabel sind und durch äußere Einflüsse (Brand, Rodung, Landwirtschaft) leicht zerstört werden.
$A_1$ = Humushorizont. Horizont mit der größten Anreicherung von an Ort gebildeten (nicht verlagerten) Humusstoffen (nicht Humusbildnern), die in der Regel mit mineralischem Material vermischt sind. Meist graubraun. Intensivstes Bodenleben.
$A_2$ = Mineralischer Auswaschungshorizont. Er enthält wesentlich weniger organische Substanz als der $A_1$, ist darum auch meist heller. Der Verlust kann Alkali- und Erdalkali, Ionen, Sesquioxyde und Ton betreffen (auch im $A_1$).
$A_3$ = Übergang vom A zum B oder C, aber dem A ähnlicher.
$A_p$ = A-Horizont, der durch Pflügen oder sonstwie verändert, eventuell mit Material aus dem Untergrund vermischt worden ist.
$B_1$ = Übergang vom A, aber dem B ähnlicher.
AB = Übergang von A zu B, ohne Unterscheidung von $A_3$ und $B_1$.
$B_2$ = Horizont mit der stärksten Ausprägung des B-Charakters.
$B_3$ = Übergang vom B zum C, aber dem B ähnlicher.

Ist der B ein Illuvialhorizont, so wird dafür eine Anreicherung mit einem Basisindex symbolisiert (anwendbar auch für A-Horizonte):

$B_s$ = Sesquioxyd-Illuvialhorizont
$B_h$ = Humus-Illuvialhorizont
$B_t$ = Ton-Illuvialhorizont
$B_{ca}$ = Kalk-Illuvialhorizont

Ein Kalk-Illuvialhorizont wird oft mit Ca bezeichnet. Die Indices können auch kombiniert werden, z. B. $B_{s2}$.

Andere Natur des B-Horizontes wird ebenfalls indiziert:

$B^{co}$ = Farb-B-Horizont,
$B^{st}$ = Struktur-B-Horizont

Diese beiden Horizonte werden auch als (B) bezeichnet.

$A^{cn}$, $B^{cn}$ = Horizonte mit Konkretionen.
$A^b$, $B^b$ = Begrabene Horizonte.
$A^{fo}$, $B^{fo}$ = Fossile Horizonte, unter anderen als den heutigen Bedingungen gebildet (Terra rossa in Südfrankreich).
$G^0$ = Durch Fremdwasser (Hang- oder Grundwasser) beeinflußter Horizont, in dem Ferrioxydhydroxyd in rostfarbigen Flecken oder Konkretionen abgeschieden ist.
$G^r$ = Durch Fremdwasser beeinflußter Horizont, der völlig reduziert und darum fahl grau, blau oder grünlich ist.
$T_a$ = Hochmoortorf (saurer Torf).
$T_b$ = Niedermoortorf (basischer Torf).

Profile oder Horizonte werden durch kleine Buchstaben, die den Horizontsymbolen vorangestellt werden, einem bestimmten *Bodentyp* (s. unten) zugeordnet, z. B.

$bA_1$ = Braunerde-$A_1$
$pA_1$ = Podsol-$A_1$
psg $A_1$ = Pseudogley-$A_1$

Auch Übergänge zwischen zwei Bodentypen lassen sich so charakterisieren:

$brA_1 = A_1$ einer verbraunten Rendzina

Man kann folgende Grade der Differenzierung eines Horizont unterscheiden und folgende Symbole dafür verwenden:

| | |
|---|---|
| sehr schwach | z. B. $((A_0))$ |
| schwach | $(B_s)$ |
| deutlich | $A_1$ |
| stark | z. B. $\underline{A_2}$ |
| sehr stark | $\underline{\underline{B_h}}$ |

Ist ein Horizont nicht durchgehend, so bezeichnet man dies mit eckiger Klammer: $[A_0]$.

Die Schärfe der Horizontgrenzen wird nach der Breite des Übergangs gemessen, der zwischen jenen beiden Abschnitten liegt, die eindeutig dem einen oder anderen Horizont angehört. Man kann folgende Grenzschärfen unterscheiden (in Anlehnung an U.S. Soil Survey) und dafür folgende Symbole verwenden:

| Grenzschärfe | Breite des Überganges | Symbol zwischen Horizontsymbolen | Symbol in Profilzeichnung |
|---|---|---|---|
| diffus | über 12 cm | doppelter Bindestrich | ······ |
| undeutlich | 6 bis 12 cm | einfacher Bindestrich | ·–·–·– |
| deutlich | 3 bis 6 cm | Kreuz | ----- |
| scharf | 1 bis 3 cm | einfacher Bruchstrich | —— |
| sehr scharf | unter 1 cm | doppelter Bruchstrich | ══ |

z. B. bB—bC oder $\frac{bB}{bC}$ ; $pA_2 \| pB_s$ oder $\frac{pA_2}{pB_s}$

Man unterscheidet (nach U.S. Soil Survey) folgende Formen der Horizontgrenzen und verwendet dafür entsprechende Symbole in den Profilskizzen:

| | |
|---|---|
| eben: | Mächtigkeit des Horizontes über große Ausdehnung auch im Kleinen gleichförmig |
| gewellt: | breite, aber nur seichte Taschen |
| unregelmäßig: | Taschen tiefer als breit |
| gebrochen: | tiefe, aber nur schmale Taschen oder Zungen (z. B. Kluftausfüllungen) |

**Bio- und petrogene Horizonte.** Dem Pflanzensoziologen ist die Unterscheidung zwischen bio- und petrogenen Horizonten, die ihrer Entstehung und Anordnung nach verschieden sind, geläufig.

Die biogenen Horizonte sind hauptsächlich vom Chemismus, von der Vegetationsdecke und der von ihr abhängigen Tierwelt bedingt; die petrogenen vom Untergrund (dem C-Horizont) und von den Klimafaktoren (Niederschlag, Temperatur) (Abb. 252).

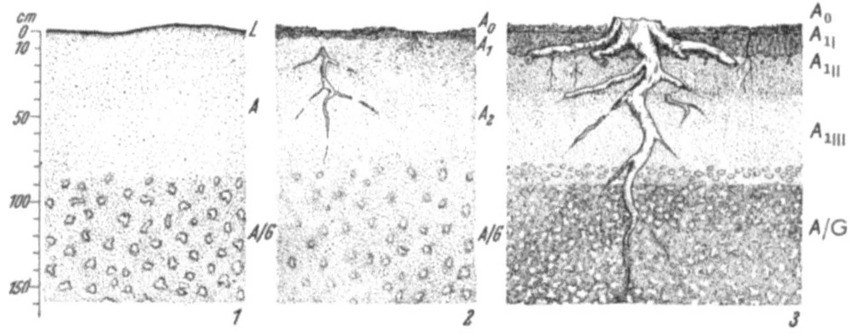


Abb. 252. Entwicklung des Bodenprofils und Differenzierung der bio- und petrogenen Horizonte auf Flußterrassen bei Montpellier (nach Tchou 1949). *1* Artenarmes Initialstadium, *2* Weidenstadium, *3 Populetum albae typicum*

Für die Differenzierung der verschiedenen Pflanzengesellschaften sind die biogenen Horizonte von besonderer Wichtigkeit.

Es kann beispielsweise der petrogene Profilanteil des Grüneichenwaldes (*Quercetum galloprovinciale typicum*) sehr verschiedenartig aussehen, ohne daß sich diese Verschiedenheit in der floristischen Zusammensetzung der Subassoziation auswirkt, weil hierfür der biogene Profilanteil ausschlaggebend ist.

Es kommt vor, daß senkrechte Pfahlwurzeln beim Kontakt mit dem petrogenen Horizont plötzlich waagrecht abbiegen.

Wie schon SCHMUTZIGER (1935) hervorhebt, tritt die Bedeutung des petrogenen Profilanteils im gemäßigten und kühlen Klima immer mehr zugunsten des biogenen zurück.

Jeder gutausgebildeten Assoziation, bei Waldgesellschaften sogar jeder Variante, entsprechen gewisse Besonderheiten im Bodenprofil, vor allem im biogenen Profilanteil.

**Einzelboden oder Bodenindividuum.** Jeder Boden hat nicht nur ein Profil, sondern auch eine gewisse Ausdehnung in der Landschaft, er ist also ein dreidimensionales Gebilde. Soweit die Bodenbildungsbedingungen sich gleich bleiben, findet sich im Gelände dasselbe Profil. Wenn ein Bildungsfaktor sich ändert, so ändert sich auch das Profil. Soweit ein Boden dasselbe Profil aufweist, solange spricht man vom selben Boden, und den entsprechenden Ausschnitt an der kontinuierlichen Bodendecke nennt man Einzelboden oder Bodenindividuum. Einzelböden sind die realen Gegenstände der Systematik und Genetik der Böden.

Der kleinste Ausschnitt aus dem Einzelboden, der alle wesentlichen Merkmale des Einzelbodens aufweist, heißt das Pedon. Dieses ist etwa vergleichbar der Einheitszelle in einem Kristall oder einem das Minimiareal erreichenden pflanzensoziologischen Assoziationsindividuum.

## 13. Faktoren der Bodenbildung

Die Bodenbildung wird beeinflußt vom Muttergestein, von den Organismen, dem Klima, dem Relief und von der Zeit, die dafür zur Verfügung gestanden hat. Diese Faktoren können unabhängig voneinander variieren, man nennt sie darum auch unabhängige Bodenbildungsfaktoren (JENNY 1941).

Als unabhängigen Faktor Organismen betrachtet JENNY den gesamten Arteninhalt (Flora, Fauna und Mensch) einer Gegend, wobei die Gegend nicht zu klein gewählt werden darf.

JENNY (1941) unterscheidet in Abhängigkeit von einem einzelnen wichtigen Faktor bei den Böden:

Lithofunktionen und Lithosequenzen,
Klimatofunktionen und Klimatosequenzen,
Topofunktionen und Toposequenzen,
Chronofunktionen und Chronosequenzen,
Biofunktionen und Biosequenzen (nach dem Faktor Organismen, s. oben).

JENNY (1941) betont ausdrücklich, daß seine Funktionen und Sequenzen nur statistische Korrelationen wiedergeben, und schließt die Frage nach den Kausalbeziehungen dabei ausdrücklich aus. Die kausalen Zusammenhänge sind manchmal aber so offenkundig, daß sie als unleugbar anzusehen sind. JENNYS Definition der Funktionen und Sequenzen hat den Vorteil, daß die objektiv festgestellten und feststellbaren Tatsachen von den Interpretationen sauber getrennt werden.

Seine Auffassung läßt sich natürlich auch auf die Pflanzengesellschaften anwenden, es sind ja dieselben Faktoren, welche die Entwicklung sowohl der Böden als auch der Pflanzengesellschaften bestimmen. Statt Sequenz wird in der dynamo-genetischen Vegetationskunde seit jeher der Terminus Serie verwendet.

Folgende Ausführungen beziehen sich sowohl auf rein statistische als auch kausale Betrachtungen über den Einfluß der einzelnen Faktoren auf Bodenbildung und Vegetationsentwicklung, doch wird der Faktor Zeit unter dem Abschnitt Syndynamik behandelt (S. 608). Was die Beziehungen aus der Bodensystematik betrifft, so vergleiche man S. 456.

### a) Einfluß des Muttergesteins auf die Bodenbildung (Lithosequenzen)

Das Muttergestein im strengen Sinn des Wortes besteht im Ausgangsmaterial, das zur Zeit Null der Bodenbildung vorhanden ist und bei der Bodenbildung umgewandelt wird: Es kann sich also auch um organisches Material handeln, und der Ausdruck Gestein ist wie bei den Petrographen und Geologen in weitem Sinn zu fassen.

Der C-Horizont darf nur dann als Muttergestein angesprochen werden, wenn er aus dem gleichen Material besteht. In der Identifizierung des Muttergesteins besteht das Hauptproblem beim Studium des Gesteinseinflusses; es ist praktisch nur dann zu lösen, wenn man die Identität des eigentlichen Muttergesteins mit dem Material des C-Horizontes nachweisen kann.

Das Muttergestein beeinflußt die Bodenbildung durch die Mineralarten, die an seinem Aufbau beteiligt sind (Chemismus, Kristallstruktur),

das Mengenverhältnis der verschiedenen Mineralarten,

die Korngröße der Mineralien,

die Art der organischen Verbindungen, die an seinem Aufbau beteiligt sind,

den Mengenanteil der organischen Verbindungen,

das Gefüge des Gesteins (räumliche Anordnung der Einzelkörner und organischen Verbindungen, Porosität),

die Richtung der geologischen Schicht.

Von diesen Merkmalen hängt in erster Linie der Widerstand gegen die Verwitterung ab. Ein grobkörniges, poröses Gestein unterliegt vor allem der physikalischen Verwitterung. Je größer die zugängliche spezifische Oberfläche, desto intensiver die chemische Verwitterung. Die einzelnen Mineralien weisen sodann eine spezifische Stabilität auf, die von der Art der am Aufbau beteiligten Elemente, der Bindungsart und der Kristallstruktur abhängt.

Van der Marel (1947, 1949) hat die Verwitterungsbeständigkeit von grobkörnigen magmatischen Mineralien untersucht und die Mineralien entsprechend eingereiht (Tab. 47).

Jackson und Sherman (1953) gaben eine „Verwitterungs-Sequenz“

für feinkörnige Mineralien und schlossen auch nicht-magmatische Mineralien ein (Tab. 48).

Tabelle 47. Verwitterungsbeständigkeit grobkörniger magmatischer Mineralien (vgl. VAN DER MAREL 1947, 1949)

Zunehmende Beständigkeit: 1. Basisches vulkanisches Glas, 2. Olivin, 3. Hypersthen, 4. Biotit, 5. Augit, 6. Amphibol, 7. Anorthit, 8. Epidot, 9. Bytownit, 10. Andesin, 11. Oligoklas, 12. Muskowit, 13. Granat, 14. Orthoklas, 15. Mikroklin, 16. Albit, 17. Allanit, 18. Zirkon, 19. Staurolit, 20. Rutil, 21. Turmalin, 22. Quarz.

Tabelle 48. Verwitterungsbeständigkeit feinkörniger Mineralien (JACKSON und SHERMAN 1949)

Zunehmende Beständigkeit:

1. Gips (Halite, Natriumnitrat, Ammoniumchlorid)
2. Calcit (Dolomit, Aragonit, Apatit)
3. Olivin-Hornblende (Augite, Diopsid)
4. Biotit (Glaukonit, Magnesiumchlorit, Antigorit, Nontronit)
5. Albit (Anorthit, Stilbit, Mikroklin, Orthoklas)
6. Quarz (Cristobalit)
7. Muskowit (10-Å-Sericit, Illit)
8. Wechsellager-1: 2-Schichtsilikate und Vermikulit
9. Montmorillonit (Beidellit, Saponit)
10. Kaolinit (Halloysit)
11. Gibbsit (Boehmit, Allophan)
12. Hämatit (Goethit, Limonit)
13. Anatas (Zirkon, Rutil, Ilmenit, Leukoxen, Korund)

Jene Mineralien, die bei der Bodenbildung am Ort entstanden, sind die für den Boden kennzeichnenden Mineralien.

Porosität und Schichtstellung beeinflussen stark die Wasserdurchlässigkeit und damit die Auswaschungsintensität.

Die Wasserdurchlässigkeit sinkt bei unverfestigten Sedimenten in der Reihenfolge: blockiges Material >Sand >Schluff >Lehm >Ton. Undurchlässiges Gestein verursacht Vernässung der Böden, in Mulden unter Umständen Versumpfung oder — unter ariden Bedingungen — Versalzung. Auf Hängen kann Vernässung Kriechen und Rutschungen verursachen.

Von der Art der Mineralien im Muttergestein und der Art der Verwitterung hängt die Art der Verwitterungsprodukte ab, vom Basenvorrat z. B. der Sättigungsgrad, der nach bestimmter Dauer und Intensität der Auswaschung im Boden noch vorhanden ist. So versauern Böden auf quarzreichem, kalkfreiem Muttergestein sehr schnell, Böden auf Kalk dagegen sehr langsam.

Indirekt beeinflußt das Muttergestein die Bodenbildung durch seinen Einfluß auf das Relief und nicht zuletzt auch auf die Vegetation.

Der Boden zeigt den Einfluß des Muttergesteins um so stärker, je extremer dieses zusammengesetzt ist (aus reinem Quarzsand oder reinem Kalk entstehen gewöhnlich keine neuen Verwitterungsprodukte) und je weniger weit die Bodenbildung, besonders die Verwitterung, fortgeschritten ist; die Bodenbildung wird durch ein trockenes und kaltes Klima gehemmt, durch die Erosion immer wieder zurückgeworfen.

**Durch das Muttergestein bedingte Serien von Böden und Pflanzengesellschaften.** Ein schönes Beispiel für eine „Lithosequenz" haben Tüxen und Ellenberg (1937) von Nordwest-Deutschland beschrieben. Dort haben sich auf fluvioglazialen Ablagerungen zunehmenden Tongehaltes verschiedene Böden und Pflanzengesellschaften entwickelt, wie in Tab. 49 schematisch dargestellt ist.

Tabelle 49. Pflanzengesellschaften und Böden auf fluvioglazialen Ablagerungen zunehmenden Tongehalts in Nordwest-Deutschland (nach Angaben von Tüxen und Ellenberg)

| Pflanzengesellschaft | *Querco roboris-Betuletum* | *Querco petraeae-Betuletum typicum* | *Querco petraeae-Betuletum violetosum* |
|---|---|---|---|
| Boden ....... | Stark podsolierte Parabraunerde mit fein gebändertem B-Horizont | Podsolierte Parabraunerde mit grob gebanktem B-Horizont | Parabraunerde mit kompaktem $B_t$-Horizont |
| Muttergestein . | Fluvioglaziale Ablagerung mit zunehmendem Tongehalt → | | |

Eine kausale Erklärung dazu liegt auf der Hand: je tonärmer das Muttergestein ist, desto durchlässiger ist es, desto leichter kann Ton in die Tiefe gewaschen werden, und desto rascher versauert der Boden. Je weniger Ton im Profil vorhanden ist und verlagert wird, desto dünner werden die Bänder, in denen der Ton wieder abgelagert wird.

J.-L. Richard (1961) hat in warmen Lagen der submontanen Stufe des Schweizer Jura auf Muttergestein mit zunehmendem Gehalt an Kalk und abnehmendem Gehalt an kalkfreiem Material der Rhonemoräne folgende Gesellschaften und Böden festgestellt (Tab. 50).

Tabelle 50. Pflanzengesellschaften und Böden auf Muttergestein zunehmenden Kalkgehalts am Südfuß des Schweizer Jura (nach Angaben von J.-L. Richard 1961)

| Pflanzengesellschaft | *Melampyro-Fagetum* | *Carici-Fagetum caricetosum albae* | *Carici-Fagetum caricetosum montanae* |
|---|---|---|---|
| Boden ....... | Podsolierte Parabraunerde | Kalk-Braunerde | Kalk-Rendzina (Humus-Karbonatboden) |
| Muttergestein . | Zunehmender Kalkgehalt → abnehmender Gehalt an kalkfreiem Rhonemoränematerial | | |

Moor (1963) hat nachgewiesen, daß die Pflanzengesellschaften im Jura geradezu als geologische Zeiger betrachtet werden können.

Lithosequenzen sind sehr verbreitet. So finden sich z. B. in der subalpinen Stufe der Voralpen auf Muttergesteinen mit verschiedenem Basengehalt nebeneinander verschiedene Klimax-Gesellschaften und Böden (Tab. 51).

Tabelle 51. Pflanzengesellschaften und Böden abnehmenden Basengehalts in der subalpinen Stufe der Schweizer Voralpen (vgl. BACH, KUOCH und IBERG 1954)

| Pflanzengesellschaft | *Aceri-Fagetum* | *Adenostylo-Abietetum* | *Piceetum subalpinum* |
|---|---|---|---|
| Boden ....... | stark verbraunte Kalk-Rendzina | Braunerde | Podsol |
| Muttergestein . | kalkreich | kalkarm | kalkfrei |
| | ⟶ abnehmender Basengehalt | | |

## b) Einfluß des Klimas auf die Bodenbildung (Klimatosequenzen)

Das Klima beeinflußt die Bodenbildung durch

die Niederschläge, und zwar durch ihre Art, Menge, Verteilung, Häufigkeit und Dichte,

die Temperatur (Mitteltemperatur, tägliche und jahreszeitliche Schwankungen, Extreme),

das Licht (Dauer, Intensität, Spektrum sowie tägliche und jahreszeitliche Schwankungen),

den Wind (Geschwindigkeit, Häufigkeit, Richtung und Verteilung),

die Luftfeuchtigkeit (Höhe und Schwankungen).

Die Klimafaktoren beeinflussen die Bodenbildungen immer über die einzelnen Bodenbildungsprozesse. Die Klimafaktoren bestimmen die Art und Intensität der Verwitterung, der Humusbildung und der Verlagerung.

Für die Bodenbildung maßgebend sind Niederschlag und Temperatur, welche die Aridität oder Humidität eines Gebietes bestimmen.

Mit steigenden Niederschlägen nimmt unter sonst gleichen Bedingungen die chemische Verwitterung zu. Ein Maß dafür ist z. B. der Gehalt an Tonfraktion, doch ist zu bedenken, daß der Ton im Boden auch aus dem Muttergestein stammen kann, aus dem er durch Weglösung des Kalkes freigelegt wird.

JENNY und LEONARD (1934) haben in den USA in Gebieten mit 11 bis 13° C mittlerer Jahrestemperatur Böden auf beliebigen Muttergesteinen bis zu einer Tiefe von 1 m auf den Gehalt an Tonfraktion ($< 5\mu$) C untersucht und folgende Beziehung zu den mittleren Jahresniederschlägen P gefunden:

$$C \text{ (in \%)} = 0{,}567\ P + 4{,}52.$$

Bei lateritischer Bodenbildung dagegen geht der Gehalt an Tonfraktion infolge Tonzerstörung und Bildung von Sesquioxydaggregaten

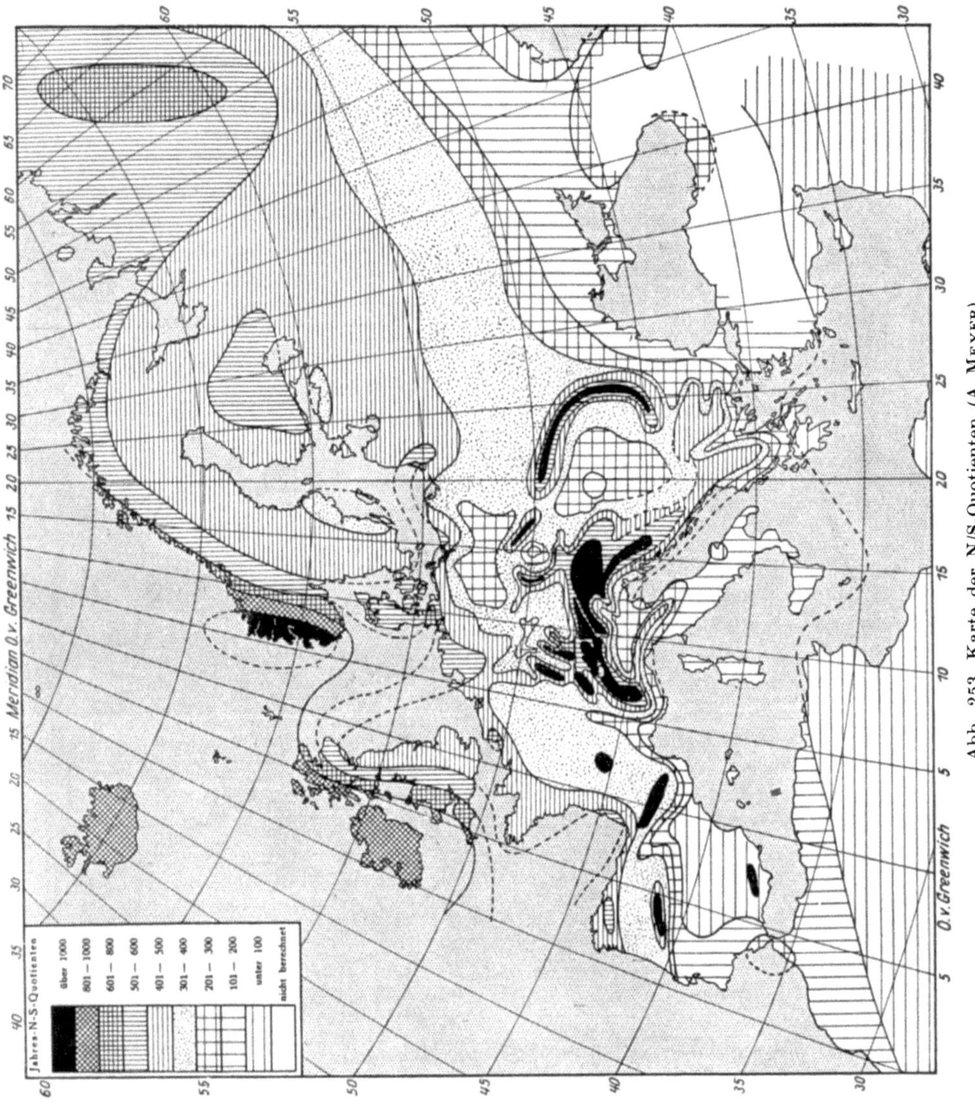


Abb. 253. Karte der N/S-Quotienten (A. Meyer)

mit zunehmender Regenmenge zurück, das Kieselsäure-Sesquioxyd-Verhältnis in der Tonfraktion nimmt entsprechend zu (Craig und Halais 1934).

Jenny und Leonard haben auch den Stickstoffgehalt N (als Maß für den Humusgehalt) in den obersten 25 cm von Lößböden entlang der 11° C-Isothermen im mittleren Westen der USA untersucht und eine noch engere Beziehung zur Niederschlagsmenge R gefunden. Sie läßt sich wie folgt formulieren.

$$N\ (\text{in}\ \%) = 0{,}00655\ R - 0{,}023.$$

BAVER (zit. von JENNY 1941) fand für dieselben Böden eine eindeutige Zunahme des Anteils der Aggregate >0,05 mm mit der Zunahme der Regenfälle. Dieses Ergebnis entspricht der hohen Korrelation, die zwischen Aggregierung und dem Gehalt an Ton und organischer Substanz der Böden besteht.

Die Zunahme der Kationenaustauschkapazität in diesen Böden mit zunehmender Regenmenge (JENNY und LEONARD) entspricht ebenfalls der Zunahme von Ton und organischer Substanz.

Mit zunehmenden Niederschlägen erhöht sich die Auswaschung. In ariden Böden ist die Auswaschung gering, sie enthalten darum mehr leicht lösliche Verwitterungsprodukte als humide Böden und sind durch zahlreiche nitrophile, kalziphile und selbst halophile Pflanzengesellschaften ausgezeichnet (s. BR.-BL. und BOLÓS 1957).

Die Perkolate werden zur Hauptsache bis in jene Tiefe verlagert, bis zu der die Niederschläge normalerweise eindringen. JENNY und LEONARD (l. c.) bestimmten in denselben Böden, die sie auf Stickstoff untersuchten, auch die Tiefe des Karbonatanreicherungshorizontes. Mit einer Zunahme von je 10 cm Niederschlag verschiebt sich die Obergrenze dieses Horizontes um weitere 25 cm in die Tiefe.

Nicht nur Salze werden ausgewaschen, sondern auch metallische Kationen aus der Austauschgarnitur (zusammen mit im Boden neu gebildeten Säuren). Mit zunehmenden Niederschlägen geht daher, wie JENNY und LEONARD bei ihren Böden feststellten, auch eine zunehmende Versauerung der Böden einher.

Ähnliche Beziehungen wie zu den Niederschlägen bestehen zur Temperatur und zur Humidität. Von den vielen Beispielen, die JENNY (1941) erwähnt, seien nur seine „Stickstoff-Klima-Fläche" und seine „Ton-Klima-Fläche" herausgegriffen.

Aus den Untersuchungen in den USA ergab sich folgender Zusammenhang zwischen dem Stickstoffgehalt N lehmiger Grasland-Böden einerseits und der Temperatur T und dem N/S-Quotienten andererseits (vgl. Abb. 253):

$$N = 0{,}55\ e^{-0{,}08\,T}\ (1 - e^{-0{,}005\,N/S}).$$

Wenn N/S = 0, also in Wüstenböden, so ist folglich kein Stickstoff zu erwarten, sei die Wüste dann kalt oder heiß. Bei konstanter Temperatur nimmt der N-Gehalt logarithmisch mit der Feuchtigkeit zu. Bei tiefen Temperaturen ist die Zunahme größer als bei hohen. Bei konstanter Feuchtigkeit nimmt mit steigender Temperatur der N-Gehalt exponentiell ab. Die Abnahme steigt mit zunehmender Feuchtigkeit.

Auf Grund der Beziehungen zwischen Klima und Produktion organischer Substanz kam JENNY zum Schluß, daß der Stickstoff- und damit der Humusgehalt in erster Linie von eben dieser Produktion an organischer Substanz und weniger von der Abbaugeschwindigkeit abhängt.

Unter anderen Bedingungen gilt die Formel nicht; Trockenheit und Kälte können z. B. die Anhäufung von Rohhumus bedingen.

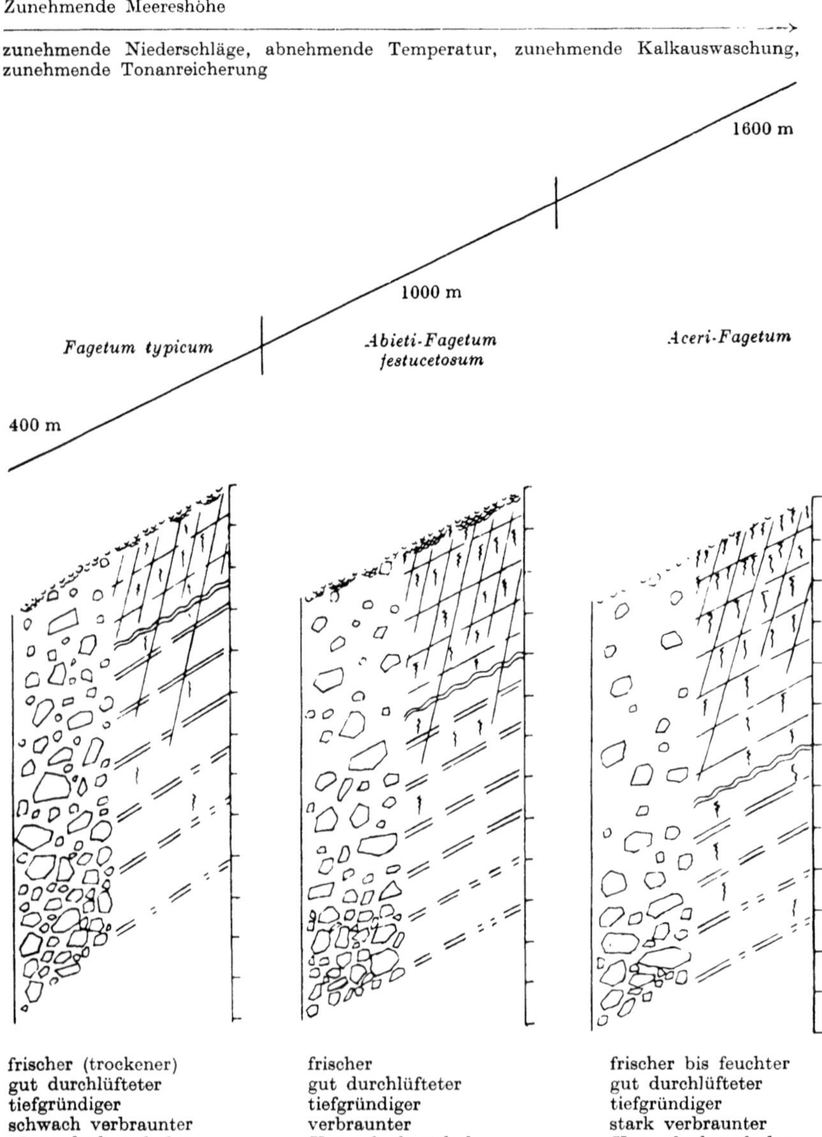


Abb. 254. Klimatosequenz von Pflanzengesellschaften und Boden auf kolluvialem Hangschutt auf der Luvseite des Schweizer Juras (nach BACH 1950)

Für den Tongehalt C von Böden, die sich aus Granit und Gneis entwickelt haben, ergab sich folgender Zusammenhang mit dem N/S-Quotienten und der Temperatur:

$$C = 0{,}0114 \cdot N/S \cdot e^{0{,}140\,T}$$

Folglich ist in Trocken- wie in Kälte-Wüsten praktisch keine Tonbildung zu erwarten. Bei konstanter Temperatur nimmt der Gehalt an Ton mit steigender Feuchtigkeit zu, und zwar um so mehr, je höher die Temperatur ist. Bei konstanter Feuchtigkeit nimmt der Tongehalt exponentiell mit der Temperatur zu, und zwar um so mehr, je höher die Feuchtigkeit ist.

Nach der Reaktionsgeschwindigkeit-Temperatur-Regel (RGT-Regel) wäre bei rein chemischen Prozessen, z. B. auch der Verwitterung und des Abbaus organischer Substanz, mit einer Verdoppelung bis Verdreifachung der Reaktionsgeschwindigkeit zu rechnen, wenn die Temperatur um 10° C gesteigert wird.

Mit zunehmender Feuchtigkeit (N/S) nimmt selbstverständlich die Auswaschung zu; der Anteil der basischen Kationen an der Austauschgarnitur nimmt ab, das pH sinkt, und auch das Kieselsäure/Sesquioxyd-Verhältnis der Tonfraktion nimmt ab (vgl. JENNY 1949).

Schließlich sei noch darauf hingewiesen, daß binnenländische Salzböden nur unter ariden Bedingungen entstehen können, denn nur dort kann Wasser durch den Verdunstungshub aus der Tiefe gegen die Bodenoberfläche gehoben werden, vorausgesetzt, das Grundwasser stehe nicht zu tief.

Der Einfluß des Klimas auf die Vegetation ist bereits behandelt worden. Da die Vegetation und die Bodentiere und Mikroorganismen den Boden ebenfalls beeinflussen (vgl. S. 412) ist der indirekte Einfluß des Klimas natürlich sehr stark.

Der direkte und indirekte Einfluß des Klimas auf die Böden ist um so größer,

je feuchter und wärmer das Klima ist,

je länger das Klima auf den Boden eingewirkt hat,

je weniger Abtrag, Aufschüttung und Bearbeitung die Bodenbildung gestört haben, und

je weniger extrem das Muttergestein ist.

**Fossile, reliktische und polyzyklische Böden.** Das Klima ist indessen keine konstante Größe, sondern ändert sich im Verlauf der Jahrhunderte und Jahrtausende. Mit der Klimaänderung ändert sich auch die Bodenbildung, weshalb der Einfluß eines bestimmten Klimas gerade über lange Zeiträume, wo er sich am deutlichsten zeigen würde, nicht feststellbar ist. Dies tritt besonders dort hervor, wo irreversible Prozesse abgelaufen sind, wie die völlige Zerstörung der primären Silikate durch die Podsolierung (Verlust der meisten Basen) oder Laterisierung (Verlust der Kieselsäure). Böden, die sich unter einem anderen Klima gebildet haben und sich nachher nicht mehr wesentlich umwandeln konnten, werden oft reliktisch genannt, solche, die sich umgewandelt haben, polyzyklisch. Fossile Böden haben sich unter anderen Bedingungen gebildet und sind dann verschüttet und dadurch konserviert worden.

**Klimabedingte Serien von Böden und Pflanzengesellschaften.** Klimatosequenzen sind in Mitteleuropa aus verschiedenen Gebieten und Höhenlagen bekannt. Sehr günstige Bedingungen für ihr Studium bietet der Jura (BACH 1950, MOOR 1952): ausgedehnte mittelsteile Hänge aus kolluvialem Kalkschutt ähnlicher Zusammensetzung, bedeckt von Klimaxwäldern. Mit zunehmender Meereshöhe lösen Gesellschaften und Böden einander ab.

Je größer die Meereshöhe, desto intensiver ist die Kalkauswaschung, desto tiefer sind die Böden in der Feinerde entkarbonatet, desto mehr Ton ist im Rückstand angereichert.

In den kontinental getönten Gebieten der Schweiz folgen sich auf silikatischem Muttergestein mit zunehmender Meereshöhe nachstehende Klimax-Gesellschaften und Böden (BR.-BL. und JENNY 1926, BR.-BL., PALLMANN und BACH 1954; Tab. 52).

Tabelle 52. Klimaxgesellschaften und Böden auf Silikat im kontinental getönten inneralpinen Engadin (BR.-BL. und Mitarbeiter 1926, 1954)

| Pflanzengesellschaft | *Piceetum montanum melicetosum* | *Piceetum subalpinum vaccinietosum* | *Rhododendro-Vaccinietum cembretosum* | *Caricetum curvulae* |
|---|---|---|---|---|
| Boden ..... | Wenig entwickeltes Eisenpodsol | Mäßig entwickeltes Eisenpodsol | Stark entwickeltes Eisenpodsol | Rasen-Braun-Podsol |
| Klima ..... | obere montane Stufe | untere subalpine Stufe | obere subalpine Stufe | alpine Stufe |

→ zunehmende Meereshöhe
abnehmende Temperatur
zunehmende Humidität (vgl. KUOCH 1954).

Mit zunehmender Humidität nimmt die Podsolierung unter Wald zu; unter Rasen ist die Bildung von Eisenpodsol verhindert.

### c) Einfluß des Reliefs auf die Bodenbildung (Toposequenzen)

Das Relief beeinflußt die Bodenbildung durch

die Großform: eben, gewellt, hügelig, gebirgig;

die Kleinform: Spitze oder Grat, Kuppe, Hang, Terrasse, Mulde, Ebene;

die relative Höhenlage verschiedener Geländeabschnitte;

die Neigung und Länge eines Hanges;

die Exposition zur Sonne und zu den Winden;

die Höhe über einem lokalen Wasserspiegel.

Das Relief wirkt direkt vor allem auf die Dränageverhältnisse und damit auf die Verwitterung, die Humusbildung und die Perkolationsverlagerung. Es beeinflußt aber auch sehr stark die mechanische Abtragung und Aufschüttung.

**Einfluß der Großform.** Auf ausgedehnten Ebenen bleiben die unlöslichen Verwitterungsprodukte am Ort ihrer Bildung liegen, denn Oberflächenabfluß und damit Erosion durch Wasser fehlen praktisch. Dagegen kann unter Umständen der Wind verheerende Abtragung und Aufschüttung bewirken. Im allgemeinen ist die äußere Dränage (unter dem Profil weg) auf großen Ebenen schwach, damit wird auch die Versickerung im Boden gehemmt. Zeitweilige Vernässung mit ihren Folgen ist daher auf ebenen Flächen eine häufige Erscheinung. Mit der Versickerung ist auch die Perkolationsverlagerung gehemmt; die Entbasung schreitet langsamer fort, und häufig verdichten die nur wenig tief verlagerten Tone den Untergrund.

Auf leicht gewelltem Gelände sind die Verhältnisse sehr ähnlich. Lokal kann feines Material aber auch auf den leichten Erhebungen abgeschwemmt und in den seichten Mulden wieder abgelagert werden. Die Böden der Senken werden damit auf Kosten der höher gelegenen Böden etwas mächtiger. Die Dränageverhältnisse sind auf den Erhebungen etwas besser als in den Senken. Hier kann es je nach dem Klima sogar zur Versumpfung oder Versalzung kommen.

In hügeligem Gelände tritt fast nur auf sehr wenig durchlässigem Muttergestein und in Mulden mit abgedichteten Sohlen Vernässung auf, sonst sind die Böden mittel- bis starkdräniert. Der Oberflächenabfluß ist beträchtlich; er verursacht Abtrag und Aufschüttung, deren Ausmaß meist unterschätzt wird, besonders wenn die Intensität nur klein ist.

In gebirgigem Gelände sind die Verhältnisse ähnlich, doch spielen Abtrag und Aufschüttung eine viel größere Rolle.

Der Einfluß des Reliefs läßt sich am deutlichsten an einem Hügel in Verbindung mit einer Mulde in einem humiden Klimagebiet wie Mitteleuropa demonstrieren.

a) Sind Muttergestein und Böden sehr durchlässig und fallen die Niederschläge nie so dicht, daß Wasser oberflächlich abfließt, die Erosion also unterbleibt, so finden sich sowohl auf der Kuppe als auf dem Hang und in der Mulde dieselben Böden (Abb. 255 a).

b) Wenn Böden und Untergrund durchlässig sind, ein Teil der Niederschläge aber oberflächlich abfließt, ohne indessen Erosion zu verursachen, so werden die Böden auf der Kuppe am wenigsten, jene in der Mulde am meisten ausgelaugt (Abb. 255 b).

c) Sind Böden und Untergrund wenig durchlässig, so fließt ein Teil der Niederschläge oberflächlich ab, ein Teil des Sickerwassers fließt als Hangwasser mehr oder weniger parallel der Oberfläche in die Mulde. Der Boden auf der Kuppe erleidet nur Verluste, dem Boden in der Mulde wird ein Teil der oben ausgewaschenen Stoffe wieder zugeführt. Sofern Erosion unterbleibt, finden sich auf den Kuppen stark versauerte, eher trockene und in der Mulde schwach oder nicht versauerte, hangfeuchte Böden (Abb. 255 c).

d) Wird im oberwähnten zweiten Fall (b) die Kuppe etwas erodiert, und das Material in der Mulde wieder abgelagert, so gewinnt der Boden in der Mulde an Mächtigkeit auf Kosten des Bodens auf der Kuppe. Der

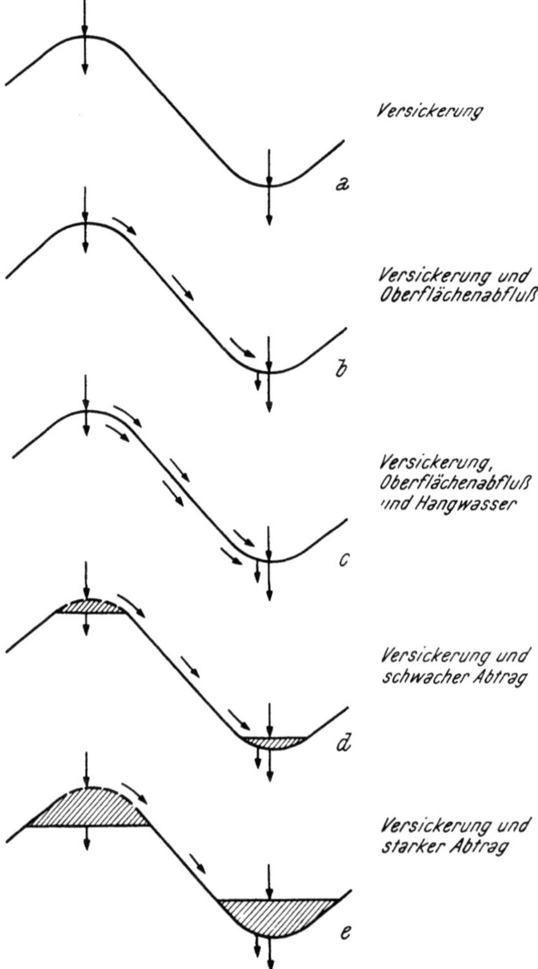


Abb. 255. Einfluß des Reliefs auf die Verlagerung unter humidem Klima

Boden auf der Kuppe erscheint gegenüber (b) weniger entbast, weil ein Teil des entbasten Materials abgetragen ist; der Boden in der Mulde erscheint stärker entbast, er verdankt seinen Zuwachs aber tatsächlich der Zufuhr von bereits entbastem Material (Abb. 255 d).

e) Hält die Erosion mit der Auswaschung auf der Kuppe annähernd Schritt, so findet sich auf der Kuppe ein Rohboden oder initialer Boden und in der Mulde ein mächtiger, zum Teil aber kolluvialer Boden (f).

f) Ist die Erosion auf der Kuppe intensiver als die Auswaschung, so bildet sich in der Mulde ein Hanglehm oder Hangschutt mit initialem Boden.

g) Setzt die Erosion erst später ein, so können beliebige Kombinationen entstehen.

Grundsätzlich ähnliche Unterschiede können schon zwischen dem oberen und unteren Teil eines Hanges auftreten. Länge und Neigung des Hanges beeinflussen Menge und Geschwindigkeit des Oberflächenabflusses wesentlich, ebenso Kriechen und Rutschen von vernäßten Böden.

**Reliefbedingte Serien von Böden und Pflanzengesellschaften.** Klassische „Toposequenzen" finden sich in verlandenden Gewässern. Ein charakteristisches, nicht seltenes Beispiel hat KOCH (1926) in der Nordostschweiz klar herausgearbeitet.

Die verschiedenen Gesellschaften sind primär an einen bestimmten Wasserstand gebunden; sie können direkt Rohboden besiedeln und

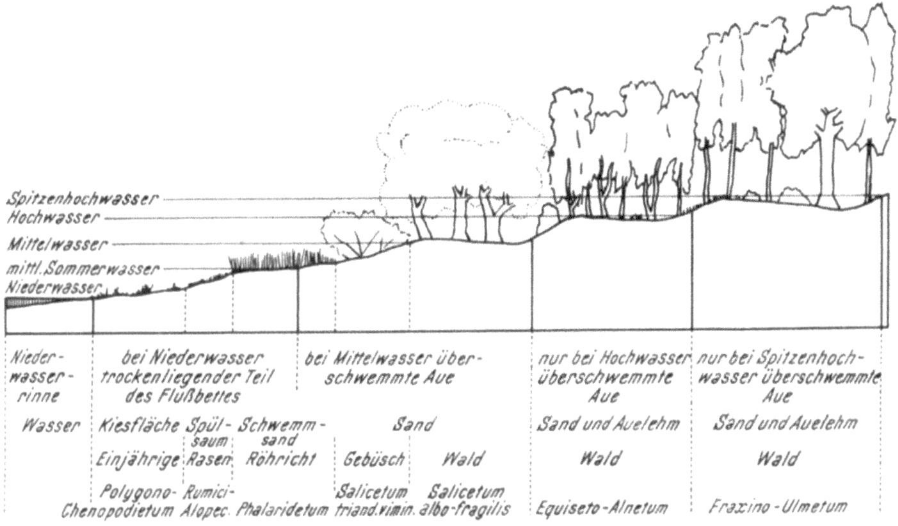


Abb. 256. Toposequenz von Pflanzengesellschaften und Böden in den Flußauen des Alpenvorlandes der Schweiz (nach MOOR 1958)

ihren eigenen Boden aufbauen. Es handelt sich in diesem Fall um eine rein topographische Serie. Infolge Auflandung können sich die Gesellschaften mit der Zeit allerdings auch ablösen, doch ist mit der Auflandung meist auch eine Zufuhr von neuem mineralischem Material (Muttergestein) verbunden, so daß man in diesem Fall nicht von einer rein genetischen Sukzession sprechen darf.

Um topographische Sequenzen handelt es sich auch bei den Pflanzengesellschaften und Böden der Flußauen, wie MOOR (1958) neuerdings dargelegt hat (vgl. Abb. 256).

Die einzelnen Pflanzengesellschaften wachsen auf einem ganz bestimmten Niveau im Verhältnis zu den Flußwasserständen. Wird dieses

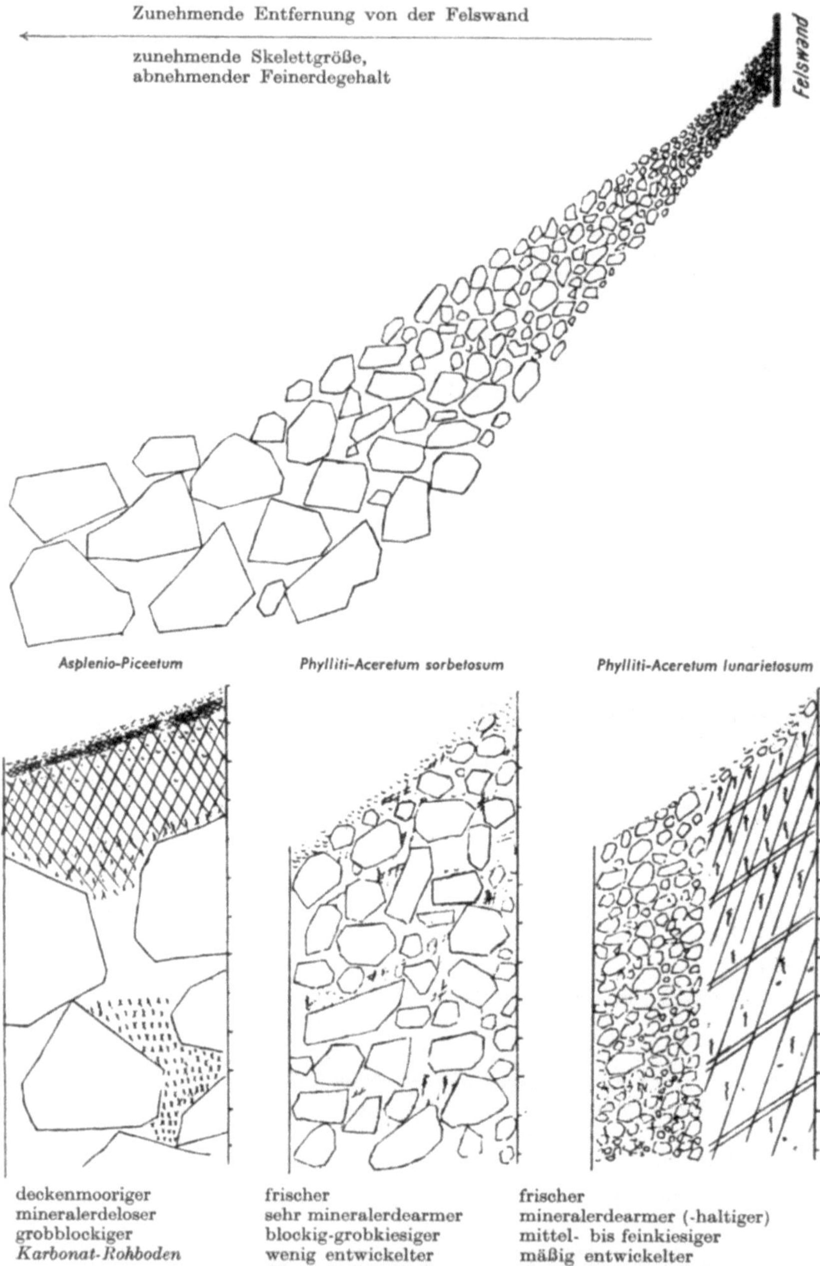


[1] In der Profilliste links Skelett, rechts Feinerde.

Abb. 257. Toposequenz von Pflanzengesellschaften und Böden auf einer Felsschutthalde in schattiger montaner Lage im Schweizer Jura (nach BACH 1950)

Niveau durch Abtrag oder Aufschüttung verändert, so entwickelt sich die neue, entsprechende Gesellschaft, und zwar unbekümmert darum, was vorher da war. Die Gesellschaftsfolge in der Zeit ist also eine Folge der Standortsüberlagerung und nicht einer Chronosequenz, einer rein genetischen Entwicklung, bei der sämtliche Faktoren außer der Zeit gleich bleiben.

Topographische Sequenzen sind auch im Längsprofil der Flüsse festzustellen. Im Oberlauf, wo Abtrag über Aufschüttung dominiert, finden sich grobskelettige Aueböden; im Mittellauf, wo Abtrag und Aufschüttung einander die Waage halten, sandige Aueböden; und im Unterlauf, wo Ablagerung überwiegt, schluffig-tonige Aueböden. Dies gilt auch für die Alluvialböden ausgedehnter Stromgebiete, wofür der Ausdruck „Catena" eingeführt worden ist.

Toposequenzen sind in großer Zahl seit jeher bekannt. Ein besonders eindrückliches Beispiel aus dem Jura ist in Abb. 257, ein weiteres in Abb. 394 aus Podolien, wiedergegeben.

Auf den Felsschutthalden wird das Material fraktioniert: das feinste Material bleibt zunächst der Felswand liegen, den Mittelteil der Schutthalde bildet grobkiesiges bis feinblockiges Skelett in sehr labiler Lagerung, und am Fuß des Schuttkegels häufen sich die groben Blöcke.

### d) Einfluß der Organismen auf die Bodenbildung (Biosequenzen)

Der Einfluß der Bodentiere, Mikroorganismen und höheren Pflanzen auf die Bodenbildung ist oben bereits ausführlich dargelegt worden (Kap. III, vgl. auch Viennot-Bourgin 1960).

**Anthropozoogene Serien von Böden und Pflanzengesellschaften.** Einwandfreie Beispiele für Biosequenzen ohne menschlichen Einfluß sind selten.

Anthropogene Biosequenzen sind dagegen sehr häufig. Ein schönes Beispiel bietet die Umwandlung eines *Rhododendro-Vaccinietum cembretosum* in ein *Nardetum* (vgl. Pallmann und Hafter 1933, Frei 1943, F. Richard 1945, Br.-Bl., Pallmann und Bach 1954):

Tabelle 53. Anthropogene Umwandlung eines *Rhododendro-Vaccinietum* in ein *Nardetum*

| Pflanzen-gesellschaft | *Rhododendro-Vaccinietum cembretosum* | *Rhododendro-Vaccinietum extrasilvaticum* | *Nardetum* |
|---|---|---|---|
| Boden ....... | Eisenpodsol | Sekundäres Humus-Eisen-Podsol | Sekundär verbrauntes Humus-Eisen-Podsol |
| Menschlicher Einfluß ..... | Gering | Starke Lichtung des Waldes | Wald vernichtet, Weide |

## 14. Systematik der Böden

Über die Systematik der Böden gehen die Meinungen heute noch auseinander. So sind vielfach verschiedene Böden mit dem gleichen Namen belegt und gleiche Böden verschieden benannt worden (vgl. z. B. ALBAREDA und DE CASTRO 1948). Immerhin ist die auch von PALLMANN verfochtene Auffassung fast allgemein durchgedrungen, daß die Systematik der Böden auf das Bodenprofil abstellen muß (s. PALLMANN 1947, KUBIËNA 1953, LAATSCH und SCHLICHTING 1959, DUCHAUFOUR und AUBERT 1960, Soil Survey Staff 1960, FRANZ 1960, MÜCKENHAUSEN 1962).

Bei der Einteilung der Böden werden die verschiedenen Bodentypen, Untertypen, Varianten usw., wie die Pflanzengesellschaften, als abstrakte Einheiten aufgefaßt (FRANZ 1960 u. a.).

Ihre Anordnung ist aber heute noch in der Schwebe. KUBIËNA (1950), der erstmals die Böden von ganz Europa berücksichtigt, ordnet sie nach den drei großen Hauptgruppen der Unterwasser-, semiterrestrischen und terrestrischen Böden.

Die hierarchische Anordnung von PALLMANN hat demgegenüber den Vorteil des geschlossenen, logischen Aufbaus.

Ausschlaggebend für die Fassung der höchsten Einheiten ist die hauptsächlichste Verlagerungsrichtung der Perkolate.

Die Einteilung ist prinzipiell auf bodeneigene, leicht nachprüfbare Charaktere gegründet, denen sich gegebenenfalls im gleichen Rahmen weitere, beim Fortschreiten der Erkenntnisse auftauchende Merkmale angliedern lassen.

Dieses System der Böden läßt einen gewissen Parallelismus mit dem floristisch-ökologischen System der Pflanzengesellschaften (s. S. 120), das sich längst eingeführt und bewährt hat, nicht verkennen. Man muß sich allerdings bewußt bleiben, daß die beiden Systeme auf ganz verschiedenen Kriterien aufgebaut sind.

### Klassifikation nach Pallmann

PALLMANN (1947; s. auch PALLMANN, RICHARD und BACH 1948) hat eine Klassifikation mit folgenden Einheiten und Kriterien aufgebaut:

1. Klassen: nach der Richtung der Perkolationsverlagerung. (Resultieren aus der Filtrationsverlagerung für den Boden Verluste, Gewinne oder nur Neuverteilung von Stoffen?)

2. Ordnungen: nach der Entstehung des Filtergerüstes. (Ist das Bodengerüst nur durch physikalische oder durch chemische Verwitterung entstanden? Ist Humus wesentlich am Gerüstaufbau beteiligt?)

3. Verbände: nach dem kennzeichnenden Chemismus der anorganischen Gerüstanteile.

4. Typen: nach dem kennzeichnenden Perkolat.

5. Untertypen: nach der Ausprägung der Merkmale des Typs.
6. Varietäten: nach beliebigen weiteren Merkmalen.

Die Einteilung ist prinzipiell auf bodeneigene, leicht nachprüfbare Charaktere gegründet, denen sich gegebenenfalls im gleichen Rahmen weitere, beim Fortschreiten der Erkenntnisse auftauchende Merkmale angliedern lassen.

Tabelle 54. Stellung verschiedener Bodentypen im Züricher-System (PALLMANN, RICHARD, BACH 1949)

| | Braunerde | Podsol |
|---|---|---|
| 1. Bodenklasse | endoperkolativ | endoperkolativ |
| 2. Bodenordnung | organo-minerogen | organo-minerogen |
| 3. Bodenverband | ferri-siallitisch | ferri-siallitisch |
| 4. Bodentypus | terralk | sesquihum |
| | **Humuskarbonatboden** | **Rendzina** |
| 1. Bodenklasse | endoperkolativ | endoperkolativ |
| 2. Bodenordnung | organo-petrogen | organo-minerogen |
| 3. Bodenverband | terralkitisch | sial-terralkitisch |
| 4. Bodentypus | terralk | terralk |
| | **Humussilikatboden** | **Hochmoorboden** |
| 1. Bodenklasse | endoperkolativ | periperkolativ |
| 2. Bodenordnung | organo-petrogen | organogen |
| 3. Bodenverband | siallitisch | |
| 4. Bodentypus | acidhum | acidhum |

**Beschreibung einiger Bodentypen.** Im folgenden seien einige wichtige europäische Bodentypen nach dem Vorschlag von PALLMANN (1948) klassiert und genetisch, morphologisch und ökologisch kurz charakterisiert (vgl. BR.-BL., PALLMANN und BACH 1954). Ein Hinweis auf die Verbreitung dieser Bodentypen erübrigt sich, da sie heute fast von allen Kontinenten beschrieben sind.

**Humuskarbonatboden.** Die Humuskarbonatböden bestehen aus mehr oder weniger fein zerteiltem Kalk (oder Dolomit), der durch die Verwitterung chemisch kaum verändert ist. Silikatisches Material ist wenig vorhanden. Der Humusgehalt der Feinerde ist sehr hoch: der Humus besteht aus Erdalkalihumaten mit großer Umtauschkapazität und hohem Sättigungsgrad. Die Reaktion ist neutral bis alkalisch. Der Boden ist sehr durchlässig und trocknet leicht aus; er erwärmt sich schnell. Das Profil zeigt einen ausgeprägten Mullhorizont ($kA_1$), der meist diffus in den Mineralerdeverwitterungshorizont ($kA_2$) übergeht, welcher seinerseits schwer vom Muttergestein (kC) abzugrenzen ist (s. Abb. 259).

Systematische Kennzeichen der Humuskarbonatböden sind:

| | |
|---|---|
| Verlagerungsrichtung: | endoperkolativ |
| Entstehungsart: | organo-petrogen[1] |
| Mineralisches Filter: | terralkitisch |
| Perkolat: | terralk |

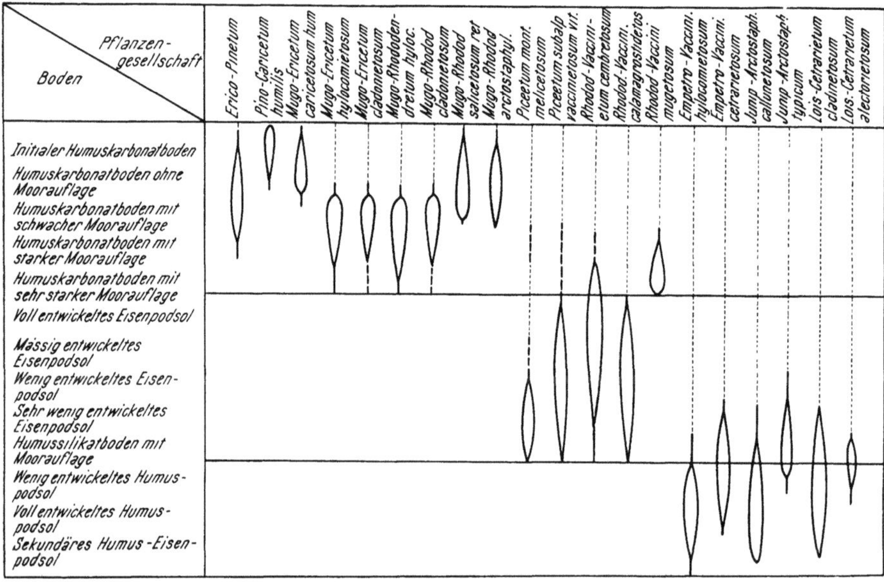


Abb. 258. Einige *Vaccinio-Piceetalia*-Gesellschaften und ihre Böden (Br.-Bl., Pallmann, Bach 1954)

Humuskarbonatböden kommen in gemäßigten bis kalten Klimagebieten auf Muttergesteinen mit sehr hohem Kalk- (oder Dolomit-) Gehalt vor.

Im gemäßigten humiden Klima degradieren sie durch Entkarbonatung allmählich in Richtung Braunerde.

Unter kaltem humidem Klima bildet sich auf dem Humuskarbonatboden unter Nadelholzbeständen eine Auflage von saurem Humus ($A_0+A_1$), wie sie bei Podsolen gefunden wird.

Unter semihumidem Klima bilden sich auf Kalk Böden mit typischen Schwarzerde-Eigenschaften.

Vernässung durch Dichtsackung tritt bei richtigen Humuskarbonatböden nicht auf, da das Muttergestein zu grobkörnig ist.

Humuskarbonatböden werden oft auch als Kalkstein-Rendzinen bezeichnet.

**Rendzina.** Die Rendzina bildet sich auf Mergel, das heißt kalkhaltigem Ton. Der Humusgehalt der Feinerde im Mullhorizont ($rA_1$) ist relativ gering; der Humus liegt in Form von Ton-Humus-Komplexen vor. Die Umtauschkapazität der Feinerde ist mittel bis groß, pro Volumen-

[1] Der Boden besteht aus Humus und physikalisch verwittertem Gestein.

einheit des Wurzelraumes sogar sehr groß. Die Sättigung ist hoch, die Reaktion neutral bis alkalisch. Die Wasserkapazität der Feinerde ist zwar groß, doch ist nur ein Teil des Wassers für die Pflanzen aufnehmbar. Die Luftkapazität des Mullhorizontes ist mittel bis groß, mit der Tiefe nimmt sie rasch ab. Die morphologische und physiologische

Abb. 259. Humuskarbonatprofil auf Lichtung im *Pino-Caricetum humilis* (Schweizerischer Nationalpark), 1900 m (Aufn. H. PALLMANN)

Gründigkeit des Profils ist kleiner als bei den Braunerden und Humuskarbonatböden. Die Grenzen zwischen den Horizonten ($rA_1$, $rA_2$, rC) sind mehr oder weniger diffus.

Systematische Kennzeichen der Rendzina sind:

| | |
|---|---|
| Perkolationsrichtung: | endoperkolativ |
| Entstehungsart: | organo-minerogen[1] |
| Mineralisches Filter: | terralkit-siallitisch[2] |
| Perkolat: | terralk |

[1] Der Boden besteht aus Humus und chemisch verwittertem mineralischem Material.

[2] Das mineralische Material des Bodens besteht aus Kalk und Tonmineralien.

Als Dauerstadien der Bodenbildung finden sich Rendzinen auf steilen Hängen; wo die Erosion geringer ist, degradieren sie unter gemäßigtem

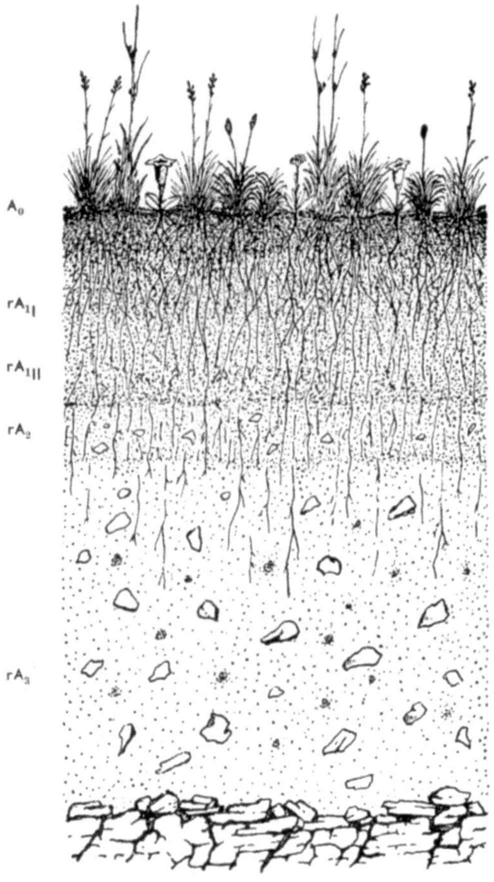


Abb. 260. Alpines Rendzinaprofil aus den Ostpyrenäen auf Devonkalk (Br.-Bl. 1948)

$A_0$ 0,5 cm Laubstreu der Glumifloren, $p_H$ 6,8

$rA_{1_I}$ 5 cm humusreiche schokoladebraune Feinerde, sehr stark durchwurzelt, skelettfrei, $p_H$ 6,3

$rA_{1_{II}}$ 15 cm dunkelgraubraune krümelige Feinerde ohne Skelett, $p_H$ 7,3

$rA_2$ 4—5 cm ziemlich kompakte, gelbbraune Feinerde mit wenigen kleinen Steinchen, $p_H$ 7,3

$rA_3$ 35 cm kompakte, tonig-plastische, etwas feuchte, ockerfarbene Feinerde mit sehr schwacher Eisenfleckung und zahlreichen eckigen Gesteinstrümmern, $p_H$ 7,3—7,45

humidem Klima meist in Richtung Braunerde. Wegen der geringen Durchlässigkeit des Muttergesteins tritt häufig Vernässung ein; die gut entwickelten Rendzinen sind aber normal dräniert.

Diese Rendzinen werden oft als Mergel-Rendzinen von den Kalkstein-Rendzinen unterschieden.

**Humussilikatboden.** Die Humussilikatböden bestehen aus physikalisch verwittertem, chemisch aber kaum verändertem Gestein, das im Oberteil des Profils mit Humus vermischt ist. Was in Lösung geht — vor allem saure Humusstoffe — wird mit dem Niederschlagswasser ausgewaschen.

Systematische Kennzeichen der Humussilikatböden sind:

| | |
|---|---|
| Verlagerungsrichtung: | endoperkolativ |
| Entstehungsart: | organo-petrogen |
| Mineralisches Gerüst: | siallitisch |
| Perkolat: | acid-hum[1] |

Die Humussilikatböden sind in der alpinen Stufe der Alpen als Dauerstadien der Bodenbildung verbreitet. In tieferen Lagen können sie innerhalb der genetischen Serie der Braunerde und des Podsols als Folgestadien der Silikatrohböden auftreten.

**Braunerde.** Das Profil der Braunerde ist deutlich gegliedert in Mullhorizont ($bA_1$), oberen und unteren Mineralerdeverwitterungshorizont und Muttergestein. Die Horizontgrenzen sind aber nicht scharf.

Abb. 261. Windangefressener *Nardus*-Klimaxrasen auf Humussilikatboden über Granitgrus am Grat des Mont Lozère, 1700 m (Aufn. CABOUAT u. BR.-BL.)

Die A-Horizonte sind entkarbonatet. Auch die Silikate sind von der chemischen Verwitterung stark angegriffen. Die Mineralkörner sind von Eisenoxydhydrat umhüllt, das dem Boden den warmen braunen Farbton verleiht. Der Humusgehalt beträgt im Mullhorizont 4 bis 12%, mit der Tiefe nimmt er allmählich ab. Es ist koprogener Mull. Der Sättigungsgrad beträgt in den A-Horizonten 20 bis 50%, bis zur Entkarbonatungstiefe nimmt er in der Regel schwach, dann stark zu. Die Reaktion ist schwach sauer, gegen unten wird sie bei karbonat-

[1] Perkolativ verlagert werden saure Humusstoffe.

haltigem Muttergestein neutral bis schwach alkalisch. Oft ist eine Tonverlagerung festzustellen. Der Mullhorizont ist gut gekrümelt und weist meist beträchtliche Wasser- und Luftkapazität auf. Krümelung und Porenvolumen nehmen mit der Tiefe ab, die Luftkapazität stärker als die Wasserkapazität.

Systematische Kennzeichen der Braunerde sind:

| | |
|---|---|
| Verlagerungsrichtung: | endoperkolativ |
| Entstehungsart: | organo-minerogen |
| Mineralisches Gerüst: | ferri-siallitisch[1] |
| Perkolat: | terralk |

Die Braunerde stellt den Bodentyp des sommerkühlen feuchttemperierten Klimas gemäßigter Breiten ($C_{fb}$ nach KÖPPEN) dar. Die natürliche Vegetation besteht hier aus sommergrünen Laubmischwäldern. Unter optimalem Klima kann sich Braunerde sowohl auf karbonat-

Abb. 262. *Quercion robori-petraeae*, degradiert, auf Braunerde-Klimaxboden am Aigoual, 800 m (Aufn. Congrès pédol., Montpellier)

haltigem als auch auf karbonatfreiem Silikatgestein entwickeln. Unter humiderem Klima findet sich die Braunerde vorzugsweise auf kalkhaltigem, nicht zu durchlässigem Muttergestein, das der Podsolierung lange widersteht.

Bei gesteigerter Humidität des Klimas und gleicher oder tieferer Temperatur, bei hoher Durchlässigkeit, Kalk- oder Basenarmut des Muttergesteins degradiert die Braunerde in Richtung Podsol.

---

[1] Der Boden besteht aus Silikaten und freigelegten Sesquioxyden.

Bei geringerer Humidität wird der aus dem Obergrund ausgewaschene Kalk im Untergrund als Kalkflaum wieder ausgeschieden. Das Profil erhält dadurch gewisse Anklänge an den Tschernosem (Schwarzerde).

Liegt das Profil im Bereich von Grundwasserstandsschwankungen, so bildet sich dort Gley. Das Eisen wird dabei im vernäßten Boden

Abb. 263. Podsolprofil im *Quercetum medioeuropaeum molinietosum* bei Straßburg, auf kalkarmen Alluvialsanden (Aufn. P. LOSSAINT)

reduziert; als $Fe(HCO_3)_2$ ist es im Boden löslich und kann allseitig verlagert werden. Sinkt der Grundwasserstand und erlangt Luft Zutritt, so wird das Eisen wieder oxydiert und fällt aus; es können Konkretionen entstehen. Auf wenig durchlässigem Untergrund ist Gley im Bodenprofil eine häufige Erscheinung; man erkennt ihn an den fahlen Reduktions- und an den rostigen Oxydationsflecken, körnige Konkretionen dunkler Eisenoxydhydrate sind im Profilausschnitt oft auffallend.

Heute werden Braunerden mit starker Tonverlagerung oft als Parabraunerden von den gewöhnlichen Braunerden abgetrennt.

Braunerden, die noch Kalk im Profil enthalten, werden als Kalk-Braunerden abgetrennt.

**Podsol.** Im Podsolprofil sind die verschiedenen Bodenhorizonte deutlich ausgebildet und scharf voneinander abgegrenzt.

Der $pA_0$-Horizont wird von einer sehr stark sauren grobfilzigen rohen Morauflage gebildet. Er läßt sich zusammenhängend vom noch

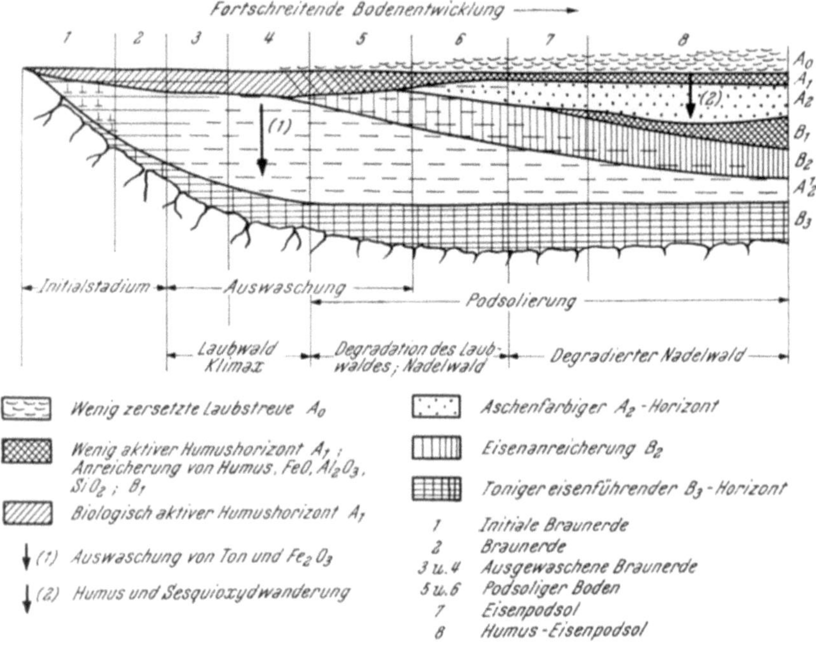


Abb. 264. Podsolbildung unter *Quercion robori-petraeae* (Klimax) im atlantischen Westfrankreich (aus DUCHAUFOUR 1960)

stärker sauren $pA_1$-Horizont abheben, der aus feinkörnigem, manchmal rein organischem Mor besteht. $pA_0$ und $pA_1$ bilden den Hauptwurzelraum der Vegetation. Scharf abgegrenzt kommt darunter der $pA_2$-Horizont. In diesem fast rein mineralischen Horizont ist besonders Quarz im Rückstand angereichert; die übrigen Mineralien sind gebleicht. Während die Sesquioxyde in der Braunerde die Bodenkörner als rostfarbige Hülle umgeben, werden sie im Podsol unter dem Einfluß der Humusstoffe verlagert. Die Reaktion ist sehr stark sauer, der Nährstoffgehalt gering. Das Gefüge ist primitiv. Im pB-Horizont sind die verlagerten Sesquioxyde und Humusstoffe angereichert; er ist darum dunkel rostrotbraun. Ist er nur wenig verfestigt, so spricht man von Orterde; haben die Sesquioxyde hingegen den ganzen Horizont zementiert, so spricht man von Ortstein. Die Reaktion ist gegenüber dem

$pA_2$ etwas weniger, aber immer noch sehr stark sauer. Der Übergang zum Muttergestein ist meist diffus.

Systematische Kennzeichen der Podsole sind:

| | |
|---|---|
| Verlagerungsrichtung: | endoperkolativ |
| Entstehungsart: | organo-minerogen |
| Mineralisches Gerüst: | ferri-siallitisch |
| Perkolat: | sesqui-hum[1] |

Das Podsol stellt den Bodentyp des winterfeuchtkalten borealen Klimas dar. Die natürliche Vegetation wird von Nadelwäldern und Zwergstrauchgestrüppen gebildet. Das Muttergestein kann unter humidem kaltem Klima aus karbonatfreien oder -haltigen Silikatgesteinen bestehen. Unter weniger humidem Klima finden sich Podsole auf kalkfreien sauren und sehr durchlässigen Gesteinen.

Bei abnehmender Humidität vollzieht sich in den Böden der Übergang zur Braunerde. Regressiv wandelt sich das Podsol bei Lichtstellung und Beweidung in eine sekundäre Weidebraunerde um, in der die früheren Podsolhorizonte durch die Bodentiere miteinander vermischt werden.

Unter dem Einfluß von Wasserstandsschwankungen kann auch im Podsolprofil Gley entstehen (Gley-Podsole).

Wo sich der Ortstein zu einer wasserundurchlässigen Schicht entwickelt hat, kann Vermoorung eintreten.

Podsole mit relativ kleinem Humusgehalt im Anreicherungshorizont ($<6\%$) werden als Eisenpodsole bezeichnet, sie sind besonders den subalpinen azidophilen Waldgesellschaften eigen. Podsole mit ausgesprochenen Humusanreicherungshorizonten werden als Humuspodsole bezeichnet, sie finden sich unter den subalpinen Zwergstrauchgesellschaften außerhalb des Waldes häufig. Man darf diese subalpinen Humuspodsole nicht mit den nordischen und atlantischen Humuspodsolen verwechseln (vgl. Abb. 264).

**Tschernosem.** Der charakteristische Bodentypus der Trockengebiete Osteuropas von Ungarn und Südostpolen durch Südrußland bis weit nach Sibirien hinein ist der Tschernosem. Unter einem äußerst reich und tief durchwurzelten A-Horizont, dessen Humusmenge nach Tumin zwischen 4,5 und 10,5% schwankt, folgt in der Regel beim gewöhnlichen (mittleren) Tschernosem in 60 cm Tiefe ein Karbonatanreicherungshorizont (Bjeloglaska).

Der Tschernosem ist namentlich von den russischen Bodenforschern bis in alle Einzelheiten studiert worden, in Gebieten, woselbst der N/S-Quotient zwischen 125 und 375 schwankt.

Die russischen Bodenforscher unterscheiden Tschernosem der Waldsteppe und der eigentlichen Steppe, die durchaus verschiedene Vegetationsdecken tragen.

Die Böden der Waldsteppe sprechen für eine Klimaänderung in jüngster Zeit, für ein Vordringen des Waldes in die Steppe, das auf zunehmende Feuchtigkeit hindeutet (Berg 1958).

---

[1] Verlagert werden Sesquioxyde zusammen mit Humus.

Die charakteristische Vegetation des Tschernosem ist eine dichtgeschlossene, hochwüchsige, äußerst artenreiche und schönblütige Gras- und Krautsteppe.

Nach den Aufnahmen von LAWRENKO und DOCHMAN (1933) setzt

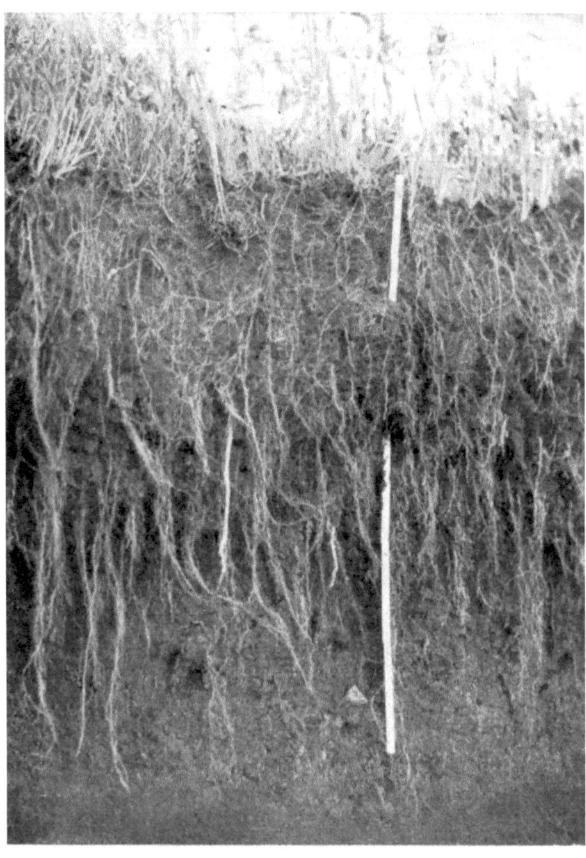

Abb. 265. Schwarzerde-Rendzina-Profil im steppenartigen *Festucion vallesiacae* bei Ostrowiec, Podolien, 1 m mächtig (Aufn. FIRBAS, Exkurs. S.I.G.M.A.)

sich die Gras- und Krautvegetation auf dem mittleren Tschernosem der ebenen Starobielsker Steppe zur Hauptsache aus folgenden Arten zusammen:

*Festuca vallesiaca*
*Stipa capillata*
*Stipa rubentiformis*
*Stipa lessingiana*
*Bromus erectus*
*Bromus inermis*
*Carex supina*
*Bellevalia ciliata*
*Adonis wolgensis*
*Ranunculus polyanthemus*
*Potentilla patula*
*Potentilla opaciformis*
*Filipendula hexapetala*
*Medicago falcata*
*Lathyrus pallescens*
*Peucedanum ruthenicum*
*Artemisia austriaca*
*Salvia nutans*
*Odontites lutea*
*Verbascum phoeniceum*
*Plantago media*
*Asperula glauca*
*Inula hirta*
*Serratula radiata*
*Achillea setacea*

**Roterde-Mediterranrendzina.** Die Dynamik der Rot- und Gelberden ist noch wenig untersucht. Die eigentliche karbonatarme, tiefrote, kompakte Roterde ist meist reliktisch (s. KUBIËNA 1950). Ihr aufgelagert ist der als Mediterranrendzina zu deutende mäßig humose, karbonatarme Profilteil, wie er in Südfrankreich unter dem Klimaxwald des *Quercion ilicis* entwickelt ist. Vollständige ungestörte Profile sind selten.

Abb. 266. *Festucion vallesiacae* auf Tschernosem der Waldsteppe bei Ostrowiec, Podolien (Aufn. FIRBAS, Exkurs. S.I.G.M.A.)

In der Umgebung von Montpellier hat das Normalprofil unter dem *Quercetum ilicis galloprovinciale* über kompaktem Jurakalk folgendes Aussehen:

tr $A_0$ = Laubstreu, schwach entwickelt; Zweigreste und *Quercus ilex*-Blätter.

tr$A_1$ = 5 bis 25 cm lockere, krümelige, ziemlich humus- und organismenreiche Feinerde (6 bis 20% organische Bestandteile); sie ist oft entkalkt und von dunkelgraubrauner bis schwärzlicher Färbung, pH 7,8.

tr$A_2$ (tr$B_1$) = (10 bis) 30 bis 50 cm feine, eckig zerfallende, entkalkte, dunkel rötlichgraue Feinerde, humusarm (1 bis 4%) mit lebhafter biologischer Aktivität; pH 7,25 bis 8,2; allmählich in den folgenden Horizont übergehend.

tr$A_3$ (tr$B_2$) = (15 bis) meist mehr als 25 cm mächtiger, kompakter, karbonatarmer oder karbonatfreier Rotlehm, fast ohne Humus, an der Luft steinhart verhärtend und in große polyedrische Stücke zerfallend, intensiv ziegelrot oder gelblich; pH 7,4 bis 8,3, fossile Roterde. Substrat Jurakalk.

Im gleichen Gebiet, aber auf undurchlässigem Kalkmergel, ist die karbonatreiche mediterrane Gelberde verbreitet, die öfter einen deutlich ausgeprägten Karbonatanreicherungshorizont einschließt.

Die charakteristische Waldvegetation dieser Böden ist der immergrüne *Quercusilex*-Wald in verschiedenen Subassoziationen und Varianten, der heute aber bis auf wenige Reste vernichtet ist. Seinen Ersatz-

Abb. 267. Rendzina-Roterde in der Garrigue bei Montpellier unter *Brachypodietum ramosi* ($trA_1$). Strauchwurzeln (*Quercus coccifera* usw.) im rötlichbraunen $trA_2$. *Quercus ilex*-Wurzeln in die Felsspalte mit fossiler Roterde (trB) eindringend

gesellschaften (Macchie, Garrigue usw.) entsprechen enthauptete und vielfach bis fast auf das Gerippe des C-Horizonts abgetragene Bodenprofile.

**Gley- und Pseudogley-Böden.** Vom Grundwasser oder Hangwasser geprägt sind die Gleyböden. Das Grundwasser führt gelöste Stoffe dem Boden zu und auch daraus weg. Im Bereich der dauernden Vernässung mit sauerstoffarmem Wasser wird der Boden völlig reduziert, das Eisen liegt in Ferroform vor und färbt den Boden fahlgrau bis fahlblau ($G^r$-Horizont). Wo Luft zeitweise Zutritt bekommt, scheidet sich Eisen zum Teil in Ferrioxydhydroxyd-Konkretionen ab, der Boden wird rotfleckig ($G^°$-Horizont).

Unter bodennassen Gesellschaften sind Dauergleyböden im gemäßigten und warmen Klima sehr verbreitet (s. Abb. 194).

Saisongleybildung ist u. a. vorhanden bei den Schneebodengesellschaften des *Salicion herbaceae* der Alpen, Karpaten und Pyrenäen, bei den Salzböden der Lagunen und beim *Deschampsion mediae* der undurchlässigen Mergelböden Südeuropas (s. Br.-Bl. und Pawlowski 1931), die im Winter durchfeuchtet, im Sommer trocken sind und Bodenrisse zeigen.

Pseudogley-Böden, die nicht immer leicht von den Gleyböden zu unterscheiden sind, erleiden Verluste durch Auswaschung, doch ist diese durch geringe Durchlässigkeit gehemmt. Ausgiebige Regengüsse können nicht rasch genug versickern und verursachen im Boden Vernässung und Reduktionserscheinungen.

## 15. Beschreibung der Böden im Feld (Profilaufnahme)

Wie die Pflanzengesellschaften so sind auch die Böden Gebilde der freien Natur. Man kann sie nicht ohne Veränderung ins Laboratorium bringen; mindestens der Wasser-, Luft- und Wärmehaushalt sowie das Bodenleben sind im Laboratorium ganz anders als im Freien. Auch kann ein Boden nicht anhand einer einzelnen Probe richtig beurteilt werden.

Richtig erfassen läßt sich ein Boden nur im Feld, an seinem ganzen Profil und in seinem natürlichen Zusammenhang mit den Bodenbildungsfaktoren.

Die Beschreibung des Profils bildet die Grundlage jeder Bodenuntersuchung. Auf die Profilbeschreibung stützt sich die Klassifikation des Bodens (s. oben), seine genetische Deutung, seine Bewertung für irgendeinen technischen Zweck und auch seine Beurteilung als Wurzelort der Vegetation. Eine gute Profilbeschreibung ist unabdingbare Voraussetzung für die Entnahme sinnvoller Proben für Spezialuntersuchungen. Untersuchungen an nicht genügend definierten Proben haben nur sehr beschränkten Wert, da sie sich nicht vergleichen lassen.

Die erste Aufgabe bei der Bodenbeschreibung im Feld besteht in der Wahl des Profilorts. Soll der Boden einer Pflanzengesellschaft untersucht werden, so wird man das Profil dort graben, wo die Gesellschaft gut repräsentiert ist und wo man auch die soziologische Aufnahme gemacht hat. Dieser Ort muß selbstverständlich so genau als möglich bezeichnet werden.

Alsdann wird ein Profil gegraben, das mindestens den Umfang eines Pedons hat und bis zum C-Horizont reicht. Schweres Schanzwerkzeug ist für diese Arbeit am besten geeignet. Die ausgehobene Erde wird, so weit als möglich nach Horizonten getrennt, auf einer Längsseite deponiert.

Die eigentliche Beschreibung beginnt mit einer Charakterisierung der Bodenbildungsfaktoren:

Ortsbezeichnung: Lokalbezeichnung, Meereshöhe, Koordinaten.

Muttergestein: Angaben über den petrographischen Charakter, die Schichtstellung und eventuell die geologische Zugehörigkeit.

Relief: Makro- und Mikrorelief; Neigung, Exposition.

Klima: Niederschläge, Temperatur usw.; Besonderheiten des Lokalklimas; Angaben über das Wetter während und vor der Profilbeschreibung setzen manche Profilmerkmale ins richtige Licht.

Vegetation: Pflanzengesellschaft.

Menschliche Einflüsse: Nutzungsart, Bodenbearbeitung, Düngung, Bewässerung und Entwässerung.

Dann werden die Profilmerkmale beschrieben, d. h. jene Merkmale, die sich nur vom Profil als Ganzes aussagen lassen:

Mächtigkeit des Profils,
Differenzierung in Horizonte,
Schärfe der Horizontgrenzen,
Form der Horizontgrenzen,
Luft und Wasserhaushalt (Dränage; Überschwemmungen, Hang- oder Grundwassereinfluß; künstliche Maßnahmen),
Erosion (Umfang, Art),
Überschüttung (Umfang, Art),
Rutschung, Kriechen,
Bodentiere (Art, Umfang der Tätigkeit).

Nach den Profilmerkmalen werden die Horizontmerkmale beschrieben, d. h. solche Merkmale, die sich an jedem Horizont für sich allein feststellen lassen, ohne daß dabei die übrigen Horizonte berücksichtigt werden müssen.

Körnung (Feinerde und Skelett),
Karbonatgehalt,
Humusgehalt und Humusform,
Gefüge (einschließlich Zementierung, Konkretionen, Ausblühungen, Charakterisierung des Hohlraumsystems),
Wasserdurchlässigkeit,
$p_H$,
Farbe.

Ist das Bodenprofil morphologisch beschrieben, so wird das Wurzelprofil aufgenommen (s. hierüber S. 61).

Auch für die Pflanzen ist der Boden nicht ein gleichmäßig zusammengesetztes Substrat, vielmehr sind die Bedingungen von Horizont zu Horizont verschieden. Die Pflanzen entwickeln ihr Hauptwurzelwerk in jenem Horizont, dessen Bedingungen bezüglich Wasser-, Luft- und Nährstoffversorgung optimal sind. Unter Umständen dienen Wurzeln im Obergrund für die Versorgung mit Nährstoffen, Senkwurzeln für die Versorgung mit Wasser aus dem Untergrund. Natürlich spielt auch die Wurzelkonkurrenz mit, so daß wie im Luftraum von einer Schichtung gesprochen werden kann (s. Abb. 39, S. 61).

Man unterscheidet als Hauptwurzelraum jenen Teil des Profils, in dem die meisten Wurzeln vorhanden sind, und als Nebenwurzelraum den übrigen Teil des Profils, soweit es noch durchwurzelt ist.

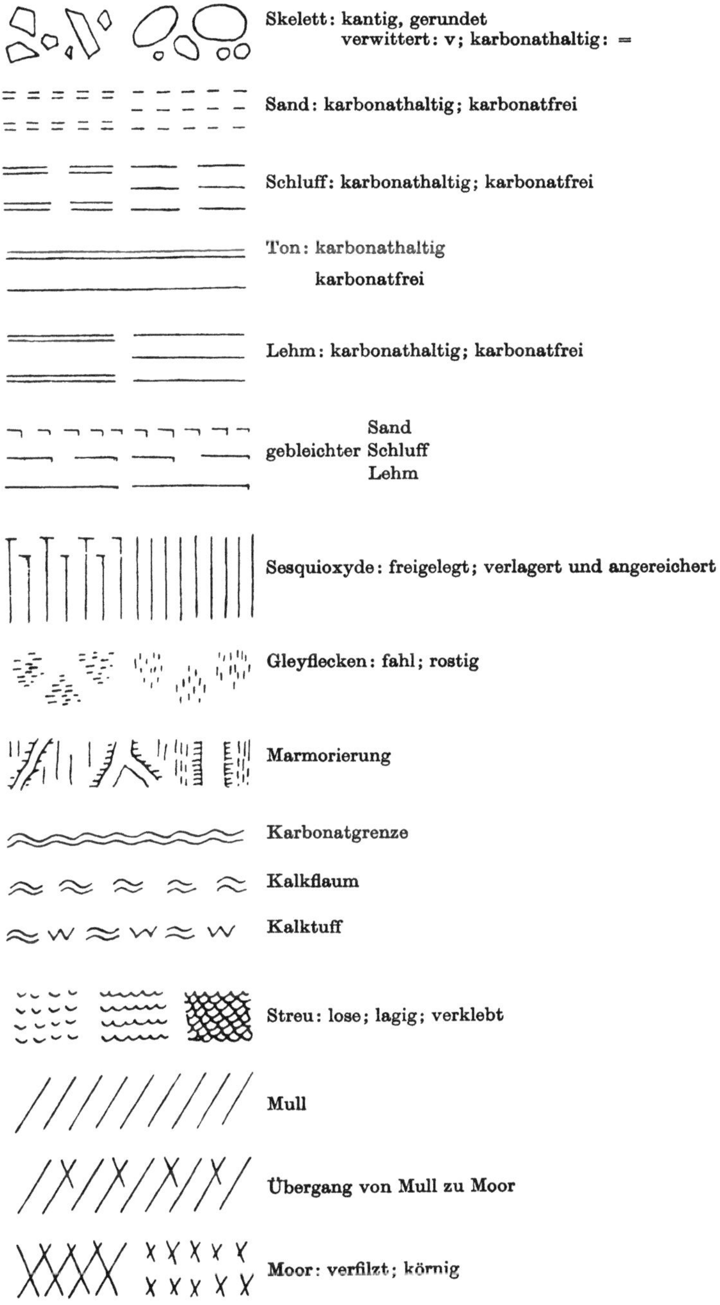

Skelett: kantig, gerundet
verwittert: v; karbonathaltig: =

Sand: karbonathaltig; karbonatfrei

Schluff: karbonathaltig; karbonatfrei

Ton: karbonathaltig
karbonatfrei

Lehm: karbonathaltig; karbonatfrei

gebleichter Sand
gebleichter Schluff
gebleichter Lehm

Sesquioxyde: freigelegt; verlagert und angereichert

Gleyflecken: fahl; rostig

Marmorierung

Karbonatgrenze

Kalkflaum

Kalktuff

Streu: lose; lagig; verklebt

Mull

Übergang von Mull zu Moor

Moor: verfilzt; körnig

Abb. 268. Signaturen für Bodenprofilskizzen (nach Br.-Bl., Pallmann u. Bach 1954)

Der Hauptwurzelraum fällt oft mit dem $A_0$ (wenn vorhanden) und dem $A_1$-Horizont zusammen.

Nach der Größe der Wurzeln unterscheidet man bei Wäldern Grobwurzeln mit einem Durchmesser von über 2 mm und Feinwurzeln mit einem Durchmesser von unter 2 mm.

Die Dichte des Wurzelwerks wird für Grob- und Feinwurzeln getrennt nach Horizonten angegeben, und zwar stellt man nur auf die Durchwurzelung der Feinerde ab. Das Wurzelwerk ist:

sehr dicht, wenn die ganze Bodenschicht durch die Wurzeln so stark verheftet ist, daß sie mit den Wurzeln als Ganzes wie ein Teppich abgezogen werden kann (sofern der Boden nicht sehr grobskelettig ist); z. B. $A_0$ eines Podsols unter *Piceetum subalpinum*;

dicht, wenn nur einzelne Krümel aus dem Wurzelfilz herausfallen, wenn man ihn abzieht, z. B. im $A_1$ einer Kalkrendzina unter *Seslerio-Fagetum*;

mitteldicht, wenn eine Bodenschicht beim Profilgraben zu etwa gleichen Teilen in Krümel und Krümelaggregate zerfällt, die durch Wurzeln zusammengehalten werden, z. B. im $A_1$ einer Parabraunerde unter einem *Querco-Carpinetum aretosum*;

dünn, wenn man kaum mehr von einer Verflechtung durch Wurzeln sprechen kann, z. B. im $B_t$ einer Parabraunerde unter *Querco-Carpinetum aretosum*;

sehr dünn, wenn nur noch einzelne Wurzeln vorhanden sind.

Messungen über die Durchwurzelung sind z. B. von GROSSKOPFF (1950) durchgeführt worden. GROSSKOPFF benützt als Maß für das Wurzelwerk von Wäldern die Feinwurzelintensität, d. h. die Länge der Wurzeln mit weniger als 2 mm Durchmesser in der Volumeneinheit Boden, und zwar bestimmt er sie in der „Zwischenfläche", d. h. in der Mitte zwischen benachbarten Bäumen, wo die Durchwurzelung am gleichmäßigsten ist.

Die Profilbeschreibung wird vorteilhaft durch eine schematische Skizze ergänzt. Man kann dafür folgende Symbole verwenden (Abb. 268). Mit einer feuchten Probe wird von jedem Horizont ein Farbabstrich gemacht.

**Genetische Interpretation.** Aus den morphologischen Merkmalen eines Bodens und den Bodenbildungsfaktoren versucht man alsdann seine Entstehung zu deuten.

Eine solche Deutung wird entschieden vereinfacht und verkürzt, wenn man für seine Arbeit zuerst einen oder unter Umständen mehrere Böden als Normen aufstellt und alsdann nur die Abweichungen von den Normalböden zu deuten versucht. Als Normalböden wählt man gewöhnlich die am weitesten entwickelten normal dränierten Böden einer Gegend.

**Ökologische Interpretation.** Die morphologischen Merkmale eines Bodenprofils und seine Durchwurzelung lassen Schlüsse zu auf jene Merkmale, die physiologisch, d. h. für das Gedeihen der Pflanzen wichtig sind, so auf Gründigkeit, Nährstoffhaushalt, Wasser- und Lufthaushalt, Verankerungsmöglichkeit.

**Systematische Klassifikation.** Auf Grund der morphologischen und genetischen Merkmale wird ein Boden systematisch klassiert (s. S. 457). Das Bodenprofil kann systematisch erst dann klassiert werden, wenn es morphologisch hinreichend beschrieben und genetisch vorsichtig interpretiert ist.

## 16. Böden und Pflanzengesellschaften

Wenn im folgenden von Böden die Rede ist, so sind damit die dreidimensionalen Gebilde in der Natur mit ihrem Profil, ihrem Aufbau, ihren Eigenschaften und ihrer Dynamik gemeint, wie sie oben beschrieben worden sind.

Pflanzengesellschaften und Böden haben sich miteinander und in ständiger Wechselbeziehung zueinander entwickelt. Zwischen beiden bestehen daher enge Beziehungen; Ursache und Wirkung lassen sich meistens nicht auseinanderhalten.

Diese Beziehungen bestehen aber nicht notwendigerweise zwischen den Einheiten der bodenkundlichen und der pflanzensoziologischen Systematik, denn die bodenkundliche Systematik ist auf anderen Kriterien aufgebaut als die soziologische Systematik. Die Beziehungen müssen nicht einmal zwischen den Pflanzengesellschaften und morphologisch auffälligen Profilmerkmalen bestehen. Worauf es ankommt, sind die physiologischen Bedingungen, welche der Boden der Pflanzengesellschaft bietet, nämlich Nährstoff-, Wasser-, Luft- und Wärmehaushalt und Verankerungsmöglichkeiten.

Faßt man nur die physiologisch wirksamen Merkmale eines Bodens ins Auge, so kann man sagen: Die Böden einer Pflanzengesellschaft sind einander gleich (sofern die übrigen Außenbedingungen, u. a. das Klima, gleich sind).

Werden daneben die morphologischen und systematischen Verschiedenheiten in Betracht gezogen, so wird man sagen: Die Böden einer Pflanzengesellschaft sind analog, d. h. funktionell gleichwertig (PALLMANN 1947).

Je enger eine Gesellschaft gefaßt ist, d. h. je tiefer sie auf der soziologischen Stufenleiter steht, um so enger sind ihre Beziehungen mit dem Boden, d. h. um so näher stimmen die Böden der betreffenden Gesellschaft überein. Ein Beispiel aus der Schweiz möge dies veranschaulichen.

| Pflanzengesellschaft: | Boden: |
|---|---|
| *Fagetalia silvaticae* | endoperkolative (im weiteren Sinne) organo-petrogene bis organo-chemogene Böden. |
| *Fagion silvaticae* | Bodenklima, besonders Temperatur, entsprechend dem montanen Klima. |
| *Abieti-Fagetum* | Bodenklima entsprechend dem Klima der mittleren montanen Stufe. Böden ziemlich weit entwickelt. |
| *Abieti-Fagetum festucetosum* | Frische ± verbraunte Humuskarbonatböden |

Pionier-, Übergangs- und auch Dauergesellschaften im engeren Sinn haben den größten Zeigerwert in bezug auf den Boden.

Dagegen sind die Klimaxgesellschaften stärker an ein bestimmtes Klima, aber schwächer an bestimmte Böden gebunden. Je mehr sich eine Gesellschaft der Grenze ihres klimatischen Bereichs nähert, desto enger wird ihre Bindung an einen bestimmten Boden.

Das *Quercetum galloprovinciale* erstreckt sich von Katalonien bis Ligurien über sehr verschiedenartige Böden.

Das *Aceri-Fagetum* z. B., das im Jura den Klimax der oberen montanen Stufe auf Kalk bildet, findet sich an seiner unteren Verbreitungsgrenze hauptsächlich auf tonreicheren Böden, während in gleicher Höhenlage auf den tonärmeren das *Abieti-Fagetum* stockt (Bach 1950, Moor 1952).

## C. Einfluß von Mensch und Tier (anthropo-zooische Faktoren)

Die gegenseitige Wirkung der Pflanzen aufeinander und auf den Gesellschaftsmechanismus ist im Abschnitt über die Gesellschaftsfunktion behandelt. Ein besonderes Kapitel gebührt den Beziehungen zwischen Pflanzengesellschaften, Menschen und Tieren.

Die heutige Zusammensetzung der Pflanzendecke gewaltiger Erdstriche steht ja in weit höherem Maße unter der Herrschaft von Mensch und Tier, als gemeinhin angenommen wird.

Neben der direkten einher geht die indirekte Beeinflussung durch allmähliche Veränderung der Umweltverhältnisse.

**Mensch und Vegetation.** Im Verlauf einiger Jahrtausende hat der Mensch mit seinen Haustieren die Pflanzendecke der Erde derart umgestaltet, daß von der ursprünglichen Vegetation nicht viel übrig geblieben ist, und diese Umgestaltung schreitet mit der Bevölkerungszunahme in beunruhigendem Maße fort. Es ist daher verständlich, daß neben Klima und Boden der Mensch mehr und mehr zum wichtigsten gesellschaftsformenden Faktor aufrückt. Der Einfluß der wildlebenden Tierwelt auf die Zusammensetzung der Pflanzendecke erscheint hiegegen von völlig untergeordneter Bedeutung.

Soweit das höhere Pflanzenleben vordringt, polwärts und aufwärts gegen die letzten pflanzentragenden Alpengipfel, macht sich der menschliche Eingriff im Pflanzenkleid spürbar. Wenn also heute von unberührter Vegetation gesprochen wird, so ist dies nicht wörtlich zu nehmen, denn selbst der „jungfräuliche Tropenurwald“ ist ja nach Chevalier (1925) nur noch ein Mythos.

Es eilt, durch Schaffung unberührbarer Naturreservate nicht nur unsern Nachkommen ein Bild des ursprünglichen, vom Menschen unbeeinflußten oder nur wenig beeinflußten Naturzustandes zu überliefern, sondern auch Arbeitsstätten zu schaffen, wo die für Tier- und Pflanzenwelt gültigen biosoziologischen Gesetze ungestört studiert werden können (Huxley 1962).

Schon der bedürfnislose Paläolithiker des Früh- und Mittelquartär mit seinen primitiven Werkzeugen nutzte das Feuer und hat bereits gewisse Vegetationstypen (Wiese, Steppe) auf Kosten anderer (Urwald) gefördert. Mit dem Aufkommen von Handel und Verkehr, Ackerbau und Viehzucht im Neolithikum beginnt die weitreichende Ära der Vegetationsänderungen und der großen Pflanzenwanderungen unter dem Einfluß des Herrn der Schöpfung, die bis zur Stunde nicht zum Abschluß gelangt sind.

Über keinen vegetationsformenden Faktor ist soviel gearbeitet und geschrieben worden, wie über den Einfluß des Menschen. Hierauf beziehen sich unzählige land- und forstwirtschaftliche Maßnahmen. Wir müssen uns mit wenigen Hinweisen begnügen und verweisen im übrigen auf die forstlichen und landwirtschaftlichen Lehrbücher. Aber bei jeder Vegetationsaufnahme hat man sich stets vorerst über Art und Grad der menschlichen Beeinflussung Rechenschaft abzulegen.

**Brand und Brandursachen.** Der unerbittlichste Genosse des Menschen im Vernichtungskampf gegen die ursprüngliche Vegetation ist das Feuer. Mögen Flur- und Waldbrände gelegentlich auch durch Blitzschlag entstehen, so sind dies doch, wenigstens im kalten und gemäßigten Klima, große Ausnahmen.

C. Troll (1935, S. 386) sucht wahrscheinlich zu machen, daß der Savannenbrand nicht als künstlicher Eingriff, sondern als klimatischer Faktor zu werten ist, etwa wie die Unterbrechung des normalen Witterungsablaufes durch ein Dürrejahr. Dem muß aber entgegengehalten werden, daß schon das Vorhandensein ausgedehnter Trockengrasflächen in den warmen Gebieten der Erde zumeist menschlich bedingt ist, und daß für die Beeinflussung der Vegetation nicht gelegentliche, mehr oder weniger zufällige, durch Blitzschlag entzündete Brände, sondern wie Humbert, Perrier de la Bathie, Lanjouw, Trochain, Lebrun, Meyers, Bégué und viele andere übereinstimmend hervorheben, die vom Menschen gewollten, mit unerbittlicher Regelmäßigkeit ablaufenden periodischen Savannenbrände ausschlaggebend sind.

Weiter nördlich, wo die Flurbrände nicht periodisch auftreten, ist ihre Entstehung zu 90% der Fälle dem Menschen zuzuschreiben.

Nach einer Statistik wurden 1921 in Frankreich 50000 ha Wald-, Weide- und Kulturland von Bränden heimgesucht, deren Entstehung nur in vier Fällen auf Blitzschlag zurückzuführen ist; in 1863 Fällen war der Mensch unabsichtlicher oder absichtlicher Brandstifter. Nicht weniger als 1195 Brände gehen auf Unvorsichtigkeit zurück, 190 auf Böswilligkeit (Prioton 1945).

Auch in den Alpen sind durch Blitzschlag verursachte Waldbrände äußerst selten. In der weiteren Umgebung von Innsbruck haben von 207 Waldbränden bloß zwei den Blitz zur Ursache; dagegen sollen in Finnland zwischen 1911 und 1921 von 610 Brandfällen 254 (41,6%) durch den Blitz entzündet worden sein (Grabherr 1934).

Durch den Blitz entfachte Brände scheinen in Trockengebieten häufiger zu sein. Aber obschon das nördliche Arizona durch seine außerordentliche Blitzhäufigkeit bekannt ist, wagt COOPER (1960) doch nicht zu entscheiden, ob die Flurbrände zur Hauptsache dem Blitz oder aber den Indianern zuzuschreiben sind.

PHIPPS und GOODIER (1962) zählen das Feuer zu den natürlichen Faktoren des südrhodesischen Berglandes. Sie unterscheiden feuergefährdete und wenig feuergefährdete Gesellschaften. Zu den letzteren zählen die verschiedenen Typen der immergrünen Wälder, in geringerem Maße der Ericaceenscrub. Ihr Schutz liegt entweder in topographischen Verhältnissen oder in der Bodenfeuchtigkeit. Feuerausgesetzt sind alle nicht immergrünen Gesellschaften, vor allem die Grasländereien. Die größte Intensität entwickelt hier der Flurbrand in der dichten, hochstengeligen Gras- und Krautvegetation tiefgründiger Böden.

**„Fire climax“.** Untersuchungen im Kongolesischen Albert-Nationalpark haben ergeben, daß der in regelmäßigen Zwischenräumen entzündete Savannenbrand einen Gleichgewichtszustand unterhält, der nach amerikanischem Vorbild als „fire climax“ bezeichnet werden kann. Nach endgültigem Brandverbot setzt eine dem normalen Klimax zustrebende Weiterentwicklung ein.

LEBRUN (1947) schildert den Einfluß des Buschbrandes auf die Vegetation im Herzen Afrikas. Dem tropischen Urwald gegenüber hat das Feuer geringe Angriffskraft. Erst müssen Breschen geschlagen, muß die Baumschicht niedergelegt werden. Dann erst beginnt die periodische Brandkultur, die das Wiederaufkommen des Waldes verhindert, solange periodisch gebrannt wird. Mit dem Aufhören der Brände setzt die Wiederausbreitung des Busches ein.

Durch geeignete Baumpflanzungen bei gleichzeitigem Verbot des Brandes könnte, so nimmt GERMAIN (1945) an, das Aussehen großer Teile des Kongogebietes innert weniger Jahrzehnte sehr wesentlich verändert werden.

PERRIER DE LA BATHIE (1921) und HUMBERT (1927, 1938, 1961) behandeln den ungeheuren Einfluß der Buschbrände Madagaskars. Die madagassische Prärie, heute vier Fünftel der Gesamtoberfläche der Insel deckend und größtenteils aus tropisch-kosmopolitischen Gräsern zusammengesetzt, dankt ihre Entstehung ausschließlich den periodischen Buschbränden. Ihr fehlen daher auch nahezu völlig die erlesenen altendemischen Arten, die das Feuer nicht ertragen, während der vom Feuer verschonte ursprüngliche Trockenrasen ausschließlich aus alten madagassischen Tertiärendemismen zusammengesetzt ist.

Auch im Senegal hat die ursprüngliche Vegetation durch die Buschbrände eine völlige Umgestaltung erfahren (TROCHAIN 1940).

Daß unter tropischem Klima das Feuer für die Fortdauer der Savannen verantwortlich ist, wird auch von ADJANOHOUN (1962) angenommen. An der Elfenbeinküste wurde der Jagd wegen gebrannt. Nachdem das Wild aus der Savanne nahezu verschwunden ist und sich in den Regenwald zurückgezogen hat, wird der periodische Savannenbrand der Gewohnheit halber fortgesetzt.

Die Feuerrodung im mittelamerikanischen Tropengebiet hat schon lange vor der Ankunft der europäischen Siedler eingesetzt. DONEVAN

(1960) ist der Ansicht, daß die Föhrenwälder im Hochland von Nicaragua als abgeleiteter Klimax aufzufassen sind, der infolge fortgesetzter Brände den ursprünglichen Hartlaub-Klimaxwald ersetzt hat.

In Kalifornien hat der hartlaubige „Chapparal" auf Kosten des Waldes durch Brand riesig an Ausdehnung gewonnen (SHOW und KOTOK 1924). Der heute am Puget Sund-Distrikt herrschende Douglasföhrenwald verdankt seine Vorherrschaft lediglich dem Feuer und kann nicht als Klimaxwald gelten.

**Brandeinfluß.** Gesellschaftsformend wirkt der Brand vor allem in Trockengebieten. Brandbedingt sind im westlichen Mittelmeergebiet die

Abb. 269. *Cistus monspeliensis*-Brandfazies. *Erica scoparia-Lavandula stoechas*-Assoziation bei Montpellier (Cistus 5.5) (Aufn. P. KELLER u. BR.-BL.)

weiten, fast reinen Asphodillfluren und Zistrosengebüsche (s. BR.-BL. 1936 et al.; Abb. 269). Wird längere Zeit nicht mehr gebrannt, so sterben die *Cistus*-Sträucher nach 10 bis 15 Jahren ab und werden meist durch den *Quercus coccifera*-Stachelbusch ersetzt.

Da der Berber mit seinen primitiven Werkzeugen den Zedernriesen des Atlas nicht beizukommen vermochte, nahm er das Feuer zu Hilfe. Auf den Zedernurwald folgt nach Brandverwüstung der goldblütige, endemische *Cytisus battandieri*-Busch (s. BR.-BL. und MAIRE 1924, S. 125).

In manchen subtropischen Gebieten sind periodisch wiederkehrende Buschbrände zur Verbesserung der Weide an der Tagesordnung. Ständige Wiederholung des Buschbrandes und Beweidung ruft in Südeuropa besonderen geophyten- und therophytenreichen Gesellschaften, die große Verbreitung gewonnen haben.

In Neuseeland bringen es die eingeschleppten *Rumex acetosella*, *Hypochoeris radicata*, *Anthoxanthum odoratum* sowie *Aciphylla aurea* an kürzlich abgebrannten Stellen im *Festuca matthewsii-Danthonia rigida*-Assoziationsgebiet zu weit größerer Massenentfaltung als irgend sonstwo im Bereich dieser charakteristischen Trockenrasenvegetation (CONNOR 1961).

Öfter wiederholte Flurbrände begünstigen die Bodenerosion.

Zerstörend wirkt der Brand auf sehr schlechten, erdarmen Böden, sodann ganz besonders im Übergangsgebiet zwischen Wald und Steppe, wo beide Vegetationstypen um die Vorherrschaft ringen. Wo die

Abb. 270. Den durch Brand vernichteten Zedernwald vertritt der *Cytisus battandieri*-Busch (Mittlerer Atlas, 2000 m) (Aufn. E. HESS)

natürliche Wiederbewaldung auf Schwierigkeiten stößt, hält es schwer, das ursprüngliche, natürliche Waldbild zu rekonstruieren und Wald- und Steppenklimax abzugrenzen.

Die physikalischen und chemischen Änderungen des Bodens nach dem Buschbrand fand PHILLIPS (1931) gering (s. dagegen S. 481).

**Brandkultur.** Unter feuchtem Himmel, wo die rasche Regeneration der Pflanzendecke dauernd gewährleistet ist, hat sich der periodisch wiederkehrende Brand vielfach zur Kulturform entwickelt. Brandwirtschaft im großen betreibt man in Finnland und in allen atlantischen Ländern.

Die für Finnland so wichtige Brandkultur und ihr Einfluß auf die Vegetation wird von HEIKINHEIMO (1915), LINKOLA (1916), KUJALA (1926), UGGLA (1958), eingehend behandelt. In Finnland ist sie seit langem zu einer ständigen Einrichtung geworden, so daß kaum eine nicht allzu bodenarme Strecke davon verschont geblieben ist; die meisten Wälder sind zu wiederholten Malen abgebrannt worden (LINKOLA).

**Ökologische Brandwirkung.** Ökologische Beobachtungen über Brandwirkung und Vegetationsentwicklung auf alten Brandflächen hat UGGLA (1958) namentlich im Muddus-Nationalpark Schwedisch-Lapplands angestellt. Während eines Brandes konstatierte er ein Ansteigen der Hitze an der Bodenoberfläche bis auf 438° C, aber schon in 3 cm Tiefe war die Temperatur auf 26,5° zurückgegangen; in 7 cm Bodentiefe sank sie auf 17°.

Pflanzen mit unterirdischen Ausläufern, wie einige Vaccinien, überleben daher nicht allzu heftige Brände, während *Arctostaphylos uva-ursi*, *Calluna*, *Empetrum* zugrunde gehen. Diese drei Arten, wie auch *Pinus silvestris*, *Betula-Arten*, *Populus tremula* (ein Baum, der jährlich bis 50 Millionen Samen zur Reife bringen kann), gehören zu den ersten strauch- und baumartigen Wiederbesiedlern.

Von den Brandflächen nehmen in Lappland und Finnland, aber auch in manchen Teilen Mitteleuropas und Nordamerikas vorerst große Herden des nitratliebenden Brandzeigers *Epilobium angustifolium* Besitz.

Den Einfluß des Abbrennens der Torfmoore auf die Einzelpflanzen hat YLI-VAKKURI (1958) verfolgt. Die meisten Moore wurden durch den Brand nahezu vollständig abgetötet, neu stellte sich auf den Brandflächen *Ceratodon purpureus* ein. Von den Zwergsträuchern wird *Vaccinium vitis-idaea* am wenigsten, *V. myrtillus* etwas stärker geschädigt. Anderseits wird *Rubus chamaemorus* durch das Abbrennen in der Raumkonkurrenz erheblich begünstigt und dehnt sich aus. Die Moorbirke zeigt unmittelbar nach dem Brand üppigen Ausschlag.

Der ökologischen Bedeutung des Feuers für die Waldvegetation von Arizona ist F. C. COOPER (1960) nachgegangen und bringt darüber interessante Einzelheiten. Die Unterbindung der Brände durch die weißen Siedler hat in den *Pinus ponderosa*-Wäldern zu einer wesentlichen Änderung der Bestandesdichtigkeit und der Zusammensetzung nach Baum-Altersklassen geführt. Sämtliche mehr als 20 cm dicken Föhren überdauerten den Flurbrand unbeschadet; von den 10 bis 15 cm starken Stämmchen überlebten 84% den Brand, von den weniger als 2,5 cm Durchmesser messenden Pflänzchen blieben dagegen nur 18% erhalten.

**Sukzessionsauslösende Wirkung des Brandes.** Auf Brand folgt stets, sei die ursprüngliche Vegetation völlig oder nur teilweise vernichtet, eine sekundäre Sukzession, die von neuem gegen den Klimax hinsteuert. Näher untersucht wurden Vegetationsänderungen nach Brand in England, Finnland, Südfrankreich, Zentralafrika, Nordamerika und wohl noch anderwärts.

Im Heidegebiet der atlantischen Domäne, wo das Heidebrennen zur Erneuerung und Auffrischung überständiger Heidegebiete periodisch ausgeübt wird, ist die natürliche vom Menschen unbeeinflußte Wiederbesiedlung der abgebrannten Heide in vorbildlicher Weise von FRITSCH, PARKER und SALISBURY studiert worden (New Phytologist 1913, 1915). Das Wiedererscheinen von *Calluna* erfolgt hier sehr rasch. Eine Kontrollfläche von 25 Quadratfuß zeigte schon 2 Jahre 8 Monate nach dem Brand

4641 *Calluna*-Sämlinge (dazu noch 11513 Sämlinge von *Erica cinerea*). Die Neubesiedlung durchläuft hier sechs Stadien: Das 1. Stadium ist durch Algen (*Cystococcus humicola, Gloeocystis, Trochiscia, Dactylococcus*) charakterisiert, hierzu kommen der Pilz *Ascobolus atrofuscus* und spärliche Wurzelausschläge von *Ulex*. Im 2. Stadium erscheinen Moose (*Ceratodon, Funaria*) und eine Reihe Gräser und Kräuter (*Aira, Carex pilulifera, Rumex acetosella* usw.). Das 3. Stadium umfaßt die Algen des 1. Stadiums nebst *Mesotaenium violascens* und zahlreiche Flechten (*Cladonia delicata, C. furcata, C. pyxidata, C. squamosa* usw.). Die Blütenpflanzen mehren sich. Das 4. und 5. Stadium ist durch die endgültige Vorherrschaft der Heide mit *Calluna, Ulex, Erica* usw. gekennzeichnet. Im Untersuchungsgebiet (Hindhead Common) folgt als 6. und letztes Stadium die Besiedlung durch Bäume (*Pinus, Betula, Pirus* usw.), ein Beweis, daß sich hier die Heide ohne menschliches Dazutun nicht behaupten würde. Abgesehen von den Konkurrenzverhältnissen spielen die Veränderungen des Humusgehaltes und des Wassergehaltes der oberen Bodenschicht bei der Wiederbesiedlung eine wichtige Rolle. Mit der Humusanreicherung parallel geht die Zunahme des Wassergehaltes. So enthielt der nackte Boden einer abgebrannten Fläche nach achttägigem Regen 11,19% Wasser, der Boden der *Calluna*-Heide 31,39% und der *Vaccinium myrtillus*-Heide nahezu 70% Gewichtsprozente Wasser.

Im *Quercion robori-petraeae*-Wohnraum Westeuropas, aber auch vielfach anderwärts, gewinnt auf Brandflächen sehr oft *Pteris aquilina*, deren Rhizome den Brand unbeschadet überdauern, die Vorherrschaft und bildet weite, fast reine Herden. Ein ähnliches Verhalten zeigt der Adlerfarn in den nördlichen Staaten der Union und selbst im Wald von *Acacia heterophylla* der tropischen Maskarenen. Wird dieser Wald gebrannt, so folgt auch dort öfter eine derartige Massenausbreitung von *Pteris*, daß die Erneuerung des Baumbestandes behindert wird (Rivals 1952, S. 88).

Die Auswirkung des Brandes auf die Pilzvegetation behandeln Moser (1949), Pirk (1950), Hintikka (1960). Ebert (1958) beschreibt ein *Geopyxidetum carbonariae* als spezifische Pilzassoziation der Brandflächen. Moser unterscheidet anthracobionte, ausschließlich an Brandstellen wachsende, anthracophile, Brandplätze bevorzugende, anthracophobe, Brandstellen fliehende Pilze. Zu den Brandstellen am besten charakterisierenden Pilzarten zählen *Pholiota carbonaria, Lyophyllum sphaerosporum, Omphalia maura, Coprinus boudieri*.

Dauerbeobachtungen an verlassenen Kohlenmeilern sind im Schweizerischen Nationalpark von Br.-Bl., namentlich aber von Ed. Frey angestellt worden.

Eine Meilerfläche in 1980 m Höhe entwickelte sich schon nach 18 Jahren vom initialen *Cladonietum symphycarpiae* zum geschlossenen Rasen. Langsamer verlief die Besiedlung anderer Brandstellen, wohl deshalb, weil Auslaugung und reichliche Auflagerung von Kohleresten die Keimung ungünstig beeinflußten.

In Praspöl (1650 m) war ein seit längerer Zeit verlassener Meiler 1922 noch fast vegetationslos. Auf einer größeren Fläche mit Holzkohle überstreutem Kalkschutt serbelten 30 Kiefern (*Pinus mugo*), 10 Fichten und 3 Lärchen, von nicht mehr als Kniehöhe. Ein Meterquadrat enthielt 1922 reichlich *Barbula convoluta* und *Peltigera rufescens*. Die beiden Arten waren 1929 auf der ganzen Fläche zurückgegangen; dagegen hatten sich an ihrer Stelle dominierend *Cladonia symphycarpia*, *C. pyxidata chlorophaea* und *pocillum* ausgebreitet. Die Zahl der Phanerogamen hatte sich verdoppelt.

Bei der nächsten Untersuchung, 1941, wurden von ED. FREY auf einem 9 qdm messenden Dauerquadrat folgende Arten festgestellt:

| | | | |
|---|---|---|---|
| 60% | Cladonia symphycarpia | 3% | Leontodon pyrenaicus |
| 35% | Moose | 1 | Pinus mugo (23 cm hoch) |
| 1% | Cladonia pyxidata pocillum | + | Carex ornithopoda |
| 1% | Cetraria islandica | + | Trifolium pratense |

+ Peltigera lepidophora

Im Sommer 1956 fand FREY die Bergföhre auf 83 cm zugewachsen, und die von ihr beschattete 20 qdm-Fläche enthielt:

| | | | |
|---|---|---|---|
| 40% | Cladonia symphycarpia | 40% | Moose, wovon: |
| 10% | Nadelstreu | 25% | Ditrichum flexicaule |
| 5% | Cladonia pyxidata | 12% | Tortella tortuosa |
| 5% | Peltigera rufescens | 3% | Brachythecium salebrosum |

+ Bryum caespititium

Mit zunehmender Beschattung tendiert die Sukzession deutlich gegen den erikareichen Bergföhrenwald, das *Mugo-Ericetum* (s. auch S. 586; die dort verzeichneten Dauerflächen sind mit den oben erwähnten nicht identisch).

**Brandschäden im Wald.** Wald und Boden werden nach LAMPRECHT (1961) durch den Brand auf verschiedene Weise geschädigt:

1. Die Bodenflora und -fauna wird mindestens teilweise vernichtet;
2. Das organische Material (Humus) verbrennt ganz oder teilweise;
3. Am Stammfuß vieler Bäume entstehen Brandschäden;
4. Die Ansamung aller Baumarten wird geschädigt oder vernichtet;
5. Die natürliche Wiederbewaldung aufgegebener, ehemals landwirtschaftlicher Flächen wird verzögert oder verhindert.

**Brandnutzen.** Zumeist wird der Brand als Mittel zur Weideverbesserung verdammt, und wohl mit Recht.

Demgegenüber zeigen aber während vier Jahren durchgeführte Untersuchungen HENSELS (1923) im nordamerikanischen Präriegebiet, daß Brand unter Umständen auch ertragsteigernd wirkt. HENSEL unterzog zwei Quadratflächen jährlich einer Schur; Beweidung wurde ausgeschaltet. Auf der jedes Frühjahr abgebrannten Fläche erlangte nach vier Jahren statt des schlechten *Andropogon furcatus* das bessere Weidegras *Andropogon scoparius* eine Zunahme von 48%; auf der ungebrannten Fläche hatte es dagegen um 61% abgenommen. Sproßzahl und Trockengewicht der Gramineen und Cyperaceen zeigten im Verlauf der Untersuchung folgende Verschiebungen:

Tabelle 55. Einfluß des Präriebrandes auf den Graswuchs

| Jahr | Abgebrannte Fläche | | Nicht abgebrannte Fläche | |
|---|---|---|---|---|
| | Gramineen und Carices; Sproßzahl | Trockengewicht des Heus % | Gramineen und Carices; Sproßzahl | Trockengewicht des Heus % |
| 1918 | 1561 | 33,5 | 811 | 66,5 |
| 1919 | 2303 | 47,5 | 1680 | 52,5 |
| 1920 | 2268 | 49,0 | 2139 | 51,0 |
| 1921 | 2237 | 53,0 | 1934 | 47,0 |

Angaben über den Einfluß des Brennens auf das Gedeihen einzelner Grasarten in den Great Plains der USA geben auch ROBOCKER und MILLER (1955, dort weitere Literatur).

Reinigenden Einfluß kann der Brand durch Vertilgung unliebsamen Gestrüpps oder lästiger Gewächse, durch Verbesserung der Weide, Erhöhung des Blütenertrags (Bienenweide), des Vieh- oder Wildfutters, und durch Vertilgung schädlicher Nager ausüben.

Ein gefürchtetes Weideunkraut (*Elymus caput-medusae*), im Mediterrangebiet heimisch, hat sich in Trockengebieten der USA derart ausgebreitet, daß seine Bekämpfung zur dringenden Notwendigkeit geworden ist. Unter den Bekämpfungsmitteln wird von MAJOR, MCKELL und BERRY (1960) auch der zeitlich und örtlich richtig durchgeführte und überwachte Brand angeführt.

Auf ein ungewöhnliches Beispiel des Brandnutzens macht HUTCHINSON (1949) aufmerksam.

*Pinus strobus* wird von einem parasitären Pilz befallen, der nicht direkt von Baum zu Baum übertragbar ist, sondern dessen Sporen *Ribes*-Arten befallen, auf welchen sie sich entwickeln und Sporen ausbilden, die dann auf *Pinus strobus* übergehen. Bei dieser, wie bei anderen Föhrenkrankheiten kann der Brand durch Ausschaltung der Krankheits-Zwischenträger reinigend wirken.

**Schlag.** Die eigentliche Waldnutzung nahm ihren Anfang, als der Mensch der jüngeren Steinzeit seine Höhlenwohnungen aufgab, um Hütten zu bauen. Eine wesentliche Änderung erfuhr das natürliche Waldbild aber wohl erst durch die Kahlschläge. Nicht nur werden durch Kahlhieb die Belichtungsverhältnisse gründlich verschoben, wird Wind und Niederschlägen freie Bahn geschaffen, sondern auch die Bodenstruktur erfährt tiefgreifende Veränderungen. Die Nitrifikationskraft nimmt zwar zu, anderseits aber werden Luftkapazität und Durchlässigkeit des Bodens herabgedrückt. Dadurch verschlechtert Kahlschlag den Boden auch dort, wo ein Verschwemmen der Erdkrume nicht zu befürchten ist. BURGERS Versuche über den Einfluß des Kahlschlages auf den Waldboden (1922) sind hierfür äußerst lehrreich.

Auf einer Schlagfläche bei Zürich ging die Luftkapazität der obersten Bodenschicht nach Kahlschlag um ein Drittel zurück. Die Durchlässigkeit guten Buchenwaldbodens bei Biel war dreißigmal größer als die eines zehn Jahre kahlliegenden, zeitweise als Holzplatz benützten Bodens.

Gesellt sich zum Schlag die systematische Zerstörung des Unterholzes, wie sie LAPRAZ (1962) aus Katalonien schildert, so kann dies bei heftigen Regengüssen zur Abschwemmung der ganzen Bodendecke

Abb. 271. *Quercetum cocciferae* und *Asphodelus cerasifer*-Brandfazies des *Brachypodietum ramosi* bei Montpellier (rechts oben *Quercus ilex*-Ausschlagwald) (Aufn. JENNY-LIPS u. BR.-BL.)

und vollständigen Vernichtung der Vegetation führen. Eine Folge der unbedachten Eingriffe sind die fürchterlichen Wasserkatastrophen, die gerade in letzter Zeit Katalonien, aber auch andere Mediterrangebiete heimgesucht haben.

**Kahlschlagvegetation.** Die sich auf Kahlschlägen abspielenden Vegetationsänderungen sind seit SENDTNER (1854) und KERNER (1863) vielfach beschrieben worden. Sie vollziehen sich mit unverkennbarer Gesetzmäßigkeit unter dem Szepter des Lichtfaktors. Genaue Untersuchungen über die floristischen Entwicklungsstadien auf Schlagflächen des *Quercus robur-Carpinus betulus*-Waldes in Polen hat DZIUBALTOWSKI (1918) ausgeführt. Auf eine Phase mit vielen als „zufällig" bezeichneten Erstbesiedlern von Ruderalcharakter folgt ein Rasenteppich aus *Agrostis alba*, *Deschampsia flexuosa* usw. Im 4. bis 6. Jahr treten *Betula pendula*, *Salix caprea* und einige Sträucher (*Genista germanica*, *G. tinctoria*,

*Cytisus nigricans*) auf. Vom 8. Jahr an gehen Kräuter und Sträucher infolge zunehmender Beschattung durch den jungen Baumwuchs zusehends zurück, bis der Gleichgewichtszustand des wenig berührten Hochwaldes erreicht ist (s. auch TREGUBOV S. 657).

Über die ökologischen Veränderungen nach Kahlschlag macht KOVÁCS (1961) nähere Angaben. Er untersuchte biologische Aktivität,

Abb. 272. Sekundärwald an der Elfenbeinküste (Aufn. ESTEL)

Ammoniak- und Nitratproduktion des Bodens im *Melico-Fagetum* und in den auf Schlagflächen herrschenden Gesellschaften des Matragebirges (Ungarn) bei 900 bis 1000 m. Der Ammoniak- und Nitratgehalt der Schlagflächen ist durchweg, zum Teil bedeutend höher als im Buchenwald.

Seine Kurven zeigen den raschen Nitratanstieg des Bodens in verschiedenen Schlagassoziationen.

Weniger augenfällig als bei Kahlschlag sind die Vegetationsänderungen beim Fehmel- und Plänterbetrieb und bei der Schirmschlagverjüngung. Die haubaren Stämme werden in kürzeren oder längeren Zwischenräumen dem Bestand entnommen, ohne daß (wenigstens beim Plänterbetrieb) Licht und Bodenverhältnisse hierdurch wesentlich beeinflußt würden. In der Zusammensetzung der Bodendecke aber kann ein Wechsel durch einseitige Bevorzugung und Schonung gewisser Baumarten stattfinden.

Oft wiederholter Hieb hat zur Folge, daß die ausschlagfähigsten Hölzer mehr und mehr die Führung übernehmen. Auf diese Weise werden im Buchengebiet des schweizerischen Mittellandes nahezu reine Niederwälder von *Quercus robur* und *Carpinus betulus* herangezüchtet. Weite Strecken der mediterranen Macchie und Garrigue sind nichts anderes als ein zum Niederholz oder Busch degradierter Hochwald, worin anfänglich meist *Quercus ilex* vorherrschte (Abb. 271). In den übermäßig entwaldeten islamitischen Ländern bieten die Heiligengräber (Marabouts) Erhaltungsmöglichkeiten für die ursprüngliche Vegetation, da in ihrem nächsten Umkreis die Bäume den Schutz der Gläubigen genießen.

Abb. 273. Gutgedüngte Wiese (links) und ungedüngte Wiese (rechts) (*Cirsium oleraceum* und *Carices* dominieren) bei Rangsdorf, N-Deutschland (Aufn. A. ARNDT)

Eine spezifische Kahlschlagvegetation aus dem Balkan ist der rubusreiche Verband des *Calystegion*, den I. und V. KÁRPÁTI (1961) aus Albanien beschrieben haben.

Die charakteristische Schlagvegetation Mitteleuropas wird unter der Klasse *Epilobietea angustifolii* zusammengefaßt.

Auf Kahlschlag, auch mit nachfolgendem Brand verbunden, beruht der sekundäre Tropenurwald. Werden die Kulturflächen sich selbst überlassen, so stellt sich schon nach Verlauf von etwa zehn Jahren der Sekundärwald mit einer bis 25 m hohen Baumschicht aus weichen Hölzern und undurchdringlichem Unterwuchs ein (Abb. 272). Die harten Hölzer des primären Urwaldes dagegen erscheinen erst viel später, äußerst langsam, und es können Jahrhunderte vergehen, bis der ursprüngliche Tropenklimaxwald wieder zur Herrschaft gelangt (ROBYNS 1938, LEBRUN 1947).

Kahlschlag, Brand und Schafweide haben in den Mittelmeerländern die bekannte Abstufung regressiver Sukzessionsstadien vom Klimaxwald über den *Quercus coccifera*-Busch und die *Cistus*-Bestände, oder (auf Mergel) zum *Rosmarino-Lithospermetum* und *Aphyllanthion* und zur steinigen Trift geschaffen (Abb. 271).

Die Gesellschaftsklasse der *Cisto-Lavanduletea*, eine ausgesprochene Lichtvegetation, verdankt letzten Endes der Brandwirtschaft ihre heutige mächtige Ausbreitung.

**Mähen, Düngen, Bewässern.** Mit dem Gebrauch von Sichel und Sense in der Bronze- und Eisenzeit hält der Futterbau seinen Einzug, und mit ihm gewinnen die Kultur- und Halbkulturgesellschaften ständig wachsende Ausdehnung. Mähen wirkt ähnlich auf die Pflanzendecke wie

Abb. 274. Frühjahrsaspekt des *Arrhenatherion elatioris* (*Gaudinio-Arrhenatheretum*) im Littoralgebiet Sudfrankreichs (Aufn. BR.-BL. u. KELLER)

mäßige Beweidung. Meist treten aber zur Mahd Düngung, Bewässerung und Aussaat. So entstehen die anthropogenen Fettwiesen, welche über weite Entfernungen hin einen so erstaunlich einheitlichen floristischen Charakter haben. Der Einfluß der Düngung auf die floristische Zusammensetzung zweier benachbarter Wiesenparzellen ist aus Abb. 273 ersichtlich. Andauernd gleichartige menschliche Beeinflussung hat in ganz Mittel- und in einem großen Teil von Westeuropa einen weitgehend übereinstimmenden, artenreichen und doch ausgeglichenen Fettwiesentypus erstehen lassen: das *Arrhenatherion elatioris*.

Die ausgedehntesten und üppigsten Mähewiesen liegen aber nicht in Klimaxgebieten der Grasfluren, sondern in den Klimaxgebieten der Wälder. Auf Schlag und Rodung folgten in der Regel Beweidung und erst später Mahd, Düngung und Bewässerung. Durch regelmäßige Mahd wird die natürliche Entwicklungstendenz dauernd zurückgehalten.

Die Sense übt strenge Selektion und merzt nach und nach alle Arten aus, die ihre Samen nicht vor dem ersten Schnitt zur Reife bringen oder über unbegrenztes Ausschlagsvermögen verfügen.

Im Klimaxbereich des immergrünen mediterranen Waldes haben reichliche Bewässerung, Düngung und Mahd Fettwiesen vom *Arrhenatherion*-Typus geschaffen, die sich hier mit ihrer Artenkonstellation als

Abb. 275. Parkung im Buchenklimaxgebiet der Auvergne, 1100 m (Aufn. BADOR)

mitteleuropäische Exklaven ausnehmen. Sie sind von HAAG (mss.) und DONKER und STEVELINK (1962) als *Gaudinio-Arrhenatheretum* beschrieben worden (Abb. 274).

Hier spielt Bewässerung und erst in zweiter Linie Düngung die den Ertrag entscheidende Rolle. Unter mitteleuropäischem Klima steht die Düngung obenan.

Ein 15jähriger Düngungs-Kontrollversuch im *Arrhenatheretum elatioris* wurde von KIRSTE und WALTHER (1955) in NW-Deutschland durchgeführt. Die Düngung mit Kalkammonsalpeter, Thomasphosphat und Kali hatte das Verschwinden von nur 5 Arten (9%) der Gesamtliste zur Folge, dagegen hatte sich das Mengenverhältnis der Arten stark verschoben. Ausreichende Düngung führte zum Vorherrschen von *Arrhenatherum elatius* und zur Zunahme anspruchsvoller hochwertiger Gräser und Leguminosen.

Eingreifendere Veränderungen erfolgten auf eine ähnliche Düngung der mageren *Festuca rubra*-Weide am „*Hieracium pilosella*-Berg" in der Niederlausitz, welche von ARNDT (1952) während 12 Jahren fortgesetzt wurden. Die vorherrschenden *Sieglingia decumbens* und *Hieracium pilosella*, auch *Luzula campestris*, *Rumex acetosella*, *Hypochoeris radicata* u. a. verschwanden, dagegen tauchten *Arrhenatherum elatius* und nicht wenige *Arrhenatherion*-Arten neu auf.

**Parken.** In der Praxis des Wiesenbaues findet neben dem Weidgang die Parkung zur landwirtschaftlichen Verbesserung des Rasens vielfach

Abb. 276. Sommeraspekt des *Onopordetum illyrici* an Schaflägern in der Garrigue bei Montpellier. Sichtbar *Onopordon illyricum*, *Cneorum tricoccum*, *Thymus vulgaris* (Aufn. Exkurs. S.I.G.M.A.)

Anwendung. Auf der Parkung beruht der ganze Weidebetrieb in der subalpinen Stufe der mittelfranzösischen Gebirge. Vom pflanzensoziologischen Gesichtspunkt aus handelt es sich hierbei um einen dauernden Kampf gegen die zum Klimax hinleitende expansive *Genista pilosa-Calluna*-Assoziation, welche alle trockeneren Weiden erobert und besetzt. Um dieser klimabedingten Weideverschlechterung Einhalt zu tun, wird jeder Weidefleck in Zwischenräumen von 15 bis 20 Jahren einer mehrwöchigen Parkung unterworfen; der verstellbare Pferch, worin das Vieh die Nacht zubringt, wird in bestimmten Zwischenräumen verlegt (Abb. 275).

Unbeabsichtigte Parkung fördert an Viehlägerstellen Mitteleuropas das Gestäude des *Onopordetum acanthii*, im mediterranen Bereich des *Onopordetum illyrici*, das inmitten dürftiger Garriguen des *Brachypodietum ramosi* ein therophytenreiches hochragendes Kompositengestrüpp aus *Onopordon illyricum*, *Thyrimnus leucographus*, *Carduus tenuiflorus*, *C. pycnocephalus*, *Galactites tomentosus*, *Xeranthemum inapertum* und vom Vieh nicht berührter *Echium*- und *Cynoglossum*arten aufbaut (BR.-BL. 1952).

Überdüngung und Viehtritt schaffen die spezifischen Standortsvoraussetzungen; die Vierfüßer sorgen für die über weite Gebiete gleichgeartete floristische Ausstattung der Assoziation. Die *Onopordetum*-Arten sind durchweg an zoochore und anthropochore Verbreitung angepaßt; schon in vorhistorischer Zeit dürften die Wildtiere, später Mensch und Vieh unabsichtlich zur weiten Verbreitung der *Onopordetea* beigetragen haben.

**Beweiden.** Starke Frühjahrsweide drängt *Lolium perenne* als das zuerst treibende, scharf befressene Gras zugunsten des später treibenden Weißklees zurück. Schonung bis Mitte April und weiterhin schwache Beweidung führt zur Überhandnahme der Art auf Kosten des Weißklees.

Gleichgewicht zwischen Weidebesatz und Graswuchs erhält dauernd ein günstiges Verhältnis zwischen Weißklee- und *Lolium*; zu starker Weidebesatz schädigt *Lolium* und wirkt ungünstig auslesend; Unkräuter, besonders *Cirsium arvense*, kommen auf.

Die Ertragsverhältnisse der südportugiesischen Weiden von *Ornithopus macrorhynchus* und *Anthemis fuscata* sind von MALATO-BELIZ (1951) mit modernen pflanzensoziologischen Methoden untersucht worden. Wiewohl das Lebensformenspektrum der Assoziation fast ausschließlich aus Therophyten besteht, handelt es sich um eine ausgezeichnete Weide, die einen Mittelertrag von 15214 kg ha (grün) und 4549 kg ha (getrocknet) abwirft. Der qualitative Futterwert ist hoch. Durch wohldosierte, überwachte Beweidung und richtige Unkrautreutung läßt sich die Weide noch verbessern.

Untersuchungen über den Grasertrag bei verschiedener Beweidung haben CLEMENTS und GOLDSMITH (1924) in den Prärien Nordamerikas ausgeführt. Sie wogen während drei Jahren den Grasertrag einiger Untersuchungsflächen bestimmter Größe, die unbeweidet oder vom wildlebenden Präriehund (*Cynomys gunnisoni zuniensis*), oder aber vom Präriehund und vom Vieh beweidet waren (Tab. 56).

Das eine der herrschenden Gräser (*Agropyron*) erträgt dank der unterirdisch kriechenden Rhizome die Beweidung leidlich, während *Sporobolus* fast gänzlich verschwindet. Der Heuertrag wurde durch den Präriehund auf $^1/_7$ bis $^1/_9$, durch Präriehund und Großvieh aber auf $^1/_{20}$ des Ertrages der unbeweideten Fläche herabgedrückt.

Tabelle 56. Einfluß des Grasens auf den Rasen
(Jahresertrag in Gramm pro qm)

| Zoobiotischer Einfluß | *Agropyron glaucum* | | | *Sporobolus cryptandrus* | | | Gesamte Grasmenge | | |
|---|---|---|---|---|---|---|---|---|---|
| | 1919 | 1920 | 1921 | 1919 | 1920 | 1921 | 1919 | 1920 | 1921 |
| Unbeweidet | 100 | 117 | 139 | 165 | 33 | 82 | 265 | 150 | 221 |
| Von Nagern (Präriehunden) beweidet | 37 | 24 | 23 | Spur | 0 | 0 | 37 | 24 | 23 |
| Vom Vieh und von Nagern beweidet | 7 | 9 | 7 | 4 | 0 | 6 | 11 | 9 | 13 |

Den günstigen Einfluß eines nur zweijährigen Rasenschutzes führen die Untersuchungsquadrate von Cottle aus Texas vor Augen (Abb. 277).

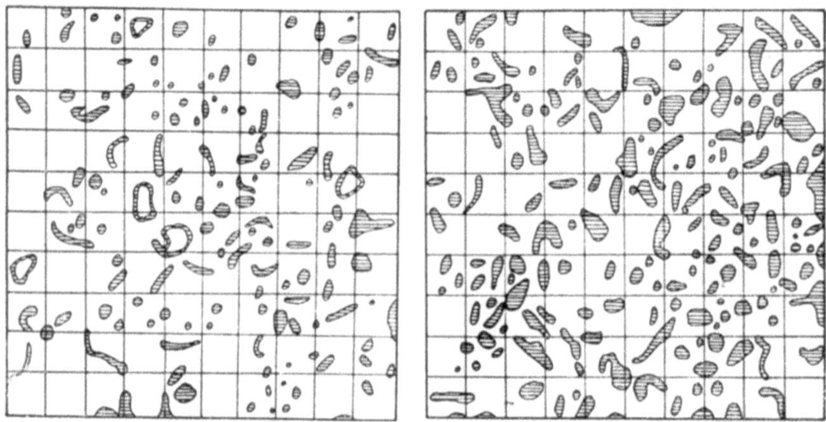

Abb. 277. Grama-Gras-(Bouteloa-)Quadrat ständig beweidet (links), rechts ein zwei Jahre lang geschütztes Quadrat (nach Cottle 1931)

Abb. 278. Rindverbiß an Fagus. Durch mäßige Beweidung bedingtes und erhaltenes *Nardetum* im Buchenklimax des Aigoual (Aufn. Uehlinger)

Eine mäßige Beweidung betrachtet der Landwirt in der Regel als vorteilhaft für den Graswuchs; der Boden wird gedüngt, die Samenverbreitung und das Aufgehen der Samen werden begünstigt,

Baum- und Strauchkeimlinge werden ausgemerzt. Alpen, die mehrere Jahre hintereinander nicht bestoßen werden, „verunkrauten", behauptet der Älpler.

Dieser anthropozentrischen Anschauung ist entgegenzuhalten, daß Beweidung unter allen Umständen der natürlichen Vegetationsentwicklung entgegenwirkt. Beweidung verlangsamt oder verhindert die Ein-

Abb. 279. Durch übermäßigen Schafweidgang und Regenerosion im Abtrag begriffene Nardusweide im Zentrum des Buchengebietes am Aigoual, 1250 m, Südsevennen (Aufn. Institut Botanique, Montpellier)

stellung und Ausbreitung der klimatischen Schlußgesellschaft; sie führt zu tiefgreifenden Störungen und — im Extrem — zur Vernichtung der Vegetationsdecke. Hemmend wirken:

1. Der Entzug großer Mengen von Pflanzensubstanz.

2. Mechanische Schädigung der Pflanzen durch Fraß, Benagen, Scheuern und Huftritt (Abb. 278).

3. Artenauslese durch die Weidetiere. Die gesuchten Weidepflanzen werden benachteiligt oder vernichtet, die verschmähten nehmen überhand.

4. Ausmerzung düngerfliehender Arten an starkbesetzten Weideplätzen und Züchtung besonderer nitrophiler Gesellschaften (Lägervegetation, s. S. 276.

5. Direkte Beeinflussung der Bodenbildung, sei es durch Aufwirbeln der Feinerde oder Festtreten des Bodens und Änderung des Mikroreliefs (Höcker- und Wegchenbildung, im schweizerischen Volksmund „Trejen").

Über die Abhängigkeit der Grasnarbe von Art und Dauer der Beweidung in Westeuropa geben namentlich die sorgfältigen Untersuchungen des Commonwealth Bureau of Pastures and Field Crops in Aberystwych Aufschluß. In den USA haben sich insbesondere CLEMENTS und Mitarbeiter mit dem Einfluß der Beweidung auf den Rasen befaßt; die Waldweide in Pennsylvanien behandelt LUTZ (1930).

Der Weidgang hat sich in erster Linie auf die vorhandene Pflanzengesellschaft einzustellen. In der subalpinen Stufe der mitteleuropäischen Gebirge führt dauernde Überweidung durch Schafe leicht zu ertragsarmen Nardusweiden. In Westeuropa herrschen auf besseren Böden *Arrhenatherion*-Weiden, die auf die Beweidung besonders scharf reagieren.

M. G. JONES (1934) hat hierüber Versuche angestellt.

Tabelle 57. Einfluß der Beweidung auf eine gedüngte *Arrhenatherion*-Weide in England

| | *Lolium perenne* | *Trifolium repens* | Schlechte Gräser | *Cirsium arvense* | Verschiedene Arten |
|---|---|---|---|---|---|
| a) Ausgangsbestand | 65 | 30 | — | — | 5 |
| b) Starke Frühjahrsweide | 32 | 62 | — | — | 6 |
| c) Leichte, erst Mitte April beginnende Weide | 81 | 7 | 6 | - | 6 |
| d) Weidebesatz dauernd optimal, dem Graswuchs angepaßt | 56 | 34 | 2 | — | 8 |
| e) Weide, im Winter zu stark, im Sommer zu schwach | 33 | 41 | 9 | 10 | 7 |

Im Transvaalschen Hochfeld hat H. WEINMANN (1948) die Wirkung der Weide auf die Grasvegetation untersucht. Düngung verhindert nicht den schädigenden Einfluß starker Beweidung auf die Entwicklung und auf die Kohlehydratreserven der unterirdischen Pflanzenteile, steigert jedoch, wie zu erwarten, ihren Nitrat- und Phosphorsäuregehalt.

Über den Einfluß der Überweidung auf die Rasenzusammensetzung im Innern von Neusüdwales berichtet BEADLE (1948). Eine Schädigung der Rasendecke macht die ungeschützte Bodenoberschicht beweglich, und schließlich wird sie durch den Wind abgetragen. Auf diese Weise hat Überweidung die gefürchteten „Scalds" der Trockengebiete Australiens hervorgebracht, deren Entwicklung, Ausbreitung und Bekämpfung BEADLE beschreibt. Die Wurzelerde ist bis auf den verhärteten Untergrund ausgeblasen, und weite Flächen erscheinen vollkommen pflanzenlos.

Unter übermäßiger Beweidung haben gewaltige Erdstriche in Nordamerika, Nord- und Südafrika, Australien, Westasien ihr Aussehen völlig verändert und vielfach Wüstencharakter angenommen.

Die landschaftlich hervorstechenden Vegetationstypen der alten Kulturländer am Mittelmeer und im Orient, die spanischen Tomillares (s. Abb. 280), die südfranzösischen Garriguen (Abb. 291), die hellenische Phrygana sind nichts anderes als konvergente Weidetypen. Sie verleihen der Mediterranregion ihren eigenen Reiz und sind durch einen besonderen Reichtum an aromatischen Labiaten, Cistaceen, Rutaceen, Artemisien, an latexführenden Euphorbien, an Distelgewächsen und

Stachelbüschen (*Bupleurum spinosum*, *Poterium spinosum*, *Astragalus*-Arten, *Paliurus* usw.) ausgezeichnet, Gewächsen, die von Schafen und Ziegen kaum berührt werden. Diese geringwertigen zoobiotisch bedingten Gesellschaften sind leider immer noch auf Kosten armseliger Waldreste in Ausbreitung begriffen (Abb. 280).

**Weideselektion.** Ein Charakteristikum stark beweideter Ländereien ist die Begünstigung gewisser und die Ausmerzung anderer Strauch-

Abb. 280. Tomillares mit *Astragalus poterium* und kümmerlichen Resten der Macchie des *Oleo-Ceratonion* auf Mallorca (Aufn. A. Hoffmann-Grobéty)

gewächse. Sich selbst überlassene Weideflächen Mittel- und Südeuropas sind der Ausbreitung von *Juniperus* ausgeliefert. Es nehmen überhand: *Juniperus communis* im Flachland, *J. nana* und *J. sabina* in den Gebirgen, *J. oxycedrus*, *J. phoemicea*, *J. thurifera* im Mediterrangebiet.

Der gemeine Wacholder bildet parkähnliche, offene Bestände von Zypressenwuchs, einen prächtigen Schmuck der Heide (Abb. 25), oder aber ein dichtes niedriges Gestrüpp, so vor allem in den trockenheißen Zentralalpentälern Graubündens, des Wallis und Tirols. Im Obervinschgau zwischen Schlanders und Mals (800 bis 1200 m) hat intensiver Ziegenweidgang den Wald des Südhanges stundenweit zum trostlosen *Juniperus*-Dickicht umgestaltet, das ganz an den mediterranen Stachelbusch gemahnt.

Stark dem Fraß des Kleinviehs ausgesetzt sind alle nicht latexführenden oder stachelbewehrten Pflanzen besonders im Mediterrangebiet. Auf intensiv genutzten Weiden werden die von den Tieren bevorzugten Sträucher (vor allem *Rhamnus alaternus*) derart zusammengebissen, daß sie dem Boden oder Gestein dicht anliegende vieljährige Kriechteppiche ausbilden, die ganz an hochalpine Zwergsträucher erinnern. Zoogen bedingt sind die Stachelbuschbestände von *Genista scorpius*, *Calycotome spinosa*, *Paliurus spinosa*, *Rhamnus infectoria* usw.

Im atlantischen Westeuropa haben Heidekraut-, Ginster-, Erika- und Ulexbestände unter Weideeinfluß gewaltige Ausdehnung erlangt.

Intensiver Weidgang führt zur Trivialisierung der Flora und zur einseitigen Verarmung des Artenbestandes. Mitten im Waldklimax sind durch Regression ausgedehnte phytobiotische Steppen herangezüchtet worden (Abb. 271).

Abb. 281. *Rhamnus alaternus* und *Phillyrea angustifolia* in der Garrigue von Montpellier, zu Zwergsträuchern zusammengebissen (Aufn. Exkurs. S.I.G.M.A.)

**Wildweide.** Ist der Einfluß des Weideviehs auf die Pflanzendecke ständig im Zunehmen begriffen, so wird dagegen die Wildweide, außer in Schongebieten, je länger desto weniger spürbar, denn der Wildbestand ist fast überall im Rückgang begriffen.

Lagerstellen des Großwildes tragen wie die des Viehs einen üppigen aus saftreichen, hochschäftigen Stauden bestehenden Pflanzenwuchs, wie er ähnlich nur noch an Ruderalstellen in der Nähe menschlicher Siedlungen, auf Waldschlägen und im nährstoffreichen, durchfeuchteten Mullboden mesophiler Laubwälder gedeiht. In den Gebirgen Europas sind es die Gattungen *Rumex*, *Aconitum*, *Senecio*, *Cirsium*, in tieferen Lagen vertreten durch *Chenopodium*-, *Altriplex*-, *Carduus*-, *Onopordon*-, *Cynoglossum*-, *Urtica*-Arten, die an Wild- wie an Viehlägern zu mannshohen Dickichten aufschießen.

In vorhistorischer Zeit müssen die Steppen und Grasländereien

Europas von ungeheuren Wildbeständen belebt gewesen sein; dafür sprechen schon die mächtigen tertiären Knochenbrekzien von Pikermi bei Athen, am Mont Lubéron in der Provence und anderwärts.

Die Wanderungen des Großwildes haben zum floristischen Ausgleich der Vegetation an Wildlägern beigetragen. Nur so läßt sich die weite, sprunghafte Verbreitung der *Lappulo-Asperugetum*-Assoziation erklären. Unsere Onopordeten sind als letzte, schwache Beispiele ehemaliger Wildsammelplätze zu deuten (s. S. 363).

Abb. 282. *Cirsium spinosissimum*-Läger am Rand des rückweichenden Schnees in den Bündneralpen

In den USA ist der Einfluß der Rotwildweide auf die Waldvegetation einiger Inseln im Michigansee von Beals, Cottam und Vogl (1960) durch experimentelle Versuche festgelegt worden. Sie zeigen, daß die Deckung von *Tsuga canadensis* und *Thuja occidentalis* mit steigender Weideintensität zurückgeht, während *Acer spicatum* zunimmt. Die dominierende Eibe (*Taxus canadensis*) wird als Futter allen andern Koniferen vorgezogen; auch die Laubbäume werden weniger abgefressen, solange *Taxus* hinreichend Futter liefert.

Walter (1961) schildert den Einfluß des Großwildes auf die Ausbildung der Vegetationsdecke und weist auf die Störung des natürlichen biologischen Gleichgewichts und auf die Schäden hin, welche durch die Einführung fremder Tierarten in überseeischen Ländern entstanden sind. Auf Neuseeland vermehrten sich das eingeführte Opposum und der

Rothirsch (*Cervus elaphus*) dermaßen, daß sie eine Gefahr bedeuten, der man mit allen Mitteln, selbst mit Gift zu begegnen sucht. Der Rothirsch vernichtet insbesondere den Jungwuchs von *Nothofagus*; er schadet auch durch Fegen und Schälen. Das Opposum richtet durch Kahlfraß die baumartige Myrtazee *Metrosideros lucida* zugrunde.

Die halbwilden Stierherden der Camargue, namentlich aber die Antilopen-, Büffel- und Elefantenherden Zentralafrikas, beeinflussen die Vegetationsentwicklung in erheblichem Maße. Nach EGGELING (1947)

Abb. 283. *Acacietum nefasiae* im Albert-Nationalpark, Kongo. Baumsavanne, Elefanten- und Büffelweide (Aufn. LEBRUN, Coll. Inst. Parcs Nat. Congo Belge)

unterbinden die großen Elefantenherden der früheren „Elefanten-Kolonie" Uganda die Sukzession der biotisch bedingten Dickicht- und Grasland-Dauergesellschaft zum geschlossenen Klimax.

Im Albert-Nationalpark des Kongo ist die Verbreitungsdichte des Wildes stellenweise so groß, daß viele nitrophile Pflanzenarten in die Savannen eindringen und dort an Raum gewinnen (LEBRUN 1947, 1960).

Wildrudel, nach Zehntausenden von Köpfen zählend, bevölkern oder bevölkerten bis vor kurzem die baumarmen Ebenen des schwarzen Erdteils. Vor dem Erscheinen der Weißen war Nordamerika der Tummelplatz gewaltiger Büffelherden. Durch die Huftiere kann die Vegetation ganz erheblich geschädigt werden. Große Staubmengen werden emporgewirbelt, wodurch die oberste Bodenschicht an Feinerde verarmt.

**Kaninchen.** Einschneidende Vegetationsschäden verursachen in Süd- und Westeuropa, in Australien, Südafrika und anderwärts die Kaninchen.

In welch hohem Maße die natürliche Vegetation einer schwach bevölkerten Insel durch eingeführte verwilderte Kaninchen umgestaltet wurde, zeigt ADAMSON (1934) in einer Studie über Robben Island bei Kapstadt. Die ursprüngliche Flora ist größtenteils vernichtet; die dem Festland entsprechenden Pflanzengesellschaften sind äußerst verarmt. Allenthalben herrschen einige wenige, von den Nagern nicht berührte Arten, wie *Anthericum divaricatum*, *Zantedeschia aethiopica*, oder die giftigen *Ornithoglossum glaucum* und *Homeria collina*. Die ruderalen Adventivpflanzen, namentlich Therophyten, breiten sich auf dem gestörten Boden aus, darunter manche unserer nitrophilen Ubiquisten, wie *Urtica urens*, *Polycarpon tetraphyllum*, *Erodium moschatum*, *Euphorbia peplus*, *Anagallis arvensis*, *Oxalis cernua* usw.

In der Steppe von Südarizona wird die Vegetationsentwicklung durch *Lepus alleni* und *L. californicus* gehemmt, die bewirken, daß die Pflanzendecke in einem dauernden Praeklimax-Zustand verharrt (VORHIES und TAYLOR 1953).

In Westeuropa sind es die wilden Kaninchen (*Oryctolagus cuniculus*), die sowohl in Kulturen als im Freiland Verwüstungen angerichtet haben (s. besonders WATT 1957, 1962). Obschon ihre Jagd freigegeben ist, wird der in den Waldungen Nordwestfalens jährlich angerichtete Schaden auf eine Million Mark geschätzt (FRANK 1956).

Im letzten Jahrzehnt brachte die Myxomatose das Tier stellenweise nahezu zum Verschwinden, so daß in einem 7404 ha messenden Jagdrevier der Sologne das Jagdergebnis von 32940 Individuen im Jahr 1950/51 drei Jahre später bis auf 50 Stück zurückging (GIBAN 1956). Dieser Rückgang war in England und in Frankreich von erstaunlichem Einfluß auf die Ernteerträge. Im Departement Seine-et-Marne erhöhte sich der Jahresertrag eines Kornackers von 4 auf 36 Zentner; die auffallendste Erscheinung aber war das Massenauftreten natürlicher Eichen- und Buchensämlinge. In den *Prunetalia spinosae*-Gebüschen wucherten die Gramineen, *Sarothamnus scoparius*, *Genista pilosa*, *Juniperus communis* nahmen überhand (MOREL 1958).

Ähnliche Vegetationsänderungen lassen sich aus den sorgfältigen, von THOMAS (1960) in England durchgeführten Transsektuntersuchungen herauslesen. *Juniperus communis* nahm an Artenzahl zu, *Crataegus monogyna* und andere Sträucher gewannen an Raum, der *Bromion*-Kalkrasen glänzte im farbigen Blütenschmuck von *Helianthemum*, *Primula*, *Pulsatilla* und *Orchideen*. Abweichend verhielten sich die Gramineen: *Agrostis alba* hatte nach dem Verschwinden der Kaninchen abgenommen, *Holcus lanatus* und *Festuca rubra* zeigten vorerst eine Zunahme, um später wieder zurückzugehen.

Anhaltspunkte darüber, daß irgendeine Pflanze Englands durch die Nager ausgerottet worden wäre, fehlen, doch gibt es Beweise genug für örtliche Ausrottung von Arten (WATT 1962).

In den Alpen macht sich die Kaninchenplage besonders in den trockenen Lößgebieten der Innentäler störend bemerkbar. Um sich der Nager zu erwehren, wird der Graswuchs von Zeit zu Zeit abgebrannt. Dies führt zur starken Ausbreitung dichthorstiger Gramineen, besonders der *Stipa*-Arten (*St. capillata, St. pennata*) im *Stipo-Koelerietum vallesianae* des Unterwallis (Br.-Bl. 1961, S. 168).

**Ausreißen, Betreten.** Eine verwerfliche Nutzungsart der Steppenvegetation ist das Ausreißen hartstengeliger Gramineen, Sträucher oder Halbsträucher, wie es in holzarmen Trockengebieten oft geübt wird. In der Ebrosteppe ergeben die großen *Lygaeum spartum*-Bestände ein wertvolles Rohmaterial der Papierfabriken von Saragossa. Die Triebe werden um ein Stäbchen gerollt mit dem Wurzelschopf ausgerissen, da, wie die Einheimischen behaupten, das Mähen nicht hinreichend ergiebig ist und der Pflanze schaden soll. Das Ausreißen ist finanziell vorteilhafter, denn *Lygaeum* wird nach dem Gewicht bezahlt. Durch diese schonungslose Ausbeutungsart wird aber in Hanglagen die ständig drohende Gefahr der Boden- und Vegetationsdegradation beschleunigt (Br.-Bl. und Bolós 1959). Nach Gentile und Benedetto (1961) wird *Lygaeum* in Sizilien, wo das Gras weniger häufig ist, ebenfalls ausgerissen. An seine Verwendung erinnert die Bezeichnung „materazzo del povero" (Matratze des Armen).

Oft betretene Pfade in der Arrhenatherumwiese Mitteleuropas sind von einer geschlossenen, dem Boden dicht anliegenden Vegetation überzogen, worin *Trifolium repens, Plantago major, Juncus compressus*, seltener *Juncus tenuis*, vorherrschen. Ihnen gesellen sich in Südeuropa als trittfeste Arten auch *Sclerochloa dura, Coronopus squamatus, Crepis bursifolia, Poa infirmis* bei. Diese Trittgesellschaften, zur *Plantaginetea majoris*-Klasse vereinigt, finden ihr optimales Gedeihen auf schwach betretenen Wegen und Plätzen.

**Beackern, Pflanzen.** Die eingreifendsten Vegetationsumstellungen haben unter dem Einfluß menschlicher Kulturmaßnahmen stattgefunden. Vollkulturen, Weinberge, Kartoffeläcker, Getreide- und Reisfelder, Gemüsepflanzungen, Obstgärten usw. beherbergen neben den Kulturgewächsen auch ganz charakteristische, die spezifische Ökologie des Standorts widerspiegelnde „Unkraut"-Gesellschaften mit zahlreichen Charakterarten.

Sie haben sich unter der Jahrtausende zurückreichenden gleichgerichteten menschlichen Tätigkeit zu unzähligen, nach Klima, Bodenverhältnissen und Bearbeitungsart verteilte, gut umschriebene kulturbegleitende Assoziationen heraus entwickelt, die oft ausgesprochene Schichtung und ganz bestimmte jahreszeitliche Aspekte besitzen. Innerhalb ein- und desselben Synoekosystems zeigen sie unter sich große floristische Verwandtschaft und unterscheiden sich schon ihrer Artenzusammensetzung nach ohne weiteres von den halbnatürlichen und natürlichen Gesellschaften.

Eine allgemein gehaltene Klassifikation der kulturbeeinflußten Pflanzengesellschaften der Erde hat schon A. Chevalier (in de Martonne 1925) versucht. Der Wirklichkeit näher kommen die seither aus vielen Erdgebieten vorliegenden floristisch gefaßten Beschreibungen.

**Kulturgesellschaften.** Weitaus am besten bekannt und in ihrer Abhängigkeit von Mensch, Boden und Klima untersucht sind die Unkraut-Gesellschaften der gemäßigten und warmen Zone Europas.

Sie verteilen sich zur Hauptsache auf die zwei großen Klassen der *Secalinetea* (Getreidekulturen) und der *Chenopodietea* (Hackkulturen).

Der Ursprungsort der meisten europäischen Kulturgesellschaften, das Mittelmeerbecken, ist nicht nur am besten mit Unkräutern ausgestattet, sondern ein gut Teil des Artenbestandes der kulturbegleitenden Gesellschaften stammt auch aus mediterranen Freilandassoziationen. Sie haben mit den Kulturen weiteste Verbreitung erlangt. Mit der Entfernung von ihrem Ursprungsherd sind diese Arten aber immer enger an die Kulturen gebunden.

Die Kulturbegleiter Mittel- und Nordeuropas dürften ursprünglich zum weitaus größten Teil in den steppenartigen Therophyten-Gesellschaften des Südens und Südostens beheimatet gewesen sein, woher sie seit dem späteren Neolithikum durch den Menschen nach Norden, in den Alpen bis an die Grenzen des Baumwuchses (2000 bis 2100 m) und südwärts bis in die Palmenhaine der Sahara gelangt sind (Br.-Bl. 1949, Quézel 1961). Nähere Einzelheiten über diese Ausbreitung sind aus der prähistorischen Forschung in Verbindung mit der Pflanzensoziologie (J. Tüxen) und vor allem aus der Pollenanalyse zu erwarten (s. Firbas 1960).

Das enge Gebiet des mediterranen Südfrankreich enthält in vier Ordnungen der *Secalinetea* und *Chenopodietea* etwa 900 Unkräuter.

Zufällige nicht mitgerechnet, entfallen auf die Klasse der *Secalinetea* allein 140 Kennarten und Begleiter, auf die drei Ordnungen der *Chenopodietalia, Onopordetalia, Paspalo-Heleochloetalia* zusammengenommen etwa 390 Arten. Werden die Zufälligen miteinbezogen, so erhöht sich diese Zahl um das Dreifache.

Die Segetalflora von Palästina zählt in mehreren Verbänden 458 obligatorische und fakultative Arten, das sind 20,3% der Landesflora (Zohary 1950).

Diesen Zahlen gegenüber nimmt sich die gesamte Unkrautvegetation Deutschlands mit rund 350 Arten recht bescheiden aus.

Die eigentlichen Kulturgesellschaften klingen im nördlichen Fennoskandien und in Island aus; die äußersten, aber höchst schwach verunkrauteten Gartengesellschaften haben erst in jüngster Zeit in Westgrönland Fuß gefaßt, wo im Julianehaab-Distrikt (61° n. Br.) mit Kartoffeln, Zwiebeln, Schnittlauch, Sellerie zusammen, neben *Stellaria media, Poa annua, Capsella bursa-pastoris* (Porsild 1932) auch *Chenopodium album, Polygonum convolvulus, P. heterophyllum, Senecio vulgaris, Matricaria inodora* eingeschleppt worden sind. Die fünf letztgenannten bringen ihre Samen allerdings nicht mehr zur Reife.

Zur Diskussion steht die Frage, ob diese (oder einige) dieser Gartenunkräuter, wie Ostenfeld vermutet, schon mit den Wikingern Grönland erreicht haben — Erich der Rote landete 986 in Südgrönland — oder ob, was wahrscheinlicher, wie Porsild (1932) annimmt, ihre Einführung mit der dänischen Kolonisation nicht über zwei Jahrhunderte zurückreicht.

Welche Bedeutung dem Menschen als Pflanzenverbreiter auf große Distanzen zukommt, ist aus den Landesfloren jung erschlossener überseeischer Gebiete zu ersehen. Nicht weniger als 60% der krautartigen Gewächse der Vereinigten Staaten sind durch den Menschen eingeführt (WESTHOFF 1958), und die Hälfte der neuseeländischen Flora verdankt ihr Dasein fremder Herkunft (s. S. 580).

Über mitteleuropäische Unkrautgesellschaften geben die Studien von ELLENBERG und von J. TÜXEN (1958) besonders eingehende Auskunft.

Viele Unkräuter haben sich völlig den Kulturen angepaßt, erscheinen und verschwinden mit ihnen und können als Assoziations-, Verbands- oder Ordnungscharakterarten gelten (s. Prodromus der Pflanzengesellschaften III, TÜXEN 1937, 1953). Einige mögen sogar ihre Entstehung bestimmten Kulturen verdanken.

Es ist hier nicht der Ort, näher auf die Kulturgesellschaften einzutreten, über die heute eine äußerst umfangreiche Bücherei vorliegt. Sie lassen sich ohne weiteres dem pflanzensoziologischen System einordnen.

Sie geben Aufschlüsse über Bodenqualität, Düngerbedürfnis, Behandlungsart des Bodens, Verunkrautungsgefahr, Übernutzung usw.; ein rationeller Unterricht an Ackerbauschulen darf sie nicht vernachlässigen.

Der expansionskräftigen Adventivvegetation ist namentlich in überseeischen Gegenden auf Kultur- und Ödland ein weites Besiedlungsfeld geöffnet worden, und es besteht die Gefahr, daß sie da und dort die ursprünglich heimische Vegetation weiter zurückdrängt (s. S. 502).

Erstaunlich ist das oft wiederholte Zusammentreten ökologisch ähnlich angepaßter Unkräuter in kontinentweit auseinanderliegenden Erdräumen. Hierfür einige Beispiele. OBERDORFER (1960) beschreibt Unkrautgesellschaften aus Chile, die den europäischen sehr nahestehen. Im *Portulacetum* von Iowa gedeihen nach CONARD (1952, S. 122) 6 Arten, das heißt zwei Drittel der Gesamtartenzahl (*Portulaca, Oxalis corniculata, Capsella bursa-pastoris, Stellaria media, Malva neglecta, Amaranthus retroflexus*), die in ähnlicher Gesellschaft in mittel- und südeuropäischen Unkrautgesellschaften der *Chenopodietea*-Klasse zu finden sind.

BORZA (1959) kennt aus dem tropischen China ein *Siegesbeckietum* mit 11 Arten, wovon 7 in den europäischen *Chenopodietea*-Gesellschaften wiederkehren, MULLENDERS (1959) aus dem Kongogebiet ein *Rudero-Eleusinetum,* das nebst *Cynodon dactylon* (dominierend) die mittel- und südeuropäischen Unkräuter *Portulaca oleracea, Setaria verticillata, Oxalis corniculata, Sonchus oleraceus, Galinsoga parviflora* einschließt, was die Hälfte des Artenbestandes ausmacht.

Das Gesetzmäßige dieses Auftretens ist unverkennbar. Unter den verschiedensten Klimaten treten dieselben Arten an edaphisch-biotisch ähnlichen Standorten zusammen.

**Zeigerwert der Unkrautgesellschaften.** Wichtige kausal gerichtete Untersuchungen über das ökologisch-physiologische Verhalten der Unkräuter und deren Gesellschaften in Süddeutschland verdanken wir ELLENBERG (1950). Er betont ihren Zeigerwert für die Bodenbeurteilung: „Mit Hilfe dieser biologischen Meßinstrumente können wir die Wachstumsbedingungen der Kulturpflanzen nach einem ihrer Natur entsprechenden Maßstab beurteilen." JES TÜXEN (1958) hat sich vor allem mit dem ökologischen Zeigerwert von Garten- und Ackergesellschaften als Indikatoren für Phosphat-, Kali-, Stickstoff- und Humusgehalt der niederen systematischen Einheiten (Varianten), die von ihm Stufen genannt werden, befaßt. Bestimmte Gesellschaftsstufen können zur Datierung der Siedlungsgeschichte herbeigezogen werden; die verschiedenen Altersstufen sind aus einigen Zeigerarten ersichtlich. Die finnischen Gartenunkräuter sind neuerdings von JALAS und HONKALA (1962) auf ihren Zeigerwert geprüft worden.

Als letztes Ziel jeder vernunftgemäßen menschlichen Beeinflussung der Vegetation gilt (von rein ästhetischen Bestrebungen abgesehen), mit möglichst geringem Arbeitsaufwand die gegebenen Standortsfaktoren derart zu gestalten, daß der höchste Nutzeffekt, die höchste Massenproduktion dauernd verwirklicht wird. Diesem Ziel ist aber nur näher zu kommen, wenn auch Landbebauer und Förster sich die Lehren der Pflanzensoziologie, Ökologie und Bodenkunde zunutze machen.

„Sogar bei den künstlichen ephemeren Pflanzengesellschaften auf Kulturland kann die Berechnung der sozialen Lebensmomente nach den Methoden der Phytosoziologen durchaus positive Resultate ergeben. Das sind die wichtigsten Bahnen zur Anwendung sowohl der Methoden als auch der Ergebnisse der Phytosoziologie in der Landwirtschaft." (ABOLIN 1925.)

**Übernutzung.** Unberechenbaren Schaden hat der Mensch namentlich in neu erschlossenen Ackergebieten durch unvorsichtige Kulturmaßnahmen verursacht. Wenn man bedenkt, daß die Erosion auf nacktem Boden hundertmal stärker wirkt als auf natürlichem Grasland, so kann man sich vorstellen, welch gewaltigen Einfluß Platzregen auf die Bodenabschwemmung beackerten Landes in subtropischen Gegenden haben müssen. Wird im nördlichen Missouri auf Lehmboden Jahr für Jahr Korn gepflanzt, so geht bei nur 4% Bodenneigung innert 8 Jahren 1 Zoll der obersten Bodenschicht verloren, bei 8% Neigung wird 1 Zoll Boden schon innert 2 Jahren weggewaschen, und in 16 Jahren ist die ganze 7 Zoll dicke Bodenschicht abgetragen. Eine Bohnenpflanzung an 40% steilem Hang in Kalifornien verlor durch einen einzigen Platzregen nicht weniger als 3 Zoll Boden, 500 Tonnen pro Morgen Land (LORD 1938)[1].

Durch Übernutzung sind ungeheure Ländereien einst fruchtbaren Kulturlandes der Menschheit verlorengegangen.

**Anthropogene Gesellschaftsneubildung.** Das Aufkommen von Handel und Verkehr hat zum interkontinentalen Florenaustausch geführt, der Gebiete mit ähnlichen Klimabedingungen einander floristisch näher gebracht hat. In Nord- und Mitteleuropa haben sich zahlreiche nordamerikanische, in Südeuropa manche südamerikanische Arten festgesetzt. In den Vereinigten Staaten und Kanada sind heute unzählige europäische Pflanzen fest eingebürgert.

[1] Im Voralpengebiet verfolgt die schweizerische forstliche Versuchsanstalt seit langen Jahren Regenablauf und Bodenabtragung unter den verschiedensten Außenbedingungen.

Die wichtigste Quelle zum Studium der Neueinführungen auf unserem Kontinent bildet THELLUNGS „Flore Adventice de Montpellier" (1912). Sie befaßt sich mit der Gesamtzahl der Neophyten, die innert eines Jahrhunderts in der Vegetation Südfrankreichs Fuß gefaßt haben, ohne den Vegetationscharakter des Gebietes zu ändern[1].

Stößt der Einwanderungsstrom aber auf eine wenig dynamische, archaische Vegetation, wie dies bei isolierten Inseln zutrifft, so kann es zu wesentlichen Vegetationsverschiebungen kommen. Die altertümliche, anpassungsfähige Pflanzendecke Neuseelands ist dem Ansturm expansiver Neuansiedler schlecht gewachsen. Neuseeländische Biozönosen werden von den Neuankömmlingen arg bedrängt, wenn nicht ausgeschaltet.

Abb. 284. Winteraspekt des *Diplotaxetum erucoidis* im Weinberggebiet von Montpellier (Aufn. T. WRABER, Exkurs. S.I.G.M.A.)

Auf dem Festland erlangen die Neophyten soziologische Bedeutung namentlich in offenen Gesellschaften, auf Schutt, im Wasser, an Flußufern, auf bebautem Boden usw. Dabei kommt es zu gesellschaftlichen Neubildungen verschiedenster Wertigkeit. In bodenständigen Gesellschaften drängen sich gelegentlich vereinzelte Individuen fremder Arten ein und können es unter Umständen zur Bildung besonderer Fazies oder Varianten bringen.

Zur Neubildung von Assoziationen kommt es, sofern die ausbreitungs-

[1] Von den Wassergesellschaften abgesehen.

fähigen Eindringlinge sich standorts- und damit gesellschaftstreu verhalten.

Eine deutlich ausgeprägte Assoziation, die sich erst im letzten Jahrhundert unter menschlichem Schutz in Südfrankreich herausgebildet hat, ist das *Diplotaxetum erucoidis*. Mit der Ausdehnung der Weinberge haben sich verschiedene Neophyten zu Kennarten entwickelt und außerordentlich an Raum gewonnen. *Diplotaxis erucoides*, noch gegen Ende des letzten Jahrhunderts selten, dominiert heute auf weite Strecken den Winteraspekt der Assoziation (Abb. 284).

Im nordfriesischen Inselbereich Hollands scheint sich mit der Ausbreitung der Koniferenpflanzungen die Bildung einer neuen Waldgesellschaft anzubahnen. Schon heute enthalten diese Kunstbestände folgende Vertreter der *Piceion*-Wälder:

*Listera cordata* (sehr reichlich) — *Lycopodium annotinum*
*Goodyera repens* — *Ptilium crista-castrensis*
*Linnaea borealis* — *Plagiothecium undulatum*
*Cantharellus aurantiacus*

Nach WESTHOFF (1959) handelt es sich mit großer Wahrscheinlichkeit um das Frühstadium einer wohldefinierten Neophytenassoziation, die dem *Piceion septentrionale* zuzustellen ist.

Ohne sichtbaren menschlichen Einfluß im Aufbau begriffen ist der schwach halophile Bestand von *Triglochin striatum* und *Hydrocotyle bonariense* im Küstengebiet Mittelportugals. Die genannten südamerikanischen Neophyten haben sich in Übergangsbeständen zwischen *Phragmition* und *Juncion maritimi* eingenistet und mächtig ausgebreitet, so daß die eingesessenen Arten unter dem Blattgeflecht von *Hydrocotyle* kümmern und zurückgehen.

Es ist jedoch geboten, bei der Neuaufstellung anthropogen bedingter Assoziationen Vorsicht walten zu lassen. Wollte man beim Auftreten jeder neuen Art (und sei sie auch gesellschaftstreu) in Ruderalgesellschaften eine neue Assoziation aufstellen, so müßte dies zur Schaffung zufallsbedingter unstabiler Assoziationen an ein und derselben Stelle führen.

Das Auftreten von *Bidens melanocarpus* (*frondosus*), Kennart einer nordamerikanischen Spülsaumgesellschaft der *Bidentetea*[1] in derselben Klasse Norddeutschlands eingebürgert, berechtigt noch keineswegs zur Aufstellung einer neuen Spülsaumgesellschaft. Dasselbe gilt für *Azolla filiculoides* in Lemniongesellschaften, *Ambrosia tenuifolia* im *Chenopodietum muralis* usw.

Ihr Vorherrschen gestattet wohl die Unterscheidung von Untereinheiten, reicht aber nicht aus, die herrschende Assoziation durch eine andere zu ersetzen.

---

[1] Oder einer ihr sehr nahe verwandten Klasse auf Faulschlamm am Missouri. Sie dominiert dort zusammen mit *Bidens cernuus* in einer von HANSON (1918) beschriebenen Spülsaumgesellschaft, der auch unsere *Panicum crus-galli*, *P. capillare*, *Setaria glauca*, *Polygonum lapathifolium* angehören.

Damit von einer neuen Assoziation gesprochen werden kann, sollten neben dem Vorhandensein von neuen Kennarten, womit eine Änderung der charakteristischen Artenkombination verbunden ist, zwei Umstände nicht außer acht gelassen werden. Die Assoziation muß sich floristisch und ökologisch einheitlich erweisen und durch die Neueindringlinge soll die charakteristische Artenkombination eine deutlich wahrnehmbare Umstellung erfahren.

Eine bedeutsame pflanzensoziologische Neueinführung ist mit der Reiskultur verbunden. Die zumeist ostasiatischen Unkräuter des Reises zählen zu den jüngsten Gliedern der europäischen Unkrautvegetation. Aber — und dies ist ein einzigartiger Fall — es handelt sich nicht nur um eine Artengruppe oder eine Gesellschaft niedriger Rangstufe, sondern mit dem Reis hat sich seit dem Mittelalter eine neue Gesellschaftsklasse (*Oryzetea sativae* Miyaw.) in Europa eingebürgert.

Von dieser weltumspannenden Klasse sind bisher 5 Assoziationen durch Miyawaki (1960) aus Japan beschrieben (*Alismetum canaliculati*, *A. orientalis*, *Sagittario-Monochorietum*, *Blysco-Monochorietum* und *Scirpetum planiculmis*), aus Europa sind 4 Assoziationen bekannt, das *Oryzo-Cyperetum difformis* W. Koch und *Ottelio-Najadetum* W. Koch aus der Poebene, das *Cypero-Ammanietum coccineae* de Bolós und Marclans aus Spanien und Portugal, das *Typho-Scirpetum mucronati* Tallon aus der Camargue. Horvatić (1950) erwähnt eine hierher gehörige Assoziation aus Slavonien. Die Ausbreitung der Reis-Unkrautgesellschaften, die hauptsächlich aus Therophyten zusammengesetzt sind, hat sich in Europa sozusagen unter unseren Augen vollzogen. Die europäischen *Oryzetea*-Gesellschaften sind aufs strengste an den Menschen gebunden. Eine Aufgabe der Reiskultur mit ihrer spezifisch eigenartigen Ökologie würde ihren sofortigen Untergang herbeiführen.

**Vögel und Pflanzengesellschaften.** Vögel fördern nicht nur die Samenverbreitung, sie begünstigen und begründen auch durch Düngung bestimmte „ornithokoprophile" Pflanzengesellschaften.

Das *Ramalinetum capitatae* der Tatra ist eine auf die phosphorreichen Vogelsitzplätze beschränkte Flechtengesellschaft (s. S. 366).

*Xanthoria*-reiche Flechtengesellschaften erlangen an den Sammelplätzen der Vogelwelt auf Bäumen und Felsklippen im Norden (du Rietz, Räsänen), wie in den Alpen (Frey, Ochsner) oder im Mittelmeergebiet Südfrankreichs beste Entwicklung.

Die Vögel tragen bis hoch in die Arktis zur Samenverbreitung bei. E. Porsild (1955) nennt die Schneehühner als wichtige Samenverbreiter noch aus dem nördlichsten Kanada.

Ein naheliegendes Beispiel für die ornithochore Beschleunigung der Vegetationssukzession bildet das seit 30 Jahren unberührte Versuchswäldchen der S.I.G.M.A. in Montpellier, ursprünglich ein *Pinus pinea*-Bestand nebst Tennisplatz, heute ein in rascher Umwandlung zum Vegetationsklimax begriffenes Gebüsch unter der Pinien-Oberschicht. *Quercus ilex*, zu Beginn in einem einzigen kleinen Strauch vorhanden, hat sich innert 30 Jahren auf über fünfzig hohe Exemplare vermehrt, mehrere *Quercus pubescens*-Sträucher sind hinzugekommen; in der Strauchschicht haben sich die ornithochoren Grüneichenbegleiter *Viburum tinus*, *Ruscus aculeatus*, *Rhamnus alaternus*, *Phillyrea media*, *Asparagus acutifolius*, *Rubia peregrina*, *Lonicera etrusca* u. a. zu einer geschlossenen Decke ausgebreitet. *Carex distachya*, Kennart des *Quercetum galloprovinciale* und ursprünglich wohl ebenfalls durch Vögel eingeführt, dominiert heute in der lockeren Bodenschicht. Der Bestand demonstriert überzeugend den Entwicklungsgang zum *Quercetum galloprovinciale* unter Mitwirkung der Vögel (s. GLAVAĆ mss.).

PAPY (1950) bespricht die ornithochore Verbreitung über große Distanzen. Er zitiert einige Wandervögel, die für isolierte Inseln im

a

b

Abb. 285. Natürliche Vegetationsentwicklung im Park der S.I.G.M.A., Montpellier (*a* Aufn. M. BR.-BL. 1940, *b* Aufn. L. ILIJANIĆ 1963)

Ozean, wie Tahiti und die Gesellschaftsinseln, als Pflanzenverbreiter (durch Anhaften von Samen am Gefieder oder an den Füßen) in Betracht fallen. Pflanzensoziologisch wirkt sich diese zufällige Art der Samenverbreitung aber kaum aus.

**Insekten.** Das Heer der Insekten greift sowohl vegetationsfördernd — man denke an ihre Wichtigkeit als Bestäuber und Samenverbreiter — als schädigend in den Lebenszyklus des Synoekosystems ein. Ganze Baumbestände können durch Raupenfraß binnen kurzem vernichtet werden.

KÜHNELT (zit. in SCHEERPELTZ-HÖFLER 1948) ist in den Ostalpen den Beziehungen zwischen Insekten- und Pflanzengesellschaften nachgegangen. Er gibt Listen von Insekten, die in Kärnten nur auf

Buchenwälder, nur auf illyrische Laubmischwälder (*Orneto-Ostryon*), nur auf Eichen-Hainbuchenwälder, nur auf Fichtenwälder beschränkt

Abb. 286. Ausgedehnte *Rosmarino-Ericion*-Garrigue mit Resten des *Quercetum ilicis* bei Lerida, Katalonien (Aufn. CUATRECASAS)

sind, oder die nur selten in andere Waldgesellschaften eindringen. Von der soziologischen Bindung der Käfer an die Kleinbiotope der Pilzarten handelt die sehr beachtenswerte Arbeit von SCHEERPELTZ und HÖFLER (l. c.).

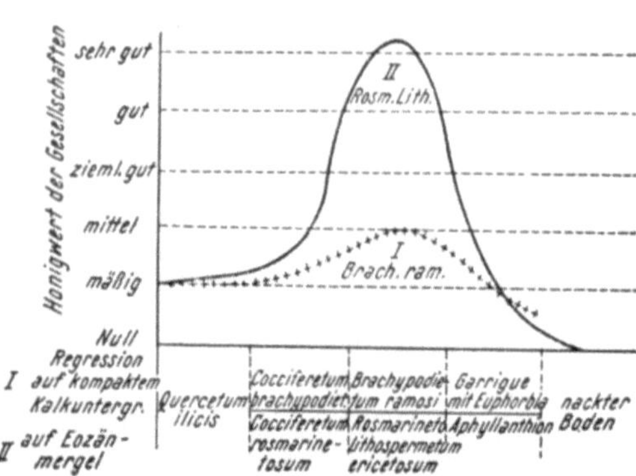


Abb. 287. Honigwert der Assoziationen zweier Regressiv-Serien des *Quercus ilex*-Waldes bei Montpellier (RENAUD u. BR.-BL.)

**Bestäuber.** Als Bestäuber richten Lepidopteren und Apiden ihren Beuteflug zeitweilig auf ganz bestimmte Pflanzengesellschaften, was sich die Bienenzüchter zunutze machen, indem sie mit ihren Pfleglingen den honigliefernden Pflanzengesellschaften nachwandern.

In Südwesteuropa fallen die reichsten Honiggründe mit bestimmten Regressivstadien des *Quercus ilex*-Klimaxwaldes zusammen. Es sind

Gesellschaften des *Rosmarino-Ericion*, die den hochgeschätzten „miel de Narbonne“ liefern.

Die *Rosmarino-Lithospermetum ericetosum*-Garrigue ist für den Honigertrag des Gebietes ausschlaggebend, das *Brachypodietum ramosi* dagegen ergibt eine schlechte Bienenweide.

Ein Kurvenbild von RENAUD (1946), auf unsere Gesellschaftstabellen gestützt, bringt den Honigwert des *Rosmarino-Lithospermetum* zum Ausdruck. Kennt man den Entwicklungsgang der Gesellschaften, so läßt sich auch die Gesellschaftsfolge in der Richtung gegen eine honigreichere Gesellschaft beeinflussen.

In manchen Alpentälern macht die Erikatracht einen wesentlichen Teil des Honigertrags aus. Ein bevorzugtes Flugfeld der Bienen sind die Bestände der *Erico-Pinetea* des inneralpinen Trockenraumes.

**Insekten als Samenverbreiter.** Die Bedeutung der Insekten als Samenverbreiter ist namentlich durch die Untersuchungen von P. MÜLLER-SCHNEIDER (1933, 1955) auch pflanzensoziologisch ins Licht gerückt worden.

Im Verein mit R. MOLINIER publizierte er 1938 eine erste Übersicht über die Verbreitungsmittel und Verbreitungsverhältnisse einer Reihe von Pflanzengesellschaften Südfrankreichs. Dabei stellte sich heraus, daß den Ernteameisen besondere Wichtigkeit zukommt.

In den steppenartigen Assoziationen des *Therobrachypodion* und *Brachypodion phoenicoidis* ist vor allem *Messor barbarus* als aktiver Samenverbreiter tätig. Man hat Samenverfrachtung durch ihn bis über 50 m, durch die rote Waldameise (*Formica rufa*) bis über 65 m Entfernung nachgewiesen.

Die Ernteameisen der Garrigue schleppen im Laufe des Sommers dezimeterhohe Samenhaufen zusammen, die sich gleich nach den ersten Herbstregen mit einer dichten Therophytendecke überziehen. Vor allem verdanken Medicagoarten diesen Samenlagern ihr stellenweise absolutes Vorherrschen.

**Termiten.** In sonderbarer Weise greifen die Blattschneiderameisen Südamerikas und die Termiten des tropisch-subtropischen Afrika in das Vegetationsgeschehen ein. Nach C. TROLL (1961) sind den Termiten die Waldinseln im Savannengebiet zu verdanken.

Durch die Termiten wird der Boden, den sie durchwühlen, bearbeitet. Sie werfen Hügel von 8 bis 15 m Durchmesser und 3 bis 6 m Höhe auf, die edaphisch vom Rotlehm der Umgebung erheblich abweichen und durchweg Wäldchen tragen. Die Frage, ob sich die Termiten vorzugsweise unter Busch und Baum wohlfühlen und daher ihre Nester darunter anlegen, oder ob sich der Wald sekundär auf den Termitenbauten eingestellt hat, wird von TROLL in letzterem Sinne entschieden.

Über die bodenverbessernde Tätigkeit von Würmern und Tieren aller Art ist im Bodenkapitel (S. 412) das Nötigste gesagt.

Vierter Abschnitt

# Lebensäußerungen im Gesellschaftsverband (Synécologie mésologique)

Das gesellschaftliche Zusammentreten bestimmter Pflanzenarten an manchmal weit entfernten Punkten beruht in erster Linie auf gleichartigen Standortsansprüchen (s. S. 500).

Die Standortsverhältnisse liegen dem Zusammenwachsen einer bestimmten Artengruppe zu Grunde. Das gegenseitige Verhalten der Arten am Standort wird durch den Wettbewerb geregelt.

Um den Gesellschaftsmechanismus zu verstehen, ist daher, neben der Erfassung der Standortsfaktoren das Eingehen auf die weitgehend durch den Artenwettbewerb gesteuerte Gesellschaftsfunktion erforderlich. In der Gesellschaftsfunktion finden die Lebensäußerungen der Gesellschafter ihren Kollektivausdruck. Auf diesem Boden begegnen sich Physiologie, Autökologie und Synökologie.

Eine vergleichende Darstellung der Funktion, d. h. der Reaktion der Arten und der Gesellschaften auf die Lebensverhältnisse der Umwelt, ist heute noch nicht möglich; es kann sich vorläufig bloß darum handeln, an einigen Beispielen die komplizierten Abhängigkeitsverhältnisse zwischen Umwelt und Gesellschaftsfunktion, die oft auf Gegenseitigkeit beruhen, zu beleuchten.

Unter der Einwirkung des Zusammenlebens werden die Lebensvorgänge der Pflanzen, wie Transpiration, Assimilation, Stoffaufbau usw. mehr oder weniger beeinflußt. Sie sind durch vielfältige Abhängigkeitsbeziehungen miteinander verknüpft und beeinflussen ihrerseits das gesellschaftliche Zusammenleben. Daß diese Zusammenhänge nicht im Laboratorium, sondern in der freien Natur studiert werden müssen, liegt in der Natur der Sache. Ihr Ablauf unterliegt der tages- und jahreszeitlichen Klimarhythmik und gelangt am besten kurvenmäßig zur Darstellung.

In der Periodizität finden die periodisch wechselnden Umweltfaktoren, vor allem Wärme, Feuchtigkeit und Licht, ihren sichtbarsten Ausdruck. Bei den freischwebenden Wassergesellschaften sind auch die jahreszeitlichen Änderungen im Chemismus der Gewässer in Betracht zu ziehen. Die Jahresrhythmik der pflanzlichen Lebensäußerungen beeinflußt in hohem Maße den Wettbewerb der Arten um Raum und Nahrung.

## A. Periodizität der äußeren Lebensfunktionen

Die bedingende Ursache der Periodizität liegt teils im jahreszeitlichen Wechsel der Umweltsverhältnisse, teils in der inneren Veranlagung der Pflanze. Schon DIELS (1918), SCHARFETTER (1922), ALECHIN (1926), SZAFER (1927) haben die über rein phänologische Studien weit hinausreichende allgemeine Wichtigkeit rhythmischer Erscheinungen im Gesellschaftsleben der Pflanzen hervorgehoben.

Die Periodizität bestimmt Eintritt, Dauer und jahreszeitlichen Ablauf des Konkurrenzkampfes. Die Fortpflanzungserscheinungen, wie Blütenbildung und Fruchtreife, treten dabei an Bedeutung weit zurück

Abb. 288. Sommeraspekt des *Scilli-Fagetum (Scilla liliohyacinthus* dominiert) (Aufn. FERGUSSON)

gegenüber Keimung, Austreiben, Sproßbildung, Belaubungsdauer, Blattfall, Wurzelerneuerung (Saugwurzelbildung). Gerade die Wurzelverhältnisse, die den jahreszeitlichen Entwicklungsgang des höheren Pflanzenlebens maßgebend beeinflussen, sind aber noch ganz ungenügend bekannt.

Zum Verständnis des zeitlichen Neben- und Nacheinander der individuellen Lebenserscheinungen genügen gelegentliche Beobachtungen nicht, sondern dieselben müssen mit den periodisch wiederholten Vegetationsaufnahmen verbunden werden. Bei jeder Aufnahme ist der Entwicklungszustand der Arten anzugeben.

Hierzu kann man sich besonderer Zeichen bedienen, allermeist genügen aber folgende Abkürzungen:

fol. = Pflanze beblättert, fl. = blühend,
s. fol. = entblättert, fr. = fruchtend,
Kn. = Knospenzustand, Kl. = Keimling,
ass. = assimilierend.

**Vernalisation.** Die ursächlichen Zusammenhänge zwischen innerer Anlage und klimabedingter Periodizität aufzuhellen, ist Aufgabe des Vernalisationsstudiums. Zur physiologischen Erklärung der Rhythmik

Abb. 289. Vorfrühlingsaspekt des *Brachypodietum ramosi* mit *Iris chamaeiris* (Aufn. S.I.G.M.A.)

und ihrer mehr oder weniger festen Fixierung müssen die experimentellen Studien über Vernalisation, d. h. die Befriedigung des Kältebedürfnisses, Photo- und Thermoperiodismus, wärmebedingte Keimung, herangezogen werden.

Diese Studien sind insbesondere von Purvis und Gregory (1953), Melchers (1957), Pirson und Moyse (1961), P. Chouard und seinen Schülern gefördert worden.

Mathon und Stroun (1960) untersuchten die französischen Gefäßpflanzen mit Hinsicht auf Vernalisation und Photoperiodismus.

Pflanzensoziologisch von besonderer Wichtigkeit ist der photoperiodische Wechsel in mehrschichtigen laubwechselnden Gesellschaften, wo Belaubungs-, Sproßbildungs-, Blüten- und Fruchtwellen einander ablösen.

**Aspektfolgen.** Unsere Laubwälder, vor allem die Fagiongesellschaften, sind durch einen ausgeprägten Geophyten-Vorfrühlingsaspekt ausgezeichnet, der noch vor der Abschirmung des Lichtes durch die Belaubung den Wald verschönt. Die selektiv wirkende Belaubung läßt nur Arten zu, deren Sproßbildung sich zur Hauptsache vor jener des schattenden Baumes abwickelt (Abb. 288).

Diels (1918) unterscheidet in Mitteleuropa nach ihrer Rhythmik drei Typen von Laubwaldpflanzen:

Abb. 290. Frühlingsaspekt des *Brachypodietum ramosi* (*Asphodelus cerasifer* in Blüte) an der Gardiole bei Montpellier (Aufn. S.I.G.M.A.)

1. Einen unperiodischen Typus (*Asperula, Mercurialis*), der unter günstigen Bedingungen ohne Winterruhe ununterbrochen weiterwachsen kann.

2. Einen Typus mit absoluter Sommerruhe (*Leucojum, Arum*).

3. Einen Typus mit absoluter Winterruhe, der auch bei günstigen Bedingungen erst im Frühjahr austreibt (*Anemone nemorosa, Corydalis cava, Galanthus nivalis* usw.).

Es ist nun von Interesse, festzustellen, daß der unperiodische Typus denselben Rhythmus aufweist wie Tropengewächse, und daß auch die zugehörigen Arten tropischer Verwandtschaft sind, während der Typus mit Sommerruhe und Herbsterwachen dem mediterranen Klima entspricht und auch größtenteils mediterrane Verwandtschaft besitzt. Der dritte Typus mit Winterruhe entwickelt sich im Einklang mit dem mitteleuropäischen Klima und besteht aus Gattungen, deren Hauptverbreitung im eurosibirischen Klimagebiet liegt.

Die Vegetation des angrenzenden *Molinietum*-Riedes verharrt länger im Ruhezustand und erreicht den Jahreshochstand der Entwicklung erst im Spätsommer.

Zur rohen Darstellung der periodischen Raumverdrängung der Arten in Pflanzengesellschaften kann man sich des Block-Schemas bedienen (s. Abb. 292). Auch Detailphotographien leisten gute Dienste.

In der mediterranen *Brachypodium ramosum*-Garrigue ist die Jahresperiode vom Verlauf der Regenkurve abhängig. Es überstürzen sich Vorfrühlings-, Frühlings- und Vorsommeraspekt; ihre Ausbildung und Dauer hängen im wesentlichen von der Ergiebigkeit der Frühjahrsregen ab.

Abb. 291. Hochsommeraspekt des *Brachypodietum ramosi* an der Gardiole. *Asphodelus* verdorrt (Aufn. UEHLINGER)

Nach den ersten Herbstregen setzt die Keimung und damit der Spätherbst- und Vorwinteraspekt ein.

Jeder dieser Perioden oder Aspekte entspricht die Entfaltung bestimmter Arten und Lebensformengruppen (Abb. 289, 290, 291).

Die Periode minimaler Lebensäußerung fällt im *Brachypodietum ramosi* statt in den Winter, wie im eurosibirisch-boreoamerikanischen Gesellschaftskreis, in die Zeit der Sommerdürre, der auch das jährliche Artenminimum entspricht. Die Geophyten haben sich ganz unter die Erdoberfläche zurückgezogen, Therophyten und Hemikryptophyten treten ins Minimum.

Mit den ersten Herbstregen nimmt die Entwicklung ihren Anfang. Es sprießen die Geophyten; viele Therophyten haben gekeimt, die Hemikryptophyten und Chamaephyten bilden neue Laubsprosse, der Jahreskreislauf der Vegetationstätigkeit setzt ein.

In milden Wintern sind die Mikrotherophyten schon im Januar in Blüte (z. B. *Hornungia petraea*, *Clypeola microcarpa*, *Erophila verna*,

*Cardamine hirsuta*) und auch Geophyten, *Gagea foliosa*, *Romulea*, öffnen ihre Blüten. Die Bodenbedeckung nimmt langsam zu, um dann im Frühjahr, mit dem absoluten Vorherrschen der Therophyten, den Jahreshochstand zu erreichen. In diese Zeit fällt auch die maximale biologische Aktivität der Gesellschaft (Abb. 292).

Im ganzen genommen ist das *Brachypodietum ramosi* „periodisch ungesättigt", im Gegensatz zum *Molinietum mediterraneum* oder *Arrhenatherion*, die „periodisch gesättigt" sind und Arten vereinen, welche sich jahreszeitlich ergänzen.

Ein ausgezeichnetes Beispiel für den Ablauf der jahreszeitlichen Blühwellen bietet das *Diplotaxetum erucoidis* des südfranzösischen Weinbaugebietes (s. Abb. 284).

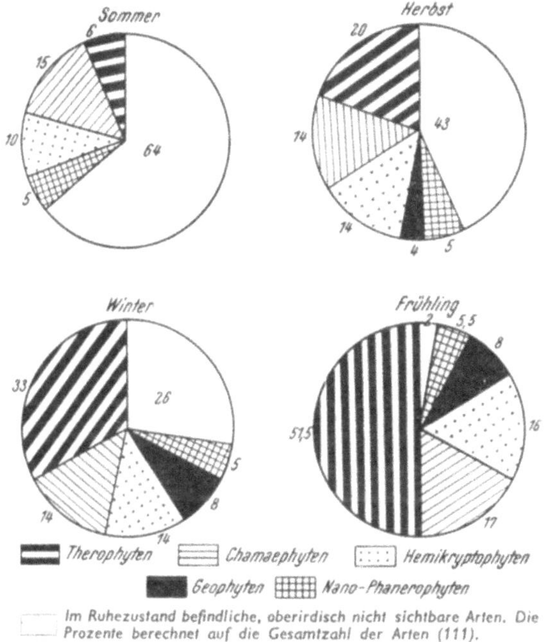


Abb. 292. Jahreszeitliche Änderungen im Lebensformenspektrum des *Brachypodietum ramosi* von Montpellier

Der Winteraspekt, ein schneeweißes, duftendes Blütenmeer von *Diplotaxis erucoides*, schmückt in nicht zu kalten Wintern die Weinberge um Montpellier. Im Frühjahr folgt ein Gramineenaspekt, worin oft *Lolium rigidum* vorherrscht. Der Sommeraspekt bringt die meisten Unkräuter unter dem Rebenlaub zum Verschwinden, aber bald nach der Weinlese, im Herbst, entwickelt sich zu größter Üppigkeit der *Chenopodium album*-Aspekt mit reicher Beimischung von *Amaranthus*- und *Setaria*-Arten. Bei vernachlässigter Bodenbearbeitung gewinnt der Rhizomgeophyt *Cynodon dactylon* mächtige Ausdehnung. Nahezu sämtliche *Diplotaxetum*-Pflanzen sind Therophyten, deren Entwicklung mehrere, zeitlich abgestufte Aspekte ergibt. Die feststehende Reihenfolge ihres Aufblühens ist weniger durch die Klimarhythmik, als durch die erblich fixierte Periodizität der Samenkeimung bedingt.

Ganz allgemein ist zu sagen, daß die höchste Entfaltung der Konkurrenzkraft oft nicht mit der Blütezeit, sondern mit dem Hochstand der Sproßentfaltung der Arten zusammenfällt.

**Sproßbildung, Raumverdrängung.** In der Sproßbildung und der darauf beruhenden Raumverdrängung macht sich der Wettbewerb der Gesellschaftsglieder am unmittelbarsten geltend; vom Menschen unbeeinflußt, drängt die Vegetation zur maximalen Ausnützung des gegebenen Raumes.

Da aber die Raumbeanspruchung einer Art im Lauf des Jahres großen Schwankungen unterworfen sein kann, steht derselbe Raum zeitlich unter Umständen zwei oder auch mehreren Arten, die verschiedenen Lebensformengruppen zugehören können, zur Verfügung. Auch der Raumbesitz ist einem periodischen Wechsel, einer Jahresrhythmik unterworfen.

Über den Jahresgang des Austreibens, der Sproßentwicklung, des Laubfalls, bestehen zwar weit zurückreichende Beobachtungsreihen, die aber, weil ohne Rücksicht auf die gesellschaftliche Zugehörigkeit der Arten aufgenommen, für unsere Zwecke schwer verwendbar sind.

Keimung, Nahrungsaufnahme, Sproßbildung, Blühen und Fruchten werden nicht nur durch Klima- und Standortverhältnisse, sondern auch durch die Mitbewerber gefördert oder aber behindert. Je nach den gerade herrschenden Bedingungen ist bald diese, bald jene Art im Vorteil.

Es kann daher derselbe Bestand von einem Jahr zum anderen ein recht verschiedenartiges Aussehen darbieten. Dies gilt in erster Linie für gewisse Kryptogamen- und für Therophytengesellschaften, die ja auf die lokalen Außenbedingungen viel rascher und schärfer reagieren als Chamaephyten- oder gar Baumgesellschaften. Beispiele hierfür bieten u. a. die Wüstensteppenvegetation[1], das *Therobrachypodion* der Mittelmeerländer, die Hutpilzgesellschaften. Aber auch mikroklimatische und edaphische Verhältnisse, so besonders Wasserstandsschwankungen bewirken von Jahr zu Jahr Verschiebungen im Gesellschaftsmosaik, und, wie bei gewissen Teichrand-Gesellschaften, mit den Niveauverschiebungen auch Verschiebungen der Assoziationsgrenzen.

Zahlreiche Gewächse blühen und fruchten nur in bestimmten Gesellschaften; in anderen, falls sie darin zur Keimung gelangen, bleiben sie in der Entwicklung zurück und verkümmern. Vor allem betrifft dies heliophile Gewächse im Strauch- oder Baumschatten, ferner die meisten Trockenrasenpflanzen in Schneebodengesellschaften, viele Glykophyten in halophilen Gesellschaften usw.

Bei der Untersuchung einer Gesellschaft gilt es festzustellen, welche

[1] Walter (1936) spricht von regenjahrephemeren Arten, die in der südafrikanischen Namibwüste nach außergewöhnlich starken Niederschlägen auftreten und dann wieder für Jahrzehnte verschwinden. Auch in der Ebrosteppe Iberiens kann in regenarmen Jahren (wie 1949) die Therophytenvegetation völlig ausbleiben.

Arten ihren Raumbesitz dauernd zu halten oder gar zu vergrößern vermögen und welche, von ihren Mitbewerbern bedrängt, kümmern, sich räumlich einschränken oder Raum aufgeben müssen (Vitalitätsänderungen). In den Unterschichten eines Waldes gelangen manche Arten nicht über die Sproßbildung hinaus, können sich dort aber halten, trotzdem Blüte- und Fruchtbildung unterdrückt sind (z. B. *Hedera*, Orchisarten). Teils pflanzen sie sich vegetativ fort, teils sind sie auf

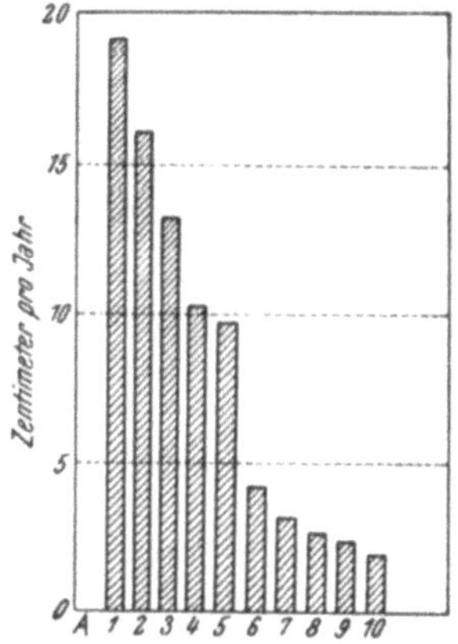


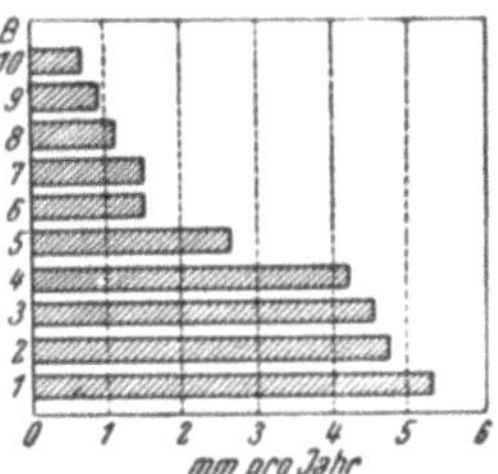


Abb. 293. Mittlerer jährlicher Zuwachs (Höhe in cm, Durchmesser in mm) von *Pinus halepensis* in einigen Assoziationen der Garrigue von Montpellier (GRAIKIOTIS mss.)

*1* *A* u. *B* *Cocciferetum rosmarinetosum*
*2* *A* u. *B* *Brachypodietum phoenicoidis* auf verlassenem Kulturland
*3* *A* u. *B* *Rosmarino-Lithospermetum ericetosum*
*4* *A* u. *B* *Rosm.-Lith. helianthemetosum*
*5* *A* u. *B* *Aphyllantho-Leontodetum villarsii*
*6* *A* *Aphyll.-Leont. villarsii* (Degradationsstadium)
*B* *Rosm.-Lith. schoenetosum*
*7* *A* *Rosm.-Lith. schoenetosum*
*B* *Aphyll.-Leont. villarsii* (Degradationsstadium)
*8* *A* *Rosm.-Lith. schoen.* (Degradationsstadium)
*B* *Rosm.-Lith. ericet.* (Degradationsstadium)
*9* *A* *Rosm.-Lith. ericet.* (Degradationsstadium)
*B* *Rosm.-Lith. schoen.* (Degradationsstadium) in Mischung mit dem *Deschampsietum mediae*
*10* *A* *Rosm.-Lith. ericet.* (Degradationsstadium) in Mischung mit dem *Deschampsietum mediae*
*B* *Rosm.-Lith. ericet.* (Degradationsstadium), ebenso

ständigen Samennachschub aus benachbarten Gesellschaften angewiesen. Dadurch wird aber ihre Raumbehauptung erschwert, ihre Kampfkraft geschwächt.

**Zuwachsmessung.** Man hat zu unterscheiden zwischen Zuwachs und Stoffproduktion. Untersuchungen hierüber sind vornehmlich von Vertretern des Wald- und Wiesenbaues durchgeführt worden.

CAMPELL (mss.) hat im schweizerischen Nationalpark durch sehr zahlreiche Baumbohrungen überraschende Abhängigkeitsbeziehungen zwischen Holzzuwachs und Gesellschaften (Assoziationen und Subassoziationen des *Pino-Ericion* und *Rhododendro-Vaccinion*) aufgedeckt.

Zu ähnlichen, womöglich noch drastischeren Resultaten führten die eingehenden Zuwachsmessungen von GRAIKIOTIS an *Pinus halepensis* in den verschiedenen Gesellschaften der Garrigue von Montpellier (Abb. 293).

Auf Zuwachsmessungen der ober- und unterirdischen Sprosse beruht die Leistungsschätzung, wie sie von englischen Forschern betrieben wird.

KERSHAW (1962) hat in der *Rhacomitrium-Carex bigelowii*-Tundra Islands die Zuwachsverhältnisse einiger Arten näher verfolgt und daraus die Leistungsfähigkeit (performance) der Arten abgeleitet. Sie wird nach Blattdurchmesser und Blattzahl berechnet. *Alchemilla alpina* erreicht ihre optimale Leistungsfähigkeit mit 10 bis 14 Jahren, worauf ein Rückgang erfolgt. Dasselbe konnte für *Carex bigelowii* festgestellt werden, welche Art ihr Optimum zwischen 12 und 14 Jahren erreicht. Die hierauf einsetzende Leistungsabnahme konnte nach den Rhizomausbildungen bis zum 27. Jahr, dem nachweisbaren Maximalalter der Pflanze, verfolgt werden.

Auf andere Weise ist ELLENBERG (1939) dem Problem zu Leibe gerückt. Er untersuchte Streueproduktion und Gesamtblattfläche der Bäume und Stoffproduktion der Krautschicht in einigen Laubwaldassoziationen NW-Deutschlands.

Es ergab sich, daß die Gesamtblattfläche aller Hölzer in den untersuchten Subassoziationen des *Querco-Carpinetum* und *Querco-Betuletum* je nach der Bodengüte dreieinhalb- bis acht- (neun-) mal größer ist als die Bodenfläche; sie nimmt mit abnehmendem Säuregrad des Bodens zu.

Auch die Kräutermasse steigt mit abnehmendem Säuregrad des Bodens. Da hier nach ELLENBERG im Frühjahr genügend Wasser vorhanden ist, dürfte die Nahrungs- (besonders Stickstoff-) Aufnahme das Gedeihen der Frühjahrsgeophyten entscheidend beeinflussen. Je mehr Stickstoff verfügbar ist, desto mehr organische Substanz wird aufgebaut, desto üppiger entwickelt sich die Blattmasse. An günstigen Stellen verläuft die Entwicklung viel rascher als an ärmeren Standorten, wo manche Arten, wie z. B. *Anemone nemorosa* noch bis in den August hinein vegetieren, während anderwärts ihr oberirdischer Jahreskreislauf in wenigen Wochen abgeschlossen ist.

Aus ihrer Stoffproduktion kann indirekt auf die Raumverdrängung und Konkurrenzkraft der Arten geschlossen werden.

**Produktivität.** Die Produktivität und ihre Berechnung interessieren vor allem Forstmann und Wiesenbauer. Die wechselnden Erträge sind in Beziehung zu den herrschenden Umweltbedingungen zu verstehen; wünschenwert ist die Einschätzung jedes Einzelfaktors für den Ausfall des Ertrages. Sproßentwicklung und Stoffproduktion stehen in direktem Verhältnis zueinander.

Bei wald- und wiesenwirtschaftlichen Untersuchungen kann die Produktivität durch Wägung bestimmt werden. Aus dem ober- und unterirdischen Ertrag läßt sich, wenn die Gesellschaftstabelle zu Rate gezogen wird, die Gesamtleistung einer Gesellschaft berechnen.

Unter Produktivität versteht BOYSEN JENSEN (zit. in MÜLLER 1962) die Menge organischer Trockensubstanz, die von der Vegetationsdecke auf einer Flächeneinheit in einer Zeiteinheit gebildet wird, Stoffverlust abgerechnet.

**Grasproduktion.** Schon LECOQ (1862) und später STEBLER und

SCHRÖTER (1892) haben bei Wiesenuntersuchungen die Produktivität zu messen versucht. Man scherte die Pflanzendecke einer engumgrenzten Fläche dicht über dem Erdboden ab, sortierte die Triebe jeder einzelnen Art und gab den Anteil jeder Art in Gewichtsprozenten an. Oder es wurde 1 Quadratfuß der Rasendecke ausgestochen und der prozentische Gewichtsanteil der ober- und unterirdischen Triebe bestimmt, oder aber die Triebe nach Arten getrennt gezählt (vgl. LECOQ 1862, STEBLER und SCHRÖTER 1892, DE VRIES 1962, NOMOKONOW 1959).

Es ist streng darauf zu achten, daß die Untersuchungsflächen homogen sind; ihr Wert erhöht sich, wenn sie sich auf eine bestimmte Gesellschaft beziehen. Dies ist der Fall bei pflanzensoziologischen Untersuchungen wie der folgenden.

SOROCEANU (1936) gibt eine Zusammenstellung des mittleren Grasertrags von vier Subassoziationen der Trockenrasengesellschaft des *Brachypodietum phoenicoidis* Südfrankreichs, gemessen im Hochstand der jahreszeitlichen Entwicklung.

Tabelle 58. Grasertrag der Subassoziationen des *Brachypodietum phoenicoidis* bei Montpellier (in kg je Hektar)

| | Frischgewicht | Trockengewicht |
|---|---|---|
| Typische Subassoziation (Mittel von vier Standorten) | 16.000 bis 18.000 kg | 5000 bis 7000 kg |
| *Bromus erectus*-Subassoziation (drei Standorte) ........... | 10.000 bis 12.000 kg | 3200 bis 4000 kg |
| *Festuca rubra*-Subassoziation (zwei Standorte) .......... | 11.500 bis 13.400 kg | 3300 bis 4200 kg |
| *Stipa capillata*-Subassoziation (ein Standort) ............ | 5000 kg | 2300 kg |

Der Ertrag beweideter Teile dieser Gesellschaften ist zwei- bis dreimal geringer.

Der prozentische Gewichtsanteil der verschiedenen Artengruppen an der Zusammensetzung des Heus zeigte bei den drei ersten Subassoziationen ziemlich große Übereinstimmung.

Tabelle 59. Zusammensetzung des Heus dreier Subassoziationen des *Brachypodietum phoenicoidis*

| | | Frischgewicht % | Trockengewicht % |
|---|---|---|---|
| Gramineen .......... | typische Subassoziation ..... | 65 | 72,4 |
| | *Bromus erectus*-Subassoziation | 64 | 77,3 |
| | *Festuca rubra*-Subassoziation | 60 | 64,7 |
| Leguminosen ........ | typische Subassoziation ..... | 3 | 2,2 |
| | *Bromus-erectus*-Subassoziation | 8 | 6,2 |
| | *Festuca rubra*-Subassoziation . | 4,5 | 3,9 |
| Verschiedene Arten ... | typische Subassoziation ..... | 21 | 17,3 |
| | *Bromus erectus*-Subassoziation | 19 | 11,3 |
| | *Festuca rubra*-Subassoziation . | 28,5 | 23,5 |
| Zufällige Arten ...... | typische Subassoziation ..... | 11 | 8,1 |
| | *Bromus erectus*-Subassoziation | 9 | 5,4 |
| | *Festuca rubra*-Subassoziation . | 7 | 7,8 |

Das Volumen kann durch das Gewicht ersetzt werden.

*Brachypodium phoenicoides* bildet 55% (Masse oder Gewicht) des frischen Heus im *Brachypodietum phoenicoidis typicum* von Montpellier. Da die Hektare der Assoziation 17.820 kg Gras hervorbringt, fallen auf *Brachypodium* allein $17.820 \times 0{,}55 = 9800$ kg. Beim Trocknen verliert die Art 57% an Gewicht; ihr Heuertrag pro Hektar beträgt somit 4220 kg oder 62,1%.

Die pflanzensoziologischen Aufnahmen lassen sich mit Vorteil auch zur Feststellung des gewichtsprozentigen Anteils der einzelnen Arten am Gesamtertrag auswerten.

In einer Assoziation (oder Untereinheit derselben), deren Tabelle gut durchgearbeitet ist, werden einige (drei bis vier) gleichgroße Flächen von 5 bis 10 qm im Hochstand der Entwicklung abgemäht, das Heu gewogen und getrocknet. Aus der Tabelle ist die Bedeutung der einzelnen Arten nach Artmächtigkeit und Deckungswert ersichtlich. Von den mengenmäßig wichtigen Arten wird sodann gesondert das Trockengewicht bestimmt. Soroceanu fand, daß *Brachypodium phoeniciodes* getrocknet 33%, *Bromus erectus* 42%, *Agropyron glaucum* 49%, *Medicago orbicularis* 40%, *Centaurea aspera* 22%, usw. Trockensubstanz ergeben.

Mit Hilfe der Trockengewichts-Koeffizienten kann, unter Bezugnahme auf den Deckungswert, der prozentische Gewichtsanteil jeder Art am Heuertrag berechnet und auf die Hektare bezogen werden.

Auf bestimmte Unkrautassoziationen Norddeutschlands beziehen sich die Gewichtserträge der kultivierten Ackergewächse Roggen, Weizen, Hafer, Gerste, Kartoffeln, Zuckerrüben, wie sie von Walther (1953) berechnet worden sind. Die arithmetischen Mittel der Ernten sind trotz der hohen Schwankungsbreite der Einzelerträge deutlich voneinander verschieden und können als Maßstab, die Unkrautgesellschaften aber als Zeiger der Ertragsfähigkeit angesehen werden.

Bei ihren Studien über die Produktionskraft der Wiesen im Amurbecken stellten Sochava, Lipatova und Gorshkova (1962) vorerst die Stoffproduktion jeder einzelnen konstituierenden Art fest. Danach wurde der „vollständige Produktionsindex“ der Assoziation berechnet.

Diese äußerst mühevolle Arbeit läßt sich vereinfachen und verbessern durch die Zusammenfassung der Arten zu ökologischen Gruppen im Sinne von Ellenberg (1954, 1958), die eine Scheidung der Konstituenten nach ihren ökologischen Ansprüchen und ihrem Nutzwert gestatten. Die Gruppierung ist allerdings für jedes Klimagebiet oder Synoekosystem gesondert durchzuführen, was übrigens auch für die von Ramenski (1957) und nach ihm von Prizukov (1962) aufgestellten Artenskalen des Feuchtigkeits- und Salzgehaltes des Bodens gilt.

Im Rahmen der soziologisch gefaßten Vegetationseinheiten teilen die holländischen Forscher die Arten des Grünlandes in Gruppen ein, die gleichartig auf bestimmte Umweltfaktoren reagieren.

Der Mengenanteil einer Zeigerartengruppe wird in Prozenten des Trockengewichts ausgedrückt. Je stärker sich der Einfluß eines Faktors oder einer Faktorenkombination bemerkbar macht, desto mehr wird die darauf positiv reagierende ökologische Artengruppe hervortreten. Der Mengenanteil dieser Artengruppen hat daher auch für die Produktionskraft der unterschiedenen Gesellschaften erheblichen Zeigerwert.

GORHAM und PEARSALL (1956) suchten Blütenmasse und Sproßgewicht von *Phragmites communis* im englischen Seendistrikt in ihrer Abhängigkeit von den Bodenverhältnissen festzustellen. Es ergab sich, daß die Mineralsalz-Ernährung den Ausschlag gibt, ferner zeigte sich, daß das optimale Gedeihen von *Phragmites* mit dem gleichzeitigen Vorkommen von *Typha latifolia* und *Scirpus lacustris* in ihrem *Scirpo-Phragmitetum* zusammenfällt.

**Holzproduktion.** Einzelheiten über die Produktionskraft britischer Föhrenwälder vermittelt OVINGTON (1961). Ein Föhrenbestand, dessen Assoziationszugehörigkeit leider nicht angegeben wird, liefert 20 bis 31 Jahre nach der Pflanzung den höchsten Holzertrag. Während dieser Zeitspanne produziert er im Jahresmittel rund 28.860 kg Trockengewicht pro Hektare.

Tabelle 60. Produktion und Speicherung organischer Bestandteile in einer *Pinus silvestris*-Pflanzung (in 100 kg/ha) (nach OVINGTON)

| | Jahre nach der Pflanzung | | | |
|---|---|---|---|---|
| | 11 | 20 | 31 | 35 |
| Produktion der Bäume | 309 | 1189 | 3484 | 6829 |
| Produktion der Grundflora | 1190 | 1381 | 1456 | 1990 |
| Produktion Total | 1499 | 2570 | 4940 | 8819 |
| Gewicht der lebenden Bäume | 260 | 654 | 1272 | 1507 |
| Gewicht der Grundflora | 74 | 3 | 16 | 26 |
| Gewicht der Laubstreue | 121 | 264 | 315 | 450 |
| Totalgewicht der organischen Substanz | 455 | 921 | 1603 | 1983 |

Die Bodenschicht des Bestandes ist am besten im Anfangs- und Endstadium entwickelt, da die lichtere Baumschicht die Ausbildung der Grundvegetation begünstigt. Die Frage stellt sich: In welchem Maße beeinflußt der andauernd große Stoffentzug durch Nutzung die Waldvegetation und den Boden?

Aus dem Zuwachs der Birken kann, wie OVINGTON und MADGWICK (1959) festgestellt haben, auch auf ein ziemlich konstantes Verhältnis zwischen Wurzelgewicht und Baumzuwachs geschlossen werden; bei *Betula pendula* und *B. pubescens* verhält es sich etwa wie 1:3 oder 4.

VARESCHI (1951) berechnet die Oberflächenentwicklung und danach die Produktionsleistung der Arten verschiedener Wiesen- und Waldassoziationen in den Alpen und im tropischen Venezuela durch Planimetrieren oder Aufpausen der Laubblätter auf Papier, Ausschneiden und Wägen der Papierblätter. (Näheres über Methodik s. Original.)

Die Oberfläche der assimilierenden Organe eines heidelbeerreichen Fichtenwaldes wurde auf rund das Zehnfache der Bestandesfläche berechnet; die Moose einbezogen auf das 23,5-fache der verfügbaren Bodenfläche. Die wöchentliche Produktionsleistung errechnet sich mit 568 g/qm.

Im Grauerlenwald betragen die entsprechenden Werte für die Krautschicht das 11-fache und 260 g, im *Salicetum herbaceae* oberhalb 2600 m das 1,26-fache der Bodenfläche und 71 g (Moose nicht gerechnet).

Überraschend ist der Umstand, daß die errechnete Oberflächenentwicklung der obersten Baumschicht im Tropenwald der Küstenkordillere von Venezuela (72 bis 78%) sehr nahe übereinstimmt mit jener der einzigen Baumschicht des Fichten- und Grauerlenwaldes der Alpen (77 bis 79%).

**Pilzproduktion.** Zur quantitativen Leistungsberechnung der Hutpilzproduktion in Waldgesellschaften ist die Wägung unerläßlich. Aus der Masse der oberirdischen Fruchtkörper kann nach Höfler (1938) wenigstens annähernd auch auf die relative Rolle der Myzelien der einzelnen Arten im oberen Bodenhorizont geschlossen werden.

Bei den Wasserschwebergesellschaften wird der Leistungswert einer Art aus der Individuenzahl im Kubikzentimeter Wasser, multipliziert mit dem Rauminhalt eines Individuums, errechnet.

**Symposium über Stoffproduktion.** Die Wichtigkeit, welche der Stoffproduktion und ihrer Erfassung zugemessen wird, geht aus den von Lieth (1962) redigierten Referaten, gehalten am Symposium über Stoffproduktion der Pflanzendecke in Hohenheim, hervor.

Bliss (l. c.) errechnet die Stoffproduktion in hochnordischen und alpinen Rasen- und Tundragesellschaften. Den höchsten Stoffertrag am Ende der Vegetationsperiode ergaben die Seggengesellschaften, 242 g/qm bei Abisko und 214 g/qm am Mount Washington (New Hampshire). Dahinter blieben die Erträge der isländischen Tundra mit bloß 3 g/qm und des *Carex elynoides-Sibbaldia procumbens*-Schneetälchens in den Medecine Bow Mountains (Wyoming) mit 21,3 g/qm sehr stark zurück. Die Resultate stehen mit dem Deckungsgrad und der Wuchshöhe der Arten im Einklang.

Eingehende Untersuchungen über die Beziehungen zwischen Chlorophyllgehalt und Albedo und der Stoffproduktion führten Bray (1962) in Minnesota zum Schluß, daß der Chlorophyllgehalt einer Gesellschaft als indirekte Bestimmungsmethode für die Stoffproduktion verwendet werden kann.

Tranquillini (1962) findet, daß für ein engeres Gebiet die Pflanzengesellschaften zur indirekten Bestimmung der Stoffproduktion gut Verwendung finden können, sobald die Korrelation zwischen floristischer Zusammensetzung und Stoffproduktion erarbeitet ist.

Vom Praktiker wird als Produktionsertrag in Feld und Wald meist nur die oberirdische Stoffmenge in Betracht gezogen.

Es ist aber nicht zu vergessen, daß die gesamte Stoffproduktion außer den oberirdischen auch die unterirdischen Pflanzenteile einbegreift. Zur Bestimmung der Energiemenge werden die getrockneten Pflanzen im Kalorimeter verbrannt.

**Trockensubstanzproduktion und Lichtintensität.** Die Abhängigkeit der Trockensubstanzproduktion von der Lichtintensität innerhalb von Pflanzengesellschaften hat erstmals FILZER (1939) untersucht. Er macht darauf aufmerksam, daß die inneren Blätter eines Baumbestandes insbesondere in Zeiten starker Assimilation unter einem mehr oder weniger großen Kohlensäuredefizit arbeiten. Es zeigte sich, daß die Zunahme des Trockengewichtsertrags während der Stunden hohen Lichtgenusses abnimmt, die ökologische Kurve daher keine Gerade bildet. Die Ursache dieser Abschwächung sieht FILZER darin, daß von einem gewissen Lichtgenuß ab Wurzelkonkurrenz und vielleicht auch $CO_2$-Konkurrenz zur Lichtkonkurrenz hinzutreten und damit die Höhe des Ertrages beeinflussen. Dabei ist nicht nur an den Wettbewerb der Partner der untersuchten Schicht zu denken, sondern auch, wenigstens in den höchsten Lichtgenußgebieten, an die Konkurrenz zwischen Bodenflora und Altbestand (FILZER l. c. S. 157).

Die Bestimmungen des Trockengewichtes eines typischen Waldbegleiters (*Oxalis acetosella*) ergaben eine ausgesprochene Optimumkurve, die deutlich in Beziehung zum Lichtgenuß steht.

| | | | | | | | |
|---|---|---|---|---|---|---|---|
| Lichtgenuß | 1/43 | 1/36 | 1/31 | 1/25 | 1/20 | 1/15 | 1/4,5 |
| Trockengewichtsertrag in Gramm | 0,02 | 1,21 | 4,54 | 5,55 | 6,19 | 4,62 | 0,44 |

Der allmähliche Anstieg zum Optimum ist fast vollständig lichtbedingt, da die Konkurrenz wenig in Betracht fällt.

Unter aridem Klima wird die Produktionskraft der Arten und Gesellschaften durch die Bodenfeuchtigkeit entschieden, im kalten Klima erlangen die Wärmeverhältnisse ausschlaggebende Bedeutung. Bei manchen Gesellschaften rückt die Bodentiefe zum entscheidenden Faktor vor. Ein Beispiel aus der Therophytenassoziation des *Onobrychi-Barbuletum* Südfrankreichs mag dies beleuchten. Mit Professor O. VOLK wurden am 29. April drei nebeneinander liegende Quadrate der Assoziation von je 0,5 m Seitenlänge genau aufgenommen, sämtliche Pflanzen mitsamt ihrem Wurzelwerk, nach Lebensformen getrennt, eingesammelt und im Trockenschrank getrocknet[1]. Es ergaben sich folgende Resultate:

[1] Der Fehler des Trockengewichtes kann höchstens 10 bis 20% betragen, die allerfeinsten Würzelchen konnten nicht erfaßt werden.

Tabelle 61.

| | A. Initiales Flechtenstadium (Subassoziation *fulgensietosum*) | | B. Optimal-stadium | | C. *Poa bulbosa*-Endstadium | |
|---|---|---|---|---|---|---|
| Bodentiefe (Mittel aus je 15 Messungen) | 5 cm steinig-sandig | | 7 cm sandig-steinig | | 12 bis 15 cm sandig-steinig | |
| Artenzahl und Deckungsprozent | | | | | | |
| Phanerogamen | 9 | 5% | 28 | 100% | 38 | 100% |
| Moose und Flechten | 9 | 85% | 7 | 10% | 4 | 5% |
| Trockengewicht pro 1 qm | | | | | | |
| Therophyten | 8,8 g | | 57,4 g | | 146,2 g | |
| Ausdauernde Arten | 29,2 g | | 194,9 g | | 507,8 g | |
| Total | 38,0 g | | 252,3 g | | 654,0 g | |

Es handelt sich um drei Entwicklungsstadien ein und derselben Assoziation, die mosaikartig durcheinander wachsen und nur mit Kleinquadraten faßbar sind.

Wie sehr die Belichtung den Stoffaufbau beeinflußt, ergeben die Untersuchungen von Tamm (1950) in einer Moosgesellschaft von *Hylocomium proliferum* und von Ellenberg an *Pteris aquilina* vom Rande eines Kahlschlages im *Querco-Betuletum molinietosum*:

*Pteris aquilina*

| Relativer Lichtgenuß % | Trockengewicht (g/qm) |
|---|---|
| 9,3 | 90 |
| 13,8 | 174 |
| 14,1 | 228 |
| 15,6 | 308 |
| 48,1 | 1006 |

Über Zuwachs und Stoffproduktion der Buche unter verschiedenen Lichtstärken unterrichten die Messungen von Watt (1952).

Tabelle 62. Zuwachs und Blattbildung bei fünfjährigen Buchensämlingen unter verschiedener Belichtung im Feld (nach Watt)

| Lichtintensität | Gesamtzuwachs in vier Jahren und mittlerer Jahreszuwachs mm | Blattzahl pro Pflanze | Mittlere Länge der Blätter mm | Mittlere Breite der Blätter mm |
|---|---|---|---|---|
| $^1/_{60}$ des Gesamtlichtes (Bodendecke von *Oxalis*) . . | 33,9 ( 8,5) | 3,8 | 26,5 | 16,5 |
| $^1/_{50}$ (*Rubus fruticosus* in der Bodendecke herrschend) . . . | 47,9 (12,0) | 4.2 | 35,5 | 21,3 |
| $^1/_{15}$ bis $^1/_{18}$; am Rand $^1/_{32}$ . . . | 72 (18,0) | 7,3 | 37,2 | 22,1 |
| Lichtoffen; direktes Sonnenlicht . . . . . . . . . . . . . . | 353,2 (88,3) | — | — | — |

Über den Einfluß der Lichtverhältnisse auf den Grasertrag schweizerischer *Arrhenatherum*-Wiesen geben die Untersuchungen von WAHLEN und GISIGER (1937) Auskunft.

Unter Obstbäumen war der Heuertrag im ersten Schnitt 29,7%, im zweiten 44,4% und im dritten Schnitt 48,8% geringer als in offener Lage nebenan. Natürlich ist auch die chemische Zusammensetzung des Heus und der Nährwert stark verschieden; aber aus den Assoziationstabellen läßt sich auch der Futterwert der Gesellschaften berechnen, sobald die chemische Zusammensetzung der einzelnen Arten bekannt ist.

**Raumbestimmung.** HUGUET DEL VILLAR (1925) hat versucht, den Rauminhalt strauchiger Arten der spanischen Meseta festzustellen. Er faßte das Oberflächenvolumen der Sträucher als Ellipsoid auf und bestimmte dessen Inhalt mittels des horizontalen und vertikalen Durchmessers. Für *Salsola vermiculata* erhielt er ein Verhältnis von 208 cbm, für *Thymus zygis* von 197 cbm pro Hektar. Der Frequenzprozent (nach RAUNKIAER) ergab für *Salsola* nur 7,2%, für *Thymus* dagegen 55%.

Als teilweise Volumenbestimmung kann auch die Messung des Kubikinhaltes der stehenden Holzmasse durch den Forstmann aufgefaßt werden. Nach HAUSRATH bringt es *Pinus silvestris* auf mittlerem Boden in 100 Jahren auf eine Holzmasse von 404 cbm, mit 120 Jahren auf 430 cbm, wogegen *Picea abies* in derselben Zeit 739 bzw. 806 cbm hervorbringt.

ALECHIN (1932, S. 342) versuchte das Volumen russischer Steppenpflanzen zu erfassen, indem er auf einer Fläche von 0,25 qm die gesamte oberflächliche Pflanzenmasse abschnitt und, nach Arten oder Gruppen von Arten geordnet, rasch in ein graduiertes Meßgefäß tauchte. Die Wasserverdrängung soll dem gesuchten Volumen entsprechen.

**Blühspektrum, Befruchtung.** In der Baumschicht unserer Waldgesellschaften herrscht Windbestäubung bei weitem vor. Die Arten der Unterschichten dagegen verfügen über vielfältige Bestäubungsmöglichkeiten.

In der Strauchschicht des *Quercus ilex*-Waldes wirken insbesondere Hymenopteren als Befruchter, wogegen Lepidopteren den tiefen Schatten meiden. Dipteren besuchen die Krautschicht; bei den wenigen Cyperaceen des tiefen Schattens (*Carex distachya, C. halleriana* usw.) können höhere Tiere durch Berührung die Befruchtung vermitteln. Auch Autogamie kommt vor.

Als erster hat wohl W. SZAFER (1927) das Blühspektrum mit zur biologischen Charakterisierung der Assoziationen herbeigezogen. Jede Assoziation hat ihr besonderes Spektrum. Während es aber genügt, in höheren Gebirgslagen Mitteleuropas für jede Gesellschaft ein Globalspektrum zu ermitteln, hat man im Tiefland und mehr noch in den warmen Trockengebieten mehrere, zeitlich stark abweichende Spektren zu unterscheiden. Das *Inuletum ensifoliae* der polnischen Steppe verdeutlicht diese Saisonunterschiede.

Tabelle 63. Blühspektrum des *Inuletum ensifoliae*

| | | Frühjahrsaspekt | Sommeraspekt | Herbstaspekt |
|---|---|---|---|---|
| Eutrope | (einseitig an Besucher angepaßt) | 9,1% | 36,0% | — |
| Hemitrope | (mehrseitig an Besucher angepaßt) | 18,2% | 36,0% | 25,0 |
| Allotrope | (vielseitig an Besucher angepaßt) | 45,4 | 16,5 | 75,0 |
| Windbestäubung | | 27,3 | 11,5 | — |

Im Gegensatz zum Frühjahrs- und Herbstaspekt unterscheidet sich der Sommeraspekt nicht wesentlich vom Gesamtaspekt.

Die blütenbiologischen Spektren aus der Hohen Tatra ergeben für fast alle Assoziationen ein deutliches Vorherrschen der allotropen Blüten (Pollenblumen, Blumen mit völlig offenem oder teilweise geborgenem Honig) (bis 54,4% im *Saxifragetum perdurantis*, gegen bloß 8,7% Windblüter). Dagegen überwiegen die Windblüter im *Nardetum* (40,9%).

Abb. 294. *Quercetum ilicis*-Niederwald bei St.-Guilhem-le-Désert (Aufn. P. Meyer)

Ziemba (1931) fand im *Fagetum carpaticum* der Ostkarpaten im Vorfrühling ein Maximum an eutropen (Bienen- und Falterblumen), im Frühling an hemitropen (Blumen mit völlig geborgenem Honig) und im Sommer an allotropen Blumen, was dem natürlichen Vegetationsrhythmus der Gesellschaften entspricht. Mit zunehmender Belaubung nimmt die Blumenfülle ab und es sinkt auch die Möglichkeit der Bestäubung durch Insekten.

Ein instruktives Beispiel für die jahreszeitliche Änderung des Blühspektrums in verschiedenen Gras- und Krautgesellschaften Polens gibt KORNAŚ (1950). In allen untersuchten Assoziationen herrscht im Herbst der hemitrope, mehrseitig an Besucher angepaßte Typus vor.

**Samenbildung.** Frucht- und Samenertrag sind insbesondere von forstlicher Seite verfolgt worden.

Aus Wurzelschossen hervorgegangene Grüneichen beginnen schon mit drei bis fünf Jahren Früchte zu tragen, mit sechs bis sieben Jahren sind dieselben keimfähig und im Alter von zehn bis zwölf Jahren setzt reichliche Eichelproduktion ein. Diesem Umstand verdankt das *Quercetum ilicis* seine Erhaltung, trotzdem es heute als Hochwald fast ausgetilgt ist und dort, wo die Vernichtung weniger weit gediehen, als Niederwald mit 15- bis 20jähriger Umtriebszeit bewirtschaftet wird (Abb. 294). Aus Samen erwachsene Jungbäume fruchten dagegen sehr viel später. Die Buche vermehrt sich selten durch Sprossung und die Vitalität der Schößlinge ist gering. Der Buchenwald würde die Behandlung des *Quercetum ilicis* nicht ertragen. Die Fruchtbildung im Bestand beginnt erst mit 60 bis 80 Jahren (MATHIEU, Fl. Forest.) und im günstigsten Fall ergibt nur jedes fünfte bis sechste Jahr einen guten Samenertrag.

**Samenertrag.** SÖYRINKI (1939) hat versucht, den Samenertrag einiger lappländischer Gesellschaften in Beziehung zu der darin beobachteten Keimlinsgzahl zu setzen.

Seiner für die Kenntnis der vegetativen und generativen Vermehrung der Blütenpflanzen Lapplands hochwichtigen Arbeit entnehmen wir die umseitigen Angaben (s. Tab. 65, S. 531).

Sehr ausgedehnte, vielseitige und zeitraubende Untersuchungen über die generative und vegetative Vermehrung der Blütenpflanzen in der Wald-, Hainwiesen- und Felsvegetation an der Nordküste des finnischen Meerbusens führten PERTTULA (1941) zu folgenden Schlüssen:

„Jede Pflanzengesellschaft besitzt auf Grund ihrer ganz bestimmten Artenzusammensetzung nicht nur eine spezifische Fertilität, Frucht- und Samenbildung nebst Keimfähigkeit der Samen, sondern sie ist auch durch einen sowohl qualitativ als quantitativ bestimmten Keimlingsbestand, eine spezifische Erhaltung der Keimlinge, ein vegetatives Vermehrungsvermögen, also ganz arteigene Erneuerungsverhältnisse gekennzeichnet."

Eingehende Untersuchungen über Verjüngung in verschiedenen Waldassoziationen sind von forstlicher Seite angestellt worden. AUER (1949), der die Lärchenverjüngung im Oberengadin untersucht hat, konnte nachweisen, daß die besten Bedingungen für Keimung und Aufkommen von *Larix decidua* mit einem bestimmten frühen Entwicklungsstadium der Alpenrosen-Heidelbeer-Assoziation (*Rhododendro-Vaccinietum*) zusammenfallen (Abb. 295).

*Pinus halepensis* keimt in Südfrankreich am besten im *Rosmarino-Lithospermetum* und verwandten Gesellschaften.

Geschlossene Waldgesellschaften sind durchgehend keimlingsarm. Sobald aber durch Schlag, Windbruch usw. eine Lücke in die Baumschicht gerissen wird, nimmt mit der Belichtung die Zahl der Keimlinge rasch zu.

Der erikareiche geschlossene Bergföhrenwald (*Mugo-Ericetum*) ist der Verjüngung der Bergföhre ungünstig; während in natürlichen Lichtungen auf einer 100-qm-Fläche bis 300 mehrjährige *Pinus mugo*-Keimlinge gezählt werden konnten.

Abb. 295. Offenes Frühstadium des *Rhododendro-Vaccinietum* mit Lärchenverjungung (Aufn. FEUERSTEIN)

Für die Keimung von Wichtigkeit ist der Zeitpunkt der Samenreife. Die Eicheln von *Quercus ilex* reifen im Herbst, während und kurz nach den maximalen Jahresniederschlägen. Sie fallen auf den durchfeuchteten, der Keimung günstigen Boden; der Keimprozent der Eicheln ist um so höher, je mehr Regen der Boden aufgenommen hat. Bis zur nächsten Sommertrockenzeit sind dann die Keimlinge genügend erstarkt.

**Gesellschaftserneuerung (Verjüngung).** Für den Fortbestand einer mit den Außenbedingungen im Gleichgewicht stehenden Pflanzengesellschaft ist die Verjüngung ihres Individuenbestandes Voraussetzung.

Völlige Stabilität gibt es im Bereich der Pflanzengesellschaften nicht, denn „alles fließt". Auch in den Klimaxgesellschaften werden schlechtwüchsige, beschädigte oder überalte Individuen von kräftigen überwachsen und ersetzt, wobei die einzelnen Arten ihren Wurzelort vielfach wechseln, bald etwas an Raum gewinnend, bald einbüßend (s. S. 621).

In dicht geschlossenen Gesellschaften sind die alten, schon eingewurzelten, gegenüber den neu gekeimten Pflanzen stark im Vorteil, ebenso die langlebigen gegenüber den kurzlebigen Arten, weshalb diese Gesellschaften verhältnismäßig stabil sind.

Schon BOGDANOWSKAÏA-GUIHÉNEUF (1929) hat darauf hingewiesen. In den von ihr untersuchten Wiesenassoziationen der Umgebung von Moskau keimte nur eine äußerst geringe Zahl von Arten fremden Ursprungs. Die Gesamtzahl der Keimlinge schien von einem Jahr zum andern innerhalb der gleichen Gesellschaft konstant zu bleiben.

Einpflanzungen fremder Arten in stabilisierte Gesellschaften, die CAPPELLETTI (1962) in der Gegend von Padua vorgenommen hat, ergaben ähnliche negative Resultate (s. auch S. 569).

TAMM (1948) hat unter Zuhilfenahme von Dauerquadraten die Erneuerungskraft der Arten einer Gesellschaft zu fassen versucht. Als Maßstab betrachtet er die Anzahl der jährlich absterbenden Pflanzen, die durch Sämlinge oder vegetative Schosse ersetzt werden.

Gesellschaften, die das klimatisch mögliche Endstadium noch nicht erreicht haben, sind zumeist einem beträchtlichen, im einzelnen mittels Dauerquadraten meßbaren Wechsel unterworfen (s. S. 584). Bei Ruderalgesellschaften kann sich das Mosaik des Gesellschaftsbildes oft schon von einer Vegetationsperiode zur andern ganz wesentlich verändern.

**Zur Gesellschaftsentstehung.** Die Entstehung der heutigen Pflanzengesellschaften, die erste Vereinigung aneinander angepaßter, sich begünstigender oder zumindestens sich duldender Arten mit ähnlichen Standortsansprüchen, liegt im Dunkel. Am ehesten läßt sich dem Problem der Entstehung der Ruderal- und Unkrautgesellschaften, die nicht allzu weit zurückliegt, näher treten.

Die mit den Kulturpflanzen eingeführten Unkräuter finden in den Kulturen entsprechende günstige Lebensmöglichkeiten. Über ihr Gedeihen und ihr gegenseitiges Auskommen am Standort entscheidet sodann die Konkurrenz. Unter diesen Voraussetzungen sind die *Secalinetea*-Gesellschaften des Nordens und der Alpen entstanden und haben sich gewisse *Chenopodietea*-Gesellschaften ohne direkte Beihilfe des Menschen an Straßenrändern und Ruderalstellen eingerichtet (s. auch S. 262).

Die Ursache für die Bildung der heute so weit verbreiteten sekundären Ersatzgesellschaften beruht auf der Umgestaltung der natürlichen Vegetationsbedingungen durch den Menschen.

Klimaxgesellschaften und edaphisch bedingte Dauergesellschaften haben sich ohne Einwirkung des Menschen unter dem Einfluß von Klimaänderungen allmählich herausgebildet.

**Keimungsbiologie.** Besser als über ihre Enstehung ist man über die Verjüngung der Gesellschaften unterrichtet.

Schon bei der Keimung macht sich die Auslesewirkung des Gesellschaftsstandortes geltend. In jeder ungestörten Gesellschaft gelangen nur bestimmte Arten zur Keimung (s. S. 563).

HUNZIKER (1952) fand bei verschiedenen schweizerischen Waldgesellschaften auf kahlem Boden einen gegenüber bewachsenem Boden erhöhten Keimprozent. Er folgert daraus, daß die Konkurrenzierung durch die Bodenflora eine Keimverminderung zur Folge hat.

Dieser Schluß darf jedoch nicht verallgemeinert werden. Unter Umständen bietet die Bodenvegetation den Keimlingen Schutz und fördert ihr Gedeihen. Im *Rosmarino-Lithospermetum* Südfrankreichs halten sich die Keimlinge fast ausschließlich an die bebuschten und begrasten Stellen und fliehen die Lücken. Etwa darin vorhandene Keimlinge sind meist zugewehte assoziationsfremde Arten, während die im Vegetationsschutz gekeimten zu 90% Kennarten und wichtige Begleiter des *Rosmarino-Lithospermetums* sind.

Es ist auffällig, wie abweisend stabilisierte Gesellschaften gesellschaftsfremden Eindringlingen gegenüberstehen, wie schlecht dieselben, falls sie überhaupt zur Keimung gelangen, fortkommen. In den meisten untersuchten Assoziationen (von stark anthropo-zoogen beeinflußten abgesehen) keimen sozusagen nur gesellschaftseigene Arten, vor allem solche der charakteristischen Artengruppe. Die Selbsterneuerung dieser Gesellschaften wird dadurch gewährleistet.

Die Arve, unser wertvoller Hochgebirgsbaum, findet optimale Keimungsbedingungen im moosreichen *Pinus mugo*-Wald (*Mugo-Ericetum hylocomietosum*) und im *Rhododendro-Vaccinietum cembretosum*.

Im gutentwickelten *Quercus ilex*-Wald (*Quercetum galloprovinciale*) keimen *Quercus ilex* und die wichtigsten Charakter- und Begleitarten der Assoziation ausgezeichnet und entwickeln sich optimal; auf 1 qm Fläche können bis zu 200 Grüneichenkeimlinge gezählt werden. Boden, Mikroklima und Pflanzengesellschaft begünstigen ihr Gedeihen. Auch im *Quercetum cocciferae* und in den Endstadien des *Rosmarino-Lithospermetum*, besonders dort, wo *Pinus halepensis* beigemischt ist, gelangt der Baum, wenn auch weniger reichlich, zur Keimung. Dagegen haben anderwärts gekeimte Grüneichen geringe Aussicht hochzukommen (vgl. BR.-BL. 1936, S. 71 bis 75). Über Artenverjüngung in den Assoziationen des *Aphyllanthion* berichtet TOMASELLI (1948).

Jahrzehntelang fortgesetzte Versuche mit der Aussaat von einjährigen Arten des *Therobrachypodion*-Verbandes in die angrenzenden Assoziationen des *Aphyllanthion* und *Rosmarino-Ericion* ergaben völlig negative Resultate (s. S. 531).

Sie gedeihen jedoch sobald der Boden künstlich gelockert wird. Findet sich im Bestand ein Ameisennest oder ein Kaninchenbau, so erscheinen unmittelbar zahlreiche Annuelle; das Fehlen scheint somit in erster Linie auf physikalische Bodenverhältnisse zurückzuführen.

Die Abhängigkeit des Gedeihens und physiologischen Verhaltens der Pflanzen von der Samenreife der Mutterpflanzen bespricht GRZESIUK (1962).

**Keimlingszählung.** Zu Keimlingsuntersuchungen werden am besten Quadratflächen verschiedener Größe abgesteckt und die diesjährigen und mehrjährigen Keimlinge getrennt aufgeschrieben (S. 532).

Handelt es sich um Keimlingszählungen von Holzgewächsen (z. B. in Wäldern), so wählt man, der Vergleichbarkeit halber, am besten 100-qm-Flächen. In Rasengesellschaften sind $^1/_2$- bis 1-qm-Flächen angezeigt. Ist die Art, zu der die Keimlinge zu stellen sind, nicht bestimmbar, so sollte wenigstens der Gattungs- oder Familienname angegeben werden. Es ist streng darauf zu achten, daß die Probefläche die zu untersuchende Gesellschaft in guter Entwicklung darstellt.

In keimlingsreichen Wiesengesellschaften werden Kleinquadrate von 0,25 oder 0,1 qm ausgehoben, zur richtigen Größe zugeschnitten und die Keimlinge unter Wegnahme abgezählt.

Bei offenen Gesellschaften kann auch der von LINKOLA eingeführte Keimlingsquotient berechnet werden. Er ergibt sich aus dem Verhältnis der Keimlingszahl zur Anzahl der fertilen oberirdischen Sprosse. Bei Arten, deren Sprosse schwer abzugrenzen sind (*Dryas*, *Salix herbacea* usw.) können die Blüten- oder Fruchtstände als Sprosse gezählt werden.

**Samenkeimung im mitteleuropäischen Tiefland.** In Schweizerischen Wiesengesellschaften hat SIMEON (1928) Untersuchungen über Samenbildung und Keimkraft der Samen angestellt. Die Keimversuche, an der Schweizerischen Landwirtschaftlichen Versuchsanstalt sachgemäß ausgeführt, ergaben für die wichtigsten Gräser des *Arrhenatheretums* mit Ausnahme von *Arrhenatherum* ausgezeichnete Keimresultate.

Tabelle 64. Keimresultate im *Arrhenatheretum* von Luzern, 500 m

| | Keimfähigkeit in % | | Keimfähigkeit in % |
|---|---|---|---|
| *Arrhenatherum elatius* | 38,5 | *Festuca pratensis* | 82,3 |
| *Anthoxanthum odoratum* | 70,4 | *Festuca rubra* | 82,8 |
| *Dactylis glomerata* | 72,5 | *Lolium perenne* | 83,7 |
| *Holcus lanatus* | 81,5 | *Poa trivialis* | 90,7 |
| Im *Mesobromion* von LENZ (1350 m) keimten: | | | |
| *Cynosurus cristatus* | 21,5 | *Bromus erectus* | 79,5 |
| *Koeleria cristata* | 33,3 | *Dactylis glomerata* | 86,4 |
| *Brachypodium pinnatum* | 51,2 | *Poa pratensis* | 87,1 |
| *Festuca rubra* | 64,0 | *Festuca ovina* | 92,9 |

Nächst den Gramineen keimten im *Arrhenatheretum* am besten:

*Rumex acetosa* ....... mit 60 %
*Trifolium pratense* ... mit 72,2%
*Chrysanthemum leucanthemum* ..... mit 86,8%
*Plantago lanceolata* .. mit 92,7%
*Glechoma hederacea* .... mit 96,7%

Im Durchschnitt zeigten die Gramineen bessere Keimresultate als die Vertreter der übrigen Familien, mit einziger Ausnahme der einjährigen *Arabidopsis thaliana* (94,3%). Sehr schlecht oder gar nicht keimten die Cyperaceen.

Bei Keimversuchen in Rasengesellschaften des mitteldeutschen Trockengebietes fand KRAUSE (1950) daß selbst die Samen der seltenen reliktischen Trockenpflanzen wie *Astragalus exscapus*, *A. danicus*, *Helianthemum apenninum*, *Seseli hippomarathrum* u. a. gut aufgingen, wenn auch eine durchgehende Beziehung zwischen Keimfähigkeit der Samen und Regenerationsvermögen der Pflanzengesellschaften im Unstrutgebiet nicht festzustellen war. Viele Arten, die gegenwärtig nicht imstande sind, ihre Siedlungen zu vergrößern, erzeugten hochkeimfähige Samen. Diese Feststellung beruht nicht auf Zufallsergebnissen, da von den meisten Arten mehrere, von einzelnen bis zu zwölf Wiederholungen der Keimversuche in verschiedenen Jahren mit Material von verschiedenen Fundorten angesetzt worden waren. Bei *Astragalus exscapus* z. B. ergaben acht Proben aus drei verschiedenen Jahren einen Mittelwert von 84%, bei einer mittleren Abweichung von nur 5%. Ergebnisse gleicher Größenordnung lieferten *Seseli hippomarathrum*, *Stipa capillata*, *Hypericum elegans*, *Helianthemum canum* und *H. apenninum*. Das geringe Ausbreitungsvermögen vieler mitteldeutscher Reliktpflanzen ist daher nicht aus der mangelnden Samenerzeugung, sondern aus Konkurrenzverhältnissen zu erklären. Es liegt auf der Hand, daß die Aufnahmefähigkeit (accessibilité, HEIMANS) der vorherrschenden geschlossenen Gesellschaften für diese Arten sehr gering ist.

**Samenkeimung in Nordeuropa.** K. LINKOLA und seine Schüler führten in finnischen Wiesengesellschaften genaue Keimlingszählungen durch.

Der Quadratmeter verschiedener Bestände enthielt im Mittel folgende Keimlingszahlen:

| | |
|---|---|
| *Deschampsia flexuosa-Knautia-Antennaria*-Bestand ....... | 192 Keimlinge |
| *Deschampsia flexuosa-Trollius-Nardus*-Bestand .......... | 495 Keimlinge |
| *Agrostis tenuis-Alchemilla-Trollius*-Bestand (1922) ....... | 4750 Keimlinge |
| *Agrostis tenuis-Alchemilla-Trollius*-Bestand (1929) ....... | 4860 Keimlinge |
| *Carex fusca-Amblystegium*-Flachmoor .................. | 56 Keimlinge |

Der Keimlingsreichtum der *Agrostis*wiese ist enorm.

In den Gebirgen Lapplands ging SÖYRINKI (1939, 1940) dem generativen und vegetativen Nachwuchs in Pflanzengesellschaften nach. Er bestätigte die schon von LINKOLA hervorgehobene Schlußfolgerung, daß jede Pflanzengesellschaft ihre eigene Keimlingszahl besitzt, die auch in naheverwandten Assoziationen gewöhnlich verhältnismäßig wenig ändert, bei veränderter Zusammensetzung der Vegetation aber entsprechende, sowohl qualitative als quantitative Schwankungen aufweist.

Tabelle 65. Samenproduktion und Keimlingszahl einiger Pflanzengesellschaften Petsamo-Lapplands (nach SÖYRINKI)

| Pflanzengesellschaft | Anzahl der Samen auf 1 qm | Keimlingsprozent (Verhältnis der Keimlinge zur Samenzahl) | Verhältnis der Samenzahl zur Anzahl der Keimlinge |
|---|---|---|---|
| *Cetraria nivalis*-Heide | 200 | (< 0,3) | (< 400:1) |
| *Dryas*-Heide | 4400 | 0,6 | 157:1 |
| *Carex rigida-C. lachenali*-Heidewiese | 10600 | 3 | 32:1 |
| *Geranium silvaticum-Trollius*-Wiese | 3800 | 3 | 36:1 |
| *Ranunculus acer*-Wiese | 10300 | 10 | 9:1 |
| *Geranium-Trollius*-Haingebüsch | 1800 | 110 | 1:1 |
| Kräuterreiches Moorgebüsch | 3900 | 8 | 12:1 |
| Seggenreiches Moorgebüsch | 350 | 20 | 5:1 |
| *Scirpus caespitosus*-Moor | 1700 | 3 | 37:1 |
| *Carex rotundata*-Moor | 1000 | 8 | 13:1 |
| *Rubus chamaemorus*-Moor | 500 | 4 | 25:1 |

Die höchsten Keimlingszahlen wurden in Hochstaudenwiesen, die geringsten in Flechtenheiden und Schneeböden gefunden. Auch in den mitteleuropäischen Hochgebirgen bringen Flechtenheiden und Schneeböden des *Salicion herbaceae* am wenigsten Keimlinge hervor. Für die *Salix herbacea*-Schneebodenvegetation verzeichnet SÖYRINKI auf 1 qm 13,3 jüngere und 17,5 ältere Keimlinge; im verwandten hochalpinen *Polytrichetum sexangularis* haben wir im Mittel rund 15 Phanerogamenkeimlinge gezählt.

Geschlossene Waldgesellschaften sind durchgehend keimlingsarm. Sobald aber durch Schlag, Windbruch usw. eine Lücke in die Baumschicht gerissen wird, nimmt mit der Belichtung die Zahl der Keimlinge rasch zu.

Der erikareiche geschlossene Bergföhrenwald (*Mugo-Ericetum*) ist der Verjüngung der Bergföhre ungünstig; während in natürlichen Lichtungen auf einer 100-qm-Fläche bis 300 mehrjährige *Pinus mugo*-Keimlinge gezählt werden können.

Jede Gesellschaft verzeichnet auch einen bestimmten Keimlingsverlust. Als Keimlingsverlust bezeichnet LINKOLA den prozentischen Unterschied zwischen gekeimten und ausgewachsenen Individuen einer Art.

**Samenkeimung in Südeuropa.** Die mediterranen Verbände des *Thero-brachypodion* und *Tuberarion guttati* sind durch außerordentlich hohe Keimlingszahlen ausgezeichnet. Die Keimung beginnt nach den ersten Herbstregen im Oktober, sie geht mit der Durchfeuchtung parallel. Der warme, regenreiche Oktober 1962 brachte eine Unmenge Annueller zur Keimung.

Im *Tuberarietum guttati* von Lamoure bei Montpellier zählten wir im Mittel pro Quadratmeter nicht weniger als 27500 Keimlinge. Das *Onobrychi-Barbuletum* bei Restinclières lieferte auf derselben Fläche 17100, das *Brachypodietum ramosi* bei St. Paul et Valmalle 27100 Keimlinge.

Dagegen hatten im offenen *Rosmarino-Lithospermetum*-Busch im Mittel je Quadratmeter bloß acht Individuen gekeimt, die alle zur charakteristischen Artenkombination gehören. Sie hielten sich an den Schutz der Sträucher und Rasenhorste, während die offenen Stellen nahezu vegetationslos blieben.

Jede Gesellschaft, besser gesagt, jede Untereinheit einer Assoziation, hat unter normalen Verhältnissen ihre Keimlingsmenge, die, von der Witterung beeinflußt, zwischen einer mehr oder weniger weiten Individuenzahl schwankt.

Wie wenige Keimlinge in einer ausgeglichenen Waldgesellschaft auch nur das erste Lebensjahr überdauern, geht aus untenstehenden Zahlen einer Dauerbeobachtungsfläche im *Quercetum ilicis* bei Montpellier hervor (Dauerquadrat 50 cm Seitenfläche [nach Br.-Bl. 1936]).

Tabelle 66. Dauerquadrat zu Keimlingszählungen im *Quercetum ilicis* bei Montpellier

| | *Viburnum tinus* | *Quercus ilex* | *Rubia peregrina* | *Smilax aspera* | *Asparagus acutifolius* | *Hedera helix* | *Ruscus aculeatus* | *Geranium purpureum* | *Phillyrea angustifolia* | *Celtis australis* | *Euphorbia characias* |
|---|---|---|---|---|---|---|---|---|---|---|---|
| **1933** | | | | | | | | | | | |
| Mai | 71 | 38 | 25 | 9 | 5 | 4 | 3 | 2 | — | — | |
| Juli | 14 | 23 | 1 | 3 | — | — | 1 | — | — | — | — |
| September | 1 | 17 | 1 | 1 | — | — | 1 | — | — | — | — |
| Dezember | 9j. | 15 | 3 (1v.) | — | — | — | 1 | — | — | — | — |
| **1934** | | | | | | | | | | | |
| Juni | — | 11v. | 3 (1v.) | 3j. | 5j. | — | 1v. | 3j. | 1j. | 1j. | 1j. |
| September | — | 8v. | 2v. | — | 1 | — | 1v. | 5j. | — | — | — |
| **1935** | | | | | | | | | | | |
| Januar | — | 8 | 2 | — | 1 | — | 1 | 2 | — | — | — |
| Juni | 2j. | 7v. | 3 (2v.) | 2j. | 1v. | 41j. | 1v. | — | — | 1j. | 1j. |
| Juli | 1 | 7 | 3 | 2 | 1 | 12 | 1 | — | — | — | — |
| Oktober | — | 7 | 3 | 1 | 1 | — | 1 | 2 | — | — | — |

Sämtliche Keimlinge von *Viburnum tinus* gingen schon im ersten Jahre (1933) ein. Von den im günstigen Frühjahr 1933 insgesamt gekeimten 157 Pflänzchen waren am 10. Oktober 1935 nur noch 9 vorhanden, und von diesen 9 müssen auch die 7 *Quercus*-Keimlinge in absehbarer Zeit wegen Raummangel eingehen. Dagegen hält sich der Therophyt *Geranium purpureum* dauernd ziemlich konstant.

In jeder ausgeglichenen Gesellschaft herrscht nicht bloß Samen-, sondern meist auch ein großer Keimlingsüberschuß der charakteristischen Arten, so daß jeder freiwerdende Raum rasch besetzt ist. Hierfür zeugt das plötzliche Massenauftreten von Charakterarten und steten Begleitern an frisch gestörten Stellen der Waldgesellschaften, wie auf Schlaglichtungen und am Ort gefallener Bäume.

Im Wüstengebiet Kaliforniens keimen die Sommerannuellen nur nach heftigen Regen, und zwar scheint zur Auslösung der Keimung ein Minimum von 25 mm Niederschlag notwendig; bei 10 mm Niederschlag keimten *Pectis* und *Bouteloua* nur in kleinen Vertiefungen, wo sich das Regenwasser angesammelt hatte. Die Sträucher sind ebenfalls Sommerkeimer, mit Ausnahme von *Eriogonum*-Arten, die nur im Winter keimen. Nur wenige Arten vermögen jederzeit nach Regenfällen zu keimen. Die Keimungsverhältnisse scheinen erblich fixierte Tribus- oder Familiencharaktere (WENT 1948).

**Samenkeimung im Hochgebirge.** Von hohem Interesse sind Beobachtungen über Samenkeimung in Gesellschaften, die der äußersten Grenze ihres Vorkommens nahe gerückt sind (hoher Norden, aride Gegenden, Hochgebirge). Hierüber existieren Untersuchungen aus dem *Caricetum curvulae* an seiner obersten Grenze in der Nivalstufe der östlichen Schweizeralpen.

Tabelle 67. Keimfähigkeitsbestimmungen aus dem *Caricetum curvulae* der rätisch-lepontischen Alpen bei und über 3000 m über Meer (s. BR.-BL. 1913)

| | Meereshöhe | % | | Meereshöhe | % |
|---|---|---|---|---|---|
| *Anthoxanthum odoratum* | 3040 m | 11 | *Potentilla frigida* | 3000 m | 2 |
| *Silene acaulis* | 3000 m | 40 | *Sibbaldia procumbens* | 3255 m | 51 |
| *Minuartia sedoides* | 3150 m | 1 | *Sieversia montana* | 3075 m | 20 |
| *Cardamine resedifolia* | 3150 m | 82 | *Oxytropis halleri* | 2900 m | 79 |
| *Pulsatilla vernalis* | 3040 m | 24 | *Erigeron uniflorus* | 3000 m | 96 |

Es handelt sich um acht Hemikryptophyten und zwei Polster-Chamaephyten. Der höchstansteigende Therophyt der rätischen Alpen, *Saxifraga ascendens* (er erreicht am Lavirumspaß 2827 m) keimte bei 2750 m zu 96%.

Auch manche Schneebodenpflanzen im *Salicetum herbaceae* desselben Gebietes ergaben hohe Keimzahlen:

| | | | | | |
|---|---|---|---|---|---|
| *Arenaria biflora* vom höchsten Fundort der Art | 3000 m | 66% | *Epilobium alpinum* | 2670 m | 92% |
| | | | *Veronica alpina* | 2650 m | 66% |
| | | | *Soldanella pusilla* | 2300 m | 86% |
| *Sagina saginoides* | 2650 m | 62% | | | |

Schlecht keimten die meisten Cyperaceen des Rasens, während *Kobresia simpliciuscula* und *Carex microglochin* aus einer *Kobresietum*-quelle zu 89% und 68% aufgingen.

Die Keimungsuntersuchungen wurden größtenteils an der Eidgenössischen Samen-Untersuchungsanstalt in Zürich, zum kleinen Teil auf Berninahospiz (2340 m) vorgenommen; die Ergebnisse sind teilweise außerordentlich günstig, wenn man bedenkt, daß alle Samen aus der Schneestufe der Alpen, einige sogar von den höchsten bekannten Fundstellen der betreffenden Arten mit kürzester jährlicher Vegetationsdauer stammen.

Schlechte Keimresultate sagen über die Keimfähigkeit der Samen wenig aus, denn sie können auf ungenügende Samenreife oder auf die Behandlung der Samen vor oder während der Keimung zurückgehen. Aus den günstigen Keimergebnissen dagegen dürfen wir schließen, daß die Gesellschaft mit den Standortsbedingungen im Einklang steht und daß sie auf die Umweltsverhältnisse günstig reagiert.

Unsere Keimresultate sind auch ein Beweis für die weiterhin (S. 612) verfochtene Ansicht, daß die hochalpinen Pflanzengesellschaften im Vorstoß gegen oben begriffen sind.

Söyrinki (1954), der die Keimungsökologie in den Bayerischen Alpen verfolgt hat, fand, daß sowohl Blüten- als Fruchtbildung, vor allem an den obersten Standorten, stark vom Witterungsverlauf abhängen. 1936 kam *Carex firma* im *Caricetum firmae* fast ausschließlich steril vor; im folgenden Jahr dagegen blühte und fruchtete die Segge allgemein. Auch hier konnte in den meisten Assoziationen, selbst im *Salicetum herbaceae*, eine über Erwarten reichliche Keimung festgestellt werden.

**Verbreitung der Diasporen.** Größeres Interesse als der Samenkeimung ist seit jeher der Samenverbreitung entgegengebracht worden. Schon Pokorny berichtet hierüber in lesenswerten Vorträgen (1862); 1873 gibt Hildebrand eine übersichtliche Darstellung der Verbreitungsausrüstungen der Pflanzen. Eine auf die alpine Stufe beschränkte Untersuchung über die Verbreitungsmittel der Schweizerischen Alpenpflanzen verdanken wir Vogler (1901). Aber erst die S.I.G.M.A.-Studiengruppe: P. Müller (1933), Quantin (1935), Soroceanu (1936), später Blondel (1941), Pottier-Alapetite (1942), Tchou (1949) hat sich, unserer Anregung folgend, eingehender mit der funktionellen Bedeutung der Verbreitungsmittel für pflanzensoziologische Studien befaßt. Spektren der Verbreitungsmittel bestimmter Assoziationen und Vegetationsschichten wurden vorgelegt und besprochen.

Für weitere Studien grundlegend wurde die Arbeit von Molinier und Müller (1938), worin erstmals eine übersichtliche, auf den Verbreitungsagentien beruhende Einteilung der Diasporen gegeben wird.

Als Hauptverbreitungsarten unterscheiden die Autoren unter Anlehnung an die bisherigen Benennungen:

Anemochor, windverbreitet
Hydrochor, wasserverbreitet
Zoochor, tierverbreitet
Anthropochor, durch den Menschen verbreitet
Autochor, Selbstableger und Streuer
Barochor, Fallverbreitung durch Eigengewicht
Dyszoochor, mehrere Verbreitungsarten

welchen sich verbreitungsbehindernde Faktoren anschließen (s. besonders Zohary 1937). Jedem Haupttypus entspricht eine Reihe von Untertypen.

Diese Einteilung, obschon nicht völlig befriedigend, hat allgemeine Anwendung gefunden.

Das auf den Arten der charakteristischen Artenkombination (Kennarten und steten Begleitern) beruhende Spektrum der Verbreitungsmittel darf bei der gründlichen ökologischen Charakterisierung einer Gesellschaft nicht außer acht gelassen werden. Jede Assoziation und jede Vegetationsschicht hat ihr eigenes Diasporenspektrum.

In Polen befaßte sich MEDWECKA-KORNAŚ (1950) mit der Verbreitungsbiologie der Felspflanzen des Krakauer Jurakalks und gelangte dabei zu ähnlichen allgemeinen Schlüssen wie MOLINIER und MÜLLER. Während die Felsspalten-Assoziation von *Asplenium ruta-muraria* und *A. trichomanes* nur anemochore Arten einschließt, geht deren Anteil in der Folgegesellschaft, dem *Festucetum pallescentis*, auf 66% und in der dem Klimax genäherten *Geranium sanguineum*-Gesellschaft noch weiter zurück, wogegen die Zoochoren darin auf 20,4%, die Barochoren auf 26,5% anschwellen.

Die hergebrachte Klassifikation der Verbreitungstypen ist jüngst von DANSEREAU und LEMS (1957), die ihr übrigens volle Gerechtigkeit widerfahren lassen, kritisiert worden. Sie stellen ihr eine Klassifikation der Diasporen gegenüber, die auf rein morphologischen Eigenschaften gründet, wobei das Gewicht der Diasporen eine Hauptrolle spielt. Die Autoren betonen: "The key has the advantage of consisting of few categories, which perhaps gives more statistical meaning to any biological spectrum than would be offered by a system with a large number of alternatives."

Ob die vorgeschlagene Gruppierung in ihrer Anwendung auf die Pflanzengesellschaften zu besseren Resultaten führt als die bisherige, bleibt abzuwarten. DANSEREAU selbst stützt sich bei seiner Behandlung der Waldgesellschaften im St. Lorenzo-Tal auf die sechs Haupttypen von MOLINIER und MÜLLER.

**Diasporenspektrum.** Wie das Blütenspektrum, so hilft auch das Spektrum der Verbreitungsmittel den ökologischen Charakter der Gesellschaften schärfer herauszuarbeiten (s. auch WESTHOFF 1954, S. 127).

Die Baumschicht des *Quercetum ilicis* wird durch die dyszoochoren Eichen charakterisiert.

Die Strauchschicht enthält hauptsächlich Endozoochoren (Darmwanderer; 71%) und dazu einige Autochoren (Selbstwanderer). Bei Berücksichtigung der Individuenmenge sticht die Bedeutung der Tierverbreitung noch viel stärker hervor, da die häufigsten Arten der oberen Vegetationsschichten diesen beiden Gruppen zugehören.

In der Krautschicht des Grüneichenwaldes geht die Bedeutung der Zoochoren auf 30% zurück; die Anemochoren (Flieger) machen 50% der Arten aus, und es treten auch verschiedene andere Verbreitungsanpassungen (Hydrochasie, Xerochasie) auf.

Die Verbreitung beginnt schon im Mai (mit 3% der Arten) und dauert bis Oktober-November. Ihr Höhepunkt fällt in die Monate August (26%) und September (27%) (BR.-BL. 1936).

Im Verlauf der Vegetationssukzession, die vom nackten Boden ausgehend zum Grüneichenwald hinführt, ändern sich mit den Verbreitungsmöglichkeiten auch die Verbreitungsmittel in ganz bestimmter Weise. Wind-, Wasser- und menschliche Verbreitung verlieren an Bedeutung, während die endozoochore Tierverbreitung und die Barochorie (Verbreitungseinheiten an Ort und Stelle zu Boden fallend) mehr und mehr an Wichtigkeit gewinnen. Häufiger zu beobachten ist allerdings die umgekehrte Vegetationsfolge, die nach der Vernichtung des Grüneichenwaldes einsetzt und zur vegetationsarmen steinigen Trift führt (Abb. 296).

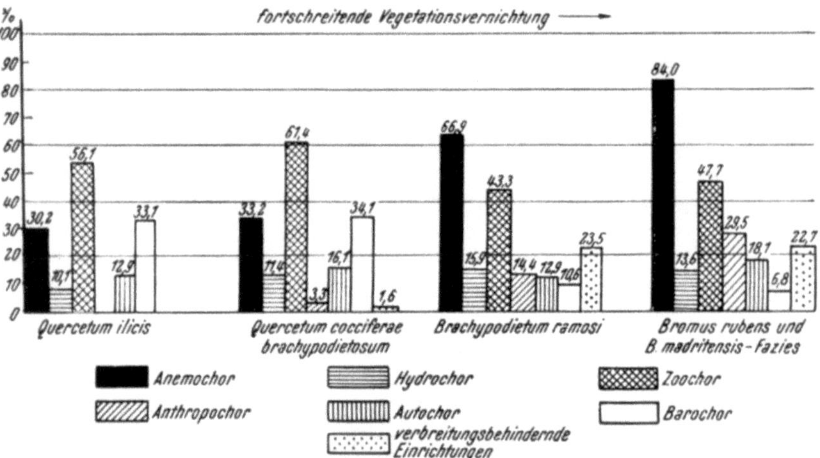


Abb. 296. Diasporenspektren in verschiedenen Ersatzgesellschaften des *Quercus ilex*-Waldes Südfrankreichs (nach MOLINIER und MULLER 1938)

**Vegetative Vermehrung.** Günstige vegetative Vermehrung (Polykormie) zieht öfter den Verlust der Fruchtbildung nach sich. *Sporolobus pungens* des *Agropyretum mediterraneum* der Vordünen verfügt über eine äußerst kräftige vegetative Ausbreitungsfähigkeit (Abb. 297), fruchtet aber selten.

*Cynodon dactylon* kann sich lange Jahrzehnte halten, ohne je zur Blüte zu gelangen; selbst in stark trittausgesetzten Gesellschaften ist sein Rhizom fast unzerstörbar.

Die vegetative Vermehrung der Gefäßpflanzen in natürlichen Pflanzengesellschaften ist von PERTTULA (1941) in den Wäldern und Hainwiesen Finnlands mittels Daueruntersuchungsflächen verfolgt worden. Sonst hat man dieser Art der Vermehrung wenig Aufmerksamkeit geschenkt, sie findet indessen im Lebensformensystem RAUNKIAERS Berücksichtigung (s. S. 148).

Vegetative Vermehrung herrscht vor bei manchen Hydrophyten- und Geophytengesellschaften, sowie an der Grenze des Lebens, im hohen Norden und im Hochgebirge. Das fleckenweise Auftreten vieler Horst- und Teppichpflanzen beruht auf vegetativer Ausbreitung. Sehr auffällig macht sich dies bei der Besitznahme von Neuland und von verlassenen Kulturen geltend, wo sich einzelne Gramineen (besonders *Brachypodium-*, *Agropyron-*, *Calamagrostis-*Arten), *Carices*, *Thymus serpyllum* s. l., *Hieracium pilosella* usw. peripherisch stark ausbreiten, noch bevor der harte Kampf um den Platz einsetzt (Abb. 241).

In den Frühstadien der Berasung sind sie daher begünstigt.

PERTTULA (l. c.) unterscheidet neben Arten ohne vegetative Vermehrung:

Arten mit schwacher vegetativer Vermehrung durch Verselbständigung einzelner Sprosse, denen aber jedes Wandervermögen abgeht.

Abb. 297. *Sporobolus pungens*-Läufer als Pionier des *Agropyretum mediterraneum* gegen den Mittelmeerstrand vordringend (Aufn. GUTZWILLER)

Arten mit vegetativem Vermehrungs- und geringem Wandervermögen.

Arten mit entschiedenem vegetativem Vermehrungs- und Wandervermögen. Von den 161 Arten der Wälder, Hainwiesen und Felsen des finnischen Untersuchungsgebietes besaßen nicht weniger als 79% vegetatives Verbreitungsvermögen. Die Vermehrung durch Samen überwiegt hier nur bei der Felsvegetation. In fast allen andern Gesellschaften ist die vegetative Vermehrung vorherrschend. Bei den meisten Arten mit gutem vegetativem Vermehrungsvermögen waren Sämlinge spärlich bis sehr spärlich zu finden. Vegetative Vermehrung überwiegt auch bei den Schuttgesellschaften der Gebirgsländer, dagegen herrscht in trockenwarmen Gebieten Samenverbreitung vor.

**Periodizitätsschema.** Keimung, Blühen, Frucht- und Samenbildung, Samenstreuung und Verbreitung, Funktionen erster Ordnung im Kampf

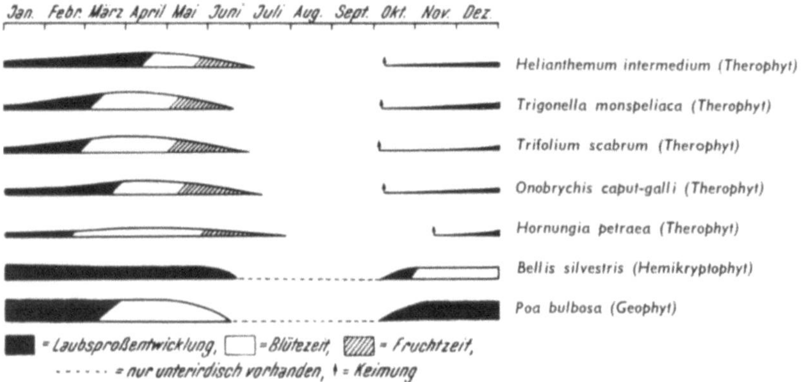


Abb. 298. Jahresgang der Periodizität wichtiger Komponenten des *Onobrychi-Barbuletum gracilis* der südfranzösischen Garrigue

um die Behauptung und Erneuerung der Gesellschaften, können durch das Periodizitätsschema grosso modo dargestellt werden.

Tomaselli (1948) hat die *Aphyllanthes-Leontodon villarsii*-Assoziation der südfranzösischen Garriguen auf diese Weise dargestellt.

Das Periodizitätsschema des *Onobrychi-Barbuletum* der Garrigue Südfrankreichs ist aus der Darstellung des Jahreskreislaufs einiger Charakter- und Begleitarten ersichtlich (Abb. 298).

## B. Jahresgang der physiologisch-ökologischen Lebensäußerungen

Seitdem die Physiologie begonnen hat, die kausale Forschung auf die freilebende Pflanzenwelt auszudehnen, wird es möglich, sich auch inneren Lebensvorgängen der in der Gesellschaft zusammengeschlossenen Pflanzen zuzuwenden. Daß sie sich anders abwickeln würden als im Laboratorium, war von vorherein zu erwarten, werden sie doch durch das Gemeinschaftsleben wesentlich beeinflußt und beeinflussen es ihrerseits wieder. Die physiologischen Gesetze, die ja fast ausschließlich aus dem Verhalten isolierter Einzelpflanzen gewonnen sind, dürften, wie Filzer (1937, S. 93) hervorhebt, in ihrer Anwendung auf die Physiologie und Ökologie der Pflanzengesellschaften eine starke Abwandlung erfahren.

**Wasserhaushalt.** Die physiologischen Lebensäußerungen unter Standortsbedingungen sind bisher meist im Hinblick auf den Wasserhaushalt an Hand von Messungen der Transpiration und des osmotischen Wertes untersucht worden. Die Kenntnis der Photosynthese (Assimilation) und der Atmung ist weniger weit vorgeschritten, und die Analyse der Zusammenhänge zwischen Wasser- und Assimilationshaushalt hat erst begonnen. Nur Fragmente liegen vor über das Wachstum (STOCKER).

Regulator wichtigster Lebensvorgänge in der Einzelpflanze wie in der Gesellschaft ist die Wasserversorgung. Mangelnder Wassernachschub bei andauernden Trockenperioden hat schon äußerlich unschwer nachweisbare Schädigungen, Welken, ja selbst den Tod mancher Arten zur Folge.

Der Ausgang des Kampfes um das Wasser bedingt wesentliche Verschiebungen im innern Gleichgewicht einer Gesellschaft.

Morphologische Einrichtungen zur Einschränkung der Wasserabgabe (s. S. 540) sind besonders in ariden Gebieten häufig. Viele dieser Trockenschutzanpassungen sind genotypisch fixiert, also erblich, einzelne, wie Blattstruktur (Abb. 299), Blattgröße, Behaarung, Wurzelausbildung, können aber durch die Standortsverhältnisse mehr oder weniger weitgehend modifiziert werden. Innerhalb der durch die erbliche Konstitution gezogenen Grenzen wirkt der Standort also auch gestaltend, den Grad der Xeromorphie mitbestimmend.

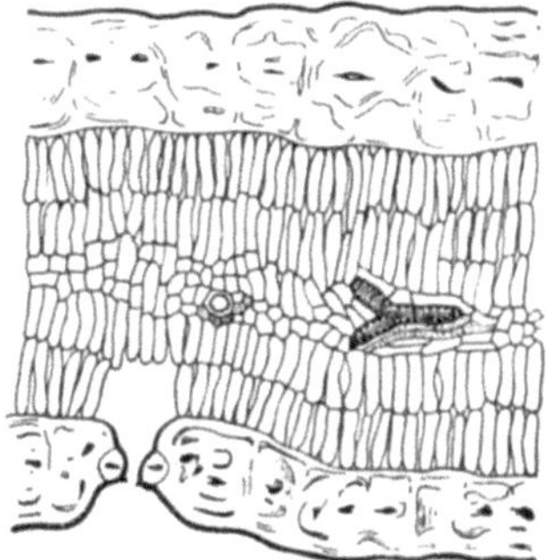

Abb. 299. Xerophytenblatt von *Rosa persica* aus der Wüstensteppe Turkestans. Die dicke Epidermis enthält reichlich Schleim und umgibt das ganze Blatt mit einem Mantel wasserreichen Speichergewebes (aus B. KELLER 1933)

Die Physiologie des Wasserhaushaltes bildet den Gegenstand zahlreicher wichtiger Arbeiten, auf die hier nicht näher eingegangen werden kann.

Die besten neuesten Zusammenfassungen sind im Handbuch der Pflanzenphysiologie, Band III, enthalten (darin hervorzuheben STOCKER, Abhängigkeit der Transpiration von den Umweltfaktoren).

Wasseraufnahme und Wasserverbrauch der Arten im natürlichen Gesellschaftsverband sind schwer direkt meßbar. Sie können indessen indirekt wenigstens annähernd durch die Bestimmung der Transpiration und der Zellsaftkonzentration erfaßt werden. Da die Aufnahme des Wassers, wie die der Nährsalze, durch den Verbrauch der Pflanze weitgehend geregelt wird, sind Transpiration und Zellsaftkonzentration geeignete Indikatoren für den Wasserhaushalt.

**Hygromorphie, Xeromorphie.** Ein erster Schritt zur Klärung der unterschiedlichen Wasserversorgung führt zur Unterscheidung folgender, nach der Wasserbilanz abgestufter Pflanzengruppen:

1. Hydrophyten oder Wasserpflanzen.
2. Hygrophyten, feuchtigkeitsliebende Arten mit günstiger Wasserversorgung.
3. Mesophyten, Arten mit mittleren Feuchtigkeitsansprüchen.
4. Xerophyten, Trockenpflanzen mit geringen Feuchtigkeitsansprüchen.

Als Tropophyten werden Gewächse bezeichnet, die sich während der Vegetationszeit mesophil, außerhalb derselben xerisch (bzw. laubwerfend) verhalten.

Ein und dieselbe Art kann aber im feuchten Klima trockene, im trockenen bodenfeuchte Standorte bevorzugen, weshalb diese Bezeichnungen nur relativen Wert haben.

Die Großzahl der Vertreter einer Gruppe mit bestimmten Feuchtigkeitsansprüchen zeigt vielfache Übereinstimmung hinsichtlich der Form, Größe und Ausbildung der Transpirationsorgane wie auch im feineren Bau der inneren Gewebe. Diese Baueinrichtungen scheinen darauf hinzuzielen, die Lebensansprüche der Arten der Umwelt anzupassen. Sie werden daher auch als Anpassungen an die Standortsverhältnisse aufgefaßt. Den Hygrophyten mit morphologischen Einrichtungen zur Förderung der Wasserabgabe stehen die Xerophyten gegenüber, ausgezeichnet durch Reduktion der Oberfläche bei gleichem Volumen, Reduktion der Interzellularen, Zunahme der Gefäße, außerdem verdickte Epidermisaußenwände mit reichem Kutingehalt und dicker Kutikula, häufig Wachseinlagerungen in die Oberhaut und Wachsüberzüge, Dornbildung, Einsenkung der Spaltöffnungen, Behaarung der Blätter mit toten Haaren, also eine die Transpiration herabsetzende Ausbildung ihrer Oberhaut, endlich oft wasserspeichernde Gewebe und ein ausgebreitetes Wurzelsystem, alles Einrichtungen, die dazu dienen sollen, die Transpiration herabzusetzen.

Diese teleologische Auslegung ist durch die moderne Experimentalphysiologie einer scharfen Kritik und Korrektur unterzogen worden. Es wurde der Nachweis erbracht, daß aus der Morphologie nicht unbedingt auf die Funktion geschlossen werden darf.

Zu den Mißverständnissen hat zweifellos die unklare, mehrdeutige Definition der Begriffe Hygro- und Xerophyten beigetragen. Während nämlich der eine darunter Pflanzen mit hygro- oder xeromorphen Anpassungserscheinungen versteht, bezeichnet der andere damit Arten, die feuchte oder trockene Standorte bewohnen. Heute ist man wohl darüber einig, daß zunächst jede Art für sich auf ihren Wasserhaushalt zu prüfen ist und erst dann ein Urteil über ihr Verhalten abgegeben werden kann. Die morphologisch feststellbaren Trockenschutzeinrichtungen bleiben ja in ihren Wirkungen hinter den physiologischen vielfach weit zurück. Sodann wachsen ausgesprochen xeromorph gebaute Pflanzen, wie unsere Erikaarten und manche Cyperaecen, auch an feuchten und nassen Standorten.

Allerdings ist, wie Firbas gezeigt hat, bei den Hochmoorpflanzen wegen ungenügendem Nachleitungsvermögen des Bodens mit einer wenigstens zeitweiligen Hemmung der Wasseraufnahme in den obersten Torfschichten zu rechnen. Die Xeromorphie der Hochmoorpflanzen ist durch die Nährstoffarmut des Substrats bedingt (Firbas 1931).

Es ist zu unterscheiden zwischen Xerophyten und xerophytischen Anpassungen. Man tut gut, den Begriff Xerophyten auf Gewächse einzuschränken, die Trockenstandorte bewohnen, was verhindert, daß feuchtigkeitsliebende oder streng an feucht-ozeanisches Klima gebundene

Arten mit xerophytischen Anpassungen (manche Ericaceen, *Ulex*-Arten, *Sarothamnus scoparius*, *Ilex aquifolium* usw.) als Xerophyten bezeichnet werden, wie dies noch öfters geschieht (s. RUBNER 1952, S. 61). Eine strenge Scheidung zwischen Xero-, Meso- und Hygrophyten ist übrigens unmöglich, denn dieselbe Art kann standörtlich gesehen im einen Gebiet als Xerophyt, im andern als Mesophyt auftreten.

Über die Abhängigkeit der Transpiration von den Umweltfaktoren geben die Arbeiten von STOCKER (1956), worin auch die neuere den Gegenstand berührende Literatur zusammengestellt ist, hinreichend Auskunft.

**Transpiration.** Die Abhängigkeit der Transpiration von Licht, Wärme und Wind läßt darauf schließen, daß sich die einzelnen Gesellschaftsglieder diesem Faktor gegenüber ungleich verhalten. Sie beeinflussen sich vielfach gegenseitig, wobei die Beeinflussung von den Ober- zu den Unterschichten zunimmt. Am stärksten ist sie in der bodennahen Krautschicht.

Lebhafte Transpiration hat das Öffnen der Spaltöffnungen zur Voraussetzung, einen Vorgang, der an bestimmte Mindesttemperaturen gebunden zu sein scheint, so daß, z.B. *Sarothamnus scoparius* am natürlichen Standort bei Darmstadt auch an klaren Tagen bei Lufttemperaturen unter 6° seine Stomata geschlossen hält und kaum transpiriert (LEYERER und STOCKER 1960).

Nach MICHAELIS (1934) beginnt die Alpenrose ihre Stomata schon bei Temperaturen um 0° zu öffnen; bei der Fichte und in noch höherem Maße bei der Bergföhre sind hierzu wesentlich höhere Wärmegrade erforderlich. Im übrigen scheinen für die Öffnung der Spalten eine relativ günstige Wasserbilanz und bei niederen Temperaturen wohl auch eine größere Lichtmenge nötig zu sein (s. S. 247). Im Winter wird die Transpiration, größtenteils wohl infolge Spaltenschlusses, herabgesetzt. Sie ist bei den Koniferen schätzungsweise bis zu 300mal, bei der Alpenrose mindestens 20mal kleiner als im Sommer. Eine zweite, ebenfalls bedeutungsvolle Möglichkeit zur Transpirationseinschränkung beruht auf Entquellungsvorgängen der Außenwände.

Die Zahl der Spaltöffnungen ist bei Wüstenxerophyten sehr groß, bei mesophilen Waldpflanzen dagegen gering. Auf die Zahl der Stomata berechnet, ist die Transpiration bei den xeromorphen Wüstenpflanzen größer als bei Pflanzen ohne xeromorphe Anpassungen (EVENARI 1938). Allerdings darf hieraus nicht auf die Transpirationsmenge und -intensität geschlossen werden.

Nach GÄUMANN und JAAG (1939) kann die gesamtkutikulare Transpiration bei mäßigen Windgeschwindigkeiten den doppelten Betrag unbewegter Pflanzen erreichen, und zwar sowohl bei Pflanzen, deren Spaltöffnungen geschützt sind, als bei solchen ohne Schutz. Oberhalb 3 bis 4 m/Sek. Windstärke erfuhr die rein stomatäre Transpiration jedoch keine wesentliche Steigerung mehr. Es wird, wie bei der substomatären Transpiration, verhältnismäßig rasch ein Grenzwert erreicht, über den hinaus eine Erhöhung der Wasserabgabe nicht stattfindet.

Schließlich ist zu beachten, daß die Transpirationsintensität nicht nur durch die Außenbedingungen bestimmt wird, sondern in wohl noch höherem Maße durch die Innenbedingungen, besonders durch die Wasserversorgung, die ihrerseits wieder von der Bewurzelung, dem Leitungswiderstand und den Wasserverhältnissen im Boden abhängt (s. Wasserhaushalt des Bodens und Vegetation, S. 387).

Ein typisches Beispiel für die Abhängigkeit der Transpiration von der Bewurzelung gibt STOCKER (1956, S. 455). Auf den Szikböden Ungarns steht dem tiefwurzelnden *Limonium gmelini*, dessen Transpirationskurven bei guter und schlechter Bodenbefeuchtung nahezu denselben Verlauf zeigen, die flachwurzelnde *Artemisia monogyna* gegenüber, deren Kurven, auf die Bodenbefeuchtung reagierend, stark abweichen.

**Transpirationsmessung.** Für ökologische Transpirationsmessungen in Pflanzengesellschaften wird meist die STOCKERsche Methode der Blatt- oder Triebwägung verwendet. Über Zuverlässigkeit, Fehlerquellen,

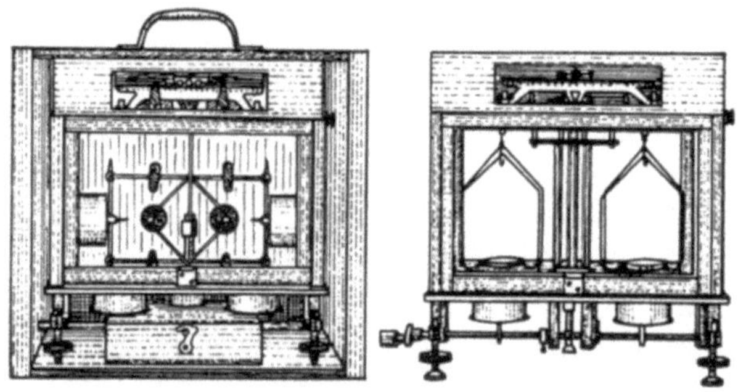

Abb. 300. Tragbare Transpirationswaage mit Luftdämpfung

Vor- und Nachteile der Methode vergleiche man die Arbeiten von PFLEIDERER (1933), GIROUX und SOROCEANU (1936), MICHAELIS (1937), ROUSCHAL (1938), RAWITSCHER und MORELLO (1952), STOCKER (1956), EGER (1958).

Gemessen wird meist der Gewichtsverlust abgeschnittener Blätter oder Sprosse auf einer tragbaren Balkentorsionswaage oder einer Präzisionswaage (Abb. 300). Die Messung hat innert kürzester Zeit zu geschehen, denn schon nach 3 bis 4 Minuten macht sich bei gewissen Arten ein deutlicher Transpirationsabfall geltend[1].

Für größere Blätter im Urwald verwendete WALTER eine Zeiger-Präzisionswaage von 10 kg Tragfähigkeit.

Selbstverständlich können nur Pflanzenteile im gleichen Entwicklungsstadium miteinander verglichen werden.

Die Methode soll nach EGER (1958) nicht für alle Pflanzen (z. B. nicht für mitteleuropäische Wiesengräser) verwendbar sein. Doch scheinen die Ausführungen EGERS nicht in allem zutreffend. Neuere Unter-

[1] IVANOFF, SSILINA und ZELNIKER (1950) tauchen daher den zu durchschneidenden Pflanzenteil vor dem Schnitt in geschmolzenes Paraffin, was den Transpirationsabfall verlangsamen soll.

suchungen von STOCKER bei kritischer Handhabung der Methode ergeben, daß sie auch für Gräser anwendbar ist.

Auf eine weitere Möglichkeit der Transpirationsregistrierung macht HUBER (1957) aufmerksam: die Anwendung und Weiterentwicklung des Wasserdampfschreibers Thermoflux. Dieser registriert den Wassergehalt eines ständig laufenden Luftstroms thermoelektrisch auf Grund der Lösungswärme in konzentrierter Schwefelsäure.

**Transpirationskurven.** Den Pflanzensoziologen interessieren insbesondere vergleichende Transpirationskurven soziologisch wichtiger Arten, die sich über längere Zeiträume erstrecken.

Als solche kommen z. B. die für das *Quercion ilicis* wichtigen *Asparagus acutifolius* (Liane) und *Ruscus aculeatus*, Charakterart des tiefen Schattens, in Betracht (Abb. 301).

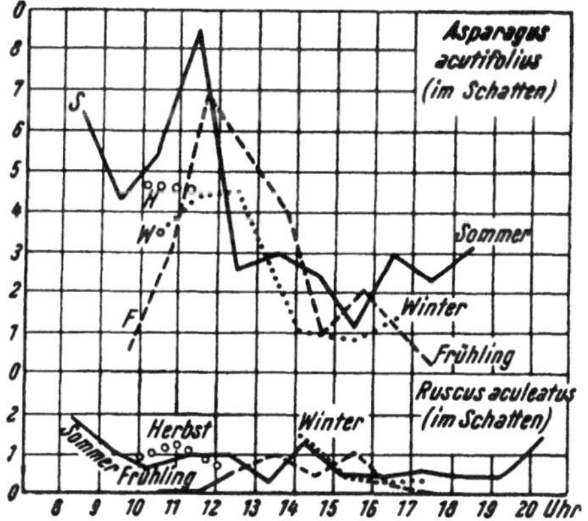


Abb. 301. Tageskurven der Transpiration zu verschiedenen Jahreszeiten (Milligramm Wasserabgabe pro Gramm frischer Blätter und pro Minute) (BR.-BL. 1936)

Unter ähnlichen Außenbedingungen, d. h. in ein und derselben Gesellschaft, ist der Kurvenverlauf einer Art zu allen Jahreszeiten ähnlich (vgl. Abb. 302).

Die stark ausgeglichene Kurve mit geringen Tagesschwankungen von *Ruscus aculeatus*, im Unterwuchs des *Quercetum ilicis*, bezeichnet den ausgesprochenen Wassersparer.

*Pistacia lentiscus* sticht aus der Reihe der immergrünen Gehölze durch sehr hohe Wasserabgabe hervor. ROUSCHAL (1938) maß am 9. August (10.30 Uhr) ein Transpirationsmaximum von 33,3 mg/Min.

Stärker als die Immergrünen transpirieren in der Regel Trockengräser und Kräuter des *Brachypodietum phoenicoidis*. Der Jahresverlauf der Transpiration zweier Gramineen im *Brachypodietum phoenicoidis* bei Montpellier erhellt aus der in Abb. 302 gezeigten Kurve.

Daß auch in der Wüste recht lebhaft transpiriert wird, haben EVENARI (1949), ZOHARY und ORSHAN (1954), STOCKER (1954), SVESHNIKOVA (1963) nachgewiesen.

*Retama retam* erreicht schon im Januar um 10 Uhr morgens den Wert von 39 mg/Min.

Jede Art scheint ihre spezifische, gesellschaftsbedingte Transpirationskurve zu besitzen. Unter abweichenden soziologischen- und Standortsverhältnissen kann der Kurvenverlauf ein und derselben Art stark wechseln, was namentlich mit Änderungen in der Belichtung zusammenhängen dürfte. So ist der flache Kurvenverlauf von *Bromus erectus* an lichten Stellen im *Quercetum ilicis* von jenem im *Brachypodietum phoenicoidis*-

Rasen völlig verschieden. Dagegen können systematisch und ökologisch verwandte Arten in derselben natürlichen Gesellschaft auch nahe übereinstimmende Tageskurven ergeben. Besonders ausgesprochen trifft dies zu beim Artenpaar *Arbutus unedo* und *A. andrachne* in der *Carex distachya*-Variante des *Quercetum ilicis.* Die Übereinstimmung geht hier so weit, daß sich die beiden Kurven im Spätherbst und Winter praktisch decken (s. GIROUX und SOROCEANU l. c. S. 16).

Ein ausgesprochenes Jahresmaximum fällt in die Zeit der Frühjahrsregen und des maximalen Wachstums. Die Sommertrockenheit bedingt

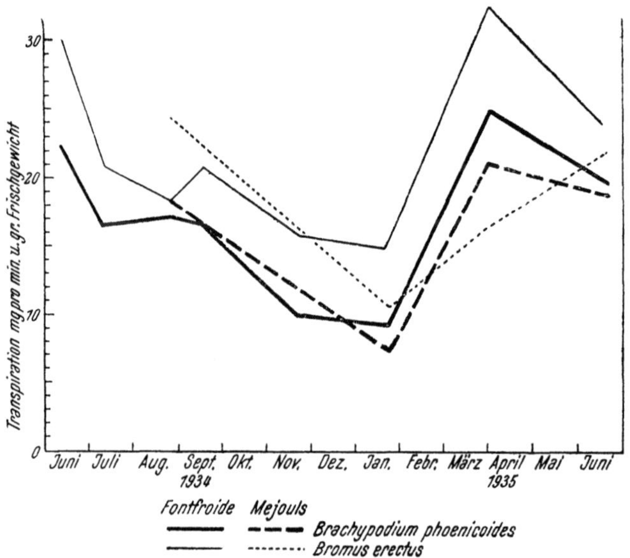


Abb. 302. Jahreskurven der Transpirationsmaxima von *Brachypodium phoenicoides* und *Bromus erectus* im *Brachypodietum phoenicoidis* von Montpellier (nach GIROUX und SOROCEANU 1937)

eine starke Transpirationseinschränkung. Ein sekundäres, aus der Kurve kaum ersichtliches Maximum fällt mit dem Wiedererwachen der Vegetation im Herbst zusammen. Das Minimum wird im Januar erreicht.

Nach GIROUX und SOROCEANU (1937) verläuft die sommerliche Tageskurve der Transpiration an Sonnenblättern von *Arbutus unedo* beträchtlich höher als an Schattenblättern. Dasselbe ist der Fall bei *Quercus ilex*. Dagegen hat ROUSCHAL (1938) für *Arbutus unedo* und *Phillyrea media* an den Schattenblättern höhere Werte gefunden. Bei der schwachen Transpiration im Winter ist der Unterschied zwischen Sonnen- und Schattenblatt gering.

Transpirationsuntersuchungen in ökologisch wesentlich abweichenden Pflanzengesellschaften des gleichen Gebietes wurden gleichzeitig in einer Dünenassoziation (*Crucianelletum*) und im benachbarten *Salicor-*

*nietum fruticosae* (Abb. 232) der Salzböden von BR.-BL., BHARUCHA und H. MEIER (1931) vorgenommen. Sie ergaben zwei gänzlich verschiedene Zahlenreihen, die sich nirgends auch nur berühren.

Tabelle 68. Mittlere tägliche Transpirationswerte aus stündlichen Beobachtungen an Arten der Salz- und Dünengesellschaften bei Palavas (5./6. Juli, wolkenlos)
(nach BR.-BL., BHARUCHA und H. MEIER 1931)

| *Suaedeto-Kochietum hirsutae* und *Salicornietum fruticosae* | | | *Crucianelletum* der Dünen | |
|---|---|---|---|---|
| | | (T/Frischgewicht in g) | | |
| *Salicornia fruticosa* ..... | 2,6 | | *Ammophila arundinacea* ...... | 6,7 |
| *Arthrocnemum glaucum* .. | 1,7 | (0,48) | *Medicago marina* ............ | 8,6 |
| *Inula crithmoides* ....... | 2,2 | | *Echinophora spinosa* ......... | 11,7 |
| *Halimione portulacoides* .. | 1,5 | (2,88) | *Crucianella maritima* ........ | 12,0 |
| *Limonium vulgare* ....... | 2,9 | | *Malcolmia littoralis* .......... | 14,6 |
| *Juncus maritimus* ....... | 2,7 | (3,78) | | |

In Klammer gesetzt sind die von MEIER und ADRIANI (s. ADRIANI 1937, 1945) an anderer Stelle am 6. Juli 1933, einem ebenfalls wolkenlosen Tag, erhaltenen Zahlen.

Die tiefen Werte und geringen Schwankungen in den Transpirationswerten der Arten der ersten Reihe scheinen charakteristisch für die halophile Assoziation des *Salicornietum fruticosae*[1]. Das benachbarte *Crucianelletum* der Sanddünen transpiriert erheblich stärker, trotz des xeromorphen Baues der Dünenpflanzen.

Innerhalb ein und derselben Assoziation zeigen die einzelnen Arten beträchtliche Unterschiede, die im *Crucianelletum* um mehr als das Doppelte schwanken.

Im *Xerobrometum* des Kaiserstuhls erhielt BOSIAN (1934) für *Helianthemum chamaecistus*, *Teucrium chamaedrys* und *Artemisia campestris* verhältnismäßig wenig abweichende Tageskurven, wogegen *Teucrium montanum* einen durchaus verschiedenen Kurvenverlauf aufwies.

**Wasserverbrauch von Pflanzengesellschaften.** Die Messung der Transpiration von Pflanzenbeständen steckt noch in den Anfängen (s. STOCKER 1956, S. 480). FILZER (1933) hat für das Verhältnis der Transpiration inner- und außerhalb eines Bestandes den Ausdruck Bestandeskoeffizient der Transpiration eingeführt. Er stellte die täglichen Durchschnittswerte dieses Koeffizienten für einige Sommerwochen in einem *Ranunculus reptans*-Bestand fest.

PISEK und CARTELLIERI (1941) haben versucht, den Wasserverbrauch ganzer Pflanzengesellschaften zu berechnen. Untersucht wurden u. a. *Oxyrietum digynae*, *Salicetum herbaceae*, *Dryas*-reiches *Caricetum firmae*, *Rhododendro-Vaccinietum*, *Loiseleurio-Cetrarietum*, *Xerobrometum*, *Arrhenatheretum*. Es handelte sich darum, die Wasserausgabe der verschiedenen Assoziationen an bestimmten Standardtagen festzustellen. Dazu wurden

[1] Und der *Suaeda maritima-Kochia hirsuta*-Assoziation der Lagunenränder. *Salicornia herbacea* und *Salsola kali* zeigen auch an der Nordseeküste geringe Gewichts- und Flächentranspiration (SCHRATZ 1937).

Probeflächen von mindestens 2 qm abrasiert, die abgeschnittenen Pflanzenteile (bei Zwergsträuchern Triebspitzen) sortiert und die Proben frisch gewogen, hernach bis zur Gewichtskonstanz im Trockenofen bei 105° getrocknet und wieder gewogen.

Aus den Tagesergebnissen wurde die Standardtranspiration (in Gramm pro Quadratmeter) der dominierenden und reichlich vorkommenden Arten jeder Gesellschaft errechnet und addiert. Auf Grund dieses Gesamttagesverbrauchs der Gesellschaft ist der Wasserbedarf jeder Assoziation je Hochsommermonat und Jahr eingeschätzt. Selbstverständlich kann es sich bei diesem Versuch nur um Annäherungswerte handeln. Immerhin gestatten die Resultate interessante Vergleiche zwischen der Wasserbilanz verschiedener Gesellschaften (s. Tab. 69).

Tabelle 69. Tageswasserausgabe alpiner und voralpiner Pflanzengesellschaften in Tirol (PISEK und CARTELLIERI 1941 und PISEK 1944)

| | Erntedatum | Frischgewicht g/qm | Trockengewicht g/qm | Standardtagestranspiration g/qm | Jahresverbrauch |
|---|---|---|---|---|---|
| Silikatschuttflur *(Oxyrietum digynae)*, relativ dicht, Glungezer, 2650 m | 19. Aug. | 63 | 15 | 0,26 | 11 |
| Spalierstrauch-Trockenrasen auf Kalk *(Firmetum)*, Hafelekar, 2220 m | 18. Aug. | 264 | 91,5 | 1,09 | 55 |
| Saurer Schneeboden *(Salicetum herbaceae)*, Glungezer, 2400 m | 19. Aug. | 280 | 85 | 1,01 | 42 |
| Gipfel-*Curvuletum*, Glungezer, 2600 m | 19. Aug. | 350 | 122 | — | — |
| Offene Zwergstrauchheide auf Kalk, Seegrube, 1900 m | 18. Aug. | 396 | 166 | 1,8 | 90 |
| *Rhododendro-Vaccinietum*, Patscherkofel, 1900 m | — | 555 | 213 | 1,5 | 105 |
| *Loiseleurietum* | — | 1100 | 535 | 3,14 | 210 |
| Trockenwiese *(Xerobrometum)*, Südwest, 700 m | 10. Juni | 545 | 158 | 0,258 | 195 |
| Fettwiese *(Arrhenatheretum)*, 600 m | 12. Juni | 1580 | 443 | 0,429 | 323 |

Ähnliche Untersuchungen sind von ZOHARY und ORSHAN (1954) in einer der wichtigsten Wüstensteppen-Gesellschaften Palästinas, dem *Zygophylletum dumosi*, durchgeführt worden.

Eine 100-qm-Fläche der typisch ausgebildeten Assoziation enthielt 39 Individuen von *Zygophyllum*, 8 von *Reaumuria palaestina*, 2 von *Atractylis serratuloides* und 258 von *Salsola inermis*.

Zur Feststellung der transpirierenden Vegetationsmasse diente das mittlere Gewicht der Individuen aller auf der Probefläche wachsenden Arten.

Die Transpiration des ganzen Bestandes betrug im Hochsommer (Mittel aus 3 Tagen) 109,7 g pro Stunde oder 1,10 kg pro Tag.

Im Frühjahr (31. März 1952), durch die annuelle *Gymnarrhena micrantha* bereichert, verlor derselbe Bestand stündlich durch Transpiration nicht weniger als 3,24 kg Wasser, etwa dreißigmal mehr als im Sommer.

Der gewaltige Abfall von der Frühjahrs- zur Sommertranspiration wird bedingt durch das Verschwinden der Annuellen, die Verminderung der Blattfläche (im Sommer werden kleinere Blätter ausgebildet) und durch die Abnahme des Transpirationswertes im Sommer. Die physiologische Tätigkeit des *Zygophylletum*, obschon stark eingeschränkt, setzt sich aber auch während der Sommertrockenheit fort. Die sommerliche Aktivität von *Zygophyllum* wird durch die Ausbildung tiefreichender Wurzeln, welchen die letzten Wasserreserven der tieferen Bodenschichten zugänglich sind, befördert. Der gleichfalls bestimmte Evapotranspirationswert wurde durch seinen einfachsten Nenner $= \frac{\text{Transpiration}}{\text{Evaporation}}$ ausgedrückt.

Ein anderes Verfahren, den Wasserverbrauch in Pflanzengesellschaften zu berechnen, wird von BERGER-LANDEFELDT (1949) vorgeschlagen. Es beruht auf der Methode des Wärmehaushaltes, bei welcher die zahlreichen mühsamen Einzelmessungen der Transpiration wegfallen.

Die in die erhaltenen Werte mit einbezogene Bodenverdunstung, die meist nur einen Bruchteil der Transpiration des Pflanzenbestandes ausmacht, ist von der Gesamtverdunstung abzuziehen. Die Methode kann auch zur nächtlichen Taumessung Verwendung finden, und es können damit die einer Gesellschaft durch Taufall zukommenden Niederschläge gemessen werden. Für Einzelheiten muß auf BERGER-LANDEFELDT (l. c.) verwiesen werden.

**Sättigungsdefizit.** Von der Wasserversorgung hängt auch das Sättigungsdefizit der Pflanzen ab. In Trockengebieten, wo die Wasserabgabe stark erhöht ist, wird die maximale Wassersättigung nie erreicht. Der Unterschied zwischen maximaler Wassersättigung und momentanem Wassergehalt der oberirdischen Pflanzenteile ist meist sehr groß und kann bei manchen Arten 50% und mehr erreichen.

Auffallenderweise sind es meist Annuelle, welche die höchsten Wasserdefizite ergeben: *Cotula cinerea* in der ägyptischen Wüste 57% (STOCKER), *Malva microcarpa* 56% und *Bromus rubens* 67,4% in der Sahara (KILLIAN).

Aber auch Trockenrasenpflanzen Mitteleuropas wie *Sesleria coerulea* im *Xerobromion* des Maintals zeigen hohe Werte (48,4%) (SCHANDERL); *Carex humilis* ergab hier sogar ein Wasserdefizit von 62,5%, allerdings nicht ohne Schaden zu leiden.

Einander völlig entgegengesetzt liegen die Sättigungswerte der Arten des brasilianischen Regenwaldes. Während alle festwurzelnden Gewächse sehr niedrige Werte anzeigen, der Strauch *Geonoma schottiana* ergab sogar ein Minimum von bloß 0,1%, liegen die Sättigungsdefizite der

Epiphyten außerordentlich hoch. Das absolute Maximum (93,8%) erreicht der Farn *Hymenophyllum polyanthos* (COUTINHO 1962).

Geringe Sättigungsdefizite ergeben die absalzenden Halophyten (*Limonium*-Arten) und dann vor allem die sukkulenten Halophyten wie *Arthrocnemum glaucum* in der Wüste (Mittags ±8%, KILLIAN 1947). Auch die Knollen-Geophyten haben ein verhältnismäßig niedriges Sättigungsdefizit. Wie zu erwarten, ist das Sättigungsdefizit meist, aber nicht immer, am geringsten am frühen Morgen. Das Maximum wird mittags oder auch erst abends erreicht.

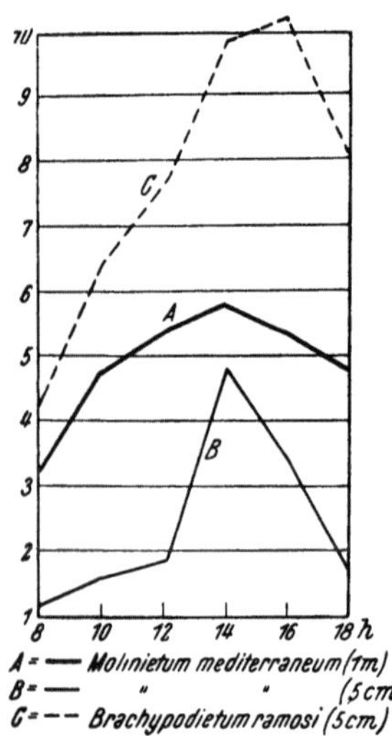


Abb. 303. Tageskurven des Sättigungsdefizits in zwei Rasengesellschaften bei Montpellier am 14. August (nach ROI 1937)

Tageskurven des Sättigungsdefizits der Luft aus verschiedenen Schichten des *Quercetum ilicis* gibt BR.-BL. (1936), solche aus zwei mediterranen Rasengesellschaften ROI (1937) (Abb. 303).

Das Sättigungsdefizit der Luft im *Molinietum mediterraneum* bei 5 cm steigt nur zwischen 1 und 5 Uhr über 2 und erreichte maximal 4,8, während es gleichzeitig in der *Brachypodium ramosum*-Garrigue am Boden im Minimum 4,3, maximal aber 10,3 betrug. Die Luftfeuchtigkeitsverhältnisse in beiden Rasengesellschaften sind somit grundlegend verschieden. In der Bodenschicht des *Quercus ilex*-Niederwaldes erreicht das Tagesmaximum 9,5, in der Strauchschicht (150 cm hoch) 13 (Ende Mai).

Abb. 304 gibt ein Bild des Sättigungsdefizits zweier ständig alternierender Assoziationen vom Gratkamm am Siwapaß in der polnischen

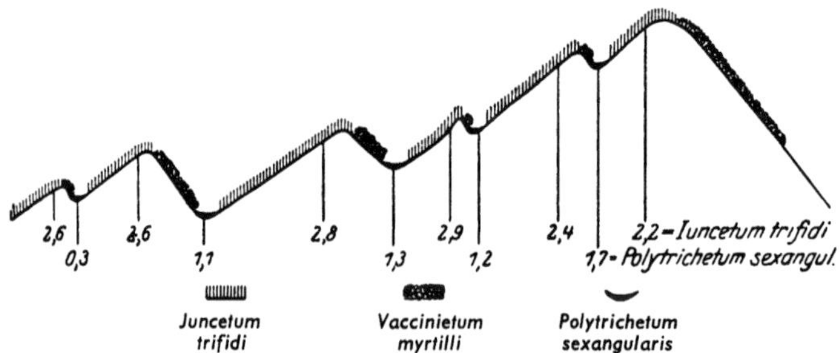


Abb. 304. Vegetationsprofil und Sättigungsdefizit im *Juncetum trifidi* und *Polytrichetum sexangularis* am Siwapaß, etwa 1900 m, in der Tatra (200 m lang, 25 m hoch), Mitte August aufgenommen (nach SZAFER, PAWLOWSKI u. KULCZYŃSKI)

Tatra. Alle windbestrichenen Westhänge tragen trockenhartes *Juncetum trifidi*; an den geschützten Osthängen gedeiht das *Vaccinietum myrtilli*, und im Grund der Einsenkungen spreitet das *Polytrichetum sexangularis* seinen samtgrünen Teppich. Das Sättigungsdefizit 3 cm über dem Boden während eines starken Windes betrug an den Standorten des *Juncetum* im Mittel 2,6 mm, im *Polytrichetum* aber bloß 1,1 mm (SZAFER, PAWLOWSKI und KULCZYŃSKI).

Die Verbreitung mancher Klimaxgesellschaften steht anscheinend stark unter der Herrschaft des Sättigungsdefizits der Luft. Nach den Vegetationskarten von SZYMKIEWICZ (1923) hält sich *Picea abies* in ganz Ost- und Nordeuropa durchwegs innerhalb der Feuchtigkeitsgrenze von 10 mm (mittleres Sättigungsdefizit der Luft des trockensten Monats um 14 Uhr [1895 bis 1904]) und überschreitet diese Linie nur selten und unbedeutend. Die Südostgrenze des russischen Waldgebietes gegen die sarmatisch-aralokaspische Steppe fällt ungefähr mit der Linie von 15 mm zusammen.

MOURAVIEFF (1959) hat zur Trockenzeit Untersuchungen über das Wasserdefizit im Trockenrasen bei Grasse (Alpes Maritimes) ausgeführt und sie (1961) auch auf die unterirdischen Pflanzenorgane ausgedehnt. Untersucht wurden tief- und flachwurzelnde Arten des *Brachypodietum phoenicoidis*. Bei den Arten der charakteristischen Artenkombination erhielt er Werte, die zwischen 9,1 (bei *Echinops ritro*) und 28% (bei *Plantago lanceolata*) schwankten. Die verschiedenen Wurzeltypen derselben Pflanze können sehr verschiedene Sättigungswerte ergeben. Die als Feuchtigkeitsspeicher fungierenden tiefreichenden Hauptwurzeln von *Psoralea bituminosa* zeigten einen Wert von 11,8%; in den feinen Sekundärwurzeln erhöhte sich der Sättigungswert auf 58%.

**Messung des Wasserdefizits.** ILJIN, STOCKER und KILLIAN bestimmen das Wasserdefizit folgendermaßen. Die bewurzelten Pflanzen werden in einer Blechdose rasch in den Arbeitsraum gebracht, rasch gewogen, ins Wasser gestellt und dann für 48 Stunden im feuchtigkeitsgesättigten Raum belassen.

Nach vollständiger Sättigung werden sie rasch abgetrocknet und gewogen. Das Wasserdefizit wird berechnet nach der Formel:

$$\frac{\text{Sättigungswasser} - \text{Anfangswasser} \times 100}{\text{Sättigungswasser}} = \%\ \text{des maximalen Wassergehaltes (Wasserdefizit)}$$

**Saugkraft.** Bei Wassermangel und hoher Trockenheit haben manche Pflanzen die Fähigkeit, auch geringe Wasserreste dem Boden zu entreißen. Dies kann geschehen einerseits durch Entwicklung mächtiger, tiefgehender und vielverzweigter Wurzeln, durch Ausbildung eines leistungsfähigen Leitungssystems in Wurzel und Sproß, anderseits durch Erhöhung der Wurzelsaugkraft und des osmotischen Druckes der Pflanze.

Jahreskurven der Bodensaugkraft hat ELLENBERG (1939) für die Subassoziationen des *Querco-Carpinetum* Nordwestdeutschlands aufgestellt. Sie sind durch verhältnismäßig kleine Schwankungen und geringe Extreme charakterisiert.

In mediterranen Gesellschaften sind Saugkraftmessungen von MOURAVIEFF (1959, 1961) und von REHDER (1961) mit der Schardakow-Methode ausgeführt worden.

Die von Rehder untersuchten *Quercion ilicis*-Arten (*Quercus ilex, Phillyrea angustifolia, Viburnum tinus, Smilax aspera, Ruscus aculeatus, Pistacia lentiscus* zeigten außerhalb ihres eigentlichen Lebensbereichs in der lichtoffenen Garrigue erheblich höhere osmotische Werte. Wie Rehder ausführt, sind aber die mit der Schardakow-Methode erhaltenen Saugkraftwerte wahrscheinlich zu hoch.

Aus Paralleluntersuchungen von Saugkraft und osmotischem Wert geht hervor, daß die Saugkraftwerte meist über den osmotischen Werten liegen und auch größere Schwankungen aufweisen.

Die Messungen der Wurzelsaugkraft von Mouravieff im *Brachypodietum phoenicoidis* (irrtümlich als *B. pinnati* bezeichnet), ergaben höhere Saugkraftwerte für Pflanzen mit ausgebreitetem Wurzelwerk, geringere für Pfahlwurzeln, die tief in den Boden eindringen. Die Werte ändern sehr stark mit der Wurzeldicke; auffallenderweise nimmt der Wasserverlust mit der Tiefe zu, so daß die tiefreichenden Wurzeln am stärksten ausgetrocknet sind. Der oberste Wurzelteil mit der Stengelbasis zeigt den geringsten Wasserverlust.

**Osmotischer Wert (Zellsaftkonzentration).** Zur Feststellung der Wasserversorgung im Gesellschaftsverband wird oft die Messung der Zellsaftkonzentration herangezogen. Sie hat den Vorteil einfacher Bestimmbarkeit und eignet sich auch sonst zur ökologischen und synökologischen Auswertung und zu Vergleichen.

Den Anstoß zu ihrer Anwendung bei Freilandstudien gab H. Walters „Hydratur der Pflanze" (1931). Schon im selben Jahre wurden die osmotischen Verhältnisse einer Reihe von Hartlaubgewächsen aus den Pflanzengesellschaften bei Montpellier näher untersucht und Jahreskurven des osmotischen Wertes zusammengestellt (Br.-Bl. und Walter 1931). In der Folge beschäftigten sich zahlreiche Forscher mit der Hydratur der Pflanzen unter den verschiedensten Breiten und Lebensbedingungen, in natürlichen und in Kulturgesellschaften.

Zum vornherein sei betont, daß mehr oder weniger zufällige Einzelbestimmungen des osmotischen Wertes nicht viel aussagen. Auch Tageskurven sind ökologisch wenig aufschlußreich, da die Tagesschwankungen meist gering, ja im Herbst bei Alpenpflanzen minim ausfallen. Dagegen geben Jahreskurven einen guten Einblick in die verwickelten Verhältnisse der Wasserbilanz von Arten und Gesellschaften. Sie helfen mit, die verschiedenen Gesellschaften und Klimagebiete ökologisch zu charakterisieren. Nicht nur zwischen den einzelnen Arten, sondern auch zwischen einzelnen Gesellschaften bestehen zum Teil erhebliche Unterschiede. Innerhalb ein und derselben Assoziation aber bieten ganze Artengruppen ähnliche Jahreskurvenbilder, welche die Wasserverhältnisse der Gesellschaft widerspiegeln.

Die Zellsaftkonzentration ist abhängig vom Gehalt der Zellen an Wasser und osmotisch wirksamen Substanzen (Zucker, Cl- und Na-Ionen usw.). Sie steigt mit zunehmendem Elektrolytgehalt des Saftes. Sie fällt mit der Zunahme und steigt sukzessive mit der Abnahme des Wassergehaltes.

Sehr schön geht dies aus den einander entgegengesetzt verlaufenden

Jahreskurven des osmotischen Wertes und des Wassergehaltes der *Loiseleuria procumbens* hervor (nach CARTELLIERI, von PISEK 1960, S. 443, zusammengestellt; Abb. 305).

Salzführende Halophyten erreichen extreme Werte, die bei gleichzeitigem Wassermangel 100 Atm. weit überschreiten können. Aber auch Xerophyten des Trockenrasens ergeben selbst in Mitteldeutschland Werte, die jenen extremer Halophyten nur wenig nachstehen. Während einer 17tägigen Juni-Trockenperiode hat VOLK (1937) im *Carex humilis-Stipa capillata*-Rasen der Maintal-Hänge bei Würzburg 102 Atmosphären bei *Aster linosyris*, 85 bei *Potentilla arenaria*, 80 Atmosphären bei *Carex humilis* festgestellt.

Bei den Arten des trockenharten *Xerobromion*- und *Festucion vallesiacae*-Rasens sind Ausschläge von 20 bis 30 Atm. und mehr die Regel.

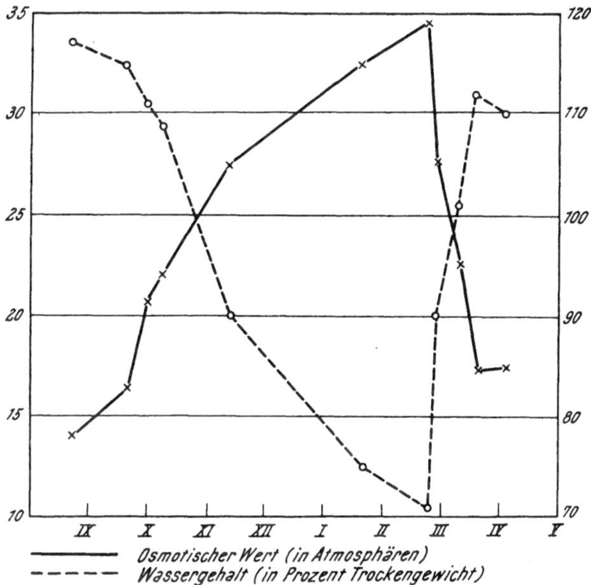


Abb. 305. Jahresgang des osmotischen Wertes und des Wassergehaltes von *Loiseleuria procumbens* am Patscherkofel bei Innsbruck, 1900 m (PISEK 1960)

Die Untersuchung des osmotischen Wertes der wichtigsten Arten im Rasen des *Brachypodietum phoenicoidis* bei Montpellier durch SOROCEANU (1936) ergab zwei Kurvenmaxima, das eine im Winter und ein zweites Maximum im Hochsommer. Trotz hoher Sommertrockenheit herrschen hier aber nie auch nur annähernd ähnliche Maxima wie im Trockenrasen Mitteldeutschlands. *Brachypodium phoenicoides* und *Bromus erectus* ergeben nach SOROCEANU im Frühjahr 11 bis 12 Atm., im Sommer 24 bis 28 und im Winter 20 bis 22 Atm. Die übrigen Perennen variieren um 8 bis 10 Atm. im Frühjahr, 15 bis 18 im Sommer und um 15 im Winter.

Selbst im ausgesprochen xerischen *Brachypodietum ramosi* der nackten Garriguen überschreitet das Hochsommer-Maximum der perennierenden Arten selten 30 bis 35 Atm., die Assoziation ist im übrigen vom *Brachypodietum phoenicoidis* hydrisch durchaus verschieden, was besonders in den Kurven der an Artenzahl weit vorherrschenden Annuellen zum Ausdruck gelangt, die tief und ziemlich flach verlaufen und einen fünfmonatlichen Vegetationsunterbruch anzeigen.

Ist reichliche Wasserversorgung dauernd gewährleistet, wie im *Sphagnion fusci* der Hochmoore, oder bei Arten, deren osmotisches Optimum in die Hauptvegetationszeit fällt und die im Winter Schneeschutz genießen (*Rhododendron ferrugineum*), so verlaufen die Jahreskurven sehr flach. Die Jahresamplitude der von FIRBAS (1931) untersuchten

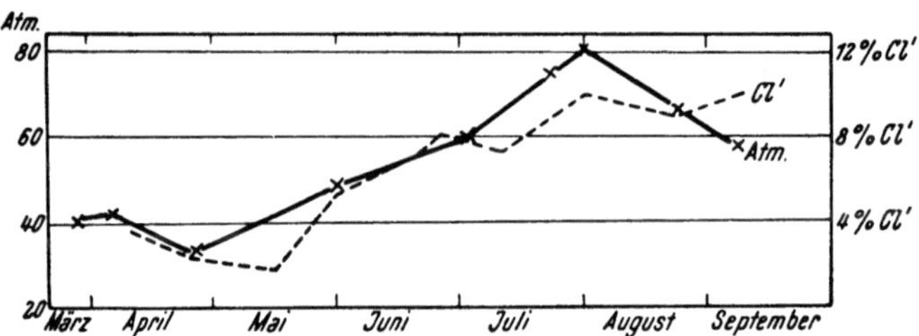


Abb. 306. Parallelismus zwischen Chloridgehalt des Bodens und osmotischem Wert von *Salicornia fruticosa* im *Salicornietum fruticosae* bei Montpellier (nach ADRIANI 1934)

Arten einer *Sphagnum*-Gesellschaft erreichte im Maximum 8 Atm. bei *Vaccinium uliginosum*; alle anderen untersuchten Arten ergaben noch geringere Jahresschwankungen.

Den für Mittel- und Südeuropa festgestellten Werten gegenüber können die von TADROS (1936) in der Libyschen Wüste an Nichthalophyten ausgeführten Messungen, die zwischen 13 und 50 Atm. schwanken, als bescheiden gelten. Auch die Messungen von HARRIS-WALTER und KILLIAN und FAUREL (1933) ergeben, daß die osmotischen Werte der Saharavegetation (Halophyten ausgenommen) nicht höher sind als jene unserer Wald- und Wiesenpflanzen.

Sommerwerte um 40 bis 55 Atm. erhielt SVESHNIKOVA (1963) bei *Festuca sulcata*, *Stipa*-Arten, *Kochia prostrata* in der Wüstensteppe von Kazakhstan.

Mit der Erhöhung der Zellsaftkonzentration gehen morphologisch-anatomische Änderungen Hand in Hand. So werden die Blätter gewisser Arten (*Smirnowia* in der Kara-Kum, *Encelia farinosa* in Arizona) im Laufe des Sommers mit zunehmender Trockenheit immer kleiner und xeromorpher (WALTER 1932).

Von der Norm durchaus abweichend verhält sich die Halophytenvegetation. Die Erhöhung des osmotischen Wertes beruht hier auf dem vermehrten Gehalt an leichtlöslichen Salzen, vor allem an Chloriden. Bis 80% und mehr des osmotischen Wertes der Euhalophyten sind durch Chloridspeicherung bedingt (Abb. 306).

In nordamerikanischen Salzmarschen liegen die osmotischen Werte im Mittel 19 Atm. höher als bei den Pflanzen der Süßwassersümpfe.

Auch die Änderungen des osmotischen Wertes ein und derselben Art in Gesellschaften verschieden salzhaltiger Böden dürften fast stets auf Unterschiede im Chloridanteil des Zellsaftes zurückzuführen sein. Der abnehmende osmotische Wert einer Salzpflanze kann somit nicht als klimatischer Zeiger, wohl aber als Zeiger für den abnehmenden Salzgehalt des Bodens gelten; der Einfluß des Klimas fällt dabei wenig ins Gewicht, *Arthrocnemum glaucum* erreicht am Nordrand der Sahara keine höheren Werte als in den Salzsümpfen am Golf du Lion.

Im Verlaufe von Trockenperioden steigt der osmotische Wert der Salzpflanzen sehr stark an. Im *Salicornietum fruticosae* von Montpellier ergaben *Juncus subulatus* und *Halimione portulacoides* schon im Vorsommer 105 Atm. Noch höhere Zellsaftkonzentrationen (über 150 Atm.) wurden in der nordamerikanischen Salzwüste und an *Limonium gmelini* im irano-kaspischen Gebiet gemessen.

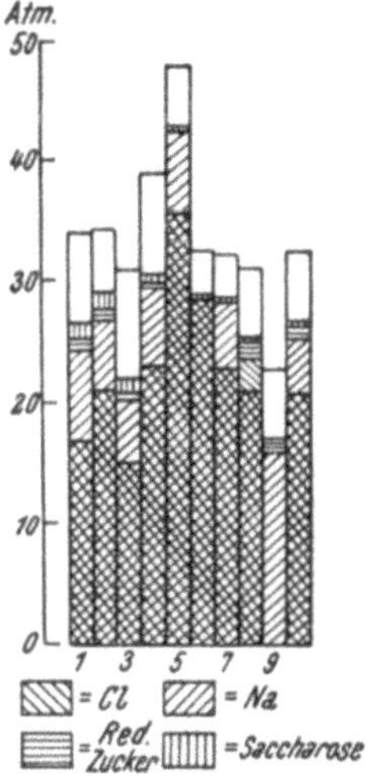


Abb. 307. Osmotischer Wert und Zusammensetzung des Zellsaftes amerikanischer Salzmarschpflanzen (nach Steiner 1934)

*1 Spartina glabra, 2 S. patens, 3 Distichlis spicata, 4 Juncus gerardi, 5 Salicornia mucronata, 6 S. europaea, 7 Plantago decipiens, 8 Atriplex hastata, 9 Aster subulatus, 10 Limonium carolinianum*

Die Konzentrationserhöhung des Zellsaftes ist aber keineswegs eine Anpassung an die ungünstigen Verhältnisse, sondern ein Zeichen der Gefährdung. Extreme Maxima in Krisenzeiten der Wasserversorgung deuten stets auf Störungen im Wasserhaushalt.

Arten, deren Kurve auch während Trockenzeiten wenig ansteigt, sind den Standortsbedingungen besser angepaßt als solche mit starken Ausschlägen.

**Osmotische Jahreskurven.** Eine interessante Bestätigung hierfür bilden die Jahreskurven der vier strauchigen *Erica*-Arten Südfrankreichs (*Erica multiflora*, *E. arborea*, *E. scoparia*, *E. cinerea*).

Die vier Arten weichen physiologisch-ökologisch, d. h. in bezug auf den Wasserhaushalt, stark voneinander ab (s. Abb. 308).

*Erica cinerea*, ein Hauptbestandteil der irischen und nordwestiberischen Heiden, nordwärts bis SW-Norwegen vordringend, gehört im mediterranen Frankreich zu den Seltenheiten; es ist anscheinend ein Relikt. Der hohe, spitze Scheitel der Kurve (Maximum 72,8 Atm.) bedeutet, daß die Pflanze während des Sommers im Mittelmeergebiet stark gefährdet ist. *Erica cinerea* ist eine dem mediterranen Standort ökologisch schlecht angepaßte, wenig trockenharte Art.

Im Gegensatz dazu erscheint die bodenständige eu-mediterrane *Erica multiflora* des *Rosmarino-Lithospermetum* gegenüber der Trockenheit sehr wenig empfindlich; sie zeigt eine ausgeglichene Jahreskurve, die auch im Hochsommer kaum ansteigt (Maximum 24,1 Atm.).

Zwischen diesen beiden Extremen liegen die Werte von *Erica arborea*, im humiden und subhumiden Mediterrangebiet verbreitet und bei Chiavenna gerade noch die Schweizer Grenze streifend, und *Erica scoparia*, welche weiter nordwärts bis ins Pariser Becken vorstößt und im atlantischen Gebiet verbreitet ist. Ihre geringere Klimaeignung erhellt aus dem stärkeren Anschwellen der osmotischen Kurve.

In den Jahreskurven des osmotischen Wertes kommen auch die klimatischen Eigenheiten eines Gebietes zum Ausdruck. Umstehende Abbildung gibt die typischen Kurvenbilder dreier Sträucher aus verschiedenen Klimagebieten wieder (Abb. 309).

Kurve *A* zeigt den Kurvenverlauf von *Erica multiflora* im *Rosmarino-Lithospermetum ericetosum* Südfrankreichs mit einem mäßigen Sommer-

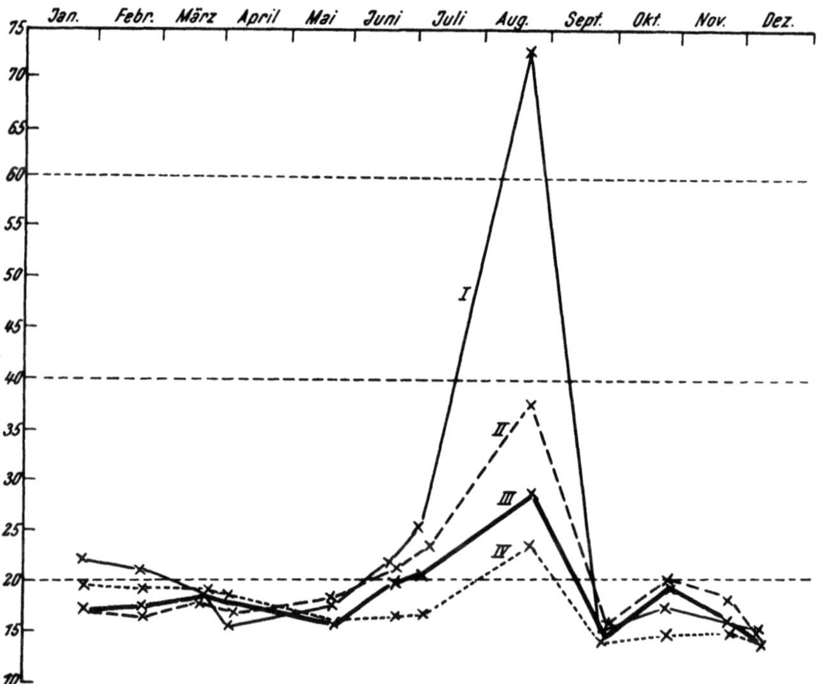


Abb. 308. Jahreskurven des osmotischen Wertes von *Erica cinerea* (*I*), *E. scoparia* (*II*), *E. arborea* (*III*), *E. multiflora* (*IV*) (nach GIROUX 1936)

maximum, Kurve *B* jene von *Loiseleuria procumbens* im *Loiseleurio-Cetrarietum* unter ungünstigen winterlichen Lebensverhältnissen an windexponierten Gräten der Hochalpen. Nach den Ausschlägen der Kurve des osmotischen Wertes ist die Zeit der maximalen Gefährdung durch Kälte oder Trockenheit ohne weiteres ersichtlich, und aus dem Vergleich mehrerer Kurven derselben Art von verschiedenen Standorten kann auch geschlossen werden, ob und wieweit sich eine Art in ihrem soziologischen Optimum befindet. Ist dies der Fall, so zeigen die Jahreskurven auch in ungünstigen Jahren einen viel ausgeglicheneren Gang und geringere Ausschläge als außerhalb ihrer normalen Lebenssphäre.

So beträgt die Jahresschwankung von *Viburnum tinus* im *Quercetum ilicis*, zu dessen Charakterarten sie zählt, weniger als 20 Atm., im lichtoffenen *Quercetum cocciferae* übersteigt sie 28,1 Atm. Das vierjährige

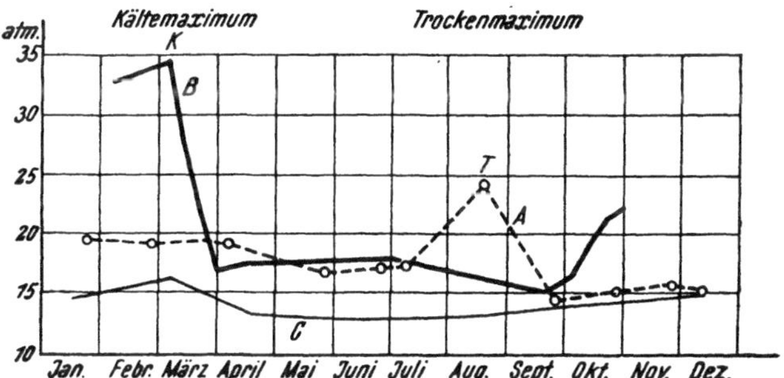


Abb. 309. Typische Jahreskurven des osmotischen Wertes je eines mediterranen, nordisch-hochalpinen und atlantischen Strauches

*A* *Erica multiflora* im *Rosmarino-Lithospermetum ericetosum* von Montpellier, 80 m (GIROUX)
*B* *Loiseleuria procumbens* im *Loiseleurio-Cetrarietum* des Patscherkofel bei Innsbruck, 1900 m (CARTELLIERI)
*C* *Ulex europaeus* aus Belgien (ANSIAUX)

absolute Maximum von *Quercus ilex* im Grüneichenwald erreichte 28,5 Atm., eine einzige Vergleichsmessung am Felsstandort ergab dagegen 36 Atm. (am 15. August).

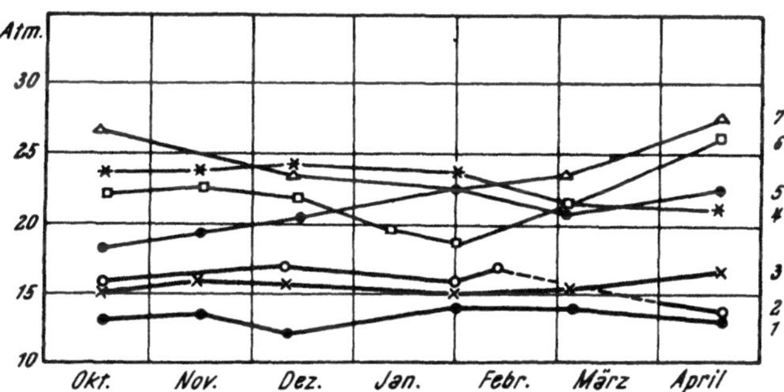


Abb. 310. Winterkurve der osmotischen Werte immergrüner Mediterranpflanzen (aus BR.-BL. u. WALTER 1931)

*1 Thymus vulgaris, 2 Lonicera implexa, 3 Cistus albidus, 4 Pistacia lentiscus, 5 Quercus coccifera, 6 Quercus ilex, 7 Phillyrea angustifolia*

Die schön ausgeglichene Jahreskurve von *Ulex europaeus* in Belgien (ANSIAUX 1949, S. 37) ist kein Gegenargument für obige Ansicht, wie der Autor anzunehmen scheint. Die Kurve stimmt vielmehr mit den günstigen Niederschlags- und Temperaturverhältnissen des Versuchsjahres sehr gut überein; 1949 hätte zweifellos einen abweichenden Kurvenverlauf ergeben[1].

Die immergrünen mediterranen Sträucher haben durchwegs während des größten Teiles des Jahres niedrig und flach verlaufende osmotische Kurven (Abb. 310), und auch das Sommermaximum zeigt keinen starken Ausschlag. Anders verhalten sich Arten atlantischer Herkunft wie *Erica cinerea* (s. Abb. 308).

**Osmotisches Gesellschaftsspektrum.** Zur Darstellung der osmotischen Verhältnisse innerhalb einer bestimmten Pflanzengesellschaft kann das von PISEK, SOHM und CARTELLIERI eingeführte osmotische Gesellschaftsspektrum Verwendung finden, das an ein optisches Spektrum erinnert (s. Abb. 311).

STEINER (1934) gibt derartige Spektra für eine Reihe nordamerikanischer Halophytengesellschaften. Für jede einzelne Art ist der mittlere Atmosphärenwert aus allen Beobachtungen durch eine senkrechte Linie eingezeichnet. Reichweite und Streuung der Spektrallinien geben eine gute Charakteristik der osmotischen Verhältnisse der Arten einer Gesellschaft.

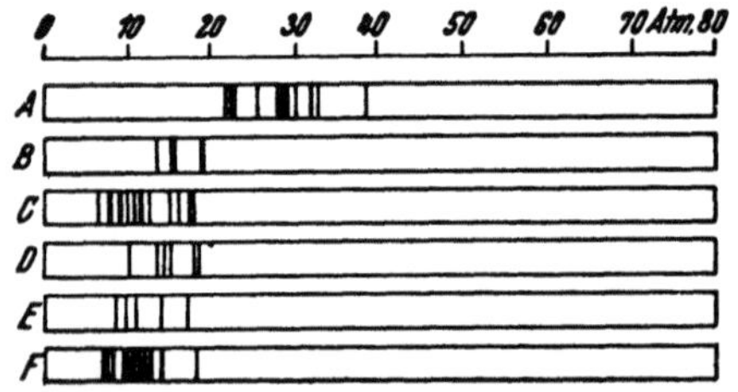

Abb. 311. Osmotische Spektra einiger Halophytengesellschaften (nach STEINER 1934). *A* Salzmarsch, *B* Randzone, *C* Brackmarsch, *D* Randgebüsch, *E* Stranddüne, *F* Flachmoor

Um einen Vergleich zwischen den einzelnen Spektren zu gestatten, sollten aber die Proben möglichst die gesamte Variationsbreite von extrem niedrigen bis zu maximalen Werten ungefähr gleichmäßig umfassen.

Zusammenfassend kann gesagt werden, daß die Fähigkeit der Arten und Gesellschaften, hohe Trockenheit zu überdauern, durch morphologische Anpassungen allein nicht erklärt werden kann, daß sie vielmehr in erster Linie in der plasmatischen Struktur der Arten begründet ist. Im Kampf um das Wasser spielen neben dem Zellinhalt die Wurzelverhältnisse eine ausschlaggebende Rolle.

**Bestimmung des osmotischen Wertes.** Die Bestimmung des osmotischen Wertes der Pflanzen geschieht meist nach der von H. WALTER ausgearbeiteten kryoskopischen Methode, wobei der Zellsaft durch Aus-

[1] Die Jahreskurve (1943) von *Ulex europaeus*, einer atlantischen Art, verläuft wie jene der subatlantischen *Sarothamnus scoparius*, *Genista pilosa*, *Teucrium scorodonia* sehr gleichmäßig und zeigt geringe Ausschläge mit einem wenig ausgeprägten Maximum im Spätwinter (ANSIAUX 1949).

LEMÉE (1939) erhielt für *Ulex* in den Monts-Dores (Auvergne) bei 1040 m eine sehr ähnliche, aber schwach erhöhte Kurve. Die Maxima scheinen mit etwas erhöhter Trockenheit zusammenzufallen (zu beachten ist auch, daß frisch entfaltete Triebe stets einen erhöhten osmotischen Wert haben).

Daß die Art sehr empfindlich gegen Trockenheit ist, zeigt ihre Gesamtverbreitung wie auch der Umstand, daß sie sogar in Westirland während des Trockensommers 1949 sehr stark gelitten hat.

pressen der vorher durch Erhitzen abgetöteten Pflanzenteile gewonnen wird.

Verbesserungen der Methode sind von CAPPELLETTI (1939) und von ANSIAUX (1944) vorgeschlagen worden. Letzterer unterkühlt den Zellsaft durch Zufuhr abgekühlter Luft oder Kohlensäure.

Um die Wirkung der Diastase aufzuheben und aus den behandelten Pflanzenteilen reichlichen Preßsaft zu erhalten, bedienten sich SUSPLUGAS, PELINARD und CAZOTTES (1949) des Chloroforms. Den im Glastubus eingefüllten Pflanzenteilen werden 3 ccm Chloroform beigegeben, der Tubus mit einem Korkpfropfen verschlossen, paraffiniert und das Pflanzenmaterial mit dem Chloroformdampf durchmischt. Nach einer halben Stunde werden die Pflanzenteile während einiger Minuten der Luft ausgesetzt und dann der Saft in gewohnter Weise ausgepreßt. Die Menge des auf diese Weise erhaltenen Preßsaftes ist wesentlich größer als die durch Sieden der Pflanzenteile erhaltene.

**Plasmolytische Methode.** Einer anderen Methode zur Bestimmung des osmotischen Wertes bediente sich MOURAVIEFF (1958) bei seinen Hydraturuntersuchungen in mediterranen Gesellschaften. Er bestimmte den plasmolytischen Wert sämtlicher Arten eines *Brachypodietum phoenicoidis*-Bestandes. Die Methode gestattet, die Zellmorphologie und die Reaktion des Protoplasmas zu verfolgen.

Seine sich sowohl auf die Epidermis- als die Stomatazellen beziehenden Messungen fanden zur Zeit der größten Sommerdürre bei kräftiger Insolation und hohen Temperaturen statt. Die erhaltenen Werte stimmen mit jenen der kryoskopischen Methode gut überein.

Das osmotische Spektrum aller Arten der charakteristischen Artenkombination des *Brachypodietums* zeigt ähnliche oder doch nicht allzu verschiedene Werte: *Opl*[1] mol Glukose (der Epidermiszellen) 0,75 bis 1,40, während unter den Zufälligen Schwankungen von 0,40 bis 2,0 auftreten. Für *Pistacia lentiscus* erhielt MOURAVIEFF einen fünffach höheren Wert als für *Cistus albidus*, welche Art nur 0,45 bis 0,50 *Opl* anzeigt. Es sei daran erinnert, daß *Pistacia lentiscus* auch durch sehr hohe Transpiration von andern Straucharten abweicht (ROUSCHAL, s. S. 543).

Wenn mit dem osmotischen Wert gleichzeitig auch der Wassergehalt bestimmt wird, so erhält man ein noch besseres Bild vom Wasserzustand und von der Wasserbilanz der Arten und ihren Änderungen. Beide Faktoren schwanken meist reziprok, da der Zellsaftkonzentration der osmotische Wert parallel läuft, also steigt, während er bei Wasseraufnahme sinkt (TRANQUILLINI 1958).

**Assimilation.** Zwischen Transpiration, osmotischem Wert und Assimilation besteht ein bestimmter Zusammenhang. Die Assimilation geht im großen und ganzen mit der Transpiration parallel, was mit der $CO_2$-Versorgung durch Öffnen der Spalten zusammenhängt. Dem abnehmenden Wasserverbrauch entspricht ein Fallen der Zellsaftkonzentration.

[1] *Opl*: Osmotischer Wert der Lösung, die nach 10 Minuten Kontakt die Grenzplasmolyse von 50% der Epidermiszellen auslöst. Er wird als übereinstimmend mit dem gleichzeitigen osmotischen Wert des Zellsaftes betrachtet.

Für den biologischen Stoffaufbau ist die Kohlensäureassimilation von größter Bedeutung. Die Photosynthese erfordert große Mengen von $CO_2$. Im Fichtenwald kann der $CO_2$-Verbrauch die gesamte Kohlensäurezufuhr aus Luft und Boden übersteigen, und noch größer ist das Kohlensäuredefizit im Buchenwald.

Der Kohlensäuregehalt der Luft unterliegt täglichen und jahreszeitlichen Schwankungen. Die stärksten Schwankungen fallen auf das Frühjahr. Im Herbst ist die $CO_2$-Konzentration am größten. Die Tagesschwankungen zeigen starke Ausschläge, sind aber je nach der Pflanzengesellschaft verschieden.

Huber (1947) hat Messungen des Gasaustausches über Pflanzenbeständen ausgeführt, die geeignet scheinen, den Wasserdampf- und Kohlensäureaustausch des Bestandes zu erfassen.

Er bespricht (1953) eingehend den Einfluß der Vegetation auf die Schwankungen des $CO_2$-Gehaltes der Atmosphäre und stellte sicher, daß infolge der pflanzlichen Assimilation der Kohlensäuredioxydgehalt der Luft tagsüber in Bodennähe geringer ist als in höheren Luftschichten.

Im Waldesinnern sinkt, wie Gut (1929) gezeigt hat, der $CO_2$-Gehalt, dem Kohlensäureverbrauch der Pflanzen entsprechend, vom Morgen bis gegen Mittag. Das Minimum wird etwa zwischen 11 und 12 Uhr erreicht. Im Verlaufe des Nachmittags nimmt der $CO_2$-Gehalt wieder zu, während gleichzeitig die Assimilation herabgesetzt wird.

Über die Tagesschwankungen in verschiedenen Höhen im Innern eines Fichtenbestandes bei Zürich gibt folgende Übersicht Aufschluß.

Tabelle 70. Maxima und Minima des $CO_2$-Gehaltes der Luft (in Millionstel-Vol.) in einem Fichtenbestand am 28. April (nach Gut 1929)

| | Maximum | Minimum | Differenz |
|---|---|---|---|
| 26 m über dem Boden .. | 536 (19 Uhr 24) | 166 (11 Uhr 06) | 370 |
| 18 m über dem Boden .. | 388 ( 7 Uhr 14) | 162 (11 Uhr 25) | 226 |
| 13 m über dem Boden .. | 380 ( 7 Uhr 23) | 196 (11 Uhr 34) | 184 |
| 5 m über dem Boden .. | 376 ( 7 Uhr 31) | 178 (10 Uhr 38) | 198 |
| 1 m über dem Boden .. | 350 ( 7 Uhr 41) | 184 (11 Uhr 53) | 166 |
| 0 m über dem Boden .. | 360 ( 7 Uhr 49) | 132 (10 Uhr 56) | 228 |

Im Buchenwald stieg der $CO_2$-Gehalt Ende März von 152 um 1 Uhr auf 576 um 17.48 Uhr.

Der Einfluß der Assimilationstätigkeit ganzer Wasserpflanzenbestände auf den Chemismus des Wassers und seine Tagesschwankungen hat Gessner (1932) näher verfolgt. Er stellte fest, daß die Schwankung der Sauerstoffsättigung innert 24 Stunden zwischen 50 und 100% hin und her pendelt (Abb. 312).

Die Kohlensäurekurve zeigt das gerade gegenteilige Verhalten der Sauerstoffkurve (s. auch Iversen 1929).

Im Frühjahr ist die Assimilationstätigkeit der Buche sehr lebhaft. Während zwei Fünftel des Kohlehydratbedarfs der Krone aus den Reserven des Stammes gedeckt werden, sind die restlichen drei Fünftel das Resultat der Kohlensäureassimilation (Gäumann 1935, S. 329).

In der Waldbaupraxis ist jeder Bestand so zu behandeln, daß die $CO_2$-Konzentration der Luft möglichst erhöht und der Vorrat an Kohlensäure möglichst vollständig ausgenutzt wird. Hier trifft sich die rein ökologisch gerichtete Forschung mit der strukturell-pflanzensoziologischen.

Ist der Lichtfaktor im Minimum, so entscheidet die Anpassungsfähigkeit der Art über ihr Vermögen, den Lebenszyklus mehr oder weniger vollständig abzuwickeln. Fehlt diese Anpassungsfähigkeit, so unterbleiben normalerweise Blüten- und Fruchtbildung.

Bemerkenswert ist, daß bei Alpenpflanzen, und auch bei *Pinus silvestris* und *Picea abies*, $CO_2$-Assimilation noch bei Temperaturen wesentlich unter Null stattfindet. Flechten von alpinen Standorten assimilieren sogar bei einer Thallustemperatur von —24° C (O. L. LANGE, unveröffentlichte Mitteilung).

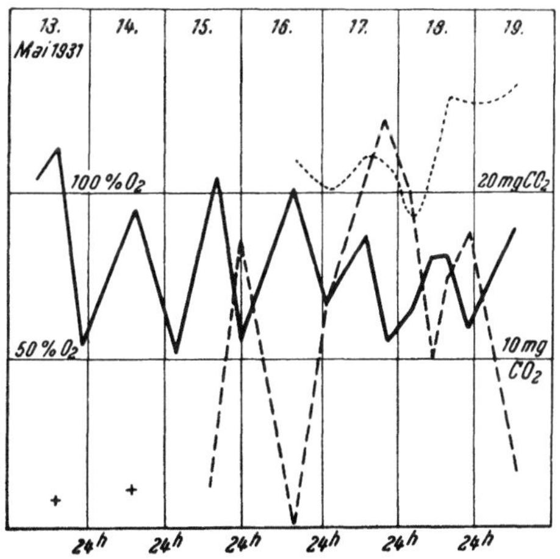


Abb. 312. Chemismusschwankungen des Wassers unter dem Einfluß der Assimilation im *Ranunculus baudoti*-Bestand (nach GESSNER 1932)

——— Sauerstoffgehalt in % der Sättigung im *Ranunculus baudoti*-Bestand auf Hiddensee

-------- Sauerstoffgehalt im freien Boddenwasser

+ + — — — Kohlensäuregehalt in mg/l im *Ranunculus baudoti*-Bestand

Manche Arten zeigen eine mehrgipfelige Tageskurve der Assimilation. Zwischen Assimilationsintensität und Wasserdefizit besteht eine gewisse Korrelation (UNGERSON und SCHERDIN 1962).

Radiometrische Assimilationsuntersuchungen in großen Höhen führte GANGOLEVA (1962) im östlichen Pamir zwischen 2300 und 4780 m durch. Mit dem Anstieg machte sich bis 3860 m eine deutliche Zunahme der Assimilationsintensität geltend, höher oben aber änderte die Assimilation nur noch sehr wenig; bei einigen Arten war sogar eine Abnahme der Intensität festzustellen. Die verschiedenen Arten zeigten bedeutende Unterschiede. Der *Potentilla pamiroalaica* mit einem Maximum von 86 steht *Swertia marginata* mit einem Maximum von 209 $CO_2$ mg/g stündlicher Trockensubstanz gegenüber.

Zur einwandfreien Messung der Photosynthese gehört aber eine komplizierte Apparatur, wie sie STOCKER und VIEWEG (1960) beschrieben haben.

Eine moderne Zusammenfassung der Assimilationsverhältnisse gibt das Handbuch der Pflanzenphysiologie, Band V (TRANQUILLINI, HUBER, STOCKER, PISEK, STÅLFELT u. a.), auf das verwiesen sei.

**Jahresperiode der Assimilation.** Untersuchungen über die Assimilation alpiner Zwergsträucher in ihrer natürlichen Vergesellschaftung bei

1900 m, wenig oberhalb der Waldgrenze bei Innsbruck, im Zusammenhang mit Messungen des osmotischen Wertes, des Wassergehaltes und der Transpiration hat CARTELLIERI (1935) während mehr als einem Jahr durchgeführt. Die Assimilation setzt morgens schon bei tiefer Temperatur und wenig Licht merklich ein. Um die Mittagszeit sinkt die $CO_2$-Aufnahme fast aller Arten auch bei klarem Himmel etwas ab, was vielleicht mit dem von GUT festgestellten mittäglichen Kohlensäureminimum zusammenhängt. Die maximalen Assimilationswerte wurden in der ersten Septemberhälfte bei untermaximalem Licht erreicht. Im Spätherbst halten sich die Assimilationswerte ziemlich unverändert, bis stärkere Kälteeinbrüche erfolgen, welche Assimilation und Wasserabgabe herabsetzen. Im Winter sind die Wasserverluste aus dem gefrorenen Boden nicht ersetzbar, die Spaltöffnungen bleiben daher geschlossen und es

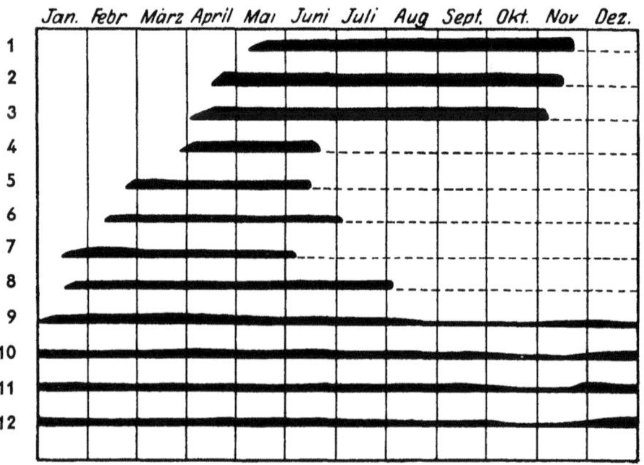


Abb. 313. Assimilationsperiode typischer Arten des englischen *Quercus robur*-Waldes (nach SALISBURY)

| | | |
|---|---|---|
| *1 Quercus robur* | *5 Arum maculatum* | *9 Primula acaulis* |
| *2 Carpinus betulus* | *6 Scilla nutans* | *10 Ajuga reptans* |
| *3 Corylus avellana* | *7 Ficaria verna* | *11 Galeobdolon luteum* |
| *4 Anemone nemorosa* | *8 Ranunculus auricomus* | *12 Glechoma hederacea* |

wird auch kein $CO_2$ verarbeitet. Etwa Ende März setzt die Assimilation von neuem ein. Sinkt während einiger warmer Tage der osmotische Wert, so nehmen Transpiration und Assimilation langsam zu. Wenig später, ehe die Blattknospen springen (auch schon unter der Schneedecke), haben Transpiration und Assimilation wieder beträchtliche Werte erreicht.

Anders verhält sich, wie TRANQUILLINI (1959) gezeigt hat, die Arve (*Pinus cembra*) im ersten Jugendstadium. Ihre Hochleistungsperiode bei 2070 m im Ötztal wird schon Ende Mai erreicht und dauert bis zum Austreiben der Sprosse im Juli. Das Ende der $CO_2$-Aufnahme wird durch Schneebedeckung oder Bodenfrost im Wurzelbereich der jungen Bäumchen bestimmt.

Die $CO_2$-Tagesausbeute der subalpinen Zwergsträucher scheint, falls sich die Angaben KOSTYTCHEWS und seiner Mitarbeiter bestätigen, beträchtlich hinter derjenigen zentralasiatischer Xerophyten zurückzubleiben. Die maximale Flächenassimilation ergibt ungefähr dieselben Werte wie bei den Immergrünen der algerischen Sahara und der Mittelmeerländer, bei krautigen Arten der Arktis und bei Tropenbäumen!

Wie MILNER, HIESEY und NOBS (1958) hervorheben, ist aber bei der Auswertung der photosynthetischen Werte stets auch das unterschiedliche Verhalten der klimatischen Rassen in Betracht zu ziehen.

Die Jahresperiode der Assimilationstätigkeit im *Quercus robur*-Wald hat SALISBURY (1925) graphisch dargestellt. Er unterscheidet vier jahreszeitliche Entwicklungsstufen oder Typen.

Einen Vorfrühlingstypus, von Februar bis Juni assimilierend (*Ranunculus, Ficaria, Anemone nemorosa, Corydalis* usw.); einen sommergrünen Typus, den ganzen Sommer hindurch assimilierend; einen wintergrünen Typus, das ganze Jahr hindurch assimilierend (*Galeobdolon, Ajuga reptans* usw.); und einen immergrünen Typus (*Hedera, Vinca* usw.) (Abb. 313). Der Vorfrühlingstypus entspricht dem Frühjahrsaspekt, während der sommergrüne Typus den Sommeraspekt und der wintergrüne den Winteraspekt bedingen. Den Trennungsstrich zwischen Frühjahrs- und Sommeraspekt zieht die eintretende Belaubung. Die unbelaubte „Lichtphase" genießt eine Lichtintensität von 40 bis 60%, mit der Belaubung fällt die Intensität im Sommeraspekt oft auf unter 1% des relativen Lichtgenusses.

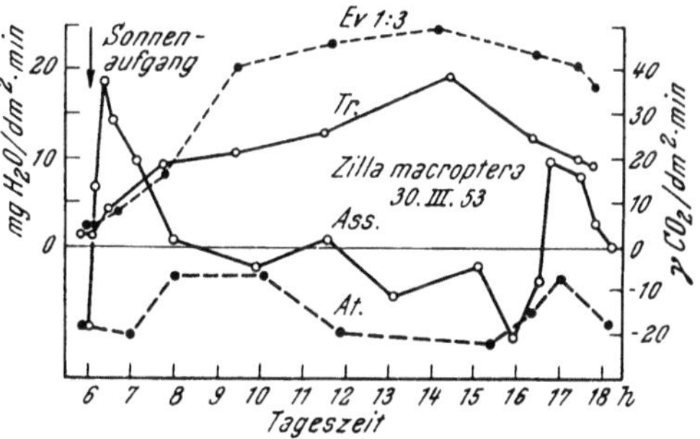


Abb. 314. Tagesgang des Assimilationsüberschusses (*Ass.*), der Dunkelatmung (*At.*), der Transpiration (*Tr.*) und der Evaporation (*Ev.*, im Maßstab 1:3) bei *Zilla macroptera*. Trockene Lehmwüste bei Beni-Ounif im März. Alle Werte sind auf die Gesamtfläche (Ober- und Unterseite) bezogen (nach STOCKER 1954)

In der Garrigue bei Narbonne hat ECKARDT zu verschiedenen Jahreszeiten und stets bei wolkenlosem Wetter Tageskurven gewonnen. Während der Frühjahrsregenzeit (Ende Mai) ergaben die xeromorphen Arten des *Rosmarino-Lithospermetum, Rosmarinus officinalis* und *Staehelina dubia* durchaus regelmäßig und geradlinig ansteigende Tageskurven; etwas weniger xerische Arten, wie *Teucrium flavum, Coronilla glauca* und auch *Bupleurum fruticosum*, zeigten dagegen schon vormittags einen raschen und deutlichen Transpirationsabfall.

Zur Zeit der Sommerdürre wurde auch hier allgemein fast nur frühmorgens assimiliert.

Die Arbeiten über Photosynthese der Steppen- und Wüstenpflanzen sind seit ILJIN (1915), HARDER, FILZER, LORENZ (1931) von mehreren russischen Autoren verfolgt und kürzlich von STOCKER (1960) übersichtlich zusammengefaßt und an Hand eigener eingehender Untersuchungen in der Sahara kritisch beleuchtet worden. Für die Wüste sehr charakteristisch erscheint der bei Sonnenaufgang ganz plötzlich eintretende Assimilationsanstieg, wie er aus Abb. 314 ersichtlich ist.

Erwünscht wären Assimilationsspektren verschiedener Assoziationen.

## C. Wettbewerb

Der Kampf der Pflanzen und Pflanzengesellschaften um die Selbstbehauptung, um Raum, Licht und Nahrung wird zunächst sichtbar in Arten- und Individuenverschiebungen, welche zu Änderungen des

Abb. 315. Innenwettbewerb. *Pinus laricio* von fünf jüngeren Buchen umwachsen und bedrängt im korsischen Gebirgswald (Aufn. JANSEN, Exkurs. S.I.G.M.A.)

herrschenden Artengleichgewichts, zu Verschiebungen der Gesellschaftsgrenzen und schließlich zum Ersatz der einen durch eine andere Gesellschaft führen (s. Sukzession, S. 627).

Man hat zu unterscheiden zwischen Innenwettbewerb, der sich innerhalb der ausgeglichenen Gesellschaft ohne nennenswerte Standortsveränderungen abspielt, und Vegetationsumstellungen, die auf deutliche Änderungen im abiotischen Oekosystem zurückzuführen sind.

Änderungen im Standortskomplex lösen die Vegetationssukzessionen aus, die von einer zur andern Pflanzengesellschaft hinleiten. Aber auch die internen Umstellungen in der Artenkonstellation, bedingt durch

Lebensäußerungen der Gesellschaftsglieder, können schließlich Vegetationsänderungen zur Folge haben; eine scharfe Grenze zwischen beiden existiert nicht.

Der Wettbewerb gelangt entweder rein mechanisch zum Austrag, durch Verdrängen, Überwachsen oder Erdrücken des Schwächeren durch den Stärkeren (Abb. 315); dies ist die Regel bei seiner einfachsten Form,

Abb. 316. Wurzelkonkurrenz zwischen Arve und Lärche auf einem flachgründigen Gletscherrundhöcker am Morteratschgletscher, 2000 m (Aufn. JANSEN)

der Konkurrenz zwischen den Individuen derselben Art; oder die standortsklimatischen und Bodenverhältnisse werden durch die Vegetation selbst verändert, was auf die Kampfkraft der einzelnen Bewerber rückwirkt, sie erhöht oder herabsetzt (Abb. 316, 7).

**Stabile und unstabile Gesellschaften.** In gestörten, unstabilen und in Kulturgesellschaften läßt sich der Ersatz einer Art durch eine andere oder durch mehrere Arten unschwer verfolgen; die Ursachen, wenn nicht ohne weiteres ersichtlich, sind der Untersuchung leicht zugänglich.

Nicht so in den stabilisierten, natürlichen oder halbnatürlichen Gesellschaften. Die ausgeglichene, mit den Außenfaktoren im Einklang stehende Vegetation besitzt ein ausgeprägtes Beharrungsvermögen, das sich gesellschaftsfremden Elementen gegenüber abweisend verhält (s. S. 564).

Ähnliches gilt für manche Tiergesellschaften. Ein Zoologe, H. FRANTZ (1953), schreibt von hochstabilen natürlichen Lebensgemeinschaften:

„Wird ihre Struktur durch äußere Einflüsse gestört, dann stellen sie diese oder eine andere in kurzer Zeit wieder her. Es tritt ein, was man die Selbstregulierung des biologischen Gleichgewichtes innerhalb der Lebensgemeinschaften nennt“ (l. c. S. 34).

Innerhalb einer stabilisierten Dauergesellschaft können klimatisch bedingte Periodizitäts- und Mengenschwankungen zur Hemmung oder

Abb. 317. *Carax rufina*-Rasen mit peripherem Ausbreitungsvermögen als Erstbesiedler eines Polygonschneebodens im norwegischen Gebirge bei Voss, 1300 m (Aufn. J. Lid)

zum Ausbleiben der einen, oder zum reichen Auftreten einer andern Art führen (s. S. 514). Der Artenbestand der Gesellschaft wird jedoch hierdurch kaum gestört, solange die Vegetation sich selbst überlassen bleibt; sie reagiert hingegen aufs empfindlichste auf jeden anthropozooischen Eingriff.

**Wettbewerb zwischen Individuen derselben Art.** Der Kampf zwischen Individuen derselben Art ist am heftigsten im Keimlingsstadium bei dichtem Individuenschluß und hoher Soziabilität. Erstansiedler sind gegenüber späteren Ankömmlingen im Vorteil, schon bewurzelte und samentragende oder sich vegetativ ausbreitende Individuen gegenüber ihrer Nachkommenschaft (Abb. 317). Beim Wettbewerb der Individuen wird der Ausgang ganz wesentlich von der Keimkraft und der beschleunigten Samenkeimung beeinflußt. Die Erstgekeimten behaupten in der Regel ihren Vorsprung und übernehmen die Vorherrschaft.

Zur Einschätzung der Konkurrenzfähigkeit einer Art ist daher stets auch den Fortpflanzungs- und Ausbreitungsbedingungen Rechnung zu tragen. Je dichter die Besamung und je größer die zeitlichen Unterschiede im Aufgehen der Samen, um so eher haben die erstgekeimten Individuen Aussicht, den Platz zu behaupten.

Ein Meterquadrat der *Suaeda maritima-Kochia hirsuta*-Assoziation auf Molluskendünen an den Lagunen bei Montpellier enthielt Anfang

Abb. 318. *Arthrocnemetum* gegen stark versalzte Bodensenken vegetativ vordringend (Aufn. P. MEYER)

Mai rund 2000 ein bis drei Zentimeter hohe Keimlinge der einjährigen *Suaeda*; im Spätherbst war ihre Zahl auf 6 bis 8 fruchttragende Pflanzen zusammengeschmolzen, welche die ganze Fläche überdeckten.

Ähnlich verhält sich *Salsola kali* (s. S. 310).

Im *Agropyretum mediterraneum* des Sandstrandes zählten wir auf einem Quadratmeter 3400 Keimpflanzen von *Salsola kali* eng zusammengedrängt; ein einziges ausgewachsenes Individuum der Art kann einen Durchmesser von mehr als einem Meter erreichen. Die Jugendsterblichkeit ist außerordentlich groß.

SALISBURY (1929) erwähnt als Beispiel ein Individuum von *Verbascum thapsus*, das etwa 700000 Samen produzierte, von denen 88% lebensfähig waren und keimten. Von den 600000 Keimpflanzen blieben aber nach sechs Monaten im Umkreis von 10 m von der Mutterpflanze nur noch 108 übrig.

Um Individuen-Wettbewerb handelt es sich auch bei manchen Waldgesellschaften. Als eine seiner sinnfälligsten Äußerungen ist die natürliche Durchlichtung des Waldes zu betrachten. MOROSOW (1920) zählte auf einem Hektar Land 1048660 zehnjährige Buchen. Im fünfzigjährigen Reinbestand lebten auf derselben Fläche noch 4460, im hundertzwanzigjährigen aber bloß noch 509 Stämme. Der dichtgeschlossene Herdenwuchs gestattete somit nur einer von rund 2000 jungen Buchen, sich voll zu entfalten. Nach CAJANDER (1925) benötigt die fünfzigjährige Kiefer in

Abb. 319. Buchenklimax in eine absterbende Kiefernpflanzung am Aigoual, 1300 m, vordringend (Aufn. BOLAÑOS u. BR.-BL.)

Finnland einen Standraum von 2 qm, im Alter von 75 Jahren benötigt sie 3,8 qm, mit 125 Jahren 11 qm und mit 150 Jahren 15 qm. Auf einer gegebenen Fläche kann daher nur eine bestimmte Höchstzahl vollentwickelter Individuen einer Art ihr Auskommen finden.

Die Reaktion der Pflanzendecke auf bestimmte, unschwer beeinflußbare Standortsfaktoren beschäftigt vor allem die angewandte Botanik, Futterbau, Land- und Forstwirtschaft. Dem menschlichen Dirigismus unterliegende Kulturbestände sind auch der kausalen Untersuchung zugänglicher als die vom Menschen wenig oder nicht berührten Gesellschaften.

**Beeinflussung des Wettbewerbs.** Durch künstliche Eingriffe, wie Aussaat, Düngung, Mahd, Weide, Durchforstung usw., kann die Lebenskraft der einzelnen Arten und auch die der Gesellschaften weitgehend und auf sehr verschiedene Weise beeinflußt werden. Jedem Landwirt geläufig sind die abweichenden Vitalitätsänderungen von Arten und Artgemischen nach Zugabe verschiedenartiger Düngstoffe.

Der gewiegte Forstmann soll das Resultat seiner waldbaulichen Eingriffe auf Gedeihen und Ertrag der konkurrierenden Holzarten voraussehen können. Daß allerdings die Rechnung nicht immer stimmt, zeigt Abb. 319.

Schwieriger ist der Einblick in das Zusammenspiel der im natürlichen Verband lebenden Sträucher, Kräuter und Kryptogamen, die sich in den Lebensraum teilen und von der gleichen Nahrung zehren.

Welches sind die Begünstigten; wie verhalten sich die einzelnen Arten zueinander? Experimente hierüber stecken noch in den Anfängen.

Wird eine Pflanze aus ihrer natürlichen Vergesellschaftung herausgerissen, so wickelt sie auch ihre Lebensprozesse verschieden ab; jede Art reagiert spezifisch.

Boysen-Jensen hat für die Assimilationsgröße der Senfpflanze bei künstlicher, dichter Aussaat und in einer natürlichen Pflanzengesellschaft ganz verschieden geartete Kurven erhalten, und die Untersuchungen über die Hydratur südfranzösischer Holzgewächse ergeben für ein und dieselbe Art in verschiedenen Pflanzengesellschaften stark abweichende Werte (s. S. 543).

**Artenkonkurrenz in Kultur- und Unkrautbeständen.** Untersuchungen über die Konkurrenzkraft in Arten-Reinkulturen und in Mischkulturen mehrerer Arten unter gleichzeitiger Kontrolle der klimatischen und edaphischen Bedingungen sind erstmals von Clements (1907, S. 260) ausgeführt worden. Doch hatte schon viel früher Bonnier (C. R. Soc. Biol. Paris, 40, 1888) die Ausbreitungsfähigkeit von Flechten auf Kosten von Moosen studiert, ein Thema, das später von Mc Whorter (Bot. Gaz. 72, 5, 1921) wieder aufgegriffen worden ist (s. auch S. 585).

Sukatschew (1928) stellte fest, „daß die intensiven phytosozialen gegenseitigen Wirkungen, die als Folge der Annäherung der kultivierten Individuen [verschiedener Rassen von *Taraxacum officinale*] auftreten", die relative Standfestigkeit der einzelnen Biotypen im Kampf ums Dasein vollständig verändern.

Varma (1938) gibt Sterblichkeitskurven von *Silene-*, *Papaver-* und *Hypericum*-Arten in Rein- und Mischkulturen. Es zeigte sich, daß gewisse Pflanzen besser in Rein- als in Mischkulturen gedeihen und daß sich das Verhalten einer Art im Wettbewerb mit verschiedenen Arten ändert.

**Artenkonkurrenz in Kunstwiesen.** Große praktische Bedeutung erlangt der Artenwettbewerb bei der Anlage von Kunstwiesen. Der gegenseitigen Beeinflussung der Arten muß schon bei der Samenmischung Rechnung getragen werden.

Während der Mensch Reinkulturen weitgehend in seiner Hand hat und sie durch seine Eingriffe in verschiedener Richtung zu beeinflussen imstande ist, stellen sich der rationellen Beeinflussung von Mischkulturen noch große Schwierigkeiten entgegen. Experimentelle Studien über die Konkurrenzkraft schweizerischer Wiesengräser sind von CAPUTA (1948) ausgeführt worden.

Er untersuchte, wie sich die Wiesenfutterpflanzen untereinander in bezug auf Ertrag, Bestockung und Abgang beeinflussen, wenn sie unter gleichen Bedingungen kultiviert werden.

Auseinanderzuhalten sind Konkurrenzfaktor (Eigenschaften, die die Entwicklung der Art bestimmen) und Konkurrenzkraft, durch die Umweltbedingungen veränderter Konkurrenzfaktor. Diese Konkurrenzkraft wird zu bestimmen versucht.

Vorderhand muß man sich allerdings damit begnügen, die Konkurrenzkraft einer einzigen Art gegenüber einer andern zu ermitteln; CAPUTA berechnet sie nach dem Gewichtsverhältnis der Grünerträge der beiden konkurrierenden Arten während der beiden ersten Jahre (A + B = Konkurrenzkraft).

Er unterscheidet sieben Grade der Konkurrenzkraft:

—3 vollständig unterdrückt bis verdrängt,
—2 stark unterdrückt,
—1 schwach unterdrückt,
0 mehr oder weniger harmonisch wachsend,
+1 schwach unterdrückend,
+2 stark unterdrückend,
+3 vollständig unterdrückend bis verdrängend.

Die erhaltenen Zahlen haben natürlich nur Vergleichswert. Für die untersuchten Arten ergaben sich folgende Leistungsfaktoren und Konkurrenzzahlen:

Tabelle 71

| | Leistungs-faktor | Konkurrenz-zahl |
|---|---|---|
| *Medicago sativa* | 1,65 | 4 |
| *Lolium italicum* | 1,15 | 4 |
| *Trifolium pratense* | 1,00 | 3 |
| *Lolium perenne* | 0,90 | 3 |
| *Arrhenatherum elatius* | 0,85 | 3 |
| *Lotus corniculatus* | 0,85 | 2 |
| *Dactylis glomerata* | 0,55 | 2 |
| *Phleum pratense* | 0,40 | 1 |
| *Trifolium intermedium* | 0,45 | 1 |
| *Festuca pratensis* | 0,40 | 1 |
| *Trisetum flavescens* | 0,35 | 1 |

Die Arbeit beleuchtet die großen Schwierigkeiten, die der experimentellen Fassung des Konkurrenzfaktors entgegenstehen, selbst dann, wenn das Problem auf seinen einfachsten Nenner gebracht wird.

**Untersuchungen in Nordamerika.** Untersuchungen großen Stils über Wettbewerb und Kampfkraft der Arten haben CLEMENTS, WEAVER und HANSON (1929) mit großen Hilfsmitteln in den Vereinigten Staaten unternommen.

Ihre Arbeit, teils unter natürlichen Bedingungen, teils im Grünhaus durchgeführt, erstreckt sich allerdings nur über die Dauer von vier Jahren.

Zur Ermittlung der Kampfkraft zweier Arten wurden im Grünhaus quadratische Erdblöcke mit den zwei Arten besät, deren gegenseitiges Verhalten studiert werden sollte. Kurz nach der Keimung wurden die Blöcke in die natürliche Vegetation eingepflanzt und ein Netzquadrat aus Eisendraht darüber gespannt. Die weitere ober- und unterirdische Entwicklung der zwei Arten verfolgte man während vier Sommern und maß gleichzeitig auch die einwirkenden Klimafaktoren. Die Untersuchung der Bewurzelung geschah durch Bodeneinschnitte.

Auf diese Weise konnte das Verhalten zahlreicher Artenpaare im gegenseitigen Wettbewerb um Raum und Nahrung, unter Ausschluß dritter Arten, verfolgt werden.

Ähnliche Aussaat- und Einpflanzungsexperimente im Kontaktgebiet zwischen Prärie und Wald sollten Aufschluß erteilen über die Wuchs- und Konkurrenzverhältnisse von Bäumen und Sträuchern einerseits und Gräsern anderseits.

Trotz der ungemein mühsamen, zeitraubenden Arbeit, die außer zahlreichen Mitarbeitern auch ein kostspieliges Instrumentarium erforderte, sind die Ergebnisse verhältnismäßig bescheiden. "Competition is purely a physical process" it "arises from the reaction of one plant upon the physical factors about it and the effect of these modified factors upon its competitors" (l. c. S. 316).

Diese Überschätzung der physikalischen Faktoren ist bei der kurzen Untersuchungsdauer erklärlich, machen sich doch vegetationsbedingte Bodenänderungen erst im Verlaufe längerer Zeitspannen geltend.

**Pflanzensoziologisches Experiment.** Zur Lösung von Konkurrenzfragen zwischen Kulturgewächsen und Unkräutern leistet das pflanzensoziologisch gerichtete Experiment, wie es bei der Untersuchung der Unkrautgesellschaften Deutschlands namentlich von Tüxen („Angewandte Pflanzensoziologie", viele Arbeiten), Ellenberg (1950, 1952, 1954), Knapp (1953, 1954, 1961) durchgeführt worden ist, die besten Dienste.

Knapps „Experimentelle Soziologie der höheren Pflanzen" (1954) vermittelt nebst umfangreichen Literaturangaben einen guten Überblick. Die Arbeit enthält auch manche Hinweise auf das soziologische Verhalten und den Wettbewerb der Arten innerhalb natürlicher Gesellschaften. Die experimentellen Wettbewerb-Untersuchungen beziehen sich allerdings fast durchweg auf Kunstbestände oder künstlich gestörte Gesellschaften und auf den Forstbetrieb, der in erster Linie die Produktivität der Baumarten im Auge hat.

Bei Kulturen im Versuchsgarten ergab sich, daß der von einer Art erreichte Deckungsgrad in erster Linie von der Konkurrenzkraft der andern auf derselben Parzelle wachsenden Art abhängt (Knapp und Thyssen 1952).

**Wettbewerb in natürlichen Pflanzengesellschaften.** Beim ungestörten

Zusammenleben der Gewächse im natürlichen Rahmen ist ihr ökologisches Verhalten prinzipiell anders als beim Experiment im Versuchsfeld, wo eine oder wenige Arten begünstigt, die übrigen dagegen zurückgehalten oder ausgeschaltet werden können und wo man die Dosierung der Standortsfaktoren weitgehend in der Hand hat.

In Felsschutt- und Mauergesellschaften, aber auch in andern standörtlich stark spezialisierten Assoziationen kann von Artenkon-

Abb. 320. Initiale Dauergesellschaft (*Polypodietum serrati*) in Spalten des Jurakalks bei Montpellier (Aufn. H. MEYER)

kurrenz kaum die Rede sein, da sich hier in der Regel von vornherein die standortsgemäßen Arten festsetzen und der verfügbare Raum oft nicht vollständig ausgenutzt wird (Abb. 320).

Im *Polypodietum serrati* der schattigen Kalkfelsen Südfrankreichs herrscht als dominierende Kennart *Polypodium serratum* nahezu konkurrenzlos (von Moosen abgesehen) und ändert, einmal herrschend, den Besitzstand kaum, jedenfalls nicht innerhalb eines Menschenalters.

Weit zurückreichende Beobachtungen im *Parietarietum diffusae* der Straßenmauern von Montpellier ergeben ein dauernd starkes Überwiegen der dominierenden nitrophilen *Parietaria diffusa*, der sich wenige Arten (*Linaria cymbalaria*, *Erigeron karwinskyanus*, *Umbilicus pendulinus*) und einige Zufällige beimischen. Intensive Belichtung bei schwächerer Nitratzufuhr führt zur absoluten Dauerherrschaft von *Phagnalon sordidum*.

In mehrschichtigen Gesellschaften tritt die stufenweise Steigerung des „struggle for life" der Arten deutlich hervor und ist bei jeder natürlichen und künstlichen Bewaldung unschwer festzustellen.

**Konkurrenzkraft.** Eine kurze Zusammenfassung über die quantitativen Methoden zur Bestimmung der Konkurrenzkraft gibt Bornkamm (1961). Neben der relativen Wüchsigkeit, d. h. der Gesamtproduktion, stellt er die „Wettbewerbsspannung", das Verhältnis der Zahl von kampfstarken dominierenden Arten zur Gesamtartenzahl, als Maß zur Bestimmung der Konkurrenzkraft in den Vordergrund.

Wie weit dies für Kulturen mit ihrem Unkrautbestand zutrifft, sei dahingestellt. In der freien Natur dürfte die relative Wüchsigkeit

$$W = \frac{\text{Trockensubstanzproduktion je Individuum der Art A}}{\text{Trockensubstanzproduktion je Individuum der Art B}}$$

weniger in Betracht fallen als die durch Lebensform, Vitalität und Samenproduktion beeinflußte Wuchsenergie der Konkurrenten (s. Brougham 1962).

Da der Bestimmung der Konkurrenzkraft am natürlichen Standort große Schwierigkeiten entgegenstehen, ist es verständlich, daß hierüber noch manche Unklarheit herrscht. Um einwandfreie Resultate zu erhalten, müssen sich die Experimente über längere Zeitspannen erstrecken. Auch ist der verwickelte Faktorenkomplex schwer zu entwirren, und es spielt die gegenseitige Artenbeeinflussung stets in den Versuch hinein.

Die Pflanzengesellschaft ist eben keine einfache Funktion ihrer anorganischen Umwelt und des physiologischen Verhaltens der gegebenen Arten, sondern zugleich das Ergebnis einer schwer übersehbaren Auseinandersetzung zwischen diesen (Ellenberg 1960).

Es kann sich also vorderhand nur darum handeln, das unterschiedliche Verhalten der Gesellschaftsglieder bestimmten, als ausschlaggebend erkannten ökologischen Faktoren (Minimumfaktoren) gegenüber festzustellen und ihre Wüchsigkeit und Konkurrenzkraft danach einzuschätzen.

Ein besonders wichtiger Minimumfaktor ist die anthropo-zoogene Beeinflussung, die über den Wohnbereich des Menschen hinausreicht.

Das Grasland der isolierten, halbwegs zwischen Neuseeland und der Antarktis gelegenen artenarmen Marquarie-Insel, eine geschlossene *Poa foliosa*-Gesellschaft, wurde durch die um 1880 eingeführten Kaninchen sehr stark geschädigt. Wohl kommen in den durch den Fraß entstandenen Rasenlücken fremde Neuansiedler auf, da aber kampfkräftige sogenannte Pufferarten in der Flora fehlen, stellen sich der

Wiederberasung unüberwindliche Schwierigkeiten entgegen, und selbst bei geringer Neigung wird der Boden abgetragen (Costin und Moore 1960).

Unter natürlichen Verhältnissen ist dem Konkurrenzproblem am ehesten in artenarmen, besonders in Therophytengesellschaften beizukommen, oder indem man sich auf die wenigen, besonders wichtigen Arten der Baum- oder Strauchschicht beschränkt.

Abb. 321. *Xerobrometum raeticum stipetosum capillatae* mit *Andropogon ischaemum*, graubündnerisches Rheingebiet (Aufn. Steinmann)

Als Vergleichsbasis kann mit Knapp und Thyssen (1952) die Massenproduktion angenommen werden, worunter allerdings nicht nur, wie im Forstbetrieb, die Holzmasse zu verstehen ist.

Auch darf nicht vergessen werden, daß der Ausgang des Kampfes ebensosehr von der Lebensenergie, der Vermehrungs-, Fortpflanzungs- und Ausbreitungsfähigkeit (Horst- und Herdenbildung, Polykormie) und vom Vermögen, den einmal besetzten Platz dauernd zu halten, abhängt. Am ehesten haben Läuferpflanzen und Rhizomgeophyten Aussicht, in stabilisierte Gesellschaften einzudringen und sich zu behaupten. Wir erinnern an *Cynodon dactylon* oder an *Spartina townsendi*, welcher Rhizomgeophyt in mehreren Halophytengesellschaften der Normandie im Vordringen begriffen ist (s. S. 578). Dichthorstige *Carex-*, *Festuca-*, *Andropogon-*, *Stipa-* oder aber teppichbildende Arten sind vorzüglich befähigt, Konkurrenten auszuschalten und ausgedehnte, artenarme Bestände zu schaffen (s. Abb. 321).

Morphologisch-ökologische Plastizität (*Pinus silvestris*, *Cynodon dactylon*, *Brachypodium ramosum*, *Nardus stricta*, *Polygonum amphibium*, *Hedera helix*, *Calluna* usw.) kommt den Pflanzen im Lebenskampf zustatten. Ökologisch (aber nicht morphologisch) äußerst plastisch ist der Kosmopolit *Phragmites communis*, der im Brackwasser der südeuropäischen Küsten, in Zentralasien und Südafrika ebensowohl gedeiht, wie in den kalten Wiesenmooren der Voralpen, unter dem ewig feuchten atlantischen Himmel und im finnischen Seengebiet.

WATT (1955) hat für *Calluna* und *Pteridium vulgare* nachgewiesen, daß die erhöhte Konkurrenzkraft dieser Arten mit ihrer optimalen Leistungsfähigkeit zusammenfällt; bei älteren und jüngeren Pflanzen macht sich mit abnehmender Triebdichtigkeit auch eine Verringerung der Konkurrenzkraft geltend.

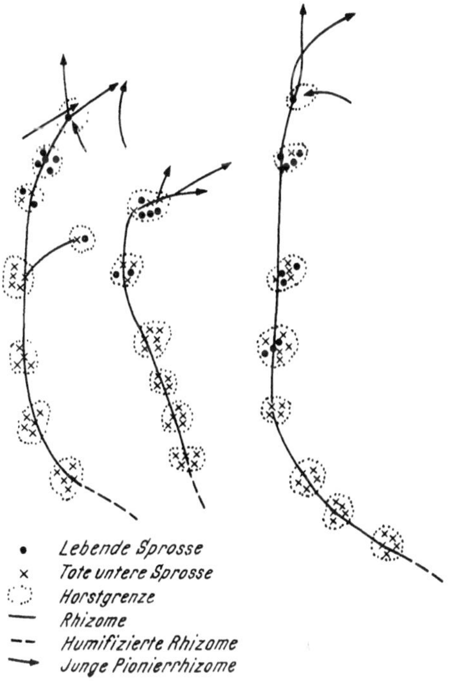

Abb. 322. Rhizomsysteme von *Calamagrostis neglecta* (nach KERSHAW 1962)

**Einschätzung der Konkurrenzkraft.** Die Erfassung und zahlenmäßige Einschätzung der Konkurrenzkraft in natürlichen ungestörten Gesellschaften kann am ehesten, wie S. 567 erwähnt, anthropozooischen Einflüssen gegenüber, deren Dosierung man in der Hand hat, oder in gestörten Gesellschaften verfolgt werden. An Beispielen über den selektiven Einfluß von Beweidung, Düngung, Mahd, Tritt, Bewässerung, Brand, Holznutzung, usw. auf das Artengefüge fehlt es nicht (s. S. 481 bis 494).

Die Konkurrenzkraft der Arten im Rahmen einer bestimmten Gesellschaft kann nach der ober- und unterirdischen Stoffproduktion eingeschätzt werden. Sie ist aber stark vom Klimaverlauf abhängig.

ZAKARYAN (1930) verfolgte das gegenseitige Verhalten einiger Salsolaceen innerhalb Kleinquadraten während eines Jahres. Jede Woche wurden Sproßzählungen vorgenommen und gleichzeitig Temperatur und Niederschlag gemessen.

Untersucht wurden die Dominanzverhältnisse von *Salsola crassa*, *Salsola soda*, *Petrosimonia brachyata*, *Atriplex incisa*, *Bassia hyssopifolia*, *Suaeda splendens*, *Suaeda altissima*, und zwar sowohl in Rein- als in Mischbeständen. Die vom Frühling gegen den Sommer hin ansteigende Salzkonzentration des Bodens schädigt alle Arten, aber im Kontakt mit

*Salsola crassa* und *Suaeda splendens* gelangt die üppig wachsende *Petrosimonia brachyata* zur Herrschaft und unterdrückt ihre Mitbewerber; dasselbe gilt für *Salsola crassa* gegenüber *Salsola splendens*.

Kershaw (1962) befaßte sich mit dem Leistungspotential verschiedener Arten in der *Rhacomitrium canescens*-*Carex bigelowii*-Tundra Islands. Die Rhizome von *Carex bigelowii* und *Calamagrostis neglecta*

Abb. 323. *Quercus robur* optimal im *Querco-Carpinetum bessarabicum* nördlich Cernowitz (Aufn. Topa)

zeigen zeitlich abgegrenzte Sproßanhäufungen, von welchen zahlreiche Sprößlinge ausgehen, die zur Raumbeanspruchung der Art beitragen. Das *Calamagrostis*-Rhizom kann bis Meterlänge, sein Jahreszuwachs bis 20 cm erreichen (Abb. 322).

Die Kampfkraft der Arten ändert sich mit der Gesellschaft. Die Art ist dort am leistungsfähigsten, die Samenbildung dort am reichlichsten und die Keimkraft der Samen dort am höchsten, wo sich die Pflanze im Lebensoptimum befindet (Abb. 323). Dies kann wohl, braucht aber nicht mit der von ihr bevorzugten Pflanzengesellschaft zusammenzufallen, weil dort unter Umständen der Konkurrenzfaktor Entwicklung und Wüchsigkeit behindert (s. S. 568).

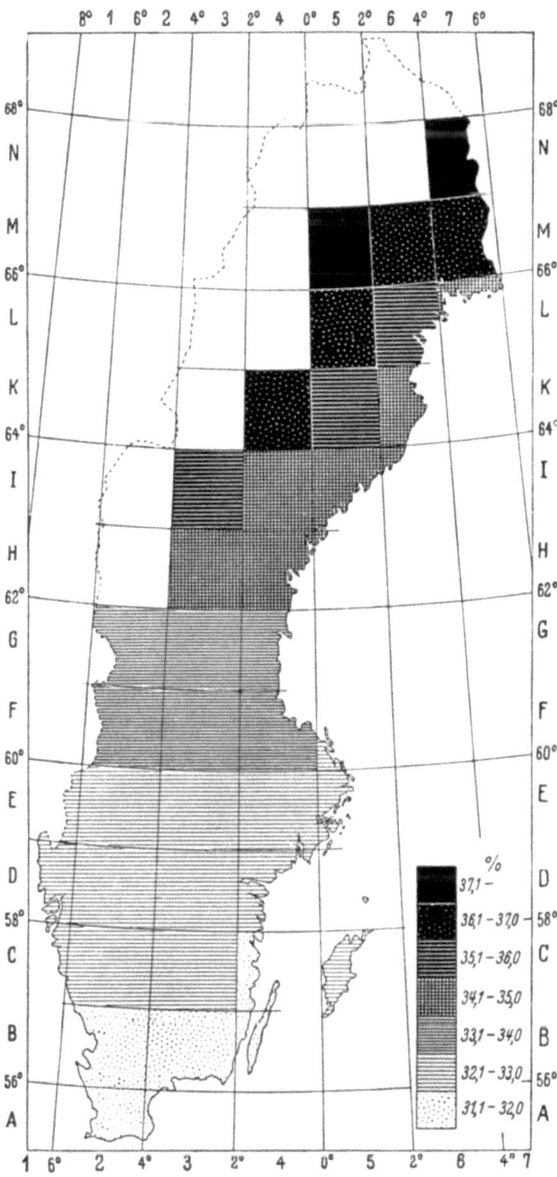


Abb. 324. Trockensubstanzgehalt in Kiefernsämlingen, aus Samen von etwa 580 verschiedenen Orten in Schweden. Parallel zum Trockensubstanzgehalt verändern sich Kälteresistenz, Zuwachsgeschwindigkeit, Anfälligkeit gegen Parasiten usw. (nach LANGLET)

**Ökologisches Optimum.** Daß das physiologische nicht unbedingt mit dem ökologischen Optimum im natürlichen Gesellschaftsverband übereinstimmt, geht u. a. aus den S. 580 erwähnten Experimenten hervor. Dieses Optimum ist nicht nur von Art zu Art verschieden, sondern auch innerhalb der Art nach dem Ökotypus oder der Rasse.

Verschiedene Ökotypen können sich wichtigen Minimumfaktoren gegenüber sehr verschieden verhalten, was wieder auf die Konkurrenzkraft rückwirkt.

Hierfür liefert namentlich die forstliche Literatur zahlreiche Beispiele. Bekannt sind LANGLETS klassische Untersuchungen über die Rassen von *Pinus silvestris* (1935). Die physiologischen Eigenschaften der Kie-

Abb. 325. *Juniperus phoenicea* polsterwüchsig im *Junipero-Cistetum palhinhae* am windoffenen Cabo de São Vicente, Südportugal (Aufn. MYRE, PINTO DA SILVA u. FONTES)

fernrassen, wie Kälteresistenz, Zuwachs, Widerstandskraft gegen Parasiten, sind sehr verschieden und ändern im Fortschreiten von Süden gegen Norden gleichsinnig mit dem Trockensubstanz -und dem Zuckergehalt der Keimlinge. Diese im Wettbewerb der Rassen wichtigen Eigenschaften sind erblich fixiert. Nachkommen der nördlichsten Rasse in Fennoskandien hatten einen Trockensubstanzgehalt von 40%, gegenüber 27% solcher aus Nordspanien (Abb. 324).

Nach H. MAYER (1961) ist der Hochlagenökotyp von *Larix decidua* im *Piceetum subalpinum* der Berchtesgadener Kalkalpen extrem lichtbedürftig, langsamwüchsig, relativ krebsanfällig, dickborkig und starkastig. Der Tieflagen-Ökotyp der Lärche im *Abieti-Fagetum* dagegen ist weniger lichtbedürftig, raschwüchsig, weitgehend krebsresistent, dünnborkig und feinastig.

Ein weiteres frappantes Beispiel ist die kriechende Form des *Juniperus phoenicea* im *Junipero-Cistetum palhinhae* der südportugiesischen Küste (Abb. 325).

Im Rahmen ausgeglichener soziologischer Einheiten herrscht in der Regel nicht eine einzige Art unter Ausschluß fast aller übrigen. Gewöhnlich bietet die Pflanzengesellschaft ein buntes Bild verschiedenartiger Lebensformen. Der Grund hierfür liegt nicht so sehr im unendlichen Wechsel der edaphischen Verhältnisse auf kleinstem Raum, wie angenommen worden ist — innerhalb einer homogenen Pflanzengesellschaft können die edaphischen Bedingungen sehr ausgeglichen sein —, als vielmehr im Umstand, daß der Standort ökologisch verschiedene, oft in der Schichtung begründete ,,Lebensorte" einschließt, und es keiner Pflanze gegeben ist, gleichzeitig alle ,,Lebensorte" auszunützen. Die meisten Arten sind vielmehr zeitlich oder örtlich an bestimmte Lebensorte, Boden- und Luftschichten gebunden. Bekannt ist das Beispiel des Buchenwaldes mit den sich folgenden Blüh- und Assimilationswellen der Boden- und Krautschicht (s. S. 509 bis 511). Viele Gesellschaften der Subtropen beginnen ihre jahreszeitliche Entwicklung mit einem Therophytenaspekt, der später von Knollengeophyten-Hemikryptophyten- oder Chamaephytenaspekten abgelöst wird, die sich im Laufe des Jahres auf derselben beschränkten Bodenfläche ablösen.

Je mannigfaltiger die Strukturverhältnisse einer Gesellschaft, desto besser wird der vorhandene Raum ausgenützt, desto größer ist, um mit DARWIN zu sprechen, die auf gleichem Raum verwirklichte Summe des Lebens, desto weniger gelingt es auch gesellschaftsfremden Eindringlingen in ungestörten, stabilisierten Assoziationen Fuß zu fassen.

Die soziologische Stabilität der Waldgesellschaften wird daher vom einsichtigen Forstmann zu erhalten gesucht. In den schweizerischen Mischlaubwäldern beruht sie nicht im absoluten Vorherrschen bestimmter Baumarten, wie etwa Buche oder Hainbuche, sondern in der Artenvielheit (LEIBUNDGUT und LAMPRECHT 1951, S. 4).

**Einsaatexperimente.** Experimente über die Keimung gesellschaftseigener und -fremder Arten sind mehrfach in südfranzösischen Assoziationen durchgeführt worden (s. auch S. 528).

Positive Resultate ergaben Einsaaten von Samen aus der eigenen oder einer soziologisch nahe verwandten Gesellschaft. Die Gesellschaft begünstigt in der Regel die Keimung der eigenen Nachkommenschaft; sie fördert auch das Keimen und Aufkommen von Arten verwandter Gesellschaften, und zwar, wie die Experimente erweisen, um so eher, je näher sich die Gesellschaften stehen; *Anacyclus clavatus* und *Erodium ciconium*, Charakterarten des *Hordeetum leporini*, darin ausgesät, keimten ausgezeichnet und breiteten sich stark aus. Dasselbe gilt für Einsaaten ähnlicher Art in das *Quercetum ilicis galloprovinciale*, das *Therobrachypodion*, das *Aphyllanthion* und *Rosmarino-Ericion*.

Dieselben Samen, in fremde Gesellschaften eingesät, ergaben negative Resultate. Tausende von Samen Einjähriger des *Brachypodietum ramosi*, in das *Rosmarino-Ericion* eingesät, hatten im ersten und zweiten Jahr nach der Einsaat bloß zu etwa 1% gekeimt. Die meisten Keimlinge blieben kümmerlich, sehr wenige brachten es zur Samenreife. Fünf Jahre nach der Einsaat waren alle *Brachypodietum ramosi*-Arten verschwunden.

Die Erklärung für dieses Verhalten dürfte allerdings nicht in Konkurrenzverhältnissen, sondern im Unvermögen, sich mit den ökologisch abweichenden Standortsverhältnissen abzufinden, liegen.

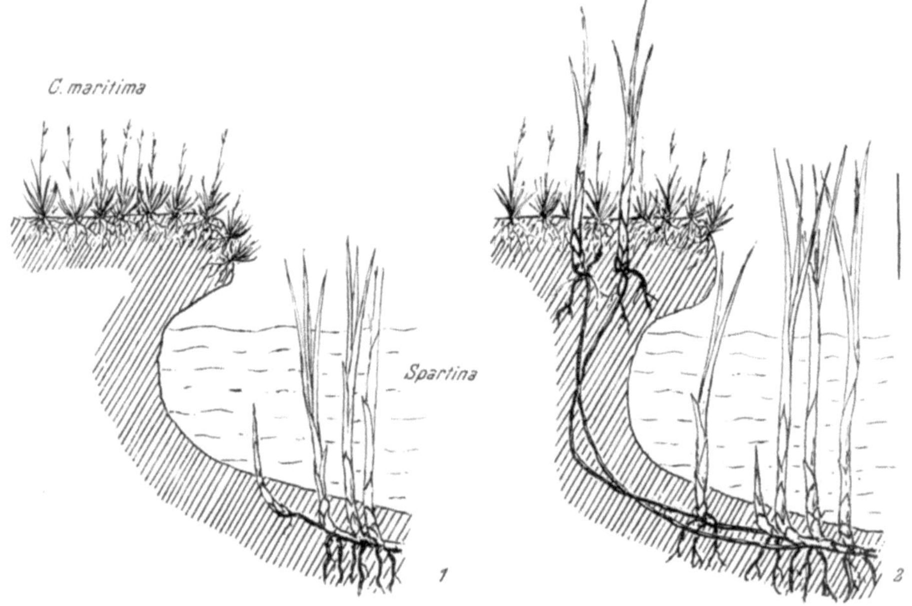


Abb. 326. *Spartina townsendii* in den *Glyceria maritima*-Bestand eindringend (nach TURMEL 1944)

**Kampfkraft ortsfremder Eindringlinge.** Überraschend ist die Ausbreitungsfähigkeit gewisser absichtlich oder unabsichtlich eingeführter anpassungsfähiger Fremdarten von hoher Kampfkraft.

Die plötzliche Invasion eines künstlichen Sees bei Alexandrien durch *Najas armata*, nach schwacher Senkung des Wasserspiegels, beschreibt VOLLENWEIDER (1961).

Explosionsartig erfolgte das Vordringen von *Elodea canadensis*- und *Jussiaea*-Herden auf Kosten der europäischen Wasservegetation, die Ausbreitung der flußbegleitenden Gesellschaften von amerikanischen *Solidago*-, *Aster*-, *Stenactis*-Arten in Mitteleuropa, der *Diplotaxis erucoides*- und *Xanthium macrocarpum*-Herden im Weinbaugebiet Südfrankreichs, der *Spartina townsendii* im Flutbereich des Kanals, wo sie die einheimische *Sp. stricta* verdrängt und auch in die *Salicornion*- und *Glyceria maritima*-Bestände eindringt (Abb. 326).

In den wärmsten Teilen des Mediterrangebietes hat sich der ursprünglich kultivierte, aus dem tropischen Südamerika stammende Feigenkaktus (*Opuntia ficus-indica*), auf steinigen und felsigen Böden derart ausgedehnt, daß seine Bestände einen völlig natürlichen Eindruck machen (Abb. 327).

In den *Populus*- und *Salix*-Auen einiger südfranzösischer Flüsse nehmen stellenweise *Amorpha fruticosa* und *Artemisia selengensis* derart

Abb. 327 *Opuntia ficus-indica* aus dem tropischen Südamerika, bestandbildend in Tunesien (Aufn. Exkurs. S.I.G.M.A.)

überhand, daß heute die bodenständigen Charakter- und Begleitarten der Gesellschaft stark bedrängt sind.

Die Samen- oder Sproßproduktion dieser Fremdlinge ist so erdrückend, die Ausbreitung erfolgt so rasch, daß eine Änderung der mikroklimatischen oder edaphischen Faktoren, falls sie überhaupt stattfindet, erst die später eintretende Folge des Vegetationswechsels, nicht aber dessen Ursache sein kann.

Blitzinvasionen sind aber nur möglich auf vegetationsarmen Böden, in irgendwie gestörten Pflanzengesellschaften, oder in Kulturen. Sie wiederholen sich übrigens in allen Erdgebieten. In großen Teilen der USA haben zahlreiche Fremdarten nach starken Schädigungen oder nach Vernichtung der ursprünglichen Vegetation größte Ausdehnung gewonnen.

Das großartigste Exempel für einseitige Vegetationsbeeinflussung durch Änderung der Konkurrenzverhältnisse bietet das subtropische

Neuseeland. Rund die Hälfte seiner Gefäßpflanzenflora besteht aus Adventiven. Den 1700 bis 1800 einheimischen stehen nicht weniger als 1700 eingeführte Arten gegenüber, wovon heute 600 als fest eingesessen zu betrachten sind (Sinclair 1961). Schon 1931 erkannte Allan: „We have now in New Zealand two floras and two vegetations. This second flora play such an important part in our economic life that its diserves and demands the most intense study."

Die Hauptursache der raschen Ausbreitung dieser zweiten Flora Neuseelands liegt in der schwachen Abwehrkraft einer archaischen Endemiten-Vegetation dem neuen, ungewohnten Faktor Überweidung gegenüber — die Insel besitzt nämlich keine einheimischen Vierfüßer und nur zwei Säugetiere (Fledermäuse; Smith, 1957). Dazu gesellt sich die allzu unbedachte Weideübernutzung.

Die Rasenerneuerung ist auf Neuseeland mit größten Schwierigkeiten verbunden. Fortgesetzte Bemühungen, die aufs äußerste verarmten, offenen Bestände von *Festuca novae-zelandiae* durch Besamung der nackten Bodenstellen zwischen den Grashorsten zu verbessern, waren von geringem Erfolg begleitet (Simpson und Moore 1955).

**Wettbewerb in gestörten Gesellschaften.** In künstlichen Gesellschaften oder in solchen, deren Gleichgewicht gestört ist, kann der Artenwettbewerb zu völlig unerwarteten Artenkonstellationen führen. Ein ausgezeichnetes Beispiel ist das Verhalten von *Ferula communis* im Versuchsfeld der S.I.G.M.A.

*Ferula communis*, ein hochwüchsiger Hemikryptophyt der südlichen Mittelmeerländer und der Kanaren, erreicht im weitern Umkreis von Montpellier seine Nordgrenze. Wie in der Provence, ist die Art auch hier auf Felsspalten- und Felsschuttgesellschaften beschränkt. In der Departementflora von Loret et Barrandon steht sie als größte Seltenheit von wenigen Fundorten verzeichnet.

Mit verschiedenen andern Garriguepflanzen vor einem Jahrzehnt zur Beobachtung in eine schwach bewachsene Rasenfläche des S.I.G.M.A.-Parks eingepflanzt, entwickelte sich die Pflanze rasch und kräftig. Innert weniger Jahre hatte sie sich um mehrere Dutzend Exemplare vermehrt. Heute steht sie im Park zu Hunderten an den allerverschiedensten Standorten: im Epheugeflecht, unter schattenden Laubbäumen (*Ulmus carpinifolia, Tilia platyphyllos, Aesculus*) im Buxusbusch, im Rasen einer artenreichen ehemaligen Luzernepflanzung, am Wegrand, sie erweist sich als äußerst kampfkräftiges, nicht mehr auszutilgendes Unkraut, dessen Vitalität und Produktivität hier ungleich höher ist als am natürlichen Standort. Reichfruchtende Exemplare von über 3 m Höhe und 15 bis 18 cm Stengelumfang sind die Regel. Die über meterbreiten Blattfiedern überwachsen im Frühjahr alle Mitbewerber und bilden stellenweise eine dicht geschlossene Bodendecke.

Das soziologische Optimum der Freilandpflanze bleibt hinter dem physiologischen Optimum der Parkpflanze (die man nicht als kultiviert ansprechen darf) weit zurück.

Die bestentwickelten Exemplare vom natürlichen Standort (Roc de Fabrègues) erreichten eine mittlere Höhe von 2,05 m, im Park von

3,15 m; dementsprechend erhöht sich die Fruchtbildung und die gesamte Stoffproduktion.

Unser Experiment zeigt ferner, daß *Ferula communis*, trotz gewaltiger Samenproduktion, ausgezeichneter Keimkraft der Samen und trotz ihrer Anpassung an Windverbreitung, hier auf die vom Menschen irgendwie gestörten, nicht stabilisierten Pflanzengemeinschaften beschränkt bleibt. Die Pflanze dringt weder in den benachbarten *Brachypodietum phoenicoidis*-Rasen, noch in den angrenzenden, zum *Quercetum galloprovinciale* hinführenden Buschwald ein.

Weniger expansiv als die *Ferula* ist eine zweite, vor wenigen Jahren im S.I.G.M.A.-Park spontan aufgetretene seltene Umbellifere, *Cachrys laevigata* (im Departement Hérault von einer einzigen Stelle angegeben). Sie hat sich durch Selbstaussaat vermehrt, aber ohne den Expansionsdrang der *Ferula* zu teilen.

Eine vor acht Jahren probeweise in einer feuchten Vertiefung eingepflanzte *Oenanthe pimpinelloides* hat sich im benachbarten halbnatürlichen Bestand von *Brachypodium silvaticum* angesiedelt und gedeiht darin äußerst kräftig, wiewohl der Standort ihrem natürlichen Vorkommen keineswegs entspricht.

Aus obigen Beobachtungen, welchen sich weitere anreihen lassen, ergibt sich:

1. Daß das physiologische Optimum, einer Art mit dem soziologisch-ökologischen nicht übereinzustimmen braucht.
2. Daß Wuchs- und Konkurrenzkraft, wie auch die Produktivität der Arten außerhalb der Gesellschaft, der sie natürlicherweise zugehören, wesentlich erhöht sein können.
3. Daß Fremdarten schwer in stabilisierte Gesellschaften einzudringen vermögen, was in vielen Fällen ihre Seltenheit und ihre Gesellschaftstreue erklärt (s. auch S. 530).
4. Daß bei der Einordnung der Arten in ökologische Gruppen die nicht ohne weiteres faßbare Akzessibilität (s. Ferula) zu berücksichtigen bleibt, sobald es sich nicht um Kulturgesellschaften handelt.

Ist aber der Vegetationsteppich gestört oder irgendwie künstlich beeinflußt und sind die natürlichen Gesellschaften geschwächt, so können Fremdarten auf Kosten bodenständiger Mitbewerber unschwer an Raum gewinnen.

Daß die „Wüchsigkeit" als erbliche Arteigenschaft anzusehen ist, geht schon aus dem Verhalten einer neben *Ferula communis* gleichzeitig im Park eingepflanzten *Opoponax chironium*-Pflanze hervor. Diese weniger seltene Umbellifere gedeiht und blüht alljährlich, hat sich aber nicht versamt.

Obiges Experiment führt noch zu einem weiteren, unerwarteten Ergebnis: die beiden Standorts-*Xerophyten Ferula* und *Cachrys* haben sich ohne weiteres mit den neuen mesophytischen Standortsbedingungen abgefunden und gedeihen hier weit üppiger als an ihrem natürlichen Trockenstandort; die ebenfalls eingepflanzte breitblätterige *Opoponax*-Pflanze, ein *Mesophyt*, dessen Ausbreitung unter den gegebenen Verhältnissen viel eher zu erwarten gewesen wäre, hält sich zwar seit zehn Jahren an Ort und Stelle, hat aber bisher keine Nachkommen erzeugt.

Wie die Wüchsigkeit, so scheint auch die Ausbreitungsfähigkeit erblich bedingt.

Die Assoziation gilt mit Recht als ein Spiegel der Standortsverhältnisse. Daraus darf aber keineswegs gefolgert werden, daß alle Kennarten optimales Gedeihen und höchste Wuchsleistungen innerhalb der Assoziation, der sie zugehören, erreichen.

Aufschluß über ihr Verhalten gibt nur das Experiment.

**Dauerbeobachtungen in natürlichen Gesellschaften.** Will man sich über die Auswirkung der verwickelten Konkurrenzverhältnisse in natürlichen Pflanzengesellschaften einigermaßen orientieren, so sind Daueruntersuchungen am Standort unerläßlich.

Bei Therophytengesellschaften können schon kurzdauernde Beobachtungen interessante Ergebnisse zeitigen.

Im Schweizerischen Nationalpark sind langfristige Daueruntersuchungen über Gesellschaftsänderungen seit 1917 im Gang und seither haben auch anderwärts ähnliche Untersuchungen eingesetzt (s. Kapitel „Vegetationsentwicklung").

Stehen die Gesellschaften mit den Außenbedingungen mehr oder weniger im Gleichgewicht, so halten sich die Veränderungen, wie zu erwarten, in engen Grenzen; immerhin sind schon innert 20 bis 30 Jahren deutliche Arten- und Individuenverschiebungen festzustellen, solange die Klimaxgesellschaft nicht erreicht ist.

Im Bergföhrenwald (*Mugo-Ericetum*) nimmt die Zahl der keimenden und aufkommenden Arven (*Pinus cembra*) andauernd zu; schon in drei Jahrzehnten hat sie sich vervielfacht. Eine 100-qm-Daueruntersuchungsfläche enthielt 1924 20 drei- bis zehnjährige Arven; fünf Jahre später war deren Zahl auf 34 angewachsen; der Ausbreitung der Arve geht ein Rückgang in der Verjüngungskraft der Bergföhre parallel.

Auf früheren Alpweiden vom *Nardetum*-Typus gewinnt *Juniperus nana* rasch an Ausdehnung. Von 1917 bis 1936 ist die Zahl der Sträucher einer etwa 500 qm messenden Untersuchungsfläche von 4 auf 31 angewachsen und die vom Zwergwacholder bedeckte Fläche hat sich stark vergrößert.

Unerwartete Artenverschiebungen spielten sich auf einem seit vielen Jahrzehnten verlassenen Kohlenmeiler bei Praspöl (1650 m) ab.

Als erste Ansiedler erschienen 1922 *Barbula convoluta* und *Peltigera rufescens*. Zuerst breitete sich das Moos (bis 1922), später die Flechte aus, die 1927 mehr als die Hälfte der 1-qm-Untersuchungsfläche überzog. Die Zahl der Blütenpflanzen belief sich zu Beginn der Untersuchung auf zwölf Arten in wenigen Exemplaren. Einige Kiefernsämlinge (*Pinus silvestris* ssp. *engadinensis* und *P. mugo*) keimten, gingen aber nach wenigen Jahren stets wieder ein; die schwachzersetzte Holzkohle war vorerst dem Gedeihen der höheren Pflanzen ungünstig. Dies änderte sich erst im folgenden Jahrzehnt (Abb. 328).

Tabelle 72. Artenwechsel im Dauerquadrat am Kohlenmeiler von Praspöl

| Datum der Aufnahmen | 8. VIII. 1922 | 2. VIII. 1927 | 2. IX. 1929 | 1. VIII. 1938 | 4. IX. 1949 |
|---|---|---|---|---|---|
| Boden- bedeckung: Blütenpflanzen (%) | 3 | 10 | 20 | 25 | 30 |
| Boden- bedeckung: Moose und Flechten (%) | 90 | 80 | 60 | 25 | 85 |
| *Pinus silvestris* L., Keimlinge (Individuen) | 1 | 4 | 3 | 4 | 5 |
| *Picea abies* (L.), Keimlinge | · | · | · | 1 | 3 |
| *Poa alpina* L | + | 1·1 | 1·1 | 1·1 | + |
| *Helianthemum grandiflorum* Scop. | + | 1·2 | 1·2 | 1·2 | 1·2 |
| *Leontodon hispidus* L. | + | + | + | 1·1 | 1·1° |
| *Hieracium staticifolium* All. | + | + | + | 1·1 | 1·1° |
| *Poa pratensis* L. | + | + | + | 1·1 | + |
| *Galium pumilum* Murray | + | + | + | + | + |
| *Antennaria dioeca* Gaertn. | + | + | + | + | +·2 |
| *Polygala amarella* Crantz | + | + | + | + | + |
| *Potentilla crantzii* (Crantz) Beck. | + | + | + | r | r |
| *Trifolium repens* L. | · | + | 1·2 | 1·2 | 1·2° |
| *Lotus corniculatus* L. | · | + | + | 1·1 | + |
| *Hieracium pilosella* L. | · | + | + | + | + |
| *Veronica fruticans* Jacq. | + | + | · | · | + |
| *Chenopodium bonus-henricus* L. | + | + | · | · | · |
| *Taraxacum officinale* Weber | · | + | · | · | · |
| *Arenaria serpyllifolia* L. | · | · | r | · | · |
| *Arabis corymbiflora* Vest. | · | 1 Ind. | 1 Ind. | r | · |
| *Thesium alpinum* L. | · | 1 Ind. | 2 Ind. | r | · |
| *Carex ornithopoda* Willd. | · | · | r | · | + |
| *Minuartia verna* Hiern. | · | · | · | r | 3 Ind. |
| *Peltigera rufescens* (Weis.) Humb. | 3·4 | 4·4 | 1·2 | +° | +·2 |
| *Barbula convoluta* Hedw | 3·4 | 2·3 | 1·2 | + | · |
| *Bryum caespiticium* L. | + | + | + | + | + |
| *Bryum argenteum* L. | + | · | · | · | · |
| *Nostoc commune* Vauch. | + | · | · | · | · |
| *Cladonia pyxidata* (L.) Fr. | · | + | + | 1·2 | 3·4 |
| *Tortella tortuosa* Limpr. | · | · | + | 1·2 | 1·2 |
| *Cladonia symphycarpia* Flke. | · | · | · | 2·2 | 3·4 |
| *Cetraria islandica* L. | · | · | · | + | + |
| *Ditrichum flexicaule* (Schl.) Hampe | · | · | · | + | + |
| *Brachythecium salebrosum* Br. eur. | · | · | · | · | + |

1949 ferner: *Trifolium pratense* L. (+), *Linum catharticum* L. (+), *Prunella vulgaris* L. (+°), *Thymus serpyllum* (+), *Saponaria ocymoides* L. (1 Ind)., *Dryas octopetala* L. (1 Ind.), *Daphne striata* Tratt. (1 Ind.), *Satureja alpina* Scheele (2 Ind.), *Melampyrum silvaticum* L. (1 Ind.), *Chrysanthemum leucanthemum* L. (2 Ind.).

Schon 1929 konnte ein starker Rückgang von *Barbula* festgestellt werden; *Peltigera rufescens* kümmerte. Die Phanerogamen, die 1922 3%, 1927 10% der Fläche eingenommen hatten, deckten jetzt etwa 20% der

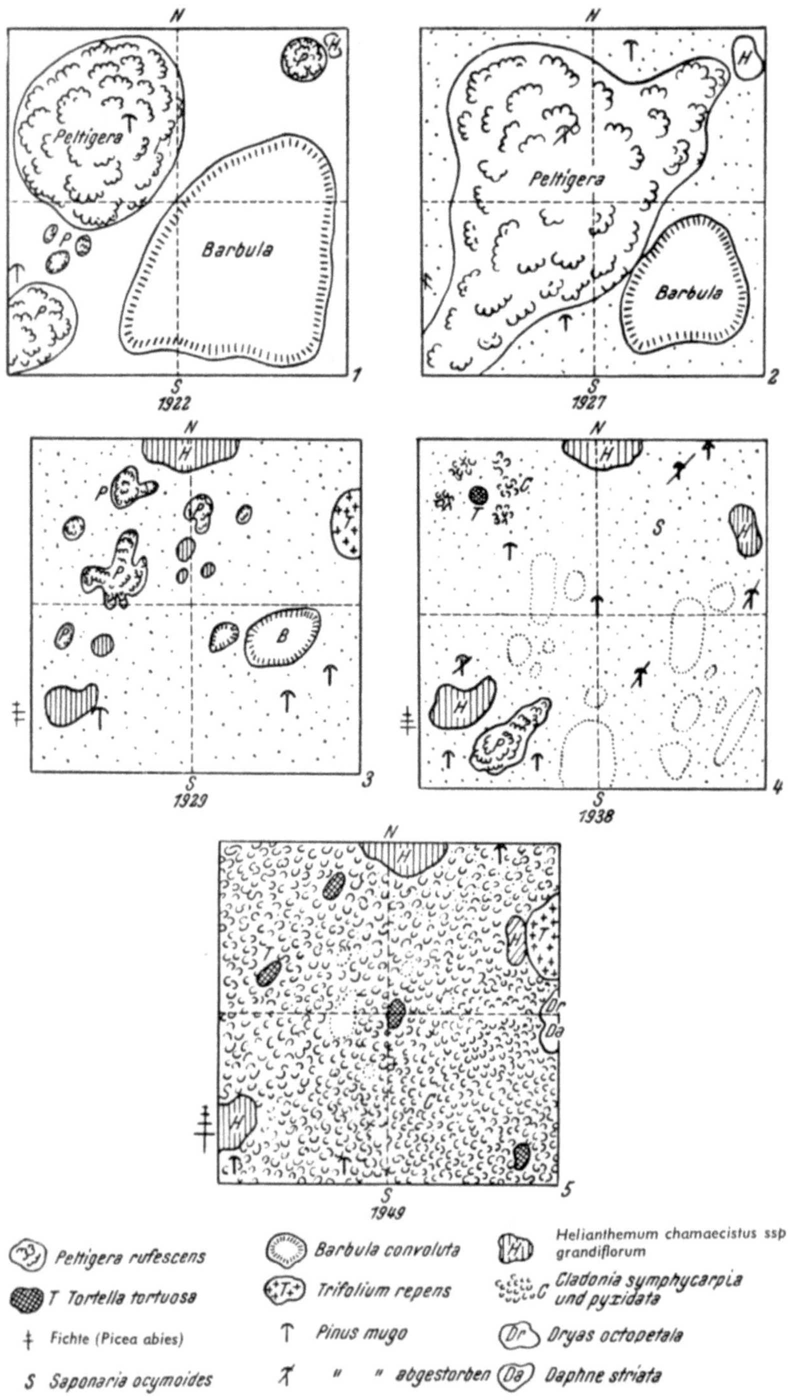


Abb. 328. Daueruntersuchungsquadrat bei Praspöl im Schweizerischen Nationalpark

Fläche und 1938 hatte sich ihr Deckungsgrad auf 30% gehoben. An Stelle von *Peltigera* und *Barbula* waren *Cladonien* (*C. pyxidata, C. symphycarpia*), *Cetraria islandica* und *Tortella tortuosa* getreten, die etwa 25% der Fläche einnahmen. Ein Fichtensämling, 1929 zuerst eingezeichnet, hatte sich 1938 erhalten; die Kiefernsämlinge dagegen waren alle jüngeren Datums.

Die Artenzahl der Blütenpflanzen betrug 1922: 12, 1927: 18, 1929: 17, 1938: 17, 1949: 23; sie hat sich also innert 27 Jahren ungefähr verdoppelt. Dagegen ist ihr Deckungsgrad seit 1938 mit 30% unverändert geblieben.

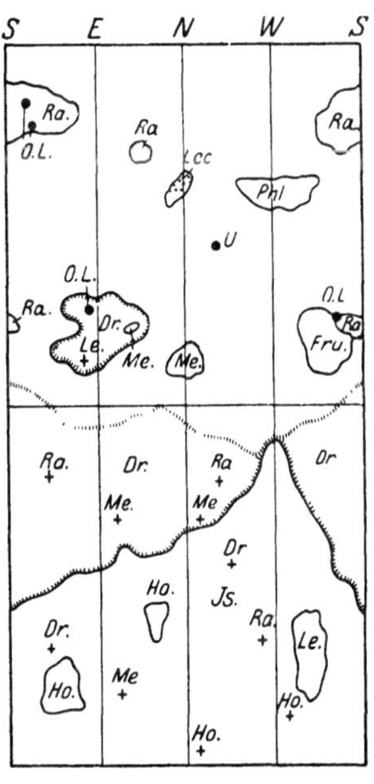


Abb. 329. Mantelfläche eines Buchenstammes von 122 cm Umfang, aufgeschnitten und abgerollt zur Feststellung des Wettbewerbs bei Epiphyten (nach OCHSNER)

*Lec. Lecanora subfusca*
*Phl. Phlyctis argena*
*Le. Lepraria glauca*
*Ra. Radula complanata*
*Fru. Frullania dilatata*
*Me. Metzgeria furcata*
*O.L. Orthotrichum lyellii*
*U. Ulota crispa*
*Dr. Drepanium filiforme*
*Is. Isothecium myurum*
*Ho. Homalia trichomanoides*
+ spärlich

Am auffälligsten ist der Ersatz von *Barbula convoluta* und *Peltigera* durch die Cladonien (*Cl. pyxidata* und *Cl. symphycarpia*), die heute einen dicht dem Boden anliegenden Schorf bilden und die Fläche fast völlig überdecken (Abb. 328).

Zwanzigjährige Vegetationsänderungen an Dauerquadraten hat COOPER (1939) auf vom Gletscher verlassenem Neuland an der Glacierbay in Alaska festgehalten. Während dieses Zeitraumes gewannen vor allem die teppichbildenden Arten *Dryas drummondii*, *Rhacomitrium canescens* und *Stereocaulon tomentosum* andauernd und stark an Boden. Ihre Gesamtdeckung betrug 1916: 8,4%, 1921: 21,6%, 1929: 42,8%, 1935: 64,4%.

Bei diesen Artverschiebungen macht sich die Vegetationsentwicklung um so deutlicher bemerkbar, je schärfer die Änderungen der Außenbedingungen eingreifen. Eine radikale Änderung bedingt u. a. das absolute Verbot der Beweidung, des Brennens, des Holzschlags und der Jagd. Hierüber geben u. a. die Untersuchungen im Schweizerischen Nationalpark Auskunft (s. S. 582).

Die Kampfkraft der Arten kann mittels der zum Studium der Gesellschaftsentwicklung abgesteckten Daueruntersuchungsflächen verfolgt werden (Abb. 328).

Die gegenseitigen Verschiebungen im Bodenbesitz der Arten sind bei kleinen Untersuchungsflächen abzumessen, bei ausgedehnten wird man sich mit der Schätzung der Abundanz, des Deckungsgrades, der Soziabilität und der Vitalität der einzelnen Arten begnügen müssen. Auf kleinen Daueruntersuchungsflächen können Keimlingszählungen vor-

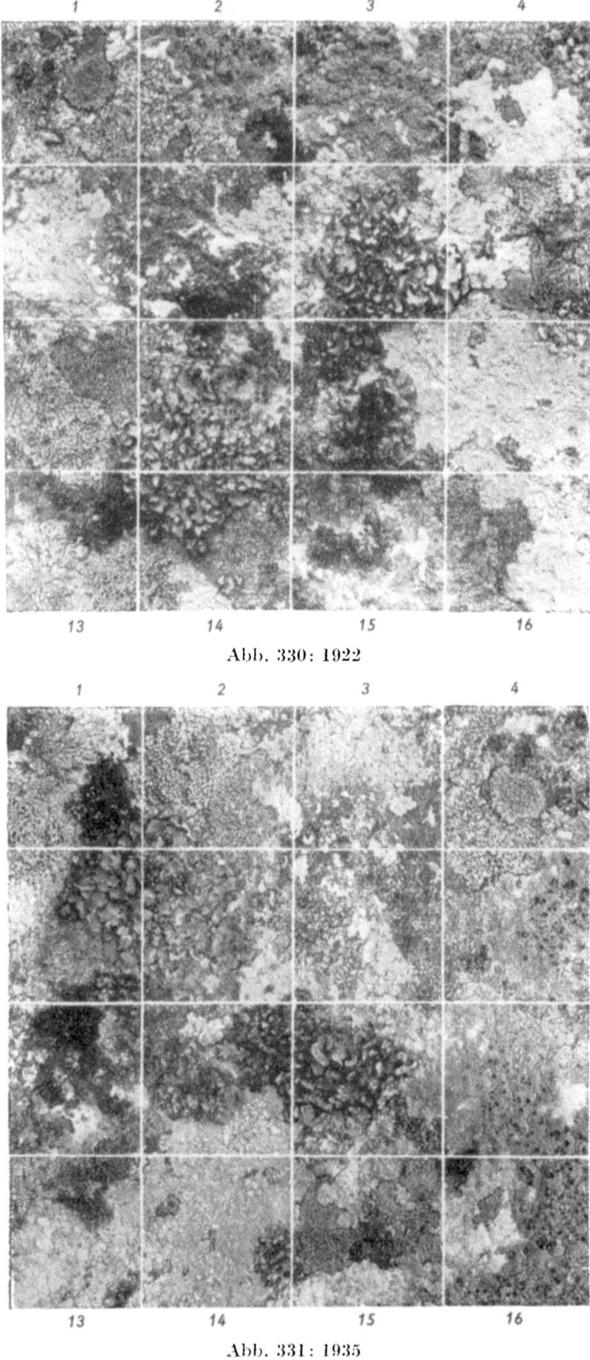


Abb. 330: 1922

Abb. 331: 1935

Abb. 330 und 331. Kontrollfläche für Flechtenkonkurrenz in einer xerischen Variante des *Pertusarietum corallinae* (fragm.) im Schweizerischen Nationalpark (Aufn. ED. FREY). *Rhizocarpon geographicum* $^1/_4$ deckend (alle kleinfelderigen Krusten); *Haematomma ventosum* $^1/_6$ deckend (sehr schön oben 2. und 3. Feld); *Umbilicaria cylindrica* $^1/_8$ deckend (Mitte), *Lecanora sordida* $^1/_8$ deckend genommen werden (Abb. 329). OCHSNER (1928) verfolgte den Kampf von Rindenmoosen und Flechten, indem er Jahre hindurch die Verschiebungen der Polster- und Thallusumrisse jeder Art durch Skizzen und Pausen genau festlegte (Abb. 329). Bisweilen leisten Nahphotographien, wie sie ED. FREY bei seinem Studium der Flechtensukzession angewandt hat (s. S. 586), gute Dienste.

Den Einfluß verschiedenartiger Behandlungsweisen auf die Artenzusammensetzung eines Borstgrasrasens (*Nardetum subalpinum?*), hat LÜDI (1936) an der Schinigenplatte im Berner Oberland mittelst Dauerquadraten während sechs Jahren verfolgt.

Volldüngung bewirkte die Entwicklung einer dicht- und hochwüchsigen Frischwiese, Kalkdüngung ergab einen niedrigen Rasen mit reichlichen Leguminosen. Bei Mahd trat keine Veränderung ein, und sich selbst überlassen gingen *Nardus* und die azidophilen Arten zurück.

Daß aber dieses Resultat nicht verallgemeinert werden darf, geht aus der Daueruntersuchung einer früheren *Nardus*-Weide im Schweizerischen Nationalpark hervor. Nach der Weideausschaltung breiteten sich auf dieser Untersuchungsfläche im Verlauf von 20 Jahren *Nardus* und die azidophilen Arten, wie *Senecio abrotanifolius*, *Antennaria dioeca* u. a. aus, wogegen *Deschampsia caespitosa*, *Carex capillaris*, *Hippocrepis comosa* u. a. neutro-basiphile Arten zurückgingen.

**Standorts- und Vegetationsveränderung.** Gewiß hat jeder schon beobachtet, wie sehr sich *Lolium perenne*, *Plantago major*, *Polygonum aviculare* auf schwach begangenen Rasenplätzen und Feldwegen ausbreiten. Werden diese Stellen sehr stark oder aber nicht mehr oder nur selten betreten, so gehen diese Arten zurück. Ihre optimale Konkurrenzkraft bewegt sich innert enger Grenzen und hängt mit der Intensität des Betretens zusammen.

Erfährt der Boden durch Humusanreicherung oder Versauerung eine allmähliche Umgestaltung, so reagieren auch hierauf die Arten individuell. Meßbar kaum nachweisbare Änderungen des Säuregrades der Bodenlösung können sehr zerstreut wachsende, anscheinend schwächere Mitbewerber im Kampf gegen die herrschenden Konkurrenten begünstigen. Bei der aziditätsändernden Fähigkeit der Vegetation kann der Fall eintreten, daß eine Pflanzengesellschaft sich selbst den Boden vergiftet (*Erica carnea* und *Rhododendron hirsutum* im *Mugo-Ericetum*). Dadurch ist es Arten anderer, an die neugeschaffenen Standortsverhältnisse besser angepaßter Assoziationen möglich, sich auszudehnen und schließlich die herrschende Gesellschaft ganz zu verdrängen.

Die unter dem Einfluß der Bodenversauerung verlaufende Gesellschaftsfolge auf Kalkschutt der Zentralalpen (s. S. 588) kann hierfür als Beispiel dienen (s. Abb. 332).

Zahlreiche weitere Beispiele sind im Kapitel über Gesellschaftsentwicklung erwähnt.

Sehr rasch verläuft die Gesellschaftsfolge der Frühstadien auf verlassenem Kulturland, Ruderalstellen, Alluvionen, wo sich oft mehrere kurzlebige Pflanzengesellschaften ablösen, ohne daß zunächst merkbare Bodenveränderungen nachzuweisen wären.

Langsamer verläuft die Umwandlung der Rasen- in Strauchgesellschaften (Beispiel Abb. 333). Die letzten Entwicklungsstadien führen zu einem langdauernden zähen Ringen der Pflanzengesellschaften. Die zahlenmäßige Überlegenheit der Sprosse und Verbreitungseinheiten gewisser Arten macht sich natürlich auch hier geltend; sie ist aber meist

Abb. 332. *Dryas octopetala*-Initialstadium auf Kalkrohboden unten, wird ersetzt durch das nach Humusanreicherung aufkommende *Rhododendro-Vaccinietum mugetosum* über saurem Auflage-Morhumus. Schweizerischer Nationalpark (Aufn. Exkurs. S.I.G.M.A.)

weniger Folge als Ursache des Vegetationswandels. Die Vegetation selbst beeinflußt und verändert schrittweise die physikalisch-chemisch gegebenen Standortsfaktoren.

Selbstverständlich darf man nicht ein eigentlich kollektives Reagieren aller Arten einer Assoziation erwarten. Jede einzelne Art besitzt vielmehr jeder Faktorenänderung gegenüber ihr spezifisches Reaktionsvermögen, aber — und darin liegt das soziologische Moment — das Reaktionsvermögen wechselt je nach der Gesellschaft, wird von ihr beeinflußt und in bestimmte Bahnen gewiesen. Letzten Endes entscheidet das Gesetz des Minimums.

Erleidet der Lichtfaktor durch die Vegetation (Aufkommen der Baumschicht) eine Veränderung, so verschwinden gewisse Arten früher, andere später. Aus einem Mischbestand von Laub- und Nadelhölzern scheidet in Finnland *Alnus incana* zuerst aus. Mit 50 Jahren ist sie

Abb. 333. *Juniperus communis*-Gebüsch, allmählich das *Mesobrometum* überwachsend (Aufn. TÜXEN)

überall schon unterständig und fristet nur noch ein kümmerliches Dasein. Später verschwinden *Populus tremula* und *Betula*. Nach 300 Jahren würde man neben überalten Föhren nur noch *Picea abies* und ihren Nachwuchs finden, während die Föhre sich im Fichtenschatten nicht mehr verjüngt (CAJANDER 1926).

Über zeitliche Artverschiebungen unter dem Einfluß von Standortsveränderungen und Konkurrenz finden sich zahlreiche Angaben im Sukzessionsabschnitt (besonders S. 636).

Wie zwischen höherstehenden Pflanzen und Pflanzengesellschaften im Verlauf der Bodenversauerung (s. S. 619), so regiert der Wettbewerb auch die niedrig stehenden Organismengesellschaften.

DELITSCH (1943) macht auf den Wettbewerb aufmerksam, der bei der Konservierung von Lebens- und Genußmitteln ausschlaggebend einwirkt.

Die Vermehrungsgeschwindigkeit gewisser Bakteriengruppen kann durch geeignete Eingriffe richtunggebend beeinflußt werden (Einsäuerung, Vergärung). Schon eine geringe $p_H$-Änderung begünstigt die eine Organismengruppe und benachteiligt eine andere (Abb. 334).

**Fehleinschätzung des Konkurrenzfaktors.** Wenn ein neuer wichtiger Gesichtspunkt in der Wissenschaft Eingang findet, wird seine Bedeutung zunächst leicht überschätzt, was zu Trugschlüssen verleiten kann. So ist u. a. behauptet worden, das Vorkommen der allermeisten Pflanzen sei vom Boden ziemlich unabhängig und hänge von der Konkurrenz, von den Mitbewerbern ab (WARMING-GRAEBNER 1918, S. 126, CAJANDER 1926, S. 168). Es wird daran erinnert, daß ja in botanischen Gärten Pflanzen der verschiedensten Böden und Klimate einträchtig nebeneinander gedeihen. Was aber nicht berührt und meist wohl auch

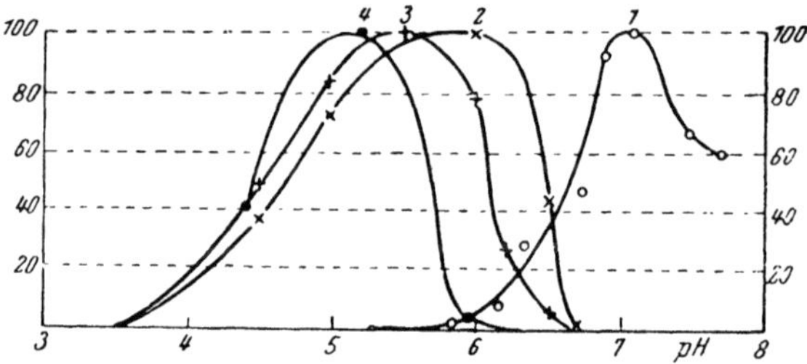


Abb. 334. Relative Vermehrungsgeschwindigkeit säurebildender Bakterien bei verschiedenem $p_H$. Die größtmögliche Vermehrungsgeschwindigkeit ist gleich 100 gesetzt (aus DELITSCH 1943)

*Kurve 1*: *Bacterium aerogenes*, in Hefewasser (nach BAHRS); *Kurve 2—4*: Echte Milchsäurebakterien (nach SVANBERG); *Kurve 2*: *Streptococcus lactis*, in laktatfreier Molke; *Kurve 3*: Ein Stäbchen aus Milch in laktatfreier Molke; *Kurve 4*: *Plocamobacterium delbrückii*, in Bierwürze

nicht untersucht wird, ist die Frage, ob diese Arten auch dauernd keimfähige Nachkommenschaft erzeugen und sich ohne Neuaussaat halten. Dies ist sicher bei vielen nicht der Fall.

Ferner ist die Behauptung aufgestellt worden, gewisse Arten seien zwar im allgemeinen bodenstet, wo sie aber miteinander in Wettbewerb treten, herrsche auf Kalkboden die eine, auf Schiefer die andere vor. Als Belege werden seit K. NÄGELI Artenpaare, wie *Achillea atrata* und *A. moschata*, *Rhododendron hirsutum* und *Rh. ferrugineum*, ins Feld geführt. Dem ist entgegenzuhalten, daß die ausgesprochen basiphilen *A. atrata* und *Rh. hirsutum* auf kalkfreien, saueren Böden überhaupt nicht fortkommen, wogegen *A. moschata* und *Rh. ferrugineum* als azidophile Arten nicht auf kalkreiche, basische Böden übergehen. Die Lebensansprüche der beiden Artenpaare sind derart verschieden, daß hier ein Wettbewerb gar nicht in Frage kommen kann. In Kontaktgebieten bilden sich Hybriden.

Sobald der Kalkboden durch Rohhumusaufbau, Auslaugung und Versauerung seiner Karbonate verlustig geht, verschwinden *Rhododendron hirsutum* und *Achillea atrata*, und es erscheinen früher oder später kampflos die beiden anderen Arten.

Bedauerlicherweise hat dieser längst abgetane Irrtum (s. BR.-BL. 1913,

S. 141) als Schulbeispiel Aufnahme in die Lehrbücher (Clements, Weaver und Hanson 1929, S. 7 u. a.) gefunden und wird gelegentlich durch weitere, ebenso unhaltbare Beispiele vermehrt.

Auf Äußerungen des Wettbewerbs beruhen letzten Endes alle Erscheinungen und Veränderungen des Pflanzenteppichs, die wir unter dem Begriff Gesellschaftswechsel (Syndynamik) zusammenfassen. Heute bildet die Syndynamik einen eigenen wichtigen Wissenszweig, der im folgenden Kapitel behandelt wird (s. S. 608).

**Wurzelkonkurrenz.** Hat man bis anhin zumeist die oberirdische Sproßkonkurrenz untersucht, so wird neuerdings mehr und mehr auch die nicht minder wichtige, aber ungleich schwieriger festzustellende Wurzelkonkurrenz mitberücksichtigt.

Zu ihrer Erfassung und Einschätzung bieten sich zwei Möglichkeiten. Entweder man bestimmt den Wurzelanteil der verschiedenen Konkurrenten (Frisch- und Trockenwägung), oder man sucht aus ihrem oberirdischen Verhalten auf das unterirdische rückzuschließen.

Im Forstbetrieb wird als Merkmalswert der Wurzelkonkurrenz die Baumhöhe gewählt. Leibundgut und Kreutzer (1958) verfolgten die Konkurrenzierung von Fichte (*Picea abies*), Föhre (*Pinus silvestris*) und Eiche (*Quercus robur*) durch Birke (*Betula pendula*), Aspe (*Populus tremula*) und Weißerle (*Alnus incana*). Die Art der Konkurrenzierung wurde als Lichtkonkurrenz einerseits und als Wurzel- und Lichtkonkurrenz (Gesamtkonkurrenz) anderseits getrennt untersucht.

Aus den Ergebnissen dieser Untersuchungen kann gefolgert werden, daß die Wurzel- und Lichtkonkurrenz bei allen Vergleichen eine Wachstumsverminderung hervorruft, doch löst einzig die Birke eine nennenswerte Verminderung aus. In Prozenten ausgedrückt ergeben sich folgende Werte:

Tabelle 73. Wurzelkonkurrenz (nach Leibundgut und Kreutzer l. c.)

| Konkurrenzbaumart | Testbaumart | | |
|---|---|---|---|
| | *Picea abies* | *Pinus silvestris* | *Quercus robur* |
| *Betula pendula* ........ | 68,7% | 79,1% | 63,7% |
| *Alnus incana* .......... | 78,8% | 83,5% | 90,0% |
| *Populus tremula* ....... | 86,0% | 89,7% | 83,9% |

Die Schwierigkeiten der Methodik stehen leider einer allgemeinen Anwendung dieser Konkurrenzbestimmung hindernd im Wege.

Im Landwirtschaftsbetrieb läßt sich die Bedeutung der Wurzelkonkurrenz aus dem unterirdischen Sproßgewicht der wichtigsten Arten annähernd errechnen.

Aber auch bei diesem Vergleich vermag die absolute Zahl kein völlig zutreffendes Bild der Konkurrenzverhältnisse zu geben; stets muß dabei auch die Lebensform und Leistungsfähigkeit der Konkurrenten in Betracht gezogen werden.

Dabei ist der morphologischen Ausbildung der unterirdischen Pflanzenteile besondere Beachtung zu schenken. Die RAUNKIAERsche Lebensformeneinteilung ist nach dieser Seite hin auszubauen, wie dies JANO (1962) für die japanische Dünenvegetation versucht hat. Das Lebensformenspektrum wird von ihm nach vier Seiten hin ergänzt und vervollständigt: nach Wurzeltiefe, Wurzelmorphologie, Wurzelareal und vegetativer Wurzelausbreitung. Dies führt zur Unterscheidung folgender Wurzeltypen der japanischen Sanddünen (Abb. 335).

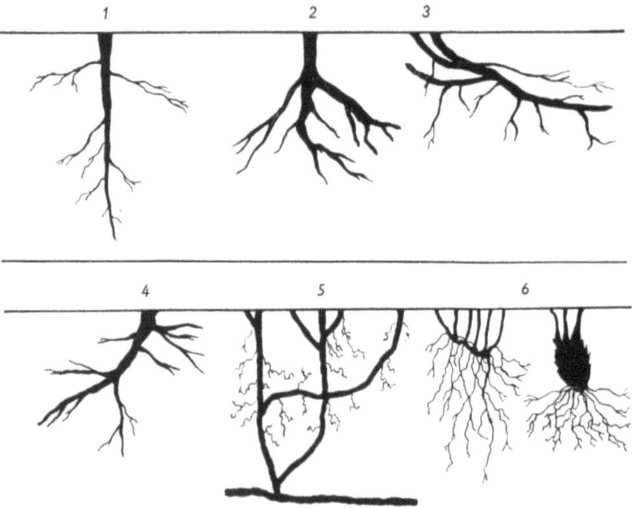


Abb. 335. Morphologische Wurzeltypen der japanischen Dünenpflanzen (JANO 1962) *1* Monopodiale, primäre Spitzwurzel, *2* Ebenso, aber mit Lateralwurzeln, *3* Hauptwurzel unentwickelt, mit zahlreichen Lateral- und Adventivwurzeln, *4* Vielwurzelig, faserwurzelreich, *5*, *6* Büschelwurzelig

Eine ähnliche Behandlung der Wurzeltypen ist namentlich für die Unkrautgesellschaften von nicht zu unterschätzender Bedeutung, wie folgendes Beispiel zeigt.

In der Weinbergzone von Südfrankreich spielt die *Diplotaxis erucoides*-Assoziation eine wichtige Rolle. Nach dem Wurzelverhalten ihrer Begleiter lassen sich mehrere, die Rebenkultur unterschiedlich schädigende Untereinheiten auseinanderhalten, wovon vor allem eine *Cynodon dactylon*-Variante zu fürchten ist.

Eine quadratmetergroße Probefläche dieser Variante bei Montpellier war im Frühjahr von *Bromus madritensis* und *Stellaria media* dicht überzogen; die ersten Triebspitzen von *Cynodon* zeigten sich. Der Boden der Fläche, 20 cm tief ausgehoben, enthielt folgende Wurzelmassen:

| | Frischgewicht (Gramm) | Trockengewicht (Gramm) |
|---|---|---|
| *Cynodon dactylon* . . . . . . . . . . . . . . . . . . . . . . | 2080 | 440 |
| *Bromus madritensis* . . . . . . . . . . . . . . . . . . . . | 3,2 | 0,4 |
| *Stellaria media* . . . . . . . . . . . . . . . . . . . . . . . | 0,4 | — |

Im Verlauf des Frühjahrs und Sommers wachsen zwischen *Cynodon* hochstengelige mastige Therophyten auf, aber der äußerst lebenskräftige, vegetativ weit ausgreifende Rhizomgeophyt, wenn er auch oberflächlich nicht hervorsticht, übertrifft alle Arten bei weitem an Gesamtraum-Beanspruchung und Leistungskraft.

Sehr eingehend untersucht sind die Wurzelverhältnisse natürlicher Pflanzengesellschaften in Südrußland, wo die skelettfreien Tschernosemböden den Bodenaushub erleichtern und die Kontrolle mehrere Meter tiefer Bodenprofile gestatten. In äußerst mühevoller, minutiöser Arbeit hat vor allem Šalyt (1950, 1960) die Wurzellänge der Pflanzen, sowie Wurzelmasse und auch Wurzeloberfläche der verschiedensten Wald-, Wiesen- und Steppenassoziationen berechnet und teilweise graphisch dargestellt (Abb. 336). Die Faserwurzeln einzelner krautiger Gewächse (*Euphorbia seguieriana*, *Eryngium campestre*) stoßen im Tschernosem bis in Tiefen von 2,40 bis 2,60 m vor (s. auch S. 61).

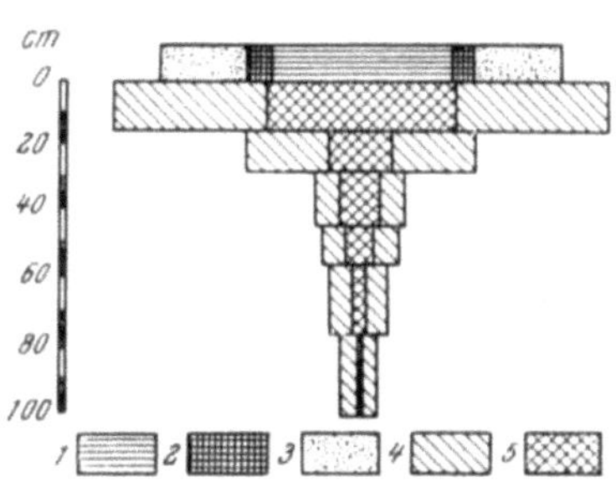


Abb. 336. Verteilung der Wurzelmasse nach Bodenhorizonten auf 1 qm in der *Artemisia taurica*-Assoziation am Asowschen Meer (nach Šalyt 1950)

*1* Lebende oberirdische Masse, *2* Zwiebeln von *Poa bulbosa*, *3* Abgestorbene Pflanzenreste, *4* Feinwurzeln, *5* Hauptwurzeln

Neben der räumlichen Wurzelkonkurrenz ist auch die Beeinflussung durch Bodenpilze und toxische Wurzelausscheidungen nicht außer acht zu lassen. Pflanzen können auf ihre Mitbewerber fördernd oder hemmend einwirken, und es ist nicht ausgeschlossen, daß diese Erscheinungen auch bei der Bildung der Pflanzengesellschaften mitspielen. Beispiele hierfür gibt Knapp (1953). Er macht darauf aufmerksam, daß durch die Artenmischung eine einseitige Ausnutzung von bestimmten Bodennährstoffen, eine übermäßige Anreicherung von hemmenden Stoffausscheidungen und Schädlingen verhindert und hierdurch die dauerhafte Vitalität der Pflanzen erhalten wird.

Ein erbitterter Wettstreit um die im Minimum vorhandenen Nährstoffe herrscht, wie u. a. Gäumann und Jaag (1950) gezeigt haben, zwischen den pilzlichen Mikroorganismen des Bodens.

**Allelopathie.** Hierunter versteht man nach Molisch (1937, 1953) die gegenseitige Beeinflussung höherer Pflanzen, bei welcher mehr oder weniger spezifisch wirkende Stoffwechselprodukte eine fördernde oder hemmende Wirkung auf andere Pflanzen ausüben. Auch das antagonistische Verhalten gewisser Arten, deren bloße Gegenwart andere Pflanzen schon bei der Keimung stark behindert (*Artemisia*, *Agropyron*, *Hieracium pilosella* u. a.) zählt hierher. Besonders eingehend haben sich Guyot (1951) und Becker und Guyot (1951) damit befaßt. Nach Guyot (1951) keimt Leinsamen in Gegenwart von *Solidago virgaurea* nicht, in Gegenwart von *Hieracium umbellatum* sehr schwach und mit *H. vulgatum* zusammen nur zu 30%. Varma (1938), Fröschel und Funke (1939),

Funke (1943), Golomjodowa (1952) behandeln die toxische Wirkung von Wurzelausscheidungen.

Guyot (l. c.) führt die schwächere Keimkraft von Samen, die mit flüssigem Wurzelextrakt von *Hieracium pilosella, Crepis foetida* und anderen Pflanzen begossen worden waren, auf die Giftwirkung der Flüssigkeit zurück. Die toxische Wirkung der Wurzelausscheidungen von *Hieracium pilosella* soll das Absterben ganzer Vegetationskomplexe zur Folge haben.

Die Beziehungen zwischen *Hieracium pilosella, Festuca ovina* und *Koeleria gracilis*, ihr Zusammenleben in langjährigen Daueruntersuchungsflächen (1936 bis 1960) und den zeitweiligen Rückgang von *Hieracium pilosella* im *Xerobrometum* Englands hat Watt (1962) verfolgt. Trotz gelegentlichem Vorherrschen des *Hieracium* behauptet *Festuca ovina* nach 24jähriger Beobachtungsdauer den gleichen Raum wie vorher.

Fortgesetzte Beobachtungen zweier Dauerquadrate in der subalpinen Stufe des Schweizerischen Nationalparks, die sich über ein Jahrzehnt erstrecken, lassen gleichfalls keine schädlichen Einflüsse und kein Absterben von Pflanzen, das auf Wurzelausscheidungen von *Hieracium pilosella* zurückgeführt werden könnte, erkennen. Auf der einen Fläche ging *Hieracium pilosella* von 4.4 (Abundanz- und Soziabilitätszahlen) auf 3.2 zurück, während sich *Nardus stricta* gleichzeitig von 1.2 auf 2.2 erhöht hat. Auf einer zweiten Fläche nahm *Nardus* im Verlauf von zehn Jahren von 2.2 auf 3.2 zu, während die Bodendeckung von *Hieracium pilosella* (2.2) unverändert blieb. Diese geringen Gleichgewichtsverschiebungen dürften auf natürliche, durch das Altern bedingte Leistungsänderungen der Arten zurückzuführen sein, wie dies von Kershaw (1962) für *Carex bigelowii* und *Festuca rubra* in der *Rhacomitrium*heide Islands nachgewiesen worden ist.

Das Fehlen von Einjährigen im südfranzösischen *Rosmarino-Ericion*-Verband hat seine Ursache wohl ebenfalls, nicht wie Deleuil (1951) vermutet, in toxischen Wurzelausscheidungen der Charakterarten (*Erica multiflora, Lithospermum fruticosum, Helianthemum lavandulaefolium, Globularia alypum, Staehelina dubia, Linum glandulosum, Rosmarinus officinalis*), sondern in edaphischen Einflüssen, wie Keimungsschwierigkeit im verlehmten Mergelboden (s. S. 528).

Die weitschichtige, auf Allelopathie bezügliche Literatur ist von Grümmer (1953) zusammengefaßt worden. Er kommt zum Schluß, daß bei allen mit der Bodenmüdigkeit in Zusammenhang gebrachten Angaben neben der „Toxintheorie" auch andere Deutungen möglich sind.

Festzuhalten bleibt, daß jedenfalls in der natürlichen oder vom Menschen wenig berührten Vegetation eine nennenswerte Beeinflussung durch ausgeschiedene Giftstoffe nicht sicher nachgewiesen ist.

Die Schwierigkeiten, die der Einschätzung der Wurzelkonkurrenz entgegenstehen, werden erhöht durch die in der Rhizosphäre vor sich gehende Bakterien- und Pilztätigkeit (s. Gäumann und Jaag 1950), die Wurzelatmung, die spezifischen Wurzelausscheidungen, die Pektinsubstanzen, die der verschleimenden Wurzelhaut entstammen, die ungleiche Aufnahme der Nährsalzionen (DÜGGELI 1933), die Bodenfauna, die Radioisotopauslösung u. a.

**Gibberellin.** Zur gegenseitigen Beeinflussung der Pflanzen gehören auch die erst im letzten Jahrzehnt besser bekannt gewordenen Wirkungen der Auxine und der von einem niedrigen Pilz, *Gibberella fujikuroi*, ausgelösten Erscheinungen. Bei manchen Pflanzen löst das Gibberellin als organischer Wirkstoff Keimbeschleunigung, Wuchs- und Blühförderung aus.

Wie KNAPP (1962, S. 201) bemerkt, kann diese Beeinflussung sowohl infolge Veränderungen des Mikroklimas oder des Bodengehaltes an Nährstoffen und Spurenelementen durch Nachbarpflanzen, als auch durch Ausscheidung und Auswaschung von in kleinsten Mengen wirksamen organischen Verbindungen aus Blättern und Wurzeln stattfinden. Sowohl hemmende als fördernde Effekte werden durch das Gibberellin ausgelöst und wirken anscheinend auf das Zusammenleben von Pflanzen zurück. Auch der Photoperiodismus wird durch das Gibberellin beeinflußt. Die durch Kältewirkung erzielte Vernalisation, d. h. Zuwachs und Blühfreudigkeit, gewisser Arten wird befördert (CHOUARD 1962, S. 59, BIRECKA 1962).

Wie weit aber die Ansichten über den Wirkungsgrad des Gibberellins noch auseinandergehen, ist aus der Zusammenfassung der bisherigen Resultate durch BIRECKA (l. c.) und BIRECKA und ZEBROWSKA (1962) zu ersehen. Ob und eventuell in welcher Weise der Wirkstoff auch auf das gesellschaftliche Zusammenleben der Pflanzen rückzuwirken vermag, läßt sich heute noch nicht übersehen.

**Radioaktivität und Vegetation.** Ein noch kaum bearbeitetes Feld umfaßt die Bedeutung der Radioaktivität für die Vegetation. Anfänge zum Studium, die sich mit der Aufnahme von Radionucleiden gewisser Pflanzen und Pflanzenmassen befassen, sind in den USA gemacht worden.

Am ausdrucksvollsten erscheinen die Resultate für Strontium ($Sr^{90}$). Im Verlauf der Vegetationsperiode von 1960 ergab sich, berechnet auf den Quadratmeter der Vegetation, eine fünffache Erhöhung der $Sr^{90}$-Aufnahme (AUERBACH und Mitarbeiter 1961).

**Großklimatische Einwirkungen auf das Zusammenleben.** Die großklimatischen Einflüsse auf das Zusammenleben der Pflanzen und ihr gegenseitiges Verhalten sind schwer einzuschätzen, schon deshalb, weil die Resultate von Experimenten und Beobachtungen erst im Laufe der Zeit sichtbar werden und zudem von mannigfachen Nebenfaktoren beeinflußt sind.

Am ehesten eignen sich zur unvoreingenommenen Beurteilung unter extremen Außenbedingungen gewonnene Beobachtungen über das Verhalten der Arten und Gesellschaften im Verlauf außergewöhnlich kalter, trockener, regen- oder schneereicher Perioden.

**Frostwirkung.** Zur Feststellung der tatsächlichen Widerstandsfähigkeit der assimilierenden Pflanzenteile gegen Erfrieren waren die Monate Februar 1929 und 1956 ganz besonders geeignet. Zahlreiche

Forscher haben sich mit der Reaktion der Pflanzen den extremen Temperaturen gegenüber, wie sie im Jahrhundert nur ein- oder zweimal auftreten, befaßt.

Laurent (1930), A. und O. de Bolós (1956), R. und R. Molinier (1956), Berner (1956), Ferré (1957), M. Wraber (1957) berichten über die Frostschäden an mediterranen Gewächsen und Assoziationen. 1929 und 1956 wirkte der Frost auf Kulturbäume katastrophal. Hunderttausende von Lorbeer- und Olivenbäumen starben ab oder verloren Blätter und Zweige. Sie konnten sich in den Folgejahren nur schwer und bloß teilweise erholen.

In der Garrigue von Montpellier haben 1956 *Anagyris foetida*, *Pistacia lentiscus*, *Cneorum tricoccum* stellenweise stark gelitten. Bei *Quercus coccifera* wiesen nur die jungen Triebe Frostschäden auf; *Quercus ilex* zeigte keine oder geringe Kälteschäden. Die Temperaturminima schwankten während mehrerer Nächte um —12 bis —14° C.

In der Provence litten am meisten die Arten des *Crithmo-Staticetum* der Küstenfelsen an der Côte d'Azur. Die oberirdischen Teile der Assoziationskennarten *Lotus cytisoides* und *Senecio crassifolius* und auch die hochpräsenten *Crithmum maritimum* und *Asteriscus maritimus* wurden vernichtet; bei *Limonium minutum* betrug der Abgang 90% (Molinier). Das absolute Temperaturminimum fiel am 10. Februar auf —13,3°.

Der *Quercetum galloprovinciale*-Klimaxwald hat im ganzen Bereich zwischen der Côte d'Azur und Katalonien kaum gelitten, wogegen isoliert wachsende Sträucher der Unterwuchsvegetation nicht selten Kälteschäden zeigten. Wie zu erwarten, waren Holzgewächse südlicher Verbreitung an ihrer Nordgrenze der Kälte am meisten ausgesetzt; die Folgen extremer Klimaeinflüsse sind allgemein an den Arealgrenzen am deutlichsten sichtbar, vor allem wenn sich die abnormen Verhältnisse über eine längere Zeitspanne erstrecken oder sich öfter wiederholen.

Im Bestandesinnern des *Quercetum ilicis galloprovinciale* dürfte das Minimum 1956 nicht unter 6 bis 7° gefallen sein, die Assimilation erfuhr somit keinen Unterbruch, da *Quercus ilex* bei dieser Temperatur noch assimiliert (Pisek und Rehner 1958).

Obige Extremwerte sind in der Provence am 13. Februar 1929 übertroffen worden. Marseille registrierte —14,3° bei orkanartigem Wind, das Gasthaus an der Ste. Baume —17°, während des Tages und —19° während der Nacht.

Die Vegetationsschäden waren beträchtlich. Sogar *Quercus ilex* hatte stark gelitten, erholte sich aber; die grünen Triebe von *Quercus coccifera*, *Pistacia lentiscus*, *Rhamnus alaternus*, *Smilax aspera* und vor allem *Ulex parviflorus* waren erforen. Die Sträucher sproßten später wieder aus, mit Ausnahme zahlreicher *Ulex*-Exemplare (Laurent l. c.). Die Frostempfindlichkeit von *Ulex* kann als ein Anzeichen des atlantischen Ursprungs der Gattung angesehen werden.

Unter atlantischem Einfluß an der französischen Westküste waren die Schäden 1956 nicht viel stärker als im mediterranen Raum. *Quercus ilex* hat sogar bei Montauban und, in Kultur, bei Toulouse den Februar überdauert (s. Abb. 337).

Am atlantischen Littoral blieb *Quercus ilex* intakt; auch *Rhamnus alaternus* hat hier kaum gelitten (RUFFIER-LANCHE 1958).

Wie tiefe Temperaturen, so kann auch übermäßige Schneebedeckung vegetationsschädigend wirken und das unterschiedliche Gedeihen der Arten bedingen. Eine mäßige Schneedecke ist zur anstandslosen Überwinterung mancher Gesellschaften unbedingt erforderlich.

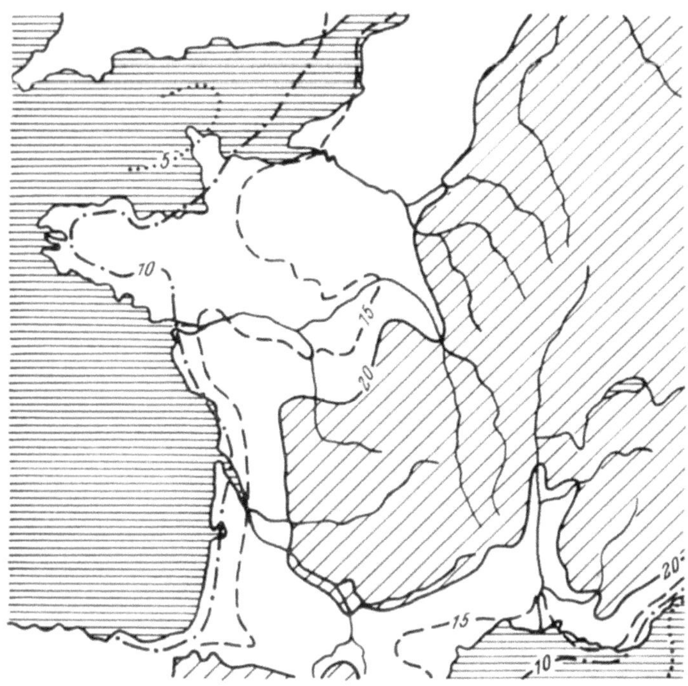


Abb. 337. Verlauf des absoluten Minimums im Februar 1956 (nach FERRÉ 1957)

······· —5° —·—·—· —10° — — — — — —15° ———— —20°

Die mit der Schneedecke zusammenhängenden Standorts- und Konkurrenzverhältnisse der Arten und Gesellschaften sind seit langem im Norden, besonders in Finnland, und in den Alpen verfolgt worden.

**Schneebedeckung.** Unter einer 1 bis 2 m tiefen Schneedecke ist der Erdboden in den Alpen kaum je gefroren, weshalb denn auch zahlreiche Arten unter dem Schnee fortwachsen und einige sogar aufblühen. *Soldanella alpina* und *S. pusilla* wurden unter bis 0,5 m dicker Schneeschicht blühend gefunden; ebenso *Crocus vernus*, *Scilla bifolia* und *Saxifraga oppositifolia* (BR.-BL. 1913) und in Osteuropa *Scilla sibirica* (KELLER 1927). Am 22. Januar 1904 zeigten in der Malixeralp bei Chur (1700 bis 1800 m) unter 50 bis 120 cm Schnee (Boden feucht, nicht gefroren, Temperatur 0°, Lufttemperatur 12° C) folgende Arten frischgrüne, turgeszente Laubblätter: *Luzula multiflora, Potentilla aurea, Sieversia montana, Trifolium thalii, Pyrola minor, Vaccinium myrtillus, Soldanella alpina, Gentiana kochiana, Ajuga pyramidalis, Galium pumilum, Homogyne alpina, Hieracium alpinum.*

Das Mikroklima der Schneebodengesellschaften ist gleichmäßig und konstant, die Jahresschwankungen sind dank der winterlichen Schneedecke sehr gering.

**Schneedecke und Pflanzengesellschaften.** In schneereichen Gebieten kann man die Pflanzengesellschaften nach ihrem Verhalten zur Schneedecke als Standortsfaktor gruppieren in schneeschutzbedürftige (chionophile),

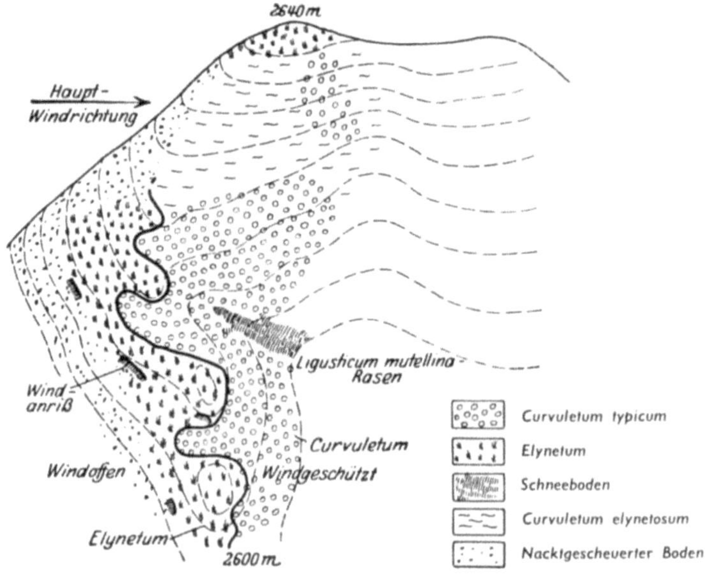


Abb. 338. Wind- und schneebedingte Alternanz zwischen *Elynetum, Curvuletum elynetosum, Curvuletum typicum* und *Ligusticum*-Schneeböden am Murterjoch, 2600 m (aus Br.-Bl. u. Jenny 1926)

die nur unter einer beträchtlichen, lange dauernden Winterschneedecke gedeihen, und schneefliehende (chionophobe), die längere Schneebedeckung scheuen. Keine Pflanzengesellschaft verhält sich indifferent gegenüber der Schneebedeckung, und nur wenige Pflanzenarten kommen sowohl an ständig schneefreien als auch an lange schneebedeckten Standorten fort.

Die Chionophobie oder Chionophilie beruht zur Hauptsache wohl in der größeren oder geringeren Widerstandskraft der Gesellschaften gegen Frost und winterliche Austrocknung bei gefrorenem Boden, sowie, bei den Chionophilen, in der Fähigkeit, ihre Entwicklung bei fast völligem Lichtabschluß unter der Schneedecke zu fördern und nach der Schneeschmelze Blüte und Fruchtreife innert weniger Wochen abzuwickeln.

Die schädigende Wirkung künstlicher Schneefreiheit auf die Vegetation einer für gewöhnlich mehrere Monate schneebedeckten *Trisetum flavescens*-Wiese bei 1240 m ü. M. hat GRISCH (1907) untersucht. Der künstlich schneefrei gehaltene Rasenfleck zeigte nicht nur eine rasche Verschiebung im Mengenverhältnis der Arten, sondern auch die Stoffproduktion war bedeutend herabgesetzt. Die Zahl der Keimlinge betrug am 22. Mai im schneefreien nur 17 gegenüber 104 im Quadratfuß des benachbarten, langdauernd schneebedeckten Rasenflecks.

Da die Samen der Alpenpflanzen teilweise schon im Verlauf des Spätherbstes und Winters keimen und viele Arten ohne autonome Winterruhe

Abb. 339. *Ligusticum mutellina*-Fazies des *Salix herbacea*-Schneetälchens in der Tatra, 1960 m. Kenntlich: *Salix herbacea, Ligusticum mutellina, Soldanella carpatica* (Aufn. A. ZLATNÍK)

mit grünen Trieben überwintern oder doch leicht zum Treiben zu bewegen sind (s. BR.-BL. 1913, S. 45 bis 52, RÜBEL 1925), ist gerade in den Hochalpen die Bedeutung des Schnees als Kälte- und Verdunstungsschutz offensichtlich.

**Schneebodengesellschaften.** Die Schneebodengesellschaften der mittel- und südeuropäischen Hochgebirge vom Rilo Dagh bis zu den Pyrenäen gliedern sich in drei Verbände:

Das *Arabidion coeruleae*, auf kalkreichen Schneeböden, eine ausgesprochen basiphile Gesellschaft,

das *Androsacion alpinae*, auf kalkarmem Verwitterungsschutt

($p_H$ 6,4 bis 4,7), eine azidophile Gesellschaft des mäßig feuchten Grobschuttes,

das *Salicion herbaceae*, auf kalkarmem Feinschutt, Gletscherschlamm und ständig durchfeuchteten Humusböden mit beginnender Podsolierung ($p_H$ 6,5 bis 4,6), gleichfalls azidophil (Abb. 339).

Sehr reich vertreten und stellenweise in den Alpen ausgedehnte Flächen bedeckend, sind sie in den Pyrenäen nur noch schwach vertreten und auch artenärmer und machen hier ganz den Eindruck von Reliktgesellschaften. Es bilden denn auch hier, wie in den Schneeboden-

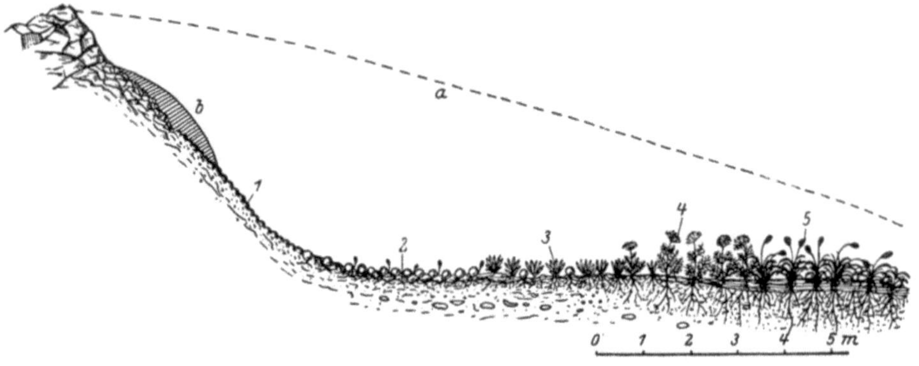


Abb. 340. Toposequenz der Assoziationen nach der Dauer der Schneebedeckung am Minorjoch, Bernina, 2450 m, in NW-Exposition. *a* Winterschneedecke; *b* Schneerest am 21. Juli 1927. *1 Polytrichetum sexangularis, 2* Normalfazies-, *3 Gnaphalium supinum-, 4 Ligustium mutellina*-Varianten des *Salicetum herbaceae, 5 Caricetum curvulae*

gesellschaften der übrigen mittel- und südosteuropäischen Hochgebirge, nordische Arten den Hauptanteil des Pflanzenteppichs. Das auf die Artenzahl gegründete geographische Spektrum der Assoziation ergibt 61% nordische und nur 6% endemisch pyrenäische Arten.

Noch ausgesprochener tritt der nordische Anteil hervor, wenn das Spektrum auf den Deckungsgrad der Arten bezogen wird.

Im skandinavischen Hochgebirge sind von Nordhagen (1936) folgende vier Schneebodenverbände unterschieden worden:

1. Verband des *Nardo-Caricion rigidae*, verhältnismäßig frühzeitig schneefrei.

2. *Cryptogrammo-Athyrion alpestris*, mit den Hochstaudenfluren des mitteleuropäischen *Adenostylion*, worin auch Farne zum Vorherrschen kommen können, verwandt und vielleicht dort anzuschließen.

3. *Ranunculo-Oxyrion*, dem alpinen *Androsacion alpinae* nahestehend.

4. *Cassiopo-Salicion herbaceae*, sehr lange schneebedeckt, mit einer Moos- und Lebermoosschicht, Parallelverband zum alpinen *Salicion herbaceae*. In Nordfinnland gehen nach Kalliola (1939) Gesellschaften dieses Verbandes bis an die letzten äußersten Grenzmarken des Lebens.

Du Rietz (1942) und Gjaerevoll (1949) fügen als weiteren Verband noch ein *Polytrichion norvegici* bei, das ausschließlich aus Kryptogamen zusammengesetzt ist.

Die pH-Verhältnisse der Böden in den reinen Moos-Schneebodengesellschaften der *Salicetalia herbaceae*-Ordnung schwanken zwischen 3,6 und 4,7 pH in Skandinavien, 4,6 und 6,5 pH in den Alpen und 4,1 und 7 pH in den Pyrenäen (*Polytrichetum sexangularis*). Diese Schwankungen im Säuregrad des Bodens treten als Standortsfaktor gegenüber der Schneedauer weit zurück.

NORDHAGEN führt für die lange schneebedeckten Schneebodengesellschaften den Begriff „saisonhydrophil" ein; während der langen Schneeschmelze ist nämlich der Standort dauernd vom Wasser überschwemmt und der Boden naß, wogegen er nach dem Schneefreiwerden stark austrocknen kann. Die meisten saisonhydrophilen Schneeboden-Assoziationen kalkarmer, saurer Böden gehören zu der in den mitteleuropäischen Hochgebirgen und im Norden weitverbreiteten Ordnung der *Salicetalia herbaceae*.

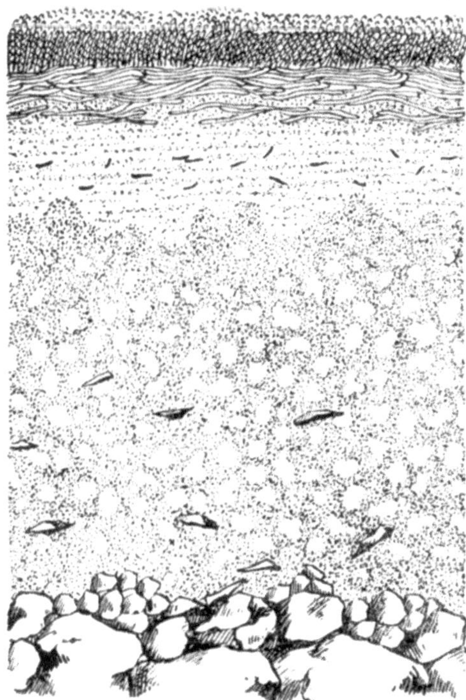

Abb. 341. Nivales Gleyprofil unter *Polytrichetum sexangularis* in den Ostpyrenäen, 2200 m (aus BR.-BL. 1948)

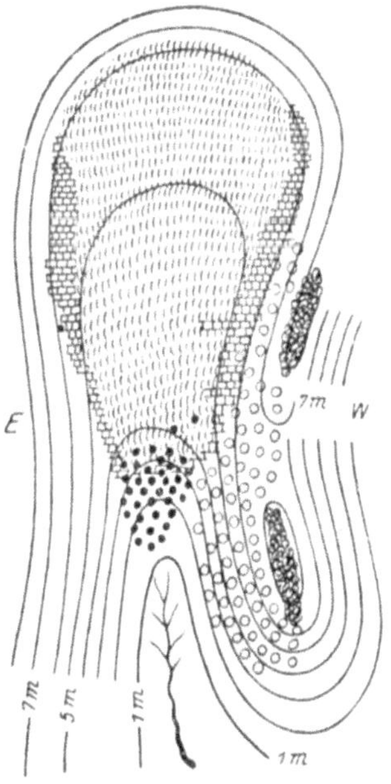


a *Polytrichetum sexangularis* (Schneedauer 8½ bis 9½ Monate),
b *Salicetum herbaceae* (Schneedauer 8 bis 9 Monate),
c *Gnaphalium supinum*-Fazies (Schneedauer 8 bis 9 Monate),
d *Curvuletum* (Schneedauer 7 bis 8 Monate),
e *Loiseleurietum cetrarietosum* (dauernd schneefrei)

Abb. 342. Topographische Anordnung einiger Assoziationen mit unterschiedlicher Schneebedeckung in der Alp Farur, Graubünden, 2350 m (nach BR.-BL. u. JENNY 1926)

Die langdauernde Durchnässung des Bodens führt im Bodenprofil zur Ausbildung eines marmorierten Gleyhorizontes (Abb. 341).

Dieser nivale Gley ist durch zahlreiche winzige (bis 0,5 cm breite) rostrote Eisenflecken gekennzeichnet; in den Ostpyrenäen reagiert er auch auf Granit schwach alkalisch ($p_H$ 7,1). Die Pflanzenwurzeln reichen nicht in den Gleyhorizont hinab. Nach Austrocknung des Bodens verschwinden die Rostflecken rasch infolge Reduktion des $Fe_2O_3$.

Es kann natürlich vorkommen, daß ganze Vegetationskomplexe einen oder auch zwei Sommer hindurch nicht oder doch sehr spät schneefrei werden und dadurch Verschiebungen im Areal der Kontaktgesellschaften eintreten. Nach zwei sehr schneereichen Wintern war in den Ostpyrenäen ein deutliches Vordringen des *Salicion herbaceae* auf

Abb. 343. Schneeboden-Dauergesellschaft (*Polytrichetum sexangularis*) im Val Minor, Bernina (Aufn. Klika, Exkurs. S.I.G.M.A.)

Kosten des *Nardion*-Verbandes festzustellen. Auf den toten Resten von *Nardus stricta*, *Agrostis rupestris*, *Carex pyrenaica*, *Trifolium alpinum* usw. hatten sich zahlreiche *Salicion herbaceae*-Arten, wie *Sagina saginoides*, *Cardamine alpina*, *Sibbaldia procumbens*, angesiedelt (Br.-Bl. 1948).

Schon Oswald Heer (1837) hat die Gesellschaften des alpinen *Salicion herbaceae* unter dem treffenden Namen „Schneetälchen" kurz gezeichnet.

Der Verband spaltet sich in mehrere Assoziationen und viele Untereinheiten, welche abweichende Ansprüche an die Länge der schneefreien Vegetationszeit stellen (Abb. 342). Das *Salicetum herbaceae* verlangt eine mittlere Aperzeit von $2^1/_2$ bis 4 Monaten. Das *Polytrichetum sexangularis*, eine Laub- und Lebermoosgesellschaft, begnügt sich mit $1^1/_2$ bis 3 Monaten Schneefreiheit, vermag aber auch ausnahmsweise mehr als 1 Jahr lang unter der Schneedecke auszuharren (Abb. 343). In den Anfangsstadien der Assoziation auf Rohböden stellen *Anthelia juratzkana*, *Gymnomitrium varians*, *Dicranum falcatum* und *Pohlia commutata* die Erstbesiedler. In ihren Polstern setzt sich gern *Polytrichum sexangulare* fest und kann schließlich die Vorherrschaft erlangen. Nahe übereinstimmend mit den alpinen sind die vikarierenden pyrenäischen Assoziationen des Verbandes (s. Br.-Bl. 1948).

Die Pioniere der Schneetälchenassoziationen in nivalen Hochlagen haben sich auf mannigfache Weise der kurzdauernden Vegetationszeit angepaßt und verkörpern daher eine auch ökologisch scharf umrissene Lebensgemeinschaft.

Die wichtigsten Anpassungen sind:

1. Weitgehende Vorbereitung und Entwicklung der Laub- und Blütensprosse unter der Schneedecke. Alle Moose und die meisten Blütenpflanzen[1] überwintern am Grunde der tiefen Schneelager mit grünen Trieben.
2. Vegetative Vermehrung durch Kriechsprosse (bei *Luzula spadicea*, *Salix herbacea*, *Arenaria biflora*, *Cerastium cerastoides*, *Alchemilla pentaphyllea*, *Veronica alpina*).
3. Dichtrasiger oder horstförmiger Wuchs mit peripherem Ausbreitungsvermögen. Einjährige fehlen.
4. Äußerste Einschränkung der vegetativen Sphäre. Die Schneetälchenpflanzen sind die Pygmäen der Alpenflora. Akzessorische Laubsproßbildung ist unterdrückt, die Fortpflanzungsenergie aufs höchste angespannt; auf winzigem Stengel sitzt der abschließende Blütenstand. *Cardamine alpina*, *Ranunculus pygmaeus*, *Soldanella pusilla*, *S. minima*, *Gnaphalium supinum* sind die kleinsten Vertreter ihrer Gattungen.
5. Rascheste Entwicklung nach der Schneeschmelze und frühe Samenreife. Innerhalb weniger Wochen ist der Lebenskreislauf von der Knospe bis zur Samenbildung abgeschlossen.

Das *Salicion herbaceae* ist ausgezeichnet durch eine Reihe ausgeprägter Charakterarten, deren Lebensoptimum in den Bereich der Gesellschaft fällt. *Cardamine alpina*, *Arenaria biflora*, *Alchemilla pentaphyllea*, *Soldanella pusilla* sind Altendemismen des mitteleuropäischen Alpensystems.

Auch Flechtengesellschaften reagieren sehr empfindlich auf die Schneebedeckung. Während die *Umbilicaria cylindrica*-Assoziation im Winter fast immer schneefreie Rundhöcker besiedelt (Ed. Frey 1923), halten sich *Anthelietum* und *Solorinion croceae* streng an die Schneeböden.

In der Hocharktis unterscheidet E. Porsild (1957) „snowpatch"- und „snowbed"-Vegetation. Letztere, der Schneetälchenvegetation der mitteleuropäischen Gebirge entsprechend, verlangt tiefe, langdauernde Schneebedeckung, welche nur von wenigen besonders angepaßten und sich zumeist vegetativ vermehrenden Gewächsen ertragen wird. Die „snowpatch"- (Schneefleck-) Flora unter geringerer, frühzeitig wegschmelzender Schneebedeckung besteht zur Hauptsache aus Weiden, Kriechbirken und Heide. Diese Vegetationsverteilung erlaubt Ingenieuren und Straßenbauern, die Mächtigkeit der im Winter zu erwartenden Schneehöhe an der Pflanzendecke abzulesen.

---

[1] *Arenaria biflora*, *Cerastium cerastoides*, *Cardamine alpina*, *Soldanella* spec., *Gnaphalium supinum* usw.

Im nordschottischen Hochland stellt sich unter tiefer Schneedecke an E.-N.-Hängen ein geschlossener *Deschampsia flexuosa-Carex bigelowii*-Rasen ein, während die *Salix herbacea*-Lebermoosgesellschaft schwache Schneebedeckung bevorzugt (INGRAM 1958).

**Waldgesellschaften und Schneedecke.** In den Waldgebieten der subarktischen Zone und der subalpinen Stufe der Alpen und Mittelgebirge

Abb. 344. *Alnetum viridis* mit *Adenostyles alliariae*, *Achillea macrophylla* usw. in St. Antönien, Graubündneralpen (Aufn. AUER)

ist der vegetationsgestaltende Einfluß der Schneedecke gleichfalls allenthalben nachweisbar. Große, aber nicht allzu spät wegschmelzende Schneemassen fördern die Entwicklung der strauchigen Weiden- und Alpenerlenbestände, des *Rhododendro-Vaccinion* und der Hochstaudenfluren von *Adenostyles*, *Cicerbita alpina*, *Cirsium spinosissimum* usw. (Abb. 344). In allen schneereichen Gebirgen der gemäßigten Zone kommt es zur Ausbildung derartiger Hochstaudenfluren.

Unterwuchs und Bodendecke des Waldes erhalten je nach der Baumschicht sehr verschiedene Schneemengen, da die Baumkronen den Schnee verschieden stark auffangen und zurückhalten. Nach BÜHLER (1918) hält die Fichte im Mittel 55 bis 80% des Schnees in der Krone zurück, die Buche nur 10 bis 15%; 15jähriger Niederwald aus *Carpinus*, *Corylus* usw. sogar bloß 3%. Im Niederwald und Gebüsch ist somit die stärkste Beeinflussung der Bodenschicht durch den Schneefaktor zu erwarten.

In den *Pinus mugo-Erica carnea*-Niederwäldern (*Mugo-Ericetum*) der Kalkgebirge zwischen Inn und Etsch können mehrere von der Schneebedeckung abhängige Subassoziationen unterschieden werden:

1. Das *Mugo-Ericetum cladonietosum* mit üppigem Strauchflechtenunterwuchs (maximale Schneebedeckung etwa 7 Monate), an Nordhängen und in den als „Schneefängen" bekannten Einsenkengen. *Cladonia alpestris*, *C. rangiferina*, *C. silvatica*, *Cetraria islandica* mit *Vaccinium uliginosum* sind meist deckend.
2. Das moosreiche *Mugo-Ericetum hylocomietosum*, mit 1 bis 3 Wochen kürzerer Schneedecke. Dominierend sind meist *Hylocomium proliferum*, *H. triquetrum*, *Pleurozium schreberi* mit *Vaccinium myrtillus* und *Erica carnea*.
3. Das *Mugo-Ericetum caricetosum humilis*. Schneedauer etwa $5^1/_2$ bis 6 Monate. Vorherrschend sind *Erica*, *Polygala chamaebuxus*, *Vaccinium vitis-idaea* und wärmeliebende Begleitarten, Moose und Flechten treten zurück.

Selbstverständlich sind diese Subassoziationen nicht nur von der Dauer der Schneedecke abhängig; aber die Schneedauer ist einer der maßgebenden Faktoren.

In manchen Waldungen kann die Höhe der winterlichen Schneedecke nach der Flechtenverteilung an den Baumstämmen abgelesen werden. Ein besonders guter Zeiger für deren Höhe ist *Parmelia olivacea*, die die Birkenstämme im Sylene-Gebiet bis zur Schneeoberfläche bedeckt, darunter aber fehlt. Möglicherweise ist es der Lichtmangel, der die Art vom schneebedeckten Stammteil fernhält (NORDHAGEN 1927).

Ähnlicherweise läßt sich das *Parmeliopsidetum ambiguae*, mit *Parmeliopsis ambigua*, *P. hyperopta*, *P. aleurites*, *Biatora pullata*, als Schneepegel verwenden, es überzieht die Stammbasen und verschwindet über der Schneedecke (KLEMENT 1959).

Ein seltenes Beispiel einer durch lange Schneelagerung geförderten eigenartigen Vegetationsinversion in subalpiner Höhenlage des Westjura ist die von J. L. RICHARD (1961) untersuchte Subassoziation des *Lycopodio-Mugetum*, das bei 1190 m den Nordfuß eines Felskessels umhüllt. Es handelt sich um einen mehr als hundertjährigen Fichtenbestand von nicht viel mehr als 1 bis 2 m Höhe, der erst Ende Mai schneefrei wird und neben einer üppigen subalpinen Strauchvegetation aus *Rhododendron ferrugineum*, *Sorbus chamaemespilus*, *Salix appendiculata*, *Empetrum hermaphroditum*, *Vaccinium ulginosum* eine Reihe alpiner Arten, wie *Dryas octopetala*, *Arctostaphylos alpina*, *Lycopodium selago*, *Carex sempervirens*, *Hutchinsia alpina*, *Soldanella alpina*, beherbergt. Dieselbe Gesellschaft ist von MOOR und SCHWARZ schon 1957 im Südjura beobachtet worden.

Der Boden dieser streng lokalisierten Gesellschaft bleibt in gewissen Jahren ständig gefroren, und die Winterschneedecke erreicht noch im April 1,5 m Höhe. Selbst Mitte Juli hält sich die Bodentemperatur im C-Horizont bei 130 bis 160 cm Tiefe etwas unter 0°.

Hierauf beruht die strenge Artenauslese und das Ausscheiden der meisten in dieser Meereshöhe gemeinen Arten.

**Dürrewirkung.** Wie übermäßig kalte, schneereiche, feuchte, so werden auch außergewöhnlich trockene Jahre ganzen Pflanzengesellschaften verderblich, während sie andere begünstigen.

Mehrjährige außergewöhnliche Trockenheit hatte im Kontaktgebiet zwischen Wald- und Grassteppenklimax im Mittelwesten der Vereinigten Staaten das Absterben vieler Bäume zur Folge (Albertson und Weaver 1945). Hauptursache war der Mangel an Betriebswasser, wozu sich geringe Luftfeuchtigkeit, hohe Verdunstung, austrocknende Winde gesellten. Zahlreiche Arten waren unfähig, sich den veränderten Standortsbedingungen anzupassen. Die geschwächten Pflanzen zeigten auch stets erhöhte Anfälligkeit gegenüber parasitären Krankheiten.

Im eigentlichen Präriegebiet gingen im Dürrejahr 1934 10 bis 25% der Vegetation zugrunde. In den Lücken faßten viele Einjährige und Ruderalpflanzen, wie *Erigeron annuus, E. ramosus, Bromus secalinus,* Fuß, ferner Keimlinge von *Koeleria cristata* und *Agropyron smithii.*

Ähnliche Erscheinungen machen sich bei außergewöhnlicher Trockenheit allenthalben geltend. In ausgeprägten Trockenjahren tritt der Wasserfaktor ins Minimum, und Dürreschäden wirken sich unmittelbar und mittelbar in der Zusammensetzung des Vegetationsteppichs aus.

Die außergewöhnliche Trockenheit des Sommers 1949 hatte die flachwurzelnden *Ulicion*-Bestände SW-Irlands an steilen, flachgründigen Hängen stark geschädigt; viele *Ulex-, Calluna-, Erica cinerea*-Sträucher waren abgestorben oder dem Absterben nahe. Sogar in den Trockenrasengesellschaften des Inner-Wallis hatten 1949 die weniger ausgesprochen xerischen Arten erheblich gelitten. De la Fouchardière (in Rev. forestière 1949, 6) berichtet über die Reaktion der Baumarten gegenüber dieser außergewöhnlichen Trockenheit in der Bretagne.

Über die mutmaßlichen Auswirkungen der Dürre von 1947 auf den Wald macht B. Huber (1947) interessante Angaben.

In welcher Weise die Wirkung dieser Dürreperiode auf die Vegetation in Westdeutschland durch Geländeverhältnisse (Exposition, Neigung, Bodenart, Untergrund) verstärkt wurde, geht aus Beobachtungen von Schmithüsen (1948) hervor. Die schärfsten Dürreerscheinungen fielen mit flachgründigen Gesteinsböden über durchlässigem Untergrund zusammen. In der Randstufe der Schwäbischen Alb waren bestimmte Kalkbänke in allen Einzelheiten ihres Verlaufs als braune Bänder zu verfolgen und stachen mit ihren vertrockneten Bäumen aus dem grünen Waldhang hervor.

Unter dem Einfluß dieses Trockensommers stattgehabte Artenverschiebungen im *Arrhenatheretum* der Nordschweiz haben Lüdi und Zoller (1949) graphisch dargestellt.

**Hitzewirkung.** Das Verhalten extremer Xerophyten hohen Sommertemperaturen gegenüber ist von STOCKER (1954, 1960) und von LANGE (1959) in der Sahara untersucht worden. Die einzelnen Arten verhielten sich sehr verschieden. Selbst extreme Xerophyten wie *Anabasis aretioides* zeigten am Mittag erhebliche stomatäre Transpiration, während gleichzeitig die Assimilation trotz geöffneter Spalten schon am frühen Vor-

Abb. 345. *Erica arborea*-Bestand im *Quercus suber*-Wald (*Oleo-Ceratonion*) Nordtunesiens bei Tabarka (Aufn. HUECK, Exkurs. S.I.G.M.A.)

mittag einen gänzlichen Zusammenbruch erlitt. Bei andern, weniger xerischen Arten, wie *Citrullus colocynthis*, ist die Aufrechterhaltung einer lebhaften Transpiration notwendig, um an extremen Tagen die Blattemperatur unter dem Grenzwert der Hitzeresistenz zu halten (STOCKER 1957). Dürre- und Hitzewirkung werden erheblich abgeschwächt durch Trockenheit ertragende Oberschichten. Im subtropischen Mediterrangebiet bildet der geschlossene *Quercus suber*-Bestand einen ausgezeichneten Trocken- und Dürreschutz für seine empfindlichere Untervegetation (Abb. 345).

Fünfter Abschnitt

# Gesellschaftsentwicklung (Syndynamik)

Die Gesellschaftsentwicklungs- oder Sukzessionslehre befaßt sich mit dem Werden und Vergehen der Pflanzengesellschaften, wie es sich sozusagen unter unsern Augen abspielt. Damit nicht zu verwechseln ist die Vegetationsgeschichte, das historische Gewordensein, Vegetationsänderungen, die sich in der früh- und vorgeschichtlichen Vergangenheit abgespielt haben und deren Aufeinanderfolge aus Pflanzenresten, Abdrücken, Versteinerungen, Holz- und Fruchtresten, Blütenpollen mühsam rekonstruiert werden muß.

Wohl auf keinem Teilgebiet der Vegetationskunde sind Wahrheit und Dichtung so unauflöslich miteinander verflochten wie auf dem Boden der Sukzessionslehre. Der Phantasie bleibt hier ein weiter Spielraum, und es fällt oft schwer, das Tatsächliche vom Hypothetischen zu scheiden.

**Geschichtliches.** Als erster hat wohl A. P. De Candolle in seinem Essai élémentaire de géographie botanique (1820) auf den Vegetationswandel aufmerksam gemacht. Der eigentliche Begründer der Sukzessionslehre ist aber Altmeister Kerner. „Welcher Reiz liegt nicht im Studium des Entwicklungsganges einer jeden Gesellschaft und in dem Verfolgen ihres Entstehens, ihres Werdens und Verschwindens", schreibt er in seinem von Naturbegeisterung durchglühten „Pflanzenleben der Donauländer" (1863, S. 12). Warming (1895) hat zuerst die Allgemeinheit des Vegetationswechsels erkannt. Das Verdienst, die Bedeutung der dynamischen Vegetationsforschung voll erfaßt und zur Geltung gebracht zu haben, gebührt indessen den nordamerikanischen Forschern H. C. Cowles und F. Clements. Cowles legte 1899 den Grund zu der bis heute im angelsächsischen Sprachgebiet vorherrschenden „dynamischen" Einstellung der Vegetationsforschung. Clements war es, der die großen Richtlinien in der Vegetationsentwicklung der Erde gezogen und in ein System zu bringen versucht hat (1916). Mit Weaver und Hanson arbeitete er Methoden aus zur Untersuchung der dynamischen Vegetationsvorgänge (Plant competition 1929), wobei er auch die Klassifikation der Pflanzengesellschaften auf dynamisch-genetische Grundlage stellte. Übertriebener Schematismus und eine zungenbrechende Nomenklatur standen indes der allgemeinen Annahme seiner ideenreichen, großzügigen Ausführungen hindernd im Wege. Auch ist ihm mit Recht vorgeworfen worden, er vernachlässige über der oft hypothetischen Dynamik allzusehr das statische Moment, die Fassung der gesellschaftlichen Einheiten, die stets die Grundlage der Vegetationsforschung bilden müssen.

Dieser Vorwurf trifft die europäischen Forscher, welche der Vegetationsfolge ihre Aufmerksamkeit zuwandten, nicht.

Zwei Schweizer, R. SIEGRIST (1913) und E. FURRER (1914, 1922), ersterer unter dem Eindruck der Vegetationsänderungen längs der Aare, der zweite beim Studium der wandlungsreichen Gebirgsvegetation in den Alpen, beobachteten, jeder für sich, die zeitlichen Verschiebungen, die sich im Pflanzenkleid abzeichnen, und legten diesen Vegetationswandel ihren geobotanischen Studien zugrunde.

Diesen Pionieren folgten bald W. LÜDI (1919, 1921) und zahlreiche weitere Vegetationsforscher. Heute läßt sich die Berücksichtigung des Vegetationswandels, der Sukzession, aus einer pflanzensoziologischen Gebietsuntersuchung nicht mehr wegdenken.

## A. Erstbesiedlung

Alles ist in ständiger Bewegung; auch die Erdhülle bildet keine Ausnahme; Neuland, durch Landhebung aufgewölbt, taucht aus den Fluten, Vulkanausbrüche, Erdbeben, Bergstürze, Überschwemmungen, Überwehungen aber auch menschliche Zerstörungsaktionen schaffen Voraussetzungen für die Vegetationsentwicklung.

Die Erstbesiedlung vegetationslosen Bodens durch Pflanzen und Tiere erfolgt um so rascher, je näher pflanzenführendes Gelände liegt, je besser die Verbreitungsmittel spielen und je größer die Aufnahmefähigkeit des Standortes (accessibilité, HEIMANS 1954) ist.

Pflanzloses Neuland kann schon frühzeitig von Pionieren der standortsgemäßen Assoziation besiedelt werden (Abb. 346).

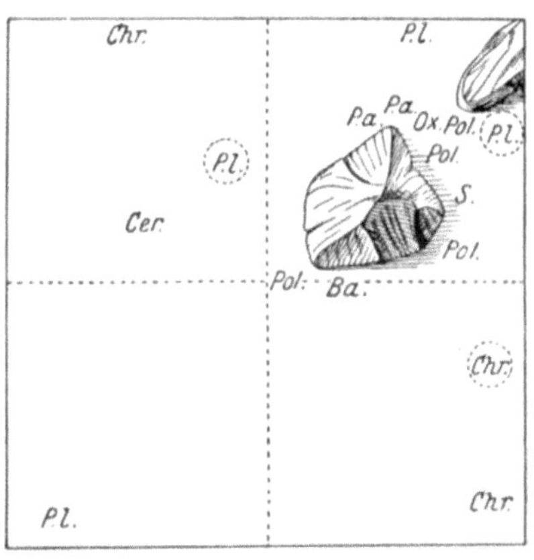


Abb. 346. Durch Samenstreuung entstandene Initialphase des *Oxyrietums* auf Moränenboden am Sesvennagletscher bei 2700 m, 40 m vom Eisrand entfernt (1 qm)

*P.l. Poa laxa, P.a. Poa alpina, Ox. Oxyria digyna, Pol. Pohlia commutata, Cer. Cerastium cerastoides, S. Sesleria disticha* (steril), *Chr. Chrysanthemum alpinum, Ba. Bartramia ityphylla*

**Schuttstadien.** Nirgends aber geht die Besiedlung rascher vor sich als auf den Trümmer- und Schuttflächen, die durch menschliche Zerstörungen entstanden sind. Hierüber sind wir durch Untersuchungen von KREH (1955) über die Besiedlungsfolge der Pflanzen auf Bombardierungsschutt in Stuttgart näher unterrichtet.

Als Erstbesiedler erscheinen vor allem die raschwüchsigen, durch Samenübermacht begünstigten, anemochoren Einjährigen, bald gefolgt von nitrophilen Therophyten mit schweren Samen, Chenopodiaceen, Polygonaceen usw.

Eine zweite Besiedlungswelle umfaßt vorwiegend Hemikryptophyten, welchen mit der dritten Welle manche an Windverbreitung angepaßte Sträucher und Bäume sowie einige zoochore Arten (*Sambucus nigra, Solanum dulcamara*) nachfolgen. Es sind äußerst labile Entwicklungsstadien im Sinne von PFEIFER (1960) und GIACOMINI und GENTILE (1961), von eigentlichen Gesellschaften kann noch nicht die Rede sein. Der ganze Entwicklungsgang spielt sich innerhalb von zehn Jahren ab; er bricht ab, bevor noch eine Dauergesellschaft erreicht ist (KREH 1955).

**Inselbesiedlung.** Im Gegensatz zu solch sprungartig rascher Überwachsung verläuft die Kolonisierung neuentstandener Inseln langsam. Wasser-, Wind-, Tier- und Menschenverbreitung teilen sich in die Besitznahme. Allerdings liegen hierüber noch wenig positive Angaben vor.

Über die Besitznahme der dem Festland nahen Schäreninseln Finnlands sind wir durch die seit mehr als einem Menschenalter fortgeführten Untersuchungen finnischer Forscher unterrichtet.

HÄYRÉN (1914, 1931) beschäftigte sich in den Jahren 1907 bis 1913 mit der Flora und Vegetation von 19 Schären im Tvärminne-Gebiet. Seine Arbeit bildet den Ausgangspunkt für alle späteren Beobachtungen; LUTHER (1961) ergänzte und vervollständigte sie durch ausgedehnte eigene Untersuchungen.

Die Landhebung der Meeresfelsen Südfinnlands betrug im Laufe eines Jahrhunderts etwa 42 cm. Da die Höhe der untersuchten Schären zwischen 2 und 12,6 m schwankt, stellt sich das Alter der höchsten auf etwa 2400 bis 3000 Jahre.

Die jungen Riffe werden allzuoft überflutet, um Pflanzen tragen zu können, aber schon fünf Meter hohe Schären beherbergen bis 100 Gefäßpflanzen, die sich auf alle Lebensformen verteilen. Die Samenzufuhr hat durch den Wind, die Vögel oder den Seegang stattgefunden; menschliche Einführung kommt nur in wenigen Fällen in Frage. Die Weiterentwicklung von Flora und Vegetation ist von der Höhe und Ausdehnung der nur ausnahmsweise mehr als 1 ha messenden Inselchen sowie von ihrem Relief abhängig. In den flachen Vertiefungen entwickelt sich eine Flachmoorvegetation, die durch *Lysimachia vulgaris, Filipendula ulmaria, Ranunculus acer* und später durch *Juniperus communis* überwachsen wird. Als erste Baumart erscheint der ornithochore *Sorbus aucuparia.* Es folgen *Alnus glutinosa, Betula pendula, B. pubescens, Populus tremula, Salices, Picea abies, Pinus silvestris.* Die größte Aussicht, sich zum Bestand zu entwickeln, hat *Pinus silvestris,* doch vermochte bisher das Föhrenwaldstadium noch auf keiner der untersuchten Schären Fuß zu fassen (LUTHER 1961).

Einige junge, durch Seesenkung entstandene Inseln im Hjälmarensee (Schweden) sind von S. BIRGER (1906) mit Hinsicht auf die Artenzunahme untersucht worden.

Vier Jahre nach der Senkung waren auf den Inseln bereits 2 Moose und 113 Phanerogamen vorhanden, darunter 5 Bäume in 40 Individuen. Sechs Jahre später fanden sich 12 Flechten, 18 Moose, 184 Phanerogamen, darunter 10 Baumarten. 22 Jahre nach der Senkung wurden 32 Flechten, 43 Moose, 202 Phanerogamen, wovon 14 Bäume, gezählt.

Isolierte Hochgebirge und vom Festland weit abgetrennte, unbewohnte Inseln zeichnen sich durch große Pflanzenarmut aus. Als Testbeispiel kann das im Stillen Ozean weitabliegende Felseiland San Ambrosio gelten, das 859 km vom chilenischen Festland, 777 km von Juan Fernandez entfernt liegt. KUSCHEL (1962) hat die 8 bis 9 qkm große, 478 m hohe vulkanische Insel genau abgesucht und dabei nicht mehr als 17 Blütenpflanzen und ein steriles Moos zutage gefördert. Die ganze Phanerogamenflora besteht aus einem Rosettenbäumchen, 7 Sträuchern, worunter der Gattungsendemismus *Sanctambrosia*, 8 Annuellen und einem perennierenden Krautgewächs. Obwohl, wie KUSCHEL bemerkt, die ökologischen Bedingungen auch für manche Farne gegeben sind, hat keiner die Insel, deren Alter anscheinend ins Pliozän zurückreicht, erreicht.

Gebirginseln, wie die Hochländer der zentralen Sahara, sind etwas artenreicher, da, wie QUÉZEL (1961) hervorhebt, ein ehemaliger näherer Zusammenhang mit entfernten Vegetationsgebieten unter klimatisch der Einwanderung günstigeren Epochen bestanden haben kann.

**Arktis.** Beobachtungen über die Jungbesiedlung hochnordischen Neulandes sind von DANSEREAU (1954) in einer Studie über Bray Island in Baffinsland zusammengestellt worden. Auf dem weiten, nahezu vegetationslosen, kiesig-sandigen oder mergeligen, mit Wasserbecken und ihren Verlandungsgürteln übersäten Flachstrand wachsen zerstreute Pflanzenhorste. Die Insel, vor etwa 100 Jahren den Fluten entstiegen, zählt heute, nebst zahlreichen Moosen und Flechten, 31 Blütenpflanzen, zumeist weitverbreitete zirkumpolare Arten. Davon sind 19% Chamaephyten, 72% Hemikryptophyten und 9% Rhizomgeophyten; die Therophyten fehlen. Am besten vertreten ist die Gattung *Saxifraga*, die Hälfte der vorhandenen Arten ist als selten zu bezeichnen.

Bei der Besiedlung der Insel kommen als wichtigste Verbreitungsagentien Wasser und Wind in Betracht, obschon auch Tier- und sogar Menschenverbreitung mitgewirkt haben mögen. Bray Island wird im August von zahllosen Vogelscharen besucht.

Frucht- und Samenproduktion der Arten läßt sehr zu wünschen übrig, doch zeigt ein Vergleich der Insel mit dem benachbarten Festland, daß die Besiedlung noch keineswegs als abgeschlossen zu betrachten ist. Indessen hat die Vegetationsentwicklung bereits eingesetzt und wird sowohl autogen, durch die aufbauende Tätigkeit der Pflanzen selbst, als allogen, d. h. durch Aufschlämmung und Überwehen von Algenresten, gefördert.

Hierin liegt anscheinend ein Hauptunterschied zwischen der Neubesiedlung auf Meereshöhe im hohen Norden und der Vegetationsentwicklung in der Schneestufe der Alpen, die ausschließlich autogen, der aufbauenden Tätigkeit der pflanzlichen Lebewesen selbst zu verdanken ist.

**Hochgipfelbesiedlung.** Die in starker Abtragung begriffenen Kalkketten stellen der Pflanzenbesiedlung oberhalb der Schneegrenze große petrographische Hindernisse entgegen. Dem Vordringen der Vegetation günstiger sind Silikatgipfel wie der Piz Languard (3266 m) bei Pontresina, der Piz Linard im Unterengadin (3410 m).

Laubmoose und Blattflechten setzen sich hier oben als erste Vegetationspioniere fest. Der Linard beherbergt bei und wenig oberhalb 3400 m noch 23 Laubmoose, 2 Lebermoose und 20 Blattflechten, die, am Fels und im Felsschutt weit zerstreut, den spärlichen Blütenpflanzen winzige Keimbeete darbieten. Zwischen 3350 und 3414 m stehen den

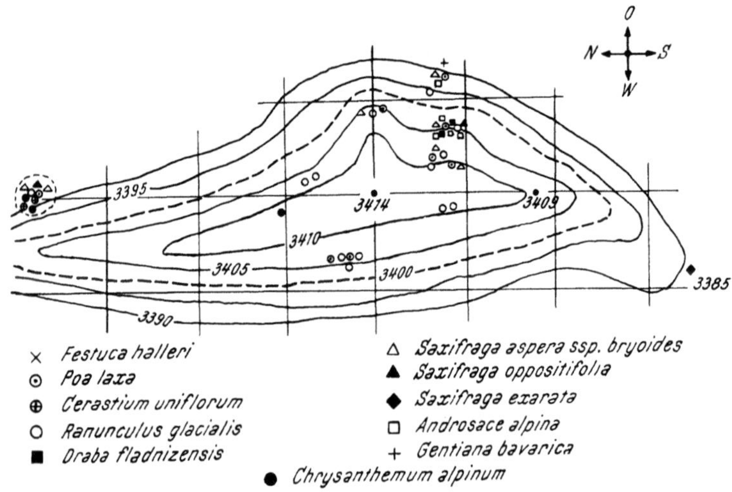


Abb. 347. Artenverteilung am Linardgipfel oberhalb 3390 m, 1947 (1:1000)

45 Kryptogamen 11 Phanerogamen gegenüber (s. S. 690), davon ist aber die Hälfte nur durch wenige Individuen vertreten. Von einem einigermaßen geschlossenen Vordringen der Pioniervegetation kann hier so wenig als in der Arktis gesprochen werden. In der Regel sind es blütenlose Einzelexemplare, Horste und Polster, die an mikroklimatisch günstigen Stellen, auf Felsleisten, in sonnigen Felsnischen, seltener im Ruhschutt, vielfach in Moos- und Flechtenpolster eingebettet, festhaften. Zu kleinen Teppichen ausgewachsen, wirken sie im nackten Fels- und Schuttmeer als sekundäre Dispersionszentren.

Die letzte, höchstgelegene Miniaturgesellschaft der Nivalstufe des Piz Linard, ein *Dicrano-Poetum laxae*, bei 3385 m, setzt sich aus 6 Blütenpflanzen und 15 Kryptogamen zusammen:

| | | | |
|---|---|---|---|
| 2.2 | *Poa laxa* | + | *Rhacomitrium spec.* |
| 2.2 | *Saxifraga bryoides* | 2.2 | *Solorina crocea* |
| 1.2 | *Androsace alpina* | 1.1 | *Cetraria islandica* |
| 1.1 | *Cerastium uniflorum* | 1.1 | *Cetraria nivalis* |
| + | *Ranunculus glacialis* | 1.1 | *Thamnolia vermicularis* |
| + | *Saxifraga oppositifolia* | 1.1 | *Alectoria ochroleuca* |
| 2.2 | *Dicranum neglectum* / *Dicranum albicans* | + | *Cladonia gracilis* |
| | | + | *Stereocaulon alpinum var. botryosum* |
| 1.1 | *Polytrichum piliferum* | + | *Parmelia saxatilis* |
| +.2 | *Polytrichum juniperinum* | + | *Peltigera rufescens* |

Dies ist wohl das artenreichste auf dieser Höhe in der Schneestufe der Ostalpen gedeihende Vegetationsinselchen. Der kaum zwei Quadratmeter messende Rasenfleck verdankt seine Existenz im Glimmerschieferschutt, weit abseits der Anstiegsrouten des Berges, der Samenverbreitung durch den Wind. Fünf der sechs Blütenpflanzen zeigen Anpassungen an Windverbreitung.

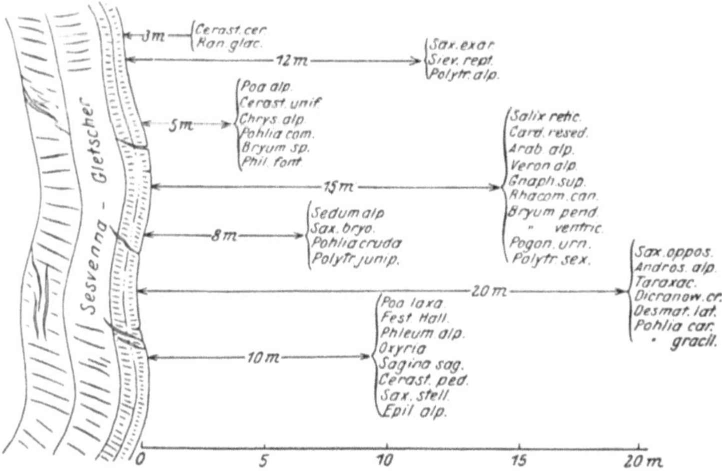


Abb. 348. Erste Vegetationspioniere auf kürzlich eisfrei gewordenem Gletscherboden, Sesvenna, 2700 m, Unterengadin (aus Br.-Bl. u. Jenny 1926)

Windverbreitung dürfte auch bei der postglazialen Wiederbesiedlung der vereist gewesenen Teile Mitteleuropas die wichtigste Rolle gespielt haben.

**Moränenbesiedlung.** Die Vegetationsentwicklung auf Gletschermoränen hat als erster Cooper (1923) von der Glacier Bay in Alaska geschildert.

Über das Vordringen der Pflanzenpioniere gegen den Schmelzrand des Sesvenna-Gletschers im Unterengadin gibt Abb. 348 Auskunft. Erstbesiedler des feinerdearmen Moränenschuttes sind hier in erster Linie Phanerogamen; erst weiter vom Gletscherrand entfernt beginnen sich die Kryptogamen stärker auszubreiten. Wie in Alaska, so erscheinen auch hier *Rhacomitrium canescens* und *Polytrichum*-Arten als wichtige Schuttberaser. Während aber am Sesvennagletscher eine einzige Weide, *Salix reticulata*, in den Entwicklungsprozeß eingreift, verzeichnet Cooper an analogen Standorten in Alaska sechs Weidenarten (s. S. 614).

**Lavabesiedlung.** Nach Vulkanausbrüchen wird die Pflanzenbesiedlung des Neulandes in der Regel durch niedrigstehende Organismen, Bakterien, Algen, Pilze, Flechten eingeleitet. Treub (1888) berichtet von blaugrünen Algen, die als erste pflanzliche Besiedler die bloßliegenden Bimsstein- und Aschendecken der Vulkaninsel Krakatau mit einer schwarzgrünen, gallertig-schleimigen Haut überzogen haben.

Unmittelbar auf den Vulkanausbruch des Mount Lamington auf Neuguinea setzten sich auf der Lava breite Flecken des heterothallischen Pilzes *Neurospora* cf. *crassa* fest (Burges und Chalmers 1952).

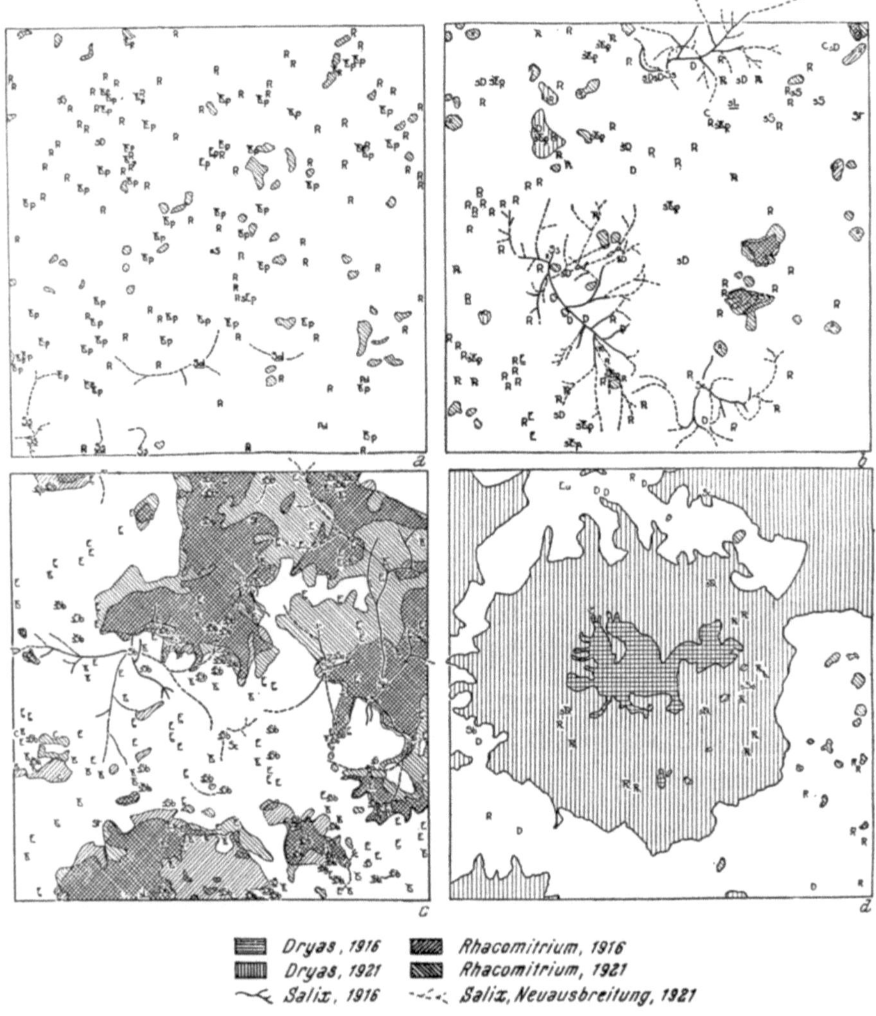


Abb. 349. Dauerquadrate am Gletscherrand der Glacier Bay in Alaska, 1916 und 1921 untersucht (nach Cooper 1923). Bedeckung zur Hauptsache *Dryas drummondii*, mit der Entfernung vom Eisrand zunehmend. *a* Eisgrenze 1899, *b* Eisgrenze 1892, *c* Eisgrenze 1879, *d* Eisgrenze 1879

*E*(\) 1921 nicht überlebend
*E* 1921 überlebend
*E* Neuankömmlinge 1921
*Aa* *Arctostaphylos alpina*
*C* *Carex sp.*
*D* *Dryas drummondii*
*E* *Equisetum variegatum*
*Ep* *Epilobium latifolium*
*Eu* *Euphrasia mollis*
*L* *Limnorchis sp.*
*Pa* *Poa alpina*
*Pol* *Polytrichum*
*R* *Rhacomitrium canescens* u. *R. lanuginosum*
*S* *Salix sp.*
*Sa* *Salix arctica*
*Sal* *Salix alaxensis*
*Sb* *Salix barclayi*
*Sc* *Salix commutata*
*Ss* *Salix sitchensis*
*St* *Stereocaulon alpinum*

Auf der Insel La Réunion erschien als erster, wichtiger Lavapionier eine Flechte, *Stereocaulon vulcani*, die sich auf der Schlacke schon weniger als ein Jahr nach dem Erguß ansiedelte und der ganzen Landschaft einen hellgrauen Farbton verlieh. Zehn Jahre später entsprossen den Rissen und Spalten Farne: *Dicksonia*-, *Nephrolepis*-Spezies und einige Sträucher (RIVALS 1952).

ROBYNS (1932) beobachtete am Vulkan Rumoka, LÉONARD (1959) am Nyamuragira (Kongo) und KLAUSING (1959) am Vulkan von San

Abb. 350. Einspinnen des Basaltschuttes durch seitliche Ausbreitung von *Rhacomitrium lanuginosum* in der Auvergne, 1100 m (Aufn. UEHLINGER u. BR.-BL.)

Salvador auf der jungen Lava als erste Pflanzenpioniere Moose und Flechten, welchen sich am Vulkan von San Salvador *Selaginella cuspidata* und *Wigandia kunthii* beimischten.

Ein Lavafeld aus dem Jahr 1659 war hier bereits von einer krautreichen Buschsavanne eingenommen. Als Schlußglied hatte sich auf einem prähistorischen Erguß die offene niedrige Baumsavanne festgesetzt, deren Wasserhaushalt von KLAUSING (1959) untersucht worden ist.

Auf den Lavaböden von Hawaii stellen sich als Rohbodenkeimer schon sehr frühzeitig die Farne *Pellaea ternifolia* und *Polypodium pellucidum* nebst vereinzelten Phanerogamen (am häufigsten *Dodonaea viscosa*) ein. Nach zwölf Jahren hatten sich hier erst wenige kümmerlich gedeihende Moose eingestellt (SKOTTSBERG 1941).

Eingehende Untersuchungen über die Vegetationsentwicklung auf den Lavafeldern im belgischen Kongo verdanken wir insbesondere Lebrun (1960). Er unterscheidet am Rumoka vier ökologisch abweichende Ausgangsstandorte der Besiedlung.

1. Fester Lavafels und Blöcke, besiedelt von *Stereocaulon* und *Peltigera* ohne Sukzessionsmöglichkeit.

2. Oberflächliche Asche, von *Sporobolus festivus* (Gram.) und der Commelinacee *Cyanotis lanata* besiedelt.

3. Schlacke und Aschen, tiefgründig mit einer Pioniervegetation von *Stereocaulon confluens* und *Rhynchelytrum repens* (Gram.).

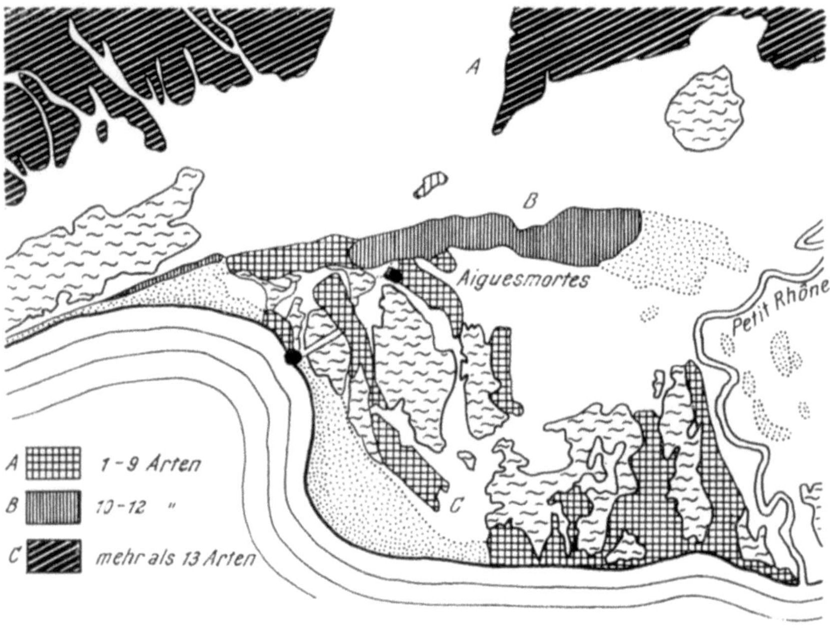


Abb. 351. Abnahme der *Quercetalia ilicis*-Arten mit der Annäherung an das rezente Aufschuttungsgebiet an der Rhonemundung (nach Zarzycki 1961)

4. Löcher und Spalten, worin sich die Farne (*Pellaea*, *Nephrolepis*) breitmachen.

Die Weiterentwicklung geht über eine Meso-Xerophyten-Vegetation mit *Rumex* zum *Rhus-Myrica*-Gebüsch, und weiter zum Hartlaubwald von *Cussonia holstii* und *Olea chrysophylla*.

Lebrun versucht die zeitliche Dauer der einzelnen Entwicklungsstadien festzulegen. 30 Jahre nach dem Lavaerguß haben sich die ersten Begleiter des *Cussonia-Olea*-Waldes eingestellt; nach 45 Jahren ist der Buschwald stellenweise wohlentwickelt.

Den nackten, grobblockigen Basaltschutt der Vulkankegel in der Auvergne und nach Reimers auch in der Rhön überspinnt vorerst das Deckenmoos *Rhacomitrium lanuginosum* mit seinem silbergrauen Teppich (s. Abb. 350), wogegen der feinkörnige offene Lavaschutt im trockenen

Südfrankreich (Agde) von einer Therophytengesellschaft mit viel *Sedum caespitosum* berast wird.

**Neulandbesiedlung im Mündungsgebiet der Ströme.** Die Vegetationsentwicklung auf Neuland im Rhonedelta ist von MOLINIER, TALLON und ZARZYCKI eingehend untersucht worden. Letzterer gibt (1961) auch einen zusammenfassenden Überblick über die Fortentwicklung bis zum Klimax. Er hat das Vordringen der normal entwickelten Klimaxgesellschaft (*Quercetum ilicis galloprovinciale*) gegen die neugebildeten Trockendünen der Küste verfolgt und verdeutlicht es durch eine Abbildung (Abb. 351).

Abb. 352. *Carex rostrata* folgt *Menyanthes* beim Vordringen ins offene Wasser. Puy de Dôme (Aufn. DENIS)

Die Klimaxassoziation des Hinterlandes zählt durchweg mehr als 13 Ordnungskennarten der *Quercetalia ilicis*. Die Wäldchen nördlich von Aiguesmortes bieten noch 10 bis 12, die Bodenwellen des weiten Vordünen- und Sumpflandes der Camargue zwischen Aiguesmortes und der Rhonemündung nicht mehr als 5 bis 9 Arten und jene der gegen die Rhonemündung vorgeschobenen, inselartig zersplitterten kleinen Camargue im Mittel nur noch fünf Arten, obschon, wie ZARZYCKI (l. c.) hervorhebt, viele Arten zusagende Wuchsorte gefunden hätten. Die schon von den finnischen Forschern betonte Tatsache, daß oft Wasserflächen von wenigen Kilometern schon ein wichtiges Wanderhindernis darstellen können, trifft auch hier zu.

Im Rheindelta der Niederlande sind Sukzessionsbeobachtungen

großen Stils, denen wichtige wirtschaftliche Bedeutung zukommt, von Feekes (1936), Westhoff (1947), Meijer, de Wit und Mitarbeitern (1955) u. a. ausgeführt worden. Im Gegensatz zum Rhonegebiet, wo die Bodenaussüßung kaum in Frage kommt, spielt sie im Mündungsgebiet des Rheins beim Sukzessionsgeschehen eine wichtige Rolle.

Über die Vegetationsentwicklung im Donaudelta berichtet Simon (1959). Welche Bedeutung ihrem Fortschreiten zukommt, ist schon aus dem Umstand zu ermessen, daß die Donau bei Sulina im Verlauf von 25 Jahren 2 km weit ins Schwarze Meer vorgerückt ist (s. Abb. 68, S. 144).

Abb. 353. *Eriocaulon septangulare* als Verlandungspionier in der Lobelia-*Eriocaulon septangulare*-Assoziation Westirlands (Aufn. Löwe)

**Verlandung.** Als erste Verlandungspioniere stehender und fließender Gewässer kommen die Rhizomgeophyten: *Phragmites*-, *Scirpus*-, *Cyperus*-Arten, auch *Menyanthes trifoliata* und *Eriocaulon septangulare* (Abb. 352, 353) in Betracht. Bei sinkendem Wasserstand folgen Rhizomseggen und Horstpflanzen wie *Carex elata*, deren mächtige Rasenpolster schließlich zusammenfließen. Zerstörend im *Scirpo-Phragmitetum*, wirken die Seggen aufbauend und erhaltend für das *Caricetum elatae* und verwandte Gesellschaften.

Dieser Entwicklungsgang ist vielfach, kürzlich noch von Van Donselaar und Kop (1961), beschrieben worden.

Wasserbewegung, Wassertiefe und Beschaffenheit des Wurzelgrundes entscheiden über das Auftreten der ersten hydrophilen Pioniere, deren Vorherrschen ihrer vegetativen Ausbreitung zuzuschreiben ist. *Phragmites communis* und *Scirpus lacustris* vermögen sich dank ihrer festhaftenden Rhizome sogar bei starker Strömung zu halten, während die *Typha*-Arten nur im unbewegten Wasser gedeihen und aufbauend wirken.

Ein Vergleich der holländischen mit der südafrikanischen Verlandungsserie, wie sie MARTIN (1960) darstellt, deckt bemerkenswerte Übereinstimmung im ökologischen Verhalten der systematischen Einheiten auf. Die wichtigen aufbauenden Hydrophyten Südafrikas sind, neben *Phragmites communis*, vikarierende Parallelarten der europäischen Gattungen.

Aus allen Untersuchungen über die Neulandbesiedelung ergibt sich, daß die Artenfolge zwar bestimmten Richtlinien folgt und in der Regel von kurzlebigen, einfach organisierten, zu komplizierten, mehrschichtigen Dauergesellschaften hinleitet, daß aber eine Verallgemeinerung unstatthaft ist. Jede Lebensform kann schon im ersten Besiedelungsstadium aufbauend eingreifen.

Selbst Bäume erscheinen in den Frühstadien, sobald etwas Feinerde vorhanden und der Keimschutz gewährleistet ist. *Salix caprea* und *Betula pendula* folgen in Mittel- und Westeuropa unmittelbar auf Brandverwüstung. *Pinus mugo* wurzelt in den Alpen auch direkt auf nacktem, völlig pflanzenlosem Schutt, was im Mittelmeergebiet auch für *Pinus halepensis* und andere *Pinus*arten zutrifft.

Im Spülsaum großer Flüsse keimen dichte Weidenbestände. In lebhafter Erinnerung steht mir die sich überstürzende Arten- und Gesellschaftsfolge, die nach Grundwassersenkung an einem Altwasser des Rheins bei Chur einsetzte. Innert 40 Jahren ist hier auf Rheinschlamm aus dem *Scirpo-Phragmitetum* ein hochstämmiger Flußauenwald (*Alnetum incanae*) erwachsen.

**Rasensukzession.** Weit schwieriger als auf Neuland sind Vegetationsänderungen zu erkennen und abzugrenzen, die sich in der mehr oder weniger geschlossenen Rasendecke stabiler Gesellschaften abspielen. Hierüber geben Untersuchungen im Schweizerischen Nationalpark einige Anhaltspunkte.

Ein Vegetationswandel, der sich über 32 Jahre erstreckt, ist aus Tab. 74 ersichtlich.

Die Untersuchungsfläche auf Kalkunterlage entspricht einer Endphase des *Elynetums* mit starker Beimischung von *Agrostis alpina*. Obschon sich das Mengenverhältnis der dominierenden Glumifloren und die davon abhängige Physiognomie der Gesellschaft im Verlauf von 32 Jahren kaum merkbar verändert haben, ist doch von einer Beobachtungsperiode zur andern ein deutlicher Wechsel im Artenbestand nachweisbar, der die Entwicklungstendenz der Rasenvegetation verrät.

Im Verlauf der 32 Jahre hat sich die Artenzahl der Untersuchungsfläche von 31 auf 22 vermindert. Verschwunden sind die kalksteten *Ranunculus alpestris*, *Helianthemum alpestre*, *Veronica aphylla* und einige kalkliebende Arten (*Dryas*, *Salix reticulata*, *Pedicularis verticillata*). Dafür hat sich, zuerst (1937) sehr spärlich, hierauf (1949) reichlicher, die kalkfliehende, azidophile *Avena versicolor* eingestellt; auch *Cetraria islandica* ist etwas häufiger geworden. Die dominierenden Horstpflanzen

Tabelle 74. Artenverschiebung innert 32 Jahren im *Elynetum* auf Plan dels Poms, 2340 m (Schweizerischer Nationalpark) (Quadrat von 50 × 50 cm Seitenlänge)

| Untersuchungsdatum | 17. VII. 1917 | 5. VIII. 1922 | 26. VII. 1927 | 10. VIII. 1931 | 7. VIII. 1937 | 3. IX. 1949 |
|---|---|---|---|---|---|---|
| *Elyna myosuroides* (Vill.) Fritsch | 3·2 | 3·2 | 3·2 | 3·2 | 3·2 | 3·3 |
| *Agrostis alpina* Scop. | 3·2 | 3·2 | 3·2 | 3·2 | 3·2 | 3-4·2 |
| *Polygonum viviparum* L. | 1·1 | 1·1 | 1·1 | 1·1 | 1·1 | + |
| *Potentilla crantzii* (Crantz) Beck | 1·1 | 1·1 | 1·1 | 1·1 | 1·1 | + |
| *Campanula scheuchzeri* Vill. | 1·1 | 1·1 | 1·1 | 1·1 | 1·1 | 1·1 |
| *Alchemilla cf. vulgaris* L. | 1·1 | 1·1 | 1·1 | + | r | 1 Ind. |
| *Galium pumilum* Murray | 1·1 | 1·1 | + | + | + | + |
| *Festuca pumila* Chaix | + | + | + | 1·2 | 1·2 | +·2 |
| *Carex capillaris* L. | + | + | + | + | + | + |
| *Selaginella selaginoides* (L.) Link. | r | r | + | + | + | + |
| *Botrychium lunaria* (L.) Sw. | rr | rr | rr | 2 Ind. | r | 2 Ind. |
| *Carex ericetorum* Pollich | + | + | + | + | + | 2 Ind. |
| *Cerastium fontanum* (Baumg.) Schinz und Keller | + | + | + | + | + | · |
| *Ranunculus alpestris* L. | rr | rr | rr | rr | rr | · |
| *Oxytropis campestris* (L.) DC. | 1 Ind. | 3 Ind. | 6 Horste | 6 Horste | 6 Horste | 3 Horste |
| *Hedysarum hedysaroides* (L.) Sch. und Thell. | · | 4 Ind. | 25 Ind. | 30 bis 40 Ind. | ca. 50 Ind. | ca. 30 Ind. |
| *Veronica fruticans* Jacq. | · | rr | rr | rr | rr | · |
| *Viola rupestris* F. W. Schm. | 1 Ind. | 2 Ind. | 2. Ind | 2 Ind. | · | · |
| *Veronica aphylla* L. | rr | rr | rr | rr | · | · |
| *Antennaria carpatica* (Wahlenb.) Bluff und Fingerh. | rr | rr | 1 Ind. | 1 Ind. | · | · |
| *Salix herbacea* L. | · | rr | rr | 1 Ind. | · | r |
| *Salix reticulata* L. | 1 Ind. | 1 Ind. | 1 Ind. | · | · | · |
| *Helianthemum alpestre* (Jacq.) DC. | +·2 | +·2 | · | · | · | · |
| *Gentiana brachyphylla* Vill. | rr | rr | · | · | · | · |
| *Pedicularis verticillata* L. | r | 1 Ind. | · | · | · | · |
| *Dryas octopetala* L. | + | · | · | · | · | · |
| *Erigeron uniflorus* L. | 1 Ind. | · | · | · | · | · |
| *Avena versicolor* Vill. | · | · | · | · | r | + |
| *Alchemilla colorata* Bus. | · | · | · | · | · | r |
| **Kryptogamen** | | | | | | |
| *Tortella fragilis* (Drumm.) | + | · | · | · | · | · |
| *Cetraria nivalis* (L.) | rr | rr | (tot) | rr | · | · |

*Fortsetzung auf S. 621*

*Tab. 74, Fortsetzung von S. 620*

| Untersuchungsdatum | 17. VII. 1917 | 5. VIII. 1922 | 26. VII. 1927 | 10. VIII. 1931 | 7. VIII. 1937 | 3. IX. 1949 |
|---|---|---|---|---|---|---|
| *Peltigera aphthosa* Hoffm. | rr | r | r | rr | (tot) | · |
| *Climacium dendroides* Web. und Mohr | rr | rr | rr | · | rr | · |
| *Mnium orthorrhynchum* Brid. | + | rr | · | rr | rr | rr |
| *Thuidium abietinum* (L.) | rr | rr | rr | · | rr | · |
| *Cladonia pyxidata* (L.) Fr. | rr | · | · | rr | rr | rr |
| *Cetraria islandica* (L.) Ach. | · | rr | · | rr | rr | + |
| *Chrysohypnum chrysophyllum* (Brid.) Loeske | · | · | rr | rr | rr | rr |
| *Nostoc* spec. | · | · | · | + | · | · |
| *Lophozia* spec. | · | · | · | · | r | r |

*Elyna myosuroides* und *Agrostis alpina*, beide in bezug auf den Kalkgehalt des Bodens indifferent, haben ihren Raumbesitz vergrößert, wenn dies auch noch kaum in den Häufigkeitszahlen zum Ausdruck kommt. *Oxytropis campestris*, kalkhold, und *Hedysarum hedysaroides*, schwach basiphil, hatten sich vorerst ausgebreitet, sind aber neuerdings sichtlich im Rückgang begriffen. Schon 1926 konnte der Entwicklungsgang des Rasens vorausgesehen werden; die damals sichtbar werdende Entwicklungstendenz (s. Br.-Bl. 1931, S. 76) hat sich seither deutlich verstärkt. Die basiphilen Arten verschwinden, schwach basiphile gehen zurück, azidophile Arten stellen sich ein und gewinnen an Raum. Die klimatisch bedingte Versauerung des Humuskarbonatbodens auf Kalkunterlage ist unverkennbar (Humusaufbau s. S. 694).

Es darf somit, wie schon dieses eine Beispiel zeigt, die Stabilität der alpinen Rasenvegetation nicht zu hoch eingeschätzt werden, solange die Schlußgesellschaft nicht erreicht ist.

## B. Dynamisch-genetischer Wert (Bauwert) der Arten

Bei der Besitznahme von Neuland durch die Vegetation und bei Vegetationsänderungen kommt den einzelnen Pflanzenarten eine sehr unterschiedliche Bedeutung zu. Schon die Vorläufer der Sukzessionsforschung, ein Kerner, Gremblich, Fliche, haben darauf hingewiesen, ohne weitergehende Betrachtungen daran zu knüpfen. Durch die Auffassung der Pflanzengesellschaft als organische, fest gefügte, kollektiv reagierende Einheit mußte die Beachtung des spezifisch verschiedenen Bauwertes der einzelnen Arten notwendigerweise in den Hintergrund treten. Bekannt ist ja Clements phantasievoller Vergleich der Schlußgesellschaft mit einem Organismus, „who arises, grows, matures and dies". Auch Du Rietz (1921, S. 202) vermutet, „daß eine ganze Artengruppe aus irgendwelchem Anlaß eine im wesentlichen übereinstimmende Konkurrenzfähigkeit erhalten hat, mit anderen Worten, daß die Arten auf die Veränderungen der ökologischen Faktoren nicht einzeln, sondern gemeinsam reagieren". Dies stimmt zwar in manchen Fällen, darf aber nicht verallgemeinert werden.

**Darstellung des Bauwertes.** PAVILLARD (1919, 1920) forderte zuerst mit Nachdruck die Prüfung des bedingenden Wertes der Arten. Er unterschied, auf die Pflanzengesellschaften bezogen, aufbauende, erhaltende, indifferente und zerstörende Arten. Das dynamisch-genetische Verhalten kann bei Feldaufnahmen durch folgende Zeichen ausgedrückt werden:

↑ = aufbauend,
⊡ = festigend und erhaltend,
— = neutral,
↓ = abbauend, zerstörend.

Hohe aufbauende oder schädigende Wirkung ist durch Unterstreichen (↑̲) der betreffenden Zeichen hervorzuheben.

Der Bauwert einer Art ändert meist im Verlauf der Assoziationsentwicklung. Gewisse für die Frühstufen wichtige aufbauende Arten sind selten oder fehlen bereits in der Optimalphase, andere greifen erst später ein. Das Auftreten und Verschwinden wichtiger gesellschaftsbedingender Arten wird mit Vorteil zur Abgrenzung der einzelnen Sukzessionsstadien benutzt. Zur zeitlichen Abgrenzung aufeinanderfolgender Assoziationen dagegen erhält der in der charakteristischen Artenkombination sich abspielende Wechsel maßgebende Bedeutung.

Arten von hohem standortsänderndem Vermögen, anders ausgedrückt, Arten von hohem Bauwert (namentlich also vorherrschende Bäume und Sträucher) sind meist auch für das Bestehen zahlreicher Satelliten ausschlaggebend. Ihr Aufkommen oder Verschwinden zieht notwendigerweise den Wechsel mancher Begleitarten und schließlich der ganzen Gesellschaft nach sich.

Der bedingende Wert der Arten, unter dem Gesichtspunkt des Zusammenlebens betrachtet, unterscheidet sich von der Kampfkraft, die, mehr autökologischer Natur, die Pflanze befähigt, sich im Lebenskampf durchzusetzen und zu behaupten. Sehr konkurrenztüchtige Arten brauchen an der Genese der Assoziationen, der sie angehören, nicht „bedingend" mitzuwirken (viele Einjährige der Trockenrasengesellschaften, *Carex tomentosa* im *Molinietum caricetosum tomentosae*, *Pinus halepensis* in verschiedenen Assoziationen des westmediterranen *Rosmarino-Ericion*-Verbandes, *Spartina townsendii* im *Puccinellietum maritimae* der Normandie ([S. 578]). Obschon die kampftüchtigen *Genista scorpius* und *Rhamnus infectoria* mit unglaublicher Zähigkeit ihren Standort gegen Brand, Beweidung, erosive Eingriffe verteidigen, sind diese Sträucher für den Aufbau der Gesellschaften doch von nebensächlicher Bedeutung.

Anderseits kommt bestandbildenden Erstbesiedlern, wie *Dryas*, *Petasites* spec., *Tussilago farfara*, *Ammophila*, *Agropyron junceum*, *Salicornia*-Arten u. a., hoher aufbauender Wert zu (Abb. 356).

Bäume wirken auf niedrig organisierte Gesellschaften oft zerstörend durch Beeinflussung der Belichtung, der Bodendurchlüftung, der Feuchtigkeitsbedingungen, durch den Laubfall, der den Radioisotopgehalt beeinflußt, usw. Dagegen muß ihnen dort hohe aufbauende Wirkung zugeschrieben werden, wo sich unter ihrem Zusammenschluß besondere Unterschichten herausbilden. Es gibt natürlich alle Übergänge vom direkten Bedingtsein bis zu fast völliger Unabhängigkeit der Bodenvegetation im lichten Walde.

In dieser Hinsicht ist das Verhalten von *Pinus halepensis* gegenüber dem im westlichen Mediterrangebiet verbreiteten *Rosmarino-Ericion*-

Abb. 354. Abbau der *Rosmarinus-Lithospermum fruticosum*-Assoziation. Durch Platzregen bloßgelegtes Wurzelwerk von *Rosmarinus*, *Genista scorpius* und *Lavandula latifolia* (Aufn. BR.-BL. u. P. KELLER)

Verband von besonderem Interesse. Diese Strauchgesellschaft kommt ebensowohl unter einer lockeren Baumschicht von *Pinus* als im Freiland vor, unterliegt aber selbst an mäßig geneigten Hängen der Gefahr der Abspülung durch die heftigen Regengüsse (s. Abb. 354). Ein Nadeldach mildert deren Gewalt und setzt auch Wind-, Frost- und Hitzewirkung herab. Das *Rosmarino-Lithospermetum ericetosum* ist mithin im Baumschutz besser gesichert als im Freien, der Artenzusammenschluß ist fester, der Gesamtdeckungsgrad meist höher, solange er nicht durch zu starke Beschattung eingeschränkt oder durch Nadelfall beeinträchtigt wird. *Pinus halepensis* wirkt demnach als Erhalter der Unterschicht-Gesellschaft.

Dasselbe gilt für *Pinus halepensis* gegenüber dem *Cisto-Ericion*-Verband der adriatischen Mittelmeerküste (Horvatić 1958). Anderseits begünstigt aber der Baum das Aufkommen ornithochorer, schattenertragender Sträucher des *Quercion ilicis*-Verbandes und schließlich der Grüneiche selbst. Auf lange Sicht tritt im *Rosmarino-Ericion* sein abbauender Einfluß mehr und mehr in den Vordergrund.

Am deutlichsten macht sich der Bauwert der Arten im Bereich der Dünengesellschaften und im Hochgebirge geltend.

Abb. 355. Herden von *Lotus creticus* als erste Sandbinder in den Dünen bei Tabarka, Tunesien (Aufn. Hueck u. Br.-Bl.)

Das dynamisch-genetische Verhalten der Arten des *Ammophilion* der mediterranen Stranddünen wird von Kühnholtz-Lordat (1923) und Burollet (1927) ausführlich behandelt; über den Bauwert der Arten atlantischer Dünengesellschaften machen u. a. W. Christiansen (1927), Br.-Bl. und De Leeuw (1936), Westhoff (1947) manche Angaben.

Dynamisch äußerst wichtige, aufbauende Dünenpflanzen von weiter Verbreitung sind u. a. *Agropyron junceum* (incl. *A. farctum*), *Ammophila arenaria*, *Elymus arenarius*, *Sporobolus arenarius*, *Lotus creticus*, *Diotis maritima* in den Dünengebieten der gemäßigten Zone (Abb. 355), *Aristida pungens* in der nordafrikanischen Wüstenzone von der atlantischen Küste bis Ägypten oder *Ipomoea pes caprae* im Sand und Felsschutt der tropischen Meere, wo sie sowohl bei 400 mm als auch bei 4000 mm Niederschlag gedeiht (Rivals 1952).

**Felsschuttbindung.** Das mächtige schuttbindende und rasenaufbauende Vermögen alpiner Geröllpflanzen ist von JENNY-LIPS (1930) anschaulich dargestellt worden.

Den aktiven Kampf gegen die Schuttbewegung in den Kalkalpen führen Arten, wie *Petasites paradoxus*, *Achillea atrata*, *Doronicum grandiflorum*, mit festem, aufrechtem, vielfach geteiltem Erdstamm. Manche Schuttpflanzen besitzen die Fähigkeit, am überdeckten Stengel Ersatzwurzeln auszubilden. Die Bewurzelung ist oft so beschaffen, daß bei

Abb. 356. Karbonat-Rohboden mit aufbauender *Dryas octopetala* auf Gips am Bernina, 2300 m (Aufn. JANSEN)

Verletzung der Hauptwurzel Nebenwurzeln ihre Funktion übernehmen. Besonders kampftüchtig, von hohem aufbauendem Wert sind die tiefwurzelnden Teppichspaliere von *Dryas octopetala*, *Salix retusa*, *Globularia cordifolia* und die feste Horste bildenden Gräser *Sesleria coerulea*, *Avena montana*, *Festuca glacialis* (auf Kalk), *Festuca varia*, *F. eskia* (auf Silikatschutt).

Das bewegliche Kalkgeröll der östlichen Alpen wird von der „offenen" Assoziation des *Thlaspietum rotundifolii* besiedelt. Obschon der mittlere Abstand der Pflanzensprosse oft mehr als einen Meter beträgt, ist die Wurzelkonkurrenz bereits nachweisbar. Abbauend wirken im *Thlaspietum* zunächst Horstpflanzen (*Carex firma, Sesleria coerulea* usw.) oder Spaliersträucher (namentlich *Dryas octopetala*). Die ständig weiter ausgreifenden *Dryas*-Teppiche wirken auf die Schuttgesellschaft zerstörend. Gleichzeitig aber erlangen sie für die Rasenassoziationen des *Seslerio-Semperviretums* oder des *Firmetums* aufbauenden Wert. In ihrem dichten Zweiggeflecht sammelt sich Humus an, der durch den Blätterschild vor dem Verweht- und Verschwemmtwerden geschützt, ein vorzügliches Keimbeet für Neuansiedler abgibt. Die tiefverankerten *Dryas*-Teppiche bilden eigentliche Zentren der Rasenbildung im Felsschutt. Mit dem Aufkommen der horstbildenden Glumifloren aber wird der

Abb. 357. Anfangsstadien der Rundhöckerbesiedlung durch das *Sclerantho-Sempervivetum arachnoidei* oberhalb Zernez, 1650 m (Aufn. Br.-Bl. u. Heller)

Spalierstrauch mehr und mehr überwachsen und schließlich erdrückt. Gleichzeitig befördert der Humusaufbau die allmähliche Versauerung.

Ganz übereinstimmend verläuft die Vegetationsentwicklung auf Kalkschutt in den Pyrenäen, mit dem Unterschied, daß an Stelle des *Thlaspietums* das *Crepidetum pygmaeae* und als Folgegesellschaft statt des *Seslerio-Semperviretums* das verwandte *Festucetum scopariae* tritt. *Dryas octopetala* spielt hier dieselbe wichtige aufbauende und festigende Rolle wie in den Alpen (Abb. 356).

Wichtige schuttbindende und aufbauende Gesellschaften der subalpinen Stufe der Alpen sind das *Stipo-Kentranthetum* der Westalpen, das *Melico-Kochietum prostratae* von Aosta (s. S. 150), das *Stipetum calamagrostidis* der Ostalpen.

Vom Gletscher geschliffene Rundhöcker der zentralalpinen Urgebirgsmassive werden von Flechten und Moospionieren und hierauf von den spinnewebigen Flachpolstern des *Sempervivum arachnoideum*, einem Anfangsstadium des *Sclerantho-Sempervivetum*, überzogen (Abb. 357).

Über den Bauwert von Laubmoosen und Strauchflechten bei der Besiedlung von Silikathochgipfeln in den Schweizeralpen ist S. 612 einiges mitgeteilt. Verschiedene *Dicranum*-, *Polytrichum*-, *Rhacomitrium*-*arten*, auf trockenem, *Polytrichum sexangulare*, *Pohlia commutata* und die gelbrotrandige Blattflechte *Solorina crocea* auf feuchtem Felsschutt dringen als wichtige Edifikatoren hoch in die Schneestufe vor.

Ein wunderbar fein abgestimmtes Zusammenspiel von Arten verschiedenen Bauwertes bietet das Hochmoor, wie wir es aus den gründlichen Moormonographien der nordischen Forscher von Waldheim (1944), Sjörs (1948), Osvald (1949) und den neueren Arbeiten von Havas (1961), Eurola (1962) aus Finnland, den Studien von Jensen (1961) über das Sonnenberger Moor im Oberharz und von Kovács (1962) über die Moorwiesen Ungarns kennen.

**Bestimmung des dynamischen Wertes der Arten.** Die objektive Bestimmung des Bauwertes der Arten wird durch Daueruntersuchungsflächen ermöglicht. Liegt für gewisse progressive Arten der Bauwert auf der Hand, so müssen bei andern die Änderungen in den Mengenverhältnissen, der Soziabilität und der Vitalität der Arten Jahre und Jahrzehnte hindurch verfolgt werden, bevor ein abschließendes Urteil möglich wird. Auch Keimlingszahlen und Zuwachsverhältnisse sind herbeizuziehen. Hand in Hand damit geht die Untersuchung der Standortsfaktoren und ihrer Rückwirkung auf die gegenseitige Beeinflussung der Arten. Hierüber geben uns die Sukzessionsuntersuchungen Auskunft.

## C. Sukzession und Klimax

Die bisherigen Beobachtungen über die Vegetationsentwicklung gestatten, einige allgemeingültige Sätze aufzustellen.

Der Zuwanderung (Migration) und Besitznahme, die von der Aufnahmefähigkeit des Standortes abhängt, folgt die Einrichtung der zugewanderten Arten am neuen Standort (Ökese, ecesis).

Es entsteht vorerst ein oft bunt zusammengewürfeltes, wenn auch keineswegs rein zufälliges Durcheinander (Abb. 609); die standörtliche Artenauslese macht sich ja schon bei der Keimung geltend (s. S. 613).

Meistbegünstigt sind, gleiche ökologische Eignung vorausgesetzt, die ersten Ankömmlinge, Arten der Umgebung, solche mit günstigen Verbreitungsmitteln.

Von den Standortsverhältnissen hängt es ab, ob sich schon im ersten Besiedlungsstadium zahlreiche Arten einstellen, oder ob nur eine bestimmte kleine Artenauswahl zu gedeihen vermag.

Je extremer und eigenartiger der Standort, desto enger begrenzt ist die Zahl der ersten Konkurrenten. Auf offenen Dünen-, Geröll- und Felsböden, an stark salzhaltigen Lagunen, im Wüstengürtel, gelangen überhaupt nur wenige, ökologisch eng angepaßte Arten zur Keimung und Festsetzung. Ihre Weiterentwicklung führt zu großen, oft fast artenreinen Herden.

Auf den offenen Böden verlassener Kulturen ist für die Anfangsstadien der Gesellschaftsfolge zumeist die angrenzende Vegetation maßgebend.

Zum Studium des schrittweisen Weiterverlaufes der Entwicklung sind Dauerbeobachtungsflächen einzurichten. Unter Umständen läßt sie sich aber schon aus der Vegetationszonierung und aus dem Nebeneinander verschiedenalteriger Flächen erkennen.

**Sukzessionsexperiment.** Über die Bedeutung der experimentellen Pflanzensoziologie spricht sich schon SUKATSCHEW (1925) aus, der

Abb. 358. Solontschakboden mit sprungartiger Halophytenbesiedlung in Südtunesien. Äußerst langsam geht die Besiedlung der Trockensalzböden im Innern der Kontinente vor sich. Ob sie je zum Abschluß gelangt, hängt in erster Linie vom Klima ab

ein Programm zur Durchführung der Experimente, die er scharf von rein ökologischen Untersuchungen scheidet, vorschlägt. Er verweist dabei auf die Analysierung der russischen Steppenvegetation durch PACZOSKY, fordert deren experimentelle Nachprüfung und stellt als experimentelle Problemgruppe die Untersuchung der „Ontogenie" der Pflanzengesellschaften in den Vordergrund.

Die ausschlaggebende Wichtigkeit der Konkurrenz für das Zustandekommen und die Weiterentwicklung der Pflanzengesellschaften und die Notwendigkeit ihrer experimentellen Untersuchung betonen vor allem auch TÜXEN (1955) und ELLENBERG (1960). Sie weisen darauf hin, daß es nicht genügt, das gegenseitige Verhalten einzelner Arten im Wettbewerb außerhalb ihrer natürlichen Vergesellschaftung zu kennen, sondern daß die Gesellschaften selbst Gegenstand des Experimentes bilden müssen. Pflanzensoziologische Gärten, wie sie seit langen Jahren in Stolzenau und an der S.I.G.M.A. in Montpellier existieren, können dabei Helferdienste leisten.

CLEMENTS, der sich frühzeitig mit der experimentellen Sukzessionsforschung beschäftigt hat, bezeichnet als Leitlinie der Sukzession den Wettbewerb. Da aber eine Gesellschaft selten als geschlossene Einheit einer anderen gegenübertritt, kann der Ersatz der einen durch eine andere Assoziation in der Regel nur synthetisiert als Abstraktion aufgefaßt und dargestellt werden, denn Standortsänderungen gegenüber zeigt jede Art ihr spezifisches, autökologisch bedingtes Verhalten. Der Ersatz der gegenwärtigen durch die Folgegesellschaft beruht auf zahlreichen sich gegenseitig beeinflussenden Einzelreaktionen der Gesellschaftsglieder. Hieraus ergibt sich auch der enge Zusammenhang zwischen Wettbewerb und Sukzession (s. hierüber besonders ED. FREY 1959).

Eine Änderung des bestehenden Artengleichgewichtes kann stattfinden entweder durch Mengenverschiebungen innerhalb der Gesellschaft oder durch die Ausbreitung von Neuankömmlingen.

Ein Sukzessionsexperiment besteht darin, zwei dominierende Arten unter bestimmten, kontrollierbaren Außenfaktoren einander gegenüberzustellen und ihre Reaktion zu verfolgen. Die Gegenüberstellung hat, um einwandfreie Resultate zu ergeben, innerhalb der natürlichen Gesellschaft zu geschehen, damit sich der wichtige, oft ausschlaggebende Konkurrenzfaktor voll auswirken kann. Grünhauskulturen, wie sie für vergleichende Wettbewerbsuntersuchungen namentlich zwischen Kulturpflanzen üblich sind, fallen daher außer Betracht.

**Einpflanzung.** Den Naturbedingungen näher kommen Einpflanzungen kleiner Probeflächen mit Keimlingen der konkurrierenden Arten in die Vegetationsdecke. Zahlreiche derartige, von CLEMENTS, WEAVER und HANSON exakt durchgeführte Experimente zeigen, daß der Witterungsverlauf den Versuch stark beeinflußt und daß die Vorherrschaft jenen Arten zufällt, die nach rasch verlaufender Entwicklung mehrfach größere Keimlingszahlen hervorbringen als ihre Mitbewerber.

Versuche mit dem Ausstechen und Einpflanzen ganzer Rasenquadrate verschiedener Größe und Tiefe in den Prairierasen von *Agropyron glaucum*, *Bouteloua gracilis* und *Bulbilis dactyloides* ergaben enttäuschende Resultate. Wohl wuchsen die eingepflanzten Rasen an, aber schon im ersten Sommer wurden sie von den benachbarten Gräsern stark bedrängt, und in den nachfolgenden zwei Jahren blieben nur wenige schwache Sprosse erhalten, die dem Verschwinden entgegengingen (CLEMENTS, WEAVER, HANSON l. c. S. 129). Die Eingepflanzten wurden von den Eingesessenen ausgetilgt.

Blieben die Aufschlüsse über das tatsächliche Sukzessionsgeschehen auch weit hinter den Erwartungen zurück, so ergeben die Untersuchungen von COWLES, CLEMENTS und ihren Mitarbeitern doch manche Einblicke in den Wettbewerb der Pflanzen (s. LÜDI 1930).

In der alten Welt sind Freiland-Sukzessionsexperimente selten durchgeführt worden. Beachtenswerte Resultate zeitigten Versuche von Ed. Frey (1953, 1959) mit Flechten. Er pflanzte Flechtenkissen in verschiedene Pflanzengesellschaften ein und verfolgte ihre Veränderungen während Jahrzehnten. Aufwachsen und Ausbreitung der Arten in den Anfangsstadien der Flechtenbesiedlung wurden fortlaufend registriert; von Zeit zu Zeit wurden die Untersuchungsflächen photographiert. Im ganzen genommen ergab sich ein sehr geringer Zuwachs. Am Silikatfels war ein Überwachsen der Krustenflechten durch Blattflechten und dieser

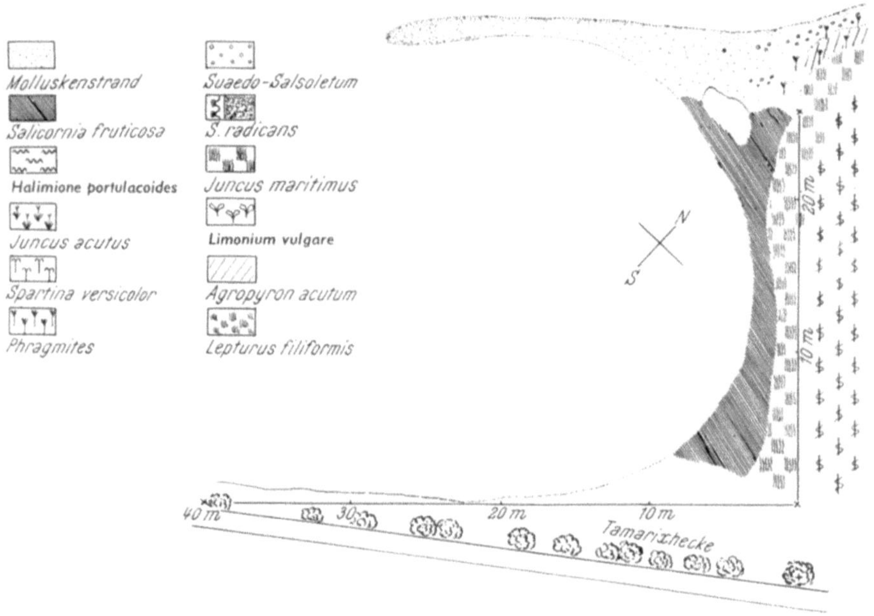


Abb. 359 bis 362. Lagunensukzession bei Palavas am Mittelmeer
Abb. 359. Erstaufnahme 1915

durch Moose (*Pterigynandrum filiforme*) festzustellen und konnte zeitlich fixiert werden.

Gelungene Einpflanzungen von *Cladonia alpestris*, *C. elongata* und *Cetraria islandica* in einen kräftigen *Cl. silvatica*-Rasen ergaben nach Verlauf von 14 Jahren einen Zuwachs von 13 cm; der basische $A_1$ zeigte ein $p_H$ von 7,5, aber kaum 1 cm darüber in der Morauflage wurden nur 5,5 $p_H$ gemessen.

Die Ergebnisse Freys stimmen insofern mit den amerikanischen Resultaten überein, als auch die eingepflanzten Flechten vielfach kränkelten und schließlich von den bodenständigen Arten überwachsen wurden.

Keine besseren Resultate ergaben die kürzlich ausgeführten Experimente englischer Forscher, die verschiedene Gefäßpflanzen in Rasengesellschaften einpflanzten. An den meisten Punkten waren mehr als die Hälfte der verpflanzten Arten schon nach wenigen Jahren verschwunden. In der Regel hielten sie sich nur am Rasenrand und an gestörten Stellen (PARK, RAWES und ALLEN 1962).

**Einsaatversuche.** Einsaatversuche gesellschaftsfremder Arten in stabilisierte Gesellschaften Südfrankreichs verliefen durchweg erfolglos. Werden aber Arten der gleichen oder solche einer nahe verwandten Assoziation eingesät, so sind die Ergebnisse günstiger.

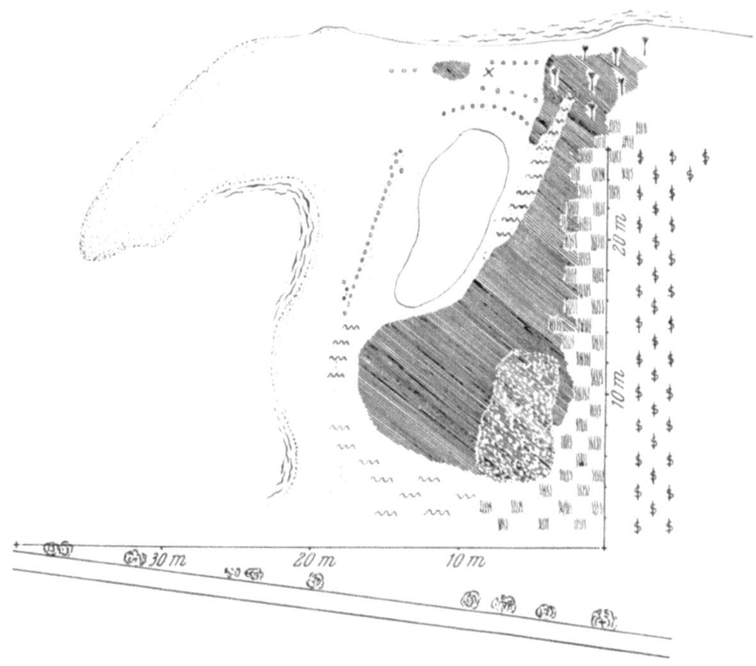


Abb. 360. Aufnahme 1929

Ungeachtet der gewaltigen Samenübermacht der Einjährigen des *Therobrachypodion* keimen in den benachbarten *Rosmarinetalia*-Gesellschaften nicht etwa Therophyten, sondern Hemikryptophyten, Chamaephyten und Nanophanerophyten der *Rosmarinetalia*-Ordnung (s. S. 531).

Der einzig sichere Weg, den tatsächlichen Sukzessionsverlauf festzulegen, sind Dauerbeobachtungen auf umgrenzten Probeflächen. Sie lassen sich am ehesten in Naturschutzgebieten durchführen.

**Dauerbeobachtungen.** Die nahezu 50 Jahre zurückreichende Dauerbeobachtung einer Lagunensukzession am Mittelmeer bei Montpellier ist 1958 näher beschrieben worden (BR.-BL. und Mitarbeiter).

Die vier wichtigsten, zeitlich je 7 bis 11 Jahre auseinander liegenden Beobachtungsetappen sind in Abb. 359 bis 362 graphisch dargestellt. Die Vegetationsänderung resultiert aus dem Zusammenwirken allogener und exogener Einflüsse.

Am Spülsaum der Lagune werden durch den Mistral Massen von Molluskenschalen und Algenresten aufgeschichtet. Unter den Algenhaufen mit Flagellaten und Spirillen entwickeln sich Purpurbakterien und färben den Grund blutrot. Etwas später folgen unter starker Sauerstoffentwicklung *Beggiatoa*-Arten und Diatomeen (s. auch S. 184).

Dem neu gebildeten Schwemmboden entsprechen drei Hauptstandorte:

a) der den Etang begleitende Algenspülsaum;
b) die trockenen Molluskenwälle und
c) die feuchten Depressionen dazwischen und dahinter.

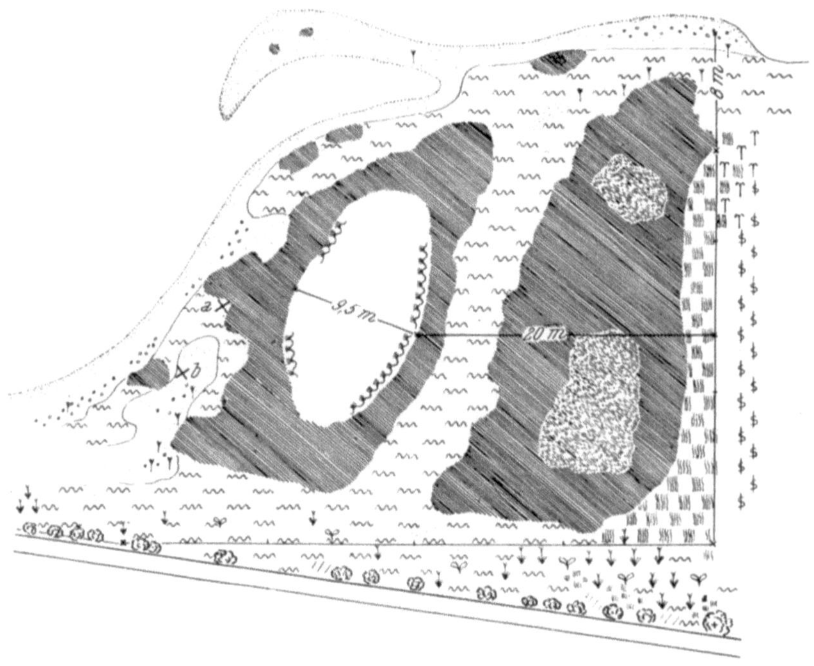


Abb. 361. Aufnahme 1940

Den Spülsaum besetzt die ephemere Pioniergesellschaft des *Salsolo-Suaedetum*, die Molluskenwälle der halbstrauchige *Halimione*-Bestand (*Salicornietum fruticosae halimionetosum*; Abb. 232 und 363). In den feuchteren Vertiefungen setzen sich Fragmente des *Salicornietum radicantis* fest.

Die verschiedenen Initialgesellschaften münden sämtlich in die Folgegesellschaft des *Salicornietum fruticosae* aus und enden hier beim *Junco-Triglochinetum* des *Juncion maritimi*-Verbandes.

Der Salzgehalt in den Wurzelschichten der an der Sukzession beteiligten Gesellschaften schwankt zwischen 2,5 und 24,5‰, doch macht sich hart an der Oberfläche bereits eine schwache Regenauswaschung des sandigen Bodens geltend, welche flachwurzelnden, salzmeidenden Therophyten das Aufkommen ermöglicht. Mit der Bodentiefe erhöhen sich Salz- und Kalkgehalt beträchtlich.

Die den Sukzessionsverlauf bestimmenden Hauptfaktoren sind abnehmender Salzgehalt und verminderte Bodenfeuchtigkeit. Der potentielle Weiterverlauf der Sukzession kann an einer etwas weiter landeinwärts liegenden Stelle verfolgt werden (Br.-Bl. und de Ramm 1957); er endet nach der Bodenaussüßung beim *Populetum albae*.

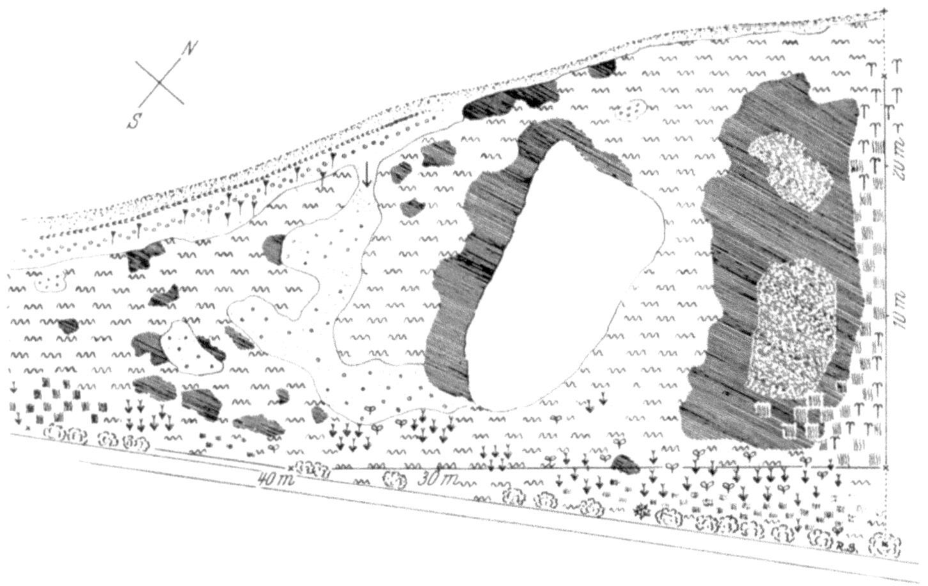


Abb. 362. Aufnahme 1958

Ähnliche, wenn auch zeitlich kürzere Dauerbeobachtungen an der holländischen Küste beschreibt Westhoff (1947).

Die durch Abschnürung vom Meer geschaffenen vegetationslosen Schlickböden trugen schon im zweiten Jahr eine *Salicornia europaea*-Gesellschaft; ein bis zwei Jahre später stellt sich ein *Puccinellietum maritimae* ein, und vier bis sieben Jahre nach der Abschnürung beginnt sich das *Junco-Caricetum extensae* auszubreiten; nach zehn bis zwölf Jahren, vom Beginn an gerechnet, ist davon schon eine große Fläche in Beschlag genommen.

Im Park der S.I.G.M.A. bei Montpellier verfolgen wir seit drei Jahrzehnten die selbsttätige Einrichtung einer Mauerassoziation, eines *Brachypodietum phoenicoidis*-Rasens und des Klimaxwaldes (*Quercetum ilicis galloprovinciale*; s. Abb. S. 505).

Der Unterwuchs des gut 200jährigen, bis zu unserer Übernahme ständig unterhaltenen, erst seit etwa 30 Jahren sich selbst überlassenen *Pinus pinea*-Parks ist heute in auffallend rascher Entwicklung zum initialen *Quercetum galloprovinciale* begriffen. Die Abundanz der ornithochoren Straucharten der charakteristischen Artenkombination hat innert 30 Jahren sehr stark zugenommen.

Abb. 364 zeigt den dichten Arvenjungwuchs im *Pinus mugo*-Wald des Schweizerischen Nationalparks. Massen aufwachsender *Pinus cembra*-Keimlinge unterbinden durch ihre Beschattung die Keimung der Bergföhre. Der *Pinus mugo*-Wald wird daher in absehbarer Zeit durch

Abb. 363. Übergang des *Salicornietum fruticosae typicum* in das *Salicornietum fruticosae halimionetosum* an den Lagunen bei Montpellier (Aufn. Exkurs. S.I.G.M.A.)

den Alpenrosen-Arvenwald, das *Rhododendro-Vaccinietum cembretosum*, ersetzt. Schon heute, wenige Jahrzehnte nach der photographischen Aufnahme (Abb. 364), ist diese Umwandlung stellenweise so weit fortgeschritten, daß anzunehmen ist, unsere Urenkel werden im Nationalpark-Gebiet große Bestände des klimabedingten Alpenrosen-Arvenwaldes bewundern können. Die seit bald 50 Jahren verfolgte Dauerentwicklung läßt hierüber keinen Zweifel.

Über Einzelheiten weiter zurückreichender Sukzessionsgeschehnisse ist man weniger gut unterrichtet. Einige Aufschlüsse ergeben die Untersuchungen am vulkanischen Mount Shasta in Nordkalifornien. Mehrere zeitlich genau datierte Andesit-Schlammergüsse wurden bodenkundlich und geobotanisch untersucht, doch sind die botanischen Angaben sehr dürftig; sie zeigen immerhin, daß jedes Waldstadium aus dem vorhergehenden Stadium entstanden ist und daß sich auf dem rund 1200 Jahre alten vulkanischen Substrat eine anscheinend ausgeglichene Waldgesellschaft herausgebildet hat (CROCKER 1952).

**Kurzbeobachtungen.** Von den Daueruntersuchungen abgesehen, vermögen auch Einzelbeobachtungen den Sukzessionsverlauf aufzuhellen, wenn sie sich auf dynamisch-genetisch wichtige Zeigerarten von hohem Bauwert, welche die Entwicklungsrichtung bestimmen oder doch beeinflussen, beziehen.

Abb. 364. *Rhododendro-Vaccinietum cembretosum*-Klimax (Aufn. P. MEYER)

Sehr einleuchtend erscheint die Sukzession zum Klimaxwald, wie sie auf den verschiedenalterigen, aber, was Bodenunterlage anbetrifft, übereinstimmenden Alluvialterrassen der Ströme vor sich geht. Am Schweizer Rhein zwischen Reichenau und Thusis beginnt sie mit der Pioniergesellschaft von *Myricaria germanica* und *Chondrilla prenanthoides* auf Flußkies und endet beim *Piceetum montanum*.

Tabelle 75.
Sukzessionsschema auf den Rheinterrassen im Domleschg
(aus Br.-Bl., Pallmann und Bach 1954)

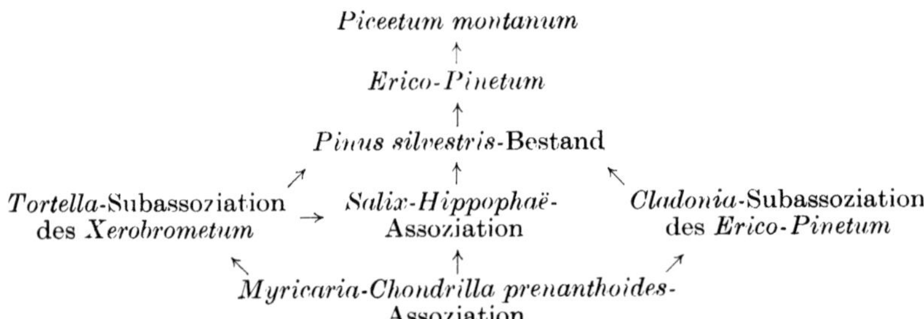


Die ganze Entwicklungskette läßt sich nach dem Vorhandensein der Sukzessionszeiger rekonstruieren.

In der *Myricaria*-Pionierassoziation auf Flußschotter deuten die da und dort eingestreuten *Salix incana*- und *Hippophaë rhamnoides*-

Abb. 365. *Hippophaë rhamnoides*-Dickicht auf rezentem Duranceschotter bei Montdauphin (Aufn. M. u. J. Br.-Bl.)

Büsche auf die Folgegesellschaft, während im Erika-Föhrenwald serbelnde oder bereits abgestorbene *Hippophaë*- und *Salix*-Sträucher die

Herkunft aus dem vorhergehenden *Hippophaë-Salicetum incanae* dartun. Die im Föhrenschatten aufwachsende Fichte *(Picea abies)* zeugt für das kommende *Piceetum montanum*-Klimaxstadium. Der Verlauf der Sukzessionsserie wird durch Änderungen in den Licht- und Bodenfaktoren gesteuert.

In den Trockentälern der Südwestalpen sind ähnlicherweise verlaufende Sukzessionen nicht selten. Abb. 365 und 366 zeigen den von *Pinus silvestris*-Jungwuchs durchsetzten *Hippophaë*-Bestand an der oberen Durance, ein Vegetationsbild, wie es, den pollenanalytischen Forschungsbefunden nach zu urteilen, zur Böllingzeit (11300 bis 10350 v. Chr.) im mitteleuropäischen Flachland stellenweise sehr verbreitet gewesen sein muß (s. LANG 1961).

Abb. 366. *Pinus silvestris* als Vorposten des *Ononi-Pinion* im abgehenden *Hippophaë*-Bestand auf Duranceschotter bei Montdauphin (Aufn. M. u. J. BR.-BL.)

**Artenumschlag.** Zu einem scharf ausgeprägten Artenumschlag kommt es, wenn durch äußere Einflüsse oder durch bestimmte dynamisch-genetisch wichtige Arten die Lebensbedingungen und damit die Konkurrenzverhältnisse am Standort rasch und gründlich umgestaltet werden. Trifft dies zu, so fallen natürlich alle Arten geringer ökologischer Plastizität der Standortsveränderung zum Opfer, während sich gleichzeitig zahlreiche Neusiedler festsetzen. So kann übereinstimmende Konkurrenzfähigkeit von Arten vorgetäuscht werden, wo es sich in Wirklichkeit um eine tiefgreifende ökologische Standortsänderung handelt. Oft wird diese Umstellung durch den Menschen direkt oder indirekt bedingt; sie kann aber auch natürliche Ursachen, wie Veränderungen im Grundwasserstand, Bespritzen oder Überfluten mit Salzwasser, Zufuhr von Kalkstaub oder kalkreichem Wasser usw., haben.

Noch 1937 konnte WALTER die Sukzessionsreihen, die vom Wasser als Anfangsstadium zur Schlußgesellschaft hinführen, als rein theoretische Konstruktionen bezeichnen. Die heute vorliegenden Tatsachen lassen diese Ansicht als überholt erscheinen.

Wohl hat noch niemand den Ablauf einer ganzen Sukzessionsreihe vom Flußschotter oder vom Wassertümpel bis zum Klimaxwald Schritt für Schritt verfolgt[1], doch kann vielfach aus dem Nebeneinander das Nacheinander mit Sicherheit abgeleitet werden und, wie obenerwähntes Beispiel zeigt, läßt sich der ganze Sukzessionsverlauf aus den tatsächlich beobachteten Teilserien zusammenschweißen. Die Vollserie kann aus mehreren gleichzeitig vorhandenen aber verschiedenalterigen Teilsukzessionen, die direkt beobachtet und in ihrer Abhängigkeit von der Bodenentwicklung erklärt worden sind, rekonstruiert werden.

Voraussetzung für den normalen Ablauf einer Serie ist auch nicht, daß das Klima absolut konstant bleibt. Die Klimaxgesellschaften, falls nicht zu eng gefaßt, haben eine ziemlich große klimatische Variationsbreite und können sich infolgedessen über ausgedehnte Gebiete erstrecken (*Quercetum ilicis*, *Querco-Carpinetum*, *Piceetum subalpinum* usw.).

Eine ausgesprochene Änderung erfolgt erst bei eingreifendem, nachhaltigem Klimawechsel. Sie macht sich natürlich zuerst in den Grenzbezirken bemerkbar.

Ferner besteht die Möglichkeit, daß die normale Entwicklung durch vom Klima unabhängige Artenwanderungen beeinflußt und abgelenkt, ja unter Umständen geradezu verbaut wird. Doch scheint dies nach den vorliegenden Beobachtungen nur möglich, wenn der Mensch störend in die ursprüngliche Vegetation eingreift.

Auf diese Weise sind gewisse Tropeninseln ihrer ursprünglichen Schlußgesellschaft entkleidet worden und da dieselbe aus empfindlichen, alten und wenig anpassungsfähigen Arten bestand, die teilweise ausgerottet wurden, stehen dem Wiederaufbau der Klimaxgesellschaft unüberwindliche Schwierigkeiten entgegen.

Je älter und tiefgreifender der menschliche Einfluß, um so schwieriger hält es, sich eine der Wirklichkeit entsprechende Vorstellung der Klimaxgesellschaft zu machen. Auch die ausgeglichene Klimaxgesellschaft ist aber, das sei ausdrücklich betont, nur ein Ruhepunkt, eine Pause im ewigen Wandel des Vegetationsgeschehens.

Das Sukzessionsstudium rollt notwendigerweise die Frage auf: Erreicht die Vegetation unter mehr oder weniger konstanten Klimaverhältnissen einen langdauernden, ausgeglichenen Ruhezustand? CLEMENTS, COWLES, WEAVER und HANSON sprechen sich positiv dazu aus. Sie begründen ihre Theorie der Vegetationsentwicklung mit der Einführung des Klimaxbegriffs.

---

[1] Vom Fels ausgehende Vollserien sind nur dann möglich, wenn der Fels eine gewisse Neigung nicht überschreitet. Die Spaltengesellschaften entwickeln sich nicht weiter; es sind Dauergesellschaften (Abb. 320), die im Lauf der Zeit wie ihr Substrat ein Opfer der Erosion werden.

**Klimax.** Wohl über kein Problem ist unter Geobotanikern so viel und so heftig diskutiert worden wie über den Klimaxbegriff und seine Verwendungsmöglichkeit.

COWLES und CLEMENTS verstehen unter Klimax die klimatisch bedingte Schlußgesellschaft eines Gebietes, welche ein dynamisches Gleich-

Abb. 367. Klimaxwald der montanen Stufe in den Ostkarpaten bei Zawojela, 900 m, Buchen-Tannen-Fichten-Mischwald (Aufn. FIRBAS, Exkurs. S.I.G.M.A.)

gewicht zwischen Klima, Geomorphologie, Boden und Vegetation verkörpert (Abb. 367). Da sowohl Bodenbildung als Vegetationsentwicklung eines einheitlichen Klimagebietes, mehr oder weniger übereinstimmende Reliefverhältnisse vorausgesetzt, einem festbestimmten, zur Hauptsache großklimatisch bedingten Endzustand (Klimax) zustreben, ist an der prinzipiellen Richtigkeit der These nicht zu zweifeln.

R. BACH (1957) definiert den Klimax folgendermaßen: „Der Klimax ist das Resultat der natürlichen Vegetationsentwicklung unter gegebenen klimatischen und Substratverhältnissen, alle hemmenden Außeneinflüsse wie anormale Dränage, Erosion oder Aufschüttung ausgeschlossen, ohne irgendwelche Sukzessionstendenz. Wir würden dieser Definition beifügen „einen gewissen Reliefausgleich vorausgesetzt"[1].

Vegetationsentwicklung und Bodenbildung stehen in engem gegenseitigem Abhängigkeitsverhältnis. Die Vegetationsentwicklung verläuft im Einklang mit der Bodenbildung und diese wird durch die Vegetation beeinflußt.

In klimatisch extremen Gebieten (Arktis, Hochgebirge, Wüstensteppen) stehen aber dem Ablauf einer Weiterentwicklung derartige

Abb. 368. Extreme Trockenheit und Winderosion verhindern die Ausbildung einer Klimaxassoziation in großen Teilen der Sahara. Südlich Beni-Ounif, Algerien (Aufn. Daguin)

Hindernisse entgegen, daß sie schon in den allerersten Anfängen stecken bleibt (s. Br.-Bl. 1949) (Abb. 368).

Die praktische Auswertung der Klimaxtheorie stößt allerdings verschiedentlich auf Schwierigkeiten, da zwischen Boden- und Vegetationsentwicklung kein durchgehender Parallelismus existiert und da der von Clements propagierte Monoklimax-Begriff nicht allgemein anwendbar ist, sobald ihm eine enge Fassung gegeben wird.

Einmal erfährt das Großklima, dem wechselvollen Bodenrelief entsprechend im Gebirge zahlreiche, oft beträchtliche örtliche Abwandlungen; sodann kann es vorkommen, daß die Bodenbildung durch die Bodenunterlage beeinflußt, im gleichen Gebiet verschiedenen Endstadien zusteuert, die nicht unbedingt dieselbe Schlußgesellschaft zu

---

[1] Der Klimax kann sich auf sehr verschieden weit entwickelten Böden einstellen (Beispiel *Quercetum ilicis galloprovinciale*).

Schon Cooper (1922, S. 75) verlangt vom Klimax, daß er auf sehr verschiedenen Böden zur Auswirkung gelangt und daß die Anpassungen der dominierenden Arten mit dem Klimacharakter in Übereinstimmung stehen müssen.

tragen brauchen (s. S. 643), und schließlich können anthropozooische Einflüsse den abgeänderten Endzustand der Vegetation in einem dauernden Gleichgewichtszustand erhalten. Tansley, der sich in Anlehnung an Clements in Großbritannien mit dem Klimaxproblem befaßt hat, unterscheidet daher einen edaphischen, physiographischen, biotischen Klimax usw.

Er wird dadurch zu einem Verteidiger des Polyklimax-Systems (s. Selleck 1960). Wohin dies aber führen kann, zeigt allein der Um-

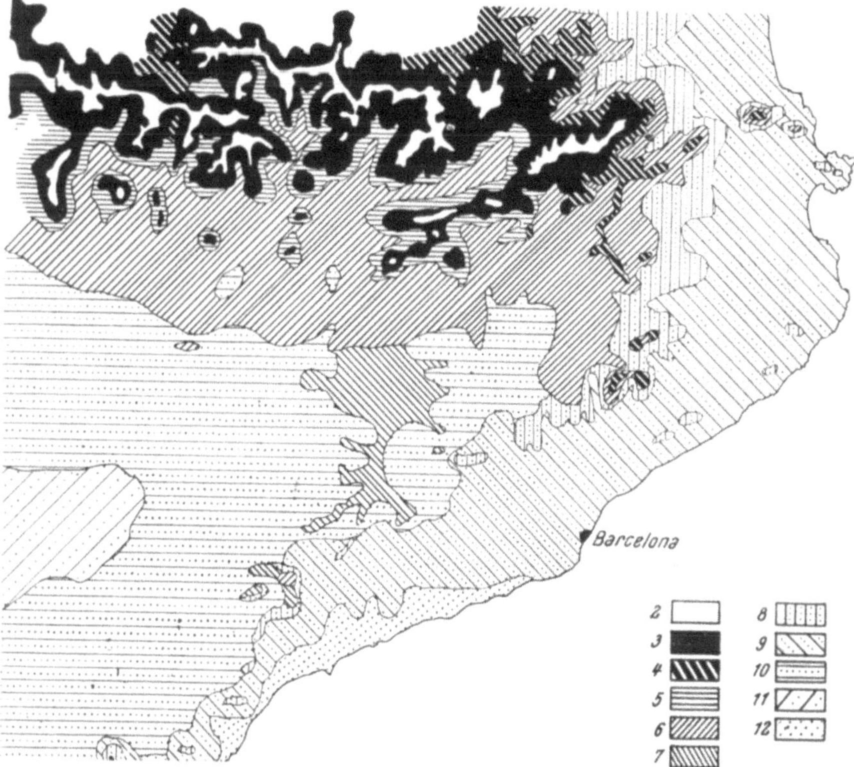


Abb. 369. Klimaxgebiete Kataloniens, 1:2000000 (nach O. de Bolós 1957). Klimaxgebiete des *Festucion supinae* (*2*), *Rhododendro-Vaccinion* (*3*), *Fagion* (*4*), *Pinus silvestris*-Wälder (*5*), *Querco-Buxetum* (*6*), *Violo-Quercetum* (*7*), *Quercetum mediterraneo-montanum* (*8*), *Quercetum ilicis galloprovinciale* (*9*), *Quercetum rotundifoliae* (*10*), *Rhamno-Cocciferetum* (*11*), *Querco-Lentiscetum* (*12*)

stand, daß, wie Whittaker (1962) hervorhebt, heute nicht weniger als 35 Termini mit der Bezeichnung „Klimax“ existieren.

Es erscheint daher angezeigt, unbeeinflußt durch theoretische Überlegungen von der als Schlußgesellschaft der Vegetationsentwicklung eines Gebietes aufgefaßten Vegetationseinheit auszugehen und hierauf den bedingenden klimatischen, edaphischen, physiographischen und biotischen Entwicklungsursachen nachzuspüren. Es wird sich dabei ergeben, daß bei großräumiger Betrachtung der Gesellschaften dem Klima das weitaus überwiegende Hauptgewicht zukommt.

Dies läßt sich aus allen großräumigen Klimaxkarten, wie der Karte der Klimaxgebiete Kataloniens von O. DE BOLÓS (1957), Abb. 369, herauslesen (s. auch RIVAS GODAY und CARBONELL 1961). In Kulturgebieten, die vom Menschen radikal umgestaltet und wo auch die letzten Klimaxreste vernichtet sind, bleibt die Klimaxgesellschaft eine Hypothese, die allerdings manchmal durch das Vorkommen bezeichnender Kennarten oder Artengruppen gestützt werden kann.

Glücklicherweise gibt es aber auch heute noch Möglichkeiten, die ganze Vegetationsentwicklung in ihrer ursprünglichen Abhängigkeit von Boden und Klima zu studieren. WALTER (1937) berichtet, in Ostafrika aus eigener Anschauung Gebiete kennengelernt zu haben, wo die Klimaxgesellschaft oft bis zu 90% der gesamten Fläche einnimmt[1]. Auch in den großen Wald- und Tundragebieten des Nordens dürften die Klimaxgesellschaften unschwer zu rekonstruieren sein. Etwas größeren Schwierigkeiten begegnet ihre Rekonstruktion in den Alpenländern.

Je weiter die Klimaxgesellschaft gefaßt wird, um so ausschließlicher ist sie durch das Allgemeinklima bedingt, ohne daß Bodenverhältnisse mitspielen.

Ausschließlich klimabedingt sind manche Klimaxverbände, seltener auch Assoziationen. Das *Quercion ilicis* und das *Oleo-Ceratonion* der Mediterranregion, beide von der Bodenbildung völlig unabhängig, bilden über weite Strecken auf jeder Bodenunterlage das klimabedingte Endstadium der Vegetationsentwicklung.

Zur Hauptsache klimabedingt, aber auch durch die Bodenentwicklung mit beeinflußt, sind die Hochgebirgsverbände des *Rhododendro-Vaccinion* der Alpen und Pyrenäen, des *Caricion curvulae* der Alpen, der Tatra und des Balkan (Rilo Dagh).

Diese Verbände sind azidophil und kalkfliehend, da sich aber die klimabedingte Bodenbildung unfehlbar in der Richtung der Versauerung auswirkt, stellen sie sich schlußendlich auch auf ursprünglich basischen, kalkreichen Böden ein, und da der durch die Pflanzendecke geförderte Bodenzuwachs rasch fortschreitet (s. S. 694), erfolgt die Versauerung von Kalkböden in verhältnismäßig kurzer Zeit, jedenfalls innerhalb eines klimatisch gleichartigen größeren Zeitabschnitts.

Wird der Klimax auf die Assoziation als Schlußgesellschaft gegründet, so kann die Vegetationsentwicklung auch durch andere als klimatische Faktoren entscheidend beeinflußt sein, in noch höherem Maße gilt dies natürlich für die Untereinheiten (Subassoziationen) usw.

Je enger umschrieben das Endstadium der Vegetationsentwicklung, um so schwieriger ist seine Herausarbeitung und um so notwendiger wird es, zu seiner Fassung die Bodenentwicklung, ja selbst floren-

---

[1] Demgegenüber steht allerdings die Bemerkung von BÉGUÉ, Spezialist für Tropenwälder (1961, S. 149), daß es schwer hält, in den afrikanischen Tropenwaldungen eine Vegetation zu finden, die trotz ihres ursprünglichen Aussehens nicht früher oder später durch den Menschen umgestaltet worden ist.

geschichtliche (Artenwanderungen) oder biotische Faktoren mit zu berücksichtigen.

Das *Quercetum galloprovinciale* als Assoziation ist, wie der Verband des *Quercion ilicis*, rein großklimatisch bedingt; aber innerhalb der Assoziation existieren pedologisch differenzierte Untereinheiten, die in eng umgrenzten Gebieten nebeneinander vorkommen und wofür, auf die Subassoziationen angewendet, der Begriff der Klimaxgruppe zutrifft.

**Klimaxgruppe.** Bei nicht zu enger Fassung der Schlußgesellschaft ist die Monoklimaxtheorie in den Alpen wie im Mediterrangebiet unschwer anwendbar. Im Bereich der feindifferenzierten Gesellschaftssystematik des nordwestlichen Mitteleuropa können dagegen zwei oder selbst drei enggefaßte Schlußgesellschaften, welchen völlig verschiedene Bodenprofile entsprechen, unter ähnlichem Klima im gleichen Gebiet zur Ausbildung gelangen. TÜXEN (1937), der zuerst hierauf aufmerksam gemacht hat, spricht von einer Klimaxgruppe. Bei enger Fassung der Klimaxgesellschaften lassen sich Klimaxgruppen, durch besondere Bodenprofile unterschieden, auch in anderen Gebieten aufzeigen. Zur Lösung der Klimaxfrage ist man in diesem Falle genötigt, auf die Gesetze der Bodenbildung zurückzugreifen.

**Bodenversauerung.** Im ganzen feuchtkühlen Mittel- und Westeuropa, von Polen bis zu den britischen Inseln, stehen Boden- und Vegetationsentwicklung unter der Herrschaft der Bodenversauerung.

Es handelt sich um eine klimabedingte Auslaugung der Nährsalze, welche im Laufe der Zeit von basischen oder schwach sauren zu stark sauren Böden führt. Infolgedessen werden mit fortschreitender Vegetationsentwicklung auf ursprünglich basischen Böden zuerst die kalk- und nährstoffbedürftigen Pflanzen ausgeschaltet. Sie bleiben, wie schon GODWIN (1949) hervorhebt, auf Stellen beschränkt, wo die Erosion der Bodenbildung entgegenwirkt.

Die Versauerungstendenz kann durch menschliche Eingriffe gefördert, oder aber abgestoppt werden. Sie muß unter allen Umständen im Verlauf der Bodenentwicklung, Klimakonstanz vorausgesetzt, von Polen bis Irland zu einer säureertragenden, azidophilen Schlußgesellschaft hinführen.

**Potentielle natürliche Vegetation.** In Kulturländern stellt die heutige, dem Menschen untertane Vegetation nur in Ausnahmefällen auch die natürliche reale Vegetation dar. Sie ist vielmehr durch den Menschen und seine tierischen Begleiter mehr oder weniger umgestaltet, so daß sie sich selbst bei Aufgabe jeder Nutzung nicht immer in den Naturzustand, d. h. in die ursprüngliche Schlußgesellschaft, zurückentwickelt. Der Bodenzustand kann derart verschlechtert sein, daß die Wiederherstellung des ursprünglichen biologischen Gleichgewichts ausgeschlossen erscheint. Sich selbst überlassen, stellt sich sodann eine abweichende Schlußvegetation ein. Der erreichte mögliche Endzustand wird von TÜXEN (1956) als potentielle natürliche Vegetation bezeichnet.

Diese potentielle natürliche Vegetation ist ein Idealzustand, den zu verstehen es gilt, denn er erlaubt die Standortsmöglichkeiten einzuschätzen.

In Mitteleuropa und in anderen alten Kulturländern ist die heutige potentielle natürliche Vegetation eigentlich nichts anderes als die Summe ihrer natürlichen Dauer- und ihrer Klimaxgesellschaften, wenn wir von den flächenhaft unbedeuteten Anfangs- und Folgegesellschaften absehen (TÜXEN 1956). Über die kartographische Bedeutung der potentiellen natürlichen Vegetation s. S. 761.

**Abgeleiteter (deflected) Klimax.** Unter diesem, durch GODWIN und TANSLEY (1929) eingeführten Begriff ist ein verhältnismäßig stabiler Vegetationszustand verstanden, der seine Entstehung menschlichen Eingriffen wie Dauerweide, Mahd, Brand, Beeinflussung des Grundwasserstandes usw. verdankt. In Gebieten, die seit langem starker Nutzung unterworfen sind, hält es oft schwer, den klimatisch bedingten Endzustand vom abgeleiteten zu unterscheiden. DONEVAN (1961) betrachtet die schönen Pinuswälder im Hochland von Nicaragua und die meisten dortigen Prärien und Buschsteppen als „deflected climaxes".

**Klimaxvarianten.** Wie wir sahen, kann der Klimaxbegriff enger oder weiter gefaßt, auf einen Verband, eine Assoziation oder Subassoziation gegründet sein. Das namentlich in den Kulturländern reichlich Hypothetische der Klimaxgesellschaft läßt ihre weitere Fassung wünschbar erscheinen.

Auch in wenig durchforschten Gebieten wird man sich mit der Feststellung des Verbandes, dem die Schlußgesellschaft zugehört, begnügen müssen. Dagegen wird in pflanzensoziologisch und bodenkundlich gut durchforschten Gebieten eine engere Fassung der Klimaxgesellschaft möglich. Es empfiehlt sich indessen, die enger gefaßten Einheiten nicht als eigene, selbständige Klimaxgesellschaften, sondern als Varianten der weitergefaßten Klimaxassoziation aufzufassen und zu benennen. Sie können bedingt sein durch stark unterschiedliche Bodenneigung, Himmelslage, petrographische Beschaffenheit des Muttergesteins oder Bodenkörnung, die bis zum Klimaxstadium nachwirken.

WESTHOFF hat uns im Moränengebiet der Hohen Veluwe Hollands verschiedene Klimaxvarianten des *Querco-Betuletum* vordemonstriert, die lediglich durch Unterschiede im prozentischen Kolloidanteil des Moränensandes bedingt sind.

Die Tendenz der Bodenversauerung läßt sich südwestwärts bis ins nördliche und mittlere Portugal verfolgen. Sie führt hier zum *Rusco-Quercetum robori*-Klimax, dessen Regeneration heute durch die fortschreitende Ausdehnung der *Pinus pinaster*-Wälder gefördert wird.

Auch in den Alpen verläuft die klimabedingte Sukzession, falls der Boden keine Karbonatzufuhr erhält, von elektrolytreichen zu stark sauren Böden, von basiphilen zu stark azidophilen Schlußgesellschaften. Dieser Entwicklungsprozeß vollzieht sich um so rascher, je stärker ausgeprägt die Ozeanität ist. In den Gebirgen laufen die Klimaxgesellschaften in der Regel mit den Höhenstufen parallel. Damit hier der Klimax zur Auswirkung gelangt, ist ein gewisser Reliefausgleich notwendig, wo er fehlt, erleidet die Klimaxgesellschaft eine Verschiebung gegen oben oder unten, wobei die Dauergesellschaften an stark geneigten Hängen, je nach Himmelslage und Hangneigung mehr oder weniger vom Klimax abweichen.

**Schweizerischer Nationalpark.** Im Schweizerischen Nationalpark sind gleichzeitig Boden und Vegetationsentwicklung jahrzehntelang studiert worden. Die Sukzession spielt sich dort in der subalpinen Stufe folgendermaßen ab:

Auf nacktem Kalkschutt erwächst vorerst eine lockere Staudenflur, das *Petasitetum paradoxi*. Dieser basiphilen Initialgesellschaft folgt der Erikaföhrenwald, das *Pino-Ericion*, das bei fortschreitender Entwicklung zum Humuskarbonatboden mit geringer, später mit starker Morauflage hinführt, worin sukzessive die azidophilen Begleiter des *Rhododendro-Vaccinion* auftauchen. Mit der Erhöhung der Auflagehumusschicht vergrößern sie ihren Besitzstand, so daß schließlich selbst auf karbonatreicher Bodenunterlage mit mächtiger Auflagehumusschicht die Klimaxgesellschaft das *Rhododendro-Vaccinietum cembretosum* vom Boden Besitz ergreift. Entscheidend für die Ausbreitung dieser Klimaxgesellschaft ist die Morschicht (s. S. 675).

Selbst der anstehende kompakte Dolomitfels wird, sofern die Hangneigung nicht zu groß ist, von der Klimaxassoziation besiedelt. Die Bodenbildung schafft hier durch das bis metermächtige Auflagehumusprofil die Vorbedingung für das Gedeihen der azidophilen Kennarten.

Die Möglichkeit, Vegetationsentwicklung und Bodenbildung in direkte Beziehung zu bringen und zeitlich festzulegen, ist hier auf den verschiedenalterigen Schutt-Terrassen des Fuornbaches gegeben. Auf dem karbonatreichen nackten Bachalluvium führt sie im Verlauf von rund 2000 Jahren vom Rohboden mit seiner Kalkvegetation zum azidophilen Alpenrosen-Arvenwald. Wesentlich rascher verläuft aber die Entwicklung, wenn dem Kalk Moränenfetzen eingelagert sind.

Auf Silikatunterlage nimmt die Sukzession den raschesten Verlauf, sie endet bei derselben Klimaxgesellschaft.

Im oberen Teil des Waldareals führt die Bodenbildung zu humosen Eisenpodsolen bis Humuspodsolen, die ebenfalls das *Rhododendro-Vaccinietum cembretosum* tragen. Auf verschiedenen analogen Bodenprofilen stellt sich in den Alpen wie in der Tatra und in den Pyrenäen dieselbe Klimaxgesellschaft ein.

Oberhalb der klimatischen Waldgrenze, die in den Zentralalpen bei rund 2300 m verläuft, setzt sich das Klimaxgebiet der alpinen Rasenstufe aus zwei floristisch nahe verwandten Assoziationen, dem *Curvuletum* und dem unten angrenzenden, über der Baumgrenze in schmalem Streifen verlaufenden und mit dem *Curvuletum* öfter verzahnten *Festucetum halleri* zusammen, weshalb zur Bezeichnung dieses Klimaxgebietes nicht ein Assoziations-, sondern der Verbandsname gewählt wurde (Klimaxgebiet des *Caricion curvulae*).

In den nördlichen Bündneralpen lösen sich folgende Klimaxgebiete ab:

1. Das Klimaxgebiet des *Fagetum praealpinum* bis ca. 800 m,
2. Das Klimaxgebiet des *Piceetum montanum* bis 1200 m,
3. Das Klimaxgebiet des *Piceetum subalpinum* bis 1900 m,
4. Das Klimaxgebiet des *Rhododendro-Vaccinietum* bis 2150 m,
5. Das Klimaxgebiet des *Caricion curvulae* bis 2600 m (Abb. S. 745).

Seine Abgrenzung gegen das unten anstoßende Arven-Lärchen-Klimaxgebiet ist oben gegeben.

Über das Klimaxgebiet des *Caricion curvulae* hinaus ins Gebiet der Frosterden ragen die von Felsspalten-, Felsschutt-, Algen- und Krustenflechtenassoziationen besiedelten nivalen Hochgipfel. Eine einheitliche Klimaxgesellschaft ist hier, wie in extremen Wüstengebieten, ausgeschlossen; die noch vorhandenen Fragmente von Sand-, Schutt- und Felsgesellschaften, von der petrographischen Zusammensetzung des Gesteins abhängig, unterscheiden sich floristisch sehr stark (s. S. 349).

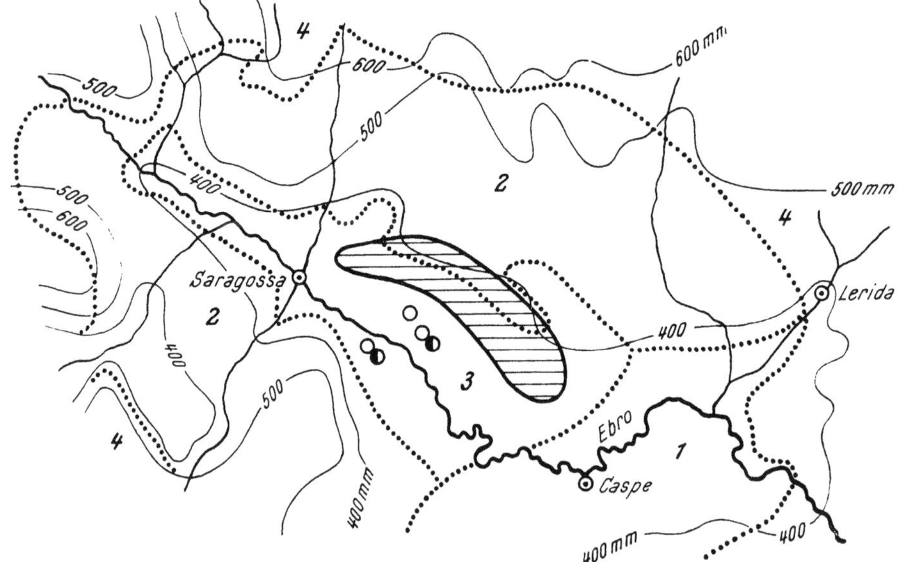


Abb. 370. Niederschlagsbedingte Klimaxgebiete in der Ebrosteppe (nach Br.-Bl. u. O. de Bolós 1957)

*1* Klimaxgebiet des *Rhamno-Cocciferetum pistacietosum*, *2 Rhamno-Cocciferetum cocciferetosum* und *caricetosum humilis*, *3 Rhamno-Cocciferetum thuriferetosum*, *4 Quercetum rotundifoliae.* ▤ *Juniperus thurifera*, ○ *Eurotia ceratoides*, ◐ *Astragalus cruciatus*

**Außeralpine Gebiete.** Die obere Grenze der Klimaxgürtel verläuft in Europa auch außerhalb der Alpen an Sonnenhängen stets etwas höher, an Schattenhängen etwas tiefer als auf schwach geneigten Flächen. Die Entwicklungsrichtung ist auch in den Mittelgebirgen durch Humusbildung und Bodenversauerung gegeben. Auf basiphile Initial- folgen mehr oder weniger azidophile Folgegesellschaften; die Klimaxgesellschaft ist stets azidophil und kommt auf jeder Gesteinsunterlage zur Ausbildung. Nur an Steilhängen über kompaktem Kalkgestein, wo die Humusbildung unterbunden und Karbonatzufuhr möglich ist, fehlt der Klimax, weil sich die Bodenentwicklung nicht auswirken kann.

In der Ebene wird die Klimaxbegrenzung vielfach durch die Niederschlagsverteilung entschieden (s. Abb. 370).

Die Abhängigkeit der Klimaxassoziation von Bodenneigung und Substrat in der Hohen Tatra hat PAWLOWSKI (1935) graphisch dargestellt (Abb. 371).

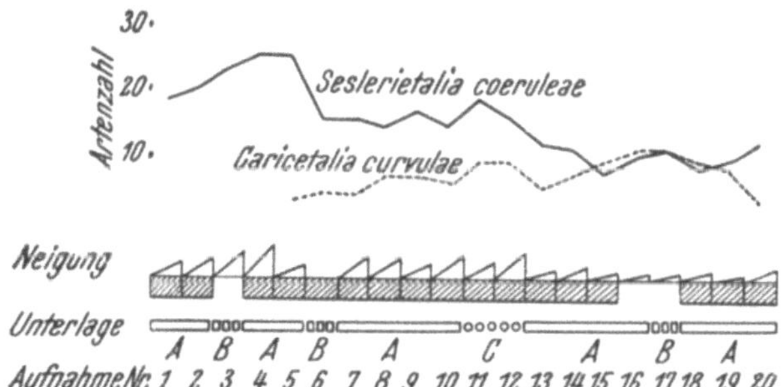


Abb. 371. Entwicklungsreihe: *Versicoloretum* → *Trifido-Distichetum*. Zahl der Charakterarten der *Seslerietalia coeruleae* (die Charakterarten des *Versicoloretum* mit eingerechnet) und der *Caricetalia curvulae* im Verhältnis zur Bodenneigung und zum Deckungsgrad des Bodens durch die Vegetation. Unterlage *A*: Kalkgestein oder Dolomit, *B*: Kalkmergel, *C*: kalkarme Unterlage (nach PAWLOWSKI)

Die Klimaxgesellschaft des *Trifido-Distichetum* bleibt im Kalkgebirge wie in den Alpen und Pyrenäen auf ebene oder sehr schwach geneigte Lagen beschränkt.

In der polnischen Tatra (Morskie Oko) unterscheiden PAWLOWSKI, SOKOLOWSKI und WALLISCH (1927) folgende Klimaxgebiete, die ebensovielen Höhenstufen entsprechen:

1. Das Klimaxgebiet des *Fagetum* bis etwa 900 m,
2. Das Klimaxgebiet des *Piceetum* 900 bis 1500 (1550) m,
3. Das Klimaxgebiet des *Pinetum mugi* 1500 bis 1800 (1850) m,
4. Das Klimaxgebiet des *Trifido-Distichetum* 1800 bis 2200 m,
5. Das Klimaxgebiet des *Distichetum subnivale* 2200 bis 2500 m.

Im Gebiet der Cerdagne (Ostpyrenäen) folgen, übereinander angeordnet:

1. Das Klimaxgebiet des *Quercetum ilicis* bis 700 m,
2. Das Klimaxgebiet des *Quercion pubescenti-petraeae* bis 1600 m,
3. Das Klimaxgebiet des *Rhododendro-Vaccinion* bis (2350) 2400 m,
4. Das Klimaxgebiet des *Hieracio-Festucetum supinae* 2400 bis 2800 m.

**Paraklimax.** Eine Gesellschaft, die infolge außergewöhnlicher Bodenverhältnisse über den regionalen potentiellen Klimax hinausgegangen ist und sich nicht mehr weiter entwickelt, nennen wir mit TÜXEN (1933) Paraklimax.

Im Diluvialgebiet NW-Deutschlands und Hollands herrschen auf weite Strecken als Bodenunterlagen trockene, kolloidarme, stark versauerte Diluvial-Quarzsande, die den äußerst artenarmen, azidophilen Eichen-Birkenwald, das *Querco-Betuletum*, tragen, während nach TÜXEN als klimatisch bedingte Schlußassoziation der Eichen-Hainbuchenwald, das *Querco-Carpinetum*, zu betrachten ist.

Die klimabedingte Versauerungstendenz des Bodens würde unter den herrschenden Klimaverhältnissen normalerweise niemals bis zum *Querco-Betuletum* führen. Anderseits fehlt dem *Querco-Betuletum* auf Quarzsand jede Entwicklungsmöglichkeit; es ist ein endgültiges Schlußstadium, das aus dem Rahmen der Klimavegetation herausfällt, ein Paraklimax.

Während sich die Klimaxassoziation früher oder später auf den verschiedensten Bodenunterlagen einstellen kann, ist der Paraklimax an ein ganz spezifisches petrographisches Medium gebunden, er ist in erster Linie petrographisch bedingt.

Entscheidend für die Beurteilung, ob Klimax oder Paraklimax vorliegt, ist die Richtung und Intensität der klimabedingten Entwicklungstendenz von Boden und Vegetation.

Ob das von BEADLE (1955) geschilderte Nebeneinander des Regenwaldes auf Basalt und des Hartlaubbusches auf Sandstein in Südwestaustralien als Paraklimax oder als Klimaxgruppe aufzufassen ist, läßt sich vorderhand nicht entscheiden.

Die weiten Kalkhochflächen der südfranzösischen Causses mit ihren Stipa-Steppen (Abb. 372), früher als klimatisch waldlos aufgefaßt, eine

Abb. 372. Sekundäre *Stipa pennata*-Steppe am Col de Capelier, Causse, das *Buxo-Quercetum pubescentis* ersetzend

Ansicht, die aber heute verlassen ist, tragen neben ausgedehnten steppenhaften Stiparasen vier verschiedene Waldgesellschaften:

Basiphilen Flaumeichenwald, Waldföhrenbestände, Buchenbestände und mäßig versauerte Stieleichen- (*Quercus robur*-) Bestände, alle in derselben Höhenlage.

Die natürlichen Waldföhrenbestände, an erdarme, flachgründige Rohböden gebunden, sind Übergangsgesellschaften; sich selbst überlassen werden sie zusehends von Laubhölzern bedrängt.

Der Buchenwald als Assoziation bildet in feuchten Schluchten und an

Schattenhängen eine reliefbedingte Dauergesellschaft, die sich nicht weiter entwickelt (*Buxo-Fagetum*).

Der Flaumeichenwald (*Buxo-Quercetum*), in typischer Ausbildung, besiedelt reine Karbonatgesteine, kristalline Kalke und Dolomite (initiale Rendzina oder Humuskarbonatböden), auf welchen eine Versauerung kaum nachweisbar ist.

Der Stieleichenwald (*Quercion robori-petraeae*) endlich ist reich an azidophilen Begleitarten und zeigt Bodenversauerung an.

Dieser zwischen dem *Quercetum medioeuropaeum* und dem *Querco-Carpinetum* stehende Stieleichenwald gedeiht auf den verschiedensten Gesteinen: Silikat, Juraschichten, Lias, Raet, deren Waldböden der Versauerung unterliegen und kann daher als Klimaxgesellschaft des Gebietes betrachtet werden, wogegen der viel weiter verbreitete, aber streng an kristalline Kalke und Dolomit gebundene Flaumeichenwald als edaphisch bedingte Dauergesellschaft aufzufassen ist. Als Paraklimax kommt er für die Causses nicht in Frage, weil die klimatisch bedingte Versauerung bis zum Stieleichenwald auf entkalktem Boden fortschreitet.

**Tropischer Paraklimax.** Paraklimaxgesellschaften aus den Tropen sind von den belgischen Forschern beschrieben worden.

Focan und Mullenders (1948) bezeichnen einen feuchten Wald auf gelben Granitböden am oberen Lomani (Kongo), das *Canarietum schweinfurthii*, als Paraklimax. Von Germain (1952) werden zwei Waldassoziationen, das *Albizzio-Strychnetum stuhlmannii* der verarmten Sandböden und das flußbegleitende *Baphietum descampsii* der Ruziziebene als Paraklimaxwaldungen aufgefaßt. Schnell (1952), in seiner Studie über die Vegetationseinheiten von Guinea, wie auch Emberger, Mangenot und Miège (1950) betonen das gleichzeitige Vorkommen boden- und klimabedingter Gesellschaften in Westafrika, doch hält es, wie sie sagen, manchmal schwer zu entscheiden, ob man es mit einer Klimax- oder einer Paraklimaxgesellschaft zu tun hat.

Die Schlußgesellschaft verkrusteter hauptsächlich aus $Al_2O_3$ und $Fe_2O_3$ bestehender Lateritböden der Tropen, deren Aufbau in eine von der heutigen klimatisch abweichende Zeit zurückreicht, dürfte gleichfalls einen Paraklimax darstellen.

**Dauergesellschaft.** Pflanzengesellschaften, welche aus irgendeinem Grund den klimatisch möglichen Endzustand nicht erreicht haben oder nicht erreichen können, die sich aber sehr lange behaupten und ihre soziologische Eigenart bewahren, bezeichnet man als Dauergesellschaften. Der Blaualgenüberzug einer Kalkfelswand, der *Polytrichum*-Rasen alpiner Schneeböden (Abb. 602), der Auenwald im Grundwasserbereich längs der großen Flüsse sind Dauergesellschaften (Abb. 373). Von der Klimaxgesellschaft unterscheiden sie sich dadurch, daß bei ihnen eine Weiterentwicklung nachweisbar oder unter bestimmten Voraussetzungen auch ohne Klimaänderung möglich, beim Klimax aber ohne Klimaänderung ausgeschlossen ist.

**Klimaxschwankungen.** Die ausgereifte Klimaxgesellschaft erleidet durch Naturereignisse (Windwurf, Lawinen, Brand, Überschwemmungen usw.) Schädigungen, die wesentliche Artenverschiebungen im Gefolge haben können und die man mit FURRER (1922) als Klimaxschwankungen bezeichnet. Im Gebirge, wo sich zwei Klimaxgesellschaften treffen und öfter durchdringen, kommt es auch öfter zu Mischungen, wobei nicht immer leicht zu entscheiden ist, ob lediglich eine Klimaxschwankung oder aber eine Klimaänderung vorliegt. Klimatisch „bedingte" Klimax-

Abb. 373. *Sesbanio-Phoenicetum reclinatae*-Galeriewald; Dauergesellschaft am Molindi, Kongo (Aufn. DE WITTE, Coll. Inst. Parcs Nat. Congo Belge; s. LEBRUN 1947, S. 674)

schwankungen können mit Klimaxänderungen zusammenfallen. Man kann sich fragen, ob der heutige Gletscherrückgang und das Hinaufrücken der Vegetation in den Alpen (s. S. 690) auf einer geringfügigen Klimaänderung beruhen, oder ob sie den Beginn einer ausgesprochenen Klimaänderung einleiten.

Waldvermoorungen können nicht immer als Klimaxschwankungen aufgefaßt werden. Ein typisches Beispiel liefert das Flahult-Hochmoor bei Jönköping in Schweden. Nach G. ANDERSSON und HESSELMAN (1910, S. 152) stockt die 3 m mächtige *Sphagnum*-Torfschicht auf mineralischem Untergrund, der von Wald bewachsen war. Nach dem Abbrennen des Waldes hörte die entwässernde Tätigkeit der Baumschicht (Transpiration, Auffangen des Niederschlages) auf; gleichzeitig fanden chemisch-physikalische Bodenveränderungen statt. Hierdurch und durch die erhöhte Feuchtigkeit begünstigt, entfalteten Sphagnen von hohem Bauwert ihre aufbauende Tätigkeit und schufen direkt über der Brandschicht ein zwergstrauchreiches Hochmoor, das heute nur von vereinzelten Krüppelföhren überragt wird (s. auch DU RIETZ 1954).

**Klimax und Optimalgesellschaft.** Nach Ansicht amerikanischer Forscher verläuft die Sukzession von xero- oder hydrophytischen Anfangsgesellschaften zu mesophytischen Schlußgesellschaften; Klimax wäre danach die am ausgesprochensten mesophytische Gesellschaft des Gebietes. Allgemein gefaßt läßt sich diese Auffassung nicht halten. In Europa kommen auch xerische Klimaxgesellschaften vor, so unter dem humiden Klima der Alpen, wo Bodenauslaugung und Rohhumus-Anreicherung stattfindet. LÜDI bringt dies in nebenstehendem Schema zum Ausdruck (Abb. 374).

Abb. 374. Vegetationssukzession und Bodenänderung in der alpinen Stufe der Alpen (nach LÜDI 1930)

Abb. 375. *Populetum albae*, Optimalstadium dieser Dauergesellschaft im Alluvialgebiet Südfrankreichs (Aufn. ZARZYCKI)

Als Optimalgesellschaft bezeichnet LÜDI (1930) die Gesellschaft, welche die größte organische Stoffproduktion aufweist; sie braucht nicht mit dem Klimax zusammenzufallen (Abb. 375).

Optimalgesellschaft im Gebiet des Albert-Nationalparks am Edwardsee ist der majestätische lianenreiche Urwald des *Pterigotetum macrocarpae*. Er kommt aber nur ganz lokal unter besonderen edaphischen Bedingungen (Bodenfeuchtigkeit) vor, während das *Euphorbietum nyikae*, der bis 15 m hohe kaktoide Buschwald als Klimax große Flächen einnimmt (LEBRUN 1947, S. 737).

Im nördlichen Mediterrangebiet bildet das mesophytische *Populetum albae* die Optimalgesellschaft, das xerische *Quercetum ilicis* den Klimax; in ariden und semi-ariden Gebieten stellt der Klimax kaum je die Optimalgesellschaft.

**Progressive und regressive, primäre (natürliche) und sekundäre (anthropogene) Sukzessionen.** Alle zum Klimax hinleitenden Serien sind progressiv. Regressive Sukzessionen, welche sich vom Klimax entfernen,

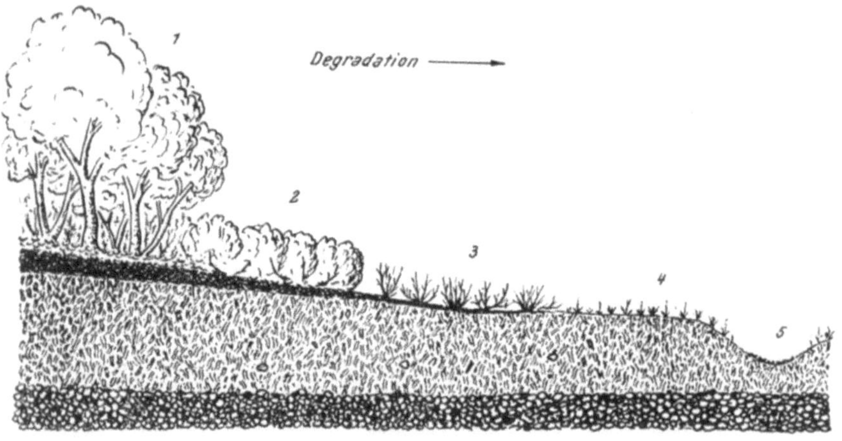


Abb. 376. Regressionsstadien und Ersatzgesellschaften des *Quercetum ilicis pubescentetosum* auf silikatischem Pliozänschotter. *1 Quercetum ilicis pubescentetosum*, *2 Cocciferetum callunetosum*, *3 Erico-Lavanduletum stoechidis*, *4 Tuberarietum guttati*, *5 Isoetetum duriaei* in Regenwasserbecken

werden meist durch den Menschen oder durch Tiere, seltener durch Naturereignisse ausgelöst (Abb. 376 bis 378). Zu den regressiven Sukzessionen zählen aber auch Vermoorungen infolge steigenden Wasserspiegels (s. auch S. 390).

Progressive Sukzessionen sind als solche meist leicht zu erkennen; schwerer erkennbar und viel seltener ist die natürliche regressive Entwicklung, was CLEMENTS (nach LÜDI 1930, S. 534) veranlaßt haben mag, ihr Bestehen überhaupt abzulehnen.

Durch menschliche Einwirkung bedingte, regressive Sukzessionen treten uns überall entgegen; mächtige Ausdehnung erlangen sie im Mediterrangebiet (Abb. 376 bis 378).

Zerstörende Natur- oder Kriegsereignisse (Überschwemmungen, Felsstürze, Bombardierungen) sind Katastrophen, die sekundäre progressive Sukzessionen auslösen.

Die angloamerikanische Schule unterscheidet zwischen primärer

Gesellschaftsfolge (primären Sukzessionen), vom Menschen unabhängig ausgelöst, und sekundären Sukzessionen, die durch den Menschen veranlaßt sind.

Man kann auch von natürlichen und anthropogenen Sukzessionen sprechen. Die natürlichen Sukzessionen sind zur Hauptsache auf den Hohen Norden, die Hochgebirge, die Fluß- und Küstengebiete beschränkt.

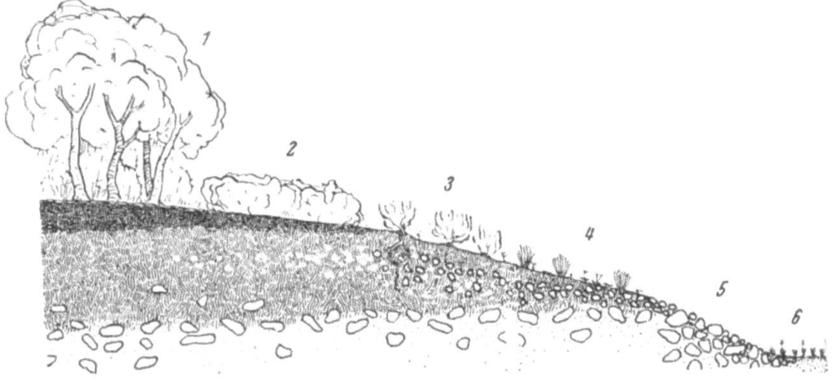


Abb. 377. Ersatzgesellschaften des *Quercetum ilicis galloprovinciale typicum* auf Kalkmergel bei Montpellier. *1 Quercetum ilicis*, *2 Quercetum cocciferae rosmarinetosum*, *3 Rosmarino-Lithospermetum*, *4 Aphyllanthion*, *5* Nackter Kiesboden, *6 Deschampsietum mediae* auf abgeschwemmter toniger Feinerde

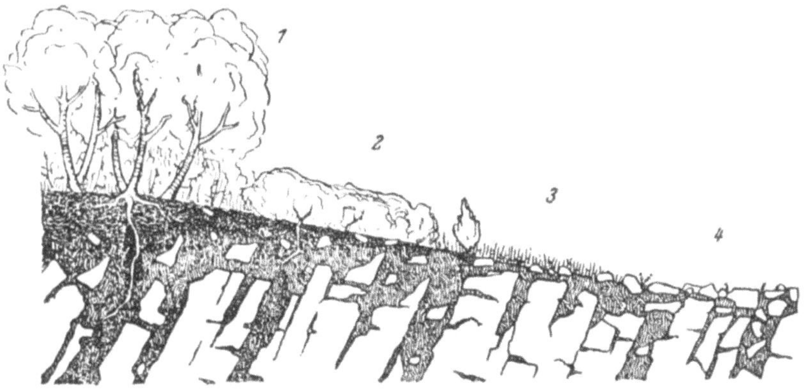


Abb. 378. Regressionsstadien und Ersatzgesellschaften des *Quercetum ilicis galloprovinciale typicum* und seines Bodenprofils auf kompaktem Kalk (aus Br.-Bl. 1936). *1 Quercetum ilicis*, *2 Quercetum cocciferae brachypodietosum*, *3 Brachypodietum ramosi*, *4* Überweldetes *Euphorbia characias*-Stadium

In dichtbesiedelten Gebieten sind es Dünen-, Felsschutt-, Fels-, Wassergesellschaften, die gestatten, wenigstens Bruchstücke des natürlichen Entwicklungsganges zu erkennen.

Anthropogen bedingte progressive Sukzessionen folgen auf völlige oder teilweise Zerstörung der ursprünglichen Vegetation durch Feuer, Rodung, Überweidung, Kulturmaßnahmen und nachherige Aufgabe der menschlichen Nutzung. Sich selbst überlassen, strebt die Vegetation der Wiederherstellung des natürlichen Gleichgewichts mit den Außenfaktoren zu (Abb. 379). Anthropogene Sukzessionen sind in allen Kulturländern

Abb. 379. Sekundäre progressive Sukzession. Vordringen der *Aphyllanthes-Leontodon villarsii*-Assoziation auf regenerodiertem altem Kulturland bei Montpellier (Aufn. GIACOMINI)

häufig, vorab in Krisenzeiten, wenn Absatzstockungen den Ertrag bestimmter Kulturen unter die Selbstkosten herabdrücken, oder bei Mangel an Arbeitskräften.

Über den Verlauf einer sekundären progressiven Sukzession nach Aufhören intensiver Beweidung gibt eine zehnjährige Beobachtungsserie von CHRISTIANSEN (1937) Aufschluß. Untersucht wurden Dauerquadrate von 1 qm auf der Lotseninsel Schleimünde an der Ostseeküste.

Tabelle 76. *Puccinellia maritima*-Dauerquadrat (CHRISTIANSEN)

| | 1927 | 1929 | 1930 | 1931 | 1934 | 1936 |
|---|---|---|---|---|---|---|
| | % | | | | | |
| *Agrostis alba stolonifera* ........ | 2 | 2 | 10 | 10 | 10 | · |
| *Aster tripolium* ............... | · | · | · | · | 40 | 16 |
| *Puccinellia distans* ........... | · | · | · | · | · | 20 |
| *Puccinellia maritima* .......... | 70 | 90 | 52 | 50 | 18 | · |
| *Festuca rubra litoralis* .......... | · | · | · | · | 4 | 5 |
| *Glaux maritima* .............. | · | 6 | 3 | 2 | 5 | · |
| *Juncus bottnicus* ............. | · | · | 25 | 26 | 20 | 50 |
| *Plantago maritima* ............ | 3 | 2 | 10 | 10 | · | · |
| *Spergularia marginata* ......... | · | · | · | · | 3 | · |
| *Triglochin maritimum* .......... | · | · | · | · | · | 5 |

Zwischen 1927 und 1936 ist die anfänglich herrschende *Puccinellia maritima* völlig verschwunden; an ihrer Stelle hat sich eine von *Juncus bottnicus* beherrschte Gesellschaft eingestellt.

In den alten Kulturländern um das Mittelmeer bestimmen anthropozoogen bedingte regressive und progressive Sukzessionen vielfach das

Abb. 380. Sekundäre progressive Sukzession des Rasens in Vertiefungen der regenerodierten Roterde zwischen Sfax und Sousse, Tunesien (Aufn. Hueck, Exkurs. S.I.G.M.A.)

Aussehen der Landschaft. Die Regression, durch Regen- und Winderosion gefördert, kann bis zur völligen Vernichtung alles Lebenden führen (Abb. 381).

Besonders drastische Beispiele progressiver Sekundärsukzessionen nach Aufgabe der Kultur treten uns heute in vielen Alpentälern entgegen. Im Durancegebiet, in der Maurienne wie auch in den benachbarten italienischen Alpentälern war die Landwirtschaft treibende Bauernsame zu sorgfältigster Ausnützung des hintersten, ertragversprechenden Bodenflecks gezwungen. Dies hat sich mit den veränderten Lebens- und Erwerbsverhältnissen von Grund aus geändert. Der heimische Bauernstand, durch zwei Weltkriege und durch die erleichterte Abwanderung geschwächt, geht zurück. Industriebetriebe schaffen in nächster Nähe Arbeitsmöglichkeiten, welche erhöhten Verdienst abwerfen. Die Folge davon ist der Rückgang und die Verteuerung der landwirtschaftlichen Arbeitskräfte. Ungünstig gelegene und schwer zu bearbeitende Bodenparzellen lohnen heute den Arbeitsaufwand nicht mehr, sie werden aufgegeben. Dieser Schwund des bebauten Bodens erfaßt zuerst die Peripherie der Gemeinwesen; sprechende Zeugen sind die vielen verlassenen Wohnstätten, das zerfallende Mauerwerk überraster Ackerterrassen, das Vordringen des Staudenwerks.

In dieses von der Natur zurückeroberte Land teilen sich vorerst Hochstaudengesellschaften der *Onopordetalia* mit den Anfangsstadien konkurrenzkräftiger Rasengesellschaften des *Stipo-Poion carniolicae*-Verbandes.

Die einsetzende Weiterentwicklung, nach Höhenlage und Bodenverhältnissen verschieden, führt in tieferen Lagen zum Flaumeichenwald (*Buxo-Quercetum*), in höheren zum Föhrenwald (*Ononi-Pinion*) (Br.-Bl. 1961).

Die Unterscheidung zwischen primärer (natürlicher) und sekundärer Sukzession ist an sich bedeutungslos. Ob eine Schutthalde durch Spreng-

Abb. 381. Irreversibles Endergebnis der Vegetations- und Bodenvernichtung durch Schlag, Brand und Weide: Les Ruffes du Lodevois, Südfrankreich (Aufn. Jenny-Lips)

wirkung oder Felssturz entstanden, ein Waldbrand vom Menschen oder durch Blitzschlag verursacht worden ist, bleibt sich hinsichtlich der einsetzenden Vegetationsentwicklung gleich.

Eine sekundäre, durch Waldbrand ausgelöste Sukzession hat Tregubov (1941) im Urwald der dinarischen Alpen näher verfolgt. Die ersten Stadien wickeln sich ziemlich rasch ab; später verlangsamt sich der Ablauf der Sukzession mehr und mehr (s. Tab. 77).

Während die künstliche Wiederaufforstung, die im *Epilobium*-Stadium einsetzt, leicht gelingt, ist sie im folgenden *Calamagrostis*-Stadium fast unmöglich. Werden die Pflänzlinge freigestellt, so vertrocknen sie, andernfalls erdrückt sie der meterhohe, dichtschließende *Calamagrostis*-Rasen.

Tabelle 77. Sekundäre Sukzession auf Brandflächen im dinarischen Urwald (nach TREGUBOV 1941)

*Piceetum* (mit *Abies* und *Fagus*) (Klimax)
↑
reiner *Picea abies*-Wald
↑
*Salix caprea-Populus tremula-Rubus*-Stadium
↑
*Calamagrostis epigeios*-Stadium
↑
*Epilobium angustifolium*-Stadium

Das *Epilobium*- und das *Salix caprea*-Stadium spielen in Mitteleuropa auch bei der Pflanzenbesiedlung des Schuttes zerstörter Wohnstätten eine wichtige Pionierrolle.

## D. Sukzessionseinheiten

Jede Vegetationssukzession beruht auf Verschiebungen im Individuengleichgewicht, die schließlich zum Artenwechsel führen. Die Änderung kann rasch erfolgen, wenn dominierende Arten in geschlossener Front vorrücken oder wenn die Umweltverhältnisse eine plötzliche Änderung erfahren. In der Regel verläuft der Vorgang jedoch anders. Die Standortsverhältnisse erfahren durch äußere Einflüsse oder durch die herrschende Vegetation selbst eine allmähliche Veränderung, die das Gedeihen gewisser Arten begünstigt, während andere benachteiligt und schließlich ausgeschaltet werden. Den veränderten Standortsbedingungen besser angepaßte, lebenskräftige Arten stellen sich als Mitbewerber ein. Bei diesem Wettbewerb um Raum, Boden und Nahrung ist neben der Lebensform die Samen- oder Triebübermacht von ausschlaggebender Wichtigkeit.

Ein deutlich erkennbarer Artenwechsel, der eine Änderung der Artenkonstellation zur Folge hat, wird als Sukzessionsstadium bezeichnet.

**Stadium.** Dem einzelnen, floristisch deutlich abgrenzbaren Sukzessionsschritt entspricht als niedrigste klar abgrenzbare Entwicklungseinheit das Stadium. Nach ihrem zeitlichen Auftreten in der Entwicklungsreihe sind zu unterscheiden: Anfangs-, Übergangs- und Endstadien. Anfangsstadien, Eroberer von Neuland, sind soziologisch meist einfach, einschichtig, oft aus Kryptogamen, Algen, Pilzen, Flechten und Moosen zusammengesetzt. Im arktischen und nivalen Klima und in Wüsten bildet das Anfangsstadium öfter zugleich auch das klimatisch bedingte Endstadium, weil eine Weiterentwicklung in der Regel ausgeschlossen ist. Die *Gyrophora cylindrica*-Flechtenassoziation der nivalen Silikatgipfel in den Berner Alpen (FREY 1922), die Polytrichumtundra am Eismeer bezeichnen sowohl Anfangs- als auch Endstadien der Pflanzenbesiedlung.

Die Zahl der Übergangsstadien richtet sich nach den herrschenden Klima- und Bodenverhältnissen, aber auch nach dem Vorhandensein dynamisch wichtiger, in den Entwicklungsgang eingreifender Arten.

Unter gemäßigtem Klima sind Übergangsstadien unendlich zahlreicher als Anfangsstadien.

Die Benennung der einzelnen Sukzessionsstadien erfolgt am besten nach Arten von hohem Bauwert. Man spricht von einem *Prunus spinosa*-, einem *Dryas octopetala*-, einem *Brachypodium pinnatum*-Stadium,

Abb. 382. *Cyperus capitatus*-Initialstadium dünenbildend bei Agadir (Aufn. R. MAIRE)

gekennzeichnet durch das Dominieren der betreffenden Arten. Taxonomisch kann es sich um Assoziationen, Subassoziationen oder Soziationen handeln.

Ein und dieselbe Art vermag unter sehr verschiedenen Verhältnissen stadienbedingend aufzutreten. *Calluna vulgaris* ist sowohl in den *Cisto-Lavanduletalia* des Mittelmeergebietes, im *Calluno-Ulicion* Westeuropas, im *Juniperion nanae* der Alpen, in verlandenden Moorkomplexen Mitteleuropas dynamisch-genetisch wichtig. Ähnliches gilt für *Rhacomitrium canescens*, *Polytrichum piliferum* und *juniperinum*, *Nardus stricta*, *Festuca ovina* ssp. *duriuscula*, *Schoenus nigricans*, *Molinia coerulea* usw.

Unter analogem Klima erscheinen vielfach parallele („homologe") Entwicklungsstadien von wenigstens teilsweise übereinstimmender floristischer Zusammensetzung. So spielt *Cyperus capitatus* im Dünensand von Agadir dieselbe Rolle wie an den Mittelmeerküsten oder an der atlantischen Küste der iberischen Halbinsel (Abb. 382), *Elymus arenarius* in den Stranddünengesellschaften von Nordeuropa, Nordasien und Nordamerika. *Dryas octopetala* im Felsschutt der Hochgebirge von den Pyrenäen bis zum Kaukasus und im Hohen Norden.

**Phase.** Kleinere Artenverschiebungen werden als Phasen bezeichnet. Man spricht von Initial-, Optimal-, Schlußphasen einer Assoziation.

Der statischen Vegetationsbetrachtung liegen zunächst die Optimalphasen der unterschiedenen Assoziationen zugrunde. Bei der dynamisch-genetischen Betrachtung sind Initial- und Schlußphasen natürlich ebenso wichtig. Die Schlußphase einer Assoziation (A) fällt nicht selten mit der Initialphase der Folgeassoziation (B) zusammen, was in der Gesellschaftstabelle mit Vorteil zum Ausdruck gebracht wird.

**Sukzessionsserie.** Die Abfolge der genetisch verbundenen, zeitlich sich ablösenden Gesellschaftsstadien wird als „Serie" (Sere) bezeichnet.

Eine normale Serie beginnt in der Regel auf Neuland, umfaßt meist mehrere Übergangsstadien und endet mit der klimatisch bedingten Schlußgesellschaft (Furrer 1927).

Die Sukzessionsserien können nach verschiedenen Gesichtspunkten angeordnet werden. Ein erstes Anordnungsprinzip fußt auf den Standortsverhältnissen, insbesondere der Anfangsstadien.

Fukarek (1961) ordnet die Gesellschaften nach Dünen-, Boden-, See- und oligotrophen Entwicklungsserien, denen er die Pflanzengemeinschaften ohne merkliche Gebietsdynamik angliedert.

Wissenschaftlich am ehesten gerechtfertigt erscheint die Serienanordnung nach dem Entwicklungsprinzip. Sie basiert zur Hauptsache auf der Entwicklungsähnlichkeit der Serien: Art und Dauer des Entwicklungsganges, Zahl der durchlaufenden Stadien und deren Parallelismus sowie Übereinstimmung des Klimaxstadiums. An den Beginn kommen die kürzesten Serien mit der kleinsten Zahl von Stadien zu stehen, die zu den soziologisch und ökologisch einfachsten Schlußstadien hinleiten. Die der soziologischen Progression entsprechende Anordnung der Serien und Serienreihen erfolgt alsdann nach der mit der verschärften Konkurrenz zunehmenden Differenzierung des Schlußstadiums oder nach der zunehmenden Stadienzahl und der damit verbundenen Vielfalt der Lebensformen und der verlängerten Sukzessionsdauer.

Danach können unterschieden werden:

### A. Einschichtige primitive Schlußgesellschaften

#### 1. Wettbewerb nur um den Raum

I. Planktonserien. Luft-, Wasser- und Schneeschwebergesellschaften.

#### 2. Wettbewerb vorwiegend um Raum und Nahrung

II. Ungenügend bekannte, noch wenig untersuchte Bakterien-, Pilz- und Algenserien.

#### 3. Wettbewerb vorwiegend um Raum und Licht

III. Flechtenserien. In den Hochgebirgen oberhalb der Rasengrenze und in der Arktis bilden Flechtengesellschaften vielfach den Klimax.

IV. Moosserien. In feuchtkalten Gebieten können Moosgesellschaften den Klimax darstellen (Sibirien, Lappland, Färöer [*Rhacomitrium*-Heide], Spitzbergen) (s. Abb. 26, S. 47).

Flechten- und Mooserien lassen sich vielfach, vor allem bei den Kryptogamen-Epiphytengesellschaften, nicht auseinanderhalten.

B. Zwei- oder mehrschichtige Schlußgesellschaften

4. Wettbewerb um Raum, Licht und Nahrung (Wurzelkonkurrenz)

V. Therophytenserien. In warmen Trockengebieten verbreitet, jahreszeitlich abgekürzt.

VI. Rasenserien. Klimax der alpinen Stufe vieler Gebirgsländer, der ursprünglichen Savannen und Prärien.

VII. Eu-Chamaephytenserien. In Steppengebieten namentlich auf alkalischen Böden und in wärmeklimatisch ungünstigen, kalten Gebieten der Erde auf sauren Böden als Klimax (Zwergstrauchheiden usw.; Abb. 27).

VIII. Strauchserien. Strauchige Klimaxgesellschaften schließen in manchen Gebirgen oben an den Wald an und bilden Strauchgürtel. Sie finden sich ferner im Norden, in trockenheißen Gebieten am Übergang zwischen Steppe und Wüste (als niedriger Busch). *Chapparal*, *Chamaerops*-Busch, *Garrigue*, *Šibljak* der mediterranen Klimate sind nicht als Klimax, sondern als Regressions- und Übergangsgesellschaften aufzufassen.

IX. Waldserien. Das natürliche Schlußglied der Vegetationsentwicklung in der gemäßigten, warmen und heißen Zone bildet der Wald, soweit seine Existenz nicht durch mangelnde Feuchtigkeit, Windeinfluß, zu kurze Vegetationszeit oder panzerartige Bodenkrusten ausgeschlossen ist.

Jede dieser Hauptserien kann weiter unterteilt werden. So lassen sich bei den Strauchserien unterscheiden: Stachelstrauch-, Kaktusform-, Hartlaub-, Fallaub-Serien.

**Vollserien, Teilserien.** Als Vollserien werden alle vom Wasser oder vom nackten Boden ausgehenden, zur Schlußgesellschaft (Dauergesellschaft oder Klimax) hinführenden Serien bezeichnet.

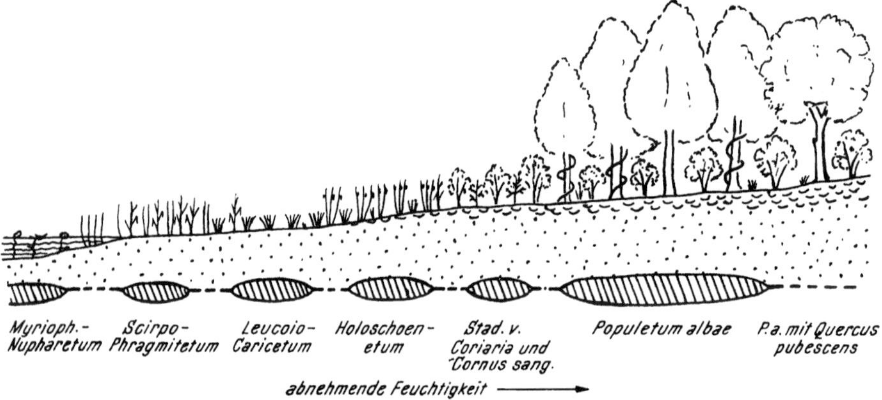


Abb. 383. Auenwald. Vollserie auf tiefgründigem Alluvialboden im Bas Languedoc

Zur Fassung und Darstellung einer vollständigen Entwicklungsserie ist man meist gezwungen, zeitlich verschiedenalterige Teilserien zusammenzufügen, da die Vollserie an derselben Stelle selten zu überblicken ist.

Kleinere Abweichungen im Sukzessionsverlauf, welche die Aufstellung einer besonderen Serie nicht rechtfertigen, werden mit Furrer (1925) am besten als Serienvarianten bezeichnet. Neben den durch klimatische, edaphische und phytobiotische Ursachen hervorgerufenen Abweichungen sind hervorzuheben die geographischen Varianten, bedingt durch lokale Unterschiede in der floristischen Zusammensetzung, und Kulturvarianten, Abweichungen, die ihre Entstehung kulturellen Eingriffen verdanken.

Naturereignisse wie Erdbeben, Überschwemmungen, Wirbelstürme, auch viele menschliche Eingriffe, wie Rodung und Brand, die nicht zur gänzlichen Zerstörung führen, bewirken bloß Rückschläge und Hemmungen (Furrer 1923).

Tabelle 78. Parallelisierung der Dünensukzessionen (Xeroserien) an der mediterranen, holländischen und nordportugiesischen Küste

**A. Camargue**

(Im Sukzessionsverlauf: Sandbindung, rasche Dünenentsalzung, kaum merkliche Entkalkung)

*Quercetum ilicis galloprovinciale* (Klimax)<br>
↑<br>
*Quercetum ilicis pubescentetosum* (fragm.)<br>
↑<br>
*Phillyro-Jasminetum*<br>
↑<br>
*Limonietum echioidis*<br>
↑<br>
*Crucianelletum*<br>
↑<br>
*Ammophiletum arundinaceae*<br>
↑<br>
*Agropyretum mediterraneum*

**B. Mittelholländische Küste**

(Im Sukzessionsverlauf: Sandbindung, rasche Dünenentsalzung und Entkalkung)

*Querco-Betuletum*<br>
↑<br>
*Quercion pubescentis* (fragm.)<br>
↑<br>
*Hippophaë-Ligustretum*<br>
↑<br>
*Tortulo-Phleetum* (*Anthylli-Silenetum*)<br>
↑<br>
*Elymo-Ammophiletum*<br>
↑<br>
*Agropyretum boreoatlanticum*

**C. Nordportugiesische Küste**

(Br.-Bl., Pinto da Silva, Rozeira; im Sukzessionsverlauf: rasche Dünenentsalzung, langsame Entkalkung)

*Rusco-Quercetum* (Klimax)<br>
↑<br>
*Ericetum umbellatae pinetosum*<br>
↑<br>
*Ericetum umbellatae ericetosum*<br>
↑<br>
*Helichryso-Artemisietum*<br>
↑<br>
*Ammophilo-Agropyretum ammophiletosum*<br>
↑<br>
*Ammophilo-Agropyretum agropyretosum*

Die hierauf einsetzende progressive Entwicklung kann an irgendeiner Stelle der ursprünglichen Vollserie einsetzen. Wir haben es in diesem Falle mit einer Teilserie zu tun, die früher oder später in die ursprüngliche Vollserie einmündet, falls ihre Fortentwicklung nicht durch anthropozooische Eingriffe unterbrochen wird.

Alle Vollserien eines einheitlichen Gebietes führen mit fortschreitender Bodenreife, menschliche Beeinflussung ausgeschaltet, zur Schlußgesellschaft (Klimax, Paraklimax oder Dauergesellschaft).

**Serienbeispiele.** Als klassisches Beispiel einer vom Menschen unbeeinflußten Vollserie gilt seit WARMING (1891) die Dünensukzession. Die einzelnen Entwicklungsstadien der Dünensukzessionen verschiedener Gebiete lassen sich oft mehr oder weniger koordinieren (s. Tab. 78).

Der Serienverlauf ergibt eine aufsteigende Kurve. Er beginnt mit anspruchslosen Initialstadien, gefolgt von höher organisierten Übergangsstadien, die von Dauer- oder Schlußstadien abgelöst werden.

Das Optimalstadium, der höchsten organischen Stoffproduktion entsprechend, fällt nicht immer mit dem Schlußstadium zusammen (Abb. 374).

Eine verhältnismäßig einfache Rasenserie, die *Caricetum firmae-Caricetum curvulae*-Serie der östlichen Zentralalpen, ist in Tab. 79 dargestellt.

Tabelle 79. *Caricetum firmae-Caricetum curvulae*-Rasenserie

Variante A. | Hauptserie | Varianten B und C

→ Caricetum curvulae (Klimax)

*Festuca violacea*-Stadium ↑

↑

*Seslerio-Sempervirentum* | *Elynetum typicum*

↑ | ↑

*Sesleria coerulea*-Stadium | *Carex firma*-reiches *Elynetum*

↑ | ↑

Caricetum firmae typicum ←

↑ | ↑ | ↑ | ↑

*Sesleria*-Polster ← | *Dryas*-Stadium | *Carex mucronata*-Stadium | *Salix-Dryas*-Teppiche

↑ | ↑ | ↑ | ↑

*Thlaspietum rotundifolii* (auf Kalkgeröll) | Abwitternder Kalkfels

Diese Serie, der Vegetationsentwicklung auf Kalkgeröll und Kalkfelsschutt der alpinen Stufe entsprechend, kann von mehreren Anfangsstadien ausgehen. Die floristisch wenig scharf individualisierten Frühstadien stehen öfter auch unter sich in genetischer Verbindung, was im Schema durch waagrechte Pfeile angedeutet ist.

Unter günstigerem Klima vergrößert sich die Zahl der Entwicklungsstadien, um im warm-temperierten und subtropischen Klima ein Maximum zu erreichen.

**Waldserie.** Als gutes Beispiel einer Waldsukzession sei die von HORVAT (1962) dargestellte *Carpinetum orientalis*-Waldserie aus dem kroatischen Bergland mitgeteilt. Sie veranschaulicht sowohl die progressive Sukzession zum Klimax wie auch die anthropo-zoogene Regression.

Zu unterscheiden sind zwei Hauptserien und mehrere Serienvarianten. Die Kryptogamen-Initialstadien sind hier weggelassen.

**Serienbenennung.** Zur Serienbenennung werden am besten die maßgebenden Vegetations- oder Standortverhältnisse herbeigezogen. Man

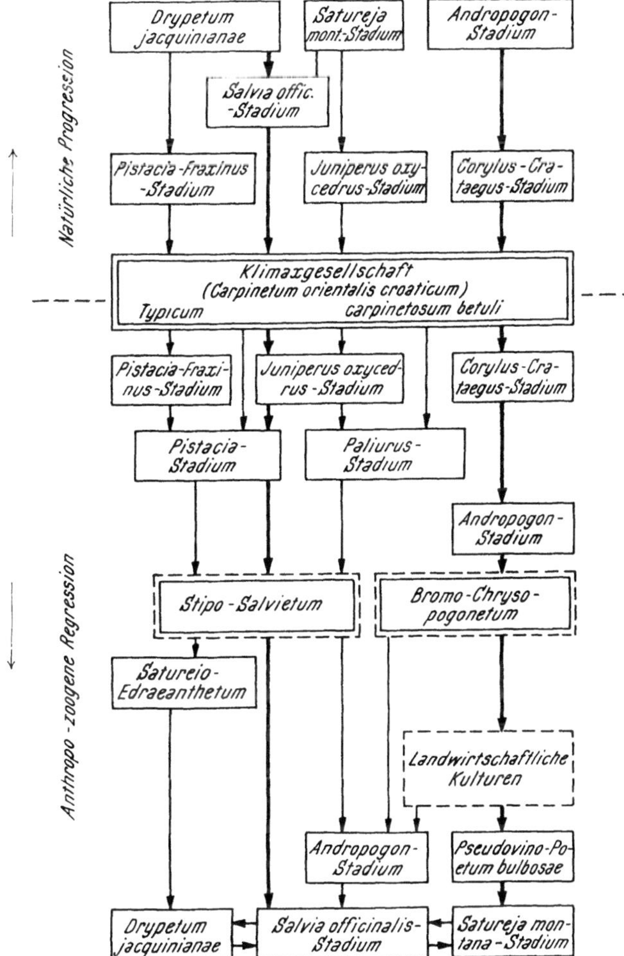


Abb. 384. Pro- und regressive Entwicklung des *Carpinetum orientalis croaticum*-Klimaxwaldes (nach I. Horvat 1962)

unterscheidet eine Moorserie, Kalkschuttserie, Dünenserie, Verlandungsserie, Rasenserie, Waldserie mit oder ohne nähere Örtlichkeitsangabe (nivale Flechtenserie, Regenwaldserie usw.).

Die Serienbenennung kann aber auch mit dem Namen einer für den Entwicklungsverlauf besonders charakteristischen Gesellschaft, oder mit der Anfangs- und Schlußgesellschaft der Serie verbunden werden (*Ammophiletum*-Dünenserie, *Agropyretum juncei-Crucianelletum*-Teilserie, *Petasitetum paradoxi-Rhododendro-Vaccinion*-Serie, *Potamion-Querco-Carpinetum*-Vollserie.

JENNY-LIPS (1930) hat die Sukzessionserien der Glarneralpen nach der Anfangsgesellschaft benannt und unterscheidet danach eine alpine *Oxyrietum digynae*-Serie auf Silikatschutt, beim *Caricetum curvulae* endend, und vier Kalkschuttserien: in der Montanstufe die vom *Stipetum calamagrostidis* ausgehende Serie, beim *Fagion* endend, in der subalpinen Stufe vom *Petasitetum paradoxi* zum *Piceion* oder, an der oberen Waldgrenze, zum *Rhododendro-Vaccinion* hinführend, oberhalb der Waldgrenze auf Trockenschutt eine Serie mit dem *Thlaspietum rotundifolii*, auf Feuchtschutt eine zweite. mit dem *Arabidetum coeruleae* beginnend, beide zum *Caricetum curvulae*-Klimax hinführend.

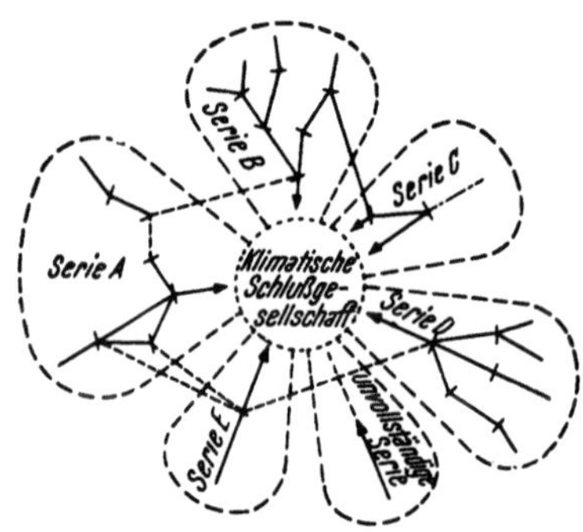

Abb. 385. Klimaxkomplex, schematisiert (aus BR.-BL. u. PAVILLARD 1928)

**Klimaxkomplex, Synoekosystem.** Die Gesamtheit aller Entwicklungsserien, die einer bestimmten klimatischen Schlußgesellschaft zusteuern, bezeichnen wir als Klimaxkomplex, das von einem Klimaxkomplex umspannte Gebiet als Klimaxgebiet (s. S. 641, Abb. 369).

Zur Verdeutlichung diene nebenstehende schematische Skizze (Abb. 385).

Der Umfang des Klimaxgebietes fällt mit dem theoretisch möglichen Wohngebiet der Klimaxgesellschaft zusammen. In Wirklichkeit sind aber die Grenzen der Klimaxgebiete selten scharf gezogen. Exklaven fremder Klimaxgebiete dringen an günstigen Stellen tief in benachbarte Klimaxgebiete ein. In den Grenzdistrikten finden Mischungen statt, und wogt, nur dem Forscher erkennbar, der Kampf, bald mehr die eine, bald die andere Klimaxgesellschaft oder die genetisch mit ihr verbundenen Gesellschaften begünstigend.

Die Zahl der mitteleuropäischen Klimaxgebiete ist nicht groß. Am besten erkennbar, weil am wenigsten angetastet und auch am deutlichsten geschieden sind sie in den Gebirgen.

Im Synoekosystem sind die zum selben Klimax hinsteuernden Gesellschaften mit der Tierwelt und den abiotischen Umweltfaktoren eingeschlossen.

Das Synoekosystem stimmt mit biogeographisch, geomorphologisch und klimatisch einheitlichen Landschaftstypen überein und blickt auch auf eine florengeschichtlich ähnliche Vergangenheit zurück (s. S. 100). Es ist das räumlich begrenzte Gebiet, worauf die Gesellschaftstreue der Arten am besten bezogen wird.

## E. Vegetationsentwicklung und Bodenbildung

Vegetationsentwicklung und Bodenbildung stehen zueinander in dauernder Wechselwirkung. In den Frühstadien der Bodenbildung wirksame Kräfte, Zertrümmerung des Gesteins, Abtragung und Umlagerung des Feinmaterials durch Schwerkraft, Wind und Wasser, schaffen jung-

Abb. 386. Frühstadium der Bodenbildung im Kalkfels; durch Ausbrechen der Steinplatte bloßgelegter Wurzelverlauf von *Lactuca tenerrima* (Aufn. SCHUBERT)

fräuliches Neuland: der Schauplatz des Kampfes der Organismen und Organismengesellschaften.

Durch das Eingreifen der Lebewesen wird die Bodenbildung intensiviert. Wurzeln und Haftorgane lockern Gestein und Erde (Abb. 386); auch die Tierwelt arbeitet an der Zerkleinerung der Bodenteilchen. Die Vegetation wirkt ferner chemisch durch Humusbildung und durch die Tätigkeit der schon frühzeitig sich einstellenden Bodenbakterien, Pilze und Algen.

Mit zunehmender Bodenentwicklung macht sich der Einfluß des Klimas auf die Bodenbildung immer deutlicher geltend.

Die Intensität der Verwitterung unter dem Einfluß von Organismen und Auswaschung löslicher Stoffe nimmt mit zunehmender Tiefe ab, da bei zunehmender Bodenmächtigkeit immer mehr Wasser vor der Versickerung zurückgehalten wird. Die Verlagerung von Ton und Sesquioxyden und die Bildung entsprechender Anreicherungshorizonte hört auf, wenn die beiden Stoffe aus dem Obergrund ausgewaschen oder die Anreicherungshorizonte völlig verdichtet sind. Produktion und Abbau von Humusstoffen streben einem Gleichgewicht zu, dem ein be-

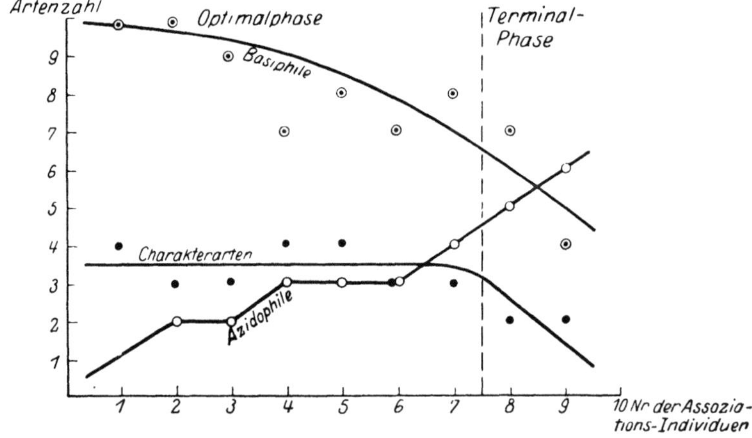


Abb. 387. Zunahme der azidophilen und Abnahme der basiphilen Arten nebst Charakterartenkurve im Entwicklungsverlauf des *Arabidetum coeruleae* der Alpen. Jeder Punkt oder Kreis entspricht einem Einzelbestand (nach Br.-Bl. u. Jenny 1926)

stimmter Humusgehalt der Feinerde und eine bestimmte Mächtigkeit des Humushorizontes entsprechen. Mit dem Ton- und Humusgehalt verändert sich auch die Aggregierung.

Eingehend untersucht sind Boden- und Vegetationsentwicklung in der subalpinen und alpinen Stufe der Schweizer Alpen.

Die Zusammenarbeit von Pedologen und Pflanzensoziologen hat sich als äußerst fruchtbar erwiesen. Eine zusammenfassende Übersicht über die Beziehungen zwischen Pflanzengesellschaften und Bodenbildung gibt R. Bach (1957).

**Alpine Stufe.** Die humusschaffende Tätigkeit der Rasenvegetation steigt mit abnehmender Temperatur und zunehmender Feuchtigkeit. Im Norden und oberhalb der Waldgrenze überwiegt sie den Abbau.

Auf Kalksubstrat werden die bei der Humusbildung entstehenden Säuren anfänglich neutralisiert. Das Ergebnis ist ein milder Humusmull von tiefschwarzer Farbe und neutraler bis schwach alkalischer Reaktion. Rasengesellschaften der Ordnung *Seslerietalia* (*Seslerietum bielzii* in der Tatra, *Seslerio-Semperviretum* und *Caricetum firmae* in den Alpen,

*Festucetum scopariae* in den Pyrenäen), nehmen diese humusreichen, meist flachgründigen initialen Humuskarbonatböden in Beschlag.

Sie unterliegen starker Auswaschung durch Regen- und Schmelzwasser. Kalzium und Magnesium gehen in Lösung und werden um so vollständiger ausgelaugt, je kräftiger der Humusaufbau durch Hinzutreten weiterer, saure Laubstreu produzierender Horstpflanzen (*Elyna myosuroides*, *Agrostis alpina* u. a. Arten) fortschreitet.

Im Lauf der Jahrhunderte bildet sich so ein ziemlich tiefgründiger, schwach degradierter Humuskarbonatboden, dessen Hauptwurzelschicht ($kA_1$) bereits die Versauerung anzeigt ($p_H$ 6,8 bis 5,5). Ihm entspricht in den Alpen sowohl als in den Pyrenäen eine Rasengesellschaft des

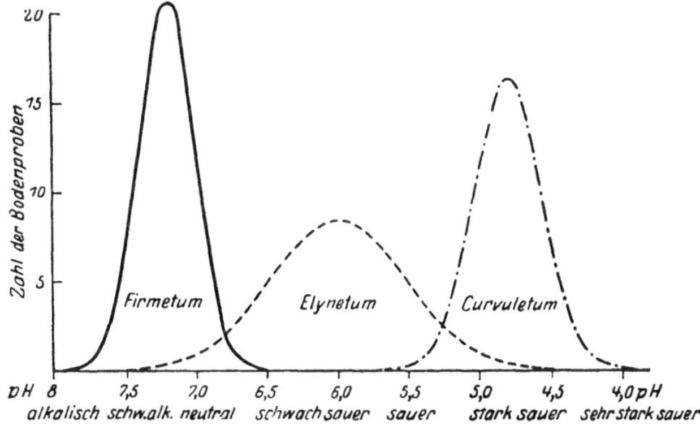


Abb. 388. Änderung der Bodenreaktion im Verlaufe der Vegetationssukzession. *Firmetum* → *Elynetum* → *Curvuletum* (aus Br.-Bl. u. Jenny 1926)

*Elynion* (*Elynetum* in den Alpen, *Elyno-Oxytropietum* in den Pyrenäen). Die Auslaugung und Versauerung geht aber weiter; azidophile Rasenpflanzen stellen sich ein (Abb. 387, 388).

Einen einschneidenden Wendepunkt bezeichnet in den Alpen das Auftreten von *Carex curvula* ssp. *eucurvula*, in den Pyrenäen von *Festuca supina*, kampfkräftigen azidophilen Horstpflanzen, die sich ausbreiten, sobald die Azidität etwa 6 $p_H$ erreicht.

Mit einigen andern azidophilen Arten sind es ausgezeichnete Zeiger der Bodenauslaugung. Da die Humifizierung der tiefen Temperatur und des langdauernden Bodenfrostes wegen äußerst langsam fortschreitet, häuft sich nach und nach eine dicke, stark saure Rohhumusschicht (Deckenmor) an, welche die Pflanzenwurzeln vom unterliegenden Kalksubstrat ± isolieren. Anspruchsvolle Arten erhalten die unentbehrlichen Basen nicht mehr (s. S. 694). Sie verschwinden nach und nach und werden durch azidophile Kalkflieher ersetzt. Zwischenstadien, auch bodenkundlich als solche erkennbar, sind nicht selten (Abb. 389).

Dem Schlußglied der Vegetationsentwicklung auf Kalkunterlage (*Curvuletum* in den Zentralalpen, *Festuco-Hieracietum pumilae* in den Pyrenäen) entspricht bodenkundlich ein extrem degradierter Humuskarbonatboden mit völlig ausgelaugter Wurzelschicht und einem $p_H$ von 4,5 bis 6.

Der Verlauf dieser Entwicklung ist in allen Gebirgen der gemäßigten Zone im Prinzip derselbe. Die sich in den verschiedenen Gebirgsmassiven ersetzenden, analogen Gesellschaften sind floristisch und ökologisch nahe verwandt.

Dieser Entwicklungsgang von Boden und Vegetation, muß als irreversibel betrachtet werden. Seine einfachste Form über Kalkunterlage ist hier graphisch dargestellt (Abb. 389).

Die Stellen, wo auch über kompaktem Kalk das klimatisch bedingte Endstadium der Vegetations- und Bodenentwicklung erreicht ist, sind

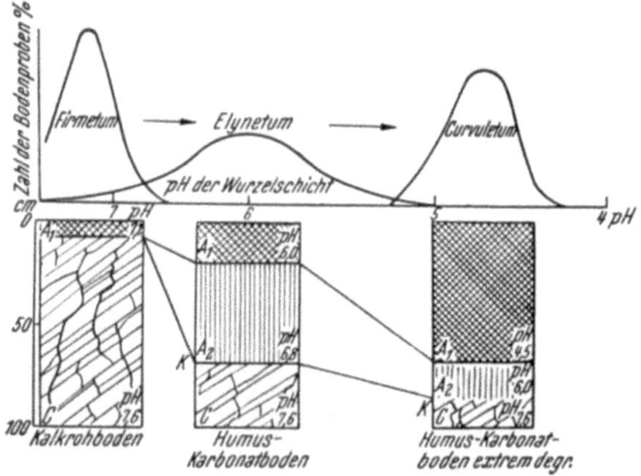


Abb. 389. Bodenbildung und Vegetationsentwicklung auf Kalk im Hochgebirge, schematisch (nach Br.-Bl. u. Jenny 1926)

im Hochgebirge leider dünn gesät, besonders wenn, wie in den hohen Ostpyrenäen, die kristallinen Gesteine bei weitem vorherrschen.

Die Beobachtung erschwerend wirken über Kalksubstrat die hoch hinaufreichenden glazialen Moränen, die stark der Auswaschung unterliegen, die Seltenheit flacher Geländestellen, wo allein die Bodenentwicklung, vom Hangwasser unbeeinflußt, sich auswirken kann und schließlich die, gerade an solchen Stellen meist intensive Beweidung. So führt oft erst ein glücklicher Zufall zur aufschlußreichen Rasenfläche, wo die hemmenden und störenden Einflüsse ausgeschaltet sind.

In den Ostpyrenäen liegt eine solche Stelle zwischen Campras und Pic de la Trune bei 2480 m, also oberhalb der dortigen eiszeitlichen Moränengrenze. Die typische azidophile Klimaxassoziation, das *Festuco-Hieracietum pumilae,* hat sich hier mitten im Kalkgebiet (Devonkalk zu 81% aus $CaCO_3$ bestehend) festgesetzt. In der kleinen Klimaxinsel sind die basiphilen Arten des sie einschließenden neutro-basiphilen *Elyno-Oxytropietum* Rasens verschwunden.

Das zugehörige, 60 cm mächtige Bodenprofil ist in der Hauptwurzelschicht entkalkt, und hat ein $p_H$ von 6,2 (s. Br.-Bl. 1948, S. 170).

Diese Feststellung beweist, daß sich, wie in den Alpen, so auch in der alpinen Stufe der Pyrenäen, selbst über kompaktem Kalk bei fortgeschrittener Bodenbildung auf degradiertem Humuskarbonatboden eine azidophile Klimaxassoziation als Schlußstadium einstellen kann.

Im Silikatgebiet, wo die Bodenentwicklung ungleich rascher verläuft und im wesentlichen auf Humusanreicherung über Schuttunterlage beruht, führt sie zum alpinen Humussilikatboden, dem als Vegetationsklimax folgende Assoziationen entsprechen:

| | |
|---|---|
| Ostpyrenäen: | *Festuco-Hieracietum pumilae* |
| Alpen: | *Caricetum curvulae* |
| Tatra: | *Trifidi-Distichetum* |
| Ostkarpaten: | *Trifidi-Curvuletum.* |
| Rila Planina: | *Carex curvula-Festuca riloënsis*-Assoziation |

**Subalpine Stufe.** Das kühlhumide Klima im Waldschatten und die durch üppige Moos- und Zwergstrauchschichten erhöhte Humusproduktion fördern die Filtrationsverlagerung, so daß unter günstigen Umständen über Silikat schon im Verlaufe weniger Jahrhunderte das für die subalpine Stufe der Alpen charakteristische Endstadium der Bodenbildung, das Podsol, erreicht wird.

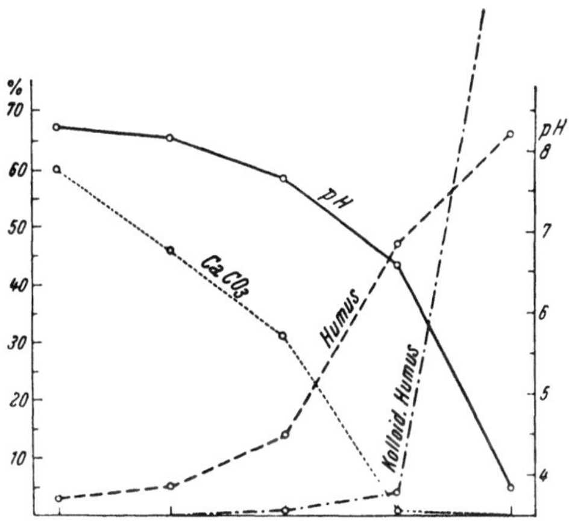


Abb. 390. Änderung einiger Bodenfaktoren im Verlauf der Bodenbildung am Hüfigletscher (nach LÜDI 1934)

Diesem Klimaxboden entsprechen als Schlußglieder der Vegetationsentwicklung die Alpenrosen-Vaccinienheide (das *Rhododendro-Vaccinietum*) mit oder ohne *Pinus cembra* und *Pinus mugo* in den zentralen, der subalpine Fichtenwald (*Piceetum subalpinum, Piceetum transalpinum*) in den nördlichen und südlichen Alpenketten.

Die Anfangstadien der Bodenreifung sind durch rasch fortschreitende Änderungen im $p_H$, Karbonat- und Humusgehalt gekennzeichnet, wie sie nebenstehende Kurvendarstellung vom Hüfigletscher (Uri) zum Ausdruck bringt (Abb. 390). Die Lösung und Auswaschung der vorhandenen Karbonate ist bald beendet; langsamer setzt die Bildung des sorptiv ungesättigten Morhumus ein. Auf einem alten Rundhöcker ist die Versauerung vollständig, und das *Piceetum subalpinum* herrscht hier als Vegetationsklimax.

Im Trockengebiet der Unterengadiner Dolomiten, wo Vegetations- und Bodenbildung am eingehendsten untersucht worden sind, spielt sich der Entwicklungsgang im einzelnen folgendermaßen ab (s. BR.-BL., PALLMANN, BACH l. c.).

**Vegetations- und Bodenentwicklung auf Kalkschutt im Unterengadin.**

1. Ausgangsgesellschaft auf Kalk- und Dolomitschutt und -Schotter der subalpinen Stufe ist das *Petasitetum paradoxi* mit zahlreichen Rohbodenpionieren wie *Hieracium staticifolium*, *Saxifraga caesia* usw., die Schuttverlagerung und auch öftere Überflutung durch den Wildbach ertragen. Der Boden, ein Karbonatschuttrohboden ohne jede Profilgliederung, mit sehr hohem Karbonatgehalt ($p_H$ 7,5 bis 8,3), bleibt nahezu vegetationslos, einige Krustenflechten abgerechnet.

2. Als zweites Stadium folgt das *Dryas octopetala*-Stadium (Abb. 391). Die *Dryas octopetala*-Teppiche breiten sich aus, sobald der Schutt zur

Abb. 391. Zweites und drittes Entwicklungsstadium auf Karbonatrohboden bei Buffalora, 1980 m, Schweizerischer Nationalpark. In den *Dryas*-Spalieren auf Rohboden wächst *Pinus mugo* auf (Aufn. Exkurs. Br.-Bl.)

Ruhe gelangt ist. Dazwischen, in kleinen Vertiefungen mit mehr Feinerde, bilden Moose, *Tortella inclinata* und *Ditrichum flexicaule*, nebst einigen Flechten (besonders *Cladonia symphycarpia* und *Cl. pyxidata*) kleine Rasenpolster (Variante des Dryasstadiums). An diesen Stellen beginnt zuerst die Profildifferenzierung. Der Karbonatgehalt ist immer noch sehr hoch, die verwesenden Dryasblätter haben ein $p_H$ von 7,3 bis 7,4; die sandige Feinerde reagiert stark alkalisch. Auf feinerdereichem Schutt verläuft die Berasung rasch; auf grobem Schotter stellt sich nach etwa 50 Jahren das dritte Stadium ein.

3. Das dritte Stadium der höherliegenden, etwa 50 bis 100 Jahre alten Bachterrassen ist durch die jungen Bergföhren (*Pinus mugo*), welche zum Teil schon im zweiten Stadium keimten, charakterisiert. Jede einzelstehende Bergföhre bildet ein kleines Anhäufungszentrum des

Humus, worin *Sesleria coerulea*, namentlich aber *Carex humilis* Fuß fassen und sich auf Kosten von *Dryas octopetala* ausbreiten. Ihre Horste fließen bald zum Rasen zusammen. Unter dem Einfluß der mehr und mehr zusammenschließenden Bodenvegetation wird vorerst ein Mullhorizont von geringer Mächtigkeit aufgelagert. Er leitet zum schwach entwickelten Humuskarbonatboden über.

Dieses Initialstadium des *Carex humilis*-reichen *Erica*-Bergföhrenwaldes (*Mugo-Ericetum caricetosum humilis*) dauert etwa 50 bis 150 Jahre.

4. Mit dem Aufwachsen und engeren Zusammentreten von *Pinus mugo* ist ein eingreifender Artenwechsel verbunden. Die lichtbedürftigen

Abb. 392. Viertes Entwicklungsstadium auf Karbonatrohboden bei Buffalora, 1980 m, Schweizerischer Nationalpark. *Erica carnea* und die Hylocomien stellen sich unter den aufwachsenden *Pinus mugo*-Bäumchen ein (Aufn. Exkurs. Br.-Bl.)

Rohbodenpioniere verschwinden nach und nach. *Dryas octopetala, Globularia cordifolia* u. a. kümmern, wogegen *Carex humilis* kräftig gedeiht und mit *Erica carnea* mehr und mehr an Boden gewinnt.

Das Bodenprofil ist besser differenziert, weniger flachgründig ($kA_0$ und $kA_1$ — 10 cm), und schwächer alkalisch. Diesem mittelgründigen Humuskarbonatboden fehlen zwar noch alle azidophilen Bodenzeiger, dagegen beginnen die Hylocomien (*Pleurozium schreberi, Rhytidiadelphus triquetrus*) sich auszubreiten (Abb. 392).

Das optimale *Mugo-Ericetum caricetosum humilis* hat sich nach einer Entwicklungsdauer von rund 150 bis 300 Jahren eingestellt. Wird *Pinus mugo* geschlagen, so tritt eine Regression zu früheren Entwicklungsstadien ein.

5. Im fünften Stadium der Entwicklung erscheinen als untrügliche

Zeiger beginnender Bodenversauerung erstmals *Homogyne alpina*, *Luzula sieberi*, *Vaccinium myrtillus*. Die tonsurierten *Carex humilis*-Horste werden von *Erica carnea* und den Hylocomien überwachsen (*Mugo-Ericetum hylocomietosum*). Reichliche Niederschläge (über 1000 mm) befördern die Auswaschung der leichtlöslichen Bodenbestandteile; die oberen Bodenhorizonte versauern zusehends ($p_H$ 6,9 bis 6,3). Das Bodenprofil, ein mittelgründiger Humuskarbonatboden mit milder Rohhumusdecke, ist im Optimum 300 bis 500 Jahre alt.

6. Auf den älteren, etwas höher gelegenen Terrassen (500- bis 1000-jährig) sind Rohhumusanhäufungen und Versauerung noch etwas weiter fortgeschritten; hier gedeihen auf einem mittelgründigen Humuskarbonatboden bereits *Empetrum hermaphroditum*, *Deschampsia flexuosa*, *Gentiana kochiana*, *Vaccinium uliginosum* u. a. ausgesprochen azidophile Arten.

Tabelle 80. Vegetationsentwicklung (Chronosequenz) auf kalkreichen Flußterrassen am Ofenpaß bei 1800 bis 2000 m (Br.-Bl., H. Pallmann, R. Bach)

| Terrassenalter | Bodenprofil | Sukzessionsstadien |
|---|---|---|
| Älteste postglaziale Schotterterrassen (über 1000 Jahre) | sehr stark deckenmoriger podsolierter subalpiner Wald-Humuskarbonatboden | 6. Stadium: *Rhododendro-Vaccinietum cembretosum* |
| | ↑ | ↑ |
| Alte Terrassen (500- bis 1000jährig) | stark bis sehr stark deckenmoriger, schwach podsolierter subalpiner Wald-Humuskarbonatboden | 5. Stadium: *Rhododendro-Vaccinietum mugetosum* |
| | ↑ | ↑ |
| Fünfte Terrasse (etwa 500 Jahre alt) | mäßig bis stark deckenmoriger verbraunter subalpiner Wald-Humuskarbonatboden | 4. Stadium: *Mugo-Ericetum hylocomietosum* |
| | ↑ | ↑ |
| Dritte und vierte Terrasse (100 bis 300 Jahre alt) | schwach deckenmoriger verbraunter subalpiner Humuskarbonatboden | 3. Stadium: *Mugo-Ericetum caricetosum humilis* |
| | ↑ | ↑ |
| Zweite Terrasse 10 bis 50 Jahre alt (selten bei Hochwasser überschwemmt) | Initialer subalpiner Humuskarbonatboden | 2. Stadium: *Dryas octopetala*-Spaliere |
| | ↑ | ↑ |
| Jüngste (tiefste) Terrasse, Alter 5 bis 10 Jahre (noch heute öfter überschwemmt) | Kalkschotter (Dolomitskelettrohboden) ($p_H$ 7,5 bis 8,3; 20 bis 50% $CaCO_2$) | 1. Stadium: *Petasitetum paradoxi* ± fragmentarisch mit Kalkrohbodenpionieren |

Im *Mugo-Ericetum hylocomietosum* findet nun auch die Arve (*Pinus cembra*) günstige Keimungsbedingungen. Der Tannenhäher besorgt die Aussaat; er setzt sich mit den Arvenzapfen in die Bergföhrenkrone und läßt beim Auspicken manchen Samen und auch ganze Zapfen ins Mooskeimbeet fallen. So kommt es, daß ältere Bergföhren dieser Subassoziation nicht selten von einem Kranz aufwachsender Jungarven eingefaßt sind.

Für das Aufkommen der Arve aber ist der Berföhrenschutz wichtig, denn er verhindert oder erschwert das Fegen der jungen Arvenstämmchen durch den Hirsch, welcher die junge Arve der rauhborkigen Bergföhre vorzieht. Aus dem *Pinus mugo*-Bestand erwächst im Lauf der Jahrhunderte ein *Pinus cembra*-Wald; das *Mugo-Ericetum hylocomietosum* hat sich zum *Rhododendro-Vaccinietum cembretosum*, dem Endstadium der Vegetationsentwicklung des Gebietes, fortentwickelt (Abb. 364).

Das Klimaxstadium, das *Rhododendro-Vaccinietum cembretosum* besiedelt die ältesten, zum Teil wohl fluvioglazialen Terrassen des Gebietes, deren Alter auf gegen 2000 Jahre geschätzt werden kann.

Das Bodenprofil ist wohl jünger als das Daunstadium der alpinen Schlußvereisung. Es entspricht auf reiner Karbonatunterlage (pH 7,7) dem mittelgründigen Wald-Humuskarbonatboden mit mächtiger Morauflage (pH 4,0 bis 4,2) und über gemischter Karbonat-Silikat-Unterlage einem mäßig entwickelten Eisenpodsol.

Abb. 393 verdeutlicht den Entwicklungsgang von Boden und Vegetation über Kalk- und Silikatsubstrat.

Auf den leichtverwitternden Kalkschiefern sind Eisenpodsolprofile mit Klimax-Arvenwald nicht selten anzutreffen, indessen scheinen sie über kompaktem, körnigem Kalkfels zu fehlen, Podsolierung findet hier anscheinend nicht statt, dagegen werden durch Nadelfall und üppige Entwicklung der Moos- und Zwergstrauchschicht bis 1 m dicke Humuslagen aufgebaut. Der Mullhorizont der unteren, dem Fels anliegenden Bodenschicht geht gegen oben mehr und mehr in humoiden und korpuskularen, stark saueren Mor-Auflagehumus über (4,5 bis 5 pH), der den Kalkuntergrund isoliert und hinreicht, das klimatische Schlußstadium der Vegetationsentwicklung, das *Rhododendro-Vaccinietum cembretosum*, in einer vom Typus auf Podsol kaum abweichenden Variante auch über kompaktem Kalk erstehen zu lassen. Eine weitgehend ähnlich verlaufende Sukzession vom Kalkrohboden ausgehend und mit dem *Rhododendro-Vaccinietum mugetosum* abschließend ist im französischen Westjura bei 1500 m ü. M. nachgewiesen. Das zugehörige Mor-Auflagehumus-Profil ergab folgende Aziditätswerte: $A_0$ (5 cm) 3,8 pH; $A_1$ (30 cm) 3,5 pH; $A_1''$ (70 cm) 4,1 pH; C = kompakter, körniger Jurakalk.

**Vegetationsentwicklung auf Silikatmoränen.** Ungleich rascher als auf Kalk verläuft die Entwicklung auf kalkarmer Unterlage. Sie führt aber zum selben Endprodukt.

Es ist verlockend, die Sukzession an großen Alpengletschern mit der rapiden Entwicklung, wie sie W. S. Cooper (1923, 1931) und später

Crocker und Major (1955), Crocker und Dickson (1957) vom Rande subarktischer Gletscher aus Alaska beschreiben, zu vergleichen (Abb. 348, S. 613).

1. Ausgangspunkt auf Silikatrohböden ist in beiden weitgetrennten Erdgebieten ein *Epilobium*-Pionier-Stadium.

An der Glacier Bay in Alaska (58° bis 59° nördl. Breite) wenige Meter ü. M. ist es das *Epilobium latifolium*-Stadium.

In den Alpen, am Morteratschgletscher bei 1800 bis 1900 m das *Epilobium fleischeri*-Stadium.

Tabelle 81. Chronosequenz von Pflanzengesellschaften und Böden auf Silikatschutt in der subalpinen Stufe des Schweizer Nationalparks, Südlage (Br.-Bl., Pallmann und Bach 1954)

| Pflanzen-gesellschaft | *Galeopsi-Rumicetum scutati* | *Junipero-Arctostaphyletum* | *Rhododendro-Vaccinietum calamagrostietosum* | *Rhododendro-Vaccinietum cembretosum* |
|---|---|---|---|---|
| Boden | Initialer Mull-Silikatboden | Wenig entwickelter Mor-Silikatboden | Wenig entwickeltes Eisen-Podsol | Mäßig bis hoch entwickeltes Eisen-Podsol |
| Alter | ——— zunehmend ——→ | | | |

Beide Arten, der Untergattung *Chamaenerium* angehörig, stehen sich auch ökologisch nahe.

2. Bei der Festigung des Feinschuttes spielt das Deckenmoos *Rhacomitrium canescens* sowohl in Alaska als am Bernina entscheidend mit.

Dieses erste Berasungsstadium hat am Morteratsch ein Alter von 20 bis 30 Jahren. In beiden Gebieten geht *Epilobium* im *Rhacomitrium*-Stadium rasch zurück und verschwindet bald ganz. In Alaska wird das Moos stellenweise durch *Dryas drummondi* erdrückt; die in den Alpen entsprechende, kalkliebende Parallelart *Dryas octopetala* fehlt auf dem Silikat des Morteratschgletschers.

3. Als drittes Entwicklungsstadium folgt ein Weidengebüsch, worin am Bernina sowohl als an der Glacier Bay u. a. *Salix glauca* auftritt. Dazu kommen aber in Alaska: *Salix arctica, S. alexensis, S. barclayi, S. commutata, S. stolonifera, S. sitchensis,* im Vorfeld des Morteratschgletschers: *Salix arbuscula, S. nigricans* var. *alpicola, S. appendiculata* und später *S. caesia,* doch leiden die Weiden hier unter der starken Beweidung, welche den natürlichen Entwicklungsgang gegen ein *Festuca rubra*-reiches *Nardetum abdrängt* (abgelenkte Sukzession s. S. 644).

4. Am Morteratsch-Hang bildet *Alnus viridis* Bestände, die dem *Alnus tenuifolia-* und *Populus trichocarpa*-Stadium der Glacier Bay gleichgestellt werden können.

5. Schon im Weidenstadium, mehr aber noch im Alnus-Stadium sind

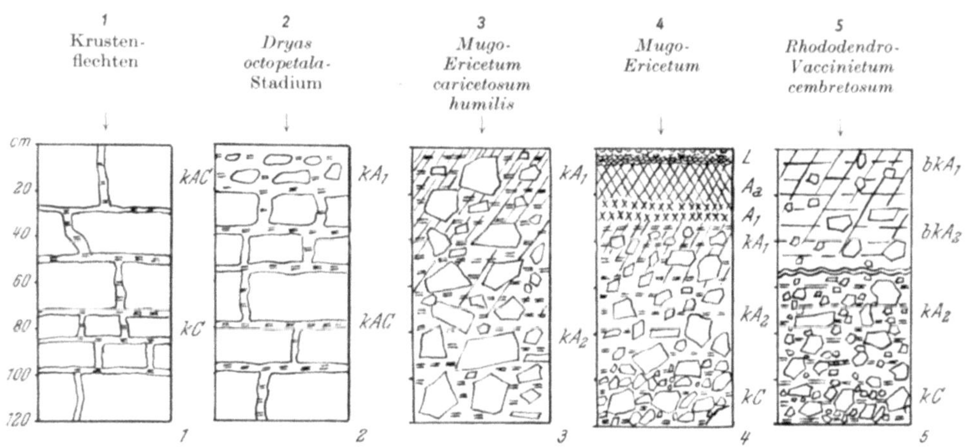


Genetische Serie der Humuskarbonatböden und ihrer Vegetation. *1* Klüftiger Karbonatfels-Rohboden, *2* klüftig-felsiger, wenig entwickelter Humuskarbonatboden, *3* grobskelettiger voll entwickelter Humuskarbonatboden, *4* deckenmoriger Humuskarbonatboden, *5* stark verbraunter Humuskarbonatboden

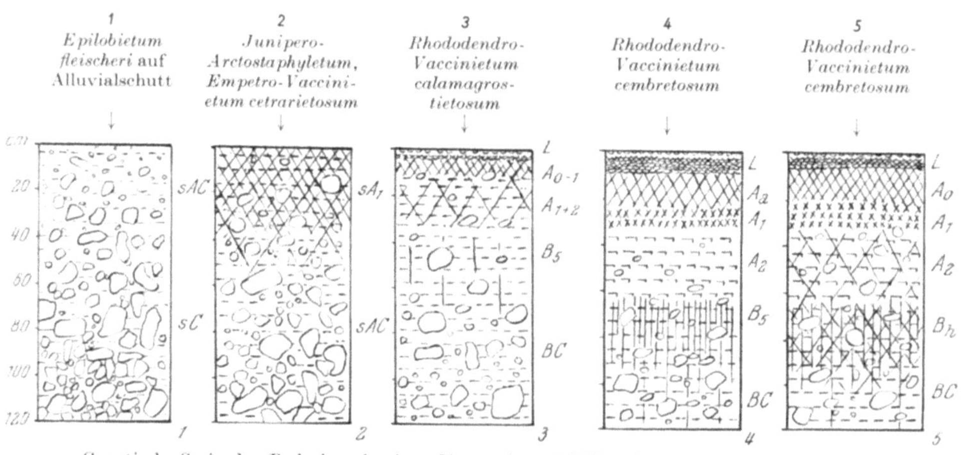


Genetische Serie des Podsol und seiner Vegetation. *1* Silikat-Rohboden, *2* Humussilikatboden, *3* wenig entwickeltes Podsol, *4* normales Eisen-Podsol, *5* normales Humus-Podsol

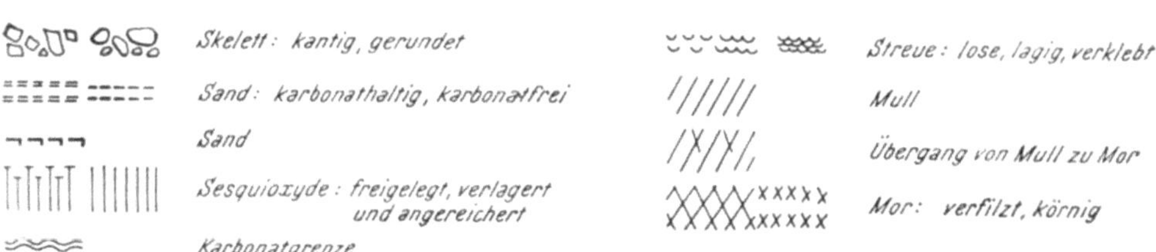


**Abb. 393.** Entwicklungsgang von Boden und Vegetation über Karbonatfels und Silikat-Rohboden in der subalpinen Stufe des Schweizerischen Nationalparks (aus Br.-Bl., Pallmann u. Bach 1954)

vereinzelte Nadelbäume eingestreut: *Larix decidua* und *Pinus cembra* am Bernina, *Picea sitchensis* und Tsuga-Arten an der Glacier Bay. Bei ungestörter Weiterentwicklung wird schon nach ein bis zwei Jahrhunderten die klimatische Schlußgesellschaft, der Alpenrosen-Arven-Lärchenwald in den Alpen (Abb. 394), der *Picea sitchensis-Tsuga*-Wald in Alaska herrschend.

Cooper macht keine Angaben über die parallel zur Vegetationssukzession verlaufende Bodenentwicklung, doch sprechen sich Crocker und Major sowie Crocker und Dickson (l. c.) hierüber näher aus.

Crocker und Major (1955) stellten fest, daß die Böden im Vorfeld des zurückweichenden Gletschers vom 10. bis zum 50. Jahr eine fast lineare Zunahme an Stickstoff und organischem Kohlenstoff aufweisen. Der Karbonatgehalt sank in den ersten 16 Jahren von 4 auf 0,2% und hierauf langsam weiter; in der gleichen Zeit ging das $p_H$ von über 8 auf 6,5 und dann auf 5 zurück.

Am Mendenhall-Gletscher sank das $p_H$ der obersten Bodenschicht im Verlauf von 150 Jahren von rund 7 auf 4,2.

Der Kohlen- und Stickstoffgehalt nimmt zeitlich in den obersten Schichten bis zu etwa 40 cm Tiefe ständig zu und bleibt noch bei 50 cm spürbar (Abb. 395).

Am Morteratschgletscher sind die kaum 150jährigen Endmoränen bereits vom *Rhododendro-Vaccinietum cembretosum* überdeckt, das auf wohlentwickeltem Eisenpodsolprofil mit bis 20 cm mächtigem, ausgebleichtem $A_2$-Horizont stockt. Das Alter der einzelnen Entwicklungsstadien kann hier an den seit bald 100 Jahren zeitlich fixierten Rückzugsmarken des Gletschers abgelesen werden. Zu Beginn des 19. Jahrhunderts, als der Morteratschgletscher beunruhigend stark im Vorrücken begriffen war, soll die Räumung der angrenzenden Alp Nova erwogen worden sein (G. Saratz). Heute liegt diese Alp mehr als $1^1/_2$ Kilometer vom Gletscherende entfernt.

In Nordschweden braucht es zur Bildung eines Podsols mit 10 cm mächtiger Rohhumusauflage, 10 cm $A_2$-Horizont und 25 bis 50 cm $B_s$-Horizont etwa 1000 bis 1500 Jahre, nachher werden die Horizonte kaum mehr mächtiger (Tamm 1920).

**Parallelentwicklung auf analogen Böden.** Das *Rhododendro-Vaccinietum* als Klimaxassoziation der Zentralalpen gelangt auf den verschiedensten Böden, die sogar verschiedenen genetischen Bodenserien angehören können, zur Ausbildung. Alle diese Böden haben aber gewisse gemeinsame Eigenschaften, welche für die Vegetation von ausschlaggebender Bedeutung sind; es sind dies die analogen Böden im Sinne von Pallmann (s. S. 678).

Wichtige analoge Bodentypen, mit *Rhododendro-Vaccinietum*, sind außer den verschiedenen Varianten des reifen Podsols, eine Karbonatvariante des mäßig entwickelten Eisenpodsols auf Karbonatschotter (s. S. 378), und der extrem degradierte Humuskarbonatboden (s. Abb. 396).

Abb. 394. Fortschreitende Berasung und Bewaldung junger Gletschermoränen am Palügletscher (Aufn. SCHAAF, Exkurs. S.I.G.M.A.)

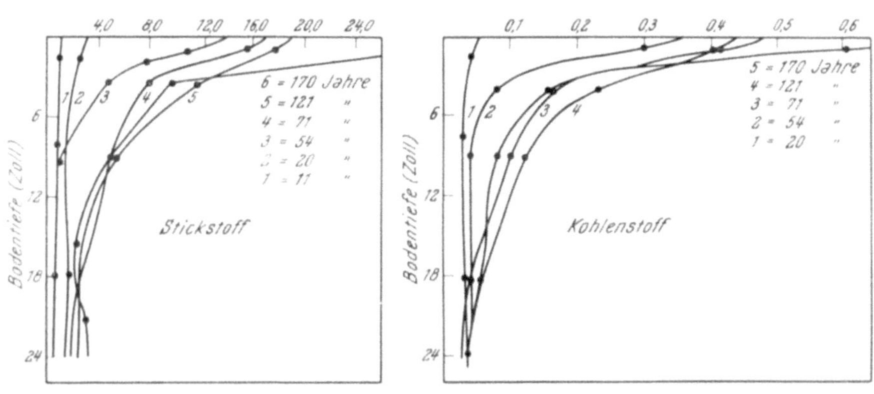


Abb. 395. Zunahme von Stickstoff und organischem Kohlenstoff im Verlauf der Bodenentwicklung auf Moränen des Mendenhall-Gletschers in Alaska (aus CROCKER und DICKSON 1957, S. 178)

Diesen Profilen ist der biogene Profilanteil, worin die *Ericaceen* wurzeln, die stark saure Morhumusschicht gemeinsam.

**Pyrenäen.** Schon wenig südlich der Alpen, in der subalpinen Stufe der Ostpyrenäen (die Westpyrenäen sind in dieser Hinsicht noch kaum

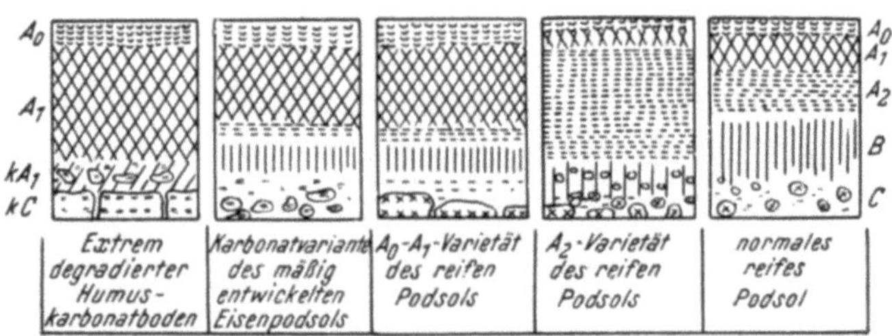


Abb. 396. Analoge Böden des *Rhododendro-Vaccinietum*-Waldes (hauptsächlich nach PALLMANN)

untersucht), fehlen Bleicherdeprofile, trotzdem auch dort eine von *Rhododendron ferrugineum* und *Vaccinien* beherrschte Zwergstrauchassoziation mit *Pinus mugo* (*Saxifrago-Rhodoretum*) das Schlußstadium

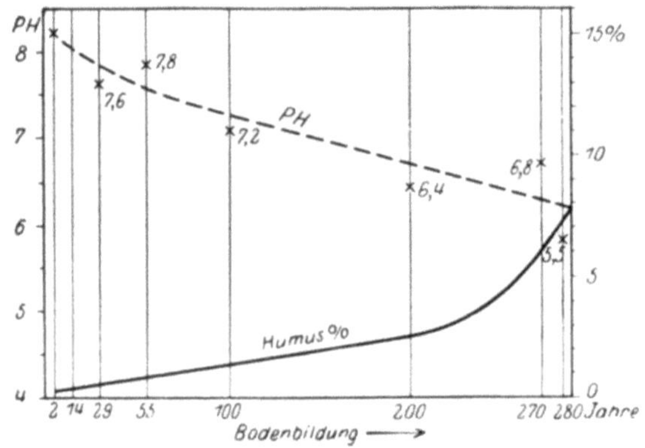


Abb. 397. Humusanreicherung und Versauerung alten Dünenbodens bei Southport im Verlauf von 300 Jahren (nach SALISBURY)

der Vegetationsentwicklung bildet. Die verminderte Humidität scheint zur Podsolierung nicht mehr hinreichend. Auch im günstigsten Fall, auf Silikatmoränenschutt, führt die Bodenreife nicht weiter als bis zur podsoligen Braunerde.

**Atlantisches Europa.** Im kalten Nord- und kühlfeuchten Nordwesteuropa verläuft der Entwicklungsgang von Boden und Vegetation ähnlich wie in der subalpinen Stufe der Alpen. Auch hier steht die klimabedingte Bodenversauerung unter den bodenbedingenden Einflüssen an erster Stelle.

Schon 1925 hat SALISBURY darauf hingewiesen, daß ungestörte Böden „in this latitude became more and more acid“. Einen Beweis hierfür sieht er in der allmählichen Versauerung kalkhaltiger Dünenböden, die das Verschwinden basiphiler Arten nach sich zieht (Abb. 397).

Seither ist diese Bodenversauerung in West- und Nordeuropa vielfach festgestellt worden. Näher verfolgt haben GODWIN und TURNER (1933) die Umwandlung basischer Moorböden in sauere und die den pH-Änderungen parallel laufenden Vegetationssukzessionen in den Norfolk Broads.

Das *Scirpo-Phragmitetum* am Außenrande des Moores wächst bei einem pH des Bodenwassers von 7,2 bis 7,3, das angrenzende Niedermoor mit *Carex* und *Juncus* bei pH 7. Die als Sukzessionsstadien aufgefaßten, schon bewaldeten, weiter landeinwärts liegenden Teile des Moors zeigten ein zunehmend saureres Bodenwasser (pH 6,1, 5,4, 5,2). An Stellen, wo sich bereits Sphagnen festgesetzt hatten, fiel das pH auf 4,9 und in den *Sphagnum*-Hümpeln auf 4,2 pH.

Die Bildung sauren Torfs und seine Besiedlung mit azidophilen Arten auf ursprünglich basischen Mooren ist allerdings nur unter humidem Klima möglich. In großem Umfang haben wir sie in Irland kennengelernt, wo sie z. B. auf den ausgedehnten *Cladium*-Kalkmooren der Umgebung von Tullamore über das *Schoenetum nigricantis* zu einem *Molinia*-Bestand führt, der von *Calluna*, *Erica tetralix*, *Carex fusca*, *Agrostis canina* u. a. azidophilen Arten durchsetzt ist.

Die basisch reagierenden Rohböden haben im feuchtkühlen Klima nur dort dauernden Bestand, wo Zufuhr kalkreichen Wassers, Bodenfließen, Erosion oder menschliche Tätigkeit dem Fortschreiten der Bodenbildung hindernd entgegenstehen. Sind diese Hemmungsursachen ausgeschaltet, so verlaufen Bodenbildung und Vegetationsentwicklung im Sinne der Versauerung und führen zum *Blechno-Quercetum* (Abb. 398).

Eingehende Studien über Bodenreifung und Vegetationsentwicklung in NW-Deutschland verdanken wir insbesondere R. TÜXEN und seinen Schülern. In NW-Frankreich hat LEMÉE bei seinen Untersuchungen über die Vegetation der Perche (1937) diesen Verhältnissen Rechnung getragen.

Ist schon der Ausgangsboden arm an Basen, so macht sich die Versauerung wenig bemerkbar; ist er aber basenreich, so setzt hier rasch starke Versauerung ein, die auf derselben Unterlage vom *Festucetum duriusculae* (pH 7,6 bis 7,9) über das *Querco-Carpinetum* und *Querco-Fagetum* zum *Quercetum robori ilicetosum* (pH 3,3 bis 4,4) hinführt.

Je durchlässiger und besser dräniert der Boden, um so rascher verläuft die Podsolierung; auf sandigem Substrat in flacher Lage gelangt ein humoser Illuvialhorizont zur Ausbildung, der die Neigung hat, sich zu einer festen Konkretionsschicht (Ortstein, Alios) zu verdichten.

Ortsteinbildung, durch verstärkte Auswaschung der oberen Horizonte bedingt, findet aber nur unter anthropozoogenen *Calluna*- und Erikaheiden statt, worauf TÜXEN bereits 1930 hingewiesen hat.

Einen zusammenfassenden Überblick über Vegetations- und Bodenentwicklung im atlantischen Westfrankreich stellt DUCHAUFOUR (1960) bildlich dar (s. Abb. S. 465).

Charakteristisch für die durch menschliche Einflüsse stark geförderte Bodendegradation ist das Vorhandensein von drei Akkumulationshorizonten $B_1$, $B_2$, $B_3$, die aus der Besonderheit des atlantischen Klimas erklärt werden. Die Bodenunterlage, ein durchlässiges Silikat, fördert die energische Podsolierung. Der ton- und eisenreiche $B_3$ ist verdichtet und pseudovergleyt, d. h. er zeigt Reduktionserscheinungen infolge gehemmter Dränage.

Die entsprechende Vegetation über Podsol ist ein verarmter Laubwald (wohl *Querco-Betuletum*); bei stärkster Bodenauslaugung ein Koniferenwald mit *Ulex*-Ericaceenheide.

In Portugal, wo *Erica-Ulex*-Heiden, mit *Pinus pinaster* namentlich auf Granit größte Ausdehnung erlangen, geht die Bodenauslaugung nicht bis zum Podsol, doch kommt es gelegentlich zu Pseudogleybildungen, die den Boden verkitten und die Wurzelbildung erschweren; trotzdem vermag sich *Pinus pinaster* in der *Ericion umbellatae*-Heide überall, wenn auch stellenweise kümmerlich, zu halten. Die baumfreie *Erica-Ulex*-Heide bleibt auf einen äußerst schmalen Streifen am inneren Dünensaum beschränkt, wo der Seewind den Baumwuchs fernhält oder verkümmern läßt.

Auch im warmfeuchten SW-Irland gelangt die Podsolierung nur lokal zur Ausbildung.

Typische Eisen-Podsolprofile mit Bleicherdehorizont haben wir unter Eichenwald (*Blechno-Quercetum*) am Lough Cullin beobachtet (Abb. 398). Dieses *Blechno-Quercetum* macht bei 300 m ü. M. halt und überläßt die höheren Erhebungen der *Erica cinerea-Calluna-Juncus squarrosus*-Heide, die auf wassergesättigten Gley-Humusböden mit Sesquioxydverlagerung, aber ohne Bleicherdehorizont, den Klimax bildet (Abb. 399).

**Subtropen.** Daß in den semiariden Subtropen von Bodenversauerung und dadurch bewirkter Vegetationssukzession nicht gesprochen werden kann, ist selbstverständlich.

Selbst völlig karbonatfreie Sande im Korkeichenwald von La Mamora (Marokko) zeigen neutrale bis schwach alkalische Reaktion ($p_H$ 7 bis 7,2).

In großen Teilen des Mittelmeergebietes mit trockenem Sommer und regenreichem Herbst ist Podsolierung ausgeschlossen. Auf Karbonatgestein findet heute keine oder nur geringe Auswaschung statt.

Schlußglied der Vegetationsentwicklung sind Hartlaubwälder, *Quercion ilicis* im nördlichen Teil und in höheren Lagen (Abb. 400), *Oleo-Ceratonion* weiter südlich. In subalpiner Lage des Libanon und der nordafrikanischen Gebirge herrscht als Klimax der Zedernwald (Abb. 401).

Über Einzelheiten vgl. Br.-Bl. (1936) und Blanck, Br.-Bl. und Heukeshoven (1934), Emberger (1939).

Ungefähr auf derselben Breite, aber durch zwei Weltmeere getrennt, bildet der von Suzuki und Hatiya (1951) beschriebene *Quercus phillyroides-Pittosporum tobira*-Hartlaubwald im südlichen Japan die Klimaxassoziation. Vom mediterranen *Quercetum ilicis* unterscheidet er sich, auch ökologisch, beträchtlich. Das Fehlen einer sommerlichen Trocken-

Abb. 398. *Blechno-Quercetum* mit *Quercus petraea, Hedera, Ilex* usw. am Lough Cullin in Irland (Aufn. FIRBAS, I.P.E.)

Abb. 399. Klimax-Heide (*Calluna-Erica cinerea-Juncus squarrosus*-Bestand) über der Waldgrenze am Ben Bulben, 450 bis 550 m, Westirland, auf kompaktem Kalk (Aufn. FIRBAS, I.P.E.)

zeit, höhere Temperaturen und Niederschläge, die über 1500 mm ansteigen, wirken sich auf die Lebensformen-Zusammensetzung aus (s. auch HUTAMURA und IHARA 1959). Die Bodenverhältnisse dürften ebenfalls stark von den mediterranen abweichen.

**Trockengebiete.** In den ariden Steppengebieten fördert die hohe Verdunstung eine Anreicherung der löslichen Bodenbestandteile in den oberen Bodenschichten. Die Bodenbildung ist durch den Wassermangel sehr stark gehemmt. Die chemische Verwitterung verläuft äußerst langsam, das Gleichgewicht der Humusbildung wird bei einem sehr kleinen Gehalt der Feinerde an organischer Substanz und bei einer geringen Mächtigkeit des Humushorizontes erreicht. Die Auswaschung ist wenig intensiv und erfaßt nur die oberste Bodenschicht. Wo Grundwasser der Oberfläche nahekommt, bewirkt die Aridität der Atmosphäre dessen kapillaren Aufstieg zur Oberfläche, und die Böden versalzen. Solche Salzböden und ihre Vegetation dürfen aber nicht als Klimax betrachtet werden (s. S. 383).

Die Wasserbelieferung ist für die Pflanzendecke ausschlaggebend; sie lockert sich auf, extreme Trockenheit beeinträchtigt den Baumwuchs. Als Klimaxgesellschaften herrschen offene Zwergbaum-, Strauch-, Stachelbusch- oder Xerogramineensteppen (Abb. 403).

Im Steppengebiet des Ebrobeckens dringt der lockere *Juniperus thurifera*-Bestand, in Nordafrika der *Zizyphus lotus*-Busch als Schlußvegetation am weitesten in das waldlose Trockengebiet vor.

Diese klimatischen Schlußgesellschaften sind wenig wählerisch hinsichtlich der physikalischen und chemischen Bodenzusammensetzung, benötigen aber einen Jahresniederschlag von 300 bis 400 mm.

Jenseits dieser Regenlinie, gegen die Wüste hin, folgt in Nordafrika als Schlußgesellschaft die Halfasteppe (*Stipion tenacissimae*). Die Wasserversorgung ist ungenügend, die Bodenbildung gehemmt. Auf weiten Flächen mit Karbonatuntergrund herrscht eine zusammenhängende Bodenkruste, die zwar die Halfasteppe noch zuläßt, tieferwurzelnde Sträucher aber ausschließt (Abb. 402).

Sinken die Niederschläge unter 200 bis 300 mm, so werden selbst die Na- und K-Salze nicht mehr ganz ausgewaschen. Eine schwach halophile, schüttere Halbstrauchgesellschaft aus Chenopodiaceen, *Anabasis articulata, Haloxylon articulatum* und Annuellen bedeckt als klimabedingte Schlußgesellschaft gewaltige Strecken (Abb. 383).

Floristisch ähnliche Gesellschaften herrschen in den innerasiatischen Trockengebieten; die Sukkulenten sind schwach vertreten. Dagegen erlangen Sukkulentengesellschaften neben Stachelsträuchern große Ausdehnung in den Wüstensteppen des amerikanischen Kontinents und von Afrika.

Das Schlußglied der Vegetationsentwicklung extrem arider Gebiete, soweit noch von Gesellschaften gesprochen werden kann, sind entweder Halophytengesellschaften (Abb. 223) oder, wie am Nordrand der afrikanischen Wüstentafel, xerisch angepaßte, sehr offene Chamaephyten- und Therophytengesellschaften. Zur Ausbildung einer eigentlichen

Klimaxvegetation sind, wie in der nivalen Stufe der Hochgebirge und in großen Teilen der Arktis, die Klimaverhältnisse zu ungünstig.

**Subaride Tropen.** Günstiger liegen die Verhältnisse in den subariden Tropen, wo Boden- und Vegetationsentwicklung namentlich auf afrikanischem Boden südlich der Sahara studiert worden sind. Vom südlichen Mauretanien durchzieht die Steppenzone längs des Wendekreises ganz Afrika bis zum Somaliland. Sie empfängt 150 bis 400 mm (stellenweise bis 500 mm) Niederschlag, der sich auf wenige Sommermonate zu-

Abb. 400. *Quercus ilex*-Klimaxwald im Mittleren Atlas (Aufn. NORDHAGEN u. BR.-BL.)

sammendrängt. An ihrem Nordrand herrscht im Westen die Euphorbienbusch-Akaziensteppe (Abb. 403).

Die Buschsteppe des südlichen Mauretanien erhält im Laufe der vier Sommermonate 250 bis 400 mm Regen. Hier herrschen als charakteristische Arten *Acacia flava*, *Combretum acerbatum* und *Commiphora africana*. Im Verein mit *Acacia senegal*, *A. raddiana*, *A. seyal*, *A. laeta* bilden sie den Klimax-Akazienbusch, dem von holzigen Gewächsen noch *Com-*

Abb. 401. *Cedrus atlantica*-Klimaxwald bei Kissarit, Mittlerer Atlas 1800 m (Aufn. E. Hess, Exkurs. Br.-Bl.)

*bretum aculeatum*, *C. glutinosum*, *Maerua crassifolia*, *Commiphora africana*, *Balanites aegyptiaca*, *Zizyphus mauritanica*, *Boscia senegalensis*, *Grewia tenax*, *Leptadenia spurium* zugehören (Boudet 1960).

Abb. 402. „Offene" Halfasteppe am Nordrand der Sahara, Djebel bou Arfa. Wurzelkonkurrenz! (Aufn. F. Daguin)

Ähnliche Vegetationsformen, die physiognomisch dem australischen Eucalyptusbusch ähnlich sind, beschreibt TROCHAIN (1940) aus dem Senegal.

Das Tschadgebiet erhält im Mittel etwas weniger Regen und die Niederschläge wechseln, wie im Sudan, von einem Jahr zum andern äußerst stark, was dem Pflanzenteppich ein völlig anderes Aussehen verleiht. An derselben Stelle, bei Iffenat, wo 1960 173 mm Regen gemessen wurden, fielen 1961 nicht weniger als 615,9 mm. Statt an 19 Tagen wie 1960, regnete es an 34 Tagen. Der Feuchtigkeitsüberschuß bewirkte eine mächtige Entwicklung der Therophytenvegetation, die 1961 außerordentliche Größen erreichte. Die Steppengräser *Aristida stipoides*, *Urochloa lata* u. a. erreichten 120 bis 140 cm Höhe, was der Grasdecke 1961 ein ungemein üppiges Aussehen verlieh. Arten die 1960 in dürftigen, 15 cm hohen Exemplaren vorhanden waren, wie *Tephrosia bracteolata*, bildeten 1961 dichte Bestände von 1,6 m Höhe. Dem Wasserüberfluß wird auch zugeschrieben, daß 1961 Gesellschaften zum Vorschein kamen, die 1960 überhaupt nicht sichtbar waren (GISSET 1962).

Im nördlichen Sudan (Khartum), mit abgeschwächten, aber gleichfalls sehr unregelmäßigen Jahresniederschlägen (50 bis 300 mm), setzt sich der klimatisch bedingte, offene Akazienbusch aus *Acacia*, *Zizyphus*, *Capparis*, *Leptadenia*, *Maerua*, *Calotropis* zusammen.

Die Deckung der Krautschicht schwankt zwischen 5 und 10% im Hügelland und 50 bis 70% in der Ebene. Auch hier aber besteht sie zur Hauptsache aus Therophyten, deren Artenanteil im Maximum bis 75% der Gesamtartenzahl ausmacht. Ihre Entwicklung von der Keimung bis zur Fruchtreife konzentriert sich auf drei Monate (HARRISON und JACKSON 1958, HALWAGY 1961).

Am Blauen Nil gegen Abessinien erhöht sich mit steigender Meereshöhe die Regenmenge auf 500 bis 600 mm. Der Mimosaceen- und Capparidaceenbuschwald ist besser entwickelt, das ausdauernde Grasland wird zur Hauptsache aus *Brachiaria obtusiflora*, ferner aus *Eriochloa-*, *Panicum-*, *Echinochloa*-Arten gebildet. *Cynodon dactylon* ist ebenfalls, aber spärlich vertreten.

Die Böden sind ausnahmslos stark basisch ($p_H$ 8,7 bis 9,5, Mittel $p_H$ 9,08) und enthalten bis zu 1,5 m Tiefe, unregelmäßig verteilt, hellbraune $CaCO_3$-Konkretionen von $^1/_2$ bis 1 cm Durchmesser, die sich bei 150 bis 180 cm und 300 bis 375 cm Tiefe zu zusammenhängenden Bändern verdichten (BUNTUNG und LEA 1963).

Im Kenyagebiet haben P. E. und J. GLOVER und GWYNNE (1962) die Bodendurchfeuchtung nach den spärlichen Regenfällen untersucht. Sie stellten fest, daß die Grashorste auch die schwachen Regenfälle (0,5 bis 2,7 cm) auffangen und trichterartig den Wurzeln zuleiten, was sie befähigt, die Trockenzeit zu überdauern. Die Tiefe des eindringenden Regenwassers entspricht in den Grassteppen von Kenya ungefähr der Höhe der Pflanzen plus der Tiefe des in den nackten Boden eindringenden Regenschauers.

Auch südlich des Äquators in Südwestafrika herrschen auf große Strecken ähnliche klimatische Buschsteppen mit *Acacia-*, *Zizyphus-*, *Combretum-*, *Grewia-*Arten nebst savannenartigen Grasländereien. Die unterschiedliche Regenmenge (0 bis 500 mm), zur Hauptsache im Winter niedergehend, reicht allermeist nicht mehr hin, den Wasserbedarf von Bäumen zu decken. Unter den Steppengräsern dominieren *Aristida-*, *Eragrostis-*, *Panicum-*Arten; auch die südeuropäischen

Abb. 403. Offene Klimax-Buschsteppe mit *Acacia detinens* und *Euclea undulata* (am Hang). Südlich Windhuk, SW-Afrika (Aufn. VOLK)

*Cynodon dactylon*, *Tribulus terrestris*, *Setaria verticillata* sind vorhanden (WALTER und VOLK 1954). Inwieweit der anthropo-zoogene Einfluß die Struktur dieser Gesellschaften und ihrer Böden beeinflußt und verändert hat, bleibt noch näher zu untersuchen. Im Senegal kommt dem Buschbrand, in Südafrika dem Weidgang bei der Gesellschaftsformung größte Wichtigkeit zu, so daß der potentielle Klimax schwer zu präzisieren ist.

**Äquatorialgebiete.** Über die Vegetationsentwicklung unter dem Äquator geben zahlreiche Untersuchungen aus Afrika, Asien und Amerika Anhaltspunkte.

In Sarawak herrscht bis etwa 1000 bis 1100 m der Misch-Regenwald, höher oben der Moos-Regenwald als Klimax. Auch in Nigerien mit Jahresniederschlägen von 1600 bis 2600 mm und einer ausgesprochenen Trockenperiode ist der Klimax ein Misch-Regenwald. Die entsprechenden Böden sind sehr sauere, lateritische Gelb- und Roterden. Der leuchtend gelbe Lehm des Klimax-Mischwaldes auf Borneo zeigt 4 bis 5 $p_H$, der Laterit des nigerischen Regenwaldes reagiert noch saurer (RICHARDS 1936, 1939).

Lateritische Rot-, Ocker- und Gelberden bilden auch den Untergrund des hygrophilen Klimaxwaldes im Lomami-Gebiet (Belgisch-Kongo). Die Bodenazidität schwankt zwischen $p_H$ 5 und 6. Der Laterit erscheint in der Regel bei etwa 5 m Tiefe. Klimaxassoziation ist der artenreiche Regenwald des *Klainedoxo-Pterygotetum*. Er scheint sich auszubreiten, sobald nicht mehr gebrannt wird (FOCAN und MULLENDERS 1948).

LEBRUN (1947) bespricht ausführlich die Sukzessionsverhältnisse im Albert-Nationalpark von Belgisch-Kongo. Der Klimaxwald, das *Euphorbietum nyikae* (*dawei*), ist ein artenreicher xerischer Buschwald von 10 bis 15 m Höhe. Die herrschende *Euphorbia* gleicht einer kaktusähnlichen *Araucaria*.

In anderen Tropengebieten, wie in Mittelamerika (Honduras und Nicaragua), ist der Klimaxlaubwald auf ferrallitischen Böden schon vor der Ankunft der europäischen Kolonisten durch die Indianer stark dezimiert und durch ausgedehnte *Pinus*-Wälder ersetzt worden. Ihren Fortbestand verdanken diese Paraklimax-Wälder der Brandwirtschaft (DANEVAN 1961).

Über Ökologie und Entwicklungsgang der Küstenvegetation Brasiliens berichten ORMOND (1960), DAU (1960) und REITZ (1961). Letzterer unterscheidet vier gürtelartig angeordnete Haupt-Sukzessionsserien: Haloserie, Heloserie, sandige und felsige Xeroserie, mit je mehreren dynamisch verbundenen Stadien. Die Xeroserie auf Felsboden ist zusammengesetzt aus einem Flechten-, einem Moos- und einem Felsxerophytenstadium. Im Dünengebiet werden unterschieden: Vordünen, bewegliche und fixierte Dünenvegetation, doch ist die floristische Zusammensetzung dieser „Restingasvegetation" allzu summarisch behandelt, um eine Parallelisierung mit Dünenkomplexen anderer Weltgegenden zu gestatten. Die von ORMOND beschriebenen *Sporobolus virginicus*-Communities mögen am ehesten dem mediterranen *Agropyretum juncei*, die *Panicum racemosum*- und *Ipomoea acetosaefolia*-Communities dem *Ammophiletum* entsprechen (s. auch DANSEREAU 1957).

Schärfer charakterisiert haben LASSER und VARESCHI (1957) die pflanzensoziologischen Einheiten im Dünengebiet von Venezuela. Auf der Suche nach Möglichkeiten der Dünenfixierung beschreiben sie u. a. ein *Sporoboletum virginici* in den Dünentälern, übergehend in ein *Leptotrichetum rigidi*, das seinerseits auf windgefegten Dünenkämmen von einem *Prosopidetum* überhöht wird. Im Windschatten der fixierten Dünentäler setzt sich als Dauergesellschaft der Kaktusbusch des *Lemaireocereetum opuntiosum* fest, das die Aridität des Standorts widerspiegelt.

Das Klimaxproblem wird nicht näher berührt.

## F. Vegetationsentwicklung und Klimaänderung

Als letzte Ursache der großräumigen, dem menschlichen Einfluß entrückten Vegetationsentwicklung kommen Klimaänderungen in Betracht, die in ihrem langsamen Verlauf auf den Boden und direkt und indirekt auch auf die Konkurrenz- und Ausbreitungskraft der Pflanzen rückwirken.

Wenn bisher vor allem edaphische Sukzessionen untersucht worden sind, so liegt der Grund darin, daß klimabedingte Vegetationsänderungen in der Gegenwart schwer zu verfolgen sind.

**Außereuropäische Gebiete.** Eine großräumige Vegetationsänderung spielt sich anscheinend in Patagonien ab. Nach KALELA (1945), ist dort die gesamte Vegetation in dynamischer Bewegung und unter dem Einfluß fortschreitender Austrocknung verschieben sich die Grenzen der Gesellschaften allmählich westwärts gegen die Anden. Die Halbwüsten wandeln sich in nackte Wüsten, die Grassteppen in Halbwüste und die Wälder werden durch die Grassteppe verdrängt.

Über den durch mehrere intensive Trockenperioden bedingten Ersatz der eigentlichen Prärie durch die „mixed prairie" in Kansas, Nebraska und Süd-Dakota sprechen sich ALBERTSON und WEAVER (1943) aus. Die dominierenden Arten *Andropogon furcatus* und *A. scoparius* gingen infolge Wassermangels größtenteils zugrunde. An ihrer Stelle breiteten sich *Agropyron smithii* und die Kurzgräser sehr stark aus.

Im Gila-Riverbecken der Union herrschte gegen Ende des 19. Jahrhunderts eine heftige Dürre, die zwischen 1904 und 1930 von einer feuchten Periode abgelöst wurde, welche seither einer erneuten Trockenperiode gewichen ist. Einen nennenswerten Einfluß auf die Vegetation scheinen diese Klimaschwankungen aber nicht ausgelöst zu haben, ihre Dauer ist zu kurz (C. F. COOPER 1960).

Kurzdauernde Änderungen, wie sie öfter auch durch Messungen der Jahrringbreite an Bäumen festzustellen sind[1], können als sekundäre Klimaschwankungen aufgefaßt werden, die in den festetablierten Pflanzengesellschaften keine merklichen Änderungen hervorrufen.

Einschneidendere Klimaänderungen machen sich zuerst an den Gesellschaftsgrenzen, namentlich an den Klimaxgrenzen bemerkbar.

Aus Britisch-Kolumbien wird ein Vorstoß der oberen Waldgrenze gemeldet und in Neuseeland hat sich *Nothofagus menziesi* in den letzten hundert bis zweihundert Jahren gegen oben vorgeschoben, woraus auf eine Wärmezunahme geschlossen wird (WARDLE 1962).

Die jüngste Klimaverbesserung im eurasiatischen Norden bespricht REGEL (1949). Während ältere Forscher im hohen Norden ein Zurückweichen der Waldgrenze feststellten, scheint neuerdings d. h. seit 40 bis 50 Jahren die umgekehrte Entwicklung eingesetzt zu haben.

---

[1] Wünschbar wäre ein Vergleich der zeitlichen Artenverschiebung mit den Ergebnissen der Dendrochronologie, konnte doch ARTMANN (zit. in HUBER 1948) nachweisen, daß die Jahresringbreite der Arve in den Bayerischen Alpen weitgehend der mittleren sommerlichen Mittagstemperatur und Sonnenscheindauer des Zugspitzobservatoriums entspricht.

So fand AARIO (1941) in Petsamo, Lappland, Birkenjungwuchs an Stellen, wo der Birkenbestand schon seit Jahrhunderten verschwunden war. Abb. 23 (S. 44) zeigt die in geschützte Vertiefungen geduckten Birkengruppen an der klimatischen Waldgrenze in Petsamo.

Das Vorrücken des Waldes in die russische Steppe, das auf eine Klimaänderung in jüngster Zeit deutet, bespricht auch BERG (1958).

Abb. 404. Gipfelpyramide des Piz Linard, 3414 m, nach Neuschnee im Sommer (Aufn. GRASS)

QUÉZEL (1961, 1962) behandelt die rezenten Klimaschwankungen und ihre Auswirkung auf die Vegetation im nordafrikanischen Wüstenbereich.

**Alpen.** Am ehesten lassen sich selbst geringfügige Klimaschwankungen im Gebirge nachweisen. Schon aus dem Vergleich heutiger mit früheren Vegetations-, namentlich Baum- und Waldgrenzen, kann auf Klimaänderungen geschlossen werden. Aber auch die direkte Beobachtung gestattet Rückschlüsse. Eine Folge besonders schneereicher Jahre fördert die Entwicklung der Schneebodengesellschaften und vergrößert ihren Umfang auf Kosten des Alpenrasens. Umgekehrt dringt nach einer Reihe trockener Sommer der Rasen vor (s. BR.-BL. 1948, S. 91).

Die Vegetationsverschiebungen, die an der 3414 m hohen Felspyramide des Piz Linard im Unterengadin (Abb. 404) nachgewiesen worden sind, lassen sich kaum anders als durch eine Klimaänderung erklären.

Der Paläobotaniker OSWALD HEER, Verfasser der nivalen Flora der Schweizer Alpen, hat 1835 als erster den für unersteiglich gehaltenen Gipfel erklommen und dabei auch der Gipfelflora seine Aufmerksamkeit zugewandt. Als einzige Blütenpflanze fand HEER auf der Gneisspitze *Androsace alpina.* Erst 60 m unterhalb des Gipfels gesellte sich hierzu noch *Chrysanthemum alpinum.* SIBER-GYSI, der den Linard 1864 be-

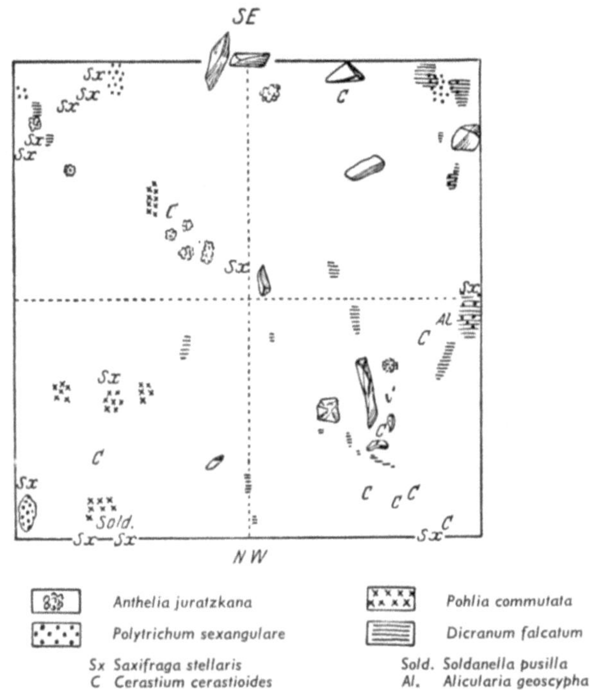


Abb. 405. Dauerquadrat am Macunsee 2635 m. Initialphase des *Polytrichetum sexangularis dicranetosum* auf Silikatschutt, aufgenommen 1921 (nach BR.-BL. u. JENNY 1926)

suchte, stellte zuoberst auch *Ranunculus glacialis* und *Chrysanthemum alpinum* fest, und als Dr. SCHIBLER, der Verfasser der nivalen Flora von Davos, 1894 den Berg bestieg, konnte er einen erneuten Zuwachs von zwei Arten (*Saxifraga oppositifolia* und *S. bryoides*) feststellen.

Angeregt durch die SCHIBLERsche Arbeit untersuchte ich den Linard 1911 und wieder 1937 und 1947, stets vom besten Wetter begünstigt. Schon beim ersten Besuch 1911 fanden sich als Neuansiedler oberhalb 3400 m *Draba fladnizensis* und *Poa laxa*; 1947 stand wenige Meter tiefer *Gentiana bavarica* v. *imbricata* und bei 3385 m blühten ferner *Cerastium uniflorum* und *Saxifraga exarata*; dazu kam bei 3350 m ein Horst von *Festuca halleri.*

Die Zahl der Gefäßpflanzen hat sich demnach im Verlauf von 112 Jahren von zwei auf elf vermehrt, wovon mehrere heute reichlich vorhanden sind (s. S. 612).

Während der lezten 100 Jahre haben auch verschiedene andere Hochgipfel eine Bereicherung erfahren. Roßbodenstock, Piz Languard, Aroser Weißhorn u. a. besitzen heute eine artenreichere Gipfelflora als vor 80 bis 100 Jahren. Eine Verarmung von Gipfelfloren konnte nirgends nachgewiesen werden.

Im Einklang mit diesen Feststellungen stehen unsere Beobachtungen im Schweizerischen Nationalpark, die darauf hindeuten, daß sich Ostgraubünden seit manchen Dezennien in einer Periode sommerlicher Wärmezunahme befindet, die wahrscheinlich mit einer Niederschlagsabnahme verbunden ist. Nur so lassen sich nämlich die im Verlauf von drei Dezennien festgestellten Vegetationsänderungen auf den Schneeböden im Hintergrund des Val Zeznina (Unterengadin) bei 2635 m ü. M. erklären.

Abb. 406. Dauerquadrat am Macunsee 1931 (Aufn. SIGMOND u. BR.-BL.)

Hier wurden 1921 mehrere 1-qm-Flächen abgesteckt und genau aufgenommen. Kontrolluntersuchungen erfolgten 1931, 1938, 1947 (Abb. 405, 406).

Die Ergebnisse einer typischen Untersuchungsfläche sind aus Tab. 82 ersichtlich.

Tabelle 82. Entwicklung eines flachen Schneebodens (*Salicion herbaceae*) (1 qm) am oberen Macunsee, Unterengadin (2635 m) von 1921 bis 1947

| Datum der Aufnahmen | 24. VII. 1921 | 13. VIII. 1931 | 2. IX. 1938 | 16. VIII. 1947 |
|---|---|---|---|---|
| Vegetationsbedeckte Fläche in % | 12 | 40 | 65 | 80 |
| Davon decken: | | | | |
| Moose und Lebermoose (%) | etwa 60 | 75 | 80 | 90 |
| Blutenpflanzen (%) | etwa 40 | 25 | 20 | 10 |
| **Blütenpflanzen** (Individuenzahl) | | | | |
| *Cerastium cerastioides* (L.) Britton | 16 (1 bl.) | etwa 20 (10 bl.) | 6 (1 bl.) | 22 (12 bl.) |
| *Saxifraga stellaris* L. | 10 (2 bl.) | 19 (14 bl.) | etwa 25 (11 bl.) | 73 (6 bl.) |
| *Soldanella pusilla* L. | 2 st. | 5 st. | 2 st. | 9 (3 bl.) |
| *Gnaphalium supinum* L. | . | etwa 20 st. | etwa 40 (20 bl.) | 126 (45 bl.) |
| *Cardamine alpina* Willd. | . | etwa 20 (10 bl.) | etwa 30 (12 bl.) | 41 (10 bl.) |
| *Poa laxa* Hänke | . | 24 st. | 22 (2 bl.) | 16 (7 bl.) |
| *Veronica alpina* L. | . | . | 1 bl. | 8 (2 bl.) |
| *Carex lachenalii* Schkuhr | . | . | 1 st. | 3 st. |
| *Epilobium alpinum* L. | . | . | . | 6 (4 bl.) |
| *Chrysanthemum alpinum* L. | . | . | . | 1 st. |
| **Kryptogamen** (Abundanz und Soziabilität) | | | | |
| *Dicranum falcatum* Hedwg. | 1.2 | 2.3.2 | 3.3[1] | 4.3[2] |
| *Pohlia commutata* (Schimp.) Lindbg. | +.2 | 1.2 | 1.2 | 1.2 |
| *Polytrichum sexangulare* Flörke | +.2 | 1.2 | 2.2 | 2.2 |
| *Anthelia juratzkana* (Limp.) Trev. | +.2 | 1.2 | 2.3 | 2.2( ?) |
| *Alicularia geoscypha* De Not. | + | + | ? | . |
| *Gymnomitrium varians* (Lindb.) | . | + | + | + |
| *Pleuroclada albescens* (Hooker) Spruce | . | + | . | . |
| *Solorina crocea* (L.) Ach. | . | 1 st. | 1 st. | 1 st. |

[1] Deckt etwa ein Drittel der Fläche.
[2] Deckt etwa zwei Drittel der Fläche.
st. = steril; bl. = blühend.

Im Laufe von 26 Jahren hat sich die Vegetationsdecke von 12% auf 80% der Gesamtfläche vergrößert.

Die Artenzahl ist von 8 auf 16, die der Blütenpflanzen allein von 3 auf 10 angewachsen; 1921 blühten 3, 1947 89 Pflanzen. Die Individuenzahl der Phanerogamen hat in diesem Zeitraum von 28 auf 305 zugenommen.

Den größten Raumgewinn verzeichnen die charakteristischen Schneebodenmoose *Polytrichum sexangulare* und *Dicranum falcatum*. Zusammengenommen decken sie heute nahezu drei Viertel der Fläche. Auf dem anfänglich fast pflanzenlosen Schneeboden hat sich innert 30 Jahren ein typisches *Polytrichetum sexangularis* in seiner *Dicranum falcatum*-Subassoziation angesiedelt.

Da außer dem Klima alle Faktoren konstant geblieben sind, kann als Ursache dieser Entwicklung nur eine Verlängerung der Vegetationszeit in Frage kommen.

Mit diesen Beobachtungen stimmt überein, daß heute manche Alpenpflanzen selbst an ihren äußersten Standorten in der Nivalstufe gut ausgereifte, keimfähige Samen hervorbringen und daher noch nicht an der oberen klimatischen Grenze ihrer Lebensmöglichkeit angelangt sein können (s. S. 533).

Zur schärferen Fassung klimabedingter Höhenverschiebungen wäre eine Kontrolle durch Daueruntersuchungen im Grenzbereich der hochalpinen Gesellschaften sehr erwünscht. Dabei hätte man auf die petrographisch bedingten Unterschiede im Artenbestand der Pflanzengesellschaften zu achten. Im Silikatgebiet kommen in erster Linie in Betracht die Arten des flechten- und moosreichen *Androsacetum alpinae* mit *Androsace alpina*, *Poa laxa*, *Saxifraga bryoides*, *Cerastium uniflorum* usw., auf Kalkschutt jene des *Thlaspietum rotundifolii* mit *Thlaspi rotundifolium*, *Saxifraga aphylla*, *Moehringia ciliata* usw., auf Bündner- und Liasschiefern die Arten des *Leontidetum montani* mit *Leontodon montanus*, *Saxifraga biflora*, *Campanula cenisia* usw.

## G. Methoden der Sukzessionsuntersuchung

W. Lüdi (1930) hat die frühen Methoden der Sukzessionsuntersuchung bis 1930, die auf Clements zurückgehen, ausführlich behandelt. Haben sie sich seither auch weiterentwickelt, so sind die Grundzüge im wesentlichen doch dieselben geblieden.

Die direkte Beobachtung der Vegetationsänderungen fußt auf der Untersuchung gut umgrenzter Dauerflächen und Dauerquadrate verschiedenen Umfangs, die in bestimmten Zeiträumen floristisch genau aufzunehmen und, falls angängig, zu photographieren sind (Abb. 407).

Eine wertvolle Vertiefung erlangen solche Studien, wenn gleichzeitig mit der floristischen Aufnahme auch die maßgebenden ökologischen Faktoren untersucht und gemessen und damit die floristischen Änderungen ökologisch unterbaut werden.

Die dynamische Wirkungskraft eines bestimmten Faktors kann verfolgt werden, indem man alle Faktoren, mit Ausnahme eines einzigen, möglichst gleichhält, was allerdings oft seine Schwierigkeiten hat.

**Dauerflächen.** Größe und Form der Dauerflächen richten sich nach der zu untersuchenden Vegetation und nach dem Zweck der Untersuchung. Größere Dauerflächen sind möglichst natürlich abzugrenzen. Für Waldgesellschaften sind am besten 100- bis 200-qm-Flächen, für artenreiche Rasenassoziationen 0,5- bis 1-qm-Flächen zu wählen. Paralleluntersuchungen in mehreren gleichartigen Dauerflächen sind angezeigt.

Um den Zuwachs einzelner Vegetationspolster oder -teppiche festzustellen, haben wir Holzpflöcke in den Boden eingerammt und mit

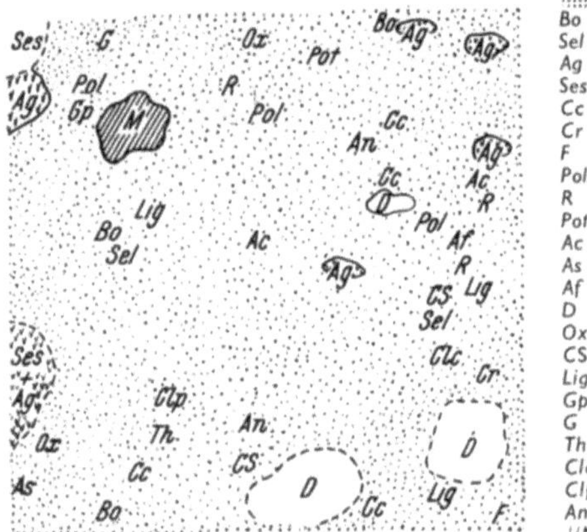


Abb. 407. *Elynetum*-Quadrat unterhalb Plan dals Poms (50 × 50 cm), Schweizerischer Nationalpark (aus Br.-Bl. 1931)

einem dem Boden fest anliegenden Eisendraht umzogen. Diese Methode hat, abgesehen von der genauen Abgrenzung, den Vorteil, daß damit auch die beginnende Bodenbildung durch Humuszuwachs zeitlich verfolgt und gemessen werden kann. Im Verlaufe von 32 Jahren hat eine leguminosenreiche Variante im *Elynetum* des Schweizerischen Nationalparks bei 2320 m folgenden Humuszuwachs ergeben:

Humuszuwachs im *Elynetum*-Quadrat (1 qm), innert 32 Jahren.

Quadrat oben $A_0$ (unzersetzt) 1,5 cm; $A_1$ (zersetzt 2 cm), zusammen 3,5 cm,

Quadrat unten $A_0$ (unzersetzt) 1,0 cm; $A_1$ (zersetzt 2 cm), zusammen 3,0 cm,

Quadrat seitlich rechts $A_0$ (unzersetzt) 1,5 cm; $A_1$ (zersetzt 3 cm), zusammen 4,5 cm,

Quadrat seitlich links, $A_0$ (unzersetzt) 2,5 cm; $A_1$ (zersetzt 1,5 cm), zusammen 4,0 cm.

Der Grenzdraht lag im $A_1$-Horizont eingebettet und kam erst beim Nachgraben zum Vorschein. Laubstreu abgerechnet, beträgt der 32jährige Zuwachs an zersetztem Humus pro Quadratmeter rund 21.000 ccm.

Größere Dauerflächen sind zu vermessen und Grenzmarken anzubringen, die aber von Zeit zu Zeit erneuert werden müssen.

Stets sollte ein Übersichtsplan erstellt, topographisch festgelegt und die Fläche womöglich photographiert werden. Um bei Kleinflächen eine Verzerrung des Bildes zu verhüten, muß die Photographie genau über der Mitte der Fläche aufgenommen werden. COOPER (1924) beschreibt ein besonders gebautes Stativ, das gestattet, Flächen bis auf 1 qm Größe von oben zu photographieren.

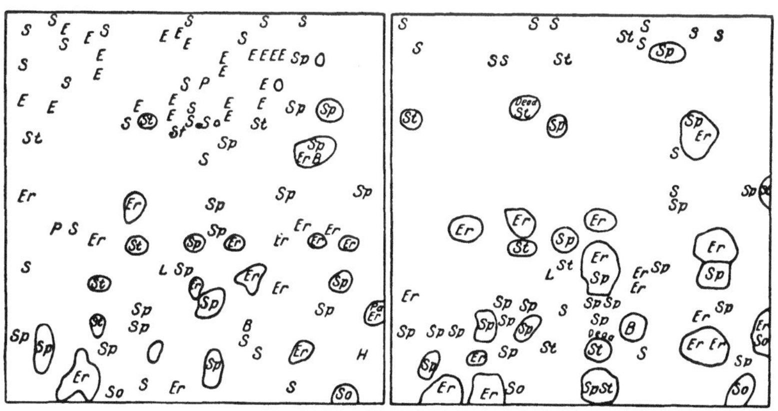

Abb. 408. Dauerquadrat (1 qm) in der offenen Prärie, 1916 und 1918 untersucht (nach WEAVER 1918)

| | | | |
|---|---|---|---|
| B | *Bouteloua oligostachya* | P | *Physalis heterophylla* |
| E | *Euphorbia serpens* | Pa | *Panicum capillare* |
| Er | *Eragrostis pectinacea* | S | *Solidago missouriensis* |
| H | *Helianthus subrhomboideus* | So | *Sorghastrum avenaceum* |
| L | *Laciniaria punctata* | Sp | *Sporobolus longifolius* |
| O | *Onagra biennis* | St | *Stipa spartea* |

Die Dauerflächen können natürlich auch zur Untersuchung der jährlichen Änderungen im Individuenbestand und zur Beobachtung der Keimungsverhältnisse Verwendung finden.

**Kartenquadrat.** Zur leichteren Durchmusterung und genaueren Aufnahme der Untersuchungsfläche eignen sich Kartenquadrate (Abb. 409), wie sie seit CLEMENTS (1905) namentlich bei den angelsächsischen, heute auch bei russischen Forschern in Gebrauch sind.

Ein zerlegbarer, durchlochter Holzrahmen von 0,5 bis 1 qm wird mit Metallstäben von 10 zu 10 cm Entfernung dem Boden angedrückt. Die Stabköpfe werden untereinander durch querlaufende Schnüre verbunden, so daß Kleinquadrate von 10, 20 oder 50 cm Seitenlänge abgegrenzt sind. Die Darstellung der Kleinquadrate geschieht am besten auf Millimeterpapier.

Diese genaueste Art der Vegetationsaufnahme, bei der jedes einzelne Individuum (Polster, Teppich, Horst) getrennt eingezeichnet werden kann, läßt sich nur in offenen oder sehr artenarmen, einförmigen Gesellschaften durchführen.

Bei Großflächen wird die mengenmäßige Verteilung durch die gebräuchlichen Abundanz- und Dominanzzahlen (1 bis 5 oder 1 bis 10), unter Umständen auch in Prozenten ausgedrückt und die Soziabilität der Arten beigefügt. Besonders wichtige Arten können abgezählt und eingezeichnet und Polster oder Teppiche vermessen werden.

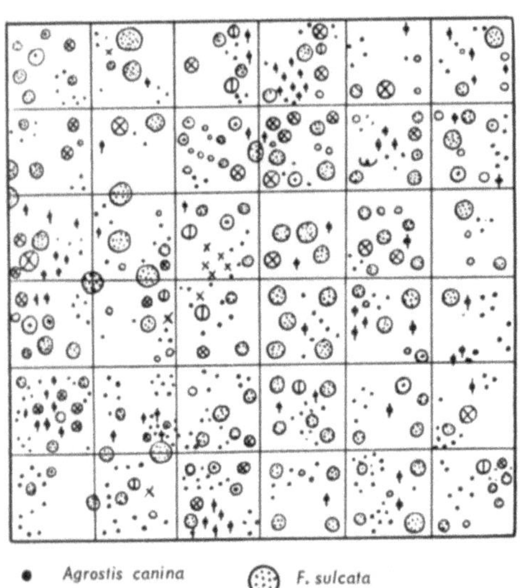

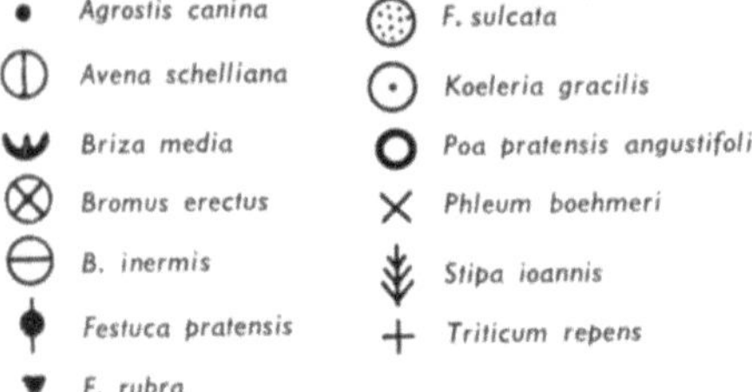


Abb. 409. Teil eines Meterquadrats aus der südrussischen Steppe. Pflanzenbasis von oben gesehen (nach ALECHIN 1934)

In jedem Fall hat man die genaue Liste aller vorhandenen Arten und unter Umständen auch ihren Entwicklungszustand anzugeben und die Gesamtdeckung einzuschätzen.

In der russischen Steppe wurde, hauptsächlich zu praktischen Zwecken (Einfluß der Beweidung, Artenverschiebung in trockenen und feuchten Jahren), die 1-qm-Fläche in 100 Kleinquadrate eingeteilt und darauf alle vorkommenden Arten mit besonderen Zeichen vermerkt. Diese Methode ist zwar sehr genau, die Darstellung einer geschlossenen Vegetation benötigt aber mehrere Quadratbilder, die, reproduziert, schwer leserlich sind (vgl. ALECHIN 1934).

Die Abbildung eines Meterquadrates (Abb. 409) aus der Schwarzerdesteppe der Provinz Kursk gibt die Verteilung der wichtigsten Gräser; zwei weitere Quadrate werden für die übrigen Arten benötigt, wobei die weniger wichtigen gesamthaft durch schwarze Punkte bezeichnet sind. Einzel- und Gesamtdeckung wird hier nicht angegeben.

Bei den meisten Rasengesellschaften wird man sich in der Regel begnügen müssen, den Anteil der häufigeren deckenden Arten in Prozenten anzugeben und die Lage der sehr spärlich auftretenden Arten in das Quadrat einzuzeichnen. Alle Individuen (Polster, Horste) einer Art werden gezählt und nach sterilen, blühenden und fruchtenden Exemplaren getrennt aufgeschrieben.

Zur Feststellung der oberirdischen Produktivität an Pflanzenmasse verwendeten SOCHAVA, LIPATOVA und GORSHKOVA (1962) in der Amursteppe Meterquadrate, worauf alle vorhandenen Arten genau eingezeichnet sind (Abb. 14, S. 33).

Im Einzelfall ist zu entscheiden, ob der Zeitaufwand im richtigen Verhältnis zum Ergebnis steht.

Zur Untersuchung der Kryptogamengesellschaften sind Kleinflächen von 0,10 bis 0,25 qm angezeigt, die zur genauen Beobachtung der Artenverschiebungen in Kleinquadrate unterteilt und photographiert werden können (Abb. 330 und 331, S. 586).

Vorbildliche Wettbewerbsstudien auf Kleinquadraten, insbesondere von Flechtengesellschaften, verdanken wir ED. FREY (1959), der zahlreiche Untersuchungsflächen auch photogrammetrisch festgehalten hat. Sein reiches Anschauungsmaterial verdeutlicht das äußerst langsame Fortschreiten der Flechtenausbreitung.

FREYs Bilder zeigen die Veränderungen, die sich auf einem Quadrat mit viel *Haematomma ventosum*, *Rhizocarpon disporum* und *geographicum*, *Lecanora rupicola*, *Umbilicaria cylindrica* zwischen 1922 und 1955 abgespielt haben.

Den größten Zuwachs verzeichnet *Parmelia encausta*. Stoßen Thalli der gleichen Art zusammen, so richten sich die Enden auf, wobei einzelne Thallusteile den Kontakt mit dem Substrat verlieren und ausbrechen, so daß Regenerationen nötig werden. Krustenflechten der Testudineaform, die einander berühren, verhalten sich vorzugsweise stationär, während *Haematomma* (Pertusariaform) andere Kruster mit Erfolg überwächst. Wären im Quadrat *Pertusaria corallina* und *P. lactea*, Hauptkonstituenten und Charakterarten des *Pertusarietum corallinae*, vorhanden, so würden diese mit ihren faserigen Thallusrändern andere Kruster rasch überwachsen, und die Dynamik dieser Fläche würde von 1922 bis 1955 ganz anders verlaufen sein. Es ist bezeichnend, daß die Pertusariaform in humideren Klimaten häufiger ist, sie verlangt mit ihrer dynamischen Vitalität mehr Feuchtigkeit. Die photogrammetrischen Kontrollen gestatteten erstmals einen sicheren, experimentellen Nachweis der langen Lebensdauer und langsamen Entwicklung der Flechtenapothezien (FREY l. c.).

FREYs Konkurrenzuntersuchungen mit eingepflanzten Flechtenpolstern sind auf S. 630 behandelt.

**Standortsvergleich.** Die Einrichtung von Daueruntersuchungsflächen ist nicht überall möglich und auch nicht überall notwendig, denn oft lassen sich schon aus dem Vergleich unter identischen Standortsbedingungen stehender, ungleichalteriger Vegetationsflecke (Stadien) oder aus dem Vorhandensein von Gesellschaftsrelikten oder Pionieren Schlüsse auf vergangene oder sich vorbereitende Vegetationsänderungen ziehen (s. S. 636).

Die zum Vergleich herangezogenen Stadien müssen aber jeweils übereinstimmende topographische, mikroklimatische, edaphische und biotische Verhältnisse ausweisen.

W. D. BILLINGS (1938) ist auf diese Weise der sekundären Sukzession im Waldgebiet von Nordkarolina nachgegangen. Sieben verschiedenalterige typische Stellen, ebensovielen Entwicklungsstadien entsprechend, wurden ausgewählt und beobachtet.

Die jüngste Vegetation, eine *Andropogon virginicus*-Siedlung, hatte sich auf einem seit fünf Jahren verlassenen Acker eingestellt, die älteste war ein 110jähriger, überreifer *Pinus*-Wald.

Mit der strukturellen Untersuchung der sieben Stadien gingen Bodenuntersuchungen Hand in Hand.

Im *Andropogon*-Rasen wächst bald ein geschlossener *Pinus*-Bestand auf, der pro Hektar 3000 Stämmchen zählt. Darin erscheinen nach

Abb. 410. Verlandungssukzession am Hérault, Südfrankreich
*1* Flußschotter mit *Glaucio-Scrophularietum caninae*, *2 Saponario-Salicetum purpureae*, *3* etwas höher ersetzt durch das *Populetum albae*

20 Jahren die ersten Eichen (*Quercus rubra*, *Q. velutina*, *Q. alba*); einige Jahre später folgen *Hicoria alba* und *H. glabra*. Wie zu erwarten, geht mit zunehmender Beschattung die *Pinus*-Verjüngung rasch zurück.

Mit 50 bis 60 Jahren entwickelt sich eine Strauchschicht und es stellen sich darunter nach und nach auch die charakteristischen Laubwaldbegleiter ein.

In den alten *Pinus*-Beständen wird jeder abgehende Baum durch die tiefer wurzelnden Laubhölzer ersetzt, so daß über den schließlichen Ausgang der Sukzession kein Zweifel bestehen kann.

Eine vom Flußschotter zum Wald hinführende Sukzession im inneralpinen Trockengebiet ist auf S. 636 beschrieben, eine weitere aus Südfrankreich zeigt Abb. 410.

Die vergleichende Beobachtung ist der meist gewählte, weil müheloseste Weg zur Feststellung von Vegetationsänderungen. Sie birgt aber die Gefahr oberflächlicher Verallgemeinerungen. Es werden öfter Entwicklungsvorgänge vorgetäuscht, wo es sich einfach um ein Nebeneinander handelt. Vor allem darf bei Zonationen nicht ohne weiteres aus dem Nebeneinander auf ein Nacheinander geschlossen werden, da die zonale Anordnung der Vegetation nicht selten recht stabil ist und es nicht von vornherein feststeht, daß die Vegetation des einen Gürtels jemals das Stadium des angrenzenden Gürtels durchlaufen hat oder durchlaufen wird.

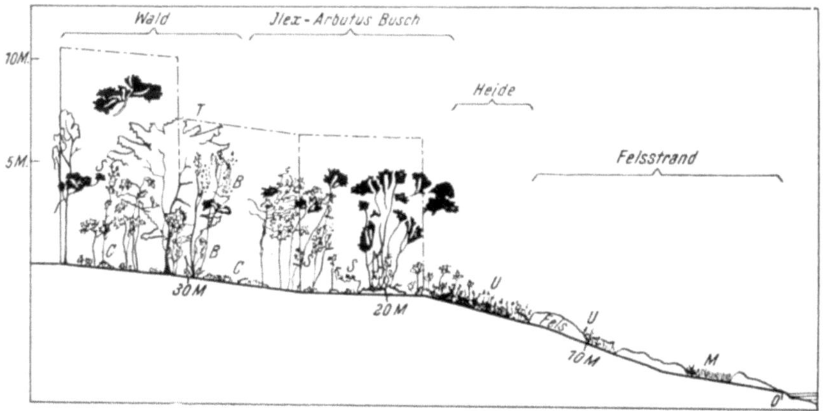


Abb. 411. *Arbutus*-Insel-Sukzession (Turner und Watt 1939). Der große Baum (*T*) ist *Taxus*, schwarz *Arbutus*, darunter *Ilex*, *U Ulex*, *S Sorbus aucuparia*, *M Molinia*, *C Kryptogamen*

Stets ist auch der so oft entscheidende Faktor Mensch gebührend in Rechnung zu stellen.

Im übrigen wirken Transektbilder, die den Sukzessionsverlauf der Vegetation darstellen sollen, sehr anschaulich, wie aus der von Turner und Watt (1939) gegebenen Darstellung der *Arbutus*-Insel-Sukzession in den Killarney woods (Abb. 411), aus dem Querschnitt durch die kubanische Strandvegetation von Seifriz (1943) und aus zahlreichen ähnlichen Darstellungen hervorgeht.

**Darstellung der Gesellschaftsentwicklung.** Bei der Darstellung der Sukzessionen ist möglichste Einfachheit und Klarheit am Platz. Man vermeide, wo immer möglich, Schemata mit mehrfach sich kreuzenden Linien und teile eher ein Sukzessionsschema, als es zu überladen.

**Pfeilschema.** Die empfehlenswerteste Art der Sukzessionsdarstellung ist das Pfeilschema.

Tabelle 83. *Schoenetum nigricantis*-Verlandungsserie in der Nordschweiz (nach W. Koch)

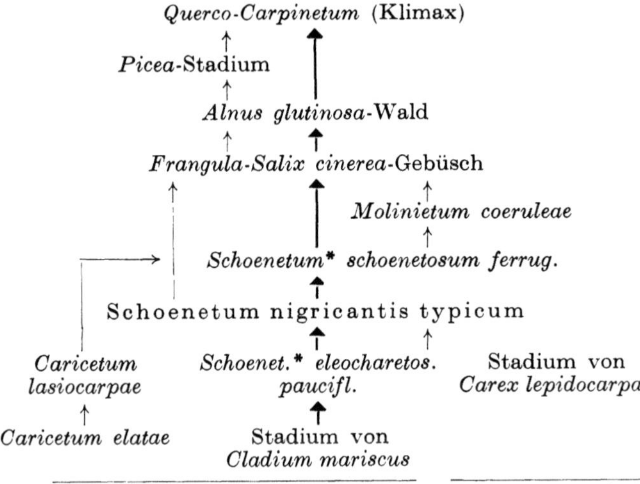


A. Serie infraaquatisch beginnend B. Supraaquatisch

Der normale Entwicklungsgang dieser in der Nordostschweiz für kalkreiche Quellen, Tümpel und Seen charakteristischen Verlandungsserie ist in obigem Schema durch fette Pfeile angedeutet (s. auch Tab. 79, S. 662).

**Kurvendarstellung.** Bei der Kurvendarstellung hat man es in der Hand, dem Wechsel bestimmter Artengruppen gleichlaufend, auch die

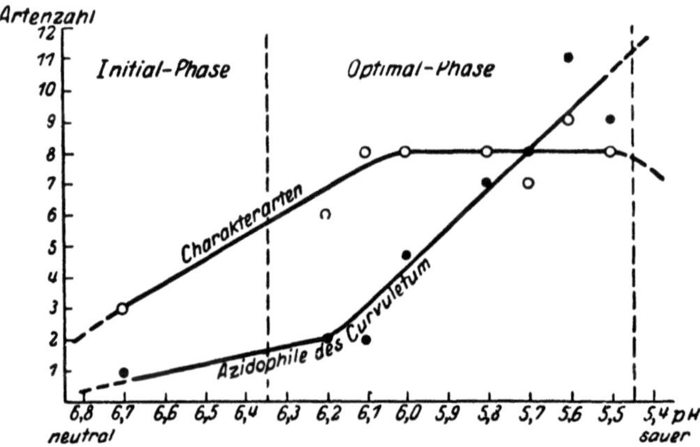


Abb. 412. Kurve der Charakterarten und Sukzessionstendenz vom *Elynetum* (mäßig sauer) zum *Curvuletum* (sehr sauer). Einzelbestände angeordnet nach der H-Ionenkonzentration des Bodens. Jeder Punkt oder Kreis entspricht einem Einzelbestand (aus Br.-Bl. u. Jenny 1926)

Veränderungen maßgebender Standortsfaktoren (Belichtung, Bodenfeuchtigkeit, Kalkgehalt, $p_H$ usw.) zum Ausdruck zu bringen.

Sukzessionskurven eignen sich daher vor allem zur Präzisierung der floristischen und ökologischen Wandlungen, die sich im Laufe der Entwicklung einer Assoziation abspielen. Als Beispiel möge die Entwicklung des mehr oder weniger neutrophilen *Elynetums* in das extrem azidophile *Curvuletum* dienen. Das sukzessive Auftreten azidophiler *Curvuletum*-Arten im *Elynetum* zeigt, wie aus der Azidophilenkurve ersichtlich, völlige Übereinstimmung mit der zunehmenden Versauerung der Einzelbestände. Die Terminalphase des *Elynetums* entspricht der Initialphase des *Curvuletums* (Abb. 412).

**Blockschema.** Die Blockdarstellung hat den Vorteil, das zahlenmäßige Verhältnis einzelner, dynamisch wichtiger Arten oder auch bestimmter Artengruppen in verschiedenen, genetisch verbundenen

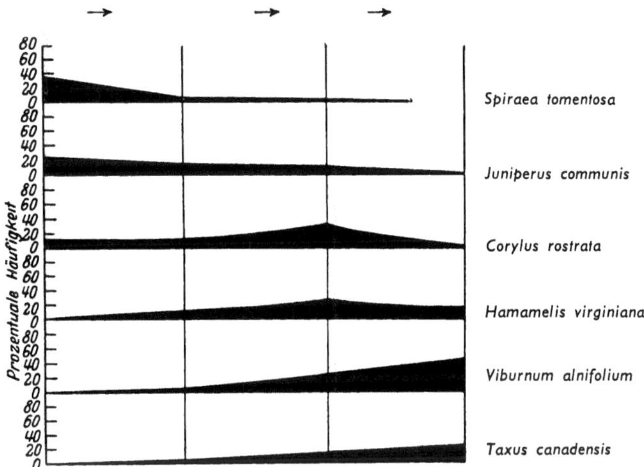


Abb. 413. Häufigkeitsänderung von sechs wichtigen Sträuchern im Verlauf der sekundären Sukzession (nach COOPER 1922)

Pflanzengesellschaften klar hervortreten zu lassen. Ein Bild der Häufigkeitsänderung von sechs wichtigen Sträuchern in der sekundären Sukzession vom Weideland zum Klimaxwald in Neuengland gibt Abb. 413. *Spiraea tomentosa*, in etwa 40% der Weideaufnahmen vorhanden, fehlt im Klimaxwald, dagegen nehmen *Viburnum alnifolium* und *Taxus canadensis* im Verlauf der natürlichen Entwicklung andauernd zu, um im Klimaxwald vorzuherrschen.

## H. Praktische Auswertung der Syndynamik

Einsichtige Forstleute sind der Überzeugung, daß mit der Syndynamik die Pflanzensoziologie zu einer der wichtigsten Grundlagen des Waldbaus geworden ist (LEIBUNDGUT 1961), und dasselbe gilt, wie KLAPP, DE VRIES und viele andere hervorheben, auch für den Wiesenbau.

Über die praktische Bedeutung der Syndynamik, wie der Pflanzensoziologie überhaupt, verbreiten sich zahlreiche Arbeiten von AICHINGER, ELLENBERG, HORVAT, GIACOMINI, MOLINIER und DE BOLÓS, von SOÓ, SZAFER und PAWLOWSKI, WESTHOFF und ihren Schülern. Besondere Beachtung verdient die von R. TÜXEN herausgegebene Publikationsserie „Angewandte Pflanzensoziologie", worin fortlaufend wichtige Mitteilungen erscheinen.

Die Kenntnis des dynamischen Verhaltens der Vegetation und ihrer Entwicklungsmöglichkeiten ist von eminenter Bedeutung für die vorausschauende Planung bei Aufforstungen, Grasland- und Weide-

Abb. 414. Unter der Einwirkung des NE-Passats stehende, 20 m hohe Wanderdünen bei Mogador; dazwischen *Ononidetum angustissimae* (Aufn. J. LID)

gewinnung, Kulturprojekten im allgemeinen, bei Wildbach-, Lawinen- und Schuttverbauungen, Entwässerung, Entsalzung, Dünenfestigung, beim Naturschutz und bei der Naturbetreuung im weitesten Sinn.

Welche volkswirtschaftlichen Werte auf dem Spiele stehen können, lehren die Geschichte der Vermoorung und Ortsteinbildung im kühlhumiden Klima, der Waldrückgang in semiariden und Gebirgsgegenden, die vielen Mißerfolge bei Aufforstungen, die Überhandnahme schwer austilgbarer Unkräuter, die Degradation und Sterilisation unabsehbarer Wald- und Weideländereien in den Tropen und Subtropen, die sich in großen Erdgebieten — man denke an China — zur schlimmsten Kalamität herausgebildet haben.

Eines der gewaltigsten Sukzessionsexperimente der Neuzeit ist die Festlegung und Bewaldung des Wanderdünengebietes südlich von

Abb. 415. Erste Festigung der Wanderdünen von Mogador durch Einsaat von *Retama webbii* (Aufn. J. LID)

Kap Sim an der marokkanischen Küste (Abb. 414, 415). Sein günstiger Ausgang, der die Ausbreitung der blühenden Handelsstadt Mogador gewährleistet, darf heute wohl als gesichert angesehen werden (s. BR.-BL. und MAIRE 1924; s. auch S. 304).

Sechster Abschnitt

# Gesellschaftsgeschichte (Synchronologie)[1]

Von der Gesellschaftsentwicklung, wie sie sich heute abspielt und auch expeirmentell untersucht werden kann, sind zu unterscheiden die weit in die vorhistorische Vergangenheit zurückreichenden großen Vegetationsänderungen. Sie bilden den Inhalt der Vegetationsgeschichte; Phytopalaeontologie und Pollenanalyse beschäftigen sich mit ihnen.

Von Vegetationsentwicklung kann kaum gesprochen werden, denn die überlieferten Pflanzenreste lassen, vom Torfmooraufbau abgesehen, bestenfalls zusammenhanglose Fragmente vereinzelter Pflanzengesellschaften erkennen, Momentbilder einer schwer übersehbaren Vegetationsabfolge, die um so schwieriger zu deuten sind, je weiter sie zeitlich zurückliegen.

**Oligozän, Miozän.** Die eigentliche Vegetationsgeschichte beginnt mit dem Auftreten heutiger Pflanzengattungen und Arten im Tertiär, doch gestatten nur wenige Fundstellen ein näheres Eingehen auf die tertiären Pflanzengesellschaften (s. S. 705).

Bei der ökologischen Deutung dieser fossilen Vegetation geht man meist von der Voraussetzung aus, daß die nachweisbaren Pflanzen, soweit sie mit heute lebenden morphologisch und anatomisch übereinstimmen, ihnen auch physiologisch und ökologisch so weit entsprechen, daß man auf gleiche oder ähnliche Anforderungen an Klima und Boden schließen darf.

Am ehesten trifft dies wohl zu, wenn sich auch heute zusammenlebende Arten fossil vereinigt finden und daher für ähnliche Außenbedingungen sprechen.

Im Verlauf der Tertiärepoche treten die heutigen Gattungen und Arten mehr und mehr in den Vordergrund, ja einzelne Fundstellen gestatten bereits ein näheres Eingehen auf die Pflanzengesellschaften.

Während früh- und mitteltertiäre Floren Europas den Vergleich mit der heutigen Vegetation kaum zulassen, bietet das Tertiär der Vereinigten Staaten auffallende Parallelen zu noch heute lebenden Waldgesellschaften.

Die am weitesten zurückreichende Gegenüberstellung erlaubt die Oligozänflora von Twickenham, die von CHANEY (1956) mit dem

---

[1] Dieser Abschnitt ist von F. FIRBAS durchgesehen und ergänzt worden.

*Metasequoia glyptostroboides-Cercidiphyllum japonicum sinicum*-Bergwald Zentralchinas verglichen wird.

Ein näherliegendes Beispiel, die miozäne Mascallflora, wird von CHANEY der heutigen Waldvegetation von Jaspers Ridge bei Palo Alto, Kalifornien, gegenübergestellt.

Die vorherrschenden Baumarten sind nach CHANEY (zit. in CAIN 1944):

a) im Wald von Jaspers Ridge bei Palo Alto:

*Sequoia sempervirens*
*Salix laevigata*
*Salix lasiolepis*
*Populus trichocarpa*
*Alnus rhombifolia*
*Quercus kelloggii*
*Quercus agrifolia*
*Quercus lobata*
*Umbellularia californica*
*Arbutus menziesii*
*Acer macrophyllum*
*Aesculus californica*

b) in der miozänen Mascallflora:

*Sequoia langsdorfii*
*Salix varians*
*Populus lindgreni*
*Alnus* sp.
*Quercus pseudo-lyrata*
*Quercus convexa*
*Quercus duriuscula*
*Umbellularia* sp.
*Arbutus* sp.
*Acer bolanderi*

Mit Ausnahme von *Aesculus californica* hat jeder sehr häufige Baum des Mischwaldes von Jaspers Ridge in der tertiären Mascallflora seinen Gattungsgenossen. Diese unerwartet große Übereinstimmung zwischen der Baumschicht einer, wenn auch sehr weit gefaßten heutigen und einer miozänen Waldgesellschaft läßt natürlich auch auf Ähnlichkeit im Unterwuchs und in der Gesellschaftsstruktur und darüber hinaus auf bioklimatische Affinitäten schließen.

**Pliozän.** Die ältesten, zu Vergleichen mit der heutigen Vegetation geeigneten Fossillager Europas sind pliozänen Alters.

DEPAPE (1923) hat versucht, die jungtertiäre Vegetation des unteren Rhonetals auf Grund reicher und ausgezeichnet erhaltener Fossilfunde herauszuarbeiten, indem er die heutigen Vorkommensverhältnisse der herrschenden Baum- und Straucharten zum Vergleich heranzieht.

Von den Palmenhainen (*Sabal*) mit *Glyptostrobus* der Strandebene ausgehend, unterscheidet er drei Vegetationsstufen: eine untere mit flußbegleitenden Gesellschaften aus Erlen, Weiden, Pappeln (*Populus alba, P. nigra*), *Nerium, Phragmites* usw. und einem Mischwald von *Gingko, Liquidambar, Liriodendron, Sassafras, Carya* usw., eine mittlere mit Lorbeerwald (*Laurus canariensis, Cinnamomum, Persea indica, Oreodaphne, Notelea, Ilex canariensis, Woodwardia* usw.) an warmfeuchten Standorten, und einem Hartlaubwald mit *Quercus ilex, Qu. coccifera, Phillyrea, Buxus, Viburnum tinus*, an trockeneren Standorten, schließlich eine obere oder Koniferenstufe mit *Pinus, Sequoia, Torreya, Acer pseudoplatanus, Fagus* usw. Die Buche bildete ausgedehnte Reinbestände.

Rückschlüsse auf eine Höhengliederung der Vegetation gestatten auch die Funde von STOJANOFF und STEFANOFF (1929) in jungpliozänen Schichten von Kurilo in Bulgarien. Von 78 nachgewiesenen Pflanzenarten ist heute bloß ein Dutzend ausgestorben. Arten, wie *Taxus baccata*, *Picea abies*, *Cedrus libani*, *Salix nigricans*, *Vaccinium vitis-idaea*, *Arctostaphylos uva-ursi*, *Lonicera nigra*, deuten auf das Vorhandensein einer Koniferenstufe, die, wie *Vaccinium uliginosum* und *Rhododendron myrtifolium* vermuten lassen, wohl von einer subalpin-alpinen Stufe überlagert war.

Über die Zusammensetzung mittelpliozäner Pflanzengesellschaften geben die reichen Fundstellen im Rheindelta und bei Kroscienko in Polen manche Anhaltspunkte. SZAFER (1947) nimmt an, daß der Nordfuß der Karpaten von einem Laubwaldgürtel aus *Carpinus* (*C. betulus*, *C. laxiflora*, *C. minima*), *Pterocarya*, *Liriodendron*, *Liquidambar*, *Vitis silvestris* usw. eingerahmt war, dem eine Koniferenstufe mit *Picea rubra*, *P. abies*, *Tsuga*, *Abies* usw. folgte. Ihren oberen Rand bekränzten wahrscheinlich *Larix ligulata*, *Pinus mugo*, *Pinus peuce* usw.

SZAFER versucht auch, wohl zum erstenmal, die pliozänen Funde von Kroscienko pflanzensoziologisch schärfer zu charakterisieren. Schon damals scheint eine reiche Assoziationsgliederung bestanden zu haben. Der *Potamion*-Verband war anscheinend durch mehrere Assoziationen vertreten. Gesellschaften des *Phragmition*- und *Magnocaricion*-Verbandes mit *Carex inflata*, *C. pseudocyperus*, *Cicuta virosa*, *Oenanthe aquatica* usw. bildeten die Umrahmung stehender Gewässer.

Schwieriger zu deuten sind die Bergwälder, doch erscheinen schon damals die Verbände des *Alno-Ulmion* und *Fraxino-Carpinion* in ihren Grundzügen vorgezeichnet.

SZAFER nimmt an, daß die Erforschung der Reliktzentren Ostasiens und Nordamerikas, wo die pliozäne Vegetation besser als in Europa erhalten geblieben ist, den Aufbau einer modernen Palaeophytosoziologie ermöglichen würde.

In letzter Zeit wurde das Problem von HORVAT (1959) ausführlich behandelt. Er versucht auf Grund der reichen pliozänen Floren Südosteuropas die Zusammenhänge zwischen der fossilen und der rezenten relikt- und endemenreichen Vegetation zu rekonstruieren. Seiner Ansicht nach waren schon im Pliozän die wichtigsten Vegetationseinheiten Südosteuropas klar ausgeprägt, aber viel reicher und üppiger entwickelt als heute. Wenn auch wie im Mittelmeergebiet die Kältezeiten des Pleistozän manche Arten, insbesondere der Baumschicht, vernichtet haben, und manche Gesellschaften ausgestorben sind, waren doch schon damals *Quercetalia ilicis*, *Quercetalia pubescentis*, *Fagetalia*, *Piceetalia* und andere Ordnungen deutlich ausgebildet. HORVAT hat auch versucht, die Zusammenhänge der rezenten mit der pliozänen Balkanvegetation festzustellen.

Von der Wende Pliozän/Pleistozän stehen uns aus Europa eine Reihe vorzüglich bearbeiteter fossiler Floren zur Verfügung, so die Floren von Reuver und Tegelen (CL. A. E. REID) an der deutsch-holländischen Grenze, von denen die erstgenannte heute meist in den Ausklang des Pliozäns gestellt wird, ebenso wie die sogenannte Klärbeckenflora bei Frankfurt am Main (MÄDLER 1932), während die Flora des Tones von

Tegelen (Reid l. c.) wie auch die von Schwanheim bei Frankfurt am Main wohl einem altquartären Interglazial zugehört (Baas 1932).

Zu den älteren Interglazialen gehört auch das Cromer forest bed in England (Reid), außerdem wahrscheinlich die ältesten fossilreichen Schichten im Diluvialprofil von Bilshausen am Harz.

**Quartär.** Mit der Annäherung an die Gegenwart häufen sich die Nachrichten über fossile Pflanzengesellschaften. Insbesondere haben diluviale Tone, Moor- und Seeablagerungen wichtige Bausteine zu einer quartären Vegetationsgeschichte geliefert.

Die Quartärvegetation und die ihr zugrundeliegenden Quartärfloren sind durch den mehrfachen Wechsel zwischen Kältezeiten (Eis-, Glazialzeiten) und Wärmezeiten (Interglazialzeiten) gekennzeichnet. Schon Heer hat aus der Flora der schweizerischen Schieferkohlen, da sie stellenweise von Moränen unter- und überlagert sind und vorwiegend von Bäumen beherrscht werden, die der heutigen mitteleuropäischen Flora angehören, auf die Existenz von mindestens zwei Eiszeiten geschlossen. Später haben Penck und Brückner in ihrem klassischen Werk „Die Alpen im Eiszeitalter" die Existenz von vier Eiszeiten (Günz-, Mindel-, Riß- und Würmeiszeit) nachgewiesen, von denen sich drei auch im Bereich des großen nordischen Inlandeises sicher nachweisen lassen.

Neben den Interglazialzeiten, deren Flora in Mitteleuropa der heutigen sehr ähnlich war, allerdings auch manche floristischen Unterschiede aufwies — so wurde z. B. im letzten Interglazial die fehlende *Fagus silvatica* fast ganz durch *Carpinus* ersetzt —, lassen sich noch kleine Klimaschwankungen sogenannte Interstadiale nachweisen, in denen es nördlich der Alpen nur zur Ausbreitung thermisch wenig anspruchsvoller Gattungen, wie *Pinus*, *Betula*, *Alnus* und *Picea*, kam. Das bekannteste Interstadial dieser Art ist die bereits in die Zeit des letzten Eisrückzuges fallende, zuerst in Dänemark nachgewiesene „Allerödschwankung". In die Allerödzeit fällt der Ausbruch des Laacher-See-Vulkans in der Eifel. Damals stießen Birken- und Kiefernwälder bis in das heutige Gebiet der südlichen Ostsee vor, um sich danach, in der „Jüngeren Tundrenzeit", wieder so weit zurückzuziehen, daß viele Landschaften Mitteleuropas neuerdings waldfrei oder waldarm wurden. Das Alter dieser Wärmeschwankung wird mit 10000 bis 8800 v. Chr. angegeben. Die vom Eifelvulkan ausgestoßene vulkanische Asche wurde weit nach West-, Mittel- und Süddeutschland vertragen.

Die jungdiluvialen Waldverhältnisse der Niederlausitz werden von Firbas und Grahmann (1928) besprochen. Durch Kozlowska (1933), Kulczyński (1932) und Szafer (1938) sind wir über die hochinteressante Dryasvegetation in den Glazialschichten Polens unterrichtet.

**Glazialfloren.** Diese „Glazialfloren" hat Nathorst 1870 in tonigen Sedimenten kleiner Seen Südschwedens, die sich beim Eisrückzug gebildet hatten, entdeckt. Nach ihrer Leitart werden sie als „Dryasfloren" bezeichnet. Von den Arten der Dryasfloren sind heute z. B. arktisch-alpin: *Dryas octopetala*, *Salix herbacea*, *Salix reticulata*, *Loiseleuria procumbens*, *Polygonum viviparum*, *Eriophorum scheuchzeri*; nur arktisch: *Koenigia islandica*[1], *Salix polaris*[2], *Ranunculus hyperboreus*; nur alpin: *Salix retusa*, *Potentilla aurea*. Gleichzeitig mit ihnen lebten aber auch heute weit verbreitete Arten, wie *Menyanthes trifoliata*, oder solche, die noch zahlreiche Reliktstandorte in den Mittelgebirgen zwischen den Alpen und der Ostsee besitzen, wie *Betula nana*, *Empetrum nigrum*. Auch kaltkontinentale Arten der Kältesteppen gehören hierher. Auf sie verweist u. a. die große relative Häufigkeit des Pollens von *Artemisia* in den Glazialfloren. Die damalige polare Waldgrenze verlief wohl am Nordrand der Mittelmeerländer.

Während die letzte große Eiszeit in Mittel- und Nordeuropa zerstörend gewirkt und stellenweise tabula rasa gemacht hat, ward die Mediterranvegetation von den Kältevorstößen weniger stark betroffen, obwohl auch hier große Vegetationsänderungen stattgefunden haben, denn nur so läßt sich das Vorkommen nördlicher Arten sogar auf Sizilien und in der Sierra Nevada erklären.

In Nordafrika scheint bis weit in die Sahara hinein wenigstens in Höhenlagen eine der mediterranen verwandte Vegetation geherrscht zu haben, die bis ins Neolithikum gedauert hat.

Quartäre Florenverschiebungen im Bereiche der Sahara sind von Quézel und Mitarbeitern (1962) festgestellt worden.

Die tertiären Relikte sind heute am Nordrand der Mediterranregion ausgesprochen auf bestimmte Gebiete und geschützte, meist südexponierte Wuchsstellen zusammengedrängt, während die großen Flußtäler, die Einfallstore der von Norden zuströmenden mitteleuropäischen Vegetation, noch heute Zeugen dieses Zustromes erhalten haben.

**Gesellschaftsentstehung**[3]. Die Pflanzengesellschaften Mittel- und Nordeuropas sind, geologisch betrachtet, junger Entstehung. Sie sind hervorgegangen aus einer Mischung von wenigen autochthonen Elementen mit zahlreichen Neueinwanderern. Ihr Aufbau steht in engster Beziehung zu den Pflanzenwanderungen, die sich im späten Postglazial abgespielt haben und worüber wir heute durch die pollenanalytische Forschung einigermaßen unterrichtet sind. Werden die pollenanalytischen Resultate mit den heute vor sich gehenden Sukzessionen in Verbindung gebracht, so ergeben sich Anhaltspunkte für die Gesellschaftsentstehung.

Das Zusammenvorkommen von Pollen der charakteristischen Artenkombination läßt auf das Vorhandensein bestimmter Gesellschaftseinheiten schließen.

Pollenanalytiker haben festgestellt, daß die Wiederbewaldung zur früh-postglazialen Böllingzeit meist durch ein Strauchstadium von *Hippophaë* und *Juniperus communis* eingeleitet worden ist. Damit stimmen die heute vor sich gehenden Sukzessionen auf

---

[1] Von Koperowa (1962) in Würmablagerungen bei 230 m im Vorland der Westkarpaten, als bisher einzigem Fundort in Mitteleuropa, 1300 km südlich ihres nächstliegenden nordischen Vorkommens entdeckt.

[2] Heute mit *Salix reticulata* bis Holland nachgewiesen (Tralau und Zagwijn 1962).

[3] Die Neuentstehung von Gesellschaften unter menschlicher Einwirkung ist S. 527 besprochen.

nackten Erosionsböden und Flußterassen der inneralpinen Täler durchaus überein (Abb. 365 und 366, S. 636 und 637).

Auch der Aufbau der Initialgesellschaften auf Felsschutt und an den Ufern der Gewässer wird sich heute ähnlich abspielen wie ehemals, doch hat der Artenbestand erst allmählich durch Zuwanderung seine heutige Ausformung erhalten.

Ursprung und Entstehungszentren der Assoziationstypen dürften dort zu suchen sein, wo bestandbildende Arten oder artenreiche Pflanzengruppierungen mit bestimmten, öfter wiederkehrenden Standortstypen zusammenfallen.

Hier haben die konstituierenden Arten ihr Optimum, die Gesellschaften ihre reichste floristische Entfaltung. Sie sind durch zahlreiche Kennarten ausgezeichnet und spalten sich nicht selten in zahlreiche Untereinheiten.

Unter dieser Voraussetzung erklärt sich die große Artenarmut und das Fehlen von Kennarten mancher Wasser- und Moorgesellschaften in den tiefergelegenen, eiszeitlich vergletscherten Alpentälern, während dieselben Assoziationen schon im Alpenvorland prächtig entwickelt und gut mit Kennarten bedacht sind.

Das Ausbreitungszentrum der oftgenannten *Carex firma*-Assoziation wäre in den Südostalpen zu suchen. Dort ist sie am üppigsten und reichsten entwickelt, dort strotzt sie von Kennarten. Im Fortschreiten nach Norden und Westen schwindet die Gruppe der Kennarten zusammen, bis sie im Berner Oberland nahezu vollständig erlischt.

Die chronologische Aufeinanderfolge der Gesellschaften in vorhistorischer Zeit ist nicht leicht festzustellen. Selbst gut durchforschte, reiche Fossillager sagen über die an Ort und Stelle stattgehabten Vegetationsänderungen wenig aus, da die fossilen Reste meist aus der näheren oder weiteren Umgebung zusammengeschwemmt, hergeweht oder (in jungquartären Schichten) auch etwa vom Menschen zusammengetragen sind.

In den Schichten prähistorischer Niederlassungen findet man außer Resten von Kulturpflanzen, besonders Getreiden, auch viele heute zu den Unkräutern gezählte Arten und zahlreiche, meist verkohlte, Holzreste. Bekanntlich nimmt man für manche Kulturpflanzen, z. B. für den Roggen (*Secale cereale*) an, daß sie den Menschen zunächst als Getreideunkräuter begleitet haben (Netolitzky, Thellung, Schiemann, Jessen und Helbaek, K. und F. Bertsch, Schwanitz).

**Moor- und Seeablagerungen.** Am besten läßt sich die zeitliche Entwicklung der Moorvegetation aus Frucht-, Samen-, Blatt- und Holzfunden im Moorprofil, ganz besonders aber aus der Artenzusammensetzung der Torfschichten selbst, die der damals herrschenden Bodenvegetation entspricht, rekonstruieren. In vielen Fällen können ganze Moorsukzessionen rekonstruiert werden und leiten so zur Syngenetik über.

Anleitung zur Ausbeutung und Bestimmung des Torfs und der Torffossilien gibt G. Andersson (1896). Um untersuchungsfähig zu bleiben, dürfen die Torfproben nie ganz austrocknen. Sie werden geschlämmt. Aufhellung der dunklen Torfarten mit etwas Salpetersäure begünstigt den Zerfall des Torfes. Die Pflanzenreste, wie Samen, Blättchen usw., können dann mit Pinsel oder Pinzette herausgelesen werden. Zur Bestimmung der Holzreste sind oft Mikrotomschnitte notwendig.

Eine vorzügliche Behandlung der subfossilen Pflanzenfunde im jungen Torf der holländischen Küste gibt BEIJERINCK (1929 bis 1931), der auf Grund seiner Untersuchungen feststellen konnte, wie die schrittweise Verdrängung der Süßwassersümpfe, Hochmoor- und Waldvegetation durch Halophytengesellschaften vor sich ging, bis schließlich der Mensch zum Schutze des ständig schwindenden Landes gezwungen ward, Dämme und Deiche aufzuführen.

Aus manchen fossilreichen Seeablagerungen kann man die Verlandung rekonstruieren und damit den Wandel des Seetyps vom oligotrophen zum eutrophen oder zum dystrophen See. Das läßt sich vor allem an Hand des fossilen pflanzlichen und tierischen Planktons noch nach vielen Jahrtausenden feststellen. Für die Bestimmung des ursprünglich höheren Salzgehaltes spielen z. B. die Diatomeen im Bereich der postglazialen Landhebung Skandinaviens und Finnlands eine große Rolle. Hier entstehen immer wieder neue Seen, die im Laufe der Zeit ausgesüßt werden und verlanden.

**Pollenanalyse.** Die wichtigsten Zeugnisse über die Vegetation der jüngstverflossenen Erdepoche und deren Chronologie vermittelt die Pollenanalyse. Das Studium des Pflanzenpollens in biogenen und minerogenen Ablagerungen hat sich in den letzten Jahrzehnten zu einem besonderen Wissenszweig herausgebildet.

VON POST, ERDTMAN, FIRBAS, IVERSEN und viele andere haben die pollenanalytischen Methoden ausgefeilt, und es ist heute möglich, für große Teile von Europa die sich zeitlich ablösenden Waldepochen seit dem letzten Hochstand der eiszeitlichen Vergletscherung (etwa 15000 Jahre) zu charakterisieren. Der vorgezeichnete Rahmen unserer Arbeit gestattet nicht, näher auf die pollenanalytischen Methoden einzugehen. Wir verweisen auf die zusammenfassenden Arbeiten von ERDTMAN (1943), GODWIN (1934, 1947), LEMÉE (1948) und FIRBAS (1949).

Zum Verständnis der Methode sei hier nur erwähnt, daß saurer Torf und Rohhumus und auch limnische Sedimente, selbst kalkreiche Ablagerungen, wie Seekreiden, nicht nur Früchte, Samen, Blattreste und Holz, sondern auch Pollenkörner und Sporen, besonders deren sehr widerstandsfähige, als Exine bezeichneten Außenwände konservieren. Die Exine, die selber wieder aus verschiedenen Schichten besteht, ist besonders reich an Strukturen, zu deren Aufklärung heute auch das Elektronenmikroskop herangezogen wird[1], vor allem an den präformierten Austrittsstellen für den späteren Pollenschlauch. In der mitteleuropäischen Vegetation z. B. fallen jährlich einige tausend Pollenkörner pro Quadratzentimeter der Bodenoberfläche, von denen natürlich nur ein Teil konserviert wird. Welchen Anteil daran die einzelnen systematischen Sippen (Arten, Gattungen, Familien) haben, hängt von der spezifischen Bestimmbarkeit ihrer Pollenkörner ab, die wie gesagt, in

[1] S. HESLOP-HARRISON, Origin of Exine, Nature 195, 1962.

erster Linie auf dem Bau der Exine beruht. Die einzelnen Pollenkörner werden nach entsprechender Aufbereitung der Proben mit KOH, HF oder Azetolyse unter dem Mikroskop bestimmt, abgezählt und jeweils als Prozentsatz der Summe der Waldbaumpollen (nach dem Beispiel von POSTS ohne *Corylus*) graphisch dargestellt. Es können aber auch alle irgendwie bestimmbaren Pollenkörner, also der Baumpollen (BP) und der Nichtbaumpollen (NBP), als Grundsumme dienen. Graphisch mit bestimmten Zeichen dargestellt, veranschaulicht dann das Pollendiagramm die Veränderungen der relativen Pollenhäufigkeit von Probe zu Probe im Laufe der Zeit. Als Beispiel für Pollendiagramme sei auf die Abb. 416 und 417 verwiesen.

Wie weit der Pollenniederschlag die Vegetation spiegelt, von der er stammt, kann man am besten beurteilen, wenn man den Pollengehalt der alleroberstеn Schichten eines Moores oder eines anderen, den Pollen konservierenden Substrates mit dem Anteil der verschiedenen Arten an der heutigen Vegetation vergleicht (vgl. Tab. 84). Dabei zeigt sich immer wieder, daß der Pollengehalt nur ein verzerrtes Abbild der Vegetation liefern kann. Besonders nützlich ist es, wenn man zum Vergleich von der engeren und weiteren Umgebung geologische und bodenkundliche Karten zur Verfügung hat und vor allem auch Vegetationskarten, am besten solche der „natürlichen" potentiellen Vegetation.

TÜXEN (1933) hat zu diesen Fragen wesentliche allgemeine Gedanken geäußert. Weitere lehrreiche Beispiele für die Verfolgung der Zusammenhänge zwischen der heutigen Vegetation und ihrer nacheiszeitlichen Geschichte verdankt man in jüngerer Zeit BUCHWALD und LOSERT, SCHWICKERATH 1954, TRAUTMANN u. a. Zur Begriffsbildung auf diesem Gebiet vgl. auch TÜXEN 1956. Es geht hier vor allem um die Frage, wie weit der Mensch durch seine Siedlungen und die Nutzung der Vegetation die Standorte irreversibel verändert hat. Ein klassisches Beispiel dafür ist die Auflagerung von Aulehm, der offenbar vielfach durch die Abschwemmung von Löß von der Feldflur der Talhänge und älteren Terrassen als Folge der menschlichen Besiedlung entstanden ist (NATTERMANN).

**Pollenerzeugung.** Eine kritische Behandlung der Pollenfunde und ihre Diagrammauswertung erfordert die Beachtung der verschieden starken Pollenerzeugung der nachweisbaren Arten oder Gattungen (F. POHL 1937, REMPE 1937). Man kann danach folgende Gruppierung vornehmen:

I. Pollenerzeugung sehr groß, die Art ist daher im Pollendiagramm übervertreten — *Corylus*, *Pinus* in den meisten Fällen, *Alnus*, *Betula*.

II. Pollenerzeugung mittelmäßig, die Arten nur wenig über- oder untervertreten — *Abies*, *Carpinus*, *Picea*.

III. Pollenerzeugung gering, die Arten meist erheblich untervertreten — *Fagus*, *Quercus*, *Castanea*, *Ulmus?*, *Tilia*, *Salix* (*Larix*, *Acer*).

**Pollenstreuung.** Im Urwald von Bialowieza haben BREMOVNA und SOBOLEWSKA (1939) den Pollenregen untersucht. Auf kleinen Mooren im Waldesinneren entspricht er genau der Waldzusammensetzung der

Umgebung, dagegen ist er auf ausgedehnten Mooren stark durch lokal auftretende Bäume und durch Ferntransport beeinflußt und kann daher nicht als Ausdruck der Zusammensetzung des benachbarten Waldes gelten.

Wieweit unter günstigen Verhältnissen in einem artenarmen Gebiet, wie Westgrönland, aus dem Jahresniederschlag auf die umgebende Vegetation geschlossen werden darf, ergeben vergleichende Untersuchungen von IVERSEN. Er stellte den Pollenzählungen in rezenter Gyttja die prozentische Artenvertretung im heutigen Vegetationskleid gegenüber und erhielt das in Tab. 84 gezeigte Bild.

Tabelle 84. Pollenniederschlag und Vegetationszusammensetzung bei Godthaab in Westgrönland (nach IVERSEN 1947)

| | *Alnus* | *Salix* | *Betula nana* | *Empetrum hermaphroditum* | *Ericaceae* | *Gramineae* | *Cyperaceae* | *Artemisia* |
|---|---|---|---|---|---|---|---|---|
| Lokalität A | | | | | | | | |
| Pollenanalyse von rezenter Gyttja % | 13 | 6 | 56 | 6 | 5 | 3 | 10 | 1 |
| Zusammensetzung der Vegetation A % | 3 | 13 | 19 | 6 | 26 | 11 | 22 | × |
| Lokalität B | | | | | | | | |
| Pollenanalyse von rezenter Gyttja % | 10 | 6 | 58 | 5 | 4 | 5 | 12 | 5 |
| Zusammensetzung der Vegetation B % | 5 | 12 | 33 | 5 | 16 | 13 | 17 | × |

Beispiele für Fehlerquellen der Pollenanalyse geben einige Arbeiten, die sich mit dem heutigen Pollenniederschlag befassen. So zeigten LÜDI und VARESCHI in Davos, daß der Pollenregen von einem Jahr zum andern sehr verschieden sein kann. Z. B. betrug der Anteil des Fichtenpollens 1934 37,6%, 1935 7,0%, der des Föhrenpollens hingegen 1934 40,5%, 1935 75,4%. Nach VIEITEZ CORTIZO spielte in Santiago, Galicien 1946 der Pollen von *Pinus pinaster*, der die Waldungen in der Gegend von Santiago beherrscht, im Pollenbild nur eine ganz untergeordnete Rolle.

Auf Grund von Pollenanalysen aus dem Eis des Aletschgletschers kommt VARESCHI (1935) zum Schluß, daß das Pollenspektrum den umgebenden Wald nur grob widerspiegelt und daß sogar ein 20 km entfernter Bezirk durch seine Pollenstreuung das Gesamtbild einseitig zu verzerren vermag.

Je mehr Arten und Gattungen nach ihrem fossilen Pollen bestimmt werden können, um so mehr gewinnt die Pollenanalyse an Bedeutung. In letzter Zeit ist es gelungen, auch eine Reihe krautiger Pflanzen nach

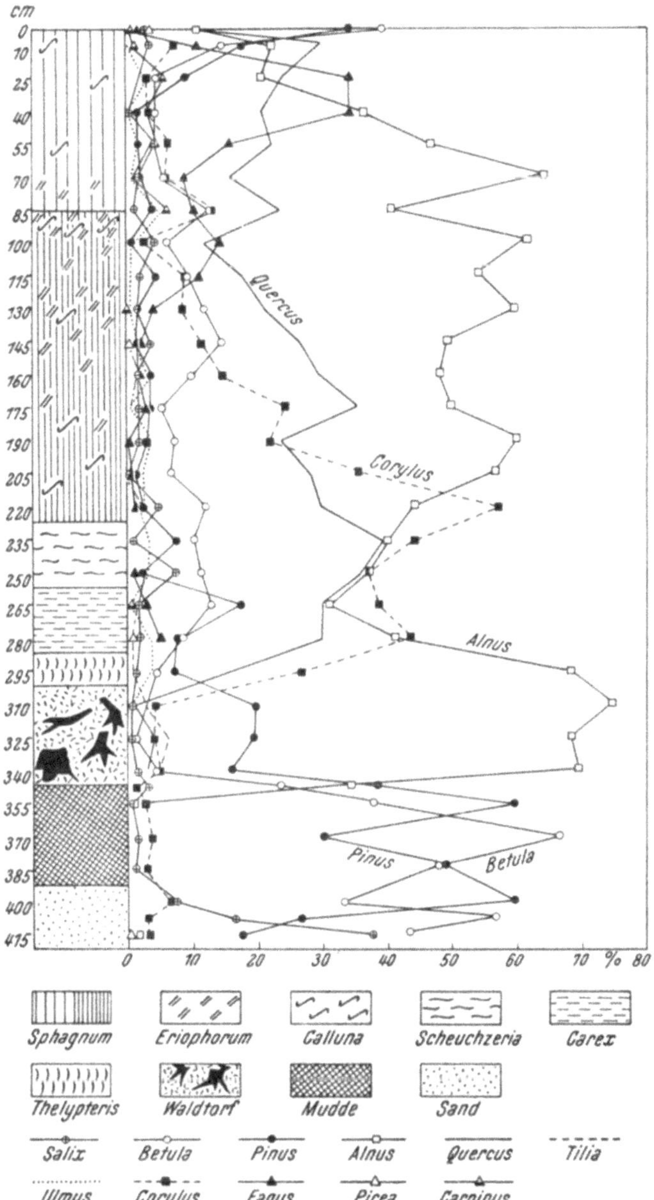


Abb. 416. Pollendiagramm des Korenburger Veen in Ostholland (nach BEIJERINCK)

ihrem Pollen bis zur Gattung, in manchen Fällen bis zur Art zu bestimmen. Es hat sich dabei herausgestellt, daß schon während der postglazialen Tundrenzeit Gattungen, wie *Artemisia, Rumex, Thalictrum, Helianthemum* im westlichen Europa eine weite Verbreitung besessen haben. Bei *Helianthemum* handelt es sich um das zur Hauptsache alpin-subalpine *H. alpestre*, bei *Artemisia* wahrscheinlich um *A. campestris* und *vulgaris*, vielleicht auch um *A. absinthium*, *A. rupestris* und *A. oelandica*-Formen.

**Pollenanalyse und Gesellschaftsentwicklung.** Die Pollenanalyse vermittelt zwar ein immer deutlicheres Bild der großen postglazialen Klima- und Vegetationsfolgen, ihre Auswertbarkeit für die Sukzessionsforschung ist aber immer noch recht beschränkt, da der Pollen nur zum Teil autochthon, am Ort seiner Entstehung abgelagert, größtenteils aber allochthon, zusammengeweht ist und mithin aus verschiedenen Pflanzengesellschaften stammt, die gleichzeitig nebeneinander gelebt haben.

Erst unter gleichzeitiger Berücksichtigung von Schichtenzahl und Schichtenfolge, Pflanzenresten und anderweitigen Makrofossilien werden Rückschlüsse auf Vegetationssukzessionen, die sich an Ort und Stelle abgespielt haben, möglich. Die von Firbas und Mitarbeitern (1948) herausgegebene Arbeit über die Vogesenmoore gibt hierfür Beispiele.

Liegen aber aus einem beschränkten Gebiet mehrere oder viele in ihrem Verlauf übereinstimmende Pollenspektren mit gleichaltrigen Horizonten vor, so können unter den oberwähnten Einschränkungen die sich ablösenden Waldbilder wenigstens in großen Zügen rekonstruiert werden.

**Pollendiagramme.** Die Resultate der Pollenanalyse werden in Pollendiagrammen graphisch dargestellt. Anfänglich bezogen sich diese Diagramme fast ausschließlich auf Baumpollen. Ein solches Baumpollendiagramm, mit *Corylus*, aus Ostholland gibt Beijerinck (Abb. 416).

Man sieht, wie im Pollengehalt einzelne Bäume nacheinander vorherrschen und wie das Diagramm dadurch und durch die oft sehr steil ansteigenden oder fallenden Pollenanteile einzelner Arten gegliedert wird.

(Auf der Ordinate sind die Tiefen der entnommenen Proben und die Stratigraphie eingezeichnet, auf der Abszisse die Pollenanteile der Bäume sowie von *Corylus* in Prozenten eingetragen.)

Neuerdings unterscheiden die Pollendiagramme nicht nur Baum- und Nichtbaumpollen, sondern auch Gramineen- und Cyperaceenpollen, *Artemisia-*, *Helianthemum-* u. a. Pollen, die Pollendichte, sowie für die Datierung wichtige Pflanzengroßreste. Ein ausgezeichnetes Beispiel eines modernen Pollendiagramms entlehnen wir G. Lang (1952) (Abb. 417).

Die Pollenanteile sind als Prozentsatz einer Pollensumme der Bäume von *Corylus* und der Nichtbaumpollen (ohne Wasserpflanzen) dargestellt. Links sind Moortiefe, die verschiedenen erbohrten Schichten und die unterschiedenen Perioden dargestellt. Die hohen Werte der Nichtbaumpollen im Verhältnis zu den Baumpollen bezeugen die sehr geringe Bewaldungsdichte, wenn nicht Waldfreiheit des Gebiets im älteren Spätglazial. Die hohen Werte der Birke in der Birkenzeit (1b) entsprechen wohl einem Birkengürtel beim Herannahen des Waldes. Gleichzeitig finden sich fast in jeder Probe einige Pollenkörner von *Hippophaë*. Die *Betula*-Werte im jüngeren Teil von 1a dürften, wie die zahlreichen Großreste von *Betula nana* zeigen, zum Teil auf Zwergbirkenbestände zurückgehen. In den oberen Abschnitten herrscht der *Pinus*-Pollen oft mit mehr als 90% vor. Die obersten Proben gehören bereits dem Beginn der Nacheiszeit an. Das Diagramm zeigt vor allem die Bedeutung der Großreste (Blätter, Hölzer, Samen und Früchte) für eine kritische Deutung.

**Datierung.** Eine befriedigende Auswertung der Pollendiagramme kann erst erfolgen, wenn man die aus ihnen ableitbaren Waldperioden und sonstigen vegetationsgeschichtlichen Vorgänge datieren und dadurch verknüpfen kann. Das ist auf verschiedene Weise möglich.

1. Durch Auszählung von Jahresschichten in glazialen Sedimenten, die sich beim Rückzug des Inlandeises vor dem Eisrand gebildet haben (sogenannte Bändertonchronologie von de Geer in Schweden, ähnliche Arbeiten von Sauramo in Finnland). In seltenen Fällen entstehen solche Jahresschichten auch in tiefen und ruhigen Seen (Welten 1944).

2. Nach dem Gehalt von radioaktivem Kohlenstoff ($C^{14}$) in der zu datierenden organischen Substanz (Holz, Torf, Fäkalien). Der $C^{14}$-Gehalt nimmt mit dem Alter meßbar ab. Nach dem derzeitigen technischen Stand dieser Methode ist sie bis zu einer Zeit, die etwa 45000 bis 50000 Jahre zurückreicht, verwendbar.

3. Durch Zuordnung vulkanischer Sedimente, vulkanischer Aschen, die petrographisch eindeutig auf bestimmte Eruptionen zurückgeführt werden können (Auer 1933 in Feuerland und Patagonien u. a.). Der schon erwähnte vulkanische Ausbruch des Laacher Sees (vgl. S. 707), der mitten in die Allerödzeit fällt, gestattet, Schichten aus dieser Zeit in verschiedenen Landschaften zusammenzuschließen.

4. Durch Zuordnung von urgeschichtlichen Funden, deren Alter auf Grund der urgeschichtlichen Typologie bekannt ist, und die in pollenführenden Sedimenten eingebettet liegen.

5. Durch die in den Pollendiagrammen nachweisbaren Klimaveränderungen. Dazu zählt die S. 718 erwähnte „Jüngere Tundrenzeit" oder Dryaszeit. Eine andere hervorstechende Klimaänderung ist die postglaziale Wärmezeit. In ihr reichten die Verbreitungsgrenzen zahlreicher Pflanzen und Tiere des Süß- wie auch des Salzwassers viel weiter polwärts als heute und mehrere hundert Meter höher in den Gebirgen (z. B. Haselnußpollen im Oberharz bis mindestens 1044 m, heutiges Vorkommen des Strauches bis etwa 500 m, *Stratiotes*-Pollen bei 1540 m in Südbünden (Zoller 1960). Die Waldgrenze in den Berneralpen verlief etwa 200 m höher als heute (Welten 1958).

Nach von Post läßt sich das Postglazial auf der ganzen Erde in drei Abschnitte gliedern, die durch die Dominanz oder bevorzugte Ausbreitung bestimmter Pflanzenarten gekennzeichnet sind

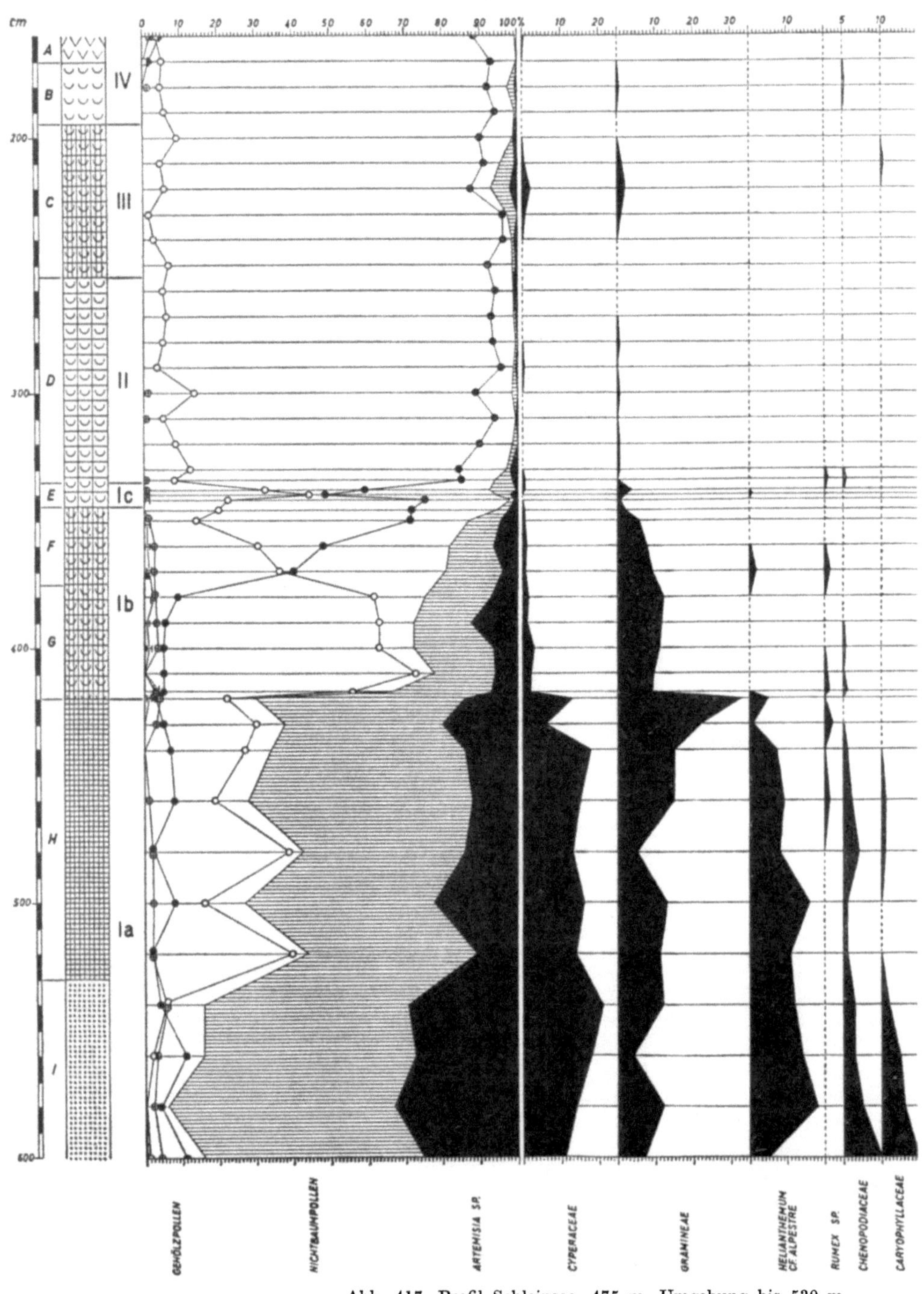


Abb. 417. Profil Schleinsee, 475 m, Umgebung bis 530 m.

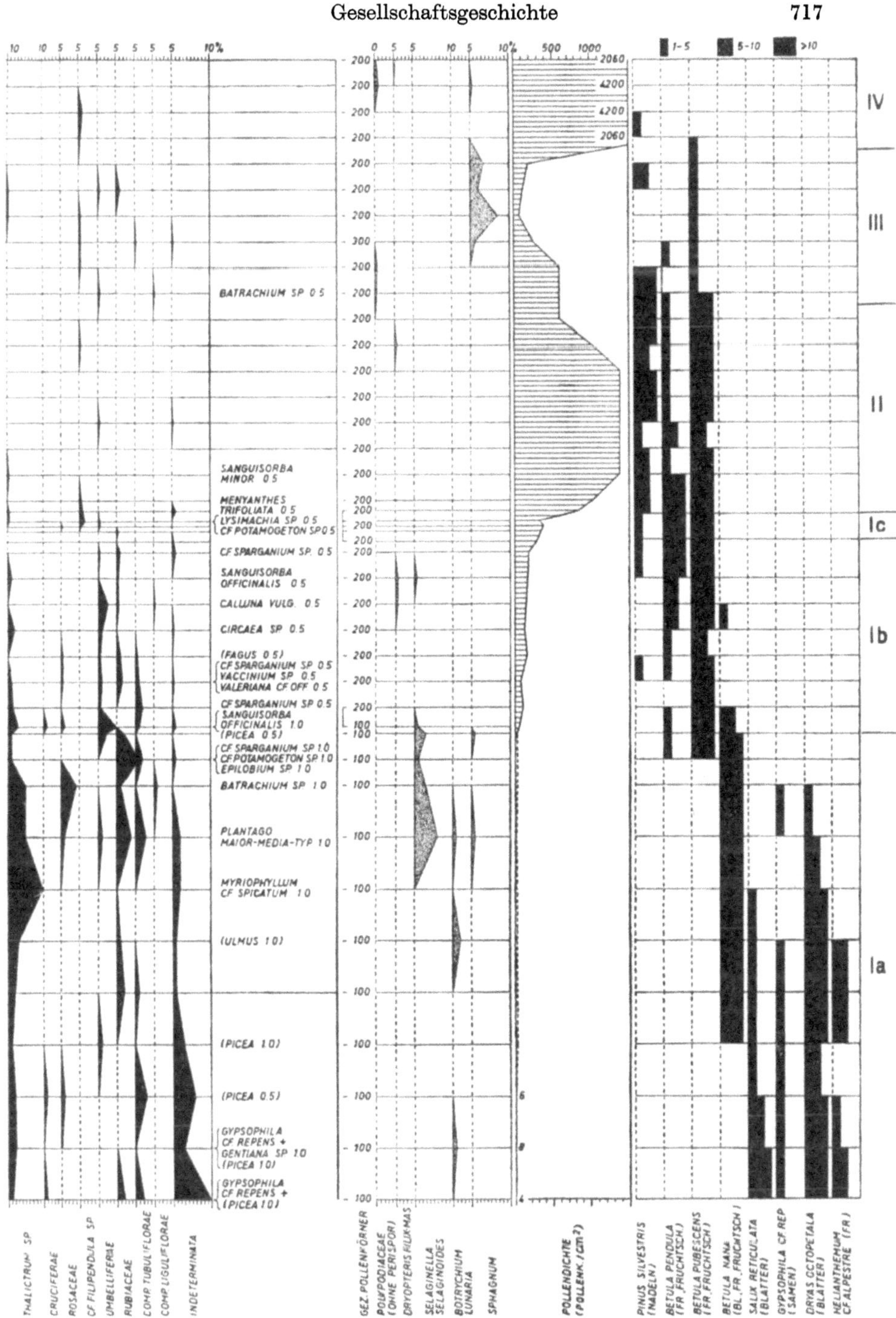

Pollen-, Sporen- und Großrestediagramm (G. LANG 1952)

und danach als archaeokratische, mesokratische und telokratische Arten bezeichnet werden können. (Zur Namengebung vgl. auch FIRBAS 1949.)

Lassen sich die Ergebnisse der Pollenanalyse durch Holzfunde, urgeschichtliche Zeugen (Artefakte, Gräber usw.), charakteristische Tier- oder Pflanzenreste näher datieren, so wird ihre Einordnung in das vorgeschichtliche Zeitschema möglich.

**Chronologische Übersicht der postglazialen Waldperioden.** Einen weitgefaßten Rahmen für die sich im Verlauf der Spät- und Nacheiszeit folgenden Klima- und Waldperioden Mitteleuropas gibt die Übersicht von FIRBAS, in Tab. 85.

Tabelle 85. Einordnung der Waldgeschichte in die Spät- und Nacheisze Mitteleuropas (nach FIRBAS 1962)

| Wahrscheinliche Zeitgrenzen | | Zeitabschnitte (klimatisch und Namen nach BLYTT-SERNANDER) | Waldentwicklung in Mitteleuropa | Vorgeschichtliche Zeitabschnitte | Entwicklung der Ostsee und Rückzug des Inlandeises |
|---|---|---|---|---|---|
| Gegenwart | Nacheiszeit | Nachwärmezeit (Subatlantikum) | Wirtschafts- forste Buchenzeit | Geschichtliche Zeit La Tène-Zeit | Mya-Meer Limnäa-Meei |
| etwa 800 bis 500 v. Chr. | | — Klimaver- — schlechterung! Späte Wärme- zeit (Subboreal) | Übergang von der Eichen- mischwald- zur Buchenzeit | Bronzezeit / Neolithische Zeit | |
| etwa 3000 v. Chr. | | Mittlere Wärmezeit (Atlantikum) | Eichen- mischwaldzeit | | Litorina- Meer |
| etwa 5000 v. Chr. | | Frühe Wärme- zeit (Boreal) | Haselzeit und frühe Eichen- mischwaldzeit | Mesolithische Zeit | Ancylus-See (letzte Eisrest schmelzen) |
| | Späteiszeit | Vorwärmezeit | Birken- und Kiefernzeit | | Yoldia-Meer |
| etwa 8000 v. Chr. | | Jüngere Tundrenzeit | Waldarme Zeit | . . . . . ? | (Eisrand in Mittel- schweden) Baltischer Eissee |
| etwa 9000 v. Chr. | | Allerödzeit | Birken- und Kiefernzeit | Paläolithische Zeit (Magdalénien) | |
| etwa 10000 v. Chr. | | Ältere Tundrenzeit | Waldlose Zeit | | |
| etwa 18000 v. Chr. | | Glaziale Zeit | | | Eisrand in Norddeutsch- land |

1. Birken-Kiefernzeit. Während des frühen Eisrückzuges blieb das Land noch größtenteils waldfrei, später aber breiteten sich als erste Gehölze Birken- (besonders im Westen und Nordwesten) und Kiefernwälder (besonders im Osten und Südosten) aus. Das Waldbild glich also dem heutigen westlichen Lappland. Da wärmefliehende Arten der Gebirge und des Nordens, z. B. *Betula nana*, *Empetrum*, in tiefen Lagen noch häufig waren, war das Klima offenbar noch recht kalt; ja es kam sogar nach einem ersten, bis ins Ostseegebiet reichenden Waldvorstoß („Allerödschwankung") kurz vor Beginn der Nacheiszeit nochmals zu einer starken Zurückdrängung der Wälder („Jüngere Tundrenzeit").

2. Haselzeit. Mit Beginn der Nacheiszeit (nach dem Rückzug des Inlandeises von den mittelschwedischen Endmoränen, etwa 8000 v. Chr.) aber wurde es offenbar wärmer, und besonders in Westdeutschland und in den Mittelgebirgen kam es einige Zeit darauf zu einer Massenausbreitung des Haselstrauches, dem hinsichtlich der Sommerwärme anspruchsvolle Bäume, wie Eichen, Ulmen, Linden, Ahorne und Eschen, schließlich auch Erlen und Fichten folgten. So wurden die Birken-Kiefernwälder allmählich zurückgedrängt. Die südliche Nordsee und die westliche Ostsee waren damals noch Festland.

3. Eichenmischwaldzeit. Die Eiche und ihre Begleiter herrschten nun vor, die Kiefernwälder waren schon ähnlich wie heute auf arme Sandböden eingeschränkt. In den immer stärker versumpfenden Niederungen aber breiteten sich Erlenbüsche aus, und Fichten bedeckten die östlichen Mittelgebirge bis zum Harz sowie die Ostalpen und Karpaten.

4. Buchenzeit. Von den sich jetzt immer stärker ausbreitenden Rotbuchen, Tannen und Hainbuchen wurden die Eichenmischwälder zurückgedrängt und auch die Gebirgswälder immer stärker erobert. Diese wandelten sich größtenteils in Mischwälder von Buchen, Tannen und Fichten um, und in tieferen Lagen sowie in den niedrigen nordwestlichen Mittelgebirgen gelangte vor allem die Buche zur Herrschaft, stellenweise (z. B. in Ostpreußen) auch die Hainbuche. Schließlich kam es — während des letzten Jahrtausends — zu einer immer weitergehenden Veränderung des Waldbildes durch den Menschen.

Zahlreiche Funde von Hölzern und Früchten wärmeliebender Gehölze einige 100 m über ihrer heutigen Höhengrenze (z. B. von Haselnüssen im Harz bei 1000 m), in Nordeuropa auch weit jenseits ihrer heutigen Nordgrenze, entsprechende Verschiebungen der oberen Waldgrenze und Arealverschiebungen wärmeliebender Wasser- und Sumpfpflanzen (z. B. von *Phragmites*, *Najas*-Arten, *Trapa natans*, *Stratiotes aloides*, der Cyperacee *Cladium mariscus*), von Landtieren und marinen Mollusken beweisen, daß Pflanzen und Tiere während der Hasel- und Eichenmischwaldzeit und auch noch während der älteren Buchenzeit in Gebieten gedeihen konnten, wo dies heute wegen zu geringer Wärme nicht möglich ist. Man nennt diesen Zeitabschnitt daher die „postglaziale Wärmezeit". Erst etwa zwischen 800 und 500 v. Chr. führte die „postglaziale Klimaverschlechterung" zu einem dem heutigen ungefähr entsprechenden Klimazustand (FIRBAS 1962).

Welch wichtigen Anteil der Pollenanalyse am Ausbau der Klimageschichte der jüngsten Erdepoche zukommt, hat L. VON POST in seinem „Vega"-Vortrag (1944) dargelegt.

Siebenter Abschnitt

# Gesellschaftsverbreitung (Synchorologie)

Die räumliche Ausdehnung der großen physiognomischen Vegetationseinheiten, Formationsgruppen und -klassen ist heute in allgemeinen Umrissen bekannt; Übersichten, welche die ganze Erde oder große Teile derselben umspannen, geben GRISEBACH (1872), der im Jahre 1835 erstmals den Begriff der Pflanzenformation definiert, SCHIMPER (1898), dessen farbige Darstellung die wichtigsten Formationstypen der Erde umfaßt, BROCKMANN und RÜBEL (1912) mit ihrer Einteilung der Vegetation nach ökologisch-physiologischen Gesichtspunkten.

Tiefer in Verbreitungs-Einzelheiten dringen die neueren Zusammenfassungen von ALECHIN (1950; russisches Reich), SCHMITHÜSEN (1959, 1961), WALTER (1962).

Weit weniger fortgeschritten ist die Arealkenntnis der floristisch unterschiedenen Vegetationseinheiten, Verbände, Ordnungen, Klassen.

Jüngst hat es SCHMITHÜSEN, Professor der Geographie an der Universität des Saarlandes, verstanden, unter Hervorhebung der Standortsbedingungen, der geschichtlichen Vergangenheit und der menschlichen und tierischen Beeinflussung die räumliche Gliederung der Vegetation auch nach floristischen Einheiten verständlich zu machen und auf Grund der heute vorliegenden Forschungsergebnisse in das geographische Landschaftsbild einzuordnen. Seine „Vegetationsgeographie“ sei auch dem Pflanzensoziologen angelegentlich empfohlen.

Die Arbeit gibt einen klaren Gesamtüberblick über die geographische Vegetationsanordnung der Erde, die dank der pflanzensoziologischen Schulung des Autors dem Geographen wie dem Pflanzensoziologen reiche Anregung bietet.

**Sippenchorologie.** Sippen- und Vegetationschorologie stehen in engem Zusammenhang und befruchten sich gegenseitig. Über die Sippenverbreitung verdanken wir namentlich MEUSEL (1943, 1953, 1959, 1960) und HULTÉN (1950, 1962) wertvolle Aufschlüsse.

In Verbindung mit der Sippenverbreitung gewinnt das Gesellschaftsareal an Abrundung. Weit zurückliegende soziologische Beziehungen werden durch die Kennartenverbreitung aufgedeckt. Es ergeben sich Rückschlüsse auf die geschichtliche Vergangenheit der Gesellschaftseinheiten; auch wird deren Abgrenzung und taxonomische Einordnung in das System erleichtert.

Die endemische Kennartengruppe des sizilianischen Buchenwaldes (*Lamium flexuosum* Ten., *Anthriscus silvestris* Hoffm. var *nemorosa* Spr., *Milium vernale M. R.*, *Euphorbia amygdaloides* L. var. *montana* Lojac., *Myosotis elongata* Strobl, *Galium ellipticum* Willd.) stempelt diesen Wald zur besonderen Assoziation, welche von den festländischen Fagiongesellschaften abzutrennen ist (A. Hofmann 1961).

## A. Räumliche Anordnung der Pflanzengesellschaften

Großräumig betrachtet sind die Pflanzengesellschaften entweder mosaik- oder gürtelartig angeordnet. Am deutlichsten abgegrenzt ist die Gürtelanordnung in Gebirgen, wo der Mensch die natürliche Vegetationsverteilung nicht oder doch nicht wesentlich umgestalten kann. Schon die Väter der Pflanzengeographie haben die Vegetationsgürtel erkannt und unterschieden.

**Höhenstufen.** Eine erste Beschreibung der Vegetationsstufen im Gebirge gibt Albrecht von Haller (1768) in seiner großangelegten *Historia stirpium indigenarum Helvetiae inchoata.* Er unterscheidet für die Schweizer Alpen nach den auffälligsten Vegetationsänderungen sechs Höhengürtel („Regionen"), die den noch heute gültigen mehr oder weniger entsprechen. Auf ähnlicher Grundlage beruht die Stufeneinteilung der Vegetation Südfrankreichs von Giraud-Soulavie (1783).

Einen strengeren Maßstab zur Fassung und Umgrenzung der „Pflanzenregionen" (Höhengürtel) legt Sendtner bei der Darstellung der Vegetationsverhältnisse Südbayerns (1854) an. Seiner Ansicht nach müssen zu ihrer Bestimmung die Höhengrenzen sämtlicher Pflanzenarten eines Gebietes einwandfrei festgelegt werden. Die Stufengrenzen wären dann dorthin zu verlegen, „wo die meisten Unterschiede im Charakter der Vegetation eintreten, d. h. wo die meisten neuen Arten erscheinen und die alten dafür verschwinden". Diese umständliche, nur scheinbar genaue und mit manchen Fehlerquellen behaftete Methode fand indes wenig Anklang. In der Schweiz ist sie von Brockmann-Jerosch (1907) zur Bestimmung der Höhenstufen im Puschlav verwendet worden.

Zur Höhenstufen-Einteilung im kongolesischen Hochgebirge stützt sich Lebrun (1960) auf eine ähnliche floristische Methode.

Die Spermatophytenflora wird von ihm auf folgende ökologische Gruppen verteilt: Pflanzen arider Standorte, Savannenpflanzen, Sklerophyten, nitrophile Arten, tropische Arten, meist Waldpflanzen, ausgesprochen orophile Pflanzen, Arten von Familien temperierter Klimate.

Nach der Höhenverteilung dieser Gruppen werden vier Vegetationsstufen unterschieden:

Submontane Stufe bis etwa 1750 m,<br>
Montane Regenwaldstufe bis 2600 m,<br>
Subalpine Hartlaubstufe bis 3750 m,<br>
Afroalpine Stufe oberhalb 3750 m.

Die Abgrenzung der Höhenstufen in den tropischen Anden Südamerikas nach Ellenberg (1959) läßt sieben physiognomisch faßbare, klimatisch bedingte Pflanzenformationen hervortreten:

Regenwald der Tieflagen,
montaner Regenwald (bis 800 m),
epiphytenreicher Nebelwald bis 2000 m,
Hartlaubwald bis 3200 m,
Prolepis-Busch bis 4000 m,
Gebirgssteppe bis 4600 m,
Polsterpflanzengürtel oberhalb 4600 m.

Die obere Grenze des Hartlaubwaldes verläuft hier um 500 m tiefer als im Kongogebiet.

Sind die klimatischen Schlußgesellschaften noch in einiger Vollständigkeit und natürlicher Verbreitung erkennbar, so werden die

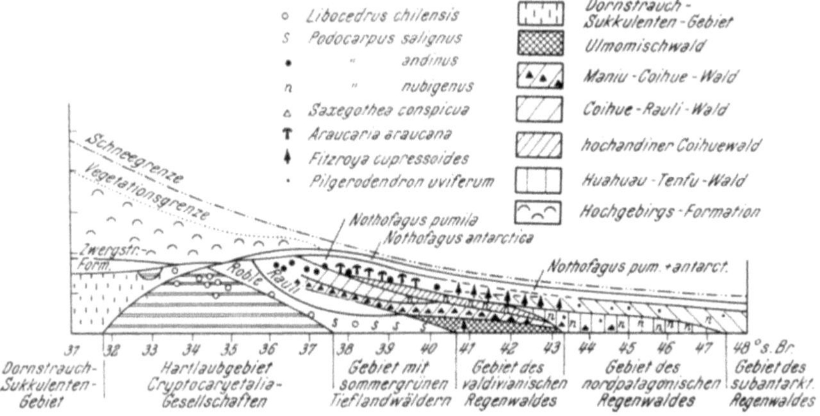


Abb. 418. Meridionales Höhenprofil der Vegetation am Westabfall der chilenischen Anden (nach SCHMITHÜSEN 1960)

Höhenstufen am einfachsten nach den Klimaxgesellschaften abgegrenzt und zur Benennung der Hauptstufen die Namen der Klimaxgesellschaften herangezogen.

Dies hat allerdings seine Schwierigkeiten in manchen Gebieten der Tropen (s. LEBRUN l. c.) oder in Südaustralien, wo durch alle Höhenstufen nicht immer leicht unterscheidbare Arten ein- und derselben Gattung als Klimax-Dominanten auftreten. Nach WALTER (1960) wird am höchsten Gipfel Australiens, dem granitischen Mount Kosziusko (2236 m) der Wald bis zur Waldgrenze (bei 1950 m) ausschließlich aus *Eucalyptus*-Arten gebildet. Darüber folgt, wie auf Neuseeland, ein Alpenrasen aus dichthorstigen Tussockgräsern (*Festuca*-, *Danthonia*-, *Poa*-Arten), die auf Neuseeland von oben in die *Nothofagus*-Waldstufe herab vorstoßen (CONNOR 1961).

Ein Beispiel selten komplizierter Höhenstufen-Anordnung unter wechselnden Wärme-, Feuchtigkeits- und Breiteeinflüssen gibt das von SCHMITHÜSEN für die chilenischen Anden gezeichnete Vegetationsprofil (Abb. 418).

Zur Abgrenzung der Höhenstufen in den Südsevennen haben wir uns schon 1915 auf die Grenzlinien der wichtigsten Assoziationen gestützt.

Unterschieden wurden drei Höhenstufen, die in großen Umrissen den Klimaxwaldungen entsprechen (Abb. 419):

A. Die Grüneichenstufe bis 600 m;
B. Die Flaumeichenstufe bis 1000 m;
C. Die Buchenstufe bis zu den Kämmen.

Nur bei ganz allmählichem Ansteigen der Bodenoberfläche verfließen manchmal die horizontalen und vertikalen Vegetationsgürtel ineinander.

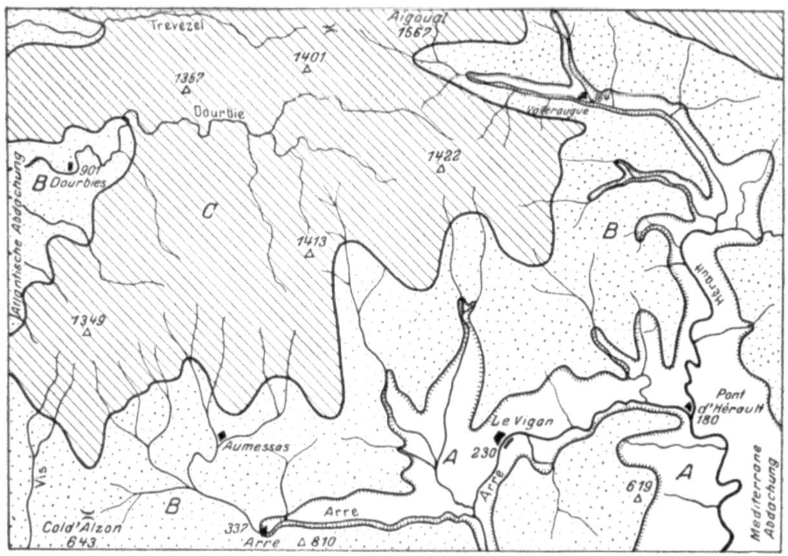


Abb. 419. Klimaxgebiete der Südsevennen (Aigoualmassiv). *A* Klimaxgebiet des *Quercion ilicis* (bis 600 m), *B* des *Quercion pubescenti-petraeae* (bis 1000 m), *C* des *Fagion silvaticae* (bis 1560 m)

Die Zahl der deutlich abgegrenzten Höhenstufen nimmt zu mit der Höhe eines Gebirges und mit der Annäherung an den Äquator, doch spielen hierbei auch noch andere Ursachen mit, die der Regel entgegenwirken, so namentlich die Zahl und vertikale Ausdehnung der vorhandenen Klimaxgesellschaften (Abb. 418).

Innerhalb der weitgefaßten Höhenstufen vorhandene sekundäre Gürtel bezeichnet man am besten als „Horizonte". Den Fichtengürtel der Nordalpen besäumt stellenweise gegen oben ein *Alnus viridis*-Horizont (Abb. 344, S. 601); die Buchenstufe der Auvergne und der Hochsevennen wird gegen oben von einem schmalen *Sorbus-Betula*-Horizont abgeschlossen.

Allgemeine Stufenbezeichnungen, wie kollin, montan, subalpin, alpin, sind mit Vorsicht zu verwenden, am besten in Verbindung mit einer Vegetationsbezeichnung, wie subalpine Fichtenwaldstufe, alpine Rasenstufe. Eine genaue Definition der einzelnen Stufen wird dadurch aber nicht überflüssig.

Die Höhenstufen sind bioklimatische Vegetationsgürtel. Es ist deshalb von problematischem Wert, die Vegetationsstufen weit entfernter Gebirge, wie etwa der Alpen und der skandinavischen Hochgebirge, parallelisieren zu wollen. Schon in den Alpen ergeben sich in der Stufeneinteilung erhebliche Unterschiede zwischen Ost- und West-, Süd-, Zentral- und Nordalpen, und es bewegen sich die Verschiebungen der Höhengrenzen weder in bestimmter, gleichsinniger Richtung, noch könnte behauptet werden, daß sich die Vegetationsstufen der verschiedenen Gebiete ersetzen.

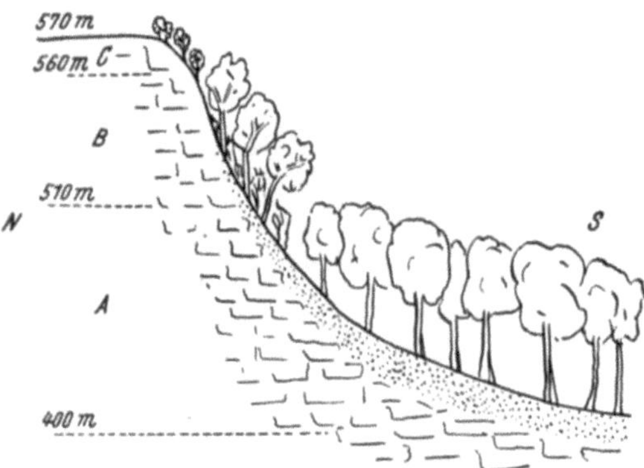


Abb. 420. Umkehr der Höhenstufen in der Schlucht von Bugarach, Ostpyrenäen. *A* Faguswald, *B Querco-Buxetum*, *C Quercus ilex* (aus Br.-Bl. u. Susplugas 1937)

Auch der Verlauf der Waldgrenze ist keine bioklimatisch einheitliche Höhenlinie.

**Stufenumkehr.** Eine Umkehr der Vegetationsstufen findet in Schluchten, an steilen Schattenhängen und in Kaltluftbecken statt, deren oberer Rand mehr Licht und Wärme empfängt als der Talgrund (s. S. 242).

Schon G. Beck erwähnt, daß in lange schneebedeckten Karstdolinen von oben nach unten erst *Picea abies*-Wald, dann Krummholz und Gesträuch, hierauf Alpenrosen und alpine Felspflanzen folgen.

Eine eingehende Beschreibung dieser Vegetationsumkehr in Kältelöchern gibt I. Horvat (1961; s. S. 243.) Ähnliche Erscheinungen treten uns auch an den Schattenseiten enger Talschluchten entgegen.

Am oberen Rand der Schlucht von Bugarach in den Ostpyrenäen gedeiht der mediterrane *Quercus ilex*-Busch; nach unten zu folgt der *Quercus pubescens*- und zuunterst der Buchenwald mitteleuropäischer Prägung (Abb. 420).

Eine frappante Stufenumkehr überrascht auch in der engen Vorderrheinschlucht bei Versam. Hier hat sich am nordexponierten schattigen Steilhang bei 650 bis 700 m, innerhalb des Bergfichtengürtels, ein subalpiner Reliktbestand der Alpenrosen-Bergföhrenassoziation (*Mugo-Rhododendretum hirsuti*) erhalten, deren zusammenhängendes Areal heute gegen 1000 m höher verläuft.

Die großartigste Stufenumkehr bietet das Ebrobecken zwischen Saragossa und Lerida. Im winterlichen Kältespeicher der Niederung vermag sich außerhalb des Grundwasserbereichs als einziger Baum bloß der nordafrikanische Hochgebirgswacholder *Juniperus thurifera* zu halten, die umliegenden Hügelzüge dagegen sind von Beständen der frostempfindlichen Aleppokiefer (*Pinus halepensis*) gekrönt.

**Vegetationszonation.** Den thermischen Klimazonen der Erde, die sich mehr oder weniger konzentrisch um die Pole anordnen, entsprechen großgefaßte physiognomische Vegetationseinheiten. Ihre Gürtelung erfährt aber durch die Niederschlagsabnahme landeinwärts gegen das Innere der großen Kontinente eine Verschiebung, denn mit abnehmender Feuchtigkeit wird der Wald durch die Grasflur, diese durch die Steppe und schließlich durch die Wüste ersetzt.

Abb. 421. Primäre, klimatisch bedingte *Stipa*-Steppe (*Stipetum parviflorae*-Klimax) in Südtunesien (Aufn. HUECK, Exkurs. S.I.G.M.A.)

Die küstennahen Waldgebiete Nordafrikas unterstehen dem Klimaxgebiet des *Oleo-Ceratonion*; gegen das Innere wird es abgelöst durch die trockenharte Grasflur von *Stipa tenacissima* (Halfa), *Stipa parviflora*, weiterhin durch die *Haloxylon-Anabasis*-Strauchsteppe und sodann durch die pflanzenlose Wüste. Ähnliche Wandlungen, auf denselben Ursachen beruhend, wiederholen sich in anderen Teilen der Erde.

Diese großklimatische Anordnung der Vegetation wird am besten als „Zonation“ bezeichnet; „Gürtelung“ bleibt besser der örtlichen, „Stufung“ der Höhen-Gliederung vorbehalten.

Eine Vegetationszonation größten Maßstabs vermittelt der Querschnitt durch die Vereinigten Staaten von Amerika. Der immergrünen Waldzone an der atlantischen Küste folgt der Fallaubwald der Mississippi-Staaten, hierauf folgen die Prärien der Great Plains und jenseits der Rocky Mountains die Halbwüsten-Strauchsteppe und der pazifische Küstenwald (Abb. 422).

Die Vegetationszonation des russischen Reiches hat ALECHIN (1950) in einer übersichtlichen Farbenkarte dargestellt. Er unterscheidet von den Grenzen der Kaspisee bis zum nördlichen Eismeer sieben wärmeklimatisch gestufte Vegetationszonen: Wüste, *Artemisia*- und Grassteppe,

*Tilia-Quercus*-Fallaubwald, *Abies sibirica-Picea-Pinus*-Wald, *Larix-Populus*-Zone, Nadelwald, Tundra.

Abb. 422. Vegetationsverteilung auf dem nordamerikanischen Kontinent (nach OOSTING 1950)

**Formationszonation.** Eine auf die Dauer der jährlichen Trockenzeit abgestimmte Formationszonation der tropischen Tiefländer gibt JÄGER:

Tabelle 86. Übersicht über die wichtigsten weiträumig verbreiteten Formationsgruppen tropischer Tiefländer und die von JÄGER unterschiedenen sechs großen Klimagürtel (nach JÄGER, zit. in SCHMITHÜSEN 1961)

| Zahl der ariden Monate (nach LAUER) | Einteilung der tropischen Tieflands-Klimazonen nach der Dauer der Trockenzeit (nach JÄGER) | Verteilung der wichtigsten weiträumig verbreiteten Formationsgruppen auf die Klimagürtel der tropischen Tiefländer | |
|---|---|---|---|
| 0 | | | |
| 1 | Tropischer Regenwald — Klimazone | Tropische Regenwälder | |
| 2 | | Jahreszeiten-Regenwälder | Überschwemmungssavannen und Feuchtsavannen (mit immergrünen Galeriewäldern) |
| 3 | Feuchtsavannen-Klimazone | | |
| 4 | | Monsunwälder | |
| 5 | | Campos cerrados und | |
| 6 | Trockensavannen-Klimazone | laubabwerfende Trockenwälder | Trockensavannen (ohne immergrüne Galeriewälder) mit laubabwerfenden Trockenwald- oder Dornbäumen |
| 7 | | Dornbaum-Sukkulenten-Wälder | |
| 8 | | | |
| 9 | Dornsavannen-Klimazone | Dornstrauch-Sukkulentenformationen, Dornsavannen | |
| 10 | | | |
| 11 | Halbwüsten-Klimazone | Halbwüsten | |
| 12 | Wüstenklimazone | Wüsten | |

**Örtliche Gesellschaftsgürtel.** Hat die großräumige Vegetationszonation klimatische Unterschiede zur Ursache, so beruht die örtliche Gesellschaftsgürtelung in der Regel auf edaphischen oder biotischen Faktoren: Grundwasserstand, Bodenfeuchtigkeit, Salz- oder Nitratgehalt des Bodens (s. S. 395); aber auch Windeinfluß, Dauer der Schneebedeckung (s. S. 600/601), unterschiedliche Bewirtschaftung usw. kommen gürtelformend in Betracht.

Die bandartige Vegetationsgürtelung an Seen, Teichen und Flüssen ruft im ganzen eurosibirisch-boreoamerikanischen Gesellschaftskreis und weit darüber hinaus ähnlichen Bildern.

Abb. 423. Vegetationsgürtelung an einem Hochalpenteich. Im Wasser schwimmend *Ranunculus trichophyllus*, eingefaßt vom *Eriophoretum scheuchzeri* (Aufn. BURCKHARDT)

Auf den Schwimmpflanzengürtel folgt ein Röhrichtgürtel (*Phragmition*), hierauf ein Großseggengürtel (*Magnocaricion*), ein Kleinseggen- und dann ein Wiesengürtel, falls nicht schon vorher der Bruchwald die Flachmoorgesellschaften überschattet und ablöst; im Gebirge sind meist nur 2 bis 3 Gürtel ausgebildet (Abb. 423).

Die Vegetationsgürtelung an den Ufern der Schweizerflüsse und ihre Weiterentwicklung hat MOOR (1958) sehr eingehend auch graphisch dargestellt und mit zahlreichen Beispielen und sorgfältig zusammengestellten Gesellschaftstabellen unterbaut.

In steter Verbindung miteinander auftretende Gesellschaften können als Gürtel-Kontaktgesellschaften bezeichnet werden.

*Scirpo-Phragmitetum* und *Magnocaricion*, *Caricetum curvulae* und *Loiseleurio-Cetrarietum*, *Arthrocnemetum-Salicornietum radicantis* und *S. fruticosae*, *Agropyretum-Ammophiletum-Crucianelletum* sind bekannte Gürtel-Kontaktgesellschaften. An ihren Grenzen mischen und durchdringen sie sich nicht selten.

Vom Salzfaktor abhängig ist die Gürtelung an den Lagunen des Mittelmeers und extrazonal auf den Salzpfannen der Solontschakböden im Innern der Kontinente (s. S. 376).

BIRAND (1960) bespricht die gürtel- und mosaikartige Anordnung der Halophytengesellschaften Inner-Anatoliens und stellt sieben Assoziationen auf, die sich unserem System einordnen lassen.

Abb. 424. Kontaktgürtel am Dnjestr-Ufer bei Zalesczikу: *Bidention*, *Salix*-Bestand, *Populus*-Auenwald (Aufn. FIRBAS, Exkurs. S.I.G.M.A.)

Die wichtigsten, in der Regel konzentrisch um die Sodalachen gelagerten Salzpflanzen am Neusiedlersee und in der anstoßenden ungarischen Pußta sind *Lepidium cartilagineum*, *Puccinellia salinaria*, *Suaeda maritima*, *Crypsis aculeata*, *Cyperus pannonicus*, *Scirpus maritimus* (WENDELBERGER).

Im Norden und in den Hochgebirgen bildet die Dauer der Winterschneedecke einen wichtigen die Vegetationsgürtelung bestimmenden Faktor.

Eine außergewöhnliche Wärme- und Lichtgürtelung wird von BRUMEAU DE MIRÉ und QUÉZEL (1959) aus kleinen Fumarolen des Toussidé im Herzen der Sahara (Tibesti) bei 3000 bis 3100 m beschrieben. Einem Schlundgürtel aus Cyanophyceen, etwa 1,5 Meter innerhalb der bloß 50 bis 150 cm messenden Schlundöffnungen, welchem Farne (*Adiantum capillusveneris*, *Asplenium adiantum-nigrum*, *Cheilanthes maderensis*) beigemischt sind, folgt ein etwa 50 cm breiter, dichter, aus 23 Arten zusammengesetzter Moosgürtel. Die Öffnung der Fumarolen umschließt eine Mikroassoziation, charakterisiert durch die Endemismen *Fimbristilis minutissima* und *Campanula monodiana*. Etwas außerhalb der Öffnung des Schlundes schließen *Lavandula antineae, Satureia biflora, Erigeron trilobus, Gnaphalium luteoalbum, Euphorbia sanguinea* zum Kurzrasen zusammen.

Eine frappante Kleingürtelung ziert auch die Rohmauern luftfeuchter Gebiete (Sevennen, Nordiberien). Im südatlantischen Portugal lassen sich an alten Mauern von oben nach unten drei parallele Gürtel unterscheiden: ein Farn-, ein Moos- und ein *Selaginella denticulata*-Gürtel.

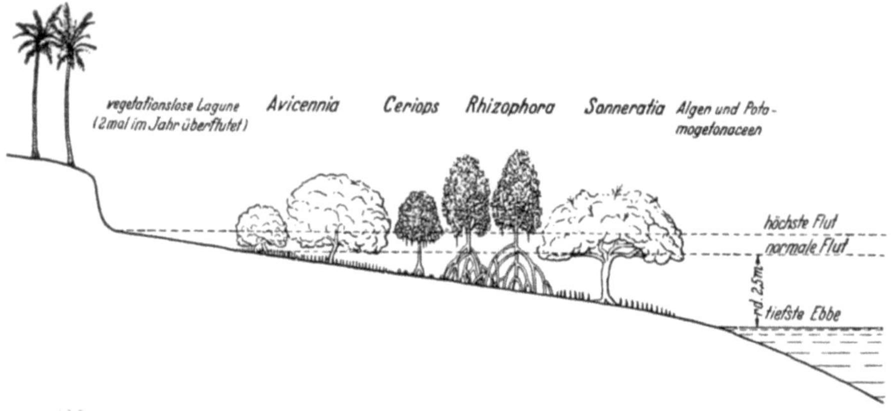


Abb. 425. Vegetationsgürtel an der Meeresküste bei Tanga (Ost-Afrika). Von außen nach innen: I. *Sonneratia alba*-Gürtel, II. *Rhizophora mucronata*-Gürtel, III. *Ceriops candolleana*-Gürtel, IV. *Avicennia marina*-Gürtel, V. vegetationslose Sandfläche, nur zweimal im Jahre vom Seewasser überflutet (WALTER 1936)

**Darstellung der Gürtelung.** Die Darstellung der Gürtelanordnung geschieht entweder flächenhaft oder durch einen Vegetationsquerschnitt (Transekt s. S. 735).

Sind die Gürtel deutlich begrenzt, so geben Luftphotographien gute Übersichtsbilder.

Beschreibungen der Vegetationsgürtelung im Verlandungsbereich von Gewässern sind in zahlreichen älteren und neueren Arbeiten enthalten. Die Dünengürtelung Hollands hat durch WESTHOFF, VAN LEEUWEN und ADRIANI (1961) eine besonders eingehende, ökologisch begründete Schilderung erfahren. WALTER, VELOSO u. a. behandeln die Vegetationsgürtel tropischer Strandgebiete (Abb. 425).

Extrem reduziert sind die Vegetationsgürtel in den Wasserabflußrinnen der Wadis des nordafrikanischen Wüstengebietes. Sie bestehen aus einem schmalen Buschstreifen von *Nerium oleander* (s. Abb. 28).

**Algengürtelung.** Sehr scharf begrenzt sind die Algengürtel an Felsküsten, wie sie seit OERSTED (1844) vielfach beschrieben worden sind. Einer der besten Kenner der Verhältnisse, DU RIETZ, gliedert (1932) die Algen- und Flechtengürtel an der ostschwedischen Küste wie folgt:

### a) *Hydrohalophytenstufe (Algengürtel)*

1. Zutiefst (im Maximum bis 40 m unter der Wasseroberfläche) verläuft der *Furcellaria*-Gürtel, der die untere „Hydrohalophytenstufe" darstellt. *Rhodomela subfusca, Ceramium diaphanum, Phyllophora* spielen eine mehr oder weniger wichtige Rolle.

2. *Fucus-Pylaiella*-Gürtel (Braunalgengürtel). *Fucus vesiculosus* bildet die Hauptmasse der Algenvegetation. Ferner sind vertreten *Pylaiella, Ceramium diaphanum, Dictyosiphon foeniculaceus* u. a. Arten. Die obere Grenze dieses Gürtels wird von den jährlich schwankenden Tiefwasserperioden bestimmt, welche Arten, die sich zu hoch vorgewagt, unbarmherzig austilgen.

3. Gürtel der sommerannuellen Fadenalgen, meistens nur 0,5 m breit und stark wechselnd. Es treten u. a. auf: *Dictyosiphon foeniculaceus, D. chordaria, Aegira virescens, Ectocarpus siliculosus* usw.

### b) *Hygrohalophytenstufe (Flechtengürtel)*

4. *Verrucaria maura-Calothrix scopulorum*-Gürtel (Unterhygrohalin) (Wellengürtel, Häyrén 1914). Neben den beiden genannten Arten erscheinen häufig *Lichina confinis* und *Urospora penicilliformis.* Dieser Gürtel erhält sein Gepräge durch die häufige Durchtränkung mit Meerwasser.

5. *Caloplaca marina-Verrucaria maura*-Gürtel. Häufig ist in diesem Gürtel auch *Lecanora halicopsis. Verrucaria maura* herrscht an schattigen Felsen.

6. *Lecanora actophila*-Gürtel mit Soziationen von *Caloplaca aractina, C. scopularis* (ornithokoprophil), *C. granulosa* u. a.

7. *Lecanora atra-Rhizocarpon constrictum*-Gürtel, der ebenfalls verschiedene Soziationen umfaßt und gelegentlich auch als „oberer Sturmgürtel" bezeichnet worden ist.

Die Flechtengürtel der Spritzzone, dem hygrohalinen Verband der Krustenflechten (*Verrucaria maura-Lecanora actophila-Rhizocarpon constrictum*-Verband) zugehörig, bilden drei durch spezifische Charakterarten gekennzeichnete Assoziationen. Von unten nach oben folgen sich die *Verrucaria maura-Lichina confinis*-Assoziation, die *Caloplaca marina-Lecanora actophila-* und die *Lecanora atra-Rhizocarpon constrictum*-Assoziation.

Ausschlaggebend für die Ausbildung der drei Assoziationen ist die unterschiedliche Bespritzung mit Salzwasser. Degelius (1939) hat die Flechtengürtelung an der schwedischen Westküste eingehend studiert und drei Hauptgürtel unterschieden.

Stärker gegliedert sind die Algen-Flechtengürtel an der atlantischen Küste Frankreichs. Davy de Virville (1939) unterscheidet hier nicht weniger als acht ziemlich allgemein verbreitete Gürtel, während sechs weitere Gürtel gelegentlich unter ökologisch extremen Bedingungen auftreten. Die acht Hauptgürtel sind: 1. *Laminaria-*, 2. *Fucus serratus-*, 3. *Fucus vesiculosus-*, 4. *Fucus platycarpus-*, 5. *Pelvetia canaliculata-*, 6. *Verrucaria maura-*, 7. *Caloplaca marina-*, 8. *Xanthoria parietina*-Gürtel.

*Fucus vesiculosus* erscheint gürtelbildend auch an der nordamerikanischen Küste, jedoch in Verbindung mit anderen Begleitarten. Conard (1935) erwähnt für die Küstenfelsen von Long Island bei New York drei Vertikalgürtel, entsprechend den Assoziationen von *Ascophyllum nodosum, Fucus vesiculosus* und *Rhizoclonium.*

T. A. und Anne Stephenson (1949) haben während 30 Jahren die Gürtelabgrenzung an den Felsküsten Englands, Nordamerikas, Südafrikas, des Indischen Ozeans und Australiens studiert. Sie gelangen zum Schluß, daß die einzelnen Gürtel nicht durch Gezeitenerscheinungen usw., sondern nur vermittelst der Organismenanordnung charakterisiert werden können.

Lichtgürtelung und Lichtresistenz der Meeresalgen behandeln Biebl (1956) und Molinier (1960).

Die Süßwasser-Algengürtelung am Bodensee ist von Zimmermann (1927) untersucht worden. Am Steilabsturz bei Überlingen herrscht bis 10 m abwärts eine *Spirogyra adnata*-Assoziation, von 10 bis 20 m reicht die *Cladophora profunda-Chamaesiphon incrustans*-Assoziation und

Abb. 426. Gesellschaftsmosaik. Flechtengesellschaften auf Granitblöcken, dazwischen Fragmente der *Rhododendron-Saxifraga geranioides*-Assoziation, Carlittemassiv, 2250 m, Ostpyrenäen (Aufn. H. Meier u. Br.-Bl.)

bis 35 m die *Hildebrandia rivularis-Bodanella lauterborni*-Assoziation. Bemerkenswert ist die äußerst scharfe Grenzziehung zwischen der ersten und zweiten Assoziation. Die entscheidende Rolle bei der Algengürtelung spielt das Licht. Bei 45 m Tiefe wurde die unterste Grenze assimilierender Organismen festgestellt.

**Gesellschaftsmosaik.** Der von drei Meeren umschlossene europäische Kontinent zeigt keine zonale-, sondern eine mosaikartige Anordnung der großen Vegetationsgebiete. Ihre Abgrenzung ist, durch zahlreiche Arbeiten gefördert, heute im großen bekannt.

Diese großmaßstäbliche Vegetationsanordnung ist zur Hauptsache von klimatischen und historischen, zum geringeren Teil von edaphischen

Ursachen bedingt. Die Mosaikanordnung führt zum Gesellschaftskomplex.

**Gesellschaftskomplex.** Noch wenig behandelt, weil nicht leicht zu fassen und abzugrenzen, sind die natürlichen Gesellschaftskomplexe (s. S. 732), mosaikartige Vegetationsbilder, wie sie dem räumlichen Neben- und Durcheinander in klimatisch und florengeschichtlich einheitlichen Gebieten entsprechen.

Als derartige pflanzensoziologisch abgerundete Komplexeinheiten können für Mitteleuropa u. a. aufgefaßt werden: das ozeanische Insu-

Abb. 427. Gesellschaftsmosaik auf der Moorfläche von Biela plesa (Tatra), 1614 m (Aufn. ZLATNIK)

brien, die meisten großen Alpentäler, das schweizerische Mittelland, der Jura, die oberrheinische Tiefebene, das mitteldeutsche Trockengebiet, in Südwesteuropa Nordportugal mit Galicien, die Insel Majorka, die Ebrosteppe, das mediterrane Südfrankreich, die Hochflächen der Causses, aber auch die kleinen Basaltergüsse um Agde und Beziers, usw. Einen Einblick in die soziologische Vielfalt und Verschlungenheit mehrerer derartiger Gesellschaftskomplexe gibt der „Prodromus des Groupements végétaux de la France méditerranéenne“ (BR.-BL. 1952). Räumlich entsprechen diese Gesellschaftskomplexe Synoekosystemen oder Synoekosystemgruppen, oder auch dem von SCHMITHÜSEN (1959) als Vegetationsbezirk bezeichneten Gebietsabschnitt (s. S. 751).

Noch auf engem Raum stechen im Landschaftsbild bestimmte, ständig wiederkehrende, mosaikartige Komplexe hervor, die bei flüchti-

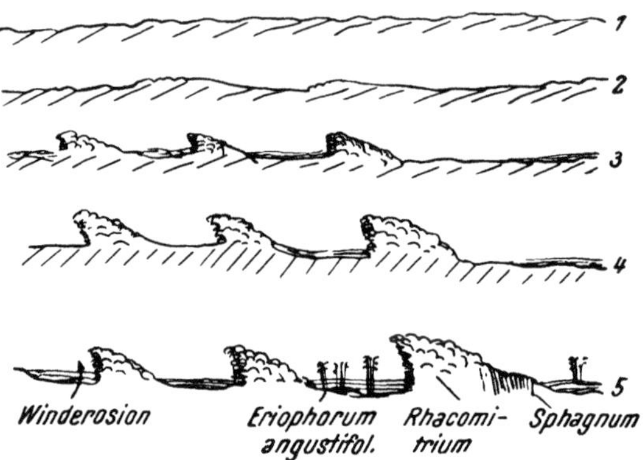


Abb. 428. Bildung eines Winderosionskomplexes auf schwach welligem Hochmoor in Schottland (nach OSVALD 1949)

gem Zusehen als ein regelloses Vegetationskonglomerat erscheinen, den Pflanzenteppich aber in floristisch und ökologisch deutlich umschriebene Einheiten zergliedern helfen (Abb. 426).

Diese meist in den naturräumlichen Bedingungen der Landschaft gegebenen lokalen Vegetationskomplexe bilden nicht selten auch genetische Einheiten (Entwicklungsserien) und haben ihr eigenes Landschaftsgepräge (s. S. 429).

Als Paradebeispiel sei an das Hochmoor erinnert. Moore und Sümpfe haben schon frühzeitig Veranlassung zur Unterscheidung mosaikartiger Assoziationskomplexe gegeben. OSVALD (1923) unterschied im großen schwedischen Gesamtkomplex des Hochmoores Komosse nicht weniger als acht genetisch abweichende Teil-Komplexe, deren bedeutendster, der Regenerationskomplex, durch aufbauende Vorgänge charakterisiert ist, wogegen der Erosionskomplex dem Abbau unterliegt (Abb. 428).

Die Erkennung der Mosaikstruktur des Hochmoors wird durch die Charakter- und Differenzialarten der verschiedenen Moorgesellschaften erleichtert. Sie gestatten, die hochmoorsteten *Ledetalia*- von den *Vaccinio-Piceetalia*- und den *Scheuchzerio-Caricetalia*-Gesellschaften reinlich zu scheiden. Ein Kiefernbusch im Hochmoor, dessen Nadelfall und Beschattung den Moorstandort derart verändern, daß sich *Pleurozium schreberi*, *Hylocomium proliferum*, *Vaccinium myrtillus*, *V. vitis-idaea*, *Empetrum* usw. einstellen, muß als ein Fragment des *Vaccinio-Piceion*-

Verbandes aufgefaßt werden, obschon er genetisch eng mit der Hochmoorgesellschaft verbunden und aus ihr hervorgegangen ist.

Auch die Bülten- und Schlenkengesellschaften des Moors gehören verschiedenartigen höheren Gesellschaftseinheiten an, so daß das physiognomisch und topographisch gut umgrenzte Hochmoor in eine ganze Reihe floristisch und ökologisch abweichender, aber meist nur

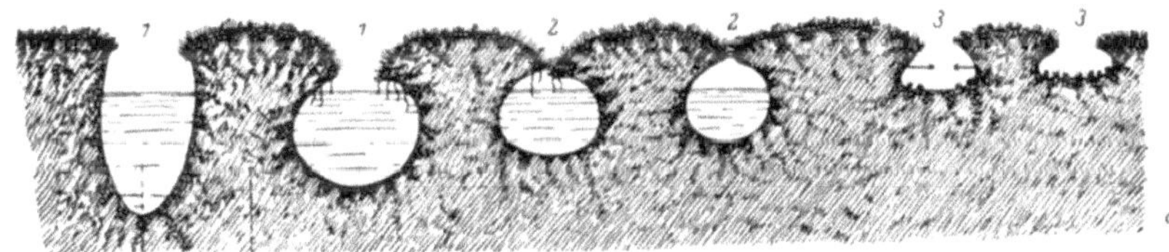


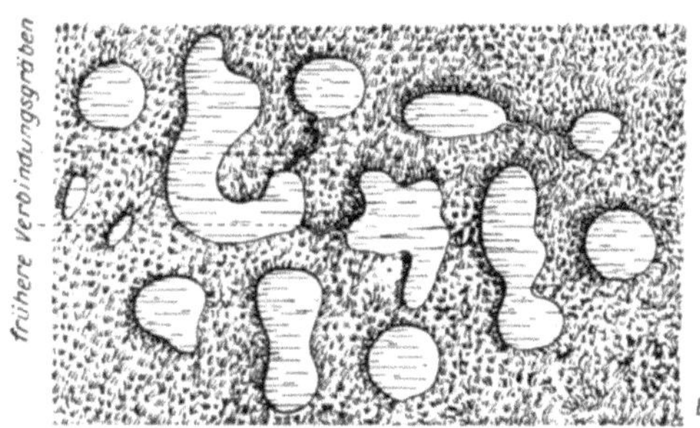


Abb. 429 *a* und *b*. Assoziationskomplex einer „Pozzine" (Flachmoorverlandung) Korsikas. *a* Teilquerschnitt durch eine Pozzine. *1* Einzelne Pozzi mit Planktongesellschaften und *Eleocharis acicularis*-Assoziation, *2* Überwachsung durch das *Caricetum intricatae*, *3* Ausgetrocknete Pozzi vom *Caricetum intricatae* besiedelt. *b* Pozzines von oben gesehen (nach DE LITARDIÈRE u. MALCUIT 1926)

kleine Flächen deckender, mosaikartig verketteter Kontaktgesellschaften zerfällt (s. DU RIETZ und NANNFELDT 1925).

Ein sehr charakteristischer Verlandungskomplex sind die „Pozzines" der alpinen Stufe Korsikas, deren soziologische Zusammensetzung und Entwicklung DE LITARDIÈRE und MALCUIT (1926) klargelegt haben (Abb. 429 a und b).

Deutliche, wenn auch meist anthropogen bedingte Mosaikanordnung bieten u. a. der *Querco-Lithospermetum-Bromion*-Komplex trockener Südhänge Mitteleuropas, der *Juniperion nanae-Rhododendro-Vaccinion*-Komplex der Zentralalpen, der *Therobrachypodion ramosi*-Garriguekomplex des Mittelmeergebietes, der *Quercion robori-petraeae-Calluno-Ulicion*-Heidekomplex Westeuropas.

Gürtel- und Mosaikkomplexe sind nicht immer scharf auseinander zu halten.

Der Dünenaufbau erfolgt in der Regel gürtelartig, der Dünenabbaukomplex dagegen ist ein buntes Durcheinander von Assoziationen und Assoziationsfragmenten.

**Gürtellinie (Transekt).** Zur Fixierung der örtlich aufeinanderfolgenden Gesellschaftseinheiten bei Querprofilen dient die Gürtellinie, ein lückenloses Band gleich großer Probeflächen, das geradlinig quer durch die Vegetationsfläche gelegt wird. Gegebenenfalls beschränkt man sich darauf, aus jedem deutlich ausgeprägten Vegetationsabschnitt nur eine oder wenige, genügend große, Probeflächen genau zu untersuchen.

**Linienschätzung.** In geomorphologisch einförmigen Waldgebieten mit holzartenarmer Vegetation kann beim Forstbetrieb der approximative Anteil bestimmter Pflanzengesellschaften an der Bodenbedeckung durch Linienschätzung ermittelt werden. Man durchschreitet das Schätzungsgebiet in bestimmten Parallelabständen mit Schleppleine und Kompaß und notiert die Länge der durchschrittenen Gesellschaften. Die finnische Forstverwaltung hat die Verteilung der Waldtypen in ganz Finnland mittels Schätzungslinien von je 26 km Abstand aufgenommen.

In den schwedischen Hochmooren sind Linienschätzungen im Abstand von je 50 m schon seit langem durchgeführt worden (s. du Rietz und Nannfeldt 1925).

## B. Gesellschaftsareal

Unter Gesellschaftsareal verstehen wir die von sämtlichen Einzelvorkommnissen einer Gesellschaft eingenommene Fläche.

**Uni- und polyzentrische Areale.** Manche Fragestellungen der Sippenarealkunde lassen sich ohne weiteres auch auf die Gesellschaftsverbreitung übertragen. Man spricht von kontinuierlich und disjunkt verbreiteten Gesellschaften, von Arealzentren, wobei unizentrische, bizentrische, pluri- oder polyzentrische Gesellschaftsareale unterschieden werden (Cain 1944, S. 151).

Die niederen soziologischen Einheiten bis zum Verband (Kryptogamengesellschaften ausgenommen) sind meist unizentrisch, falls der Begriff nicht zu eng gefaßt wird, da ein und dieselbe Artenverbindung nur unter bestimmten florengeschichtlichen Voraussetzungen und unter territorial mehr oder weniger eng umgrenzten, anderwärts nicht wieder realisierten Außenbedingungen verwirklicht ist.

Höhere Gesellschaftseinheiten: Verbände, Ordnungen, Klassen sind oft bi- oder selbst polyzentrisch (s. Abb. 430).

Beispiele ausgedehnter und dabei gut abgegrenzter plurizentrischer Assoziationen bietet die mäßig halophile Strandwiesen-Assoziation des *Schoeno-Plantaginetum crassifoliae*, die an den Lagunen der westlichen Mittelmeerküste in Südfrankreich, in der Ebrosteppe und wieder im Gebiet von Ravenna an der Adria in fast identischer Artenzusammensetzung ausgebildet ist (Abb. 430), das *Quercetum ilicis galloprovinciale* das *Salicion herbaceae*, das *Caricetum limosae* usw.

Überraschend eng ist die Übereinstimmung zwischen der pyrenäischen und alpigenen Ausbildung der Alpenazaleenheide (*Loiseleurio-Cetrarietum*), einer Assoziation, die deutlich umgrenzte Standortsansprüche stellt (s. Tab. 1, S. 54). Von den zehn in den Alpen für die Assoziation maßgebenden Arten kommen neun auch in den Pyrenäen in annähernd gleichem Mengenverhältnis darin vor, und von den 33 Arten des pyrenäischen *Loiseleurio-Cetrarietum* fehlen nur vier in unsern fünfzehn zentralalpinen Aufnahmen der Assoziation. Das pyrenäische *Salicetum herbaceae* stimmt gleichfalls floristisch weitgehend mit dem alpigenen überein, ist aber, da weiter vom glazialen Einwanderungsstrom abliegend, artenärmer.

**Arealform und Florengeschichte.** Florengeschichtlich alte, von den Eiszeiten wenig berührte und stratigraphisch abwechslungsreiche

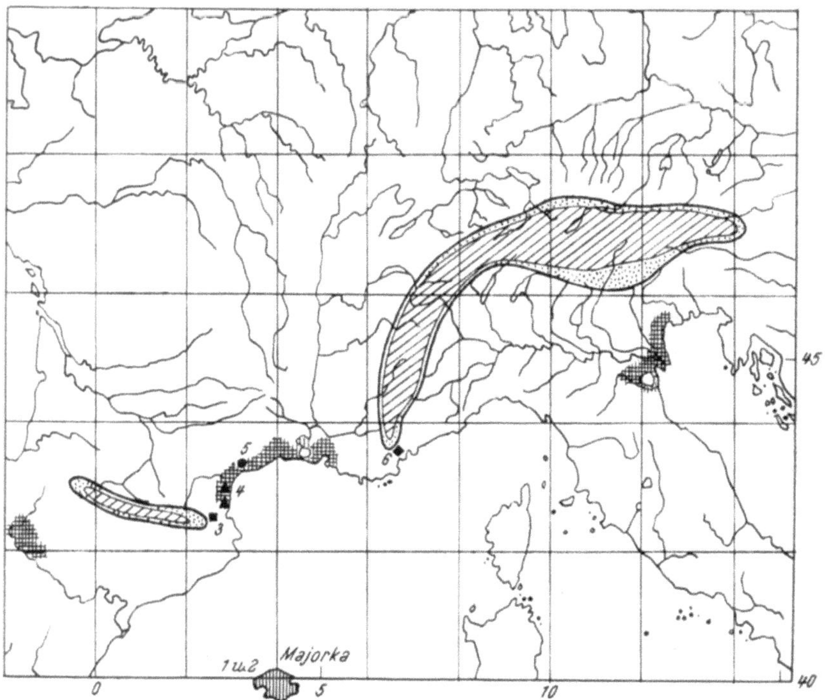


Abb. 430. Uni-, bi- und polyzentrische Areale. Boreoarktisch-alpiner Glazialrelikt-Typus (*Loiseleurio-Cetrarietum* und *Polytrichetum sexangularis* ///, *Salicion herbaceae* ⁞⁞⁞). Mediterrantertiärer Relikttypus: *1* u. *2 Hyperici on balearici* und *Brassico-Helichrysion rupestris* |||, ■ *3 Alyssetum pyrenaici*, ▲ *4 Limoniastrum-Statice lychnidifolia*-Assoziation, ● *5 Isoetetum setacei*, ◆ *6 Saxifragetum lingulatae*, # *Schoeno-Plantaginetum crassifoliae*

Gebiete wie die Mediterranregion, der Balkan oder das Südwestatlantikum, besitzen zahlreiche, vielfach eng lokalisierte und fest umschriebene Gesellschaften, Assoziationen und Subassoziationen.

So ist das von anderen Gesellschaften scharf geschiedene *Phleo-Sedetum anopetalae* des feinen Dolomitsandes nur von wenigen Punkten der Gebirgsumrahmung des Languedoc bekannt. Noch enger lokalisiert sind die Isoetionassoziationen der kaum kilometerbreiten Basalttafel von Roquehaute bei Beziers, die zahlreiche streng isolierte Hygrophyten meist südlicher Provenienz einschließen.

Aus der Arealform können wichtige Schlüsse auf Entstehung, Herkunft und Ökologie der Gesellschaften gezogen werden. Als vorzügliche Klima- und Bodenzeiger eignen sie sich ganz besonders zur bioklimatischen und bodenkundlichen Charakterisierung größerer Erdabschnitte; ihre Kartierung vermittelt ein bis in Einzelheiten zutreffendes Bild der standörtlichen Lebensmöglichkeiten.

Das Areal der Assoziationen und Subassoziationen ist meist von bescheidener Ausdehnung. Mit wenigen Ausnahmen sind die Assoziationen der Pyrenäen, Alpen, Apenninen, Karpaten und des Balkan den betreffenden Gebirgen eigentümlich. Das Areal der höheren Einheiten dagegen ist ausgedehnter, aber stärker zerstückelt. Nicht wenige europäische Verbände erstrecken sich über mehrere weit auseinander liegende Gebirgsketten.

In den meisten europäischen Hochgebirgen kehren dieselben Ordnungen wieder; manche von ihnen sind auch im Norden vertreten.

Ein- und dieselbe Klasse kann eine ganze Vegetationsregion (einen Gesellschaftskreis) umspannen.

**Gesellschaftsarealtypen.** Aus dem Zusammenschluß gleichartiger Sippenareale ergeben sich die Gesellschaftsarealtypen, welche florengeschichtliche Zusammenhänge aufzudecken im Falle sind. Als derartige Arealtypen haben wir u. a. einen alpin-boreoarktischen, einen mitteleuropäisch-boreoamerikanischen, einen mediterran-tertiären Relikttypus unterschieden (Abb. 430).

Der alpin-boreoarktische Arealtypus, dem nördlichsten Gürtel der nördlichen Hemisphäre entsprechend, hat seine eiszeitlichen Ausläufer in die alpine Stufe südlicher Gebirge (Alpen, Pyrenäen, Karpaten, Kaukasus usw.) vorgeschoben, wo sie heute mit ihrer tundraähnlichen Vegetation zur Hauptsache auf eng beschränkte, lokalklimatisch oder edaphisch ungünstige Standorte (Windecken, Schneeböden, Moore) zusammengedrängt sind.

Etwas südlicher, der Höhenstufe des Alpenwaldes entsprechend, verläuft die nordische Waldtundrazone (Sochava 1956, Ritchie 1962), die in den Alpen im *Rhododendro-Vaccinion* und *Vaccinio-Piceion* ihr Gegenstück hat.

Ihr gehören u. a. auch die nordeuropäisch-sibirischen *Picea abies*- und *P. obovata*-Waldungen und die ökologisch ähnlichen *Picea glauca*-Wälder des nördlichen Kanada und von Alaska an. Der einstmalige florengeschichtliche Zusammenhang dieser Gebiete wird durch das durchgehende Zusammenvorkommen der Kennarten *Lycopodium annotinum, Dryopteris linnaeana, Listera cordata, Goodyera repens, Empetrum nigrum, Pyrola (Moneses) uniflora, Pyrola secunda, Vaccinium vitis-idaea, V. uliginosum* außer Frage gestellt.

Eine weiter zurückliegende Kontinentalverbindung liegt dem, einige Breitegrade südlicher verlaufenden mitteleuropäisch-boreoamerikanischen Gesellschaftsarealtypus zu Grunde. Folgende vikarierende Gesellschaftspaare mit identischen oder vikarierenden Arten sprechen für den praeglazialen Zusammenhang der Areale.

**Korrespondierende Waldgesellschaften des östlichen Nordamerika und Europas** (nach Medwecka-Kornaś 1961).

| | Östliches Nordamerika | | Europa |
|---|---|---|---|
| Kl. | *Querco-Fagetea grandifoliae* Knapp 1957 | Kl. | *Querco-Fagetea silvaticae* Br.-Bl. und Vlieger 1937 |
| Ord. | *Aceretalia saccharophori* Knapp 1957 | Ord. | *Fagetalia silvaticae* (Pawl. 1928 n. n.) Tx. und Diem. 1936 |
| Ass. | *Aceretum saccharophori* | Verb. | des *Carpinion* Oberd. 1953 und *Fagion* Pawl. 1928 |
| Ord. | *Gaultherio-Piceetalia* Br.-Bl. | Ord. | *Vaccinio-Piceetalia* Br.-Bl. 1939 |
| Ass. | *Piceo-Abietetum balsameae* | Verb. | des *Vaccinio-Piceion* Br.-Bl. 1938, 1939 |
| Ass. | *Medeolo virginianae-Aceretum* | Verb. | des *Pino-Quercion* Medw.-Korn. 1959 |

Ähnliche Parallelen zwischen mittel- und nordeuropäischen Gesellschaften und solchen des nördlichen Nordamerika ziehen Nordhagen (1954), Lebrun (1961), Lüdi (1961), Grandtner (1962).

Aus den floristischen Beziehungen der parallelisierten Gesellschaften erhellt ihre florengeschichtliche Verwandtschaft.

**Geographische Rassen.** Geringe floristische Abweichungen im Artenbestand weiter verbreiteter Assoziationen, die auf verbreitungsgeschichtliche Ursachen zurückgehen, werden als geographische Rassen bezeichnet. Rassenbildung ist namentlich dort vorhanden, wo das Areal einer Assoziation durch Verbreitungsschranken (Gebirge, Gewässer) in Teilareale zerlegt ist. Die Rassen des zentralalpinen *Curvuletums* der Schweiz sind durch vikarierende Arten derselben Gattung gekennzeichnet. Der penninischen Rasse ist *Senecio uniflorus*, der insubrischen *Senecio insubricus*, der rätischen *Senecio carniolicus* eigen. Im pyrenäischen *Loiseleurio-Cetrarietum* wird die alpigene *Festuca halleri* durch *Festuca supina* ersetzt usw. Erleidet die charakteristische Artenkombination einer Gesellschaft in den verschiedenen Teilgebieten ihres Vorkommens keine wesentliche Änderung, so ist es angezeigt, derartige lokale Abweichungen nicht als besondere Assoziationen, sondern als Rassen aufzufassen.

Gesellschaftssystematisch haben die einzelnen Rassen verschiedene Wertigkeit; sie können Fazies, Varianten, Subassoziationen darstellen, weshalb sie nicht, wie versucht worden ist, durch eine spezifische, dem Assoziationsnamen angehängte Bezeichnung zu unterscheiden sind.

**Arealumgrenzung.** Deutliche Arealgrenzen sind dort vorhanden, wo ein schroffer Wechsel der Standortsbedingungen mit dem florengeschichtlich bedingten Auftreten oder Verschwinden soziologisch wichtiger Arten (Charakterarten, Dominanten) zusammenfällt. Das Areal mancher Felsspalten-, Felsschutt-, Sand- und Salzgesellschaften ist scharf begrenzt.

Gleitende Standortsänderungen führen dagegen oft zu Mischungen und Durchdringungen, was die Grenzziehung der Assoziationsareale erschwert.

**Arealisolierung und Genetik.** Treffen ökologisch extreme Standortsverhältnisse mit räumlicher Sonderung zusammen (atlantische Stranddünen, Zinkböden NW-Deutschlands und angrenzender Gebiete, xerische

Hänge der inneralpinen Trockentäler usw.), so kann es zu einer Häufung genotypischer Kleinarten und morphologisch schwach differenzierter Taxa kommen, welche die Fassung und Abgrenzung der Gesellschaften erleichtern.

Am Beispiel der Gesellschaften holländischer Küsteninseln beleuchtet WESTHOFF (1947) die Möglichkeit, solche Kleinarten pflanzensoziologisch und synchrologisch auszuwerten.

Eine geologisch junge Isolierung der baltischen Inseln Öland und Gotland hat u. a. zu einer auffälligen Formenneubildung geführt. Die Besiedlung dieser Inseln kann erst postglazial, unter mehreren Schüben, erfolgt sein (BR.-BL. 1962).

Zur Fassung dieser Kleinarten können neben den morphologischen auch genetische und pflanzensoziologische Kriterien herbeigezogen wer-

Abb. 431. *Agropyretum boreoatlanticum* mit *Eryngium maritimum* und *Diotis candidissima* in Südirland (Aufn. TÜXEN)

den. Es kommt vor, daß morphologisch schwach charakterisierte, von der Sippensystematik vernachlässigte, vom Pflanzensoziologen aber wegen ihrer engen Gesellschaftsbindung herausgestellte Formen erst nachträglich durch die Zytogenetik ihre Sanktion als Elementararten erhalten.

Die zytologische Untersuchung von *Agropyron junceum* durch SIMONET hat ergeben, daß die nordatlantische Pflanze 2n = 28, die mediterrane aber 2n = 42 Chromosomen besitzt. Da nur geringfügige morphologische Unterschiede festzustellen waren, wurden die beiden Rassen als Subspezies beschrieben. Die Subspezies *mediterraneum* Simonet (= *A farctum* Viv.) herrscht als Charakterart im *Agropyretum mediterraneum* der mediterranen Stranddünen, die ssp. *typicum* Simonet als Charakterart in der entsprechenden Vordünenassoziation der nordatlantischen Küsten, dem *Agropyretum boreoatlanticum* (Abb. 431).

*Festuca paniculata* (*spadicea*) zerfällt in mehrere karyosystematisch verschiedene Varietäten und Subvarietäten (s. DE LITARDIÈRE 1950). Die var. *genuina* (HACK.) bildet ausgedehnte Rasenbestände auf Silikat in der alpinen Stufe (2n=14 Chromosomen), die Subvar. *consobrina* (TIMB.) de Lit. der lichten *Quercus pubescens*-Bestände tieferer Lagen, auf Kalk, ist polyploid (2n=42 Chromosomen).

Weitere Beispiele von Ecotypen, die durch die pflanzensoziologische Untersuchung aufgespürt worden sind, geben GUINOCHET (1962) und BR.-BL. (Comm. S.I.G.M.A. 87, 93).

Schwach differenzierte Kleinarten, wie *Poa xerophila* (Unterengadin), *P. granitica* (Korsika), *P. fontquerii* (Pyrenäen), ökologisch und chorologisch deutlich abgegrenzt, haben erst später durch NYGRÉN (1955) und FAVARGER (1959) zytologisch ihre Bestätigung erhalten.

In der latenten genetischen Variabilität mancher Arten schlummern, wie die Experimente der Stanfordforscher (1961) bei *Poa pratensis* s. l. zeigen, Entwicklungsmöglichkeiten, die nur auf einen einschneidenden Wechsel in den Umweltbedingungen harren, um sich phaenotypisch auszuwirken.

Das isolierte Vorkommen systematisch scharf geschiedener Altendemismen deutet auf weit zurückliegende Abtrennung eines Gebietes. Als schönstes neueres Beispiel sei des tertiären Vulkanmassivs des Tibesti gedacht, wo sich inmitten der Sahara in Höhenlagen von 2000 bis 3300 m zahlreiche autochthone und oro-afrikanische Altendemismen erhalten haben (QUÉZEL 1958).

**Gesellschaftsareale.** Vorarbeiten zur Darstellung und Umschreibung der Gesellschaftsareale sind im Prodromus der Pflanzengesellschaften, herausgegeben von der Station internationale de Géobotanique méditerranéenne et alpine in Montpellier (1933 bis 1940), enthalten.

Das fünfte Heft dieses Prodromus befaßt sich mit den *Brometalia*-Trockenrasen.

Diese Ordnung wird in zwei Verbände aufgeteilt, deren Areale sich gegenseitig nicht völlig ausschließen: das südlichere, Wärme und Sommertrockenheit benötigende *Xerobromion*, bis an die Mediterranregion heranreichend, und das nördlichere und in kühlfeuchten Lagen verbreitete, bis Nordirland emporreichende *Mesobromion*.

Gegen Westen bricht das *Xerobromion*-Areal in den Pyrenäen plötzlich ab; südwärts dagegen verzahnt sich der Verband mit den mediterranen *Aphyllanthion* und *Brachypodion phoenicoidis*. *Aphyllanthion*-Arten, wie *Koeleria vallesiana*, *Linum narbonense*, *Onobrychis supina*, *Astragalus monspessulanus*, *Trinia glauca* u. a., dringen unter günstigen Verhältnissen im *Xerobromion* noch mehr oder weniger weit nordwärts, während anderseits das *Aphyllanthion* eine Reihe von *Brometalia*-Arten übernimmt (s. TOMASELLI 1948).

**Assoziationsareal.** Innerhalb des *Xerobromion*-Verbandes sind eine Anzahl geographisch getrennter, ökologisch und floristisch abweichender Assoziationen zu unterscheiden, deren jede ihre besondere charakteristische Artenkombination und ihre territorialen Charakterarten besitzt. Als solche *Xerobromion*-Assoziationen sind u. a. beschrieben worden[1]:

*Xerobrometum rhenanum* (Oberrheinische Tiefebene)
*Cerastietum rhenanum* (Oberrheingebiet)
*Viscario-Festucetum* (Oberrheingebiet)
*Viscario-Avenetum* (*pratensis*) (Schwarzwald)
*Trinio-Caricetum humilis* (Gegend von Würzburg)
*Teucrio-Melicetum* (*ciliatae*) (Maintal, Würzburg)
*Xerobrometum alsaticum* (Rhein-Maingebiet)
*Xerobrometum suevicum* (Nordschweiz, Süddeutschland)
*Leontodo-Brometum* (Bayerische Hochebene)
*Xerobrometum raeticum* (Graubünden)
*Potentillo-Phleetum* (Graubünden)
*Xerobrometum carniolicum* (Slowenien)
*Anthylli-Teucrietum* (Südjura)
*Xerobrometum divionense* (Côte d'Or)
*Bromo-Caricetum hallerianae* (Franche-Comté)
*Festuca duriuscula-Sesleria coerulea*-Assoziation (Pariser-Becken)
*Koeleria vallesiana-Helianthemum apenninum*-Assoziation (Zentralfrankreich)
*Xerobrometum britannicum* (Großbritannien)
*Orchido-Brometum* (Sevennen, Vorpyrenäen)
*Avenetum amethystinae* (Ostpyrenäen)
*Koelerio-Globularietum elongatae* (Ostpyrenäen)

Ob alle diese Gesellschaften als selbständige Assoziationen aufrecht zu erhalten sind, wird sich erst zeigen, wenn die Kenntnis der *Brometalia*-Ordnung weiter fortgeschritten ist. Ihrer Verwendbarkeit als örtliche Unterlagen für ökologische Detailuntersuchungen tut dies indessen keinen Abbruch.

**Verbandsareal.** Die Abgrenzung und kartographische Darstellung der Verbände bietet in der Regel weit geringere Schwierigkeiten als jene der Assoziationen. Die Verbände sind meist weiterverbreitet und durch zahlreichere Kennarten, oft auch durch hochstete dominierende Arten gekennzeichnet.

Klimaxverbände haben meist ein sehr ausgedehntes Wohngebiet. Das *Rhododendro-Vaccinion*, wie wir es heute auffassen, ist über den ganzen Gebirgsbogen von den Pyrenäen über das Mont-Dore-Massiv (Quézel und Rioux 1954), die Alpenkette, die Karpaten bis zum Balkan verbreitet. Das *Oleo-Ceratonion* reicht aus Palästina und dem östlichen Mittelmeergebiet bis Südportugal und Marokko. Oberhalb dieses Verbandes, nördlich angrenzend, aber weniger weit ausgreifend, verläuft das ebenfalls großräumige *Quercion ilicis*. Beide mediterranen Klimaxgesellschaften sind tertiären Ursprungs. Bis ins Tertiär zurück reichen aber auch die auf den eng umgrenzten Zirkel der Insel Majorka beschränkten Verbände des *Hypericion balearici* und *Brassico-Helichrysion rupestris* (de Bolós und Molinier 1958).

[1] Das von Volk (1958) aus der Umgebung von Pavia beschriebene *Xerobrometum apenninum*, das, wie der Autor bemerkt, zahlreiche Anklänge an mediterrane Gesellschaften aufweist, ist besser dem *Brachypodion phoenicoidis* zuzustellen.

Von den Kryptogamen- und Wassergesellschaften abgesehen, überschreiten die Verbände meist nicht oder nur unbedeutend, als Exklaven, die Grenzen eines Vegetationskreises. An den mediterranen Vegetationskreis gebunden sind u. a. *Quercion ilicis*, *Oleo-Ceratonion*, *Rosmarino-Ericion*, *Therobrachypodion*, *Aphyllanthion*, *Armerion junceae*, *Cistion*

Abb. 432. *Oleo-Ceratonion*, zur *Chamaerops humilis*-Garrigue degradiert, Majorca (Aufn. MOLINIER)

*ladaniferi* und manche entsprechende Verbände der illyrischen Küstenländer, wie *Cisto-Ericion*, *Cymbopogo-Brachypodion*, *Scorzonerion villosae* u. a. (HORVATIĆ 1958, 1963).

Mitteleuropäisch sind *Fraxino-Carpinion*, *Ononi-Pinion*, *Berberidion*, *Stipo-Poion carniolicae*, *Stipo-Poion xerophilae*, *Xerobromion* u. a., mittel- und nordeuropäisch *Caricion fuscae*, *Caricion davallianae*. Zahlreiche Verbände halten sich an die mitteleuropäischen Hochgebirge.

Geographisch eng lokalisierte Verbände haben sich in geomorphologisch alten Gebirgen, die von den Quartärvereisungen nicht direkt berührt worden sind, erhalten. So das *Nardo-Juncion squarrosae* der Serra da Estrela Portugals, das *Senecion leucophyllae* mit zahlreichen Altendemismen (*Senecio leucophyllus*, *Xatartia scabra*, *Viola lapeyrousiana* usw.) der Ostpyrenäen, das *Saxifragion mediae* Nordostspaniens, das *Saxifragion lingulatae* der Seealpen (s. RIOUX und QUÉZEL 1949), das *Micromerion croaticae* der dinarischen Alpen (HORVAT 1931). Es sind dies, mit Ausnahme der Rasengesellschaften der Serra da Estrela, reliktische Fels- und Felsschuttgesellschaften tertiären Alters.

Ein Vergleich der europäischen Hochgebirgsverbände bis zum Balkan spricht für ihre pflanzensoziologische Parallelentwicklung. In den verschiedenen Gebirgen treten identische oder nahe verwandte Arten zu vikarierenden Verbänden zusammen. Derartige Verbandspaare sind:

| In den Pyrenäen | | In den Alpen |
|---|---|---|
| *Senecion leucophyllae* | — | *Allosorion* |
| *Iberidion spathulatae* | — | *Thlaspion rotundifolii* |
| *Festucion scopariae* | — | *Seslerion coeruleae* |
| *Festucion supinae* | — | *Caricion curvulae* |

Dieser Parallelismus ist weiter über die Tatra, die Karpaten bis in die Gebirge des Balkan (Horvat) zu verfolgen. Der floristischen Affinität der vikarierenden Verbände entspricht eine ähnliche Ökologie.

Abb. 433. *Trifidi-Curvuletum* (*Caricion curvulae*) an der Howerla, Ostkarpaten, etwa 2000 m (Aufn. Firbas, Exkurs. S.I.G.M.A.)

Abweichender verhalten sich die nordischen Verbände, doch haben auch sie zum Teil nicht geringe floristische Verwandtschaft mit Verbänden südlicher Gebirge, was aus der Gegenüberstellung von vier homologen Klimaxverbänden vier weit auseinander liegender süd-, mittel- und nordeuropäischer Hochgebirge hervorgeht.

Tabelle 87. Verbände der Ordnung *Caricetalia curvulae*

| Alpen und Karpaten | Pyrenäen | Rilo Dagh (Balkan) | Zentralnorwegische Gebirge |
|---|---|---|---|
| *Caricion curvulae* (Abb. 433, 434) | *Festucion supinae* (Abb. 435) | *Seslerion comosae* | *Juncion trifidi* |

Diesen Verbänden entspricht eine Artengruppe soziologisch wichtiger azidophiler Rasenbegleiter, die ähnlicherweise auf die Außenbedingungen reagieren:

Abb. 434. *Caricetum curvulae* der Bündneralpen, 2700 m (Aufn. AUER u. BR.-BL.)

Abb. 435. *Festucion supinae*, Ostpyrenäen, 2350 m (Aufn. TCHOU u. BR.-BL.)

| | Alpen | Pyrenäen | Rilo Dagh (Balkan) | Fenno-skandien |
|---|---|---|---|---|
| *Festuca supina* | (+) | + | + | +(?) |
| *Carex curvula* | + | + | + | — |
| *Juncus trifidus* | + | + | + | + |
| *Luzula spicata* | + | + | + | + |
| *Euphrasia minima* | + | + | + | + |
| *Antennaria dioeca* | + | + | + | + |
| *Gnaphalium supinum* | + | + | + | + |
| *Nardus stricta* | + | (+) | (+) | + |
| *Agrostis rupestris* | + | + | + | — |
| *Minuartia recurva* | + | + | + | — |
| *Pulsatilla vernalis* | + | + | — | + |
| *Veronica bellidioides* | + | + | + | — |

Dieser Aufzählung wäre noch eine Reihe von Moosen und Flechten anzufügen.

Die vier Verbände der *Caricetalia curvulae*-Ordnung bilden die Klimaxgesellschaften des sauren Silikatbodens oberhalb der Waldgrenze.

Jeder der vier Verbände besitzt seine spezifischen Verbandskennarten, worunter einige sich ersetzende Vikarianten, wie *Festuca halleri* (Alpen), *F. supina* (Pyrenäen), *F. riloënsis* (Balkan); *Jasione humilis* (Pyrenäen), *J. bulgarica* (Balkan) usw.

Tabelle 88. Kennarten der vier Klimaxverbände

| **Caricion curvulae** | **Festucion supinae** | **Seslerion comosae** | **Juncion trifidi** |
|---|---|---|---|
| (Alpen, Karpaten) | (Pyrenäen) | (Rilo Dagh, Balkan) | (Fennoskandien) |
| *Festuca halleri* | *Festuca supina* | *Festuca riloënsis* | *Draba nivalis* |
| *Pedicularis tuberosa* | *P. pyrenaica* | *P. orthantha* | *Saxifraga groenlandica* |
| *Hieracium glaciale* | *H. pumilum* | *H. rhodopaeum* | |
| *Sesleria disticha* | — | *Sesleria comosa* und *S. orbelica* | usw. |
| — | *Jasione humilis* | *J. bulgarica* | |
| *Androsace obtusifolia* | *Silene ciliata* | *Dianthus microlepis* | |
| *Primula glutinosa* | *Armeria mülleri* | | |
| *Gentiana punctata* | *Erigeron aragonensis* | | |
| *Senecio carniolicus* | | | |

Auch die basiphile Ordnung der *Seslerietalia coeruleae* spaltet sich in den europäischen Hochgebirgen in mehrere Verbände mit eigenen Verbandskennarten.

Dem *Festucion scopariae* der Pyrenäen entspricht das *Seslerion coeruleae* des Jura und der Alpen, das *Festucion pungentis* Kroatiens, das *Seslerion tenuifoliae* am Durmitor (Horvat), das *Seslerion bielzii* der Karpaten (Pawlowski).

**Ordnungsareal.** Ordnungen erstrecken sich in der Regel über ein sehr weites Wohngebiet. Die Wasser- und Salzgesellschaften der *Potametalia, Zosteretalia, Salicornietalia* sind über mehrere Erdteile verbreitet.

Die Koniferenwälder der *Vaccinio-Piceetalia* herrschen als Klimaxgesellschaften in den Gebirgen Mittel- und Nordeuropas, haben sich aber außerhalb des eurosibirisch-boreoamerikanischen Gesellschaftskreises als Relikte inselartig auf einigen südeuropäischen Gebirgen erhalten. Ähnlich verhält es sich mit den *Populus-Picea*-Wäldern der Neuen Welt, die im Waldtundragebiet Nordkanadas als wärmezeitliche Relikte erscheinen (RITCHIE 1962, S. 25).

Weniger weit ausgreifend als die Waldordnungen sind Rasengesellschaften wie die *Brometalia* und *Festucetalia vallesiacae*.

Das Hauptareal der *Brometalia*-Ordnung ist mittel- bis westeuropäisch; sie macht an der Grenze der eigentlichen Mediterranregion halt.

Die *Festucetalia vallesiacae*-Ordnung dagegen hat zur Hauptsache ost- und südosteuropäische Verbreitung. Aus dem östlichen Trockenraum ist sie westwärts bis ins Rhein-Main-Gebiet und in die inneralpinen Täler vorgedrungen. Die mitteleuropäischen Außenposten, schon die von KRAUSCH (1961) mikroklimatisch näher untersuchten, reliefbedingten Vorkommnisse im Odergebiet werden als früh postglaziale Relikte aufgefaßt. Die Nordgrenze der Ordnung verläuft über Öland, Gotland, Lettland, Estland gegen das mittlere Westsibirien.

Ihr Grenzverlauf gegen Osten liegt aber heute noch wenig klar. Zweifellos reichen Exklaven an lokalklimatisch und edaphisch zusagenden Standorten Rußlands und Westsibiriens noch weit nord- und ostwärts. Anderseits sind in der mittelrussischen Eichenwaldsteppe an den steilen Kalkhängen um Kursk, Oskal, Jelez, Einsprengsel einer besonderen südöstlichen Ordnung erhalten, welcher *Avena desertorum*, *Stipa lessingiana*, *St. sareptana*, *Agropyron cristatum*, *Schievereckia podolica*, *Salvia nutans*, *S. ruthenica*, *Galatella* spec., *Crepis rigida* und die Steppensträucher *Ephedra*, *Amygdalus nana*, *Spiraea crenata* zugehören. Dieser östlichen Ordnung fehlen die submediterranen und inneralpinen Arten der *Festucetalia vallesiacae*[1].

Die meisten Ordnungen halten sich, optimal entwickelt, an einen bestimmten Gesellschaftskreis. Mediterran sind die Ordnungen der *Asplenietalia glandulosi*, *Crithmo-Staticetalia*, *Holoschoenetalia*, *Rosmarinetalia*, *Cisto-Lavanduletalia*, im ostadriatischen Küstenland auch *Scorzonero-Chrysopogonetalia* und *Cisto-Ericetalia* (HORVATIĆ 1958).

Dem atlantischen Gebiet eigen sind die *Sphagno-Ericetalia*-Hochmoore und die *Calluno-Ulicetalia*-Heiden West- und Südwesteuropas.

Auf den Balkan beschränkt sind die Ordnungen *Trifolio-Hordeetalia*, *Seslerietalia tenuifoliae*, *Astragalo-Acantholimetalia*, *Chamaepeucetalia alpini* (HORVAT 1962).

Der Wohnraum der *Fagetalia* und *Quercetalia robori-petraeae* fällt mit jenem der sommergrünen Laubwälder des gemäßigten Europa zusammen, doch haben sich reliktische Außenposten auf mediterranen Gebirgen erhalten. Ostwärts erreicht ihr Areal das russische Steppengebiet und stößt in einem schmalen Streifen gegen den Ural vor.

[1] Die kontinentalen Steppenrasen in eine Ordnung zusammenzufassen, wie KRAUSCH (1962) vorschlägt, erscheint nicht angezeigt, die nördlichen sind den *Festucetalia vallesiacae* zuzuordnen, die südöstlichen müssen als eigene Ordnung (*Aveno-Stipetalia*) aufgefaßt werden.

Westwärts gehen die *Fagetalia* bis Nordwestspanien, südwärts bis in die Gebirge Siziliens; die *Quercetalia robori-petraeae* erreichen ihre Südwestgrenze in Mittelportugal.

**Klassenareal.** Die Gesellschaftsklassen sind zur Mehrzahl auf bestimmte Gesellschaftskreise beschränkt, doch überschreiten namentlich die Klassen der Wasser-, Salz-, Sumpf- und Ruderalgesellschaften (*Potametea, Salicornietea, Phragmitetea, Chenopodietea*) deren Grenzen ganz bedeutend.

Man ist nicht wenig erstaunt, mittel- und südeuropäische Wasserpflanzen der *Potametea*, wie:

*Ceratophyllum demersum* L.
*Potamogeton pectinatus* L.
*Najas marina* L.
*Potamogeton perfoliatus* L.
*Potamogeton trichoides* Cham. et Schlecht.
*Potamogeton panormitanus* Biv.
*Potamogeton crispus* L.
*Vallisneria spiralis* L.
*Spirodela polyrhiza* (L.) Schleiden

aus derselben Klasse des Edwardseegebietes (Kongo) angegeben, zu finden (Lebrun 1947).

Die Klassen der *Chenopodietea* und *Secalinetea* haben durch den Menschen mächtige Verbreitung erlangt. Aus dem mediterranen Gesell-

Abb. 436. Bewässerte Getreidekulturen (*Secalinetea* mit mediterranen Unkräutern) in der Sahara-Oase Figuig (Aufn. E. Hess, Exkurs. Br.-Bl.)

schaftskreis sind sie, den Kulturen folgend, in die Palmenhaine der nördlichen Sahara vorgedrungen, nachdem durch Bewässerung die Vorbedingungen hierzu geschaffen worden waren. Im saharo-sindischen

Gesellschaftskreis stößt man auf Unkrautgesellschaften, die 1000 Kilometer nördlicher in Südfrankreich oder Italien am Platz sind. In den tunesischen Oasen Tozeur und Nefta enthalten sie u. a.:

*Cynodon dactylon* (L.) Pers. *Convolvulus arvensis* L.
*Stellaria media* (L.) Vill. *Solanum nigrum* L. em. Miller
*Euphorbia peplus* L. *Plantago major* L.
*Scandix pecten-veneris* L. *Galium aparine* L.
*Sonchus oleraceus* L. em. Gouan,

sowie einige weitere in Süd- und Mitteleuropa gemeine Arten.

Die *Chenopodietea* haben ihre Fühler bis zum Äquator vorgeschoben. Louis und Lebrun (L. 1947) beschreiben eine hierhergehörige Assoziation aus dem belgischen Kongo bei 2200 m Meereshöhe, woselbst sie die Umgebung von Eingeborenenhütten einfaßt. Als hauptsächlichste Arten dieser Gesellschaft werden, ihrer Häufigkeit nach geordnet, genannt:

*Solanum nigrum* L. em. Miller *Spergula arvensis* L.
*Stellaria media* (L.) Vill. *Poa annua* L. s. l.
*Galium aparine* L. *Capsella bursa-pastoris* (L.) Med.
*Solanum tuberosum* L. *Datura stramonium* L.
*Galinsoga parviflora* Cav. *Sonchus oleraceus* L. em. Gouan

Herkunft und Art der Einführung dieser Unkrautgesellschaften wird durch die Kartoffel angedeutet.

Aus dem Ackerbaugebiet Südchiles beschreibt Oberdorfer (1960) eine Reihe von Getreide- und Hackunkrautgesellschaften, die sich europäischen floristisch sehr stark angleichen. Sein *Sisymbrio-Hordeetum* ist zu 95% aus Charakterarten und Begleitern des südfranzösischen *Hordeetum leporini* zusammengesetzt!

Oberdorfer (1954) gibt auch eine schöne Übersicht über die Klassen der *Secalinetea* und *Chenopodietea* der Balkanhalbinsel.

Eine kartographische Darstellung der Gesellschaftsklassen der Wüstensteppe südlich des Toten Meeres (Zentral- und Südnegev) haben Zohary und Orshan (1954) veröffentlicht; ihr ließ Zohary (1962) eine kleinmaßstäbliche Klimaxkarte von Palästina folgen.

## Natürliche Vegetationsgebiete

Außerhalb der pflanzensoziologischen Rangordnung und von ihr unbeeinflußt steht die seit alters her gebräuchliche Aufteilung des Pflanzenkleides der Erde nach Vegetationsgebieten. Sie beruht zumeist entweder auf sippensystematischer oder aber auf physiognomisch-ökologischer Grundlage, wie die Einteilungen von Drude (1884) in Florenreiche, von Schimper (1898) in Formationstypen, von Brockmann-Jerosch und Rübel (1912) in Formationsklassen.

Unter Berücksichtigung pflanzensoziologisch-taxonomischer Verbreitungstatsachen sippensystematisch gegliedert ist unsere vierstufige Einteilung der Vegetationsgebiete.

**Pflanzensoziologisch-sippensystematische Einteilung** (Br.-Bl. 1913):

**Distrikt.** Hat Gesellschaften niedrigen Ranges (Varianten, Fazies) zu eigen, Artendemismen und spezifische Assoziationen fehlen.

**Sektor.** Besitzt Artendemismen, territoriale, in der Regel wenig spezialisierte Pflanzengesellschaften, aber keine Klimaxgesellschaften.

**Provinz (Domäne).** Charakterisiert durch wenigstens eine ausgesprochene Klimaxgesellschaft und durch das Vorhandensein palaeogener Endemismen.

**Region.** Die Region schließt mehrere Klimaxgesellschaften und palaeogene Endemismen von höherem systematischem Rang (Familien, Gattungen) ein.

Unser Kartenbild (Abb. 437) gibt eine Übersicht der europäischen und angrenzenden Vegetationsgebiete bis zu den Provinzen und

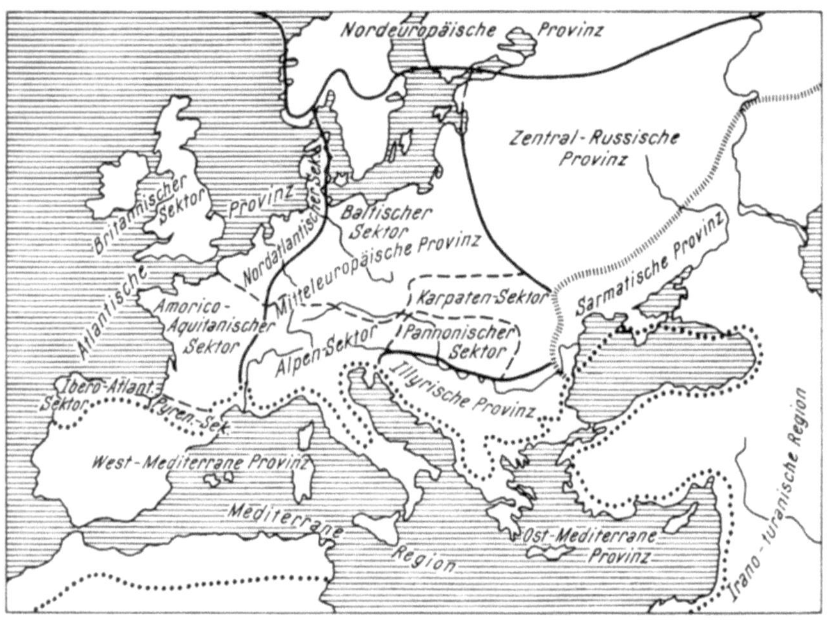


Abb. 437. Vegetations- und Florengebiete Europas (Eurosibirische Domäne der eurosibirisch-boreoamerikanischen Region; nach Br.-Bl. 1923)

Sektoren unter Ausschluß der Hochgebirge. Der Region (Vegetationskreis) im Sinne von Br.-Bl. (1923, 1951) entspricht der Gesellschaftskreis von Schmithüsen (1961).

Eine nahe übereinstimmende, vom geographischen Blickpunkt aus durchgeführte, pflanzensoziologisch gut unterbaute Einteilung gibt Schmithüsen (1959, 1961). Auf den zu Gesellschaftskomplexen zusammengeschlossenen Vegetationseinheiten fußend, umfaßt sie folgende Rangstufen:

1. Wuchsdistrikt wird die durch ein eigenes gesellschaftsdynamisches Gefüge gekennzeichnete kleinste vegetationsräumliche Einheit bezeichnet.

2. Durch gebietseigene Assoziationen unterschieden ist der Vegetationsbezirk (Sektor). Als Beispiel wird das für den Nordseebezirk charakteristische *Querco-Betuletum* erwähnt.

Den Vegetationsbezirken sind die S. 733 erwähnten Komplexeinheiten gleichzustellen, die jede für sich eine Reihe gebietseigener Assoziationen umschließt.

3. Dem Bezirk übergeordnet, der Domäne (Br.-Bl. 1923) entsprechend, ist die Vegetationsprovinz, der Verbände und Ordnungen zu eigen sind. Beispiel: Westeuropäisch-atlantische Provinz (Domäne), alpine Provinz der mitteleuropäischen Hochgebirge.

4. Für den Vegetations- oder Gesellschaftskreis wie für die Region bezeichnend sind eigene Gesellschaftsordnungen und -klassen.

Höhere Gebirgsbezirke, deren Gesellschaftsinventar mit jenem des umgebenden Vegetationskreises kaum etwas gemeinsam hat, können oft als Exklaven eines anderen Vegetationskreises aufgefaßt werden, so z. B. die mitteleuropäisch-alpinen Bezirke mit *Caricetea curvulae* und *Vaccinio-Piceetea*-Gesellschaften als Auslieger des nordeuropäischen Vegetationskreises.

Bei der Umgrenzung der Gesellschaftskreise spielen florengeschichtliche Faktoren mit. Die großen natürlichen Floren- und Vegetationsgebiete der Erde mit ihrem reichen Bestand an spezifischen Arten und Gesellschaften jeder Größenordnung sehen auch auf eine florengeschichtlich ähnliche Vergangenheit zurück.

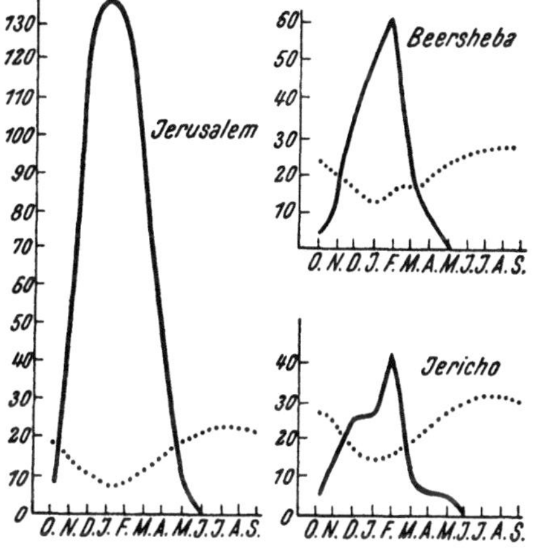


Abb. 438. Hydrothermische Kurven dreier Lokalitäten Palästinas: Jerusalem (eu-mediterraner Gesellschaftskreis), Beersheba (irano-kaspischer Gesellschaftskreis), Jericho (saharo-sindischer Gesellschaftskreis). Niederschlag in mm, Temperatur in °C (Zohary 1947)

5. Vegetationsreich. Als letzte, höchste chorologische Vegetationseinheit bezeichnet Schmithüsen das Vegetationsreich.

„Die Vegetationsreiche fallen räumlich mit den Florenreichen zusammen und sind durch eigene Klassen gekennzeichnet.“ Sie dürften Einheiten in sich schließen, deren Artengemeinschaft zwar sehr gering, die Übereinstimmung in den Gattungen und Familien dagegen beträchtlich ist und die ökologisch-soziologische Übereinstimmung anzeigen.

Der Verwandtschaftsgrad könnte nach Schmithüsen (schriftlich) ausgedrückt werden durch die

identischen Arten — identischen Gattungen — identischen Familien.

Jede Region (wie jeder Gesellschaftskreis) hat ihre besondere florengeschichtliche Vergangenheit und ihre klimatische Eigenart, welche am besten durch die hygrothermischen Verhältnisse charakterisiert wird. Die hygrothermischen Kurvenbilder von Palästina sind hierfür sehr aufschlußreich (Abb. 438, 439).

Über die Vegetationsreiche ist man noch durchaus ungenügend unterrichtet, dagegen kann die Begrenzung der Gesellschaftskreise für die Alte Welt heute schon ziemlich genau durchgeführt werden.

**Gesellschaftskreise Europas.** Im Vegetationsteppich von Europa lassen sich trotz seiner Zerrissenheit und trotz einschneidender Änderungen durch die Jahrtausende zurückreichende menschliche Ausbeutung deutlich vier große Gesellschaftskreise abgrenzen:

Der eurosibirisch-boreoamerikanische, alpin-hochnordische, mediterrane und aralo-kaspische (oder irano-turanische) Gesellschafts- oder Vegetationskreis (Abb. 437).

Der Grenzverlauf zwischen dem mediterranen und dem eurosibirisch-boreoamerikanischen Gesellschaftskreis und zwischen diesem und dem alpin-hochnordischen ist in großen Zügen bekannt. Jedem dieser Gesellschaftskreise sind zahlreiche höhere Vegetationseinheiten, Ordnungen und Klassen eigentümlich. Als Charakterklassen fallen u. a. in Betracht:

Für den eurosibirisch-boreoamerikanischen Gesellschaftskreis, soweit er Europa betrifft:

*Corynephoretea* (Silbergras-Sandgesellschaften)
*Festuco-Brometea* (eurosibirische Trockenrasengesellschaften)
*Oxycocco-Sphagnetea* (Hochmoorgesellschaften)
*Calluno-Ulicetea* (Ericaceen und Ulexheiden)
*Quercetea robori-petraeae* (azidophile Fallaubwälder)
*Vaccinio-Piceetea* (Koniferen-*Vaccinien*-Gesellschaften)

Für den mediterranen Gesellschaftskreis:

*Crithmo-Staticetea* (Littorale Felsgesellschaften)
*Therobrachypodietea* (Einjährigen-Kalktrift)
*Ononido-Rosmarinetea* (Rosmarinheiden)
*Cisto-Lavanduletea* (Zistrosenheiden)
*Quercetea ilicis* (Grüneichengesellschaften)

Für den alpin-hochnordischen Gesellschaftskreis:

*Salicetea herbaceae* (Schneebodengesellschaften)
*Elyno-Seslerietea* (basiphile Alpentrockenrasen)
*Caricetea curvulae* (azidophile Alpentrockenrasen)

**Aralo-kaspischer (irano-turanischer) Gesellschaftskreis.** Weniger klar umschrieben ist der aralo-kaspische (irano-turanische) Vegetationskreis.

Als spezifisch aralo-kaspische Klasse können die Salzsteppengesellschaften der *Halostachyetea* aufgefaßt werden, welche auf den Solontschakböden Südostrußlands und Innerasiens die zur Hauptsache mediterrane Klasse der *Salicornietea* ablösen.

Weitere höhere Einheiten dieses Kreises liegen vor in den ephemeren Artemisiensteppen (Popow) und den sonderbaren, blattarmen oder blattlosen *Haloxylon*- (Saxaul-) Gebüschen, der usbekisch-turkmenischen Wüstensteppe. Auf den Takyren der schwer durchlässigen Tonböden herrschen Anabasisarten, insbesondere *Anabasis salsa*.

Ein ungefähres Bild der Arealverhältnisse dieser Steppenwüstenvegetation südlich des Aralsees vermittelt die Kartenübersicht von Berg (1958).

Über die Ausdehnung der Steppenvegetation gegen Norden unterrichten die Verbreitungskarten bezeichnender Steppengewächse von Musayev (1963).

Bis zum 50. Breitegrad dringen u. a. vor: *Artemisia terrae-albae, A. arenaria, Salsola rigida, S. arbuscula, S. paulsenia, Arthrophytum longibracteatum, Eremospartum aphyllum.*

Eine zweite Gruppe erreicht den 52. bis 53. Breitegrad, die Höhe von Orenburg, Kustanay, Biysk: *Artemisia gracilescens, A. pauciflora, A. schrenkiana, Salsola laricina, Atriplex cana, Nanophyton erinaceum, Atraphaxis spinosa, Calligonum aphyllum, Limonium suffruticosum.*

Bis zum 55. nördlichen Breitegrad, an den Oberlauf des Jenissei, reichen als Vorposten u. a. *Camphorosma monspeliaca, Eurotia ceratoides, Kochia prostrata, Ephedra distachya,* Arten, die südwestwärts im mediterranen Gesellschaftskreis Iberien erreichen.

An den Ausläufern des Pamir scheint der Gesellschaftskreis auszuklingen. Gegen Westen durchzieht er den Iran und Teile von Syrien und Palästina, um hier und im Süden des Schwarzen Meeres mit dem mediterranen Vegetationskreis in Kontakt zu treten. Die letzten, als Relikte zu deutenden Auslieger des irano-turanischen Gesellschaftskreises (*Corispermum* spec., *Camphorosma* spec., *Eurotia ceratoides, Halocnemis crassifolia, Astragalus ponticus, A. falcatus, Artemisia* spec. u. a.) greifen in Rumänien und Ungarn in den eurosibirisch-boreoamerikanischen Gesellschaftskreis über.

**Afrikanische Gesellschaftskreise.** Südwärts grenzt an den mediterranen und aralo-kaspischen der saharo-sindische Gesellschaftskreis: trockenheiße Steppen- und Wüstengebiete, die ganz Nordafrika von der atlantischen Küste Mauretaniens bis Ägypten durchziehen und sich jenseits des Roten Meeres bis zum südlichen Afghanistan und zu den Wüsten des Sind und Pendschab fortsetzen.

In Palästina treffen sich der saharo-sindische, aralo-kaspische und mediterrane Gesellschaftskreis. Klimatisch unterscheiden sich diese Kreise schon durch ihre hygrothermischen Kurven (Abb. 439).

Die Hygrothermie des mediterranen, irano-turanischen und saharo-sindischen Gesellschaftskreises ist durch drei Kurvenpaare dargestellt.

Südlich des saharo-sindischen verläuft quer durch ganz Afrika, eingekeilt zwischen Sahara und Tropenurwald, das Steppen- und Savannengebiet des sudano-dekkanischen Gesellschaftskreises. Er findet jenseits des Roten Meeres seine Fortsetzung bis zum Dekkan. Über die großklimatische Charakterisierung obiger Gesellschaftskreise finden sich Angaben in den Arbeiten von Eig (1931), Lebrun (1947), Quézel (1958), Boudet (1961), Walter (1962), Halwagy (1961, 1962).

Klima und Vegetation des westafrikanischen Anteils des sudano-dekkanischen Gesellschaftskreises behandeln Trochain (1940) und Boudet (l. c.).

Über die Vegetation des tropischen Westafrika, den Guinea-Gesellschaftskreis, sind im letzten Jahrzehnt manche Arbeiten erschienen. Eine Übersicht gibt SCHNELL (1952); er unterscheidet eine Reihe von

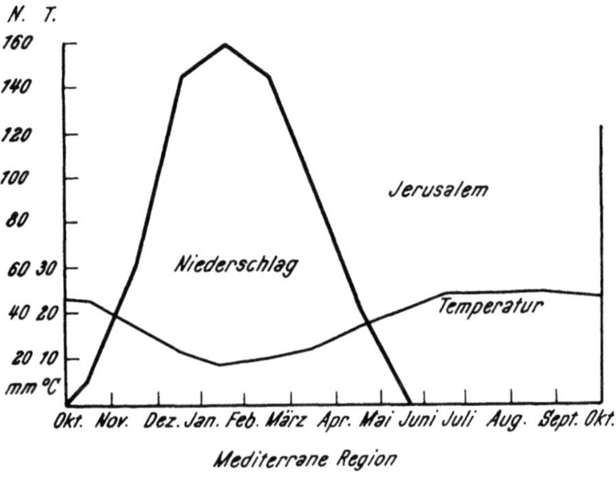


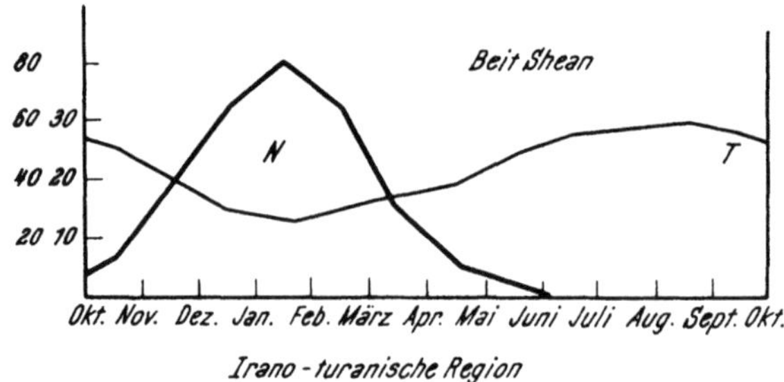


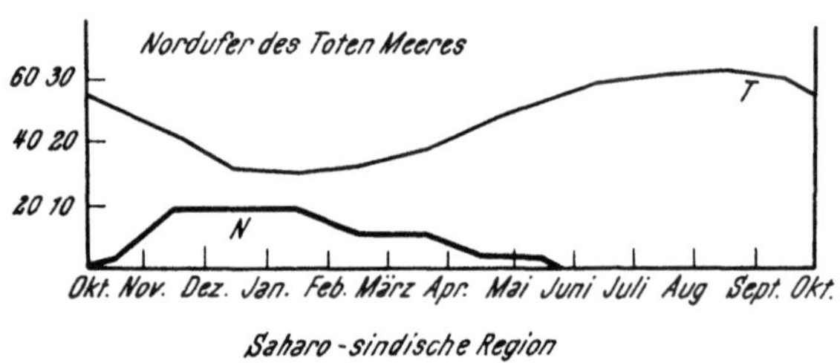


Abb. 439. Hygrothermische Kurven der mediterranen, irano-turanischen und saharo-sindischen Region Palästinas (nach ZOHARY 1962)

Klassen, Ordnungen und Verbänden und beschreibt zahlreiche Assoziationen.

Die Südhälfte Afrikas wird nach LEBRUN (1947) vom sudano-zambesischen Gesellschaftskreis, dem madagassischen- und dem gänzlich abweichenden, eigenartigen, engumgrenzten Kapkreis eingenommen (s. Abb. 440).

Wenig zu sagen bleibt über die Gesellschaftskreise Australiens, Asiens, Süd- und Nordamerikas außerhalb der eurosibirisch-boreoamerikanischen Region, die den ganzen nördlichen Abschnitt der nördlichen Halbkugel umschließt. Ihre floristische Durcharbeitung läßt mancherorts noch sehr zu wünschen übrig, auch existiert keine zusam-

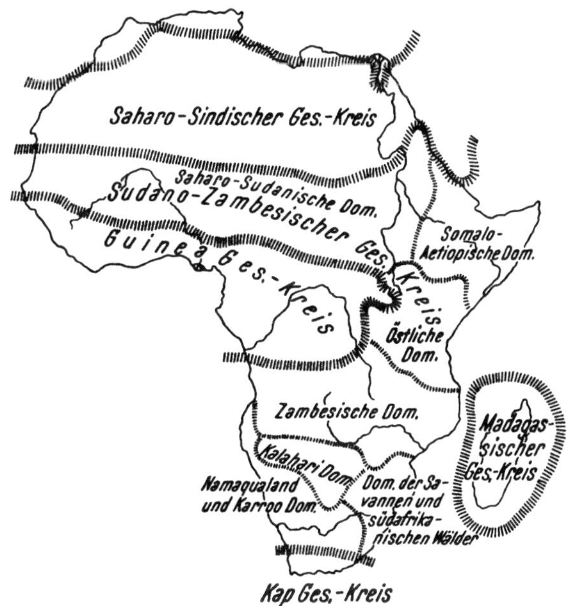


Abb. 440. Gesellschafts-(Vegetations-)kreise Afrikas (nach LEBRUN 1947)

menfassende Übersicht der pflanzengeographischen Elemente und Territorien im Sinne der europäischen Forscher. Die pflanzensoziologische Durchforschung hat erst begonnen.

Am weitesten fortgeschritten ist sie in den U.S.A. und in Kanada, doch ohne zu einem Gesamtüberblick oder zu einer Klärung der pflanzengeographischen Elemente zu führen.

Es werden vorzugsweise standortsökologische, sukzessionistische und physiognomische Dominanzstudien betrieben (s. WHITTAKER 1962); die floristisch-pflanzensoziologischen Untersuchungen sind im Rückstand.

Aufschlußreiche Pionierarbeit im brasilianischen Regenwald verdanken wir VELOSO, KLEIN und COUTINHO (1961, 1962). Ihre ökologisch und soziologisch gerichteten Arbeiten vermitteln einen guten Einblick in die floristisch-soziologische Struktur des Klimax-Regenwaldes. Die Arbeiten von KLEIN und VELOSO zeugen dafür, daß die auf den Treueverhältnissen beruhende europäische Methode der Gesellschaftsfassung auch im Tropenurwald mit Erfolg angewendet werden kann.

**Fassung der Gesellschaftskreise.** Jeder Gesellschaftskreis verfügt auch, schon RAUNKIAER hat darauf hingewiesen, über sein charakteristisches Lebensformenspektrum.

Der alpin-hochnordische Vegetationskreis zeichnet sich aus durch das starke Vorherrschen der Hemikryptophyten und Chamaephyten, dagegen treten Phanerophyten und Therophyten sehr stark zurück.

Der mediterrane Vegetationskreis ist ausgezeichnet durch ein Maximum an Therophyten, sehr zahlreiche Nanophanerophyten, Knollengeophyten und immergrüne Phanerophyten, der eurosibirisch-boreoamerikanische durch Überwiegen der Hemikryptophyten und laubwechselnden Phanerophyten und starkes Zurücktreten der Therophyten, Knollengeophyten usw.

Zur Herausarbeitung und Abgrenzung der Gesellschaftskreise können etwa folgende Merkmale herbeigezogen werden:

1. Vorhandensein gebietseigener oder vorzugsweise eigener Pflanzengesellschaften hoher Wertigkeit (Ordnungen, Klassen), deren Spezialisierung in floristischer und ökologischer Hinsicht, Organisationshöhe. Ih Verhältnis zu den Klimaxgesellschaften.

2. Übergreifen von Einstrahlungen aus fremden Gebieten. Vorherrschen, Zurücktreten oder Fehlen bestimmter Gesellschaften oder ökologischer Gemeinschaften (Formationen).

3. Hierarchische Stellung, Zahl, Entwicklungshöhe, ökologische Spezialisierung der den Gesellschaften eines Gebietes eigenen oder vorzugsweise eigenen höheren systematischen Einheiten (endemische Sippen).

Da dem Aufbau der Gesellschaftssystematik Einheiten mit räumlich fest umschriebenem Areal, die Arten und Gesellschaften zugrunde liegen, erlangt der Raumfaktor systematisch wesentliche Bedeutung, und es muß notwendigerweise eine solche auf den Arten beruhende Einteilung in die höchste entwicklungsgeschichtliche Gebietseinheit, den Gesellschaftskreis, ausmünden.

Im Gesellschaftskreis treffen sich die pflanzensoziologische und die auf die Sippenareale begründete pflanzengeographische Einteilung; er ist die räumliche Unterlage beider.

Mit den Gesellschaftskreisen stimmen im wesentlichen auch die großen Lebensbezirke unseres Planeten, die biogeographischen Regionen überein, zu deren Abgrenzung und Charakterisierung ja auch pflanzensoziologische und sippensystematische Kriterien herangezogen werden müssen.

## C. Artarealspektrum

Zur geographischen Charakterisierung der Gesellschaften wie auch zur Klärung mancher Fragen der Arealbildung ist das geographische Spektrum der Gesellschaften von Vorteil. Der Artenbestand (ohne die Zufälligen) wird, nach geographischen Gesichtspunkten geordnet, prozentual ausgedrückt. Zur Erläuterung sei auf das geographische Spektrum des *Salicion herbaceae* der Ostpyrenäen verwiesen (Abb. 441).

Es betrifft einen nordisch-alpinen Schneebodenverband, der in den Ostpyrenäen trotz der südlichen Lage 61% nordische Arten, gegen bloß 17% mediterraner Orophyten (Pyrenäenendemismen inbegriffen), einschließt. Weitere Beispiele sind in der Pyrenäenarbeit von Br.-Bl. (1948) zu finden. Das *Salicion herbaceae* der mitteleuropäischen Gebirge vermittelt wie das *Loiseleurio-Vaccinion* den boreoarktisch-alpinen Relikttypus (s. oben). Dem mediterran-tertiären Relikttypus gehören eine ganze Reihe eumediterraner und mediterran-montaner Felsspaltenassoziationen an, welche sich während und nach der Eiszeit an Ort und Stelle behauptet haben. Hierher zählen das *Asplenietum glandulosi* der Umgebung von Montpellier, das *Diantheto-Lavateretum maritimae* der Gegend von Narbonne, das *Saxifragetum lingulatae* der Seealpen, aber auch das *Hypericion balearici* und das *Brassico-Helichrysion rupestris*, welche Verbände O. de Bolós und Molinier (1958) als endemisch von den Balearen beschrieben haben (s. S. 737).

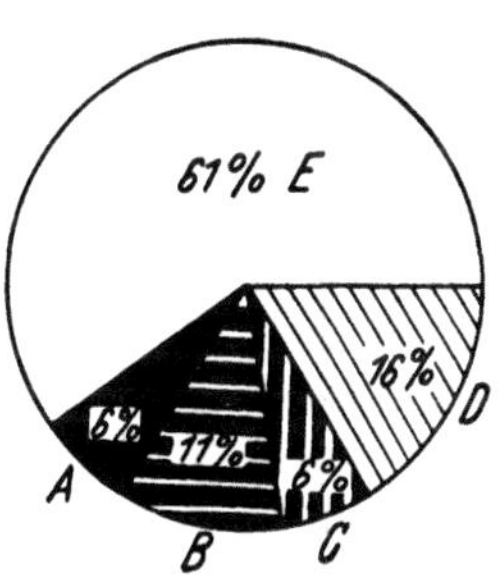


Abb. 441. Geographisches Spektrum des *Salicion herbaceae* der Ostpyrenäen in % der Arten (aus Br.-Bl. 1948) *A* Pyrenäenendemismen 6% *B* Mediterrane Orophyten 11% *C* Alpin-pyrenäische Orophyten 6% *D* Mitteleuropäische Orophyten 16% *E* Nordische Arten 61%

Zur Zusammenstellung der Arealspektren dienen die von Meusel und von Hultén herausgegebenen Artarealkarten, ersparen sie doch weitschichtige Nachforschungen in Pflanzenverzeichnissen und Florenwerken.

## D. Vegetationskartierung

In der Kartierung findet die Vegetationsverteilung ihren sichtbaren Niederschlag.

**Artenkartierung.** Arten ähnlicher Verbreitung faßt Meusel (1943, 1959, 1960) zu Arealtypen zusammen, die er nach ihrer zonalen und Höhenverbreitung verschiedenen Arealgürteln einordnet.

Aus den Beziehungen zwischen Arealform der Arten und Florenelement ergeben sich vielfache ökologische und florengeschichtliche Zusammenhänge. Neuerdings haben Meusel und Mitarbeiter (1960) begonnen, das pflanzensoziologische Verhalten mitteldeutscher Leitpflanzen in die chorologische Untersuchung einzubeziehen; sie befruchten dadurch sowohl die Arten- als auch die Vegetationskartierung.

**Artgrenzen als Klimazeiger.** Du Rietz (1952) hat gezeigt, daß in floristisch gut durchforschten Gebieten die Grenzlinien einzelner wildlebender Arten als Klimazeiger wichtige Aufschlüsse geben können. In Schweden trifft die Südgrenze von *Mulgedium alpinum* mit dem Vorkommen von 190 Frosttagen und einer Schneedauer von 140 (bzw. 120) Tagen zusammen.

Besser als Einzelarten können natürlich die Pflanzengesellschaften, einmal bekannt und kartiert, als Klimazeiger Verwendung finden.

**Formationskartierung.** Die kartographische Darstellung der großen physiognomischen Vegetationseinheiten hat frühzeitig eingesetzt.

Als erste Vorläufer pflanzensoziologisch verwendbarer Formationsbilder können die Karten der südfranzösischen Diozösen und die Karten von CASSINI 1:86000 (c. 1780), welche Kulturen, Wälder und Gebüsche zur Darstellung bringen, aufgefaßt werden.

Diese Kartenwerke sind nicht nur historisch wertvoll, sie ergeben auch wichtige Unterlagen für weit zurückreichende Vegetationsvergleiche.

**Cassini-Karte.** Dies gilt insbesondere für die Karte von CASSINI, die während nahezu eines Jahrhunderts unüberholt bleiben sollte. Im

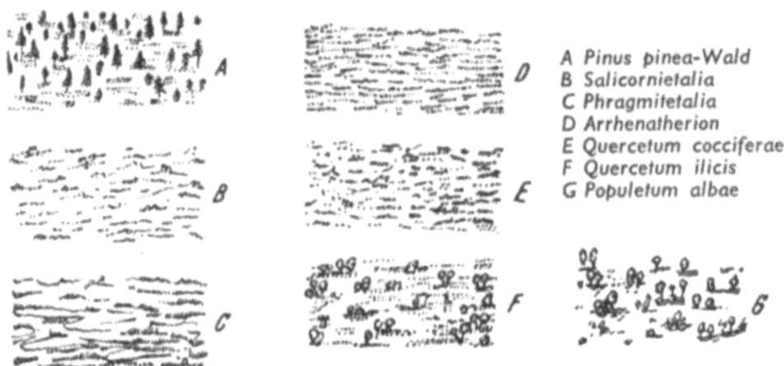


Abb. 442. Kartographische Signaturen von Pflanzengesellschaften durch CASSINI, 1780

Gebiet des unteren Rhonelaufs wurden schon 1780 nicht weniger als acht verschiedene Vegetationstypen unterschieden und durch besondere Signaturen auf der Karte hervorgehoben.

Die fünf Gehölztypen, teilweise heutigen Assoziationen entsprechend, sind:

Grüneichenwald (*Quercetum ilicis galloprovinciale*), Flaumeichenwald (*Quercetum ilicis pubescentetosum*), Weißpappelwald (*Populetum albae*), Pinienwald, Kermeseichen- und Rosmaringestrüpp.

Daneben werden Rohrsümpfe (*Scirpo-Phragmitetum*) und Salsolaceenbestände unterschieden. Auch die Weinberge sind kartiert.

Einen nennenswerten Fortschritt gegenüber dieser, der Zeit weit vorauseilenden französischen Karte, bilden wohl erst die gegen Ende des letzten Jahrhunderts erschienenen Vegetationskarten, wie sie DRUDE für Mitteldeutschland, und BRACKEBUSCH für Nordwestargentinien nach HUECK (1952) herausgebracht haben.

Mit dem Beginn des 20. Jahrhunderts setzt sodann die eigentliche physiognomische Vegetationskartierung ein, die bald einen großen Umfang annehmen sollte, so daß heute große Erdgebiete, wenn auch sehr ungleichwertig, kartiert sind.

**Kleinmaßstäbliche Länderkarten.** Vollständige Länderkarten liegen u. a. vor von der Schweiz (1:200000) von E. SCHMID, Rumänien (1:500000) von DONITĂ, LEANDRU, PUSCARU und SOROCEANU, von der Sowjetunion (1:4000000) von LAWRENKO und SOCHAVA.

Diese Karten lassen die großen Züge der Vegetationsverteilung und der Großgürtelung hervortreten.

Auf pflanzensoziologischer Grundlage beruht die kleinmaßstäbliche Karte Südosteuropas von HORVAT (1962). Die biogeographischen Gebietseinheiten sind hier durch pflanzensoziologische Einheiten (Klimaxverbände) charakterisiert.

Die Zuverlässigkeit der Karten hängt selbstverständlich nicht nur vom Kartierer und seinen Fähigkeiten, sondern auch von der Durcharbeitung der Kartenunterlage und von den Kartierungsmöglichkeiten ab. Deshalb mußte bei der kleinmaßstäblichen Kartierung von Venezuela unterschieden werden zwischen genauen, mäßig genauen und ungenauen Vegetationsgrenzen (HUECK zit. in KÜCHLER 1960).

Die kleinmaßstäblichen Karten gestatten Einblicke in die großräumige Vegetationsverteilung der kartierten Gegenden, ihr pflanzensoziologisch praktischer Wert ist jedoch beschränkt, denn bei Maßstäben von über 1:50000 können nur die höheren Vegetationseinheiten, Verbände, Ordnungen, Klassen, soweit sie größere Flächen decken oder aber Klimaxgesellschaften und höhere physiognomische Einheiten dargestellt werden. Die meisten Ersatzgesellschaften fallen, weil zu engräumig, weg, es sei denn, man mache sie durch Punkte, Zahlen oder Lettern kenntlich. Der kleinmaßstäblichen Darstellung am ehesten zugänglich sind die Klimaxgesellschaften.

In floristisch ungenügend bekannten oder schwer zu begehenden Gebieten kommt in der Regel nur die Kartierung der physiognomischen Einheiten, Wälder, Gebüsche, Wiesen, Sümpfe usw. in Betracht; ihnen können unter Umständen weitere Einzelheiten hinzugefügt werden.

Mit der Farbengebung richtet man sich am besten nach den Vorschlägen von GAUSSEN (1957, 1961).

**Pflanzensoziologische Kartierung.** Die pflanzensoziologischen Vegetationskarten sind verhältnismäßig jungen Datums.

Eine erste Kartierung floristisch gefaßter Vegetationstypen geht auf C. SCHRÖTER zurück, der in seiner 1894 erschienenen Karte der Talschaft St. Antönien nicht weniger als 47 Gesellschaften unterschied und mit Zahlen auf der topographischen Karte 1:50000 einzeichnete.

Ein Jahrzehnt später erschienen, von FLAHAULT inspiriert, die Vegetationskärtchen der Umgebung von Montpellier von BLANC und von HARDY, sowie HARDYS Karte der Vegetation Schottlands.

Aber erst die HAGERsche Vegetationskarte des Vorderrheintals (1916), die Lauterbrunnenkarte von LÜDI (1921), die Karte von SZAFER, PAWLOWSKI und KULCZYŃSKI (1923) verzeichnen deutlich abgegrenzte Pflanzengesellschaften von Verbands- oder Assoziationsrang.

Seither hat die pflanzensoziologische Kartierung rasch an Boden gewonnen.

In Frankreich erschien 1926 eine erste farbige Karte der Pflanzengesellschaften des Monts-Dores-Massivs (1:80000) von A. LUQUET. RENÉ MOLINIER folgte 1936 mit einer Karte der Montagne de la Sainte Baume, der später eine Reihe weiterer Karten in größeren Maßstäben folgten. MOLINIER steht weiterhin in der vordersten Front der französischen Vegetationskartierer, Mitarbeitern des 1947 von L. EMBERGER und J. BRAUN-BLANQUET unter der Ägide des C.N.R.S. ins Leben gerufenen „Service de la Carte des Groupements végétaux de la France", welcher zahlreiche Karten herausgegeben hat.

In Deutschland betreuen OBERDORFER und vor allem R. TÜXEN, Leiter der Bundesstelle für Vegetationskartierung in Stolzenau, die pflanzensoziologische Kartierung.

Schon 1954 hatte Stolzenau nicht weniger als 216 Karten fertiggestellt, 1963 ist ihre Zahl auf 850 angewachsen, davon sind 15 Karten (96 Blätter) publiziert.

Belgien besitzt in dem von J. LOUIS, J. LEBRUN und A. NOIRFALISE 1947 geschaffenen Centre de Cartographie phytosociologique eine Institution, der eine ganze Reihe prächtiger Karten 1:20000 zu verdanken sind (s. LEBRUN 1954).

Die sowjetische Kartenzentrale, auf den Arbeiten von ALECHIN, GROSSHEIM (Kaukasuskarte) u. a. aufbauend, befaßt sich in erster Linie mit der kleinmaßstäblichen Kartierung des gewaltigen Reiches, was auch für die Vereinigten Staaten und Kanada gilt. Einige farbige Vegetationskarten (1:25000) von Mount Desert Island (Maine) hat A. W. KÜCHLER am Internationalen Botanischen Kongreß in Montreal vorgelegt. Sie fußen auf Luftbildern, die durch genaue Vegetationsaufnahmen im Gelände ergänzt und korrigiert worden sind.

Für eine sinnvolle pflanzensoziologische Kartierung ist die floristische Kenntnis der Pflanzengesellschaften des Gebietes unerläßlich.

Darüber war man sich auch am Symposium für Pflanzensoziologische und Bodenkundliche Kartierung in Stolzenau (1959) einig.

**Pflanzensoziologische und Bodenkarten.** Die Zusammenarbeit von Pflanzensoziologie und Bodenkunde, von GRAČANIN in Kroatien und BR.-BL., PALLMANN und BACH im Schweizerischen Nationalpark seit langem betrieben, hat auch in der Kartographie ihren Niederschlag gefunden. In verschiedenen Ländern geht heute die pflanzensoziologische mit der bodenkundlichen Kartierung Hand in Hand (s. SOUGNEZ 1954, WESTHOFF 1954).

Dabei ergeben die Karten eine um so bessere Übereinstimmung, je mehr sich die Bodenkartierung zur Unterscheidung ihrer Typen auf Bodencharaktere stützt, die mit der Vegetation und ihrer Entwicklung in Einklang stehen. Völlige Übereinstimmung der Karten ist nicht zu erwarten, es sei denn, der Bodenkartierer halte sich bei der Profilentnahme an die niedrigsten Vegetationseinheiten (Subassoziationen, Varianten).

Ist auch keine absolute Übereinstimmung zwischen Boden- und Vegetationskarte zu erwarten, so ermöglichen doch farbige Boden- und Vegetationskarten, wie sie FOCAN und MULLENDERS (1955) im belgischen Kongo aufgenommen haben, die Ausarbeitung einer weiteren farbigen Karte, welche die potentiell nutzbringendste Art der Bodenverwertung darstellt.

**Kartierung submariner Gesellschaften.** Die Unterwasserkartierung hat es mit floristisch verhältnismäßig einfachen Pflanzengesellschaften zu tun, die aber ein reiches Tierleben beherbergen und daher am besten von vornherein als Biozönosen kartiert werden. Im Mittelmeer sind die

Biozönosen von ROGER MOLINIER und S. PICARD (1953) unter Verwendung der hergebrachten pflanzensoziologischen Methoden untersucht und kartiert worden; es standen ihnen dabei die Möglichkeiten des ozeanographischen Instituts von Marseille zur Verfügung. Die Farbengebung, der in Frankreich allgemein angewandten entsprechend, folgt der Abnahme der Belichtung und reicht vom Rot an der Oberfläche bis zum Violett in der Tiefe.

**Kartierung der potentiellen Vegetation (Klimaxkarten).** Klimaxkarten stellen in der Regel die potentielle natürliche Vegetation (s. S. 643) dar, wie sie sich unter Ausschaltung menschlicher Maßnahmen einstellen würde. Bei ihrer Darstellung hat die Phantasie weiten Spielraum; schon deshalb ist es angezeigt, zur Kartierung einen kleinen Maßstab zu wählen. Aus der langen Liste solcher Karten (s. TÜXEN 1956) ist ersichtlich, daß die meisten Klimaxkarten im Maßstab von 1:200000 und darüber aufgenommen worden sind. Bei einer Waldkartierung im Kulturgebiet ist ja nicht in erster Linie der heutige, forstlich geschaffene Kunstzustand, auch nicht der Klimax von erstem Interesse, sondern das Problem, wie der Wald ohne menschliches Dazutun aussehen würde, denn daraus schließt der Forstmann, wie er sein könnte. Von allen Vegetationskartierungen ist diejenige der heutigen potentiellen natürlichen Vegetation aber die schwierigste, weil sie am meisten pflanzensoziologisch-bodenkundliches Wissen und Kartierungserfahrung voraussetzt. Die heutige potentielle natürliche Vegetation kann darum nur von erfahrenen Pflanzensoziologen kartiert werden (TÜXEN 1956).

**Vorzeitkartierung.** Die vorgeschichtliche Vegetationskartierung Westfalens ist von BUDDE (1950) versucht worden. Ein vorbildliches Beispiel historischer Vegetationsdarstellung bilden die Karten von SCHWICKERATH (1:25000; 1954), die sich auf vieljährige pflanzensoziologische, archivalische und pollenanalytische Studien stützen. SCHWICKERATH kartierte ein größeres Gebiet in der weiteren Umgebung von Aachen zu drei zeitlich weit auseinander liegenden Epochen, nämlich zur Buchenwaldzeit (Atlanticum), um 1800, und in der Gegenwart und stellte die Karten einander gegenüber.

**Kartierungsempfehlungen.** Die pflanzengeographische und pflanzensoziologische Kartierung ist an den Symposien in Stolzenau (1959) und in Toulouse (1960) einläßlich besprochen worden. R. MOLINIER (1961) gibt eine beachtenswerte Zusammenfassung, die zur Hauptsache auf eigenen pflanzensoziologischen Untersuchungen in Südostfrankreich beruht. Er hat 65 Blätter 1:20000 aufgenommen (wovon drei publiziert), 82 sind in Arbeit.

Seine Ausführungen sind bei den folgenden, auf die pflanzensoziologische Kartierung bezüglichen Empfehlungen mitberücksichtigt.

**Maßstab.** Der Kartenmaßstab hat sich nach dem verfolgten Ziel und nach den vorhandenen topographischen Unterlagen zu richten. Zur Darstellung der Assoziationen und ihrer Untereinheiten sind Maßstäbe von 1:50000 oder besser 1:20000, 1:5000, 1:2000 geeignet.

Höhere Vegetationseinheiten (Verbände, Ordnungen, Klassen) können auch auf Karten kleineren Maßstabs eingezeichnet werden, doch nehmen Verbände und selbst Ordnungen meist sehr kleine Flächen ein, so daß ihre Darstellung, falls überhaupt möglich, ein kleinzerstückeltes Bild abgibt.

Die Ausdrucksfähigkeit und Genauigkeit der Karten hängt vom Kartenmaßstab und vom Kartierer ab.

**Farbengebung.** Die Farbengebung richtet sich nach dem zu kartierenden Gebiet und nach der Zahl der zu kartierenden Einheiten. Für die xerischen Gesellschaften sind im allgemeinen rote und gelbe Töne, für die Wasser- und Sumpfgesellschaften blaue und violette Töne angezeigt.

Verwandten Gesellschaften sollen verwandte Töne entsprechen.

Im Prinzip erhält jede Klasse oder Ordnung eine besondere Hauptfarbe. Die zugehörigen Verbände und Assoziationen werden durch verschieden starke Abtönungen unterschieden, wobei nur kleine Flächen einnehmende Gesellschaften mit Vorteil etwas dunklere Tönung erhalten. Assoziationen und deren Untereinheiten können auch durch diskrete schwarze Zeichen (Punkte, Striche, Zahlen) oder Buchstaben (Q. i. *Quercetum ilicis*) unterschieden werden. Im allgemeinen sind leichte Farben, die das Kartenbild deutlich hervortreten lassen, vorzuziehen.

Da die Zahl der Grundfarben möglichst eingeschränkt werden muß, kann nicht jeder wünschbare Farbton aufs Papier gebracht werden. Jedes große Vegetationsgebiet, jeder Gesellschaftskreis benötigt seine besondere Farbenskala.

Für ganz Europa hat man mit vier oder mehr Farbenskalen dem mediterranen, euro-sibirischen, aralo-kaspischen (irano-turanischen) Gesellschaftskreis und jenem der Hochgebirge und des Hohen Nordens zu rechnen.

Die Farbenskala des mediterranen Gesellschaftskreises verwendet:

Grün für Waldgesellschaften, Macchie (*Quercion ilicis*),
Rot für Tomillares und niedriges Gesträuch,
Gelb bis Hellbraun für Trockenrasen,
Blau und Violett für Wasser- und Sumpfgesellschaften,
Tiefbraun für Salzgesellschaften,
Olive und Grau für Kulturgesellschaften,
Schwarzbraun, Schwarz für Fels- und Felsschuttgesellschaften.

In Mitteleuropa fehlen Tomillares und ähnliche Gesellschaften. Rot wird daher für heideartige Gesellschaften frei. Frisch- und Fettwiesen, im Mittelmeergebiet fehlend oder doch von sehr geringer Ausdehnung, spielen in Mitteleuropa eine große Rolle; sie können schwachgelb eingetragen werden. Im übrigen stimmen die Hauptfarben der Skala mit jenen der Mittelmeerländer überein. Bei der praktischen Durchführung zeigt es sich übrigens, daß man sich nicht allzu sklavisch an die Vorschriften halten kann.

Die Hochgebirgsfarbenskala verlangt wesentliche Farbänderungen, da hier die Schneeboden-, Schutt-, Fels-, Hochstauden-, Kurzrasen- und Zwergstrauchgesellschaften stark hervortreten, während Großseggen und höhere Wassergesellschaften stark zurücktreten oder fehlen.

In der Regel wird die Farbe flächenartig aufgetragen. Gerade für Gebirgsländer eignet sich jedoch auch eine andere von E. CAMPELL eingeführte Methode, nach welcher die Farbe strichweise, den Höhenkurven folgend aufgetragen wird. Dadurch kommen die reliefbedingten Unterschiede in der Vegetation sehr schön zur Geltung.

Für Mischungen verwendet man breite vertikale Bänderung in den Farben der gemischten Gesellschaften (Assoziationen).

**Initial- und Übergangsstadien.** Initialstadien von Assoziationen, wie sie sich besonders auf verlassenem Kulturland häufig einstellen, werden ebenfalls durch vertikale Bänderung unterschieden, wobei aber die Farbe der Assoziation mit Weiß abwechselt, was eine Verwechslung mit Gesellschaftsmischungen, bei welchen verschiedene Farben abwechseln, ausschließt.

Regressiv- oder Degradationsstadien einer Assoziation sind am besten durch breite horizontale Bänderung (Farbe der Assoziation und Weiß) zu bezeichnen. Derartige Degradationsstadien erlangen namentlich in alten Kulturländern große Verbreitung.

Allmählich gleitende Übergänge von einer Gesellschaft zur anderen können, falls sie als solche erkannt sind und die Richtung der Änderung ersichtlich ist, als Mischungen kartiert werden, indem die Entwicklungsrichtung durch einen Pfeil angezeigt wird.

**Zeichengebung.** Interessante seltene Gesellschaften von beschränktem Umfang sind durch farbige Punkte, Kreuze, Kreise u. dgl. kenntlich zu machen. Wünschbar wären, wenigstens für die wichtigsten Baumgattungen eines Vegetationskreises, allgemein anerkannte Zeichen.

Vorschläge hierzu sind schon 1916 von RÜBEL gemacht worden. Heute haben die Zeichenvorschläge von GAUSSEN (2. Aufl. 1951) am ehesten Aussicht, allgemeinere Anwendung zu finden. Sehr weitreichende Zeichenvorschläge, die auch die Strukturelemente und sogar die Standortsverhältnisse der Gesellschaften einbegreifen, hat DANSEREAU (1961) am kartographischen Symposium in Toulouse vorgelegt. Es ist jedoch nicht zu vergessen, daß zu weitgehende Zeichengebung die Lesbarkeit der Karte stark beeinträchtigt, weshalb die Zahl der durch besondere Zeichen darzustellenden Kleingesellschaften oder Einzelarten auf das Allernotwendigste beschränkt werden sollte.

**Durchführung der Kartierung.** Die heute vorliegenden Gesellschaftskarten großen Maßstabs von Europa und Nordafrika sind fast durchweg nach den Vegetationseinheiten der Zürich-Montpellier-Schule aufgenommen und daher weitgehend miteinander vergleichbar.

Es ist notwendig, zu Beginn der Kartierung über die aufzunehmenden Pflanzengesellschaften völlig im klaren zu sein und auch Mischungen und anthropo-zoogen bedingte Verarmungen richtig einzuschätzen. Dadurch wird man bei der Feldaufnahme genötigt, sich über die pflanzensoziologische Zugehörigkeit jedes einzelnen Vegetationsflecks Rechenschaft abzulegen.

**Feldaufnahme.** Zur Feldkartierung werden die zu kartierenden Blätter zerschnitten und am besten auf Karton geklebt. Jede kartierte Gesellschaft erhält schon im Felde eine bestimmte Farbe oder aber, wenn sie nur kleine Flächen deckt, ein Zeichen. Die Farbe muß sich deutlich abheben, braucht aber nicht mit der endgültigen Farbe auf die Reinkarte übereinzustimmen.

Farben und Zeichen mit den zugehörigen Gesellschaftsnamen werden am Kartenrand vermerkt. Der Übertrag auf die Reinkarte soll möglichst bald geschehen; es wird sich dabei zeigen, wo weitere Untersuchungen oder Nachprüfungen notwendig sind.

Kartiert wird die zur Zeit der Aufnahme vorhandene Gesellschaft; bei Alternatgesellschaften jene, die den größten Teil des Jahres den Boden in Beschlag nimmt. Alle Angaben über jahreszeitliche Gesellschaftsablösung, regelmäßigen Kulturwechsel, dynamisch-genetische Tendenzen, bioklimatische, geologische, bodenkundliche Tatsachen gehören entweder in kleine Randkarten oder aber in den Begleittext.

In Gebieten, deren Vegetation noch ungenügend bekannt ist, wie in den Tropen, gilt es vorerst, die Gesellschaften zu fassen und tabellarisch darzustellen. Für jede Einzelaufnahme ist ein kleines Herbar anzulegen; die Arten jeder Aufnahme werden zusammengestellt und verglichen, wobei jede unbekannte Form einen provisorischen Namen (mit Vorteil einen Eingeborenennamen) erhält. Die Arten werden später an Hand der großen Herbarien oder durch Spezialisten bestimmt. Auf diese Weise läßt sich selbst in den Tropen erfolgreich pflanzensoziologisch arbeiten, wie das Beispiel der französischen und belgischen Forscher im tropischen Afrika dartut. Es wird öfter der Fall eintreten, daß bei flächenhafter Eintragung einer Assoziation die Baumschicht durch Zeichen dargestellt werden muß, falls der herrschende Baum für die kartierte Gesellschaft nicht spezifisch ist, was ja bei Lichtholzarten, wie *Pinus*, *Eucalyptus* und manchen Baumpflanzungen vielfach zutrifft. Farbig eingetragen wird sodann die Grundvegetation, wogegen die locker stehenden Bäume Zeichen erhalten. Dies ist der Fall bei den meisten *Pinus*-Wäldern des Mittelmeergebietes und von Portugal. Angebaute Koniferenbestände sind in der Regel gleichaltrig, so daß dem Baumzeichen ein Alterszeichen für den ganzen Bestand beigesetzt werden kann.

Ein Punkt bezeichnet Bestände im Alter von 10 bis 20 Jahren, zwei Punkte solche von 20 bis 50 Jahren usw. Die schlechte Entwicklung des Bestandes kann durch ein oder zwei beigesetzte oo ausgedrückt werden. Diese Darstellungsart hat ihre Vorteile in stark menschlich beeinflußten Waldgebieten wie der westfranzösischen Sologne, wo ausgedehnte Föhrenkulturen im Laufe der Zeit zu einer Bodendegradierung geführt haben, welche stellenweise selbst das Gedeihen der Waldföhre stark beeinträchtigt (s. Abb. 170).

Für die deutschen Kartierer im Gelände haben Tüxen und Preising (1951) ins einzelne gehende Vorschläge und Vorschriften aufgestellt.

**Luftphotographie.** Schon 1922 wurden in Ontario (Kanada) Luftaufnahmen eines großen Waldgebietes vorgenommen, die eine vorläufige Kartierung gestatteten. Auch in Nord-Rhodesien und im Irawadi-Delta kam die Luftphotographie zur Unterscheidung von Vegetationstypen zur Verwendung. Die Karten ergaben gute Abhängigkeitsbeziehungen zwischen der Vegetationsdecke und der geologischen Aufnahme; aus den kartierten Pflanzengesellschaften konnte auch auf die Bodenbeschaffenheit geschlossen werden.

Luftphotographien aus dem Senegal, die A. Chevalier (1930) publiziert hat, lassen die einzelnen Baumformen recht deutlich hervortreten; der mit den Arten vertraute Beobachter erkennt sie auf den Photographien leicht an der Kronenform.

Seither hat das Luftbild bei der Vegetationskartierung mehr und mehr Anwendung gefunden; es gelangt namentlich bei der kleinmaßstäblichen Formationskartierung in der Forstwirtschaft zur Verwendung. Die von der finnischen Forstwirtschaft im Maßstab 1:20000 aus 3000 m Höhe aufgenommenen Bilder lassen die Zwergstrauch- und Sphagnummoore gut hervortreten, ebenso die trockenen und die frischen Heidewälder. Auch bei den Hochmooren und den strangreichen karelischen Mooren sind viele Einzelheiten erkennbar, deren Maßkartierung im Gelände sehr mühselig und zeitraubend wäre. Da die finnischen Luftphotographen gelegentlich eines Fluges bis zu 600 qkm (1:20000) aufnehmen, kann eine Luftphotographie von wenigen Stunden dem Kartierer wochen-, ja monatelange Arbeit ersparen (Linkola 1941). Weit genauere Resultate ergeben allerdings die Aufnahmen aus 600 m Höhe im Maßstab 1:8000 von Kitänen und Tuura (1938).

Sehr aufschlußreiche Luftbilder aus Moorgebieten Schwedens, die aus 260 bis 3000 m Höhe aufgenommen worden sind, gibt Sjörs (1948).

Bei günstiger Beleuchtung lassen sich noch aus Höhen von 2000 m einzelne Pflanzengesellschaften, Assoziationen und Verbände unterscheiden und auch aus dem Flugzeug direkt kartographisch aufnehmen, falls die Gesellschaften bekannt sind. Die Flughöhe muß natürlich dem Gelände angepaßt sein. Sie ändert auch mit den aufzunehmenden Gesellschaften. Am vorteilhaftesten bei langsamem Flug scheinen Flughöhen von 500 bis 600 m. Einzelne Rasengesellschaften können vom Flugzeug aus an der Farbtönung unterschieden werden.

Sehr schön erkennbar sind bei guter Beleuchtung die Gürtelung an Seen und die großen submarinen Algengürtel.

Auch Dünen-, gewisse Moor-, Heide-, Busch- und Waldgesellschaften sowie die Kulturgesellschaften treten auf Luftbildern scharf hervor. Nichtsdestoweniger ist eine Nachprüfung der Grenzziehung oder das Begehen festgelegter Profillinien erwünscht.

Für Flugkartierung und Flugaufnahmen eignen sich am besten die Zeiten intensiver Farbenkontraste, bei *Ulicion-*, *Rhododendro-Vaccinion-*, *Rosmarino-Ericion-*Gesellschaften die Blütezeit, beim Laubwald und manchen Zwergstrauchgesellschaften die Zeit der Laubverfärbung und Entlaubung. *Vaccinium myrtillus* und *V. uliginosum-*, *Arctostaphylos alpina-*, *Calluna-*, *Juniperus nana-*, *Trichophorum caespitosum-*Bestände, auch das *Caricetum firmae*, *Elynetum* und *Curvuletum* unterscheiden sich zu Zeiten durch scharfe Farbenkontraste.

Becking (1959) empfiehlt für die Waldkartierung aus dem Flugzeug Farbenaufnahmen, da sie sowohl zur Unterscheidung der Baum- und Unterschicht, als auch für die Erkennung der Bodentypen bessere

Resultate ergeben als Schwarz-Weiß-Photographien. Die meisten Holzarten sind an der Laubfärbung deutlich unterscheidbar. Größten forstlichen Wert haben nach Becking Tiefflüge für Aufnahmen im Maßstab von 1 : 8000 oder 12000.

Neuerdings wird die forstliche Luftkartierung von Kurth und Rhody (1962) sehr gründlich besprochen und auch die Art der Herstellung von Photoplan und Photoatlas auseinandergesetzt.

Gute Luftbildpläne können die Genauigkeit der Vegetationskarten wesentlich erhöhen, wie dies die Blätter der Insel Baltrum (Tüxen 1956) und von der mittleren Elbe (Walther 1959) dartun. Die Luftkartierung kann allerdings die Bodenkartierung nie völlig ersetzen.

Von großem Wert für die Kartierer sind zuverlässige Übersichten und Beschreibungen der Pflanzengesellschaften, wie sie heute für folgende größere Gebiete vorliegen:

Tüxen (NW-Deutschland), Fukarek (Teil von NE-Deutschland), Oberdorfer (Süddeutschland), Lebrun und Louis (Belgien), Westhoff, Sissingh und Mitarbeiter (Holland), Pawlowski und Mitarbeiter (Teile von Polen), von Soó (Ungarn), Horvat, Horvatić (Teile von Jugoslawien), Br.-Bl. (Teile der Schweizeralpen), Pignatti (Venetien), Br.-Bl. und Mitarbeiter (Südfrankreich), Br.-Bl. und Bolós (Ebrosteppe, de Bolós (Teile von Katalonien), Rivas Goday, Rivas Martinez und Borja Carbonnel (Teile von Spanien), Quézel (Teile von Nordafrika).

**Auswertung der Vegetationskarten.** Über die große praktische Bedeutung der Vegetationskarten ist man heute einig. Sind forstliche oder landwirtschaftliche Maßnahmen geplant, so leisten sie namentlich in neu erschlossenen oder zu erschließenden ariden und tropischen Entwicklungsländern, aber auch in herabgewirtschafteten Kulturgebieten wertvolle Führerdienste.

Die Karte bedeutet Zeitgewinn für den Betriebsleiter, sie bildet auch, falls hinreichend genau, eine solide Unterlage für Sukzessionsstudien auf lange Sicht.

Durch die Karten werden die Ergebnisse mühevoller pflanzensoziologischer Forschung dem Praktiker wie einem weiteren Interessenkreis zugänglich gemacht. Sie gestatten, die langfristig disponierende Forst- und Landwirtschaftsplanung auf einwandfreie Grundlage zu stellen und mit den pflanzensoziologischen Erkenntnissen in Einklang zu bringen.

Detailkarten ermöglichen die Bewertung von Wald-, Busch-, Weide- und Wiesenland und gestatten im Verein mit dem aus der Karte abzulesenden Umfang der verschiedenartigen Kulturen die Bodenbesteuerung auf rechtlich einwandfreie Grundlage zu stellen.

Für die Auswertung der Vegetationskarten großen Maßstabs ist die eingehende Kenntnis des bodenzeigenden Wertes der Pflanzengesellschaften unabdingbar. Dies trifft in erster Linie für die niedrigen Vegetationseinheiten, Assoziationen und ihre Untereinheiten zu. Selbstverständlich können auch irgendwelche Artengruppierungen zu Bodenzeigern gestempelt werden, aber ihre Auswertungsmöglichkeit ist schon deshalb geringer, weil ihrer Kartierung große Schwierigkeiten entgegenstehen.

In der landwirtschaftlichen Praxis hat sich die pflanzensoziologische Kartierung als äußerst nützlich erwiesen. Holland und Norddeutschland ziehen bei Grünlandverbesserungen vorerst die Vegetationskarte zu Rate (DE BOER 1961, DE VRIES, TÜXEN). In der Schweiz wird die Vegetationskarte bei Güterzusammenlegungen zu Rate gezogen.

Am Symposium in Stolzenau sprachen MEISEL, SEIBERT, SPEIDEL, WAGNER und ZIANÉ über die Verwendung der Kartierung bei Meliorationen und bei Beurteilung von Wasserschäden, FIDEMAN berichtete über Vegetationskartierung als Grundlage für Verwaltungspläne von Naturschutzgebieten.

EMBERGER (1955) hebt unter anderem den Wert der Vegetationskarten für Urbanismus und Naturschutz, hydraulische Eingriffe, Hygiene und Landesverteidigung hervor. Auf ihren erzieherischen Wert hat MOLINIER (1957) hingewiesen.

Wie die geologischen und pedologischen, so gehören heute auch die pflanzensoziologischen Karten zum notwendigen Rüstzeug des Feldbiologen und Praktikers.

Da jede Gesellschaft unter bestimmten, sich gleichbleibenden Bedingungen überall auftritt, wo diese Bedingungen verwirklicht sind, erlaubt ihr Zeigerwert den Erfolg menschlicher Eingriffe, bestimmter Kulturen, Berasungen, Einführung von Holzarten, Aufforstungen usw. von vornherein einzuschätzen, wodurch grobe Fehler vermieden werden.

Wir müssen uns versagen, hier auf Einzelheiten der Auswertbarkeit pflanzensoziologischer Karten näher einzugehen.

Nutzanwendungen großen Stils sind namentlich in der von TÜXEN redigierten Publikationsserie des Stolzenauer Instituts für Vegetationskartierung, „Angewandte Pflanzensoziologie", veröffentlicht. Zahlreiche wichtige Referate finden sich in den Ergebnissen der Tagung für Vegetationskartierung (1953) „Pflanzensoziologie als Brücke zwischen Land- und Wasserwirtschaft". Wer sich hierüber weiter orientieren will, greife zu HORVAT (1950), MOLINIER (1951), TÜXEN und PREISING (1951), WESTHOFF (1954), VON SOÓ (1954), MEISEL (1955), ZÓLYOMI, JAKUCS, BARÁTH, HORÁNSZKY (1955), OBERDORFER (1957), APINIS (1959), BR.-BL. (1960) u. a.

Ein einziges, aber gewichtiges Beispiel, das nicht wenig zum Entscheid über die Wünschbarkeit der Einrichtung des „Service de la Carte des Groupements Végétaux du C.N.R.S." Frankreichs beigetragen hat, sei hier angeführt.

Ein bedeutendes Industrieunternehmen Frankreichs hatte während des letzten Krieges im Gebiet der Rhonemündung zum Anbau von *Arundo donax* für Zellulosegewinnung große Ländereien erworben. Die Pflanzungen gediehen vorzüglich, solange sie auf ehemals bearbeiteten Böden stockten; aber sobald die Kulturen auf das von unterschiedlichen Pflanzengesellschaften besetzte Naturland übergriffen, war *Arundo* trotz vieler Bemühungen und großen Auslagen für Berieselung und Entwässerung nicht zu gedeihlicher Entwicklung zu bringen.

Die Bodenanalysen ergaben einen hohen Karbonat- und stellenweise einen bedeutenden, örtlich und zeitlich wechselnden Salzgehalt. Um die Aussichten der *Arundo*-Kultur einschätzen zu können, wurde die pflanzensoziologische Kartierung der Besitzung im Maßstab von 1:5000 vorgeschlagen und in wenigen Tagen auch durchgeführt.

Die Vegetationskarte legte klar, daß rund 40% der Fläche Halophytengesellschaften des *Salicornion fruticosae* tragen, die einen sommerlichen Salzgehalt von mehr als 8 bis 10% anzeigen. Etwas weniger ausgedehnt sind mäßig bis schwach halophile *Juncion maritimi*-Gesellschaften, und schließlich nehmen auch Süßwasser-Sumpfgesellschaften des *Magnocaricion*- und *Phragmition*-Verbandes, den Fuß im Wasser, große Flächen ein.

Auf diese Kartenbefunde gestützt ließ sich mit Sicherheit voraussagen, daß ohne viel zu kostspielige Meliorationsarbeiten zwei Drittel des Areals für die geplante *Arundo*-Kultur des zu hohen Salzgehaltes oder aber des zu hohen Grundwasserstandes wegen völlig ungeeignet sind.

Der Kulturversuch, der Millionen verschlungen hatte, wurde auf Grund der Kartenexpertise aufgegeben, und das Gut kam zum Verkauf.

# Literaturverzeichnis

Aaltonen, V. T.: Über den Aziditätsgrad des Waldbodens. Comm. Inst. quaest. forest. Finl. 9, 1925.

Abbayes, H. des: La végétation lichénique du massif armoricain. Etude chorologique et écologique. Rennes 1934. — Ders.: Excursion lichénologique en Bretagne. Not. bot. de l'itinéraire VIIIe Congr. intern. Bot. Paris-Nice 1954.

Abolin, R. J.: Phytosoziologie und Landwirtschaft. Bull. de l'Inst. de Pédologie et de Géobot. de l'Univ. de l'Asie Centrale 1, 1925. Résumé.

Adamson, R. S.: The vegetation and flora of Robben Island. Trans. Roy. Soc. South Africa 22, 1934.

Adjanohoun, E. J.: Étude phytosociologique des savanes de basse Côte d'Ivoire (Savanes lagunaires). Vegetatio 11, 1—2, 1962.

Adriani, M. J.: Recherches sur la synécologie de quelques associations halophiles méditerranéennes. Comm. S.I.G.M.A. 32, 1934. — Ders.: Sur la transpiration de quelques halophytes cultivées dans des milieux différents en comparaison avec celle de quelques non-halophytes. Konink. Akad. van Wetensch. te Amsterdam Proceed. 40, 6, 1937. — Ders.: Sur la phytosociologie, la synécologie et le bilan d'eau des halophytes de la région néerlandaise méridionale ainsi que de la Méditerranée française. Thèse Amsterdam. Comm. S.I.G.M.A. 88a, Batavia 1945. — Ders.: Sur l'epharmonie et le bilan d'eau de quelques Salicornies de l'Hérault. Vegetatio 5—6, 1954.

Aichinger, E.: Vegetationskunde der Karawanken. Diss. Wien. Jena 1933. — Ders.: Können wir eine gemeinsame Plattform für die verschiedenen Schulen in der Waldtypenklassifikation finden? Silva Fennica 105, 1960. — Ders.: Forstliche Pflanzensoziologie. Vegetatio 9, 6, 1960. — Ders.: Vegetationskundliche Studien im Raum des Faaker Sees. Carinthia II 70, 2, 1960.

Albareda-Herrera, J. M. y Hoyos de Castro, A.: Clasificaciones y tipos de suelo. An. Inst. de Edaf., Ecol. y Fisiol. veg. 2, 2, 1943.

Albertson, F. W. and Weaver, J. E.: Injury and death or recovery of trees in prairie climate. Ecol. Monogr. 15, 1945.

Albertson, N.: Das große südliche Alvar der Insel Öland. Svensk Bot. Tidskr. 44, 2, 1950.

Alechin, W. W.: Ist die Pflanzenassoziation eine Abstraktion oder eine Realität? Englers bot. Jahrb., Beibl. 135, 1925. — Ders.: Was ist eine Pflanzengesellschaft? Ihr Wesen und ihr Wert als Ausdruck des sozialen Lebens der Pflanzen. Repert. Spec. nov. 37, 1926. — Ders.: Die vegetationsanalytischen Methoden der Moskauer Steppenforscher. Handb. der biol. Arbeitsmeth. 11, 6, 1932. — Ders.: Les steppes de la région centrale du Tschernosiom. Voronèsje 1934. — Ders.: Le problème de la phytocénose avec quelques données nouvelles. Rec. trav. Inst. bot. Moscou 1935. — Ders.: Pflanzengeographie. Moskau 1950 (russisch).

Aleem, A. A. und Schulz, E.: Über Zonierung von Algengemeinschaften (Ökologische Untersuchungen im Nord-Ostsee-Kanal, I.). Kieler Meeresforschungen 9, 1, 1952.

Allan, H. H.: Indigenes versus aliens in the New Zealand plant world. Ecology 17, 1936.

Allison, F. E.: The enigma of soil nitrogen balance sheet. Adv. Agron. 7, 1955.

ALLORGE, P.: Les associations végétales du Vexin français. Thèse, Nemours 1922. — Ders.: Essai de Bryogéographie de la Péninsule ibérique. Paris 1947.

ALLORGE, V. et P.: Sur la répartition et l'écologie des Hépatiques épiphylles aux Açores. Bol. Soc. Broteriana **13**, 2, 1938.

ALMQUIST, E.: Upplands vegetation och Flora. Acta Phytogéogr. suecica **1**, 1929.

ALTEMÜLLER, H. J. und FRESE, H. (Herausgeber): Arbeiten aus dem Gebiet der Mikromorphologie des Bodens. Weinheim/Bergstr. 1962. Zeitschr. Pflanzenernähr., Düng., Bodenkde. **97**, 3, **98**, 3 und **99**, 2/3, 1962.

ALVERDES, F.: Bio-Soziologie. Leipzig 1931.

ANDERSON, V.: Studies of the vegetation of the English Chalk. V. The water economy of the Chalk flora. Journ. of Ecol. **1**, 1927.

ANDERSSON, G. und HESSELMAN, H.: Verbreitung, Ursprung, Eigenschaften und Anwendung der mittelschwedischen Böden. Zweite internat. Agrogeologenkonf. Stockholm 1910.

ANDREÁNSZKY, G.: Sur les centres d'évolution des types biologiques. Acta Bot. Hung. **1**, 3—4, 1955.

ANSIAUX, J. R.: Un cryoscope à circulation de gaz réfrigéré. Bull. Soc. Roy. Bot. Belg. **76**, 1944. — Ders.: Sur les variations de pression osmotique et d'hydratation de quelques espèces du district Hesbayen, au cours de l'année 1943. Centre Rech. écol. et phytosoc. de Gembloux, Comm. **6**, 1949.

ANTIPA, G. R.: La Biosociologie et la Bioéconomie de la Mer Noire. Bull. Sect. Scient. Acad. Roumaine, **15**, Bucarest 1933.

APINIS, A. E.: Mapping vegetation. Nature **184**, 1959.

ASHBY, E.: Statistical ecology. II. Reassessment. Bot. Rev. **14**, 4, 1948.

ASHTON, P. S.: Light intensity measurements in rain forest near Santarem. Brazil. Journ. of Ecol. **46**, 1958.

AUER, C.: Untersuchungen über Dürreresistenz und Wachstum von Lärchenkeimlingen auf verschiedenen Horizonten des Eisenpodsols subalpiner Arven-Lärchen-Waldungen. Vegetatio **1**, 1949.

AUER, V.: Verschiebungen der Wald-Steppengebiete Feuerlands in postglazialer Zeit. Acta Geogr. (Helsinki) **5**, 2, 1933.

AUERBACH, S. I. und Mitarbeiter: Environmental radiation studies. Progress in terrestrial and fresh water ecology. Health Physics Division Annual Progress Report 1961.

AUGARDE, J.: Contribution à l'étude des problèmes de l'homogénéité en son application à la Phytosociologie. Bull. Serv. Carte Phytogéogr. Ser. B. **2**, 1, 1957.

AULITZKY, H.: Die Bodentemperaturverhältnisse an einer zentralalpinen Hanglage beiderseits der Waldgrenze. 1. Teil, Die Bodentemperatur oberhalb der zentralalpinen Waldgrenze. Arch. Met. Geoph. u. Biokl. B **10**, 4, 1961. — Ders.: 3. Teil, Die Bodentemperatur und ihre Beziehungen zu anderen Klimafaktoren. Arch. Met. Geoph. u. Biokl. B **11**, 3, 1962.

AYASSE, L. et MOLINIER, R.: Carte des Groupements Végétaux des environs de la Motte-du-Caire (B. A.) au 1/10.000[e]. Utilisation de la photo aérienne. Rev. Forest. française **9—10**, 1955.

BAAS, J.: Eine frühdiluviale Flora im Mainzer Becken. Jena 1932.

BACH, H.: Zur Standortsökologie heimischer Polytrichumarten im mittleren Kärnten. Kärntner Museumsschriften **24**, 1962.

BACH, R.: Die Standorte jurassischer Buchenwaldgesellschaften mit besonderer Berücksichtigung der Böden (Humuskarbonatböden und Rendzinen). Diss. E. T. H. Zürich 1950. — Ders.: Résultats des recherches phytosociologiques et pédologiques en Suisse. 8[e] Congr. Intern. Bot., Rapp. Com. dép. lors du Congr. Sect. **7**, Paris 1956.

BACH, R., KUOCH, R. und IBERG, R.: Wälder der Schweizer Alpen im Verbreitungsgebiet der Weißtanne. II. Entscheidende Standortsfaktoren und Böden. Mitt. Schweiz. Anst. f. forstl. Versuchsw. **30**, 1954.

BACH, R., KUOCH, R. und MOOR, M.: Die Nomenklatur der Pflanzengesellschaften. Mitt. flor.-soz. Arbeitsgem. N. F. **9**, 1962.

BACHMANN, E.: Kalklösende Algen. Ber. Dtsch. Bot. Ges. **29**, 1911.

BACHMANN, H.: Biologische Beurteilung der Gewässer. Schweiz. Zeitschr. f. Straßenwesen **23**, 1928.

BARKMAN, J. J.: Over oecologie en sociologie der cryptogame epiphyten. Vakbl. voor Biol. **26**, 3/4, 1946. — Ders.: Het Climaxprobleem in Nederland. Vakbl. voor Biol. **11**, 12, 1946. — Ders.: Le *Fabronietum pusillae* et quelques autres associations epiphytiques du Tessin (Suisse méridionale). Vegetatio **1**, 1950. — Ders.: Phytosociology and ecology of cryptogamic epiphytes. Assen 1952. (Siehe auch Nachtrag.)

BARTOLI, CH.: Première note sur les associations forestières du massif de la Grande Chartreuse. Ann. Ecole Nat. Eaux et Forêts **19**, 3, 1962.

BASSALIK, K.: Über die Silikatzersetzung durch Bodenbakterien. Zeitschr. f. Gärungsphysiol. **2**, **3**, 1913.

BATES, C. G.: The transect of a mountain valley. Ecology **4**, 1923.

BAUER, V.: Über das Tierleben auf den Seegraswiesen des Mittelmeeres. Zool. Jahrb. **56**, 1928.

BAVER, L. D.: Soil physics, 3. Aufl. New York, London 1956.

BAYARD HORA, F.: The pH range of some cliff plants on rocks of different geological origin in the Cader Idris area of North Wales. Journ. of Ecol. **35**, 1—2, 1947.

BEADLE, N. C. W.: Studies in wind erosion. Soil Conserv. Journ. 1948. — Ders.: The vegetation and pastures of western New South Wales with special reference to soil erosion. Sydney 1948.

BEADLE, N. C. W. and COSTIN, A. B.: Ecological classification and nomenclature. Proc. Linn. Soc. of New South Wales **77**, 1—2, 1952.

BEALS, E. W., COTTAM, G. and VOGL, R. J.: Influence of deer on vegetation of the Apostle Islands. Wisconsin Journ. of Wildl. Managem. **24**, 1, 1960.

BEARD, J. S.: Some ecological work in the Caribbean. Empire Forest Journ. **24** (1), 1945.

BECKER, Y., GUYOT, L., MASSENOT, M. et MONTEGUT, J.: Sur la présence d'excrétats radiculaires toxiques dans le sol de la pelouse herbeuse à *Brachypodium pinnatum* du Nord de la France. C. R. Acad. Sc. **231**, 1950.

BECKING, R. W.: Forestry applications of aerial color photography. Photogrammetric Engineering Sept. 1959. — Ders.: Quantitative evaluation of phytosociological data. Rec. Advances in Bot. Toronto 1961. — Ders.: Ein Vergleich der Holzproduktion im gemäßigten und im tropischen Klima. In LIETH, H.: Die Stoffproduktion der Pflanzendecke. Stuttgart 1962. — Ders.: Die Diskussion über das Produktionskalkül. Daselbst.

BEEFTINK, W. G.: Conspectus of the phanerogamic salt plant communities in the Netherlands. Biolog. Jaarb. **30**, 1962.

BEGER, H.: Praktische Richtlinien der strukturellen Assoziationsforschung im Sinne der von der Zürich-Montpellier-Schule geübten Methode. Handb. der biolog. Arbeitsmeth. **11**, 5, 1930. — Ders.: Die Biologie der Eisenbakterien (Die Eisenfällung). GWF. Das Gas- und Wasserfach **80** und **81**, 1937 und 1938.

BÉGUÉ, L.: La Végétation Tropicale. Inst. Franç. de Pondichéry, Trav. sec. Sc. et Techn. **3**, 2, 1961.

BÉGUINOT, A.: La Vita delle Piante superiori nella Laguna di Venezia e nei territori ad essa circostanti. Venezia 1913.

BEIJERINCK, W.: De subfossiele plantenresten in de terpen van Friesland en Groningen. Fonds Landb. Exp. Bur. 1916—1918, Wageningen 1929—1931.

BELLOT, F.: *Gypsophiletalia* Ord. Nov. Prov. incluible en la Clase *Ononido-Rosmarinetea* BR.-BL., Trab. Botan. Universidad de Santiago **5**, 1951, 1952.

BERG, L. S.: Die geographischen Zonen der Sowjetunion (Deutsche Übersetzung). Leipzig 1958.

BERGER-LANDEFELDT, U.: Die Hydratur einiger Halophyten in ihrer Abhängigkeit von der Substratkonzentration. Beih. Bot. Centralbl. **51**, 1, 1933. — Ders.: Über den Wasserverbrauch von Pflanzenverbänden. Planta **37**, 1949. — Ders.: Beiträge zur Messung der Evapotranspiration nach dem Austauschverfahren. Arch. Met. Geoph. u. Biokl. B **5**, 1, 1953. — Ders.: Zur schnellen Registrierung von Temperatur und Dampfdruck bzw. Taupunkt in und über Pflanzenbeständen. Ber. Dtsch. Bot. Ges. **67**, 9, 1954. — Ders.: Zur Messung der Feuchtigkeit in der Mikroklimatologie und Pflanzenökologie. Met. Abh. Inst. Met. Geoph. Fr. Univ. Berlin **2**, 4, 1955. — Ders.: Zum Celluloseabbau in Böden unter verschiedenem Baumwuchs. Oikos **11**, 2, 1960.

BERNER, L.: Les effets du froid exceptionnel de l'année 1956 sur la végétation provençale. Bull. Soc. Hist. nat. du Doubs **60**, 1956.

BERNICK, W.: Untersuchungen über den Taufall auf der Insel Hiddensee und seine Bedeutung als Pflanzenfaktor. Greifswald 1938.

BERTSCH, K.: Klima, Pflanzendecke und Besiedlung Mitteleuropas in vor- und frühgeschichtlicher Zeit nach den Ergebnissen der pollenanalytischen Forschung. XVIII. Ber. der Römisch-germanischen Komm. 1928.

BERTSCH, K. und F.: Geschichte unserer Kulturpflanzen. Stuttgart 1947.

BESCHEL, R. E.: The copper swamp in the Aboushagan woods, North Sackville, B. Mss. fr. Marit. excurs. 9th. Intern. Bot. Congr. Montreal, 1959.

BEUG, H.-J.: Beiträge zur postglazialen Floren- und Vegetationsgeschichte II: Häufigkeit und Pollenmorphologie der in Süddalmatien nachgewiesenen Pflanzensippen. Flora **150**, 1961.

BHARUCHA, F. R.: Etude écologique et phytosociologique de l'association à *Brachypodium ramosum* et *Phlomis lychnitis* des garrigues languedociennes. Beih. Bot. Centralbl. **2**, 50, Comm. S. I. G. M. A. **18**, 1933.

BHARUCHA, F. R. and DE LEEUW, W. C.: A practical guide to plant sociology. Bombay 1957.

BIEBL, R.: Lichtgenuß und Strahlenempfindlichkeit einiger Schattenmoose. Österr. Bot. Zeitschr. **101**, 5, 1954. — Ders.: Lichtresistenz von Meeresalgen. Protoplasma **46**, 1—4, 1956. — Ders.: Protoplasmatische Ökologie der Pflanzen I. Wasser und Temperatur. Protoplasmatologia **12**, 1962.

BILLINGS, W. D.: The structure and development of field shortleaf pine stands and certain associated physical properties of the soil. Ecol. monogr. **8**, 1938.

BILLINGS, W. D. and DREW, W. B.: Bark factors affecting the distribution of Corticolus bryophytic communities. Amer. Midland Naturalist **20**, 2, 1938.

BIRAND, H.: Erste Ergebnisse der Vegetations-Untersuchungen in der zentralanatolischen Steppe 1. Bot. Jahrb. **79**, 3, 1960.

BIRECKA, H.: Influence of gibberellin and $\beta$-indole-acetic acid on plants of yellow and white lupine. Part 1. The growth and the development of plants. Acta Soc. Bot. Pol. **31**, 3, 1962.

BIRECKA, H. and ZEBROWSKA, J.: Dass. Part 2. The nitrogen and the alkaloid content. Acta Soc. Bot. Pol. **31**, 3, 1962.

BIRGER, S.: Die Vegetation einiger 1882—1886 entstandenen schwedischen Inseln. Englers bot. Jahrb. **38**, 3, 1906.

BJÖRKMAN, E.: The ecological significance of the ectotropic mycorrhizal association in forest trees. Svensk Bot. Tidskr. **43**, 1949.

BJÖRKMAN, G.: Floran i trakten av äpartjakkos magnesit-fält. K. Svenska vetensk. Skrift. **33**, 1937.

BLANCK, E., BRAUN-BLANQUET, J. und HEUKESHOVEN, W.: Über einige Bodenprofile und deren zugehörige Waldvegetation aus der Umgebung von Montpellier. Chemie der Erde **9**, Comm. S. I. G. M. A. **33**, 1934.

BLISS, L. C.: Net primary production of Tundra Ecosystems. In LIETH, H.: Die Stoffproduktion der Pflanzendecke. Stuttgart 1962.

BLÖCHLIGER, G.: Kleinlebewesen und Gesteinsverwitterung. Zeitschr. f. Geomorph. **7**, 6, 1933.

BÖCHER, T. W. and BENTZON, M. W.: Density determination in plant communities. Oikos **9**, 1, 1958.

BODE, H. R.: Untersuchungen über die Abhängigkeit der Atmungsgröße von der H-Ionenkonzentration bei einigen *Spirogyra*-Arten. Jahrb. f. wiss. Bot. **65**, 1925/26.

BÖER, A. C.: Plantensociologische Beschrijving van de orde der *Phragmitetalia*. Nederland. Kruidk. Arch. **52**, 1942.

BOER, TH. A. DE: Die Anwendung der botanischen Grünlandbeurteilung in der niederländischen Kulturtechnik. Neue Ergebn. futterbaul. Forschung. Frankfurt (Main) 1961. — Ders.: Produktion und jahreszeitliche Produktionsverteilung von Grünlandvegetationseinheiten. In LIETH, H.: Die Stoffproduktion der Pflanzendecke. Stuttgart 1962.

BOGDANOWSKAÏA-GUIHÉNEUF, Y.: Contribution à l'étude de la reproduction par semences dans les associations des prairies. 1925.

BOHR, R.: Phytosociological studies on the periphyton in Lake Mamry. Stud. Soc. Sc. Torunensis, Sect. D, **6**, 1, 1962.

BOKOR, R.: Die Mikroflora der Szik-Böden mit Rücksicht auf ihre Fruchtbarmachung. Erdészeti Kisérletek **30**, 1928.

BOLAS, B. D.: The control of atmospheric humidity in a closed system. New Phytologist **25**, 1926.

BOLÓS, O. DE: Les zones de Vegetación de Catalunya. Barcelona 1957.

BOLÓS, O. DE y MASCLANS, F.: La vegetación de los arrozales en la región mediterránea. Collectanea Bot. **4**, 3, 1955.

BOLÓS, O. DE et MOLINIER, R.: Recherches phytosociologiques dans l'Ile de Majorque. Collectanea Bot. **5**, 3, Comm. S.I.G.M.A. **150**, 1958.

BOLÓS, A. y O. DE: Vegetación de las Comarcas Barcelonesas. Descripción geobotanica y catalogo floristico. Barcelona 1950. — Dies.: Efectos de los frios de febrero de 1956 sobre la vegetación. Collectanea Bot. **5**, 1, 1956.

BORNEBUSCH, C. H.: The fauna of forest soil. Copenhagen 1930.

BORNKAMM, R.: Die Bunte-Erdflechten-Gesellschaft im südwestlichen Harzvorland. Ein Beitrag zur floristischen Soziologie von Kryptogamengesellschaften. Ber. Dtsch. Bot. Ges. **71**, 7, 1958. — Ders.: Zur Lichtkonkurrenz von Ackerunkräutern. Flora **151**, 1960. — Ders.: Zur Konkurrenzkraft von *Bromus erectus*. Ein sechsjähriger Dauerversuch. Bot. Jb. **80**, 1961. — Ders.: Zur quantitativen Bestimmung von Konkurrenzkraft und Wettbewerbsspannung. Ber. Dtsch. Bot. Ges. **74**, 1961.

BORZA, A.: Pflanzensoziolog. Eindrücke aus China. Vegetatio **8**, 5—6, 1959.

BOUDET, G. et DUVERGER, E.: Etude des pâturages naturels sahéliens. Le Hodh (Mauritanie). Paris 1961.

BOULLARD, B. et MOREAU, R.: Sol, microflore et végétation. (Equilibres biochimiques et concurrence biologique.) Paris 1962.

BOURDEAU, PH.: L'outil statistique en écologie et sociologie végétales. Biométrie-Praximétrie Oct.-Déc. 1961.

BOYKO, H.: On the role of plants as quantitative climate indicators and the geo-ecological law of distribution. Journ. of Ecol. **35**, 1, 2, 1947. — Ders.: On the climax-vegetation of the Negev with special reference to arid pasture problems. Palestine Journ. Bot. **7**, 1949.

BRAGG, W. L.: Atomic structure of minerals. New York 1937.

BRAUN (-BLANQUET), J.: Über die Entwicklung der Soldanellen unter der Schneedecke. Jahresber. Nat. Ges. Graub. **50**, 1908.

BRAUN-BLANQUET, J.: Die Vegetationsverhältnisse der Schneestufe in den Rätisch-Lepontischen Alpen. N. Denkschr. d. Schweiz. Nat. Ges. **48**. 1913. — Ders.: Les Cévennes méridionales (massif de l'Aigoual). Arch. sc. phys. et nat. **48**, 1915. — Ders.: Essai sur les notions d'élément et de territoire phytogéographiques. Arch. sc. phys. et nat. 1919. — Ders.: L'origine et le développement des flores dans le Massif Central de France. Zurich et Paris 1923. — Ders.: Prinzipien einer Systematik der Pflanzengesellschaften auf floristischer Grundlage. Jahrb. d. St. Gall. naturwiss. Ges. **57**, 1921. — Ders.: Schedae ad Floram Raeticam Exsiccatam. Jahresber. Nat. Ges.Graub. 1918—1925. — Ders.: Zur Wertung der Gesellschaftstreue in der Pflanzensoziologie. Vierteljahrsschr. d. naturf. Ges. in Zürich **70**, 1925. — Ders.: L'association végétale climatique et le climax du sol dans le

Midi méditerranéen. Bull. Soc. Bot. Fr. **80**, 9, 10, 1933. — Ders.: Un problème économique et forestier de la Garrigue languedocienne. Comm. S. I. G. M. A. **35**, 1935. — Ders.: La Chênaie d'Yeuse méditerranéenne (*Quercion ilicis*). Mem. Soc. Etude Sc. Nat. de Nimes **5**, Comm. S.I.G.M.A. **45**, 1936. — Ders.: Über die Trockenrasengesellschaften des *Festucion vallesiacae* in den Ostalpen. Ber. Schweiz. Bot. Ges. **46**, Comm. S.I.G.M.A. **49**, 1936. — Ders.: Sur l'importance pratique d'une carte détaillée des Associations végétales de la France. Comm. S. I. G. M. A. **86**, 1944. — Ders.: Übersicht der Pflanzengesellschaften Rätiens. Vegetatio 1948/49. — Ders.: La végetation alpine des Pyrénées orientales. Etude de phytosociologie comparée. An. Inst. Edaf. Ecol. y Fisiol. veg. **9**, Barcelona, Comm. S. I. G. M. A. **98**, 1948. — Ders.: Les progrès de la géobotanique au cours des dernières années (1938—1946). Vegetatio **1**, 1949. — Ders.: La Phytosociologie au service du pays. Comm. S. I. G. M. A. 102, 1949. — Ders.: Premier aperçu phytosociologique du Sahara Tunisien. Mem. hors.-sér. Soc. d'Hist. Nat. Afr. du Nord **2**, Comm. S. I. G. M. A. **97**, 1949. — Ders.: Pflanzensoziologische Einheiten und ihre Klassifizierung. Vegetatio **2**, 6, 1950 und **3**, 1—2, Comm. S. I. G. M. A. **107**, 1951. — Ders.: Die Vegetation des Piz Languard, ein Maßstab für Klimaänderungen. Svenska Bot. Tidskr. **49**, 1—2; Comm. S. I. G. M. A. **124**, 1955. — Ders.: Ein Jahrhundert Florenwandel am Piz Linard (3414 m). Bull. Jard. Bot. État Brux. vol. jubil. W. ROBYNS; Comm. S. I. G. M. A. **137**, 1957. — Ders.: Zur Systematik der Pflanzengesellschaften. Mitt. flor.-soz. Arbeitsgem. N. F. **5**, Comm. S. I. G. M. A. **128**, 1955. — Ders.: Zur Vegetation der nordbündnerischen Föhrentäler. Vegetatio **8**, **4**, Comm. S. I. G. M. A. **146**, 1959. — Ders.: Die inneralpine Trockenvegetation. Geobotanica selecta I, Stuttgart 1961. — Ders.: Zur Pflanzensoziologischen Systematik, Erinnerungen und Ausblick. Jahresber. Nat. Ges. Graub. **90**, Comm. S. I. G. M. A. **159**, 1962.

BRAUN-BLANQUET, J. et MAIRE, R.: Etudes sur la végétation et la flore marocaines. Mém. soc. sc. nat. Maroc **8**, 1924.

BRAUN-BLANQUET, J. unter Mitwirkung von JENNY, H.: Vegetationsentwicklung und Bodenbildung in der alpinen Stufe der Zentralalpen (Klimaxgebiet des *Caricion curvulae*). Ergeb. d. wissensch. Unters. d. Schweizer. Nationalparks. Denkschr. d. Schweiz. Nat. Ges. **63**, 2, 1926.

BRAUN-BLANQUET, J. et PAVILLARD, J.: Vocabulaire de Sociologie Végétale. 3. éd. Montpellier 1928.

BRAUN-BLANQUET, J., BHARUCHA, F. und MEIER, H.: Zur Frage der „physiologischen Trockenheit" der Salzböden. Comm. S. I. G. M. A. **11**, Ber. Schweiz. Bot. Ges. **40**, 2, 1931.

BRAUN-BLANQUET, J. et PAWLOWSKI, B.: L'eau et l'air du sol dans l'association à *Deschampsia media* et *Brunella hyssopifolia*. Comm. S. I. G. M. A. **10**, Rev. Bot. appl. et d'Agr. trop. **9**, 119/120, 1931.

BRAUN-BLANQUET, J. und WALTER, H.: Zur Oekologie der Mediterranpflanzen. Comm. S. I. G. M. A. 8, Jahrb. f. wiss. Bot. **74**, 4/5, 1931.

BRAUN-BLANQUET, J., SCHWENKEL, H. und FABER, A.: Pflanzensoziologische Aufnahmen im September 1930. Jahresb. d. Ver. f. vaterl. Nat. Württemberg **86**, 1931.

BRAUN-BLANQUET, J. und Mitarbeiter: Prodromus der Pflanzengesellschaften **1—7**, 1933—1940.

BRAUN-BLANQUET, J. und DE LEEUW, W. C.: Vegetationsskizze von Ameland. Comm. S. I. G. M. A. **50**, Nederl. Kruidk. Arch. **46**, 1936.

BRAUN-BLANQUET, J. et SUSPLUGAS, J.: Reconnaissance phytogéographique dans les Corbières. Comm. S. I. G. M. A. **61**, Soc. Pharm. Montpellier 1937.

BRAUN-BLANQUET, J., MEYER, P. und TSCHOU, Y. T.: Über den Deckungswert der Arten in den Pflanzengesellschaften der Ordnung *Vaccinio-Piceetalia*. Jahresber. Nat. Ges. Graub. **80**, Comm. S.I.G.M.A. **90**, 1946.

BRAUN-BLANQUET, J., EMBERGER, L. et MOLINIER, R.: Instructions pour l'établissement de la Carte des Groupements Végétaux. Montpellier 1947.

BRAUN-BLANQUET, J. avec la collaboration de ROUSSINE, N. et de NEGRE, R.: Les groupements Végétaux de la France Méditérranéenne. 1952.

BRAUN-BLANQUET, J., H. PALLMANN und R. BACH: Pflanzensoziologische und bodenkundliche Untersuchungen im Schweizerischen Nationalpark und seinen Nachbargebieten. II. Vegetation und Böden der Wald- und Zwergstrauchgesellschaften (*Vaccinio-Piceetalia*). Ergebnisse der wissenschaftlichen Untersuchungen des Schweizerischen Nationalparks **4** (Neue Folge), 1954.

BRAUN-BLANQUET, J., PINTO DA SILVA, A. R. et ROZEIRA, A.: Résultats de deux excursions géobotaniques à travers le Portugal septentrional et moyen. Agronomia Lusitana **18**, 3, Comm. S. I. G. M. A. **135**, 1956.

BRAUN-BLANQUET, J. en collaboration avec O. DE BOLÓS: Les groupements végétaux du bassin moyen de l'Ebre et leur dynamisme. Ann. de la Estacion exp. de Aula Dei **5**, 1—4, Zaragoza 1957.

BRAUN-BLANQUET, J. et RAMM, CL. DE: Les prés salés du Languedoc Méditerranéen. (Contribution à la connaissance de la végétation du littoral mediterranéen 1.) Bull. Mus. d'Hist. Nat. de Marseille **17**, Comm. S. I. G. M. A. **139**, 1957.

BRAUN-BLANQUET, J., mit WIKUS, E., SUTTER, R. und BRAUN-BLANQUET, G.: Lagunenverlandung und Vegetationsentwicklung an der französischen Mittelmeerküste bei Palavas, ein Sukzessionsexperiment. Veröff. d. geobot. Inst. Rübel **33**, Comm. S.I.G.M.A. **141**, 1958.

BRAY, J. R.: The distribution of savanna species in relation to light intensity. Canad. Journ. Bot. **36**, 1958. — Ders.: The primary productivity of vegetation in central Minnesota/USA and its relationship to chlorophyll content and albedo. In LIETH, H.: Die Stoffproduktion der Pflanzendecke. Stuttgart 1962.

BREMOWNA, M. and SOBOLEWSKA, M.: Studies on the pollen rain of forest trees in the Puszcza Bialowieska. „Sylwan" Soc. forest. de Pologne, Lwow, 1939.

BRENNER, W.: Växtgeografiska studier i Barösunds skärgard. Acta Soc. Fauna et Flora Fenn. **49**, 5, 1921. — Ders.: Beiträge zur edaphischen Oekologie der Vegetation Finnlands. Acta Bot. Fenn. 1930.

BRETON, R.: Recherches phytosociologiques dans la région de Dijon. Thèse. Comm. S. I. G. M. A. **136**, Ann. Agron. 1952.

BRIGGS, G. E. and ROBERTSON, R. N.: Apparent free space. Ann. Rev. Plant Physiol. **8**, 11, 1957.

BRIGGS, L. J. and MCLANE, J. W.: The moisture equivalents of soils. U. S. Dep. Agric. Bureau of Soils. Bull. **45**, 1907.

BRIGGS, L. J. and SHANTZ, H. L.: The wilting coefficient for different plants and its indirect determination. U. S. Dep. Agric. Bur. Plant Ind. **230**, 1913. — Ders.: Daily transpiration during the normal growth period and its correlation with the weather. Ibid. **7**, 1916. — Ders.: Relative water requirement of plants. Journ. of Agr. Research. Dep. Agr. **3**, 1924.

BROADBENT, F. E.: The soil organic fraction. Adv. Agron. **5**, 1953. — Ders.: Basic problems in organic matter transformations. Soil Sci. **79**, 1955.

BROCKMANN-JEROSCH, H.: Die Flora des Puschlav und ihre Pflanzengesellschaften. Leipzig 1907. — Ders.: Baumgrenze und Klimacharakter. Beitr. z. geobot. Landesaufn. d. Schweiz **6**. 1919. — Ders.: Die Vegetation der Schweiz. Beitr. z. geobot. Landesaufn. d. Schweiz **12**, 1925—1929.

BROCKMANN-JEROSCH, H. und RÜBEL, E.: Die Einteilung der Pflanzengesellschaften nach ökologisch-physiognomischen Gesichtspunkten. Leipzig 1912.

BRODFÜHRER, U.: Der Einfluß einer abgestuften Dosierung von ultravioletter Sonnenstrahlung auf das Wachstum der Pflanzen. Planta **45**, 1955.

BROUGHAM, R. W.: The leaf growth of *Trifolium repens* as influenced by seasonal changes in the light environment. Journ. of Ecol. **50**, 2, 1962.

BROWN, D.: Methods of surveying and measuring vegetation. Commonwealth Bureau of Pastures and Field Crops. Bull. **42**, 1954.

BROWN, W. H.: Vegetation of Philippine Mountains. Dep. Agric. a. Nat. Res. Bur. Sc. Bull. 13, Manila 1919.

BRUNEAU DE MIRÉ, PH. et QUÉZEL, P.: Sur quelques aspects de la Flore résiduelle du Tibesti: les fumerolles du Toussidé et les Lappiaz volcaniques culminaux de l'Emi Koussi. Bull. Soc. d'Hist. Nat. Afrique du Nord 50, 1959.

BRUN-HOOL, J.: Ackerunkraut-Gesellschaften der Nordwestschweiz. Beitr. z. geobot. Landesaufn. der Schweiz 43, 1963.

BUCHLI, M.: Ökologie der Ackerunkräuter der Nordostschweiz. Beitr. z. geobot. Landesaufn. d. Schweiz, 19, 1936.

BUCHWALD, K. und LOSERT, H.: Pflanzensoziologische und pollenanalytische Untersuchungen am „Blanken Flat" bei Vesbeck. Mitt. flor.-soz. Arbeitsgem. N. F. 4, Stolzenau/Weser 1953.

BUCKLE, PH.: On the ecology of soil insects on agricultural land. Journ. of Ecol. 11, 1923.

BUDDE, H.: Versuch einer Rekonstruktion der Vegetation Westfalens in der älteren Nachwärmezeit von 500 v. Chr. bis 1000 n. Chr. Natur und Heimat 3, 1950.

BUJOREAN, G.: Zwei extreme Standorte bei Cluj (Klausenburg). Veröff. des geobot. Inst. Rübel 1931. — Ders.: The automatic drosometer a new instrument for the quantitative measurement of the dew. Bul. Grad. Bot. Univ. Cluj 15, 1—4, 1935.

BÜNNING, E.: Biologie, III. Spezielle Botanik. Wiesbaden 1948.

BURGEFF, H.: Symbiose II. Zusammenleben von höheren Pflanzen mit Bakterien und Pilzen. Handwörterb. d. Naturwiss. 47, 1933. — Ders.: Mikrobiologie des Hochmoores mit besonderer Berücksichtigung der Erikazeen-Symbiose. Stuttgart 1961.

BURGER, H.: Physikalische Eigenschaften der Wald- und Freilandböden. Mitt. d. Schweiz. Anst. f. forstl. Versuchswesen 13, 1, 1922. — Ders.: Waldklimafragen I. Meteorologische Beobachtungen im Freien und in einem Buchenbestand. Mitt. d. Schweiz. Anst. f. forstl. Versuchswesen 17, 1, 1931. — Ders.: Influence du pâturage sur l'écoulement des eaux et l'érosion. Journ. forest. suisse 4, 1932. — Ders.: Waldklimafragen II. Meteorologische Beobachtungen im Freien in einem Buchen- und einem Fichtenbestand. III. Meteorologische Beobachtungen im Freien, in einem gleichaltrigen Fichtenbestand und im Tannen-Fichten-Plenterwald bei Oppligen. Mitt. d. Schweiz. Anst. f. forstl. Versuchswesen 18, 1, 1933. — Ders.: Der Einfluß des Waldes auf den Wasserhaushalt. Vierteljahrsschr. d. Nat. Ges. in Zürich 93, 1, 1948.

BURGERSTEIN, A.: Änderungen der Spaltöffnungsweite unter dem Einfluß verschiedener Bedingungen. Mitt. a. d. Versuchsanst. d. Akad. d. Wiss., Wien 56, 1919.

BURGES, A. and CHALMERS, B.: Neurospora following a Volcanic Eruption. Nature 170, 1952.

BUROLLET, P. A.: Le Sahel de Sousse. Monographie phytogéographique. Thèse, Tunis 1927.

BUXTON, P. A.: The temperature of the surface of deserts. Journ. of Ecol. 12, 1924.

CAIN, ST. A.: Synusiae as a basis in plant sociological field work. The American Midland naturalist 17, 3, 1936. — Ders.: The species-area curve. American Midland naturalist 19, 3, 1938. — Ders.: Foundations of plant geography. New York-London 1944.

CAJANDER, A. K.: Beiträge zur Kenntnis der Vegetation der Hochgebirge zwischen Kittilä und Muonio. Fennia 20, 9, 1904. — Ders.: Zur Begriffsbestimmung im Gebiete der Pflanzengeographie. Acta forest. fenn. 20, 1922. — Ders.: Über Waldtypen. Acta forest. fenn. 1, 1909. — Ders.: Studien über die Moore Finnlands. Ebenda 2, 1913. — Ders.: Der gegenseitige Kampf in der Pflanzenwelt. Veröff. d. geobot. Inst. Rübel 3, Festschrift SCHRÖTER. 1925. — Ders.: The theory of forest types. Acta forest. fenn. 31, 1926.

Canals, E.: Du rôle physiologique du magnésium chez les végétaux. Thèse. Fac. de sc. de Paris. Montpellier 1920.

Cannon, W. A.: The evaluation of the soil temperature in root growth. Pl. World **21**, 1918. — Ders.: General and physiological features of the vegetation of the more arid portions of Southern Africa. Washington 1924.

Cappannini, D. A.: Geoedafologia del curso inferior del rio Salado de la provincia de Buenos Aires. IDIA **5**, 50—51, 1952.

Cappelletti, C.: L'impiego dell' anidride carbonica solida (ghiaccio secco) nella semimicro e microcrioscopia. Nuovo Giorn. Bot. Ital. **46**, 2, 1939. — Ders.: Beobachtungen über das Einpflanzen und die Weiterentwicklung fremder Arten in natürlichen Pflanzengesellschaften. Mitt. Ostalp.-Dinar. pflanzensoz. Arbeitsgem. **2**, 1962.

Caputa, J.: Untersuchungen über die Entwicklung einiger Gräser und Kleearten in Reinsaat und Mischung. Diss. E. T. H., Bern 1948.

Cartellieri, E.: Jahresgang von osmotischem Wert, Transpiration und Assimilation einiger Ericaceen der alpinen Zwergstrauchheide und von *Pinus cembra*. Jahrb. f. wiss. Bot. **82**, 3, 1935. — Ders.: Über Transpiration und Kohlensäureassimilation an einem hochalpinen Standort. Sitzungsber. d. Akad. d. Wiss., Wien 1, **149**, 3—6, 1940.

Chaney, R. W.: Paleobotany. Carnegie Inst. Washington Year Book **55** (1955—1956), 1956.

Chapman, V. J.: The Halophyte problem in the light of recent investigations. The Quarterly Review of Biology **11**, 2, 1936. — Ders.: Studies in salt-marsh ecology sections. I—V. Journal of Ecology **26**, 1, 1938, **27**, 1, 1939. — Ders.: Salt marshes and salt deserts of the world. 1961.

Chauvin, R. et d'Aguilar, J.: Les données récentes de la microclimatologie et leur importance en écologie enthomologique. Ann. biol. **22**, 7—9, 1946.

Chermezon, H.: Recherches anatomiques sur les plantes littorales. Ann. sc. nat. bot. **12**, 1910.

Chevalier, A.: Les zones et provinces botaniques de l'Afrique Occidentale française. Acad. sc. **130**, 1900. — Ders.: Essai d'une classification biogéographique des principaux systèmes de culture pratiqués à la surface du globe. Rev. internat. de renseign. agric. **3**, 1925. — Ders.: Les applications de la photographie aérienne à l'étude de la géographie botanique. C. R. Soc. Biogéogr. **57**, 1930.

Chodat, F. et Popovici, N.: Etude chimique de la calcicolie et calcifugie de quelques espèces de Cistes. Bull. Soc. Bot. suisse **42**, 2, 1933.

Chouard, P.: Associations végétales des forêts de la vallée de l'Apance (Haute Marne). Bull. Soc. Bot. Fr. **79**, 1932. — Ders.: Expériences de longue durée sur le photopériodisme; leçons qui en découlent. Mém. Soc. Bot. Fr. **96**, 1949. — Ders.: Croissance et morphogenèse des végétaux. Encycl. Française IV, Paris 1960.

Christ, H.: Das Pflanzenleben der Schweiz. Zürich 1879.

Christiansen, W.: Die Eichenkratts Schleswig-Holsteins. Ber. Dtsch. Bot. Ges. **5**, 1925. — Ders.: Die Vegetationsverhältnisse der Dünen auf Föhr. Englers bot. Jahrb. **61**, 1927. — Ders.: Beobachtungen an Dauerquadraten auf der Lotseninsel Schleimünde. Schr. d. Naturwiss. Ver. f. Schleswig-Holstein **22**, 1, 1937. — Ders.: Aufbau-Blätter, Kiel 1948. — Ders.: Die Pflanzendecke als Zeiger für winderosionsgefährdete Böden. Schr. d. Naturwiss. Ver. f. Schleswig-Holstein **25**, 1951. — Ders.: *Salicornietum.* Mitt. flor.-soz. Arbeitsgem. N. F. **5**, 1955.

Cieslar, A.: Die Rolle des Lichtes im Walde. Mitt. Forstl. Versuchswes. Österreichs **30**, 1904.

Ciferri, R.: Studio geobotanico dell'isola Hispaniola (Antille). Atti Ist. Bot. Univ. di Pavia Ser. IV, **8**, 1936.

Clapham, A. R.: Studies in the depth adjustment of subterranean plant organs. I. New Phytologist **44**, 2, 1945.

CLAPHAM, A. R., GODWIN, H. and PENNINGTON, W.: Studies of the post-glacial history of British vegetation. VII, VIII, IX. Philosoph. Trans. Roy. Soc. London B **233**, 599, 1948.

CLARK, O. R.: Interception of rainfall by prairie grasses, weeds, and certain crop plants. Ecol. Monogr. **10**, 1940.

CLAUSEN, J., KECK, D. D. and HIESEY, W. M.: Heredity of geographically and ecologically isolated races. American Midland naturalist **81**, 3—4, 1947. — Dies.: Experimental studies on the nature of species. III. Environmental responses of climatic races of *Achillea*. Carnegie Inst. Washington **581**, 1948.

CLAUSEN, J. C., NOBS, M. A. and HIESEY, W. M.: Studies in *Poa*. Carnegie Inst. Washington Year Book **60**, 1961.

CLEMENTS, F. E.: Plant indicators. Carnegie Inst. Publ. **290**, 1920. — Ders.: Research methods in ecology. Lincoln 1905. — Ders.: Plant physiology and ecology. New York 1907. — Ders.: Plant succession. Carnegie Inst. Washington **242**, 1916. — Ders.: Nature and structure of the climax. Journ. of Ecol. **24**, 1, 1936.

CLEMENTS, F. E., WEAVER, J. E. and HANSON, H. C.: Plant competition. Carnegie Inst. **398**, Washington 1929.

CLEMENTS, F. E., MARTIN, E. V. and LONG, F. L.: Adaption and origin in the plant world. The role of environment in evolution. Chronica Botanica, Waltham, 1950.

COMBES, R.: Détermination des intensités lumineuses optima pour les végétaux aux divers stades du développement. Ann. Sc. nat. **9**, ser. Bot., 11, 1910. — Ders.: Absorption et migration de l'Azote chez les plantes ligneuses. Ann. de Physiologie et de Physicochimie biolog. **3**, 1927. — Ders.: La forme des végétaux et le milieu. Collect. Armand Colin **240**, Paris 1946. — Ders.: Réactions aux facteurs du milieu. Encycl. Française IV. Paris 1960.

CONARD, H. S.: The plant association of central Long Island. American Midland naturalist **16**, 1935. — Ders.: The vegetation of Iowa. An approach toward a phytosociologic account. State Univ. of Iowa, Stud. Nat. Hist. **19**, 4, 1952.

CONNOR, H. E.: A Tall-Tussock Grassland community in New Zealand. New Zeal. Journ. of Sc. **4**, 4, 1961.

CONTEJEAN, C.: Géographie botanique. Influence du terrain sur la végétation. Paris 1881.

COOPER, CH. F.: Changes in vegetation, structure, and growth of southwestern Pine forests since white settlement. Ecolog. Monogr. **30**, 1960.

COOPER, W. S.: The recent ecological history of Glacier Bay, Alaska. Ecology **4**, 1923. — Ders.: An apparatus for photographic recording of quadrats. Journ. of Ecol. **12**, 2, 1924. — Ders.: A third expedition to Glacier Bay, Alaska. Ecology **12**, 1, 1931. — Ders.: The strand and dune flora of the Pacific coast of North America. Essays in Geobot. in Honor of W. A. Setchell 1936. — Ders.: A fourth expedition to Glacier Bay, Alaska. Ecology **20**, 2, 1939.

CORTIZO, E. V.: Estudios botanicos sobre la flora Alergogena y contenido en polen de la atmosfera de la comarca de Santiago de Campostela. An Inst. de Edaf. Ecol. y Fisiol. veg. **5**, 2, Madrid 1946.

COSTA, BOTELHO DA: Solos das regioes tropicais e subtropicais. Agros **29**, 1946.

COSTIN, A. B.: Alpine soils in Australia. Journ. of Soil Sc. **6**, 1, 1955.

COSTIN, A. B. and MOORE, D. M.: The effects of rabbit grazing on the grasslands of Macquarie Island. Journ. of Ecol. **48**, 1960.

COTTLE, H. J.: Studies in the vegetation of southwestern Texas. Ecology **12**, 1, 1931.

COUTINHO, L. M.: Contribuição ao conhecimento da ecologia da mata pluvial tropical. Bol. Fac. Fil. Ciênc. Letr. **257**, Bot. **18**, 1962.

COWLES, H. C.: The ecological relations of the vegetation of the sand dunes of the lake Michigan. Bot. Gaz. **27**, 1899. — Ders.: The physiographic ecology of Chicago. Ebenda **31**, 1901.

CRAIG, N. and HALAIS, P.: The influence of maturity and rainfall on the properties of lateritic soils in Mauritius. Empl. Journ. Exp. Agr. 2, 1934. Zit. nach JENNY 1941.

CROCKER, R. L.: Soil genesis and the pedogenic factors. The Quart. Rev. of Biol. **27**, 2, 1952.

CROCKER, R. L. and DICKSON, B. A.: Soil development on the recessional moraines of the Herbert and Mendenhall Glaciers southeastern Alaska. Journ. of Ecol. **45**, 1957.

CROCKER, R. L. and MAJOR, J.: Soil development in relation to vegetation and surface age at Glacier Bay, Alaska. Journ. of Ecol. **43**, 1955.

CROWTHER, E. M.: The relationship of climatic and geological factors to the composition of soil clay and the distribution of soil types. Proc. Roy. Soc. B **107**, 1930.

CURÉ, I.: La nouvelle classification des climats de Thornthwaite. La Météorologie 1950.

CURRIE, J. A.: The importance of aeration in providing the right conditions for plant Growth. Journ. Sci. Food Agric. **13**, 1962.

CURTIS, J. T. and GRANT COTTAM: Antibiotic and autotoxic effects in Prairie Sunflower. Torrey bot. Club **77**, 3, 1950.

CUTLER, O. W., CRUMP, LETTICE, M. and SANDON, H.: A quantitative investigation of the Bacterial and Protozoa population of the soil. Trans. Roy. Soc. London 1922.

DAGNELIE, P.: Contribution à l'étude des communautés végétales par l'analyse factorielle. Bull. Serv. Carte Phytogéogr. Ser. B **5**, 1 et 2, 1960.

DAHL, E.: A new apparatus for recording ecological and climatological factors, especially temperatures, over long periods. Physiol. Plantarum **2**, 1949. — Ders.: Rondane mountain vegetation in South Norway and its relation to the environment. Skrift. det Norske Vidensk.-Akad. Oslo, Mat.-Naturv. Klasse **3**, 1956. — Ders.: Some measures of uniformity in vegetation analysis. Ecology **41**, 1960.

DÄNIKER, A. U.: Die Grundlagen zur ökologischen Untersuchung der Pflanzengesellschaften. Mitt. a. d. Bot. Mus. der Univ. Zürich, **128**, 1928. — Ders.: Die Struktur der Pflanzengesellschaft. Ber. Schweiz. Bot. Ges. **46**, Festband Rübel 1936.

DANSEREAU, P.: Essai de correlation sociologique entre les plantes supérieures et les poissons de la Beine du Lac Saint-Louis. Rev. Canad. de Biol. **4**, 3, 1945. — Ders.: L'érablière Laurentienne II. Les sucessions et leurs indicateurs. Canad. Journ. of Research **24**, 1946. — Ders.: Studies on Central Baffin vegetation. I. Bray Island. Vegetatio **5—6**, 1954. — Ders.: Le coincement, un processus écologique. Act. Biotheor. **11**, 1956. — Ders.: A preliminary note on the structure variations of temperate rainforest. Proceed. Eight Pacif. Sci. Congr. **4**, 1957. — Ders.: Phytogeographia Laurentiana I. Introduction et Méthodologie. Contrib. Inst. Bot. Univ. Montréal **74**, 1959. — Ders.: Essais de représentation cartographique des éléments structuraux de la végétation. Methodes de la Cartographie de végétation Toulouse 16—21 Mai 1960. C.N. R. S. 1961.

DANSEREAU, P. and LEMS, K.: The grading of dispersal types in plant communities and their ecological significance. Contrib. Inst. Bot. Univ. Montréal **71**, 1957.

DAU, L.: Microclimas das restingas do sudeste do Brasil. I. Restinga interna de Cabo Frio. Arquivos do Museu Nacional **50**, 1960.

DAUBENMIRE, R.: Vegetation Classification. In: Aktuelle Probleme der Pflanzensoziologie. Veröff. d. Geobot. Inst. Rübel **29**, 1954. — Ders.: Some major problems in vegetation classification. Silva Fennica **105**, 1960.

DAVY DE VIRVILLE, AD.: Recherches écologiques sur la flore des flaques du littoral de l'Océan Atlantique et de la Manche. Rev. Gen. Bot. **46—47**, 1935. — Ders.: Contribution à l'étude des zônes de végétation sur le littoral atlantique. C. R. Soc. Biogéogr. **16**, 134, 1939.

DEEGENER, P.: Die Formen der Vergesellschaftung im Tierreiche. Leipzig 1918.

DEGELIUS, G.: Die Flechten von Norra Skaftön. Uppsala Univ. Arsskr. **11**, 1939.

DELF, E. M.: Transpiration and behaviour of stomata in halophytes. Ann. of Bot. **25**, 1911. — Ders.: The meaning of Xerophily. Journ. of Ecol. **3**, 1915.

DELITSCH, H.: Die Konservierung von Lebens- und Futtermitteln durch Einsäuerung. Der Biologe **12**, 8—9, 1943.

DEL VILLAR, E. H.: Avance geobotanico sobre la pretendida Estepa central de España. Iberica **23**, 1925.

DEMOLON, A.: La dynamique du sol. Principes d'agronomie. Paris, 1938. — Ders.: La génétique des Sols. „Que sais-je ?" Paris 1949.

DENEVAN, W. M.: The upland pine forests of Nicaragua. A study in cultural plant geography. Univ. Calif. Publ. Geogr. **12**, 4, 1961.

DENIS, M.: Observations Algologiques dans les Hautes-Pyrénées II. Observations sociologiques. Rev. Algologique **1924**, 3. — Ders.: Essai sur la végétation des Mares de Fontainebleau. Ann. sc. nat. Bot. **7**, 1925.

DEPAPE, G.: Recherches sur la flore pliocène de la vallée du Rhône. Paris 1923.

DEUEL, H.: Die Tone des Bodens. Schweiz. Landw. Monatshefte **1950**, 12. — Ders.: Betrachtungen über die organische Substanz des Bodens. Schriftenreihe Landw. Fak. Univ. Kiel **19**, 1958.

DEUEL, H. und HOSTETTLER, F.: Hundert Jahre Ionenaustausch. Experientia **6**, 12, 1950.

DICKSON, B. A. and CROCKER, R. L.: A chronosequence of soils and vegetation near Mt. Shasta, California. I. Definition of the ecosystem investigated and features of the plant succession. Journ. Soil Sci. **4**, 2, 1953.

DIELS, L.: Pflanzengeographie. Leipzig 1908. — Ders.: Genetische Elemente in der Flora der Alpen. Englers bot. Jahrb. **44**, 4, 102, 1910. — Ders.: Die Algenvegetation der Südtiroler Dolomitriffe. Ein Beitrag zur Ökologie der Lithophyten. Ber. Dtsch. Bot. Ges. **32**, 1914. — Ders.: Das Verhältnis von Rhythmik und Verbreitung bei den Perennen des europäischen Sommerwaldes. Ber. Dtsch. Bot. Ges. **6**, 1917, 1918.

DIEM, M.: Feuchtemessung mit Hilfe thermoelektrischer Psychrometer. Arch. Met. Geoph. u. Biokl. B **5**, 59, 1953.

DIEMONT, W. H.: Zur Soziologie und Synoekologie der Buchen- und Buchenmischwälder der nordwestdeutschen Mittelgebirge. Mitt. flor.-soz. Arbeitsgem. in Niedersachsen **4**, 1938.

DIEREN, J. W. VAN: Organogene Dünenbildung. Den Haag 1934.

DIETRICH, M.: Die Transpiration der Schatten- und Sonnenpflanzen in ihren Beziehungen zum Standort. Diss. Bonn. Jahrb. f. wiss. Bot. 1925.

DI GLERIA, J., KLIMES-SZMIK, A. und DVORACSEK, M.: Bodenphysik und Bodenkolloidik. Jena 1962.

DIMO, N. A.: Soda in den Bodenarten Mittelasiens. Bull. de l'Inst. de Pédologie et de Géobot. de l'Univ. de l'Asie Centrale **1**, 1925. Résumé.

DONAT, J.: Das Gefüge des Bodens und dessen Kennzeichnung. Verh. 6. Komm. Intern. Bodenk. Ges. B, Zürich 1937.

DONSELAAR, J. VAN, KOP, L. G., VAN DONSELAAR-TEN BOKKEL HUININK, W. A. E., VAN DER VOO, E. E. and WESTHOFF, V.: On the ecology of plant species and plant communities in former river beds. Wentia **5**, 1961.

DÖRING, B.: Die Temperaturabhängigkeit der Wasseraufnahme und ihre ökologische Bedeutung. Zeitschr. f. Bot. **28**, 1935.

DRUDE, O.: Manuel de Géographie Botanique (1884). Paris 1897.

DUCHAUFOUR, P.: Recherches écologiques sur la Chênaie atlantique française. Thèse, Nancy, 1948. — Ders.: Recherches sur l'évolution des sols calcaires en Lorraine. Ann. Ecole Nat. des Eaux et Forêts **12**, 1, 1950. — Ders.: Précis de Pédologie. Paris 1960.

DUDGEON, W.: Succession of epiphytes in the *Quercus incana* forest at Landour, Western Himalayas. Journ. Ind. Bot. Soc. **3**, 1923.

DÜGGELI, M.: Die Mitwirkung von Bakterien bei der Gesteinsverwitterung. Verh. d. Schweiz. Naturf. Ges. 1930. — Ders.: Der Wert der Bodenimpfung nach dem heutigen Stande unseres Wissens. Zeitschr. Pflanzenernähr., Düng., Bodenkde. **12**, 1, 1933. — Ders.: Studien über den Einfluß der im Stadtwald Zofingen angewandten Maßnahmen zur Bodenverbesserung auf die Bakterienflora des Waldbodens. Mitt. Schweiz. Anst. f. forstl. Versuchsw. **20**, 2, 1938. — Ders.: Bakteriologische Studien an Böden aus den Macchien der italienischen Riviera di Ponente. Ber. Schweiz. Bot. Ges. **49**, 1939. — Ders.: Der Einfluß eines Düngungsversuches in Nante bei Airolo auf die Bakterienflora des Bodens. Ber. Schweiz. Bot. Ges. **53**, A, 1943. — Ders.: Die Schwefelbakterien. Ciba Zeitschr. **98**, 1945.

DU RIETZ, G. E.: Zur methodologischen Grundlage der modernen Pflanzensoziologie. Akadem. Abh. Upsala 1921. — Ders.: Der Kern der Art-Assoziationsprobleme. Bot. Notiser 1923. — Ders.: Die regionale Gliederung der skandinavischen Vegetation. Nord. Familieb. 3, Upsala 1925. — Ders.: Vegetationsforschung auf soziationsanalytischer Grundlage. Handb. der biolog. Arbeitsmeth. **11**, 5, 1930. — Ders.: Life-forms of terrestrial flowering plants. Acta phytogeogr. suecica **3**, 1, 1931. — Ders.: Zur Vegetationsökologie der ostschwedischen Küstenfelsen. Beih. Bot. Centralbl. **49**, 1932. — Ders.: Växtgeografi. Trädgårdskonst, Stockholm 1934. — Ders.: Rishedsförband i Torneträskomradets lagfjällbälte. Sv. Bot. Tidskr. **36**, 1942. — Ders.: De svenska fjällens växtvärdl. Norrland, Natur, befolkning och näringar. Ymer 1942, Stockholm. — Ders.: Om fattigbark- och rikbarksamhällen. Svensk Bot. Tidskr. **39**, 1, 1945. — Ders.: Wellengrenzen als ökologische Äquivalente der Wasserstandslinien. Zool Bidrag. **25**, 1947. — Ders.: Huvudenheter och huvudgränser i svensk myrvegetation. Svensk Bot. Tidskr. **43**, 2, 3, 1949. — Ders.: Vegetations- och odlingsregioner som uttryck för klimat och jordmån. Trädgårdskonst **1**, Stockholm 1952. — Ders.: Vegetation analysis in relation to homogeneousness and size of sample areas. Compte Rendus des Séances et Rapports et Communications. Sect. 7 et 8, 8ème Congrès Intern. de Bot. Paris 1954 (1957).

DU RIETZ, FRIES, OSVALD und TENGWALL: Gesetze der Konstitution natürlicher Pflanzengesellschaften. Medd. från Abisko Naturv. Station **3**, 1920.

DU RIETZ, G. E. und NANNFELDT, J. A.: Ryggmossen und Stigsbo Rödmosse, die letzten lebenden Hochmoore der Gegend von Upsala. Führer für die vierte I. P. E. Svenska Växtsoc. Sällskapets Handlingar **3**, 1925.

DUVAL-JOUVE, J.: Des *Salicornia* de l'Hérault. Bull. Soc. Bot. Fr. **15**, 1868.

DUVIGNEAUD, P.: Les populations végétales des grottes de Han. Ass. Fr. Av. Sc. **63**, Liège 1939. — Ders.: Les associations épiphytiques de la Belgique. Bull. Soc. Roy. Bot. Belg. **74**, 1942. — Ders.: La variabilité des Associations végétales. Bull. Soc. Roy. Bot. Belg. **78**, 1946.

DUVIGNEAUD, P. et DENAEYER-DE SMET, S.: Action de certains métaux lourds du sol (cuivre, cobalt, manganèse, uranium) sur la végétation dans le Haut-Katanga. In VIENNOT-BOURGIN 1960. — Dies.: Cuivre et végétation au Katanga. Bull. Soc. Roy. Bot. Belg. **96**, 2, 1963.

DYAKOWSKA, J.: The pollen rain on the sea and on the coasts of Greenland. Bull. Acad. Pol. Sci. et Lettres, Cl. Sci. Math. Nat. B (1) 1947.

DZIUBALTOWSKI, S.: Etude phytogéographique de la région de la Nida inférieure. Neuchâtel 1915. — Ders.: Développement des associations végétales des abatis sur le loess du district de Sandomierz dans la lumière d'analyse floristique et statistique. C. Soc. Sc. de Varsovie **11**, 1918. — Ders.: La distribution et l'écologie des associations steppiques sur le plateau de la Petite Pologne. Acta Soc. Bot. Pol. **1**, 1923. — Ders.: Les associations steppiques sur le plateau de la Petite Pologne et leurs successions. Acta Soc. Bot. Pol. **3**, 2. 1925.

EBERHARDT, PH.: Influence de l'air humide sur la forme et sur la structure des végétaux. Ann. sc. nat. **18**, 1903.

EBERT, P.: Das *Geopyxidetum carbonariae*, eine carbophile Pilzassoziation. Zeitschr. f. Pilzk. **24**, 1958.

ECKARDT, F. E.: Remarques sur le comportement physiologique des xerophytes pendant la periode de déssechement du sol. Rapp. et Comm. Sect. 11 et 12, 8[eme] Congrès Intern. de Bot. Paris 1954. — Ders.: Procédés de mesure écophysiologiques appliqués à l'étude des échanges hydriques chez les végétaux des régions arides et semi-arides. Recherches sur la Zone Aride **15**. Paris 1961.

EGER, G.: Untersuchungen zur Methode der Transpirationsbestimmung durch kurzfristige Wägung abgeschnittener Pflanzenteile, besonders an Wiesenpflanzen. Flora **145**, 1957. — Ders.: Beiträge zur Kenntnis des Mikroklimas der Mähwiesen und der osmotischen Werte einiger Wiesenpflanzen. Zeitschr. Acker- u. Pflanzenbau **106**, 3, 1958.

EGGELING, W. J.: Observations on the ecology of the Budongo rain forest, Uganda. Journ. of Ecol. **34**, 1, 1947.

EGLER, E. F.: Indigene versus alien in the development of arid hawaiian vegetation. Ecology **23**, 1, 1942. — Ders.: Vegetation as an object of study. Philosophy of Science **2**, 3, 1942. — Ders.: Arid Southeast Oahu Vegetation, Hawaii. Ecol. Monogr. **17**, 1947.

EIG, A.: Les éléments et les groupes phytogéographiques auxiliaires dans la flore palestinienne. Repert. spec. nov. **58**, 1931. — Ders.: The vegetation of the light soils belt of the coastal plain of Palestine. Palest. Journ. of Bot., J. Ser., **1**, 1939.

EKLUND, O.: Über die Kalkabhängigkeit der Kormophyten SW-Finnlands. Mem. Soc. pro Fauna et Flora Fenn. **22**, 1946.

ELLENBERG, H.: Über Zusammensetzung, Standort und Stoffproduktion bodenfeuchter Eichen- und Buchen-Mischwaldgesellschaften Nordwestdeutschlands. Mitt. flor.-soz. Arbeitsgem. Niedersachsens **5**, 1939. — Ders.: Unkrautgesellschaften als Maß für den Säuregrad, die Verdichtung und andere Eigenschaften des Ackerbodens. Ber. Landtechnik **4**, 1948. — Ders.: Unkrautgemeinschaften als Zeiger für Klima und Boden. Landwirt. Pflanzensoziologie **1**, 1950. — Ders.: Wiesen und Weiden und ihre standörtliche Bewertung. Landwirtschaftliche Pflanzensoziologie **2**, 1952. — Ders.: Auswirkungen der Grundwassersenkung auf die Wiesengesellschaften am Seitenkanal westlich von Braunschweig. Angew. Pflanzensoz. **6**. Stolzenau/Weser 1952. — Ders.: Physiologisches und ökologisches Verhalten derselben Pflanzenarten. Ber. Dtsch. Bot. Ges. **65**, 1952. — Ders.: Grundlagen der Vegetationsgliederung. 1. Aufgaben und Methoden der Vegetationskunde. Einführung in die Phytologie **4**, Stuttgart 1956. — Ders.: Typen tropischer Urwälder in Peru. Schweiz. Zeitschr. f. Forstw. **3**, 1959. — Ders.: Kausale Vegetationskunde: Probleme und Ergebnisse. Verh. Schweiz. Naturf. Ges. **140**, 1960. — Ders.: Können wir eine gemeinsame Plattform für die verschiedenen Schulen in der Waldtypenklassifikation finden? Silva Fennica **105**, 1960.

EMBERGER, L.: La végétation de la région méditerranéenne. Essai d'une classification des groupements végétaux. Rev. gén. Bot. 1930. — Ders.: Aperçu général sur la végétation du Maroc. Veröff. d. geobot. Inst. Rübel **14**, 1939. — Ders.: Les plantes fossiles dans leurs rapports avec les végétaux vivants. (Eléments de paléobotanique et de morphologie comparée.) Paris 1944. — Ders.: Les études phytosociologiques entreprises en Afrique du Nord sous le contrôle scientifique et technique du Service de la Carte des Groupements Végétaux de France Bull. du Serv. de la Carte phytogeogr. Serie B. 1957. — Ders.: La Cartographie de la Végétation et les Services qu'elle peut rendre à l'Agronome. Cahiers des Ingén. Agron. **130**, 1958.

EMMETT, H. E. G. and ASHBY, E.: Some observations on the relation between the hydrogen-ion concentration of the soil and plant distribution. Ann. of Bot. **48**, 192, 1934.

ENQUIST, F.: Sambandet mellan klimat och växtgränser. Geol. Fören. Förh. **46**, Stockholm 1924.

ERDTMAN, G.: An introduction to pollen analysis. Waltham 1943.

ERIKSON, E.: The physico-chemical behavior of nutrients in soils. Journ. of Soil Sci. **3**, 1952.

ERNST, A.: Die neue Flora der Vulkaninsel Krakatau. Vierteljahrsschr. d. naturf. Ges. in Zürich **52**, 1907.

ERWIN, J.: Plant successions of the Brush Prairie. Journ. of Ecol. **12**, 1924.

ESKUCHE, U.: Über Windschutzuntersuchungen an der Donau bei Herbertingen. Veröff. Landesst. f. Natursch. u. Ldschpfl. Baden-Württ. **25**, 1957. — Ders.: Herkunft, Bewegung und Verbleib des Wassers in den Böden verschiedener Pflanzengesellschaften des Erfttales. Düsseldorf 1962.

ESPINAS, A.: Les Sociétés animales. Paris 1875.

ETTER, H.: Pflanzensoziologische und bodenkundliche Studien an schweizerischen Laubwäldern. Mitt. Schweiz. Anst. f. forstl. Versuchsw. **23**, 1, 1943. — Ders.: Zur Vegetationskarte des Sihlwaldes der Stadt Zürich. Schweiz. Zeitschr. f. Forstw. **5-6**, 1946. — Ders.: Über die Waldvegetation am Südostrand des schweizerischen Mittellandes. Mitt. Schweiz. Anst. f. forstl. Versuchsw. **25**, 1, 1947. — Ders.: Vegetationskarte des Sihlwaldes der Stadt Zürich. Beih. Zeitschr. d. Schweiz. Forstver. **24**, 1947. — Ders.: De l'Analyse statistique des tableaux de végétation. Vegetatio **1**, 1949. — Ders.: Über die Ertragsfähigkeit verschiedener Standortstypen. Mitt. Schweiz. Anst. f. forstl. Versuchsw. **26**, 1, 1949. — Ders.: Grundsätzliche Betrachtungen zur Beschreibung und Kennzeichnung der Biochore. Schweiz. Zeitschr. f. Forstw. **2**, 1954.

EUROLA, S.: Über die regionale Einteilung der südfinnischen Moore. Ann. Bot. Soc. Vanamo **33**, 2, 1962.

EVENARI, M.: The physiological anatomy of the transpiratory organs and the conducting systems of certain plants typical of the wilderness of Judaea. Linnean Soc. Journ. Bot. **51**, 340, 1938. — Ders.: Ecologia de las plantas de desierto. Rev. Argent. Agron. **16**, 3, 1949.

EVENARI, M. and RICHTER, R.: Physiological-ecological investigations in the wilderness of Judaea. Linnean Soc. Journ. Bot. **339**, 1937.

FABER, A.: Beobachtungen über die Orthopteren des Hohentwiel. Veröffentl. d. Staatl. Stelle f. Naturschutz b. Württ. Landesamt f. Denkmalpflege **7**, 1930.

FABER, F. C. V.: Untersuchungen über die Physiologie der javanischen Solfatarenpflanzen. Flora 1925.

FAVRE, J.: Les associations fongiques des hauts-marais jurassiens et de quelques régions voisines. Matér. pour la Flore Cryptog. Suisse **10**, 1948. — Ders.: Les champignons supérieurs de la zone alpine du Parc National suisse. Result. rech. sci. entrepr. Parc Nat. Suisse **5** (N. F.), 33, 1955.

FEEKES, W.: De ontwikkeling van de natuurlijke vegetatie in de Wieringermeerpolder, de eerste groote droogmakerij van de Zuiderzee. Diss. Wageningen 1936.

FELDMANN, J.: Recherches sur la végétation marine de la Méditerranée. La Côte des Albères. Thèse, Rouen 1937.

FERRÉ, Y. DE: Effets du froid de février 1956 sur les plantes ligneuses dans la région toulousaine. Bull. Soc. d'Hist. Nat. Toulouse **92**, 1957.

FETZMANN, ELSALORE: Einige Algenvereine des Hochmoorkomplexes Komosse. Bot. Notiser **114**, 2, 1961. — Dies.: Vegetationsstudien im Tanner Moor (Mühlviertel, Oberösterreich). Sitzungsber. Österr. Akad. d. Wiss., Math.-nat. Kl., Abt. I, **170**, 1—2, 1961. — Dies.: Algensoziologische Untersuchungen in Altwässern der Donauauen. Verh. Internat. Verein. Limnol. **14**, 1961.

FEUCHT, O.: Der Wald als Lebensgemeinschaft. Schriften des Deutsch. Naturkundever. N. F. **3**, 1936.

FILZER, P.: Nordafrikanische Wüste und süddeutsche Steppenheide, eine ökologische Parallele. Festschrift f. Carl Uhlig 1932. — Ders.: Untersuchungen über das Mikroklima in niederwüchsigen Pflanzengesellschaften. Beih. Bot. Centralbl. **55**, B. 1, 2, 1936. — Ders.: Neue Aufgaben der ökologischen Forschung an Pflanzengemeinschaften. Forschungen und Fortschritte **13**, 7, 1937. — Ders.: Die Rolle von Umwelt und Anpassung im Leben der Pflanzengesellschaften. Medizin. Klinik **22**, 1937. — Ders.: Das Mikroklima von Bestandesrändern und Baumkronen und seine physiologischen Rückwirkungen. Jahrb. f. wiss. Bot. 1938. — Ders.: Lichtintensität und Trockensubstanzproduktion in Pflanzengesellschaften. Ber. Dtsch. Bot. Ges. **57**, 4, 1939. — Ders.: Über Ziele und Wege zur Verknüpfung von pflanzensoziologischer und ökologischer Betrachtungsweise im Wald- und Landbau. Angew. Pflanzensoz., Festschrift Aichinger **2**, 1954.

FIMPEL, H.: Das elektrische Psychrometer für den Forschungswagen. In: Erfahrungen und Überlegungen zur Meßmethodik bei meteorologischen Untersuchungen im Gelände. Wissenschaftl. Mitt. Meteorol. Inst. d. Univ. München **3**, 1956.

FIRBAS, F.: Untersuchungen über den Wasserhaushalt der Hochmoorpflanzen. Leipzig 1931. — Ders.: Vegetationsentwicklung und Klimawandel in der mitteleuropäischen Spät- und Nacheiszeit. Die Naturw. **27**, 6, 1939. — Ders.: Über das Verhalten von *Artemisia* in einigen Pollendiagrammen. Biol. Centralbl. **67**, 1, 2, 1948. — Ders.: Waldgeschichte Mitteleuropas, I. Allgemeine Waldgeschichte. Jena 1949. II. Waldgeschichte der einzelnen Landschaften. 1952. — Ders.: Die Vegetationsentwicklung im Spätglazial von Wallensen im Hils. Nachr. Akad. d. Wiss. in Göttingen, Math.-Phys. Kl. **5**, 1954. — HARDER, R., FIRBAS, F., SCHUMACHER, W., und VON DENFFER, D.: Lehrbuch der Botanik für Hochschulen, Stuttgart 1958. — Ders.: Über die heutige Anwendbarkeit der Pollenanalyse. Ber. über den V. internat. Kongreß f. Vor- und Frühgesch. Hamburg 1958. Berlin 1961. — Ders.: Pflanzengeographie. Stuttgart 1962.

FIRBAS, F. und BURKHARD, F.: Floren- und Vegetationsgeschichte seit dem Ende des Tertiärs. Fortschr. d. Bot. **22**, 1960.

FIRBAS, F. und GRAHMANN, R.: Über jungdiluviale und alluviale Torflager in der Grube Marga bei Senftenberg (Niederlausitz). Abh. Sächs. Akad. d. Wiss. math. nat. Kl. **60**, 4, 1928.

FIRBAS, F., GRÜNIG, G., WEISCHEDEL, I. und WORZEL, G.: Beiträge zur spät- und nacheiszeitlichen Vegetationsgeschichte der Vogesen. Bibl. Botanica, Stuttgart 1948.

FITTING, H.: Die Wasserversorgung und die osmotischen Druckverhältnisse der Wüstenpflanzen. Zeitschr. f. Bot. **3**, 1911. — Ders.: Die ökologische Morphologie der Pflanzen usw. Jena 1926.

FLAHAULT, C.: La distribution géographique des végétaux dans un coin du Languedoc. Montpellier 1893.

FLORIN, S.: Havstrandens förskjutningar och bebyggelsentvecklingen i östra Mellansverige under senkvatär tid. Geol. Fören. Förh. **66**, 1944.

FOCAN, A. et MULLENDERS, W.: Communication préliminaire sur un essai de cartographie pédologique et phytosociologique dans le Haut-Lomami. Bull. Agr. Congo Belge **40**, 1, 1948. — Dies.: Carte des sols et de la végétation du Congo Belge et du Ruanda-Urundi 1. Kaniama (Haut-Lomami). Notice explicative de la Carte des sols et de la végétation. Publ. Inst. Nat. Etud. Agron. Congo Belge. Bruxelles 1955.

FRANK, H.: Myxomatosis in Germany. La Terre et la Vie **103**, 1956.

FRANKLAND, J. C. und HERING, T. F.: Mykologische Forschung im Britischen Naturschutz. Beihefte **13**, Jahresber. der Hessischen Landesst. für Naturschutz- und Landschaftspflege 1961.

FRANZ, H.: Untersuchungen über die Bodenbiologie alpiner Grünland- und Ackerböden. Forschungsdienst **2**, 3, 4, 1941. — Ders.: Die Landtierwelt der mittleren Hohen Tauern. Sitzungsber. Akad. d. Wiss. in Wien **107**, 1943. — Ders.: Dauer und Wandel der Lebensgemeinschaften. Schrift. z. Verbr. naturw. Kenntn. Wien **93**, 1952/53. — Ders.: Probleme des Humus- und Stickstoffhaushaltes der Böden. Zentralbl. Forst- u. Holzwirtsch. **72**, 1, 1953. — Ders.: Feldbodenkunde. Wien und München 1960.

FRANZ, H., HOEFLER, K. und SCHERF, E.: Zur Biosoziologie des Salzlachengebietes am Ostufer des Neusiedlersees. Verh. Zool.-Bot. Ges. **86/87**, 1937.

FREI, E.: Morphologische, chemische und kolloidchemische Untersuchung subalpiner Weide- und Waldböden der Rendzina- und der Podsolserie. Diss. E. T. H. Mitt. a. d. Agrikulturchem. Inst. d. E. T. H. in Zürich **54**, 1944. — Ders.: Eine Klassifikation von Wald- und Freilandhumus auf morphologischer und chemischer Grundlage. Schweiz. Zeitschr. für Forstw. **10**, 1946.

FREY, A.: Anwendung graphischer Methoden in der Pflanzensoziologie. Handb. der biolog. Arbeitsmeth. **11**, 5, 1928.

FREY, ED.: Die Vegetationsverhältnisse der Grimselgegend im Gebiet der zukünftigen Stauseen. Ein Beitrag zur Kenntnis der Besiedelungsweise von kalkarmen Silikatfels- und Silikatschuttböden. Mitt. d. naturforsch. Ges. in Bern **6** (1921), 1922. — Ders.: Vorarbeiten zu einer Monographie der Umbilicariaceen. Ber. Schweiz. Bot. Ges. **45**, 1936. — Ders.: Die Flechtenvegetation des Aletschreservates und seiner näheren Umgebung. Bull. Soc. Murithienne **54**, 1937. — Ders.: Einige Charakterarten der Flechtenvegetation vom Monseny und den Pyrenäen und Vergleiche mit der Schweiz. Mitt. Naturf. Ges. Bern, N. F. **15**, 1957. — Ders.: Die Flechtenflora und -vegetation des Nationalparks im Unterengadin. II. Die Entwicklung der Flechtenvegetation auf photogrammetrisch kontrollierten Dauerflächen. Ergebn. wiss. Unters. d. Schweiz. Nationalparks, N. F. **6** (41), 1959.

FREY-WYSSLING, A.: Ernährung und Stoffwechsel der Pflanzen. Zürich 1945.

FRIEDRICH, K.: Zur Ökologie der höheren Pilze. **54**, **55**, 1936/37. — Ders.: Untersuchungen zur Ökologie der höheren Pilze. Pflanzenforschung **22**, 1940.

FRIES, T. E.: Botanische Untersuchungen im nördlichen Schweden. Uppsala und Stockholm 1913.

FRITZSCHE, G.: Untersuchungen über die Gewebetemperaturen von Strandpflanzen unter dem Einfluß der Insolation. Beih. Bot. Centralbl. **50**, 1, 2, 1933.

FRÖSCHEL, P. en FUNKE, G. L.: Een poging tot experimenteele plantensociologie. Natuurwet. Tijdschr. **21**, 7, 1939.

FUKAREK, F.: Die Vegetation des Darß und ihre Geschichte. Pflanzensoziologie **12**, Jena 1961.

FULLER, G. D.: Evaporation and soil moisture in relation to the succession of plant associations. Bot. Gaz. **58**, 1914.

FULLER, G. D. and BAKKE, A. L.: Raunkiaers „Life Forms", „Leaf-size Classes" and statistical methods. Pl. World **21**, 2, 1918.

FUNKE, G. L.: The Influence of *Artemisia absinthium* on neighboring plants. Blumea **5**, 1943.

FURLANI, J.: Studien über die Elektrolytkonzentration in Böden, I.—VI. Österr. Bot. Zeitschr. 1930—1932.

FURON, R.: L'érosion du sol. Paris 1947.

FURRER, E.: Vegetationsstudien im Bormiesischen. Diss. Univ. Zürich. Vierteljahrschr. d. naturf. Ges. in Zürich **59**, 1914. — Ders.: Begriff und System der Pflanzensukzession. Vierteljahrsschr. d. naturf. Ges. in Zürich **67**, 1922. — Ders.: Kleine Pflanzengeographie der Schweiz. Zürich 1923. 2. Aufl. 1942. — Ders.: Pollenanalytische Studien in der Schweiz. Vierteljahrsschr. d. naturf. Ges. in Zürich **72**, 1927. — Ders.: Über „Windlöcher" und Kälteflora am Lauerzersee (Schwyz). Ber. Geobot. Inst. E. T. H. **32** (1960), 1961. — Ders.: Zur klimatischen und pflanzengeographischen Eigenart des Gran Sasso d'Italia. Ber. Geobot. Inst. E. T. H. **32** (1960), 1961. — Ders.: Vegetationsforschung in der Schweiz seit 1900. Geographica Helvetica **17**, 1, Comm. S. I. G. M. A. **157**, 1962.

GAIL, F.: Factors controlling the distribution of Douglas fir in the semiarid regions of the northwest. Ecology **2**, 1921.

GALINOU, M.-A.: Recherches sur le flore et la végétation des Lichens épiphytes en forêt de Mayenne. Bull. Soc. Sci. Bret. **30**, 1955.

GALOUX, A.: Les Essences Forestières et l'Evolution secondaire des sols. Bull. d. I. Soc. Roy. Forest. de Belgique, Août-Sept. 1954.

GAMS, H.: Prinzipienfragen der Vegetationsforschung. Ein Beitrag zur Begriffsklärung und Methodik der Biocönologie. Vierteljahrsschr. d. naturf. Ges. in Zürich **63**, 1918.

GAMS, W. und PARKINSON, D.: Problematik der Bodenmykologie. Ber. Geobot. Inst. der E. T. H. Stift. Rübel **32**, Festschr. E. Schmid (1960) 1961.

GARNER, W. W. and ALLARD, H. A.: Effect of relative length of day and night and other factors of environment on growth and reproduction of plants. Journ. Agr. Res. **18**, 1920. — Ders.: Duration of the flowerless condition of some plants in response to unfavourable lengths of day. Journ. Agr. Res. **43**, 1931.

GARRET, S.: Ecological groups of soil fungi. A survey of substrate relationships. New Phytologist **50**, 1951.

GÄUMANN, E.: Untersuchungen über die Herzkrankheit (Phyllonekrose) der Runkel- und Zuckerrüben. Beibl., Vierteljahrsschr. d. naturf. Ges. in Zürich **7**, 1925. — Ders.: Der Stoffhaushalt der Buche (*Fagus silvatica* L.) im Laufe eines Jahres. Ber. Schweiz. Bot. Ges. **44**, 1935.

GÄUMANN, E. und JAAG, O.: Der Einfluß des Windes auf die pflanzliche Transpiration. Ber. Schweiz. Bot. Ges. **49**, 1939. — Dies.: Bodenbewohnende Algen als Wuchsstoffspender für bodenbewohnende pflanzenpathogene Pilze. Phytopathol. Zeitschr. **17**, 1950.

GAUSSEN, H.: Signes conventionnels pour le Travail sur le terrain. Service de la Carte Phytogeographique 1956. — Ders.: Méthodes de la Cartographie de la Végétation. C.N.R.S. 1961.

GÉHU, J. M.: Les groupements végétaux du bassin de la Sambre française. Vegetatio **10**, 1961.

GEIGER, R.: Das Klima der bodennahen Luftschicht. Braunschweig 1927. 4. Aufl. 1961.

GÉLY, J.: Mesure électrique de l'humidité des sols et contrôle des irrigations. Montpellier 1954.

GENTILE, S. e BENEDETTO, G. DI: Su alcune praterie a *Lygeum spartum* L. e su alcuni aspetti di vegetazione di terreni argillosi della Sicilia orientale e Calabria meridionale. Delpinoa n. s. **3**, 1961.

GERMAIN, R.: Note sur les premiers stades de la reforestation naturelle des Savanes du Bas-Congo. Bull. Agr. du Congo Belge **36**, 1945. — Ders.: Les associations végétales de la plaine de la Ruzizi (Congo belge) en relation avec le milieu. Publ. Inst. Nat. Etud. Agron. Congo Belge, Sér. Scient. **52**, 1952.

GERMAIN, R. et EVRARD, C.: Etude écologique et phytosociologique de la forêt à *Brachystegia laurentii*. Publ. Inst. Nat. Etud. Agron. Congo Belge (I.N.E.A.C.), Sér. Scient. **97**, 1956.

GESLIN, H.: Etude des lois de croissance d'une plante en fonction des facteurs du climat. (Température et radiation solaire.) Contribution à l'étude du climat du blé. Thèse. Paris 1944.

GESSNER, F.: Ökologische Untersuchungen an Salzwiesen. 1. Salz- und Wassergehalt des Bodens als Standortsfaktoren. Ihre Abhängigkeit vom Gefälle. Mitt. Naturw. Ver. für Neuvorpommern und Rügen **57**, 1930. — Ders.: Schwankungen im Chemismus kleiner Gewässer in ihrer Beziehung zur Pflanzenassimilation. Arch. f. Hydrobiol. **24**, 1932.

GESSNER, H.: Der verbesserte Wiegnersche Schlämmapparat. Mitt. a. d. Geb. d. Lebensmitteluntersuchungen u. Hygiene **13**, 1922.

GESSNER, H. und SIEGRIST, H.: Bodenbildung, Besiedelung und Sukzession der Pflanzengesellschaften auf den Aareterrassen. Mitt. d. aarg. naturforsch. Ges. **17**, 1925.

GIACOMINI, V.: Un esempio di tundra artica a „suolo poligonale" nelle Alpi occidentale. L'Universo, riv. dell'Ist. Geogr. Milit. **24**, 7, 1943. — Ders.: Aspetti scomparsi e relitti della vegetazione Padana. Ist. Bot. Univ. Pavia, Atti, ser. 5, **9**, 1, 1946.

GIACOMINI, V. e FENAROLI, L.: La Vegetazione. Conosci Italia Vol. II. Touring Club Italiano 1958.

GIACOMINI, V. et GENTILE, S.: Observations synthétiques sur la végétation anthropogène montagnarde de la Calabre (Italie méridionale). Delpinoa n. s. **3**, 1961.

GIACOMINI, V. e LIPPI-BONCAMBI, C.: La pedogenesi dei terreni a cuscinetti (o „zolle erbose") in Val di Madesimo (Alpi Retiche). Ann. Fac. d. Agrar. Univ. Perugia **10**, 1955.

GIBAN, J.: Repercussion de la myxomatose sur les populations de lapin de Garenne en France. La Terre et la Vie **3—4**, 1956.

GIESEKING, J. E.: The clay minerals in soils. Adv. Agron. **1**, 1949.

GILLET, H.: Variations de la flore sahelienne en fonction de l'importance de la saison des pluies. C. R. Somm. Soc. Biogéogr. **338** à **343**, 1962.

GILMOUR, J. S. L., A decade of nomenclature. Alp. Gard. Soc. Bull. 1961.

GIRAUD-SOULAVIE, J. L.: Histoire naturelle de la France méridionale **2**, Paris 1783.

GIROUX, J.: Recherches biologiques sur les Ericacées languedociennes. Thèse Sc., Paris, Comm. S. I. G. M. A. **47**, 1936.

GIROUX, J. et SOROCEANU, E.: Recherches comparatives sur la Transpiration de quelques espèces ligneuses et herbacées du Bas-Languedoc. Rev. gen. Bot. **48**, 1936, Comm. S. I. G. M. A. **51**b, 1937.

GISIN, H.: Analyses et synthèses biocénotiques. Arch. Sc. phys. et nat. **29**, 1947.

GJAEREVOLL, O.: Snoleievegetasjonen i Oviksfjellene. Acta phytogeogr. suecica **25**, 1949.

GLAGOLEVA, T. A.: Photosynthesis in the plants growing at the higher altitudes of the alpine belt in the eastern Pamirs. Bot. Journ. U. S. S. R. **47**, 11, 1962.

GLINKA, K.: Die Typen der Bodenbildung. Berlin 1914. — Ders.: Types divers de formation des sols et classification de ceux-ci. Rev. intern. de Rens. agr. **2**, 1, Rome 1924.

GLOVER, P. E., GLOVER, J. and GWYNNE, M. D.: Light, rainfall and plant survival in East Africa. II. Dry grassland vegetation. Journ. of Ecol. **50**, 1, 1962.

GODLEY, E. J.: Fauna and flora. In: Distance looks our way. The effects of remoteness of New Zealand. University of Auckland 1961.

GODWIN, H.: Studies in the ecology of Wicken Fen. Journ. of Ecol. **19**, 2, Cambridge 1931. — Ders.: Pollen analysis. An outline of the problems and potentialities of the method. New Phytologist **33**, 1934. — Ders.: The late-glacial period. Science progress **138**, 1947. — Ders.: The spreading of the British flora considered in relation to conditions of the late-glacial period. Journ. of Ecol. **37**, 1, 1949. — Ders.: The history of the British flora. Cambridge 1956.

GODWIN, H. and TANSLEY, A. G.: The vegetation of Wicken Fen. The Nat. Hist. of Wicken Fen **5**, 1929.

GODWIN, H. and TURNER, J. S.: Soil acidity in relation to vegetational succession in Calthorpe Broad, Norfolk. Journ. of Ecol. **21**, 2, 1933.

GOLA, G.: Saggio di una teoria osmotica dell'edafismo. Ann. di bot. 8, 1910.

GOODALL, D. W.: Objective methods for the classification of vegetation. IV. Pattern and minimal area. Austral. Journ. of Bot. **9**, 2, 1961.

GORHAM, E.: Chemical studies on the soils and vegetation of waterlogged habitats in the English Lake District. Journ. of Ecol. **41**, 2, 1953. — Ders.: Vegetation and the alignment of environmental forces. Ecology **36**, 1955. — Ders.: The chemical composition of rain from Rosscahill in County Galway. Irish Nat. Journ. **12**, 6, 1957.

GORHAM, E. and PEARSALL, W. H.: Production ecology. III. Shoot production in Phragmites in relation to habitat. Oikos **7**, 2, 1956.

GOUNOT, M.: Contribution a l'étude des groupements végétaux messicoles et rudéraux de la Tunisie. Ann. Serv. Bot. et Agronom. de Tunisie **31**, 1958. — Ders.: Les méthodes d'inventaire de la végétation. Bull. Serv. Carte Phytogéogr. Série B, **6**, 1, 1961.

GRABHERR, W.: Der Einfluß des Feuers auf die Wälder Tirols in Vergangenheit und Gegenwart. Centralbl. f. d. ges. Forstwesen **60**, **1934**.

GRAČANIN, M.: Contribution à la classification génétique des sols. (contribution to the genetic soil classification). Rad. Acad. Yougoslave, Y, **280**, 1952.

GRAČANIN, Z.: Verbreitung und Wirkung der Bodenerosion in Kroatien. Giessener Abh. zur Agrar- und Wirtschaftsf. **21**, 1962.

GRADMANN, H.: Untersuchungen über die Wasserverhältnisse des Bodens als Grundlage des Pflanzenwachstums. Jahrb. f. wiss. Bot. **69**, **71**, 1928. — Ders.: Über die Messung von Bodensaugwerten. Jahrb. f. wiss. Bot. **69**, 1, 1934.

GRADMANN, R.: Das Pflanzenleben der Schwäbischen Alb. Tübingen 1898. — Ders.: Vorgeschichtliche Landwirtschaft und Besiedlung. Geogr. Zeitschr. **42**, 378, 1936.

GRAIKIOTIS, P.: La régénération naturelle des sapinières Helléniques. Vegetatio **9**, 4—5, 1960.

GRANDTNER, M.: Sur les forêts du sud de la Scandinavie et du Québec. Bull. Soc. Roy. Forest. de Belgique **69**, 10, 1962.

GRANLUND, E.: De svenska högmossarnas geologi. Sv. geol. unders. C. **373**, Stockholm 1932.

GRASSÉ, P. P.: Etude écologique et biogéographique sur les Orthoptères français. Bull. Biol. **63**, 4, 1929. — Ders.: Sociétés animales et effet de groupe. Experientia **2**, 1946. — Ders.: Les méthodes de la phytosociologie sont-elles applicables à l'étude des groupements animaux? C. R. Somm. Séances, Soc. Biogéogr. **48**, 1929.

GRAY, T. R. G.: Effect of salinity on the growth of certain salt-marsh Bacteria. Nature **194**, n° 4828, 1962.

GREEN, F. H. W.: Some observations of potential evaporation, 1955—1957. Quart. J. Roy. Met. Soc. **85**, 364, 1959. — Ders.: Four years experience in attempting to standardize measurements of potential evapo-transpiration in the British Isles and the ecological significance of the results. Ass. Intern. Hydr. Sc. **48** (Symposium Hannoversch-Münden) 1959. — Ders.: A technique for measuring potential evaporation and some of its applications. Water a. Water Engineering, Dec. **1960**.

GREEN, F. W. and LEYTON, L.: Effects of forest areas on water resources, and the technique of lysimetry. Natur **184**, 17, 1959.

GREGORY, P. H.: The microbiology of the atmosphere. Plant Science Monographs. London-New York 1961.

GRIM, R. E.: Clay mineralogy. New York 1953.

GRISCH, A.: Beiträge zur Kenntnis der pflanzengeographischen Verhältnisse der Bergünerstöcke. Diss. Zürich. Beih. Bot. Centralbl. **22**, 2, 1907.

GRISEBACH, A.: Die Vegetation der Erde nach ihrer klimatischen Anordnung. Leipzig 1872. — Ders.: Gesammelte Abhandlungen und kleinere Schriften zur Pflanzengeographie. Leipzig 1880.

GROSSE-BRAUCKMANN, G.: Untersuchungen über die Ökologie, besonders den Wasserhaushalt, von Ruderalgesellschaften. Vegetatio **4**, 1953/54.

GROSSHEIM, A. A.: Map of vegetation of the Transcaucasian republics Azerbeidjan, Armenia and Georgia. Experimental-Research Inst. of Water Economy of Transcaucasia, Tiflis 1930. — Ders.: Eine Schilderung der Vegetationsdecke von Transkaukasien (Aserbeidschan, Armenien und Georgien). Aus dem Russischen übersetzt von O. KAPELLER. Tiflis 1930.

GROSSKOPFF, W.: Mitt. Bundesanst. Forst- und Holzwirtschaft **11**, Hamburg 1950.

GRÜMMER, G.: Die gegenseitige Beeinflussung höherer Pflanzen. Allelopathie. Biol. Centralbl. **72**, 1953.

GRÜNIG, P. E.: Über den Einfluß der Entwässerung auf die Flachmoorvegetation und auf den Zuwachs der Fichte und Bergföhre im Flyschgebiet der Voralpen. Mitt. Schweiz. Anst. f. forstl. Versuchsw. **31**, 2, 1955.

GSCHWIND, M.: Gesteinsverwitterung und Bodenbildung von Sedimentgesteinen unter spezieller Berücksichtigung schweizerischer Verhältnisse. Geol. Rundschau **29**, 35, 1938.

GSCHWIND, M. und NIGGLI, P.: Untersuchungen über die Gesteinsverwitterung in der Schweiz. Beitr. z. Geol. d. Schweiz. Geob. Ser. **17**, 1931.

GUINOCHET, M.: Etudes sur la végétation de l'étage alpin dans le bassin supérieur de la Tinée (Alpes-Maritimes). Thèse, Grenoble, Comm. S. I. G. M. A. **59**, 1938. — Ders.: Contribution à l'étude phytosociologique du Sud Tunisien. Bull. Soc. d'Hist. Nat. de l'Afrique du Nord **42**, 1951. — Ders.: Sur les fondements statistiques de la phytosociologie et quelques unes de leurs conséquences. Veröff. d. Geob. Inst. Rübel **29**, 1954. — Ders.: Logique et dynamique du peuplement végétal. Evolut. des Sc. **7**, 1955. — Ders.: Sciences naturelles et culture générale. Bull. de l'Union des Natural. **43**, 2, 1956. (Siehe auch Nachtrag.)

GUINOCHET, M. et CASAL, P.: Sur l'analyse différentielle de Czekanowski et la Phytosociologie. Bull. Serv. Carte Phytogéogr. Ser. B. **2**. 1, 1957.

GUMIŃSKA, B.: Mikroflora lasow bukowych Rabsztyna i Maciejowej. The fungi of the beech forests of Rabsztyn and Maciejowa (A study of floristic and ecological conditions). Monogr. Bot. **13**, 1962.

GUT, R. C.: Le gaz carbonique dans l'atmosphère forestière. Thèse, Berne 1929.

GUTTENBERG, H. V. und BUHR, H.: Studien über die Assimilation und Atmung mediterraner Macchia-Pflanzen während der Regen- und Trockenzeit. Planta **24**, 1935.

GUTZWILLER, R.: Über die Bedeutung der schweizerischen Waldbaulehre für die Bewirtschaftung der tropischen Regenwälder. Schweiz. Zeitschr. f. Forstw. **9/10**, 1955.

GUYOT, H.: Association standard et coéfficient de communauté. Bull. Soc. Bot. Genève 1924.

GUYOT, L.: Les excrétions racinaires toxiques chez les végétaux. Bull. Techn. d'Inform. **59**, 1951. — Ders.: De l'analyse quantitative du stock de graines dormantes des espèces adventices dans les sols cultivés et incultes. Comm. au Coll. „Biologie des Mauvaises herbes" Grignon 1961.

GUYOT, L., GUILLEMAT, J. et MONTEGUT, J.: De l'effet biostatique sélectif exercé par certaines plantes phyto-toxiques sur la microflore du sol. Ann. des Epiphyties **2**, 1955.

HAGEN, C. E., LEGETT, J. E. and JACKSON, P. C.: The sites of orthophosphate uptake by barley roots. Proc. Nat. Acad. Sci. **43**, 496, 1957.

HAGEN, R. M.: Temperature and growth processes. In SHAW 1952, S. 336—366, 467—471; Soil temperature and plant growth, ibidem S. 367—447, 471—479. 1952.

HAGERUP, O.: Etude des types biologiques de Raunkiaer dans la flore autour de Tombouctou. Copenhague 1930.

HAKULINEN, R.: Ökologische Beobachtungen über die Flechtenflora der Vogelsteine in Süd- und Mittelfinnland. Arch. Soc. Vanamo **17**, 1, 1962.

HALLER, A. v.: Historia stirpium indigenarum Helvetiae. Goettingae 1768.

HALLSWORTH, E. G. and COSTIN, A. B.: Soil classification. Journ. Austral. Inst. Agric. Sci. **16**, 1950.

HALWAGY, R.: The vegetation of the semi-desert North East of Khartoum, Sudan. Oikos **12**, 1, 1961.

HANDSCHIN, E.: Subterrane Collembolengesellschaften. Arch. f. Naturgesch. **91**, 1925.

HANSON, H. C.: The invasion of a Missouri river alluvial flood plain. Univers. of Cincinnati 1918.

HARBERD, D. J.: Application of a multivariate technique to ecological survey. Journ. of Ecol. **50**, 1, 1962.

HARDER, R., FILZER, P. und LORENZ, A.: Über Versuche zur Bestimmung der Kohlensäureassimilation immergrüner Wüstenpflanzen während der Trockenzeit in Beni Unif (algerische Sahara). Jahrb. f. wiss. Bot. **75**, 1, 1931.

HARDY, M.: A note upon the methods of botanical geography. Scott. Geogr. Mag. 1902.

Harmsen, G. W. and van Schreven, D. A.: Mineralization of organic nitrogen in soil. Adv. Agron. 7, 1955.

Harper, P. C.: The soils and vegetation of Lammermuir. Journ. of Ecol. 50, 1, 1962.

Harris, J. A., Gortner, R. A., Hoffmann, W. F., Lawrence, J. V. and Valentine, A. T.: The osmotic concentration, specific electrical conductivity of the tissue fluids of the indicator plants of Tooele Valley, Utah. Journ. Agr. Res. 27, 1924.

Hartmann, F. K.: Naturnahe Waldgesellschaften Deutschlands in regionaler und standortsökologischer Anordnung (mit Ausnahme des Alpengebietes). In „Grundlagen der Forstwirtschaft", Hannover 1958.

Hartmann, H.: Studien über die vegetative Fortpflanzung in den Hochalpen. Jahresber. Nat. Ges. Graub. N. F. 86, 1957.

Hartog, C. den: The epilithic algal communities occurring along the coast of the Netherlands. Acad. Proefschr. Amsterdam 1959.

Haugsja, P. K.: Über den Einfluß der Stadt Oslo auf die Flechtenvegetation der Bäume. Nyt Mag. Naturvid. 66, 1930.

Hauman, L.: Etude phytogéographique de la Patagonie. Bull. Soc. Roy. Bot. Belg. 58, 2, 1926. — Ders.: Les modifications de la Flore Argentine sous l'action de la civilisation (essai de géobotanique humaine). Mém. Acad. Roy. Belg. 19, 1928.

Hauman, L., Burkart, A., Parodi, L. R. y Cabrera, A. L.: La vegetación de la Argentina. Geogr. de la Rep. Argentine 8, 1947.

Hauri, H. und Schröter, C.: Versuch einer Übersicht der siphonogamen Polsterpflanzen. Englers bot. Jahrb. 50, 1914.

Havas, P.: Vegetation und Ökologie der ostfinnischen Hangmoore. Ann. Bot. Soc. Vanamo 31, 2, 1961.

Häyrén, E.: Landvegetation und Flora der Meerfelsen von Tvärminne. Acta. Soc. Fauna et Flora Fenn. 39, 1914. — Ders.: Aus den Schären Südfinnlands. Verh. d. Intern. Ver. f. theor. und angew. Limnologie 5, 1931.

Heer, O.: Die Vegetationsverhältnisse des südöstlichen Teiles des Kantons Glarus. Mitt. a. d. Geb. d. theoret. Erdkunde. Zürich 1835.

Heiberg, S. O. and Chandler, R. F.: A revised nomenclature of forest humus layers for the north-eastern United States. Soil Sci. 52, 1941.

Heikinheimo, O.: Der Einfluß der Brandwirtschaft auf die Wälder Finnlands. Acta forest. fenn. 4, 1915.

Heimans, J.: De Herkomst van de Zinkflora aan de Geul. Ned. Kruidk. Archief 46, 1936. — Ders.: L'accessibilité, terme nouveau en Phytogéographie. Vegetatio 5—6, 1954.

Heinemann, P.: Les landes à *Calluna* du district picardo-brabançon de Belgique. Vegetatio 7, 2, 1956.

Heinis, Fr.: Über die Mikrofauna alpiner Polster- und Rosettenpflanzen. Festschr. F. Zschokke. Basel 1920. — Ders.: Beiträge zur Mikrobiocoenose in alpinen Pflanzenpolstern. Veröff. d. Geobot. Inst. Rübel 1936, 1937.

Heintze, A.: Handbuch der Verbreitungsökologie der Pflanzen. Stockholm, Selbstverlag, 1932—1935.

Henrici, M.: Chlorophyllgehalt und Kohlensäureassimilation bei Alpen- und Ebenenpflanzen. Verh. d. naturf. Ges., Basel 30, 1918/19.

Hensel, R. L.: Recent studies on the effect of Burning on Grassland vegetation. Ecology 4, 1923.

Herzog, Th. und Höfler, K.: Kalkmoosgesellschaften im Golling. Hedwigia 82, 1—2, 1944.

Heslop-Harrison, J.: A note on temperature and vapour pressure deficit under drought conditions in some microhabitats of the Burren Limestone, Co. Clare. Proc. Roy. Irish Acad. 61, Sect. B, 6, 1960. — Ders.: Origin of Exine. Nature 195, 1962.

Hesselman, H.: Zur Kenntnis des Pflanzenlebens schwedischer Laubwiesen. Eine physiologisch-biologische und pflanzengeographische Studie. Beih. Bot. Centralbl. 17, 1904. — Ders.: Om vattnets syrehalt och dess inverkan på skogsmarkens försumpning och skogens växtlighed. Medd. fr. Statens Skogsförsöksanst. **7**, 1910. — Ders.: Studier över salpeterbildningen i naturliga jordmaner. Ebenda **13/14**, 1917. — Ders.: Studien über die Humusdecke des Nadelwaldes, ihre Eigenschaften und deren Abhängigkeit vom Waldbau. Ebenda **22**, 1926. — Ders.: Die Bedeutung der Stickstoffmobilisierung in der Rohhumusdecke für die erste Entwicklung der Kiefern- und Fichtenpflanze. Ebenda **23**, 1927. — Ders.: Über die Humidität des Klimas Schwedens und ihre Einwirkung auf Boden, Vegetation und Wald. Ebenda **26**, 4, 1932. — Ders.: Über die Abhängigkeit der Humusdecke von Alter und Zusammensetzung der Bestände im nordischen Fichtenwald von blaubeerreichem *Vaccinium*-Typ und über die Einwirkung der Humusdecke auf Verjüngung und Wachstum des Waldes. Ebenda **30**, 4, 1937.

HEVESY, G.: Interaction between the phosphorus atoms of the wheat seedling and the nutrient solution. Ark. Bot. **33**, 2, 1945.

HILDEBRAND, F.: Die Verbreitungsmittel der Pflanzen. Leipzig 1873.

HILDEBRAND, O.: Pflanzensoziologische Reichskartierung. Mitt. des Reichsamts für Landesaufnahme **1**, 1939.

HILGARD, E. W.: Soils. New York 1914.

HILITZER, A.: Über den Einfluß der Humusstoffe auf das Wurzelwachstum. Beih. Bot. Centralbl. **49**, 1, 1932.

HINTIKKA, V.: Zur Ökologie einiger an Brandplätzen vorkommender Blätterpilzarten. Karstenia **5**, 1960.

HOCQUETTE, M.: Etude sur la Végétation et la Flore du Littoral de la mer du Nord de Nieuport à Sangatte. Arch. de bot. **1**, 4, 1927.

HOEG, O. A.: Zur Flechtenflora von Stockholm. Nyt Mag. for Naturvid. 75, 1934.

HOEK, C. VAN DEN: Groupements d'algues des étangs saumâtres méditerranéens de la côte française. Vie et Milieu **11**, 3, 1960.

HÖFLER, K.: Pilzsoziologie. Ber. Dtsch. Bot. Ges. **55**, 10, 1938. — Ders.: Zur Kälteresistenz einiger Hochmooralgen. Verh. Zool.-Bot. Ges. Wien **92**, 1951. — Ders.: Über Pilzaspekte. Vegetatio **5—6**, 1954. — Ders.: Über Pilzsoziologie. Verh. Zool.-Bot. Ges. Wien **95**, 1955. — Ders.: Über die Gollinger Kalkmoosvereine. Sitzungsb. Österr. Akad. d. Wiss. math.-nat. Kl., Abt. 1, **168**, 1959. — Ders.: Sommerliche Pilzaspekte um Bayreuth. Zeitschr. f. Pilzkunde 28, 1, 1962.

HÖFLER, K. und DISKUS, A.: Algen-Kleingesellschaften aus den Mooren des Eggstädter Seengebietes im Bayerischen Alpenvorland. Verh. Zool.-Bot. Ges. Wien **97**, 1957.

HÖFLER, K. und FETZMANN, ELSALORE: Eine Mikroassoziation aus Moosen und Algen in der Trögern-Klamm Südkärntens. Phyton 8, 3—4, 1959. — Dies.: Algen-Kleingesellschaften des Salzlachengebietes am Neusiedler See I. Sitzungsber. Österr. Akad. Wiss., math.-nat. Kl., Abt. I, **168**, 1959.

HOFMANN, A.: Il nubifragio di Salerno. Monti e boschi **1**, 1955. — Ders.: La faggeta depressa del Gargano. Delpinoa. **3**, Napoli 1961.

HOFMANN, J. V.: Adaption in Douglas fir. Ecology **2**, 1921.

HOMES, M. et ANSIAUX, J. R.: Sur l'expression des variations hydriques chez les végétaux. Bull. Soc. Roy. Bot. Belg. **77**, 1945.

HORVAT, I.: Vegetationsstudien in den kroatischen Alpen. I.—II. Bull. intern. de l'Acad. Yougosl. d. sc. et des arts, cl. sc. math. et nat. **24—25**, 1930/1931. — Ders.: Pflanzensoziologische Walduntersuchungen in Kroatien. Ann. pro exper. forest., Zagreb 1938. — Ders.: Die Pflanzenwelt Kroatiens. Zagreb 1942. — Ders.: Istraživanje i kartiranje vegetacije planinskog skupa Risnjaka i Snježnika. Šumarski List. **74**, 1950. — Ders.: Vegetacija ponikava. Die Vegetation der Karstdolinen. Geogr. glasnik **14—15**, 1953. — Ders.: Pflanzengeographische Gliederung Südosteuropas. Vegetatio **5/6**, 1954. — Ders.: Die Pflanzenwelt der Karst-Ponikven – eine besondere Vegetationserscheinung. Phyton **9**, 3 et 4, 1961. — Ders.: Die Grenze der mediterranen und mitteleuropäischen

Vegetation in Südosteuropa im Lichte neuer pflanzensoziologischer Forschungen. Ber. Dtsch. Bot. Ges. **75**, 3, 1962. — Ders.: Vegetacija planina zapadne Hrvatske. (La végétation des montagnes de la Croatie d'ouest.) Acta Biologica **22**, Zagreb 1962. — Ders.: Die Vegetation Südosteuropas in klimatischem und bodenkundlichem Zusammenhang. Mitt. Österr. Geogr. Ges. **104**, 1/2, 1962.

Horvat, I., Pawlowski, B. und Walas, J.: Phytosoziologische Studien über die Hochgebirgsvegetation der Rila Planina in Bulgarien. Bull. Acad. Polon. Sc. et Lettres, B, 1, 1937.

Horvatić, S.: Prilog poznavanju korovne vegetacije rižišta na Jelas-polju. Beitrag zur Kenntnis der Unkrautvegetation der Reisfelder in Jelas-polje (Kroatien, Jugoslawien). Soc. Sc. Nat. Croatica. Glas. Biol. Sekc. 2B, **2/3**, 1948/49. — Ders.: Pflanzengeographische Gliederung des Karstes Kroatiens und der angrenzenden Gebiete Jugoslawiens. Acta Bot. Croatica 16, 1957.

Hosokawa, T.: Studies on the life-forms of vascular epiphytes and the epiphyte flora of Ponape. Trans. of the Nat. Hist. Soc. of Taiwan **33**, 1943.

Hosokawa, T. and Odani, N.: The daily compensation period and vertical ranges of epiphytes in a beech forest. Journ. of Ecol. **45**, 1957.

Hösslein, L.: Molluskengesellschaften alpiner Rasen im Allgäu. Ber. d. Naturf. Ges. 1948.

Houten, J. G. ten: Untersuchungen an niederländischen Mooren. E. Korenburgerveen. Rec. des Trav. bot. néerland. **32**, 1935.

Huber, B.: Die Beurteilung des Wasserhaushaltes der Pflanze. Jahrb. f. wiss. Bot. 1924. — Ders.: Eine einfache Methode zur Messung der Verdunstungskraft am Standort. Ber. Dtsch. Bot. Ges. **42**, 1924. — Ders.: Der Wasserhaushalt der Pflanzen. Handb. d. norm. u. pathol. Physiol. **6**, 1, 1928. — Ders.: Lebensbedingungen der Pflanzen. Handwörterbuch der Naturw. 2. Aufl. **6**, 1931. — Ders.: Der Wärmehaushalt der Pflanzen. Freising-München 1935. — Ders.: Mikroklimatische und Pflanzentemperaturregistrierungen mit dem Multithermographen von Hartmann u. Braun. Jahrb. f. wiss. Bot. 1937. — Ders.: Versuche zur Messung des Wasserdampf- und Kohlendioxyd-Austausches über Pflanzenbeständen. Sitzungsber. Akad. Wiss. Wien, Math.-naturw. Kl. 1, **155**, 1947. — Ders.: Die mutmaßlichen Auswirkungen der heurigen Dürre auf den Wald. Allgem. Forstzeitschr. **23**, 1947. — Ders.: Die Jahresringe der Bäume als Hilfsmittel der Klimatologie und Chronologie. Die Naturwiss. **35**, 5, 1948. — Ders.: Versuch einer kontinuierlichen gasanalytischen Transpirationsregistrierung. Rapports et Comm. Sect. 11 et 12, 8ème Congrès Intern. de Bot. Paris 1954.

Huber-Pestalozzi, G.: Die Schwebeflora (das Phytoplankton) der alpinen und nivalen Stufe. In Schröter: Pflanzenleben der Alpen III, Zürich 1925.

Hübschmann, A. von: Einige Moosgesellschaften silikatreicher Felsgesteine. Mitt. flor.-soz. Arbeitsgem. N. F. **5**, 1955. — Ders. 1.: Kleinmoosgesellschaften extremster Standorte. 2.: Zur Systematik der Wassermoosgesellschaften. Mitt. flor.-soz. Arbeitsgem. N. F. **6/7**, 1957. — Ders.: Einige Ackermoos-Gesellschaften des nordwestdeutschen Gebietes und angrenzender Landesteile und ihre Stellung im pflanzensoziologischen System. Mitt. flor.-soz. Arbeitsgem. N. F. **8**, 1960. — Ders.: Das *Schistostegetum osmundaceae* (Gams 1927) Duda 1951. Mitt. flor.-soz. Arbeitsgem. N. F. **9**, 1962.

Hueck, K.: Vegetationsstudien auf brandenburgischen Hochmooren. Ber. f. Naturdenkmalpflege **10**, 1925. — Ders.: Das Pflanzenkleid der Heimat. Breslau 1926. — Ders.: Richtlinien für die vegetationskundliche Kartierung von Deutschland im Maßstab 1:25000. Ber. d. Freien Ver. f. Pflanzengeogr. und syst. Bot., Fedde Rep. Beih. **71**, 1933. — Ders.: Vegetationskarten aus Argentinien. Die Erde 1950/51/52. — Ders.: Eine biologische Methode zum Messen der erodierenden Tätigkeit des Windes und des Wassers. Ber. Dtsch. Bot. Ges. **64**, 2—3, 1951.

HUECK, H. J.: Myco-sociological methods of investigation. Vegetatio **4**, 1953/54.

HUGHES, R. E.: The application of certain aspects of multivariate analysis to plant ecology. Rec. Advances in Bot. 1961.

HULT, R.: Försök till analytisk behandling af växtformationerna. Diss. Helsingfors 1881.

HUMBERT, H.: La destruction d'une flore insulaire par le feu. Principaux aspects de la végétation à Madagascar. Mém. de l'Acad. malgache **5**, 1927. — Ders.: Les aspects biologiques du problème des feux de brousse et la protection de la nature dans les zones intertropicales. Bull. Séanc. Inst. Roy. Col. Belg. **9**, 3, 1938. — Ders.: Les territoires phytogéographiques du nord de Madagascar. C. R. Somm.-Soc. Biogéogr., Fr. 1961.

HUNDT, R.: Einige Beobachtungen über die Höhenstufendifferenzierung der Mähwiesen in der mediterranen *Quercus ilex*-Stufe von Montpellier. Vegetatio **10**, 1961.

HUNZIKER, TH.: Zum Einfluß der Bodenflora auf die natürliche Föhrenverjüngung. Schweiz. Zeitschr. f. Forstw. **1/2**, 1952.

HUSTEDT, FR.: Die Diatomeenflora des Interglazials von Oberohe in der Lüneburger Heide. Abh. Naturw. Ver. Bremen **33**, 1954.

HUTAMURA, S. und IHARA, N.: Der jährliche Lebensrhythmus des immergrünen Laubgehölzes von Lorbeer- und Hartlaub-Typen in Südwestjapan. Jap. Journ. of Ecol. **9**, 4, 1959.

HUTCHINS, L. M.: Diseases and the forest. Trees. The Yearbook of Agriculture. Washington 1949.

IABLOKOFF, A. K.: Particularités du microclimat des trous à gelée. Rev. forest, fr. **6**, 1949.

ILIJANIĆ, L.: Typologisch-geographische Gliederung der Niederungswiesen Nordkroatiens im klimatischen Zusammenhang. Acta Bot. Croat. **22**, 1963.

ILJIN, W. S.: Synthesis of starch in plants in the presence of Calcium and Sodium Salts. Ecology **6**, 1925. — Ders.: Zusammensetzung der Salze in der Pflanze auf verschiedenen Standorten. Beih. Bot. Centralbl. **50**, 1, 1932. — Ders.: The point of death of plants at low temperatures. Bull. Ass. Russe Rech. sc. à Prague **1**, (6), **4**, 1934. — Ders.: Zur Physiologie der kalkfeindlichen Pflanzen. Beih. Bot. Centralbl. **54**, A, 1936. — Ders.: Precipitation of calcium by plants on different habitats. Bull. Ass. Russe Rech. sc. à Prague **5**, 10, 1937.

ILVESSALO, Y.: Vegetationsstatistische Untersuchungen über die Waldtypen. Acta forest. fenn. **20**, 1922. — Ders.: Ein Beitrag zur Frage der Korrelation zwischen den Eigenschaften des Bodens und dem Zuwachs des Waldbestandes. Acta forest. fenn. **25**, 1923.

IMPENS, I.: Over het Gebruik van enkele zeer eenvoudige Evaporimeters (Piche, Poreuze Potten) voor het bepalen van de Verdampingskracht van de Lucht. Rijkslandbouwhogeschool Gent, Meded. Labor. Plantecol. **1**, 1962. — Ders.: Enkele Methodes voor de berekening van de Potentiële Evaporatie (vrij watervlak, naakte grond) en Evapotranspiratie (Gras) uit Klimatologische gegevens — Vergelijking met Direkte Waarnemingen. Rijkslandbouwhogeschool Gent, Meded. Labor. Plantecol. **4**, 1962.

IMPENS, I. en SCHALCK, J.: Studie van de Verdamping uit een Piche-Evaporigraaf en de Samenhang ervan met Temperatuur, Luchtdruk, Windsnelheid, Windrichting, Verzadingsdeficiet, Insolatie en Radiatie. Rijkslandbouwhogeschool Gent, Meded. Labor. Plantecol. **2**, 1962. — Dies.: Het gebruik van een meervoudige regressie om de invloed van Temperatuur, Windsnelheid, Luchtdruk, Verzadingsdeficiet, Insolatie en Radiatie op het Droogvermogen van de Lucht weer te geven. Med. Lab. Plantecol. **3**, 1962.

INGRAM, M.: The ecology of the cairngorms IV. The Juncuszone: *Juncus trifidus* communities. Journ. of Ecol. **46**, 1958.

ISSLER, F.: Recherches sur la présence de plantes calciphiles dans les Vosges cristallines. Bull. Ass. Philomath. Als. et Lorr. **8**, 5, 1938.

IVANOFF, L. A.: The present state of the question of drought resistance. Bull. applied Botany Petrograd 1922. — Ders.: Über die Transpiration der Holzgewächse im Winter. I. Ber. Dtsch. Bot. Ges. **42**, 1924.

IVANOFF, L., SSILINA, A. et ZELNIKER, J.: A propos de la méthode de pesée rapide pour la détermination de la transpiration dans des conditions naturelles. Bot. Zeitschr. U. R. S. S. **35**, 2, 1950.

IVERSEN, J.: Studien über die $p_H$-Verhältnisse dänischer Gewässer und ihren Einfluß auf die Hydrophyten-Vegetation. Bot. Tidsskr. **40**, 4, 1929. — Ders.: Biologische Pflanzentypen als Hilfsmittel in der Vegetationsforschung. Kopenhagen 1936. — Ders.: Plantevaekst, dyreliv og klima i det senglaciale Danmark. Geol. Fören. i Stockholm Förhandl., 1947. — Ders.: Über die Korrelationen zwischen den Pflanzenarten in einem grönländischen Talgebiet. Vegetatio **5—6**, 1954.

IVERSEN, J. und OLSEN, S.: Die Verbreitung der Wasserpflanzen in Relation zur Chemie des Wassers. Bot. Tidsskr. **46**, 2, 1943.

IWATSUKI, Z.: The epiphytic bryophyte communities in Japan. Journ. of the Hattori Bot. Lab. **22**. 1960.

JAAG, O.: Untersuchungen über die Vegetation und Biologie der Algen des nackten Gesteins in den Alpen, im Jura und im schweizerischen Mittelland. Beitr. z. Kryptogamenflora der Schweiz **9**, 3, Bern 1945.

JACCARD, P.: Etude comparative de la distribution florale dans une portion des Alpes et du Jura. Bull. Soc. Vaud. Sc. Nat. **37**, 1901. — Ders.: Lois de distribution florale dans la zone alpine. Bull. Soc. Vaud. Sc. Nat. **38**, 1902 und **44**, 1908. — Ders.: La chorologie sélective et sa signification pour la sociologie végétale. Mém. Soc. Vaud. Sc. Nat. **2**, 1922. — Ders.: Die statistisch-floristische Methode als Grundlage der Pflanzensoziologie. Handb. der biolog. Arbeitsmeth. **11**, 5, 1928.

JACKSON, M. L. and SHERMAN, G. D.: Chemical weathering of minerals in soils. Adv. Agron. **5**, 1953.

JACOB, A.: Magnesium, der fünfte Pflanzennährstoff. Stuttgart 1955.

JACQUEMART, S.: Contribution à l'écologie des haldes calaminaires. I. Colonisation d'un milieu neuf. Bull. Inst. Roy. Sc. Nat. Belg. **34**, 1958.

JAKUCS, P.: Die phytozönologischen Verhältnisse der Flaumeichen-Buschwälder Südosteuropas. Monographie der Flaumeichen-Buschwälder I. Budapest 1961.

JASMUND, K.: Die silicatischen Tonminerale, 2. Aufl. Monographien zu „Angewandte Chemie“ und „Chemie-Ingenieur-Technik“. Weinheim/Bergstr. 1955.

JAVILLIER, M.: Recherches sur la présence et le rôle du zinc chez les végétaux. Thèse Paris 1908.

JENÍK, J.: Die Wind- und Schneewirkungen auf die Pflanzengesellschaften im Gebirge Belanské Tatry. Vegetatio **8**, 2, 1958.

JENÍK, J. und KOSINA, ZD.: Thermistorový teploměr pro potřeby fytoekologie. Thermistor-Thermometer für phytoökologische Zwecke. Preslia **32**, 1960.

JENNY, H.: Klima und Klimabodentypen in Europa und in den Vereinigten Staaten von Nordamerika. Bodenkundl. Forsch. **1**, 1929. — Ders.: Gesetzmäßige Beziehungen zwischen Bodenhumus und Klima. Die Naturwissenschaften **18**, 41, 1930. — Ders.: The clay content of the soil as related to climatic factors, particularly temperature. Soil Science **40**, 2, 1934. — Ders.: Great soil groups in the equatorial regions of Colombia, South America. Soil Science **66**, 1, 1948. — Ders.: Factors of soil formation. New York 1941. — Ders.: Arrangement of soil series and types according to functions of soil forming factors. Soil Science **61**, 1946. — Ders.: Causes of the high nitrogen and organic matter content of certain tropical forest soils. Soil Science **69**, 1, 1950.

JENNY, H. and GROSSENBACHER, K.: Root-soil boundary zones as seen in the Electron microscope. Soil Sci. Soc. Amer. Proc. **27**, 273—7, 1963.

JENNY, H., BINGHAM, F. and PADILLA SARAVIA, B.: Nitrogen and organic matter contents of equatorials soils of Colombia, South America. Soil Science **66**, 3, 1948.

JENNY, H. and LEONARD, C. D.: Functional relationships between soil properties and rainfall. Soil. Sci. **38**, 1934.

JENNY, H. and OVERSTREET, R.: Contact effects between plant roots and soil colloids. Proc. Nat. Acad. Sci. U. S. A. **24**, 1938.

JENNY-LIPS, H.: Vegetationsbedingungen und Pflanzengesellschaften auf Felsschutt. Beih. Bot. Centralbl. **46**, 2, 3, 1930.

JENSEN, U.: Die Vegetation des Sonnenberger Moores im Oberharz und ihre ökologischen Bedingungen. Natursch. u. Landschaftspfl. in Niedersachsen **1**, 1961.

JESSEN, K. and HELBAEK, M.: Cereals in Great Britain and Ireland in Prehistoric and Early Historic Times. Kong. Danske Videnskab. Selskab, Biol. Skrifter **3**, 2, 1944.

JØRGENSEN, C. A., SØRENSEN, TH. and WESTERGAARD, M.: The flowering plants of Greenland. A taxonomical and cytological survey. Biol. Skr. Dan. Vid. Selsk. **9**, 4, 1958.

KALELA, A.: Über die Steppen- und Wüstenvegetation in Patagonien. Sitzungsber. d. Finnisch. Akad. d. Wiss. 1946.

KALELA, E. K.: Untersuchungen über die Entwicklung der Fichten-Weißerlen-Mischbestände in Ostfinnland. Acta forest. fenn. **44**, 2, 1937.

KALLIOLA, R.: Pflanzensoziologische Untersuchungen in der alpinen Stufe Finnisch-Lapplands. Diss. Helsinki 1939.

KÁRPÁTI, I. und KÁRPÁTI, V.: Die zönologischen Verhältnisse der Auenwälder Albaniens. Acta Bot. Hung. **7**, 3—4, 1961.

KASSAS, M. and ZAHRAN, M. A.: Studies on the ecology of the red sea coastal land. 1. The district Gebel Ataqa and el-Galala el-Bahariya. Bull. Soc. Géogr. d'Egypte **35**, 1962.

KATZ, N. J.: Die Grundprobleme und die neue Richtung der Phytosociologie. Beitr. z. Biol. d. Pflanzen **21**, 2—3, 1933.

KATZNELSON, H.: Soil Science **62**, 343—354, 1946.

KAUTER, A.: Beiträge zur Kenntnis des Wurzelwachstums der Gräser. Diss. E. T. H. Zürich. Ber. Schweiz. Bot. Ges. **42**, 1, 1933.

KECK, G.: Messungen der Radioaktivität des Luftstaubes im Raum von Wien und auf dem Jungfraujoch. Sitzungsber. Österr. Akad. d. Wiss., math.-naturw. Kl., Abt. I **169**, 9—10. Wien 1960.

KELLER, B. A.: The plant-world of the Russian steppes, semi-deserts and deserts. Woronesch 1923. — Ders.: Halophyten-Xerophytenstudien. Journ. of Ecol. **13**, 1925. — Ders.: Distribution of vegetation on the plains of European Russia. Journ. of Ecol. **15**, 1927. — Ders.: Über den anatomischen Bau dürre- und hitzeresistenter Blätter. Ber. Dtsch. Bot. Ges. **51**, 10, 1934.

KELLEY, W. P. and BROWN, S. M.: Base exchange in relation to alkali soils. Soil Science 1925.

KERNER V. MARILAUN, A.: Das Pflanzenleben der Donauländer. Innsbruck 1863.

KERSHAW, K. A.: Quantitative ecological studies from Landmannahellir, Iceland. II. The rhizome behaviour of Carex bigelowii and Calamagrostis neglecta. Journ. of Ecol. **50**, 1, 1962; Dass. III.: Variation of performance in Carex bigelowii. Journ. of Ecol. **50**, 2, 1962.

KEVAN, D. K. MC E.: Soil animals. New York 1962.

KIHLMAN, A. O.: Pflanzenbiologische Studien aus Russisch-Lappland. Acta Soc. pro Fauna et Flora Fenn. **6**, 1890.

KILLIAN, CH.: Etudes écologiques sur la répartition du chlorure de sodium dans les psammophytes et halophytes algériens. Ann. Physiol. et Physico-Chimie Biol. **7**, 3, 1931. — Ders.: Biologie végétale au Fezzan. Mission scientifique du Fezzan 1944/45. Inst. Rech. sahar. Univ. Alger **4**, 1945. — Ders.: Le déficit de saturation hydrique chez les plantes sahariennes. Rev.

gén. Bot. 54, 1947. — Ders.: Conditions édaphiques et réactions des plantes indicatrices de la région alfatière algérienne. Ann. Agronom. 1, 1948.

Killian, Ch. et Faurel, L.: Observations sur la pression osmotique des végétaux désertiques et subdésertiques de l'Algérie. Bull. Soc. Bot. Fr. 80, 1933.

Killian, Ch. et Fehér, D.: Le rôle et l'importance de exploration microbiologique des sols sahariens, in „La vie dans la région désertique nordtropicale de l'ancien monde", Paris 1938.

Kinzel, W.: Frost und Licht als beeinflussende Kräfte der Samenkeimung. Naturw. Zeitschr. f. Forst- u. Landwirtschaft 13, 1915.

Kirste, A. und Walther, K.: Bestandsverschiebung auf Wiese und Weide unter dem Einfluß von Düngung und Nutzung. Mitt. flor.-soz. Arbeitsgem. N. F. 5, 1955.

Kivenheimo, V. J.: Untersuchungen über die Wurzelsysteme der Samenpflanzen in der Bodenvegetation der Wälder Finnlands. Ann. Soc. Zool.-Bot. Fenn. Vanamo 22, 2, 1947.

Klapp, E.: Zum Ausbau der Graslandbestandesaufnahme zu landwirtschaftswissenschaftlichen Zwecken. Pflanzenbau, Pflanzenschutz und Pflanzenzucht 6, 7, 1930. — Ders.: Das Grünland Großbritanniens. Forschungsdienst 6, 1, 1938. — Ders.: Erträge von Pflanzengesellschaften in Beziehung zu Grundwasser und Nährstoffversorgung. Angew. Pflanzensoz. Stolzenau/Weser 1954. — Ders.: Grundzüge einer Grünlandlehre. Wissensch. Zeitschr. F. Schiller-Univ. Jena 7, 1, 1957/58.

Klapp, E. und Mitarbeiter: Die Grünlandvegetation des Eifelkreises Daun und ihre Beziehung zu den Bodengesellschaften. Angew. Pflanzensoziologie, Festschr. Aichinger 2, Wien 1954.

Klausing, O.: Über die chemische Pufferwirkung von Regenwasser und ihre möglichen Einflüsse auf das $p_H$ des Bodens. Ber. Dtsch. Bot. Ges. 68, 1955. — Ders.: Standortsökologische Untersuchungen in deutschen Mittelgebirgswäldern. Dissert.-Auszug. Darmstadt 1955. — Ders.: Erfahrungen mit einem neuen Piche-Atmographen. Ein Beitrag zum Verdunstungsproblem. Meteorologische Rundschau 10, 1957. — Ders.: Untersuchungen über Vegetation und Wasserhaushalt am Volcan de San Salvador. Ber. Dtsch. Bot. Ges. 71, 10, 1959.

Klein, R. M.: Der Küstenwald in Rio Grande do Sul (Südbrasilien). Pesquisas 5, 14, 1961.

Klement, O.: Zur Flechtenvegetation Schleswig-Holsteins. Naturw. Ver. f. Schleswig-Holstein 24, 1, 1949. — Ders.: Die Stellung der Flechten in der Pflanzensoziologie. Vegetatio 8, 1, 1958. — Ders.: Zur Soziologie subarktischer Flechtengesellschaften. Nova Hedwigia 1, 2, 1959.

Klika, J.: Ein Beitrag zum Erkennen der Lichtverhältnisse in Assoziationen des *Festucion vallesiacae*-Verbandes und in Flaumeichenwäldern. Natur und Heimat, 1937.

Klimaszewski, M., Szafer, W., Szafran, B. and Urvanski, J.: The Dryasflora of Kroscienko on the river Dunajec. Bull. Inst. géol. de Pologne 24, 1939.

Knapp, R.: Arbeitsmethoden der Pflanzensoziologie. Stuttgart 1948. — Ders.: Pflanzengesellschaften, hemmende und fördernde Einflüsse unter Pflanzen. Die Umschau 20, 1953. — Ders.: Experimentelle Soziologie der höheren Pflanzen. 1. Bd. Ludwigsburg 1954. — Ders.: Gibberelline und gegenseitige Beeinflussung der Pflanzen. In: Eigenschaften und Wirkungen der Gibberelline. Berlin, Göttingen, Heidelberg 1962.

Knapp, R. und Thyssen, P.: Untersuchungen über die gegenseitige Beeinflussung von Heilpflanzen in Mischkulturen. Ber. Dtsch. Bot. Ges. 65, 1952.

Knapp, R. und Lieth, H.: Über Ursachen des verstärkten Auftretens von erdbewohnenden Cyanophyceen. Arch. f. Mikrobiol. 17, 1952.

Knight, R. C.: Further observations on the transpiration, stomata, leaf, water-content and wilting of plants. Ann. of Bot. 36, 1922.

KOCH, W.: Die Vegetationseinheiten der Linthebene unter Berücksichtigung der Verhältnisse in der Nordostschweiz. Systematisch-kritische Studie, Diss. E. T. H. Jahrb. d. St. Gall. naturwiss. Ges. **61**, II, 1926. — Ders.: Pflanzensoziologische Skizzen aus den Reisfeldgebieten des Piemont (Po-Ebene). Vegetatio **5—6**, 1954.

KOLBE, W.: Korrelationsstatistische Probleme der Grünlandsoziologie. Diss. Univ. Bonn 1956.

KONONOWA, M. M.: Die Humusstoffe des Bodens. Moskau 1951. (Übersetzt und bearbeitet von H. BEUTELSPACHER, Berlin 1958.)

KOPEROWA, W.: Late-pleistocene locality of *Koeniga islandica* L. in Poland. Acta Palaeobot. **2**, 3, 1962.

KORNAŚ, J.: Revue systématique et spectres de la biologie florale des associations végétales rocheuses du Jura Cracovien. Bull. Acad. Polon. Sc. et Lettres, B, 1949.

KORNAŚ, J. et MEDWECKA-KORNAŚ, A.: Associations végétales sous-marines dans le golfe de Gdansk (Baltique polonaise). Vegetatio **2**, 2—3, 1950.

KORNAŚ, J., PANCER, E. and BRZYSKI, B.: Studies on sea-bottom vegetation in the Bay of Gdańsk off Rewa. Fragm. Flor. et Geobot. **6**, 1, 1960.

KORNECK, D.: Die Pfeifengraswiesen und ihre wichtigsten Kontaktgesellschaften in der nördlichen Oberrheinebene und im Schweinfurter Trockengebiet. I. Das Molinietum medioeuropaeum. Beitr. naturk. Forsch. SW-Deutschl. **21**, 1, 1962.

KOVÁCS, M.: Die Schlagvegetation des Mátra-Gebirges. Acta Bot. Hung. **7**, 3—4, 1961. — Ders.: Die Moorwiesen Ungarns. Die Vegetation ungarischer Landschaften **3**, Budapest 1962.

KOZLOWSKA, A.: La variabilité de *Festuca ovina* L. en rapport avec la succession des associations steppiques du plateau de la Petite Pologne. Bull. de l'Acad. Polon. des Sc. et Lettres, B, 1925. — Dies.: The influence of plants on the concentration of hydrogen-ions of the medium. Polska Akad. Umiejet., Prace Rolniczo-Lesne **8**, Krakow **1933**. — Dies.: Diluviale Säugetiere aus der Umgebung von Milowice bei Mala Dabrowka. Wydawnictwa muzeum slaskiego w Katowice dzial **3**, 6, 1933.

KRAJINA, V. J.: Can we find a common platform for the different schools of forest type classification? Silva Fennica **105**, 1960. — Ders.: Ecology of the forests of the Pacific Northwest. Progr. Rep. Nat. Res. Council grand **92**, Univ. of Brit. Columbia, Vancouver 1963.

KRAUS, G.: Boden und Klima auf kleinstem Raum. Jena 1911.

KRAUSCH, H.-D.: Mikroklimatische Untersuchungen an Steppenpflanzen-Gesellschaften der Randhänge des Oderbruches. Arch. f. Natursch. **1**, 2, 1962.

KRAUSE, W.: Über Keimung und Jugendwachstum im Hinblick auf die Entwicklung der Pflanzendecke. 2. Mitt. Planta **38**, 1950. — Ders.: Die Untersuchung der Pflanzengesellschaften des Grünlandes im Dienste der Wirtschaftsplanung. „Kalium-Symposium 1957."

KRAUSE, W. und KLEMENT, O.: Zur Kenntnis der Flora und Vegetation auf Serpentinstandorten des Balkans. 3. Felsflechtengesellschaften im Gastović-Gebiet (Bosnien) und Zlatibot-Gebirge (Serbien). Vegetatio **8**, 1, 1958. — Dies.: Flechten und Flechtengesellschaften auf Nord-Euböa (Griechenland). Nova Hedwigia **4**, 1 u. 2, 1962.

KRAUSE, W. und LUDWIG, W.: Zur Kenntnis der Flora und Vegetation auf Serpentinstandorten des Balkans. 2. Pflanzengesellschaften und Standorte im Gastović-Gebiet (Bosnien). Flora **145**, 1957.

KREH, W.: Das Ergebnis der Vegetationsentwicklung auf dem Stuttgarter Trümmerschutt. Mitt. flor.-soz. Arbeitsgem. N. F. **5**, 1955.

KRETSCHMER, L.: Die Pflanzengesellschaften auf Serpentin im Gurhofgraben bei Melk, Verh. Zool.-Bot. Ges. **80**, **3—4** (1930), 1931.

KRIEGER, H.: Die flechtenreichen Pflanzengesellschaften der Mark Brandenburg. Beih. Bot. Centralbl. **57**, B, 1937.

KROHN, V.: Über die Vegetation der Baumstümpfe in Südfinnland. I. Die Stirnvegetation. Ann. Acad. Sc. Fenn. 1924.

KRÜGER, P. und DUSPIVA, F.: Der Einfluß der Sonnenstrahlung auf die Lebensvorgänge der Poikilothermen. Biologia Generalis **9**, 2, 1933.

KUBIËNA, W. L.: Micropedology. Ames, Iowa (U. S. A.) 1938. — Ders.: Entwicklungslehre des Bodens. Wien 1948. — Ders.: Bestimmungsbuch und Systematik der Böden Europas. Stuttgart 1953.

KUBOVEC, H.: Der Ca-Gehalt in *Tradescantia zebrina* bei verschiedenen Kulturbedingungen. Beih. Bot. Centralbl. **54**, A, 1936.

KÜCHLER, A. W.: A geographic system of vegetation. Geograph. Rev. **37**, 2, 1947. — Ders.: Physiognomic classification of vegetation. Ann. Assoc. Americ. Geogr. **39**, 3, 1949.

KÜHNHOLTZ-LORDAT, G.: Les dunes du Golfe du Lion. Essai de Géographie botanique. Paris 1923. — Ders.: La terre incendiée. Nimes 1938.

KUJALA, V.: Untersuchungen über die Waldvegetation in Süd- und Mittelfinnland. II. Comm. Inst. quaest. forest. Finnl. **10**, 1925. — Ders.: Untersuchungen über den Einfluß von Waldbränden auf die Waldvegetation in Nordfinnland. Comm. Inst. quaest. forest. Finnl. **10**, 1926. — Ders.: Can we find a common platform for the different schools of forest type classification? Silva Fennica **105**, 1960.

KULCZYŃSKI, S.: Die Pflanzenassoziationen der Pieninen. Bull. Acad. Polon. Sc. et Lettres, B, **2**, 1928. — Ders.: Die altdiluvialen Dryasfloren der Gegend von Przemysl. Acta Soc. Bot. Pol. **9**, 162, 1932.

KULTIASSOV, M.: Etude de la végétation du rayon de Tchar-Daria. Bull. de l'Inst. de Pédologie et de Géobot. de l'Univ. de l'Asie Centrale **2**, 1926. — Ders.: Die vertikalen Vegetationszonen im westlichen Tian-Schan. Bull. Univ. Asie Centrale **14—15**, 1927.

KUOCH, R.: Wälder der Schweizer Alpen im Verbreitungsgebiet der Weißtanne. Mitt. Schweiz. Anst. f. forstl. Versuchsw. **30**, 1954.

KÜRSTEINER, J.: Über den Bakteriengehalt von Erdproben der hochalpinen und nivalen Region. Jahrb. S. A. C. **63**, 1923.

KURTH, A., RHODY, B. et aliis: Die Anwendung des Luftbildes im schweizerischen Forstwesen. Mitt. Schweiz. Anst. f. forstl. Versuchsw. **38**, 1, 1962.

KUSCHEL, G.: Zur Naturgeschichte der Insel San Ambrosio (Islas Desventurades, Chile). 1. Reisebericht, geographische Verhältnisse und Pflanzenverbreitung. Ark. f. Bot. 4, 12, Upsala 1962.

KYLIN, H.: Über Begriffsbildung und Statistik in der Pflanzensoziologie. Bot. Notiser 1926.

KYTÖNEN, V. und TUURA, N.: Über die Bedeutung der Luftphotogrammetrie in unserer Waldwirtschaft. Silva Fennica **48**, 1938.

LAATSCH, W.: Dynamik der deutschen Acker- und Waldböden. 2. Aufl., Dresden und Leipzig 1944. — Ders.: Untersuchungen über die Bildung und Anreicherung von Humusstoffen. Ber. üb. Landtechnik **4**, 1948.

LAATSCH, W. und SCHLICHTING, E.: Bodentypus und Bodensystematik. Pflanzenernähr., Düng., Bodenkde. **87**, 1959.

LAGARDE, J.: Conditions biologiques et répartition des Champignons dans le Massif de l'Aigoual. Bull. Soc. Mycol. France **24**, 4, 1908.

LAGATU, H. et SICARD, L.: Contribution à l'étude des terres salées du littoral méditerranéen. Ann. Minist. d'Agric. **40**, 1911.

LAKARI, O. J.: Die Schneeschadengebiete in Finnland und ihre Wälder. Meddel. fr. Forstvet. Försöksanst. **3**, Helsinki 1920.

LAMBE, T. W.: Soil testing for engineers. New York 1951.

LÄMMERMAYR, L.: Die grüne Pflanzenwelt der Höhlen. Denkschr. d. Akad. Wien, mathem.-naturw. Kl. 1911—1915. — Ders.: Die Leitpflanzen des Magnesitbodens. Forschungen und Fortschr. **4**, Berlin 1939.

LAMPRECHT, H.: Tropenwälder und tropische Waldwirtschaft. Beih. schweiz. Zeitschr. f. Forstw. **32**, 1961. — Ders. Ensayo sobre unos métodos para el Analisis Estructural de los bosques tropicales. Acta Cientifica Venezolana **13**, 1962.

LANDOLT, E.: Ökologie und Systematik bei Blütenpflanzen. Ber. Geobot. Inst. der E. T. H. Stift. Rübel **32**, Festschr. E. Schmid (1960) 1961.

LANG, G.: Zur späteiszeitlichen Vegetations- und Florengeschichte Südwestdeutschlands. Flora **139**, 1952. — Ders.: Die spät- und frühpostglaziale Vegetationsentwicklung im Umkreis der Alpen. Eiszeitalter und Gegenwart **12**, 1961.

LANG, R.: Verwitterung und Bodenbildung als Einführung in die Bodenkunde. Stuttgart 1920.

LANGE, O. L.: Hitze- und Trockenresistenz der Flechten in Beziehung zu ihrer Verbreitung. Flora **140**, 1953. — Ders.: Untersuchungen über die Hitzeresistenz der Moose in Beziehung zu ihrer Verbreitung. I. Die Resistenz stark ausgetrockneter Moose. Flora **142**, 1955. — Ders.: Untersuchungen über Wärmehaushalt und Hitzeresistenz mauretanischer Wüsten- und Savannenpflanzen. Flora **147**, 1959. — Ders.: Die Hitzeresistenz einheimischer immer- und wintergrüner Pflanzen im Jahreslauf. Planta **56**, 1961.

LANGENDONCK, H. J. VAN: De Vegetatie en Oecologie der Schorrenplanten van Saaftingen. Bot. Jaarb. Dodonaea, Gent. **23**, 1932.

LANGLET, O.: Über den Zusammenhang zwischen Temperatur und Verbreitungsgrenzen von Pflanzen. Medd .fr. Stat. Skogsförsöksanst. **28**, 1935.

LANJOUW, J.: Studies in the vegetation of the Suriname Savannahs and Swamps. Med. Bot. Mus. en Herb. Rijksuniv. Utrecht 1936.

LAPRAZ, G.: Recherches phytosociologiques en Catalogne. Collectanea Bot. **6**, 1—2, 1962.

LAWRENKO, E. und DESJATOWA-SCHOSTENKO, N.: Die Vegetation des versalzten Bodens der Jagorlitzky-Halbinsel. Mat. z. Erforsch. d. Böden in d. Ukraine, Kiew 1928.

LAWRENKO, E. und DOCHMAN, G.: Die Vegetation der Starobielsker Steppen. Journ. bot. Acad. Sc. Ukraine **5—6**, 1933.

LAWRENKO, E. M. und KORČAGIN, A. A.: Polevaja geobotanika **1—2**, Moskva 1959/1960.

LE BLANC, F. FRÈRE: Ecologie et phytosociologie des épiphytes corticoles du sud du Quebec. Thèse Univ. Montréal 1960.

LEBRUN, J.: La Végétation de la plaine alluviale au sud du lac Edouard. Bruxelles 1947. — Ders.: Sur une méthode de délimination des horizons et étages de végétation des montagnes du Congo oriental. Bull. Jard. Bot. de l'Etat Bruxelles **30**, 1, 1960. — Ders.: Etudes sur la flore et la végétation des champs de lave au nord du lac Kivu (Congo Belge). Expl. du Parc Nat. Albert **2**, Bruxelles 1960. — Ders.: Le concept de „synusie" en écologie végétale. Bull. Cl. sc. Acad. Roy. Belgique 5. Ser. **47**, 3, 1961. — Ders.: Quelques remarques sur la flore et la végétation du Canada (Ontario Méridional — Québec, région de Montréal). Vegetatio **10**, 1961.

LEBRUN, J., NOIRFALISE, A., HEINEMANN, P. et VAN DEN BERGHEN, C.: Les associations végétales de Belgique. Bull. Soc. Roy. Bot. Belg. **82**, 1949.

LECOQ, H.: Etude sur la Géographie botanique de l'Europe. I, 1854. — Ders.: Traité des plantes fourragères ou flore des prairies naturelles et artificielles de la France et de l'Europe centrale. Paris 1862.

LEEUW, W. C. DE: The Netherlands as an environment for plant life. VI. intern. Bot. Congress, Netherl. Bot. Soc. Leiden 1935.

LEHMANN, E. und LAKSHMANA, R.: Über die Gültigkeit des Produktgesetzes bei der Lichtkeimung von *Lythrum salicaria*. Ber. Dtsch. Bot. Ges. **42**, 1924.

LEIBUNDGUT, H.: Waldbauliche Untersuchungen über den Aufbau von Plenterwäldern. Mitt. Schweiz. Anst. f. forstl. Versuchsw. **24**, 1, 1945. — Ders.: Aufbau und waldbauliche Bedeutung der wichtigsten natürlichen Waldgesellschaften in der Schweiz. Schweiz. Zeitschr. f. Forstw. 1949. — Ders.: Die pflanzensoziologischen Grundlagen der Aufforstung im Gebirge. Allgem. Forstzeitschr. **65**, 11/12, 1954. — Ders.: Der Wald als Erholungsraum. Jahrb. des Ver. zum Schutze der Alpenpfl. u. Tiere. München **26**, 1961.

LEIBUNDGUT, H. und LAMPRECHT, H.: Zur waldbaulichen Behandlung der Nebenbaumarten. 3 Aufsätze aus der Schweiz. Zeitschr. f. Forstw. 1951.

LEIBUNDGUT, H. und KREUTZER, K.: Untersuchungen über die Wurzelkonkurrenz. 1. Mitteilung über den Vorwald. Mitt. Schweiz. Anst. forstl. Versuchswesen **34**, 5, 1958.

LEICK, E.: Die Aufgaben der Biologischen Forschungsstation Hiddensee. Unser Pommerland, 4/5, 1933.

LEISCHNER-SISKA, E.: Zur Soziologie und Ökologie der höheren Pilze. Untersuchung der Pilzvegetation in der Umgebung von Salzburg während des Maximalaspektes 1937. Beih. Bot. Centralbl. **59**, B, 1939.

LEMÉE, G.: Recherches écologiques sur la végétation du Perche. Thèse, Paris 1937. — Ders.: Sur les variations saisonnières de la pression osmotique chez quelques Phanérogames atlantiques. C. R. Acad. Sc. **210**, 1940. — Ders.: Étude sur la végétation et les sols des forêts de Randan et de Montpensier (Allier et Puy-de-Dôme) avec une carte des associations végétales. Rev. Sc. Nat. Auvergne **9**, 1—2—3—4, 1943. — Ders.: La méthode de l'analyse pollinique et ses apports à la connaissance des temps quaternaires. Ann. biol. **24**, 2, 1948. — Ders.: Contribution à la connaissance phytosociologique des confins saharo-marocains. Vegetatio **4**, 1953/54. — Ders.: Phytosoziologie et Pedologie. Rapp. 8e Congr. Internat. de Bot. Paris 1954.

LEMÉE, G. et WEY, R.: Observations pédologiques sur les sols actuels du loess des environs de Strasbourg. Ann. Agronom. 1950.

LEMÉE, G., LOSSAINT, P., METTAUER, H. et WEISSBECKER, R.: Recherches préliminaires sur les caractères bio-chimiques de l'humus dans quelques groupements forestières de la Plaine d'Alsace. Angew. Pflanzensoz. **15**, Stolzenau/Weser 1958.

LÉONARD, A.: Contribution à l'étude de la colonisation des laves du volcan Nyamuragira par les végétaux. Vegetatio **8**, 4, 1959.

LEUENBERGER, R.: Beitrag zur Kenntnis der Humuskarbonatböden und Rendzinen im Schweizer Jura. Diss. E. T. H., Zürich 1950.

LEUTENEGGER, F.: Untersuchungen über die physikalischen Eigenschaften einiger Bodenprofile der Braunerdeserie des Schweizerischen Mittellandes, mit methodischem Beitrag zur physikalischen Bodenanalyse. Zürich 1950.

LEVITT, J.: The hardiness of plants. New York 1956. — Ders.: Frost, drought, and heat resistance. Protoplasmatologia 8/6, 1958.

LEYERER, G. und STOCKER, O.: Über die Transpiration der Rutengewächse. Flora **151**, 1, 1961.

LIBBERT, W.: Die Vegetation des Fallsteingebietes. Mitt. flor.-soz. Arbeitsgem. Niedersachsen, 1930.

LIDFORSS, B.: Die wintergrüne Flora. Lund 1907.

LIETH, H.: Klimadiagramm-Weltatlas. 1. Lieferung. Jena 1960.

LINDEBERG, G.: Proc. 4th Intern. Congr. Microbiol. Copenhague, 401—403, 1947.

LINDQUIST, B.: Den skandinaviska Bokskogens biologi. Stockholm 1931.

LINKOLA, K.: Studien über den Einfluß der Kultur auf die Flora in den Gegenden nördlich vom Ladogasee. Acta Soc. Fauna et Flora Fenn. **45**, 1916. — Ders.: Über das Vorkommen von Samenkeimlingen bei Pollakanthen in den natürlichen Pflanzengesellschaften. Ann. Soc. Zool.-Bot. Fenn. Vanamo **11**, 3, 1930. — Ders.: Die Kartierung der Flora und Vegetation Finnlands. Sitzungsber. d. Finn. Akad. d. Wiss. (1938), Helsinki 1941.

LINKOLA, K. und TIIRIKKA, A.: Über Wurzelsysteme und Wurzelausbreitung der Wiesenpflanzen auf verschiedenen Wiesenstandorten. Ann. Soc. Zool.-Bot. Fenn. Vanamo **6**, 6, Helsinki 1936.

LINSBAUER, L.: Photometrische Untersuchungen über die Beleuchtungsverhältnisse im Wasser. Sitzungsber. Akad. Wiss. Wien, math.-nat. Kl. **114**, 1, 1905.

LIPPMAA, T.: Grundzüge der pflanzensoziologischen Methodik nebst einer Klassifikation der Pflanzenassoziationen Estlands. Acta Inst. et Horti Bot. Univ. Tartuensis **3**, 4, 1933. — Ders.: Areal und Altersbestimmung einer Union (*Galeobdolon-Asperula-Asarum*-U.) sowie das Problem der Charakterarten und der Konstanten. Acta Inst. et Horti Bot. Univ. Tartuensis **6**, 2, 1938.

LISTOWSKI, A.: Über den Einfluß verschiedenfarbigen Lichtes auf die Keimung der Sporen und Entwicklung der Protonemen einiger Moose. Bull. Acad. Poln. Sc. et Lettres 1928.

LITARDIÈRE, R. DE: Observations caryosystématiques sur le *Festuca paniculata* (L.) Schinz et Thell. Portugaliae Acta Biol., 1949. — Ders.: Nombres chromosomiques de diverses Graminées. Bol. Soc. Brot. **24**, 1950.

LITARDIÈRE, R. DE et MALCUIT, G.: Contributions à l'étude phytosociologique de la Corse. Le Massif du Renoso, Paris 1926.

LIVINGSTON, B. E.: Atmometry and the porous cup atmometer. Plant World **18**, 1915.

LIVINGSTON, B. E. and FREE, E. E.: The effect of deficient soil oxygen on the roots of higher plants. John Hopkins Univ. **3**, 1917.

LIVINGSTON, B. E. and THONE, F.: A simplified non-absorbing mounting for porous porcelain atmometers. Science **52**, 1920.

LOHAMMAR, G.: Wasserchemie und höhere Vegetation schwedischer Seen. Symbolae bot. upsal. **3**, 1, Upsala 1938.

LÖHNIS, M. P.: Effect of magnesium and calcium supply on the uptake of manganese by various crop plants. Plant and Soil **12**, 1960.

LOSSAINT, P.: Influence de la végétation forestière et de la mise en culture sur l'évolution des sols sableux aux environs de Strasbourg. Ann. Agron. **6**, 1951. — Ders.: Résultats expérimentaux sur le rôle des litières forestières dans la solubilisation du fer d'un sol. Cong. Intern. de la Sc. du Sol, Paris 1956.

LOUIS, J. et LEBRUN, J.: Premier aperçu sur les groupements végétaux en Belgique. Bull. Inst. Agron. et Stat. de Rech. de Gembloux **11**, 1—4, 1942.

LÜDI, W.: Die Pflanzengesellschaften des Lauterbrunnentales und ihre Sukzession. Beitr. z. geobot. Landesaufn. der Schweiz **9**, 1921. — Ders.: Der Assoziationsbegriff in der Pflanzensoziologie. Bibliotheca botanica **96**, Stuttgart 1928. — Ders.: Sukzession der Pflanzengesellschaften und Bodenreifung in der alpinen Stufe der Schweizer Alpen. Fedd. Repert. Beih. **56**, 1929. — Ders.: Die Methoden der Sukzessionsforschung in der Pflanzensoziologie. Handb. der biolog. Arbeitsmeth. **11**, 5, 1930. — Ders.: Beitrag zur Kenntnis der Beziehungen zwischen Vegetation und Boden im östlichen Aarmassiv. Ber. Geobot. Forschungsinst. Rübel 1934. — Ders.: Die Pollensedimentation im Davoser Hochtale. Ebenda 1937. — Ders.: Experimentelle Untersuchungen an alpiner Vegetation. Ber. Schweiz. Bot. Ges. **46**, Festband Rübel 1936. — Ders.: Die Pflanzengesellschaften der Schinigenplatte bei Interlaken und ihre Beziehungen zur Umwelt. Veröff. d. geobot. Inst. Rübel **23**, 1948. — Ders.: Experimental investigations into the Sub-Alpine Nardetum. Proceed. sev. Int. Bot. Congr. Stockholm 1950. — Ders.: Botanische Streifzüge durch die Rocky Mountains Nordamerikas. Ber. Geobot. Inst. der E. T. H. Stift. Rübel **32**, Festschr. E. Schmid (1960) 1961.

LÜDI, W. und LUZZATTO, G.: Vergleichende Untersuchungen zweier Methoden zur physikalischen Bodenanalyse. Ber. geobot. Forschungsinst. Rübel 1935.

LÜDI, W. und VARESCHI, V.: Die Verbreitung, das Blühen und der Pollenniederschlag der Heufieberpflanzen im Hochtale von Davos. Ebenda 1936.

LÜDI, W. und ZOLLER, H.: Einige Beobachtungen über die Dürreschäden des Sommers 1947 in der Nordschweiz und am schweizerischen Jurarand. Ebenda 1949.

LUNDEGÅRDH, H.: Klima und Boden in ihrer Wirkung auf das Pflanzenleben. 5. Aufl. Jena 1957.

LUQUET, A.: La végétation des Monts Dores d'Auvergne. Thèse Paris 1926.

LUTHER, H.: Vorschlag zu einer ökologischen Grundeinteilung der Hydrophyten. Acta Bot. Fenn. **44**, 1949. — Ders.: Über Krustenbewuchs an Steinen fließender Gewässer, speziell in Südfinnland. Acta Bot. Fenn. **55**, 1954. — Ders.: Veränderungen in der Gefäßpflanzenflora der Meeresfelsen von Tvärminne. Acta Bot. Fenn. **62**, 1961.

LUTTIG, G. und REIN, U.: Das Cromer- (Günz/Mindel-) Interglazial von Bilshausen (Unter-Eichsfeld). Geol. Jahrb. **70**, 1954.

LUTZ, H. J.: Effect of cattle grazing on vegetation of a virgin forest in Northwestern Pennsylvania. Journ. Agricult. Res. **41**, 7, 1930. — Ders.: Notes on plant indicators of mull forest soil in Northwestern Pennsylvania. Proceed. of the Pennsylv. Acad. of Science **6**, 1932.

LUTZ, J. F.: Mechanical impedance and plant growth. In: SHAW 1952, S. 43—71.

LUTZ, J. L.: Häufigkeitskurven mittlerer Wasserzahlen von Hack- und Halmfruchtgesellschaften als Standortsindikator. Vegetatio **5—6**, 1954.

LYSSENKO, S. V.: Studies on the lower plants in the semideserts of the Western Cis- Caspian Area as related to the pedologo-geobotanical investigations. Bot. Journ. U.S.S.R. 48, 11, 1963.

MADGWICK, H. A. J. and OVINGTON, J. D.: The chemical composition of precipitation in adjacent forest and open plots. Forestry **32**, 1, 1959.

MÄDLER, K.: Die pliozäne Flora von Frankfurt am Main. Abh. Senck. Ges. **446**, 1939.

MAGDEBURG, P.: Organogene Kalkkonkretionen in Höhlen. Beiträge zur Biologie der in Höhlen vorkommenden Algen. Sitzungsb. d. Naturf. Ges. Leipzig **56**, **59**, 1932.

MAHEU, J.: Contribution à l'étude de la flore souterraine de France. Thèse, Paris 1906.

MAIRE, R.: Etudes sur la végétation et la flore du grand Atlas et du moyen Atlas Marocains. Mém. soc. sc. nat. Maroc **7**, 1924. — Ders.: Etudes sur la Flore et la Végétation du Sahara Central. Alger 1940.

MAJOR, J.: A functional, factorial approach to plant ecology. Ecol. **32**, 1951. — Ders.: Übersetzung von V. M. PONYATOVSKAYA, On two trends in Phytocoenology (mit Zusätzen). Vegetatio **10**, 5—6, 1961.

MAJOR, J., McKELL, C. M. and BERRY, L. J.: Improvement of Medusahead infested rangeland. Div. of Agric. Sc. Univ. of California 1960.

MALATO BELIZ, J. e ABREU, J. P.: Ensaio fitosociológico numa pastagem espontanea da Leziria do Rio Guadiana. Melhoramento **4**, Comm. S. I. G. M. A. **111**, 1951.

MARBUT, C. F.: A scheme for soil classification. I. Intern. Congr. Soil. Sc. 4, 1928.

MARGALEF, R.: Los méthodos para la investigacion de las comunidades acuaticas adnadas y especialmente las formadas por organismos microscopico (perifiton, pecton). Collectanea Bot. **1**, 3, 1947. — Ders.: Limnosociologia. Monografias de ciencia moderna **10**, 1947. — Ders.: Las associationes de algas en las aguas dulces de pequeno volumen del N. E. de España. Vegetatio **1**, 4—5, 1948. — Ders.: Una aplicacion de las series logaritmicas a la fitosociologia. Inst. Biol. Apl. **6**, 1949. — Ders.: Regions limnológicas de Cataluña y ensayo di sistematización de las associaciones de algas. Coll. Bot. **3**, 1, 1951. — Ders.: Diversidad de especies en las comunidades naturales. Publ. Inst. Biol. Apl. **9**, 1951. — Ders.: Materiales para la hidrobiología de la Isla de Ibiza. Publ. Inst. Biol. Apl. **8**, 1951. — Ders.: Materiales para la hidrobiología de la Isla de Menorca. Publ. Inst. Biol. Apl. **11**, 1952. — Ders.: Materiales para hidrobiología de la isla de Mallorca. Publ. Inst. Biol. Apl. **15**, 1953. — Ders.: Comunidades bióticas de las aguas dulces del noroeste de España. Publ. Inst. Biol. Apl. **21**, 1955. — Ders.: La diversidad de especies en las poblaciones mixtas naturales y en el estudio del dinamismo de las mismas. Barcelona 1956. — Ders.: Modalités de l'évolution en rapport avec la simplification des biocénoses insulaires. Le Peuplement des iles méditerranéennes et le problème de l'insularité. C. N. R. S. Paris 1961.

MARSHALL, E.: The colloid chemistry of the silicate minerals. New York 1949.

MARSHALL, K. C. and ALEXANDER, M.: Competition between soil bacteria and Fusarium. Plant and Soil **12**, 1960.

MARTIN, H. A.: Sclerophyll communities in the Inglewood District, Mount Lofty Ranges, South Australia. Their distribution in relation to micro-environment. Trans. Roy. Soc. S. Aust. **85**, 1961.

MARTINET, G.: Methodes d'analyse botanique des prairies. Mém. 5e Congrès intern. d'Agric. Lausanne 1898.

MARTONNE, E. DE: Traité de géographie physique. 4. éd. **3** (Biogéographie avec la collaboration de CHEVALIER, A. et GUÉNOT, L.). Paris 1925.

MATHON, C. C. et STROUN, M.: Tentative d'analyse de la flore de France sur la base de la vernalisation et du photopériodisme. Cah. Natur., Bull. Nat. Par., n. s. **16**, 1960.

MATTICK, F.: Bodenreaktion und Flechtenverbreitung. Beih. Bot. Centralbl. **49**, 1932.

MATUSZKIEWICZ, W.: Zur Systematik der natürlichen Kiefernwälder des mittel- und osteuropäischen Flachlandes. Mitt. flor.-soz. Arbeitsgem. N. F. **9**, 1962.

MAURER, J.: Bodentemperatur und Sonnenstrahlung in den Schweizer Alpen. Meteorolog. Zeitschr. **5**, 1916.

MAXIMOFF, N. A.: The plant in relation to water. (English transl. with notes by R. H. YAPP.) London 1929.

MAXIMOFF, N. A. und LEBENDINCEV, F.: Über den Einfluß von Beleuchtungsverhältnissen auf die Entwicklung des Wurzelsystems. Ber. Dtsch. Bot. Ges. **41**, 1923.

MAYER, H.: Waldbauliche Aspekte der Entstehung des nordalpinen Tannen-Buchen-Waldes (*Abieti-Fagetum*). Schweiz. Zeitschr. f. Forstw. **7**, 1961.

MCCALLA, T. M.: Soil temperature and growth of microorganisms. In SHAW 1952, S. 447—462, 479—480.

MCCREA, R. H.: Flowering in the North of England in 1922 and 1923. New Phytologist **23**, 1924.

MCDOUGALL, E.: Moisture belts of North America. Ecology **6**, 1925.

MEDWECKA-KORNAŚ, A.: Biologie de la dissémination des associations végétales des rochers du Jura Cracovien. Bull. Acad. Polon. Sc. et Lettres, B, 1950. — Dies.: Some problems of forest climaxes in Poland. Silva Fennica **105**, 1960. — Dies.: Some floristically and sociologically corresponding forest associations in the Montreal Region of Canada and in Central Europe. Bull. Acad. Pol. Sc. et Lettres **9**, 6, 1961.

MEEL, L. I. J. VAN: Aperçu sur la végétation algologique du district Poldérien de la vallée du Bas-Escaut belge. Acad. Roy. Belg. **23**, 9, 1949.

MEIER, H.: L'écologie des plantes rupestres (Chasmophytes) du Languedoc pendant la période de grande sécheresse d'été. Comm. S. I. G. M. A. **29**, 1934.

MEIJER, W.: Plantsociological analysis of montane rainforest near Tjibodas, West Java. Acta Bot. Neerl. **8**, 1959.

MEIJER, W., DE WIT, R. J. und Mitarbeiter: Kortenhoef. Een veldbiologische studie van een Hollands verlandingsgebied. Amsterdam 1955.

MEIJER DREES, E.: „Combined Taxation" and „presence" in analysing and comparing association tables. Vegetatio **2**, 1, 1950. — Ders.: A tentative design for rules of phytosociological nomenclature. Vegetatio **4**, 1953/54. — Ders.: The minimum area in tropical rain forest with special référence to some types in Bangka (Indonesia). Vegetatio **5—6**, 1954—1956.

MEIKLEJOHN, J.: The nitrifying bacteria. Journ. of Soil Sci. **4**, 1953.

MEINHARD, M.: Die Bildung von Indol-Wuchsstoffen durch Mykorrhizapilze. Ber. Dtsch. Bot. Ges. **75**, Sondern. 1962.

MEISCHKE, D.: Über den Einfluß der Strahlung auf Licht- und Dunkelkeimer. Jahrb. f. Bot. **83**, 1936.

MEISEL, K.: Vergleich zwischen Boden- und Vegetationskarte. Angew. Pflanzensoziologie **15**, Stolzenau/Weser 1958. — Ders.: Die Artenverbindungen der Winterfrucht-Unkrautgesellschaften des rheinisch-westfälischen Berglandes. Mitt. flor.-soz. Arbeitsgem. N. F. **9**, 1962.

MEISEL-JAHN, S. und PIRK, W.: Über das soziologische Verhalten von Pilzen in Fichten-Forstgesellschaften. Mitt. flor.-soz. Arbeitsgem. N. F. **5**, 1955.

MELCHERS, G.: Mechanismus der Vernalisation. In: Comptes Rend. d. Séances et Rapp. et Comm. Sect. 11 et 12, 8ème Congrès Intern. de Bot. Paris 1954 (1957).

MELIN, E.: Experimentelle Untersuchungen über die Birken- und Espenmykorrhizen und ihre Pilzsymbionten. Svensk. Bot. Tidskr. **17**, 4, 1923. — Ders.: Experimentelle Untersuchungen über die Konstitution und Ökologie der Mykorrhizen von *Pinus silvestris* L. und *Picea abies* (L.) KARST. Kassel 1923. — Ders.: Über den Einfluß der Wasserstoffionenkonzentration auf die Virulenz der Wurzelpilze von Kiefer und Fichte. Ebenda 1924. — Ders.: Untersuchungen über die *Larix*-Mykorrhiza II. Zur weiteren Kenntnis der Pilzsymbioten. Svensk Bot. Tidskr. **19** (1), 1925. — Ders.: Activities of microorganisms in the humus layer of some forest types, as measured by $CO_2$ evolution. Skogshögskolans Festskr. 1928. — Ders.: Biological decomposition of some types of litter from north american forests. Ecology **11**, 1, 1930. — Ders.: Activities of some Fungi in the different horizons of forest Duff, as measured by $CO_2$-Evolution. Svenska Skogsvardsfören. Tidskr. 1934. — Ders.: Methoden der experimentellen Untersuchung mykotroper Pflanzen. Handb. der biolog. Arbeitsmeth. **11**, 4, 1936.

MELIN, E. und ODÉN, S.: Kolorimetrische Untersuchungen über Humus und Humifizierung. Sverig. Geol. Undersök. Årsb. **10**, 4, 1917.

MELIN, E. und LINDBERG, G.: Über den Einfluß von Aneurin und Biotin auf das Wachstum einiger Mykorrhizenpilze. Bot. Not. **241**, 1929.

MELTZER, J. en WESTHOFF, V.: Inleiding tot de plantensociologie. s'Graveland 1942.

MENGEL, K.: Ernährung und Stoffwechsel der Pflanze. Jena 1961.

MERRIAM, C. H.: Life Zones and Crop Zones of the United States. U. S. Dep. of Agric. Bull. **10**, 1898.

MESSIKOMMER, E.: Biologische Studien im Torfmoor von Robenhausen unter besonderer Berücksichtigung der Algenvegetation. Diss. Univ. Zürich 1927. — Ders.: Beitrag zur Kenntnis der Algenflora und Algenvegetation des Hochgebirges um Davos. Beitr. z. geobot. Landesaufn. d. Schweiz **24**, 1942.

MEUSEL, H.: Vergleichende Arealkunde **1—2**. Berlin-Zehlendorf 1943. — Ders.: Wuchsform, Vorkommen und Verbreitung der annuellen *Asteriscus*-Arten. Beitr. z. Biol. d. Pflanz. **34**, 1, Berlin 1957. — Ders.: Arealformen und Florenelemente als Grundlagen einer vergleichenden Phytochorologie. Forschung u. Fortschr. **33**, 6, 1959. — Ders.: Verbreitungskarten mitteldeutscher Leitpflanzen. Wiss. Zeitschr. Univ. Halle, Math.-Nat. **3**, **5**, **9**, 1953—1960.

MEVIUS, W.: Beiträge zur Physiologie „kalkfeindlicher Gewächse". Jahrb. f. wiss. Bot. **60**, 1921.

MEYER, A.: Über einige Zusammenhänge zwischen Klima und Boden in Europa. Chemie d. Erde **2**, 1926.

MEYER, C. J.: Les Algues des terrains marécageux de la vallée de la rivière Jakhroma. Trav. Jard. Bot. Univ. de Moscou **1**, 1937.

MEYER, P.: Das *Mastigobryeto-Piceetum abietetosum* im Schweizerischen Mittelland und seine forstlich-waldbauliche Bedeutung. Vegetatio **1**, 1949.

MEYLAN, O.: Les Cévennes et le Massif Central. Contribution à l'étude avifaunistique d'une région montagneuse. Arch. Suisse d'Ornith. Berne 1934.

MICHAEL, G. und MARSCHNER, H.: Untersuchungen über die Phosphatabscheidung aus Pflanzenwurzeln mit Hilfe von $p^{32}$. Zeitschr. Pflanzenernähr., Düng., Bodenkde. **80**, 1, 1958.

MICHAELIS, P.: Ökologische Studien an der alpinen Baumgrenze. Das Klima und die Temperaturverhältnisse der Vegetationsorgane im Hochwinter. Ber. Dtsch. Bot. Ges. 1932. — Ders.: Ökologische Studien an der alpinen Baumgrenze. IV. Zur Kenntnis des winterlichen Wasserhaushaltes. Jahrb. f. wissensch. Bot. **80**, 2, 1934.

MIKKELSEN, V. M.: Ecological studies of the salt marsh vegetation in Isefjord. Dansk Bot. Arkiv **13**, 2, 1949.

MILLER, J. E.: Light in some plant associations. Ecology **19**, 3, 1938.

MILNER, H. W., HIESEY, W. M. and NOBS, M. A.: Experimental taxonomy. Carnegie Inst. of Washington Year Book **57**, 1958.

MILOSEVIĆ, R.: Microbiological analysis of soil and sand at different levels deposited at Novi Beograd. Rec. de trav. Inst. Biolog. Beograd **4**, 5, 1960.

MIYAWAKI, A.: Pflanzensoziologische Untersuchungen über Reisfeldvegetation auf den japanischen Inseln mit vergleichender Betrachtung Mitteleuropas. Vegetatio **9**, 6, 1960.

MØLHOLM-HANSEN, H.: Life forms as age indicators. Ringkjøbing 1956.

MOLINIER, R.: Etudes phytosociologiques et écologiques en Provence occidentale. Ann. du Musée d'Hist. Nat. de Marseille **27**, 1, 1934, Comm. S. I. G. M. A. 35a, 1935. — Ders.: Les associations végétales du Massif de la Sainte-Baume (Provence occidentale). Bull. Soc. Hist. Nat. de Toulouse **73**, Comm. S. I. G. M. A. **68**, 1939. — Ders.: La cartographie phytosociologique au service de la prospection agronomique. 70e Congrès de l'A. F. A. S. Tunis 1951. — Ders.: Les climax côtiers de la Méditeranée occidentale. Vegetatio **4**, 1953/54. — Ders.: L'intérêt pédagogique de la carte des groupements végétaux ($^1/_{20000}$). C.N.R.S. 1957. — Ders.: Cartes des associations végétales terrestres et des biocénoses marines dans le sud-est de la France. Méthodes de la Cartographie de la végétation Toulouse 16—21 Mai 1960. C. N. R. S. 1961.

MOLINIER, R. et MÜLLER, P.: La dissémination des espèces végétales. Rev. gén. Bot. **50**, Comm. S. I. G. M. A. **64**, 1938.

MOLINIER, RENÉ et MOLINIER, ROGER: Quelques effets du froid de février 1956 sur la végétation dans les environs de Marseille. Bull. Soc. Linn. Provence **21**, 1956. — Dies.: Associations végétales et biocénoses. Lab. Biol. Végét. Fac. d. Sc. Marseille 1959.

MOLINIER, ROGER: Etude des Biocénoses marines du Cap Corse (France). Vegetatio **9**, 1960.

MOLINIER, ROGER et PICARD, J.: Cartographie des peuplements marins méditerranéens (Flore-Faune sessile ou à faible mobilité). Communic. Assemblée plénière Conseil Internat. pour l'exploration de la mer. Copenhague 1953.

MOLISCH, H.: Die Eisenbakterien. Jena 1910.

MÖLLER, C. M., MÜLLER, B. und NIELSEN, J.: Ein Diagramm der Stoffproduktion im Buchenwald. Ber. Schweiz. Bot. Ges. **64**, 1954.

MONTASIR, A. H.: Egyptian soil structure in relation to plants. Bull. of the Fac. of Sc. **15**, Cairo 1938.

MONTFORT, C.: Die Wasserbilanz in Nährlösung, Salzlösung und Hochmoorwasser. Zeitschr. f. Bot. **14**, 1922.

MONTFORT, C. und BRANDRUP, W.: Physiologische und pflanzengeographische Seesalzwirkungen. II. Ökologische Studien über Keimung und erste Entwicklung bei Halophyten. Jahrb. f. wissensch. Bot. **66**, 5, 1927.

MOOR, M.: Zur Soziologie der *Isoetetalia*. Beitr. z. geobot. Landesaufn. d. Schweiz **20**, Bern 1936. — Ders.: Zur Systematik der Fagetalia. Ber. Schweiz. Bot. Ges. **48**; Comm. S. I. G. M. A. **63**, 1938. — Ders.: Die *Fagion*-Gesellschaften im Schweizer Jura. Beitr. z. geobot. Landesaufn. d. Schweiz **31**, 1952. — Ders.: Pflanzengesellschaften schweizerischer Flußauen. Mitt. Schweiz. Anst. f. forstl. Versuchsw. **34**, 4, 1958. — Ders.: Waldgesellschaften und ihre zugehörigen Mantelgebüsche am Mückenberg südlich von Aesch (Basel). Bauhinia **1**, 3, 1960. — Ders.: Zur Systematik der *Fagetalia*. Mitt. flor.-soz. Arbeitsgem. N. F. **8**, 1960. — Ders.: Pflanzengesellschaften als geologische Zeiger im Jura. Regio Basiliensis **4**, 1963.

MOOR, M. und SCHWARZ, U.: Die kartographische Darstellung der Vegetation des Creux-du-Van-Gebietes (Jura des Kantons Neuenburg). Beitr. z. Geobot. Landesaufn. d. Schweiz **37**, 1957.

MOREL, A.: Influence de l'épidémie de myxomatose sur la flore française. La Terre et la Vie **103**, 1956.

MÖRIKOFER, W.: Meteorologische Strahlungsmeßmethoden. Handb. der biolog. Arbeitsmeth. **3**, 2, 1939. — Ders.: Meteorologische Strahlungs-Meßmethoden für biologische und ökologische Untersuchungen. Ber. geob. Forschungsinst. Rübel (1939), 1940. — Grundzüge der Bioklimatologie. Mitt. Naturf. Ges. Bern N. F. **17**, 1959.

MÖRIKOFER, W. und PERL, G.: Über die Abhängigkeit der Schneeverhältnisse von der Meereshöhe in Graubünden. Verh. d. schweiz. Nat. Ges. 1944.

MORTON, F.: Ökologie der assimilierenden Höhlenpflanzen. Fortschr. d. naturwiss. Forsch. **12**, 3, 1927.

MÖRZER BRUIJNS, M. F.: On biotic communities. Comm. S. I. G. M. A. **96**. Deventer 1947.

MOSCA, A. M. L.: Investigaciones sobre la micoflora de terrenos españoles. Ann. Inst. Bot. A. J. Cavanilles **18**, 1960. — Dies.: Sobre la micoflora del terreno de un bosque de *Pinus nigra* Arnold var. *laricio* Poir. Ann. Inst. Bot. A. J. Cavanilles **18**, 1960.

MOSER, M.: Über das Massenauftreten von Formen der Gattung *Morchella* auf Waldbrandflächen. Sydowia **3**, 1949.

MOTYKA, J.: Die Pflanzenassoziationen des Tatragebirges. II. Die epilithischen Assoziationen der nitrophilen Flechten im polnischen Teile der Westtatra. Bull. Acad. Polon. Sc. et Lettres B. 1924. — Ders.: VI. Studien über epilithische Flechtengesellschaften. Ebenda 1926.

MOURAVIEFF, J.: Spectre osmotique du tapis végétal des pelouses sèches de la région de Grasse (Alpes Maritimes). Ann. Univ. de Lyon, Sect. C. **10**, 1958. — Ders.: Tension de succion et déficit de saturation hydrique du système radiculaire des plantes peuplant les pelouses sèches de la région de Grasse (Alpes-Marit.). Bull. Soc. bot. Fr. **108**, 1961.

MOYSE, A.: Encyclopédie Francaise Tome IV. Chapitre 2: Sources d'énergie et de matière pour les végétaux. Paris 1960.

MÜCKENHAUSEN, E.: Entstehung, Eigenschaften und Systematik der Böden der Bundesrepublik Deutschland. Frankfurt 1962.

MULLENDERS, W.: Contribution à l'étude des groupements végétaux de la contrée de Goma-Kisenyi (Kivu-) Ruanda. Vegetatio **4**, 2, 1953/54.

MÜLLER, A. VON: Über die Bodenwasserbewegung unter einigen Grünlandgesellschaften des mittleren Wesertales und seiner Randgebiete. Angew. Pflanzensoz. **12**, Stolzenau/Weser 1956.

MÜLLER, D.: Boysen Jensen und die Stoffproduktion. In LIETH, H.: Die Stoffproduktion der Pflanzendecke. Stuttgart 1962.

MÜLLER, M.: Auewaldböden des schweizerischen Mittellandes. Mitt. schweiz. Anst. forstl. Versuchsw. **34**, 1958.

MÜLLER, P.: Verbreitungsbiologie der Garrigueflora. Beih. Bot. Centralbl. **50**, Abt. 2. Comm. S. I. G. M. A. **21**, 1933. — Ders.: Verbreitungsbiologie der Blütenpflanzen. Veröff. d. geobot. Inst. Rübel **30**, 1955.

MÜLLER, TH.: Die Saumgesellschaften der Klasse *Trifolio-Geranietea sanguinei*. Mitt. flor.-soz. Arbeitsgem. N. F. **9**, 1962.

MUSAYEV, I. F.: On the northern distribution limits of the characteristic components of the Turanskaya desert flora. Bot. Journ. U. S. S. R. **48**, 2, 1963.

NADIG, A.: Hydrobiologische Untersuchungen in Quellen des schweizerischen Nationalparkes im Engadin. Diss. Aarau 1942.

NAKANISHI, S.: Phytosociological studies on the epiphytic plant community (I). On the epiphytic plant community *Abies firma* forest (Iwao National Forest, Hyogo Pref.). Bull. Fac. Educ., Kobe Univ. **21**, 1959. — Ders.: The epiphytic communities of beech forest in Japan. Bull. Fac. Educ. Kobe **27**, 1962.

NASYROV, J. S.: Photosynthesis in the dominant species of the Stunted-Herbage semisavannahs. Bot. Journ. U. S. S. R. **47**, 4, 1962.

NATERMANN, E.: Zeitbestimmung einer Flußverlegung auf Grund der Auelehmbildung. Abh. Naturw. Ver. Bremen **31**, 1939.

NAVALKAR, B. S. and BHARUCHA, F. R.: Studies in the ecology of Mangroves. Journ. Univ. Bombay **18**, 3, 1949.

NĚMEC, A.: Untersuchungen über die Humifizierung von Waldhumus. Zeitschr. f. Forst- und Jagdw. **7**—**8**, 1928.

NĚMEC, A. und KVAPIL, K.: Studien über einige physikalische Eigenschaften der Waldböden und ihre Beziehungen zur Bodenazidität. Zeitschr. f. Forst- u. Jagdwesen **9**, 1925. — Dies.: Studien über einige chemische Eigenschaften der Profile von Waldböden. Ebenda **8**, **9**, 1926. — Dies.: Über den Einfluß verschiedener Waldbestände auf den Gehalt und die Bildung von Nitraten in Waldböden. Ebenda **6**, **7**, 1027.

NESPIAK, A.: Studia nad udziałem grzybów kapeluszowych w zespołach leśnych na terenie Białowieskego Parku Narodowego. The investigations on the character of the correlations between the higher fungi and wood associations in the National Park of Białowieża. Monographiae Botanicae 8, 1959. — Ders.: Observations sur les champignons à chapeau dans les associations forestières en Pologne. Vegetatio **11**, 1—2, 1962.

NETOLITZKY, F.: Unser Wissen von den alten Kulturpflanzen Mitteleuropas. Ber. d. Röm.-Germ. Kommiss. **20**, 1931.

NEVOLE, J.: Flora der Serpentinberge in Steiermark. Acta Soc. Sc. Nat. Moravicae **3**, 1926.

NICHOLS, G. E.: The influence of exposure to winter temperature upon seed germination in various native american plants. Journ. of Ecol. **15**, 4, 1934.

NIGGLI, P.: Die chemische Gesteinsverwitterung in der Schweiz. Schweiz. mineralog. u. petrograph. Mitt. **10**, 1926. — Ders.: Der Artbegriff in der Mineralogie. „Dialectica" Inter. Zeitschr. f. Philosophie d. Erkenntnis **1**, 3, Neuchâtel 1947. — Ders.: Tabellen zur Petrographie und zum Gesteinsbestimmen. Min. Petr. Inst. E. T. H., Zürich 1949.

NIKLFELD, H.: Über die Pflanzengesellschaften der Fels- und Mauerspalten Südfrankreichs. Sitzungsb. Akad. Wiss. Wien, math.-nat. Kl. Abt. 1, **171**, 8—10. Comm. S.I.G.M.A. **162**, 1962.

NITZSCH, W.: Zustand und Veränderung der Struktur des Ackerbodens. Wiss. Veröff. a. d. Siemens-Konzern **4**, 2, Berlin 1925.

NOIRFALISE, A.: Sur l'interception de la pluie par le couvert dans quelques forêts belges. Bull. Soc. Roy. Forest. Belgique Okt. 1959. — Ders.: Influence de quelques types de forêts sur le bilan des eaux d'infiltration. La Technique de l'Eau, Juin 1962.

NOMOKONOV, L. J.: Die Alluvionswiesen (in der Steppen- und Waldzone am Jenissei). Moskau 1959 (russisch).

NORDHAGEN, R.: Om homogenitet, konstans og minimiareal. Bidrag til den plantensociologiske diskussion. Mag. for Naturvidensk. **61**, 1923. — Ders.: Die Vegetation und Flora des Sylenegebietes. Skr. Norsk. Vidensk. Akad. math.-nat. Kl. **1**, Oslo 1927/28. — Ders.: Versuch einer neuen Einteilung der subalpin-alpinen Vegetation Norwegens. Bergens Museums Årb. **7**, **1936**. — Ders.: Sikilsdalen og Norges Fjellbeiter, en plantesosiologisk-monografi. Bergens Museums Skr. **22**, Bergen 1943. — Ders.: Vegetation units in the mountain areas of Scandinavia; in: Aktuelle Probleme der Pflanzensoziologie. Veröff. d. geobot. Inst. Rübel **29**, 1954.

NOVÁK, F.: Quelques remarques relatives au problème de la végétation sur les terrains serpentiniques. Preslia **6**, 1928.

NOVÁK, V. and ŠIMEK, J.: Phenological observations in Moravia and Silesia in the years 1923 and 1924. Prague 1926.

NÜESCH, B.: Untersuchungen über physikalische Bodeneigenschaften und die Beziehungen zwischen Wassergehalt und Pflanzenwuchs. Schweiz. Landw. Monatsh. **32**, 7, 1954

NUMATA, M. and ASANO, S.: Some considerations concerning the biological types of plants. I. Bot. Mag. Tokyo **69**, 813, 1956. — Dies.: Ambiguous types of life-forms (some considerations concerning the biological types of plants II). Bot. Mag. Tokyo **69**, 820—821, 1956. — Dies.: Variation in the depth of the underground part of Geophytes. Some considerations concerning the biological types of plants. III. Bot. Mag. Tokyo **72**, 857—861, 1959.

OBERDORFER, E.: Lichtverhältnisse und Algenbesiedlung im Bodensee. Diss. Jena 1928. — Ders.: Ein neuer Apparat zur Lichtmessung unter Wasser. Archiv. f. Hydrobiol. **20**, 1928. — Ders.: Pflanzensoziologische Exkursionsflora für Südwestdeutschland und angrenzende Gebiete. Stuttgart 1949, 1962 — Ders.: Über Unkrautgesellschaften der Balkanhalbinsel. Vegetatio **4**, 6, 1954. — Ders.: Pflanzensoziologische Studien in Chile. Flora et Vegetatio Mundi **2**, 1960. (Siehe auch Nachtrag.)

OCHSNER, F.: Studien über die Epiphytenvegetation der Schweiz. Jahrb. d. St. Gall. naturw. Ges. 1927/28. — Ders.: Verdunstungsmessungen an Epiphyten-Standorten. Ber. Geobot. Forschungsinst. Rübel 1933. — Ders.: Etude sur quelques associations épiphytes du Languedoc. Comm. S. I. G. M. A. **34**, Rev. Bryol. et Lichenol. **7**, 1/2, 1934.

OLIVER, F. W.: *Spartina Townsendii*; its mode of establishment, economic uses and taxonomic status. Journ. of Ecol. **13**, 1925.

OLSEN, C.: Studier over Jordbundens Brintionkoncentration og dens Betydning for Vegetationen, saerlig for Plantefordelingen i Naturen. Meddel. Carlsberg Laborat. 1921. — Ders.: The Ecology of *Urtica dioica*. Journ. of Ecol. **9**, 1921.

ONNO, M.: Versuch über den Einfluß der Laubstreu auf Boden und Vegetation. Centralbl. für das ges. Forstw. **78**, 2, 1961.

OOSTING, H. J.: Plant ecology and natural areas. Repr. William L. Hutcheson Mem. Forest. Bull. **1**, 1957.

OPPENHEIMER, H. R.: Zur Kenntnis der hochsommerlichen Wasserbilanz mediterraner Gehölze. Ber. Dtsch. Bot. Ges. **50**, 1932. — Ders.: Etudes sur le développement des racines de quelques plantes méditerranéennes. Bull. Silva Mediterranea, 10, 1935, Firenze 1936.

ORIN RAY, C.: Interceptions of rainfall by prairie grasses, weeds, and certain crop plants. Ecol. Monogr. **10**, 1940.

ORMOND, W. J.: Ecologie das restingas do sudeste do Brasil. Comunidades vegetais das praias arenosas I. Arquiv. Mus. Nac. **50**, 1960.

ORTH, R.: Zur Keimungsphysiologie der Farnsporen in verschiedenen Spektralbezirken. Jahrb. Bot. **84**, 1937.

OSBORN, T. G. B.: Notes on the vegetation of Flinders Island. Trans. Roy. Soc. South Australia 1925.

OSVALD, H.: Die Vegetation des Hochmoores Komosse. Svenska Växtsociolog. Sällsk. Handl. **1**, Upsala 1923. — Ders.: Notes on the vegetation of British and Irish mosses. Acta phytogeogr. suecica 26, 1949.

OTTESTAD, P.: A contribution to the study of some statistical problems in plantsociology. Nyt Mag. f. Nat. **74**, Oslo 1933.

OVINGTON, J. D.: The productivity of some British woodlands. Recent Advances in Botany. Toronto 1961.

OVINGTON, J. D. and MADGWICK, H. A. I.: The growth and composition of natural stands of Birch. Plant and Soil **10**, 3 and 4, 1959.

OYE, P. VAN: Planctonspectra. Eine quantitative Plankton-Beurteilungsmethode. Intern. Rev. d. ges. Hydrobiol. u. Hydrogr. **35**, 1937.

PALLMANN, H.: Die Bestimmung einiger wichtiger Bodenfaktoren bei pflanzengeographischen Untersuchungen. Naturw. Monatshefte 1927. — Ders.: Zusammenhang zwischen der aktuellen Azidität, dem Gesamthumus und dem Gehalt an dispergierbarem Humus. Comm. S. I. G. M. A. **9**, 1931. — Ders.: Der Boden, seine Entstehung und seine Eigenschaften. Schweizer Bauer 1932. — Ders.: Die Bodentypen der Schweiz. Mitt. a. d.

Gebiete der Lebensmittelunters. u. Hyg. **24**, 1, 2, Bern 1933. — Ders.: Über Bodenbildung und Bodenserien in der Schweiz. Ernährung der Pflanze **30**, 13, 14, 1934. — Ders.: Neuere Methoden zur Bestimmung der organischen Substanz im Boden. Verhandl. der internat. Bodenkundl. Ges. B, 1938. — Ders.: Grundzüge der Bodenbildung. Schweiz. Landw. Monatsh. 6, 7, 1942. — Ders.: Die Entwicklung der Bodenkunde in Zürich. Festschr. z. 200-Jahr-Feier d. Naturforsch. Ges. in Zürich 1746 bis 1946, 1946. — Ders.: Pédologie et Phytosociologie. Conférence donnée au Congrès international de Pédologie de Montpellier (3 mai 1947). C. R. Congrès de Pédologie. Nancy 1948. — Ders.: Bodenkunde und Pflanzensoziologie. Kultur und Staatswissenschaftliche Schriften der E. T. H. **60**, 1948.

PALLMANN, H. und FREI, E.: Beitrag zur Kenntnis der Lokalklimate einiger kennzeichnender Waldgesellschaften des Schweizerischen Nationalparks 1. Ergebnisse d. wissenschaftl. Unters. d. Schweizer. Nationalparks **10**, 1943.

PALLMANN, H. und ZOBRIST, L.: Bestimmung des Kohlenstoffgehaltes in Böden. Ber. Schweiz. Bot. Ges. **41**, 1, 1932.

PALLMANN, H. und HAFFTER, P.: Pflanzensoziologische und bodenkundliche Untersuchungen im Oberengadin. Ebenda **42**, 2, Comm. S. I. G. M. A. **26**, 1934.

PALLMANN, H., HASLER, A. und SCHMUZIGER, A.: Beitrag zur Kenntnis der alpinen Eisen- und Humuspodsole. Bodenkunde u. Pflanzenernährung **9**, 10, 1938.

PALLMANN, H., EICHENBERGER, E. und HASLER, A.: Eine neue Methode der Temperaturmessung bei ökologischen oder bodenkundlichen Untersuchungen. Ber. Schweiz. Bot. Ges. **50**, 1940.

PALLMANN, H., RICHARD, F. und BACH, R.: Über die Zusammenarbeit von Bodenkunde und Pflanzensoziologie. 10. Congr. d. Intern. Verb. forstl. Versuchsanst. 1949.

PALMGREN, A.: Studier öfver Löfängsområdena på Aland III. Acta Soc. Fauna et Flora Fenn. **42**, 1917. — Die Entfernung als pflanzengeographischer Faktor. Acta Soc. Fauna et Flora Fenn. **49**, 1921. — Ders.: Über Artenzahl und Areal sowie über die Konstitution der Vegetation. Acta Forest. Fenn. **22**, 1922. — Ders.: Die Artenzahl als pflanzengeographischer Charakter. Fennia **46**, 2, 1925.

PALMGREN, P.: Zur Synthese pflanzen- und tierökologischer Untersuchungen. Acta Zool. Fenn. **6**, 1928.

PAPY, H. R.: Tahiti et les iles voisines. La végétation des iles de la Société et de Makatéa (Océanie française). Géogr. forest. du Monde **5**, **3**, Toulouse 1951—1955.

PARK, D.: Antagonism—the background to soil fungi. The Ecol. of Soil Fungi. Liverpool 1961.

PARK, K. J. F., RAWES, M. and ALLEN, S. E.: Grassland studies on the Moor House National Nature Reserve. Journ. of Ecol. **50**, 1, 1962.

PASTORI-BIRTI, M.: Ricerche sulla traspirazione e sul ritmo del movimento degli stomi. In: Ricerche sull'ecologia e sul popolamento delle dune del litorale di Venezia. Boll. Mus. Civ. St. Nat. Venezia **12**, 1959.

PATTEN, H. E.: Heat transference in soils. U. S. Dept. Agric. Bur. Soils Bull. **59**, 1909. Zit. nach BAVER.

PATTON, R. T.: The factors controlling the distribution of trees in Victoria. Proc. Roy. Soc. Victoria 1930.

PAUL, H.: Die Kalkfeindlichkeit der *Sphagna* und ihre Ursache. Mitt. d. kgl. bayr. Moorkulturanstalt **63**, 1908.

PAUL, H. und LUTZ, J.: Zur soziologisch-ökologischen Charakterisierung von Zwischenmooren. Berichte der Bayerischen Botanischen Gesellschaft München **25**, 1941.

PAULSEN, O.: Studies on the vegetation of the Transcaspian Lowlands. The second Danish Pamir Exp. 1912.

PAVILLARD, J.: Essai de nomenclature phytogéographique. Bull. Soc. Langued. Géogr. **35**, 1912. — Ders.: L'association végétale, unité phytosociologique. Montpellier 1921. — Ders.: Cinq ans de phytosociologie. Montpellier 1922. — Ders.: De la statistique en phytosociologie. Montpellier 1923. — Ders.: Aperçu sociologique sur le phytoplankton marin. Veröff. d. geobot. Inst. Rübel **3**, Festschr. SCHRÖTER, 1925. — Ders.: Remarques sur la nomenclature phytogéographique. Montpellier 1919. — Ders.: Espèces et associations. Montpellier 1920. — Ders.: Les Tendances actuelles de la Phytosociologie. Arch. Bot. **6**, 1927. — Ders.: The present status of the plant association. Bot. Rev. 1935. — Ders.: Eléments de Sociologie végétale, Paris 1935. — Ders.: La nomenclature phytogéographique devant le Congrès d'Amsterdam. Comm. S. I. G. M. A. **46**, 1936.

PAWLOWSKI, B.: Über die Klimaxassoziation in der alpinen Stufe der Tatra. Bull. Acad. Polon. Sc. et Lettres 1935. — Ders.: The importance of plant sociology to rational economy in nature. Ochrona Przyrody **19**, 1950.

PAWLOWSKI, B., SOKOLOWSKI, M. und WALLISCH, K.: Die Pflanzenassoziationen des Tatra-Gebirges. VII. Die Pflanzenassoziationen und die Flora des Morskie Oko-Tales. Bull. Acad. Polon. Sc. et Lettres 1927.

PAWLOWSKI, B. et WALAS, J.: Les associations des plantes vasculaires des Monts de Czywczyn. Bull. Acad. Polon. Sc. et Lettres, 1949.

PEARSALL, W. H.: The aquatic and marsh vegetation of Esthwaite water. Journ. of Ecol. **6**, 1917/18. — Ders.: The soil complex in relation to plant communities. 1. Oxydation-reduction potentials in soils. 2. Characteristic Woodland soils. 3. Moorlands and bogs. Journ. of Ecol. **26**, 1938. — Ders.: Le métabolisme azoté dans les plantes. Endeavour **8**, 31, 1949.

PENCK, A.: Versuch einer Klimaklassifikation auf physiographischer Grundlage. Sitz.-Ber. preuss. Akad. Wiss. phys.-math. Klasse **236**, Berlin 1910.

PÉNZES, A.: Über die Morphologie, Dynamik und zönologische Rolle der Sproßkolonien bildenden Pflanzen (Polycormone). Fragm. Flor. et Geobot. **6**, 4, 1960.

PERRIER DE LA BATHIE, H.: La végétation malgache. Ann. Musée Colonial Marseille 1921.

PERTTULA, U.: Untersuchungen über die generative und vegetative Vermehrung der Blütenpflanzen in der Wald-, Hainwiesen- und Hainfelsenvegetation. Ann. Acad. Sc. Fenn. A, **58**, 1, 1941.

PESOLA, V. A.: Calcium carbonate as a factor in the distribution of plants in Finland. Vanamon Julkaisuja. Osa **9**, 1, 1928.

PEYRONEL, B.: Proposta di un nuovo metodo di rappresentazione grafica della composizione dei Consorzi Vegetali. Nuovo Giorn. Bot. Ital. n. s. **62**, 1955. — Ders.: Considerazioni sulle micocenosi del suolo e sui metodi per studiarle. Allionia **3**, 1956. — Ders.: Caractérisation des Mycocénoses de Climats et de Milieux divers, et nouvelle méthode pour les représenter graphiquement. Rapp. 6e Congr. Internat. d. la Sc. du Sol, Paris 1956. — Ders.: Fungi isolati dal suolo di un bosco di Abete bianco in Calabria. Allionia **6**, 1960. — Ders.: Fungi del suolo di un bosco di faggio dell'Aspermonte. Allionia **7**, 1961.

PEYRONEL, B. e DAL VESCO, G.: Richerche sulla micoflora di un terreno agrario presso Torino. Allionia **2**, 1955.

PFEIFFER, H.: Labile Gesellschaftsgefüge an einem stratiobotanischen Beispiel. Phyton **9**, 1 et 2, 1960. — Ders.: Über die Bewertung der Geselligkeitszahlen bei pflanzensoziologischen Aufnahmen. Mitt. flor.-soz. Arbeitsgem. N. F. **9**, 1962.

PFLEIDERER, H.: Kritische Untersuchungen zur Methodik der Transpirationsbestimmung an abgeschnittenen Sprossen. Zeitschr. f. Bot. **26**, 1933.

PHILIPPI, G.: Einige Moosgesellschaften des Südschwarzwaldes und der angrenzenden Rheinebene. Beitr. z. naturk. Forsch. in Südwestdeutschl. **15**, 2, 1956.

PHILIPPIS, A. DE: Classificazioni ed indici del clima in rapporto alla vegetazione forestale Italiana. Nuovo Giorn. Bot. Ital. 1937.

PHILLIPS, J.: The biotic community. Journ. of Ecol. **19**, 1, 1931.

PHIPPS, J. B. and GOODIER, R.: A preliminary account of the plant ecology of the Chimanimani Mountains. Journ. of Ecol. **50**, 2, 1962.

PICHI-SERMOLLI, R.: Flora e vegetazione delle serpentine e delle altre ofioliti dell'alta valle del Tevere (Toscana). Webbia **6**, 1948.

PIDGEON, I. M.: The ecology of the central coastal area of New South Wales. I. II. Proc. of the Linn. Soc. of New South Wales **62**, 5, 6, 1937/38.

PIGNATTI, S.: Introduzione allo studio fitosociologico della pianura Veneta orientale con particolare riguardo alla vegetazione litoranea. Archivio Bot. **28**, **29** (1953), 1954. — Ders.: Associazioni di Alghe marine sulla costa Veneziana. Mem. Ist. Veneto di Sc., Lett. ed Arti **32**, 3, 1962.

PIGNATTI, S. e MENGARDA, F.: Un nuovo procedimento per l'elaborazione delle tabelle fitosociologiche. Lincei Rend. Sc. fis. mat. e nat. **32**, 2, 1962.

PILLICHODY, A.: Von Spät- und Frühfrösten und über Frostlöcher. Schweiz. Zeitschr. f. Forstwesen **72**, 2, 1921.

PIRK, W.: Pilze in Moosgesellschaften auf Brandflächen. Mitt. flor.-soz. Arbeitsgem. N. F. **2**, 1950.

PIRK, W. und TÜXEN, R.: 1. Das *Trametetum gibbosae*, eine Pilzgesellschaft modernder Buchenstümpfe. 2. Höhere Pilze in nordwestdeutschen Calluna-Heiden (*Calluneto-Genistetum typicum*). Mitt. flor.-soz. Arbeitsgem. N. F. **6/7**, 1957.

PIRSON, A. et MOYSE, A.: La plante usine photosynthétique. L'usine Végétale, Genève 1961.

PISEK, A.: Aus dem Leben der Alpenpflanzen. Jahrb. d. Deutsch. Alpenver., 1942—1944. — Ders.: Frosthärte und Zusammensetzung des Zellsaftes bei *Rhododendron ferrugineum*, *Pinus cembra* und *Picea excelsa*. Protoplasma **39**, 2, 1950. — Ders.: Zur Kenntnis der Frosthärte alpiner Pflanzen. Die Naturwissenschaften **39**, 4, 1952. — Ders.: Immergrüne Pflanzen (einschließlich Koniferen). In: Handbuch der Pflanzenphysiologie **5**. Berlin 1960.

PISEK, A. und CARTELLIERI, E.: Zur Kenntnis des Wasserhaushaltes der Pflanze. Jahrb. f. wiss. Bot. **75**, 1931—1939. — Dies.: Der Wasserverbrauch einiger Pflanzenvereine. Ebenda **90**, 2, 1941.

PISEK, A. und SCHIESSL, R.: Die Temperaturbeeinflußbarkeit der Frosthärte von Nadelhölzern und Zwergsträuchern an der alpinen Waldgrenze. Ber. d. Naturw.-mediz. Ver. in Innsbruck **47**, 1939/46.

PISEK, A. und LARCHER, W.: Zusammenhang zwischen Austrocknungsresistenz und Frosthärte bei Immergrünen. Protoplasma **44**, 1, 1954.

PISEK, A. und REHNER, G.: Temperaturminima der Netto-Assimilation von mediterranen und nordisch-alpinen Immergrünen. Ber. Dtsch. Bot. Ges. **71**, 4, 1958.

PIWOWAR, A.: Über Maximalböschungen trockener Schuttkegel und Schutthalden. Diss. Zürich 1903.

PLANCHON, J.-E.: Des limites naturels des flores et en particulier de la florules locale de Montpellier. Act. Congr. Sci. Fr., 35e Sess., 1871.

PLANTEFOL, L.: Etude biologique de l'„Hypnum triquetrum". Ann. bot. **8**, 1927.

POELT, J.: Moosgesellschaften im Alpenvorland I. Sitzungsber. Österr. Akad. d. Wiss. Math.-naturw. Kl., Abt. I, **163**, 3, 1954.

POHL, F.: Die Pollenerzeugung der Windblütler. Beih. Bot. Centralbl. **56**, A, 1937.

POKORNY, A.: Über das Wandern der Pflanzen. 1862.

POLI, E.: Relazione sul Simposio internazionale di Biosociologia (Stolzenau-Weser, 20—22 Aprile 1960). Boll. Ist. Bot. Univ. Catania, Ser. **3**, **2**, 1961.

POMA, G.: L'influence de la salinité de l'eau sur la germination et la croissance des plantes halophytes. Bull. Cl. Sc. Acad. Roy. Belg. **8**, 1922.

POMPE, E.: Beiträge zur Ökologie der Hiddenseer Halophyten. Beih. bot. Centralbl. **60**, Abt. 2, 1, 2, 1940.

POORE, M. E. D.: The use of phytosociological methods in ecological investigations. III. Practical application. Journ. of Ecol. **43**, 2, 1955 — Ders.: IV. General discussion of phytosociological problems. Journ. of Ecol. **44**, 1, 1956.

PORSILD, A. E.: The vascular plants of the Western Canadian Arctic Archipelago. Nat. Mus. Canada Bull. **135**, 1955. — Ders.: Illustrated flora of the Canadian Arctic Archipelago. Nat. Mus. Canada Bull. **146**, 1957.

PORSILD, M. P.: Gibt es Knöllchenbakterien auf Disko in Grönland? Dansk Bot. Arkiv, **7**, **6**, 1930. — Ders.: Alien plants and apophytes of Greenland. Medd. o. Grl. **92**, 1, 1932.

POST, L. VON: The prospect for pollen analysis in the study of the earth's climatic history. New Phytologist **45**, 2, 1946.

PRÁT, S.: Das Aeroplankton neu geöffneter Höhlen. Zentralbl. f. Bakteriol., Parasitenk. u. Infektionskrankh., Abt. II, **64**, 1925.

PRENANT, M.: Adaptation, Ecologie et Biocoenotique, Actualités sc. et industr. Paris 1934.

PRINGSHEIM, E. G.: Phil. Trans. Roy. Soc. London B **232**, 311–342, 1946. — Ders.: Iron bacteria. Biol. Rev. **24**, 1949.

PRIOTON, J.: Les incendies de forêts et garrigues méditerranéennes. Montpellier 1945.

PROHASKA, F.: Das Kugelpyranometer Bellani, ein einfaches Strahlungsmeßgerät für biologische und ökologische Untersuchungen. Ber. d. Schweiz. Bot. Ges. **57**, 1947.

QUANTIN, A.: L'évolution de la Végétation à l'étage de la Chênaie dans le Jura méridional. Thèse Paris, Comm. S.I.G.M.A. **37**, 1935.

QUASTEL, J. H. and SCHOLEFIELD, P. G.: Biochemistry of nitrification in soil. Bacteriol. Rev. **15**, 1951.

QUERVAIN, A. DE: Die Hebung der atmosphärischen Isothermen in den Schweizer Alpen und ihre Beziehungen zu den Höhengrenzen. Gerlands Beitr. z. Geophys. **6**, 4, 1903.

QUÉZEL, P.: Mission botanique au Tibesti. Inst. Rech. Sah. Mem. **4**, 1958. — Ders.: Contributions à la flore de l'Afrique du Nord, VI. Contribution à la Flore du Sahara. Bull. Soc. d'hist. Nat. d'Afrique du Nord **52**, 1961. — Ders.: De l'application de techniques palynologiques à un territoire désertique. Paléoclimatologie du quaternaire récent au Sahara. Arid Zone Research 20. Les changements de climat. U.N.E.S.C.O., Colloque de Rome 1963.

QUÉZEL, P. et MARTINEZ, CL.: Premiers résultats de l'analyse palynologique de sédiments recueillis au Sahara méridional à l'occasion de la mission Berliet-Tchad. Doc. Scientif. Paris 1962.

QUÉZEL, P. et RIOUX, J. A.: L'étage subalpin dans le Cantal (Massif Central de France). Vegetatio **4**, 1953/54.

QUÉZEL, P. et VERDIER, P.: Les méthodes de la phytosociologie sont-elles applicables à l'étude des groupements animaux? Vegetatio **4**, 1953/54.

RAABE, E. W.: Über den „Affinitätswert" in der Pflanzensoziologie. Vegetatio **4**, 1953/54. — Ders.: Biozönetik auf Grundlage der Pflanzengesellschaften. Mitt. flor.-soz. Arbeitsgem. N. F. **8**, 1960. — Ders.: Vegetationskundliche Untersuchungen zum Windschutzproblem in der Umgebung der Jägersburger Heide bei Meldorf. Schrift. d. Naturw. Ver. Schleswig-Holstein **28**, 2, 1957.

RABELER, W.: Die Tiergesellschaft der trockenen Callunaheiden in Nordwestdeutschland. Jahrb. d. naturhist. Ges. Hannover **94–98**, 1947. — Ders.: Zur Ökologie und Systematik von Heuschreckenbeständen nordwestdeutscher Pflanzengesellschaften. Mitt. flor.-soz. Arbeitsgem. N. F. **5**, 1955. — Ders.: Die Tiergesellschaften von Laubwäldern (*Querco-Fagetea*) im oberen und mittleren Wesergebiet. Mitt. flor.-soz. Arbeitsgem. N. F. **9**, 1962.

RABELER, W. und TÜXEN, R.: Tiersoziologische Kritik am pflanzensoziologischen System. Mitt. flor.-soz. Arbeitsgem. N. F. **5**, 1955.

RAGONESE, A. E. y CASTIGLIONI, J. A.: Los pinares de *Araucaria angustifolia* en la Republica Argentina. Bolet. Soc. Arg. Bot. **1**, 2, 1946.

RAGONESE, A. E. y COVAS, G.: La flora halofila del sur de la provincia de Santa Fé (Republica Argentina). Revista Darwiniana **7**, 3, 1947.

RAMANN, E.: Bodenkunde. Berlin 1911. — Ders.: Bodenbildung und Bodeneinteilung (System der Böden). Berlin 1918.

RAMENSKIJ, L. G., CACENKIN I. A., CIZIKOV, O. N. und ANTIPIN, N. A.: Die ökologische Schätzung der Weiden nach der Pflanzendecke. Moskau 1956 (russisch).

RAUH, W.: Die Wuchsformen der Polsterpflanzen. Bot. Archiv **40**, 1940.

RAUNKIAER, C.: Types biologiques pour la géographie botanique. Bull. Acad. Sc. Danemark 1905. — Ders.: Planterigets Livsformer og deres Betydning for Geografien, Kjöbenhavn 1907. — Ders.: Sur la végétation des alluvions méditerranéennes françaises. Mindeskr. f. Japetus Steenstrup. 1914. — Ders.: Om Bladstorrelsens Anvendelse i den biologiske Plantegeografi. Bot. Tidskr. **34**, 1916. — Ders.: Formationsstat. Unders. paa Skagens Odde. Ebenda **33**, 1913. — Ders.: Recherches statistiques sur les formations végétales. Kgl. Danske Vidensk. Selsk. Biol. Medd. **1**, 1918. — Ders.: Nitratinholdet hos Anemone nemorosa paa forskellige Standpladser. Ebenda **5**, 1926.

RAWLINGS, G. B.: The mycorrhizas of trees in New Zealand forests. N. Z. Forest Research Notes **1**, 3, 1951.

REGEL, K.: Die Lebensformen der Holzgewächse an der polaren Baumgrenze. Sitzungsber. d. nat. Ges. d. Univ. Dorpat **28**, 1921. — Ders.: Statistische und physiognomische Studien an Wiesen. Dorpat 1921. — Ders.: Klimaänderung und Vegetationsentwicklung im eurasiatischen Norden. Österr. Bot. Zeitschr. **96**, 1949.

REHDER, H.: Saugkraftmessungen an mediterranen Immergrünen mit der Schardakow-Methode. Ber. Dtsch. Bot. Ges. **74**, 2, Comm. S.I.G.M.A. **153**, 1961.

REID, CL. and E.: The pliocene Flora of the Dutch-Prussian border. Med. v. d. Rijksopsp. Delft **6**, 1915.

REIN, U.: Die pollenstratigraphische Gliederung des Pleistozäns in Nordwestdeutschland. I. Die Pollenstratigraphie im älteren Pleistozän. Eiszeitalter und Gegenwart **6**, Oehringen 1955.

REITZ, P. R.: Vegetação da zona marítima de Santa Catarina. Sellowia **13**, 1961.

REMPE, H.: Untersuchungen über die Verbreitung des Blütenstaubs durch die Luftströmungen. Planta **27**, 1937.

REMY, P.: Sur la faune des feuilles mortes et de l'humus. C. R. Congr. Ass. Fr. Av. Sc., Nancy 1931.

RENAUD, P.: Apiculture et phytosociologie dans les garrigues languedociennes. Ann. Agronom., 1946.

REPP, G.: Ökologische Untersuchungen im Halophytengebiet am Neusiedler See. Jahrb. f. wiss. Bot. **88**, 4, 1939. — Dies.: Die Kupferresistenz des Protoplasmas höherer Pflanzen auf Kupfererzböden. Protoplasma **57**, 1—4, 1963.

REVERDATTO, W. W.: Über einige Begriffe in der Phytosoziologie. Ber. russ. bot. Ges. Abt. v. Tomsk **2**, 1927.

RICEMAN, D. S.: Effect of Zinc, Copper, and Phosphate on subterranean Clover and Lucerne grown on laffer sand near Keith. Council f. Sc. and Ind. Research, Melbourne 1948.

RICHARD, F.: Der biologische Abbau von Zellulose- und Eiweiß-Testschnüren im Boden von Wald- und Rasengesellschaften. Mitt. d. Schweiz. Anst. f. forstl. Versuchsw. 24, B, Diss. E. T. H. Zürich 1945. — Ders.: Über Fragen des Wasserhaushaltes im Boden. Schweiz. Zeitschr. f. Forstw. **106**, 1955.

RICHARD, J.-L.: Les forêts acidophiles du Jura. Matér. levé géobot. Suisse **38**, 1961.

RICHARDS, L. A. and WADLEIGH, C. H.: Soil water and plant growth. In SHAW 1952, S. 74–253.

RICHARDS, P. W.: Ecological observations on the rain forest of mount Dulit, Sarawak, I—II. Journ. of Ecol. **24**, 1, 2, 1936. — Ders.: The Bryophyte communities of a Killarney Oakwood. Ann. Bryol. **11**, 1938. — Ders.: Ecological studies on the rain forest of southern Nigeria. I. The structure and floristic composition of the primary forest. Journ. of Ecol. **27**, 1, 1939. — Ders.: The tropical rain forest. An ecological study. Cambridge 1952.

RICHARDS, S. A.: Soil temperature. In SHAW 1952, S. 304–366, 463–467.

RIGG, G. B.: Evergreenness in Puget Sound Region. Ecology **2**, 1921.

RIOUX, J. A.: De quelques concepts en biocénotique. Bull. Serv. Carte Phyt., B, **3**, 2, 1958.

RIOUX, J. et QUÉZEL, P.: Contribution à l'étude des groupements rupicoles endémiques des Alpes-Maritimes. Vegetatio **2**, 1, 1949.

RITCHIE, J. C.: A geobotanical survey of Northern Manitoba. Arctic Inst. of North America Tech. Pap. **9**, 1962.

RIVALS, P.: Effets des cyclones sur les arbres à la Réunion. Trav. Labor. forest. de Toulouse 5, **1**, 1950. — Ders.: Etudes sur la végétation naturelle de l'île de la Réunion. Trav. Lab. forest. de Toulouse V, **4**, 2, 1952.

RIVAS GODAY, S.: La geografia botanica en España, durante los años 1939–1946. Vegetatio **1**, 1949.

RIVAS GODAY, S. y CARBONELL, J. B.: Estudio de Vegetación y Florula del Macizo de Gúdar y Jabalambre. Ann. Inst. Bot. A. J. Cavanilles **19**, 1961.

RIVAS GODAY, S. y RIVAS MARTINEZ, S.: Estudio y clasificación de los pastizales Españoles. Madrid 1963.

ROBINSON, G. W.: Soils, 3rd ed. London 1949.

ROBINSON, G. W. and JONES, J. O.: A method for determining the degree of humification of soil organic matter. Journ. Agr. Sc. **15**, 1921.

ROBOCKER, W. C. and MILLER, B. J.: Effects of clipping, burning and competition on establishment and survival of some native grasses in Wisconsin. J. Range Manag. **8**, 3, 1955.

ROBYNS, W.: La Colonisation végétale des laves récentes du volcan Rumoka (Laves de Kateruzi). Mem. Inst. Roy. Col. Belge, Sect. Sc. nat. méd. **1**, 1, 1932. — Ders.: Over platengroei en flora der kopervelden van Opper Katanga. Nat. Tijdschr. **14**, 1932. — Ders.: Considérations sur les aspects biologiques du problème des feux de brousse au Congo belge et au Ruanda-Urundi. Bull. Inst. Roy. Colon. Belge **9**, 2, 1938.

ROI, J.: Les espèces eurasiatiques continentales et les espèces boréo-alpines dans la région méditerranéenne occidentale. Thèse Montpellier. Comm. S.I.G.M.A. **55**, 1937.

ROMELL, L. G.: Sur la règle de distribution des fréquences. Svensk. Bot. Tidskr. **14**, 1, 1920. — Ders.: Parallelvorkommen gewisser Boleten und Nadelbäume. Svensk Bot. Tidskr. 1921. — Ders.: Luftväxlingen i marken som ekologisk faktor. Meddel. fr. Stat. Skogsförsöksanst. **19**, 1922. Mit deutscher Zusammenfassung: Die Bodenventilation als ökologischer Faktor. — Ders.: Bemerkungen zum Homogenitätsproblem. Svensk Bot. Tidskr. **20**, 4. 1926.

ROMELL, L. G. and HEIBERG, S.: Types of humus layer in the forests of north-eastern United States. Ecology **12**, 1931.

ROTHMALER, W.: Artentstehung in historischer Zeit, am Beispiel der Unkräuter des Kulturleins (*Linum usitatissimum*). Der Züchter **17–18**, 3, 1946. — Ders.: Allgemeine Taxonomie und Chorologie der Pflanzen. Kompendium der Biologie **1**, Jena 1950.

ROTHSTEIN, A.: The transport of bivalent cations into the yeast cell in relation to potassium and phosphate uptake. Radioisotopes in Scientific Res. **4**, 1, 1958.

ROUSCHAL, E.: Zur Ökologie der Macchien. I. Der sommerliche Wasserhaushalt der Macchienpflanzen. Jahrb. f. wiss. Bot. **87**, 2, 3, 1938.

ROUSSIN, N.: L'évolution des théories phytosociologiques en Russie. Vegetatio 1, 2–3, 1948.

RÜBEL, E.: Beiträge zur Kenntnis des photochemischen Klimas von Algerien. Vierteljahrsschr. Nat.-Ges. Zürich 55, 1910. — Ders.: Pflanzengeographische Monographie des Berninagebietes. Englers bot. Jahrb. 47, 1912. — Ders.: Vorschläge zur geobotanischen Kartographie. Beitr. z. geobot. Landesaufn. 1, 1916. — Ders.: Über die Entwicklung der Gesellschaftsmorphologie. Journ. of Ecol. 1920. — Ders.: Geobotanische Untersuchungsmethoden. Berlin 1922. — Ders.: Alpenmatten-Überwinterungsstadien. Veröff. d. geobot. Inst. Rübel 3 (Festschr. Schröter), 1925. — Ders.: Lichtklima und Lichtgenuß. Handb. d. biolog. Arbeitsmeth. 11, 4, 1928. — Ders.: Pflanzengesellschaften der Erde. Bern und Berlin 1930. — Ders.: Geographie der Pflanzen (Soziologie). Handwörterb. d. Naturwiss., Jena, 1933.

RUEHLE, G. F.: Über den Einfluß des Bodens auf die Verteilung der Alpenpflanzen. Diss. Tübingen 1838.

RUFFIER-LANCHE, M. R.: Les froids de février-mars 1956 et leurs effets sur la végétation spontanée. 83e Congrès des Sociétés savantes, 1958.

RUNGE, F.: Windgeformte Bäume an der italienischen Riviera. Met. Rundsch. 10, 2, 1957. — Ders.: Windgeformte Bäume in den Tälern der Zillertaler Alpen. Met. Rundsch. 11, 1, 1958. — Ders.: Windgeformte Bäume in den Tälern der Allgäuer Alpen. Met. Rundsch. 12, 3, 1959.

RUSSEL, E. J.: Soil conditions and plant growth, 5th ed. New York and London 1927.

RUSSEL, E. J. and APPLEYARD, A.: The atmosphere of the soil: its composition and the causes of the variation. Journ. Agr. Sc. 7, 1915.

RUSSEL, L.: To hold this soil. Miscell. Publ. U.S.A. Dept. of Agric. 321, 1938.

RUSSELL, M. B.: Soil aeration and plant growth. In SHAW 1952, S. 254–302.

SALISBURY, E. J.: Stratification and hydrogen-ion concentration of the soil in relation to leaching and plant succession with special reference to woodlands. Journ. of Ecol. 9, 1922. — Ders.: The soils of Blakeney Point: a study of soil reaction and succession in relation to the plant covering. Ann. Bot. 36, 1922. — Ders.: The influence of earthworms on soil reaction and the stratification of undisturbed soils. Linnean Soc. Journ. 46, 1924. — Ders.: Note on the edaphic successions in some dune soils with special reference to the time factor. Journ. of Ecol. 13, 1925. — Ders.: The structure of woodlands. Veröff. d. geobot. Inst. Rübel 3, Festschr. Schröter, 1925. — Ders.: The geographical distribution of plants in relation to climatic factors. Geograph. Journ. 1926. — Ders.: The biological equipment of species in relation to competition. Journ. of Ecol. 17, 2, 1929. — Ders.: Causal plant ecology. Vistas in Botany 2, Oxford-London-New York-Paris, 1959.

ŠALYT, M. S.: Metodika izučenija morfologii i ekologii podzemnoj časti otdel'nych rastenij i rastitel'nych soobščestv (Methods of studying the morphology and ecology of the subterranean part of individual plants and of entire plant communities). Polevaja geobotanika 2, 1960. — Ders.: Der unterirdische Teil einiger Wiesen-, Steppen- und Wüstenpflanzen und Phytozönosen I. Kraut- und Halbsträuchleinpflanzen und Phytozönosen der Wald-, Wiesen- und Steppenzone. Trudy Bot. Inst. Akad. Nauk SSSR, Ser. III: Geobotanika 6, 1950 (russisch).

SATCHELL, J. E.: Earthworms and soil fertility. The New Scientist, 14. January, 1960.

SAUER, F.: Die Makrophytenvegetation ostholsteinischer Seen und Teiche. Arch. f. Hydrobiol. 6, 1937.

SAURAMO, M.: Die Geschichte der Ostsee. Ann. Acad. Scient. Fenn. A 3, 51, 1958.

SCAETTA, H.: Résultats pédo-agronomiques de la Mission Scaetta en Afrique Occidentale française (1937–1939). Rev. Bot. appliquée et agric. trop. 221, 1940.

SCHACHTSCHABEL, P.: Die Bestimmung des Manganversorgungsgrades von Böden und seine Beziehung zum Auftreten der Dörrfleckenkrankheit bei Hafer. Zeitschr. Pflanzenernähr., Düng., Bodenkde. **78**, 1957.

SCHADE, A.: Über den mittleren jährlichen Wärmegenuß von *Webera nutans* (SCHREB.) HEDW. und *Leptoscyphus taylori* (HOOK.) MITT. im Elbsandsteingebirge. Ber. Dtsch. Bot. Ges. **35**, 1917. — Ders.: Die kryptogamischen Pflanzengesellschaften an den Felswänden der sächsischen Schweiz. Ebenda **41**, 1924.

SCHANDERL, H.: Ökologische und physiologische Untersuchungen an der Wellen- und Muschelkalkflora des Maintales zwischen Würzburg und Gambach. Diss. Berlin, 1930.

SCHANTZ, F.: Einfluß des Lichtes auf die Gestaltung der Vegetation. Ber. Dtsch. Bot. Ges. **36**, 1, 1918. — Ders.: Wirkungen des Lichtes verschiedener Wellenlänge auf die Pflanzen. Ebenda **37**, 1919.

SCHARFETTER, R.: Über die Artenarmut der ostalpinen Ausläufer der Zentralalpen. Österr. Bot. Zeitschr. 1909. — Ders.: Klimarhythmik, Vegetationsrhythmik und Formationsrhythmik. Österr. Bot. Zeitschr. **7–9**, 1922. — Ders.: Biographie von Pflanzensippen. Wien 1953.

SCHAUFELBERGER, P.: Zur Systematik der Tropenböden. Vierteljahrsschr. d. Naturf. Ges. Zürich **100**, 1955. — Ders.: Grundlagen der Bodenlehre. Ebenda **104**, 2, 1959.

SCHEERPELTZ, O. und HÖFLER K.: Käfer und Pilze. Wien 1948.

SCHEFFER, F. und ULRICH, B.: Humus und Humusdüngung I. Stuttgart 1959.

SCHIEMANN, E.: Entstehung der Kulturpflanzen. Ergebn. der Biol. Berlin 1943.

SCHIMPER, A. F. W.: Pflanzengeographie auf physiologischer Grundlage. Jena 1898.

SCHLÜTER, H.: Waldgesellschaften und Wuchsbezirksgliederung im Grenzbereich der Eichen-Buchen- zur Buchenstufe am Nordwestabfall des Thüringer Waldes. Arch. f. Forstwesen **8**, 5, 1959.

SCHMID, E.: Was ist eine Pflanzengesellschaft? Ber. Schweiz. Bot. Ges. **46**, Festband Rübel, 1936.—Ders.: Über einige Grundbegriffe der Biocoenologie. Ber. Geobot. Forschungsinst. Rübel, 1942.—Ders.: Kausale Vegetationsforschung. Ebenda 1944. — Ders.: Ein Vergleich der Wuchsformen im illyrischen Buchen- und Laubmischwald. Ebenda 1957. — Ders.: Vegetationskarte der Schweiz 1:200000, **1–4**, Bern 1949–1950.

SCHMITHÜSEN, J.: Die Wirkungen des trockenen Sommers 1947 als Forschungsaufgabe. Ber. z. deutschen Landeskunde **5**, 1948. — Ders.: Waldgesellschaften des nördlichen Mittelchile. Vegetatio **5–6**, 1954. — Ders.: Die Nadelhölzer in den Waldgesellschaften der südlichen Anden. Vegetatio **9**, 1959–1960. (Siehe auch Nachtrag.)

SCHMITZ, W. und VOLKERT, E.: Die Messung von Mitteltemperaturen auf reaktionskinetischer Grundlage mit dem Kreispolarimeter und ihre Anwendung in Klimatologie und Bioökologie, speziell in Forst- und Gewässerkunde. Zeiss-Mitt. über Fortschritte der technischen Optik. **1**., 8 und 9, 1959.

SCHMUZIGER, A.: Über die Verteilung und den Chemismus der Humusstoffe in den Profilen einiger schweizerischer Bodentypen. Diss. E. T. H. Zürich 1935.

SCHNELL, R.: Remarques préliminaires sur les groupements végétaux de la forêt dense ouest-africaine. Bull. Inst. franç. Afrique Noire, **12**, 2, 1950. — Ders.: Contribution à une étude phytosociologique et phytogéographique de l'Afrique occidentale: les groupements et les unités géobotaniques de la Région Guinéenne. Mém. Inst. Franç. Afrique Noire. Mélanges botaniques **18**, 1952. — Ders.: Végétation et Flore de la Région Montagneuse du Nimba. Mém. Franç. d'Afrique Noire. **22**, 1952.

SCHOFIELD, R. K.: The pF of water in soils. Trans. 3rd Intern. Congr. Soil Sci. **2**, 1935.

SCHOUW, J. F.: Grundzüge einer allgemeinen Pflanzengeographie. Berlin 1823.

SCHRATZ, E.: Beiträge zur Biologie der Halophyten III. Jahrb. f. wiss. Bot. **83**, 1, 1936. — Ders.: Beiträge zur Biologie der Halophyten IV. Zeitschr. f. Bot. **31**, 12, 1937.

SCHRÖTER, C.: Über pflanzengeographische Karten. Actes du IIme Congrès Intern. de Bot. Bruxelles 1910. — Ders.: Das Pflanzenleben der Alpen. Eine Schilderung der Hochgebirgsflora. 2. Aufl. Zürich 1923–1926.

SCHRÖTER, C. und KIRCHNER, O.: Die Vegetation des Bodensees. 2 Teile. Lindau 1896 und 1902.

SCHUBERT, J.: Verdunstungsmessungen an der Küste, im Flach- und Berglande, in Nadel- und Buchenwäldern. Verhandl. d. klimatol. Tagung in Davos. Basel 1925.

SCHUBERT, R. und KLEMENT, O.: Die Flechtenvegetation des Brocken-Blockmeeres. Arch. f. Natursch. u. Landwirtschaftsforsch. **1**, 1, 1961.

SCHUURMANS STEKHOVEN, J. M.: Das Frühlingsbild des *Diplotaxidetum erucoidis* Br.-Bl. 1931. Acta Bot. Neerl. **10**, 1961.

SCHWANITZ, F.: Die Entstehung der Kulturpflanzen. Verständliche Wissenschaft **63**, Berlin 1957.

SCHWICKERATH, M.: Das *Violetum calaminariae* der Zinkböden in der Umgebung Aachens. Beitr. z. Naturdenkmalpfl. **14**, 1931. — Ders.: Die Vegetation des Landkreises Aachen und ihre Stellung im nördlichen Westdeutschland. Eckert, Aachener Beitr. z. Heimatkunde **13**, 1933. — Ders.: Neue Beiträge zur Kenntnis der Gruppenmächtigkeit der Assoziation. Englers bot. Jahrb. **68**, 5, 1938. — Ders.: Die Artmächtigkeit. Repert. spec. nov. **121**, 1940. — Ders.: Ausgleich- und Richtungsprinzip als Grundlage der Pflanzengesellschaftslehre. Ebenda **121**, 1940. — Ders.: Die Gruppenabundanz, ein Beitrag zur Begriffsbildung der Pflanzensoziologie. Englers bot. Jahrb. **64**, 1, 1931. — Ders.: Die Landschaft und ihre Wandlung im Bereich des Meßtischblattes Stolberg. Aachen 1954.

SEIFRIZ, W.: The plant life of Cuba. Ecolog. Monogr. **13**, 1943.

SELLECK, G. W.: The Climax concept. Bot. Rev. **26**, 4, 1960.

SENDTNER, O.: Die Vegetationsverhältnisse Südbayerns. München 1854.

SEREBRJAKOW, I. G.: Ökologische Morphologie der Pflanzen. Moskau 1962 (russisch).

SERNANDER, R.: Studier over lavarnas biologi. I. Nitrofila lavar. Svensk Bot. Tidskr. **6**, 1912. — Ders.: De nordeuropeiska hafvens växtregioner. Svensk Bot. Tidskr. **11**, 1917. — Ders.: Zur Morphologie und Biologie der Diasporen. Nova Acta Reg. Soc. Upsal. 1927.

SHANBHAG, G. Y.: Some notes on evapo-transpiration, evaporation from soil and transpiration. Ind. Journ. of Met.-Geoph. 8, 2, 1957.

SHANTZ, H. L. and PIEMEISEL, R. L.: Fungus fairy rings in eastern Colorado and their effect on vegetation. Journ. of Agric. Res. **11**, 5, 1917. — Dies.: Indicator significance of the natural vegetation of the southwestern desert region. Journ. of Agr. Res. **28**, 1925.

SHAW, B. T.: Soil physical conditions and plant growth. New York 1952.

SHOW, S. B. and KOTOK, E. J.: The role of the fire in the California Pine forests. U.S. Dept. of Agric. Bull. 1924.

SHREVE, F.: The vegetation of a desert mountain range as conditioned by climatic factors. Carnegie Inst. **217**, Washington 1915.

SHULL, A.: Correlation of wind flow and temperature with evaporation. Pl. World **22**, 1919.

SIDOROV, L. F.: Development of the vegetational cover in the Pamirs during the postglacial time. Bot. Journ. U.S.S.R. **48**, 5, 1963.

SIEGRIST, R.: Die Auenwälder der Aare mit besonderer Berücksichtigung ihres genetischen Zusammenhanges mit anderen flußbegleitenden Pflanzengesellschaften. Diss. E. T. H. Zürich. Mitt. d. Aarg. naturf. Ges. 1913. — Ders.: Zur Praxis der physikalischen Bodenanalyse. Vierteljahrsschr. d. Naturf. Ges. Zürich **76**, 1931.

SILLINGER, P. und PETRU, F.: Untersuchungen über die Mikrobiologie und Biochemie des Bodens einiger Waldgesellschaften im Slowakischen Erzgebirge (Slovenské Rudohorie) mit besonderer Berücksichtigung des Fichtenwaldes. Bot. Centralbl. 57, 1937.

SIMEON, U.: Samenbildung und Samenverbreitung bei den in der Schweiz unterhalb der Waldgrenze wachsenden Pflanzen. Diss. Luzern 1928.

SIMON, T.: Contributions à la connaissance de la végétation du Delta du Danube. Ann. Univ. Sc. Budapest, Sect. Biol. **3**, 1960.

SIMONIS, W.: Der Einfluß verschiedenfarbigen Anzuchtlichtes auf die $CO_2$-Assimilation und den Farbstoffgehalt von *Helodea canadensis*. Planta **21**, 1, 1938. — Ders.: Beobachtungen zur Ökologie einiger Therophyten in zwei mediterranen Pflanzengesellschaften. Vegetatio **5—6**, 1954.

SIMONNEAU, P.: Note préliminaire sur la végétation des sols salés d'Oranie. Ann. de l'I.N.R.A. **3**, 1953.

SIMPSON, M. J. A. and MOORE, L. B.: Seedling studies in Fescue-tussock grassland. 1. Some effects of shading, cultivation, and frost. New Zeal. Journ. of Sci. Techn. A, **37**, 2, 1955.

SISSINGH, G.: Het exotenvraagstuk en de Plantensociologie, speciaal met het oog op Nederlandsche boschgezelschappen en hun vicarieerende associaties in Amerika. Nederl. Boschb.-Tijdschr. **4**, 1939. — Ders.: Onkruid-Associaties in Nederland. Gravenhage. Comm. S.I.G.M.A. **106**, 1950. — Ders.: Ethologische Synoecologie van enkele Onkruidassociaties in Nederland. Medd. Landbouwhogeschool Wageningen **52**, 6, 1952.

SJÖGREN, E.: Epiphytische Moosvegetation in Laubwäldern der Insel Öland (Schweden). Acta Phytogeogr. Suecica **44**, 1961.

SJÖRS, H.: Myrvegetation i Bergslagen. Diss. Uppsala, Acta Phytogeogr. Suecica 1948.

SKELLAM, J. G.: Studies in statistical ecology I. Spatial pattern. Biometrika **39**, 3—4, 1952.

SKOTTSBERG, C.: The Vegetation in South Georgia. Wissensch. Ergebn. d. schwed. Südpolar-Exped. 1901—1903. Stockholm 1912. — Ders.: A botanical survey of the Falkland Islands. Bot. Ergebn. d. schwed. Exped. nach Patagonien 1913. — Ders.: Die Vegetationsverhältnisse längs der Cordillera de los Andes S. von 4$^0$, s. Br. Bot. Ergebn. d. schwed. Expedition nach Patagonien 1907—1909. V. Kungl. Svenska Vetenska. Handl. **56**, 1916. — Ders.: Plant communities of the Juan Fernandez Islands. Proceed. Intern. Congress of Plant Sciences 1, 1929. — Ders.: Plant succession on recent lava flows in the island of Hawaii. Göteb. Kungl. Vet. och Vitterhets-Samhälles Handl., Sjätte Följden, Ser. B **1**, 8, 1941.

ŠMARDA, J.: The Moss and Lichen communities in Czechoslovakia. Zvlaštni otisk 31, Brünn 1947.

SMITH, C. M.: Changed and changing-vegetation. Sc. in New Zealand. Wellington 1957.

SOCHAVA, V., LIPATOVA, V. and GORSHKOVA, A.: A tentative study of the complete productivity of the supperterranean part of the Herbage Cover. Bot. Journ. U.S.S.R. **47**, 4, 1962.

Soil Survey Manual: Agric. Handbook No. 18, U.S. Dept. Agric., Washington, D.C. 1951.

Soil Survey Staff: Soil Conservation Service, U.S. Dept. Agric., Washington, D.C. 1960. Soil Classification. A comprehensive system. 7th approximation.

SOÓ, R. VON: Revue systématique des associations végétales des environs de Kolozsvaar. Acta Geobot. Hung. **6**, 1, 1947. — Ders.: Conspectus des groupements végétaux dans les Bassins Carpathiques. I. Les associations halophiles. Bull. Inst. Bot. Univ. de Debrecen, 1947. — Ders.: Angewandte Pflanzenzönologie und Kartographie in Ungarn. Angew. Pflanzensoziologie, Festschrift Aichinger **1**, 1954. — Ders.: Systematische Übersicht der Pannonischen Pflanzengesellschaften. I/II. u. III. Acta Bot. Hung. 1957—1961.

SÖRENSEN, S. P. L.: Enzymstudien. II. Biochem. Zeitschr. **21**, 1909.

SÖRENSEN, T.: A method of establishing groups of equal amplitude in plant sociology based on similarity of species content and its application to analysis of the vegetation on danish commons. Kong. dansk. vidensk. Selskab biolog. Skr. **5**, 4, Kobenhavn, 1948.

SORIANO, A.: El efecto del viento en las plantas. Rev. investig. agric. **7**, 3, 1953.

SOROCEANU, E.: Recherches phytosociologiques sur les pelouses meso-xérophiles de la plaine languedocienne (*Brachypodietum phoenicoidis*). Thèse Montpellier, Comm. S.I.G.M.A. **41**, 1936.

SÖYRINKI, N.: Studien über die generative und vegetative Vermehrung der Samenpflanzen in der alpinen Vegetation Petsamo-Lapplands. Ann. Bot. Soc. Zool. – Bot. Fennicae Vanamo **11** u. **14**, 1938/39. — Ders.: Vermehrungsökologische Studien in der Pflanzenwelt der Bayrischen Alpen. I. Spezieller Teil. Die Pflanzengesellschaften und Samenpflanzen der alpinen Stufe des Schachen-Gebietes und ihre Vermehrungsverhältnisse. Ann. Bot. Soc. Zool.-Bot. Fennicae Vanamo **27**, 1, 1954.

SPRYGIN, G.: Aus dem Gebiete der Pensaer Waldsteppe. I. Die Grassteppen des Gouvernements Pensa. Moskau 1926.

STÄGER, R.: Die Bedeutung der Ameise in der Pflanzengeographie. Mitt. d. nat. Ges. Bern **5**, 1924.

STAMP, D. L.: The areal survey of the Irawaddy Delta forests (Burma). Journ. of Ecol. **13**, 1925.

STARKEY, R. L.: Relations of microorganisms to transformations of sulfur in soils. Soil Sci. **70**, 1950.

STEBLER, F. G. und SCHRÖTER, C.: Versuch einer Übersicht über die Wiesentypen der Schweiz. Landw. Jahrb. d. Schweiz **6**, 1892.

STEBLER, F. G. und VOLKART, A.: Der Einfluß der Beschattung auf den Rasen. Landw. Jahrb. d. Schweiz 1904.

STEBUTT, A.: Lehrbuch der allgemeinen Bodenkunde. Berlin 1930.

STEFUREAC, T.: Recherches synécologiques et sociologiques sur les Bryophytes de la forêt vierge de Slatioara (Bucovine). Ann. Acad. romane Mem. sect. Stiinte 3, **16**, Bucarest 1941.

STEINER, M.: Untersuchungen über die chemische Natur der osmotischen Regulationen bei Salzmarschpflanzungen. Ber. Dtsch. Bot. Ges. **52**, 1, 1934. — Ders.: Zur Ökologie der Salzmarschen der nordöstlichen Vereinigten Staaten von Nord-Amerika. Jahrb. f. wiss. Bot. **81**, 1, 1934. — Ders.: Die Pflanzengesellschaften der Salzmarschen in den nordöstlichen Vereinigten Staaten von Nord-Amerika. Rep. spec. nov. **81**, C, 1935.

STEPHENS, C. G.: A mapping system for the compilation of a soil map of Australia. A system based on the taxonomy of the great soil groups. Journ. of Aust. Inst. Agric. Sc. **16**, 1950.

STEPHENSON, T. A. and ANNE: The universal features of zonation between tidemarks on rocky coasts. Journ. of Ecol. **37**, 2, 1949.

STILES, W.: Permeability. New Phytologist **20—22**, 1921—1923.

STOCKER, O.: Klimamessungen auf kleinstem Raum an Wiesen-, Wald- und Heidepflanzen. Ber. Dtsch. Bot. Ges. **41**, 1923. — Ders.: Der Wasserhaushalt ägyptischer Wüsten- und Salzpflanzen. Jena 1928. — Ders.: Das Halophytenproblem. Ergebnisse der Biologie **3**, 1928. — Ders.: Ungarische Steppenprobleme. Die Naturwissenschaften **17**, 12, 1929. — Ders.: Über die Messung von Bodensaugkräften und ihrem Verhältnis zu den Wurzelsaugkräften. Zeitschr. f. Bot. **23**, 1930. — Ders.: Transpiration und Wasserhaushalt in verschiedenen Klimazonen. I. Jahrb. f. wiss. Bot. **75**, 3, 1931, **78**, 5, 1933, **81**, 3, 1935. — Ders.: Kälte- und dürrefeste Pflanzen. Die Umschau in Wissensch. und Technik 22/20, 1951. — Ders.: Der Wasser- und Assimilationshaushalt südalgerischer Wüstenpflanzen. Ber. Dtsch. Bot. Ges. **67**, 8, 1954. — Ders.: Die Trockenresistenz der Pflanzen. Rapports et Comm. Sect. 11 et 12, 8ème Congrès

Intern. de Bot. Paris 1954. — Ders.: Die Dürreresistenz und die Abhängigkeit der Transpiration von den Umweltsfaktoren in: Handbuch der Pflanzenphysiologie **3**. Berlin, Göttingen, Heidelberg 1956. — Ders.: Grundlagen, Methoden und Probleme der Ökologie. Ber. Dtsch. Bot. Ges. **70**, 9, 1957. — Ders.: Morphologische und physiologische Bedingungen der Dürreresistenz. Kalium-Symposium 1958. — Ders.: Die photosynthetischen Leistungen der Steppen- und Wüstenpflanzen. In: Handbuch der Pflanzenphysiologie **5**, Berlin, Göttingen, Heidelberg 1960.

Stocker, O. und Kausch, W.: Bodenfeuchte und Tensionsmetermessung. Ber. Dtsch. Wetterd. i. d. U.S.-Zone, **32**, 1952.

Stocker, O. und Vieweg, G. H.: Die Darmstädter Apparatur zur Momentanmessung der Photosynthese unter ökologischen Bedingungen. Ber. Dtsch. Bot. Ges. **73**, 5, 1960.

Stöckli, A.: Der Boden als Lebensraum. Vierteljahrsschr. d. Naturf. Ges. in Zürich **91**, 1946.

Stojanoff, N. und Stefanoff, B.: Fossile Pflanzenreste aus den Ablagerungen bei Kurilo. Beitrag zur Kenntnis der Pliozänflora der Ebene von Sofia. Rev. Soc. Géol. bulgare **1**, 3, 1929.

Stoklasa, J.: Über die Resorption der Ionen durch das Wurzelsystem der Pflanzen aus dem Boden. Dtsch. Bot. Zeitschr. **42**, 1924.

Strauss, A.: Beiträge zur Pliozän-Flora von Willershausen. Abh. Dtsch. Akad. d. Wiss. Berlin **5**, 1956.

Suchlandt, O, und Schmassmann, W.: Limnologische Beobachtungen an acht Hochgebirgsseen der Landschaft Davos. Zeitschr. f. Hydrologie **7**, 1, 2, 1935.

Sukachev, V. N.: The correlation between the concept "forest ecosystem" and "forest biogeocoenose" and their importance for the classification of forests. Silva Fennica **105**, 1960.

Sukatschew, W.: Über die Methoden der Phytosoziologie. Englers Bot. Jahrb. Beibl. **135**, 1925. — Ders.: Principles of classification of the spruce communities of european Russia. Journal of Ecol. **16**, 1, 1928. — Ders.: Über einige Grundbegriffe der Phytocoenologie. Bull. Acad. Sc. U.S.S.R. 1934.

Sukopp, H.: Neophyten in natürlichen Pflanzengesellschaften Mitteleuropas. Ber. Dtsch. Bot. Ges. **75**, 6, 1962.

Susplugas, J., Pelinard, J. et Cazottes, P.: Pression osmotique; obtention du suc après action de la chaleur et du chloroforme. Bull. Soc. Pharm. Montpellier 1949.

Suzuki, T.: Die Ergebnisse der palynologischen Untersuchungen in Japan und deren pflanzensoziologische Betrachtung. Jap. Journ. of Ecol. **13**, 2, 1963. (Siehe auch Nachtrag.)

Suzuki, T. and Hatiya, K.: The forest vegetation of Izu peninsula. Bull. Tok. Univ. Forests **39**, 1951.

Sveshnikova, V. M.: The character of the water-balance in the plants of desert-Steppe communities. Bot. Journ. U.S.S.R. **48**, 3, 1963.

Szafer, W.: On the statistics of flowers in plant associations. Bull. Acad. Polon. Sc. et Lettres, 1927. — Ders.: The Forest and the Steppe in West Podolia. Rozprawy Wydz. matem.-przyr. **71**, 2, 1935. — Ders.: Eine pliozäne Flora in Kroscienko am Dunajec. Bull. Acad. Polon. Sc. et Lettres, 1938. — Ders.: The Pliocene flora of Kroscienko in Poland. I—II. Krakow 1947.

Szafer, W., Pawlowski, B. und Kulczyński, S.: Die Pflanzenassoziationen des Tatragebirges. I. Teil: Die Pflanzenassoziationen des Checholowska-Tales. Bull. Acad. Polon. Sc. et Lettres. 1923.

Szafer, W., Kulczyński, S., Pawlowski, B., Stecki, K, und Sokolowski, M.: Die Pflanzenassoziationen des Tatragebirges. III, IV und V. Bull. Acad. Polon. Sc. et Lettres, B, Nr. Suppl. **2**, 1927.

Szafer, W. und Mitarbeiter: Szata roślinna Polski. Warszawa 1959.

SZYMKIEWICZ, D.: Etudes climatologiques. I—XIII. Acta Soc. bot. Pol. I—IV, 1923—1927; XXV—XXVI. Ebenda, 12, 1936; XXVII—XXX. Ebenda 1938.

TADROS, T. M.: The osmotic pressure of Egyptian desert plants in relation to water supply. Bull. Fac. of Sc. Alexandria 7, 1936. — Ders.: The ecological amplitude of *Zygophyllum coccineum* as indicated by its photosynthetic activity under different conditions of light and temperature. Bull. Inst. d'Egypte **27**, 1944/45.

TAGAWA, H.: The evaporation as an environmental factor for the epiphytic mosses in the beech forests. Jap. J. Ecol. **9**, 5, 1959.

TAKAHASHI, K.: Windschaden durch den Taifun am 21. September 1934 in Kyoto (Japan). Ber. Schweiz. Bot. Ges. **46**, 1936.

TALLON, G.: La flore des rizières de la région d'Arles et ses repercussions sur la culture du riz. Vegetatio **8**, 1958—1959.

TAMM, O.: Om skogsjordsanalyser. Medd. fr. stat. Skogsförsöksanst. **13—14**, Stockholm 1917. — Ders.: Bodenstudien zu der Nordschwedischen Nadelwaldregion. Medd. fr. stat. Skogsförsöksanst. **17**, 1920, zit. nach JENNY 1941. — Ders.: Beitrag zur Diskussion über das Ziel und die Arbeitsmethoden der Pflanzensoziologie. Svensk Bot. Tidskr. **15**, 1921. — Ders.: Studier över jordmanstyper och deras förhallande till markens hydrologi i nord-Svenska skogsterränger. Meddel. fr. stat. Skogsförsöksanst. **26**, 1932. — Ders.: Observations on reproduction and survival of some perennial herbs. Bot. Not. 1948.

TAMM, C. O.: Growth and plant nutrient concentration in *Hylocomium proliferum* (L.) Lindb. in relation to tree canopy. Oikos **2**, 1, 1950. — Ders.: Removal of plant nutrients from tree crowns by rain. Physiol. Plant. **4**, 1951.

TAMM, C. O. and TROEDSSON, T.: An example of the amounts of plant nutrients supplied to the ground in road dust. Oikos **6**, 1, 1955.

TANSLEY, A. G.: The classification of vegetation and the concept of development. Journ. of Ecol. 8, 2, 1920. — Ders.: Studies of the vegetation of the english chalk. Ebenda **10**, 1922. — Ders.: The use and abuse of vegetational concepts and terms. Ecology **16**, 1935. — Ders.: Introduction to plant ecology. London **1946**.

TANSLEY, A. G. and CHIPP, T. F.: Aims and methods in the study of the vegetation. London 1926.

TATEWAKI, M., TSUJII, T. and UMEZAWA, A.: Tatekawi's iconography of vegetation of the natural forest in Japan. V. The Southern Shikoku District. Res. Bull. Coll. Exp. Forests; Hokkaido Univ. **20**, 2, 1959.

TATON, A.: La colonisation des roches granitiques de la région de Nioka (Haut-Ituri - Congo belge). Vegetatio **1**, 1949.

TAYLOR, W. R.: Phycology in retrospect and anticipation. Vistas in Botany **2**, Oxford-London-New York-Paris 1959.

TCHAN, Y. T. and WHITEHOUSE, A.: Study of soil algae. II. The variation of the algal population in sandy soils. Proc. Linn. Soc. of New South Wales 1953.

TCHOU, Y. T.: Etudes écologiques et phytosociologiques sur les forêts riveraines du Bas-Languedoc. Vegetatio **1—2**, 1948—1949.

TEODORESCO, E.: Observations sur la croissance des plantes aux lumières de diverses longueurs d'onde. Ann. Sc. Nat. **11**, 211, Bucarest 1929.

TERAO, S.: An ecological note on the calcicolous plants in Japan. Journ. Sci. Hiroshima Univ. Ser. B., Div. 2, **9**, 1961.

THELLUNG, A.: Pflanzenwanderungen unter dem Einfluß des Menschen. Englers bot. Jahrb., Beibl. **116**, 1915. — Ders.: Die Entstehung der Kulturpflanzen. Naturwiss. und Landwirtsch. **16**, 1930.

THIENEMANN, A.: „Limnologie". Eine Einführung in die biologischen Probleme der Süßwasserforschung. Breslau 1926.

THOMAS, A. S.: Changes in vegetation since the advent of Myxomatosis. Journ. of Ecol. **48**, 1960.

THONE, F.: Ecological factors in the region of Starved Rock, Illinois. Bot. Gaz. **14**, 4, 1922. — Ders.: Evaporation rates on lock Canyon walls. Bot. Gaz. 4, 1923. — Ders.: Rainproofing valves for atmometers. Ecology **5**, 1924.

THORNE, D. W. and PETERSON, H. B.: Irrigated soils. Philadelphia and Toronto 1949.

THORNTHWAITE, C. W.: An approach toward a rational classification. Geogr. Rev. 1948.

THURMANN J.: Essai de Phytostatique. Berne 1849.

TILL, O.: Über die Frosthärte von Pflanzen sommergrüner Laubwälder. Flora **143**, 1956.

TOBLER, F.: Die Flechten. Jena 1934.

TOMASELLI, R.: Notes sur la végétation des grottes de l'Hérault. Bull. Inst. Bot. Univ. Pavia, 1948. — Ders.: La pelouse à Aphyllanthes (*Aphyllanthion*) de la garrigue montpelliéraine. Thèse Montpellier, Comm. S.I.G.M.A. **99**, Atti Ist. Bot. Pavia ser. **5**, **7**, 2, 1948.

TOUMEY, J. W. and STICKEL, P. W.: A new device for taking maximum and minimum soil temperatures in forest investigations. Ecology **6**, 1925.

TRAHMS, O. K. und STOLL, K.: Hydrobiologische und hydrochemische Untersuchungen in den Rügenschen Bodengewässern während der Jahre 1936 und 1937. Kieler Meeresforschungen **3**, 1, 1938.

TRALAU, H. and ZAGWIJN, W. H.: Fossil *Salix polaris* Wahlb. in the Netherlands. Acta Bot. Neerlandica **11**, 4, 1962.

TRANQUILLINI, W.: Die Frosthärte der Zirbe unter besonderer Berücksichtigung autochthoner und aus Forstgärten stammender Jungpflanzen. Forstw. Cbl. **77**, 3/4, 1958. — Ders.: Die Stoffproduktion der Zirbe (*Pinus cembra L.*) an der Waldgrenze während eines Jahres. I. Standortsklima und $CO_2$-Assimilation. Planta **54**, 1959. — Ders.: Zur Bestimmung der Stoffproduktion aus $CO_2$-Gaswechselanalysen. In LIETH, H.: Die Stoffproduktion der Pflanzendecke. Stuttgart 1962.

TRAPPE, J. M.: Some probable mycorrhizal associations in the Pacific Northwest. I—III. Northwest Sci. **31**, 4, 1957, **34**, 4, 1960 und **35**, 3, 1961. — Ders.: Fungus associates of ectotrophic mycorrhyzae. Bot. Rev. **28**, 1962.

TRAUTMANN, W.: Natürliche Waldgesellschaften und wärmezeitliche Waldgeschichte am Nordwestrand der Eifel. Veröff. d. geobot. Inst. Rübel **37**, 1962.

TREGUBOV, S.: Les forêts vierges montagnardes des Alpes Dinariques, Massif de Klekovatcha-Guermetch. Etude botanique et forestière, Thèse Montpellier, Comm. S. I. G. M. A. **78**, 1941.

TREGUBOV, V.: Evolution des forêts résineuses des Pré-Alpes de Savoie. Ann. Ecole Nat. Eaux et Forêts **16**, 2, 1959.

TREITZ, P.: Die Alkaliböden des ungarischen Großen Alföld. Földtam Közlöny **38**, 1908. — Ders.: La Géographie des sols. Bull. Soc. hongroise de Géogr. **41**, 1914. — Ders.: Preliminary report on the Alkali land investigations in the Hungarian Great-Plain. Publ. Roy. Hung. Geol. Survey, Budapest 1927.

TREPP, W.: Ein Beitrag zu Bonitierungsmethoden von Alpweiden. Schweiz. Landwirtsch. Monatsh. **11**, 1950.

TRESNER, H. D., BACKUS, M. P. and CURTIS, J. T.: Soil microfungi in relation to the hardwood forest continuum in southern Wisconsin. Mycologia **46**, 3, 1954.

TREUB, M.: Notice sur la nouvelle flore de Krakatau. Ann. Jard. bot. Buitenzorg **7**, 1888.

TROCHAIN, J.: Contribution à l'étude de la végétation du Sénégal. Thèse, Paris 1940.

TROELS-SMITH, J.: Karakterisering af løse jordarter (Characterization of Unconsolidated Sediments). Geol. Survey of Denmark **3**, 10, 1955.

TROLL, C.: Termiten-Savannen. Studien zur Vegetations- und Landschaftskunde der Tropen II. Länderkundl. Forsch. Festschr. N. Krebs 1936. —

Ders.: Das Pflanzenkleid des Nanga Parbat. Veröff. Deutsch. Mus. f. Völkerkunde, Leipzig 1939. — Ders.: Studien zur vergleichenden Geographie der Hochgebirge der Erde. Ber. d. Ges. v. Freunden u. Förd. Univ. Bonn 1941. — Ders.: Fortschritte der wissenschaftlichen Luftbildforschung. Zeitschr. Ges. f. Erdkunde 7, 10, Berlin 1943. — Ders.: Strukturböden, Solifluktion und Frostklimate der Erde. Geol. Rundschau **34**, 7—8, 1944. — Ders.: Die Formen der Solifluktion und die periglaziale Bodenabtragung. Erdkunde **1**, 4, 6, 1947. — Ders.: Der Vergleich der Tropenvegetation der Alten und Neuen Welt. Proceed. sev. Int. Bot. Congr. Stockholm 1950.

Truog, E., Goates, R. J., Gerloff, G. C. and Berger, K. C.: Magnesium-phosphorus relationships in plant nutrition. Soil Sci. **63**, 19, 1947.

Turesson, G.: The plant species in relation to habitat and climate. Contr. to the knowledge of genecological units. Hereditas 1925.

Turmel, J.-M.: Au sujet de *Spartina townsendii*. Bull. Lab. Mar. Dinard **26**, 1944.

Turnage, W. V.: Nocturnal surface-soil temperatures, air temperatures and ground inversion in southern Arizona. Monthly Weath. Rev. **65**, 1937.

Turner, H.: Maximaltemperaturen oberflächennaher Bodenschichten an der alpinen Waldgrenze. Wetter und Leben **10**, 1—2, 1957. — Ders.: Über das Licht- und Strahlungsklima einer Hanglage der Ötztaler Alpen bei Obergurgl und seine Auswirkung auf das Mikroklima und auf die Vegetation. Arch. Met. Geoph. und Biokl. B **8**, 3—4, 1958.

Turner, J. S. and Watt, A. S.: The oakwoods (*Quercetum sessiliflorae*) of Killarney, Ireland. Journ. of Ecol. **27**, 1, 1939.

Turrill, W. B.: Plant geography. Vistas in Botany **2**, Oxford-London-New York-Paris 1959.

Tutin, T. G.: The hydrosere and current concepts of the climax. Journ. of Ecol. **29**, 1941.

Tüxen, J.: Stufen, Standorte und Entwicklung von Hackfrucht- und Garten-Unkrautgesellschaften und deren Bedeutung für Ur- und Siedlungsgeschichte. Angew. Pflanzensoz. **16**, Stolzenau/Weser 1958.

Tüxen, R.: Die Grundlagen der Urlandschaftsforschung. Nachr. aus Niedersachsens Urgesch. **5**, 1931. — Ders.: Wald- und Bodenentwicklung in Nordwestdeutschland. Hannover 1932. — Ders.: Klimaxprobleme des NW-Europäischen Festlandes. Ned. Kruidk. Arch. **43**, 1933. — Ders.: Die Pflanzengesellschaften Nordwestdeutschlands. Mitt. d. flor.-soz. Arbeitsgem. Niedersachsen **3**, 1937. — Ders.: Die Pflanzendecke Nordwestdeutschlands in ihren Beziehungen zu Klima, Gesteinen, Böden und Mensch. Deutsche Geogr. Blätter **42**, 1939. — Ders.: Aus der Arbeitsstelle für theoretische und angewandte Pflanzensoziologie der Tierärztlichen Hochschule Hannover. Jahrb. der Naturhist. Ges. zu Hannover **92/93**, 1942. — Ders.: Grundriß einer Systematik der nitrophilen Unkrautgesellschaften in der Eurosibirischen Region Europas. Mitt. flor.-soz. Arbeitsgem. N.F. **2**, 1950. — Ders.: Zur Systematik und Ökologie der Hackfruchtunkraut-Gesellschaften. Mitt. flor.-soz. Arbeitsgem. N.F. **4**, 1953. — Ders.: Bibliographie der Vegetationskarten Deutschlands. Mitt. flor.-soz. Arbeitsgem. N.F. **5**, 1954. — Ders.: Das System der nordwestdeutschen Pflanzengesellschaften. Mitt. flor.-soz. Arbeitsgem. N.F. **5**, Comm. S.I.G.M.A. **129**, 1955. — Ders.: Experimentelle Pflanzensoziologie. Arch. Soc. „Vanamo“ **9**, Suppl. 1955. — Ders.: Bibliographie zum Problem Pflanzensoziologie und Bodenkunde. Mitt. flor.-soz. Arbeitsgem. N.F. **5**, 1955. — Ders.: Die heutige potentielle natürliche Vegetation als Gegenstand der Vegetationskartierung. Angew. Pflanzensoz. **13**, Stolzenau/Weser 1956. — Ders.: Die Schrift des Bodens. Angew. Pflanzensoz. **14**, Stolzenau/Weser 1957. — Ders.: Über Bildung und Vergehen von Pflanzengesellschaften. Mitt. flor.-soz. Arbeitsgem. N.F. **8**, 1960. — Ders.: Gedanken zur Zerstörung der mitteleuropäischen Ackerbiozoenosen. Mitt. flor.-soz. Arbeitsgem. N.F. **9**, 1962.

TÜXEN, R. und DIEMONT, H.: Weitere Beiträge zum Klimaxproblem des westeuropäischen Festlandes. Mitt. Nat. Ver. Osnabrück **23**, 1936. — Dies.: Klimaxgruppe und Klimaxschwarm. 88./89. Jahresber. d. Naturhist. Ges. zu Hannover 1937.

TÜXEN, R. und ELLENBERG, H.: Der systematische und der ökologische Gruppenwert. Ein Beitrag zur Begriffsbildung und Methodik der Pflanzensoziologie. Mitt. flor.-soz. Arbeitsgem. Niedersachsen **3**, 1937.

TÜXEN, R. und PREISING, E.: Grundbegriffe und Methoden zum Studium der Wasser- und Sumpfpflanzen-Gesellschaften. Deutsche Wasserwirtschaft **37**, 1, 2, 1942. — Dies.: Erfahrungsgrundlagen für die pflanzensoziologische Kartierung des westdeutschen Grünlandes. Angew. Pflanzensoz. **4**, Stolzenau/Weser 1951.

TÜXEN, R. und Mitarbeiter: Pflanzensoziologie als Brücke zwischen Land- und Wasserwirtschaft. Angew. Pflanzensoz. **8**, Stolzenau/Weser 1954.

UGGLA, E.: Skogsbrandfält i Muddus Nationalpark. Acta Phytogeogr. Suecica **41**, 1958.

ULEHA, W.: Über $CO_2$- und pH-Regulation des Wassers durch einige Süßwasseralgen. Ber. Dtsch. Bot. Ges. 1923.

ULMER, W.: Über den Jahresgang der Frosthärte einiger immergrüner Arten der alpinen Stufe sowie der Zirbe und Fichte. Diss. Innsbruck 1937.

UNGER, F.: Über den Einfluß des Bodens auf die Verteilung der Gewächse. Wien 1836.

UNGERSON, J. und SCHERDIN, G.: Untersuchungen über den Tagesverlauf der Photosynthese und der Atmung unter natürlichen Bedingungen in der Subarktis (Finnisch-Lappland). Ann. Bot. Soc. Vanamo **32**, 7, 1962.

URSPRUNG, A. und BLUM, G.: Zwei neue Saugkraftmeßmethoden. Jahrb. f. wiss. Bot. **772**, 1930.

VAN DEN BERGHEN, C.: La Carte des Groupements végétaux de Belgique. Les Naturalistes Belges **30**, 1949.

VAN DER MAREL, H. W.: Tropical soils in relation to plant nutrition. Soil Sci. **64**, 1947. — Ders.: Mineralogical composition of a heath podsol profile. Soil Sci. **67**, 1949.

VAN DIEREN, J. W.: Organogene Dünenbildung. Haag 1934.

VARESCHI, V.: Pollenanalysen aus Gletschereis. Ber. Geobot. Forschungsinst. Rübel 1935. — Ders.: Die Epiphytenvegetation von Zürich (Epixylenstudien II). Ber. Schweiz. Bot. Ges., Festband Rübel **46**, 1936. — Ders.: Zur Frage der Oberflächenentwicklung von Pflanzengesellschaften der Alpen und Subtropen. Planta **40**, 1951.

VARMA, S. C.: On the nature of competition between plants in the early phases of their development. Ann. Bot. **2**, 5, 1938.

VEIHMEYER, F. J. and HENDRICKSON, A. H.: The moisture equivalent as a measure of the field capacity of soils. Soil Sci. **32**, 1931.

VELOSO, H. P.: A vegetaçao no municipio de Ilhéus, Estado da Bahia. I. Estudo sinecologico das areas de pesquisas sôbre a febre amarela silvestre realizado pelo S.E.P.F.A. Mem. Inst. Oswaldo Cruz **44**, 1, 1946. — Ders.: Os grandes climaces do Brasil. I — Considerações sôbre os tipos vegetativos da região sul. Mem. Inst. Osw. Cruz **60**, 2, 1962.

VELOSO, H. P. e KLEIN, R. M.: As comunidades e associações vegetais da mata pluvial do sul do Brasil. III. As associações das Planícies costeiras do quaternário, situadas entre o Rio Itapocu (Estado de S. Catarina) e a Baía de Paranaguá (Estado do Paraná). Sellowia **13**, 13, 1961.

VENEMA, H. J.: Recherches sur le pH de la litière de quelques plantes sclérophylles et de quelques profils du sol rouge méditerranéen. Med. van de Landbouwhoogeschool **37**, 2, Wageningen 1933.

VERDIER, P. et QUÉZEL, P.: Les populations de Carabiques dans la région littorale languedocienne. Leurs rapports avec le sol et sa couverture végétale. Vie et Milieu **2**, 1, 1951.

VIENNOT-BOURGIN, G.: Rapport du sol et de la végétation. Premier colloque de la Soc. bot. de France, Paris 1959.

VIERHAPPER, F.: Eine neue Einteilung der Pflanzengesellschaften. Naturwiss. Wochenschr. **20**, 18/19, 1921. — Ders.: Die Kalkschieferflora in den Ostalpen. Österr. Bot. Zeitschr. 1922.

VILENSKY, D.: Les sols salés, leur origine, leur composition et les méthodes d'amélioration. Moscou 1924. — Ders.: L'école russe de cartographie des Sols. Ac. Sc. Moscou et Léningrad 1945.

VIROT, R.: La végétation canaque. Thèse Fac. Sc. Univ. Paris. Lons-le-Saunier 1956.

VOGLER, P.: Über die Verbreitungsmittel der schweizerischen Alpenpflanzen. Diss. E.T.H. Zürich, 1901.

VOLK, O. H.: Beiträge zur Ökologie der Sandvegetation der oberrheinischen Tiefebene. Zeitschr. f. Bot. **24**, 1931. — Ders.: Kalk- und Gipspflanzen, ein Beitrag zu dem Kapitel Boden und Pflanzen. Ber. Dtsch. Bot. Ges. **53**, 9, 1935. — Ders.: Über einige Trockenrasengesellschaften des Würzburger Wellenkalkgebietes. Beih. Bot. Centralbl. **57**, B, 3, 1937. — Ders.: Untersuchungen über das Verhalten der osmotischen Werte von Pflanzen aus steppenartigen Gesellschaften und lichten Wäldern des mainfränkischen Trockengebietes. Zeitschr. f. Bot. **32**, 1937. — Ders.: Trockenrasen aus der Umgebung von Pavia; in: Relazione sulla terza escursione fitosociologica internazionale (Pavia, 21—26 luglio 1957). Arch. Bot. e Biogeogr. Ital. **34**, 1—2, 1958. — Ders.: Aus der Ökologie des Lebensraumes im Mittleren Osten. In: R. PARET, Die Welt des Islam und die Gegenwart. Stuttgart 1961.

VOLK, O. H. und BRAUN-BLANQUET, J.: Soziologische und ökologische Untersuchungen an der Auenvegetation im Churer Rheintal und Domleschg. Jahresber. Nat. Ges. Graub. **76**, Comm. S.I.G.M.A. **72**, 1940.

VOLKENS, G.: Die Flora der Ägyptisch-Arabischen Wüste auf Grundlage anatomisch-physiologischer Forschungen. Berlin 1887.

VORHIES, CH. and TAYLOR, W. P.: The life histories and ecology of jack rabbits, *Lepus alleni* and *Lepus californicus* ssp., in relation to grazing in Arizona. Techn. Bull. **49**, Ariz. Agr. Exp. Stat. 1953.

VOUK, V.: Zur Biologie der Charophyten. Verh. Intern. Ver. f. theoret. u. angew. Limnologie **4**, 1929.

VRIES, D. M. DE: Zusammenarbeit der nördlichen und südlichen Schule ist zum Heil der gesamten Pflanzensoziologie unbedingt erforderlich. Rec. Trav. bot. néerland. **36**, 1939. — Ders.: Method and survey of the characterization of Dutch grasslands. Vegetatio **1**, 1949. — Ders.: Botanical composition and ecological factors. Fifth Intern. Grassland Congress 1949. — Ders.: Objective combinations of species. Acta Bot. Neerl. **1**, 4, 1953. — Ders.: Trockenmassenertrag und Bewertung von Dominanzgesellschaften. In LIETH, H.: Die Stoffproduktion der Pflanzendecke. Stuttgart 1962.

VRIES, D. M. DE, BÖER, A. DE en DIRVEN, J. G. P.: Waardering van Grasland en becordeling van bodemeigenschappen op grond van de botanische samenstelling. Landbouwk. Tijdschr. **61**, 5/6, 1949.

VRIES, D. M. DE, with collaboration of BARETTA, J. P. and HAMMING, G.: Constellation of frequent herbage plants, based on their correlation in occurrence. Vegetatio **5-6**, 1954.

WAGNER, H.: Influence de la lumière sur la répartition locale des espèces de quelques associations méditerranéennes. Comm. S.I.G.M.A. **62**, 1938. — Ders.: Das *Molinietum coeruleae* (Pfeifengraswiese) im Wiener Becken. Vegetatio **2**, 1950.

WAHLEN, F. T. und GISIGER, L.: Über den Einfluß des Obstbaumbestandes auf Höhe und Qualität des Ertrages von Wiesland und den Nährstoffzustand der Wiesenböden. Landw. Jahrb. d. Schweiz **51**, 1937.

WAKSMAN, S. A.: Humus. Origin, chemical composition, and importance in nature. Baltimore 1936.

Walter, H.: Verdunstungsmessungen auf kleinstem Raume in verschiedenen Pflanzengesellschaften. Jahrb. f. wiss. Bot. **68**, 2, 1928. — Ders.: Neue Gesichtspunkte zur Beurteilung der Wasserökologie der Pflanzen. Ber. Dtsch. Bot. Ges. **47**, 4, 1929. — Ders.: Die Hydratur der Pflanze und ihre physiologisch-ökologische Bedeutung. (Untersuchungen über den osmotischen Wert) Jena 1931. — Ders.: Ökologische Pflanzengeographie. Fortschr. d. Bot. 1933—1938. — Ders.: Die ökologischen Verhältnisse in der Namib-Nebelwüste (Südwestafrika) unter Auswertung der Aufzeichnungen des Dr. Boss (Swakopmund). Jahrb. f. wiss. Bot. **84**, 1936. — Ders.: Pflanzensoziologie und Sukzessionslehre. Zeitschr. f. Bot. **31**, 1937. — Ders.: Die Vegetation Osteuropas, 2. Aufl. Berlin 1943. — Ders.: Grundlagen der Pflanzenverbreitung. Einführung in die Pflanzengeographie für Studierende der Hochschulen. I—III. Stuttgart 1949 bis 1950. — Ders.: Der osmotische Wert (die Hydratur) als Indikator der Wasserbilanz von ökologischen Typen in verschiedenen Klimazonen. Proceed. sev. Int. Bot. Congr. Stockholm 1950. — Ders.: Die Klimadiagramme der Waldsteppen und Steppengebiete in Osteuropa. Stuttg. Geogr. Stud. **69** (Lautensach Festschr.) 1957. — Ders.: Höhenstufen und alpine Vegetation in Australien, auf Tasmanien und auf Neuseeland. Ber. Geobot. Inst. der E.T.H. Stift. Rübel **31**, (1959) 1960. — Ders.: Über die Bedeutung des Großwilds für die Ausbildung der Pflanzendecke. Stuttgarter Beitr. z. Naturk. **69**, Okt. 1961. — Ders.: Neue Gesichtspunkte zur Beurteilung des Wasserhaushalts von Wüstenpflanzen. H. von Wissmann-Festschrift, Tübingen 1962. — Ders.: Die Vegetation der Erde in ökologischer Betrachtung. Band I. Die tropischen und subtropischen Zonen. Jena 1962.

Walter, H. und Steiner, M.: Die Ökologie der ostafrikanischen Mangroven. Zeitschr. f. Bot. **30**, 1936.

Walter, H. und Volk, O. H.: Grundlagen der Weidewirtschaft in Südwestafrika. Stuttgart/Ludwigsburg 1954.

Walters, S. M.: Generic and specific concepts and the European flora. Preslia **34**, 1962.

Walther, K.: Ernteerträge und Unkrautgesellschaften. Mitt. Flor. soz. Arbeitsgem. N. F. **4**, 1953. — Ders.: Kurzer Bericht über das internationale Symposium Pflanzensoziologie-Bodenkunde in Stolzenau/Weser 1956. Vegetatio **8**, 5—6, 1959.

Wardle, P.: Subalpine Forest and Scrub in the Tararua Range. Trans. Roy. Soc. New Zealand **88**, 4, 1962.

Warming, E.: Om nogle ved Danemarks kyster levende Bakterier. Vid. Medd. Naturh. for. Kjöbenhavn 1875. — Ders.: Om Planterigets Livsformer. Festkr. udg. af Univ. Kjöbenhavn 1908. — Ders.: Die Windfrage. Beibl. Bot. Jahrb. **32**, 1903.

Warming, E. und Graebner, P.: Eug. Warmings Lehrbuch der ökologischen Pflanzengeographie. 4. Aufl. Berlin 1933.

Warren, H.: Untersuchungen über sphagnumreiche Pflanzengesellschaften der Moore Finnlands unter Berücksichtigung der soziologischen Bedeutung der einzelnen Arten. Acta Soc. Fauna et Fl. Fenn. **55**, 1926.

Watt, A. S.: The effect of exclusing rabbits from grassland A (*Xerobrometum*) in Breckland, 1936—1960. Journ. of Ecol. **50**, 1962. — Ders.: The integrity of the water factor. Vegetatio **5—6**, 1954.

Watt, A. S. and Fraser, G. K.: Tree roots and the field layer. Journ. of Ecol. **21**, 2, 1933.

Wautier, J.: Biocoenotique. Bull. Soc. Linn. de Lyon **18**, 4, 1949.

Weaver, J. E.: The quadrat method in teaching ecology. Pl. World. 1918. — Ders.: Root development in the Grassland formation. A correlation of the root systems of native vegetation and crop plants. Carnegie Inst. of Washington 1920. — Ders.: Plant production as a measure of environment. Journ. of Ecol. **12**, 1924. — Ders.: Investigation on the root habits of plants. Americ. Journ. of. Bot. **12**, 1925. — Ders.: Underground plant development in its relation to grazing. Ecology **21**, 3, 1930. — Ders.:

Replacement of true prairie by mixed prairie in eastern Nebraska and Kansas. Ecology **24**, 4, 1943.

WEAVER, J. E. and CLEMENTS, F. E.: Plant Ecology. 2. Aufl. New York u. London 1938.

WEAVER, J. E. and THIEL, A. F.: Ecological studies in the tension zone between prairie and woodland. Bot. Survey Nebraska, Bot. Sem. **1**, 1917.

WEAVER, J. E., HANSON, H. C. and AIKMAN, J. M.: Transect method of studying woodland vegetation along streams. Bot. Gaz. **80**, 1925.

WEAVER, J. E. and HIMMEL, W. J.: Relation of increased water content and decreased aeration to root development in Hydrophytes. Plant Physiology **5**, 1930.

WEAVER, J. E. and ALBERTSON, F. W.: Effects of the great drought on the prairies of Iowa, Nebraska, and Kansas. Ecology **17**, 4, 1936.

WEBB, D. A. and HART, A. V.: Contributions towards an understanding of the calcicole and calcifuge habit in some irish plants. Sc. Proc. Royal Dublin Soc. **24**, (N. S.) 3, 1945.

WEBER, H.: Einführung in die Theorie der Luftfeuchtigkeitsmessung. Schweiz. Techn. Zeitschr. **26—27**, 1953.

WEINMANN, H.: Effects of grazing intensity and fertilizer treatment on Transvaal highveld. Emp. J. exp. Agric. **16**, 1948.

WEIS, F.: Undersogelser over Jordbundens Reaktion og Nitrifikationsevene. I. Medd. fr. Dansk Skogsfors. Gdn. **4**, 1925.

WELTEN, M.: Pollenanalytische, stratigraphische und geochronologische Untersuchungen aus dem Faulenseemoos bei Spiez. Ber. Geobot. Forschungsinst. Rübel, **21**, 1944. — Ders.: Die spätglaziale und postglaziale Vegetationsentwicklung der Berner-Alpen und Voralpen und des Walliser-Haupttales. Veröff. Geobot. Inst. Rübel **34**, 1958.

WENDELBERGER, G.: Die Pflanzenwelt des Neusiedler Sees. Umwelt **6**, 1947. — Ders.: Zur Soziologie der kontinentalen Halophytenvegetation Mitteleuropas. Denkschr. Österr. Akad. d. Wiss., math.-naturwiss. Kl. **108**, 5, 1950. — Ders.: Steppen, Trockenrasen und Wälder des pannonischen Raumes. Angew. Pflanzensoz. Festschr. Aichinger **1**, 1954.

WENT, F. W.: Soziologie der Epiphyten eines tropischen Urwaldes. Ann. Jard. Bot. de Buitenzorg **50**, 1940. — Ders.: Correlation between various physiological processes and growth in the tomato plant. Amer. Journ. of Bot. **31**, 10, 1944. — Ders.: Ecology of desert plants, I—III, Ecology **29**, 3, 1948, **30**, 1, 1949.

WENZL, H.: Bodenbakteriologische Untersuchungen auf pflanzensoziologischer Grundlage. I. Beih. Bot. Centralbl. **52**, A, 1, 1934.

WESTHOFF, V.: The vegetation of dunes and salt marshes on the dutch islands of Terschelling, Vlieland and Texel. Diss. Haag 1947. — Ders.: Die Vegetationskartierung in den Niederlanden. Angew. Pflanzensoz., Festschr. Aichinger **2**, 1954. — Ders.: Biotische Factoren. In: "Het milieu van onze gewassen" 1958. — Ders.: The vegetation of Scottish Pine Woodlands and dutch artificial Coastal Pine forests; with some remarks on the ecology of *Listera cordata*. Acta Bot. Neerlandica **8**, 1959.

WESTHOFF, V. en MÖRZER BRUYNS, M. F.: Biosociologie. Jaarb. v. d. Algem. Bond. v. Oud-leerlingen v. Inricht v. Middelbaar Landbouwonderwijs, 1944.

WESTHOFF, V., VAN LEEUWEN, C. G., ADRIANI, M. J. en VAN DER VOO, E. E.: Enkele aspecten van vegetatie en bodem der duinen van Goeree, in het bijzonder de contactgordels tussen zout en zoet milieu. Jaarb. Wetensch. Genootschap voor Goeree-Overflakkee. 1961.

WHERRY, E. T.: Soil acidity and a field method for its measurement. Ecology **1**, 1920. — Ders.: Note on specific acidity. Ebenda **3**, 1922. — Ders.: Soil acidity preferences of Earthworms. Ebenda **5**, 1924.

WHITESIDE, E. P.: A proposed system of genetic soil-horizon designations. Soils and Fertilizers **22**, 1—8, 1959.

WHITTAKER, R. H.: The vegetational response to serpentine soils. Ecol. **35**, 1954. — Ders.: Classification of natural communities. Bot. Rev. **28**, 1, 1962.

WHITTLES, L. C.: The determination of the number of bacteria in Soil. Journ. Agr. Science **19**, 1923.

WIEGNER, G.: Boden und Bodenbildung in kolloidchemischer Betrachtung. 4. Aufl. Leipzig 1926.

WIEGNER, G. und PALLMANN, H.: Anleitung zum quantitativen agrikulturchemischen Praktikum. 2. Aufl. Berlin 1938.

WIESNER, G.: Die Bedeutung der Lichtintensität für die Bildung von Moosgesellschaften im Gebiet von Lunz. Sitzungsber. Österr. Akad. d. Wiss., math.-nat. Kl., I. **161**, 8, 1952.

WIESNER, J.: Der Lichtgenuß der Pflanze. Leipzig 1907.

WILLDENOW, C. L.: Grundriß der Kräuterkunde, zu Vorlesungen entworfen. Berlin 1798.

WILLIAMS, C. B.: The logarithmic series and its application to biological problems. Journ. of Ecol. **34**, 1947.

WILMANNS, O.: Zur standörtlichen Parallelisierung von Epiphyten- und Waldgesellschaften. Beitr. naturk. Forsch. SW-Deutschl. **17**, 1, 1958. — Dies.: Rindenbewohnende Epiphytengemeinschaften in Südwestdeutschland. Beitr. naturk. Forsch. SW-Deutschl. **21**, 2, 1962.

WISNIEWSKI, T.: Les associations des Muscinées épiphytes de la Pologne, en particulier celles de la forêt vierge de Bialowieza. Bull. Acad. Polon. Sc. et Lettres, 1929.

WOEIKOF, A.: Der Einfluß einer Schneedecke auf Boden, Klima und Wetter. Geogr. Abhandl. **3**, 3, 1889.

WOHLENBERG, E.: Biologische Kulturmaßnahmen mit dem Queller (*Salicornia herbacea* L.) zur Landgewinnung im Wattenmeer. Westküste **1**, 2, 1938.

WOLDSTEDT, P.: Das Eiszeitalter, **1** und **2**, Stuttgart 1954 und 1958. — Ders.: Über die Gliederung des Quartärs und Pleistozäns. Eiszeitalter und Gegenwart **13**, Oehringen 1962.

WOLFE, J. N., WAREHAM, R. T. and SCOFIELD, H. T.: Microclimates and macroclimates of Neotoma, a small valley in central Ohio. Ohio biology Survey, Bull. **41**, 8, 1, 1949.

WOLLNY, E.: Die Zersetzung der organischen Stoffe und die Humusbildungen. Heidelberg 1897.

WOOD, J. G.: The relations between distribution, structure and transpiration of arid South Australian plants. Trans. Roy. Soc. South Australia 1924. — Ders.: The selective absorption of chlorine ions and the absorption of water by the leaves in the genus *Atriplex*. Austral. Journ. of Exp. Biol. a. Med. Sc. **11**, 1925.

WOODHEAD, T. W.: Ecology of woodland plants. Linn. Soc. Journ. **37**, 1906.

WOODWELL, G. M.: Factors controlling growth of Pond Pineseedlings in Organic soils of the Carolinas. Ecol. Monogr. **28**, 1958.

WRABER, M.: Kälteschäden an Mediterrangewächsen des slowenischen Küstenlandes. Schweiz. Zeitschr. f. Forstw. **1957**, 4/5. — Ders.: Die Waldgesellschaft der Fichte und der Waldhainsimse in den slovenischen Ostalpen (*Luzulo silvaticae-Piceetum* Wraber 1953). Slovenska Akad. Razpr. **7**, 1963.

YANO, N.: The subterranean organ of sand dune plants in Japan. Journ. of Sci., Hiroshima Univ. Ser. B, Div. 2, **9**, 3, 1962.

YAPP, R. H.: On stratification in the vegetation of a Marsh, and its relation to evaporation and temperature. Ann. of Bot. **23**, 1909. — Ders.: *Spiraea ulmaria* and its bearing on the problem of Xeromorphy in marsh plants. Ann. of Bot. **26**, 1912. — Ders.: The Dovey Salt Marshes in 1921. Journ. of Ecol. **10**, 1922. — Ders.: The inter-relations of plants in vegetation, and the concept of association. Veröff. d. geobot. Inst. Rübel **3**, Festschr. SCHRÖTER, 1925.

Yli-Vakkuri, P.: Tutkimuksia ojitettujen turvenmaiden kulotuksesta. (Untersuchungen über das Absengen als waldbauliche Maßnahme auf entwässerten Torfböden.) Acta Forest. Fenn. **67**, 1958.

Yoshii, Y.: Revegation of Volcano Komagatake after the Eruption in 1929. Bot. Mag. Tokyo **46**, 544, 1932.

Zacharowa, T. M.: Über den Einfluß niedriger Temperaturen auf die Pflanzen. Jahrb. f. wiss. Bot. 1925.

Zaffanella, M. y Uriona, N.: Contribución al conocimiento de la fertilidad de algunos suelos de la región de Concordia, por medio de técnicas analíticas rápidas. I. S. A. Buenos Aires 10, Minist. Agr. y Gass. Buenos Aires 1950.

Zagwijn, W. H.: Aspects of the pliocene and pleistocene vegetation in the Netherlands. Medd. van de geol. Stichting C, **3**, 1, 1928.

Zakaryan, S. F.: Life struggle amidst the sprouts of Salsolas (The report of the work in the year 1929), 1930.

Zarzycki, K.: Etude sur la végétation des dunes anciennes en Petite Camargue. Acta Soc. Bot. Pol. **30**, 3—4; Comm. S. I. G. M. A. **158**, 1961.

Ziemba, M.: Blütenbiologische Beobachtungen aus den polnischen Ostkarpaten mit Berücksichtigung einiger Pflanzenassoziationen. Bull. Acad. Polon. Sc. et Lettres, 1, 1931.

Zimmermann, W.: Über Algenbestände aus der Tiefenzone des Bodensees. Zur Ökologie und Soziologie der Tiefseepflanzen. Zeitschr. f. Bot. **20**, 1927. — Ders.: Über die Algen des Federseegebietes. In „Der Federsee". 1960.

Zitti, R.: Recherches sociologiques sur le *Molinietum mediterraneum* de la plaine languedocienne. Comm. S. I. G. M. A. **66**, 1938.

Zlatník, A.: Les associations végétales et les sols du terrain serpentineux près de Mohelno dans la Moravie du Sud-Ouest (Tchécoslovaquie). Bull. intern. Acad. Sc. de Bohême, 1928.

Zobrist, L.: Pflanzensoziologische und bodenkundliche Untersuchung des *Schoenetum nigricantis* im nordostschweiz. Mittellande. Beitr. z. geobot. Landesaufn. d. Schweiz **18**, 1935.

Zogg, H.: Probleme der biologischen Bodenentseuchung. Schweiz. Landwirtsch. Monatsh. **9/10**, 1953.

Zohary, M.: A vegetation map of western Palestine. Journ. of Ecol. **34**, 1, 1947. — Ders.: Die verbreitungsökologischen Verhältnisse der Pflanzen Palästinas. I. Die antitelechorischen Erscheinungen. Beih. Bot. Centralbl. **56**, A, 1, 1937. — Ders.: The segetal plant communities of Palestine. Vegetatio **2**, 1950. — Ders.: Plant life of Palestine, Israel and Jordan. Chronica Bot. **33**, New York 1962. — Ders.: On the geobotanical structure of Iran. Bull. Research Council of Israel, Sect. D. Bot. **11 D**, 1963.

Zohary, M. and Orshan, G.: Ecological Studies in the vegetation of the Near Eastern deserts. V. The *Zygophylletum dumosi* and its hydroecology in the Negev of Israel. Vegetatio **5—6**, 1954.

Zoller, H.: Pollenanalytische Untersuchungen zur Vegetationsgeschichte der insubrischen Schweiz. Denkschr. Schweiz. Naturf. Ges. **83**, 2, 1960. — Ders.: Die kulturbedingte Entwicklung der insubrischen Kastanienregion mit den Anfängen des Ackerbaues im Neolithikum. Ber. Geobot. Inst. der E.T.H. Stift. Rübel **32**, Festschr. E. Schmid (1960) 1961. — Ders.: Die Vegetation der Schweiz in der Steinzeit. Verh. Naturf. Ges. Basel **73**, 1, 1962.

Zollitsch, L.: Zur Frage der Bodenstetigkeit alpiner Pflanzen unter besonderer Berücksichtigung des Aziditäts- und Konkurrenzfaktors. Flora oder Allg. Bot. Zeitschr. N. F. **22**, 1927.

Zólyomi, B., Jakucs, P., Baráth, Z. und Horánszky, A.: Forstwirtschaftliche Ergebnisse der geobotanischen Kartierung im Bükkgebirge. Acta Bot. Hung. **1**, 1955.

Zonneveld, I. S.: Bodenbildung und Vegetation im alluvialen Gebiet. Angew. Pflanzensoz. **15**, Stolzenau/Weser 1958.

Zöttl, H.: Untersuchungen über das Mikroklima subalpiner Pflanzengesellschaften. Ber. d. Geobot. Inst. Rübel (1952), 1953.

Zotz, L. T.: Der Aufbau bronzezeitlicher Grabhügel, ein Kriterium zur Altersbestimmung des Ortsteins und zur Rekonstruktion vorgeschichtlicher Vegetation in NW-Deutschland. Mitt. flor.-soz. Arbeitsgem. Niedersachsen **2**, 1930.

## Nachtrag

Barkman, J. J.: On the ecology of cryptogamic epiphytes with special reference to the Netherlands. Belmontia II. Ecology **2**, 1958.

Bharucha, F. R. and Satyanarayan, Y.: Calcicolous associations of the Bombay State. Vegetatio **5—6**, 1954.

Dansereau, P.: Biogeography, an ecological perspective. New York 1957.

Eggler, J.: Ein Beitrag zur Serpentinvegetation in der Gulsen bei Kraubath in Obersteiermark. Mitt. Naturw. Ver. f. Steiermark **85**, Graz 1955.

Falínski, J. B.: Variabilité saisonnière des frontières des phytocénoses. Acta Soc. Bot. Polonia **31**, 2, 1962.

Guinochet, M.: Colloque sur la Caryosystématique et la Taxonomie expérimentale. Rev. de Cytol. et de Biologie végétales **25**, 3—4, 1962.

Hultén, E.: The amphi-atlantic plants and their phytogeographical connections. K. Sv. Vet. Akad. Handl. **7**, 1, Stockholm 1958. — Ders.: The Circumpolar Plants I. K. Sv. Vet. Akad. Handl. **8**, 5, Stockholm 1962.

Oberdorfer, E.: Süddeutsche Pflanzengesellschaften. Jena 1957.

Schmithüsen, J.: Allgemeine Vegetationsgeographie. Lehrbuch der Allgemeinen Geographie **4**, 2. Aufl. 1961.

Suzuki-Tokio: L'Alliance du *Shiion sieboldi*. Vegetatio **5—6**, 1954.

# Verzeichnis der Artnamen (Pflanzen und Tiere) und Pflanzengesellschaften

Pflanzen- und Tiernamen sowie Pflanzengesellschaften *kursiv*; ein * nach der Seitenzahl bedeutet Abbildung

# Sachverzeichnis

Eine *kursiv* gesetzte Seitenzahl bei einem Stichwort bedeutet, daß es sich um einen Abschnittstitel handelt; ein * nach der Seitenzahl bedeutet Abbildung

MIX
Papier aus verantwortungsvollen Quellen
Paper from responsible sources
FSC® C105338

If you have any concerns about our products, you can contact us on
**ProductSafety@springernature.com**

In case Publisher is established outside the EU, the EU authorized representative is:
**Springer Nature Customer Service Center GmbH**
**Europaplatz 3, 69115 Heidelberg, Germany**

Printed by Libri Plureos GmbH
in Hamburg, Germany